中国石油学会副理事长兼秘书长　于明祥

中国石油天然气股份有限公司副总裁　李鹭光

中国石化油田勘探开发事业部主任　孙焕泉

中国海洋石油有限公司副总裁　刘再生

中国工程院院士　李 阳

中国科学院院士　高德利

中国工程院院士　刘 合

中国工程院院士　孙金声

西南石油大学校长　赵金洲

东北石油大学副校长　宋考平

中国石油勘探开发研究院总工程师　胡永乐

中国石化石油勘探开发研究院总工程师　计秉玉

中海油研究总院有限责任公司开发总师　张金庆

2018中国油气开发技术大会　主会场

2018
中国油气开发技术大会论文集（上册）

中国石油学会 编

中国石化出版社
HTTP://WWW.SINOPEC-PRESS.COM

图书在版编目(CIP)数据

2018中国油气开发技术大会论文集／中国石油学会编. —北京：中国石化出版社，2019.1

ISBN 978-7-5114-5204-7

Ⅰ. ①2… Ⅱ. ①中… Ⅲ. ①油气田开发-学术会议-文集 Ⅳ. ①TE3-53

中国版本图书馆CIP数据核字(2019)第007610号

中国石化出版社出版发行

地址:北京市朝阳区吉市口路9号

邮编:100020 电话:(010)59964500

发行部电话:(010)59964526

http://www.sinopec-press.com

E-mail:press@sinopec.com

北京艾普海德印刷有限公司印刷

全国各地新华书店经销

*

880×1230毫米 16开本 78印张 4彩页 2283千字

2019年1月第1版 2019年1月第1次印刷

定价:360.00元(上、下册)

前　　言

伴随着我国经济社会的持续发展，我国的油气消费需求量不断增长，对外依存度越来越高，石油和天然气(简称“油气”)作为优质的能源，是保障一个国家经济、社会、军事、政治等诸多安全的重要战略物资。为此，保障国内原油产量基本稳定及天然气产量持续增长，是当前及今后较长时间内国家油气开发的基本战略，并且已受到国家最高领导层的关注和关心，要求加大国内油气勘探开发的力度，有效保障国家能源安全。

放眼全球，可供人类开发利用的油气资源仍十分丰富，但容易开采的油气时代已经结束，油气行业将长期面对难开采油气问题的困扰(涉及地质、工程及市场)，对油气开发工程科技创新与前沿技术突破的依赖度越来越大，北美的“页岩革命”就是成功例证。我国油气发展面临着更大挑战，既要解决国内油气“增储上产”的许多难题，又要实施“走出去”发展战略，对油气开发模式及其技术支撑体系提出前所未有的新要求。

近年来，随着我国油气资源开发程度不断提高，以大庆和胜利等为代表的东部常规油气藏开发已进入产量递减期和高含水期，生产成本逐年增高，勘探新发现的油气储量以低渗、非常规等低品质资源为主，油气勘探开发类型日趋复杂化，其开采难度也越来越大。如何保障老油田的持续生产，落实新油气田的勘探开发目标，全面提高我国油气开发的综合技术水平，是广大石油科技工作者急需突破的重大难题，需要科技工作者认真研讨。

为贯彻落实中央关于加大国内油气勘探开发力度、保障国家能源安全的指示精神，更好地服务于我国油气行业开发生产的决策部署，中国石油学会、中国石油勘探与生产分公司、中国石化油田勘探开发事业部、中海石油(中国)有限公司开发生产部，于2018年11月28–30日联合举办“2018中国油气开发技术大会”。大会以“推动技术进步，为国添油加气”为主题，旨在为我国油气田开发工程领域的专家学者提供一个相互交流学习的高层次平台，通过聚焦国内外油气开发的前沿理论和技术，促进该研究领域的学术进步，掌握国际研究动态和发展趋势，共享最新的技术成果和创新理念，助推我国油气开发技术水平全面提升，创新驱动油田企业增产提效。

论文征集得到了国家有关部委、中国石油、中国石化、中国海油、中国中化、延长石油、大专院校和科研院所等各单位和领导的大力支持，征集论文880余篇，优选高质量论文186篇公开出版论文集。涵盖内容广泛，涉及油气藏评价与精细描述技术、深井和长水平段水平井钻完井技术、高含水油田提高采收率技术、特殊类型油藏开发技术、提高天然气产量关键技术、难动用及非常规油气储层开发技术、大规模体积压裂增产改造技术、海上油气高效开发技术、地面地下一体化技术、油气田低成本开发技术与策略等研究内容。反映了我国当前油气开发科学技术领域的研究现状和最新成果，具有良好的学术参考与工程应用价值。

目 录

上 册

特殊油气藏评价及开发技术(含非常规)

倾斜断块油藏双向驱作用机理研究

李兆敏　徐正晓　鹿　腾　姚安川

(中国石油大学石油工程学院)

摘　要　倾斜断块油藏进入高含水开发后期，单纯的水驱作用效果较差。针对该开发阶段，进行了断块油藏人工气顶—边水双向驱的物模实验，并结合实际区块辛48块油田沙二9参数进行了数值模拟研究。结果表明：双向驱对于断块油藏高含水后期有一定的增产作用，气顶驱过程中易出现气窜现象，提出了焖井、泡沫封堵处理方式；经过数值模拟可以看到水驱过程结束后剩余油主要集中在构造高部位，验证了实验部分的现象；数值模拟阶段优选了双向驱注入参数，其中注水速度为100m^3/d，油井发生严重气窜后停止注入，注气速度为4000m^3/d，从经济效益方面出发优选注气量4×10^{6}m^3。

关键词　倾斜断块油藏；双向驱；气窜；注入参数优选

全国断块油藏的油气资源储量高、开发潜力很大[1~3]。目前大多数复杂断块油藏进入开发后期，处于特高含水阶段，剩余油分布极为分散，存在“局部富集”的特点[4~8]。人工气顶—边水双向驱技术是一种复合技术，在开发过程中，开采原油所消耗的地层能量能够及时从气顶和边底水中得到补充，多数气顶底水油藏的开发都表现出能量充足的特征，而气顶和边底水的存在会给油井带来严重的气窜和水侵问题[9~13]。由于双向驱兼有气顶驱和边底水驱的开发特征，提高采收率机理复杂[14~18]。

本课题针对断块油藏双向驱提高采收率机理展开研究，首先从岩心管物理模拟实验入手，探究实行人工气顶的可行性以及增产效果，然后利用数值模拟方法验证机理、优选方案。这些研究有助于加深认识人工气顶—边水双向驱提高采收率的作用机理，从而为复杂断块油田的开发提供一定的理论依据。

1　断块油藏双向驱实验

针对高温高压下的驱油机理进行分析，开展带倾角的岩心管实验，以期揭示双向驱高温高压下的产油产气等生产特征。

1.1　实验材料

东辛原始脱气脱水原油：地下黏度为5.87mPa·s；

氮气：纯度99.99%，青岛天源气体公司提供；

SDS起泡剂：由十二烷基硫酸钠和超纯水按照1：100比例配制而成；

蒸馏水：由超纯水经蒸馏器蒸馏制得。

1.2　实验设备

所需实验设备主要有驱替液体的双柱塞计量泵、驱替气体的双柱塞计量泵、中间容器、压力变送器、天平、填砂管、温压控制及记录系统等，本实验采用的填砂管尺寸为ϕ38mm×600mm。如图1所示。

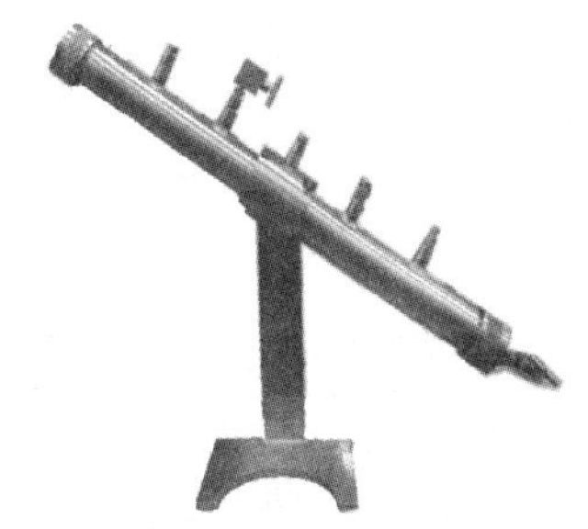

图1　实验用模拟倾角断块油藏岩心管

1.3　实验方法

组成了高温高压N_2人工气顶-边水双向驱模拟系统，实验流程如图2所示。

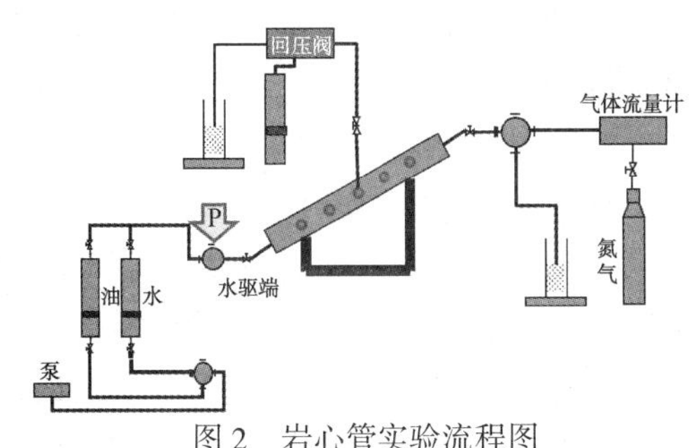

图2　岩心管实验流程图

【作者简介】李兆敏(1965—)，男，教授，博士，博士生导师，研究方向为泡沫流体及稠油开采，E-mail：lizhm@upc.edu.cn

1.3.1　实验准备

（1）模拟油田地层条件，用 100 目石英砂填制填砂管模型；

（2）抽真空，饱和水，计算孔隙度，测定填砂管渗透率；

（3）将填砂管调整至地层温度 60℃和压力 3MPa；

（4）以 1mL/min 的速度饱和油，直至出口端不再出水，关闭填砂管出口端并稳定一段时间，计算原始含油饱和度；

（5）模拟底水驱：从注入端以恒定速度（1mL/min）注入水，当出口端含水率达到 96%以上，停止注水水驱，关闭注入端并焖井一定时间，期间记录采出油、水量；模拟气顶驱：打开注入端阀门，用气体流量计控制注气速率（1mL/min），直至发生严重气窜不再产油，停止注气，采取多周期注气，期间记录采出油、水量；

（6）发生气窜之后采取防治措施，焖井一段时间，开井生产期间记录采出油、水量。

（7）模拟泡沫驱：从注入端以恒定速度（1mL/min）注入 SDS 起泡剂，用气体流量计控制注气速率（2mL/min），二者在泡沫发生器中混合均匀，注入岩心管中，封堵高渗层，记录采出液量并在泡沫驱之后重新进行气驱。

1.3.2　双向驱实验

针对实验目的利用可视化模型做了多组实验，其中为设计对照试验、遵循控制变量原则，保证油水黏度比、模型垂向与水平渗透率比值均相同。实验分为三个阶段：注水开采阶段、注水+注气开采阶段、泡沫驱替阶段。

（1）注水开采

采用人工注水保压开发，保证底水能量充足，打开注水井以一定的速度注入进行驱替，观察油水界面推进过程及稳定性，当生产井含水率大于 96%时底水驱替结束。本组实验注水阶段保持 2mL/min 的注入速率，生产至含水率达到 96%，生产结束。

（2）注水+注气双向驱开采

打开注气井与注水井同时驱替，注气时采用顶部注气方式，将氮气预先充于气瓶之中，使用气体流量计控制注气速率，保持稳定的气液注入比，至生产井严重气窜不再产油，生产结束。

（3）泡沫驱开采

关闭注水井，只开启注气井端，将混合好的泡沫段塞从顶部注入，封堵高渗层，期间驱替压力升高，以泡沫油方式生产。

2　实验结果及分析

通过进行多组重复实验，测得了岩心管实验条件下各个注采阶段的产油速度、产水速度、含水率、采出程度等参数变化，分析了高温高压条件下的驱油机理。

2.1　双向驱机理分析

（1）绘制水驱阶段生产数据中采出程度、含水率随生产时间的变化曲线，如图 3 所示。

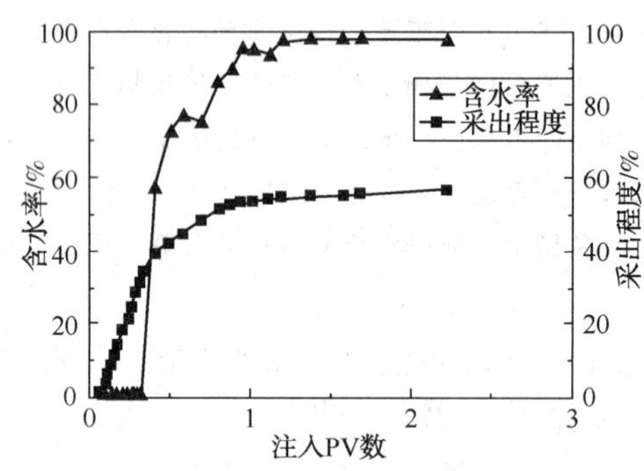

图 3　水驱阶段生产曲线图

由图 3 可得：注入 PV 数在 0~0.35 期间为无水产油期，此时采出程度迅速提高至 35%；注入 PV 数在 0.35~0.85 期间，含水率急剧升高，采出程度增长趋势放缓；随着注入 PV 数的增加，注入 PV 数超过 0.85 时进入高含水期，含水率突破 90%，此阶段含水率和采出程度增长趋势皆放缓。

边水驱机理分析：边水驱阶段为油藏提供充足的地层能量，地层含水率迅速上升，在无水采油期间，采出大部分油，为采收率的主要贡献部分。在高含水以及特高含水开发后期，水驱效果不再理想，此时在构造高部位会残留“阁楼油”。在边水驱过程中易导致水窜问题，采取调整注水速度及注采比的方式进行处理。

（2）绘制双向驱阶段生产数据中采出程度、含水率随生产时间的变化曲线，如图 4 所示。

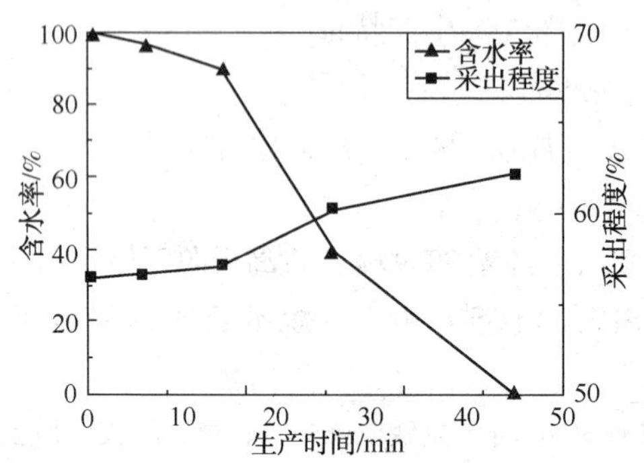

图 4　双向驱阶段生产曲线图

由图4可得：在双向驱生产过程中，含水率不断降低，采出程度小幅度升高，较水驱阶段提高5.8%，增产效果较好，但生产时间较短，在生产后期气窜现象严重，导致生产井不再产液。

人工气顶—边水双向驱机理分析：利用油气重力分异作用，气体注入地层后上浮，聚集形成气顶，在驱替过程中利用气顶的弹性能将高部位剩余油驱出，增大构造高部位波及系数，从而提高采收率。双向驱综合边水驱和气顶驱作用机理，二者协同作用，优势互补，实现了1+1>2的效果。

人工气顶—边水双向驱在注气过程中易导致气窜问题，采取焖井及泡沫封堵的方式进行处理。

2.2 治窜措施分析

针对实验过程中注气生产所产生的气窜现象，采取两种治窜措施进行处理：焖井以及泡沫封堵，二者皆有一定的增产效果，但原理不同，焖井时利用油气重力分异作用，油气重新运移，将多孔介质渗流通道改变，从而实现增产效果；泡沫封堵是利用注入的泡沫段塞封堵住高渗通道，结合泡沫“堵大不堵小、堵水不堵油”的特点，增大波及系数，从而提高增产效果。

2.2.1 焖井方式处理

针对注气过程中的气窜问题，采取焖井的方式进行处理。焖井后油气交替产出，采出程度提高6.6%，增产效果较好。图5为焖井后产出状态图。

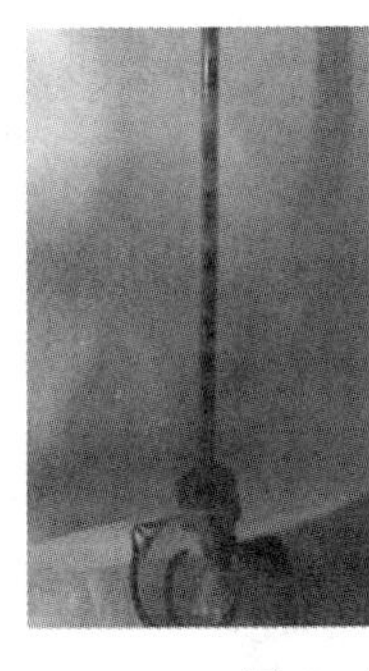
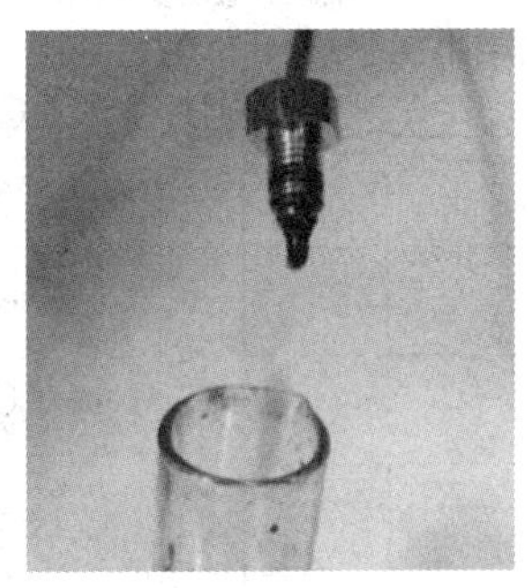

图5　焖井后产出状态图

增产原因分析：注气后静置，油气由于重力分异作用重新运移，气窜通道被填充，并形成一定规模的气顶；开井生产后，由于气窜通道重新分布，结合气顶的膨胀能，从而得到了较好的增产效果。

2.2.2 泡沫封堵处理

针对注气过程中的气窜问题，采取泡沫封堵的方式进行处理。原油以泡沫油的形式产出，生产压差增大，对气窜通道封堵效果较好，采出程度有所提高，增产效果明显。泡沫驱替过程图如图6所示。

泡沫质量较好

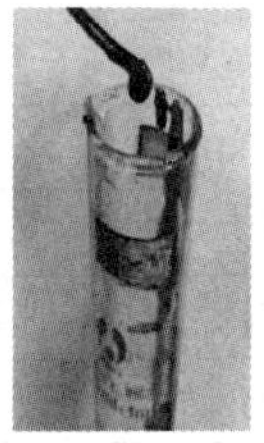
产出状态图

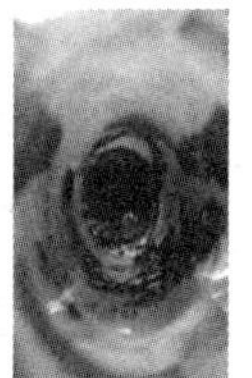
生成泡沫油

图6　泡沫驱替过程图

绘制泡沫驱替过程中的生产曲线如图7所示。

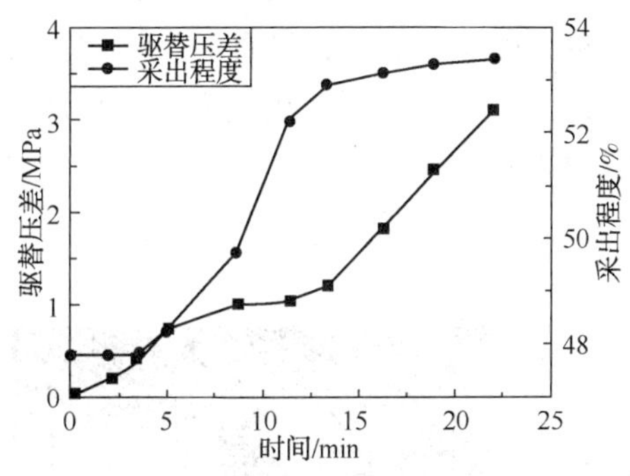

图7　泡沫驱替生产曲线

分析图7可得：泡沫驱替初期，驱替压差增长较慢，泡沫优先进入高渗孔道，增大波及系数，采出顶部部分剩余油；后期泡沫封堵通道，岩心管憋压，产油量较少，采出程度增长缓慢。

3 实际区块数值模拟

主要介绍实际区块辛48块油田沙二9的数值模拟研究。运用CMG软件建立试验区块油藏的数值模型，结合东辛油田所提供的辛48资料，对数值模型的油藏特性、组分特征、岩石流体特征以及初始条件进行完善，然后对其开发状况进行历史模拟，得到目前阶段的油藏物性参数，设计两种气驱开发方案对比其增产效果并进行注入参数优化。

3.1 概念模型建立

辛48块油田沙二9是四周被断层遮挡的反向屋脊断块油藏。断层北倾，地层南倾，地层倾角9°，满块含油，油藏地质建模所需物性参数如表1所示。

表 1　油藏储层及流体物性参数表

项　　目	数　值
含油面积/km^2	0.34
地质储量/10^4t	50.1
平均渗透率/μm^2	498×10^{-3}
原油地下黏度/mPa·s	9
原油地面黏度/mPa·s	74
综合含水饱和度/%	96.5
地层倾角/(°)	9
地层压力/MPa	25
油藏温度/℃	78
储层平均孔隙度/%	22

根据实际油藏特征及模拟所需条件，划分模型网格为 51×30×6，其中 i 方向网格大小为 15m，j 方向网格大小为 15m，k 方向网格为 2.5m。试验区块实际井网示意图如图 8 所示，为方便探究机理，将井的个数简化，设置一口注水井和两口生产井，其中为设计两种注气方案，将两口生产井位置设置不对称。

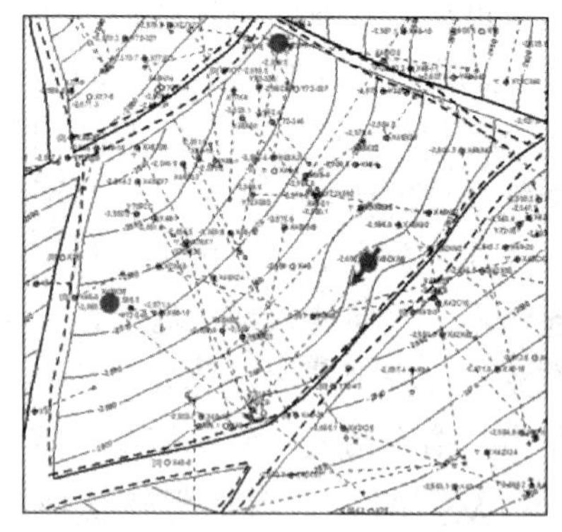

图 8　沙二 9 目前井网图

运用 CMG 的 Builder 模块建立模型如图 9 所示。

3.2　气驱前生产模拟结果

观察试验区块生产模拟结果并与实际生产状况作对比。

数模运行模拟降压开发阶段和水驱开发阶段共计 30 年，其中降压开发阶段开发时长为 10 年，人工水驱阶段开发时长为 20 年。探究地层压力、地层含水饱和度、原油累积产量变化趋势，得到模拟生产参数曲线如图 10 所示。

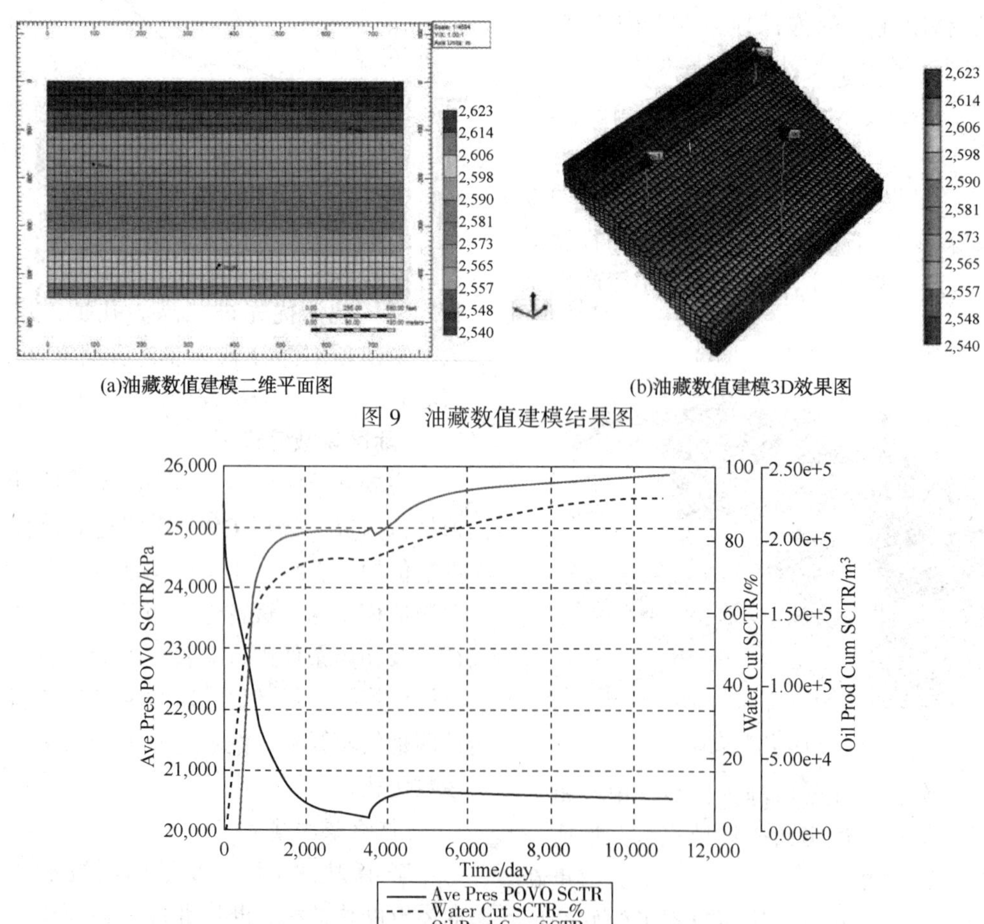

(a)油藏数值建模二维平面图　　(b)油藏数值建模3D效果图

图 9　油藏数值建模结果图

图 10　开发 30 年生产状况模拟结果

由图分析可得：降压开发阶段由于断块油藏边水能量不能及时补充导致地层压力迅速降低，此阶段产油量迅速上升，生产1年后地层含水饱和度也迅速提高；生产5年后产油量和地层含水饱和度都趋于平缓，其中产油量略有上升，地层含水饱和度略有下降，地层压力降低幅度减小；生产10年后转入水驱，地层压力先迅速略有提高后逐渐降低，产油量和地层含水饱和度先迅速略有升高后逐渐平缓增长，且增长幅度逐渐减小。

模拟生产结果与实际生产部分参数对照表如表2所示。

表2　模拟生产结果与实际生产参数对照表

对照项目	实际生产	模拟生产	相对误差/%
地层压力/MPa	20.5	20.51	0.05
累采油量/10^4t	23.5	19.8	15.74
综合含水饱和/%	96.5	97.5	1.04

分析表2可得：除了累采油量相对误差较大些之外，地层压力和综合含水饱和度相对误差较小，整体来说气驱之前生产模拟结果较为理想。

3.3　气驱前剩余油分布特征

观察降压开发及水驱阶段油水界面动态变化，分析开发结束后剩余油分布特征，从而为接下来的两种气驱实验方案提供指导。开发过程中剩余油分布变化如图11所示。

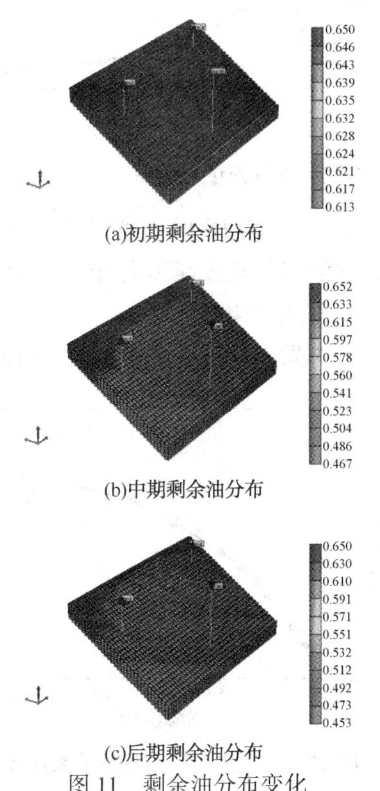

(a)初期剩余油分布

(b)中期剩余油分布

(c)后期剩余油分布

图11　剩余油分布变化

通过对图11进行分析可以得到地层含油饱和度的变化情况，水驱过程结束后剩余油主要集中在构造高部位，形成“边角油”、“阁楼油”(如图11(c)顶部红色部分所示)，其中低部位生产井先发生水淹，不再生产，故其上方剩余油较多。这是由于油的密度比水的密度小，使得水驱过程难以法波及到高部位的含油层，从而产生高部位原油滞留现象，这些“阁楼油”是下一阶段气驱所要驱替的主要部分。

3.4　人工气顶驱方案设计

针对辛48块沙二9开发现状，设计两种气驱开发方案：一种是顶部开一口新注气井，采取顶部注入的方式；一种是考虑到剩余油主要分布在低部位生产井上方，采取高部位生产井转注气井的方式。对两种方案的增产效果进行对比并优化所选方案。

两种方案都是结合目前开发状况进行为期1000d的开发模拟，在生产过程中注采比保持不变且注水井停用。方案一：顶部注气，在原注水井同一竖直方向设置一口注气井，两口生产井同时生产；方案二：高部位生产井转为注气井，低部位生产井单井生产。在CMG中同时运行两种方案，得到剩余油分布对比图和注气后生产模拟对比图分别如图12和图13所示。

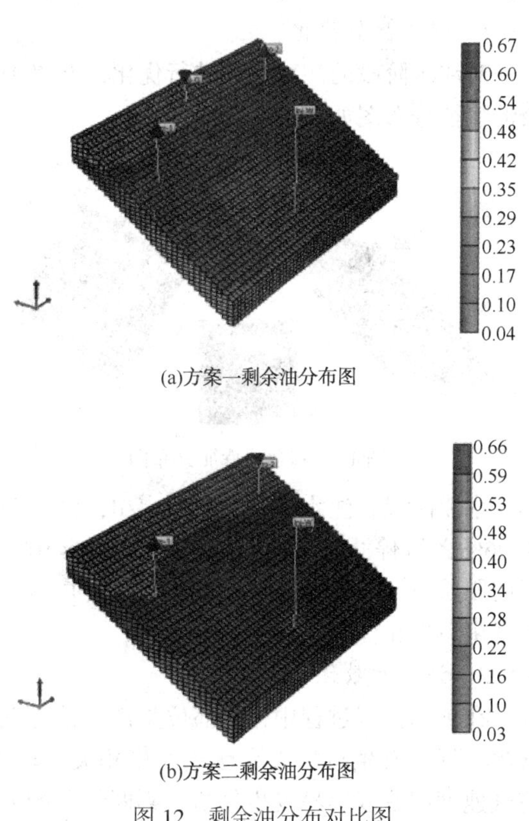

(a)方案一剩余油分布图

(b)方案二剩余油分布图

图12　剩余油分布对比图

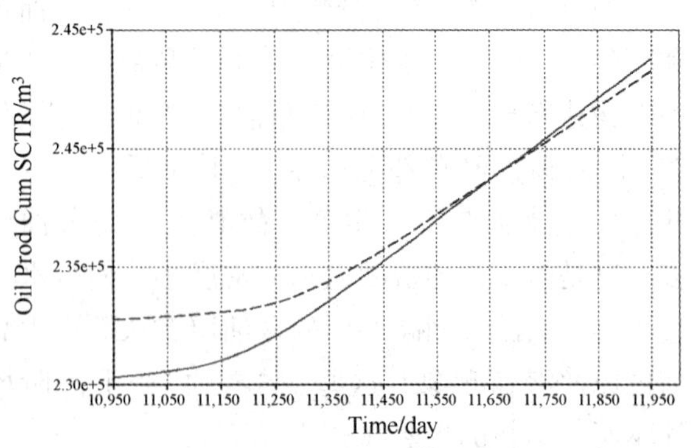

图 13　注气后生产模拟对比图

(其中实线为方案一生产模拟曲线，虚线为方案二生产模拟曲线)

结果分析：从图 12 中可以观察到方案一的油气界面较方案二来说更为平缓，可见顶部注气能够使油气界面向下均匀推进，有利于人工气顶的形成；高部位注气单井生产易发生气窜，油气界面向下推进不均匀，不利于人工气顶的形成。从图 13 中可以观察到注气开发前期方案二的产油量大于方案一，但在生产到 11650d 前后，方案一产油量和方案二开始持平，之后产油量逐渐大于方案二。结合图 3~图 6 分析是因为方案二在开发过程中发生气窜，且发生气窜的时间在生产至 11350 天前后，致使其日产油量开始小于方案一顶部注气开发方式。故选择顶部注气方案进行气驱开发。

3.5　参数优化

3.5.1　注水参数优化

对注水阶段的注水参数进行优化，并得到剩余油特征分布图如图 14 所示。

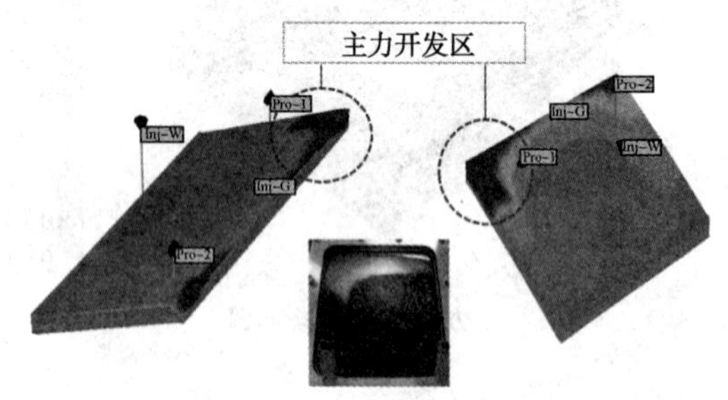

图 14　剩余油特征分布图

水驱阶段，注水速度为 $130m^3/d$，含水率到达 96%之后停止注入，注入量为 $1.16\times10^6 m^3$。双向驱阶段，注水速度为 $100m^3/d$，油井发生严重气窜后停止注入。

3.5.2　注气参数优化

在顶部注气过程中，高部位生产井首先发生气窜，气窜发生得快慢和注气速度相关性较强。注气速度越快越容易发生气窜。判断气窜的方法是生产气油比大于 $1000m^3/t$ 即视为生产井发生严重气窜。

高部位生产井发生气窜后，采取三种方案：

方案一：继续保持现状生产；

方案二：将高部位生产井关闭，仅保留低部位生产井生产，保持注采比恒定，观察总产油量以及油气界面运移情况。

方案三：焖井一段时间后重新生产，看是否进一步形成气顶。

注气速度与采出程度关系曲线及注气速度与气窜时间关系曲线分别如图 15 和图 16 所示。

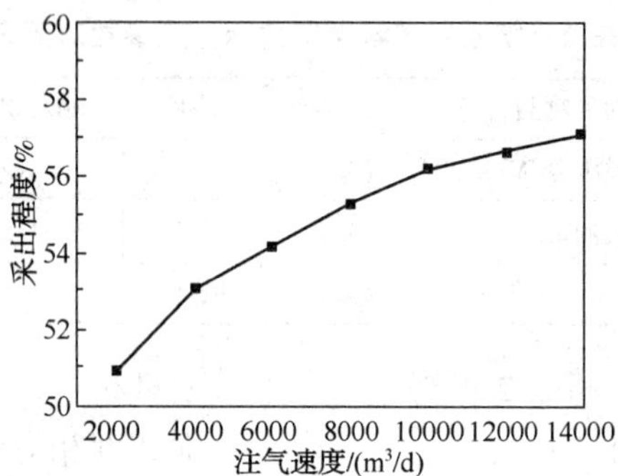

图 15　注气速度与采出程度关系曲线

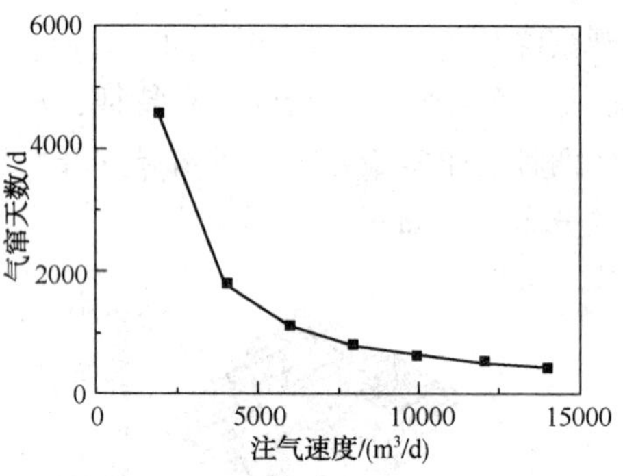

图 16　注气速度与气窜天数关系曲线

综合图 15 和图 16 得：注气速度越大，采出程度越高，但增长幅度越来越小，气窜发生得越快，选取注气速度 $4000m^3/d$。

注气量与采出程度关系曲线如图 17 所示。

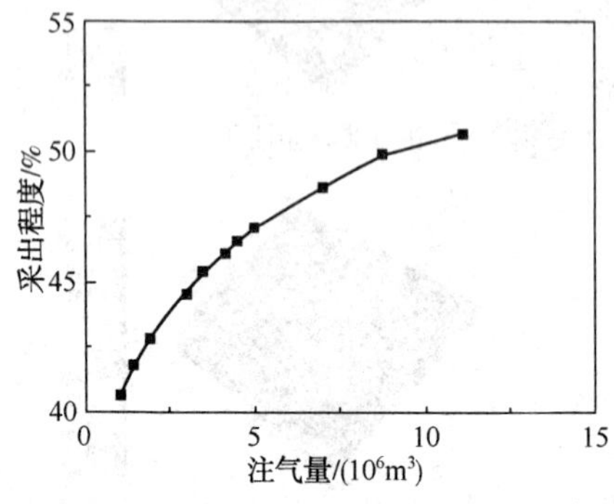

图 17　注气量与采出程度关系曲线

由图 17 可得：注气量越大，采出程度越高，但增长幅度越来越小。从经济效益方面出发优选注气量 $4\times10^6m^3$。

3.6 针对气窜进行方案调整

高部位生产井发生气窜后关井，只留低部位生产井生产，低部位生产井迅速发生气窜。低部位生产井气窜如图 18 所示。

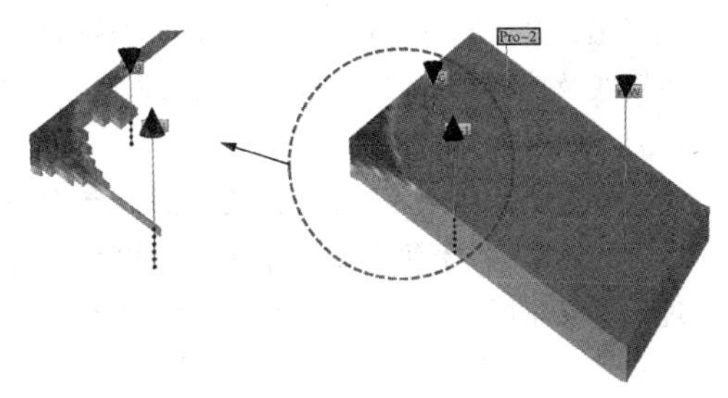

图 18 低部位生产井气窜图

由图 18 可得：气驱过程中于上层先发生气窜。

由于低部位生产井的上层开采点先发生气窜，关闭上层开采点，保留下层开采点。观察气窜发生得快慢以及气顶的形成状况。得到关闭上层开采点后的气顶状态图如图 19 所示。

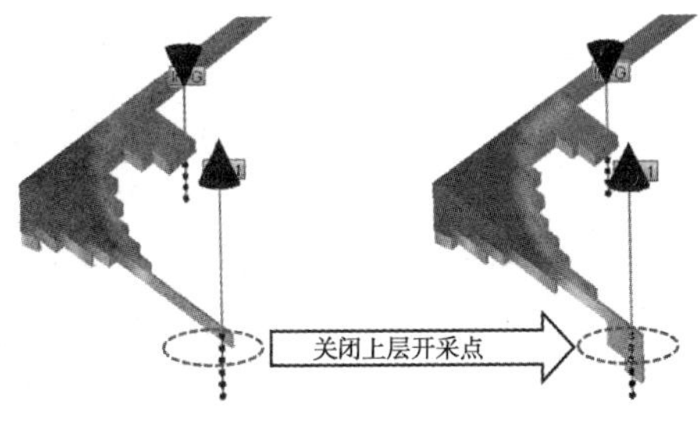

图 19 关闭上层开采点后的气顶状态图

由图 19 可得：关闭上层开采点后气窜发生得较慢，气顶更大，总产油量有所提高。

交替关井气顶形成状况(高部位生产井气窜后关闭，低部位生产井生产，低部位生产井气窜后开高部位生产井同时生产)。得到交替关井气顶形成状况图如图 20 所示。

4 结论

(1) 人工气顶—边水双向驱综合边水驱和气顶驱作用机理，二者协同作用，优势互补，实现了“1+1>2”的效果。在注气过程中易导致气窜问题，采取焖井及泡沫封堵的方式进行处理，泡沫封堵后继续注气依然有一定的增产效果。

(2) 经过数值模拟可以看到水驱过程结束后剩余油主要集中在构造高部位，形成“边角油”、

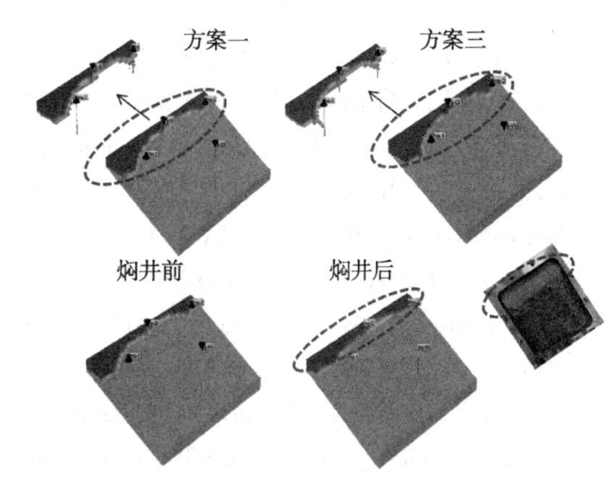

图 20 交替关井气顶形成状况图

“阁楼油”，验证实验部分的现象。

(3) 在顶部注气的基础上，优化了注水注气等相关参数，水驱阶段，注水速度为 $130m^3/d$，含水率到达 96%之后停止注入，注入量为 $1.16\times10^6m^3$。双向驱阶段，注水速度为 $100m^3/d$，油井发生严重气窜后停止注入；注气速度为 $4000m^3/d$；从经济效益方面出发优选注气量 $4\times10^6m^3$。

参 考 文 献

[1] 黄宏惠．庙北东营组断块油藏开发规律及剩余油分布研究[D]．长江大学，2012.

[2] 黄金山．复杂断块油藏评价方法及实践：以魏岗北部地区为例[J]．油气藏评价与开发，2014，4(2)：29-33.

[3] 王端平．对胜利油区提高原油采收率潜力及转变开发方式的思考[J]．油气地质与采收率，2014，2104，1-4+111.

[4] 尤启东，周方喜，张建良．复杂小断块油藏水驱开发效果评价方法[J]．油气地质与采收率，2009，16(1)：78-81

[5] 杨海博．大尺寸模型水驱波及规律对比试验[J]．断块油气田，2015，22(5)：633-636.

[6] 张戈．复杂断块油藏人工边水驱提高采收率机理分析[J]．断块油气田，2014，2104：476-479.

[7] 朱建红．底水稠油油藏蒸汽驱室内模拟实验研究[D]．西安石油大学，2012.

[8] 韩大匡．深度开发高含水油田提高采收率问题的探讨[J]．石油勘探与开发，1995，05：47-55+98.

[9] 刘维霞，吴义志，李文静，孙宁宁．断块油藏气顶-边水双向驱油藏筛选标准[J]．特种油气藏，2016，2301：104-108+156.

[10] 梁淑贤，周炜，张建东．顶部注气稳定重力驱技术有效应用探讨[J]．西南石油大学学报(自然科学

版)，2014，3604：86-92.

[11] 常元昊，姜汉桥，李俊键，马康，高亚军，胡锦川，王依诚．高倾角低渗断块油藏顶部注气规律研究[J]．科学技术与工程，2016，1633：179-183.

[12] Kasiri，N.，& Bashiri，A.(2009，January 1). Gas-Assisted Gravity Drainage (GAGD) Process For Improved Oil Recovery. International Petroleum Technology Conference. doi：10.2523/IPTC-13244-MS

[13] Rao，D. N.，Ayirala，S. C.，Kulkarni，M. M.，& Sharma，A. P.（2004，January 1）. Development of Gas Assisted Gravity Drainage(GAGD) Process for Improved Light Oil Recovery. Society of Petroleum Engineers. doi：10.2118/89357-MS

[14] 肖康，姜汉桥，李俊键．高含水期水平井提高水驱采收率机制[J]．中国石油大学学报(自然科学版)，2013，37(03)：110-114.

[15] 张艳玉，王康月，李洪君，李楼楼，聂法健．气顶油藏顶部注氮气重力驱数值模拟研究[J]．中国石油大学学报(自然科学版)，2006，04：58-62.

[16] 李志鹏，林承焰，史全党，李润泽，彭学红．高浅南区边水断块油藏类型及剩余油特征[J]．西南石油大学学报(自然科学版)，2012，3401：115-120.

[17] 廉培庆，李琳琳，程林松．气顶边水油藏剩余油分布模式及挖潜对策[J]．油气地质与采收率，2012，1903：101-103+118.

[18] 冷振鹏，吕伟峰，马德胜，刘庆杰，严守国，李彤．利用 CT 技术研究重力稳定注气提高采收率机理[J]．石油学报，2013，3402：340-345.

稠油多层火驱调控技术的研究与试验

张守军　许　丹

(中国石油辽河油田公司)

摘　要　杜66块为薄互层稠油油藏，经多轮次蒸汽吞吐后转入多层火驱开发，采用反九点面积井网注气，因储层非均质、吞吐动用不均、空气超覆等原因，注入空气推进不均匀，纵向动用不足70%，个别井单向突进导致很快发生气窜，为此，开发并试验了分段注气、调剖、封堵等火驱调控技术，减缓纵向矛盾，封堵气窜通道，抑制单层或单向突进，提高动用程度，在现场实施中初见成效，为火驱开发积累了宝贵经验。**关键词**　薄互层稠油；火驱调控；分段注气；注气井调剖；尾气封堵

辽河油田杜66块为薄互层稠油油藏1986年开发，现已进入蒸汽吞吐开发后期，平均周期12.3，可采储量采出程度87.1%，具有“高吞吐周期、高采出程度、低地层压力、低日产油量、低油气比”的开发特点，吞吐效果逐步变差。2005年在杜66块开展了驱油效率高、成本低的火驱试验[1]，2012年转入规模实施，见到了一定效果，区块年产从17.3×10^4t上升到25.5×10^4t。受储层非均质、吞吐动用不均等因素影响，存在注入空气推进不均匀、波及系数低的问题[2]，为此，实施了强化动态调控、辅助蒸汽吞吐等对策，同时开展了多层火驱调控工艺技术的研究与试验，来改善火驱生产效果，保障火驱采收率。

1　薄互层火驱动用不均现状及原因分析

1.1　动用不均现状

杜66火驱采用反九点面积井网注气，随着火驱开发进程的不断深入，动用不均矛盾加剧。注气井吸气剖面资料显示，整体纵向动用程度为70%(表1)，各油层组动用程度从上到下依次递减；统计结果表明平面上生产井尾气排量差异较大，63%的生产井日排尾气量不到平均数的一半，气窜井比例为11%，所产尾气占总数的57%(表1，图1)。

表1　各油层组吸气状况统计表

层位	吸气好>10% m	吸气差<10% m	不吸0 m	动用程度 %
杜Ⅰ$_{1\sim2}$	552.9	86.4	79.5	89
杜Ⅰ$_{3\sim5}$	105.0	41.7	84.0	64
杜Ⅰ$_{6\sim9}$	154.5	32.1	158.7	54
杜Ⅱ$_{1\sim4}$	71.7	38.4	138.6	44
小计	884.1	199	460.8	70

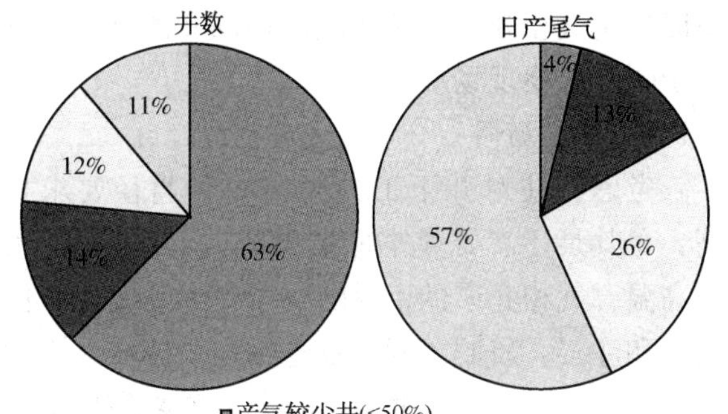

图1　火驱生产井尾气分布状况

1.2　动用不均原因分析

1.2.1　非均质性影响

由于近物源、高坡降、水动力条件变化不稳定等差异性，决定了杜66断块区沉积物的分选差，粗细混杂，纵向存在一定层间非均质性；平面非均质性即沉积特征影响了火驱见效方向，火线易沿主河道方向优势推进，沿河道方向或砂坝方向见效明显，见效达到85%；而位于分流间见

【基金项目】国家科技重大专项“辽河、新疆稠油/超稠油开发技术示范工程”(2016ZX05055)

【作者简介】张守军(1963—)，男，教授级高工，1986年毕业于江汉石油学院采油工程专业，1999年毕业于大庆石油学院油气田开发工程专业，获硕士学位，现从事油田开发技术管理工作。E-mail：zhangshoujun@petrochina.com.cn

效较差，见效率仅为 39%。

1.2.2　受蒸汽吞入阶段动用程度影响

杜 66 吞吐阶段采用 100m 正方形井网，部分加密井井距 30~70m，多轮吞吐加剧了油层动用不均，特别是吞吐阶段形成的汽窜通道也成为火驱空气快速运移的通道，容易导致井间气窜。

为提高注入空气的利用率，改善火驱开发效果，现场采取了注采参数动态调控、辅助蒸汽吞吐等手段，并针对注入井、生产井的具体情况，开展了相关的调控工艺技术研究与试验。

2　注气井调控技术

2.1　分段注气

针对多层火驱过程中的纵向吸气不均、单层突进的问题，开展了火驱分段注气研究与现场试验，实现套管完好注气井的均匀注气，改善火驱开发效果。

2.1.1　原有管柱的局限性

分段注气可采用平行双管、单管定量配气等管柱结构。但是若下入平行双管因井眼空间受限难度大、风险高，且管柱无封隔器隔离防腐保护；现有的单管定量配气管柱，配气阀耐温和密封无法适应火驱点火注气的生产工况，结构上也不能满足气相介质的井下流量控制和测试，都不适于曙光火驱现场应用。

2.1.2　可监测同心分段注气管柱的设计

考虑管柱对井下工具的结构和通径要求极高，尤其是还需要管外捆绑电缆进行测温，外加耐高温，气相介质的密封的要求，为了实现分段点火和注气，研制了同心双管结构的分段点火注气管柱(图 2)，并依据不同的点火工艺的技术需求，配套设计了相应特殊结构井下配注工具，形成了系列化火驱分注管柱。

首先是可满足分段化学点火的工艺管柱，其技术思路为：

① 利用封隔器和滑套密封装置建立内管、内外管环空双通道实现分层；

② 采用高温过电缆封隔器实现温度监测；

③ 内外管均采用伸缩补偿方式。

点火注气流程：首先对上下层段同注蒸汽预热，然后从外管对上部实施化学点火注气点燃上部油层；最后从内管对下部实施化学点火注气点燃下部油层。

随后在火驱电点火技术试验成功的基础上，根据电点火方式的要求，优化设计相应的分段电点火注气管柱，其技术思路主要是通过滑动配气装置改变注入层段，进行分段电点火。具体点火注气流程是首先从内管注气，通电对上部进行点火；上部点火成功后断电，下放点火器，撞击滑套装置换向关闭侧位出气口，继续下放撞击底阀，打开下部油层注气通道；并从内外管环空连续注入空气，实现对上部油层的正常注气；然后从内管注气，通电对下部进行点火(图 3)。

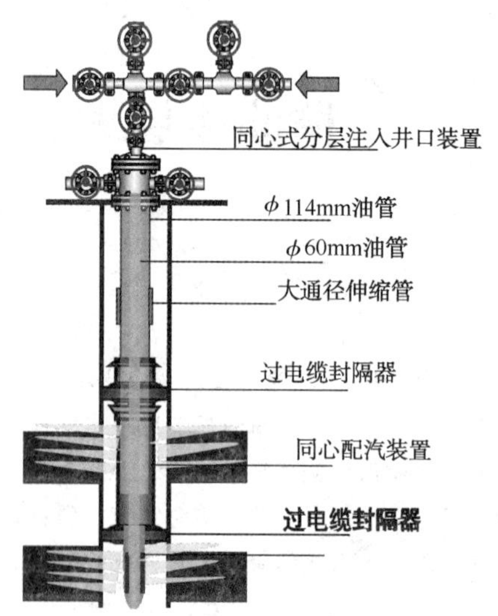

图 2　分段注气管柱示意图

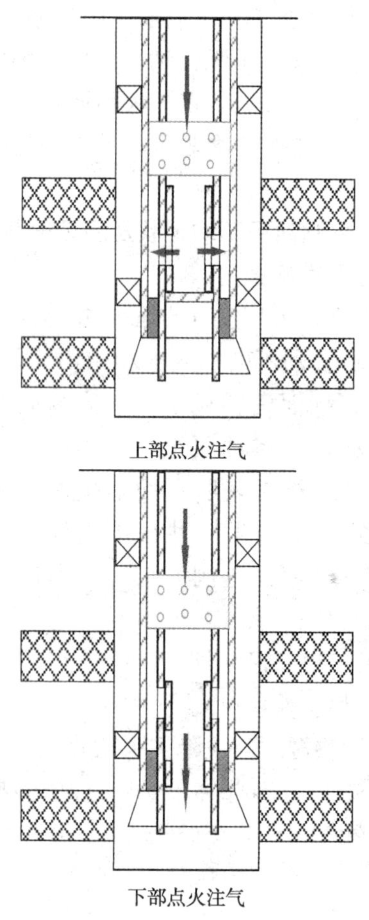

图 3　可监测分段电点火注气管柱

2.2　矿场试验

现场共计试验同心管分段注气管柱 14 井次。注气井吸气剖面监测结果表明层间差异较大，纵向动用不均衡，下部油层动用差，其中杜Ⅰ$_{6\sim9}$、杜Ⅱ$_{1-4}$动用程度仅为 54%、44%。措施井实施分段注气技术后中心管、内外管环空两个注气通道注气压力差可达到 0.2～0.5MPa，说明分段注气管柱达到一定的强制分注效果，参照上部井段动用状况计算，可提高 10%的纵向动用程度，明显改善火驱的开发效果。

将同期转驱的井组与笼统注气井组对比分析，分段注气井组第一口生产井见气时间为 34d，三个月后见效方向 3.6 个；而笼统注气井组第一口生产井见气时间为 21d，三个月后见效方向 2.4 个。分析生产井尾气量及组分发现，笼统注气井组生产井气窜井次为 2.2，分段注气井组生产井气窜井次为 1.3。可见，对比笼统注气井组，分段注气抑制了层间矛盾，促使井组生产井见效方向增多，气窜井次也明显减少，有效改善了平面动用状况。

2.3　注气井调剖技术

近年来开展了注气井调剖研究与试验，从源头调整注入空气走向，来实现火线的均匀推进，提高火驱动用程度。

2.3.1　地层温度对调剖剂性能要求

使用 CMG 油藏数值模拟软件的 STARS 模拟器，采用燃料转化率方法[3]，建立杜 66 块火驱数值模型，并进行模拟计算，明确了火驱前缘和油藏温度的变化规律及火驱调剖的温度和时机要求(图 4)。

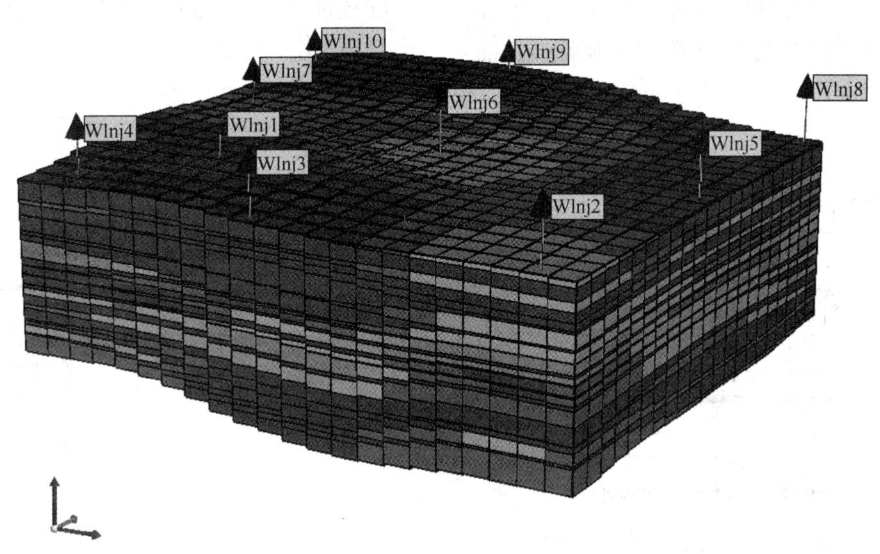

图 4　曙 1-47-03X 井组油藏地质模型网格图

模拟曙 1-47-03X 井组油层温度变化可知(表 2)，受火驱前缘位置的影响，火驱前 3 年火线位于近井地带 20m 半径以内，因此，近井 20m 内油藏的温度存在 300℃以上的高温区，但井底附近温度一般在 120℃左右。此时，由于渗流面积小，空气量流动速度快，火驱前缘温度较高，可达 500℃以上；火驱 3 年后，火驱前缘位于 20～30m 范围内，前缘温度在 350～400℃左右，近井地带 20m 内油藏温度在 300℃以下。

火驱调剖剂的选择要综合考虑调剖时机及处理范围，调剖半径 10m 时，火驱 3 年内注气井所用调剖剂的耐温应在 300℃以上；火驱 3 年后注气井所用调剖剂的耐温应在 200～300℃。

表 2　曙 1-47-03X 井组火驱油藏温度

项　目		第 1.5 年	第 2 年	第 3 年	第 4 年	第 5 年	第 9 年
火线位置/m		5～10	10～15	15～20	15～20	20～25	25～30
火线温度/℃		537.2	444.0	420.0	397.4	396.6	374.1
温度/℃	井底	119.9	129.6	121.1	116	111.1	102.2
	5m	239	212.8	195	184.9	177	162.3
	10m	358.1	296	268.9	253.8	242.9	222.4
	20m	208.5	234.3	326.4	288.5	262.1	248.2
	50m	102.6	104.3	113.3	129.4	148	171.4

2.3.2　火驱调剖剂性能评价与配方研制

通过流变性测定、高温封堵等室内实验，评价了泡沫、凝胶+膨润土、盐析及双液法调剖等不同调剖剂的气相封堵效果[4,5](表 3)。

表 3 不同调剖剂封堵的效果和参考适用条件

堵剂类型	配 方	封堵率	适用温度/℃	封堵范围/m
泡沫	起泡剂 0.3%~0.5%，稳泡剂 0.3%~0.5%，气液比 50~100	50%~80%(短期)	<300	>5~10
凝胶+膨润土	聚合物浓度 0.3%~0.8%，交联剂 0.1%~0.2%，膨润土加量：10%	30%以上	<200	<10
蒸发盐析	饱和 NaCl 盐水	40%~70%	不限	不限
乙醇盐析	乙醇盐水比例>30%	20%~90%	不限	不限
硅酸盐双液法	硅酸钠溶液浓度 10%~15%，硫酸亚铁浓度 20%~25%，两种溶液注入量 1∶1	30%~70%	<200	1~5

考虑火驱注气井调剖施工存在着气大作业停井时间长易灭火、外来流体降温影响燃烧状态、措施后注不进等风险，封堵强度较高的凝胶、盐析法等调剖工艺实施受限，现场开展了泡沫类调剖技术的研究，通过优选泡沫体系，优化施工参数，进行现场试验，进行火驱注气井调剖工艺探索。初期现场采用经过烯烃磺化、烷基化、中和反应步骤合成了的磺酸盐型阴离子泡沫剂[6]，能有效耐受 250℃高温，施工后注气压力上升 0.5~1.5MPa，但由于地层吸附以及泡沫强度较低，有效期不足一个月。

针对火驱特点(富含氧气、高温)，通过室内静态实验，评价醇醚类、胺类、磺酸盐类、羧酸类、酚醛类等五种不同发泡剂的起泡性能，从中优选性价比较高的适用于空气介质的耐高温发泡剂(酚醛类)(图 5)。

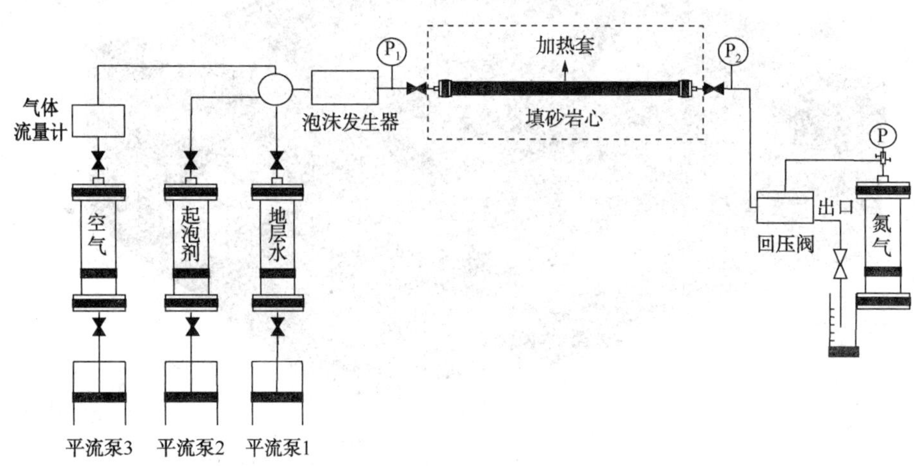

图 5 岩心封堵实验装置示意图

大量研究表明[7,8]，气液比升高，形成泡沫的表观黏度升高，封堵能力增强，但气液比过大，泡沫消泡产生的气体较多，容易形成气窜，不利于封堵。

在耐高温空气发泡剂筛选的基础上，通过单管岩心驱替实验研究气液比、注入方式、渗透率等因素对高温条件下(300℃)空气泡沫封堵性能的影响。结果表明，气液比升高，形成泡沫的表观黏度升高，封堵能力增强，但气液比过大，泡沫消泡产生的气体较多，容易气窜不利于封堵，优化的气液比为 2∶1；使用泡沫发生器，岩心产出均匀致密的泡沫，可有效地保证泡沫的封堵能力，封堵压差大，而不使用泡沫发生器，产出的泡沫量少，并且稳定性差；渗透率在 600-2400×$10^{-3}\mu m^2$范围内，高温空气泡沫均产生了较强的封堵作用，渗透率越大，封堵能力越弱，当渗透率达到 3000×$10^{-3}\mu m^2$后，封堵能力较弱(图 6)。

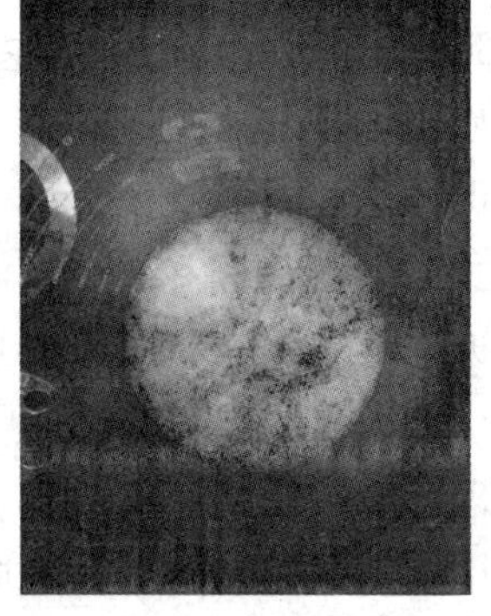

图 6 使用泡沫发生器与无泡沫发生器泡沫状态图

2.3.3　矿场试验

选择最高渗透率在 $3000\times10^{-3}\mu m^2$ 以下的注气井开展现场试验，使用泡沫发生器将高温发泡剂按优选气液比与空气同步注入，措施后注气井注入压力明显上升、吸气剖面改善，井组内注气井尾气产量也发生相应改变。

注气井曙 1-43-035 井措施前日配气量 $10000Nm^3$，注气压力 1.8MPa，累计注气 $974.3\times10^4Nm^3$，措施施工过程中注气压力上升到 4.4MPa，措施后注气压力 2.8MPa；吸气剖面改善较明显，新增 3 个吸气层，其余层变化幅度超过 20%；井组生产井尾气产量发生明显变化，3 口高产气井产气量下降，低产气井产气量普遍增加，气相色谱监测结果表明尾气组分未见到改变，仍维持高温燃烧状态[9,10]（图 7，表 4）。

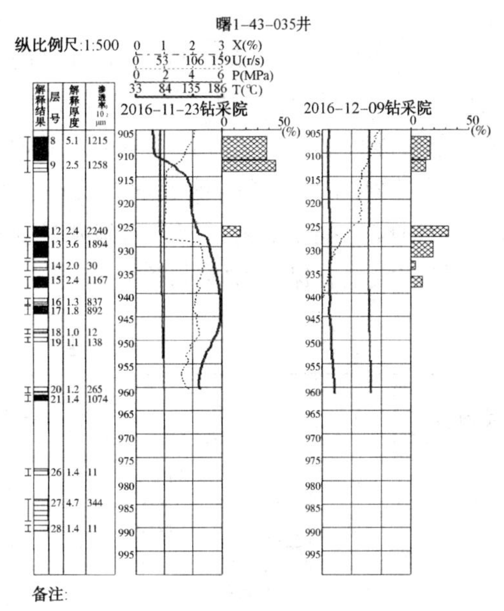

图 7　曙 1-43-035 井措施前后吸气剖面

表 4　曙 1-43-035 井组措施前后注气及尾气对比表

类别	井号	日产尾气/(Nm^3/d)			所占百分比/%		
		措施前	措施后	对比	措施前	措施后	对比
注气井	曙 1-43-35	9967	9943	-24			
生产井	曙 1-43-35	11	84	73	0.1	0.4	0.3
	曙 1-42-35	42	101	60	0.2	0.5	0.3
	曙 1-43-034	1045	576	-469	4.8	2.6	-2.2
	曙 1-43-34	1509	2249	740	6.9	10.1	3.2
	曙 1-42-534	1642	5388	3746	7.5	24.3	16.8
	曙 1-42-636	2600	1734	-866	11.9	7.8	-4.1
	曙 1-043-36	2957	1846	-1111	13.6	8.3	-5.2
	曙 1-43-36	12014	10203	-1812	55.1	46.0	-9.1
小计		21821	22182	362			

3　生产井调控技术

针对火驱井组中产气量大的气窜井，现场开展了尾气封堵技术研究与试验，使用的封堵剂要有较高强度，能对气窜通道进行有效封堵，降低措施井产气量，迫使火驱尾气向井组其他方向流动，又不会完全堵死，从而达到提高面积井网火驱动用程度的目的。

3.1　封堵剂配方研究

初期现场采用强凝胶堵剂交联体系为树脂交联[11]，其溶液状态时流动性较高，来增加封堵半径，实现地层深部气窜通道处封堵的目的，加入橡胶粉、树皮粉等有机颗粒对大的孔道进行充填，并提高堵剂强度和耐温性能，凝胶堵剂胶体耐温可达 140℃、胶体黏度 $\geq1\times10^4$ mPa·s，封堵率≥98%。现场实施后发现由于堵剂耐温性能较差，措施后吞吐时会大量破胶效果不理想。

后将堵剂配方加以改进，把强凝胶堵剂与无机堵剂结合形成复合段塞封窜工艺技术，无机堵剂主要是耐温性较好的树脂粉煤灰，起增加固结强度提高耐温作用，可保证封口强度。无机堵剂成胶温度在 30～120℃，成胶后耐温可达 350℃，封堵率≥85%。

3.2　施工工艺设计

基于渗流力学理论设计了封堵模拟计算流程，在计算时考虑到蒸汽吞吐过程中温度对凝胶黏度的影响，实现对生产井尾气封堵施工参数优化设计。

为了保证调堵施工效果，配合应用辅助工艺，提高注入堵剂的有效利用率，改善措施效果。采用了智能控制注入装置，可使堵剂低速连续注入地层，增加了堵剂向地层深处的推进距离；注蒸汽时配套配注工艺，结合措施井具体情况合理设计注汽量，保障措施井产能。

3.3 矿场试验

现场试验了 20 井次，生产井实施尾气封堵后，措施井尾气明显下降，从措施前的 6018Nm³/d 下降到 4088Nm³/d，日产尾气减少 1930Nm³，下降幅度 31%；60%井次对应井组平面见效程度明显改善。不同堵剂配方效果表明，添加封口剂后封堵尾气效果更为明显(表 5)。

表 5　生产井尾气封堵措施前后对比表

堵剂	井次	轮次	周期					
			注汽压力/MPa	生产天数/d	周期产液/t	周期产油/t	日产油/t	日产尾气/Nm³
凝胶颗粒	5	前	12.1	267	2219	765	2.9	4685
		后	12.5	254	2195	757	3.0	3375
		对比	0.4	-13	-24	-8	0.1	-1310
凝胶颗粒+封口剂	15	前	11.4	290	3101	820	2.8	6462
		后	12.3	262	2389	715	2.7	4326
		对比	0.9	-28	-712	-105	-0.1	-2136
小计	20	前	11.6	284	2881	806	2.8	6018
		后	12.3	260	2340	725	2.8	4088
		对比	0.8	-24	-540	-81	0.0	-1930

曙 1-46-新 38 井为一口生产角井，该井受周边 3 口注气井共同影响，措施前日产尾气 7544Nm³。施工前依据封堵模拟计算流程，对施工参数进行了优化设计，调剖剂注入量为 800m³ 左右，末段注入 100m³ 封口剂，现场施工压力 8.5MPa。

措施后，该井对应注气井中曙 1-47-037 注气压力上升了 0.7MPa(1.8 升至 2.5)，周期阶段生产 212d，日产尾气 4290Nm³，对比措施前降低了 3254Nm³，幅度达 43%；与该井同井组共有 25 口生产井，其中 7 口关井，其余井正常生产。在注气井参数无明显变化的情况下，封堵后新增 2 个见效方向，曙 1-46-更 37、曙 1-45-更 39 井尾气量大幅度上升，其余井变化不大(图 8)。

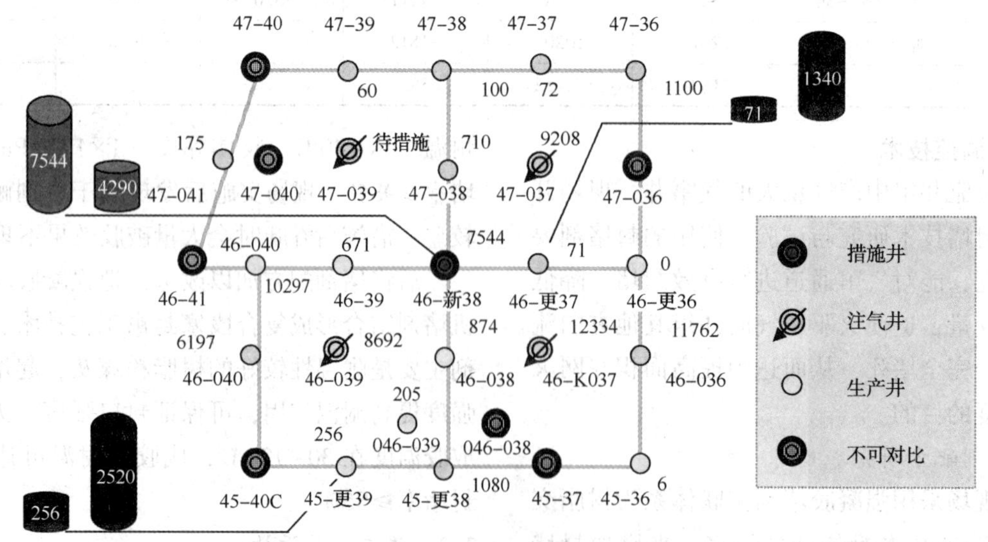

图 8　曙 1-46-新 38 井对应井组内各生产井尾气量变化图

4 结论与展望

(1) 受储层非均质性、采出状况、井网井距等因素影响，动用不均已成为多层火驱开发的主要矛盾，采取系列的调控工艺技术是保障火驱效果的必要手段。

(2) 实践表明，开发试验的分段注气、注气井调剖、生产井尾气封堵等技术丰富了稠油多层火驱调控手段，取得了一定的阶段性成果。

(3) 动用不均矛盾仍比较突出，下步要拓宽思路，继续攻关，改进工具、优化配方、开发新技术，进一步提高火驱调控技术水平。

参　考　文　献

[1] 王元基，何江川，廖广志等．国内火驱技术发展历程与应用前景[J]．石油学报，2012，33(5)：909-914.

[2] 门福信．薄互层稠油油藏火驱开发动态调控技术研究[M]．化工管理，2014.07：118

[3] 张方礼，刘其成，赵庆辉，等．火烧油层燃烧反应数学模型研究[J]．特种油气藏，2012，19(5)：55-59.

[4] 任红梅，付亚荣，陈燕．醇致盐沉积法调剖及提高采收率研究[J]．油田化学，2001，18(3)：246-250.

[5] 曲占庆，吴婷，王丽等．稠油火驱调剖暂堵机理实验研究[J]．内蒙古石油化工，2011，22：154-156.

[6] 孙建峰，郭东红，辛浩川等．JP 系列高温泡沫剂的合成及性能评价[J]．石油钻采工艺，2011，33(2)：117-119.

[7] 王力．氮气泡沫稳定性评价[J]．石油地质与工程，2009，23(4)：119-122.

[8] 谢桂学，刘江涛，李军，等．低气液比泡沫驱的室内物理模拟研究[J]．石油地质与工程，2011，25(5)：115-120.

[9] 袁士宝，宁奎，蒋海岩，等．火驱燃烧状态判定试验[J]．中国石油大学学报(自然科学版)，2012，36(5)：114-118.

[10] 程宏杰，顾鸿君，刁长军，等．注蒸汽开发后期稠油藏火驱高温燃烧特征[J]．成都理工大学学报自然科学版)，2012，39(4)：426-429.

[11] 于浩．杜 66 火驱生产井气窜封堵技术研究[J]．石油化工应用，2014，33(4)：28-31.

高含水复杂断块油藏夹层控油模式及挖潜对策

王智林[1]　孔维军[2]　张建宁[2]　苏书震[2]

(1. 中国石化江苏油田分公司勘探开发研究院，2. 中国石化江苏油田分公司采油一厂)

摘　要　复杂断块油藏隔夹层较为发育，开展多夹层控制下的控油模式研究对高含水期复杂断块油藏的剩余油挖潜意义重大。本文首先基于典型模型研究了夹层数目(贯通注采井)、夹层发育规模及夹层展布位置对于高含水后储层纵向波及效率及剩余油分布模式的影响。建立了 16 种表征注采井间不同夹层数量和展布位置的多夹层驱替模型，并将其归纳为“多驱少”和“少驱多”的驱替模式。总结了两种驱替模式下夹层对于剩余油分布的影响及其差异性。针对典型区块提出补层及部署新井的挖潜对策，取得良好应用效果。研究成果及实践可为其他高含水期油藏的剩余油挖潜提供借鉴意义。

关键词　油藏；控油模式；剩余油；驱替；挖潜

油田开发实践表明，在开发后期高含水阶段，油藏内剩余油受诸多因素影响，分布复杂多样。其中，储层中夹层所形成的渗流屏障和渗流差异是影响剩余油分布以及水驱油藏开发的重要因素[1,2]。高含水复杂断块油藏作为水驱高含水油藏的重要组成部分，由于其含油层系多，储层厚度差异大的地质特征，在不同的夹层分布形态下，剩余油的分布更加复杂[3,4]。

学者对于夹层对水驱剩余油的控制作用开展过一系列的研究。岳大力采用水驱油物理模拟的手段，总结了夹层长度、注采井与夹层的位置关系、射孔位置等因素对剩余油分布的影响[5]。屈亚光基于层内夹层理想模型，首先研究了夹层对韵律性储层层内射孔位置的影响，然后分别研究了夹层分布位置及范围对反韵律储层水驱效果的影响[6]。刘超等采用数值模拟方法研究了夹层规模、发育位置对海上厚层剩余油分布的影响[7]。刘红英通过室内实验对比了注水井和采油井钻遇夹层条件下聚合物驱剩余油分布的异同[8]。周凤军等利用岩心驱替研究了不同韵律底层对早期注聚剩余油分布及生产动态的影响[9]。但上述研究均采用的是发育单个夹层的模型，既没有考虑纵向夹层数量对于剩余油分布的影响，也难以体现出复杂断块油藏含油层系薄，但同时发育夹层多的地层特征。因此，本文依据复杂断块油藏的特点，设计了能够代表不同夹层数量和展布位置的 8 种多夹层分布模式，并依据注入井和采油井钻遇夹层的不同建立了 16 种多夹层驱替模型。利用典型模型建立了夹层性质对高含水期剩余油分布的控制规律。基于上述不同多夹层驱替模式下的机理模型总结了“多驱少”和“少驱多”型储层的剩余油分布规律及其对生产特征的影响。分别针对性地提出了挖潜对策，为指导高含水期夹层控制剩余油的有效挖潜提供理论指导。

1　复杂断块油藏多夹层驱替模式分类及表征

C3 断块为典型统一油水系统的多层块状边底水油藏，储层以中高渗为主，内部夹层较为发育。为研究注水开发后内部夹层发育状况对高含水期剩余油的影响，在油藏内部夹层识别的基础上，建立了注采井间驱替模式。

1.1　复杂断块多夹层储层夹层模式划分

根据 J 油田复杂断块油藏隔夹层发育的统计成果，以夹层形式存在的小层最多有四个砂体。由此构建垂向夹层分布类型及驱替模式，如图 1 所示。为表征夹层分布数量及纵向展布位置，可以建立 A、B、C、D、E、F、G、H 共计 8 种夹层垂向分布类型。其中，B、C、D 均属于三砂体模型，E、F、G 属于两砂体模型，H 属于单砂体模型。前期的数模对比表明 B、C、D 三种夹层分布类型的剩余油分布规律及最终采出程度相

【作者简介】王智林(1988—)，男，2017 年 9 月毕业于中国石油大学(北京)，获博士学位。现于中国石化江苏油田开展博士后课题研究工作。目前职称为助理研究员。主要从事油气田开发及提高采收率方向的研究工作。E-mail：wangzl_ 1. jsyt@ sinopec. com

差不大，E、F、G 三种类型也同样相差不大，因此将上述夹层分布类型归纳为Ⅳ、Ⅲ、Ⅱ、Ⅰ四大类型的多夹层分布模式(见图 1)。

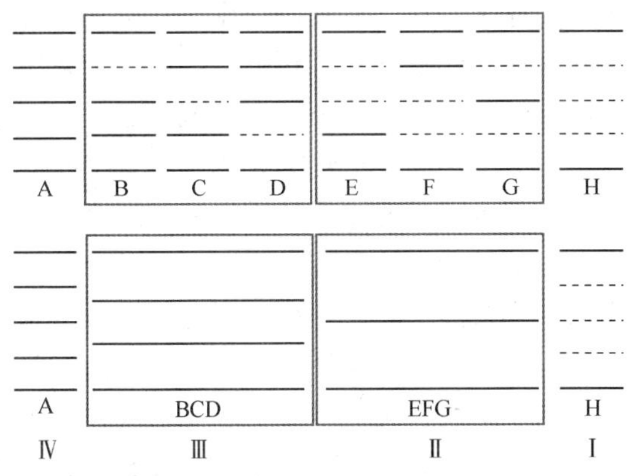

图 1　夹层基础分布模式划分与归纳

1.2　复杂断块油藏注采井间多夹层驱替模式建立

以一注一采的基础驱替单元来看，注入井和采出井钻遇的夹层类型都无外乎这四种模式。那么注采井间夹层匹配关系可进一步总结为 16 种垂向夹层驱替模式，如表 1 所示。结合夹层的基础分布模式划分(见图 1)，上述 16 种垂向驱替模式中，“ * ”为基本型模式，共计 6 种，“#”为必然组合型模式，可由基本型模式组合形成，共计 4 种，其余 6 种经分析也同样可由基本组合模式构成。因此，在驱替单元中的所有注采井间夹层驱替模式可以简化为 6 种基本模式。

表 1　井间夹层驱替模式建立

驱替端夹层基本类型	被驱替端夹层基本类型			
	Ⅳ	Ⅲ	Ⅱ	Ⅰ
Ⅳ	Ⅳ-Ⅳ#	Ⅳ-Ⅲ	Ⅳ-Ⅱ	Ⅳ-Ⅰ *
Ⅲ	Ⅲ-Ⅳ	Ⅲ-Ⅲ#	Ⅲ-Ⅱ	Ⅲ-Ⅰ *
Ⅱ	Ⅱ-Ⅳ	Ⅱ-Ⅲ	Ⅱ-Ⅱ#	Ⅱ-Ⅰ *
Ⅰ	Ⅰ-Ⅳ *	Ⅰ-Ⅲ *	Ⅰ-Ⅱ *	Ⅰ-Ⅰ#

注：夹层模式中的“-”表示一个由左至右的方向性，即左侧为驱替方夹层模式，右侧为被驱替方夹层模式。

2　典型夹层模式控油规律对比

为建立夹层基础参数对剩余油分布的影响，首先基于典型模型对比了夹层数目、发育规模、展布位置等因素对剩余油分布模式及开发动态特征的控制作用。

2.1　夹层数目的影响

分别设计了夹层规模为贯通注采井，夹层厚度为 1/10 砂层厚度，夹层数目为 1、2、3、4 个的四组对比方案，水驱结束时各方案的饱和度分布如图 2 所示。

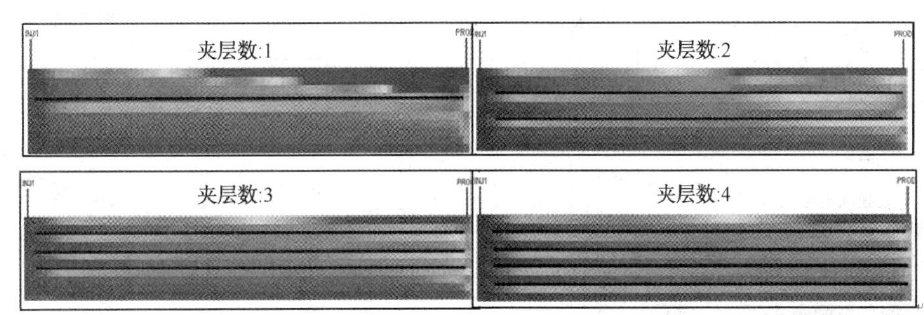

图 2　不同夹层数目下的剩余油分布

从发育单夹层的剩余油分布来看，其剩余油的控制由重力分异和夹层隔挡作用共同控制。在该模型中，夹层实际上将整个砂体划分为了夹层上和夹层下两个流动单元。在重力的作用下，注入水相表现出明显的沿油层下部突进的趋势，这也使得夹层上下两个流动单元的吸水量，波及系数以及采收率均表现出明显的动态非均质性。仅就“夹层上”流动单元内部来看，其剩余油的分布同样明显受到重力作用影响，单元内各纵向小层(网格)的水驱前缘呈阶梯状突进。显然这种“阶梯状”是由于网格计算的离散性带来的，不难推测在一个真实的均质储层中，其水线的突进应为由上至下逐级递进且前缘连续变化[10]。回到整个模型的剖面上来看，如果夹层不存在，整个模型的水线突进也应当符合上述规律。再对比发育单夹层模型的水线前缘的形态，可以看出，夹层的隔挡进一步加剧了重力分异带来的吸水剖面的非均质性。

对比“全夹层”(贯通注采井)模式下不同夹层数目时剩余油的分布可以看出，随夹层数目的增多，吸水剖面的均匀程度明显升高。即夹层的发育抑制了水线突进及其导致的波及效率的非均质性，改善水驱开发效果。并且，在多夹层储层中剩余油的富集部位都是在夹层下缘，也就是说夹层的展布阻挡了水线对于本该被波及区域内剩余油的动用。对比单夹层的剩余油分布来看，夹层的增多又对水相前缘的强非均质性实现了“切割”，从而缓解了相邻流动单元间差异性。这种“缓解”一方面均匀了前缘水线，增大了储层的纵向波及系数，因此一旦见水即为整个层段的见水，故含水率较高。另一方面也使得剩余油的富集程度逐渐降低(见图3)。同时也要说明，回归到剩余油挖潜的实践工作中，多夹层的剩余油分布也变得更加零散，这会一定程度增大剩余油动用的难度[11]。

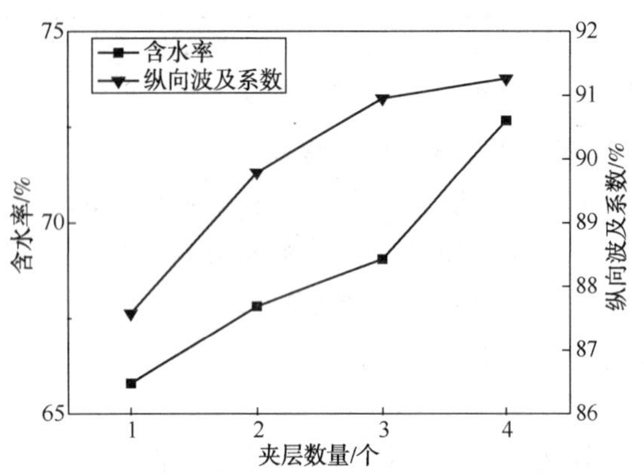

图3　夹层数量对含水率及纵向波及系数的影响

2.2　夹层规模的影响

基于相同的单夹层典型模型，设计了夹层无因次长度分别为0.2、0.4、0.6、0.8四种夹层尺寸的运算方案，夹层位于储层中部，在相同注采条件下，水驱结束时各方案饱和度分布剖面如图4所示。

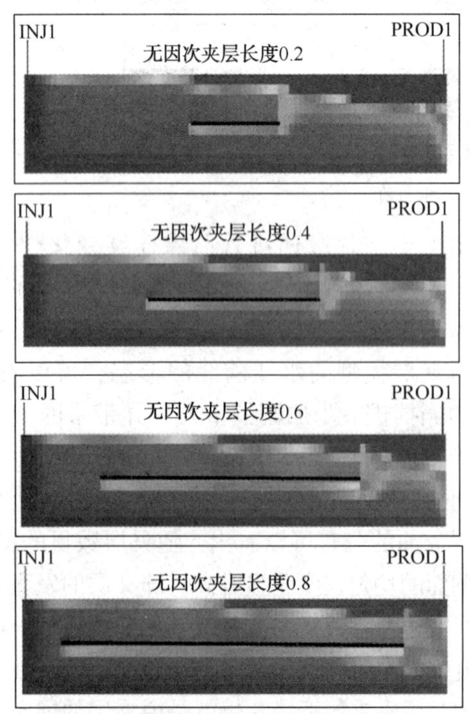

图4　不同夹层规模下的剩余油分布

由图可见，夹层规模越大，水线前缘及吸水剖面越均匀。分析认为，夹层的存在一定程度上抑制了夹层之上注入水相由于重力作用引起的向下运移，存在一个“导流”作用，并且夹层规模越大，这种“导流”作用就越显著，对应夹层同水平位置附近的剩余油被动用的范围越大，剩余油富集程度越低[12]。夹层无因次长度较小时，砂体中下部水淹程度较为严重，上部剩余油较为富集；夹层无因次长度较大时，夹层纵向遮挡作用增强，剩余油主要富集在储层上部以及夹层下部。从定量的指标上来看，夹层规模越大，最终的纵向波及系数越大。但当夹层无因次长度大于0.6后，纵向波及系数随夹层规模的上升趋势明显变缓，也就是说，当夹层规模大到一定程度后，其对于剩余油分布的影响作用就会弱化。同时由于夹层的“导流”作用，生产井井底的“点突破”变为更长井段的“线突破”，使得最终的含水率也随之增加(见图5)，但总体差距不显著。值得注意的是，即便是无因次长度为0.2的夹层，其最终的纵向波及系数也要高于2.1中的单夹层(贯通注采井)模式。这也验证了上文，单夹层模式下夹层的存在会进一步加剧重力分异引起的水向低部位运移的结论。

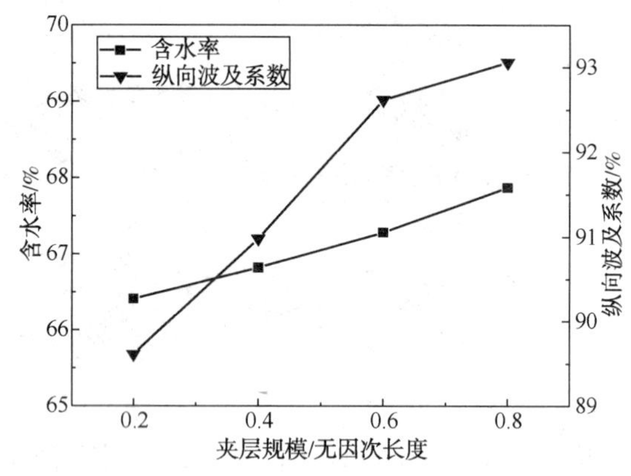

图5　不同夹层规模下的开发指标对比

2.3　夹层展布位置的影响

为研究夹层展布位置对剩余油分布的影响，分别设计了夹层位于储层上部、中部及下部三种夹层模型，水驱结束时各方案饱和度分布剖面如图6所示。

由图可见，夹层位置越低，纵向上吸水剖面、水相波及的非均质性就越强，水驱开发效果越差，剩余油的富集程度也就越高。当夹层位置处于储层下部时，夹层的水平方向已经远低于剩余油富集区的水平位置，因此就很难分割剩余油

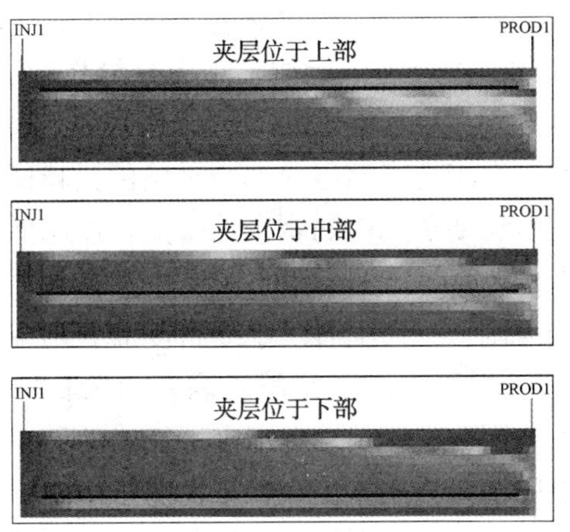

图 6　不同夹层展布位置的剩余油分布

区，对水相向下运移的抑制作用也就微乎其微，因此无法再起到均匀水线，增大波及效率的作用[13]。而夹层位于高部位时，夹层本身就实现了分割剩余油区的作用，然后通过"导流"作用增大对于剩余油的动用效果。此后，剩余油的富集位置主要是油层的顶部及夹层的下部。对应地可以得出结论，当夹层位于上部时，砂体中上部波及较为均匀，最终的含水率较高；当夹层位于下部时，其纵向阻隔作用减弱，纵向波及系数也最低(见图 7)。

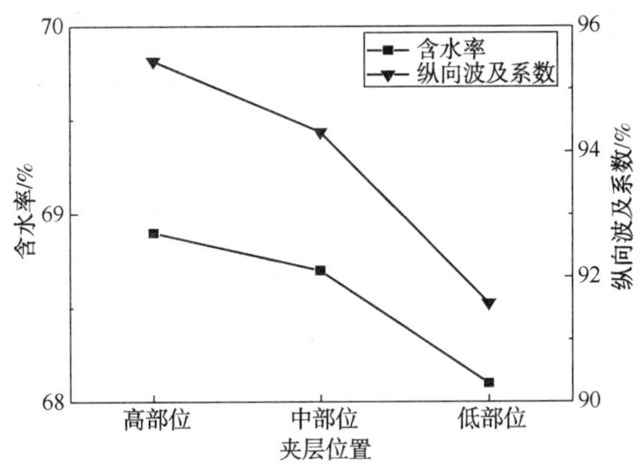

图 7　不同夹层展布位置的开发指标对比

通过典型夹层模型数模研究，夹层数量、夹层展布规模和夹层位置对中高含水期剩余油控制模式有着重大影响。在夹层存在的情况下，中高含水期易形成隔夹层共同遮挡型剩余油。随着隔夹层数量的增加，下部夹层形成的剩余油富集程度变差；随着夹层规模的增大，隔夹层控制的剩余油规模变小；当夹层位于油层下部，隔层遮挡型剩余油富集规模要大于中上部。

3　高含水复杂断块油藏多夹层控油模式

3.1　目标区块物性及机理模型建立

$C3K_2t_1{}^3$油藏为 J 油田代表性的高含水复杂断块油藏，油藏埋深范围 1980～2080m，油藏温度为 83℃，油藏压力为 20.7MPa。目标层系平均孔隙度 22.3%，平均渗透率 $383\times10^{-3}\mu m^2$，属于高孔-高渗储层。地层原油密度 $0.8449g/cm^3$，黏度 20.67mPa·s，为中等密度，中高黏度，高含蜡原油。地层水矿化度 38941mg/L，水型 Na_2SO_4。目前该油藏共有采油井 21 口，日产液 395t，日产油 66t，综合含水 86.3%，采出程度 34.44%。注水井 7 口，日注水 $939.5m^3$，累积注采比 0.45。

机理模型以 $C3K_2t_1{}^3$ 油藏为参考，模型的油藏及流体性质参数均采用该区块的数据。建立三维多夹层机理模型，采用直角网格系统，I 方向、J 方向、K 方向网格数分别为 40 个、10 个、10 个，对应的网格步长为 5×5×1m。

3.2　"多驱少"型夹层驱替模式

在上文总结的 16 种注采井间的多夹层驱替模式中，Ⅱ-Ⅰ型、Ⅲ-Ⅰ型、Ⅳ-Ⅰ型三种模式可以归纳为"多驱少"型驱替模式，再将Ⅰ-Ⅰ型作为基础对比模式。将四种模式下剩余油分布形态及开发效果进行平行对比以总结不同多夹层驱替模式的控油规律。各方案水驱至极限含水率时的剩余油饱和度分布如图 8 所示。

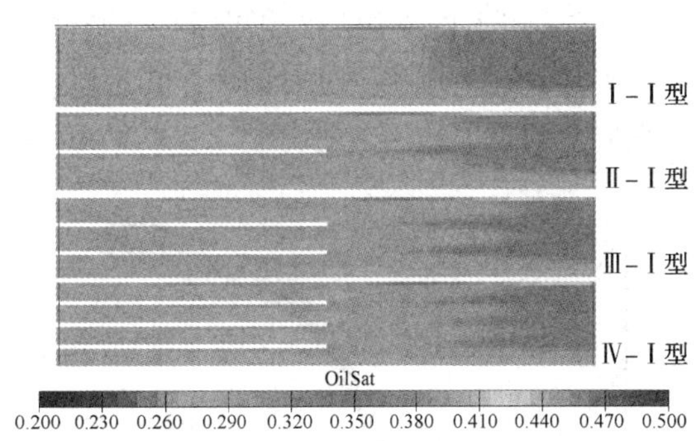

图 8　多驱少型夹层分布驱替模式剩余油富集状况

由图可见，随着夹层数量的增加，由于生产井周无隔层的影响，生产井近井地带的剩余油表现出明显的重力作用的影响，储层底部垂向指进特征显著[14]。虽然近生产井端无夹层直接影响，但远端夹层的遮挡作用与"导流"作用仍然使生产井端剩余油区出现明显的分段特征。纵向上，各"分段"内也表现出水相受重力向下部运移的特征，即最下部水淹最为严重[15]。总体上水相前缘则呈现分段指进的特征，水平方向上对比各分段的剩余油区长度，由上至下逐级变短。分析认为，由于重力的作用，注入水在近注入井区域内就形成了上少下多的层内分流特征，在夹层的“引导”下，波及到生产井端的水量同样保持了这种纵向上的差异性，从而导致剩余油的范围反过来表现为上多下少。从四种多驱少型剩余油富集区位置来看，剩余油主要集中在油井附近且距离储层顶面约3/4范围内。在重力分异和夹层隔挡的双重作用下，剩余油的纵向分布规律可以描述为“层间分段，逐级递减”的规律。

从生产特征曲线上来看，对于“多驱少”型夹层驱替模式，不同夹层数量模型的水驱特征曲线呈相似的变化规律。但夹层数量越多，生产井见水后的含水率曲线上升速度越慢。分析认为，在单夹层模式下，油层下部水相前缘运移速度更快，一旦见水形成单点突破后，由于油水黏度的差异，在储层下部的渗流路径上的流动阻力要小于油层上部，进一步加剧了纵向上吸水剖面的非均质性。而多夹层发育的储层会在每个夹层隔开的细分单元内形成水线突破通道，即“多点突破”，此时的波及效率更高，相同注水量下水相分流率降低，使得产出含水率下降。同时，储层数量越多，储层数量对生产特征的影响越小。在该模型的研究条件下，当夹层数目大于3后，水驱特征曲线就相差不大了。研究结果表明[14]，厚度在0.5m以上的夹层均对纵向剩余油有控制作用。夹层越多，夹层及层间流动单元厚度越薄，纵向上的控油作用越弱(图9)。

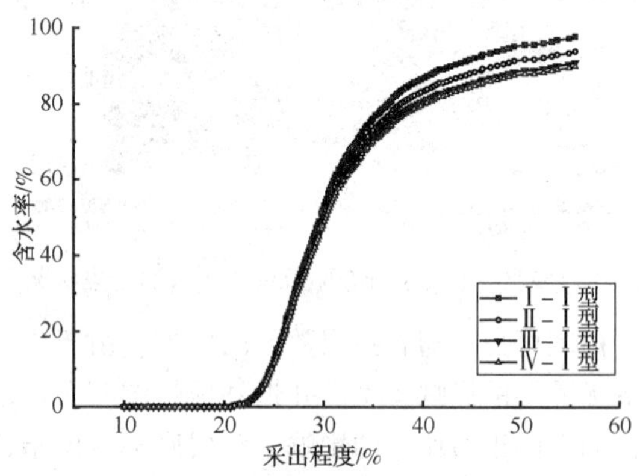

图9　多驱少型垂向驱替模式开发曲线对比

3.3　“少驱多”型夹层驱替模式

在6种夹层驱替模型中，Ⅰ－Ⅱ型、Ⅰ－Ⅲ型、Ⅰ－Ⅳ型三种可定义为少驱多型的驱替夹层模式，同样引入Ⅰ－Ⅰ型模型作为基础对比方案。因此将四种模式在相同驱替条件下的剩余油分布形态及开发效果进行对比，结果如图10所示。对于“少驱多”型的夹层模式，夹层是直接分割剩余油区的，即近生产井端被分割成了多个细分流动单元。各流动单元内，重力分异作用显现，剩余油集中在夹层间单砂体的上部紧贴夹层下缘的区域。在多夹层储层内部，夹层位置越低，其所分割的流动单元内的剩余油富集程度越低。从横向上的剩余油分布长度来看，由于注水井端无夹层的分割，纵向上各层水线密度的非均质性较“多驱少”型更强，因此横向剩余油区长度差异也更大。因此，对于该类型夹层模式的储层，上部夹层的剩余油比重更大，是挖潜措施的首要考虑对象。随着夹层数量的增加，夹层内部剩余油越少。从生产特征曲线上来看，对于“少驱多”型夹层驱替模式，不同夹层数量模型的水驱特征曲线呈相似的变化规律，且夹层数量越多，生产井见水后的含水率曲线上升速度越慢(见图11)。

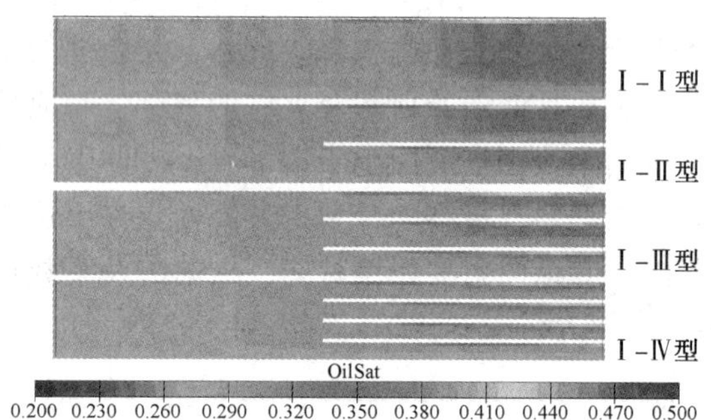

图10　夹层分布少驱多型驱替模式剩余油富集状况

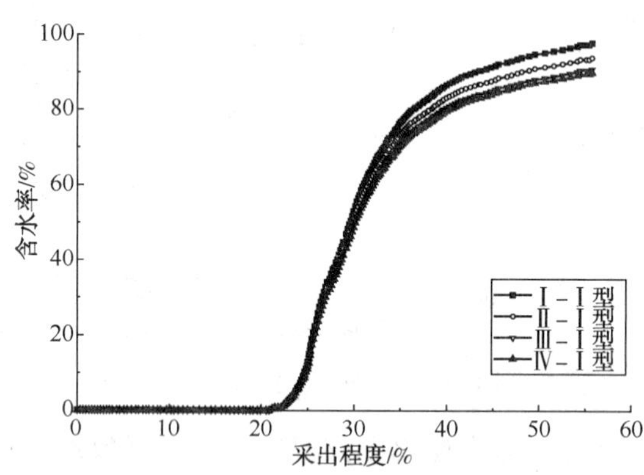

图11　少驱多型垂向驱替模式开发曲线对比

4　典型多夹层油藏剩余油挖潜对策

4.1　目标油藏剩余油潜力及驱替模式划分

以陈堡油田为剩余油挖潜目标区，以$K_2t_1^{3-1}\sim K_2t_1^{3-7}$砂层组为目标层位。将目标区31口井依据所处油层部位划分为边部井、腰部井和高部位井三种类型，在此基础上采用前文的垂向驱替模式划分方法对31口井钻遇砂体的夹层驱替模式进行划分，并对各砂体投产情况、砂体发育和动用潜力分别进行描述，结果如表2所示。

表 2　陈堡油田 $K_2t_1^{3-1}$~$K_2t_1^{3-7}$ 砂层组剩余油潜力及驱替模式归纳

井名	位置	$K_2t_1^{3-1}$	$K_2t_1^{3-2}$	$K_2t_1^{3-3}$	夹层模式	$K_2t_1^{3-4}$	$K_2t_1^{3-5}$	$K_2t_1^{3-6+7}$	$K_2t_1^{3-8-10}$	夹层模式
3	边部	*	*	*	Ⅲ					Ⅲ
3-11	边部	*	*	*	Ⅲ	*	*	*		Ⅲ
3-12	边部	*	*		Ⅱ					Ⅳ
3-14	边部				Ⅲ			*		Ⅱ
3-16	边部	*	*	*	Ⅲ	*	*	*	*	Ⅲ
3-17	边部	*			Ⅲ					Ⅳ
3-20	边部				Ⅲ	*			*	Ⅳ
3-23	边部		*有	*	Ⅲ	*	*			Ⅲ
3-28	边部			*有	Ⅱ			*		Ⅳ
3-30	边部				Ⅲ	*	*	*	—	Ⅲ
3-104	边部	*	*	*	Ⅱ	*	*	*	*	Ⅲ
3-93	边部				Ⅰ		*	*	*	Ⅱ
3-94	边部	*	*	*	Ⅰ		*	*	*	Ⅱ
3-15	腰部		有		Ⅱ	*	*	*	*	Ⅲ
3-24	腰部	有	有		Ⅱ			*	*	Ⅲ
3-26	腰部	有	有		Ⅲ			*	*	Ⅳ
3-27	腰部		有	*	Ⅲ					Ⅲ
2-59A	腰部	有	有	有	Ⅰ	*	*			Ⅲ
3-115	腰部			*	Ⅲ					Ⅰ
3-50	腰部	有	有	*有	Ⅲ			—	—	Ⅱ
3-51	腰部	有	有	有	Ⅱ					Ⅲ
3-72	腰部	有	有	有	Ⅲ					Ⅱ
3-73	腰部	有	有	*有	Ⅱ					Ⅳ
3-92	腰部				Ⅱ			*	*	Ⅲ
X3-14	腰部	*	*	*	Ⅰ					Ⅱ
3-117	高部	—	—	—		—	—	有	有	Ⅱ
3-32	高部	有	有	有	Ⅲ					Ⅳ
3-35	高部	有	有		Ⅲ		*	*		Ⅳ
3-48	高部	有	*有	*	Ⅱ					Ⅳ
3-60	高部	*	*	*	Ⅰ		*	*		Ⅲ

注："*"表示投产该砂体；"—"表示无此砂体；"有"表示有潜力

4.2　剩余油挖潜对策

结合典型模型剩余油分布影响因素及机理模型多夹层驱替模式控油规律的研究成果，提出易于现场实施的挖潜方案设计原则如下：

(1) 根据隔夹层发育情况，对于生产井、注水井的部署采用分层系开发，减少合采合注现象，尤其是减少合注井；

(2) 纵向上针对多夹层分布模式，有井点控制剩余油区考虑通过补孔改层，投产未动用砂体，无井点控制剩余油区则通过钻新井来提高动用程度；

(3) 多夹层储层的剩余油挖潜，应当与细分流动单元、描述沉积微相等地质研究工作密切结合。

在目标区驱替模式划分及剩余油潜力分析的基础上，结合油藏井网部署带来的平面流场的非均质情况，提出如下挖潜对策：

(1) 考虑潜力层与目前开井情况，设计补孔方案涉及 4 口井 9 砂体，具体补空工作量如表 3 所示。

表3　陈堡剩余油挖潜补孔工作量设计表

井名	$K_2t_1^{3-1}$	$K_2t_1^{3-2}$	$K_2t_1^{3-3}$	$K_2t_1^{3-5}$	$K_2t_1^{3-6}$	$K_2t_1^{3-7}$
CJ1	有	有		*	补孔	
C3-73	有	有	*有	补孔	补孔	
C3-92	有	补孔	补孔			
C3-35	补孔	补孔		补孔		补孔

(2) 从目前各小层井网部署及剩余油情况来看，在 $K_2t_1^{3-2}$、$K_2t_1^{3-3}$ 等砂体高部位均有挖掘潜力，建议采用定向井开发。从高部位富集区可以看出，采用300m井距部署3口定向井即可满足富集区剩余油控制，新井井位如图12所示。

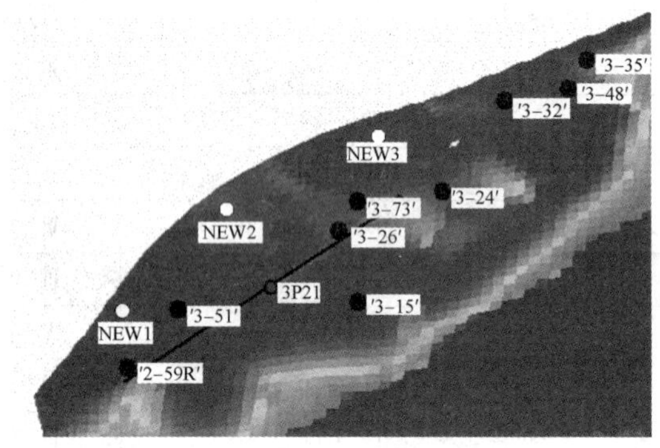

图12　陈堡剩余油挖潜新井部署位置图

4.3　措施实施效果

C3断块 K_2t^{1-3} 储层以中高渗为主，内部夹层发育。近年进入高含水期以来，在隔夹层驱替模式的指导下先后开展了CJ1、C3-92等井的隔夹层控制型剩余油的挖潜措施，取得了良好效果。

C3-92井为 $K_2t_1^3$ 中高部位的1口油井，第二韵律段与主要注水井陈3-94井间为少驱多型。2015年3月补射15号电测水淹层，补孔前日产油0.7t，综合含水68.3%，补孔后初期日产油4.6t，综合含水70.1%，该层累增油343t。CJ1井为C3K2t13高部位的1口检查井，2013年4月完钻后在 $K_2t_1^3$ 砂体钻遇油层，分与主要注水井新C3-14、C3-94井之间为少驱多型。2018年2月实施补孔措施，补孔前日产油2.0，综合含水83.6%，补孔后初期日产油5.9t，综合含水79.3%，目前日产油3.8t，综合含水85.8%，已增油1056t。

2017年在 $K_2t_1^3$ 高部位新实施的C3-117钻遇油层2层44.3m、水淹层及同层5层43.2m；C3平1井钻遇油层2层25m、水淹层3层20.8m。C3-117井2017年2月投产初期日产油14.8t，综合含水37.8%，目前日产油8.6t，综合含水42.9%，已累产油4420t；C3平3井2017年3月投产初期日产油15.3t，综合含水36%，目前日产油3.7，综合含水74.8%，已累产油3511t。

5　结论

(1) 在多夹层储层中，高含水期剩余油的分布受重力分异和夹层遮挡作用共同控制。发育单夹层的储层中，夹层的隔挡会一定程度上加剧重力分异引起的纵向剩余油分布及波及效率的非均质性。而在多夹层储层中，夹层的增多则会缓解这种非均质性。

(2) 夹层存在时中高含水期易形成隔夹层共同遮挡型剩余油。随夹层数量增加，下部夹层形成的剩余油富集程度变差；随夹层规模的增大，夹层控制的剩余油规模变小；夹层位于油层下部时的剩余油富集规模要大于位于中上部。

(3) “多驱少”型夹层模式下剩余油主要富集在储层上部及各夹层下缘位置，纵向上的分布规律为“层间分段，逐级递减”。“少驱多”型夹层模式下剩余油集中在夹层间单砂体的上部，相比于“多驱少”型其上部夹层的剩余油比重更大。夹层数量大于三个后，水驱后的控油作用明显减弱。

(4) 本文提出的多夹层驱替模式划分方法可作为高含水油藏剩余油分布位置及规模预测的有效参考，提升挖潜对策的可靠性。

参考文献

[1] 谭学群，刘云燕，周晓舟，等．复杂断块油藏三维地质模型多参数定量评价[J]．石油勘探与开发，2018(01)：1-11

[2] 鲍敬伟，李丽，叶继根，等．高含水复杂断块油田加密井井位智能优选方法及其应用[J]．石油学报，2017，38(4)：444-452.

[3] 吕晓光，马福士，田东辉．隔层岩性、物性及分布特征研究[J]．石油勘探与开发，1994(5)：80-87.

[4] 白喜俊，王延斌，常毓文，等．高含水油田面临的形势及对策[J]．中国国土资源经济，2009，22(11)：21-22.

[5] Lei H，Yang S，Zu L，et al. Oil recovery performance and CO_2 storage potential of CO_2 Water-Alternating-Gas (CO_2-WAG) injection after continuous CO_2 injection in a multilayer formation[J]. Energy & Fuels，2016，30(11).

[6] 屈亚光，丁祖鹏，潘彩霞，等．厚油层层内夹层分

布对水驱效果影响的物理实验研究[J]. 油气地质与采收率, 2014, 21(3): 105-107.

[7] 刘超, 李云鹏, 张伟, 等. 渤海S油田层内夹层控制下的剩余油分布模式[J]. 重庆科技学院学报(自然科学版), 2017, 19(5): 30-34.

[8] 李红英, 王欣然, 陈善斌, 刘喜林, 张倩萍. 层内夹层对海上聚合物驱油田剩余油分布影响[J]. 特种油气藏, 2018(05): 1-7

[9] Rostami B, Pourafshary P, Fathollahi A, et al. A New Approach to Characterize the Performance of Heavy Oil Recovery due to Various Gas Injections[J]. International Journal of Multiphase Flow, 2017.

[10] 王欣然, 李红英, 刘斌, 文佳涛, 韩雪芳. 渤海H油田不同夹层模式下剩余油分布规律研究[J]. 天然气与石油, 2018, 36(04): 86-91.

[11] 杨胜来, 魏俊之. 油层物理学[M]. 北京: 石油工业出版社, 2015.

[12] 饶良玉, 吴向红, 李香玲, 等. 夹层对不同韵律底水油藏开发效果的影响机理—以苏丹H油田为例[J]. 油气地质与采收率, 2013, 20(1): 96-99.

[13] 陆建林, 李国强, 樊中海, 等. 高含水期油田剩余油分布研究[J]. 石油学报, 2001, 22(5): 48-52.

[14] 杜庆军, 陈月明, 侯键, 等. 胜坨油田厚油层内夹层分布对剩余油的控制作用[J]. 石油天然气学报, 2006, 28(4): 111-114.

[15] 杜全伟, 王维斌, 刘志军, 等. 辽河西部凹陷大凌河油层隔夹层特征[J]. 特种油气藏, 2015, 22(3): 74-76.

边界层定量表征方法及其对低渗透油藏注水开发的影响

郑自刚[1,2] 熊维亮[1,2] 杨金龙[1,2] 周 晋[1,2] 张庆洲[1,2]

(1. 中国石油长庆油田勘探开发研究院；2. 低渗透油气田勘探开发国家工程实验室)

摘 要 提出了一种定量表征多孔介质等效边界层厚度的新方法，开展大数据分析研究储层渗透率和润湿性对边界层的影响及其对驱油效率的关系；同时改进 Thomas 公式，建立启动压力梯度与边界层厚度的理论计算公式。大数据统计分析结果显示：渗透率越低，边界层占比和启动压力梯度越大，驱油效率越低；当气测渗透率小于 1.0mD 时，边界层占比对启动压力梯度和驱油效率影响程度加剧，为长庆致密油和超低渗透油藏开发政策的制定提供了理论依据。

关键词 边界层；大数据；启动压力梯度；驱油效率；注水

低渗透油藏的主要特征是流体流动的孔隙半径小，流动阻力大，界面间的相互作用对渗流的影响较大，导致其渗流规律偏离经典的达西线性渗流。目前非线性渗流特征主要以启动压力梯度[1~8]来表征，但是对造成启动压力梯度的微观机制——边界层研究较少。边界层[9~11]是由于固体与液体的界面作用以及界面层内分子间的相互作用在油层岩石孔隙的内表面存在的一个不动层，边界层厚度越大，对流体的流动越不利。但对于低渗透油藏而言，边界层的厚度与孔喉半径相比较小，边界层厚度不可忽略。因此低渗透油藏边界层厚度定量研究成为热点。张磊[12]等人利用岩心驱替前后的重量来计算边界层厚度；Dwyer-Joycea[13]利声波反射方法研究油膜厚度；刘德新[14,15]等人利用离心法测试吸附水层厚度；岳湘安[16]等人等利用微圆管法开展微尺度流动中的边界层效应。

本文在对气液流动差异分析的基础上，提出了一种适应多孔介质的等效边界层厚度计算方法，利用实验室测得的岩心单相气测渗透率和液测渗透率计算边界层厚度；同时，引入大数据分析的方法，利用大量的实验测试结果，评价渗透率、润湿性对边界层厚度的影响，在此基础上开展边界层厚度对启动压力梯度和驱油效率的影响研究，为不同类型油藏开发政策的制定提供理论依据。

1 定量表征方法

1.1 气液流动差异

气体和液体由于黏度差异大，在孔道内的流动规律差异较大。主要表现为孔道内气体流速断面呈近直线分布，孔壁处 $V_g \neq 0$，无气膜不流动层(滑脱效应)；孔道内的液体流速断面呈圆锥曲线分布，孔壁处 $V_L = 0$，有液膜不流动层(边界层)。因次，对同一块岩心，气测渗透率计算的孔喉半径可以表征无边界层的理论平均孔喉半径，液测渗透率计算的理论孔喉半径可表征有边界层的流动平均孔喉半径，以理论平均孔喉半径和流动半径的差值计算边界层厚度(图 1)。

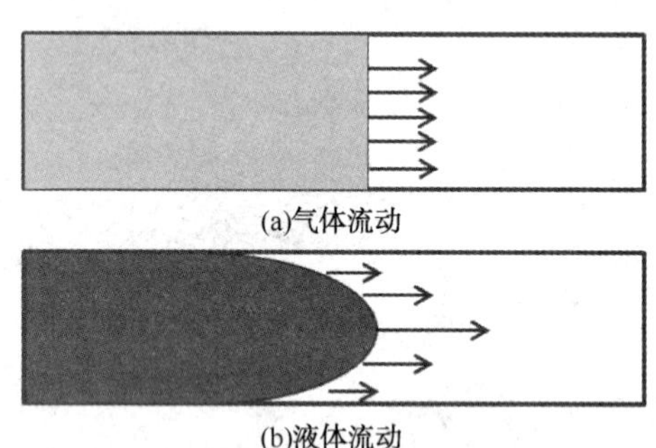

图 1 孔道内气液流动示意图

1.2 模型简化及理论计算

把实际岩心的多孔介质简化为等直径毛细管束，根据泊肃叶理论公式和等效渗流阻力理论，计算岩心中不同流体的流动半径，进而确定等效边界层厚度和无因次边界层厚度(图 2)。

【作者简介】郑自刚(1986—)，男，2012 年硕士毕业于中国石油大学(北京)，目前在长庆油田分公司勘探开发研究院从事低渗透油藏提高采收率技术研究；通讯地址：陕西省西安市未央区明光路长庆油田低渗透油气田勘探开发国家工程实验室。E-mail：zzg130_ cq@ petrochina. com. cn

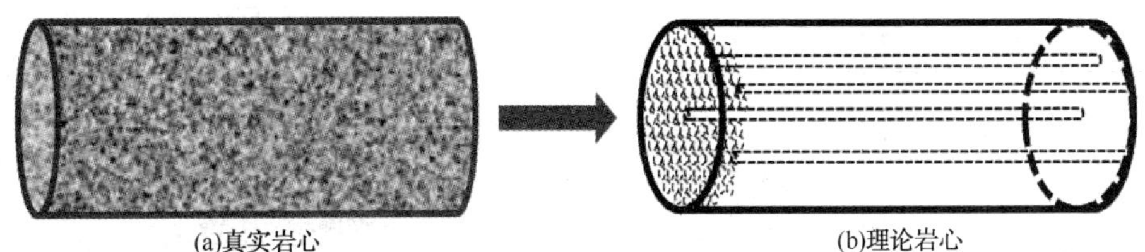

图2　模型简化示意图

对于真实岩心，按照达西公式计算：

$$Q=\frac{KA\Delta P}{\mu l} \tag{1}$$

对于理论岩心，按照泊肃叶计算公式：

$$Q=\frac{nA\pi r^4\Delta P}{8\mu l} \tag{2}$$

按照等效渗流阻力理论：当两种岩心之间的外部形状和几何尺寸以及流体性质和压差相同时，若理论岩石与真实岩石的渗流阻力相等，那么两者的流量相等。根据公式(1)和(2)，根据岩心的孔隙度和渗透率，其平均孔喉半径计算公式为(3)。

$$R_f=\sqrt{\frac{8K}{\varphi}} \tag{3}$$

根据气液流动差异分析，因此岩心的无边界层的理论孔喉半径和流动孔喉半径计算公式为：

$$R_{理论}=\sqrt{\frac{8K_g}{\varphi}} \tag{4}$$

$$R_{流动}=\sqrt{\frac{8K_{w/0}}{\varphi}} \tag{5}$$

等效水边界层厚度和等效油边界层厚度计算公式：

$$h_w=\sqrt{\frac{8K_g}{\varphi}}-\sqrt{\frac{8K_w}{\varphi}} \tag{6}$$

$$h_o=\sqrt{\frac{8K_g}{\varphi}}-\sqrt{\frac{8K_o}{\varphi}} \tag{7}$$

无因次水边界层厚度占比和无因次油边界层厚度占比计算公式为：

$$\varepsilon_w=\frac{h_w}{R_{理论}}=\frac{\sqrt{\frac{8K_g}{\varphi}}-\sqrt{\frac{8K_w}{\varphi}}}{\sqrt{\frac{8K_g}{\varphi}}}=1-\sqrt{\frac{K_w}{K_g}} \tag{8}$$

$$\varepsilon_0=1-\sqrt{\frac{K_o}{K_g}} \tag{9}$$

式中　K_w、K_o、K_g——分别为岩心水测、油测、气测渗透率，mD；

$R_{理论}$、$R_{流动}$——分别为岩心气测理论孔喉半径和液测实际流动孔喉半径，μm；

h_w、h_o——分别为水边界层厚度和油边界层厚度，表征多孔介质内边界层厚度的平均值，μm；

ε_w、ε_0——分别为无因次水边界层厚度和无因次油边界层厚度，表示边界层厚度占理论孔喉半径的比值,%；

φ——岩心孔隙度,%。

边界层厚度计算需要的数据主要包括岩心的孔隙度、气测渗透率、水测渗透率和油测渗透率等数据，上述数据均是岩心驱油或是相渗测试过程中的基础数据。

2　实验过程及大数据获取

实验过程按照SY/T 5354—2007《岩石中两相流体相对渗透率测定》进行气测渗透、孔隙度测试、水测渗透率、束缚水油测渗透率和水驱油等过程。利用长庆油田数字化系统，收集整理40多年的相渗曲线数据共1988样次，获得边界层厚度的相关参数，各参数的分布范围见表1。

表1　相关参数范围

参数名称	最小值	最大值	数量级跨度
气测渗透率/mD	0.009	2456	6
孔隙度/%	3.2	22.9	1
水测渗透率/mD	0.0001	1215	7
束缚水油测渗透率/mD	0.0001	1005	7
驱油效率/%	14	88	1

3　结果及分析

利用建立的边界层定量表征方法和大量的岩石测试数据，开展大数据分析，研究边界层的变化规律及其对开发的影响(图3，图4)。

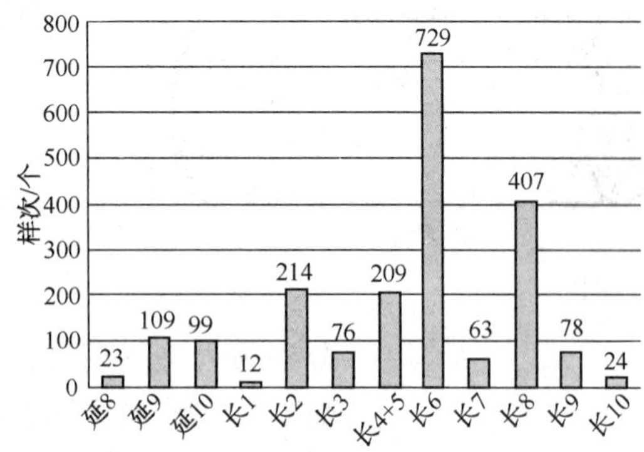

图3　按层位分布

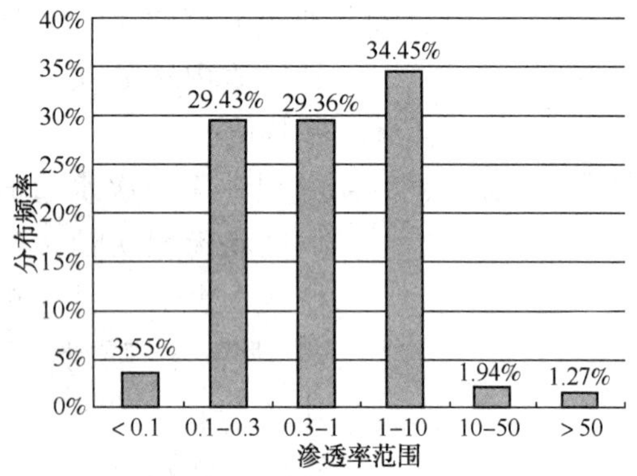

图4　按油藏类型分布

3.1　理论半径和流动半径随渗透率变化关系

(1) 气测理论孔喉半径与气测渗透率关系回归

如图5所示，理论孔喉半径和气测渗透率呈指数关系，渗透率越低，理论平均孔喉半径越小。回归得到其计算公式(10)，同时得到孔隙度和渗透率的关系式(11)。

$$R_{理论}=\sqrt{\frac{8K_g}{\varphi}}=0.2507\cdot K_g^{0.4607} \quad (10)$$

$$\varphi=0.7856\cdot K_g^{0.0786} \quad (11)$$

(2) 水测流动孔喉半径与气测渗透率关系回归

如图5所示，回归得到水流动半径和气测渗透率计算公式(12)，同时水测渗透率和气测渗透率的关系式(13)。

$$R_{水/流动}=\sqrt{\frac{8K_w}{\varphi}}=0.0973\cdot K_g^{0.6072} \quad (12)$$

$$K_w=0.09297\cdot K_g^{1.293} \quad (13)$$

(3) 油测流动孔喉半径与气测渗透率关系回归

如图6所示，回归得到油流动半径和气测渗透率计算公式(14)，同时油测渗透率和气测渗透率的关系式(15)。

$$R_{油/流动}=\sqrt{\frac{8K_o}{\varphi}}=0.0569\cdot K_g^{0.6963} \quad (14)$$

$$K_o=0.03179\cdot K_g^{1.4712} \quad (15)$$

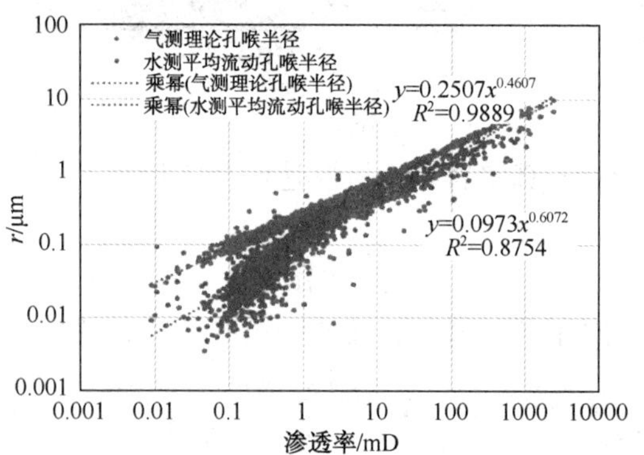

图5　水测流动孔喉半径与渗透率变化关系图

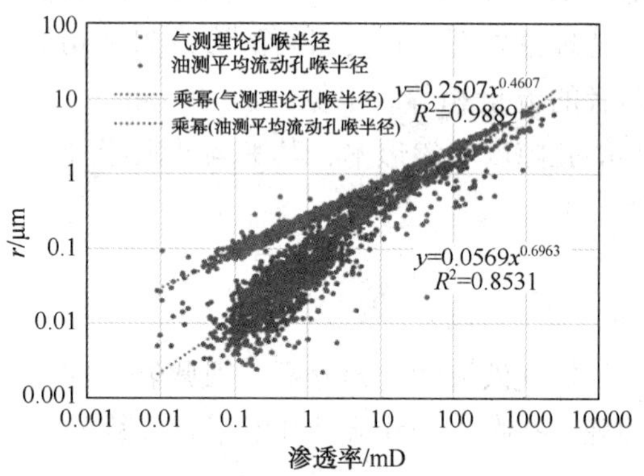

图6　油测流动孔喉半径与渗透率变化关系图

3.2　边界层厚度变化规律

(1) 水边界层厚度变化规律

如图7、图8分别为水边界层厚度随气测渗透率和理论孔喉半径关系分布图，水边界层厚度随渗透率增大而增大，随理论孔喉半径增大而增大，均呈指数递增关系，回归得到水边界层随渗透率和理论孔喉半径的关系式(16)、式(17)。

$$h_w=0.13\cdot K_g^{0.3514} \quad (16)$$

$$h_w=0.3772\cdot r^{0.77} \quad (17)$$

(2) 油边界层厚度变化规律

如图9、图10分别为油边界层厚度随气测渗透率和理论孔喉半径关系分布图，油边界层厚度随渗透率增大而增大，随理论孔喉半径增大而增大，均呈指数递增关系，回归得到油边界层随渗透率和理论孔喉半径的关系式(18)、式(19)。

$$h_o=0.1662\cdot K_g^{0.3276} \quad (18)$$

$$h_o=0.4487\cdot r^{0.7181} \quad (19)$$

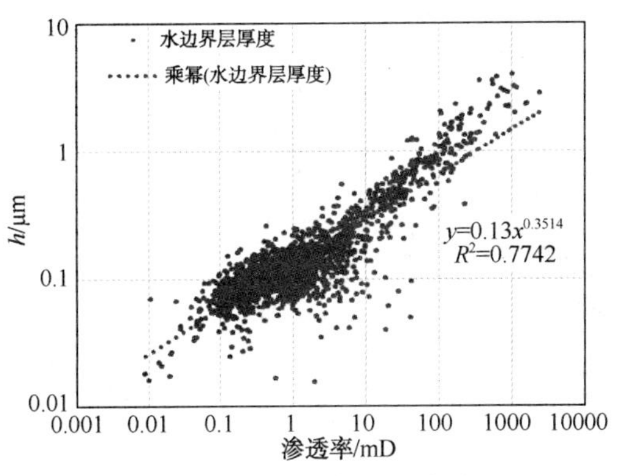

图7　水边界层厚度与渗透率关系图

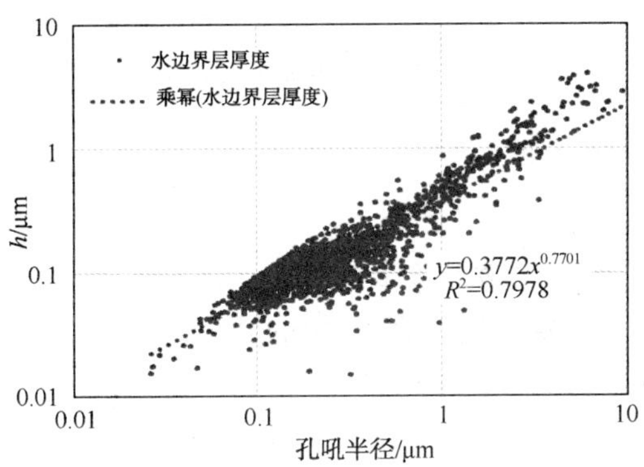

图8　水边界层厚度与理论孔喉半径关系图

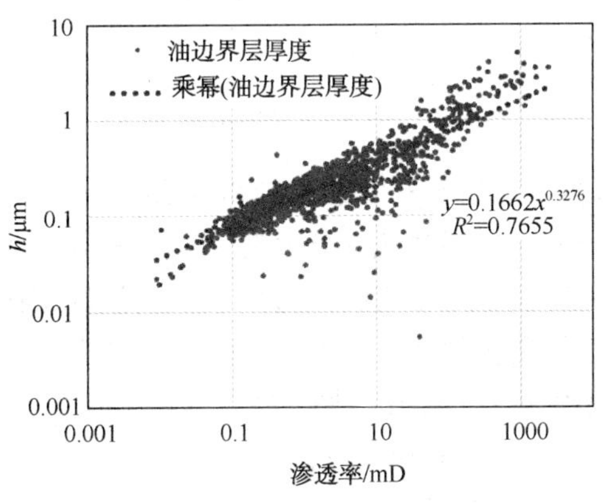

图9　油边界层厚度与渗透率关系图

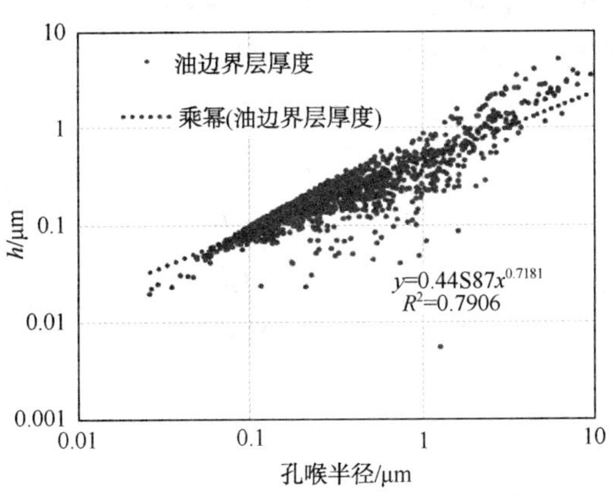

图10　油边界层厚度与理论孔喉半径关系图

(3) 油水边界层厚度对比

图11所示为油、水边界层厚度与渗透率关系对比图，结果显示：油边界厚度总体略大于水边界厚度，由于原油黏滞阻力更大，边界层厚度越大；长庆油品整体为轻质原油，黏度低，所以油边界层厚度和水边界层厚度的差值较小。

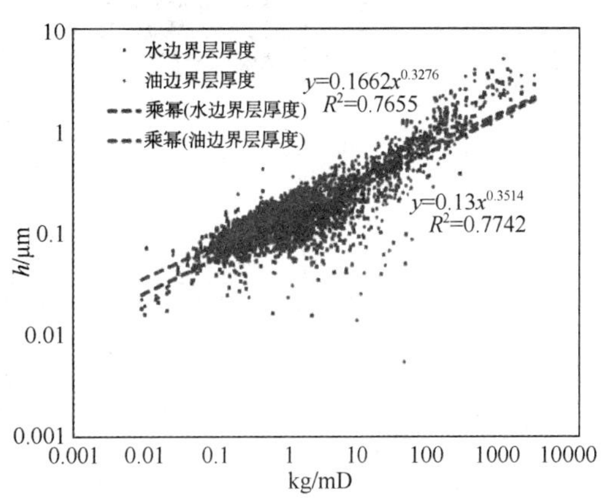

图11　油、水边界层厚度与渗透率关系

(4) 不同类型储层水边界层对比

对不同类型岩心按照渗透率划分为致密油(<0.3mD)、超低渗(0.3~1.0mD)、特低渗(1~10mD)、低渗(10~50mD)、中高渗(>50mD)，分段对其边界层进行回归，结果显示：当 $K<1.0$mD 时，理论半径和水流动半径间曲线呈“喇叭”形，边界层作用突显。

3.3　润湿性对边界层厚度的影响

按照相对渗透率曲线等渗点含水饱和度大小对润湿性的划分标准(如表2)，把岩石分为强亲水、亲水、亲油和强亲油四类，研究润湿性对油水边界层厚度的影响(图12)。

表2　不同润湿性岩心油水相对渗透率曲线特征值的参考值

参　数	强亲水	亲水	中性	亲油	强亲油
等渗点含水饱和度	>60	50~60	50	40~50	<40

(1) 润湿性对水/油边界层厚度影响

对于水边界层厚度，如图13所示，当 $K>1.0$mD 时，亲水性越强，水边界层厚度越大；当 $K<1.0$ 时，亲油性越大，水边界层厚度越大。对于油边界层厚度，如图14所示亲油性越强，油边界厚度越大。因此，建议通过改变亲油储层的润湿向亲水转变，有利于降低油边界层厚度，从而提高驱油效率。

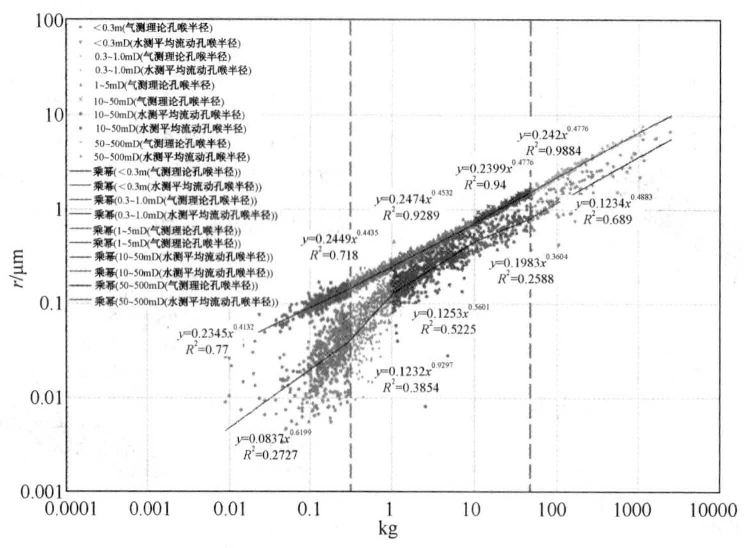

图 12　水边界层厚度分段对比图

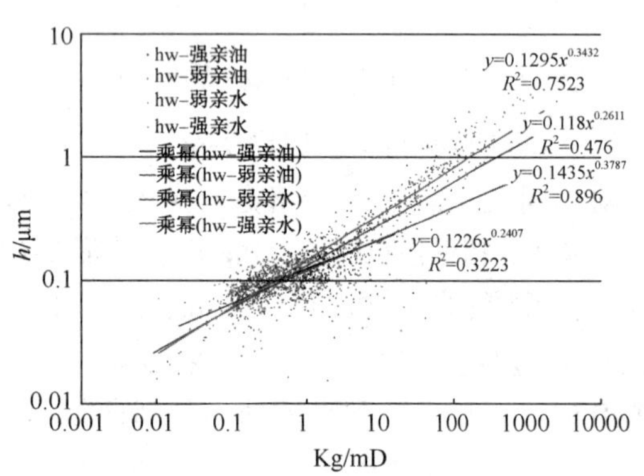

图 13　润湿性对水边界层厚度影响

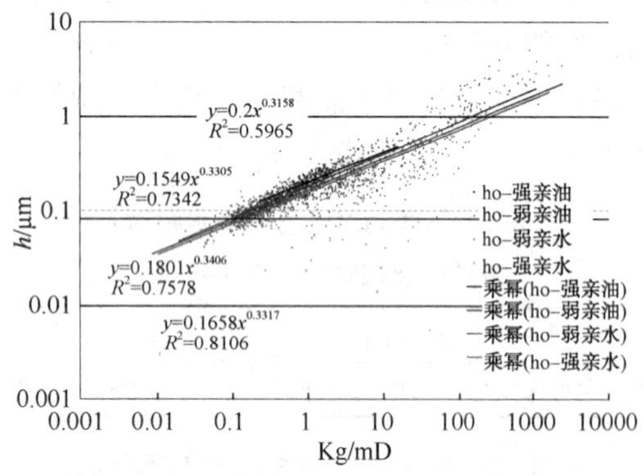

图 14　润湿性对油边界层厚度影响

(2) 不同润湿性的油水边界层对比

如图 15 所示，当润湿性为强亲油(图 15a)、亲油(图 15b)和弱亲水(图 15c)时，油边界层厚度大于水边界层厚度；当润湿性为强亲水(图 15d)时，渗透率大于 3mD，水边界层厚度大于油边界层厚度；渗透率小于 3mD，油边界层厚度大于水边界层厚度。

3.4　无因次边界层占比变化规律

边界层厚度占理论平均孔喉半径的比值总体表现为：(1)当渗透率大于 10mD，随渗透率增大，占比基本不变；(2)当渗透率小于 10mD，随渗透率降低，占比迅速上升。同时利用上述回归的公式，计算无因此边界层厚度和气测渗透率的关系式。

$$\varepsilon_w = \frac{h_w}{R_{\text{理论}}} = 0.5185 \cdot K_g^{-0.1093} \tag{20}$$

4　边界层对注水开发的影响和启示

研究边界层对注水开发启动压力梯度、驱油效率的影响，结合气测渗透率和水测渗透率比值随物性的变化规律，为不同类型油藏开发政策的制定提供指导(图 16，图 17)。

4.1　边界层对启动压力梯度的影响

根据 1976 年托马斯建立的启动压力梯度和毛管压力的计算公式(21)，结合界面张力计算公式和回归得到的流动半径和渗透率关系式，边界层厚度和渗透率关系式，推导启动压力梯度与渗透率和边界层的计算公式。

$$p_{tpg} = \frac{\sigma}{\sqrt{k_o}F}\sqrt{\frac{1}{\varphi K}} \tag{21}$$

$$J(S_w) = \frac{P_c}{\sigma}\sqrt{\frac{K}{\varphi}} \tag{22}$$

因此
$$p_{tpg} = \frac{P_c}{\varphi\sqrt{k_o}F}\frac{1}{J(S_w)} \tag{23}$$

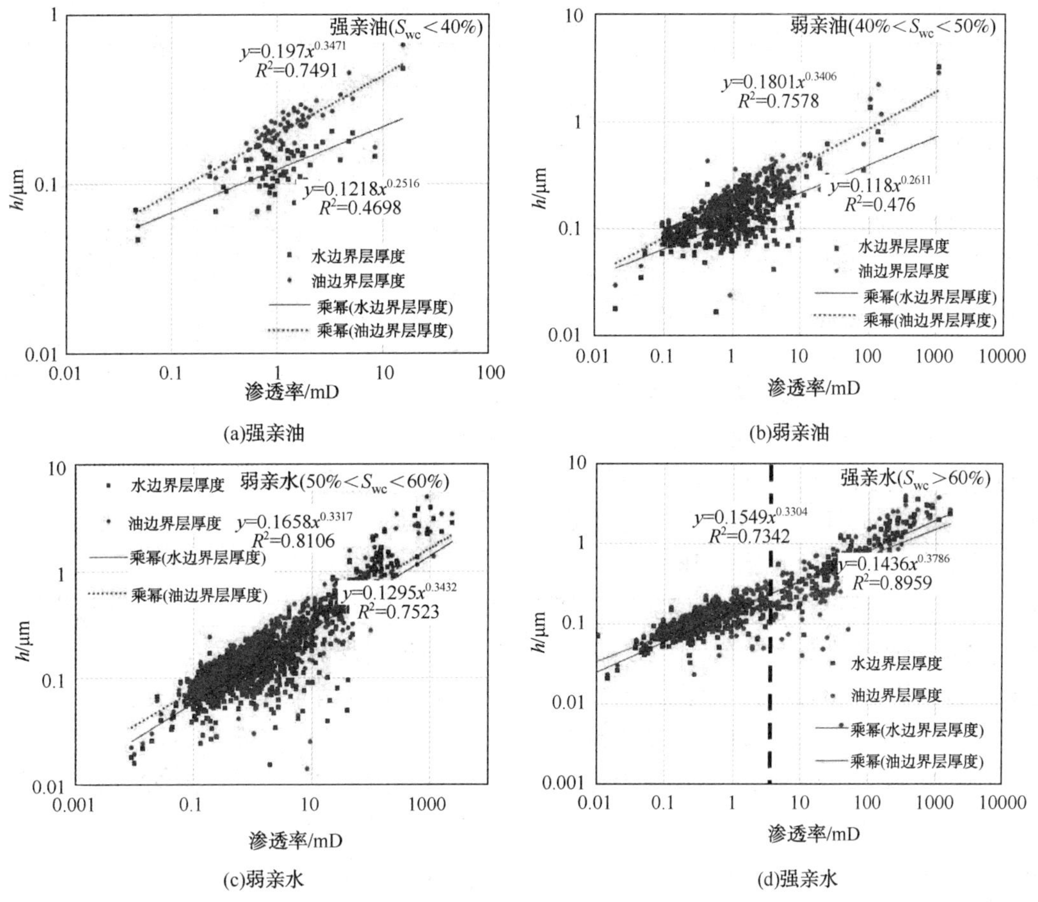

(a)强亲油　(b)弱亲油

(c)弱亲水　(d)强亲水

图 15　不同润湿性岩心的油水边界层厚度对比

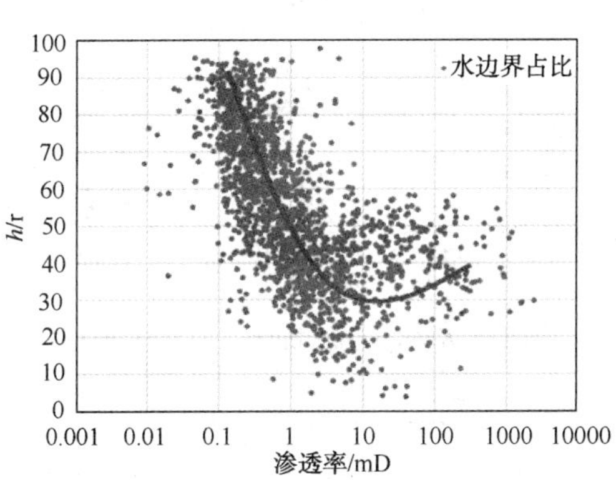

图 16　无因次水边界层厚度-气测渗透率曲线

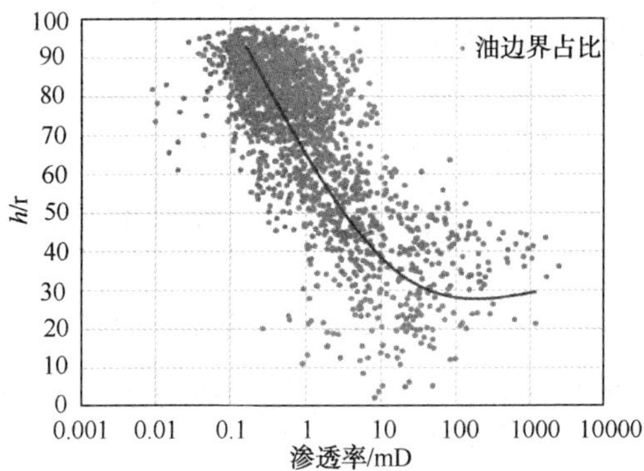

图 17　无因次油边界层厚度-气测渗透率曲线

又
$$P_c=\frac{2\sigma\cos\theta}{R} \tag{24}$$

因此
$$p_{tpg}=\frac{2\sigma\cos\theta}{\varphi\sqrt{k_o}F}\frac{1}{J(S_w)}\frac{1}{R}=\lambda_1\cdot\frac{1}{R} \tag{25}$$

其中
$$\frac{2\sigma\cos\theta}{\sqrt{k_o}F}\frac{1}{J(S_w)}=\lambda_1 \tag{26}$$

根据回归得到的流动半径和气测渗透关系式(12)和孔隙度和气测渗透率关系式(11)：

$$R_{水/流动}=\sqrt{\frac{8K_w}{\varphi}}=0.0973\cdot K_g^{0.6072} \tag{12}$$

$$\varphi=0.7856\cdot K_g^{0.0786} \tag{11}$$

代入式(25)中，得到启动压力梯度和渗透率的关系式(28)：

$$p_{tpg}=\frac{0.1328\sigma\cos\theta}{\sqrt{k_o}F}\frac{1}{J(S_w)}\cdot K_g^{-0.6852}=\lambda_2\cdot K_g^{-0.6852} \tag{27}$$

其中
$$\lambda_2=0.0764\cdot\lambda_1 \tag{28}$$

根据无因次边界层与气测渗透率计算公式(20)，代入(28)中，得到启动压力梯度和无因次边界层厚度的关系式(30)：

$$\varepsilon_w=\frac{h_w}{R_{理论}}=0.5185\cdot K_g^{-0.1093} \quad (20)$$

$$p_{tpg}=\frac{9.38\sigma\cos\theta}{\sqrt{k_o}F}\frac{1}{J(S_w)}\cdot\varepsilon_w^{6.27}=\lambda_3\cdot\varepsilon_w^{6.27} \quad (29)$$

其中　$$\lambda_3=4.69\cdot\lambda_1 \quad (30)$$

上式中：$J(S_w)$为 Leverrte 函数；F 为地层阻力系数，无量纲；k_o为形状系数，无量纲，建议取 2~3；σ 为界面张力(mN/m)；K_g为气测渗透率；

理论计算结果显示：启动压力梯度和气测渗透率呈指数递减关系，渗透率越低，启动压力梯度越大，与实验测试回归的规律一致，如图 18 所示；启动压力梯度和无因次边界层厚度呈指数递增关系，边界层占比越大，启动压力梯度越大。利用回归公式，计算启动压力梯度随储层物性和无因次边界层厚度的变化曲线，如图 19 所示。结果显示：当 K_g<1.0mD 时，启动压力梯度快速增大；当 h/r>60%时，启动压力梯度明显上升；当 K_g>1.0mD 和 h/r<60%时，启动压力梯度均较小。

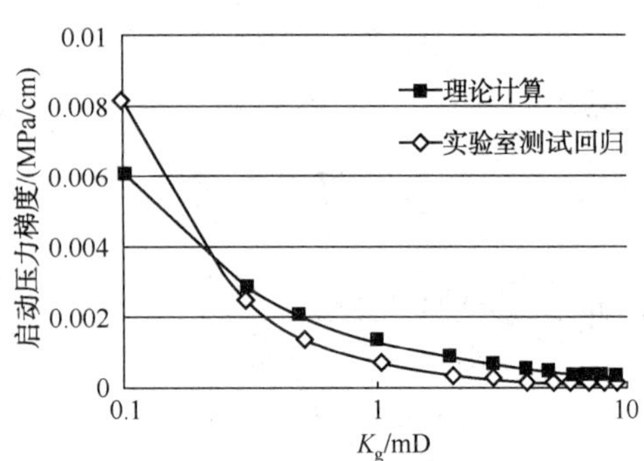

图 18　启动压力梯度与气测渗透率关系图

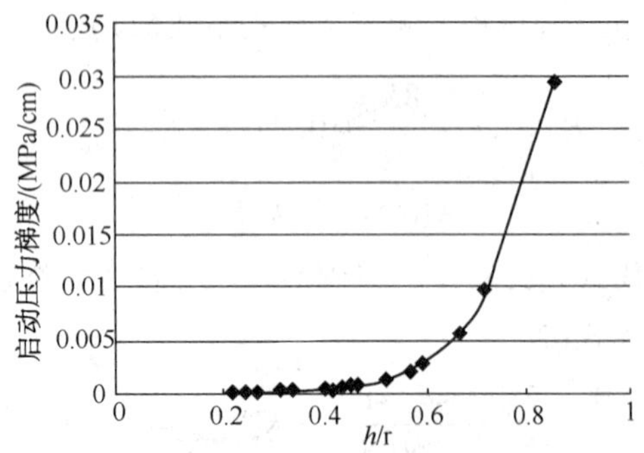

图 19　启动压力梯度与无因次边界层厚度关系图

备注：油水界面张力为 40mN/m，
地层阻力系数为 4，形状系数为 3。

4.2　边界层对水驱驱油效率的影响

无因次边界层厚度随渗透率的变化曲线如下图 19，边界层占比对驱油效率的影响总体表现：h/r>50%，h/r 越大，驱油效率越低。h/r<50%时，驱油效率保持相对稳定。

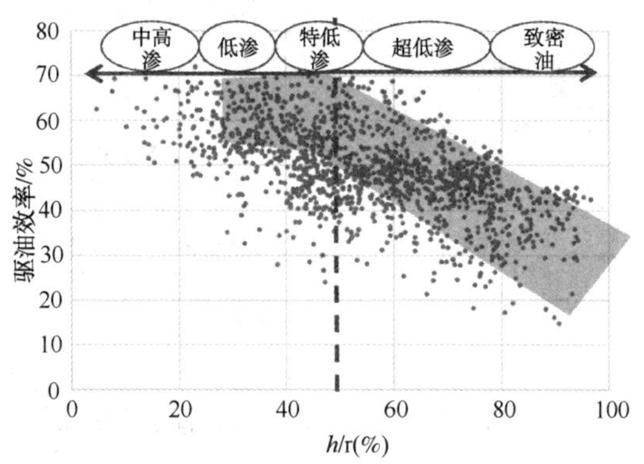

图 20　无因次边界层和驱油效率关系散点图

4.3　不同类型储层 K_g/K_w 变化及驱油效率对比

通过大数据分类统计，K_g/K_w 随物性的变化规律(图 21)结果显示：随渗透率降低，K_g/K_w 逐渐增大，气测渗透率 1.0mD 时，K_g/K_w 显著增大；驱油效率统计结果(图 22)显示：驱油效率呈现“3 层台阶+1 斜坡”

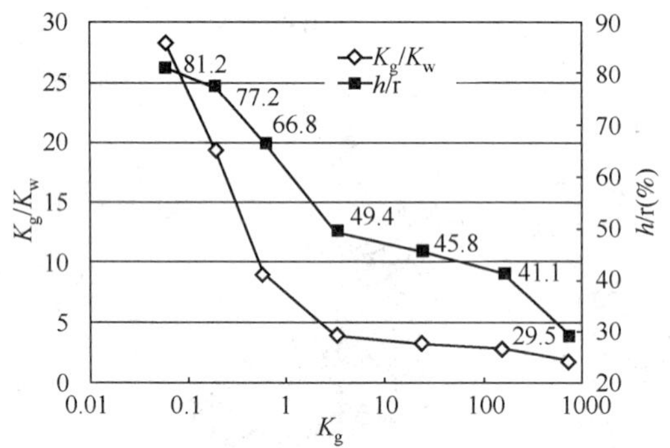

图 21　K_g/K_w、h/r 随物性的变化规律

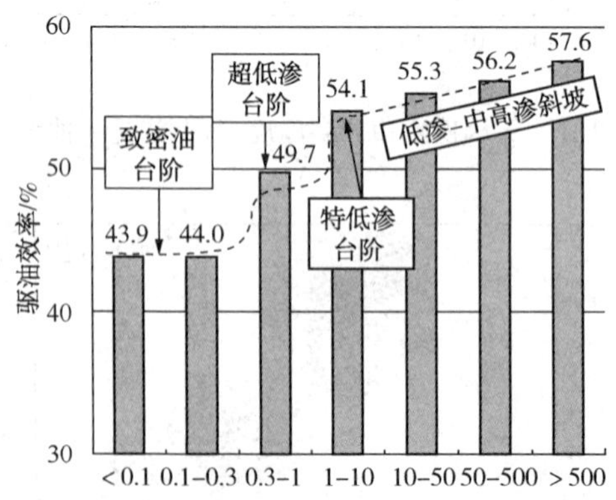

图 22　不同类型油藏驱油效率统计结果对比

如图 23、图 24 为无因次边界层厚度对驱油效率的影响，结果显示：渗透率越低，h/r 值越大，在渗透率在 1.0mD 左右出现拐点，h/r 增速

加快，驱油效率台阶式降低；h/r 小于 50%时，对驱油效率的影响较小；50%～80%时，驱油效率大幅降低；大于 80%，驱油效率保持相对稳定。

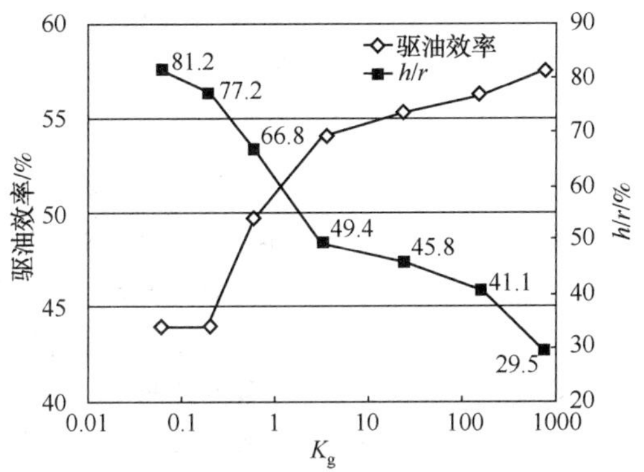

图 23 驱油效率 h/r 随物性的变化规律

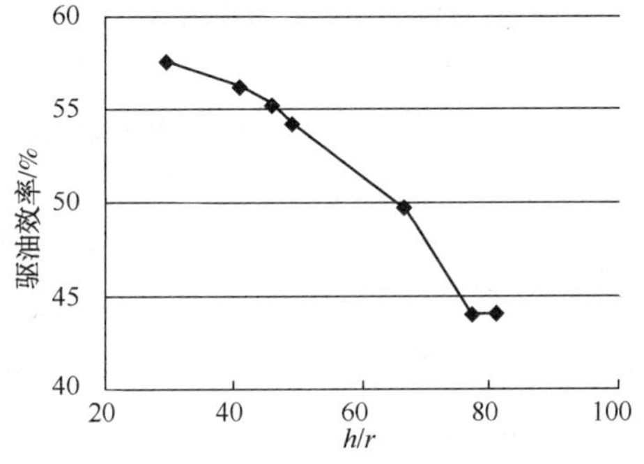

图 24 驱油效率随 h/r 变化曲线

5 结论

(1) 提出了一种以岩心气测渗透率和液测渗透率计算边界层厚度的方法，该方法可表征多孔介质内平均边界层厚度及其边界层占比。

(2) 引入大数据统计分析方法，开展储层渗透率和润湿性对边界层厚度的影响。研究结果显示，对渗透率变小，尽管边界层厚度降低，但边界层占比增大，说明边界层的影响程度变大；相同渗透率条件下，岩心越亲水，油边界层厚度越小；渗透率率大于 1.0mD 时，岩石越亲水，亲水性越强，水边界层厚度越大，渗透率小于 1.0mD 则相反。

(3) 改进 Tomas 建立的启动压力梯度和毛管力计算公式，建立启动压力梯度和渗透率和边界层厚度的理论计算公式，为油藏工程方案提供理论支持。

(4) 当气测渗透率小于 1.0mD 时，气测渗透率和液测渗透率比值、边界层占比、启动压力梯度和驱油效率均出现突变，边界层占比对启动压力梯度和驱油效率影响程度加剧，因此对于长庆致密油和超低渗透油藏，需要改变目前的注水开发方式，注气是一个较为理想的选择。

参 考 文 献

[1] 谷建伟，毛振强．启动压力和毛管压力对低渗透油田生产参数影响[J]. 大庆石油地质与开发 2002，21(5)：30-31.

[2] 孙黎娟，吴凡等．油藏启动压力的规律研究与应用[J]. 断块油气田，1998，5(5)：30-33.

[3] 朱维耀，田巍，朱华银，张雪龄，和雅琴，李勇，王瑞明．致密岩心启动压力梯度实验研究[J]. 科学技术与工程．2015(03)

[4] 闫健，齐银，刘晓娟．低渗油藏束缚水下油相启动压力梯度分析[J]. 断块油气田．2014(03)

[5] 柯文丽，汪伟英，游艺，欧阳云丽，杨林江，李庆会．非线性渗流启动压力梯度确定方法研究[J]. 石油化工应用．2013(02)

[6] 熊健，马强，肖峰，马倩．考虑压敏效应的动态启动压力梯度研究[J]. 科学技术与工程．2013(09)

[7] 宁丽华．稠油拟启动压力梯度测定实验方法及应用[J]. 石油化工高等学校学报．2011(01)

[8] 闪从新，王道成．流体启动压力梯度实验研究[J]. 油气田地面工程．2010(04)

[9] 李中锋，何顺利．低渗透储层原油边界层对渗流规律的影响[J]. 大庆石油地质与开发，2005，24(2)：57-59.

[10] 刘中春，岳湘安，王正波．低渗透油藏岩石物性对渗流的影响分析[J]. 油气地质与采收率，200，11(6)：39-41.

[11] 姚约东，葛家理，魏俊之．低渗透油层渗流规律的研究[J]. 石油勘探与开发，2001，28(4)：73-75.

[12] 张磊，陈丽云，李振东等．低渗透油藏边界层厚度测定新方法[J]. 石油地质与工程，2012，26(3)：99-101.

[13] R. S. Dwyer - Joyce，P. Harper，B. W. Drinkwater. A Method for the Measurement of Hydrodynamic Oil Films Using Ultrasonic Reflection[J]. Tribology Letters. 2004(2)

[14] 刘德新，岳湘安，燕松，侯吉瑞，汪龙梅，张继红．吸附水层对低渗透油藏渗流的影响机理[J]. 油气地质与采收率．2005(06)

[15] 刘德新，岳湘安，侯吉瑞，曹建宝，汪龙梅．固体颗粒表面吸附水层厚度实验研究[J]. 矿物学报．2005(01)

[16] Yue Xiang' an，Wei Haoguang，Zhang Lijuan，Zhao Renbao，Zhao Yongpan. Low Pressure Gas Percolation Characteristic in Ultra-low Permeability Porous Media [J]. Transport in Porous Media. 2010(1)

基于微观网络模型的致密砂岩气非达西渗流数值模拟

李菊花[1]　易　扬[1]　郑　斌[2]

(1. 长江大学；2. 中国石油新疆油田分公司)

摘　要　利用三维微观网络模型重构技术，建立了真实岩心的微观网络模型，开展了束缚水状态的致密砂岩气非线性渗流数值模拟。通过拟合 2 组致密岩心 5 种不同压力梯度下的气体高速非达西渗流实验，验证了气相高速非达西微观网络数值模拟方法的有效性，结合实验结果分析了非达西系数的影响因素，并推导了含有束缚水的非达西系数分形表征。研究结果表明：在微观尺度下，高速非线性渗流实验模拟得到的渗流速度与压力梯度符合 Forchheimer 方程；非达西系数是孔隙平均半径、分形维数、束缚水饱和度、迂曲度等反映储层微观属性参数的函数，其值随着孔隙平均半径的增大而减小，随分形维数的增大而增大，随着束缚水饱和度的增大而增大，随着迂曲度的增大而增大。采用多元回归得到考虑微观属性的经验公式可精确地估算非达西系数，为气藏高速非达西渗流对产能预测提供理论支持。

关键词　非达西系数；分形维数；三维网络模型；束缚水饱和度；孔隙平均半径；迂曲度

达西定律是描述地下流体流动的经典方程，表现为压力梯度与体积流量(达西速度)之间的线性关系。但是，达西定律只适应于层流和黏性流动，当流速很高的情况下，比如气井近井地带的高速流动时，流体流动会表现为惯性流，达西定律已无法刻画这种高速渗流规律。Forchheimer 于 1901 年基于实验提出了经典的 Forchheimer 方程，公式(1)引入了非达西系数 β 来估计非达西效应的影响。

$$-\frac{\mathrm{d}p}{\mathrm{d}x}=\frac{\mu}{k}v+\beta\rho v^2 \tag{1}$$

此后关于求解非达西系数 β 的研究一直是学者们关注的焦点。对 β 系数的求解主要分为解析法、物理实验方法和数值模拟方法。Geertsma[1] 通过室内实验研究并对实验数据进行分析处理，得到了非达西系数与孔隙度、渗透率之间的定量关系，同时在研究过程中考虑了不可动流体对非达西系数的影响；Frederick 和 Graves[2] 同样通过室内实验研究了气体在多孔介质内的渗流过程。并认为气体流动具有非线性渗流特征。同时考虑到了可动水及不可动水对气体非线性渗流的影响。国内窦宏恩[3] 用解析法对非达西系数 β 进行了表征，研究结果表明 β 系数是孔隙尺寸、渗透率、摩擦系数及阻力系数的函数。李传亮[4] 同样应用解析法确定了 β 系数，并指出 β 系数并不只是渗透率或孔隙度的函数还与流体密度流体黏度有关。王新海[5] 等通过对多组岩样在不同覆压实验下的数据资料统计分析得到了高压气藏 β 系数与渗透率、孔隙度之间的关系式。随后人们进一步对气水两相非线性渗流特征进行了研究。邓英尔、黄润秋[6] 等基于实验室渗流实验结果，建立了受束缚水影响的气体在低渗透储层内的非线性渗流定律。

国内外学者做了大量的理论与实验工作，得到了不同形式的非达西系数表征形式，主要构建的是渗透率、孔隙度与非达西系数之间的定量关系，由于研究方法及所选多孔介质、流体的不同，使得不同方法所得的非达西系数表达式的计算结果有较大差异[7~9]。本文选取了 2 块致密储层真实岩心进行了非达西渗流实验和压汞实验，根据压汞实验得到的孔隙分布资料，利用分形理论对多孔介质微观孔隙分布进行分形特征研究，确定多孔介质分形区间及分形维数，对储层孔隙结构参数进行重构并建立孔隙三维网络模型，通过建立微观流动模型模拟含束缚水条件下气体在致密多孔介质内的渗流特征，研究了非线性渗流系数的影响因素并对其进行微观属性层面的数学表征，确定了气体非线性渗流的本质。

【基金项目】国家自然科学基金资助项目(51504039)；国家科技重大专项(2016ZX05060-019)。

【作者简介】李菊花(1975—)，女，重庆人，博士，教授，主要从事油气田开发工程研究。E-mail：lucyli7509@163. com

1 致密砂岩储层气体非达西实验

非达西实验选取了两块真实岩心，岩心编号分别为YG17-W002，YG17-W004。岩心参数如表1所示。

表1 岩心参数

样品编号	孔隙度/%	样品密度/(g/cm^3)	岩心长度/cm	岩心直径/cm	束缚水饱和度/%
W002(15)	15.2	2.227	5.625	2.27	52.32
W004(25)	17.2	2.222	7.625	2.32	54.64

实验气体采用氮气和蒸馏水，分别对应气相和液相。实验在室温条件下进行，将岩心放入岩心夹持器并加上环压，固定出口压力，从气缸注入压缩氮气，使用入口压力调节器来调节入口压力，从而改变压力梯度，同时用流量计测量气体流量。通过多次改变入口压力，可以得到不同压力梯度下的气体流量[10]。实验结果如表2所示。

表2 不同压力梯度下气体渗流速度

入口压力/MPa	出口压力/MPa	不同岩样压力梯度/$MPa\cdot m^{-1}$		不同岩样流速/$cm\cdot min^{-1}$	
		W002	W004	W002	W004
12.1	12	1.78	1.31	0.82	0.82
12.3	12	5.33	3.39	2.14	1.84
12.5	12	8.89	6.56	3.25	2.35
12.7	12	12.44	9.18	4.25	3.65
12.9	12	16.00	11.80	5.16	4.46

2 基于随机分形网络模型的气相非达西渗流模拟

2.1 网络模型的构建

根据分形理论，在满足分形的尺度范围内，对于具有分形特征的孔隙结构[11]，孔隙半径大于r的孔隙数目$N(r)$与r有幂函数关系，即

$$N(\geq r)=\left(\frac{r_{max}}{r}\right)^{D} \tag{2}$$

式中 r_{max}——储层多孔介质的最大孔隙半径；

D——孔隙结构的分形维数。

毛细管压力曲线的分形几何方程为[12]：

$$\ln s=(3-D)\ln p_{min}+(D-3)\ln p_{c} \tag{3}$$

由式(3)可知$\ln s$和$\ln p_c$呈线性关系通过其斜率就可以计算分形维数D

由式(2)可知微观孔隙的总数目可表示为：

$$N_{total}(\geq r_{min})=\left(\frac{r_{max}}{r_{min}}\right)^{D} \tag{4}$$

则孔隙半径分布函数分形表达式为[13]：

$$F(r)=\frac{N}{N_{total}}=\left(\frac{r_{min}}{r}\right)^{D} \tag{5}$$

据随机变量直接抽样法，设ε为[0, 1]直接均匀分布的随机数，令

$$\xi=F(r)=\left(\frac{r_{min}}{r}\right)^{D} \tag{6}$$

解(6)式，得到公式(7)[13]：

$$r=\frac{r_{min}}{\xi^{1/D}} \tag{7}$$

通过毛管压力曲线、得到孔隙结构信息最小孔隙半径、孔隙结构分形维数。通过(7)式随机生成ξ就可以对孔隙半径进行重构。

图1给出了这两组不同岩样的毛细管压力曲线。

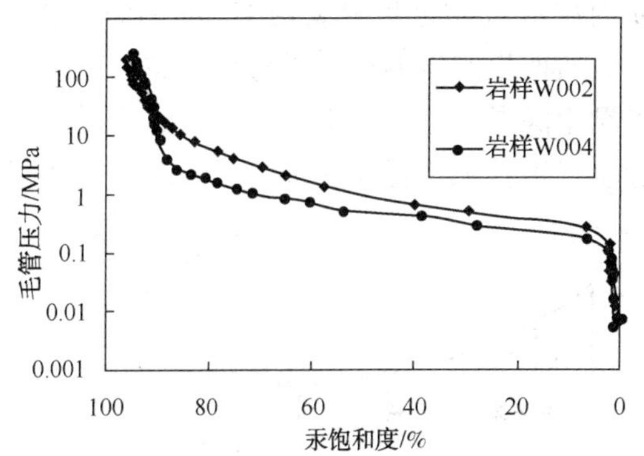

图1 两组岩样毛管压力曲线

三维网络模型的建立主要是对储层孔隙结构信息、包括模型大小、孔隙坐标位置、孔隙间的相互连通情况、配位数、孔喉半径尺寸、孔喉长度、迂曲度、形状因子、孔喉体积等信息进行准确的描述得到准确的数值[14]。本文采用Matlab编程软件，基于压汞实验所得的孔喉信息，建立了两组反映真实岩石孔隙结构的三维网络模型。三维网络模型基本参数如表3所示。

表3 岩样分形特征参数及网络模型数据

样品编号	分形维数/D	R_{min}/μm	平均孔隙半径 r/μm	网络模型孔隙度/%
W002	2.5942	2.613	4.369	15.9%
W004	2.6465	3.835	6.351	17.6%

表3显示网络模型的计算孔隙度和表1原始岩样的真实孔隙度符合率较高。

建立的三维网络模型如图2所示。

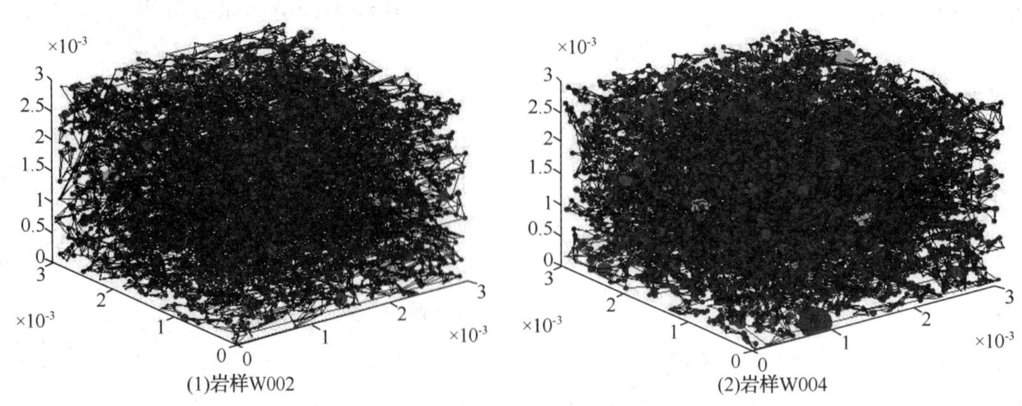

图2　两组岩样对应的微观网络模型

2.2　气相非达西渗流模拟

2.2.1　非达西渗流模型的建立

以图3所示的孔喉结构为研究单元分析流体在孔隙内流动所产生的压力降[15]。流体在多孔介质内层流流动过程中满足Hagen-Poiseuille方程，其所产生的压力降主要为克服黏滞阻力。在本模型中除了考虑了黏滞阻力还考虑了迂曲度及孔隙、喉道孔隙半径渐变特征所引起的惯性阻力压力降。

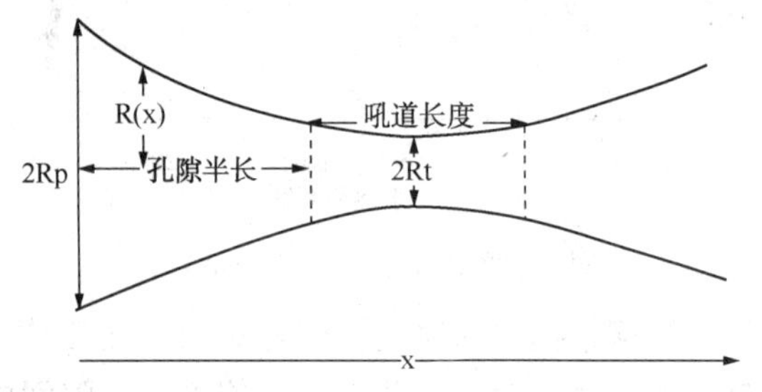

图3　孔隙-喉道结构单元

形状因子G影响的黏滞阻力所产生的压力降：

$$\Delta p_v=\frac{q}{g} \tag{8}$$

$$\frac{L}{g}=\frac{L_t}{g_t}+\frac{1}{2}\left(\frac{L_{b1}}{g_{b1}}+\frac{L_{b2}}{g_{b2}}\right) \tag{9}$$

$$g_t=\frac{A_t^2G_t}{2\mu L_t} \tag{10}$$

$$g_{b1}=\frac{A_{b1}^2G_{b1}}{2\mu L_{b1}} \tag{11}$$

$$g_{b2}=\frac{A_{b2}^2G_{b2}}{2\mu L_{b2}} \tag{12}$$

其中　q——流体流量；

g——表征结构单元的导流能力；

L——结构单元的总长度；

L_t——喉道长度；

L_{b1}——孔隙1的长度；

L_{b2}——孔隙2的长度；

g_t——喉道的倒流能力；

g_{b1}——孔隙1的倒流能力；

g_{b2}——孔隙2的倒流能力；

A——孔隙体(或喉道)的截面积；

G——形状因子。

还考虑了喉道迂曲度所产生的额外的压力降：

$$\Delta p_b=\frac{0.9\tau\rho}{\pi^2r_t^4}q^2 \tag{13}$$

其中　τ——喉道的迂曲度；

ρ——流体密度；

r_t——喉道半径。

孔隙及喉道半径的渐变特征同样导致了压力降，其中孔道变窄所产生的压力降为：

$$\Delta p_c=\left\{1.45-0.45\left(\frac{r_t}{r_{b1}}\right)^2-\left(\frac{r_t}{r_{b1}}\right)^4\right\}\frac{\rho q^2}{2\pi^2r_{b1}{}^4} \tag{14}$$

其中　r_{b1}——孔隙1半径。

孔道变宽所产生的压力降为：

$$\Delta p_e=\left[1-\left(\frac{r_t}{r_{b2}}\right)^2\right]\left(\frac{r_t}{r_{b2}}\right)^2\frac{\rho q^2}{2\pi^2r_{b2}{}^4} \tag{15}$$

其中　r_{b2}——孔隙2半径。

由以上方程可得结构单元两侧总的压力降为：

$$\Delta p=\Delta p_v+\Delta p_b+\Delta p_c+\Delta p_e \tag{16}$$

设：

$$a=\frac{1}{g} \tag{17}$$

$$b=\frac{0.9f\rho}{\pi^2r_t^4}+\left\{1.45-0.45\left(\frac{r_t}{r_{b1}}\right)^2-\left(\frac{r_t}{r_{b1}}\right)^4\right\}$$

$$\frac{\rho}{2\pi^2 r_{b1}^4}+\left[1-\left(\frac{r_t}{r_{b2}}\right)^2\right]\left(\frac{r_t}{r_{b2}}\right)^2\frac{\rho}{2\pi^2 r_{b2}^4} \tag{18}$$

在模拟稳定流过程中，多孔介质内的流体流动参数不随时间发生变化，此时每个孔隙内流进的流量等于流出的流量，即满足质量守恒定律：

$$\sum_{i=1}^{n} q_{ij}=0 \tag{19}$$

其中，n 等于孔隙配位数的大小，q_{ij} 为相邻孔隙间的体积流量。

$$\sum_{i-1}^{n}\frac{p-p_i}{|p-p_i|}\frac{\sqrt{a^2+4b|p-p_i|}-a}{2b}=0 \tag{20}$$

式中　p——孔隙中心压力；

p_i——与之相连的孔隙中心压力。

2.2.2　网络模型单相渗流模拟

在网络模型中填充束缚水及气体，束缚水以水膜的形式存在于多孔介质内，不参与流动。气体性质稳定，因为模拟条件下的压力变化较小，所以可以忽略其体积变化，近似为不可压缩的牛顿流体。网络模型除入口端面和出口端面外其他四个端面为封闭边界，没有流体流入流出，流动过程为拟稳态过程，模型内流体的流动参数仅随空间位置改变不随时间变化[16]。模拟的温度为常温，氮气黏度为 0.011mPa·s，密度为 150kg/m^3。

用此前构建的两组微观网络模型进行单相气体非线性流动模拟，计算不同压力梯度下的平均气体流速，得到气体流速与压力梯度之间的关系曲线，并与前文的非达西实验结果进行对比，如图 4 所示。

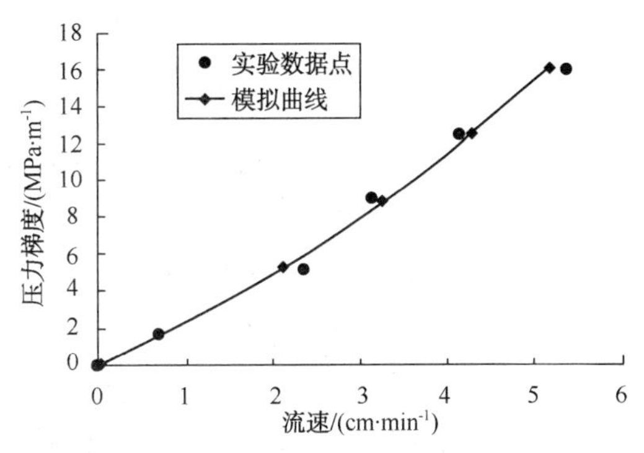

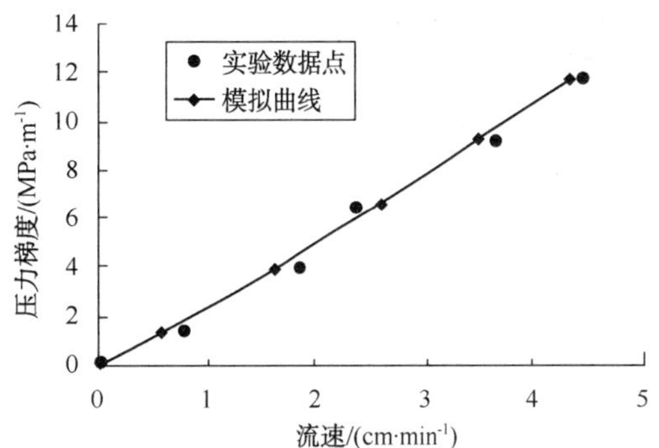

图 4　两组岩样气体流速与压力梯度关系曲线

由关系曲线可以看出，随着压力梯度的增大，流动速度逐渐增大，呈现出明显的非线性关系，且与实验结果比较接近。

根据达西定律：

$$-\frac{dp}{dx}=\frac{\mu}{k_g}v \tag{21}$$

可以得到每个流速下所对应的气体渗透率 k_g。随着气体流速的增加，根据达西公式计算得出的气相渗透率随之减小。这主要是因为此时气体的流动为非线性渗流，流动阻力随着流速的增加而增加。此时计算得到的渗透率值要小于模型固有的绝对渗透率。

根据 Forchheimer 方程可知流体的渗流速度与压力梯度可以用二项式表示，其中二项式一次方相的系数为流体黏度 μ 与渗透率 k 的比值，二次方相为非达西系数与流体密度的乘积。根据(1)式与(21)式均可确定压力梯度与流速之间的定量关系，并且压力梯度与流速均为流动模拟所得：

$$\frac{1}{k_g}=\frac{1}{k}+\beta\frac{\rho v}{\mu} \tag{22}$$

式中　k_g——不同气体流速所对应的气相渗透率；

k——网络模型的绝对渗透率；

β——非达西系数；

ρ——气体密度；

μ——气体黏度；

v——气体流速。

从而可知 $1/k_g$ 与 $\rho v/\mu$ 在直角坐标系中呈线性关系，直线的斜率即为非达西系数 β。根据模拟结果，对 $1/k_g$ 与 $\rho v/\mu$ 进行线性拟合得到非达西系数，并与公式(23) Geertsma 表达式

$$=0.005/[\phi^{5.5}(1-S_{wi})^{5.5}k_g^{0.5}] \tag{23}$$

进行了对比，结果如表 4 所示。

从表 4 可以看出采用微观网络模型模拟和 Geertsma 公式计算的非达西系数比较接近，表明

此非达西流动网络模型有效性较高。

表 4　网络模型和 Geertsma β 值的比较

模型	孔隙度/%	平均孔隙半径/μm	网络模型 β/(m^{-1})	Geertsma β/(m^{-1})
W002	15.9	4.369	1.998E9	5.76E10
W004	17.6	6.351	6.66E8	2.08E10

3　非达西系数影响因素分析

3.1　束缚水饱和度的影响

采用建立的气相非线性渗流微观模拟方法，研究束缚水饱和度对非达西系数的影响。模拟了不同分形维数下 $S_{wi}=0$、0.1、0.2、0.35、0.5 的五组束缚水饱和度下的非线性渗流，得到不同条件下的非达西系数，并将文献的数据点[17]加到曲线图中，如图 5 所示。

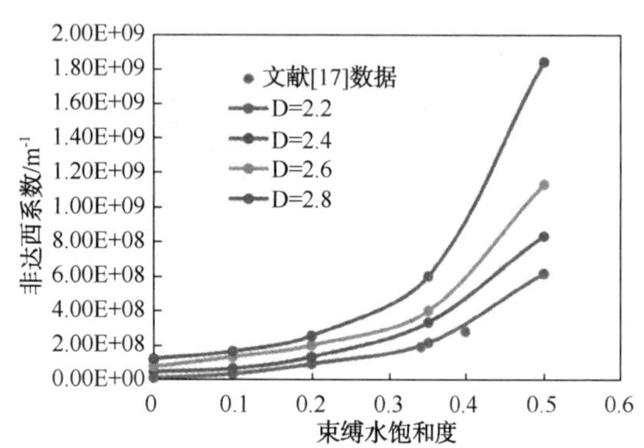

图 5　不同分形维数下束缚水饱和度与非达西系数的关系曲线

束缚水对非达西系数的影响均表现为非达西系数随着束缚水饱和度的增大而增大[18~20]。出现这种现象的主要原因是因为孔隙结构内的束缚水一部分填充在多孔介质角隅内，另一部分则占据了气体的流通通道。间接的减小的孔隙喉道半径，使得气体的流通通道半径减小，气体在多孔介质内的非线性流动现象加重。气体在其所占据的空间内流动，气体的流动半径与含气饱和度 S_g 存在着定量关系。由于孔隙空间内仅存在气水两相，因此 $S_g=1-S_w$。通过不同函数拟合后发现，可以通过幂函数作为描述非达西系数与束缚水饱和度之间关系的函数，具体形式为：

$$\beta=a\times(1-S_{wi})^b \tag{24}$$

式中　β——非达西系数，m^{-1}；

a、b——参数，通过函数拟合确定 b 的取值近似等于-4.5。

3.2　分形维数的影响

为了分析分形维数对非达西系数的影响，在应用随机分形法重构岩样数据的过程中改变分形维数 D 的取值，从而得到不同分形维数下的孔隙网络模型；同时在建立孔隙三维网络模型的过程中，保持其他参数不变。建立分形维数分别为 $D=2.4$、$D=2.5$、$D=2.6$、$D=2.7$、$D=2.8$ 的五组三维网络模型。基于所建立的三维网络模型，进行存在束缚水条件下单项气体非线性渗流的模拟，得到不同分形维数下的非达西系数，如图 6 所示。

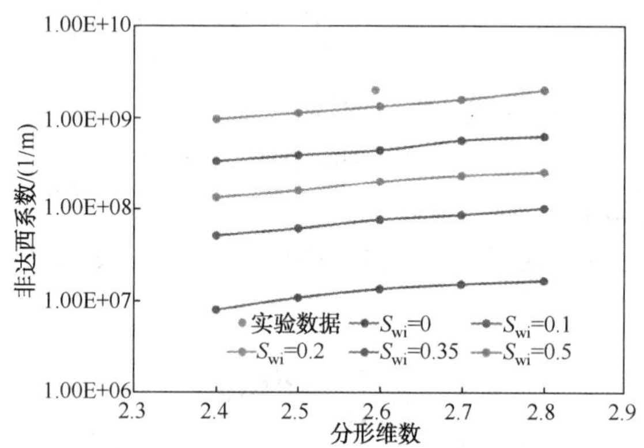

图 6　不同束缚水饱和度下分形维数与非达西系数的关系曲线

而分形维数反映的是孔隙半径分布复杂程度，分形维数越大则孔隙半径分布非均质越强，所以非达西系数就越大。通过不同函数的拟合后发现，可用指数函数作为描述非达西系数与孔隙平均半径之间关系的函数，具体形式为：

$$\beta=a\times D^b \tag{25}$$

式中　β——非达西系数，m^{-1}；

a、b——参数，通过函数拟合确定 b 的取值近似等于 4.5。

3.3　孔隙尺寸的影响

为了分析孔隙尺寸对非达西系数的影响，在应用随机分形法重构岩样数据的过程中改变 r_{min} 数值，从而改变孔隙网络模型的孔隙半径分布；同时在建立孔隙三维网络模型的过程中，保持其他参数不变，构建出平均孔隙半径分别为 $r=1\mu m$、$3\mu m$、$5\mu m$、$7\mu m$、$9\mu m$ 的五组三维网络模型。基于所建立的三维网络模型，进行存在不同束缚水条件下单项气体非线性渗流的模拟，得到不同孔隙平均半径下的非达西系数，如图 7 所示。

从图中可以看出不同束缚水饱和度下，非达西系数随网络模型孔隙平均半径变化规律一致，即非达西系数随着孔隙平均半径的增大而减小。

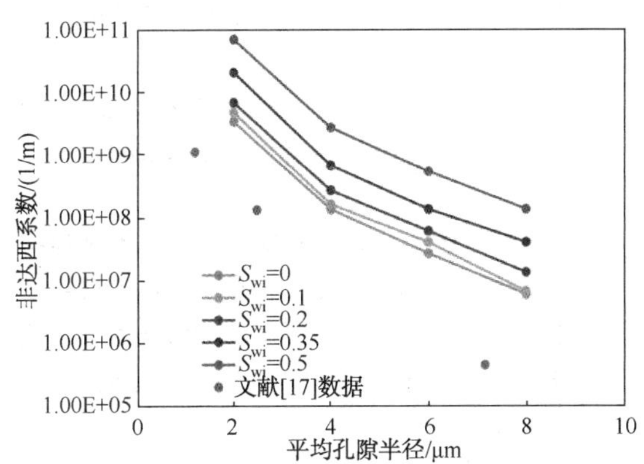

图 7　不同束缚水饱和度下平均孔隙半径和非达西系数的关系曲线

通过不同函数的拟合后发现，可用幂函数作为描述非达西系数与孔隙平均半径之间关系的函数，具体形式为：

$$\beta = a \times r^{b} \tag{26}$$

式中　β——非达西系数，m^{-1}；

a、b——参数，通过函数拟合确定 b 的取值近似等于-4.5。

3.4　迂曲度的影响

为了分析迂曲度对非达西系数的影响，在建立孔隙三维网络模型的过程中，改变网络模型中迂曲度的取值，保持其他参数不变。得到迂曲度分别为 $\tau=1$、$\tau=1.3$、$\tau=1.5$、$\tau=2.0$、$\tau=2.5$ 的五组三维网络模型。基于所建立的三维网络模型，进行存在束缚水条件下单项气体非线性渗流的模拟，得到不同迂曲度下的非达西系数，如图 8 所示。

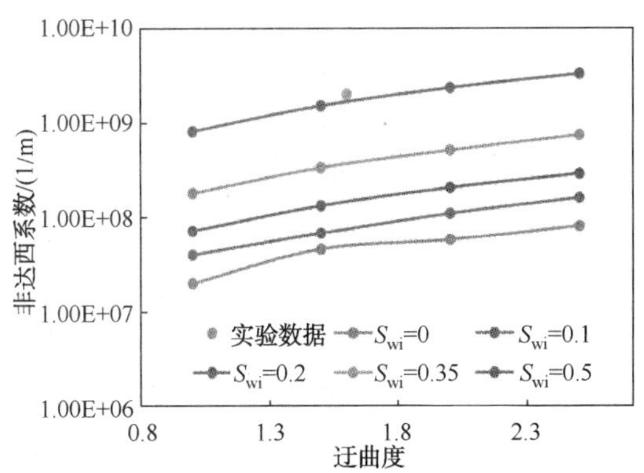

图 8　不同束缚水饱和度下网络模型迂曲度和非达西系数的关系曲线

从图中可以看出不同束缚水饱和度下，非达西系数随迂曲度变化规律一致，即非达西系数随着迂曲度的增大而增大。通过不同函数的拟合后发现，可用幂函数作为描述非达西系数与迂曲度之间关系的函数，具体形式为：

$$\beta = a \times \tau^{b} \tag{27}$$

式中　β——非达西系数，m^{-1}；

a、b——参数，通过函数拟合确定 b 的取值近似等于 1.52。

4　非达西系数的分形表征

分析可知非达西系数可以表征为孔隙结构参数孔隙平均半径、分形维数、迂曲度、束缚水饱和度的函数，其数学表征形式为：

$$\beta = \frac{\alpha D^{4.5} \tau^{1.52}}{r^{4.5}(1-S_w)^{4.5}} \tag{28}$$

其中 α 为比例常数，其取值的大小受流体性质(黏度、密度)等参数的影响。基于模拟所得不同参数条件下的非达西系数的数据，将非达西系数及相关参数代入(28)式可得不同参数条件下所对应的比例常数 α，如图 9 所示。

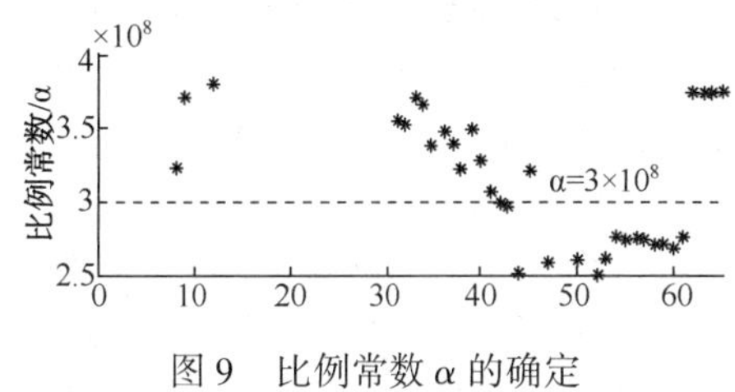

图 9　比例常数 α 的确定

确定得到在本模型模拟条件下 α 的取值为 3×10^8。因此此模型的非达西系数的数学表达式为：

$$\beta = \frac{3\times10^8 \times D^{4.5} \tau^{1.52}}{r^{4.5}(1-S_w)^{4.5}} \tag{29}$$

5　结论

(1) 建立反映储层结构特征的微观分形网络模型。分析了 2 组真实岩心压汞资料获得的微观孔隙尺寸分布资料，确定该 2 组岩样的微观孔隙分布的分形维数及孔喉信息，并构建出了与实际岩样相符的三维网络模型。

(2) 建立含束缚水的气体非线性渗流微观模拟方法。基于三维微观网络模型，通过模拟束缚水条件下的气体单相渗流，得到流速与压力梯度的关系曲线，且与非达西实验结果进行了对比。对 $1/k_g$ 与 $\rho v/\mu$ 进行线性拟合得到非达西系数，并与 Geertsma 公式计算结果进行对比，验证了此模拟方法的有效性。

(3) 建立了新型气相非达西系数的分形表征形式。从多角度讨论非达西系数与孔隙尺寸、分形维数、迂曲度以及束缚水饱和度关系，从而揭示了气相非线性渗流的本质特征。

符号注释：

$\frac{dp}{dx}$——压力梯度，atm/cm；μ——流体黏度，mPa·s；k——多孔介质的渗透率，md；ρ——流体密度，g/cm^3；β——非达西系数，m^{-1}；

参 考 文 献

[1] GEERTSMA J. Estimating the coefficient of inertial resistance in fluid flow throuth porous media[J]. Society of Petroleum Engineers Journal, 1974, 14 (14): 445-450.

[2] FREDRICKDC, Graves RM. New correlations to predict non-Darcy flow coefficient at immobile and model water saturation[R]. SPE28451, 1994.

[3] 窦宏恩．正确认识气藏高速非达西流湍流系数[J]．断块油气田，2013，0(4)：465-469.

[4] 李传亮．低渗透储层容易产生高速非 Darcy 流吗?[J]．岩性油气藏，2011，011(6)：111-119.

[5] 王新海，张冬丽，廖明才等．克依构造带高压气藏的紊流系数[J]．钻采工艺，2002，25(1)：44-49.

[6] 任晓娟，阎庆来，何秋轩等．低渗气层气体的渗流特征实验研究[J]．西安石油大学学报：自然科学版，1997，(3)：22-25.

[7] Li D, Engler T W. Literature Review on Correlations of the Non-Darcy Coefficient[R]. SPE70015, 2001.

[8] 许凯，雷学文，孟庆山，等．非达西渗流惯性系数研究[J]．岩石力学与工程学报，2012，31(1)：164-170.

[9] 陈元千，董宁宇．确定高速速度系数 β 的方法及其相关经验公式[J]．断块油气田，1998，05(6)：20-26.

[10] 吕成远，王建，孙志刚．低渗透砂岩油藏渗流启动压力梯度实验研究[J]．石油勘探与开发，2002，29(2)：86-89.

[11] 贺伟钟，孚勋，贺承祖，等．储层岩石孔隙的分形结构研究和应用[J]．天然气工业，2000，20(2)：67-70.

[12] 贺承祖，华明琪．储层孔隙结构的分形几何描述[J]．石油与天然气地质，1998，19(1)：15-22.

[13] 李菊花，郑斌．微观孔隙分形表征新方法及其在页岩储层中的应用[J]．天然气工业，2015，35(5)：52-59.

[14] 姚军，王晨晨，杨永飞，等．碳酸盐岩双孔隙网络模型的构建方法和微观渗流模拟研究[J]．中国科学：物理学力学天文学，2013(7)：896-902.

[15] BALHOFFMT, WHEELER M F. A Predictive Pore-Scale Model for Non-Darcy Flow inPorous Media[J]. SPE Journal, 2009, 14(4): 579-587.

[16] 王刚，杨鑫祥，张孝强，等．基于 CT 三维重建的煤层气非达西渗流数值模拟[J]．煤炭学报，2016，41(4)：931-940.

[17] LOMBARD J M, LONGERON D, KALAYDJIAN F. Influence of Connate Water and Condensate Saturation on Inertial Effects in Gas-Condensate Fields[R]. SPE 56485, 1999.

[18] 李文学，马新仿，王玉敏．束缚水饱和度对水力压裂非达西气井产能的影响[J]．石油钻采工艺，2011，33(3)：35-37.

[19] 李宁，唐显贵，张清秀，等．低渗透气藏中气体低速非达西渗流特征实验研究[J]．天然气勘探与开发，2003，26(2)：49-55.

[20] Evans R D, Hudson C S, Greenlee J E. The Effect of an Immobile Liquid Saturation on the Non-Darcy Flow Coefficient in Porous Media[J]. Spe Production Engineering, 1987, 2(4): 331-338.

断溶体内部缝洞结构组合模式研究及应用

姚 超 赵宽志 孙海航 张国良 曹 文 刘 宇 李绍华

(中国石油塔里木油田分公司勘探开发研究院)

摘 要 深化断溶体内部缝洞结构描述认识，对于进一步挖掘已钻断溶体内部的储量动用潜力，指导油水关系复杂的碳酸盐岩油藏高效开发和提高新井投产成功率具有重要的意义。本次研究运用野外地质剖面、地质建模、正演分析三种技术手段研究了断溶体内部缝洞结构组合模式，表明地震上的串珠反射是断溶体的综合响应，而不是某个缝洞体的反映。在此基础上，根据实钻井情况，结合动静态资料研究提出了四种缝洞结构组合模式，即垂向组合模式、平面组合模式、斜向组合模式以及不规则组合模式。应用研究成果优选出剩余油潜力较大的断溶体实施内部侧钻，成功的为提高碳酸盐岩油藏的采收率提供重要的理论依据。

关键词 断溶体；缝洞结构；组合模式；内部侧钻；碳酸盐岩油藏

所谓碳酸盐岩油藏的断溶体是指上奥陶统覆盖区碳酸盐岩受多期次构造挤压作用后，沿深断裂带发育一定规模的破碎带，经多期岩溶水沿断裂下渗或局部热液上涌致使破碎带内断裂、裂缝被溶蚀改造而形成的溶蚀孔、洞储集体，在上覆泥灰岩、泥岩等盖层封堵以及侧向致密灰岩遮挡下，形成一种由不规则状的断控岩溶缝洞体构成的圈闭类型[1]。地震反射特征分析是寻找断溶体的重要技术手段，指导了前期低断溶体动用程度下的井位部署[2]，前期井位主要围绕未钻断溶体滚动部署，对已动用的断溶体内部是否还有潜力较少考虑，少数井就算属于对已动用断溶体的再次挖潜也没有对此进行深入分析，其主要原因在于以前认为地震上的一个强串珠反射仅表明一个断溶体的单一缝洞体。随着塔里木碳酸盐岩油气藏断溶体动用程度不断提高，通过多种技术手段证实断溶体内部缝洞结构具有复杂性，为在油水关系复杂的碳酸盐岩油气藏进行高效井位加密部署提供了新的思路。如何精细描述已动用断溶体内部复杂的缝洞结构是指导井位加密部署的关键。断溶体内部缝洞结构可能呈现出多种组合模式，但前人还未深入分析到底都有哪些组合模式，目前也无有效的方法精细描述已钻断溶体内部的复杂缝洞结构。根据实钻井情况，结合井的动静态资料深入研究提出了四种主要缝洞结构组合模式，即垂向组合模式、平面组合模式、斜向组合模式以及不规则组合模式。在此基础上，应用研究成果优选出剩余油潜力较大的已动用断溶体实施内部侧钻，最大化挖掘已动用断溶体的剩余油潜力，为提高碳酸盐岩油气藏的采收率提供新的思路和方法。

1 断溶体内部缝洞结构复杂性验证

断溶体内部如果是单一的缝洞体，缝洞结构组合模式就无从谈起。本次研究运用野外地质剖面、地质建模、正演分析三种技术手段从三个不同的角度进行验证。

1.1 野外地质剖面方法

图1[3,4]展示了野外露头四种不同组合的缝洞结构，表明断溶体内部具有强非均质性，存在多个相互分隔的缝洞组合，而不是单一的缝洞体。

1.2 地质建模方法

典型井哈601井地震反射剖面图(图2)，该井原井眼与侧钻井眼属于断溶体内部侧钻，且均投产成功。运用Petrel软件依据反演剖面图对哈601井进行地质建模，刻画出该井断溶体内部缝洞结构为两个互不连通且呈斜向分布的缝洞体(图3)。由点及面，表明不同单井钻遇的断溶体内部缝洞结构较为复杂，在此认识下，可以建模出断溶体内部缝洞结构分布模式理论模型图，其缝洞的空间分布可以呈现出多种组合(图4)。

【作者简介】姚超(1989—)，男，汉族，湖南常宁人，2015年毕业于中国石油大学(北京)油气田开发工程专业，硕士，工程师，现主要从事油气田开发研究。E-mail：yaoch-tlm@petrochina.com.cn

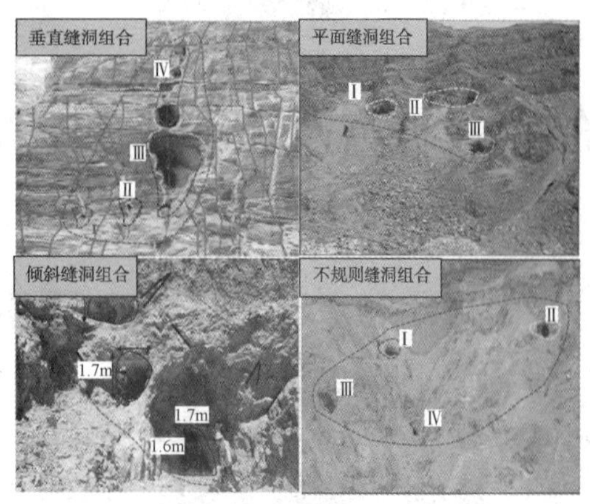

图1　碳酸盐岩地层野外地质剖面

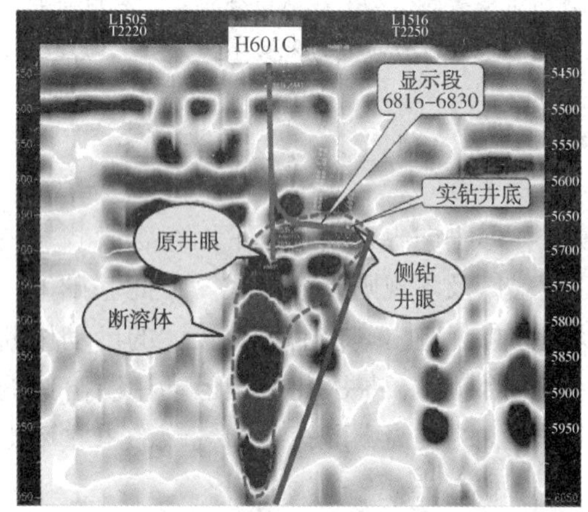

图2　H601井地震剖面图

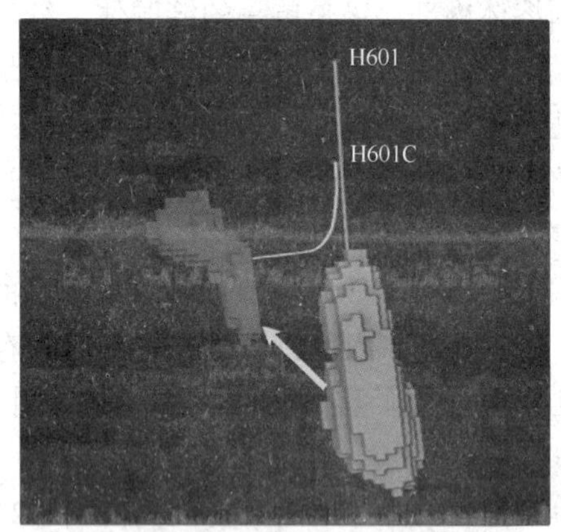

图3　H601断溶体内部缝洞斜向分布图

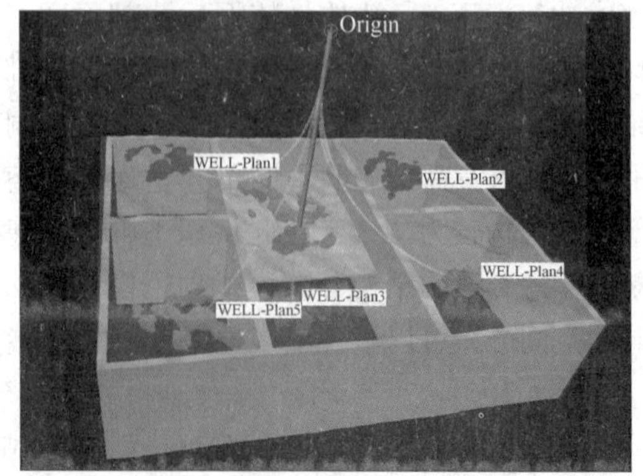

图4　断溶体内部缝洞结构分布模式建模理论模型图

1.3　正演分析方法

野外地质剖面表明断溶体内部具有复杂缝洞结构，那么野外地质剖面所示的断溶体内部复杂缝洞结构在地震上表现为多个串珠还是一个串珠就显得尤其重要。如图5所示，通过对一组断溶体规模一致、缝洞结构组合形式不同的断溶体进行正演结果分析发现断溶体规模一致，不管缝洞组合形式怎么变化，其正演结果在地震剖面上都表现基本一致的串珠状。就如野外露头所示的多个缝洞组合，地震上就显示为一个串珠。因此，串珠是断溶体的综合响应，而不是其中某个缝洞的反映。综上三个不同的角度分析得出最终一致结论：断溶体内部的缝洞结构具有复杂性。

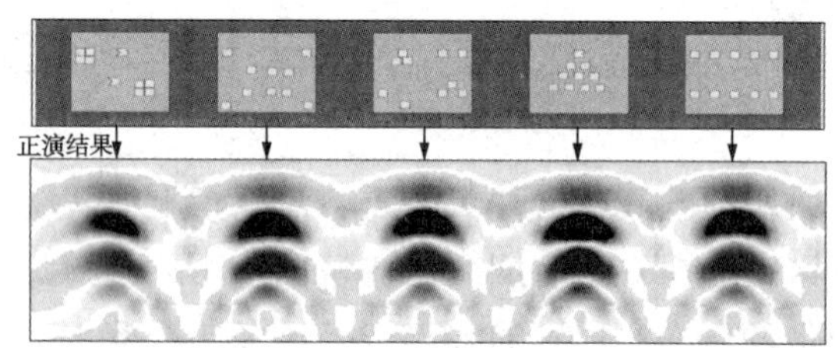

图5　不同缝洞组合下的断溶体正演结果

2　断溶体内部缝洞结构组合模式研究

通过对实钻井的静态和动态资料研究与分析，解剖典型井详细刻画已动用断溶体内部缝洞结构的组合模式，表明已动用断溶体内部缝洞结构主要表现出垂向组合模式、平面组合模式、斜向组合模式以及不规则组合模式(图6、图7)。

(1) 垂向组合模式(图7，H10-2与H10-2JS)

串珠纵向发育，H10-2JS为同一断溶体垂向加深60m，原井眼与加深井眼互不连通且均投产成功。两口井的储层规模都不大，原井眼酸压未沟通远处缝洞，压力导数曲线后期上翘，物性内好外差，非均质性强。结合两口井的油压降与累产液关系曲线分析该断溶体内部缝洞结构为垂向组合模式，且组合类型为上洞穴-封闭型与下裂缝孔洞型。

(2) 平面组合模式(图7，H121-2与H121-2C)

串珠横向较发育，试油段和井底海拔基本一致，同一断溶体内部水平侧钻57m。原井眼与水平井眼互不连通且均投产成功，酸压曲线表明原井眼储层物性较差，两口井的生产曲线表现洞穴封闭型特征，综合分析缝洞结构为平面组合模式，且组合类型为左右洞穴封闭型。

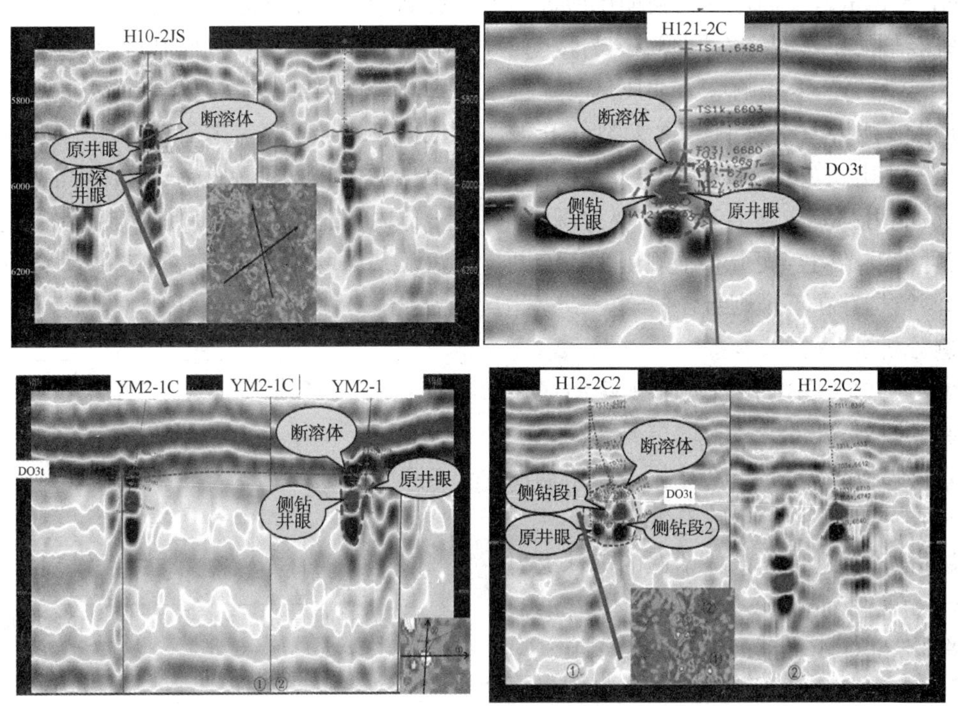

图 6　四组典型井地震剖面图

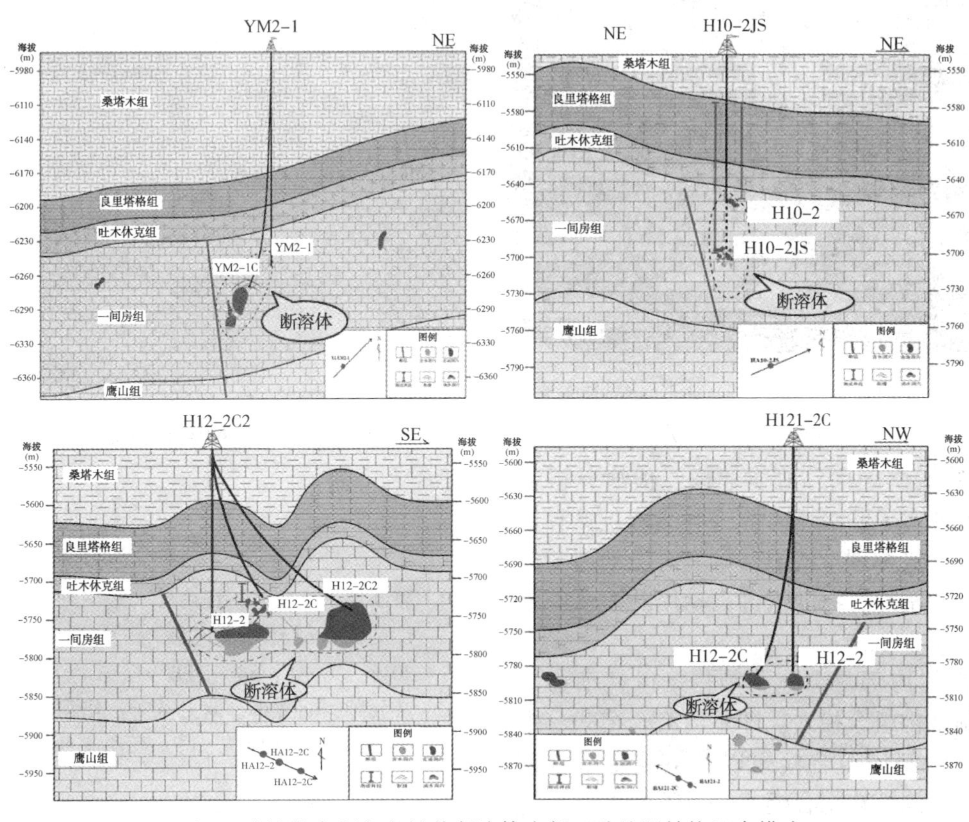

图 7　动静结合研究实钻井断溶体内部四种缝洞结构组合模式

(3) 斜向组合模式(图 7，YM2-1 与 YM2-1C)

串珠形态呈斜向展布，原井眼打在断溶体较高位置，侧钻井眼处于断溶体左下位置，均无放空漏失。原井眼酸压未沟通大规模储层，储层偏干，侧钻井眼经酸压获得成功，结合生产动态曲线综合验证该井所钻断溶体内部缝洞结构为斜向组合模式，且组合类型为右上裂缝左下洞穴-洞缘型。

(4) 不规则组合模式(图 7，H12-2、H12-2C 与 H12-2C2)

串珠呈核桃状，H12-2 井无漏失，酸压沟通储层，生产上表现定容、油压低、初期供液能力差，判定缝洞结构为边角缝连接洞穴-封闭型，H12-2C 井发生漏失，生产响应为油压低、压降缓慢、初期供液能力差，缝洞结构为裂缝孔洞型，H12-2C2 井出现放空漏失，投产时油压较高、初期供液能力强及定容特征，表现为洞穴-封闭型。三种缝洞结构空间分布不规则，表明断溶体内部缝洞结构存在不规则组合模式。

3　应用实例分析

YM3-2 井是部署在哈拉哈塘油田跃满区块跃满 3 断裂带的一口开发井，目的层是奥陶系一间房组。该井于 2015 年 5 月 10 号投产，钻遇洞穴-封闭型储层，累产油 787t 后于 2016 年 3 月 7 号不出油关井停产(图 8)。该井钻遇的串珠反射强且呈斜向发育，完钻井底处于断溶体高部位，静态雕刻储量 8. 9×1°4t，动态储量 1. 3×1°4t，静态储量远大于动态储量的严重不匹配矛盾，储量动用严重不完善。在此基础上，由前文研究分析知断溶体内部缝洞结构是呈现多种组合的，因此依据该指导思想考虑对该井实施斜向侧钻，最终 YM3-2 在斜向侧钻后投产成功也证实了该井断溶体内部缝洞结构为斜向组合模式，实现了老井盘活，深度挖掘了该井所钻断溶体的剩余储量潜力(图 9)。

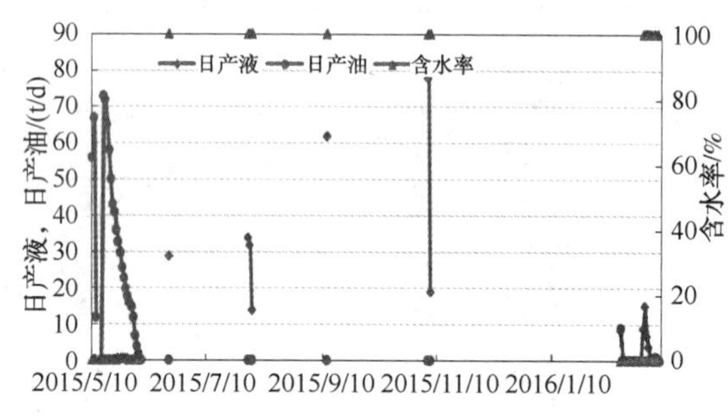

图 8　YM3-2 生产动态曲线

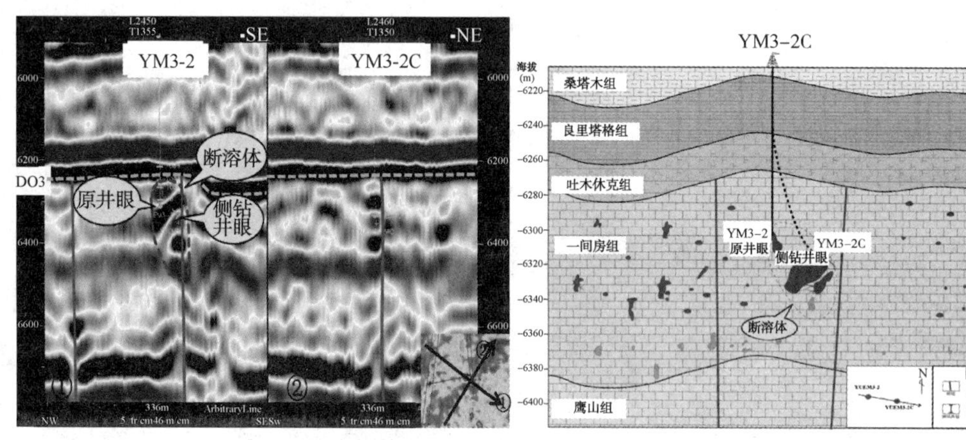

图 9　YM3-2 与 YM3-2C 地震与油藏剖面

4　结论

① 野外地质剖面、地质建模、正演分析多个技术角度证实了断溶体内部缝洞结构是具有复杂性的，基于这种理论认识，可以对已动用断溶体部署多口加密井，深度挖掘已动用断溶体的剩余油储量。

② 断溶体内部复杂缝洞结构可以精细描述成四种缝洞结构组合模式，即垂向组合模式、平面组合模式、斜向组合模式以及不规则组合模式，且四种缝洞结构组合模式是以不同类型的缝洞结构实现组合。

③ 应用研究成果优选出剩余油潜力较大的已动用断溶体实施内部侧钻，针对垂向组合模式采用垂直加深，平面组合模式采用水平侧钻，斜向组合模式采用斜向侧钻，不规则组合模式采用多方位侧钻，最大化挖掘已动用断溶体的剩余油潜力，为提高碳酸盐岩油气藏的采收率提供新的思路和方法。

参　考　文　献

[1] 鲁新便，胡文革，汪彦等．塔河地区碳酸盐岩断溶体油藏特征与开发实践[J]．石油与天然气地质，2015，36(3)：348-349.

[2] 荣元帅，胡文革，蒲万芬等．塔河油田碳酸盐岩油藏缝洞分隔性研究[J]．石油实验地质，2015，37(5)：599-600.

[3] 田飞．塔河油田碳酸盐岩岩溶缝洞结构和充填模式研究[D]．东营：中国石油大学(华东)，2014.

[4] 石书缘，胡素，云刘伟等．基于野外资料和 Google Earth 影像的地质信息识别与提取方法—以塔里木盆地西克尔奥陶系古岩溶露头为例[J]．海相油气地质，2016，21(3)：57-58.

浅层稠油注蒸汽开发后期转火驱技术研究与应用

施小荣　杨智　杨凤祥　师耀利　木合塔尔

(中国石油新疆油田分公司)

摘　要　新疆油田红浅1井区浅层稠油注蒸汽阶段采出程度28.9%，超过标定采收率1.7%，已进入高轮次吞吐阶段，面临高含水、低油汽比和无效热循环等诸多问题，油藏濒临废弃。为探索稠油老区蒸汽后期接替开发技术，新疆油田于2009年开辟了火驱先导试验区，火驱稳定生产8年，采出程度提高31.2%，且试验取得了一系列突破性进展和认识，证实了砂砾岩稠油油藏注蒸汽后期转火驱技术的可行性。试验结果表明，与注蒸汽相比，火驱技术具有高温燃烧原油改质作用强、波及体积和驱油效率高、能量利用效率高、采油速度高、最终采收率高的优点，证实了注蒸汽开发后期稠油油藏，通过转火驱可取得较好开发效果，并大幅提高采收率。

关键词　浅层稠油；注蒸汽开发后期；火驱；接替开发；提高采收率；红浅1井区

火烧油层(火驱)技术是一种重要的稠油热采方法，通过注气井向地层连续注入空气并点燃油层实现层内燃烧，从而将地层原油从注气井推向生产井[1]。火驱技术具有热效率高、驱油效率高、采收率高及油藏适应性广的优点[2~4]，国外罗马尼亚、印度等国已开展了多个火驱商业化应用项目[5~7]。国内将火驱技术作为一种接替开发方式进一步提高原油采收率，主要应用于注蒸汽开发后期已经达到较高采出程度的稠油老区[8~10]。新疆、辽河油田等稠油老区开展的火驱试验取得了显著效果，破解了储层的原生非均质性以及注蒸汽过程中形成的次生非均质性等难题[11,12]。其中新疆红浅在注蒸汽开发濒临报废基础上，实现废弃油藏转火驱二次开发，空气油比2600方/方，采油速度3.5%，提高采收率36%，吨油减少二氧化碳排放量390标方，创造了同类油藏世界领先的开发水平。但火驱技术的商业化大规模应用还存在制约条件，需要在研究和矿场实践中解决。

1　火驱试验区基本情况

试验区位于红山嘴油田西南部，八道湾组油藏埋深550m，构造形态为由西北向东南缓倾的单斜，地层倾角为5°，区内无断层。储层岩性以砂砾岩为主，孔隙度平均25.4%，渗透率平均760mD，渗透率级差达26，储层非均质强。油层连续，平均厚度7.7m，隔夹层不发育，原始含油饱和度67%。20℃原油黏度平均16608mPa·s，平均油层中部压力为6.41MPa，压力系数为1.19，油藏类型为受构造、岩性控制的浅层稠油油藏。

该块于1991年注蒸汽吞吐开发，1997年转汽驱，1999年起由于汽驱效果差逐步上返齐古生产。1999年11月八道湾组油藏停产，停产前注蒸汽开采累积产油12.3×10^4t，采出程度28.9%，单井日产油0.03t，油气比0.03，濒临废弃。停产10年后于2009年底转火驱开发，动用地质储量42.5×10^4t，一期点火3口，形成3注48采面积井网；二期点火4口，形成7注44采面积井网；三期注气井排上6口生产井转注，形成13注38采的线性井网[13](图1)。

2　火驱生产特征与影响因素

2.1　火驱生产特征

根据注蒸汽后的火驱开发特点，理论上火驱开发可分为：烟道气驱、产量上升、高温稳产、氧气突破四个阶段，每一阶段热前缘的位置、生产井产量和产出物特征等都有明显差异[13]。

进一步深化火驱储层区带特征机理研究发现，火驱过程储层划分的五区带“已燃区、火墙、结焦带、油墙、剩余油区”中，在结焦带和剩余油区之间存在高温冷凝水带[12,14]。结合试验区生产井动态修正了火驱开发阶段划分方法，将生

【作者简介】施小荣(1980—)，男，江苏常州人，2010年硕士毕业于长江大学，高级工程师，主要从事油气田开发研究。E-mail：shixiaor@ petrochina. com. cn

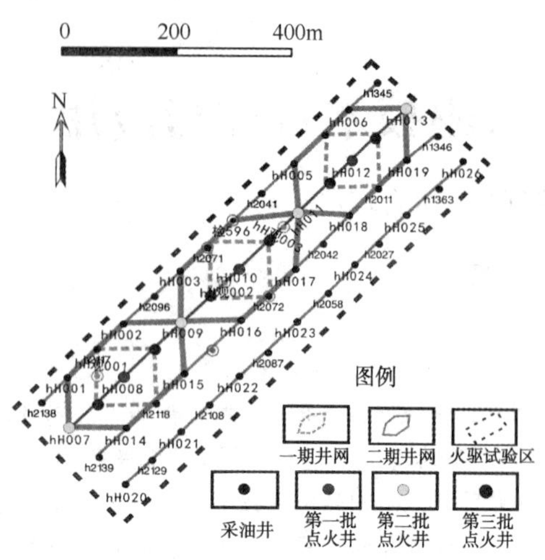

图 1　红浅 1 井区火驱试验区井网部署图

产阶段由 4 个划分为“排水阶段、见效阶段、稳定驱油阶段、高温高含水阶段、控氧限产阶段”5 个阶段[15]。增加了高温高含水阶段，该认识对火驱动态分析、前缘调控、效果评价和安全生产管理具有重要指导作用。

2.1.1　燃烧与驱油特征

（1）高温燃烧特征分析

对于注蒸汽开发后期的稠油油藏，其火驱过程中发生的各种反应是随着温度区间的变化而改变的[16-17]，国内外学者将这些反应简化为三个阶段：低温氧化、燃料沉积、高温氧化[18]，而能否保持高温燃烧是决定油藏火驱开发效果的重要因素[19]。h2071 井温度监测表明，燃烧前缘监测温度 400℃以上，最高达 650℃（图 2）。对比干式火驱与湿式火驱温度剖面特点[20]，h2071 井展现出较长较平稳的温度带（200℃），通过这一特点，可以判断红浅试验区呈现高温燃烧并伴随湿式燃烧特征。

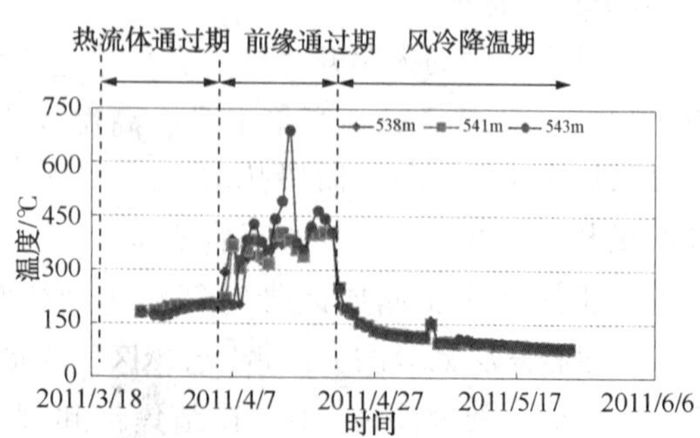

图 2　红浅 1 井区火驱试验区 h2071 井监测温度剖面

火驱过程中原油发生高温裂解改质作用[17,21]，饱和烃含量由 62.6%上升到 69.5%，芳香烃含量由 19.9%下降到 15.5%，胶质含量由 15.0%下降到 11.5%，沥青质含量由 2.4%下降到 2.2%；20℃时原油黏度由由 16500mPa·s 下降到 3381mPa·s，降黏率 79.5%（表 1）。

表 1　试验区火驱前后原油物性变化表

阶段	酸值 w_{KOH}/‰	饱和烃/%	芳香烃/%	胶质/%	沥青质/%	20℃脱气原油黏度/mPa·s
试验前	6.23	62.6	19.9	15.0	2.4	16500
试验后	1.57	69.5	15.5	11.5	2.2	3381

高温燃烧时，氧气和原油中的有机燃料进行反应，产生 N_2、CO_2、CO、H_2、H_2S 等气体，根据产出气体组分及含量可以判别其燃烧状态[22]。试验区产出气体 CO_2 含量保持在 14.6%以上（高温燃烧一般 10%以上），CO 含量维持在 0.2%左右，氧气利用率保持在 97%以上，视 H/C 原子比 1.8（高温燃烧 1.0~3.0）。总体反映试验区高温燃烧特征，燃烧状态良好，生产稳定。

另外高温火驱过程中储层岩矿形貌和物性发生明显变化[23,24]，取心井显示（图 3）顶部和底部的泥岩段被火驱高温烘烤呈现黑色；砂岩、砂砾岩变为砖红色。对比分析油藏开发前、注蒸汽后、火烧后的扫描电镜照片（图 4），得出以下认识：①注蒸汽后部分长石颗粒溶蚀，储层孔隙略有增大；②火烧后发生颗粒溶蚀、黏土矿物溶蚀及迁移，吼道变宽，孔喉连通性变好。火烧后，毛管半径集中分布区间从 9.375~18.75μm 变为 18.75~75μm。

图 3　火驱试验区火烧后 h2118A 井岩心照片

注：A-B：顶部泥岩；B-C：顶部泥岩；C-D：底部泥砾岩、泥岩

（2）高效驱油特征分析

通过数十组稠油火驱燃烧管实验表明[25-27]，燃料消耗范围为 17~24kg/m³，火驱驱油效率为 86%~92%，其中原油样品涵盖普通稠油、特稠油和超稠油。与其他注入介质（热水、蒸汽、化学剂等）相比，注空气火驱的驱油效率较高。

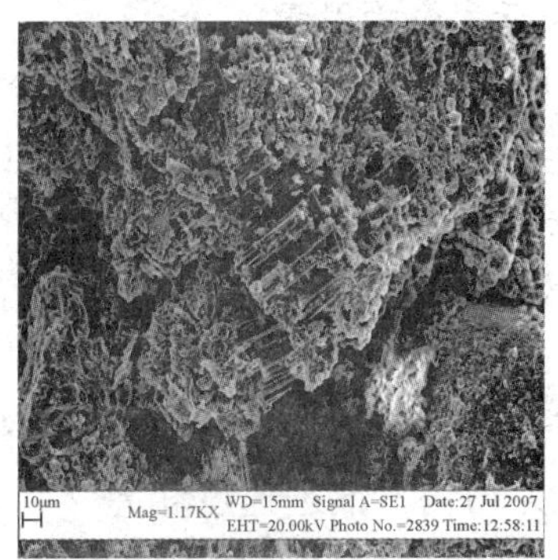

(a)红004$J_1b_4^2$层

(b)h2071A井$J_1b_4^2$层未燃段

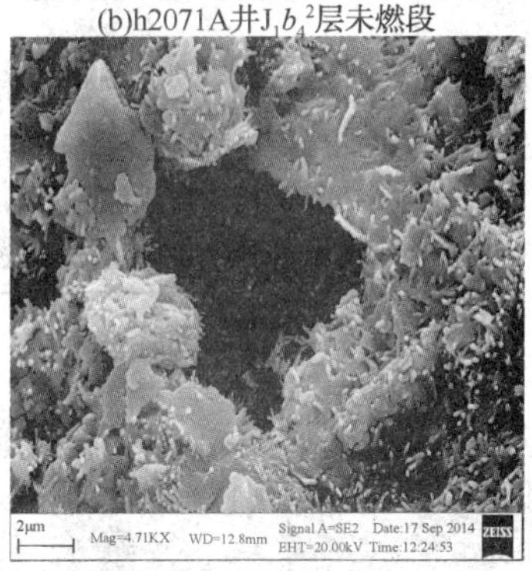

(c)h2071A井$J_1b_4^2$层已燃段

图4　原始-注蒸汽后-火烧后扫描电镜照片

高温燃烧使储层物性变好、原油性质改变，流动阻力降低，驱油效率提高。从试验区全生命周期油层含油饱和度变化，火驱驱油效率大大提高，平均残余油饱和度仅为3.7%。从试验区取心井可以看出，火烧后油层段(B-C)变为红褐色，由于燃烧温度高，对高饱和度油层和低于蒸汽开发下限的差油层均可动用，纵向表现出“无差别”燃烧特征，波及系数达到91%(图3)。

由于长期注蒸汽生产，近井地带存在着大量的由蒸汽冷凝而留存在地下的次生水体。火驱后受地层加热和驱替压力的影响，可动原油驱替次生水体并重新饱和油，形成油墙[15]，通过“填坑-成墙”作用，实现火线的有效封闭和油藏平面全部波及。油墙形成于高温，受气体推动，调节注气速度是燃烧状态和驱油效果协同增效的途径。从实验、统计和油藏工程方面分析，试验区单井平均注气量应控制在8000m^3/d以上，以发挥燃烧和驱油的协同作用。

2.1.2　高温火驱开发特征

试验区火烧前缘推进基本平稳，维持高温稳产8年，各项生产指标整体符合方案预测(图5)。累积见效井44口，见效率100%，累积注气2.65×10^{8}m^3，累积产油11.29×10^{4}t，火驱阶段采出程度26.56%，累计空气油比2350m^3/m^{3}左右。

图5　火驱试验区实际与预测产油量对比曲线

注蒸汽开发后油藏火驱生产过程分五个阶段(图6)[15]。排水阶段热前缘小，靠烟道气携带，单井表现出强排水或油水同出的特征，含水高达85%~98%。产量上升阶段热前缘扩大并前推，空气油比较高，波动较大。进入稳产阶段，热前缘稳定推进，生产井含水低，产液量、产油量上升较大且保持稳定。高温高含水阶段，燃烧前缘接近生产井，呈高温、高气液比、见氧特征。氧气突破阶段，燃烧前缘到达生产井，产出氧气体积分数达到安全界限时，应立即关井结束生产。上产达到第四阶段后，加强监测，控制注气量或采取控关措施，避免发生氧气突破及各类安全事故。

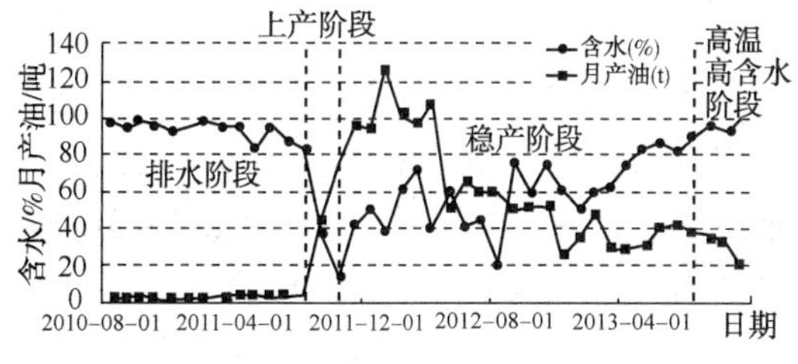

图6　火驱试验区采油井生产阶段划分

为了研究产量的区域特征，利用生产区动态数据，按照分井排、分方向等情况分析特征规律。分井排整理火驱效果，上下倾方向差异不大，上倾一排见效较早，下倾二排见效较晚，符合火驱基本规律。分区域整理火驱效果(图7)，按照累产排序：西南部>中部>东北部。特别是东北部高黏度区不仅见效晚，而且累产仅是西南部的一半左右，可见不同区域应分别制定火驱调控方案。

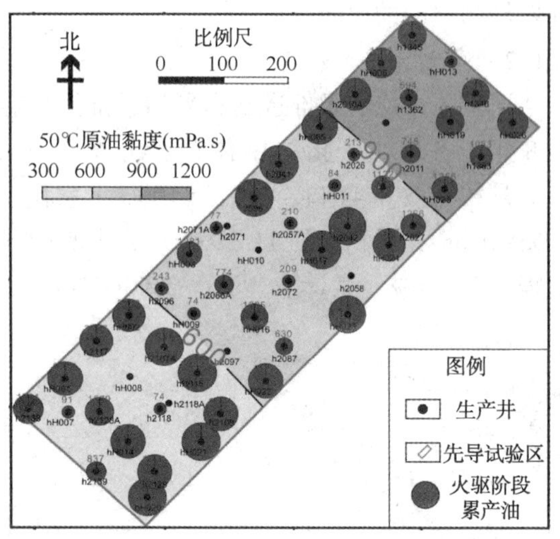

图 7　火驱试验区黏度与累产油叠合图

2.2　火驱开发影响因素

经过跟踪分析和模拟研究发现[28]，影响火驱开发效果的因素较多，油藏条件、工艺技术水平等不同程度地影响火驱动用程度和生产指标，下面仅对影响火驱开发的主要因素进行分析。

(1) 渗透率(渗流通道)影响

渗透率差异不大，级差小于 3 倍情况下，火线推进较为均匀，推进速度相差 2~3 倍。当渗透率级差大到一定程度(15 倍)后，火线推进差异变大，生产中发生高温气窜，热前缘被气体刺穿，产生严重气体超覆和气窜。

火驱渗流通道控制了火线的发育和动用形态，是火驱生产的主要控制因素。从油层渗透率、非均质性以及动态响应特征等方面综合识别火驱优势通道，将通道细分为一级气窜通道、二级强产油通道以及三级弱产油通道(图 8)。

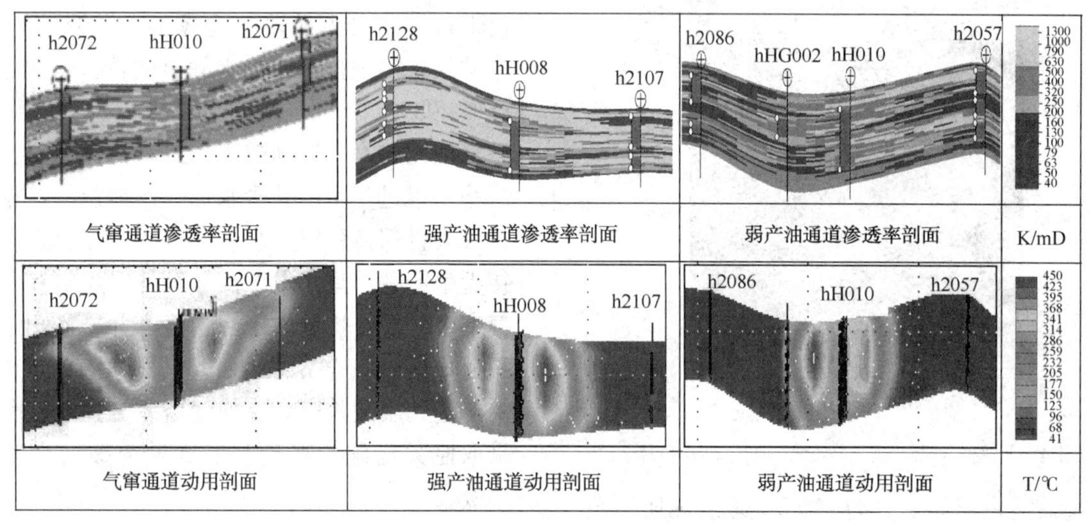

图 8　试验区各类通道的渗透率及动用剖面图

气窜通道前缘快速突进，容易沿高渗层气窜，单井几乎无产量。强产油通道均匀波及，推进速度快，产油最好，稳产期油量 2~3t。弱产油通道受物性影响见效慢，产油低，稳产油量 1~2t。综上分析，通道是火驱效果差异首要影响因素，需要根据其级别分别制定差异化的调控对策。

(2) 含油饱和度

含油饱和度影响稳产时间和累积产量，是重要的影响因素，试验区含油饱和度大于 40%区域的生产井，累产占试验区总产量的 91%。随剩余油饱和度的降低，油层中的燃料含量也随之减小，对火线推进起到延缓作用，而饱和度过高和黏度过大的因素会导致局部高温、原油消耗量过大的问题出现。

(3) 原油黏度

随着原油黏度的增加，火驱前缘推进速度也趋缓。主要原因是由于黏度增加会导致流动性变差，热传递也受到限制，所以火线推进速度会趋缓。试验区燃烧状态和累产分布区域的分布可以发现东北高黏度区与其他区域差异明显。

(4) 注气速度

火线的发展受燃烧腔内气体推动，随着注气速度的变化，温度峰值前缘推进速度相应变快。无论在实验室内还是在火驱现场，注气质量是保证燃烧持续进行、火线稳定推进的重要因素。

2.3 火驱生产效果评价

火烧油层的驱油机制是一个多因素共同作用下的复杂系统，其效果也在增产、升温和产气等多方面得以体现，单因素评价的结果往往是片面的，需要多因素综合评价才能准确客观地体现出火驱效果。

在试验区动态分析的基础上，选取代表性指标，建立了地下燃烧状态及开发评价两方面的指标参数系统(表2)。评价结果评价结果为较好，建立的指标评价体系能够正确应用及评价红浅火驱。

表2 试验区火驱开发效果各评价指标值的评价标准

指标类型		分级评价指标			
一级	二级	好	较好	较差	差
地下燃烧指标	氧气利用率/%	>85	80~85	40~65	<40
	空气燃料比/(m^3/kg)	14~17	17~19	21~23	>23
	燃料利用量/(kg/m^3)	30~40	20~30	10~15	<10
	视 H/C 值	1~2	2~3	5~10	>10
	V(N_2)∶V(CO_2)	4~6	6~8	10~12	12~15
开发动态指标	井平均累增油量/t	>2500	1500~2500	500~1500	<500
	含水下降率/%	>50	50~40	30~20	20~0
	最终采收率/%	>80	80~70	60~50	<50
	体积波及系数/%	>70	50~70	10~30	<10
	阶段采油速度/%	2.5~3	2~2.5	1~1.5	<1
	累积空气油比/(m^3/t)	<3000	3000~4000	5000~6000	>6000

3 燃烧前缘刻画与调控对策

3.1 燃烧前缘刻画

燃烧前缘刻画方法分为直接监测法和动态计算法，直接监测法可靠度高但成本大，间接法通过生产数据结合火驱机理计算火线位置，两者相结合能经济准确刻画燃烧前缘。

(1) 生产动态法刻画燃烧前缘

原油酸值、地层水矿化度在火线前缘位置判断中起指示作用，阐述这两个指标在火烧前后的变化原因和变化特征。

红浅原油在大于350℃高温氧化过程中产生石油酸，使原油的酸值升高，蒸汽吞吐后反而呈现降低的特征[29]。原油酸值能反应火驱的阶段影响且数值区分度高，适合单井时间序列燃烧状态判断。火烧过程中地层水中阴、阳离子迁移频繁，对比分析发现，故地层水矿化度、阴阳离子含量在火烧前和火烧后有很大变化(表3)。

表3 地层产出水矿化度及主要离子含量对比表

阶段	矿化度/(mg/L)	阴离子		阳离子	
		HCO_3^-	Cl^-	Ca^{2+}	Mg^{2+}
火驱前	5435	1520	2445	39.84	21
火驱后	9395	2040	3786	142	61
升高倍数	1.73	1.34	1.55	3.56	2.90

(2) 电位法刻画火线前缘位置

火驱过程中的燃烧使得地层温度变化，形成温度场差异。随着温度的变化，使得油层内各种物性发生改变，其中目标地层电阻率的变化最为明显，原始电阻率10~80Ω·m，火烧后增加为700~2000Ω·m，数值升高几十倍[30](图9)。井间电位法技术是以传导类电法勘探的基本理论为依据，通过测量地层内由于物理状态发生改变而引起的地面电位梯度的变化，达到刻画火线前缘位置的目的。

(3) 数值模拟法刻画燃烧前缘

火驱数值模拟方法可以将生产动态监测和温度、电位、示踪剂等直接监测法结合运用，是目前最常用的燃烧前缘跟踪模拟方法[31,32]。通过数值模拟跟踪发现，目前火线前缘呈现"串珠状"，"大珠"为一期2009年12月点火井，"小珠"为三期2013年10月点火井(图10)。

3.2 火驱调控对策

在火驱影响因素分析的基础上，以渗流通道主控因素为主要调控对象，提出直井火驱"问题导向"个性化调控方法，对红浅火驱工业化推广以及同类油藏火驱开发具有指导意义。

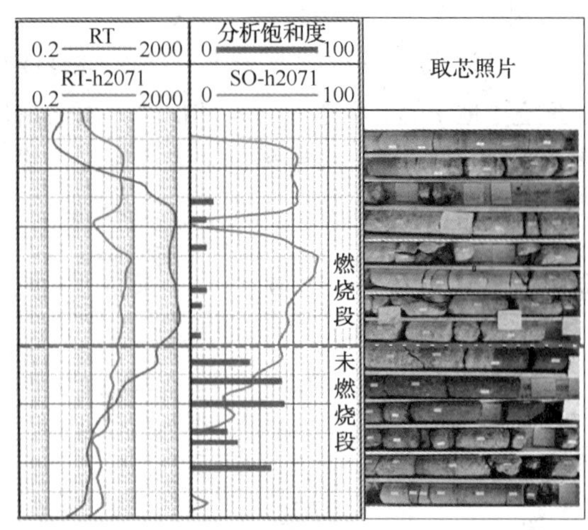

图9　取心井h2071A火驱前后电阻率对比图

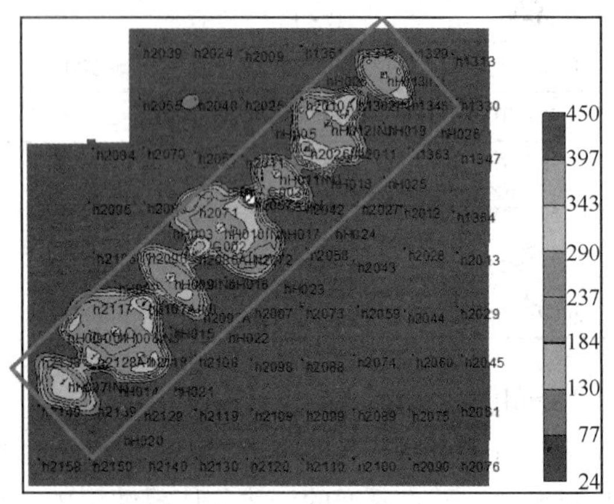

图10　2017年12月火驱先导试验区火线分布图

（1）优化射孔，抑制超覆，平衡纵向动用差异

针对发育高渗通道砂体存在气窜风险的问题，采用避射高渗层(渗透率大于1500mD)降低气窜风险。为抑制储层非均质性引起的顶部超覆问题，注气井、生产井采用“上疏下密”的变密度方式射孔后平衡了纵向吸气差异，动用模式从顶部超覆式调整为均匀波及式(图11)。

（2）生产接替，平衡注采，提高火驱生产效益

利用“强产油通道”，前缘突破及时接替采油。在试验区生产跟踪过程中，运用动态监测和数值模拟发现了火驱“热前缘降黏，可流动原油积聚运移，外围生产井见效”的驱替机理。根据可流动高饱和度油带不断推进的特点，火驱过程中需要适时关闭过火井、打开外围生产井，以保证将地下不断降黏可流动的原油采出。

（3）蒸汽吞吐，预热地层，改善高黏区生产效果

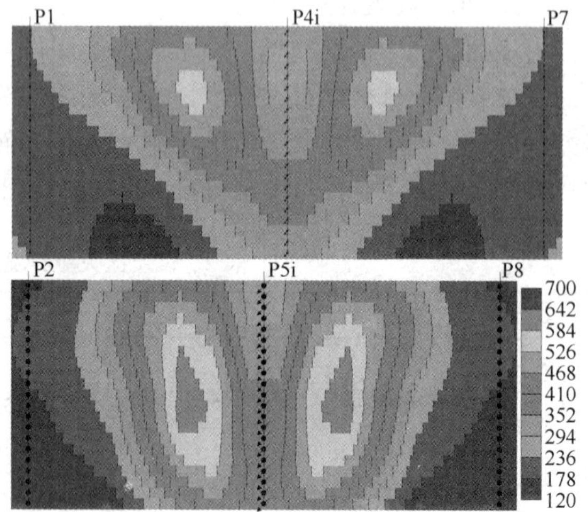

图11　变密度射孔前后火驱纵向动用形态比较图

为解决高黏、低渗弱产油通道，“见效慢、产量低”的问题，采用蒸汽吞吐引效的方式辅助生产。采用“低强度”蒸汽吞吐方式降低地下黏度，低渗、高黏区产油量增加。

4　技术应用及推广潜力分析

红浅1井区火驱先导试验经过8年攻关和现场试验，明确了蒸汽驱后火驱开采机理、形成了一系列具有自主知识产权的配套关键技术，已具备工业化推广应用条件。目前在红浅1井区八道湾组进行火驱工业化开发，预计火驱生产20年，动用地质储量744×10^4t，火驱阶段累产油248.9$\times10^4$t，稳产期年产30×10^4t，阶段采出程度33.5%，空气油比2970m^3/m^3，最终采收率65.8%。

新疆油田已开发稠油油藏地质储量3.08$\times10^8$t，可转直井火驱的是普通稠油)、特稠油，油藏地质储量有2.16$\times10^8$t。其中可直接推广的普通稠油油藏地质储量6093×10^4t，按30%提高采收率，增加可采储量1828×10^4t。

现阶段火驱技术主要应用于普通稠油和特稠油油藏，对于稀油和超稠油也开展了一些研究和小规模试验[33~35]，新疆油田THAI火烧项目的2个井组已经成功点火并实现稳定泄油。随着老油田转换开发方式的需求和技术进步[36]，火驱技术应用潜力会更加广大。

5　结论

（1）红浅试验区呈现高温燃烧并伴随湿式燃烧特征，地下发生复杂的物理化学变化，储层结构、岩矿成份、流体性质等在火烧前后都会发生不同程度的变化，而这些变化对驱油和燃烧产生积极影响。

(2) 高温燃烧使储层物性变好、原油性质改变，流动阻力降低，驱油效率提高。对高饱和度油层和低于蒸汽开发下限的差油层均可动用，纵向表现出“无差别”燃烧特征。

(3) 火驱渗流通道控制了火线的发育和动用形态，是火驱生产的主要控制因素。含油饱和度、原油黏度、注气速度等，是重要的影响因素。

(4) 协同利用生产动态法(新增原油酸值、地层水矿化度2项指标)、电位法、数值模拟(增加温度观察井约束)刻画火线前缘位置。三种方法刻画结果基本一致，均为大小不一的串珠状。

(5) 基于影响因素分析创建直井火驱“问题导向”个性化调控方法，针对解决火驱生产过程中的问题，对红浅火驱工业化推广以及同类油藏火驱开发具有指导意义。

参 考 文 献

[1] 王元基，何江川，廖广志等．国内火驱技术发展历程与应用前景[J]．石油学报，2012，33(5)：909-914.

[2] 张敬华，王双虎，王庆林等．火烧油层采油[M]．北京：石油工业出版社，2000：156-157.

[3] 王弥康，王世虎，黄善波等．火烧油层热力采油[M]．东营：石油大学出版社，1998：6-7.

[4] A. T. Turta，S. K. Chattopdhyay，R. N. Bhattacharya，et al. Current status of commercial In situ combustion projects Worldwide[J]. Journal of Canadian Petroleum Technology，2007(11)，46(11)，8-14.

[5] Panait-Patica A，Serban D，Ilie N，et al. Suplacu de Barcau Field - A case history successful In - situ Combustion Exploitation[R]. SPE 100346，2006.

[6] Roychaudhury S，Rao N S，Sinha S K，et al. Extension of in-situ combustion process from pilot to semi-commercial stage in heavy oil field of Balol[R]. SPE 37547，1997.

[7] Doraiah A，Ray S P，Gupta P K. In-situ combustion technique to enhance heavy oil recovery at Mehsana，ONGC-a success story[R]. SPE 105248，2007.

[8] 刘花军，陈渊，查旋等．火烧油层在河南浅层稠油油田的可行性研究[J]．石油地质与工程，2011，25(2)：79-84.

[9] 张方礼．火烧油层技术综述[J]．特种油气藏，2011，18(6)：1-5.

[10] 蔡文斌，李友平，李淑兰．火烧油层技术在胜利油田的应用[J]．石油钻探技术，2004，32(2)：53-55.

[11] 龚姚进．厚层块状稠油油藏平面火驱技术研究与实践[J]．特种油气藏，2012，19(3)：57-62.

[12] 关文龙，张霞林，席长丰等．稠油老区直井火驱驱替特征与井网模式选择[J]．石油学报，2017，38(8)：935-946.

[13] 关文龙，席长丰，陈亚平等．稠油油藏注蒸汽开发后期转火驱技术[J]．石油学报，2011，32(4)：452-462.

[14] 关文龙，马德胜，梁金中等．火驱储层区带特征实验研究[J]．石油学报，2010，31(1)：4100-109.

[15] 席长丰，关文龙，蒋有伟等，注蒸汽后稠油油藏火驱跟踪数值模拟技术-以新疆H1块火驱试验区为例[J]．石油勘探与开发，2013，40(6)：715-721.

[16] 江航，许强辉，马德胜等．注空气开采过程中稠油结焦量影响因素[J]．石油学报，2016，37(8)：1030-1036.

[17] 赵仁宝，高珊珊，杨凤祥等．稠油火烧过程中活化能测定方法[J]．石油学报，2013，34(6)：1126-1130.

[18] 王正茂，廖广志，蒲万芬等．注空气开发中地层原油氧化反应特征[J]．石油学报，2018，39(3)：314-319.

[19] 程宏杰，顾鸿君，刁长军等．注蒸汽开发后期稠油藏火驱高温燃烧特征[J]．成都理工大学学报(自然科学版)，2012，39(4)：426-429.

[20] 宁奎，袁士宝，蒋海岩．火烧油层理论与实践[M]．北京：中国石油大学出版社，2010：16-17.

[21] 梁金中，王伯均，关文龙等，稠油油藏火烧油层吞吐技术与矿场实践[J]．石油学报，2017，38(3)：324-332.

[22] 王延杰，顾鸿君，程宏杰等．注蒸汽开发后期稠油油藏火驱燃烧特征评价方法[J]．石油天然气学报，2012，34(10)：125-128.

[23] 李家燕，潘竞军，陈龙等，砂岩和砂砾岩对火驱燃烧前缘和产出物的影响[J]．油气地质与采收率，2016，23(4)：76-81.

[24] 程宏杰，廉桂辉，毛小茵等．火驱过程中储集层变化[J]．特种油气藏，2014，21(3)：132-134.

[25] 钱根葆，程宏杰，张勇等，不同碳原子数烃类对火驱燃烧效果的影响[J]．石油学报，2014，35(2)：326-331.

[26] Na Jia，David H. - S. Law，Paul Naccache，et al. Applicability of Kinetic Models for In Situ Combustion Processes with Different Oil Types[J]. Natural Resources Research，2017，26(1)：37-55.

[27] Mohammad - Ali Ahmadi，MohammadMasumi，Riaz Kharrat，et al. Gas Analysis by In Situ Combustion in

Heavy-Oil Recovery Process: Experimental and Modeling Studies[J]. Chemical Engineering & Technology 2014, 37(3): 409-418.

[28]李秋，易雷浩，唐君实等，火驱油墙形成机理及影响因素[J]. 石油勘探与开发，2018，45(3)：474-481.

[29]孙川生，彭顺龙等．克拉玛依九区热采稠油油藏[M]. 北京：石油工业出版社，1998：73-75.

[30]王如燕，潘竟军，陈龙等，井间电位法火驱前缘监测技术研究与应用[J]. 新疆石油地质，2014，35(4)：466-470.

[31]唐君实，关文龙，梁金中等，热重分析仪求取稠油高温氧化动力学参数[J]. 石油学报，2013，34(4)：775-779.

[32]崔玉峰，杨德伟，陈玉丽等，火烧油层热力采油过程的数值模拟[J]. 石油学报，2004，25(5)：99-103.

[33]高永荣，郭二鹏，沈德煌等，超稠油油藏蒸汽辅助重力泄油后期注空气开采技术[J]. 石油勘探与开发，2019，46(1)：1-7.

[34]王杰祥，王腾飞，杨长华等，轻质原油低温氧化催化技术[J]. 石油学报，2015，36(10)：1261-1266.

[35]唐君实，关文龙，蒋有伟等，稀油火烧油层物理模拟[J]. 石油学报，2015，36(9)：1136-1140.

[36]何江川，廖广志，王正茂，油田开发战略与接替技术[J]. 石油学报，2012，33(3)：520-525.

大庆长垣油田特高含水期断层附近剩余油挖潜技术及应用

姜　岩　李雪松　司　丽　程顺国

(大庆油田有限责任公司勘探开发研究院)

摘　要　断层附近剩余油是老油田特高含水期重要的挖潜方向和挖潜部位，本文以大庆长垣油田为例，围绕断层附近剩余油精准挖潜的开发需求，创新了以“井断点指导”断层精细解释为特色的井震结合精细构造描述技术，准确刻画了断层空间展布形态，深化了断层及其附近剩余潜力的认识，转变了断层附近井位设计和调整挖潜的思路，形成了老油田断层附近剩余潜力区优选方法及配套的挖潜措施，有效挖掘老油田特高含水期断层遮挡形成的剩余油，取得了显著的增储增油效果及成功经验。

关键词　全三维断层解释；井断点；PNPoly 算法；井震结合；剩余潜力；老油田

大庆长垣油田目前进入特高含水开发阶段，随着油田不断加密和三次采油，纯油区地质储量采出程度已超过 50%，剩余油分布高度零散，剩余潜力寻找难度越来越大[1~4]。为此，2006 年以来，在长垣老区油田全面开展了精细开发地震应用技术研究。充分利用三维地震资料空间密度大、横向分辨率高的优势，精细描述断层空间展布、微幅度构造形态及井间砂体连通性等地质特征[5]。近年来，大庆长垣油田井震结合油藏精细构造研究与应用取得了创新性的突破，形成了井震结合精细构造描述方法和技术流程，搞清了大小断层分布特征，深化了断层封闭性及剩余潜力认识。基于 PNPoly 算法及专家经验分析法，形成了老油田断层附近剩余潜力区优选方法及配套的挖潜措施，有效地指导了断层附近优化部署大斜度定向井、高效直井及水平井等方案的编制和实施，在进一步完善水聚两驱注采关系、挖潜剩余油、提高采收率方面发挥了重要作用。截止到 2018 年 7 月，在断层附近共部署各类高效井 407 口，取得了显著的精细调整挖潜效果，为特高含水期老油田断层附近剩余油挖掘探索了一条新途径，展现了良好的开发应用前景。

1　全三维断层精细解释技术

断层三维解释技术是从地震数据出发，通过优选算法和参数，建立高质量的构造属性体，识别断层空间形态。在主干断层解释的基础上，井震结合识别小断层，并建立三维构造模型，落实断层空间展布特征，提高断层解释精度。

1.1　主干断层解释技术

基于三维地震数据体、方差体、蚂蚁体等构造属性体，采用三维地震综合解释技术解释主干断层，并在地震剖面上落实断层的纵向延伸及断面形态，利用各种属性切片落实主要断层的走向和平面组合关系。

1.1.1　叠后地震滤波处理

由于不同地质体信息在地震数据中的反射频率不同，通过叠后滤波处理，可以进一步强化地质体的地震响应特征。处理试验表明，在长垣油田北部采用 20~50Hz 带通滤波，可以有效突出主要目的层段的断层特征，为三维断层解释提供了数据基础。

1.1.2　地震方差体断层检测

当地下存在局部地层的连续性变化时，其地震道的反射特征与附近的地震反射特征存在明显差异，方差体技术就是通过求取整个三维地震数据体的所有方差值，从而检测出地层的不连续性变化。断层附近的地震道通常与相邻道具有不同的地震特征，其方差值存在明显差异，在方差体

【基金项目】国家科技重大专项"大型油气田及煤层气开发"(2016ZX05054)、中国石油天然气股份有限公司重大科研专项"大庆油气持续有效发展关键技术研究与应用"(2016-E0205)联合资助。

【作者简介】姜岩(1965—)，男，1988 年获中国地质大学(武汉)学士学位，2009 年获中国地质大学(北京)博士学位，现任大庆油田公司企业二级专家、高级工程师，主要从事开发地震研究与应用工作。E-mail：jiangyan@petrochina.com.cn

数据切片上，能得到断层面附近真正反映出断裂展布规律的高方差值，从而提高断层的识别能力。

方差体计算参数主要是时窗长度和计算道数，长垣地震采样率为1ms，采集面元为10m×10m，经大量试验优选时窗长度为20ms、道数为3×3时，断层显示特征更加清楚。

在地震方差体数据处理的基础上，采用蚂蚁追踪技术在地震体中追踪断层路径，进一步改善断层识别效果，提高断层识别精度(图1)。

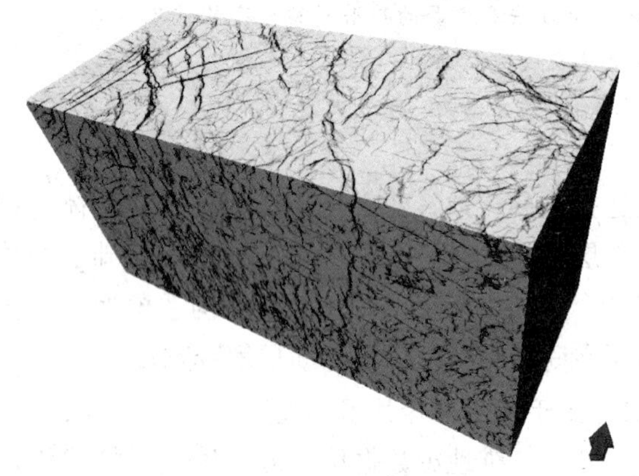

图1　基于方差体三维断层识别

1.1.3　全三维可视化断面闭合解释

应用“单向解释，双向闭合”全三维地震解释技术，以三维构造方差体及蚂蚁体识别的断层为基础，从三维空间解释角度出发，采用地震主、联测线三维交互解释技术进行地震解释，并实时显示所解释出的断层线和层位线生成光滑的三维解释面，自动实现三维空间断面闭合，解决了传统的二维剖面逐条解释、逐点闭合带来的精度和效率问题。该方法使得走向和主测线方向相近的断层不会被漏掉，断层组合更加可靠，工作效率较传统解释技术可提高3~5倍。

1.2　小断层精细刻画技术

1.2.1　井断点指导小断层地震识别技术流程

井断点指导小断层地震识别方法是在常规地震断层解释流程的基础上，利用密井网开发区井断点数据库完善的有利条件提高断层的解释精度(图2)。利用时间域的井断点信息对地震的异常响应进行甄别，同时通过井断点的标定，在地震剖面上确定断层真实的空间位置[6]。

1.2.2　井震结合断层空间定位

利用时间域的井断点信息指导单条地震剖面解释难以确定小断层和大断层末梢的准确位置，为此，发挥地震资料横向描述断层展布形态分辨

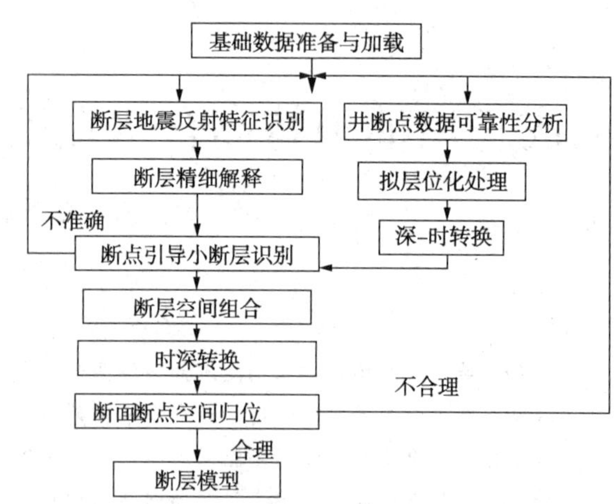

图2　井断点指导小断层地震识别技术流程

能力强、井断点纵向定位更准确的优势，采用“震控形态、井定位置”的断层建模思路，综合三维地震相干体、蚂蚁体等构造属性体与井断点数据，确定断层在三维空间的展布形态[7,8]。首先，以井震结合解释的断层为控制，按照地震趋势引导，井点数据约束方法建立油层组顶面构造格架；其次，利用井点的小层数据内插，逐步建立砂岩组和小层级构造模型，最终得到井震匹配的高精度构造模型，实现了断层空间位置的精准定位(图3)，井断点组合率达到95%，断层位置横向误差小于10m(接近地震面元尺寸)，构造面深度误差小于0.1%，为断层附近井位设计奠定了可靠基础。

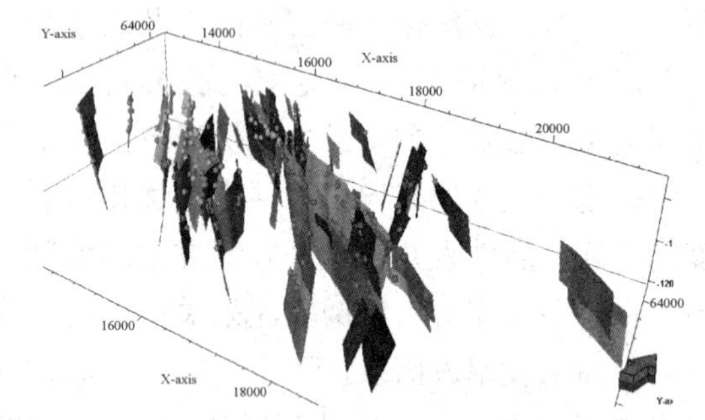

图3　井震结合精准断面模型

1.2.3　大断层附近伪断层识别

在大庆长垣精细断层解释过程中发现在断距超过20m的大断层下盘常会伴有小断层、微幅度构造特征，表现为接近断层面附近同相轴上拉，在离断层一段距离后出现同相轴错断的现象，这种现象通常会被解释为断层，尤其以逆断层解释居多。本文通过密井网井震结合精细断层解释发现，所有钻穿这类“逆断层”的井，其测井曲线无重复现象，均未解释出断点。为此开展了地震理论正演模拟分析(图4)，研究表明，当断层断

穿上部异常低速层时，在大断层下盘部位由于缺失该套低速层段，使得地震反射波因高速层的存在使下伏反射层相对上拉，产生逆断层的地震反射畸变现象[9~11]，其畸变程度与低速层的厚度、断距大小、断层倾角等因素有关。长垣油田理论及大量实例研究证实，断穿上部异常低速层的较大断层附近下盘普遍存在假断层和伪构造，这是因为长垣油田浅层区域上普遍发育的嫩二段低速地层，该地层埋藏深度400~800m，为深水半深水环境下沉积的一套厚度约300m的暗色泥岩，存在比正常速度趋势低约400m/s的速度异常，该认识对断层附近井位设计具有重要指导意义。

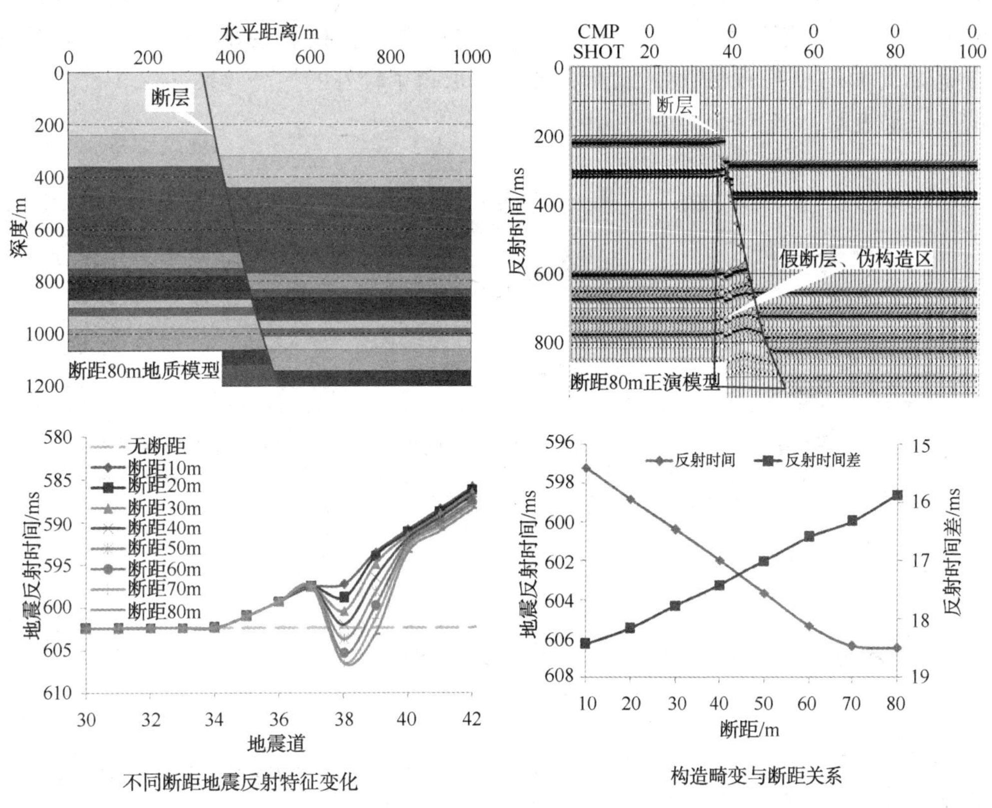

图4　伪断层地震正演模拟

2　井震结合断层分布及潜力再认识

2.1　断层分布特征再认识

长垣油田井震结合精细构造描述后，进一步深化了断层及局部构造特征认识：一是断层数量明显增多，新发现断层多为低序级小断层。以萨Ⅱ油层组顶面构造为例，断层由513条增加到795条，增加了54.9%，其中断距小于5m的断层占63.6%，延伸长度小于500m的断层占62.3%，此外，断层走向、长度、倾角、组合关系等也发生一些变化，整体断层变化率达80.4%；二是长垣受到南北向直扭和东西向挤压应力双重作用构造轴部发育北东向断层，导致局部构造格局发生较大改变。如南二区西部新增加的北东向断层使该区断块由9个增加到22个(图5)，对区块注采关系的认识也发生了较大变化；三是井断点和三维地震解释的断层精准匹配，使断点组合率由78.5%提高到95.3%，提高了16.8%。

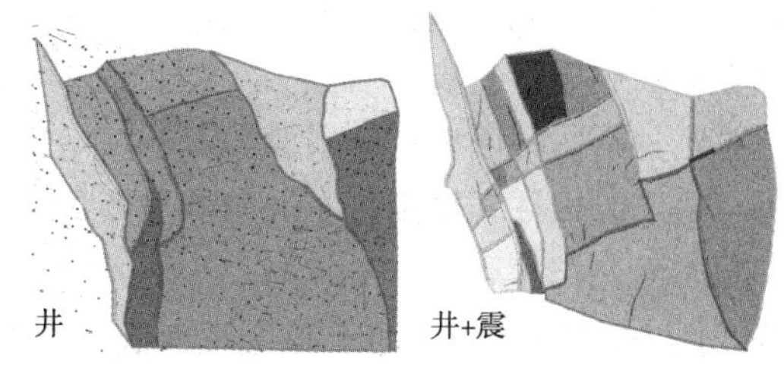

图5　井震结合断层及构造格局变化对比

2.2　断层封闭性认识

断层是否封闭直接影响断层附近剩余油分布及挖潜。大庆长垣油田经过多年注水开发证实较大规模断层多封闭。井震结合后长垣断层变化较大，新增了较多数量的小断层，小断层是否封闭需要进一步研究，为此，根据不同断层规模、不同断层位置，有针对性地采取脉冲试井、示踪剂、动态资料、数值模拟等多种技术手段，对30余条断层解释的准确性及封闭性进行了分析，证实了新解释断层的可靠性，而且不同规模的断层均具有一定封闭性。由于断层起封闭隔挡作用，导致断层两侧井的层位部分或全部不连通。一方面，断层两侧处于不同的压力系统，随着油田多年的注水开发，原始地层压力发生变化，断层两侧压力不平衡会引起断层的复活，导致断层附近的井出现套损；另一方面，断层遮挡造成地下实际工作井网不规则，注采不完善，严重影响开发效果。如在喇嘛甸油田新发现的 181#北东向断层，脉冲试井结果表明，当 5-PS1812 开井和关井时，位于断层同一侧的两口油井的压力都随着发生相应的变化，而位于断层另一侧的两口油井的压力没有变化，储层研究表明这几口井测试层位是连通的，以上分析表明，新解释的北东向断层不仅是可靠的，而且是封闭的(图 6)。为挖潜该断层附近剩余油，对 6-PS1733 井的 SⅢ8-10 层进行补孔，补后日产油增加 6t，含水降为 55.1%，在措施后的 10 个月里累计增油 950t，取得了较好的挖潜效果。

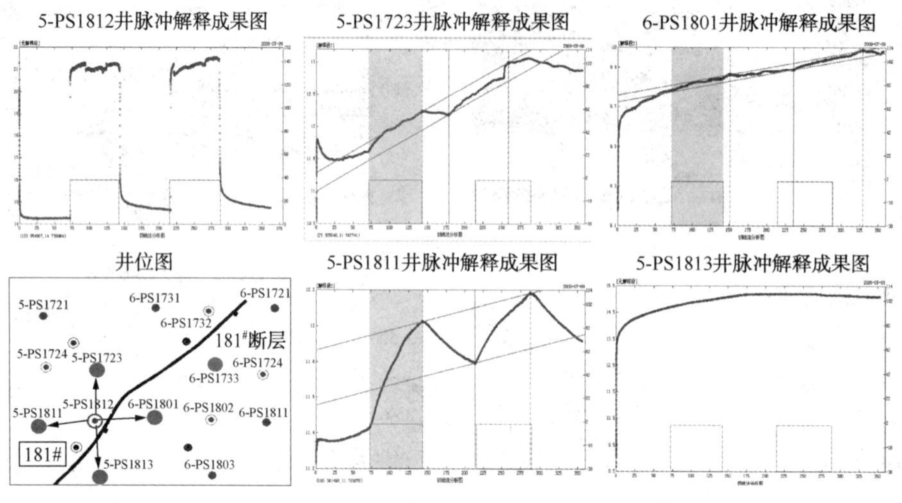

图 6　脉冲试井验证断层封闭性

2.3　断层附近剩余潜力认识

特高含水老油田断层附近剩余油潜力主要受井网密度、注采关系、油层动用状况等多种因素影响[12~14]，综合利用动、静态资料对断层附近潜力开展系统研究，取得以下认识：

一是断层附近具有“三低、一高”特点。

对比分析的井网密度、水驱控制程度等因素认为，由于受以往断层附近布井躲断层及断失油层、断层面遮挡等影响，造成断层比非断层区井网密度低 14.9 口/km^2、水驱控制程度低 8.36%、采出程度低 14.83%、含油饱和度高 7.23%，表明断层附近剩余油相对富集，是老油田剩余油挖潜的重点目标区。

二是断距 10m 以上的断层区具有一定的剩余可采储量规模。

断层区即断层在空间上对储层具有遮挡作用的空间范围，也就是断面与主要目的层顶底界面交线平面投影围成的闭合三维空间。

采用容积法求取断层区地质储量：

$$N = A_o h S_{of} = \sum_{i=1}^{n} \int_{1}^{n} f(x_i)\,dx_i h S_{of}$$

式中　N——体积单位表示的石油地质储量；

A_o——含油面积；

h——平均有效厚度；

S_{of}——单储系数 98 年储量复算成果；

dxi——垂直断层走向方向断层宽度；

$f(xi)$——断层走向方向延伸程度。可采储量=地质储量×标定采收率。

利用井震结合构造解释结果确定断距大于 10 米的断层共计 226 条，断层区面积 72.93km^2，计算出断层区地质储量 2.75×10^8t，结合数值模拟结果，按照断层区采收率低于非断层区 8 个百分点，计算出断层区可采储量为 1.24×10^8t，为断层附近剩余油挖潜奠定了物质基础。

3　断层附近潜力区优选方法及结果

3.1　潜力区优选原则

根据长垣油田特高含水期开发方案编制要求，结合断层附近剩余潜力的认识，以井网、井距、井型等为主要参考因素，寻找断层附近空白区和注采不完善区，建立了断层附近潜力区及井位部署的基本原则，主要包括：

潜力区定义：断层两侧油井距断层垂直距离大于140m，水井距断层垂直距离大于200m，平行断层井距大于160m，与断层组成的四边形范围内无井点区域，或者有井点，但井点本身中、低未水淹且有效厚度大于0.5m层未射孔厚度10m以上的区域。

井网关系：新布井以最大程度挖潜断层附近剩余油为目的，协调好与三采、水驱层系井网的关系，上下盘结合布井。

井型设计：以效益最大化为原则，优选高效井井型，包括补充直井、沿断层倾向大斜度井(挖潜多层剩余油)；沿断层走向大斜度井、水平井(剩余油分布的层少或单一厚层)。

井距大小：目的层井位距基础、一次加密开采井大于150m，距二、三次加密井大于120m，距吸水状况好的注水井200m以上，确保井轨迹距断层面20~50m。

钻遇厚度：目的层以有效厚度0.5m以上较厚油层为主，类比直井可调有效厚度10m以上。

开发指标：预测初期日产油5t以上，含水控制在85%左右，可采储量5000t以上。

3.2　潜力区优选方法

长垣老油田井网密度较大，最高可达275口/km^2，井网、井别比较复杂，逐条断层分析工作量大、效率低。为此，研究了一种基于PNPoly算法的断层附近潜力区分析方法。

断层潜力区多边形将平面分为内外两个区域，假设待测点在多边形内部，从待测点引出一条射线会与多边形至少有一个交点。该射线与多边形第一次相交时将“冲出”多边形，第二次相交将“进入”多边形，依此类推，若射线与多边形有奇数个交点，则该点在多边形内部，反之则在外部。

断层附近符合一定条件的油井或水井与断层圈定的多边形面积、油井或水井与断层距离、相邻两口井距离是确定断层附近潜力区的重要基础，具体分析步骤如下：

(1) 断层多边形数字化及插值处理；

(2) 目的层井位坐标数据整理；

(3) 计算井与断层垂直距离；

(4) 判断断层附近由相邻两个井点及与断层垂直交点组成的多边形(图7)是否满足潜力区条件，确定潜力区范围。

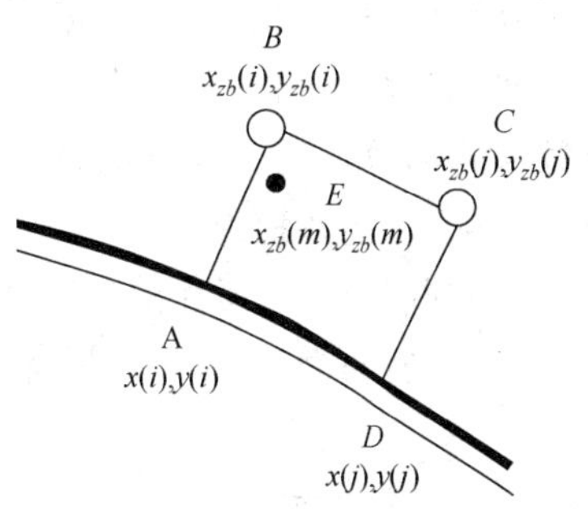

图7　断层附近潜力区优选原理图

如，假设B井、C井之间的距离及与断层距离满足潜力区优选初步条件，A、D为两井与断层垂线的交点，关键要分析E井(坐标为$x_{zb}(m)$，$y_{zb}(m)$)是否在多边形ABCD内部。

首先建立AB边所在直线的方程：

$$txab=(x_{zb}(i)-x(i))*(y_{zb}(m)-y(i))/(y_{zb}(i)-y(i))+x(i)$$

当$y_{zb}(m)$介于$y(i)$与$y_{zb}(i)$之间时，如果$x_{zb}(m)$小于$txab$，判断有一个交点，以此类推，判断多边形内部井的存在情况。

3.3　潜力区优选结果

利用基于PNPoly算法的断层附近潜力区优选方法，结合储层和开发动态资料，确定了长垣油田断层附近125个潜力区，落实了可布高效井总数461口，措施井数728口，为长垣油田特高含水期剩余油精准挖潜提供了可靠依据。

4　断层附近剩余油挖潜对策及模式

开发现状表明，断层附近是特高含水开发阶段剩余油挖潜的有利部位，断层附近由原来的“风险区”变为“潜力区”。通过断层精准识别及刻画，实现了对断层三维空间准确定位。距断层布井距离由100m缩小到20m左右，根据断层区的潜力类型及规模，形成了三类五种挖潜模式。

4.1　复杂断层区整体综合挖潜

针对断层分布多、变化较大的复杂断块区存在多个潜力区，采取水聚驱井位补充、加密等综合调整挖潜。以南二区西部为例，该区井震结合后断层由19条增加到44条，断块由9个增加到22个，依据精细构造描述新认识，在钻前及时指导调整和井位优化，编制了3个补充布井方案，共计调整井数91口，调整比例8.7%，其中断层附近补充设计31口井，井位调整19口，井别调整28口，取消原设计井位31口，增加可采储量14×10^4t。

4.2　断层附近高效井矢量挖潜

随着研究与认识的深入，不断拓展断层区剩余油挖潜空间，针对不同的构造发育特征及剩余油潜力类型部署高效定向井矢量挖潜。

4.2.1　断层下盘定向井挖潜

针对较大的断层附近存在的分散型剩余油，优选断层下盘剩余油潜力较大的墙角区，采用“占高点、挖墙角”的方式部署大斜度定向井挖潜(图 8)，部署沿断层倾向、平行断面的多靶点大斜度定向井，能增加油层视厚度及泄油体积，充分挖掘断层附近多层段剩余油。以杏北 250#断层为例，在下盘设计 4 口大斜度井，增加可采储量 3.2×10^{4}t，投产初期日产油 7.9t，含水 73%。

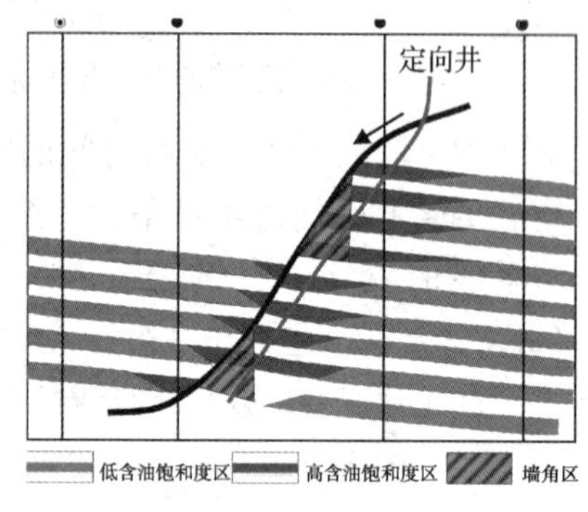

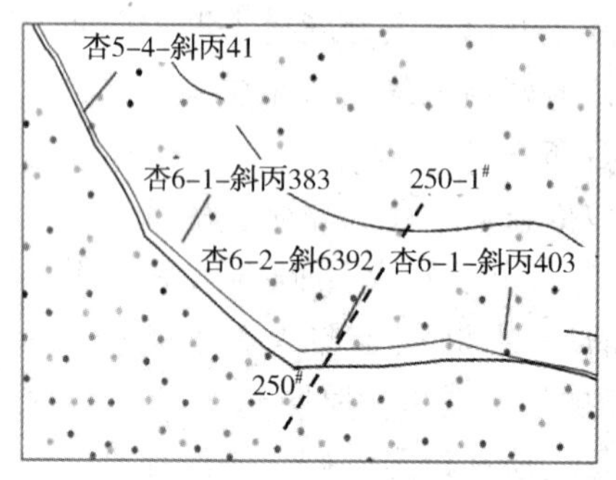

图 8　断层附近大斜度井挖潜措施图

4.2.2　断层上下盘同步定向井挖潜

针对较大的断层附近存在规模型剩余油，挖潜部位由下盘高部位向上下两盘整体拓展，采用断层两盘“均匀布井”的方式部署大斜度定向井挖潜，充分挖掘整条断层上下两盘规模型剩余油。以萨中 112#断层为例，上下两盘设计高效定向井 7 口，与原有的井点形成有效注采，平均钻遇中、低未水淹有效厚度 40.2m，射开厚度 38.2m，投产初期平均日产油 12.2t，含水 63.9%。

4.2.3　断层附近单一层段水平井挖潜

针对断层附近潜力层段少、剩余油主要分布在断层附近狭长条带内的情况，采用平行断层走向的“近水平井”挖掘单层段剩余油模式。以萨中 98#断层为例，该断层上盘上部的萨 I 油层比较薄，下部的萨 III 剩余油潜力层数少，部署沿断层走向的近水平井，挖潜萨 II 组剩余潜力。该井钻遇中、低未水淹有效视厚度 296.8m，射开厚度 240.8m，初期日产油 8.6t，含水 54%。

4.3　断层附近注采不完善井层措施挖潜

针对小断层或没有布井条件的大断层，断层附近存在较多注采不完善井层，采取压裂、补孔等常规措施挖潜断层附近剩余油。以萨北北三西断层区为例，对于不同井组不完善井层的各自特点，有针对性地实施压裂井 23 口，补孔井 10 口，初期合计日增油 180t。

几年来，大庆长垣应用构造研究成果指导高效井、完善注采系统调整、优化井位等开发应用中，总计调整井数千余口，其中，指导部署高效井 407 口，增加可采储量 354.6×10^{4}t，阶段总累计产油 203.5×10^{4}t，取得了良好的经济效益。

5　结论

(1) 老油田井断点信息与三维地震相结合的精细断层解释方法，使断层的空间位置及组合关系更加准确，为断层附近剩余油挖潜提供了地质基础。

(2) 通过研究深化了断层分布特征、断层封闭性及断层附近剩余潜力的认识，给出了较大断层附近剩余可采储量规模，为剩余油挖潜提供了物质基础。

(3) 建立了断层附近潜力区及井位部署的基本原则，给出了基于 PNPoly 算法的断层附近潜力区优选方法与优选结果，为老油田特高含水期剩余油精准挖潜提供了可靠依据。

(4) 根据断层附近不同的潜力规模及潜力类型，采取整体综合挖潜、高效井矢量挖潜及措施挖潜等方案，见到较好效果，尤其是大断层附近采用大斜度定向井挖潜剩余油的效果显著，为老油田特高含水期剩余油精细挖潜积累了成功的经验。

参 考 文 献

[1] 李雪松，宋保全，姜岩等．特高含水老油田断层附

近高效井优化设计[J]. 大庆石油地质与开发, 2015, 34(1): 56-58.

[2] 梁文福. 喇嘛甸油田厚油层多学科综合研究及挖潜[J]. 大庆石油地质与开发, 2008, 27(2): 68-72.

[3] 赵翰卿. 对储层流动单元的认识及建议[J]. 大庆石油地质与开发, 2001, 20(3): 8-10.

[4] 王渝民. 油田开发30年技术实践[M]. 北京: 石油工业出版社, 2000: 64-69.

[5] 李洁, 郝兰英, 马利民. 大庆长垣油田特高含水期精细油藏描述技术[J]. 大庆石油地质与开发, 2009, 28(5): 83-90.

[6] 李操, 王彦辉, 姜岩. 基于井断点引导小断层地震识别方法及应用[J]. 大庆石油地质与开发, 2012, 31(3): 148-151.

[7] 冉建斌, 李建雄, 刘亚村. 基于三维地震资料的油藏描述技术和方法[J]. 石油地球物理勘探, 2004, 39(1): 102.

[8] 姜岩, 李纲, 刘文岭. 基于地震解释成果的地质建模技术及应用[J]. 大庆石油勘探与开发, 2004, 23(5): 115.

[9] Stuart Fagin, 赵改善. 断层阴影问题: 机理与消除方法[J]. 勘探地球物理进展, 1997(2): 51-55.

[10] 宋亚民, 赵红娟, 董政. 基于地震正演的断层阴影校正技术及其在南海A油田的应用研究[J]. 工程地球物理学报 2016, (2): 51-55.

[11] 陈海清, 戴晓云, 潘良云等. 时间剖面上的假构造及其解决方法[J]. 石油地球物理勘探, 2009, 44(5): 590-597.

[12] 王学忠. 探讨简单直接法在油田开发中的应用[J]. 特种油气藏, 2010, 17(1): 19-22.

[13] 刘义坤, 毕永斌, 隋新光. 高含水后期油田开发指标预测[J]. 大庆石油地质与开发, 2008, 27(1): 58-60.

[14] 崔传智, 李松, 杨勇等. 特高含水期油藏平面分区调控方法[J]. 石油学报, 2018, 39(10): 1155-1161.

低渗油藏连通性动态定量表征新技术

查玉强　雷　霄　张　辉　张乔良　孙胜新　袁凌荣

(中海石油(中国)有限公司湛江分公司研究院)

摘　要　传统的连通性研究方法无法进行储层连通性的三维动态定量表征，研究发现利用 CT 扫描将岩心数字化后，结合微观孔隙结构参数及低渗油藏非线性渗流特征，建立岩心连通孔道比例与压力梯度的函数关系，由此计算储层的数值动态连通场，可进行储层连通性的三维动态定量表征；进一步将干扰试井和机理研究相结合，形成基于试井反馈信号的小层连通性判定技术，实现了小层连通关系的定量判断，研究成果可用于指导低渗油田开展注采井网优化，提高油田注水开发效果。

关键词　连通性；CT 扫描；低渗油藏；非线性渗流；干扰试井

油藏连通性是油田开发方案编制、生产管理和井网调整的重要评价指标。前人在研究连通性时，主要依据地质、地震、动态、测试和数理统计方法。地质和地震方法属于静态范畴，主要根据沉积微相刻画和旋回对比，建立地层格架，结合地震横向预测描述砂体分布，定性描述砂体连通性，但单一的静态连通性很难反映储层连通程度；动态和测试方法属于动态范畴，主要根据井间压力变化和注采响应定性描述砂体连通性，但反馈信号存在滞后性，现场测试会耗费大量的时间，影响开发井生产；现阶段较常用的方法是数理统计法，通过分析注采动态数据判断井间砂体动态连通性，但由于回归关系函数复杂，关键参数求取难度大，计算结果不确定性较大[1~3]。

涠洲 12-2 油田位于南海北部湾海域，构造上位于南海北部湾盆地涠西南凹陷东南斜坡上，为始新世末期形成的伸向凹陷的复杂断块构造。主力生产层位流二段为古近系始新统流沙港组二段地层，发育三角洲外前缘席状砂沉积，属于断块控制的封闭、半封闭油藏，驱动类型主要为弹性驱动，天然能量较弱，开发方式为注水保压开发。作为薄互层油藏(图 1)，流二段单砂体厚度薄，油层厚度仅 1~3m；储层横向变化快，非均质性较强，储层净毛比仅 30%~50%；储层物性差，渗透率 6~12mD，主要为中孔低渗储层。由于流二段砂体连通性复杂，明确砂体连通性是指导注采井网优化，提高注水开发效果的关键。

1　连通性空间动态定量表征技术

1.1　非线性渗流机理

针对低渗油藏，由于储层孔隙度和渗透率低，孔道细小，微观结构复杂，流体在多孔介质中的流动会发生贾敏效应、卡断现象、界面分子力作用和边界层效应等现象，增大在流动方向的阻力，流动特征遵循非线性渗流规律。毛细管的管径及润湿性是多孔介质内流体微观分布及流动阻力的主要决定因素，在不同的压差条件下，储层岩石内实际参与流动的孔道数量、流动路径及各孔道内的流速将会不同，在不同驱动压差下，多孔介质所表现出来的渗流能力将会不同[4~6]。对于低渗透多孔介质，当压力梯度足够小时，微观上所有孔道均不参与流动，将导致出现无流动的情况，通过不断增大驱动压差，驱替压差逐渐增大到最小阻力孔道的启动压力梯度 A 点时(图 2)，流体开始流动；随着压差的进一步增大，参与流动的孔道逐渐增多，大部分孔道开始流动，直到压力梯度达到 B 点时(图 2)，理论上驱替压差克服了多孔介质中所有孔道的毛管阻力，该多孔介质中的所有孔道参与流动[7~9]。因此，储层连通性与压力梯度有着密切的关系。

【作者简介】查玉强(1987—)，男，2012 年毕业于西南石油大学油气田开发工程，硕士研究生，工作单位：中海石油(中国)有限公司湛江分公司研究院，工程师，主要从事油气田开发方面的研究工作。E-mail：zhayq@cnooc.com.cn

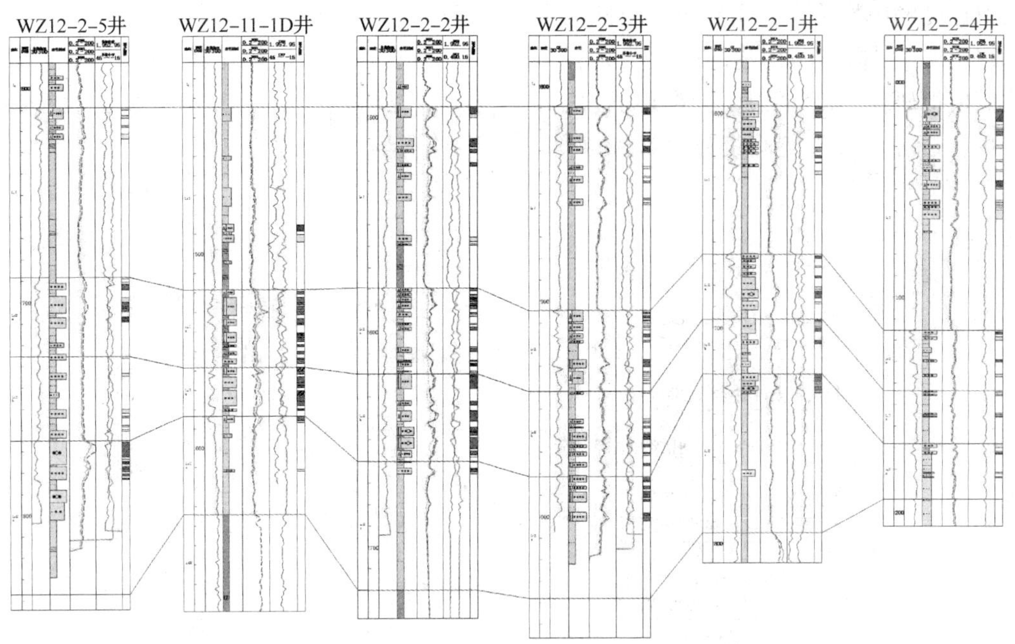

图 1　流二段地层对比图

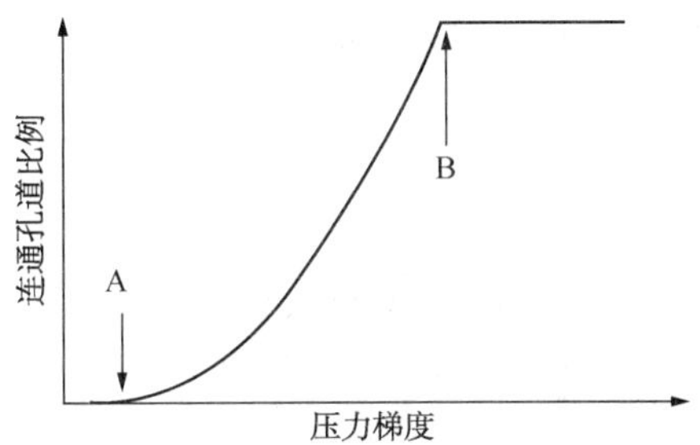

图 2　非线性渗流连通孔道变化示意图

1.2　基于 CT 扫描分析连通孔道

Micro-CT 成像原理是采用微焦点 X 线球管对样品各个部位的层面进行扫描投射，样品通过样品控制台作高精度的定位和旋转，X 射线穿过样品，探测器用于接收图像，每旋转一个角度获得一张透视图，这些图片作为原始信息由计算机处理和重构 3D 图像(图 3)。考虑到钻取岩心时，其表面层可能被破坏，对于 25mm 直径的岩心柱，只选取中部 1cm ×1cm ×1cm 的单元体作为研究对象，根据岩心全三维扫描图像，提取岩心中段单元体的孔径分布特征，将其在空间上等分为 10000 份，计算每一个小微元内毛细管平均孔径及其对应的毛管压力，识别数字岩心微观孔隙结构参数，为进一步分析非线性渗流规律提供基础资料，毛管力计算公式如下[10~12]：

$$p_c = 2\sigma\cos\theta / r_c \qquad (1)$$

提取孔道特征后对孔道分析，得到孔径分布，划分微元体，以轴向截面为单位，统计每个微元面内的平均孔径，根据毛管力公式计算各个微元体的平均毛管力，对比设定的驱动压力，统计参与流动的微元体数，利用 Carman 公式计算微元体平均孔径对应的渗流能力，给定流体黏度，利用一维线性流公式，计算当前驱替压差下的流量及表观流速，通过分析表观流速与驱替压差之间的关系，评价流动的动力学特征，根据线性段回归直线与横坐标的交点，确定当前条件下的启动压力梯度(图 4)[13~15]。根据计算的每个微元体的启动压力梯度，则可统计在当前压力梯度情况下岩心参与流动的孔道数量，建立岩心连通孔道比例与压力梯度的函数关系式：

图 3　岩心 CT 扫描三维数字化模型

$$F = \begin{cases} 0 & \nabla P < A \\ f(\nabla P) & A \leqslant \nabla P \leqslant B \\ 100 & \nabla P > B \end{cases} \qquad (2)$$

1.3　建立动态连通场

利用 CT 扫描数字岩心，识别微观孔喉结构参数，基于非线性渗流模型，可计算出连通孔道比例与压力梯度的函数关系，实现了连通性的定量表征。利用 CT 扫描实验构建的函数关系，基于油藏数值模拟研究，将油藏压力梯度场转化为连通孔道场，进一步实现空间定量表征连通性，但这面临着技术难题[16~18]。传统的数值模拟 eclipse 软件存无法输出压力梯度场，只能输出压力场，针对该问题，提出了以下考虑非线性渗流的连通场计算方法。

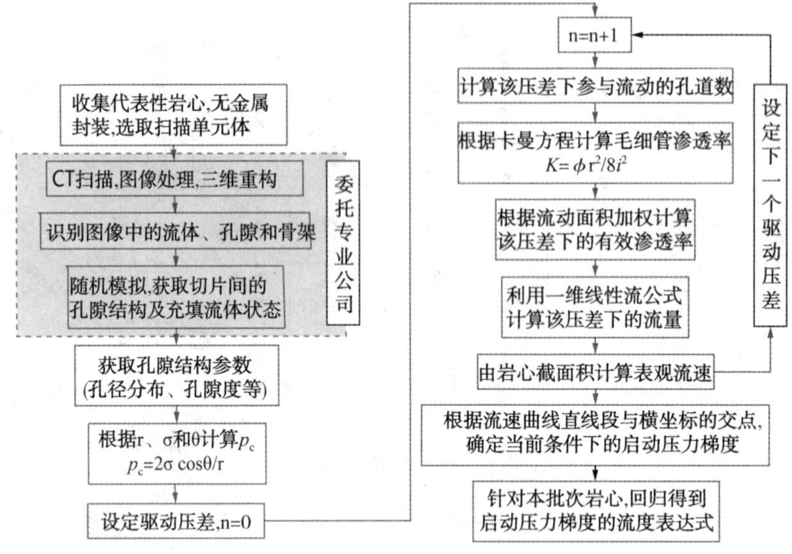

图 4　计算启动压力梯度的流程

(1) 压力梯度场的求取

压力梯度指的是沿流体流动方向，单位长度上的压力变化，反应了作用在多孔介质两端驱替压差的强度。针对数值模拟，作用到单个网格上的驱替压力主要来自 i，j，k 三个方向(图 5)，考虑到流二段为薄互层油层，单砂体厚度在 1～3m 之间，因此，在注水开发情况下，驱替能量主要来自平面上的 i，j 两个方向，则单个网格的压力梯度也主要来自 i，j 两个方向上的 ∇P_i 和 ∇P_j，共同作用下的 ∇P[19~21]。

单个网格在 i 方向上压力梯度：

$$\nabla P_i=\frac{P(i+1,\ j,\ k)-P(i,\ j,\ k)}{L} \tag{3}$$

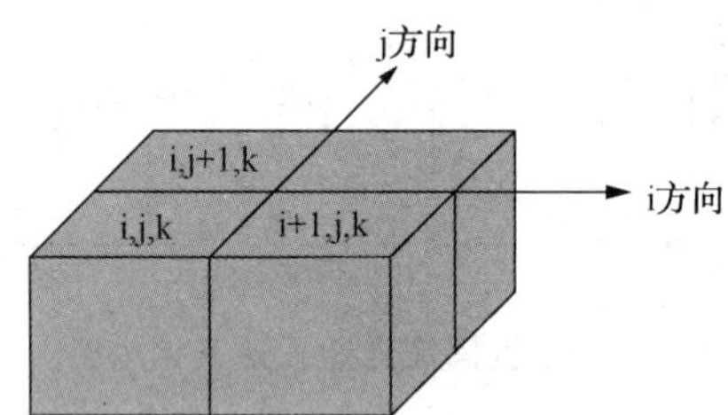

图 5　数值模拟网格作用压力示意图

单个网格在 j 方向上压力梯度：

$$\nabla P_j=\frac{P(i,\ j+1,\ k)-P(i,\ j,\ k)}{L} \tag{4}$$

单个网格压力梯度的模：

$$\nabla P=\sqrt{[\nabla P_i]^2+[\nabla P_j]^2}=\sqrt{\left[\frac{P(i+1,\ j,\ k)-P(i,\ j,\ k)}{L}\right]^2+\left[\frac{P(i,\ j+1,\ k)-P(i,\ j,\ k)}{L}\right]^2} \tag{5}$$

在建立了数值模拟单个网格压力梯度计算公式以后，那么三维压力梯度场 $E(\nabla P)$ 与三维压力场 $E(P)$ 之间的转化关键在于每个网格的转化求取：

$$E(\nabla P)=E\left[\sqrt{\left[\frac{P(i+1,\ j,\ k)-P(i,\ j,\ k)}{L}\right]^2+\left[\frac{P(i,\ j+1,\ k)-P(i,\ j,\ k)}{L}\right]^2}\right] \tag{6}$$

按照以上数值模拟压力梯度场求取方法，基于地质油藏一体化软件 Petrel-RE 平台对网格进行编程计算，就可以将传统数值模拟输出的压力场转化为压力梯度场，这成功解决了传统数值模拟无法输出压力梯度场的不足。

(2) 连通场的求取

利用 CT 扫描实验构建了岩心连通孔道比例与压力梯度的函数关系式，那么连通场 $E(F)$ 的求取关键在于将压力梯度场转化为连通孔道场：

$$E(F)=\begin{cases}0 & \nabla P<A \\ f[E(\nabla P)]=f\left[E\left[\sqrt{\left[\dfrac{P(i+1,\ j,\ k)-P(i,\ j,\ k)}{L}\right]^2+\left[\dfrac{P(i,\ j+1,\ k)-P(i,\ j,\ k)}{L}\right]^2}\right]\right] & A\leqslant\nabla P\leqslant B \\ 100 & \nabla P>B\end{cases} \tag{7}$$

利用以上计算方法，可将油藏数值模拟任意时刻的油藏压力网格模型转化为连通孔道模型，将传统的压力场转化为连通场。动态连通场与地质油藏诸多因素有关，在静态方面与储层物性、非均质性和流体性质等方面有关，在动态方面与油田井网部署、油井生产压差和注采关系等方面有关。动态连通场的建立，实现了连通性的三维、动态和定量表征，可以分析油田在任何开发阶段的油藏连通孔道分布，形成了连通性空间动态定量表征新技术，为油田开发井网调整和生产工作制度优化提供了技术支持。

1.4　涠洲 12-2 油田动态连通场分类评价

利用涠洲 12-2 油田 6 号井在流二段油层段不同物性岩心(3-1 岩心渗透率 6mD，3-2 岩心渗透率 10mD)开展 CT 扫描实验，将重叠的一维 X 光投影图像分解为二维平面图像信息，并最终通过三维重构技术形成岩心的三维立体图像，实现了岩心的数字化处理。以 3-1 岩心为例，通过识别微观孔喉结构参数表明，流二段岩心大于 1μm 的毛管段数为 46.16 万，大于 10μm 的毛管段数为 15.57 万，体积峰值管径为 98.95μm，体积加权管径为 136.66μm，数量加权管径为 19.84μm，整体上属于低孔隙度、低渗透和小毛管径的储层。通过计算微元体非线性渗流参数，建立了岩心连通孔道比例和压力梯度的关系(图 6)。当压力梯度小于 0.002MPa/m，即小于最小阻力孔道启动压力梯度时，连通孔道比例为 0%，当压力梯度介于 0.002～0.027MPa/m 时，连通孔道比例随着压力梯度的增加而逐渐增加，当压力梯度达到 0.027MPa/m 时，连通孔道比例达到 100%，具体函数关系：

$$F=\begin{cases}0 & \nabla P<0.002 \\ 173107(\nabla P)^2-1080.8(\nabla P)+1.2824 & 0.002\leqslant\nabla P\leqslant0.027 \\ 100 & \nabla P>0.027\end{cases} \tag{8}$$

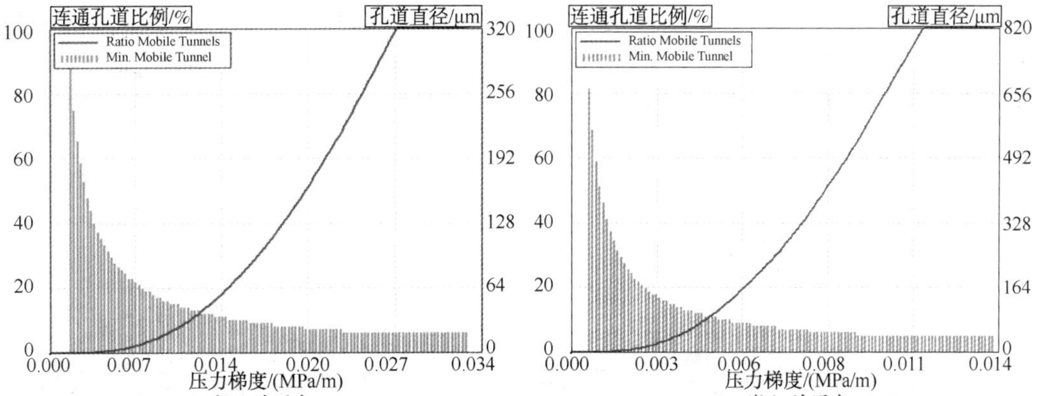

图 6　流二段岩心连通孔道比例与压力梯度关系曲线

考虑到不同渗透率储层具有不同的孔喉结构，对应有不同压力梯度与连通孔道比例的关系，因此在计算连通场时考虑渗透率分级，渗透率 6～9mD 储层对应 3-1 岩心测试结果，渗透率 9～12mD 储层对应 3-2 岩心测试结果。利用本文提出的考虑非线性渗流规律的动态连通性计算方法(公式 3～公式 7)建立了低渗开发区西一块目前衰竭开发情况下的动态连通场。从连通场叠合平面分布图(图 7a)可以看出，衰竭开发情况下，A1/A2/A3 井主体区连通孔道比例在 40%～70%之间。为了分类评价连通场的强弱，本文拟定了连通场分类评价标准：

Ⅰ类(好)：连通孔道比例80%~100%

Ⅱ类(中)：连通孔道比例50%~80%

Ⅲ类(差)：连通孔道比例小于50%

从连通场分类评价图(图7b)可以看出，由于西一块储层物性差(渗透率6~12mD)，开发井距大(600~1000m)，衰竭开发情况下地层能量不足(压力系数0.7)，导致目前主体区存在大部分的第Ⅲ类连通类型，即储层连通孔道比例低于50%，衰竭开发的储量动用率不足50%。由于A1井钻遇储层物性是区块所有开发井中的最差(渗透率6mD)，产能也最低，采液指数仅7.1m^3/(d·MPa)，因此生产过程中产量递减较快，目前日产油量已经从初期的100m^3/d减小至25m^3/d，生产压差逐步减小，波及动用范围内的压力梯度也逐步减小，普遍在0.020MPa/m左右，第Ⅱ类连通性仅局限在近井80m范围内，急需注水补充能量，提高生产压差，提高连通孔道比例，改善开发效果。油藏连通孔道比例的高低和连通类型的分布规律是油田衰竭开发的关键，为后续衰竭开发转为注水开发后，如何优化注采井网具有重要的指示重要。动态连通场的应用关键在于如何改善连通场，以提高油田开发效果。

1.5 动态连通场在注采井网调整中的应用

在西一块现有开发井网下，根据开发方案，计划利用A3井注水，A1井和A2H井采油，形成1注2采的注采井网，考虑注采平衡(瞬时注采比1:1)。由于A1井与A3井之间注采井距达到了约1000m，储层物性较差，因此从计算的连通场评价图(图8a)表现出，A1井与A3井之间存在大部分的第Ⅲ类连通性，注水受效性存在不确定性。为了优化注采井网，提高注水开发效果，本次根据连通场分类评价图，提出在A1井与A3井之间加密调整井A16井进行注水，A1、A2H和A3井采油，形成1注3采井网，注采井距的缩小提高了注采压力梯度，从注水开发后计算的连通场评价图(图8b)表现出，A1井与A3井之间连通性得到了较高的改善，西一块主体区连通孔道以第Ⅰ类为主，第Ⅱ类为辅。可见，动态连通场可以直观的体现油藏注水开发的注采井网适应性，指导调整注采井网，保证注水受效性，为有效注水开发奠定了基础。

1.6 动态连通场在生产压差优化中的应用

传统注水开发认为，生产压差越大，采油速度越高，越不利于油田开发。西一块注水开发情况下，若采油井生产压差在2~3MPa之间，日产油量50~100m^3/d，采油速度3.3%，从计算的连通场评价图(图9a)表现出，主体区连通孔道整体上以第Ⅱ类为主，平均连通孔道比例55%，油藏连通储量约115.5×10^4t；若采油井生产压差提高到3~5MPa之间，日产油量提高到50~200m^3/d，采油速度5.8%，从计算的连通场评价图(图9b)表现出，主体区连通孔道整体上以第Ⅰ类为主，平均连通孔道比例65%，油藏连通储量约136.5×10^4m^3。可见，在合理采油速度范围内，通过提高生产压差，克服小孔隙毛管阻力，可以改善油藏连通孔道比例，达到提高油藏产量和连通储量的目的，最终提高低渗油藏的开发效果。

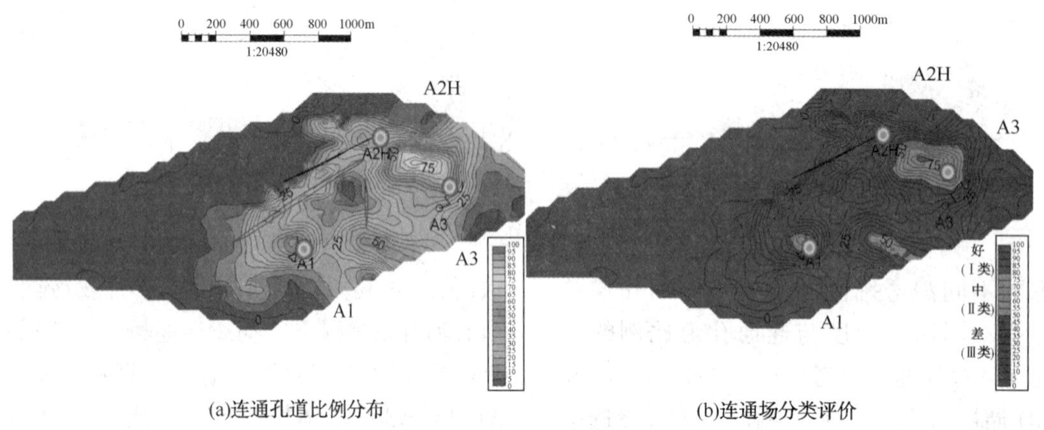

(a)连通孔道比例分布　　(b)连通场分类评价

图7 西一块衰竭开发连通场平面分布图

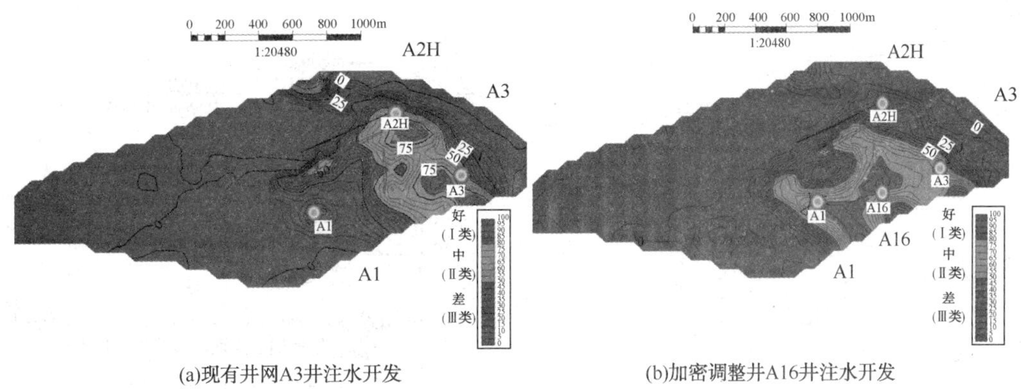

图 8　西一块不同注采井网连通场评价图

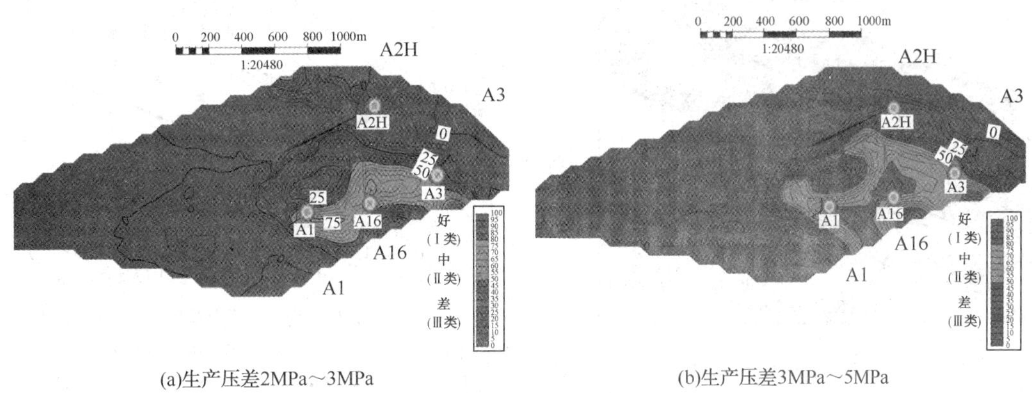

图 9　西一块不同生产压差连通场评价图

2　基于试井反馈信号判定小层连通性技术

2.1　涠洲 12-2 油田干扰试井连通性分析

南海西部油田首次在涠洲 12-2 油田开展了大规模系统性的干扰试井以明确砂体连通性，测试期间以一口或多口井激动干扰，按照一定工作制度进行生产，另一口井关井压力恢复，利用井下高精度压力计观察干扰信号。根据压力干扰原理，若砂体不连通，则激动井的干扰信号无法传递至观察井，观察井地层压力维持稳定；若砂体连通，则激动井的干扰信号传递至观察井后，观察井地层压力出现下降。油田投产后针对主力区块中块 2 井区开发井开展了干扰试井测试，干扰响应特征分为两类。

第一类响应特征，大部分开发井测试过程中收到了邻井干扰信号(图 10)，关井过程中压力出现下降，各井点压力系数一致，其中 A7 井与 A8 井之间砂体连通，A7 井开井日产油 200m^3/d 激动时，A8 井关井观察 6h 后压力出现下降；A8 井与 A9 井之间砂体连通，A8 井开井日产油 230m^3/d 激动时，A9 井关井观察 19h 后压力出现下降；A9 井与 A6/A7 井之间砂体连通，A6/A7 同时开井日产油 480m^3/d 激动干扰，A9 井关井观察 80h 后出现压力下降；A6 井与 A7 井之间砂体连通，A6 井开井日产油 250m^3/d 激动时，A7 井关井观察 108h 后压力出现下降。干扰试井压力响应结果表明，流二段整体上连通性较好(图 11)。

第二类响应特征，极少部分开发井测试过程中没有收到邻井干扰信号，井间压力系数也不一致。典型井为 A5 井，第一次干扰试井测试，关井压力恢复 20 天没有收到邻井干扰信号，井点压力系数比邻井 A7 井高 0.09，根据传统连通关系判断认为与邻井砂体不连通，注水受效难度大。为了进一步明确 A5 井与邻井砂体连通性，开展了第二次干扰试井测试，大幅度延长了测试时间，A5 井关井压力恢复 42 天后收到了邻井干扰信号，压力出现下降，明确了与邻井砂体连通。A5 井干扰试井测试表明，即使干扰试井没收到邻井干扰信号以及井间压力系数有差异，砂体也可能连通，测试时间不够和井点压力系数的差异会误导砂体连通性判断结果，这证实了传统连通关系判断存在误区。

2.2　小层连通关系定量判断方法

虽然干扰试井测试可以明确井点间砂体连通

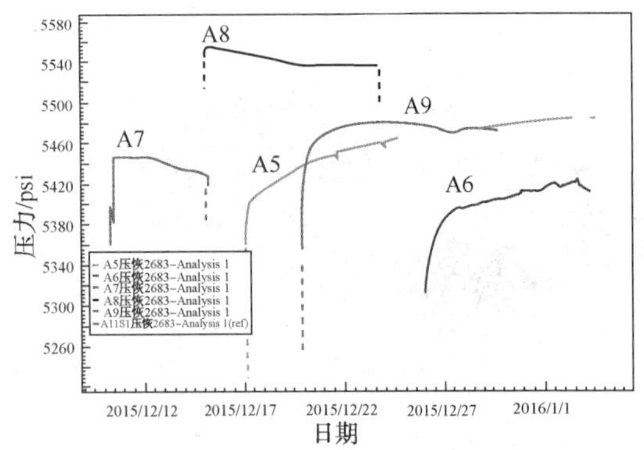

图 10　干扰试井压力恢复响应曲线

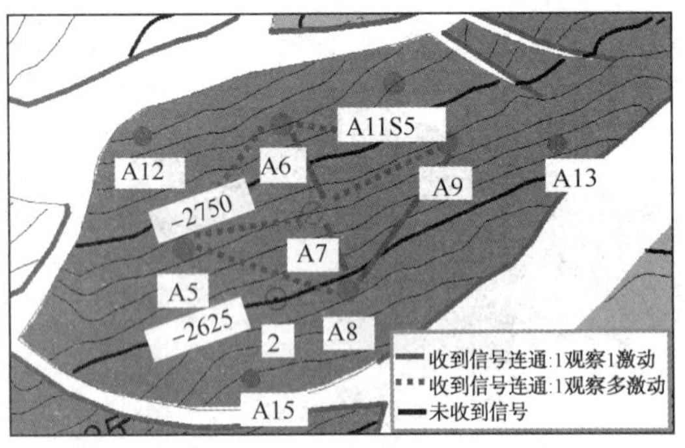

图 11　干扰试井压力信号响应示意图

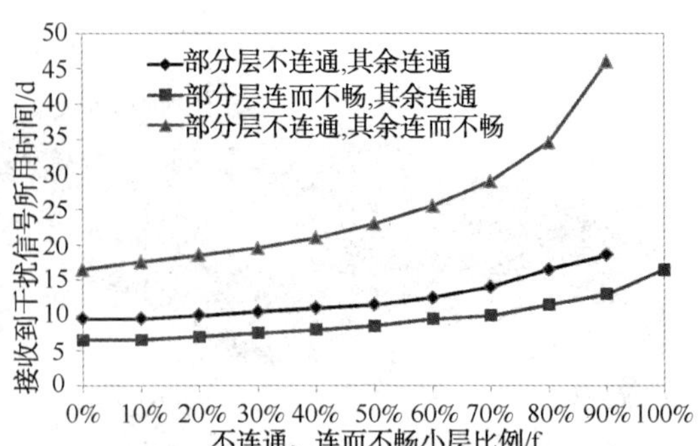

(a)砂体横向变化与响应时间的关系曲线

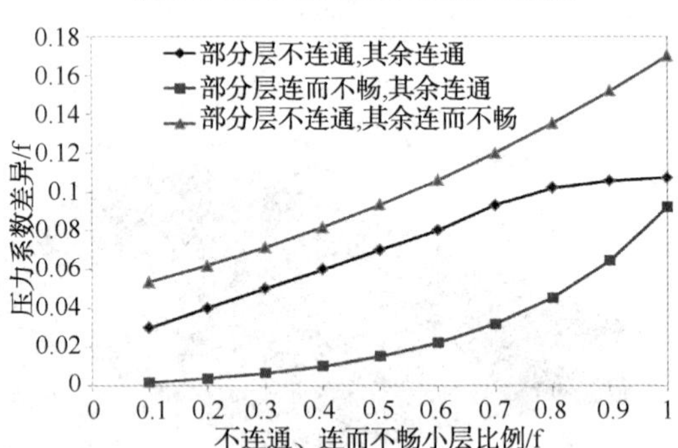

(b)砂体横向变化与压力系数差异的关系曲线

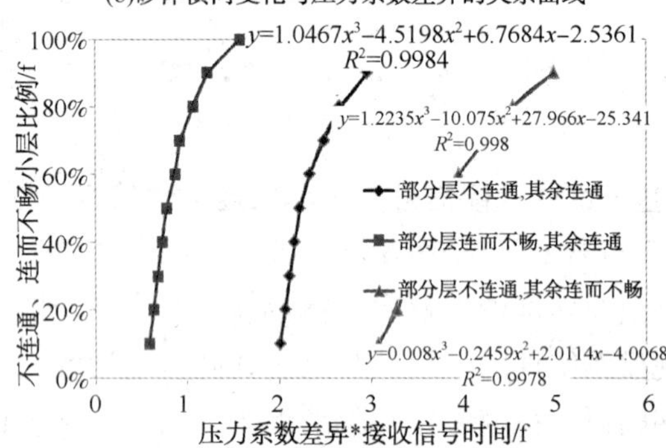

(c)砂体横向变化与响应时间和压力系数差异乘积回归曲线

图 12　砂体横向变化与干扰试井响应参数的关系曲线

性，但无法揭示薄互层油藏小层连通关系，不利于油田开展精细化的注采井网优化。A5 井干扰响应特征异常于其他开发井，这说明虽然干扰试井明确了 A5 井与邻井在井间砂体是连通的，但小层连通关系比较复杂。为了探索薄互层油藏小层干扰响应规律，根据开发区块地质油藏特征建立了多层系油藏数值模拟机理模型，各小层可设定为连通、不连通或连而不畅，在生产历史拟合较好情况下，通过模拟纵向上不同小层连通关系组合，开展了小层干扰响应影响机理研究。

研究表明(图 12a～图 12b)，随着砂体连通性越复杂(小层不连通或者连而不畅小层比例增加)，接收信号时间越长，与邻井压力系数差异越大：若纵向上不连通小层比例达到 50%，则接收干扰信号所需时间与全部小层连通相比较，需要提高至 1.3～3.5 倍，与邻井压力系数差异达到 0.06～0.09。说明薄互层油藏的小层砂体连通性越复杂，越容易掩盖井点间的连通性，从机理上证明“干扰试井没收到响应、井间压力系数有差异说明不连通”认识有误。

为了定量表征小层连通关系，根据机理研究成果的小层连通关系和接收干扰响应时间以及井间压力系数差异值分别进行回归拟合表明(图 12c)，油藏纵向上连通、不连通或连而不畅小层比例与干扰试井测试接收干扰信号时间和井间压力系数差异值的乘积表现出较好的幂函数关系，回归相关系数达到了 0.99。因此，可根据干扰响应时间 d 和压力系数差异值 $\Delta\alpha$ 的乘积，利用幂函数定量计算小层连通关系，通过将机理研究与干扰试井相结合，实现了薄互层油藏小层连通性定量表征，将干扰试井动态连通性分析从井点定性认识升华为小层定量认识，提出了以下小层连通关系定量判断方法：

① 小层部分连而不畅，其他连通($\Delta\alpha \cdot d<2$)

$$LEBC=1.0467(\Delta\alpha \cdot d)^3-4.5198(\Delta\alpha \cdot d)^2+6.7684(\Delta\alpha \cdot d)-2.5361 \tag{9}$$

$$LT=100-LEBC \tag{10}$$

② 小层部分不连通，其他连通($2\leq\Delta\alpha\cdot d<3$)

$$BLT=1.2235\ (\Delta\alpha\cdot d)^3-10.075\ (\Delta\alpha\cdot d)^2+27.966(\Delta\alpha\cdot d)-25.341 \quad (11)$$

$$LT=100-BLT \quad (12)$$

③ 小层部分不连通，其他连而不畅($\Delta\alpha\cdot d\geq3$)

$$BLT=0.008\ (\Delta\alpha\cdot d)^3-0.2459\ (\Delta\alpha\cdot d)^2+2.0114(\Delta\alpha\cdot d)-4.0068 \quad (13)$$

$$LEBC=100-BLT \quad (14)$$

根据干扰试井测试接收干扰信号时间和井间压力系数差异值，利用以上小层连通关系定量判断方法可计算判断流二段井间连通小层比例、不连通小层比例、连而不畅小层比例，例如，根据A5井干扰试井期间接收邻井干扰信号用时42天，与邻井压力系数差异0.09，接收干扰信号时间和井间压力系数差异值乘积为3.78，带入公式计算可知A5井与邻井A7井纵向上砂体不连通比例52%，连而不畅48%，这实现了薄互层油藏小层连通性的精细表征。分析结果表明(表1)，中块2井区井间优势连通区域为A9井附近，与邻井A6/A7/A8井间砂体连通小层比例在90%以上，A9井具备作为注水井的连通基础，而区块以西连通性整体比较复杂，A5井与A6/A7/A8井不连通小层比例达到50%，但考虑到干扰试井明确了A5井与周边开发井的砂体连通，也具备作为注水井的基础条件，但有必要开在水开发中后期进行细分层系优化注水。

表1 涠洲12-2油田中块2井区小层连通关系分析结果

井间关系	收到干扰信号时间/h	与邻井压力系数差异/f	连通小层比例/%	连而不畅小层比例/%	不连通小层比例/%
A7井~A8井	6	0	100	0	0
A8井~A9井	19	0	100	0	0
A9井~A6/A7井	80	0.01	95	5	0
A6井~A7井	108	0.01	90	10	0
A5~A6/A7/A8	1008	0.09	0	48	52

2.3 小层连通关系判断在注采优化中的应用

基于干扰试井测试的动态连通性分析表明，目前300~500m开发井距砂体连通性较好，具备注水开发的井间连通基础。为了完善井网，本次提出在区块边部加密4口调整井A11S1/A12/A13/A15，根据合理井距认识，布署在距离已有开发井约400m处，4口调整井已经于2016年1月投产，投产后合计日产油水平650m^3/d，目前生产稳定，生产效果达到预期。为了提高注水开发效果，兼顾调整井注水需求，中块2井区注水井由ODP制定的A7井变更为A5/A9井注水，且考虑到A5井纵向小层连通关系比较复杂，根据沉积微相、储层类型、产出比例、层间非均质性和隔夹层分布，对A5井进行了细分四套层系注水开发，注采井网由ODP制定的1注4采优化为2注7采，A5/A9井于2016年1月份转注，注水4个月后，相邻有2口采油井A7/A8井地层压力回升1~2MPa，有3口采油井A6/A12/A13地层压力逐渐稳定，油藏注水受效，产量逐步上升(图13)。本次基于连通性精细研究成果提出的4口调整井和3个区块注采关系优化，预计提高区块采收率9.2%。

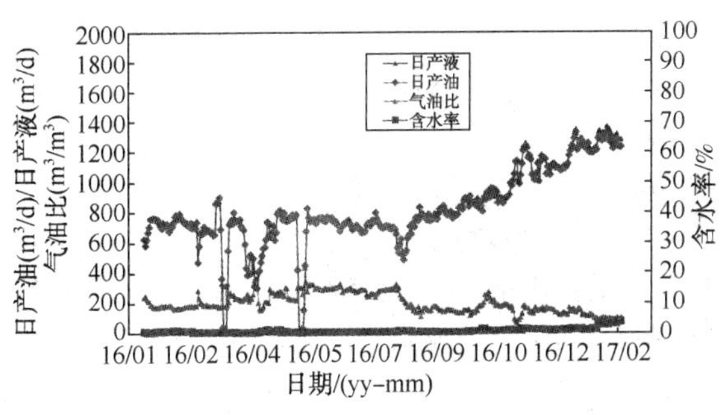

图13 油藏测试生产曲线

3 结论

(1) 基于CT扫描技术识别岩心的孔隙结构参数，计算不同压力梯度下岩心参与流动的孔道数量，结合岩心连通孔道比例与压力梯度的函数关系，形成了定量评价储层连通性的计算方法。

(2) 提出了考虑非线性渗流规律的低渗油藏动态连通场计算新方法。将传统的数值模拟输出的压力场转化为动态连通场，实现了连通性的三维、动态和定量表征，形成了连通性空间动态定量表征新技术，解决了传统研究方法无法空间定量表征连通性的问题。

(3) 将机理研究与干扰试井相结合，提出了小层连通关系定量判断方法，可用于计算连通小层、不连通小层以及连而不畅小层的比例，为干扰试井测试时间预测提供了技术支持。

符号说明

P_c——毛管压力，bar(kg/cm^2)

σ——油水界面张力，mN/m

θ——油水岩石润湿接触角，30°

r_c——管径，cm

φ——孔隙度,%

K——渗透率，mD

ΔP——生产压差，MPa

μ——黏度，mpa. s

Q——流量，m/s

∇P——压力梯度，MPa/m

F——连通孔道比例,%

L——网格尺寸，m

d——干扰响应换算时间，天;

$\Delta\alpha$——压力系数差异,%;

LT——连通小层比例,%;

BLT——不连通小层比例,%;

$LEBC4$——连而不畅小层比例,%;

参考文献

[1] 刘世界，彭小东，李军，等．一种基于生产数据反演注采井间动态连通性的方法[J]．科学技术与工程，2013，13(1)：145-148.

[2] 刘学锋，张伟伟，孙建孟．三维数字岩心建模方法综述[J]．地球物理学进展，2013，28(6)：70-77.

[3] 余敏，寿建峰，郑兴平，等．基于 CT 成像的三维高精度储集层表征技术及应用[J]．新疆石油地质，2011，32(6)：54~60.

[4] 邓英尔，刘树根，麻翠杰．井间连通性的综合分析方法[J]．断块油气田，2004，10(5)：50-53.

[5] 王海更，汪利兵，刘洪杰，等．利用生产动态及地震资料分析井间河流相砂体连通性[J]．海洋石油，2004，34(3)：66-72.

[6] 唐亮，殷艳玲，张贵才．注采系统连通性研究[J]．石油天然气学报(江汉石油学院学报)，2008，30(4)：134-136.

[7] 闫建平，梁强，耿斌，等．低渗透砂岩微孔特征与孔隙结构类型的关系——以东营凹陷南斜坡沙四段为例[J]．岩性油气藏，2017，29(3)：18-26.

[8] Fabuel-Perez I，Hodgetts D，Redfern J. Integration of digital outcrop models(DOMs) and high resolution sedimentology-workflow and implications for geological modelling：Oukaimedcn Sandstone Formation，High Atlas (Morocco)[J]. Petroleum Geoscience，2010，16(2)：133-154.

[9] Zahm C K，Zahm L C，Bellian J A. Integrated fracture prediction using sequence stratigraphy within a carbonate fault damage zone，Texas，USA [J] . Journal of Structural Geology，2010，32(9)：1363-1374.

[10] 刘学锋，马乙云，曾齐红，等．基于数字露头的地质信息提取与分析——以鄂尔多斯盆地上三叠统延长组杨家沟剖面为例[J]．岩性油气藏，2015，27(5)：13-18.

[11] 徐祖新．基于 CT 扫描图像的页岩储层非均质性研究[J]．岩性油气藏，2014，26(6)：46-49.

[12] 王曦莎，易小燕，陈青，等．缝洞型碳酸盐岩井间连通性研究——以 S48 井区缝洞单元为例[J]．岩性油气藏，2010，22(1)：126-133.

[13] BLOCH S，HELMOND K P. Approached to predicting reservoir quality in sandstones. AAPG Bulletin，1995，79(1)：97-115.

[14] NEKVITNE T，BJΦRLYKKE K. Secondary porosity in the Brent Group (Middle Jurassic)，Huldra field，North Sea：implication for predicting lateral continuity of sandstone. Journal of Sedimentary Petrology，1992，62(1)：23-34.

[15] FRANCAA B，ARAÚJO L M，MAYNARD J B，et al. Secondary porosity formed by deep meteoric leaching：Botucatu eolianite，southern South America. AAPG Bulletin，2003，87(7)：1073-1082.

[16] 张一果，孙卫，任大忠，等．鄂尔多斯盆地英旺油田长 8 储层微观孔隙结构特征研究．岩性油气藏[J]. 2013，25(3)：71-76.

[17] 李长政，孙卫，任大忠，等．华庆地区长 81 储层孔隙微观结构特征研究．岩性油气藏[J]. 2012，24(4)：19-23.

[18] TAYLOR T R，GILES M R，HATHON L A，et al. Sandstone diagenesis and reservoir quality prediction：models，myths and reality. AAPG Bulletin，2010，94(8)：1093-1132.

[19] YIN Y S，WU S H，ZHANG C M，et al. A reservoir skeletonbased multiple point geostatistics method. Science in China Series D：Earth Sciences，2009，52(Suppl 1)：171-178.

[20] YU X H，MA Y Z，PSAILA D，et al. Reservoir characterization and modeling：a look back to see the way forward. AAPG Memoir 96，2011，23(1)：289-309.

[21] WU S H，ZHANGYW，JAN E R. Reservoir stochastic modeling constrained by quantitative geological conceptual pattern. Petroleum Science，2006，3(1)：27-33.

特低渗透油藏动态裂缝与基质双重作用的剩余油表征

王友净[1]　宋新民[1]　侯建锋[1]　马永宁[2]　刘　畅[1]

(1. 中国石油勘探开发研究院；2. 中国石油长庆油田分公司)

摘　要　综合利用岩心、水驱油实验、相渗、测井等资料，通过对3个不同开发状况井组内在不同井距和排距下部署的11口密闭取心井精细解剖，建立水洗判别标准，分析水洗状况，表征特低渗透油藏中、高含水阶段剩余油的控制因素和分布规律。研究表明，动态裂缝和似块状厚砂体内部非均质性是剩余油分布的主控因素。水驱过程中动态裂缝和基质综合作用，可分为基质近活塞驱、基质驱、基质-裂缝驱、裂缝驱四种驱替类型。动态裂缝的产生导致平面上剩余油分布在裂缝两侧，呈连续或不连续条带分布，纵向上使剖面动用程度大大降低。裂缝占主导作用的L76-60井组内2口密闭取心井剖面动用程度仅为9.6%，基质-裂缝驱的W16-15井组内8口密闭取心井剖面动用程度平均为50.7%，未产生动态裂缝的L88-40井组呈基质近活塞驱。

关键词　鄂尔多斯盆地，特低渗透，密闭取心井组，动态裂缝，剩余油

剩余油分布研究是油田提高采收率的地质基础。以大庆长垣喇、萨、杏油田为代表的中、高渗油田高含水期剩余油定性、定量分布描述技术已较为系统[1~4]。而经过近三十年的开发，以长庆安塞、靖安和吉林新民为代表的特低渗透油田相继进入中、高含水阶段，注采矛盾日益突出，油田稳产难度加大，剩余油控制因素和分布规律已成为制约油田提高采收率的瓶颈。前人在特低渗透储层水驱油驱替试验方面研究较多[5~9]，而对矿场实践中剩余油的分布规律和驱油效率研究甚少。为了检查特低渗透油藏储层水洗状况，揭示剩余油分布规律，近几年在鄂尔多斯盆地安塞和靖安油田3个不同开发状况的井组内按不同井距和排距部署了11口密闭取心井，这为剩余油研究和潜力分析提供了非常宝贵的资料。本文综合利用岩心、水驱油实验、相渗、测井等资料，通过密闭取心井组精细解剖表征特低渗透油藏动态裂缝与基质双重作用的剩余油分布，明确进一步提高采收率的潜力和方向。

1　地质特征与开发状况

安塞、靖安油田位于鄂尔多斯盆地伊陕斜坡(图1)，构造简单，地层平缓，倾角仅0.5°左右，总体为西倾的平缓大单斜。沉积物源方向为北东向，生产层位三叠系延长组长6层段为近30m厚三角洲前缘沉积的似块状复合砂体(图2)，内部隔层不发育，钙质夹层规模较小，主要发育水下分流河道、河道侧翼、席状砂和少量河口坝砂体。孔隙度为10%~16%，渗透率普遍小于$5\times10^{-3}\mu m^2$，属于低孔、特低渗透油藏。储集层岩性主要为灰褐色、灰色细砂岩、粉砂岩、泥质粉砂岩，成分成熟度低，结构成熟度中等。黏土矿物主要以绿泥石、伊利石为主。孔隙类型以原生粒间孔为主，长石溶孔、岩屑溶孔次之，并有少量粒间溶孔、晶间孔和裂缝。

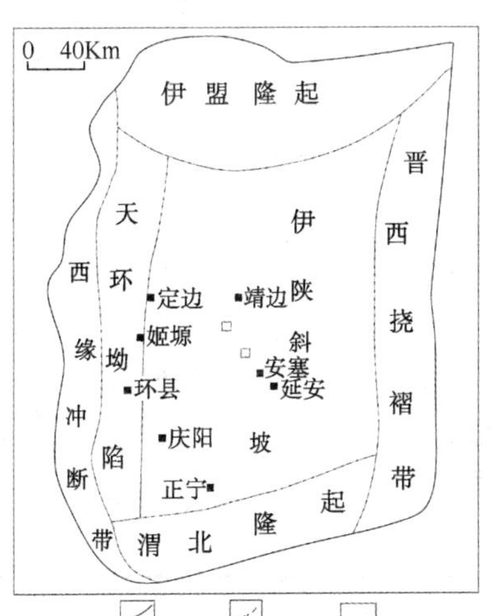

图1　研究区位置图

【基金项目】中国石油重大科技专项(2016B-1301)

【作者简介】王友净(1973—)，女，2007年毕业于中国石油大学(华东)获博士学位，现为中国石油勘探开发研究院高级工程师，主要从事开发地质研究工作。E-mail：wangyoujing@petrochina.corn.cn

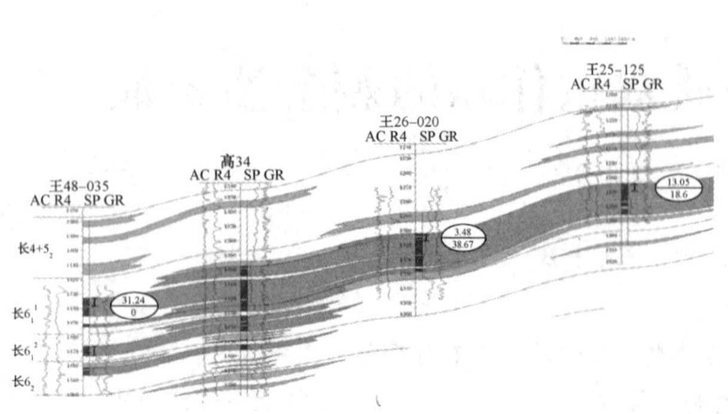

图 2　研究区油藏剖面图

W16-15 密闭取心井组位于安塞油田王窑区中部，采用不规则正方形反九点井网，钻密闭取心井之前井组单井产能平均为 0.49t，综合含水已达 85.5%，地质储量采出程度 16%，该井组内部在不同井距和排距下共部署了 8 口密闭取心井(图 3a)。L76-60、L88-40 密闭取心井组位于靖安油田五里湾一区，采用正方形反九点井网，2 个井组储层特征相近，但钻密闭取心井之前生产状况差异较大。L76-60 井组单井产能平均为 3.95t，综合含水为 47.2%，地质储量采出程度为 9.95%，该井组内部署了 2 口密闭取心井(图 3b)；L88-40 井组单井产能平均为 7t，综合含水仅为 2.5%，地质储量采出程度为 21.4%，井组内部署了 1 口密闭取心井(图 3c)。表 1 为 3 个密闭取心井组的开发状况。

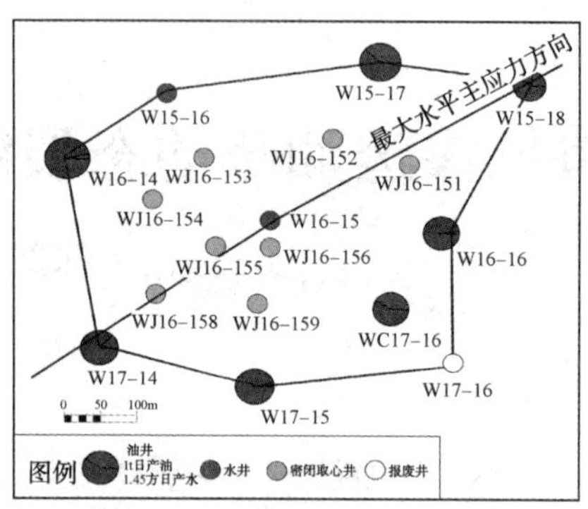

(a)W16-15井组

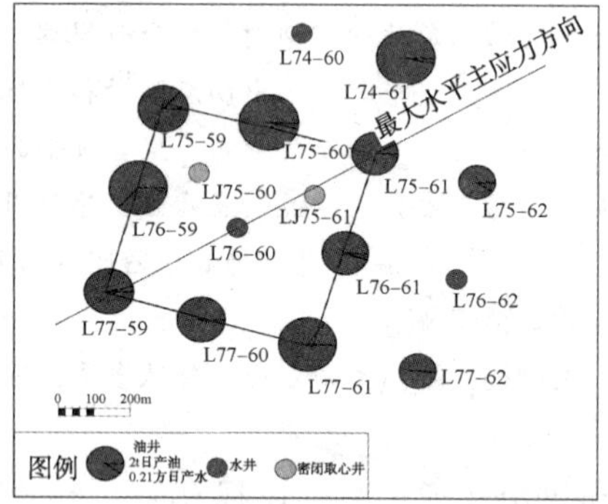

(b)L76-60井组

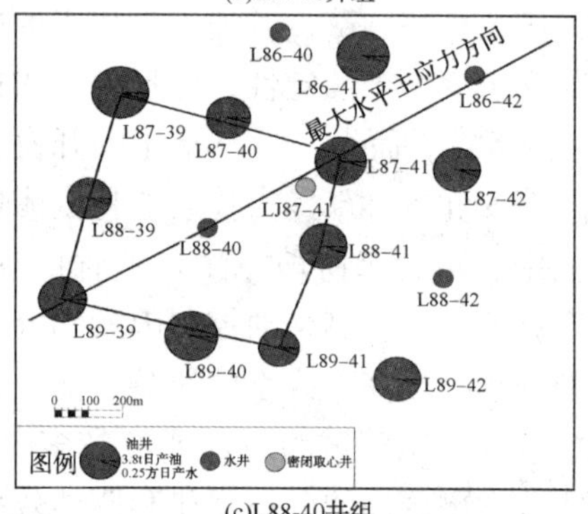

(c)L88-40井组

图 3　密闭取心井组井位图

表 1　密闭取心井组开发状况表

油田区块	井组	层位	井网型式	孔隙度/%	渗透率/$10^{-3}\mu m^2$	初期单井产能/t	初期含水/%	单井日产油(钻密闭取心井之前)/t	含水/%	平均单井累积产油/10^4t	累积注水/10^4m^3	地质储量采出程度/%	原始地层压力/MPa
安塞王窑	W16-15	长6_1^1	300m×300m 不规则正方形反九点	11	1.29	3.5	2.5	0.49	85.5	1.01	3.90	16	9.13
靖安五里湾一区	LJ76-60	长6_2^1	330m×330m 正方形反九点	12.5	2.5	8.5	16.1	3.95	47.2	1.45	7.18	9.95	12.4
	LJ88-40					11.5	1.9	7	2.5	3.13	12.50	21.4	

2　水洗状况判别与分析

2.1　渗透率与原始含水饱和度关系图版

根据安塞油田开发前期油基泥浆井进行挥发率校正后的分析化验数据，建立了长 6 油藏渗透率与原始含水饱和度关系图版[10](图 4)，回归关系式见公式 1。同一地区油层原始含油、含水饱和度的大小，主要和油层渗透率有关[3]，原始含水饱和度值随渗透率的增加而降低。

$$S_w = 46.061 - 4.678\ln K \tag{1}$$

2.2　水洗级别判别标准

根据水驱油试验数据，建立了渗透率与驱油效率关系图版[11-12](图 5)。从图上可以看出，渗

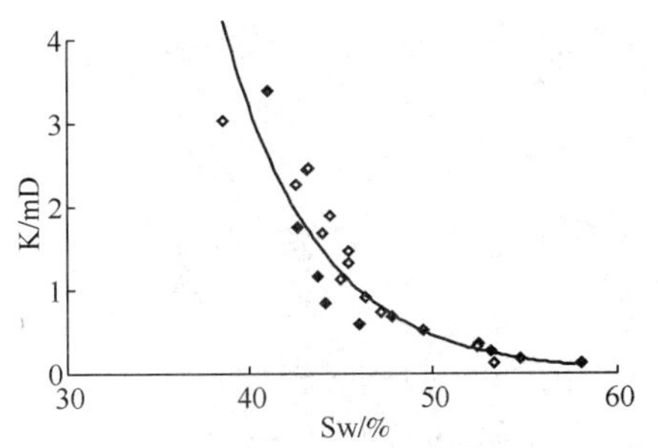

图 4　渗透率与原始含水饱和度关系

透率为 $1\times10^{-3}\,\mu m^2$ 时，含水 98% 时驱油效率为 50% 左右；渗透率为 $3\times10^{-3}\,\mu m^2$ 时，含水 98% 时驱油效率为 55% 左右。

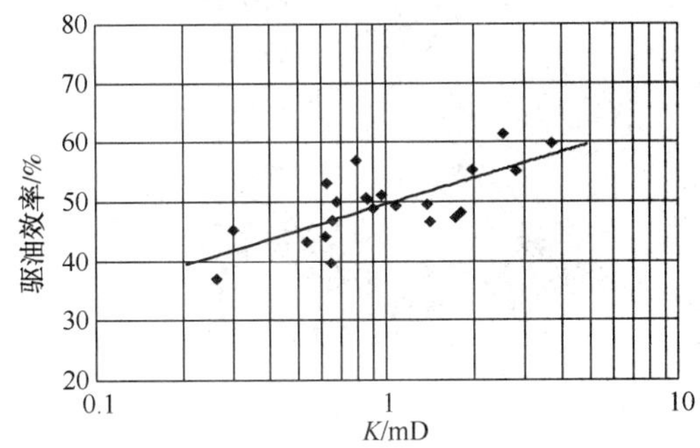

图 5　渗透率与驱油效率关系

11 口密闭取心井分析化验的含油、含水饱和度之和大多分布在 60%~70% 之间，油气挥发较严重。通过油基泥浆井渗透率与原始含水饱和度关系图版进行校正，可大致得出密闭取心井在原始油藏条件下的含水饱和度，与未水洗段目前测得的含水饱和度二者之差值可粗略当作该井的水挥发率。分析化验的含水饱和度与水挥发率之和是校正后的含水饱和度，其与校正后的含油饱和度之和是 100%。

利用油水相对渗透率曲线、水驱油试验数据、油田生产数据综合分析确定含水率与岩心当前驱油程度的关系[13,14]，确定了判别油层水洗程度的驱油效率界限(图 6)。驱油效率小于 18% 为弱水洗，18%~25% 为中水洗，大于 25% 为强水洗。

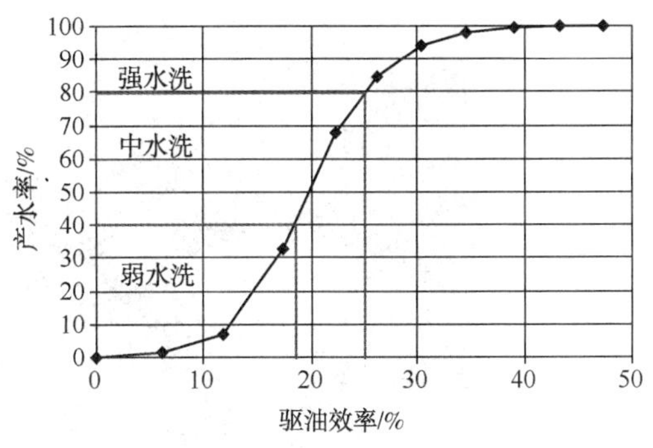

图 6　驱油效率与产水率关系

安塞、靖安油田注入水为淡水，密闭取心井电阻率测井采用阵列感应测井，对水淹层有较好的响应。通过对 11 口密闭取心井岩心观察与描述，在分析淡水驱油藏水淹测井响应的基础上，结合滴水试验、岩心沉降实验、荧光显示以及驱油效率，建立了不同水洗级别的判别标准(表 2)。图 7 不同水洗级别的岩心。

表 2　不同水洗级别判别标准

水洗级别	未水洗	弱水洗	中水洗	强水洗
产水率	$F_w<10\%$	$10\%<F_w<40\%$	$40\%<F_w<80\%$	$F_w>80\%$
驱油效率	-	ED<18%	18%<ED<25%	ED>25%
水湿感	无水湿感	有水湿感，含水量水	有水湿感，含水较明显	水湿感强，含水明显
滴水实验	珠状	半珠-缓渗	渗入	速渗
岩心沉降实验	分散状	半分散状	絮状	凝集状
荧光显示	亮黄色荧光，分布均匀，强度中等	荧光显示较好，发光强度以中亮为主	荧光显示较差，放光强度以极暗为主或呈微弱浸染状	荧光显示差，为微弱浸染状
电阻率特征	电阻率无变化	电阻率变化小，微下降，阵列感应有微小幅度差	电阻率降低，阵列感应有较大幅度差	电阻率明显升高，阵列感应有大的幅度差
其他电性特征	自然电位无变化	自然电位变化不明显	自然电位幅度差变小	自然电位幅度差与邻井相比明显变小

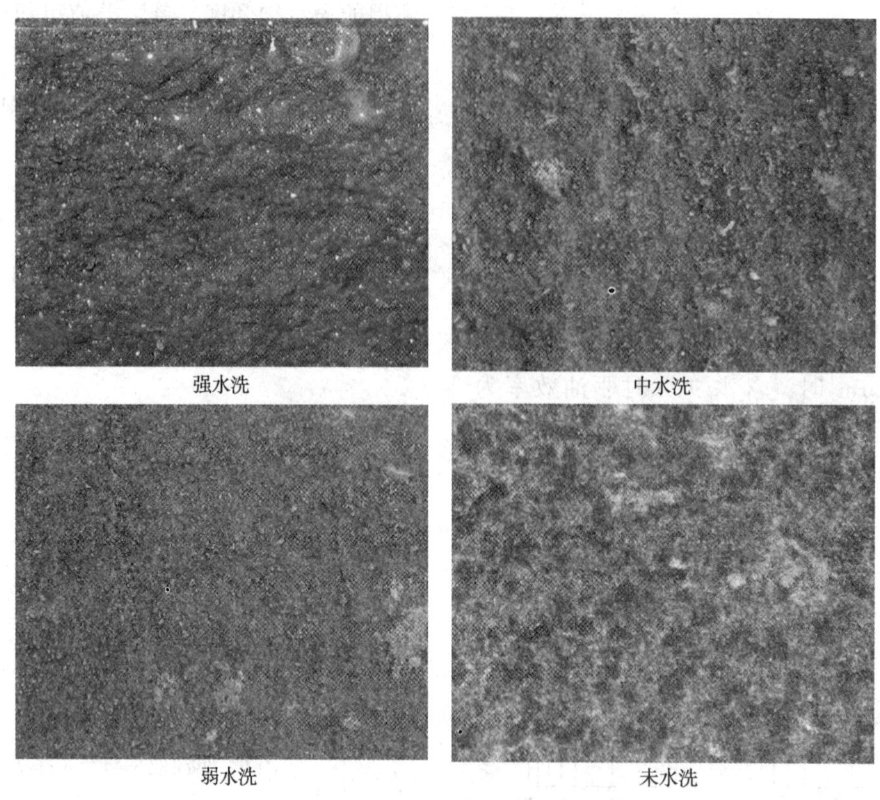

图7　不同水洗级别的岩心

2.3　水洗状况分析

根据水洗判别标准，对11口密闭取心井进行了精细解剖(表3)。W16-15井组内8口密闭取心井水洗厚度平均为50.7%；其中弱水洗占63%，中水洗占24%，强水洗占13%。L76-60井组是一个以裂缝驱为主导的注采单元，在距水井220m最大水平主应力方向部署的检查LJ75-61剖面动用程度仅为9%，垂直最大水平主应力方向部署的LJ75-60剖面动用程度为10.2%。L88-40井组生产了10年，井组内8口油井平均含水仍为2.5%，为理想的基质近活塞驱，在距水井310m部署的密闭取心井LJ87-41取心段整体未水洗。

表3　密闭取心井组水洗状况分析统计表

井组	井号	距裂缝方向排距/m	距水井距离/m	油层厚度/m	水洗厚度/m	水洗厚度百分比/%	弱水洗比例/%	中水洗比例/%	强水洗比例/%
W16-15	WJ16-155	0	117	24.14	23.08	96	48	27	26
	WJ16-151	0	187	22.06	10.65	48	43	34	23
	WJ16-158	0	213	26.1	16.44	63	56	29	15
	WJ16-156	42	74	24.55	16	65	86	11	3
	WJ16-152	68	131	20.08	8.87	44	57	26	16
	WJ16-159	101	156	27.34	11.05	40	71	30	0
	WJ16-153	118	113	13.08	3.96	30	100	0	0
	WJ16-154	138	200	23.72	4.47	19	100	0	0
	平均			23.32	11.82	50.7	63	24	13
L76-60	LJ75-61	0	220	19.61	1.78	9			9
	LJ75-60	220	220	15.42	1.57		10.2		
L88-40	LJ87-41	0	310	26.13	0				

3 剩余油控制因素与分布规律

3.1 剩余油控制因素

动态裂缝和似块状厚砂体内部非均质性是剩余油分布的主控因素。特低渗透油藏水驱过程中基质与动态裂缝综合作用，可分为基质近活塞驱、基质侧向驱、裂缝驱、基质-裂缝驱四种驱替类型。四种不同的驱替类型导致油井含水上升规律迥异(图8)。

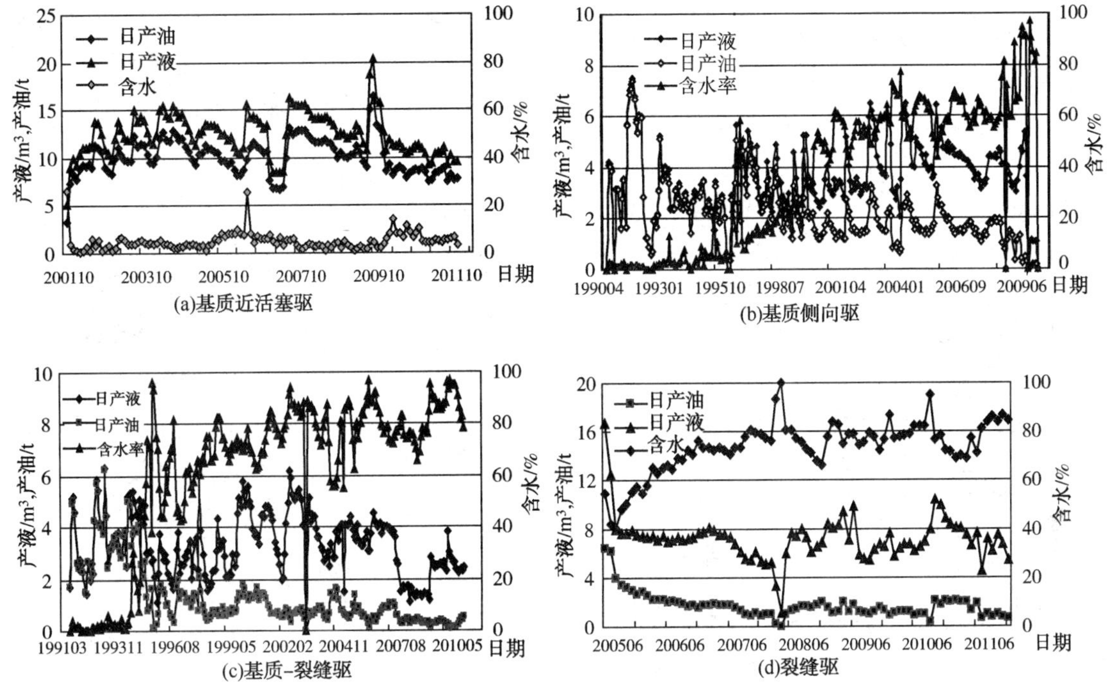

图8 不同驱替类型油井含水上升规律

3.1.1 动态裂缝

动态裂缝是特低渗透油藏在中、高含水阶段出现的新的开发地质属性[15]。长期水驱开发过程中，由于特低渗透油藏压力传导慢，注水井附近憋压，当压力超过裂缝开启、延伸压力时，与现今最大水平主应力方向夹角最小的天然构造裂缝易于张开或强化，由无效缝变成有效缝，或者水井爆燃、爆压、复合射孔产生的小规模诱导缝在超裂缝延伸压力下，不断沿现今最大水平主应力方向延展，最终与油井压裂缝沟通，成为油水优势渗流通道[15]。动态裂缝造成主、侧向压力不均衡，导致最大水平主应力方向上油井含水呈台阶式上升，直至高含水关井或转注(图8c)，侧向油井含水则是缓慢上升的过程(图8b)。

动态裂缝的产生严重影响水驱波及体积，其延伸受到现今最大水平主应力方向的控制，位于该方向上的油井最早出现暴性水淹。鄂尔多斯盆地三叠系延长组地层受燕山期和喜山期两期古构造应力场影响，安塞-靖安地区现今构造应力场最大水平主应力方向为北东60°~70°左右[16]。安塞油田王窑区处于现今最大水平主应力方向上裂缝性水淹井比例占89%。

L76-60井组注水过程中过早激化形成动态裂缝，水洗部位主要是在物性较差的钙质砂岩和水平层理发育的致密砂岩段(图9)，岩心观察可见有水渗出，并非由物性较好的储集层注入水突进形成。

W16-15井组为基质-裂缝驱，从孔隙度、渗透率与含水饱和度关系图版(图10)上来看，水洗区分布在孔隙度14%~15%左右，渗透率大于$2\times10^{-3}\mu m^2$左右。

3.1.2 似块状厚砂体内部非均质性

厚砂体内部非均质性影响着水驱剖面动用程度。目的层段为一套近30m厚三角洲前缘沉积的似块状复合砂体，内部隔层不发育，钙质夹层规模较小，早期分为2个小层，作为1套层系开发。在W16-15井组内部不同井距和排距下部署8口密闭取心井后，根据密井网资料精细刻画厚油层内部砂体构型相，细分为6个小层，似块状复合砂体由不同成因类型砂体叠置、拼接形成(图11)。不同成因类型砂体叠置以及成岩作用的影响造成厚砂体内部物性变化，影响着剖面动用程度。

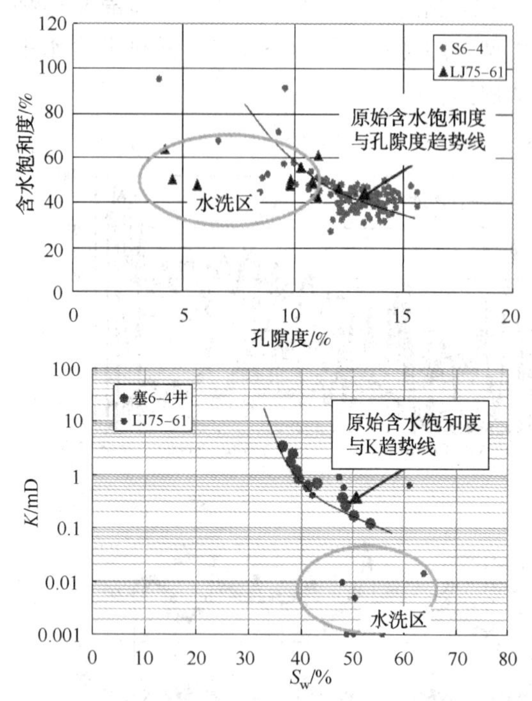

图 9　L76-60 井组物性与含水饱和度图版

根据岩性、沉积、物性和微观孔喉特征[17]，将油层分为三类(表 4)。Ⅰ类油层渗透率大于 $1\times10^{-3}\mu m^2$，岩性主要为块状细砂岩，含油较均匀、饱满，主要是水下分流河道和少量河口坝砂体，孔隙结构为小孔细喉型；Ⅱ类油层渗透率一般在 $0.3\sim1\times10^{-3}\mu m^2$ 之间，岩性主要为泥质细砂岩、黑麻斑砂岩，含油性比Ⅰ类油层略差，主要是河道侧翼和席状砂，孔隙结构为小孔细喉型；Ⅲ类油层为渗透率小于 $0.3\times10^{-3}\mu m^2$ 的致密砂岩，主要是胶结较致密的河道侧翼砂体，孔隙结构为小孔微喉型。从密闭取心井组统计分析来看，Ⅰ、Ⅱ、Ⅲ类油层占总油层厚度的比例分别是 34%、48%、18%，Ⅰ类、Ⅱ类、Ⅲ类油层水淹比例分别是 83%、46%、12%。在基质驱替的情况下，物性较好的Ⅰ类油层易形成注入水的突进。

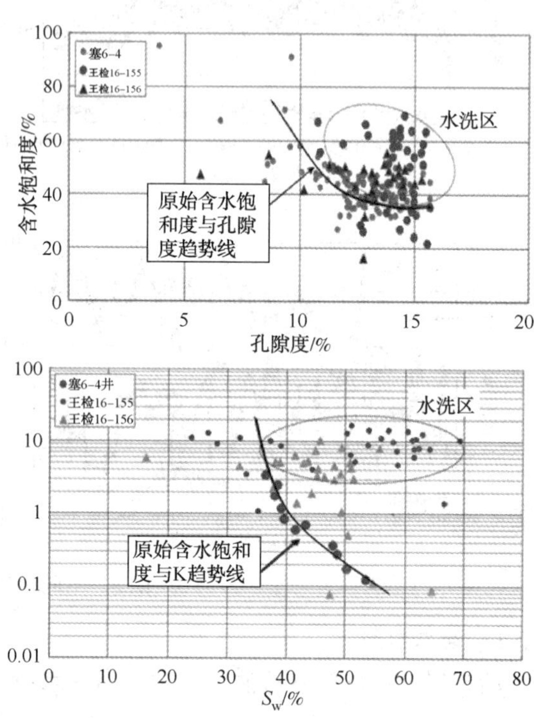

图 10　W16-15 井组物性与含水饱和度图版

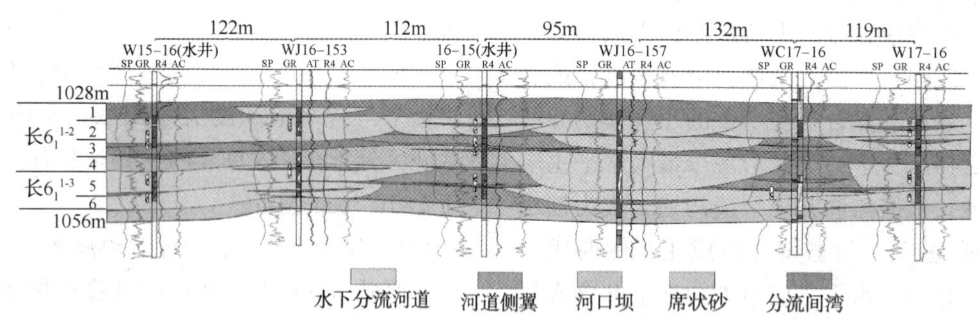

图 11　密闭取心井组垂直物源方向砂体结构剖面

表 4　不同类型储层特征表

类型	岩性特征	沉积相	物性特征		孔喉特征				
			孔隙度/%	渗透率/($10^{-3}\mu m^2$)	孔喉类型	P_D/MPa	r_D/μm	P_{50}/MPa	r_{50}/μm
Ⅰ	块状细砂岩	水下分流河道、河口坝	12~14.5	1~5.3	小孔细喉型	0.2	3.75	1.56	0.48

续表

类型	岩性特征	沉积相	物性特征		孔喉特征				
			孔隙度/%	渗透率/($10^{-3}\mu m^2$)	孔喉类型	P_D/MPa	r_D/μm	P_{50}/MPa	r_{50}/μm
Ⅱ	灰黑色细砂岩、黑麻斑砂岩、粉细砂岩、含泥质细砂岩	河道侧翼、席状砂	8~13	0. 3~1	小孔微细喉型	0. 54	1. 39	2. 45	0. 31
Ⅲ	致密砂岩	河道侧翼	8~12	<0. 3	小孔微喉型	1	0. 75	5. 7	0. 13

类型	压汞曲线	薄片	岩心照片
Ⅰ			
Ⅱ			
Ⅲ			

3.2 剩余油分布规律

3.2.1 平面剩余油分布

W16-15井组渗透率平均为 $1.29\times10^{-3}\mu m^2$，驱替类型为基质-裂缝驱，剩余油沿裂缝呈连续或不连续条带分布，侧向有基质高渗条带形成的突进(图12左)。W76-60井组渗透率平均为 $2.5\times10^{-3}\mu m^2$，单方向动态裂缝为主导，表现出沿单一方向裂缝性水窜、水淹特征，侧向见效程度弱，剩余油主要在裂缝两侧呈连续条带分布(图12中)。L88-40井组渗透率平均为 $2.4\times10^{-3}\mu m^2$，在合理的开发技术政策下形成基质近活塞驱，没有产生动态裂缝，无水采收期采出程度较高，水驱前缘以水井为中心相对均匀推进，剩余油连片分布(图12右)。

3.2.2 纵向剖面动用程度

3.2.2.1 基质近活塞驱

L88-40井组(图1c)位于靖安油田五里湾一区中部，基质渗透率平均为 $2.5\times10^{-3}\mu m^2$，油井压裂规模小，水井洗井投注。从开发10年的情况来看，油井小规模的改造措施和温和的注水开发方式以及较合理的开发技术政策，没有激化产生动态裂缝，水驱相对均匀，采出程度高，且油井含水低。井组内8口油井呈理想的基质近活塞驱，含水上升规律如图8(a)。根据油藏工程计算，理想均质地层水驱半径在190m左右。在现今最大水平主应力方向上距注水井L88-40井310m处部署密闭取心井LJ87-41，其取心段整体未水洗(图13)。

3.2.2.2 基质侧向驱

WJ16-153井是位于安塞油田王窑区中部的W16-15井组内垂直现今最大水平主应力方向部署的1口密闭取心井(图1a)。该井剖面动用程度为30%，水洗部位主要为水下分流河道砂体的底部，为弱水洗(图14)。驱替类型为基质侧向驱，油井的含水上升规律如图8b。

3.2.2.3　基质-裂缝驱

WJ16-151 位于 W16-15 井组内。W15-18 井 1990 年 8 月投产，生产 3 年后见到注入水，之后含水台阶式上升(图 8c)，钻密闭取心井之前含水为 76.2%，单井产能仅为 0.32t，累积产油为 0.91×10^4t。分析认为，动态裂缝的产生导致 W15-18 井高含水，该井的来水方向为 W16-15。在 W16-15 与 W15-18 的连线上部署密闭取心井，也就是位于现今最大水平主应力方向距水井 W16-15 井 187m 处部署 WJ16-151。W16-15 井组水驱过程中基质与裂缝综合作用，该井剖面动用程度为 48%(图 15)；其中弱水洗比例占 43%，中水洗比例 34%，强水洗比例 23%，强水洗段驱油效率达到 30%左右。

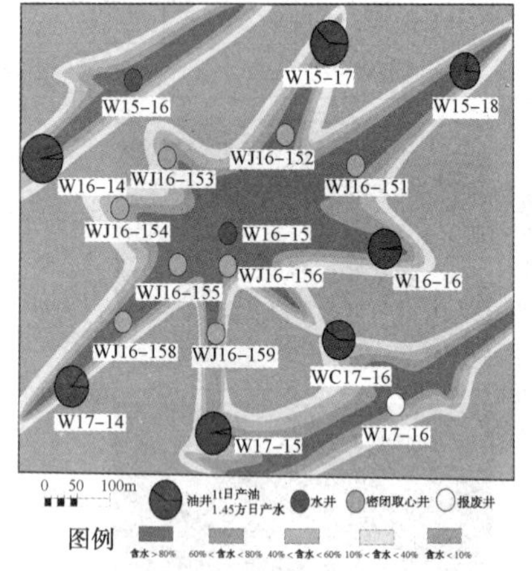

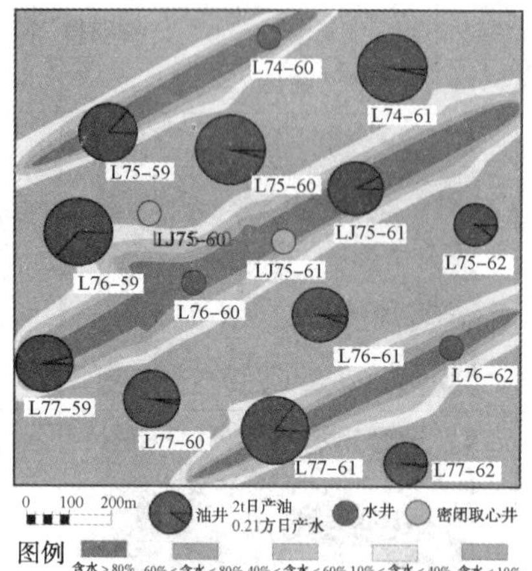

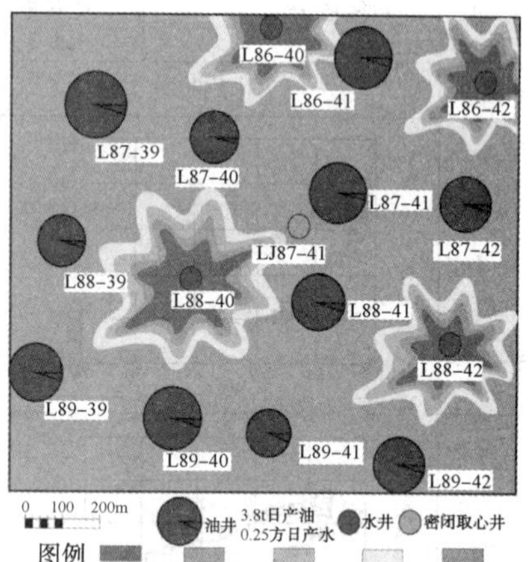

图 12　剩余油平面分布模式

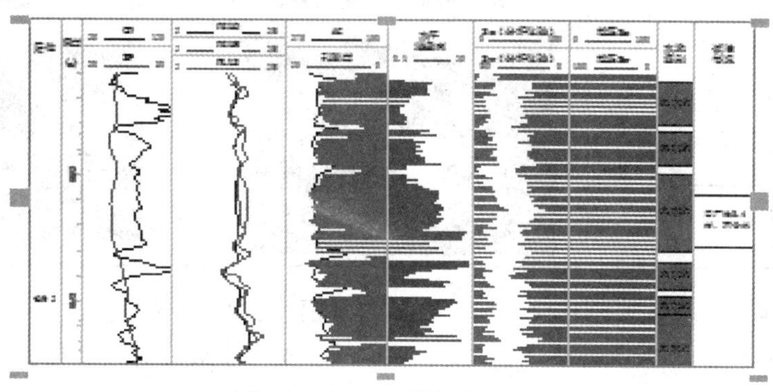

图 13　LJ87-41 单井分析图

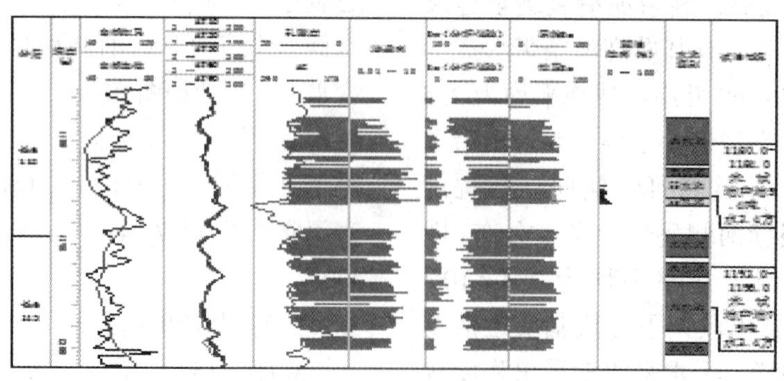

图 14　WJ16-153 单井分析图

3.2.2.4　裂缝驱

L76-60 井组(图 1b)位于靖安油田五里湾一区高强度压裂区，油井改造规模大，水井复合射孔投注。主向油井 L75-61 生产一年多就见水，动态裂缝的产生导致主向上油井高含水，目前含水已达 90%，累产油仅 0.49×10^4t，判断来水方向为 L76-60 井。L75-61 井虽然高含水，但从现今最大水平主应力方向部署的密闭取心井 LJ75-61 分析来看，仍有大量剩余油分布，受动态裂缝的影响，剖面动用程度仅为 9%(图 16)。水洗部位主要是在物性较差的钙质砂岩和水平层理发育的致密砂岩段，岩心观察可见有水渗出。

总的来说，纵向上剩余油分布受动态裂缝和物性综合影响，动态裂缝的产生影响了剖面动用程度。动态裂缝造成注入水的快速突进，成为油水优势渗流通道，影响水驱波及体积(图 17)。

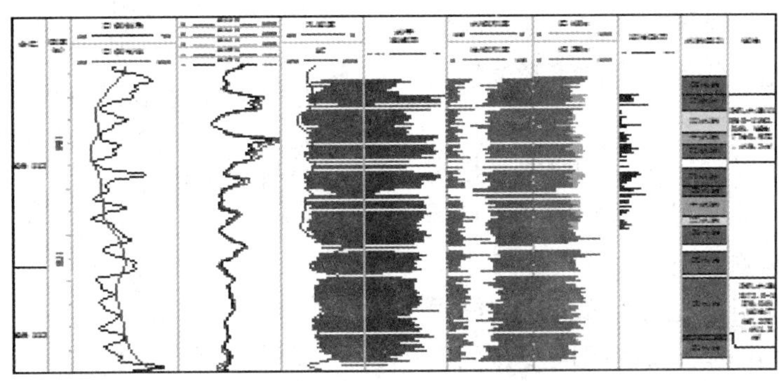

图 15　WJ16-151 单井分析图

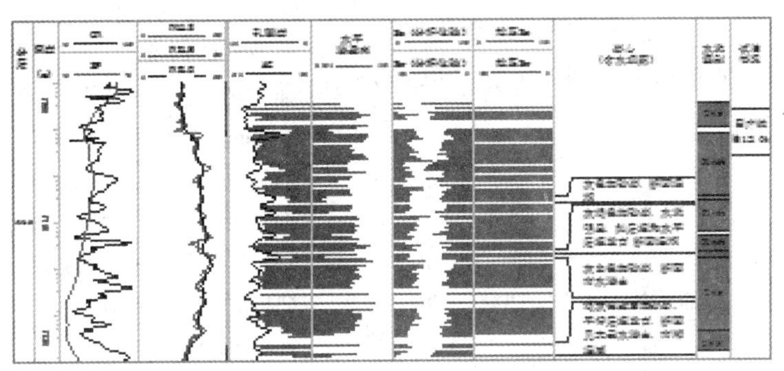

图 16　LJ75-61 单井分析图

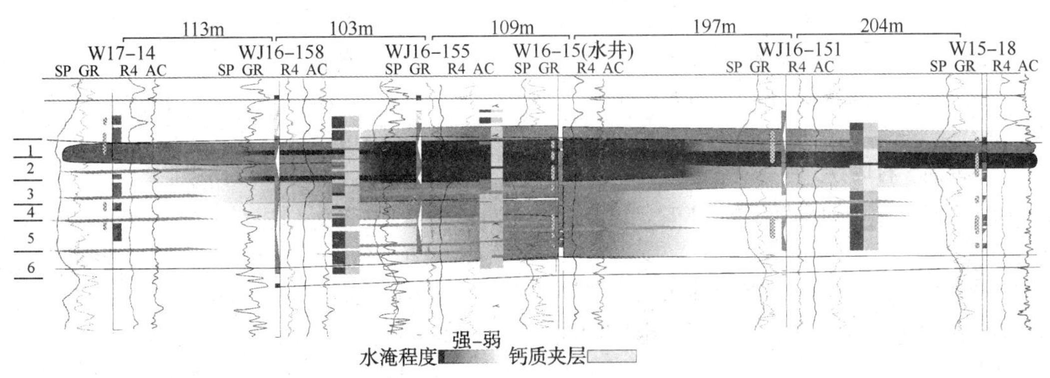

图 17　W16-15 井组裂缝方向水淹剖面

4　技术对策

从 3 个密闭取心井组分析比较来看，动态裂缝的产生影响了剖面动用程度。动态裂缝占主导作用的 L76-60 井组内 2 口密闭取心井剖面动用程度仅为 9.6%，基质-裂缝驱 W16-15 井组内 8 口密闭取心井动用程度平均为 50.7%。制订合理的开发技术政策，有效控制和利用裂缝，延长无水采收期，可实现类似 L88-40 井组的基质近活塞驱。裂缝驱、基质-裂缝驱为主导的井区主向油井高含水后，仍有大量剩余油富集，通过井网调整转变为线性注水，或者实施空气泡沫驱、CO_2驱等可进一步提高采收率[18]。Ⅰ类油层水淹程度高，Ⅱ、Ⅲ类非主力层水淹程度弱，动用程度差，是稳产接替的潜力，可通过加密调整提高油层控制程度和动用程度，扩大波及体积。

5　结论

通过密闭取心井组精细解剖认为，3 个不同开发状况的井组驱替类型不同，井组内剖面动用程度明显不同，油井的含水上升规律也不同。水驱过程中动态裂缝和基质综合作用，可分为基质近活塞驱、基质驱、基质-裂缝驱、裂缝驱四种驱替类型。根据岩性、沉积、物性和微观孔喉特征，将油层分为三类。Ⅰ类油层渗透率大于 $1\times10^{-3}\mu m^2$，岩性主要为块状细砂岩，含油较均匀、饱满，主要是水下分流河道和少量河口坝砂体，孔隙结构为小孔细喉型。物性较好的Ⅰ类油层易形成注入水的突进。

动态裂缝和似块状厚砂体内部非均质性是剩余油分布的主控因素。动态裂缝的产生导致平面上剩余油分布在裂缝两侧，呈连续或不连续条带分布，纵向上使剖面动用程度大大降低。裂缝占主导作用的 L76-60 井组内 2 口密闭取心井剖面动用程度仅为 9.6%，基质-裂缝驱的 W16-15 井组内 8 口密闭取心井动用程度平均为 50.7%。制订合理的开发技术政策，有效控制和利用裂缝，延长无水采收期，可实现类似 L88-40 井组理想的基质近活塞驱。

参 考 文 献

[1] 杜庆龙，朱丽红．喇萨杏油田特高含水期剩余油分布及描述技术[J]．大庆石油地质与开发，2009，28(5)：99-105.

[2] 王友净，林承焰，董春梅，等．长堤断裂带北部地区剩余油控制因素与挖潜对策[J]．中国石油大学学报(自然科学版)，2006，30(4)：12-16.

[3] 魏国章，张宝胜．密闭取心检查井岩心水淹判断方法研究[J]．大庆石油地质与开发．1995，14(4)33-39.

[4] 纪淑红，田昌炳，石成方，等．高含水阶段重新认识水驱油效率[J]．石油勘探与开发，2012，39(3)：338-345.

[5] 兰玉波，赵永胜，魏国章．矿场密闭取心与室内模拟的驱油效率分析[J]．大庆石油学院学报．2005，29(4)：42-45.

[6] 王瑞飞，孙卫．特低渗透砂岩微观模型水驱油实验影响驱油效率因素．石油实验地质，2010，32(1)：93-97

[7] 安塞油田坪桥区、王窑区长 6 油层储层特征及驱油效率分析．沉积学报，2000，18(2)：279-283.

[8] 宋广寿，高辉，高静，等．乐西峰油田长 8 储层微观孔隙结构非均质性与渗流机理实验，吉林大学学报(地球科学版)，2009，39(1)：53-59.

[9] 李劲峰，曲志浩．用模型组合实验研究注水油层驱油效率的变化．西北大学学报(自然科学版)2000，20(3)：247-250.

[10] 李忠益．安塞油田长 6_1 特低渗透性油藏原始含油饱和度研究报告[M]．长庆油田勘探开发研究院．1987，12-13

[11] 俞启泰，赵明，林志芳．水驱砂岩油田驱油效率和波及系数研究(一)．石油勘探与开发，1989，第 2 期：48-52.

[12] 俞启泰，赵明，林志芳．水驱砂岩油田驱油效率和波及系数研究(二)．石油勘探开发，1989，第三期，46-53.

[13] 高兴军，宋新民，李淑贞，等．高含水油田密闭取心检查井水淹状况及主控因素研究：以扶余油田泉四段油层为例．地学前缘，2012，19(2)：162-170

[14] 艾尚军，许运新，郭殿军，等．砂岩油田开发地质研究内容与方法[M]．北京：石油工业出版社，2002.

[15] 王友净，宋新民，侯建锋，等．特低渗透油藏储层动态裂缝及其对开发的影响[J]．精细油藏描述技术文集．2013，366-371.

[16] 曾联波，高春宇，漆家福，等．鄂尔多斯盆地陇东地区特低渗透砂岩储层裂缝分布规律及其渗流作用[J]．中国科学 D 辑：地球科学，2008，38(增刊Ⅰ)：41-47.

[17] 赖锦，王贵文，陈敏，等．基于岩石物理相的储集层孔隙结构分类评价[J]．石油勘探与开发，2013，40(5)：566-573.

[18] 高云丛，赵密福，王建波，等．特低渗油藏 CO_2 非混相驱生产特征与气窜规律[J]．石油勘探与开发，2014，41(1)：79-85.

成像测井沉积学研究进展与展望

杨玉卿　崔维平　王　猛

(中海油田服务股份有限公司)

摘　要　成像测井沉积学是近年来发展起来的隶属于储层沉积学的主要分支，是复杂性、隐蔽性储层勘探开发的重要技术方法。与地震沉积学主要研究井间或区域储层的分布不同，成像测井沉积学主要利用成像测井资料，结合常规测井、岩心及录井资料，重点研究井中及近井带储层的沉积学特征，深刻揭示地层的沉积环境与沉积相，精细研究和评价储层。简要回顾了国内外成像测井技术的发展现状，重点论述了成像测井沉积学的应用进展，归纳总结为五个方面，即沉积相分析由表及里，储层构型解析细致入微，储层非均质性研究由宏观到微观，储层各向异性评价由近及远，储层参数研究由定性到定量。成像测井沉积学研究方兴未艾，还应加强成像测井技术研发的持续攻关，基础研究方法和研究内容的持续完善，与岩心沉积学和地震沉积学研究的深度融合，以及测井处理解释人员沉积地质学理论的拓展及向测井分析家的转变。

关键词　成像测井；沉积相；储层构型；储层各向异性；储层非均质性；储层参数

成像测井源于美国，是当今世界最新的测井技术，它是在井下采用阵列传感器扫描测量井眼纵向、径向地层信息，利用遥传将采集到的这些信息从井下传到地面，通过图像处理技术得到井壁二维图像或井眼周围一定探测范围内的三维图像。成像测井主要包括电成像测井、核磁共振成像测井及声波成像测井，在 2000 年前后陆续引进我国，在地层评价与储层地质研究中发挥了重要作用。

随着油气勘探开发的深入，不断在复杂岩性、细粒薄互层沉积、低渗到致密储层以及缝洞型储层发现有商业价值的油气层，由于这类储层的高度复杂性，依靠常规测井要有效发现并评价这类储层难度很大，而成像测井技术由于地层信息采集量大、分辨率高，依靠它进行油气勘探开发则可提高 10%~20%的油气储量[1]。

中海油田服务股份有限公司(简称中海油服)在致力成像测井技术研发的同时，一直积极开展测井资料的地质应用研究，十多年来，围绕复杂性、隐蔽性储层研究，在成像测井资料的地质应用方面，不断进行技术与方法的创新与实践，不仅开发出了完备的成像测井系列软件，也探索总结出基于成像测井资料，以解决储层沉积学问题为核心的边缘学科，即碎屑岩成像测井沉积学[2,3]。

本文在简要回顾国内外成像测井技术发展现状的基础上，重点论述了成像测井沉积学的研究内容及应用进展，展望了成像测井技术今后改进和发展的方向。

1　成像测井技术发展现状

与国外成像测井技术相比，中海油服成像测井技术研发起步于“十一五”期间，快速发展于“十二五”期间，在不足十年的时间内，相继研发出阵列声波成像测井仪 EXDT、电成像测井仪 ERMI 以及核磁共振成像测井仪 EMRT，成为国内最先形成完整的电缆成像测井技术系列的公司。

1.1　电成像测井

电成像测井是地层微电阻率扫描成像测井的简称，是井壁成像的重要测井方法。斯伦贝谢公司早在 1991 年就率先推出新一代全井眼微电阻率成像测井仪 FMI，此后不久，贝克-阿特拉斯公司的声电组合成像测井仪 STARII、哈里伯顿公司的微电阻率成像测井仪 EMI 和 XRMI 也相继投入商用。在国内，中石油在 2010 年首先研发成功电成像测井仪 MCI 并得到应用。2012 年，

【作者简介】杨玉卿，男，教授级高级工程师，1995 年毕业于中国石油大学(北京)沉积学及岩相古地理学专业，获博士学位，现任中海油田服务股份有限公司油田技术事业部总工程师，主要从事储层综合评价及测井地质应用研究工作。Email：yangyql@ cosl. com. cn

中海油服成功研发适用于水基泥浆的电成像测井仪 ERMI，并投入应用；两年之后，在国内率先推出适用于油基泥浆的电成像测井仪 OGIT 并投入应用；2016 年再次研发成功适用于小井眼的水基及油基泥浆高温电成像测井仪。其中，电成像测井仪 ERMI 有 6 个极板，每个极板 25 个电扣分两排交错排开，可同时测得 150 条电阻率曲线，纵向采样率 0.1in，在 8in 井眼的覆盖率约 60%。由于其纵向上具有 0.2in 即约 5mm 的极高分辨率和较高的井壁覆盖率，因此可以从拟合的地层微电阻率图像上易于识别薄层以及中厚层理的纹层[4]，是进行砂泥岩地层地质研究以及缝洞型储层精细评价的主要技术手段，被地质学家称为“地下地层显微镜”。

电成像测井仪 OGIT 是应用于油基泥浆的主流仪器，它在陆地油田及深水探井的应用效果得到了用户认可。OGIT 也有 6 个极板，每个极板 15 个电扣分两排交错排列，其关键参数如纵向采样率、纵向分辨率及其井壁覆盖率与 ERMI 基本一致。与国外同类仪器相比，OGIT 的技术指标与贝克-阿特拉斯现今广为应用的 Earth Imager 基本相当，与斯伦贝谢最新推出的近乎全井眼覆盖的油基泥浆电成像仪 Quanta Geo 则相差较远[5]。

1.2　核磁共振成像测井

核磁共振成像测井是 20 世纪末测井领域最令人激动的技术成就，它对地层孔隙流体中氢核 NMR 信号进行观测，测量信号不受固体骨架影响，克服了传统测井方法的评价缺陷，使得诸如复杂岩性、低孔低渗等油气藏用常规测井方法难以解决的复杂问题迎刃而解[6]。哈里伯顿公司于 1997 年收购 NUMAR 公司后，率先推出全新的核磁共振成像测井仪 MRIL-P；同期，斯伦贝谢公司研制的一种贴井壁的核磁共振测井仪 CMR 也开始商业化应用，并于 2006 年推出新一代二维核磁共振成像测井仪 MR Scanner。2002 年，贝克-阿特拉斯公司推出 MREx 核磁共振成像测井仪进入商用市场。在国内，中海油服于 2012 年研发成功核磁共振成像测井仪 EMRT，2013 年实现仪器的工程化制造；中石油在 2015 年研发成功核磁共振成像测井仪 MRT 并得到应用。核磁共振成像测井能够对可动流体、毛管束缚水、黏土束缚水进行区分，并以其独有的对地层孔隙结构的刻画和提供精确的储层物性参数，解决了复杂储层分类评价问题，推动了储层非均质性研究以及甜点储层的寻找。

目前，核磁共振成像测井向 3 个方向发展，一是由一维向二维发展，实现对复杂岩性油气的有效识别，如斯伦贝谢公司的二维核磁仪器 MR Scanner；二是向随钻方向发展，可以在钻井过程中获取孔隙度、渗透率、束缚水及孔径分布等重要参数，如哈里巴顿公司的 MRIL-WD、斯伦贝谢公司的 proVISION 和贝克休斯公司的 MagTrak 均实现商业化应用；三是与地层测试取样结合，在原状地层条件下，测量流体的相关核磁共振特性，如含氢指数、T1、T2、扩散系数及黏度等[7]。

1.3　声波成像测井

多级子阵列声波成像测井仪是继长源距声波测井之后的新一代全波列声波测井仪器，它采用了单极子全波测量和正交偶极子测量技术，能精确地进行各类地层的声波测量。斯伦贝谢公司在 1995 年推出多级阵列声波成像测井仪 DSI；同期，贝克-阿特拉斯公司的多级阵列声波成像测井仪 XMAC 系列也相继投入商用；2000 年，哈里伯顿公司推出了多级阵列声波成像测井仪 WaveSonic 进入商用市场。在国内，中国几家油田服务公司也都积极开展多级子阵列声波仪器研制及数据处理方法的研究工作，中石油在 2008 年首先研制成功多级子阵列声波成像测井仪 MPAL；2009 年中海油服研发成功多级子阵列声波成像测井仪 EXDT，并投入商用。阵列声波成像测井仪仪器除了能精确进行各种地层(包括软地层)的声速测量外，在地层评价、岩石机械特性分析、裂缝评价、横波各向异性和井周附近地质构造探测等方面有着广阔的应用前景。

远探测声波成像测井技术意在探测井眼外更远范围内的地质构造体特征，包括裂缝、孔洞、各类界面等。基于传统单极子纵波测井技术，如斯伦贝谢的单极子反射声波成像仪 BARS、中石油单极子声波反射成像测井仪 BH-ARI，可实现井眼外探测深度约 3~10m[8]。近年来声波远探测技术的一个重要进展是利用偶极横波技术探测地层深部的反射波信号，如贝克的交叉偶极横波成像测井仪 XMAC-F1 可以探测井眼外 50~60ft 范围内的裂缝及层界面信息。中海油服与高校联合攻关，基于偶极横波远探测声波成像方法研究，成功研发了偶极横波远探测声波成像测井仪

AFST，能够对井眼周围70m范围以内的裂缝、断层或溶蚀孔洞等构造体进行清晰成像，且由于偶极子声源具有方向性，使得横波远探测技术不但能确定反射体的位置，还能确定其方位[9]，整体技术已达到国际领先水平。

三维声波技术是声波成像技术发展的最新成果，除具备多级子阵列声波成像测井仪器的所有功能外，还具有更大的径向探测深度、八方位的周向声波速度探测能力，能够呈现井壁附近轴向、径向、环向速度变化，它对优化钻井、精细评价储层以及油田生产压裂评价等有重要作用。国外，斯伦贝谢公司于2006年首先推出三维声波成像测井仪Sonic Scanner，国内三维声波技术起步较晚，2015年，中海油服率先研发成功三维声波成像测井仪AFBS，并投入应用。

2　成像测井沉积学研究及应用进展

世界油气储量的90%以上储藏在沉积岩中，而我国探明总储量的90%以上又以碎屑岩为主，开展碎屑岩成像测井沉积学研究是今后发展的重要方向之一。成像测井技术在二十多年的发展中，为油气勘探开发提供了重要动力，在地层沉积相分析[10~13]、储层研究[14,15]以及硬储层评价[16,17]等方面取得显著效果，与地震沉积学一样，正逐步发展成为储层沉积学的重要分支，即成像测井沉积学。

成像测井沉积学是以成像测井资料为主，结合常规测井、录井、岩心与相关实验以及地震等资料，以沉积学理论方法为指导，对地层进行沉积学分析与储层研究的一门交叉学科，是直观、清晰、连续和深入地认识地下地层沉积特征、形成环境及其展布的重要技术方法。其核心任务主要有两方面，即沉积相分析和储层评价，后者是在近几年逐步发展起来，内容包括了薄储层成因解析、储层非均质性研究、隔夹层精细分析、储层构型分析、缝洞型储层定量评价等。本文以近年来研究实例为主，结合前人研究成果，重点从4个方面对成像测井沉积学的研究进展进行论述。

2.1　沉积相分析由表及里

传统的基于常规测井资料进行沉积相分析，主要是从测井曲线的形态和幅度等特征来研究地层的沉积相，称为测井相分析，由法国地质学家O Serra首先提出。之后，地层倾角测井为沉积相研究也发挥了积极作用，尤其在砂体沉积构造及古流向分析等方面提供了帮助。目前，这些传统的测井相分析方法仍在测井沉积学研究中发挥着积极作用，尤其在成像测井的采集尚不充分以及很多勘探开发人员还没有充分认识到成像测井技术的优势时。

显然，常规测井相分析属于宏观的沉积相分析方法，因为常规测井很低的纵向分辨率(通常在30~50cm以上)是无法洞察砂体内部的构成单元、叠置关系以及界面情况等，难以准确认识和分析其形成过程及形成条件。地层倾角测井资料虽然有较高的纵向分辨率，但测量曲线仅4~8条，采用相关对比或模式识别方法进行处理，在地层分布稳定且连续的情况下效果较好，在地层垂向上复杂多变或非均质性强时其可靠性变差、多解性增强，因此常常受到地质学家的质疑。

电成像测井资料在所有测井资料中分辨率最高，其纵向、横向分辨率约为5mm，至少可以识别出中厚纹层和一般纹层系的厚度，这意味着根据电成像测井资料可以描述岩心或露头上可以识别出的绝大部分沉积特征，且其纵向上的连续性特征也是岩心或露头难以企及的。目前，基于电成像测井资料进行沉积相分析成果丰富，主要进展与优势体现在以下5方面。

2.1.1　岩性综合定量识别

早期从电成像测井FMI识别地层岩性的代表性成果是陈钢花[18]，她基于FMI与取心资料对照研究，对目标区碎屑岩、碳酸盐岩和岩浆岩进行了识别，其中碎屑岩识别出了泥岩、砂质岩、砾岩与角砾岩、火山碎屑岩四种类型，其所建立的图像识别模式基本依靠的是图像颜色及其内部结构、构造特征，适用于特定目标区是可行的。类似的成果还很多，也都是区域性适用标准。从电成像测井原理看，其所测量的是地层电阻率相对值，其大小受流体性质、成岩作用等因素影响大，同一砂体顶底部如充填流体性质不同，其电阻率值是明显有差异的，因此，采用图像颜色识别岩性有明显局限性。为克服这些问题，笔者提出岩性综合定量识别方法[2]，主要思路是把常规测井、录井、岩心分析等资料综合利用，既考虑了传统的岩矿鉴定及粒度分析成果，也融入了测井相分析的方法，识别的岩性按照粒级粗细分类，克服了流体性质和成岩作用的影响，建立的全井段岩性柱状图纵向连续且分层厚度达到厘米级(图1)，可以满足精细的沉积学分析和层序地层分析需要。

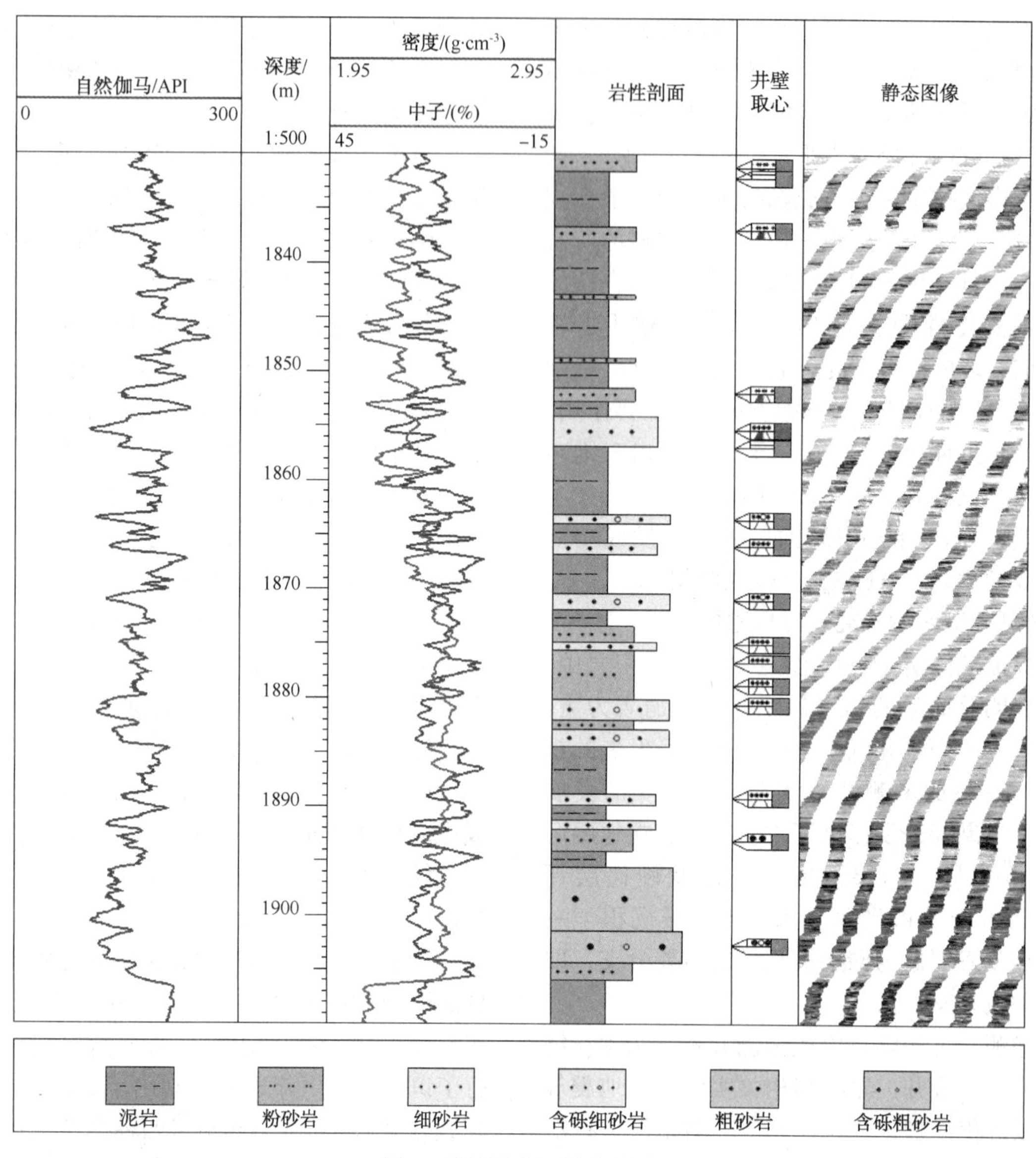

图 1　岩性综合识别成果图

2.1.2　沉积构造综合识别

沉积构造是沉积岩最重要的沉积特征，也是沉积相分析的主要依据，它包括层内构造和层面构造两大类。层内构造是岩层内部碎屑颗粒排列不同呈现出的非均质性特征，包括了层理构造、变形构造、化学成因的结核及生物成因的生物扰动构造等类型，其中层理构造最为常见，为有效识别它们，笔者(2012)[2]曾建立了七种在我国海上油田常见层理构造的电成像图像、倾角矢量及地质模型一体化的综合识别模式，并提出根据纹层倾角角度判别砂体沉积期水动力能量强弱的方法。层面构造是岩层表面呈现出的不平坦或特殊的沉积构造，是地层沉积条件的转换面或主要沉积事件留下的痕迹，目前在二维图像可识别出的主要层面构造是冲刷面及波痕面，其他相关界面如纹层系界面、层界面以及各类裂缝面等也可有效识别，这些界面是其他测井资料甚至岩心都难以识别的，是进行砂体成因及内部构型解析的主要依据。图 2 是基于电成像测井资料识别出的典型沉积构造类型。

2.1.3　沉积微相到岩性相精细分析

沉积相分析综合性强，其中相标志是确定相带及微相的主要依据。以往基于常规测井曲线形态特征可以有效的判断常见沉积相如辫状河、曲流河以及三角洲等沉积[19]，以河道型砂体为例，自然伽马曲线呈箱状一般认为是河道中心微相，呈钟形为河道侧翼微相，呈齿化钟形为河道边缘微相，这种相分析方法主要建立在对区域地质背景清楚并有适量岩心标定的基础之上。但在井少、取心不连续，尤其是储层岩性复杂的情况下，常规测井资料往往力所不及，而电成像测井由于可以提供储层的岩性、清晰的内部结构、构造、高精度的沉积序列以及古流向等重要相标志信息，使其在沉积相分析方面有突出优势，如吴洪深等(2010)[12]、闫建平等(2011)[20]对复杂砂砾岩沉积相的研究，隆山等(2000)[21]、何小胡等(2013)[22]对重力流沉积相带的识别，Chai Hua 等(2009)[23]、吴煜宇等(2013)[13]对礁滩型碳酸盐岩沉积相的划分均充分利用了电成像测井资料的优势，取得很好效果。笔者利用电成像测井对海相沉积的珠海组划分为八种沉积微相，其中潮汐水道微相的确定就充分利用了砂体中发育的羽状交错层理及古流向信息，而浅海风暴砂微相的识别则利用了砂体中发育的冲刷面、粒序层理以及沉积序列等标志[14]。图 3 是某井三角洲前缘水下分流河道沉积测井响应图，其中顶部 1636.0~1642.3m 的河道砂体，从常规曲线看呈箱状，表明位于河道中心部位；从电成像图像看，其底部为冲刷面，之上为块状滞留沉积，中部交错层理发育，且倾角矢量蓝模式指示古流向总体为向南稍偏西部。

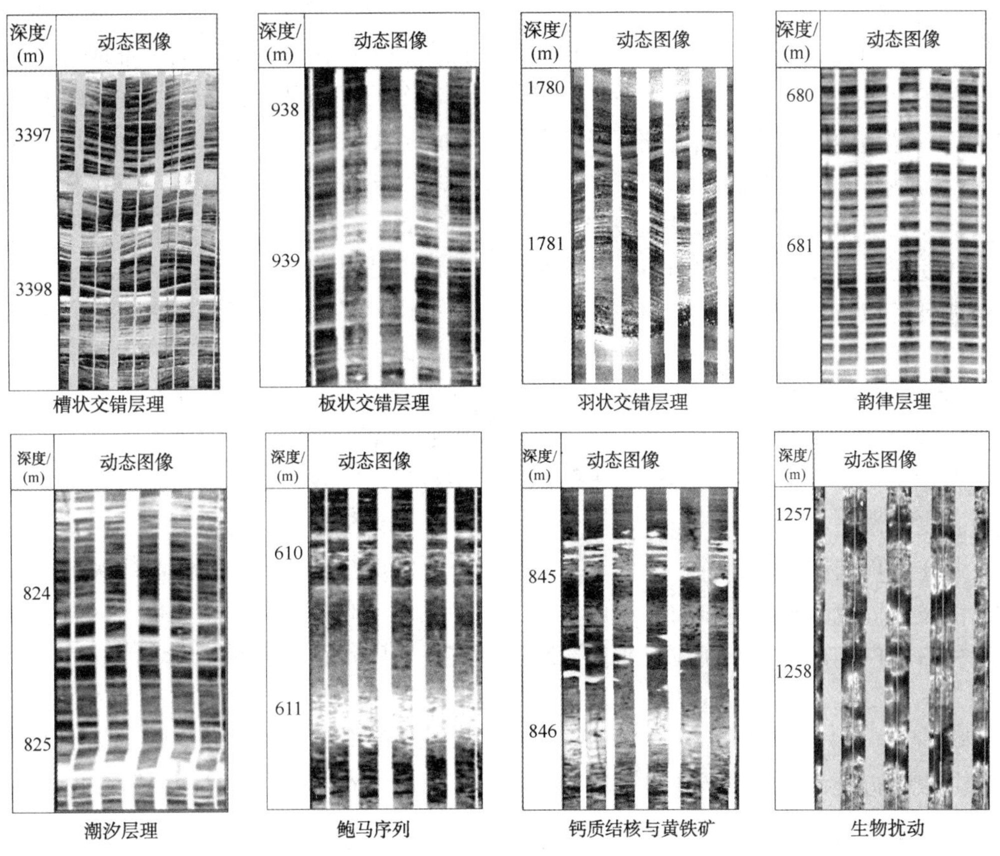

图 2 电成像测井识别常见沉积构造

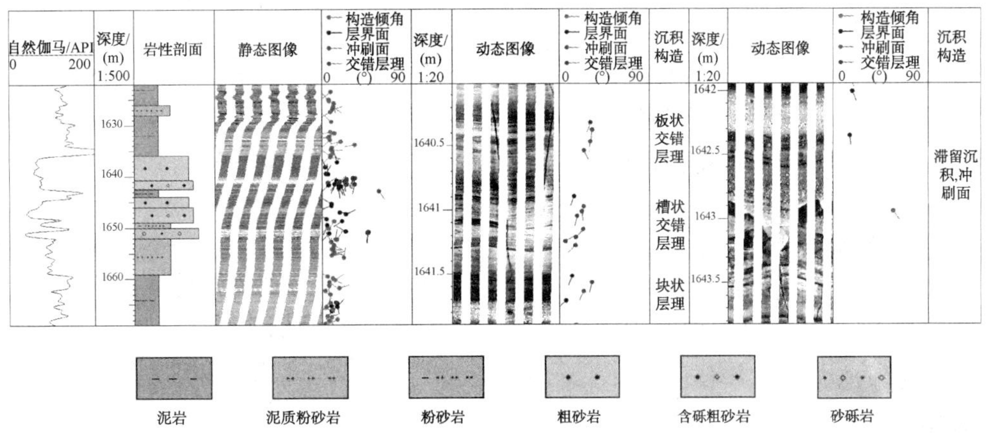

图 3 三角洲前缘沉积测井响应图

在许多复杂低渗与致密储层砂体中，同一微相如连续的河道砂体，其物性、孔隙结构及

产能差异很大，其中往往蕴含着“甜点”。为仔细刻画或找出其中的甜点，笔者基于电成像测井的优势，参照Miall（1978）及李思田（1996）[24]对河流沉积成因单元的划分方法，把沉积微相进一步划分为若干个不同成因单元的“岩性相”，每种岩性相由岩性及其发育的沉积构造来描述，代表不同的沉积环境条件，如高角度的板状交错层理中砂岩反映较强的水动力能量条件，对应的碎屑颗粒结构成熟度较好，原始孔隙发育且连通性好，而块状层理的砂砾岩则反映快速或近源沉积条件，碎屑颗粒的结构成熟度较差，原始物性条件相对不好。按照岩性相分析的方法，笔者[14,25]对珠江口盆地深层低渗砂砾岩储层及海相细粒岩储层的岩性相进行了分析，揭示了在低渗透储层背景下，有利储层或甜点的成因及识别标准。从勘探开发需要及技术发展方向看，从电成像测井资料进行沉积相分析的未来方向应尽快深化到岩性相单元研究，这既是单井精细评价储层的需要，也是横向预测有利储层的重要基础。

2.1.4　井点古流向精确分析

砂体沉积期古流向分析是盆地分析的主要内容之一，也是露头沉积相分析及物源方向确定的关键任务。基于电成像测井资料分析确定井点处古流向的方法及不同成因砂体古流向分析应注意的事项笔者曾有专门阐述[2]，相关成果丰富，不再细述。

2.1.5　砂体展布趋势定量预测

砂体在井眼附近及井间展布状态与其沉积作用方式有关，基于地震资料预测砂体展布及厚度的方法就充分考虑了沉积相研究的成果。砂体的沉积作用方式常见有四种，各种沉积作用对应的砂体展布特征及其测井响应有较大差异[2]。对于常见填积作用形成的正韵律水道型砂体以及前积作用形成的反韵律砂坝，其理想测井响应如图4所示，根据砂体顶底部发育的倾角大小可以定量确定砂体尖灭的距离以及尖灭方向；对于加积作用形成的正韵律或箱状砂体，叠加厚度较大，分布非常稳定广泛，以辫状河砂体为代表；对于侧积作用形成的钟形正韵律砂体，厚度相对较小，多呈侧向叠置，横向变化快，要错位追踪。

2.2　储层构型解析细致入微

为建立储层地质模型进而指导井间储层预测

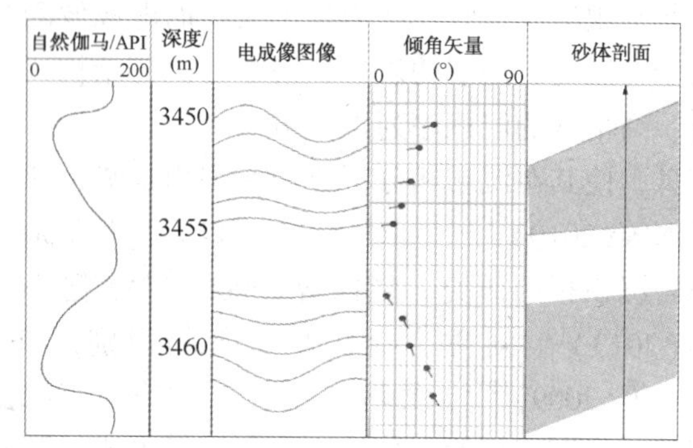

图4　基于成像测井资料的砂体分布预测

是储层沉积学研究的范畴，为实现这一目标，需要开展露头和井下储层地质研究，建立各类砂体的原型地质模型。最新的三维地震沉积学

预测井间储层分布，可实现垂向分辨率约10m，大体上可以识别较大型沉积体即相当于微相级别的储层[26]，但对于储层内部的结构、构造特征以及非均质性特征则无能为力。储层构型或内部建筑结构的提出，就是通过引入成因单元和界面分级系列，来分层次或单元来精细研究储层，即把储层垂向分期、侧向划界[26]。在井下，利用电成像测井资料实现对储层构型的解析成为重要的手段，也是当前攻关的热点之一。储层构型解析内容包括各级界面识别分级、纹层层系识别、隔夹层识别、流动单元分析以及砂体叠置关系等，这些特征信息的提取是实现储层垂向分期的依据，而电成像测井资料具备露头的大部分功能，可以有效识别和分析这些信息。

在储层构型解析中，两项研究至关重要，首先是层界面识别与分级，国内李思田教授把河流相砂体的内部层界面分为8级[24]，其中1~4级，即层系、层系组、点砂坝单元及点砂坝体是基本的细分单元，垂向上叠置可构成更大型的沉积体界面。其次是流动单元，主要指横向和垂向上连续并具有相似孔渗及流动特征的储层单元，它与岩性相单元基本吻合，相当于沉积微相内部成因单元的细分。图5是层界面划分及三角洲前缘分流河道砂体内部构型解析。

研究表明，基于电成像测井的储层构型解析，较好地解决了储层的垂向分级，但侧向划界应结合前述砂体展布趋势预测，两者结合可以较好地弥补地震沉积学对储层分布预测精度较低的不足，既使建立的储层地质模型更加精细可靠，也丰富了储层沉积学研究的方法和内容。

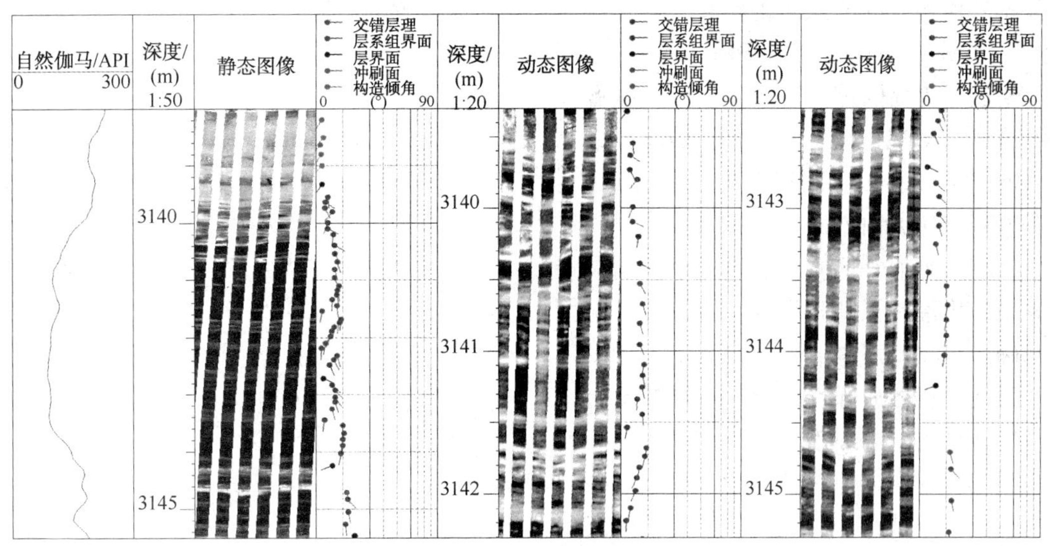

图 5　储层内部构型单元划分

2.3　储层非均质性研究由宏观到微观

储层非均质性是指由沉积、成岩及构造作用导致储层各属性在三维空间分布及内部存在的不均匀变化。储层非均质性是绝对的，具有规模和层次性差异，表现方式和分类多样。裘亦楠把储层非均质性分为宏观及微观两类[27]，根据成像测井的特点，这种分类易于描述。储层宏观非均质性从肉眼可辨的角度分析，主要由岩性及其沉积构造的变化来表述，是由原始沉积作用决定的，可由电成像测井资料来刻画；储层微观非均质性主要依靠显微镜、电镜等手段来分析，是由原始沉积作用及成岩作用等共同影响的结果，多体现在孔隙组份及孔隙结构的变化，核磁共振成像测井既可表征储层不同大小孔隙组份构成，也可计算出连续的孔隙结构参数及物性参数，是表征储层微观非均质性的主要技术方法。

在低孔渗或近致密储层背景下寻找"甜点"[28]，其实质就是在非均质性强的储层中发现优质的储层。海上不同层系海陆相储层成像测井沉积学研究表明，当原始沉积层理构造，特别是交错层理发育时，储层的微观孔隙结构都较好，是真正的甜点储层(图 6a)；当储层原始沉积构造以块状层理为主时，在经历同等成岩作用的影响下，储层的微观孔隙结构较差，难以成为甜点储层[25](图 6b)。这一现象的机理是如果储层原始沉积水动力能量强，碎屑颗粒改造充分、排列良好，形成较高角度的交错层理，则原始孔隙及结构均较好，在成岩阶段也有利于流体的流动交换，易于次生孔隙发育，保持较好孔渗性；如果储层以快速方式沉积，碎屑颗粒改造差、排列杂乱，形成块状层理构造，则原始孔渗性先天性差，在成岩阶段也不利于流体流动交换，不利于次生孔隙发育，现今多表现为较差的孔隙结构。从水道型砂体沉积序列看(图 6a)，其底部或下部多为块状滞留沉积，通常物性较差，其中上部为交错层理构造发育段，物性均较好，通常为真正的甜点存在段，其顶部因岩性变细物性随之变差，这就是储层非均质性强的真正原因。

2.4　储层各向异性评价由近及远

各向异性是岩石最重要的物理性质之一，指岩石某种物理性质与空间方向有关的性质，最常见的物理性质是声波速度。在碳酸盐岩、火山岩及变质岩等非均质性强的硬储层中，较高角度裂缝及孔洞是产生各向异性的首要因素，通常采用声电成像测井技术方法评价。目前，随着成像测井技术的发展，对硬储层各向异性的评价已经实现了从井眼"一孔之见"到"一孔远见"的显著进步[9]。

井壁各向异性的传统评价，即"一孔之见"，主要是利用电成像测井对井壁表面缝洞的可视化描述，从本质上认识各向异性产生的原因；交叉偶极声波测井反映的各向异性特征基本是沿井壁表面滑行的折射波的平均值，与电成像测井相互验证可以确定缝洞的有效性[16,17]。三维声波成像测井可以探测井壁外 1～2m 范围内岩石速度的变化，且具有方向性，即可探测井壁 8 个方位的岩石速度的变化，实现井壁附近径向及周向声波速度各向异性的探测。远探测声波测井技术发展较快，首先从仪器改进与探测距离看，从利用纵波反射波成像测井技术探测井壁外 3~10m 范围内裂缝、断层及界面的存在[8]，到利用低频偶极横波反射信息，实现探测井壁外 20~30m，最远 70m 范围内裂缝、孔洞、断层及界面的存在[9]；其次是在解释方法方面，通过正反演模拟，已经建立了缝、洞、界面等地质反射体的成像响应特征及分辨率，为准确识别和评价井旁储集空间奠定良好基础。可见，声电成像测井技术组合，是非均质性强的储层各向异性评价的关键技术，尤其当探测极浅的井壁电成像测井没有缝洞显示，而深探测的声波成像测井在近井及远井带有声波速度衰减，显示有缝洞存在时，经测试获得较好效果的案例十分常见[8,9,29]，体现出该技术组合具有良好的应用价值。

图 7 是渤海某井复杂火山岩储层各向异性评价示意图，图中由左及右展示了常规测井、电成像测井、三维声波成像测井以及远探测声波成像测井技术组合实现“由近及远”评价储层各向异性的效果，可以看出，该储层段各向异性强，井壁远近处孔洞缝发育，具有良好的勘探前景。

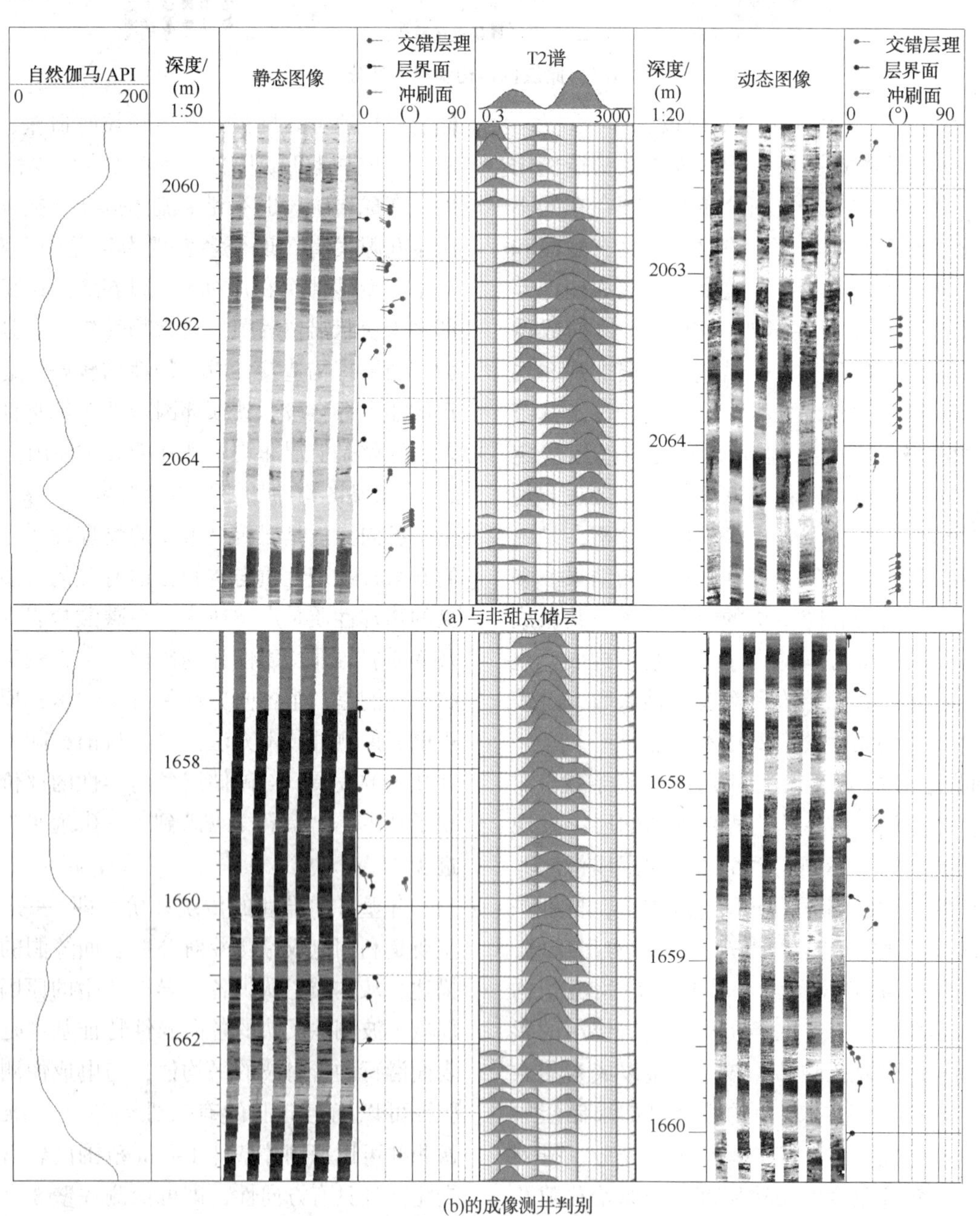

(a) 与非甜点储层

(b)的成像测井判别

图 6　甜点储层

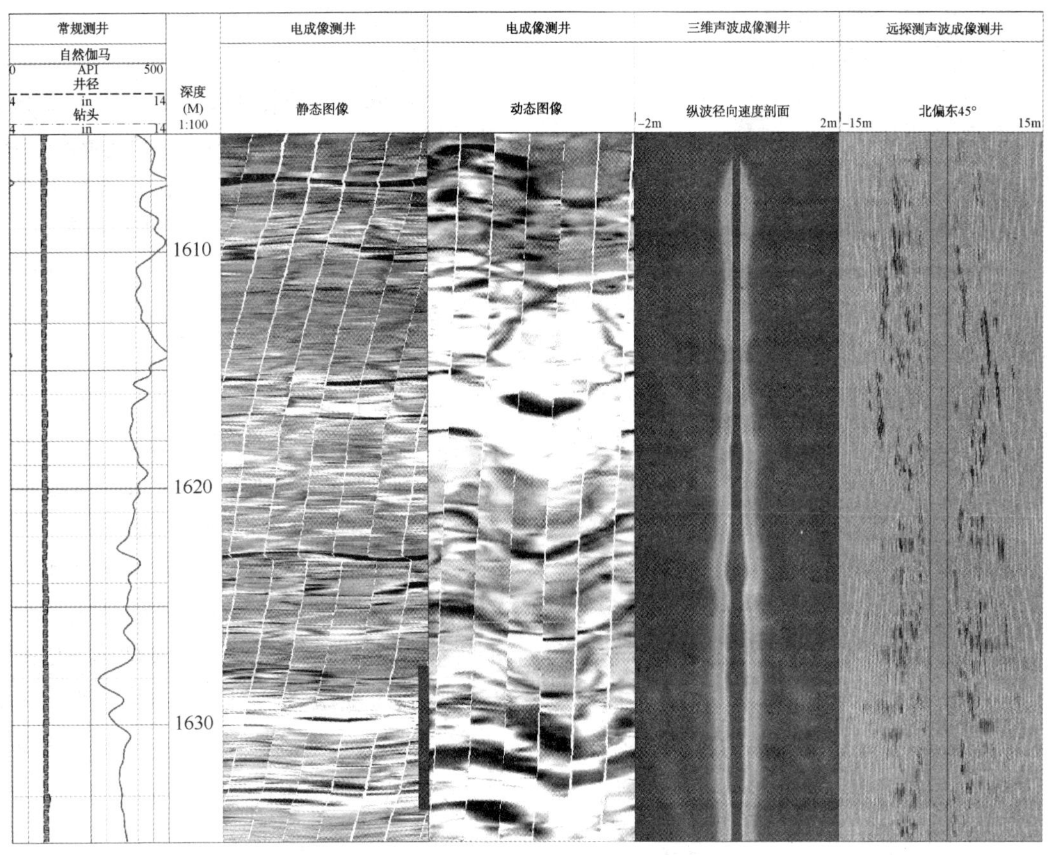

图 7　火山岩储层各向异性评价由近及远示意图

3　问题与展望

成像测井沉积学在油气勘探开发中应用越来越广泛，对复杂储层及隐蔽性储层的探测及评价所发挥的作用也越来越显著，发展及应用潜力巨大。但从其发展过程及与其他学科的融合看，还处于初始起步阶段，尚有许多问题需要深化研究。从成像测井技术本身看，也有明显的局限性，即主要注重井眼中及近井带储层的研究，常被认为是“一孔之见”，横向预测性差。从成像测井技术发展、储层精细表征及沉积学相关学科发展看，还应在以下方面加强攻关研究。

3.1　成像测井技术研发的持续攻关

按照“井中做精、井外做远”的思路，成像测井技术一直在致力于向前发展。就电成像技术而言，国外斯伦贝谢公司油基泥浆电成像仪 Quanta Geo 已经实现全井眼覆盖、高清晰成像并可上、下测量，实现了该技术质的飞跃；而水基泥浆电成像仪的发展相对停滞，至今没有实质性突破。国内水基泥浆电成像仪与国外技术基本同步，从满足勘探向深水、深层、高温高压需求看，还要进一步提升仪器的耐温、耐压、覆盖率以及清晰度；而油基泥浆成像仪刚刚问世，需要更多应用和改进完善。目前，中海油服正致力于新一代多频电成像仪研制，通过创新设计思路、提升仪器的覆盖率和清晰度，力争于十三五研发出同时适用于水基与油基泥浆并可上下测量的具有国际领先水平的新仪器。

核磁共振成像仪前期研发快，但后继乏力，这与其研发难度大、应用存在局限性有关，如二维核磁在海上勘探中应用极少，原因是它在低阻油气层或气水层应用中效果显著，在油水层识别中效果不理想。中海油服在二维核磁共振成像仪研发方面虽在关键技术方面有突破，但尚无得到产业化应用。希望下步在完善一维核磁的测量精度、地层纵向分辨率等不足的同时，推进二维核磁的产业化应用，拓展其在流体性质识别和储层孔隙结构评价方面的优势。

在声波成像测井方面，中海油服在研发方面取得成效最显著，形成技术系列齐全，但在声波信息采集、处理以及地质应用方面还有待优化，如三维声波纵横波径向速度反演、岩石力学参数计算与高分辨率处理，远探测声波反射波信息采集、处理以及高清晰成像与井旁构造体方位识别、横波成像信息与地震信息的应用结合等。

与上述成像测井仪研发相关的配套处理软件的开发也至关重要，要改变重硬轻软的习惯，实现软硬实力协调发展。

3.2 基础研究的持续深化

成像测井沉积学研究起步很晚，无论基础研究方法及研究内容都需要不断完善，应加强和研究的主要方面有：①成像测井是地层的声、电、核磁特征的综合响应，地层各类沉积特征及构造特征变化大、影响因素多，要准确表征或建立成像测井与地质体之间的响应关系、克服多解性难题需要持续的基础研究和攻关。②很多解释成果缺乏印证或地质实体标定，毕竟地下地质体看不见、摸不着，如基于声波远探测解释的高角度裂缝、孔洞等是很难定量解释的，基于电成像解释的砂体古流向及分布趋势也很难验证，这就需要持续开展地下地质体的成像测井解释模型正反演模拟研究，既要建立适用于地区性的个性解释模型，也要建立适应性强的共性解释模型。③在储层参数的定量评价方面，基础方法及精度均需要提升，如核磁 T2 截止值及孔隙结构参数确定，裂缝、孔洞参数的成像测井定量计算等需要改进。④研究内容与方法的配套与拓展，目前研究主要集中在沉积相及储层研究，并以前者为主且内容及方法较成熟，后者是近些年逐步探讨性开展的，如储层非均质性研究、岩性相研究、储层内部构型研究、各类层界面识别与产状提取等，这些研究内容无论地质意义以及对油气勘探开发都很重要，但与之相关的解释方法均需要配套完善。可以相信，在地面露头看到的绝大部分地质现象在成像测井资料上均有反映，未来以沉积学内容为核心的相关研究需要不断探索和完善，一定会为油气的勘探开发提供更多帮助和活力。

3.3 与相关学科研究的深度融合

传统的地质技术人员对储层沉积地质的研究多侧重于露头、岩心以及常规测井资料，对井下成像测井信息的认识和利用不够，获得的技术成果缺乏丰富色彩和品质象征。地震沉积学对区域储层预测表征全面，但宏观性强、分辨率较低，如果把井点处与井眼附近几到几十米范围内储层展布状况的成像测井呈现充分利用起来，不仅可弥补常规测井与地震技术的空白，也可使储层分布预测的效果及技术呈现更上一层楼。因此，未来储层沉积学研究，从方法论由点到线到面看，应充分把成像测井技术蕴含的丰富储层沉积学信息融入到相关研究中。

4 结论

（1）成像测井技术及成像测井沉积学是油气勘探开发中重要的前沿技术。简要阐述了当前成像测井技术的研发状况，指出成像测井正沿着“井中做精、井外做远”的思路发展，而与之相关的基础方法研究及多学科综合应用研究等急需配套发展。结合当前油气勘探开发的热点和难点问题，深层、深水、细粒碎屑岩储层及非碎屑岩储层等的评价，从 4 个方面论述了成像测井沉积学研究的进展及应用效果，为复杂储层的精细评价提供了方法和指导。

（2）目前成像测井沉积学研究及应用正处于快速发展之中，加快研发自主成像测井技术、不断完善基础研究方法与内容、加强与其相关学科的深度融合，将会不断提高成像测井沉积学研究与应用的水平。可以相信，未来成像测井沉积学研究一定会方兴未艾，成为井下油气勘探开发的一门可靠的应用技术。

参 考 文 献

[1] 吴鹏程，陈一键，杨琳，等．成像测井技术研究现状及应用[J]．天然气勘探与开发，2007，30(2)：36-40.

[2] 杨玉卿，崔维平，田洪．碎屑岩成像测井沉积学研究及其在海上油田的应用[J]．海相油气地质，2012，17(3)：40-46.

[3] 代一丁，崔维平．珠江口盆地惠州凹陷 HZ25-7 构造古近系成像测井沉积学研究[J]．现代地质，2015，29(1)：63-70.

[4] 赖内克 HE，辛格 IB. 陆源碎屑沉积环境[M]．陈昌明，李继亮，译．北京：石油工业出版社，1979：82.

[5] 斯伦贝谢．成像测井：获取地下直观图像[J]．油田新技术，2015 年 9 月：4-21.

[6] 肖立志，柴细元，孙宝喜，等．核磁共振测井资料解释与应用导论[M]．北京：石油工业出版社，2001：1-198.

[7] 杨兴琴，王书南，周子皓．地层测试与井下流体取样分析技术进展[J]．测井技术，2012，36(6)：551-558.

[8] 柴细元，张文瑞，王贵清，等．远探测声波反射波成像测井技术在裂缝性储层评价中的应用[J]．测井技术，2009，33(6)：539-543.

[9] 唐晓明，魏周拓，苏远大，等．偶极横波远探测测井技术进展及其应用[J]．测井技术，2013，37(4)：

333-340.

[10] 杨玉卿，崔维平，蔡军，等．北部湾盆地涠西南凹陷 WZ 油田古近系流沙港组一段沉积相[J]．古地理学报，2012，14(5)：607-616.

[11] 崔维平，杨玉卿，李俊良，等．电成像测井在珠江口盆地西部沉积相研究中的应用[J]．石油天然气学报，2012，34(3)：89-95.

[12] 吴洪深，曾少军，何胜林，等．成像测井资料在涠洲油田砂砾岩沉积相研究中的应用[J]．石油天然气学报，2010，32(1)：68-71.

[13] 吴煜宁，张为民，田昌炳，等．成像测井资料在礁滩型碳酸盐岩储集层岩性和沉积相识别中的应用——以伊拉克鲁迈拉油田为例[J]．地球物理学进展，2013，28(3)：1497-1506.

[14] 杨玉卿，崔维平，李俊良，等．电成像测井珠江口盆地西部低阻油层研究中的应用[J]．中国海上油气，2011，23(6)：369-373.

[15] 崔维平，杨玉卿．基于电成像测井资料的储层精细评价[J]．石油天然气学报，2014，36(11)：90-96.

[16] 崔云江，吕洪志．锦州 25-1 南油气田裂缝性潜山储层测井评价[J]．中国海上油气，2008，20(2)：92-95.

[17] 秦瑞宝，张磊，周改英．潜山油田裂缝孔隙度和渗透率测井评价新方法[J]．中国海上油气，2015，27(3)：31-37.

[18] 陈钢花，吴文圣，毛克宇．利用地层微电阻率扫描图像识别岩性[J]．石油勘探与开发，2001，28(2)：53-55.

[19] 于兴河．碎屑岩系油气储层沉积学[M]．北京：石油工业出版社，2002：1-352

[20] 闫建平，蔡进功，赵铭海，等．电成像测井在砂砾岩体沉积特征研究中的应用[J]．石油勘探与开发，2011，38(4)：444-451.

[21] 隆山，李培俊．岩心扫描刻度重力流沉积环境下的 FMI 图像及其应用[J]．测井技术，2000，24(6)：433-436.

[22] 何小胡，张迎朝，张道军，等．成像测井技术在重力流沉积研究中的应用[J]．测井技术，2013，37(1)：103-109.

[23] Chai Hua，Li Ning，Xiao Chengwen，at al. Automatic discrimination of sedimentary facies and lithologies in reef - bank reservoirs using borehole image logs [J]. Applied Geophysics，2009，6(1)：17-29

[24] 李思田．含能源盆地沉积体系[M]．武汉：中国地质大学出版社，1996：1-255

[25] 杨玉卿，崔维平，张伟．基于岩性相单元的低孔渗储层质量评价[J]．中海油田工程技术，2015，4(1)：1-6.

[26] 吴胜和，翟瑞，李宇鹏．地下储层构型表征：现状与展望[J]．地学前缘，2012，19(2)：15-23.

[27] 裘亦楠．碎屑岩储层沉积基础[M]．北京：石油工业出版社，1987：3-6

[28] 张哨楠．致密天然气砂岩储层：成因和讨论[J]．石油与天然气地质，2008，29(1)：1-10.

[29] 张承森，肖成文，刘兴礼，等．远探测声波测井在缝洞型碳酸盐岩储集层评价中的应用[J]．新疆石油地质，2011，32(3)：325-328.

[30] 中国石油勘探与生产分公司．低孔低渗油气藏测井评价技术及应用[M]．北京：石油工业出版社，2009：44-67.

H储气库注采井环空带压原因分析及技术对策

赵　楠　徐长峰　王明锋　于　涛　李晓宏

(中国石油新疆油田公司)

摘　要　地下储气库在天然气供需关系中发挥着季节调峰，平衡管网压力和战略储备的重要作用。周期性地反复注采、强注强采工况是储气库现存的工作环境。由于压力、温度、气量的不断变化，储气库注采气井管柱受高压注采气，腐蚀、冲蚀、循环交变载荷，温度等多种因素作用，存在气井管柱失效风险。H储气库在四个注采周期的运行中，注采井出现油套环空带压的情况所以开展环空带压原因分析并制定相应技术对策，以保证储气库安全、平稳、经济有效的运行。

关键词　储气库；注采井；油套环空

随着天然气消费需求日益增加及季节需求不均衡性，地下储气库的建设与开发已成为天然气行业的重要发展趋势之一。地下储气库在天然气供应链中发挥着季节调峰、平衡管网压力和战略储备等重要作用。截止到2015年，国内已建储气库(群)12座，形成工作气量54亿方。按国际水平11%预测，2030年国内调峰需求将达到580亿方。针对国内目前时间紧、任务重、需求大的调峰特点，地下储气库处于多周期交替循环、强注强采的工作环境。储气库注采气井管柱受高压注采气，腐蚀、冲蚀、循环交变载荷，温度等多种因素作用，存在气井管柱失效风险。[1~3]

H储气库为枯竭油气藏储气库，库容107亿方，工作气量45.1亿，工作压力为18~34MPa，有注采气井30口。本文从注采井管柱所受高压注采气腐蚀、冲蚀、循环交变载荷，温度等多个方面，对目前H储气库油套环空带压原因进行分析，通过得出的结论制定相应的技术对策，以保证储气库安全、平稳、经济有效的运行。

1　气库概况

目前，H储气库共有30口注采井(直井29口，水平井1口)，注采直井和水平井平均设计井深3600m和4200m；直井日注气量$70\times10^4m^3$，日采气量$(60\sim90)\times10^4m^3$；水平井日注气量$90\times10^4m^3$，日采气量$(100\sim120)\times10^4m^3$。

H储气库气藏中部深度3585m，地层压力33.96MPa。地层温度91.4~94.1℃，平均92.5℃，气藏中部温度92.7℃，地温梯度2.2℃/100m。

H储气库运行上限压力为34.0MPa，调峰运行时下限压力26.0MPa，应急采气运行时下限压力18.0MPa。

根据H气田紫泥泉子组天然气常规分析资料，天然气具有二低一高和不含硫的特点。天然气相对密度较低，为0.5921~0.6076，平均0.5999；非烃含量较低，二氧化碳含量为0.324%~0.471%，平均0.482%；甲烷含量高，为90.09%~93.24%，平均92.14%。

注入天然气二氧化碳含量小于2%，最大分压为0.68MPa，防腐设计以注入气进行考虑。

根据呼001、呼002、HU2008井地层水分析资料，紫泥泉子组地层水氯根含量2758~9974mg/L，总矿化度12834~16188mg/L，水型为Na_2SO_4型。但据HK20井水分析成果，显示水型为$NaHCO_3$，总矿化度12460~17800mg/L。

新疆油田H储气库所属单井具有井数多，种类多，分布分散特点，设计注采井共30口，第六周期注气阶段，随着注气压力、温度升高，环空压力也逐渐变大，存在油套环空带压井19口，环空带压率达63.3%。

【作者简介】赵楠(1984—)，本科学历，新疆油田公司H储气库作业区，主要从事注采工艺技术研究工作。E-mail:zhn2009@petrochina.com.cn

表 1　注采井环空带压表(2018.4.2)

井号	油压/MPa	套压/MPa	表技套/MPa	技技套/MPa	油技套/MPa
HK2	22.10	1.10	HK1	19.60	7.10
HK3	22.50	0.00	HK10	18.00	1.10
HK4	20.50	0.20	HK11	18.00	7.10
HK5	20.20	0.00	HK20	19.40	0.00
HK12	23.00	7.40	HK21	19.10	8.70
HK13	22.00	2.40	HK22	19.20	0.10
HK14	21.50	1.60	HK24	20.00	0.10
HK15	19.80	0.00	HK25	19.20	0.00
HK6	20.00	0.00	HK26	19.60	0.00
HK7	19.50	1.70	HK27	21.20	2.20
HK8	20.00	0.40	HK29	21.00	12.90
HK9	19.90	0.00	HK23	19.60	7.10
HK16	18.80	0.00	HK28	18.00	1.10
HK17	19.90	0.00	HUHWK2	18.00	7.10
HK18	20.20	0.10	HK19	19.90	0.00

2　环空带压原因分析

根据井身结构设计中水泥浆返深的差异，气体通过环空水泥环渗流到环空导致的环空带压现象可以分为两种情况，一种是水泥浆返到井口的情况，不存在自由环空段；另一种是水泥浆未返到井口，固井后水泥环上部还滞留有钻井液。温度变化会引起井内流体热胀冷缩(温度效应)，同样会导致环空带压。油气开采过程中井筒温度会升高，但升高的幅度受油气产量的影响较大。对于高压高产气井来说，井筒温度升高幅度较大。所有的气井在最初进行开采时都会发生温度效应引起的环空带压现象。长期关井后的突然恢复正常生产、或者开采过程中的突然关井，会引起井筒温度发生较大的波动，从而导致环空带压值发生比较明显的变化。气井环空带压的主要原因可以分为以下几类：

(1) 固井过程中由于水泥浆设计不合理导致层间封隔不好是导致气窜的主要原因。若水泥浆失水量大，将导致水泥浆密度分布不均匀，使所形成的水泥石强度不一致；深井固井时若采用了分级箍且第一级水泥浆到位封固的是膏岩层或气层顶部，那么在水泥浆候凝过程中发生的水泥浆失重将丧失部分遏制流体侵入井筒的能力；若水泥基质渗透性高的话，气体很容易在由基质形成的水泥微通道或微环空中运移，造成环空带压。另外水泥浆的顶替效率也是一个重要的判断指标。

(2) 高压气井生产管柱的不完整性会造成最严重的环空带压问题，这包括由于油管或套管螺纹连接不好导致接头处出现微渗；封隔器坐封不稳导致 A 环空压力异常变化；井下恶劣环境导致油管或套管出现腐蚀；管柱热应力破裂或机械破损。

(3) 伴随着气井的生产、开采时间的延长，井下温度和压力变化对水泥环的影响是造成环空带压的主要原因。

2.1　建立环空带压风险因素模板

通过对注采井特性及环空泄露可能途径的认识，作出风险因素模板进行分析。

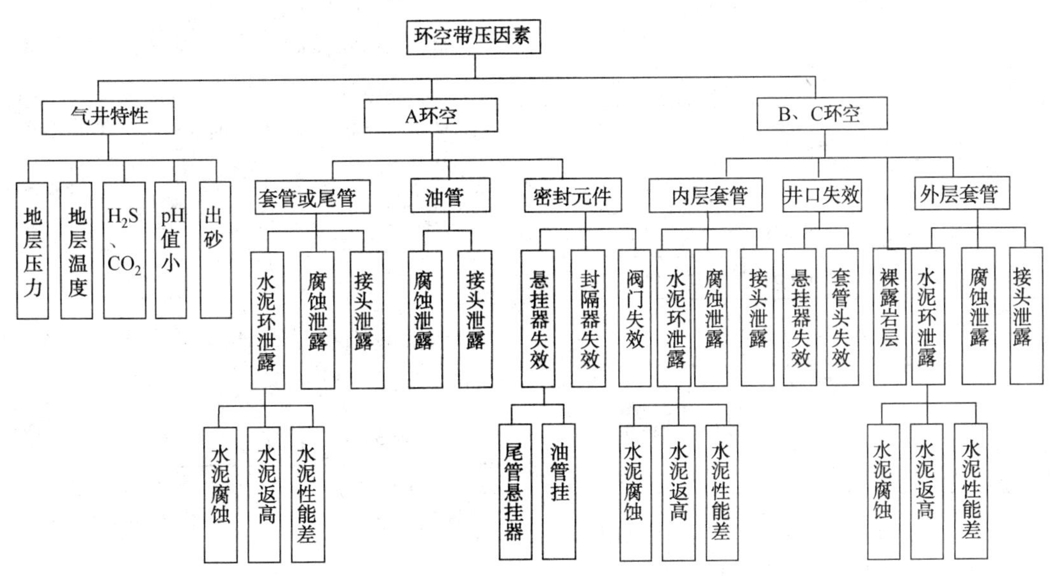

图 1　环空带压风险因素模板

2.2　腐蚀的影响

在储气库运行前期，受地层残留的钻井液、盐酸、凝析水、CO_2以及少量H_2S等物质的影响，井下腐蚀环境较为复杂，并且在注气和采气过程中，井下压力和温度也将发生周期性的变化，因此在这种复杂情况下将可能对油管造成腐蚀。储气库地层运行压力为18~34MPa，气质中CO_2含量为1.89%，分压为0.64MPa，根据NACE(美国腐蚀工程师协会)有关CO_2分压腐蚀的标准，CO_2分压大于0.2MPa就属于严重腐蚀区。CO_2腐蚀的主要形态为点蚀、台地状腐蚀、环状腐蚀和冲刷腐蚀等，且腐蚀穿孔的速度很快。在影响CO_2腐蚀速率的各个因素中，CO_2分压和温度是最重要的两个参数。CO_2分压越高，其腐蚀产物$FeCO_3$膜的保护性越差，且CO_2的腐蚀速度随温度升高而增加，60~110℃为CO_2腐蚀的敏感区域。储气库中下部地层温度为62~93℃，因此腐蚀敏感性高。

通过对H储气库注采井HP1-13Cr110材质管柱，模拟土库曼斯坦进关的天然气气源，得到了室内模拟条件下，对管材的平均腐蚀速率与局部腐蚀速率进行模拟实验，得到的结果如表2~表8所示。

表2　实验室条件设定

实验条件	温度/℃	CO_2分压/MPa	流速/(m/s)	Cl^-浓度/(mg/L)
条件1	95	0.7	1	16000
条件2	95	0.7	2	16000
条件3	95	0.7	3	16000
条件4	95	0.2	3	16000
条件5	95	0.5	3	16000
条件6	30	0.7	3	16000
条件7	95	0.7	3	1000

表3　均匀腐蚀研究分析

材　料	均匀腐蚀速率/(mm/a)						
	条件1	条件2	条件3	条件4	条件5	条件6	条件7
HP1-13Cr110	0.0224	0.0292	0.0396	0.0064	0.0171	0.0154	0.0182

表4　点腐蚀研究分析

材料	点腐蚀速率/(mm/a)						
	条件1	条件2	条件3	条件4	条件5	条件6	条件7
HP1-13Cr110	0	0	0	0	0	0	0

总体来看，H储气库注采井采用HP1-13Cr110管柱进行生产，腐蚀影响较小。

2.3　冲蚀的影响

对于冲蚀流速的计算，由于其受到众多因素的影响，还没有准确的计算方法，目前油田地下储气库建设中主要采用APIRP 14E推荐的计算公式：

$$V=C/\sqrt{P} \tag{1}$$

式中　V——冲蚀流速，m/s；

C——经验常数；

ρ——混合物密度，kg/m³。

经过推导，可以得出一定采气量下的最小管柱直径：

$$d=Co\cdot\sqrt{\frac{Q}{C}\sqrt{\frac{\gamma p}{ZT}}} \tag{2}$$

式中　γ——气体相对密度；

p——管内流动压力，MPa；

Z——气体压缩系数；

T——气体温度，K；

Q——采气量，m³/s；

d——管柱内径，m；

C_0——修正系数，通常取值为8.6707(K/MPa)$^{0.25}$(s/m)$^{0.5}$。

根据井筒内体积产量与地面标准条件下产量的关系式，可得：

$$Q_{SC}=38.55Cd^2\left(\frac{p}{\gamma ZT}\right)^{0.5} \tag{3}$$

若转化成常用单位，则公式变为：

$$Q_{SC}=3.33\times10^{-4}Cd^2\left(\frac{p}{\gamma ZT}\right)^{0.5} \tag{4}$$

式中　Q_{sc}——地面标准条件下的产量，10^4 m³/d；

d——管柱内径，mm。

H储气库气源为从土库曼斯坦进关的天然气，CO_2含量较高；同时在实际注采气过程中存在出砂的可能，结合经典文献和其他储气库的取值大小，H储气库C值取为120，当C=120时，上式化简为：

$$Q_{SC}=0.04d^2\left(\frac{p}{\gamma ZT}\right)^{0.5} \tag{5}$$

由此我们可计算出4½″管柱在60℃时的冲蚀临界流量，结果见表5。

表5　4½″管柱在60℃时冲蚀临界流量

井口压力/MPa	4½″油管管径临界流量/10^4m³/d
8	88.0

续表

井口压力/MPa	4½"油管管径临界流量/$10^4m^3/d$
9	93.3
10	98.4
11	103.2
12	107.7
13	112.1
14	116.4
15	120.5
16	124.4
18	132.0
20	139.1
22	145.9
24	152.4
26	158.6
28	164.6
30	170.4
32	175.9
34	181.4

表 6　4½"管柱生产能力总评价表

地层压力/MPa		20.47	21.36	22.48	24.17	25.4	26.6
出砂生产能力	出砂压差/MPa	2.89	3.20	3.60	4.20	4.62	4.94
	出砂压差对应产量/$10^4m^3/d$	68.79	74.12	80.72	90.57	97.47	103.24
冲蚀生产能力	对应冲蚀排量/$10^4m^3/d$	108	111	105	113	121	128
	冲蚀校核	满足					

由表 6 看出，采用 4½"管柱进行生产，满足地质调峰配产、出砂、冲蚀等要求，调峰配产可达到 $85\times10^4m^3/d$，气井的生产能力得到了最大发挥。储气库根据注采能力和临界冲蚀流量计算结果，采用了内径 114.3mm 的油管。但是由于冲蚀还受温度的影响，而设计时只考虑了 60℃ 流速的影响，因此，在储气库中下部地层温度为 62～93℃ 条件下，注采气井将可能受到冲蚀的影响。

2.4　应力变化的影响

2.4.1　管柱受力分析

本文选取 H 储气库注采效果较好，平均注采气量较大的某一直井为研究对象，运用 WellCat 软件对管柱受力进行模拟，计算在注气期、采气期的油管伸缩量以及管柱强度校核。由地质参数和井下数据，建立 HK16 井身结构图。计算在注气和采气工况下不同气量导致的油管伸缩量和安全系数值。安全系数必须满足工程设计要求，抗拉安全系数 1.6，抗内压安全系数 1.10，抗外挤安全系数 1.125[7~10]。

表 7　HK16 井基本参数

注采井号	完钻井深/m	补心距/m	最大井斜	封隔器下深位置/m
HK16	3640	7.80	1.65°	3188.51
原始地层压力/MPa	原始地层温度/℃	天然气相对密度	甲烷含量	
33.96	91.38	0.5999	92.142%	
油/套管尺寸/mm	壁厚/mm	钢级	下入深度/m	水泥返高/m
508	12.7	J55	303.82	地面
339.73	12.19	P110B	2498.24	地面
244.48	11.99	TP140V	3358.16	地面
177.8	12.65	VM125HC	3149.84	地面
		HP110	3638.00	地面
114.3	7.37	13Cr110	3565	

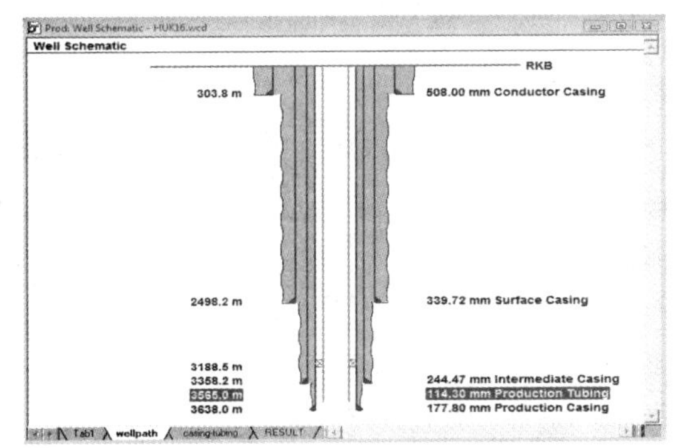

图 2　HK16 井身结构示意图

(1) 采气期工况

表 8 总结注采井在 20、50、80、100、120 万方/天采气量时各效应产生的油管伸缩变形量。油管变形主要受温度效应影响，油管受虎克效应产生的油管缩短变形更大。最终各效应总和为零。气量从 $20\times10^4m^3$ 增加至 $80\times10^4m^3$ 时，虎克效应和温度效应产生的变形量变化较大；当气量超过 $80\times10^4m^3$ 时，形变幅度增加趋势减缓。

由图 2 和表 9 呈现了设计和采气期不同气量下三轴、抗拉、抗内压、抗外挤安全系数。由表说明，在 $120\times10^4m^3/d$ 采气量下，三轴安全系数为 2.888，抗拉安全系数为 2.926，抗内压安全系数为 3.403，抗外挤安全系数为 16.655，管柱安全系数大于设计值。

(2) 注气期工况

表 10 总结了气井在 20、50、80、100、120 万方/天注气量时各效应产生的油管伸缩变形量。鼓胀效应和温度使得油管缩短，虎克效应使得油管伸长。油管伸缩量受虎克效应和鼓胀效应影响较大。随着气量的增大，各种效应产生的油管变形量减小，总和均为零。

表 10　采气期不同气量产生的油管变形

采气量/($10^4m^3/d$)	井口压力/MPa	地层温度/℃	Hooke's Law/mm	Buckling/mm	Balloon/mm	Thermal/mm	Total/mm
20	24.5	92	-249	0	-578	826	0
50	24.5	92	-482	0	-567	1049	0
80	24.5	92	-537	0	-570	1107	0
100	24.5	92	-562	0	-572	1134	0
120	24.5	92	-587	0	-582	1169	0

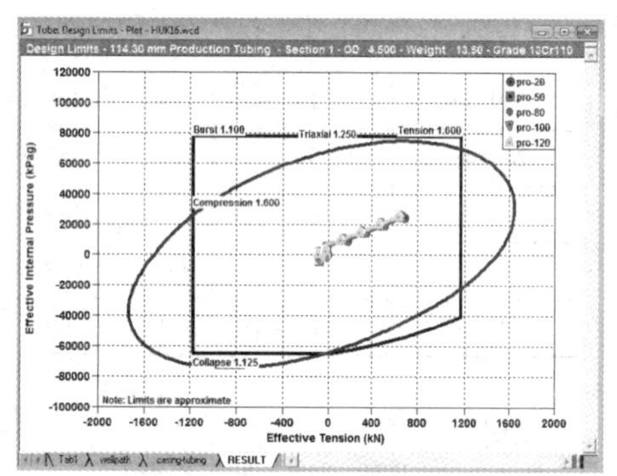

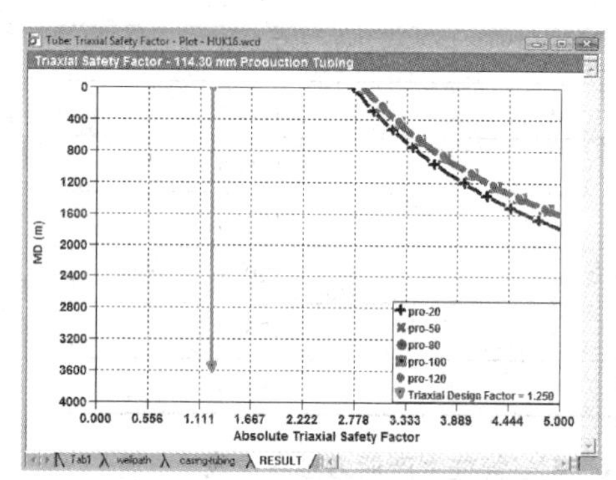

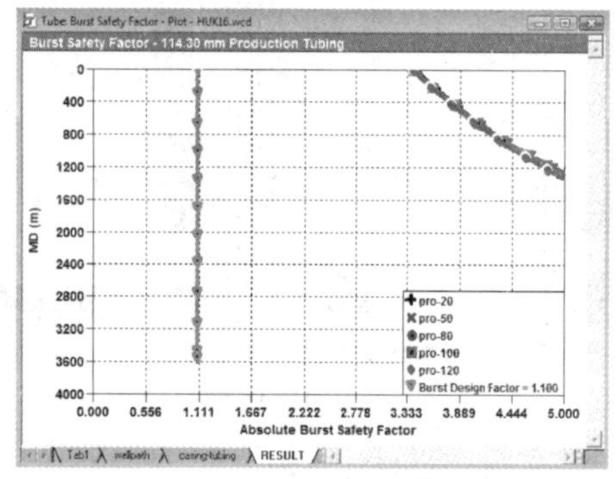

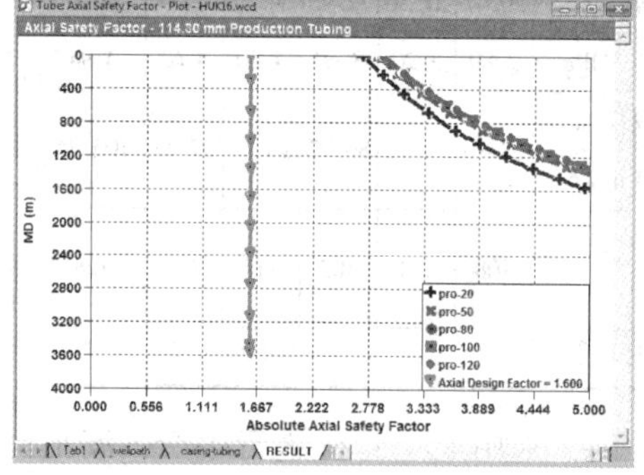

图 3　采气期不同气量安全系数

表 9　采气期不同气量下的安全系数

采气量/($10^4m^3/d$)	井口压力/MPa	地层温度/℃	三轴	抗拉	抗内压	抗外挤
20	24.5	92	2.764	2.721	3.439	16.685
50	24.5	92	2.851	2.86	3.416	17.177
80	24.5	92	2.87	2.894	3.408	17.089
100	24.5	92	2.879	2.91	3.405	16.972
120	24.5	92	2.888	2.926	3.403	16.655
设计要求			1.25	1.6	1.10	1.125

表 10　注气期不同气量产生的油管变形

注气量/($10^4m^3/d$)	井口压力/MPa	注气温度/℃	Hooke's Law/mm	Buckling/mm	Balloon/mm	Thermal/mm	Total/mm
20	23.5	45	554	0	-501	-53	0
50	23.5	45	518	0	-495	-23	0

续表

注气量/(10^4m^3/d)	井口压力/MPa	注气温度/℃	Hooke's Law/mm	Buckling/mm	Balloon/mm	Thermal/mm	Total/mm
80	23.5	45	494	0	-485	-9	0
100	23.5	45	485	0	-475	-10	0
120	23.5	45	479	0	-463	-16	0

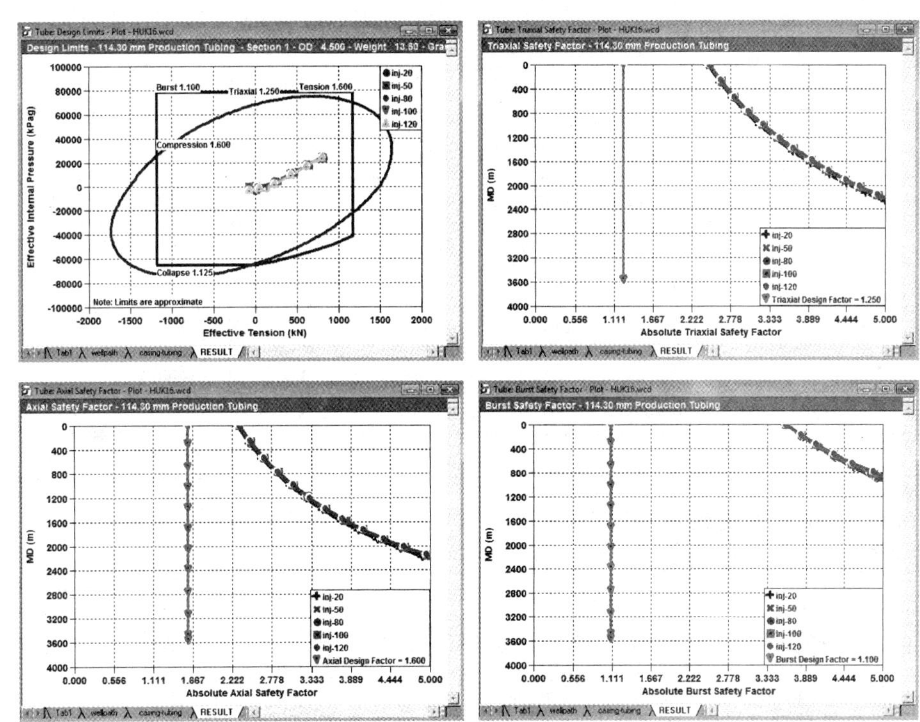

图 4　注气期不同气量安全系数

表 11　注气期不同气量下的安全系数

注气量/10^4m^3/d	井口压力/MPa	注气温度/℃	三轴	抗拉	抗内压	抗外挤
20	23.5	45	2.451	2.293	3.593	19.25
50	23.5	45	2.466	2.309	3.592	19.573
80	23.5	45	2.475	2.32	3.592	20.158
100	23.5	45	2.479	2.324	3.592	20.732
120	23.5	45	2.481	2.327	3.592	21.461
设计要求			1.25	1.6	1.10	1.125

图 4 和表 11 呈现了设计和注气期不同气量下三轴、抗拉、抗内压、抗外挤安全系数。由表说明，当气量为 $120\times10^4m^3$/d 时，三轴安全系数为 2.481，抗拉安全系数为 2.327，抗内压安全系数为 3.592，抗外挤安全系数为 21.461。在 $20\sim120\times10^4m^3$/d 采气量下，管柱安全系数变化不大，且大于设计值。

2.4.2　封隔器受力分析

储气库在采气过程中，温度和压力变化较大，由此产生了温度效应、胡克效应、活塞效应、鼓胀效应、螺旋效应等，这样势必会对管柱产生轴向变形，使其长度发生改变，并产生附加的应力，在整个完井管串中，最容易发生问题的地方也就是在封隔器位置。

从表 12 可以看出，当气量为 $20\times10^4m^3$/d 时，油管对封隔器作用力为 67kN，自锁力 139kN，封隔器对套管作用力为 71kN，三种作用力均为最大值，且所有力作用方向均向上。随着气量的增加，油管对封隔器的作用力、封隔器对套管的作用力和自锁力减小。气量由 $20\times10^4m^3$/d 上涨到 $50\times10^4m^3$/d 时变化幅度较大，往后趋于平缓。

表 12　采气期不同气量下封隔器受力

采气/($10^4m^3/d$)	井口压力/MPa	环空压力/MPa	Tubing-to-Packer Force		Latching Force/kN		Packer-to-Casing Force
			(kN)	Direction		(kN)	Direction
20	24.5	0	67.28	up	139.097	71.48	up
50	24.5	0	22.511	up	94.553	26.125	up
80	24.5	0	15.146	up	87.139	18.893	up
100	24.5	0	12.992	up	84.895	16.89	up
120	24.5	0	14.376	up	86.157	18.725	up

表 13　注气期不同气量下封隔器受力

注气/($10^4m^3/d$)	井口压力/MPa	环空压力/MPa	Tubing-to-Packer Force		Latching Force/kN		Packer-to-Casing Force
			(kN)	Direction		(kN)	Direction
20	23.5	0	158.24	up	230.897	159.25	up
50	23.5	0	148.92	up	221.685	149.63	up
80	23.5	0	138.40	up	211.381	138.56	up
100	23.5	0	130.80	up	203.985	130.44	up
120	23.5	0	121.98	up	195.441	120.99	up

从表 13 可以看出，当气量为 $20\times10^4m^3/d$ 时，油管对封隔器作用力为 158kN，自锁力 230kN，封隔器对套管作用力为 159kN，三种作用力均为最大值，且所有力作用方向均向上。随着气量的增加，油管对封隔器的作用力、封隔器对套管的作用力和自锁力减小，但下降幅度较小。相比于采气期时，注气产生的作用力远大于采气产生的作用力。可以看出封隔器受注气影响较大。

封隔器设计最大压力 51.7MPa，采气期封隔器承受压力 10~17MPa；注气期封隔承受压力为 24~28MPa，设计工况范围内符合安全生产要求。

这里主要对注采井 4½″管柱在采气时的受力进行了系统分析。

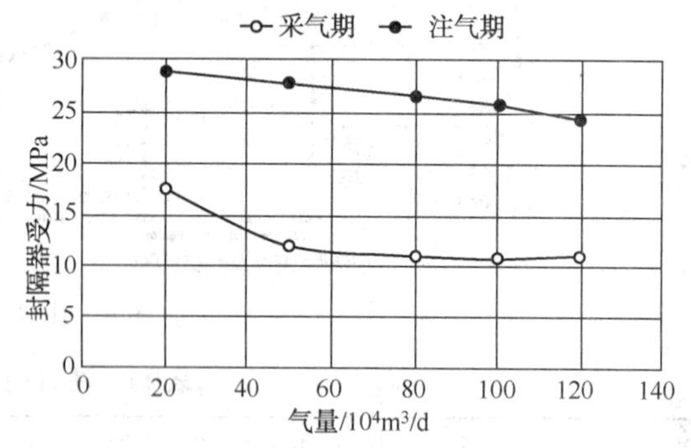

图 5　注、采气期不同气量下封隔器受力

按照 H 储气库气井下深要求，对 4½″管柱进行了相关的强度校核，油管抗拉、抗外挤、抗内压安全系数均大于 1.8。详细计算结果见下表 6。

表 14　4½″油管强度

规格	外径/mm	壁厚/mm	内径/mm	钢级	每米重/kg/m	抗拉强度/kg	下深/m	抗拉系数	抗外挤系数	抗内压系数
41/2″	114.3	7.37	99.26	110	20.09	175992	3600	2.43	1.82	2.25

表 15　$88\times10^4m^3/d$ 考虑封隔器的采气安全系数校核

油管型号×下深	4½″×7.37mm×3600m
参数 / 采气量	$0.0611\times10^4m^3/min$
油管井口压力/MPa	24.247
管柱变形位移伸长/cm	30.26
最大组合应力/MPa	301.648

续表

油管型号×下深	4½″×7.37mm×3600m
强度校核	小于许用应力值 757.5MPa
油管安全系数	2.87
管柱轴向应力/MPa	304.376
油管抗拉安全系数	2.89
管柱组合优化评价	√√

表16 $100\times10^4m^3/d$ 考虑封隔器的采气安全系数校核

油管型号×下深	4½″×7.37mm×3600m
参数 / 采气量	$0.0695\times10^4m^3/min$
油管井口压力 MPa	24.247
管柱变形位移伸长 cm	54.68
最大组合应力 MPa	323.478
强度校核	小于许用应力值 735.67MPa
油管安全系数	2.879
管柱轴向应力 MPa	304.376
油管抗拉安全系数	2.91
管柱组合优化评价	√√

表17 $120\times10^4m^3/d$ 考虑封隔器的采气安全系数校核

油管型号×下深	4½″×7.37mm×3600m
参数 / 采气量	$0.0833\times10^4m^3/min$
油管井口压力 MPa	24.247
管柱变形位移伸长 cm	58.26
最大组合应力 MPa	357.648
强度校核	小于许用应力值 701.5MPa
油管安全系数	2.88
管柱轴向应力 MPa	304.376
油管抗拉安全系数	2.926
管柱组合优化评价	√√

根据上述计算结果，考虑封隔器存在状态下的采气状态，管柱受力是安全的。

2.5 温度变化的影响

采气期和平衡期油套环空带压井少，压力不超过2MPa，套压随油压无明显变化，通过统计分析第四注气周期油套环空压力变化情况，与注气压力、温度变化趋势明显。

表18 区块近期油套带压情况统计

日期	注气压力/MPa	注气温度/℃	注气量/10^4m^3	套压/MPa
2016年3月20日	21.30	25.4	1047.8551	0.05
2016年4月20日	24.10	34.8	824.0237	0.07
2016年5月11日	25.10	47.3	1005.3599	1.07
2016年6月26日	26.30	51.5	993.7719	2.06
2016年7月20日	26.60	54.8	995.2359	3.29
2016年7月26日	26.20	50.8	569.3040	2.28
2016年8月6日	25.10	45.4	582.0640	0.76

通过趋势图得出：注气压力对套压影响不明显，注气温度在每升高10℃，套压升高1MPa。注气量与套压关系同温度相似，即注气量增大，导致所产生热能不同，天然气所携带热值也不同，套压值明显波动。注气压力升高，压缩机进出口压差变大，导致注气温度的升高，会引起管柱膨胀，即注气量和注气压力对环空压力的影响是通过注气温度的升高有效产生的，效应模型计算如下：

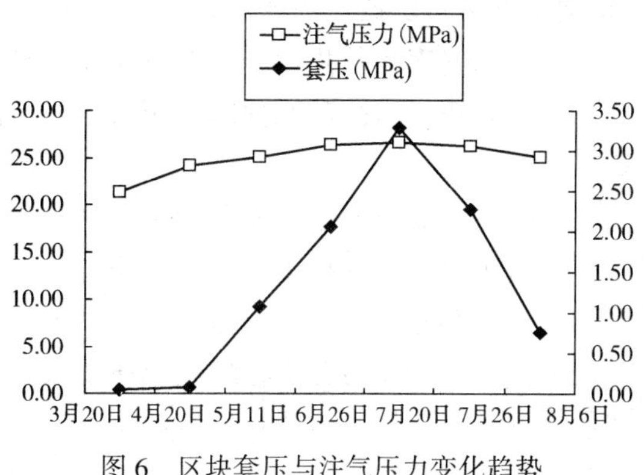

图6 区块套压与注气压力变化趋势

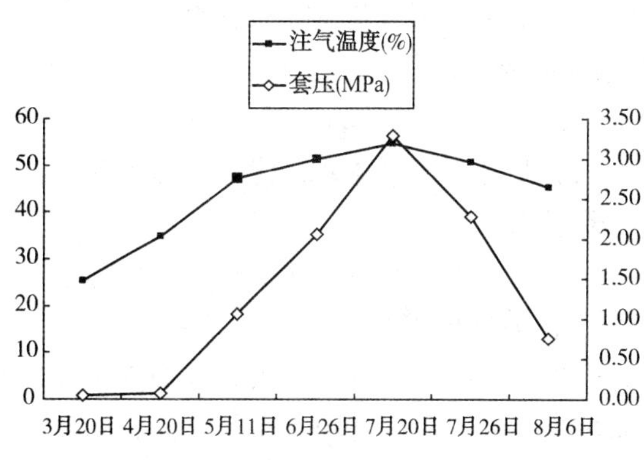

图7 区块套压与注气温度变化趋势

油管的热膨胀效应(线性膨胀)：

温度升高，油管膨胀，其外壁径向膨胀量为：

$$\Delta u_{r2}=\frac{1+\mu a}{1-\mu a}\int_{z}^{r}\Delta Tr\mathrm{d}r \tag{6}$$

取温度沿油管径向变化为常数，则油管温度变化引起的外壁径向膨胀量为：

$$\Delta u_{r2}=a\Delta T\frac{1+\mu}{1-\mu}\frac{b^{2-}a^{2}}{2b} \tag{7}$$

式中 μ——油管泊松比；

α——油管热膨胀系数，$1.2\times10^{-5}℃^{-1}$；

ΔT——油管温度变化量，℃。

根据注气期最大温差65℃，代入公式得出：管柱外壁径向膨胀值为0.01982mm，因此对套管产生一定的挤压应力。

3 环空带压分析结论

（1）H储气库注采井对于井下设备及工具选择了合理的材质，腐蚀及冲蚀因素所造成的风险较小。

（2）在油、套环形空间充满含缓蚀剂的完井液，既可避免套管承受高压，又可防止腐蚀性物质对油管外壁和套管内壁的腐蚀。

（3）根据管柱受力分析在按照地质要求合理配产的情况下，管柱受力及封隔器是安全的。

（4）注采井在注采期，特别是注气期，油套环空压力受注气压力及温度的影响。

4 技术对策

4.1 固井环节

（1）改进水泥浆体系，优化固井工具，提高固井质量

通过岩石力学参数测井资料，获取动态弹性模量、泊松比等参数，优选反演地应力计算模型，开展应力及强度分析，指导改进固井弹性水泥浆配方，并通过优化固井工具，提高固井成功率及固井质量。

（2）采用成像测井技术，评价、分析固井质量

采用CAST-F、IBC成像测井，精细评价固井质量，通过IBC解释结果，分析影响固井质量的因素，持续改进固井工艺，开展固井质量评价，确保井筒完整性，固井一次合格率100%，优质率34.9%。满足强注、强采需要。

表19 H储气库测井项目

钻井阶段	套管尺寸	测井系列	测井项目
一开	508mm	521	CBL/VDL
二开	339.7mm	LOGIQ	CBL/VDL CAST-F
三开	244.5mm	521	CBL/VDL
		MAXIS500	IBC
四开	177.8mm 139.7mm	521	CBL/VDL/GR
		MAXIS500	IBC
回接套管部分	177.8mm	521	CBL/VDL/GR
完井全井段（钻穿胶塞后）	177.8mm 139.7mm	521	CBL/VDL/GR/CCL SGDT

4.2 完井环节

（1）安全选用环空保护液，延长油套管使用寿命

环空保护液评价参数：新疆干燥炎热的夏季，日光直接照射下，金属表面温度可达到70℃~80℃，因此油基环空保护液主要评价参数为闪点。

表20 环空保护液闪点评价对比表

样品名称	闭口闪点	开口闪点	安全性
7#工业白油	75	79	差
15#工业白油	130	160	好
溶剂白油	113	122	较好
油基环空保护液	95	113	较好

（2）油套管气密封检测技术，确保管柱密封性

为保证生产管柱密封可靠，防止地层腐蚀介质对油套管的腐蚀、注采交变压力对套管外胶结界面的破坏，生产管柱封隔器以上全部采用无压痕上扣、扭矩监测及气密封检测技术，确保生产管柱安全可靠。

图8 无压痕液压钳及护纸

图9 气密封油管丝扣清洗作业

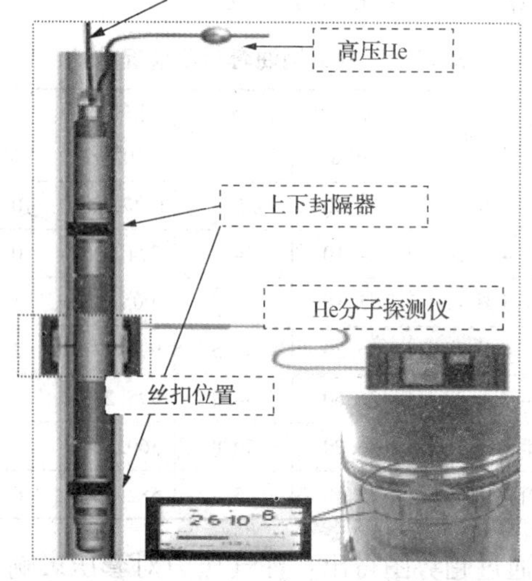

图10 气密封检测工艺

4.3 日常管理环节

(1) 制定环空带压井动态评价方法及分级管理制度

过建立动态评价方法，对环空带压原因进行分析确定；通过井口井筒完整性评估、压力测试对环空带压程度进行分析，结合最大许可压力计算及风险评估模型，得出环空带压风险分级方法及管控措施。

以风险影响因素“失效可能性×失效后果”进行评估，通过给予不同分值明确风险高低，将风险值与标准值比较，进行等级划分。

借鉴 API RP 90 标准，依据最大许可带压值，将环空带压风险分为三类。针对Ⅱ类井，通过环空带压风险评价模型，分为 3 级(绿、黄、红)。综合各种评价结果，将环空带压风险分为三类 5 级。

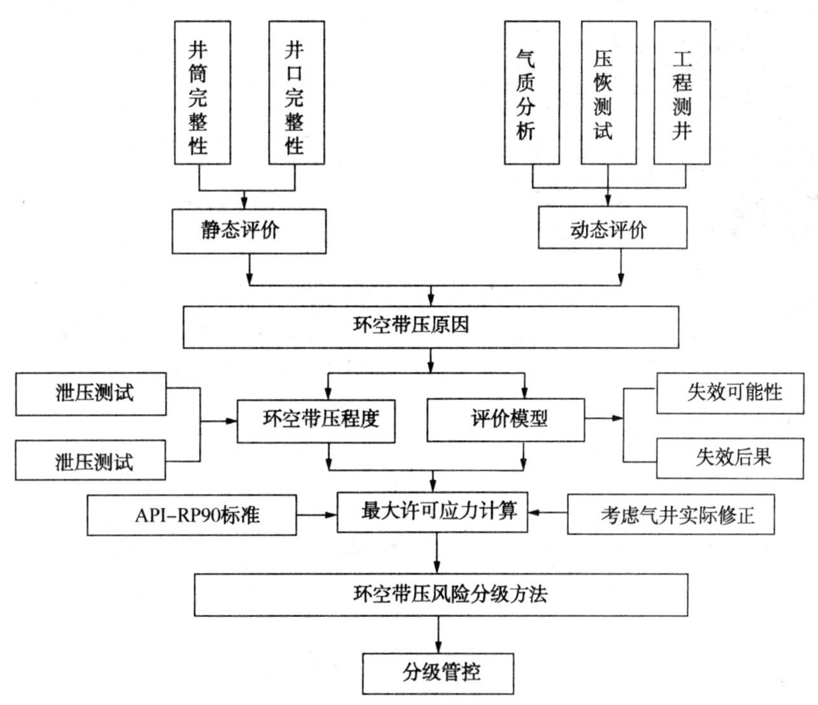

图 11　环空带压井动态评价方法

表 21　环空带压井分级管理技术措施

类型	技术措施				
			外排		
	管理措施	泄压/压恢测试频次	类型	标准	完整性评估
Ⅰ	日常巡检	—	—	—	—
Ⅱ-1	日常巡检	压力值≥0.7 倍最大允许带压值，半年一次	手动泄压	压力达到 0.7 倍最大允许带压值	5 年 1 次井筒完整性评估
Ⅱ-2	远传数据		手动泄压	压力达到 0.5 倍最大允许带压值	1 年 1 次井筒完整性评估
	实时监测	压力值≥0.5 倍最大允许带压值，半年一次			
Ⅱ-3	远传数据		自动泄压	压力达到 0.7 倍最大允许带压值	1 年 2 次井筒完整性评估泄露检测必要时采取修井作业
	实时监测	—			
Ⅲ	远传实时监测	—	自动泄压	保持定压	制定应急预案必要时采取修井作业

(2) 远传压力实时监测技术

2017 年采气检修期间 H 储气库对 30 口注采井的油-套、技-套、技-技、表-技环空进行进一步改造，实现了各级环空压力远程实时监控，极大的提高了环空监测的准确性。

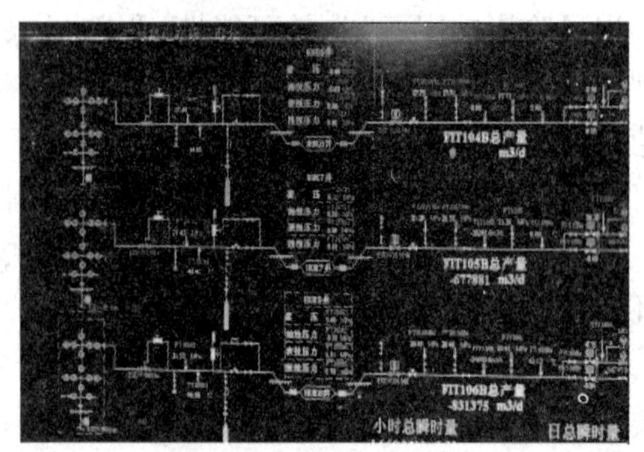
图 12　中控室显示画面

图 13　现场实施情况

（3）通过四十臂+电磁探伤，定期监测管柱现状

2016 年~2017 年挑选具有代表性的 5 口井，共计开展 14 井次的 40 臂+电磁探伤测井。整体来看检测结果油管及套管完整性良好，未见明显变形，损伤。

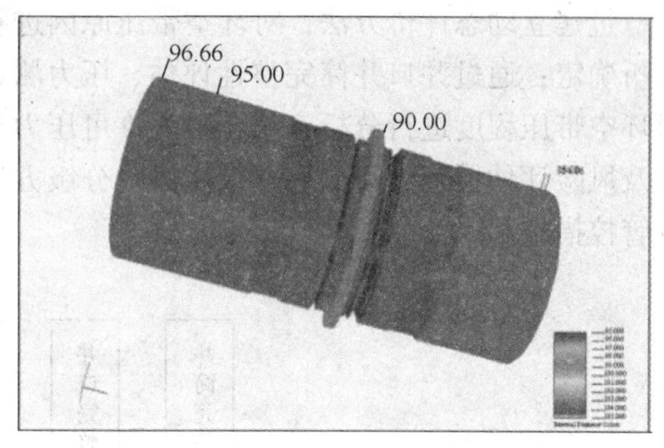

图 14　多臂井径解释 NE 安全阀结果 3D 图

5　技术对策结论

为了更好的保证注采井井筒完整性，在固井及完井环节应加强工艺的优化及评价技术，从源头上保证注采井井筒完整，而在日常管理环节，应加强注采井各级环空的监测与管柱技术状况的评价，分类制定环空带压井管理技术对策，避免突发情况的发生。

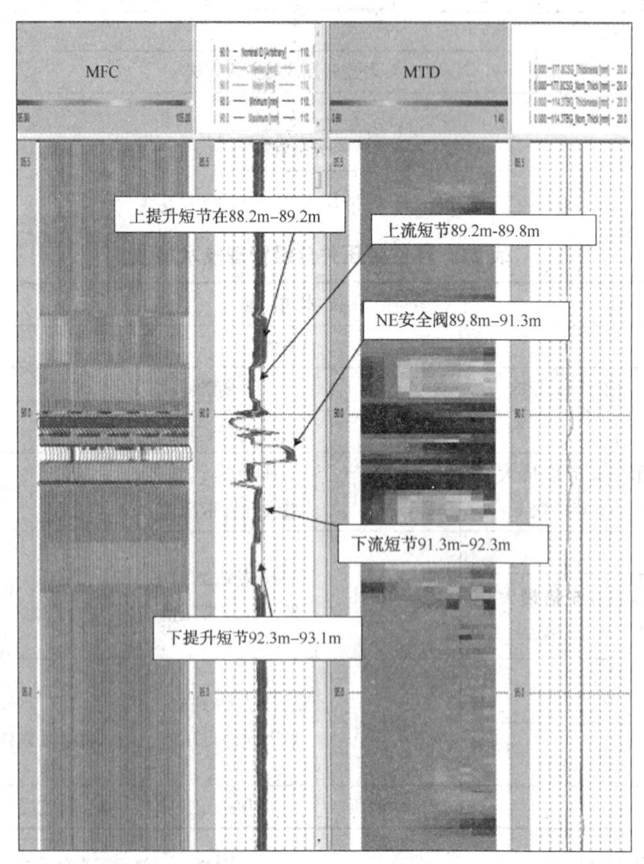

图 15　测试成果图

参 考 文 献

[1] 丁国生，李春，王皆明，胥红成，郑雅丽，完颜祺琪等. 中国地下储气库现状及技术发展方向[J]. 天然气工业，2015，35(11)：107-112.

[2] 谭羽飞，廉乐明，严铭卿. 国外地下储气库的技术与发展[J]. 油气储运，1997，16(12)：17-19.

[3] 刘坤. 相国寺储气库注采气井的安全风险及对策建议[J]. 天然气工业，2013.

[4] 吴涛. 新疆油田 H 储气库钻井技术实践[J]. 化工管理，2015.

[5] 潘登. 测试井管柱力学计算[D]. 成都：西南石油大学，2009：8-17.

[6] 刘世奇. 高温高压深井试气管柱受力分析[D]. 青岛：中国石油大学(华东)，2010：18-24.

[7] 杨辉. 下井管柱结构设计及安全评价[D]. 青岛：中国石油大学(华东)，2013：40-49.

[8] 曲占庆，董长银，张琪. 影响高压注气管柱变形的主要因素及计算方法[J]. 石油钻采工艺，2000，22(1)：53-55.

[9] 练章华，魏臣兴，宋周成，丁亮亮，李锋，韩玮. 高压高产气井屈曲管柱冲蚀损伤机理研究[J]. 石油钻采工艺，2012，34(1)：6-9.

[10] 吕彦平，吴晓东，郭士生，付豪，张国玉. 气井油管柱应力与轴向变形分析[J]. 天然气工业，2008，28(1)：100-102.

基于曲流河储层内部构型定量表征技术的油藏数值模拟研究

高振南　张风义　罗成栋　廖辉　杜春晓

(中海石油(中国)有限公司天津分公司渤海石油研究院)

摘　要　渤海Q油田属曲流河沉积，经过多年注水开发油田进入高含水阶段，地下油水分布复杂，目前地质研究精度难以匹配实际开发动态。为深化储层地质研究，通过岩心、水平井、经验公式等方式，总结Q油田侧积层特征：厚度0.2~1.0m，倾角3.70°~8.50°，横向间距70~150m，并对其空间展布进行定量预测。针对侧积层在油藏模型中的刻画难题，创新提出构型界面等效表征技术，通过定位、追踪、提取将点坝侧积层曲面网格化，结合动态分析及数值模拟开展网格侧向传导率敏感性分析，并以合理动态响应条件化约束模型调整，多次迭代后实现侧积层在储层三维空间中的定量刻画。该研究成果有效提高历史拟合精度，44口井含水率拟合度提高15%达到91%；经新钻调整井的水淹情况验证，剩余油分布预测精度提高14%达到90%。目前Q油田以论文研究成果为指导，进一步完善注采井网，转注受效井日产油水平由12m³/d增加到26m³/d，含水率由82%下降到67%，效果显著。

关键词　曲流河点坝；侧积层定量刻画；油藏数值模拟；剩余油分布；注采井网调整

自从Miall A D提出储层构型研究方法以来，各类储层构型单元的识别及其界面对油水运动影响的研究日益深入[1~6]。在曲流河储层中，由于侧积层泥质含量高，对于地下油水运动规律起到决定性作用[7~9]，目前主要成果为通过单井资料、野外露头和现代沉积资料、地下密井网平剖面研究对点坝内部侧积层进行预测，近几年在井间预测和三维构型建模方面也有一些进展，但仍存在以下问题：

(1)侧积层分布影响因素复杂，井距大(海上油田多为300m)、井数少时，井间数学插值难以准确描述构型空间分布；

(2)地质模型输出油藏模型时，由于网格粗化会丢失侧积层信息，无法在油藏数值模拟中定量刻画侧积层对油水运动的影响，导致剩余油分布难以准确预测。

本文以渤海中部Q油田为例，通过岩心、水平井、经验公式等方式对侧积层空间展布进行预测，并结合动态资料进行调整，在此基础上创新提出构型界面等效表征方法，通过界面定位、追踪将提取网格界面，以合理数模动态响应约束传导率取值，多次迭代后实现侧积层在油藏数模中的定量刻画，准确预测剩余油分布，指导油田注水开发。

1　研究区概况

渤海中部Q油田属曲流河沉积，为构造层状边水油藏，埋深900~1300m；主要含油层系为明下段，单砂层厚度大，连通性好；孔隙度分布为11.1%~39.7%，渗透率分布为0.2~9165.5mD，具有高孔、高渗特征；地层原油黏度22~260mPa·s。

油田采用反九点注水井网多层合采，目前进入高含水期，地下油水分布复杂，依靠单砂体级别地质研究无法合理解释储层连通性与实际开发动态的矛盾，需要深化开展储层构型研究，为合理开展油藏数值模拟预测剩余油分布奠定基础。

2　曲流河储层构型研究

曲流河砂体内部成因复杂，充分应用水平井资料，根据层次结构按河道、点坝、侧积层三个级次对研究区进行精细解剖。

2.1　单河道识别

在单河道期次划分的基础上，根据井上单河道砂体厚度，利用野外露头和现代沉积资料总结的经验公式[10~12]，推算出研究区单一活动河道宽度为120~200m，单一曲流河带宽度为700~1500m，以此为约束，结合地震正演响应特征，对研究区单河道进行识别。

【作者简介】高振南(1985—)，男，2009年获中国石油大学(华东)石油工程专业学士学位，2012年获中国石油大学(北京)油气田开发工程硕士学位，现在中海石油(中国)有限公司天津分公司渤海石油研究院工作，油藏工程师，主要从事油藏工程方面工作，E-mail：gaozhn@cnooc.com.cn

2.2　点坝识别

在单河道识别基础上，利用经验公式计算研究区点坝长度，结合坝体厚度平面分布和废弃河道展布特征，以定量规模为指导，应用密井网资料，从正韵律特征、砂体厚度和废弃河道间距三方面特征来识别点坝砂体[10~12]，并进行单一点坝体的分布预测。

2.3　侧积层分布预测

点坝砂体由多个侧积体加积而成，其间由泥质侧积层分开。海上油田井距远大于侧积体横向规模，主要通过侧积层井上识别，进而开展井间预测。

2.3.1　侧积层井上识别

侧积层以含粉砂泥岩、粉砂岩及泥质粉砂岩为主，厚度为 0.2~1.0m。点坝内部一般可识别 1~2 个侧积层(图 1)。根据岩电标定，侧积层自然伽马曲线呈尖峰状、深浅双侧向曲线回返明显，以此为依据对厚度大于 0.2m 的侧积层进行识别。

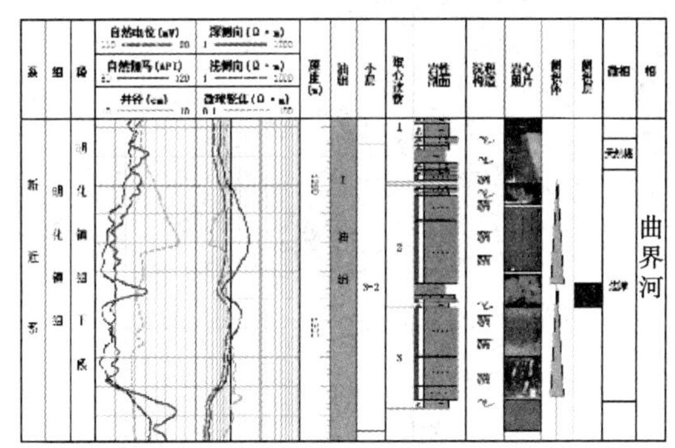

图 1　A31 井岩心综合柱状图

2.3.2　侧积层井间预测

倾向、倾角和横向间距是侧积层井间预测的关键参数。根据废弃河道分布，确定侧积层倾向为指向废弃河道方向；应用三角函数公式，根据钻遇相同侧积层的密井网资料计算得出：研究区点坝内部侧积层倾角为 3.70°~8.50°。

鉴于海上油田水平井可横穿多个侧积体，根据目标区水平井资料获得侧积层横向间距为 70~100m，经过校正，废弃河道法线方向侧积层横向间距为 50~150m，平均 10^4m。对于资料缺乏区域，根据侧积层横向间距与点坝砂体宽度的关系进行经验公式回归，并完成全区横向间距估算，结合倾向、倾角结果完成 Q 油田全区侧积层空间展布预测(图 2)。

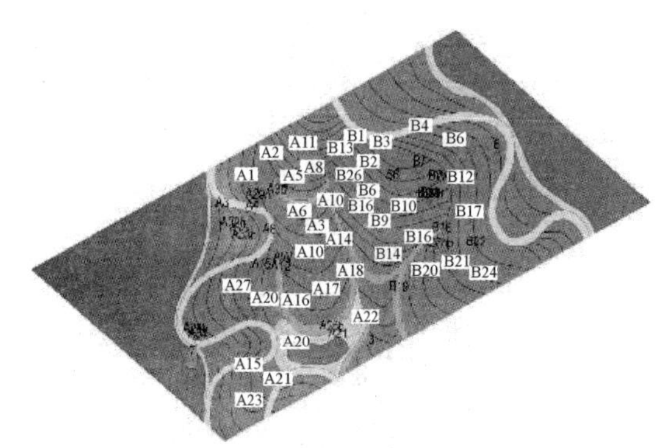

图 2　1-3-2 小层侧积层平面分布图

2.4　动态响应约束侧积层分布预测

由于侧积层分布存在多解性和不确定性，需要生产动态手段降低多解性，逼近真实地下实际情况。以 I-3-1 层 B14 井组为例，该井组附近仅 B14 井为注水井，前期认识中 B14 井和 B19 井处于同一点坝的同一个侧积体，造成模拟中见水迅速，而实际生产中，B19 井见水特征与认识不符，经联井剖面分层对比分析(图 3)，认为 B14 井与 B19 井处于不同侧积体内，侧积层阻碍注入水突破。以此为依据对研究区侧积层分布做约束调整。

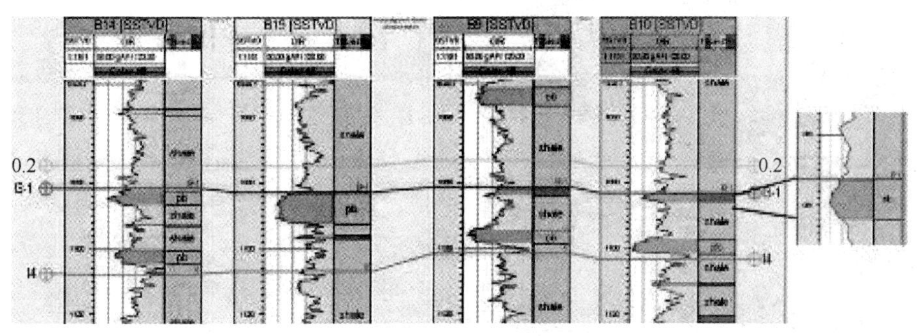

图 3　B14-B10 井连井剖面图

3　油藏数值模拟研究

基于储层构型空间展布预测成果，应用地质建模及油藏数值模拟技术，将侧积层曲面进行离散数字化，以三维模型的方式耦合到模型中，进而开展油藏数值模拟研究，合理描述侧积层对储层流体运移规律的影响，并进行剩余油分布预测。

3.1 三维地质模型

基于前期基础地质研究成果，由井点分层数据约束和地震解释层面作为控制，搭建储层的构造模型，然后在沉积微相平面分布图的基础上，对不同沉积微相主流线方向进行描述，生成二维方向面，以此为约束条件采用序贯指示模拟建立沉积微相模型，然后采用相控建模的方法建立储层的属性模型。

储层构型建模时，根据侧积层空间预测结果，将侧积层曲面网格离散化，为保证精度，网格尺寸 1m×1m，以目前计算机性能无法支持该精细模型的数值计算；如果进行粗化则会由于网格属性加权平均丢失侧积层信息，因此如何在油藏数值模拟中实现侧积层的定量刻画成为目前储层构型研究的重点与难点。

3.2 侧积层在油藏模型中的定量表征方法

常规做法为修改网格渗透率等效描述侧积层，该方法网格尺寸较大会导致剩余油分布误差，且与地质认识相悖，因此国内外学者进一步提出了局部网格加密技术[13~17]。

3.2.1 局部网格加密技术

在侧积层区域进行局部网格加密，通过曲面追踪、网格离散、人工提取、属性赋值 4 步骤实现侧积层在油藏模型中的描述，如图 4 所示，该方法可以最大限度控制网格数量，并同时保留地质信息的完整性。然而应用该技术开展精细油藏数值模拟运算时，由于相邻网格尺寸突变会带来严重的计算收敛性问题，且网格追踪定位耗时耗力，极大降低了油藏人员的工作效率，导致该方法难以推广应用。

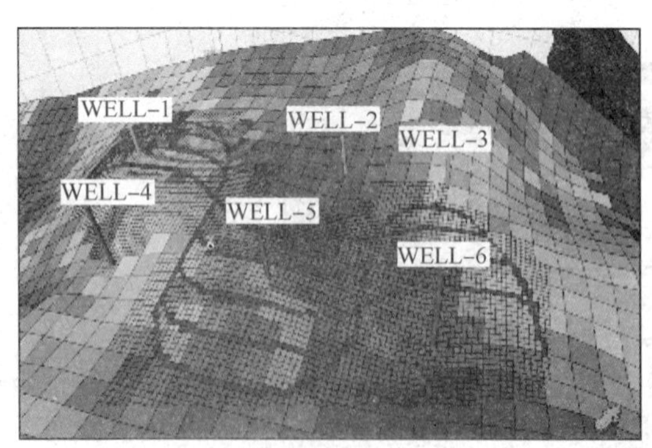

图 4　局部网格加密技术描述侧积层示意图

3.2.2 小尺度构型界面等效表征技术

团队创新提出小尺度构型界面等效表征技术，通过构型界面重建、数据简化、数据平滑、曲面追踪、井点约束将侧积层提取出来，进而通过网格求交计算完成侧积层曲面在油藏模型中的定位，鉴于储层内部实际侧积层数量和规模难以确定，网格之间侧向传导率取值大小等效代表了侧积层对于流体渗流的影响，然后根据生产动态开展油藏数值模拟，通过双模迭代研究对传导率乘数数据卡进行调整，直至数模结果与油田实际开发特征吻合，则认为侧积层设置完成。经过方案比对，等效表征方法比局部网格加密技术节省 8 倍 CPU 资源，且参数调整更加简便易行。鉴于人工进行曲面识别、追踪、定位耗时低效，团队研发编制了一套储层内部小尺度低渗构型界面等效表征软件，极大地提高了工作效率。

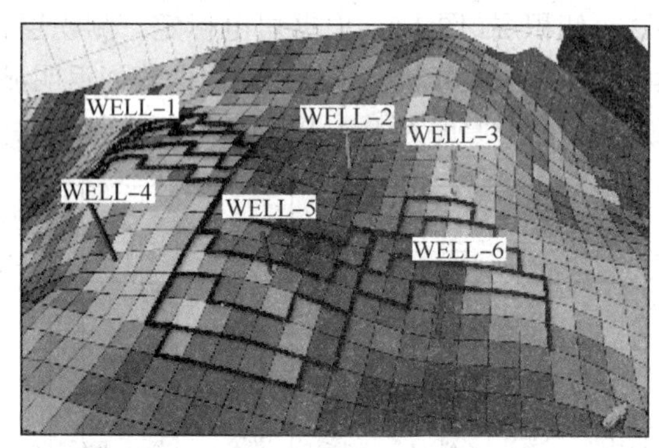

图 5　等效表征技术描述侧积层示意图

3.3 基于等效表征技术的油藏数值模拟

基于点坝侧积层研究成果，应用构型界面等效表征技术开展精细地质认识下的油藏数模研究，合理解决 Q 油田实际生产动态与储层连通性认识之间的矛盾。

3.3.1 侧积层形成渗流屏障

侧积层泥质含量较高，对于侧积层两侧流体的运移具有阻碍作用。以 B12 井为例，经过生产动态分析认为，B12 井在 Nm2-3 层不产水，而根据早期地质认识建立的老模型运算结果显示，B12 井在 Nm2-3 层水淹严重，主要为 B16 井注入水及东侧边水造成。根据侧积层展布研究成果，B12 井与 B16 井处于不同点坝，中间由废弃河道分开，B12 井与东侧边水处于相同点坝，但中间被多个侧积层分开，由于侧积层对流体的渗流屏障作用，可以阻碍 B16 井注入水及东侧边水向 B12 井突破。通过等效表征技术，在模型中进行 B12 井组侧积层的定量刻画，完成 B12 井及类似问题井的含水率历史拟合。

3.3.2 侧积层构建渗流通道

当注采井组位于同一个侧积体内，由于两边侧积层阻碍流体通过，该注水井只能单向流入生产井，侧积层在此起到渗流通道作用。以 B20 井为例，经过生产动态分析，明确 B20 井中期含水急速上升为同层 Nm0-11 的 B14 井转注所致。根据侧积层展布研究成果，B20 井与 B14 井处于同一个侧积体内，周围被侧积层包围形成封闭空间，B20 井与 B14 井之间形成管状渗流通道，导致 B20 井中期见 B14 井注入水，含水率急剧上升。通过等效表征技术，在模型中进行 B20 井组侧积层的定量刻画，完成 B20 井及类似问题井的含水率历史拟合。

3.3.3 剩余油分布规律

基于侧积层展布研究成果与小尺度构型界面等效表征技术，结合油田生产动态分析完成 Q 油田历史拟合，得到精细地质认识下的剩余油分布(图 6)。研究结果表明，剩余油主要富集在与注水井不同的点坝或侧积体内，主要是由于侧积层的非渗透性，不仅阻碍原油的流动，还会阻挡注入水及边水的流动；其次剩余油还普遍富集在无注水井或边水存在的点坝凸岸外侧，主要是由于废弃河道的遮挡作用。

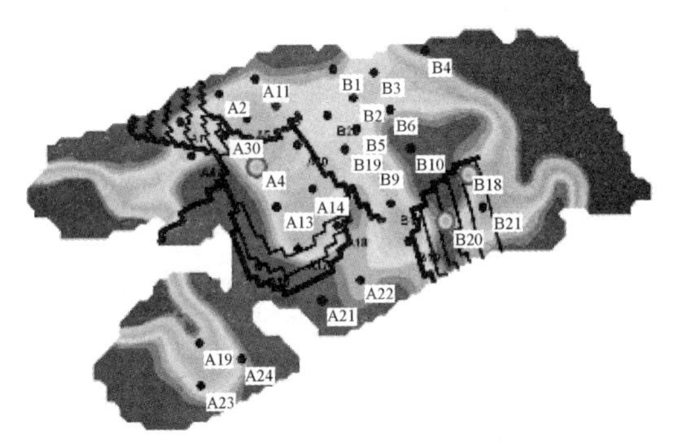

图 6　Q 油田精细模型剩余油分布

3.4 新钻调整井水淹情况验证

基于 Q 油田新钻调整井的实测水淹层测井解释，对剩余油分布预测结果进行验证。以 G7H 井为例，主力砂体 3 个小层从上到下水淹程度分别为弱水淹、中水淹、强水淹，未进行侧积层描述的老模型同位解释为弱水淹、弱水淹、强水淹，应用等效表征技术进行侧积层刻画的新模型与实测水淹层测井解释一致，验证了该技术的可靠性。

汇总主力砂体 44 个小层的水淹层测井解释，经过与新模型剩余油分布对比，符合率较老模型提高 14%到 90%，因此，新技术能够帮助获得更加真实准确反映地下储层及流体情况的剩余油分布，对完善油田注采井网、进一步挖潜剩余油具有重要意义。

表 1　新钻调整井水淹层解释对比表

数据来源	结果符合小层数量/个				
	Nm0-11	Nm1-3	Nm2-3	Nm^3-2	Nm4-1
水淹层测井解释	9	12	10	7	6
原始模型	8	9	7	6	4
等效表征新模型	7	11	9	7	6

4 油田实际生产

基于等效表征技术在模型中对点坝侧积层的定量刻画，得到更加合理、精度更高的剩余油分布，指导 Q 油田完善实际注采井网，对受效较差的注水井组提出优化方案。以 A24 井为例，该井开发效果较差，但其所在点坝砂体无注水井，剩余油较为富集，结合点坝内部构型研究分析，A20 井与 A24 井分别处于同一点坝砂体内部的相邻侧积体内，可以通过增大注水量降低侧积层半遮挡作用。结合数模方案优化，综合考虑后决定对 A20 井进行转注措施。A20 井转注后，注入水有效驱替原油，A24 井日产油由 $12m^3/d$ 增加到 $26m^3/d$，含水率由 82%下降到 67%，效果显著。

5 结论

(1) 基于单河道及点坝识别，通过岩心、水平井、经验公式方式，结合储层特征进行侧积层井上识别及储层井间预测。经研究，Q 油田侧积层厚度 0.2～1.0m，侧积层倾角 3.70°～8.50°，侧积层视横向间距为 70～150m。

(2) 基于侧积层展布预测提出的构型界面等效表征方法，结合动态分析能够实现侧积层曲面在油藏数值模拟中的定量刻画，较局部网格加密技术更加简便易行。

(3) 通过 Q 油田实际应用，得到侧积层不仅可以形成渗流屏障、也可以包围形成渗流通道的结论，应用新技术帮助历史拟合符合率提高 15%达到 91%，剩余油分布与新井水淹情况符合率提高 14%达到 90%。该成果指导 Q 油田完善注采井网，目前受效井 A24 井由 $12m^3/d$ 增加到 $26m^3/d$，含水率由 82%下降到 67%，效果显著。

(4) 构型界面等效表征技术不仅可以描述曲流河侧积层，也可以推广到其他沉积类型，比如三角洲、分支河道，甚至是较厚的层内不稳定夹层，该技术对地质建模的粗化是一种改进。

参 考 文 献

[1] Miall A D. Architectural-element analysis：A new method of facies analysis applied to fluvial deposits[J]. Earth Science Reviews，1985，22(2)：261-308.

[2] Miall A D. Reservoir heterogeneities in fluvial sand from outcrop studies [J]. AAPG Bulletin 1988，72(6)：682-697.

[3] Miall A D. The geology of fluvial deposits：Sedimentary facies，basin analysis and petroleum geology[M]. New-York：Springer-Verlag，1996：74-98.

[4] 屈亚光，丁祖鹏，潘彩霞，等. 厚油层层内夹层分布对水驱效果影响的物理实验研究[J]. 油气地质与采收率，2014，21(3)：105-107.

[5] 王延章，林承焰，温长云，等. 夹层分布模式及其对剩余油的控制作用[J]. 西南石油学院学报，2006，28(5)：6-10.

[6] 束青林. 河道砂侧积体对剩余油分布的影响——以孤岛油田馆上段 3~4 砂组高弯度曲流河为例[J]. 油气地质与采收率，2005，12(2)：45-48.

[7] Ma Shizhong，Zhang Jing，Jin Ningde，et al. The 3D architecture of point bar and the forming and distribution of remaining oil[C]. SPE 57308，1998.

[8] 马世忠，吕桂友，闫百泉，等. 河道单砂体“建筑结构控三维非均质模式”研究[J]. 地学前缘，2008，15(1)：57-64.

[9] 单敬福，纪友亮，史榕，等. 曲流点坝薄夹层构形对驱油效率及剩余油形成与分布的影响[J]. 海洋地质动态，2006，22(4)：21-25.

[10] 吴胜和，岳大力，刘建民，等. 地下古河道储层构型的层次及建模研究[J]. 中国科学，2008，38(增刊1)：111-121.

[11] 岳大力，吴胜和，谭河清，等. 曲流河古河道储层构型精细解剖——以孤东油田七区西馆陶组为例[J]. 地学前缘，2008，15(1)：101-109.

[12] 岳大力，吴胜和，刘建民. 曲流河点坝地下储层构型精细解剖法[J]. 石油学报，2007，28(4)：99-103.

[13] 周银邦，吴胜和，岳大力，等. 萨北油田北二西区点坝内部侧积层定量表征[J]. 断块油气田，2011，18(2)：137-141.

[14] 岳大力，吴胜和，程会明，等. 基于三维储层构型模型的油藏数值模拟及剩余油分布模式[J]. 中国石油大学学报(自然科学版)，2008，32(2)：21-27.

[15] 王凤兰，白振强，朱伟. 曲流河砂体内部构型及不同开发阶段剩余油分布研究[J]. 沉积学报，2011，29(3)：512-519.

[16] 王鸣川，朱维耀，董卫宏，等. 曲流河点坝型厚油层内部构型及其对剩余油分布的影响[J]. 油气地质与采收率，2013，20(3)：14-17.

[17] 邹拓，刘应忠，聂国振. 曲流河点坝内部构型精细研究及应用[J]. 现代地质，2014，28(3)：611-616.

复杂断块油田高精度油藏描述技术发展思考

芦凤明　赵平起　倪天禄　马跃华

(中国石油大港油田公司)

摘　要　目前精细油藏描述研究的主要内容包括微构造精细解释、储层构型刻画、砂体分布预测、三维地质建模、剩余油潜力预测等。随着老油田开发工作不断深入，剩余油潜力已经由过去的普遍分布、局部富集转变为高度分散零星聚集的状态，剩余油的挖潜，也由保持井网完善的局部高效挖潜转变为“二三结合”变流线非均匀驱动调整。在对国内外精细油藏描述技术现状分析基础上，提出了发展高精度油藏描述技术，其关键科学问题包括基于构型单元的精细油藏描述技术、低级序断层识别技术、小尺度储层预测技术、基于地球物理技术的构型刻画和多维度剩余油描述方法。

关键词　高精度；油藏描述；低级序断层；薄储层构型刻画；剩余油分布

大港复杂断块油田精细油藏描述经历了三个阶段，一是以密井网资料为核心的精细油藏描述阶段，二是加强三维地震资料应用，全面推进复杂断块油藏描述研究阶段，三是与二次开发结合的精细油藏描述研究阶段。通过精细油藏描述为老油田开发提供了全新的地质模型，精细油藏描述为高含水老油田综合调整奠定了认识基础，精细油藏描述为水平井规模应用指明潜力方向，精细油藏描述为发现滚动拓展储量提供了现实空间，精细油藏描述为二次开发方案编制提供了准确地质模型。随着复杂断块油藏开发的不断深入，老油田单井增加可采储量逐年下降，剩余油潜力由过去的普遍分布局部富集转变为高度分散零星聚集的状态，老油田新井效果难以持续保持高产。开发生产上出现的问题，为接下来如何开展精细油藏描述提出了挑战；改变观念、创新技术、提升精细油藏描述研究精度和准确度是今后精细油藏描述的发展方向，也是高精度油藏描述技术创新的方向。

1　以构型为单元的精细油藏描述技术

目前精细油藏描述是基于单砂体开展的研究工作，在12级构型单元划分方案中，相当于砂体规模当中的6级构型，即单期微相复合体。以单砂体为单元的精细油藏描述，在单砂体划分和对比过程中，侧向上在同一沉积体系内部具有较好的可对比性和等时性，而两个相邻沉积体系的对比难度大(郑荣才等，2001)。对于河流沉积而言，6级构型在垂向上为单期河流沉积，其纵向跨度为河流的满岸深度，侧向上可有多个河道(组成河道带)及溢岸沉积，构成一个河流体系(吴胜和等，2013)。因此，单砂体纵向上存在多个夹层，侧向上沉积体之间存在物性界面。由于没有认识河道砂与河间砂之间的界面，通常将单砂层错误地当成一条连通的河道沉积。

以构型为单元的精细油藏描述，在12级构型单元划分方案中，相当于砂体规模当中的8级构型，即单一微相。其研究理念是基于单一微相开展油藏描述，砂体对比识别单一微相，如点坝、天然堤、决口扇、决口水道等，解决河道连通关系的问题；微构造可以识别出单一沉积单元之间接触部位微构造的微细起伏变化；基于构型单元的精细油藏描述，能够更精细的认识储层；油藏研究可以合理的解决复杂油水关系问题；建立基于构型的三维地质模型，刻画层内储层变化；数模体现构型的认识，实现不粗化数值模拟；方案编制过程中，体现注采井网与构型单元的适配，提高注水开发的有效性。

2　低级序断层识别技术

低级序断层是断距在5～10m的断层。采用的方法是通过地震与井的结合进行有效的识别低级序断裂，进而有效解释断层。具体六步法识别断层，包括分方位叠加、地层倾角、方位角、构造导向滤波、边缘检测技术、相干体、曲率体、

【作者简介】芦凤明(1967—)，男，石油大学(北京)地质工程专业硕士研究生毕业，大港油田公司首席技术专家，高级工程师，长期从事老油田精细油藏描述工作。E-mail：lufming@petrochina.com.cn

蚂蚁体等多种地震属性技术，最后通过定量化自动识别来表征断层要素。

2.1　分方位叠加技术

利用平行断层方位和垂直断层方位的各向异性特征，利用地震波传播的各项异性特征，在断裂平行方位与垂直方位各向异性极强。针对性的对研究资料进行分方位叠加处理，得到四个方位的数据体。然后在分方位数据的基础之上进行后续处理进而识别断层。如图 1 所示，从垂直方位的时间切片更加能够识别东西向断层，沿平行方位更能识别南北向断层。

2.2　构造导向滤波

构造导向滤波的实质是针对平行于地震同相轴信息的一种平滑操作，采用“各向异性扩散”平滑算法，即平滑操作只对平行于地震同相轴的信息进行，而对垂直于地震同相轴方向的信息不作任何平滑。如果发现地震同相轴横向不连续，将不作平滑，即此平滑操作不是超出地震反射终止(断层及岩性边界)的操作，因此这种滤波方法能保护断层和岩性边界信息。

通过构造导向滤波可以得到中值滤波体(Median)、均值滤波体(Mean)、PCF 滤波体等。针对不同的断裂异常，可以对比优选更加有效的滤波方式进行后续处理。如图 2 所示，通过比较几种滤波后的数据，对于断层的加强效果均明显。

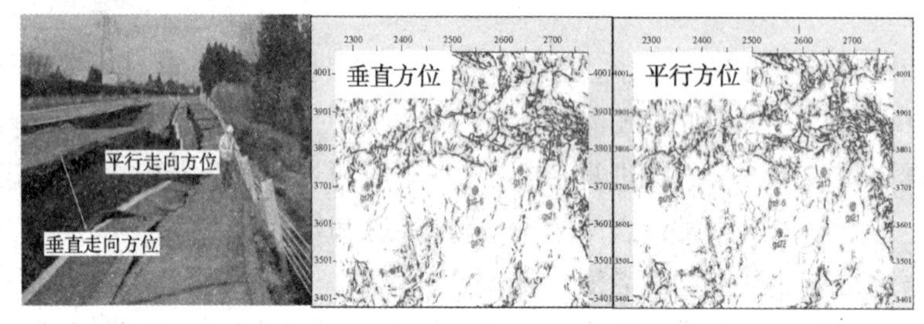

图 1　分方位断层解释图

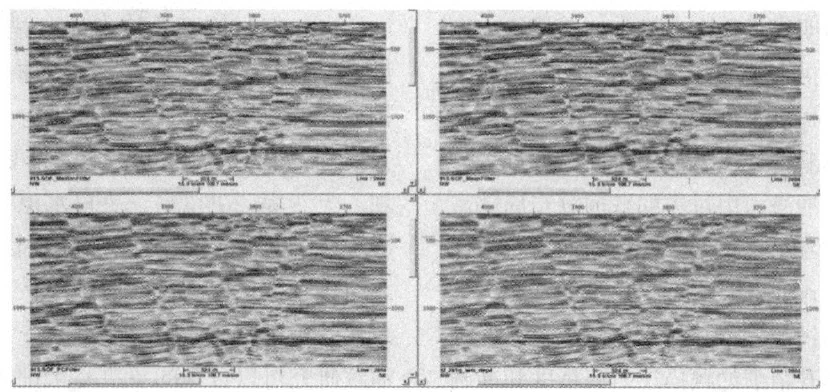

图 2　构造导向滤波

2.3　相干体

相干属性主要用来检测断层、裂缝以及刻画地质体边界。在相干属性提取过程中，主要分析以目标点为中心的时窗内的相邻地震道波形的相似性。波形的相似性与地层的连续性密切相关，因此，相干属性就是利用波形之间的相似性来反应地层的不连续性特征。

应用特征值相干的方法，为了凸显小断层，用 9X9 的特征值相干法来计算相干体。得到的相干剖面如图 3 所示，通过该相干体再进行蚂蚁体计算，最终用于断层解释。

2.4　蚂蚁体

蚂蚁体技术，又称断裂系统自动追踪技术，是近些年兴起的一种叠后微裂缝预测技术，对小断层识别非常有效。能够实现断层和裂缝的自动追踪，缩短三维地震构造解释的周期，提高解释效率。

通过过井剖面的分析认为，该方法能够较好的识别 5 ~ 10m 的低级序断层，尤其对于港东马棚口断层的平面展布进行了落实。使得进一步分析井间油藏关系时能够更加有据可依。从图 2、图 3 中蚂蚁体与相干体的对比剖面能够看出，蚂蚁体能够对于小断裂进行加强，在剖面上更好识别。

2.5 井震结合小断层识别

如图4所示，联浅1-15井在原解释断层(红色)的下降盘，而新解释断层的上升盘；通过长井段纵向对比以及重点结合构造导向滤波和蚂蚁体分析剖面认为，断点应该在明II-2，这套砂体在本井上断缺，厚度为10m左右。对于断距小于10m的断层，比如港251井(图5)，与周围井对比，其断缺5m左右的层位，在地震剖面上断口不清楚，通过构造导向滤波和边缘检测后，进行相干最后在相干基础上进行蚂蚁追踪，得到的蚂蚁体上能够看到有明显的断点。

3 小尺度储层预测技术

3.1 地震沉积学方法

地震沉积学最大的理论突破在于对地震同相轴穿时性的重新认识。以地质研究为基础，在沉积学规律的指导下进行90°相位转换、地层切片和分频解释是地震沉积学中的三项关键技术。相位转换使地震相位具有了地层意义，可以用于高频层序地层的地震解释；地层切片是沿两个等时界面间等比例内插出的一系列层面进行切片来研究沉积体系和沉积相平面展布的技术；基于不同频率地震资料反映地质信息的不同，采用分频解释的方法，使得地震解释结果的地质意义更加明确。

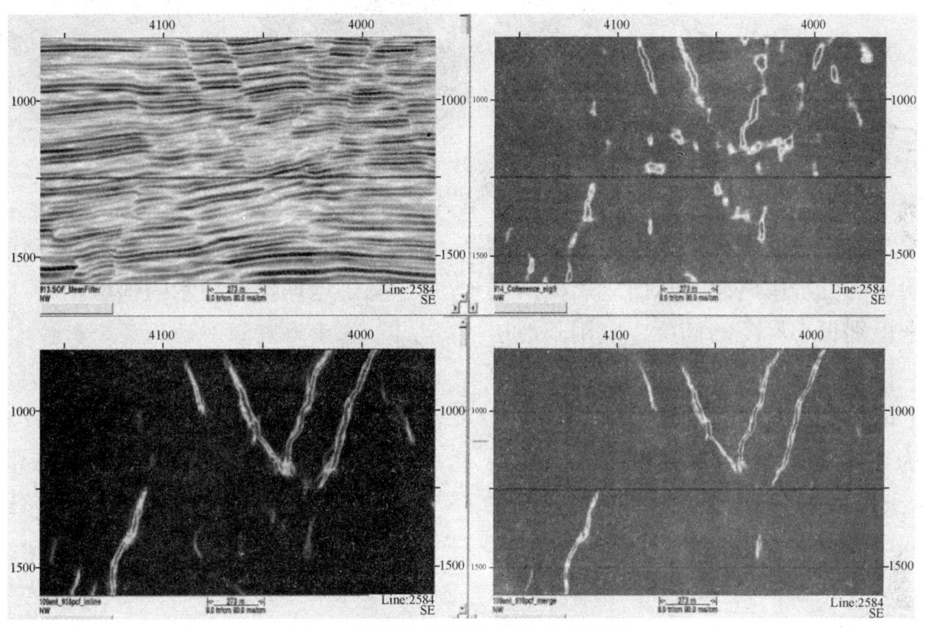

图3　特征值相干与蚂蚁体剖面图

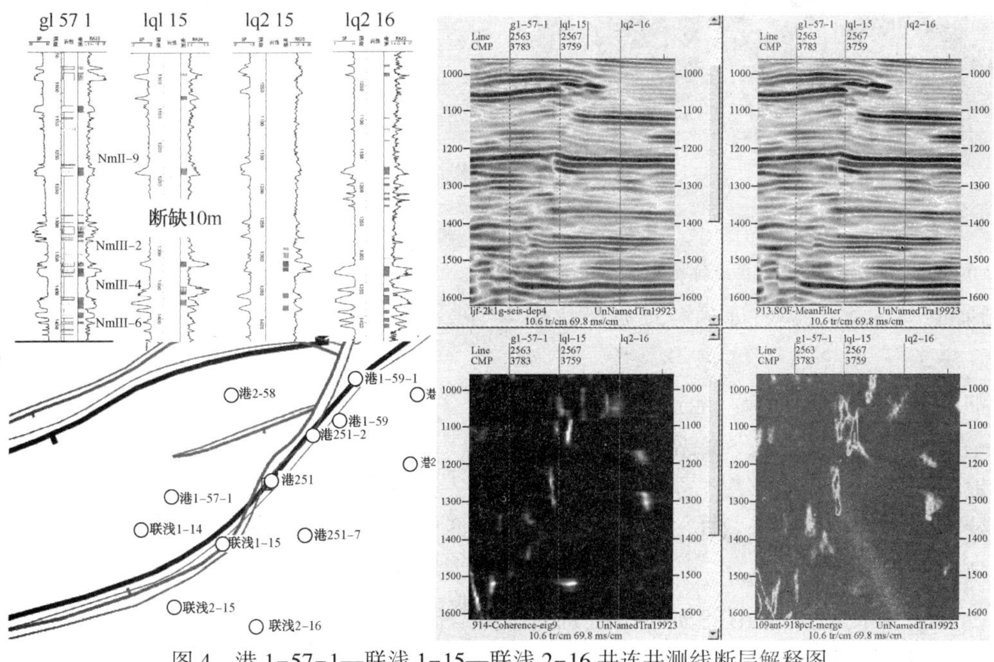

图4　港1-57-1—联浅1-15—联浅2-16井连井测线断层解释图

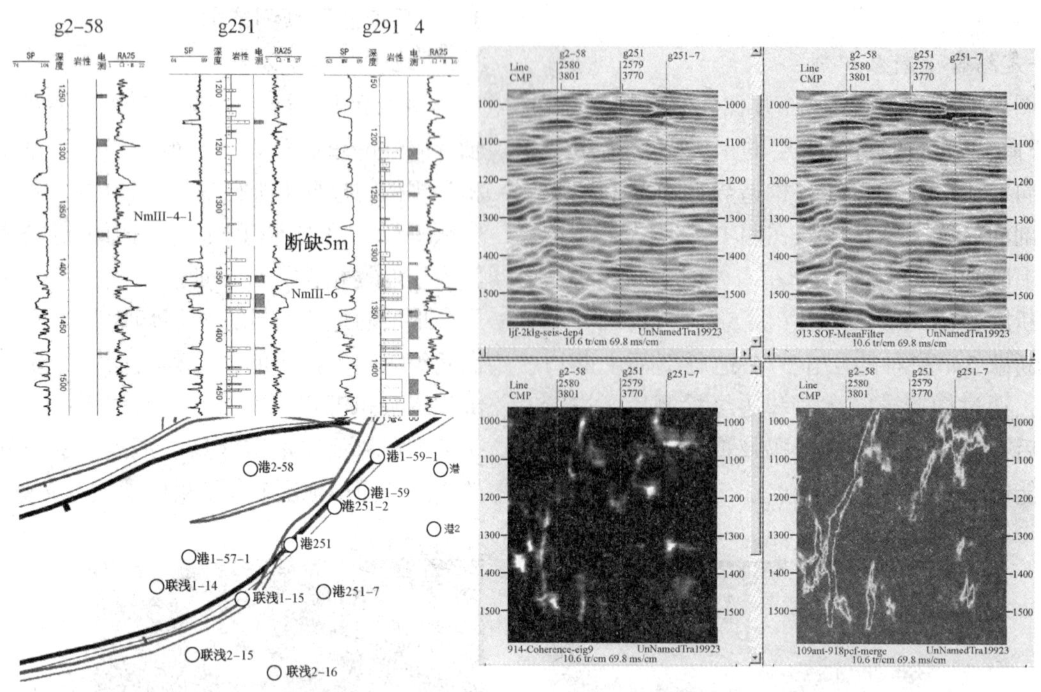

图 5 港 2-58—港 251—港 291-4 井连井测线断层解释图

地震沉积学的一大突破在于其将原来认识储层的分辨率的纵向分辨率概念，转而应用横向反推的方式，来识别更小尺度的储层。应用其地层切片的技术，得到曲流河的横向展布规律，进而反推其剖面上的存在性，然后预测其分布特征。

如图 6 为经过地层切片技术后得到的明 II-10、明 III-6、明 IV-9 三个层系的平面河道展布放在一个立体空间中进行预测。

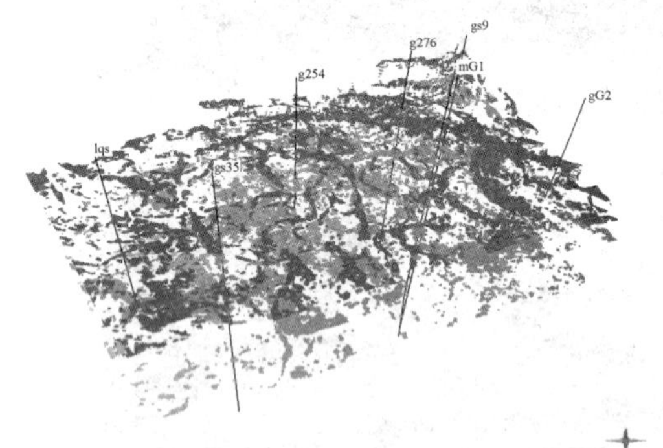

图 6 基于地震沉积学的河道体解释图

3.2 基于高密度采集数据的近偏移距叠加精细储层识别方法

港东油田采用“两宽一高”地震采集技术，所谓两宽一高即宽频、宽方位、高密度；高密度采集对于地下地质体实现更多次数的覆盖；利用到高密度这一特点，通过小偏移距叠加实现较高覆盖次数从而实现分辨率的提高。

图 7 所示，对比近偏移距剖面与全叠加剖面，明显，近偏移距地震数据对于储层的识别具有更高的分辨率，能够将更薄的储层识别出来。

4 基于地球物理技术的构型刻画

4.1 基于地震正演的构型分析技术

正演模拟是指用物理模型和数学模型代替地下真实介质，用物理实验和数学计算模拟地震记录的形成过程，以得到理论地震记录的各种方法和技术。针对港东油田地质特点、结合实际钻井分析，应用数值正演模拟的方法建立地质模型与地震数据之间的关系。图 8 所示为多井的构型分析、正演模拟以及实际地震剖面图。图中可以看出，通过正演模拟能够指导我们在实际地震剖面上的砂体构型响应的识别。明 III-4-2 与明 III-5-2 中间所夹持的泥岩层较薄，地震不足以分辨，但是在地震正演剖面上提示有一个复波出现，同样在实际地震剖面上也能够识别这样的响应特征。

4.2 基于分频扫描的构型分析技术

广义 S 变换综合了短时窗傅里叶变换和小波变换的优点，频率决定了高时窗的尺度大小。频率低，尺度大，即时窗宽；反之，频率高，则尺度小，也即时窗窄，故具有小波变换的多分辨率性。另外，广义 S 变换为线性变换，不存在交叉项，具有较高的时频分辨率。图 9 为通过分频扫描得到的 15～30Hz 的地震切片图及其对应井的构型分析，较厚的、最早沉积的一期边滩优先在低频端被预测出来，随频率提高，较薄的后期沉积储层被预测出来。

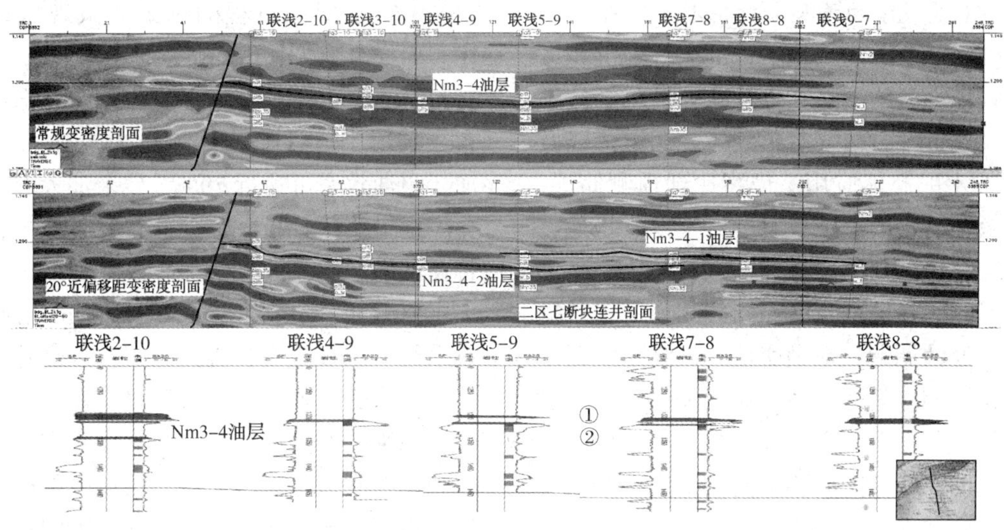

图7　港东二区七小尺度储层识别对比

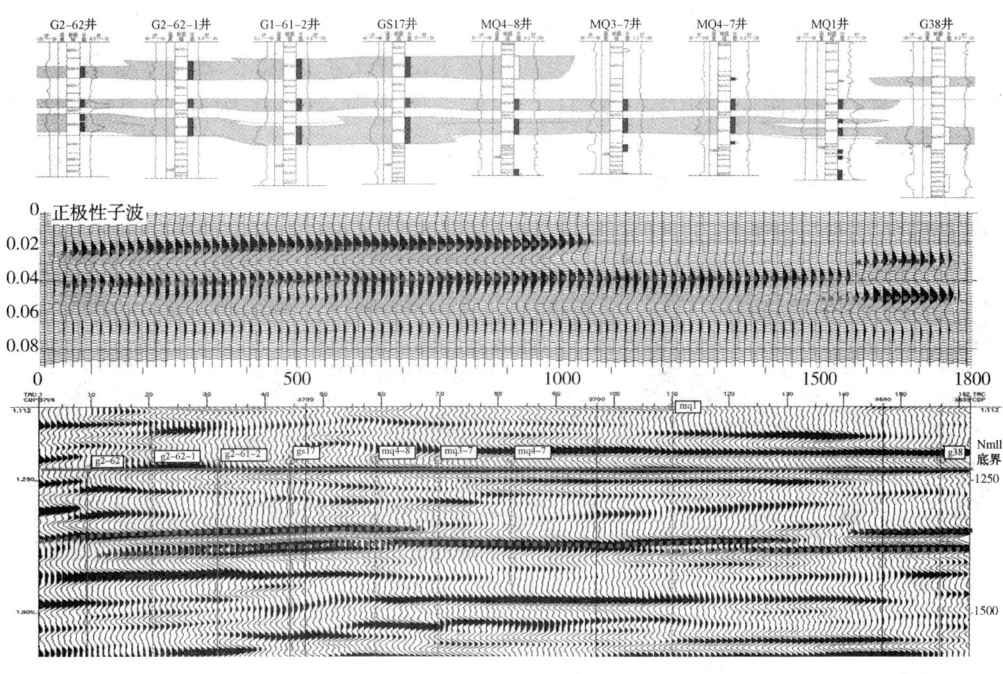

图8　构型分析正演模拟与实际地震对比图

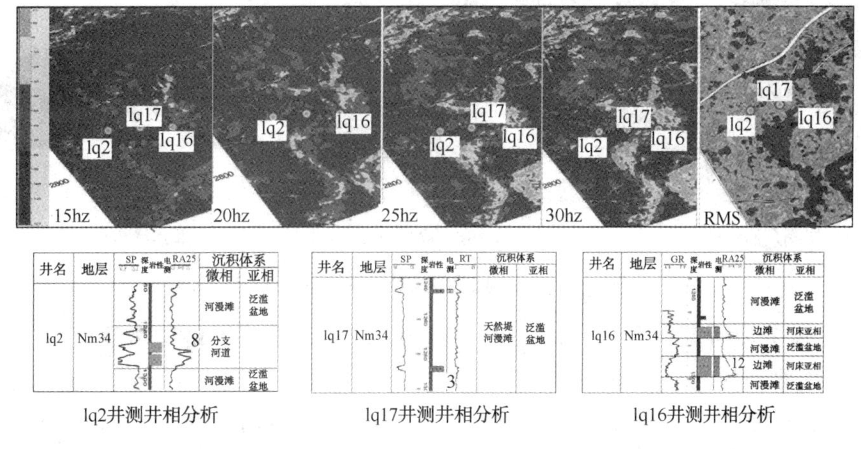

图9　分频扫描图

4.3 基于MVF反演的构型分析技术

MVF(Microfacies Versus Frequency)即沉积微相与响应频率之间的关系。是建立在谱分解技术基础之上，通过井震结合对单频体、调谐体以及RGB融合技术的整体应用，最终达到预测储层、刻画沉积微相的目的。该技术是一个地质与地震相结合的综合储层预测方法。该方法的核心是利用测井解释的已知储层厚度和测井相与地震数据求取的井点处的调谐频率做交汇，最终建立调谐频率与沉积微相之间的关系。在此关系基础上对每一个单频成分赋予一定的地质含义，然后在进行RGB融合得到测井微相指导下的RGB融合图，从而反应平面沉积微相。

5 多维度剩余油描述技术

一维岩心微观剩余油赋存状态描述；微观刻蚀模型实验，岩石先测孔、渗，然后做图像分析，再根据磨片后图像来制作反映相应孔隙结构特征的玻璃仿真刻蚀模型，最后做微观驱替实验，进行水驱油过程的剩余油微观赋存状态描述。岩样具有“中孔细喉”的特点，平均孔喉比7.42，不同阶段剩余油主要分布在孔隙中，水分布在吼道中，且随着注入压力及注入倍数的增加，驱油效率可达近70%，残余油大部分分布在孔隙中呈块状分布，水则分布在吼道中；增加驱替速度后，驱油效果增加，波及程度也增加，油仍主要分布在孔隙内；0.01mL/min流速下驱油效果约为37%左右，提速后，注入高孔隙体积倍数的水，驱油效果可提高至70%左右(图10)。

二维构型控制的剩余油分布研究；受渗流屏障和储层质量差异影响，心滩坝内部由于落於层发育规模差异，导致剩余油分布不同；无落於层时剩余油比例为23.2%，连续分布落於层控制的剩余油比例为29.2%，非连续分布落於层控制的剩余油，受不连续落於层分布在上中下部的影响，使得剩余油比例在26.5%～28.9%，(图11)。

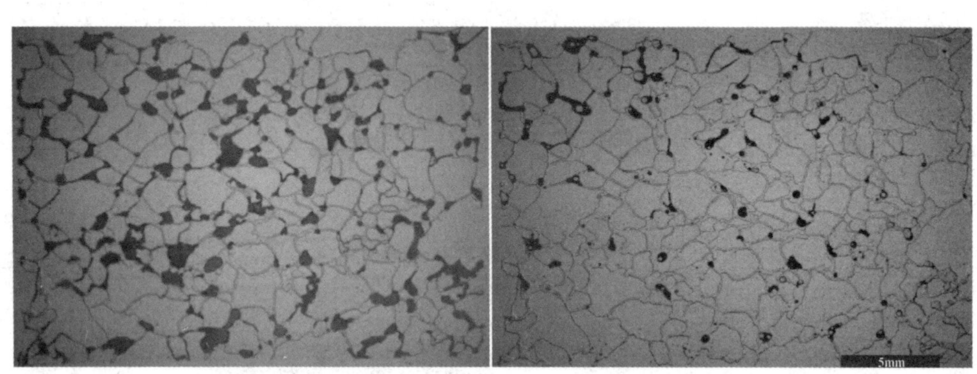

图10 微观水驱油过程图

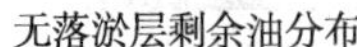

无落淤层剩余油分布　　连续落淤层剩余油分布　　非连续落淤层剩余油分布

图11 心滩坝构型控制剩余油分布特征图

三维立体空间剩余油研究；开展精细建模、数模、物模、概念模型研究，从油藏三维空间表征剩余油分布状态；最常用的数值模拟方法研究剩余油，在建立超精细三维地质模型基础上，不粗化开展数值模拟，实现建模数模一体化。

6 攻关油藏渗流地球物理技术

大港油田提出了油藏渗流地球物理技术概念(赵平起2017)，在油藏开发过程中流体流动满足渗流方程，地震波传播满足波动方程，推导建立渗流-波动耦合统一方程，以此建立流体流动、压力、饱和度与地震响应的直接关系，从而达到认识流场、评价流场、改变流场、提高采收率的目的。

7 结论

（1）以构型为单元的精细油藏描述技术，能够体现单一沉积单元砂体连通关系、微构造的自然形态、合理解决复杂的油水关系等一系列技术问题。

（2）低级序断层识别技术，通过井震结合，尤其通过地震手段能够更好的识别 5-10 米断距的低级序小断层。

（3）小尺度储层预测技术，采用地震沉积学方法、基于高密度采集数据的近偏移距叠加精细储层识别方法，可以识别最小 4 米左右砂体的横向分布规律。

（4）基于地球物理技术的构型刻画技术，采用基于地震正演的构型分析、基于分频扫描的构型分析、基于沉积相和分频反演的构型分析技术，能够刻画曲流河道砂体侧向加积分布规律。

（5）多维度剩余油描述技术，开展一维岩心微观剩余油赋存状态、二维构型控制的剩余油分布、三维立体空间剩余油研究，结合动态监测资料验证，可以准确描述剩余油分布。

参 考 文 献

[1] 吴胜和．碎屑沉积地质体构型分级方案探讨．高效地质学报．2013，19(01)：12-22.

[2] 马跃华．利用谱分解技术预测河流相储层．石油地球物理勘探，2015，50(03)：502-510.

[3] 郑荣才．陆相盆地基准面旋回的级次划分和研究意义．沉积学报．2001，19(02)：249-255.

时移模拟新方法在老油田极限挖潜中的应用

文 星 李 威 朱义东 陈维华 伍文明

(中海石油(中国)有限公司深圳分公司)

摘 要 物理模拟及实际生产表明，海相砂岩长期水驱开发存在残余油饱和度端点时移，然而，传统数值模拟无法便捷实现时移模拟，严重阻碍了油田历史拟合及潜力认识。本文创造性提出了一种新的时移模拟方法，通过相渗时移精细表征和全过程反演迭代，规避了传统模拟弊端和瓶颈。X 油田实际应用表明，新方法使历史拟合中高含水期含水上升趋势大幅改善，过路井饱和度拟合精度高，有效地指导了老油田开发后期精细极限挖潜。该成果对南海东部海域老油田高含水期开发具有较强推广价值。

关键词 海相砂岩；时移模拟新方法；全过程反演迭代；高含水油田；极限挖潜

长期以来，通过物理模拟及实际生产表明，海相砂岩长期水驱油藏确实存在残余油饱和度端点时移。如 Y 油田长期水驱物模显示，在一定的驱替速度条件下，随着驱替倍数的增加，残余油饱和度绝对量减小 10%～15%左右，幅度减少 30%～50%；X 油田 Z25 层下部物性好，在经过 24 年长期水驱下，实际过路井测井显示 Z25 下部剩余油饱和度已达 18.4%，已低于传统标定的残余油饱和度 24%。

此时，传统意义采用常规岩芯水驱标定残余油饱和度(定值)已经不能代表真实油藏实际情况，严重阻碍了老油田开发后期极限挖潜[1]。X 油田突出表现为：第一，在精细数值模拟方面，开发前期初拟合较好，但随着开发后期，无法准确描述高含水期，含水上升过快问题；第二，油田岩芯测试驱油效率已小于目前实际采出程度，显然与实际生产动态相矛盾，严重制约未来潜力的认识。对此，时移饱和度模拟对精细地质油藏研究是非常有必要的，而如何实现时变模拟是关键。

1 研究现状

国内外数值模拟研究基础大部分都认为在开发过程中油藏储层参数不发生变化，即整个模拟过程中相渗为定值。通过大量调研[2~5]，目前时移模拟仅两种方式(如图 1)：第一种，即传统实现，胜利油田通过自我编程方法利用 ECL 实现物性时变，但其实现需要 N 次重启动，繁琐、工作量大、不连续，推广困难；第二种，即演变实现，利用 CMG 软件将化学反应、离子吸附与流体流动建立等效，实现参数时移，但这种化学反应机理较为复杂，与流体流动关系建立还不明确，同时分公司目前还无相关软件资源，使用受限。

针对目前常规方法还无法满足大型实际模型时移模拟的瓶颈，是长期水驱油田遗留的问题。因此，探索出一套新的实现手段，便捷实现时移模拟是非常有必要的。

2 时移模拟新方法提出

2.1 时移模拟新方法流程

时移模拟关键点在于表征和实现，新方法在剖析常规数值模拟数学模型求解流程基础上，嵌入相关模块，求解流程如图 2。具体而言，在常规属性参数场基础上，增加时移精细表征，在全隐式法求解第 N 时间步饱和度、压力场后，增加时移模块，通过 SCH 反演迭代进行下一时间步计算。其中，对于时移模块的实现流程(如图 3)，首次借助 tNavigator 的 ARITHMETIC 算法平台，通过压力数据，利用关键字计算网格流量，定义过水倍数，通过分区标定方法，赋值不同过水倍数下对应相渗曲线。

新方法相比常规实现手段，有如下优点：①直接采用渗流模型，算法自定义，可实现函数面广，包括时变、压变、物变等；②不需要重新启动，直接在 SCH 全过程进行；③运算速度快。

【作者简介】文星(1989—)，男，中海石油(中国)有限公司深圳分公司，助理工程师。E-mail：wenxing@cnooc.com.cn

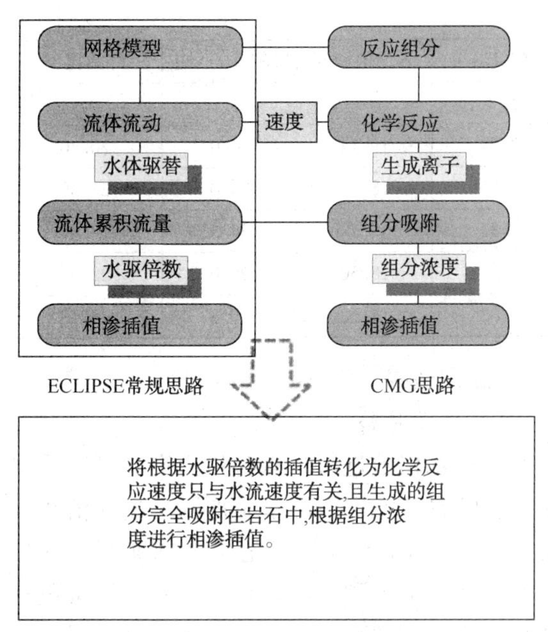

(a)传统ECL实现

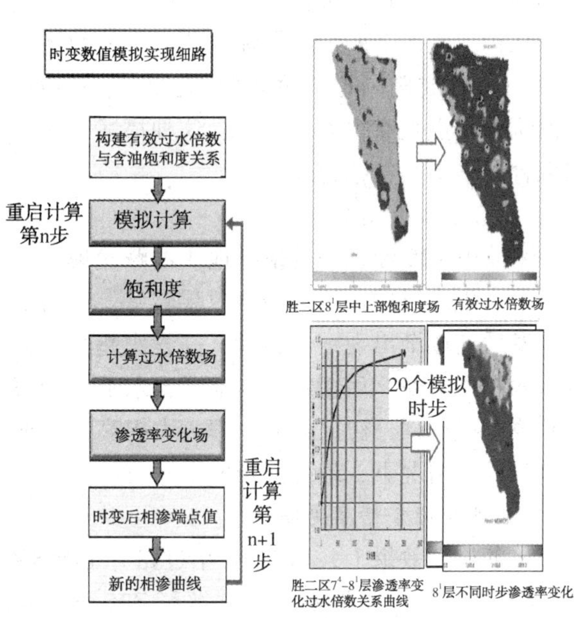

(b)演变CMG实现

图 1　目前已有的时移模拟实现思路

2.2　相渗时移精细表征

从近年实际过路井显示，X 油田 Z25 层下部

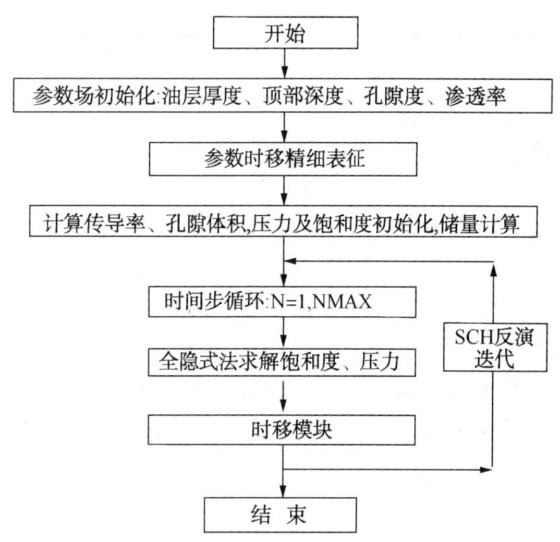

图 2　参数时变数学模型方程求解流程框图

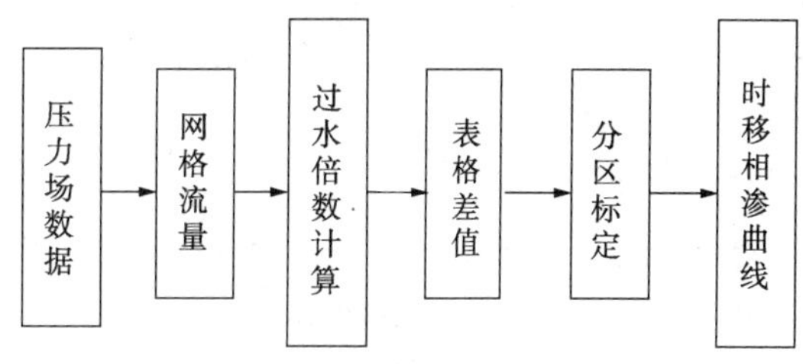

图 3　相渗时移模块实现流程

长期水驱造成测井解释剩余油饱和度低于岩芯标定残余油饱端点，如何充分利用现有生产及井上资料，进行残余油饱和度端点时移精细表征，提出“过路对标-差值计算”精细表征新方法。具体如下：

由于 Z25 油藏后期过路井资料丰富，针对井上这一现象进行系统梳理对比(如表 1)，确定了残余油饱和度平均从岩芯分类的 25%降至实际测井标定的 19%。对此，调用长期水驱残余油饱和度变化图版，回归得到残余油饱和度端点随过水倍数的函数关系式：

$Sor=-4.5*LN(PV)+50$，其中 $50<PV<2000$

式中　PV——过水倍数；

Sor——残余油饱和度。

表 1　X 油田 Z25 层过路井和 RST 测井解释 Sor 降幅分析表

井名	钻井时间	层段 MD	平均渗透率	平均孔隙度	SQRT(k/phi)	含油饱和度	岩芯分类 SOR	降幅比例
		m	mD	%	D/F	%	%	%
#1	2011.12	3007-3008	102	17.6	0.76	21.28	25.7	17.04
#2	2011.2	2782-2784	458	18.5	1.57	21.09	25.5	17.36
#3	2011.2	2790-2792	841	21.9	1.96	19.91	24.5	18.58
#4	1995.7	2624-2625	1000	24.3	2.03	17.92	23.5	23.81
#5	2003.9	2972-2974	896	21.8	2.03	19.95	24.5	18.42

续表

井名	钻井时间	层段 MD	平均渗透率	平均孔隙度	SQRT(k/phi)	含油饱和度	岩芯分类 SOR	降幅比例
		m	mD	%	D/F	%	%	%
#6	2011.2	2686-2688	971	23.4	2.04	19.14	24.0	20.30
#7	2010.3	2803-2805	1049	23.1	2.13	18.42	24.0	23.29
#8	1995.7	2617-2618	1236	23.3	2.31	19.79	24.5	19.07
#9	2014.1	2847-2850	2843	25.2	3.36	18.50	24.0	22.96
#10	2014.1	2846-2848	9965	27.5	6.02	15.62	20.9	25.18

通过基准相渗，利用函数关系式差值反解，求取时移相渗曲线系列(图 4)，应用于相渗时移模拟。

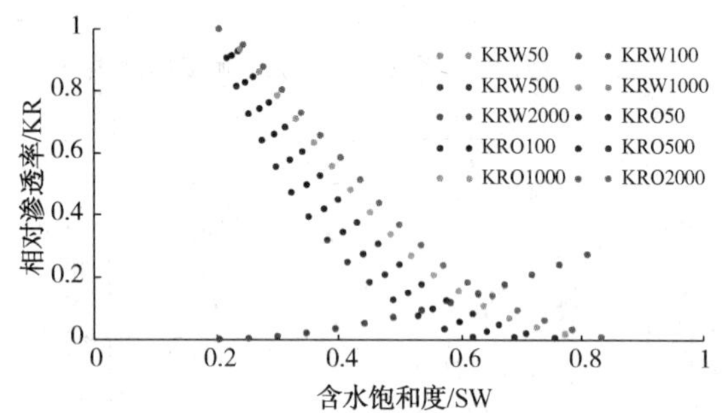

图 4　随过水倍数变化的时移相渗曲线

2.3　相渗时移的实现

对于相渗时移模拟的实现，通过关键字 FLOWW 定义过水体积，利用 ARR 关键字前缀自定义过水倍数，采用 ARITHMETIC 历史全过程反演迭代，相关实现在 SCH 进行关键字编写，部分语句及调用过程如图 5 所示。当过水倍数<100 时，调用基础 11 类相渗；当 100<过水倍数<500 时，调用第 12 类相渗，当 500<过水倍数<1000 时，调用第 13 类相渗，以此类推。

通过时移饱和度模拟，可以明显看到(图 6)，随着长期水体冲刷，油藏下部过水倍数逐渐增加，相渗得到时移，残余油饱和度端点发生时变。

通过提出的新方法，具体应用于 X 油田 Z25 油藏实际模型，应用效果如下。

3　实际应用效果

3.1　过时倍数时移

利用过水倍数进行相渗时移标定，可以看出(图 6)，随着 Z25 层下部水驱加剧，过水倍数逐渐增大，残余油饱和度变化层级越明显，2012 年后开始逐渐上推到上部 α 层，过水流线可更直观体现局部冲刷情况。

利用相关实现，进行了不同井型下过水倍数场的认识，如图 7 所示。实际单井过水倍数场类似“灯芯”，成椭圆逐渐聚焦状态，与传统 BOX 定值调整端点是有很大差异的，这种描述相比常规拟合调整更为精细合理。

3.2　高含水上升趋势改善

X 油田 Z25 油藏经过精细地质油藏建模，定相渗下，生产早期初拟合吻合效果较好，然而随着开发后期逐渐出现定不住油，高含水趋势，通过引入相渗时变，后期定油明显，含水上升趋势得到改善(图 8)，初拟合吻合率大大提高，后期在调整较少情况下，最终拟合效果好。

3.3　过路井拟合精度更高

单井拟合效果上，以 2010 年过路井 LF-X-1A 井为例，如图 9 所示。测井解释 Z25 下部含油饱和度低于 20%，如采用传统模型岩芯标定残余油饱端点为 25%，即无论如何驱替，因残余油饱端点的限制使得油田潜力会被低估，而通过时移模拟，残余油端点与实际对应较好，更符合实际认识。

●关键词前缀ARR-调用自定义过水倍数属性场

●时移语句实现[云许可]

```
ARITHMETIC
SATNUM=IF(ARR2006/PORV>100&ARR2006/PORV<500,12，SATNUM)/
SATNUM=IF(ARR2006/PORV>500&ARR2006/PORV<1000,13，SATNUM)/
SATNUM=IF(ARR2006/PORV>1000&ARR2006/PORV<2000,14，SATNUM)/
SATNUM=IF(ARR2006/PORV>2000,15，SATNUM)/
/
```

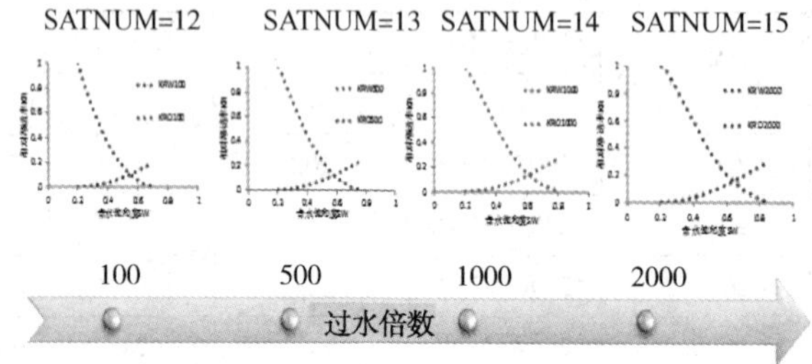

图 5　ARITHMETIC 部分算法及时移过程

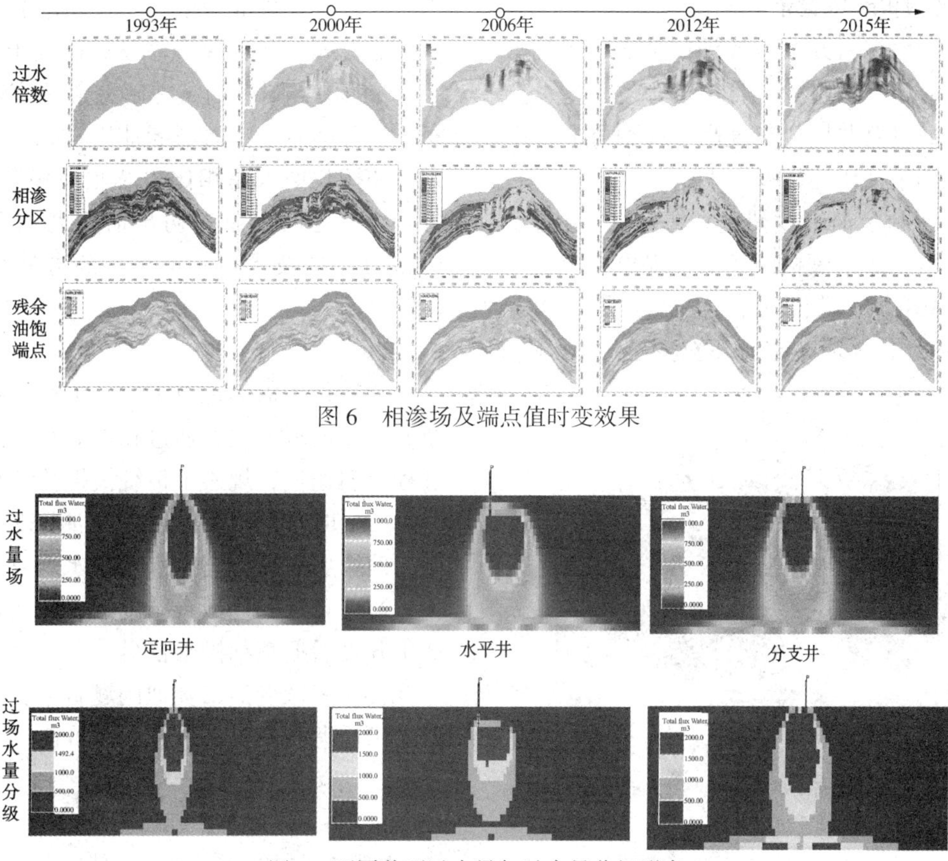

图6　相渗场及端点值时变效果

定向井　　水平井　　分支井

图7　不同井型过水量与过水量分级形态

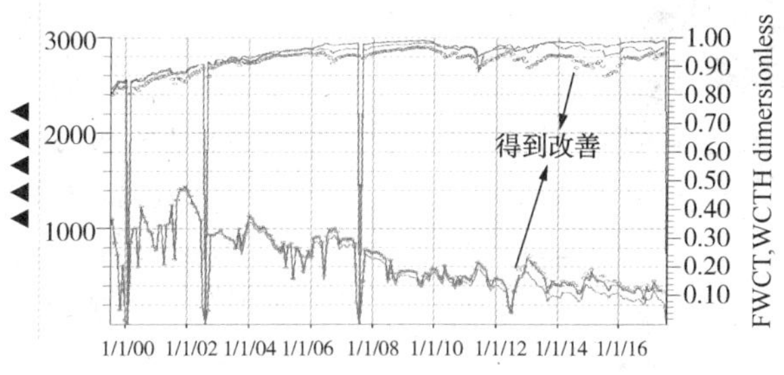

图8　定相渗与时移相渗初拟合效果对比

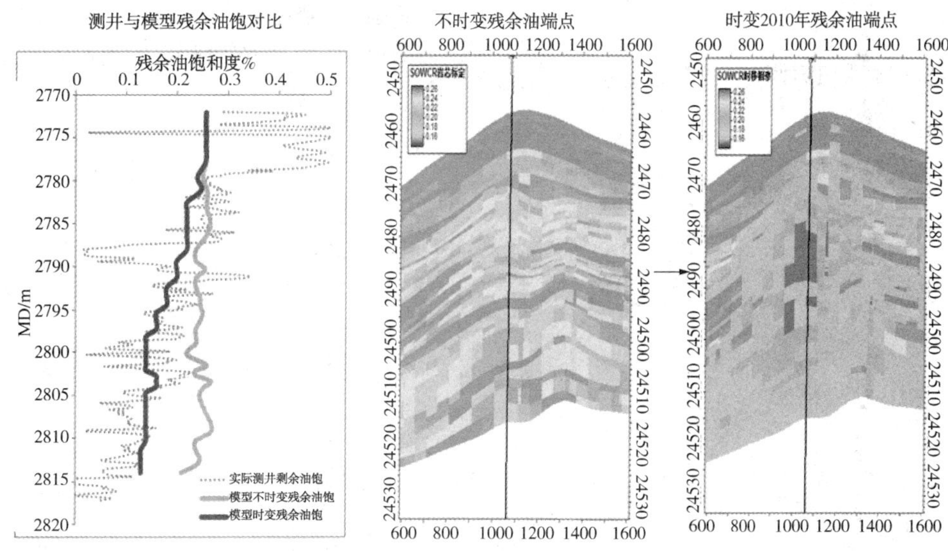

图9　LF-X-1A 测井与模型残余油饱和度对比及时移演变

3.4　指导老油田极限挖潜

通过时变模拟新方法在X油田Z25精细油藏模型的整体应用，调整少，含水拟合效果好，全过程、全区域过路井拟合精度高，模型可靠程度高，提高了剩余油研究精度。

通过可动剩余油丰度研究(图10)，支持了长期复产项目Z25油藏极限挖潜，提出2口调整井及8口MRC措施潜力，增加可采近$40\times10^4m^3$，区域评估下为X老油田至少延寿10年。

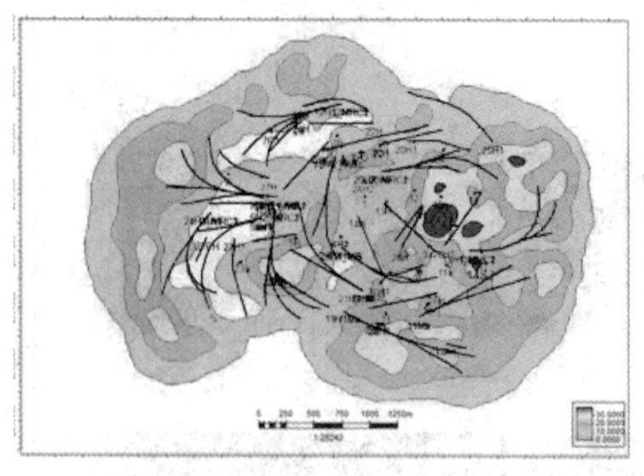

(a)α层可动剩余油丰度

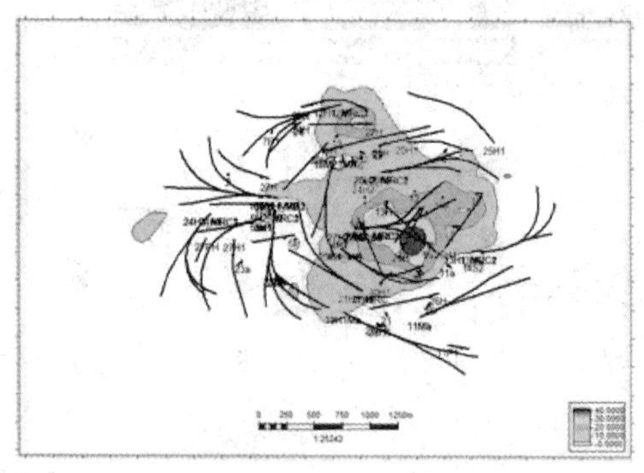

(b)Z25层下部可动剩余油丰度

图10　时移模拟下可动剩余油丰度

4　应用前景

南海东部海域油田以海相砂岩油藏为主，整体物性较好，大液量生产，长期水驱时移问题较为明显。如Y油田采收率认识已高于两相区饱和度，Z油田不同时期试井解释渗透率存在物性时变。梳理南海东部海域老油田，总储量近2.9亿方，如按长期水驱相比岩芯驱油提升采收率5%折算，考虑时变下，初步估算老油田可增加超1000万方的技术可采储量，新方法具有较好的推广价值。

5　结论

(1)首次借助现有平台，创造性提出了一种新的时移模拟方法，通过相渗时移精细表征和全过程反演迭代，规避了传统模拟弊端和瓶颈。

(2)时移模拟新方法在X油田Z25油藏的应用，使得历史拟合高含水期含水上升趋势大幅改善，过路井饱和度拟合精度高，有效地指导了老油田开发后期精细极限挖潜。

(3)海域老油田类似问题普遍，该方法对类似油田后期开发具有较强推广价值。

参考文献

[1] 姜瑞忠，乔欣，滕文超等．储层物性时变对油藏水驱开发的影响[J]．断块油气田，2016，23(6)：768-771

[2] 金忠康，方全堂，王磊等．考虑储集层参数时变效应的数值模拟方法与应用[J]．新疆石油地质，2016，37(3)：342-345

[3] 姜瑞忠，乔欣，滕文超等．基于面通量的储层时变数值模拟研究[J]．特种油气藏，2016，23(2)：69-72

[4] 刘显太．中高渗透砂岩油藏储层物性时变数值模拟技术[J]．油气地质与采收率，2011，18(5)：58-62

[5] 许强，陈燕虎，侯玉培等．特高含水后期油藏时变数值模拟处理方法研究[J]．钻采工艺，2015，38(5)：41-43

南海东部油田 ICD 技术控水增油实践与认识

陈维华　莫起芳　伍文明　郑圣黠　文星　吴星宝

(中海石油(中国)有限公司深圳分公司)

摘　要　南海珠江口盆地油田普遍具有物性好、能量充足的特点，截至目前，南海东部海域所有的油气田全部采用天然能量开发。但天然能量充足的强水驱开发模式也会造成较严重的底水锥进问题。为改善开发效果，各油田群普遍尝试采用 ICD 控水新技术，收到了较明显的成效。本文从油藏与工艺结合的角度，对 ICD 技术控水增油机理进行深度剖析，首次揭示出 ICD 实质是一种提高采收率技术，它通过均衡水平井供液剖面和保持较高的生产压差两种机理提高波及系数，从而达到增油控水的效果。

关键词　海上油田；强水驱；底水锥进；ICD 技术；涉及系数；提高采收率；控水技术

1　南海东部油田 ICD 控水技术应用背景

1.1　南海东部油田物性好、天然能量充足

南海珠江口盆地油田普遍具有物性好、能量充足的特点，截至 2014 年年底，南海东部海域几十个在产油气田全部采用天然能量开发，为高速、高效开发奠定基础。尤其是海相砂岩油田储层连通性好[1]，水体能量充足，原油性质以低黏度、低密度为主。因此，采用强水驱、大液量的开发模式高速开发，部分油田单井高峰产液量超过 $3000m^3/d$，为油田高速、高效开发提供了良好天然条件，南海东部砂岩油田高峰采油速度普遍较高[2]，见图 1，其中个别油田达到 13%。截至 2014 年年底，南海东部油田已经连续十九年油气当量超千万方。

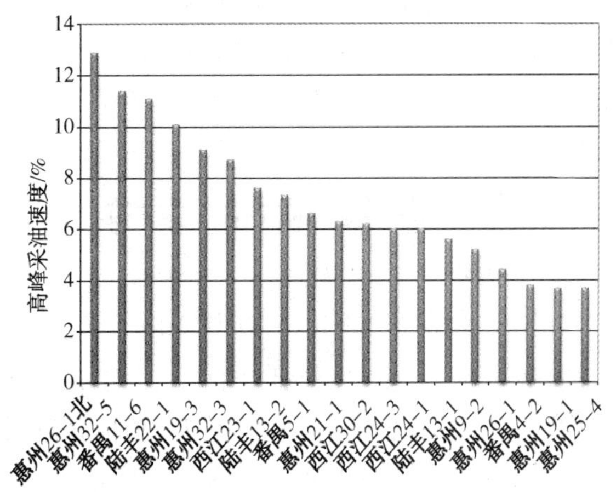

图 1　珠江口盆地海相砂岩油田高峰采油速度图

1.2　南海东部油田强水驱开发模式存在的问题

1.2.1　水平井段供液不均衡

常规砂岩油藏由于流动摩阻和非均质性的原因，尤其海上油田高速开发的特点，水平井会存在较严重的跟端效应和不均衡供液，导致水平井存在一定程度的边底水锥进问题，造成水平井井段不能充分动用，使水平井存在一定比例低效段，降低了水平井的涉及系数，影响水平井的开发效果，进而影响油田的采收率，如图 2 所示。

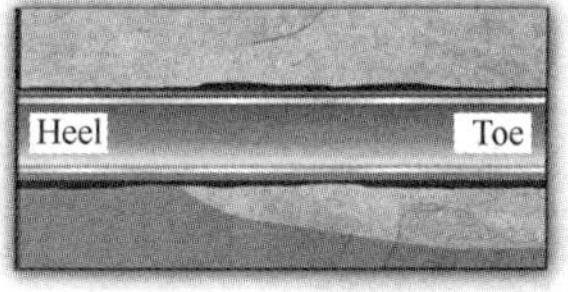

图 2　水平井非均衡供液示意图

而对于南海东部强水驱海相砂岩油藏而言，这一问题更为严重。由于强水驱开发模式对储层物性具有强烈的改造作用，储层经过长期高强度的冲刷，物性变化非常明显，实验数据表明，储层渗透率在过水量不断增加的情况下明显提高，参表 1。

表 1　高渗透岩心不同注水倍数岩心渗透率变化

编号	K（气测）	K_{w1}（注水 3PV）	K_{w2}（注水 10PV）	K_{w3}（注水 20PV）	渗透率变化率
3#	2156	702.5	740.3	784.2	11.63
11#	2179	903.6	964.3	1021.5	13.05
17#	4200	1516.6	1674.2	1803.4	18.91

【作者简介】陈维华，男，高级油藏工程师，硕士，2006 年研究生毕业于石油大学(华东)，主要从事油气田开发工作。E-mail：chenwh3@cnooc.com.cn

受物性时变的影响，储层非均匀性会进一步加剧，这种动态形成的非均性甚至会超过储层原有的非均匀性，形成局部优势通道，加剧水平井段供液的不均衡，降低水平井段的波及范围，见图3。因此，对强水驱海相砂岩来说，动态非均匀性是影响单井和油田开发效果的重要因素。

(a)水驱前高领石填充的孔,扫描电镜隙, ×2000

(b)水驱后形成的大孔道,扫描电镜隙, ×1000

图3 长期高强度水驱后形成大孔道示意图

1.2.2 强底水油藏水平井纵向井控范围小

底水油藏，特别是隔夹层不发育的大底水油藏，由于底水能量强劲，而且缺乏隔夹层遮挡，水平井下方水洗程度充分，而水平井稍远的周边水洗程度明显减弱，而且离水平井轴向越远，水驱程度越弱。实际的生产数据表明，强水驱无隔层的底水油藏纵向水驱范围仅为150m左右，如图4，G油田的B07H水平井经过6年的强水驱生产，轴向120m处的过路井B21H发现油水界面仅抬升2m，由此可见，强水驱底水油藏纵向井控范围偏小。

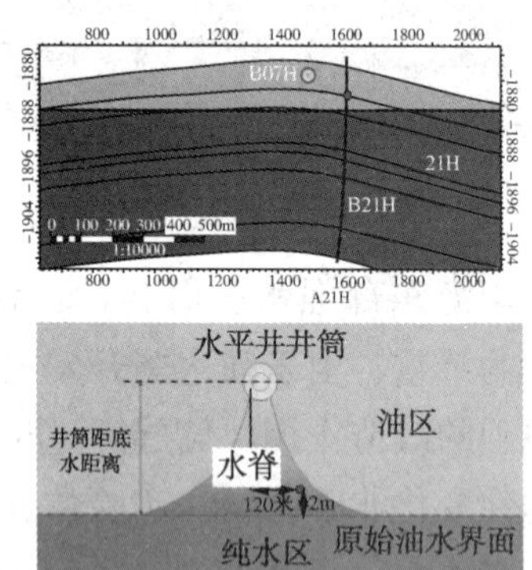

图4 强底水油藏纵向井控范围示意图

更为严重的是，由于长期高强度水驱对储层的改造作用，储层中的黏土矿物不断被冲刷带出，储层的非均匀性会进一步放大，导致水平井开发中后期，形成大孔道渗流和局部优势流场，极端情况下，大底水油藏甚至会出现准裂缝驱油模式，从而造成含水率急剧上升，严重影响底水油藏水平井的开发效果。

大孔道渗流还会导致水平井生产压差大幅下降，造成纵向泄油面积、井控范围进一步减小，见图5，使水平井的实际井控储量下降，开发效果变差，进而影响油田的采收率，这也是强底水油藏开发效果较差的主要原因。

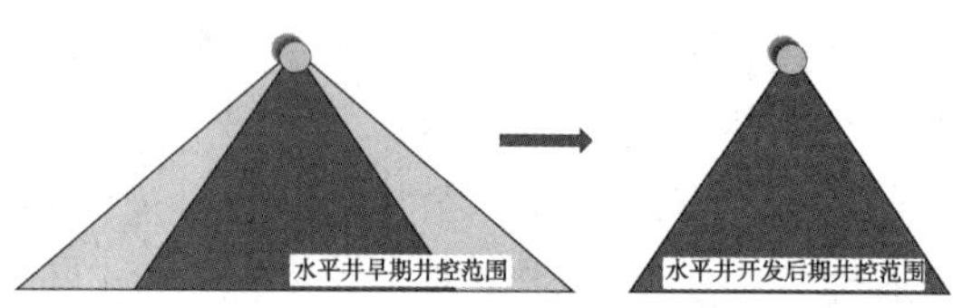

图5 水平井早期和后期纵向井控范围变化示意图

2 ICD技术控水增油机理

2.1 ICD技术控水机理

ICD全称为INFLOW CONTROL DEVICE，即水平井供液剖面控制设备，参图6，这是一种以流量大小为控制条件的流量调节器，其工作原理是通过很多封隔器把水平井段分成若干彼此独立的流动单元，每个单元通过额外附加压力ΔP(该阻力与该单元的流量大小成正比)，自动调节各段流量趋于平衡，从而解决水平井段供液不均衡的问题。

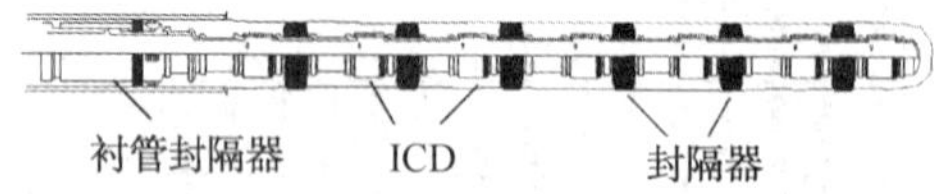

图6 水平井中ICD对储层分段控水示意图

具体过程为ICD技术对水平井进行分段，段与段之间通过封隔器隔开，参图7，形成彼此独立的流动单元、压力单元，每段的总压差ΔP_{TOT}由两部分组成(公式1)，一个是ICD产生的流量调节摩阻Δ_{PICD}(图7)，另一个是实际流动压差ΔP_{FLW}，ΔP_{FLW}越大则该段流量越大，反之越小。

$$\Delta P_{TOT}=\Delta P_{ICD}+\Delta P_{FLW} \quad (1)$$

式中 ΔP_{TOT}——各段的总压差，大小等于油藏

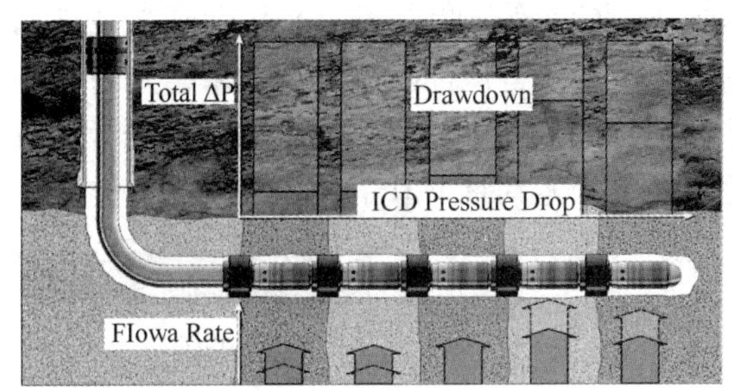

图7 采用ICD技术后水平井各段压力构成

压力与水井井筒内部压力之差；

ΔP_{ICD}——某段ICD产生的附加摩阻，大小与该段的流量成正比；

ΔP_{FLW}——某段实际流动压差，大小等于ΔP_{TOT}与ΔP_{ICD}之差。

公式(1)可变形为：

$$\Delta P_{FLW}=\Delta P_{TOT}-\Delta P_{ICD} \qquad (2)$$

公式(2)是ICD技术调节流量平衡的最基础原理关系式。

ICD作用原理是一种实时流量反馈调节机制，这种自动调节机制，是通过每段的摩阻特征曲线实现的，参图8[3]。摩阻特征曲线是某段ICD摩阻与流量的关系曲线，与流量成正比，它是根据油藏物性和水平段出水情况预测人为设置的，是在下井前ICD设计方案中确定的。因此，每段ICD的摩阻特征曲线会有所不同，它综合体现了对油藏的认识程度、出水段的预测和ICD方案的设置水平，是影响ICD应用效果的关键因素。

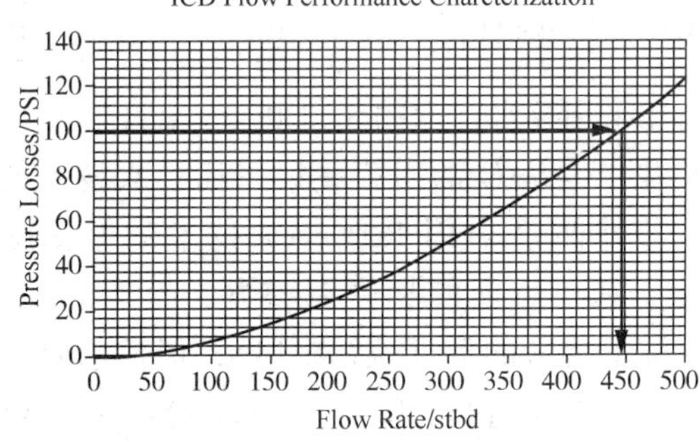

图8 ICD某一段摩阻与流量的关系特征曲线

ICD根据每段摩阻特征曲线和流量大小，通过调整该段摩阻ΔP_{ICD}的大小，从而达到调整该段实际流动压差ΔP_{FLW}的目的，参公式(2)和摩阻特征曲线图8，而该段流量的大小取决于ΔP_{FLW}的大小，与ΔP_{FLW}成正比。从而实现对水平井高流量段的控制，同时也避免因长期不平衡冲刷形成大通道的问题，最终实现水平井全寿命期内的控水目标。

2.2 ICD技术增油机理

从工艺角度看，ICD是一种控水技术，从油藏角度看，ICD实质是一种提高采收率技术，ICD能够在全寿命期内提高水平井波及系数，增大泄油面积和井控储量，从而达到增油、控水的效果。

ICD技术提高水平井涉及系数有两种表现形式。在水平井水平方向的剖面上，ICD技术通过压制高流量段，均衡水平井的供液剖面[4]，参图9，实现水平井全井段的有效动用，提高水平方向的波及系数和有效动用储量。

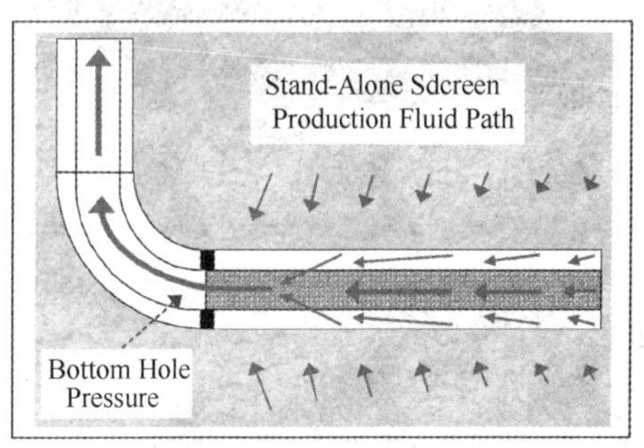

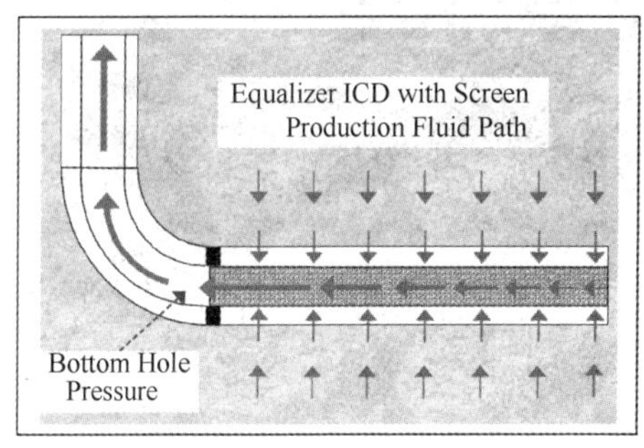

图9 采用ICD的水平井水平方向供液剖面比较

在水平井垂直方向的剖面中，由于ICD技术能够实现对高渗带的有效压制，参图10[5]，在单井产液量不变的情况下，使水平井生产压差显著提升，从而启动更多相对低渗区、增大水平井泄油面积。

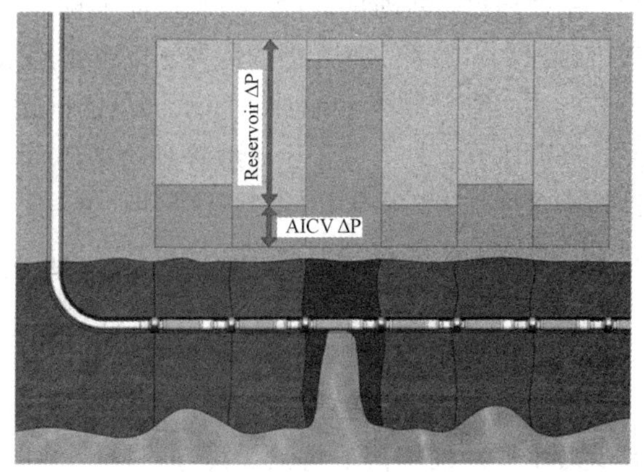

图10 ICD提高水平井生产压差示意图

ICD 技术能够有效压制高渗带、均衡供液剖面，从而减轻生产过程中的物性时变和大孔道的形成，提升并保持较高的生产压差，使压降漏斗覆盖更大的范围，达到提高水平井纵向波及系数的效果，参图 11。

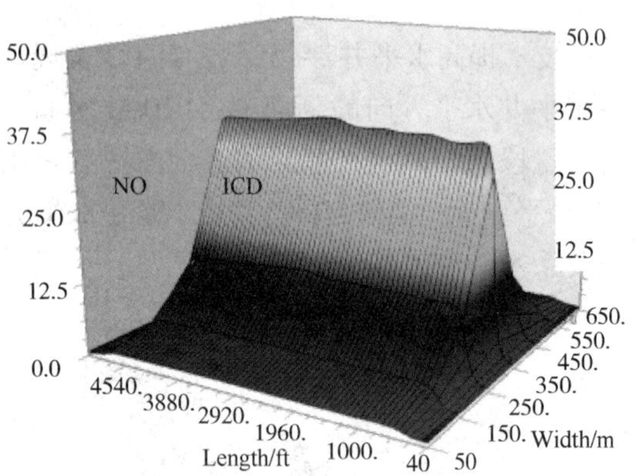

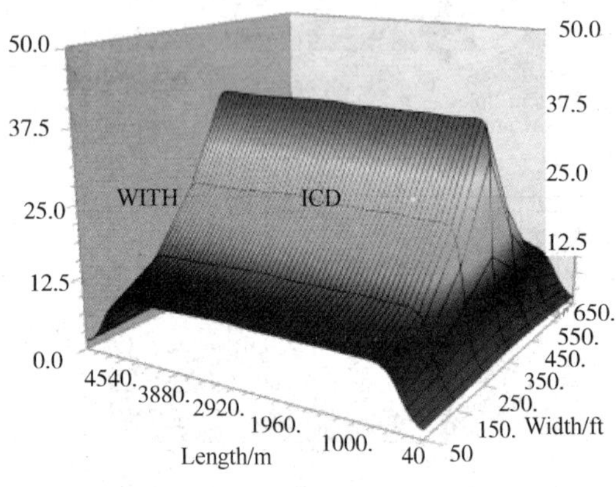

图 11　采用 ICD 技术的水平井纵向涉及范围对比

3　南海东部油田 ICD 技术应用效果分析

3.1　南海东部油田控水技术发展历程

油田的发展历程，也是技术发展和成熟的历程，南海东部的稳油控水技术经历了一个较长的发展历程。发展早期以定向合采井为主，参图 12，主要通过合理避射高度，减轻层间干扰等方式进行控水，随着生产发展的需要，陆续采用水平井、中心管等技术延续边、底水突进的问题，到特高含水开发期，鉴于生产形势日趋复杂，稳油控水难度加大，各油田陆续尝试采用 ICD 控水技术，并不断积累经验，为 ICD 控水技术发挥更大作用奠定基础。

3.2　ICD 控水效果典型案例分析

G 油田 H3A 油藏是一个典型的底水油藏，具有底水厚、油层薄的特点，共有 6 口生产井，其中 4 口初期投产的开发井，2 口为后期加密井，参表 2。该油藏投产以来，一起受底水锥进问题的困扰，为改善该油藏的开发效果，先后有 3 口井分别尝试采用中心管、ICD 等控水技术，效果比较显著，尤其是 ICD 的控水效果非常突出。

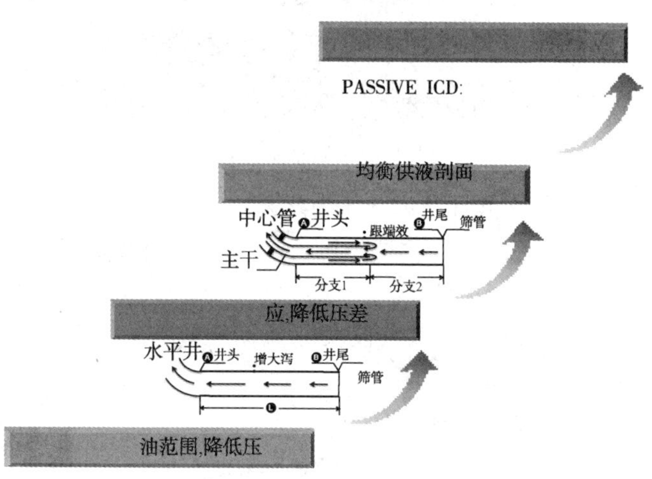

图 12　投产初期预测产量与目标产量比较

表 2　G 油田 H3A 油藏生产井信息表

井名	投产时间	类型	完井方式	累产油/$\times10^4m^3$	含水率/%
B01H	2008.4	开发井	筛管	29.2	95
B02H	2008.4	开发井	筛管	31.8	96
B03H	2008.4	开发井	筛管	51.5	95
B04H	2008.4	开发井	中心管	52.2	96
B18H	2009.12	加密井	ICD	45.6	92
B21H	2013.12	加密井	ICD	11.7	47

在采用控水技术的 3 口井中，B04 是早期的开发井，也是 G 油田第一口采用控水技术的油井，另外两口采用 ICD 控水技术的井 B18H、B21H，属于后期的加密调整井，投产时间晚，而且位于构造的低部位(图 13)，但控水效果非常显著，如图 14 中所示(B18H 粉红色、B21H 红色)，利用递减法预测 B18H 可增油 5 万方。

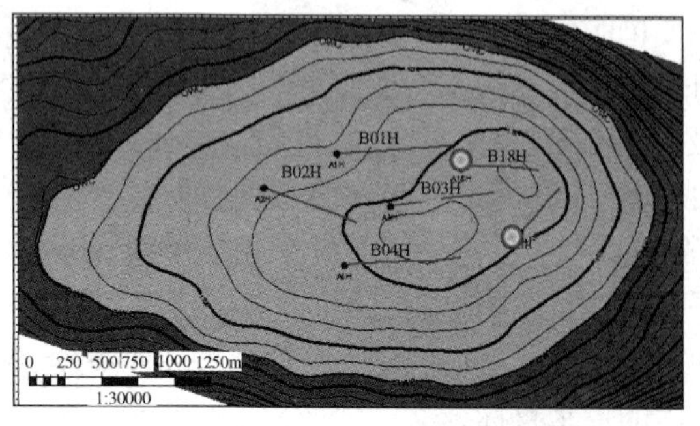

图 13　G 油田 H3A 油藏井位图

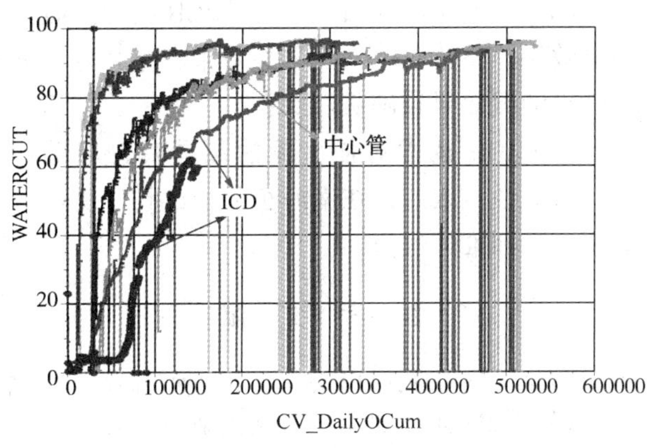

图 14　G 油田 H3A 油藏控水技术效果比较

3.3　南海东部油田 ICD 技术整体应用效果分析

为改善高含水期油田、特别是底水油田的开发效果，先后有 4 个油田群尝试采用 ICD 控水技术，累计实施达 28 口井次，收到了较明显的成效，参表 3，除刚投产的 4 口井外，控水有效率整体达到 83%，其中 J 油田群和 H 油田群实施井次较多，实施井型包括水平井和定向井两种。

进一步研究发现，不同的油藏类型、不同井型控水效果存在一定的差异。整体而言，砂岩油田控水效果明显超过礁灰岩油田，水平井控水效果超过定向井。

表 3　南海东部 ICD 控水技术应用效果统计

油田群	井名	井型	投产时间	控水方式	效果评价	关井时间	累产油/ $\times 10^4 m^3$	含水率/%
A 油田群	01H	水平井	2009/4/19	ICD	有效		6. 2	95. 1
	02H	水平井	2009/3/1	ICD	有效		29. 8	84. 0
	03H	定向井	2010/9/1	ICD	有效		16. 6	82. 8
	04H	定向井	2010/3/1	ICD	无效	2013/10/1	7. 8	97. 7
	05H	定向井	2010/9/1	ICD	有效		21. 8	77. 0
	06H	水平井	2012/12/1	ICD	有效		12. 6	73. 5
	07H	定向井	2010/9/1	ICD	有效		6. 3	92. 3
	08H	水平井	2011/4/28	ICD	有效		31. 4	67. 7
	09H	水平井	2008/9/12	ICD	有效		14. 8	96. 0
	10H	水平井	2010/1/3	ICD	有效		7. 9	92. 4
	11H	水平井	2008/7/24	ICD	有效	2011/1/1	8. 5	89. 6
	12H	水平井	2011/2/1	ICD	有效		12. 4	84. 0
	13H	水平井	2014/4/4	ICD	有效		1. 3	61. 0
B 油田群	01H	水平井	2012/4/18	ICD	一般		10. 7	96. 5
	02H	水平井	2014/7/13	ICD	有待观察		0. 3	5. 7
	03H	水平井	2014/7/13	ICD	有待观察		0. 0	90. 0
	04H	水平井	2014/7/13	ICD	有待观察		0. 4	3. 0
	05H	水平井	2014/7/13	ICD	有待观察		0. 9	42. 8
C 油田群	01H	水平井	2012/10/27	ICD	有效		5. 6	97. 1
	02H	水平井	2012/6/8	ICD	有效		6. 3	98. 1
	03H	水平井	2013/5/5	ICD	有效		6. 1	94. 5
	04H	水平井	2013/6/18	ICD	有效		5. 1	89. 7
	05H	水平井	2014/4/27	ICD	有效		2. 3	60. 4
	06H	水平井	2014/5/31	ICD	有效		1. 3	50. 7
	18H	水平井	2009/12/5	ICD	有效		44. 2	94. 0
	21H	水平井	2013/12/3	ICD	有效		8. 0	35. 0
D 油田群	3	水平井	2013/9/15	ICD	有效		1. 24	97. 8
	4	水平井	2014/5/5	ICD	差		0. 24	94. 8

3.4 南海东部油田 ICD 控水应用前景分析

从 ICD 技术控水机理角度分析，更多强水驱的底水油藏应该采用 ICD 技术，抑制底水锥进；从 ICD 提高采收率机理角度分析，更多的强水驱油藏，包括边水油藏，应该采用 ICD 增油技术，实现水平井在全寿命期增油的目标。鉴于南海东部海相砂岩油藏普遍具有强水驱的特征，ICD 技术在南海东部油田具有良好的应用前景和推广价值。因此，南海东部具有强水驱特征的在生产油田和在建设油田应该推广采用 ICD 技术或更新的 AICD 技术。

4 结论与认识

综上所述，可得出以下结论：

(1) 南海东部油田普遍具有强水驱的开发特征，早期存在底水锥进问题、后期易形成大孔道，水平井段存在供液不均衡的问题；

(2) ICD 技术把水平井人为分隔成若干独立段，通过压制高流量段，可实现水平井全井段均衡供液；

(3) ICD 技术本质上是一种提高采收率技术，是工艺和油藏一体化研究的产物。ICD 能够有效压制高渗段、防止大孔道形成，从而提高了水平井生产压差，达到动用更多低渗段和提高波及系数的效果，实现显著提高水平井涉及系数和油田采收率的目的；

(4) 南海东部油田大量尝试 ICD 技术，收到明显效果。整体表现为水平井效果较直井好，海相砂岩油藏效果较礁灰岩好；

(5) ICD 技术对强水驱油藏具有普遍适应性、有效性，因此，在南海东部油田具有良好的应用前景和推广价值。

参 考 文 献

[1] 罗东红．南海珠江口盆地海上砂岩油田高速开采实践与认识[M]．北京：石油工业出版社，2013：1-10.

[2] 罗东红．南海珠江口盆地(东部)砂岩油田高速高效开发模式[M]．北京：石油工业出版社，2013：6-7.

[3] Paolo Gavioli，SPE，Gonxalo A. Garcia，Design，Analysis，and Diagnostics for Passive Inflow Control Devices With Openhole Packer Completions [A]. OTC 200348，2010.

[4] K. H. Henriksen，J. Augustine，E. Wood，Integration of New Open Hole Zonal Isolation Technology Contributes to Improved Reserve Recovery and Revision in Industry Best Practices[J]. SPE 97614，2005.

[5] Haavard Aakre，InflowControl/Telemark University，Britt Halvorsen，Autonomous Inflow Control Valve for Heavy and Ectra-Heavy Oil[A]. SPE 171141，2014.

低渗透油藏注的水到底去哪了？
——低渗油藏注水利用率评价方法研究

赵晓亮 廖新维

(中国石油大学(北京))

摘 要 低渗油藏，尤其特低渗、超低渗油藏，通常表现为高注采比、低压力保持水平等问题，无效注水现象严重，急需判断注水去向及无效注水比例，从而指导注水开发调整。针对以上问题，研究以渗流力学理论为基础，结合现代试井分析方法，分别针对高含水率低渗油藏、低含水率低渗油藏，建立了注水利用率评价方法，该方法不仅能够判断注入水去向，同时可以确定无效注入水比例。通过对典型油藏的分析评价，表明特低渗、超低渗通常存在注入水憋水的情况，目标油藏憋水量占注入水量的20%；水窜区窜流方向及诱因为沉积微相，而非前期认为的微裂缝，无效注水量占总注水量的45%。研究建立的方法简单易行，可为水驱开发油藏开发对策调整提供技术参考。

关键词 注水利用率；憋水；窜流；试井

目前国内低渗透率油藏，尤其特低渗、超低渗油藏，在水驱开发过程中一般具有以下两个特点。①高注采比、低地层压力保持水平、低含水率。如图1所示，长庆西峰、长庆王窑、吉林119、吉林228、吐哈三塘湖、新疆Z8等油藏均表现为以上问题。尤其超低渗油藏，注采比平均在4左右，但地层压力仍然表现为降低的趋势。注入的水既然进入地层，但地层能量没能够有效补充，到底注的水去哪了？②中高注采比、较好压力保持水平、高含水率。一般该类油藏物性相对较好、发育天然裂缝，注入水容易发生窜流，但由于强非均质性，注入水的窜流方向、窜流量的确定成为开发方案调整的关键，目前采用的方法主要有动态调整判断方法和示踪剂方法，动态调整判断方法需要周期调整日注入水平、日采油水平，判断井间干扰情况，该方法操作时间长，会影响油藏的正常开发，示踪剂方法工作量大、测试费用高，也导致应用不广泛。

针对以上问题，研究以渗流力学理论为基础，结合现代试井分析方法，分别针对高含水率低渗油藏、低含水率低渗油藏，建立了注水利用率评价方法，该方法不仅能够判断注入水去向，同时可以确定注入水分配比例，为水驱开发油藏开发对策调整提供技术参考(图1)。

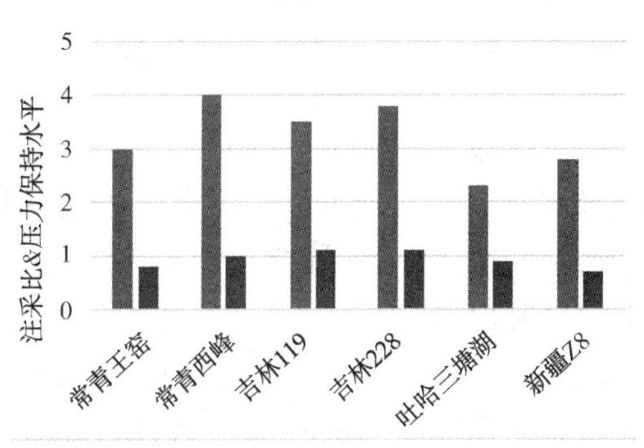

图1 典型油藏注采比与压力保持水平

(来源于网络)

1 低渗油藏注水去向及注水利用率评价方法

1.1 高注采比、低地层压力保持水平、低含水率油藏注水去向及注水利用率评价方法

以试井理论为基础，建立低渗透油藏试井解释模型，结合低渗油藏注水井试井测试曲线及注水开发参数，确定注入水去向及注水利用率。

1.1.1 低渗透油藏试井解释模型的建立和求解

在常规试井模型基础上，考虑启动压力梯度、应力敏感、复杂缝网建立低渗油藏渗流数学模型，通过摄动变换、拉普拉斯变换实现模型的求解[1~5]。

考虑启动压力梯度、应力敏感、复杂缝网渗流数学模型(点源)

【作者简介】赵晓亮(1978—)，男，2009年毕业于中国石油大学(北京)石油工程学院，博士，副教授，从事方向为现在试井分析方法研究、气驱提高采收率机理研究。E-mail：zxl@cup.edu.cn

$$\frac{1}{r}\frac{\partial}{\partial r}\left(r\frac{\partial p}{\partial r}\right)+\alpha\left(\frac{\partial p}{\partial r}\right)^2-\frac{\lambda}{r}=e^{\alpha(p_i-p)}\frac{\mu\phi c_t}{3.6k}\frac{\partial p}{\partial t}$$

$$\left.\frac{10^3khe^{\alpha(p_i-p)}}{1.842B\mu}r\left(\frac{\partial p}{\partial r}-\lambda\right)\right|_{r\to 0}=q,\ p|_{r\to\infty}=p_i p|_{t=0}=p_i$$

缝网渗流数学模型(裂缝段)

$$\frac{k_f}{\mu}\frac{\partial p_f^2}{\partial y^2}+\alpha\frac{k_f}{\mu}\left(\frac{\partial p}{\partial y}\right)^2+\frac{Bq_f}{86.4W_fh_f}=0$$

$$\left.\frac{k_fh_fW_fe^{\alpha(p_i-p)}}{86.4\mu}\frac{\partial p_f}{\partial y}\right|_{y\to y_d}=Bq_d$$

$$p|_{t=0}p_i$$

采用摄动变换、拉普拉斯变换对上述模型求解，获得井底压力表达公式[6-9]。

$$p_d=-\frac{1}{\alpha_D}\ln(1-\alpha_D\xi_D)$$

其中，

$$\xi_D=\xi_{D0}+\alpha_D\xi_{D1}+\alpha_D^2\xi_{D2}+o(\alpha_D^2)$$

1.1.2　高注采比、低地层压力保持水平、低含水率油藏注水井注入动态特征分析及试井曲线特征分析

以长庆油田某典型油井为例，该井不同时间的试井测试曲线分别表现为以下特征，为图 2，图 3 所示。在开发中期，注水试井测试曲线表现为有限导流均质无限大试井曲线特征(图 2)，但目前的试井测试曲线表现为复合油藏的特征(图 3)。统计了该油藏测试区 80 口注水井试井测试资料数据，其中 70%具有以上特征，同时分析注水井动态资料发现：注水井井口注入压力在逐渐上升，注入难度越来越大，但仍然注不进；在压降试井测试周期内，井底压力下降幅度小。

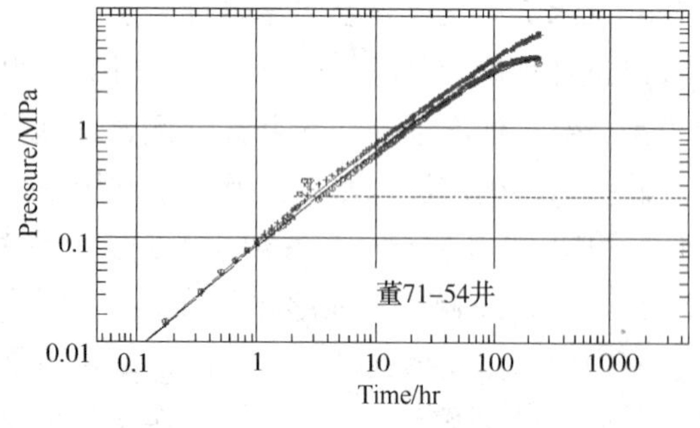

图 2　开发中期试井曲线特征

基于以上分析，可以得出这样的结论，当注水井满足以下特征时：①压降测试时间内(低渗油藏压降试井测试一般在 15d 左右)，压力降落很小，表明注入水扩散能力弱；②注水井注入压力高，注入量下降且欠注，表明水流动差；③水井试井曲线

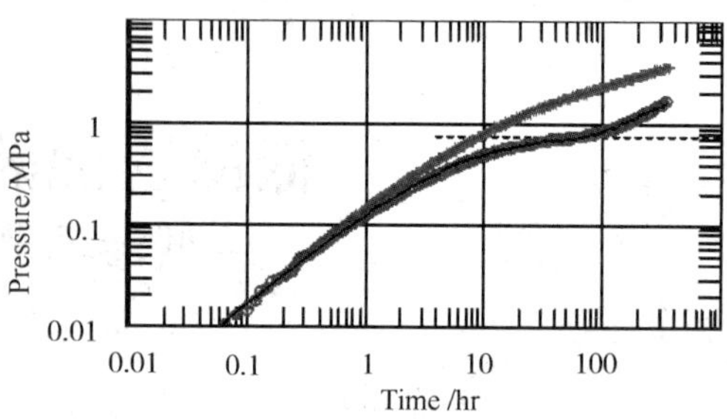

图 3　目前试井曲线特征

表现为复合油藏的特征，表明内区流度和外区流度存在差异，与压裂造成的复合特征正好相反。当满足以上 3 条规律时，可以确定该水井注入水并未有效波及开，而是憋在注水井附近。

1.1.3　基于试井测试资料的低含水率油藏注水利用率评价方法

基于以上认识，在具有目前试井测试数据的情况下，可以建立的试井解释模型，通过试井测试曲线拟合，获得井筒、储层等参数。其中内区半径即为注入水憋压区半径，进而采用容积法即可算出注入水利用率及注水井附近的憋水量。

单井注入水聚集区存水量计算公式如下：

$$V=\pi\times r^2\times h\times\phi\times\gamma$$

式中　V——注入水聚集区存水量；

r——注入水聚集区半径；

h——地层有效厚度；

ϕ——孔隙度；

γ——分散系数。

以某井为例，采用建立的低渗油藏试井解释模型对该井解释，拟合效果和解释结果如图 4 所示，解释结果中憋压区半径为 35m，结合储层物性参数，通过容积法可以计算该井的憋水量为 $2.3\times10^4m^3$。

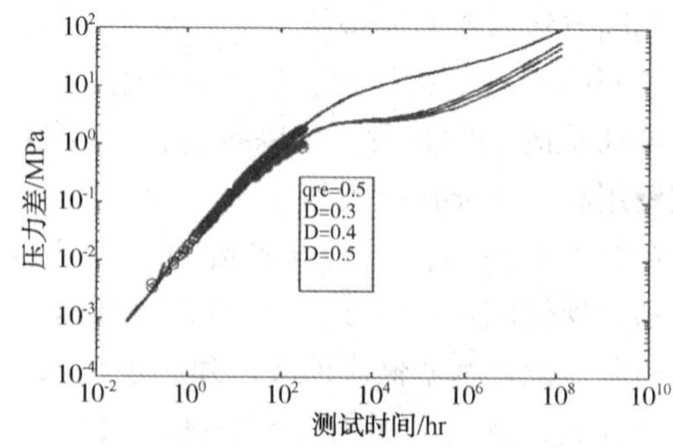

图 4　典型水井的试井曲线拟合分析

1.2　高含水率油藏注水去向及注水利用率评价方法

以试井理论为基础，通过对油水比数据处理，获得油水比导数曲线特征，根据该特征，判

断注入水窜流方向及注水利用率。

1.2.1 注水窜流方向识别方法研究

在开发生产中，可以获取大量的注采井生产动态资料，这些资料比如：注入井的注入量、生产井的含水率等，都是随日常时间而变化。为了研究方便，以及研究所得的结果和结论具有普遍适用性，引入无因次时间 t_D。

$$t_D=\frac{q_i t}{A\phi h}$$

其中 q_i——注入井注入量，m^3/d；

t——注入井累计注入时间，d；

A——油藏面积，m^2；

h——油藏平均厚度，m。

对时间 t 进行无因次化得到的无因次时间 t_D，既引入了时间 t，同时也考虑了注入井的注入量和油藏体积，是一个注入倍数的概念。

上节提出的生产井含水率导数随无因次时间变化曲线中，自变量是无因次时间，因变量是含水率导数。生产井含水率导数的定义如下：

$$f'_w(t_D)=\frac{df_w}{dt_D}$$

其中 f_w——生产井的含水率；

t_D——无因次时间；

$f'_w(t_D)$——生产井含水率对无因次时间的导数。

无因次时间的引入将注采井联系在了一起，可以体现出注入井的注入对生产井的影响。当注采井间如果没有窜流时，无因次化的含水率导数曲线表现为单峰的特征，如果注采井间存在窜流时，无因次化的含水率导数曲线表现为双峰的特征，如图5和图6所示。根据该特征，可以判断注采井间是否发生窜流，确定注水井注水窜流方向。

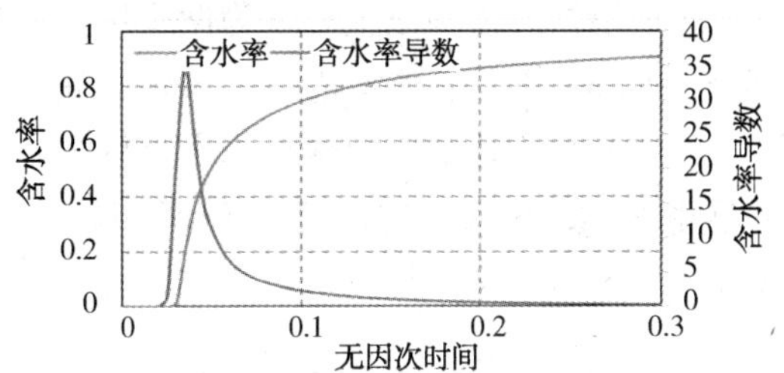

图5 无高耗水带时含水率及其导数随无因次时间变化曲线

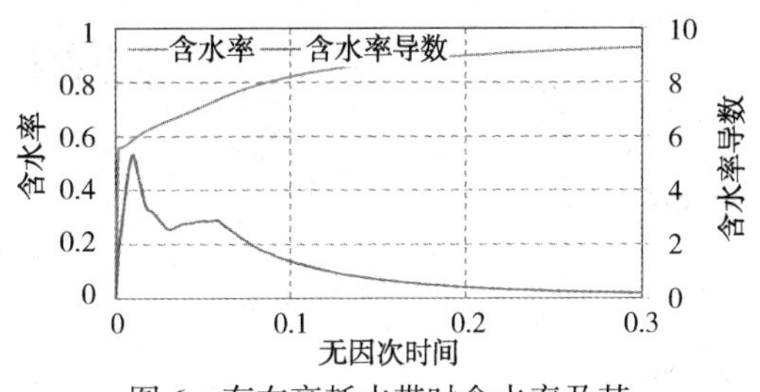

图6 存在高耗水带时含水率及其导数随无因次时间变化曲线

1.2.2 注水窜流量确定方法研究

考虑储层物性参数、相对渗透率曲线，通过可以建立窜流量占水井注水量比例的计算公式[10~15]，即该注水井中多少注入水窜流至该生产井：

$$F=\frac{\alpha\beta k_{rw}(S_{wb})/\mu_w}{\alpha\beta k_{rw}(S_{wb})/\mu_w+(1-\beta)k_{rw}(S_{wb})/\mu_w+(1-\beta)k_{ro}(S_{wb})/\mu_o}\cdot\frac{(1-\beta)+\alpha\beta}{\alpha\beta}=\frac{1}{1+\frac{1-\beta}{1-\beta+\alpha\beta}\frac{k_{ro}\mu_w}{k_{rw}\mu_o}}$$

其中，
$$\alpha=\frac{K_1}{K},\ \beta=\frac{w}{a}$$

F 值计算流程如图7所示。

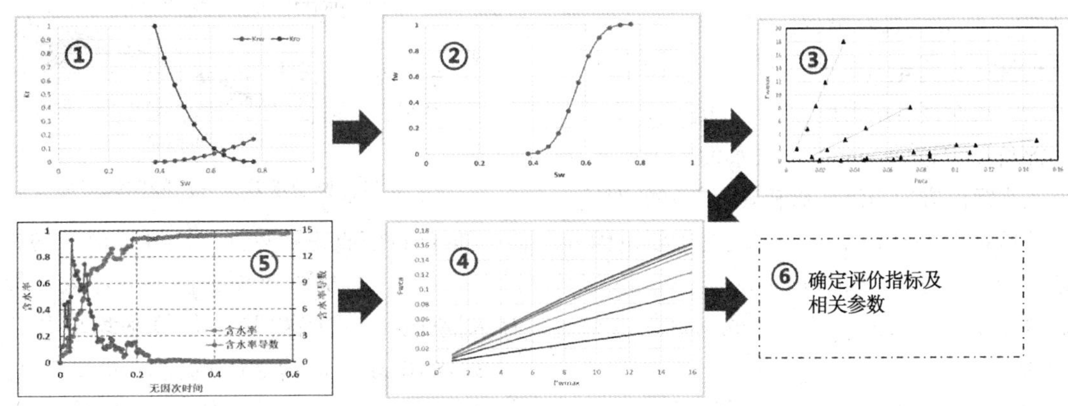

图7 窜流比例计算流程图

2 实例应用

以长庆某油藏为例，该油藏平均渗透率为0.8mD，属于超低渗油藏。该油藏目前的注采比为5，平均地层压力保持水平与原始地层压力相当，说明注入水中80%的水未见效，急需判断注水去向，指导注水开发调整。

该油藏根据开发特征主要分为两个区，见图8。西56-西33井区平均渗透率1.2mD，属于特低渗，含水率高、地层压力保持水平高区域；西34井区和西25井区平均渗透率0.65mD，含水率低、地层压力保持水平低。

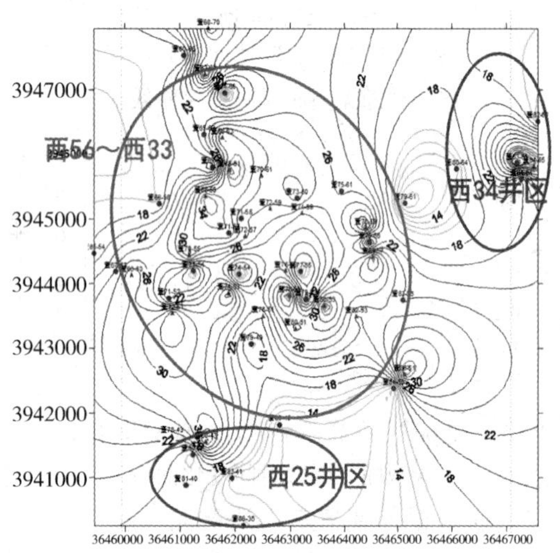

图8　油藏分区

2.1　西56-西33井区注水窜流方向及注水利用率分析

该区属于高含水率低渗油藏，地层压力保持水平较高，但注入水窜流也严重，需要判断注水窜流方向，指导注水开发调整。采用建立的识别方法对该区进行评价，结果如图9所示。为了验证评价结果的可靠性，后期采用示踪剂方法进行了监测，针对董66-61井开展示踪剂测试，测试结果表明：董65-60、董65-61、董66-60和董67-60见到了示踪剂显示，与评价结果对应性非常好，表明评价方法具有很好的可靠性。

该区的注采比为4，即75%的注入水去向不明，采用以上的方法对区分析目前注入水的窜流方向及窜流量，评价结果表明45%的注入水发生了窜流。该区的注入水窜流方向与沉积微相具有较好的对应特征，即该区的沉积特征是该区窜流的主要诱因，而非前期认为的微裂缝，如图10所示。

2.2　西34井区和西25井区注水流动方向及注水利用率分析

目前西34井区和西25井区累计注采比为4.38，实际平均地层压力保持水平为100%，即注入水中的约70%未有效利用。该区75%的注水井表现为复合油藏的特征(图11)，而且满足以下规律：①平均压降试井测试时间在15d左右，但压力降落约2MPa，压降较小；②测试前井口油压平均18MPa，地层注入压力在38MPa以上，注入压力高，但注入量下降且欠注；③水井试井曲线表现为复合油藏的特征。根据前面的认识，可以判断该区水井普遍存在憋水的特征。

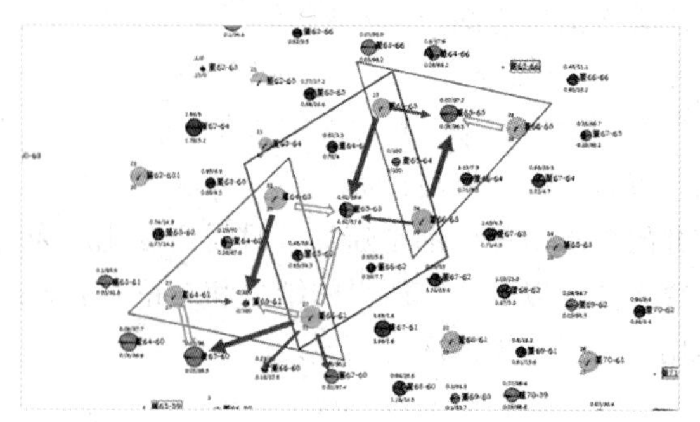

图9　典型井组窜流方向及窜流比例分析图
(红色表示发生窜流方向，红色箭头宽度反映窜流量比例，绿色箭头表示未发生窜流)

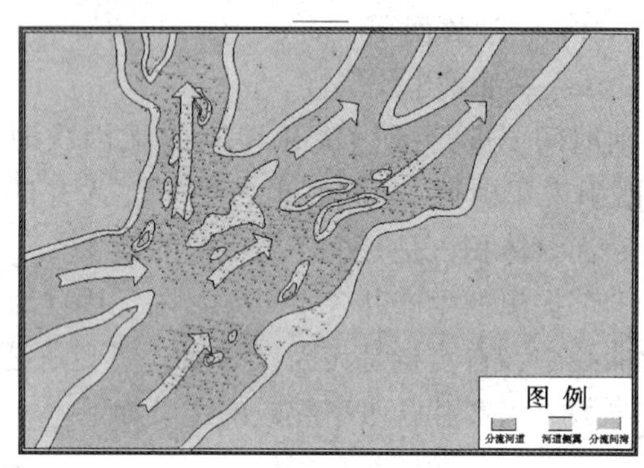

图10　该油藏沉积微相特征

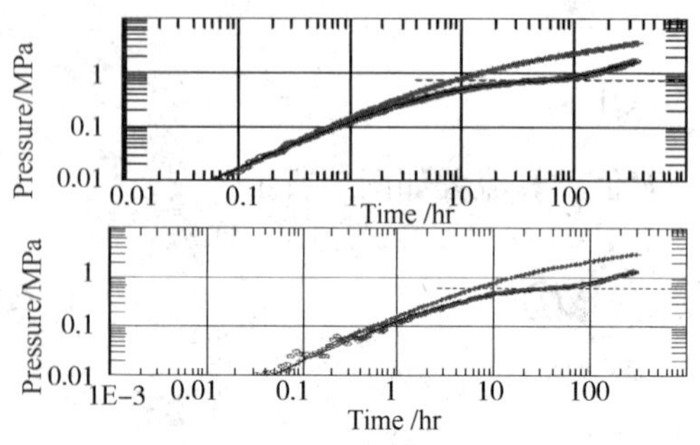

图11　典型水井试井压降曲线特征

根据目前收集到数据，该区目前平均单井累计注入量为$11.64\times10^4m^3$，由单井注入水聚集区存水量计算公式(容积法)估算平均单井存水量为$2.3\times10^4m^3$，即约20%的注入水未有效波及。单井若以$100m^3/d$的速度排水，也要排200d。

根据评价结果，研究区于 2017 年 12 月针对某口憋水井进行了排水，截止到 2018 年 11 月，该水井仍在产水。

3 结论

（1）针对中高注采比、较好地层压力保持水平、高含水率油藏，建立了注水去向及注水利用率评价方法，通过与示踪剂测试结果对比，验证了方法的可靠性，该方法只需生产动态资料即可判断窜流方向及窜流量比例，已操作且结果可靠；

（2）针对高注采比、低地层压力保持水平、低含水率油藏，建立基于试井考虑启动压力、应力敏感、复杂缝网的试井解释模型，确定了注水井注入水憋压的判断标准，同时采用试井分析方法，可以确定注入水憋压情况及憋水量；

（3）采用以上方法，针对某油藏进行注入水窜流及憋水分析，水窜区约有 45%的注入水发生窜流，注水无效；憋水区，约有 20%的注入水憋在井底附近。以上结果，可为该油藏的水驱调整提供数据参考。

参 考 文 献

[1] Fisher M K，Wright C A，Davidson B M，et al. Integrating Fracture-Mapping Technologies to Improve Stimulations in the Barnett Shale：2002 SPE Annual Technical Conference and Exhibition，San Antonio，Texas，USA[C]. SPE，2002.

[2] Mayerhofer M J，Lolon E，Warpinski N R，et al. What is stimulated rock volume? Paper SPE 119890 presented at SPE Shale Gas Production Conference，Fort Worth，Texas[C]. SPE，2008.

[3] 王欢，廖新维，赵晓亮，等．非常规油气藏储层体积改造模拟技术研究进展[J]．特种油气藏，2014，21(02)：8-15+151.

[4] Cipolla C L，Lolon E P，Erdle J C，et al. Modeling well performance in shale-gas reservoirs[J]. SPE Reser. Eval. Eng.，2010，13(4)：638-653.

[5] Cipolla C L，Others. Modeling production and evaluating fracture performance in unconventional gas reservoirs [J]. Journal of Petroleum Technology，2009，61(09)：84-90.

[6] Harikesavanallur A K，Deimbacher F，Crick M V，et al. Volumetric Fracture Modeling Approach (VFMA)：Incorporating Microseismic Data in the Simulation of Shale Gas Reservoirs [C]. Society of Petroleum Engineers，2010.

[7] Zhao G. A Simplified Engineering Model Integrated Stimulated Reservoir Volume (SRV) and Tight Formation CharacterizationWith Multistage Fractured Horizontal Wells[C]. Society of Petroleum Engineers，2012.

[8] Suliman B，Meek R，Hull R，et al. Variable Stimulated Reservoir Volume (SRV) Simulation：Eagle Ford Shale Case Study[C]. Society of Petroleum Engineers，2013.

[9] Du C M，Zhang X，Zhan L，et al. Modeling hydraulic fracturing induced fracture networks in shale gas reservoirs as a dual porosity system：International Oil and Gas Conference and Exhibition in China[C]. SPE，2010.

[10] Teklu T W，Akinboyewa J，Alharthy N，et al. Pressure and Rate Analysis of Fractured Low Permeability Gas Reservoirs：Numerical and Analytical Dual-Porosity Models [C]. Society of Petroleum Engineers，2013.

[11] 廖新维，陈晓明，赵晓亮，等．低渗油藏体积压裂井压力特征分析[J]．科技导报，2016，34(07)：117-122.

[12] 王欢．低渗透油藏体积压裂井动态反演技术研究及其应用[D]．北京：中国石油大学(北京)，2015.

[13] 刘雄，田昌炳，姜龙燕，等．致密油藏直井体积压裂稳态产能评价模型[J]．东北石油大学学报，2014，38(01)：91-96.

[14] Cipolla C L，Fitzpatrick T，Williams M J，et al. Seismic-to-simulation for unconventional reservoir development：SPE 146876-MS presented at the SPE Reservoir Characterization and Simulation Conference and Exhibition，Abu Dhabi，UAE[C]. SPE，2011.

[15] Hui M，Mallison B T，Fyrozjaee M H，et al. The upscaling of discrete fracture models for faster，coarse-scale simulations of IOR and EOR processes for fractured reservoirs [C]. Society of Petroleum Engineers，2013.

雅克拉凝析气田高效稳产技术

何云峰　任　宏

(中国石化西北油田分公司)

摘　要　雅克拉凝析气田具有埋藏深(5300m)、水体大(100 倍)、凝析油含量中等(234.5g/m³)、地露压差小(2.44MPa)等特点，在开发过程中容易出现发凝析和快速水侵。面对反凝析的控制、边底水的利用与控制的难点，创新提出了雾状反凝析、均衡水侵控制技术，实现了气藏连续十三年稳产，超方案设计三年。早期投入开发的中、下气层基本实现均衡水侵，凝析油采出程度高达高达到 67.8%，高于国外最高采收率 4.6%，高于国内最高采收率 14.4%，成为凝析气藏高效开发的典型案例。

关键词　雅克拉凝析气田；雾状反凝析；均衡水侵

通过统计全国 74 个凝析气藏，平均凝析油含量在 203.7g/m³，相当部分处于保持压力开发的经济边缘，多用衰竭式开发，凝析油采收率很低，仅 20%。

雅克拉凝析气田具有储量规模大(天然气 275 亿方)、超深(5300m)、高温高压(原始地层压力 58.3MPa，井口压力 42MPa 左右，地层温度 134℃)、中孔中渗(孔隙度 12.4%，渗透率 120md)、水体大(100 倍)、凝析油含量中等(234.5g/m³)、最大反凝析压力低(22~25MPa)、地露压差小(2.44MPa)的特点，主要面临超深层凝析气田如何防止反凝析和边水舌进形成水封气等开发难题。

针对开发难点，创立以提高凝析油气采收率为目标的雾状反凝析控制技术、边水均衡推进控制技术。目前雅克拉凝析气田已连续稳产 13 年，超方案设计 3 年，累产气 127 亿方，累产油 275 万吨，直接经济收入 236.1 亿元。早期投入开发的中、下气层凝析油采出程度高达 67.6%，达到国内外凝析气藏衰竭式开发的领先水平。

1　雾状反凝析技术

凝析气藏在衰竭式开发过程中，当烃类体系压力低于露点压力后就会有反凝析油析出(图 1)，其中部分残留在储层中无法采出，造成凝析油的损失，采收率普遍偏低。反凝析污染伤害成为气藏开发面临的主要难题之一。

1.1　雾状反凝析控制机理

反凝析机理研究通常为三区模型，即纯气

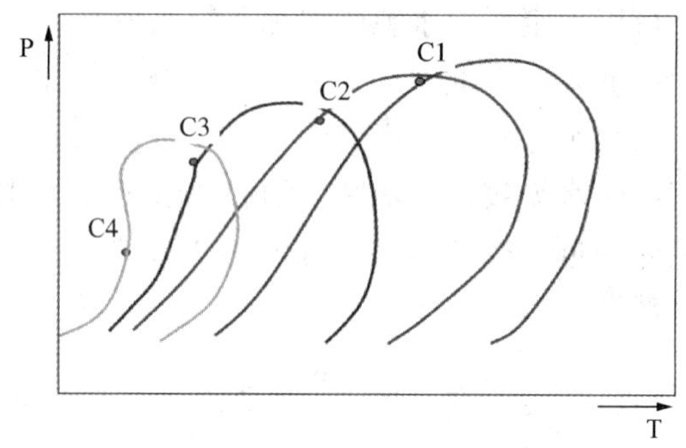

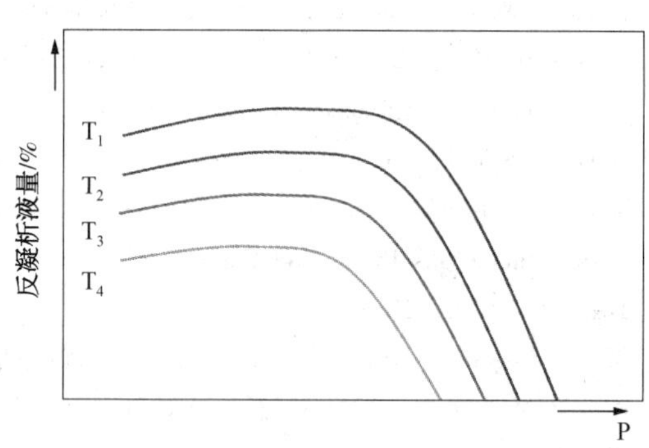

图 1　凝析气藏不同凝析状态相态及反凝析液量图

区、可动气不可动油区、可动气可动油区，笔者在雅克拉凝析气田开发管理实践中，总结出雾状反凝析控制机理，建立凝析气藏五区分布模型和控制技术(图 2)，通过控制流速(采速或压差)使反凝析油始终呈雾状随天然气一起高速流动产出，从而达到地层均匀反凝析→高速流动带出→减少反凝析油损失的目的，具体机理为：

首先，当地层压力等于露点压力时，凝析油开始从天然气中析出，处于析出和混相的临界状

【作者简介】何云峰(1984—)，男，大学本科，工程师，从事油气田开发与管理工作。

态，类似于0℃的水和0℃的冰临界状态；其次，凝析油析出是一个缓慢的过程，初期析出的凝析油呈分散状(雾状)均匀分布在天然气中，无连续油相存在，犹如0℃的水变成0℃的冰，即雾状流区是一个非稳定临界状态；再次，在井周剥蚀效应区，充分利用高速气流的速度剥离效应，雾状反凝析油随高速气流一起产出，避免凝析油在井周堆积，渗流特征与单相气体一致。雾状反凝析理论就是控制和延长雾状流区，通过合理控制单井生产压差和气藏整体采速，反凝析油滴始终处于雾状流状态即形成即采出，即雾状流存在的压力梯度窗口可以延长，常规五区模型转变为两区模型，达到改善气藏性质和饱和压力，实现反凝析控制。

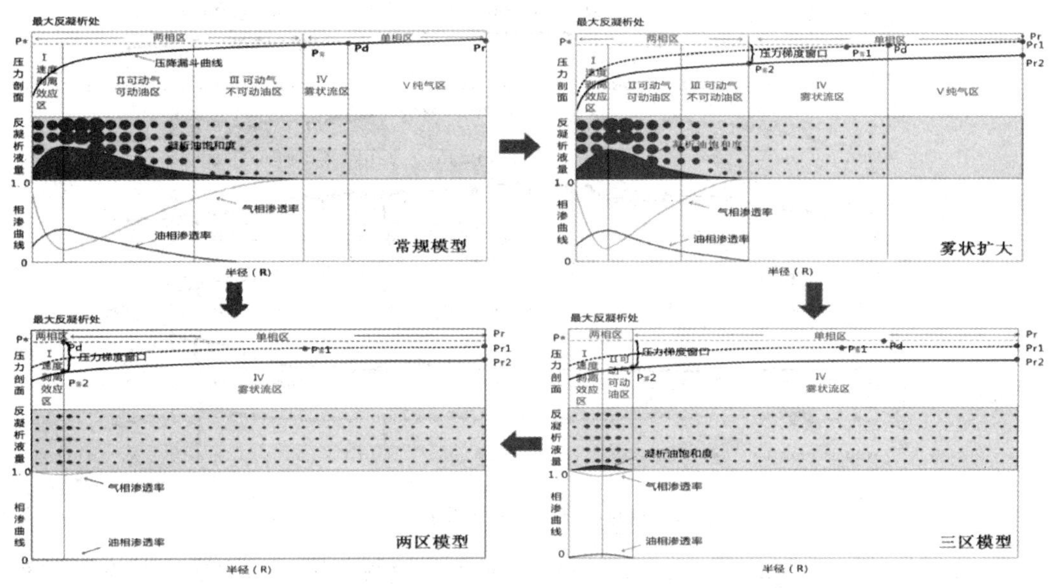

图2　反凝析状态控制下凝析油分布模式图

1.2　雾状反凝析控制技术

基于相态变化和雾状反凝析影响因素，结合凝析气田开发实际，总结出反凝析控制技术，主要控制技术包括：一是合理采气速度是雾状反凝析控制的必要条件；二是井网井距能满足不形成井间反凝析油堆积要求。

1.2.1　合理的高采速控制雾状反凝析

中高孔、中高渗、中孔喉、中等凝析油含量的凝析气藏，采速在4%~8%之间，凝析油、天然气稳产期末采出程度和最终采收率指标最好，稳产期末凝析油和天然气采出程度分别达到44.6%、45.0%以上，凝析油和天然气最终采收率分别达到59.3%、60.0%以上，油气阶段采出程度和最终采收率十分接近，基本无反凝析油滞留(图3)；采速小于3%时，凝析油、天然气采收率分别降至55.2%、58.3%以下(下降4%~15%)，即反凝析油损失在地层中；采速大于8%以后，凝析油、天然气稳产期末采出程度和最终采收率也是下降。

雅克拉气田开发方案设计采气速度为3.5%，实际采速达到5%~7%，高速开发带出地层内反

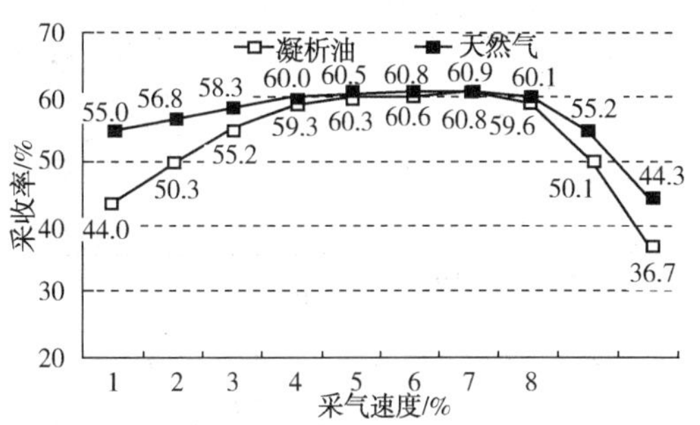

图3　不同采速稳产期开发指标对比图

凝析油，开发生产10年气油比无变化，油气产量稳定，在地层压力低于露点压力14MPa下地层无明显反凝析特征，凝析油采出程度67.8%、天然气采出程度68.0%，油气采出程度分别比设计采收率高16.7%和8.0%(图4)。

1.2.2　合理井网井距避免反凝析油井间堆积

合理井网井距实现均衡反凝析技术主要包括三个方面：①井距不能过大，控制井间弹性膨胀不流动区，使凝析油能够被天然气带出；②充分利用水平井降压差防反凝析；③不规则面积井网，减少不流动区。

对于中高孔、中高渗、中孔喉、中等凝析油

含量的凝析气藏，①1200m 井距下稳产期末凝析油和天然气采出程度较高，最终采收率最高，一是因为早期井间参与流动，没有死油区；二是因为后期流动均衡，雾状反凝析和均衡水侵。②1400m 井距下稳产期末凝析油和天然气采出程度最高，而最终采收率反而不如 1200m 井距，主要是早期弹性膨胀动用和控制，后期井间弹性膨胀区未参与流动，形成连续相剩余油或水封气；③1200~1400m 之间井距最好，过大或过小的井距采收率降低(图 5)。

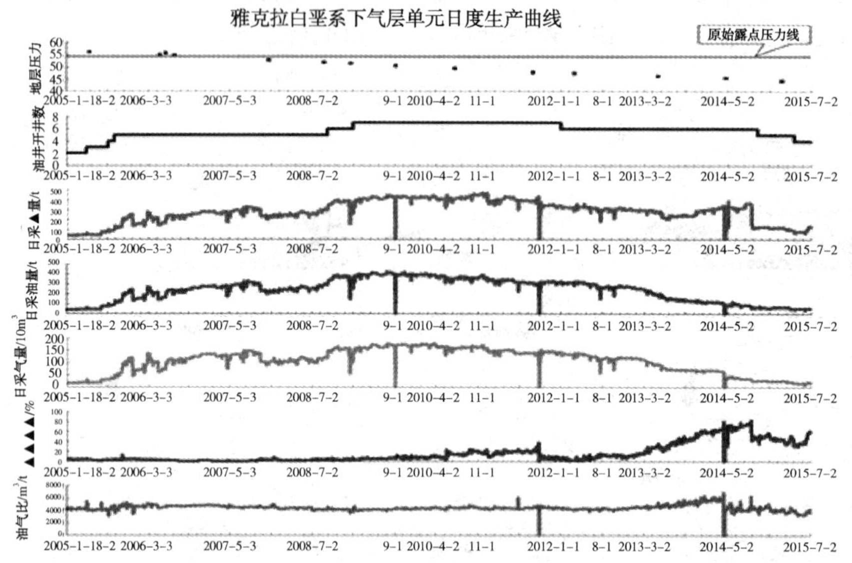

图 4　雅克拉下气层日度生产曲线图

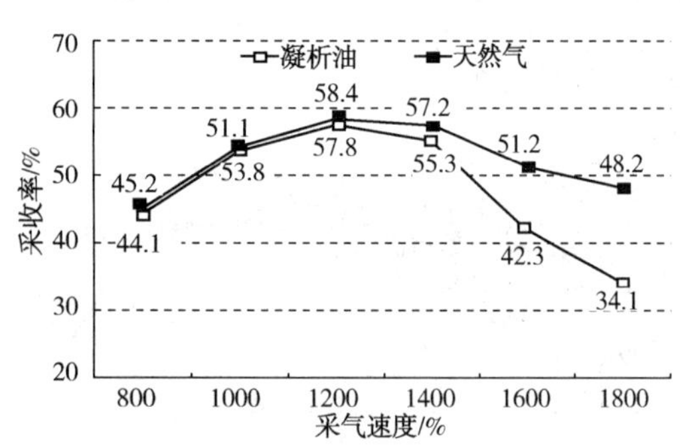

图 5　不同井距预测期开发指标对比图

水平井与直井相比，流线和等势线分布更均匀合理，井间压力损失更小，流速分布更均匀。另外水平井流速快，速度剥离效应显著，从而有效降低反凝析影响，提高凝析油采收率。

规则井网易在几口井中间形成只有弹性膨胀几乎不参与流动的滞留区，很容易造成凝析油堆积，而不规则面积井网各井控制范围交叉，可尽量减少滞留区(图 6)。水平井更要注重交叉部署，尽量使压力势线和流线均匀分布，控制整个气藏反凝析。

在雅克拉气田的井网井距部署调整中，一是采用不规则布井方式，在构造长轴方向不规则线性井网，在高点上面积布井，水平段沿长轴方向，边部直井交错补充，井距 1200~1400m；二是各井控制范围交叉重叠，基本上没有不流动区；三是充分利用边水能量，边部井距尽量放大(图 7)。

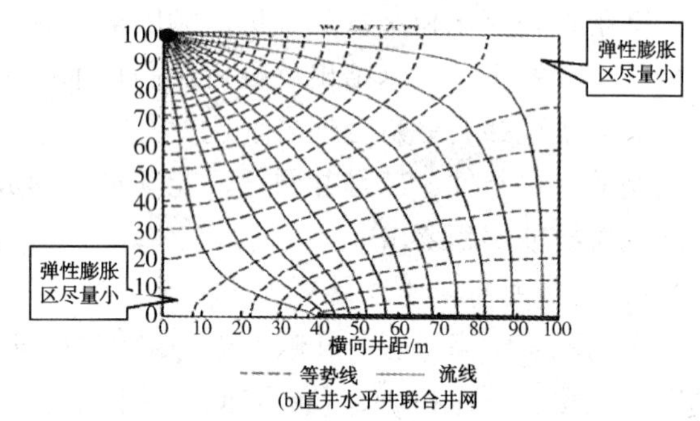

图 6　直井和水平井联合井网流场图

1.3　应用效果

雅克拉凝析气田上、下两个气层同时投入开发，气油比无明显变化，相态、井流物组分变化无反凝析特征，取得较好的应用效果，基本实现控制雾状反凝析的目的。

YK5H 井历年 PVT 相图变化图反映，在地层压力高于露点压力前(2009 年之前)，相图包络线几乎没有变化，2009 年后包络线和临界点略向左下偏移，但随后很快又向右上偏移(图 8a)，相态逐渐变好，尤其是近两年出现露点压力回升高于地层压力情况(图 8b)，较重组分凝析油没有滞留，呈雾状带出。

最大反凝析液量、重质组分含量、凝析油密度基本保持稳定，C_2-C_6中间烃组分甚至略有上升(图8c、d)，低于露点压力后反凝析油持续采出，未滞留地层，反凝析控制较好。

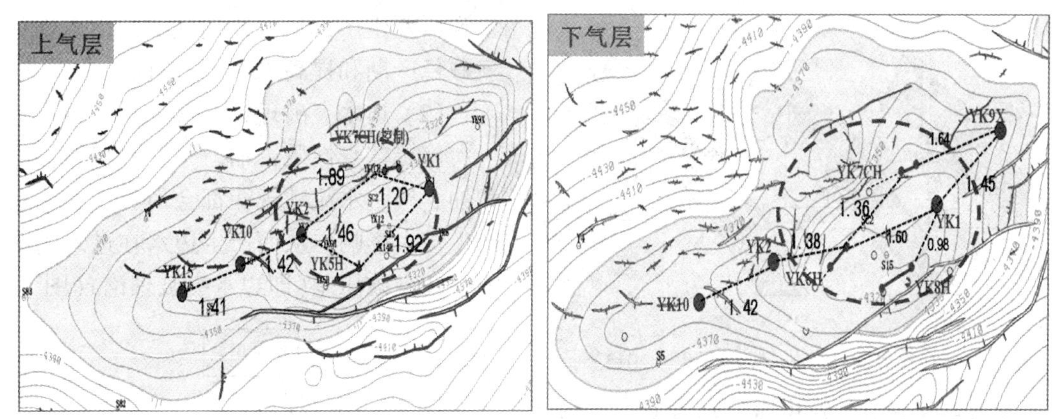

图7　雅克拉气田上、下气层井网构建图

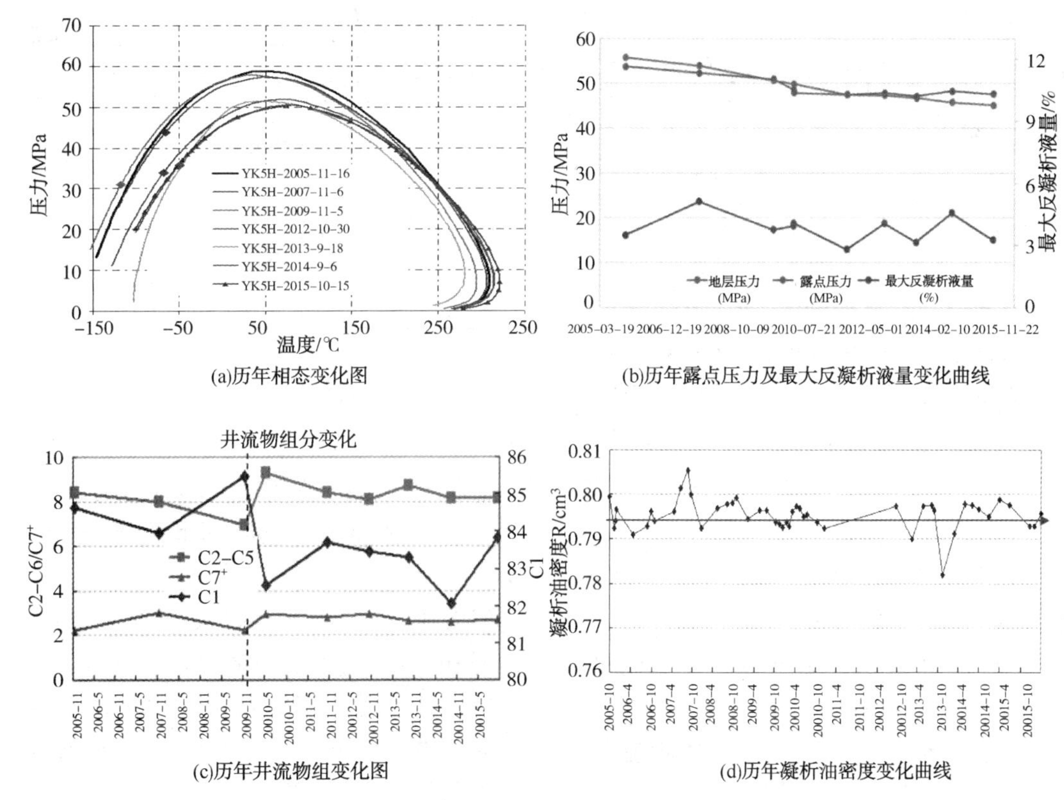

(a)历年相态变化图　(b)历年露点压力及最大反凝析液量变化曲线

(c)历年井流物组变化图　(d)历年凝析油密度变化曲线

图8　YK5H井历年相态及组分变化图

2　均衡水侵技术

水体对油气藏的开发有补充能量和驱替双重作用，对凝析气藏开发而言，一旦地层水占据储渗通道，使气相渗透率迅速下降而形成水封气，导致气井产能下降或天然气无法采出[1~3]。通常做法是以“防水”为主，在开发中期或后期采取各种技术方法尽量防止或延缓边水侵入和“死气区”的出现[4~10]，最大限度延长无水期。本文提出全寿命周期的均衡水侵理念，通过差异化压降、差异化配产和不同时期的“稳—放—控”、“压—稳—排”等手段，尽量实现气水界面近理想状态的均匀抬升。

2.1　边水推进及突破理论

(1) 气水界面运动理论

许多学者运用不同的方法给出了不少气水界面运动的模型。典型的是李晓平提出的以气水两相渗流力学理论为基础，并考虑地层倾角、气体非达西流动效应、气水流度比和气井距边水的长度等因素的实际边水气藏气水界面运动新模型，能够解决水侵及气水界面运动相关问题(图9)。

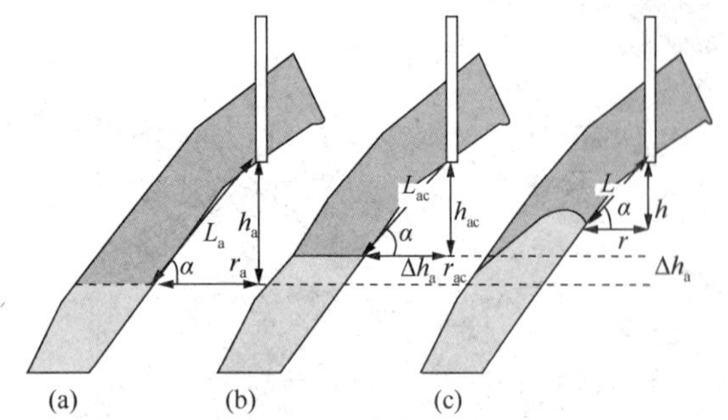

图9　边水气藏气水界面运动模型(李元生，2015)

图9为边水气藏中气水界面运动模型，应用气藏工程方法可以得到气水界面均匀稳定移动的临界生产压差为

$$p_e - p_{wf} = \left| \frac{(\rho_w - \rho_g) g l \sin\alpha)}{1 - M_{gw}} \right| + \rho_g g l \sin\alpha \qquad (1)$$

临界产气量为

$$q_{sc} \leqslant \left| \frac{\frac{k_g}{\mu_g} A(\rho_w - \rho_g) g \sin\alpha}{B_g(1 - M_{gw})} \right| \qquad (2)$$

式中　ρ_g、ρ_w——气、水的密度，g/cm^3；

μ_g、μ_g——气、水的黏度，mPa·s；

K_g——束缚水饱和度 S_{wi} 下的气相渗透率，μm^2；

K_w——残余气饱和度 S_{gr} 下的水相渗透率，μm^2；

A——渗流截面积，m^2；

L——气井距边水的距离，m；

q——地层条件下气体的体积流量，10^4m^3/d；

q_{sc}——地面条件下气体的体积流量，10^4m^3/d；

B_g——天然气的体积系数；

α——地层倾角；

M_{gw}——气水流度比；

p_e——供给边缘上的压力，MPa；

p_{wf}——气井井底压力，MPa。

由以上公式可以得出影响气水边界均匀移动的关键因素是气水渗透率 K，地层倾角 α 和井筒距边水的距离 L。渗透率的高低决定了水线的推进方向和难易程度；地层倾角越大、距边水的距离越远则临界生产压差越大，临界产量越高；反之，地层倾角越小、距边水的距离越近则临界生产压差越小、临界产量越低，所以处于构造低部位、构造平缓位置、高渗区的气井应尽量采取小生产压差生产，从而达到气藏的均衡水侵，延长气藏稳产期和提高采收率的目的。

(2) 边水突破理论

储层本身性质，油、气、水相渗，流体性质和油、气、水流动规律都会对气、油、水的运动产生极大影响，从而产生边水在进入气藏那一瞬间存在突破压差(即边水突破理论)(图10)。

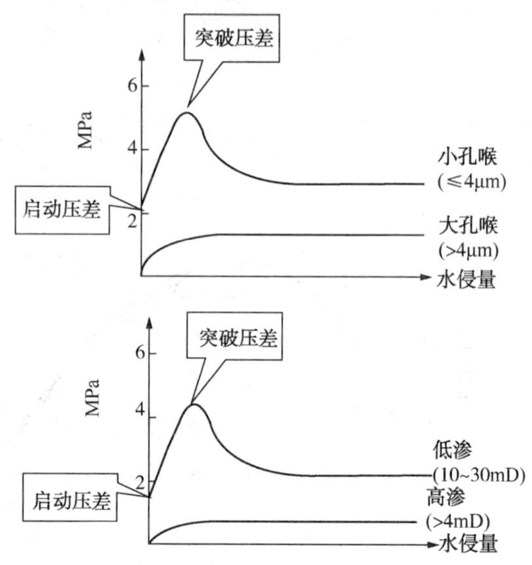

图10　不同物性下边底水突破压差和水侵量关系图

2.2　均衡水侵控制技术

根据边水推进理论及均衡水侵原理，分阶段、分类型总结出凝析气藏均衡水侵控水关键技术(表1)。

开发早期：气藏刚投入开发，主要依靠气藏本身和岩石、水体弹性膨胀能量开采，压降未波及或刚传递到气水边界，此时边水主要发挥弹性能量，没有移动或渗流，该阶段主要通过差异化配产实现气藏均衡采气、均衡压降。

开发中期：边水推进，水侵产生，随着水侵速度加快，累计水侵量快速增加。因储层物性不同，沿高渗、低渗区域的推进速度不一样。此时通过对气水界面运动及突破理论中L的控制，利用“稳-放-控”调控手段，达到开发层系平面均衡水侵的目标。

开发中后期：边底水持续推进与抬升，边部井陆续水淹，水侵加快，累计水侵量增大，因地层远处边底水能量补给，气藏压降变小。此时主要按照有效厚度 H 的变化及压降幅度，利用“压-稳-排”手段进行调控，目的是尽量实现气藏的均衡水侵。

开发后期：气藏整体水侵，主要通过“稳-排”措施调控，高部位、高渗区稳定生产压差；边低部位排水引流，以剩余油挖潜为目的，尽可能提高采收率。

均衡水侵控水技术，关键在早期和中期，关键要实现不同部位、不同物性参数的气层边底水近理想状态下的均匀抬升。

表 1　凝析气藏均衡水侵控水技术

开发阶段	模式图	地质条件	涉及参数	主要参数变化	控制措施	目标
开发早期	B井:低部高渗；C井:高部低渗；A井:高部高渗；D井:低部低渗；井的泄油半径；L 井眼至气水界面距离	高部高渗	ϕ、K、H、单储系数	单储系数变化	高配高产	四个均衡
		高部低渗			中配中产	
		低部高渗			低配低产	
		低部低渗			中配中产	
开发中期	B井:低部高渗；C井:高部低渗；A井:高部高渗；D井:低部低渗；井的泄油半径；L 井眼至气水界面距离	高部高渗	ϕ、K、H、L、Δp(压降)、$\Delta p'$(突破压降)	Δp	稳	边水均衡水侵，避免舌进
		高部低渗		K、Δp	放：局部降压	边水突破低渗屏障，防止水封气
		低部高渗		L 减小	控	均衡抬升，防止边水舌进
		低部低渗		K、$\Delta p'$	放：局部降压引流	
开发中后期	气水边界；B井:低部高渗；C井:高部低渗；A井:高部高渗；D井:低部低渗；井的泄油半径；L 井眼至气水界面距离	高部高渗	ϕ、K、H、L、Δp(压降)、$\Delta p'$(突破压降)、Q(累产)	Q 高、H 减小	压：压产延缓水慢	延缓水侵，使其他部位井均衡水侵
		高部低渗		Q 高、Δp 变大	稳：稳产、稳压降	边水持续均衡推进，防止向高渗区舌进
		低部高渗		已基本水淹	排水采气	提高水淹剩余气动用
		低部低渗		已基本水淹	排水采气	

2.3　应用效果

通过对雅克拉凝析气田不同构造位置、不同储渗条件、不同井型、不同井控储量的井进行差异化配产(表 2)，控制不同的生产压差，实现气层均衡压降。2011 年 9 月平均地层压力为 47.6MPa，井间压差 0.7MPa 左右，2014 年 4 月平均地层压力为 45.0MPa，井间压差 2.1MPa 左右，高部 YK12 井和边部 YK8 井压力差进一步扩大(图 11)。差异化压降实现了天然气的均衡采出和边水的均匀进入，为均衡反凝析和均衡水侵提供了基础。

下气层 2005 年投入开发，2010 年开始出现水侵，气水界面基本实现了均匀抬升—即均衡水侵状态(图 12)。截止到 2016 年 5 月，气藏凝析油采出程度高达到 67.8%，高于国外最高采收率 4.6%，高于国内最高采收率 14.4%。成为了凝析气藏合理利用边水能量实现均衡水侵提高采收率的典型案例。

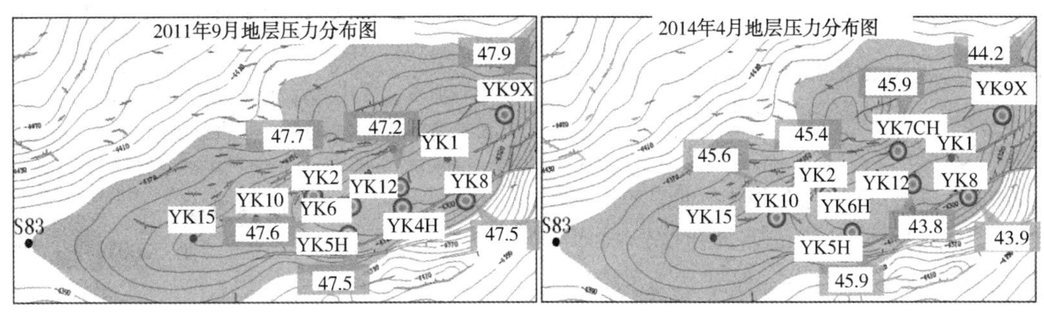

图 11　雅克拉凝析气田 2011、2014 年平面压力分布图

表 2　雅克拉凝析气田差异化配产统计表

开发阶段	阶段目标		配产方法	物性参数	含气饱和度	构造位置	气水界面	井型	沉积相	配产范围 $10^4m^3/d$	相关井	采气速度/%
开发早期	均衡采气，区块日产(170~200)×10^4m^3，采速3.5%以内		限产	K、φ高	高	高	高	水平井	主河道	45~50	YK5H、YK6H	3.24~3.60
			合理产能	K、φ高	高	高	高	直井	主河道	18~20	YK1、YK2	3.20~3.64
				K、φ低	低	边部	低	直井	水下分流河道	15	YK8、YK9X、YK10	3.25~3.52
开发中期	均衡采气、均衡水侵	提产阶段	高配	K、φ高	高	高	高	水平井	主河道	58~62	YK5H、YK6H	4.03~4.18
				K、φ高	高	高	高	水平井	主河道	35	YK7CH	3.98
				K、φ高	高	边部	低	水平井	主河道	20	YK14H	3.98
				K、φ高	高	高	高	直井	主河道	23~25	YK1、YK2	4.01~4.18
				K、φ低	低	边部	低	直井	水下分流河道	12~13	YK8、YK15	4.24~4.37
			控水	K、φ高	高	边部	低	直井	水下分流河道	10	YK9X、YK10	3.25
		均衡调整	上返，合理产能	K、φ高	高	高	高	直井	主河道	20	YK12	3.44
				K、φ高	高	边部	低	直井	水下分流河道	15	YK10	3.52
			控水	K、φ高	高	高	高	水平井	主河道	55	YK6H	3.58
				K、φ高	高	高	高	水平井	主河道	25	YK7CH	3.32
				K、φ低	低	边部	低	斜井	水下分流河道	9	YK9X	3.20
		压产	针对下气层	K、φ高	高	高	高	水平井	主河道	20	YK7CH	2.65
				K、φ高	高	高	高	水平井	主河道	30	YK6H	2.27
				K、φ高	高	高	高	直井	主河道	18	YK2	2.56
开发晚期	精细开发、工艺增产											

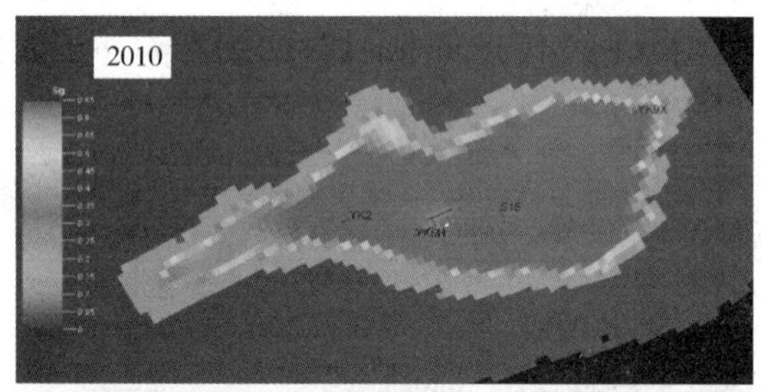

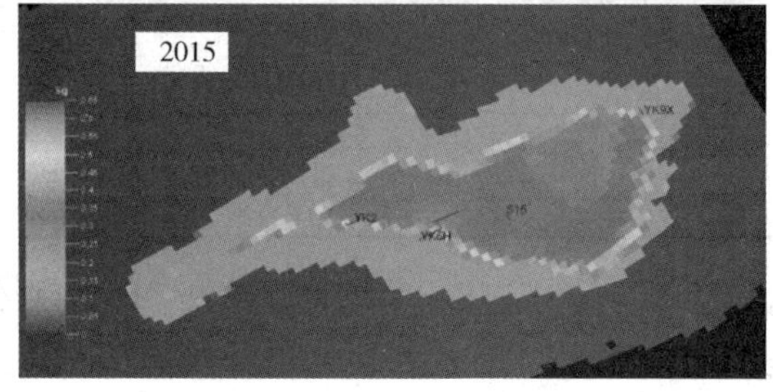

图 12　雅克拉气田下气层水侵图

3　结论

(1) 凝析气藏是流体相态变化极为复杂的特殊气藏，开发难度极大，尽可能提高凝析油采收率是该类气藏开发主要的追求目标之一。

(2) 雅克拉凝析气藏开发过程中反凝析的控制是高效开发的关键。当地层压力低于露点压力时，通过合理控制单井近井地带生产压差(压降漏斗)，使反凝析油呈雾状均匀分布在气态中，合理提高采速，使呈雾状非连续相的反凝析油随天然气一起产出，避免凝析油聚集。

(3) 开发过程中，综合考虑气藏的非均质性、渗流条件、井网井型、饱和场、压力场、流线场等因素，通过不同井点的差异化配产技术，确保气藏总体实现压降均衡，保证边水均匀突破、水线均匀推进。通过开展全生命周期的均衡水侵控制技术，开发历史最长、采出程度最高的下气层基本实现气水界面的均匀抬升和均衡水侵状态，应用效果显著。

参　考　文　献

[1] 李士伦．气田与凝析气田开发[M]．北京：石油工业出版社，2004.

[2] 袁士义，叶继根，孙志道．凝析气藏高效开发理论与实践[M]．北京：石油工业出版社，2004.

[3] 李传亮．油藏工程原理[M]．北京：石油工业出版社，2005.

[4] 李士伦，郭平，孙雷，刘建仪，汤勇．拓展新思路，提高气田开发水平和效益[J]．天然气工业，2006，26(2)：1-5.

[5] 贾爱林，闫海军，郭建林，何东博，魏铁军．全球不同类型大型气藏的开发特征及经验[J]．天然气工业，2014，34(10)：33-46.

[6] 郭平，景莎莎，彭彩珍．气藏提高采收率技术及其对策[J]．天然气工业，2014，34(2)：48-55.

[7] 刘建升，彭彩珍，毕建霞等．有水气藏开发方式及提高采收率技术综述[J]．长江大学学报(自然科学版)，2011，8(9)：63-66.

[8] 汤勇，孙雷，戚志林，等．反凝析油临界流动饱和度的长岩心实验测定方法[J]．天然气工业，2006，26(7)：100-102.

[9] 李骞，李相方，昝克，等．凝析油临界流动饱和度确定新方法[J]．石油学报，2010，31(5)：825-833.

[10] 石志良，李相方，朱维耀，等．凝析气藏微观渗流实验研究[J]．天然气工业，2005，25(9)：92-94.

[11] 朱维耀，刘学伟，石志良，等．蜡沉积凝析气-液-固微观渗流机理研究[J]．石油学报，2007，28(2)：87-89.

[12] GringaRten AC, AI-Lamki A, Daungkaew S. Well Test Analysis in Gas-Condensate Reservoirs. SPE62920, Ann. Teeh. Conf., Dallas, Texas, 2000, 1-4.

[13] 康晓东，李相方，刘一江，等．凝析气藏高速多相渗流机理与数值模拟研究[J]．工程热物理学报，2005，26(2)：261-263.

[14] 刘一江，李相方，康晓东，等．凝析气藏合理生产压差的确定[J]．石油学报，2006，27(2)：85-88.

[15] 康晓东，李相方，冯国智，等．凝析气非平衡相变模型研究[J]．大庆石油地质与开发，2007，26(6)：71-77.

[16] 魏栋超，李永杰，姚霖，等．高温高压富含水气凝析气体系非平衡效应研究[J]．重庆科技学院学报(自然科学版)，2013，15(3)：88-91.

致密砂岩薄储层地震反演精细预测方法研究

郭俊超

(中联煤层气有限责任公司研究院)

摘　要　临兴区块致密砂岩储层预测面临两方面难点，分别是储层厚度薄和砂泥岩阻抗差异小。针对以上难点，本文提出一种致密砂岩薄储层地震反演精细预测方法。结合测井解释成果与曲线特征分析，构建了能区分砂泥岩的新曲线，称为岩性指数曲线。在地震提频处理的基础上，通过岩性指数反演，提高地震数据对单砂体的识别精度。实际数据应用效果表明，本方法对能够有效预测临兴区块下石盒子组致密砂岩薄储层，为有利区优选和井位部署提供指导。

关键词　致密砂岩；储层预测；反褶积；高分辨率；岩性指数

1　引言

临兴区块位于鄂尔多斯盆地东缘，是中联公司致密砂岩气的主要产气区之一。近 5 年来，中联公司加大了在临兴区块的勘探开发力度，先后采集四期三维地震数据并优选出面积约 20km^{2}的先导试验区，在先导试验区完成 40 余口探井、定向井和水平井的钻井任务并建立起 26×10^4m^3/d 的产能。探井揭示了区块自下向上存在多套气层，在定向井和水平井井位部署和随钻跟踪过程中，发现储层横向变化快、储层预测难度大等问题[1]，这些问题表现在水平井的砂岩和气层低钻遇率上，例如水平井 LX-101-5H 井的水平段位于下石盒子组盒 8 段，水平段砂岩钻遇率仅为 27%，入靶点有 7m 气层，水平段入靶后钻遇 170m 砂岩，后续 450m 水平段均钻遇泥岩。尽管砂岩钻遇率偏低，投入生产后，LX-101-5H 井产量保持在 2.5×10^4m^3/d 以上，高于同一目的层的同期水平井平均产能[2]。在随钻过程中，有两方面问题急需解决：①准确预测薄砂体的展布范围，指导水平井随钻；②寻找致密气“甜点区”，用较短的井段取得较高产能。要解决以上问题，需要开展系统的研究工作，本文将现阶段研究成果汇总，针对致密砂岩储层薄和砂泥岩难以用阻抗区分的难点，作为寻求解决方案的一项尝试，目的是对致密砂岩薄储层进行精确预测。

临兴区块构造平稳，主要目的层为石盒子组地层，埋深约 1300~1500m，为辫状河亚相沉积，储层以致密砂岩为主，孔隙度约 3%~6%，渗透率小于 1mD，单砂体厚度为 6~10m，常规地震资料主频为 28Hz，地震波速度约 4000m/s，按照 $\lambda/8$ 的地震分辨率理论，地震资料能分辨厚度大于 47m 的地层，远大于研究区的储层厚度。致密砂岩储层砂体厚度薄的难题可以通过地震提频处理来改善。徐衍和(2006)提出优化拓频的方法，通过压缩子波对地震数据进行提频处理[3]。袁红军等(2008)将此方法用于大牛地气田致密砂体储层预测，通过地震振幅切片分析提取山西组和太原组丰富的细节信息[4]. 陈双全等(2015)利用傅里叶尺度变换，通过对提取的地震子波进行频率域拉伸处理得到相应的滤波器并作用于地震数据，达到提频的效果[5]。提频处理可以提高地震资料的分辨率，为薄储层的预测提供了数据基础，储层预测以通过不同的数学算法，从地震数据获取有利储层的分布。地震储层预测方法根据算法可分为两类：一类是基于地震反演的储层预测方法，即通过反演算法，将地震振幅转换为地层弹性参数，根据地层弹性参数与岩性的对应关系来预测储层[6]；另一类是基于地震属性的储层预测方法，即建立储层参数与地震属性参数之间的非线性关系来预测储层，例如 Humpson-Russell 软件 EMERGE 模块通过神经网络的方法从地震数据获得孔隙度、渗透率等信息。测井曲

【作者简介】郭俊超(1988—)，男，2014 年 7 月毕业于中国石油大学(华东)，获固体地球物理学硕士学位，目前就职于中联煤层气有限责任公司研究院，工程师，从事致密砂岩储层预测和水平井随钻工作。E-mail：guojch5@cnooc.com.cn

线重构反演在测井曲线重构生成储层敏感曲线的基础上，采用地震反演算法得到储层敏感参数体，用于解决波阻抗无法区分砂泥岩的难题。于文芹等(2006)利用伽马、中子、密度等测井曲线重构了岩性指示曲线，结合随机反演算法预测砂岩分布，得到高分辨率储层预测结果[7]，由于随机反演方法对工区的统计参数要求较高，在井数较多的情况下预测更为准确。对于勘探初期的区块，随机反演的应用效果受到井数量少的限制。在临兴区块，尝试在地震提频处理的基础上，利用测井曲线重构岩性指数曲线，通过确定性反演得到岩性指数数据体，识别致密砂岩薄储层。

2　地震资料提频处理

2.1　脉冲反褶积

根据地震褶积理论，地震记录 $s(t)$ 可以表示为地震子波 $w(t)$ 与反射系数序列 $r(t)$ 的褶积，$n(t)$ 为地震数据中的噪声干扰[8]。

$$s(t)=w(t)*r(t)+n(t) \tag{1}$$

输入信号为

$$b(t)=[b(0),\ b(1),\ \cdots,\ b(n)] \tag{2}$$

假设子波为最小相位，反滤波因子为

$$a(t)=[a(0),\ a(1),\ \cdots,\ a(m)] \tag{3}$$

实际输出

$$y(t)=a(t)*b(t) \tag{4}$$

期望输出

$$d(t)=[d(0),\ d(1),\ \cdots,\ d(m+n)] \tag{5}$$

输出误差与误差能量

$$e(t)=d(t)-y(t) \tag{6}$$

$$Q=\sum_t e^2(t) \tag{7}$$

应用最小二乘原理求解地震拓频问题，可以将目标函数表示为

$$\min\{Q\}=\min\sum_{t=0}^{m+n}[d(t)-y(t)]^2 \tag{8}$$

将误差能量 Q 对滤波因子 $a(t)$ 求偏导，令偏导数值为0，可表示为

$$\frac{\partial Q}{\partial a(s)}=\frac{\partial}{\partial a(s)}\sum_{t=0}^{m+n}\left[\sum_{\tau=0}^{m}a(\tau)*b(t-\tau)-d(t)\right]^2$$
$$=2\sum_{t=0}^{m+n}\left[\sum_{\tau=0}^{m}a(\tau)b(t-\tau)-d(t)\right]b(t-s)=0 \tag{9}$$

即可得到

$$\sum_{\tau=0}^{m}a(\tau)\sum_{t=0}^{m+n}b(t-\tau)b(t-s)=\sum_{t=0}^{m+n}d(t)b(t-s) \tag{10}$$

将式(10)两边表示分别用自相关函数 $r_{bb}(\tau-s)$ 和互相关函数 $r_{db}(s)$ 表示为：

$$r_{bb}(\tau-s)=\sum_{t=0}^{m+n}b(t-\tau)b(t-s) \tag{11}$$

$$r_{db}(s)=\sum_{t=0}^{m+n}d(t)b(t-s) \tag{12}$$

则式(10)可记为

$$\sum_{\tau=0}^{m}r_{bb}(\tau-s)a(\tau)=r_{db}(s),\ (s=0,\ 1,\ \cdots,\ m) \tag{13}$$

假设反射系数为白噪，则可以根据地震数据的自相关估计子波的自相关。考虑到自相关函数为偶函数，式(12)可写成矩阵形式

$$\begin{bmatrix} r_{bb}(0) & r_{bb}(1) & \cdots & r_{bb}(m) \\ r_{bb}(1) & r_{bb}(0) & \cdots & r_{bb}(m-1) \\ \vdots & \vdots & \ddots & \vdots \\ r_{bb}(m) & r_{bb}(m-1) & \cdots & r_{bb}(0) \end{bmatrix} \begin{bmatrix} a(0) \\ a(1) \\ \vdots \\ a(m) \end{bmatrix} = \begin{bmatrix} r_{db}(0) \\ r_{db}(1) \\ \vdots \\ r_{db}(m) \end{bmatrix} \tag{14}$$

假设反射系数 $r(t)$ 为白噪且 $n(t)$ 为随机噪声，为了增强提频算法的稳定性，进行预白化处理，将上式整理为：

$$\begin{bmatrix} (1+\lambda)r_{bb}(0) & r_{bb}(1) & \cdots & r_{bb}(m) \\ r_{bb}(1) & (1+\lambda)r_{bb}(0) & \cdots & r_{bb}(m-1) \\ \vdots & \vdots & \ddots & \vdots \\ r_{bb}(m) & r_{bb}(m-1) & \cdots & (1+\lambda)r_{bb}(0) \end{bmatrix} \begin{bmatrix} a(0) \\ a(1) \\ \vdots \\ a(m) \end{bmatrix} = \begin{bmatrix} r_{db}(0) \\ r_{db}(1) \\ \vdots \\ r_{db}(m) \end{bmatrix} \tag{15}$$

上式中 λ 为预白化因子，λ 值影响提频处理的稳定性，需要通过试验确定取值。

通过上式即可得到提频的反滤波因子 $a(t)=[a(0),\ a(1),\ \cdots,\ a(m)]$，将滤波因子作用于原始地震数据，可得到提频后的地震数据体。值得注意的是以上处理过程假设地震子波为最小相位，但是实际输入的地震数据为零相位，因此在实际操作中，得到提频地震数据体后，还要对地震数据进行零相位化处理，本文使用最大峰度系数对地震数据相位进行校正[9]。在处理过程中，通过优选参数，达到相对保幅的目的。

2.2 试算分析

本文采用脉冲反褶积算法对原始地震数据进行提频处理，提高地震分辨率。S 变换是常用的地震时频分析方法，可用于分析对比提频前后地震频谱的变化。图 1 是某井旁道地震数据提频前后经 S 变换的时频分析成果，左图对应原始地震道，右图对应提频后的地震道，可以看出，经 S 变换前后的地震数据总体的时频特征一致，但在高频段的信息量增加。图 2 是以增益形式显示的地震振幅谱，能够更清楚地看到提频的效果，以 0.2dB 为有效振幅截止值，提频后低频截止值由 14Hz 降低至 11Hz，高频截止值由 52Hz 提升至 56H。提频前后频宽增加量为 7Hz，地震主频也相应提高。图 3 为提频前后的地震剖面对比图，可以看出，提频后地震剖面的垂向分辨率提高，在红色箭头所指位置分辨率提高较明显。

本文所用提频方法对地震数据整体处理，具有相对保幅性，对砂泥岩地层的振幅反射关系影响较小，能够较真实地反映砂泥岩的反射特征。由于地震数据中不可避免地包含噪声干扰因素，提频过程中在低频和高频段对噪声有一定程度的放大作用，从图 3 中可以看出，提频后地震资料的信噪比较提频前有所降低。研究发现，地震提频处理成果不仅提高地震资料垂向分辨率，还有助于断层识别，断层对于临兴区块致密气成藏发挥着重要作用，区域大断裂不发育，因此小断距的断层识别是关键，从现有的资料上难以清晰地识别断层。

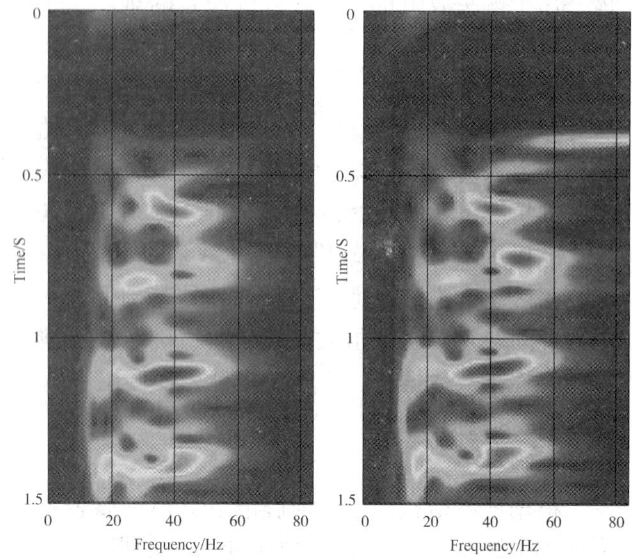

图 1　提频前(左)后(右)地震数据时频分析

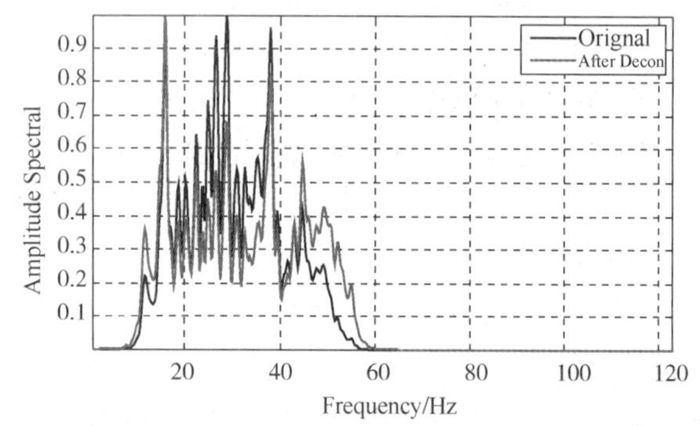

图 2　提频前(蓝色)后(红色)地震频谱对比

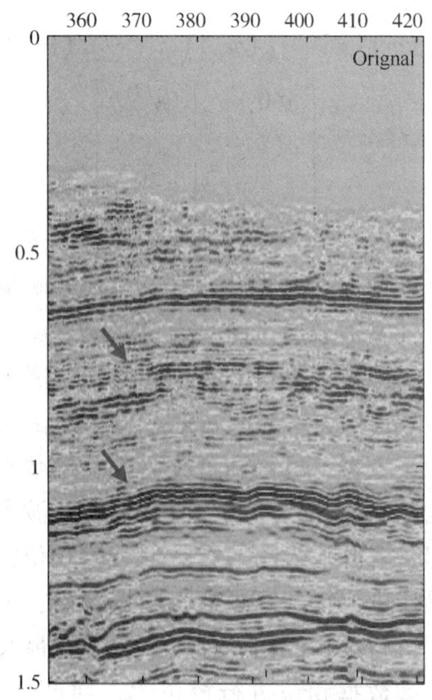

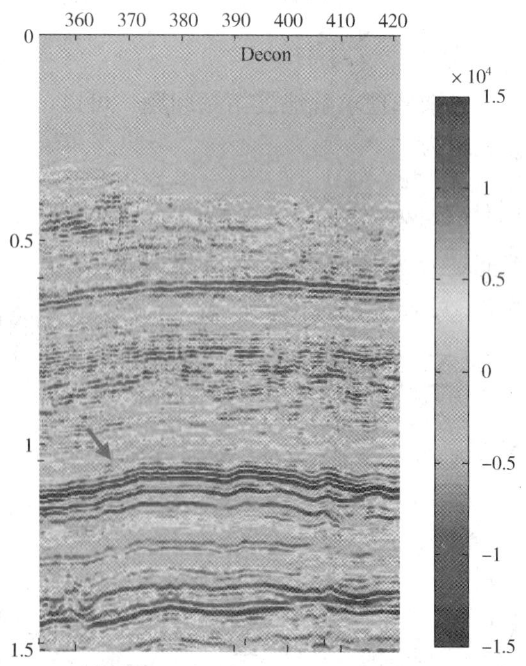

图 3　提频前(左图)后(右图)地震剖面对比

图 4 展示了临兴区块某条地震测线提频前后的地震剖面，在原始剖面上断层不清晰，从提频后的剖面上可以识别出明显的断层(红色箭头所指位置)。图 5 是临兴区块 960ms 地震振幅切片，对应图 4 中的红线位置，提频后的振幅切片相对于提频前呈现更多的细节信息，可以看出明显的类似河道形态的反射特征，图 5 中红线对应图 4 的测线位置。

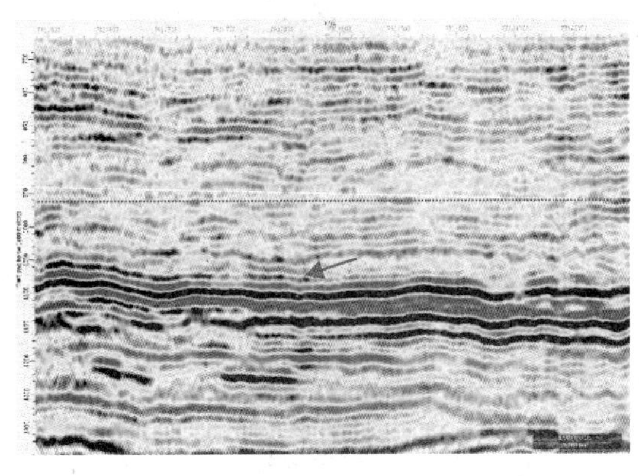

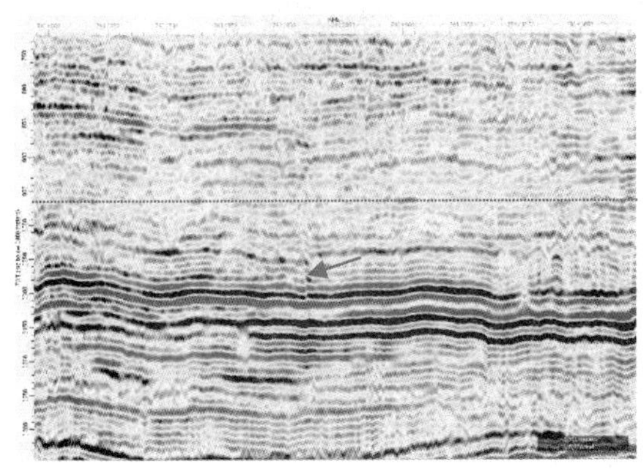

图 4　提频前(左图)后(右图)地震剖面对比

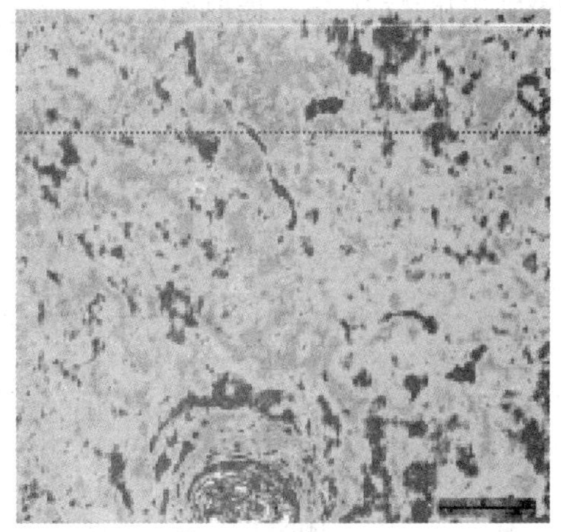

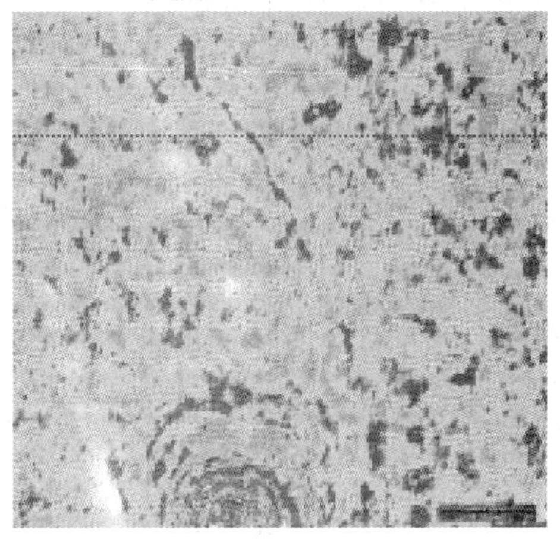

图 5　提频前(左图)后(右图)960ms 地震振幅等时切片对比

3　岩性指数预测方法

经过长期的沉积压实和成岩作用，致密砂岩与泥岩的波阻抗值重叠范围大，无法使用常规的波阻抗反演结果区分砂泥岩，本文采用重构岩性指数曲线反演的方法预测致密砂岩储层。岩性指数预测方法包含两步：第一步，利用测井曲线综合分析，构建对致密砂岩储层敏感的岩性指数曲线；第二步，采用叠后反演的方法将岩性指数曲线与提频后的地震数据结合，反演得到岩性指数体，用于致密砂岩薄储层预测。

3.1　构建岩性指数曲线

岩性指数曲线应具有两个特点：(1)对砂泥岩变化敏感；(2)与波阻抗相关性较好。从图 6 所示的测井曲线可以看出，纵波阻抗与岩性的相关性差，而伽马曲线与岩性有较好的一致性，因此使用平滑后纵波阻抗作为岩性指数背景值，将伽马曲线进行归一化处理并变换到波阻抗的量纲，作为高频分量加入平滑后的纵波阻抗背景上，生成岩性指数曲线，即图 6 中的紫色曲线，可以看出岩性指数曲线与伽马曲线呈现较好的一致性。在下石盒子组地层，通过设置合理的岩性指数门槛值，根据岩性指数曲线可区分砂泥岩。图 7 为临兴区块某井下石盒子组地层波阻抗与伽马测井曲线的交会图和分布直方图。图 8 为该井的岩性指数曲线与伽马测井曲线的交会图和分布直方图。将图 7 与图 8 比较，以伽马值小于 85gAPI 作为砂岩的标准，波阻抗值分布直方图呈平缓的单峰形态，无法区分砂泥岩，岩性指数曲线直方图为双峰形态，呈低伽马值的砂岩分布较集中。从交会图上看，岩性指数对砂泥岩的区分效果优于波阻抗。

3.2　岩性指数反演

本文构建的岩性指数曲线具有波阻抗的量纲，参考波阻抗反演，建立岩性指数反演方法，具体流程如图 9 所示。利用岩性指数曲线进行合成记录制作和井震标定，提取地震子波后通过约束稀疏脉冲反演得到相对岩性指数，即岩性指数的高频分量，低频分量需要在地震解释层位约束下对井曲线插值并进行低频滤波得到，将相对岩性指数体与低频分量体合并，生成岩性指数据体。

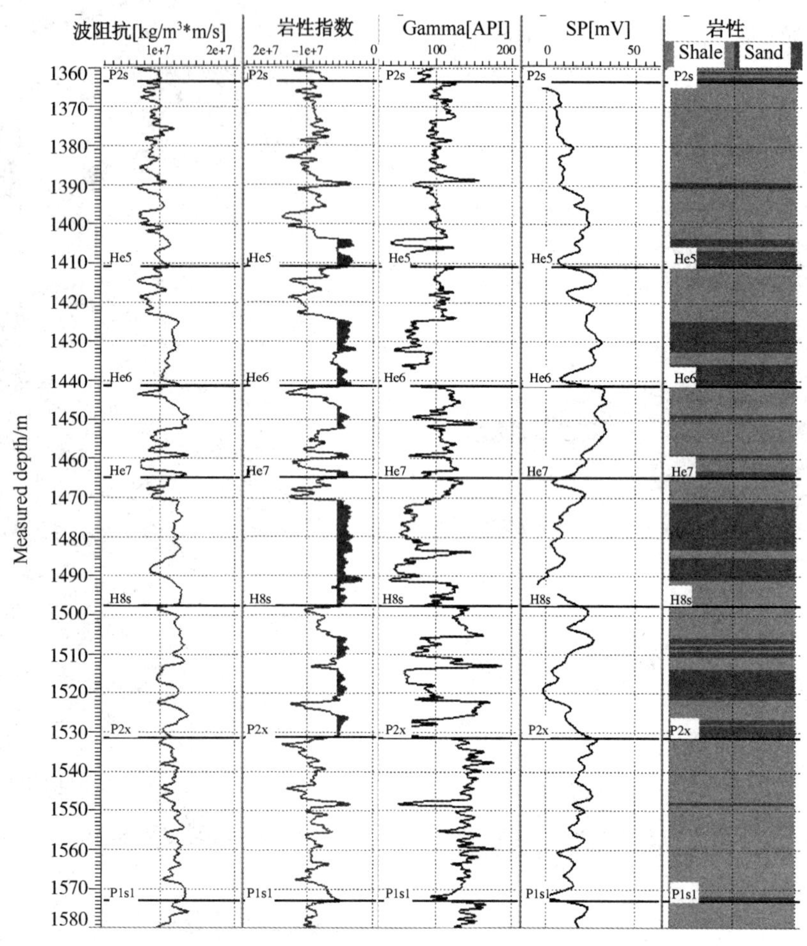

图 6　岩性指数与测井曲线对比

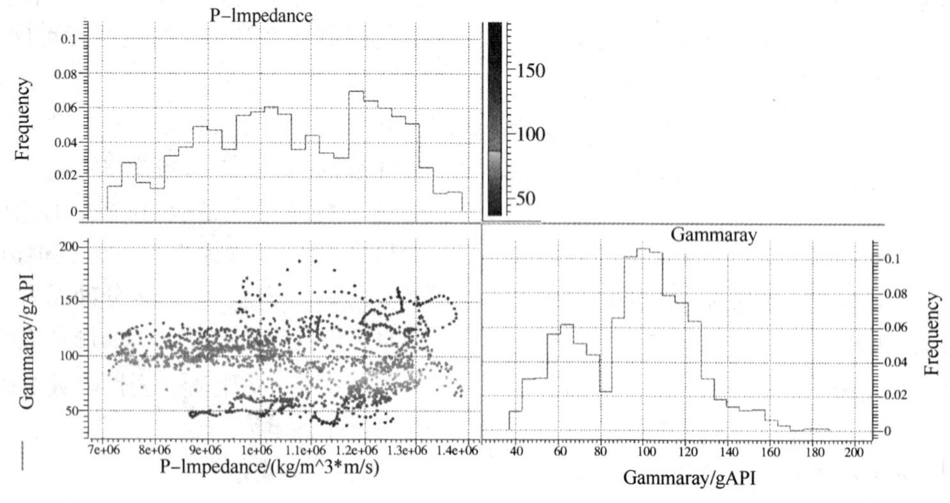

图 7　砂泥岩波阻抗-伽马交会图与直方图

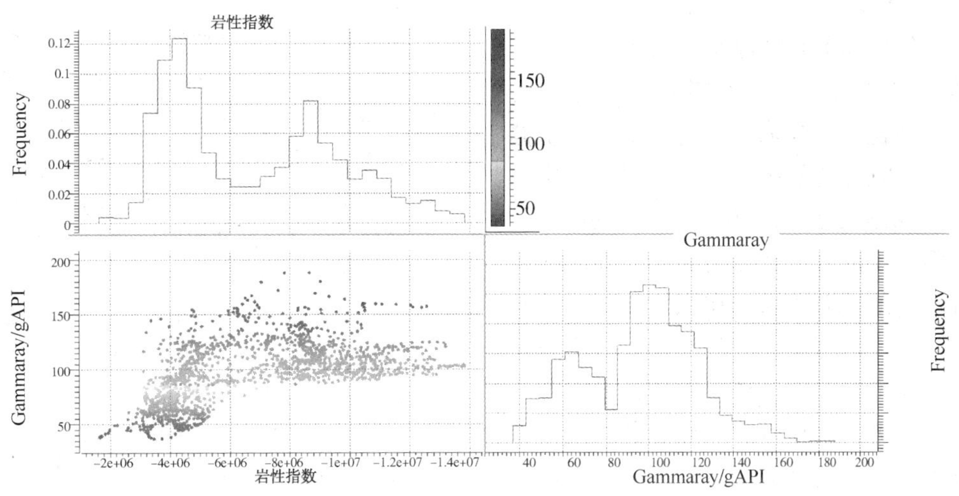

图 8　砂泥岩岩性指数-伽马交会图与直方图

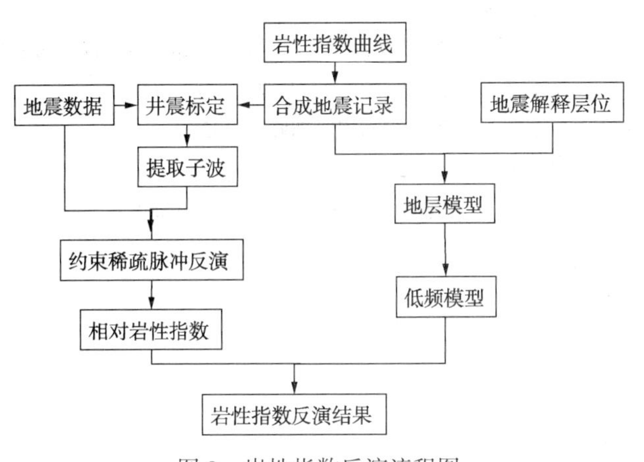

图 9　岩性指数反演流程图

图 10 展示了岩性指数反演的实例，为验证岩性指数反演方法的效果，图 10(a)和图 10(b)分别为常规波阻抗反演剖面和基于提频处理地震数据的岩性指数反演剖面，图 10(c)和图 10(d)分别是反演结果对应的原始地震剖面和提频处理后的地震剖面。图 10 井柱绿色对应砂岩，灰色对应泥岩，反演结果中黄色发亮区域为预测的砂岩储层发育位置，两组反演结果都能够识别大套砂层组，对于单砂体识别，基于提频处理的岩性指数反演结果在分辨率和准确性方面都优于基于常规地震数据的波阻抗反演结果。

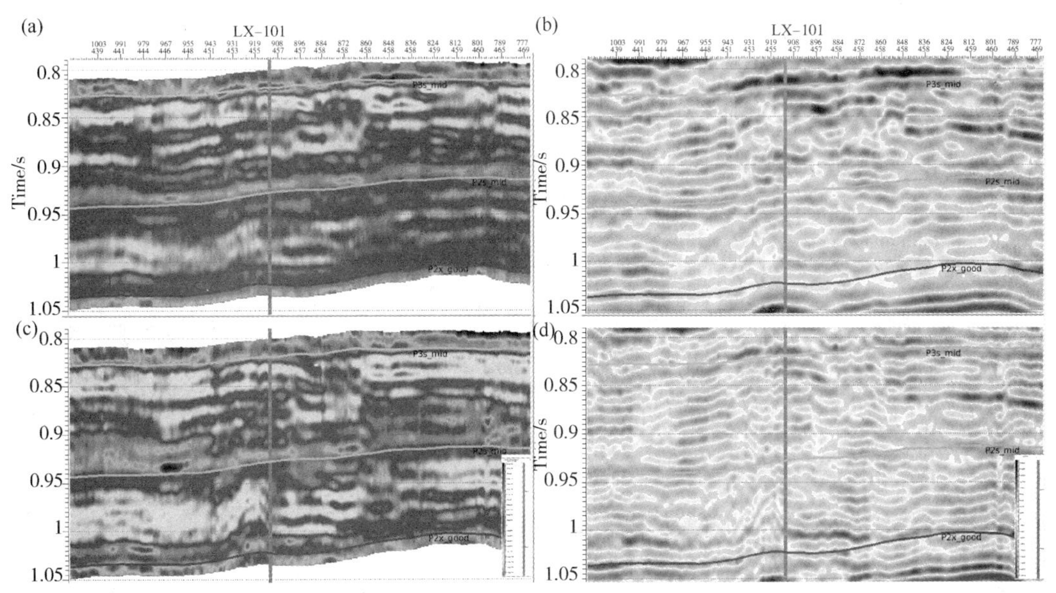

图 10　常规波阻抗反演与岩性指数反演结果对比

4　结论

针对储层致密和单砂体厚度薄两个难点，开展了基于地震提频处理的岩性指数反演方法研究，在鄂尔多斯盆地东缘临兴区块下石盒子组储层预测中取得了较好的效果。实践表明，应用本文方法提频后的地震数据能更清晰地识别断层。相对于常规阻抗反演，本文提出的反演方法能够得到更高分辨率的反演结果，在识别砂层组的基础上，向单砂体识别迈进了一步。临兴区块当前由勘探阶段转向勘探开发一体化阶段，本文方法对于开发井位部署和调整具有指导意义。在本文的研究基础上，今后的研究注重以下三方面：①开展基于时频分析的提频处理研究，针对目标储层优化处理参数；②通过匹配追踪方法在去煤层反射基础上，开展煤系地层致密砂岩薄储层预测研究；③在勘探开发一体化区，开展地质统计学反演研究，得到更高分辨率的储层预测结果。

参 考 文 献

[1] 卢涛，张吉，李跃刚，等．苏里格气田致密砂岩气藏水平井开发技术及展望[J]．天然气工业，2013，33(8)：38-43.

[2] 郭俊超．致密砂岩薄储层地震预测与水平井随钻应用[J]．石化技术，2018，25(05)：67+30.

[3] 徐衍和，优化高频拓展法在煤田勘探中的应用，中国煤炭地质，2006，18(2)：53-54.

[4] 袁红军，吴时国，王箭波，等．拓频处理技术在大牛地气田勘探开发中的应用[J]．石油地球物理勘探，2008，43(1)：69-75.

[5] 陈双全，李向阳．应用傅里叶尺度变换提高地震资料分辨率[J]．石油地球物理勘探，2015，50(2)：213-218.

[6] Aki，K.，and Richards P. G.，1980，Quantitative seismology：theory and methods：W. H. Freeman and Co.

[7] 于文芹，邓葆玲，周小鹰．岩性指示曲线重构及其在储层预测中的应用[J]．石油物探，2006，45(5)：482-486.

[8] 伊尔马滋(著)，刘怀山，王克斌，童思友(译)．地震资料分析：地震资料处理、反演和解释．上册[M]．石油工业出版社，2006. p202.

[9] White R E. Maximum kurtosis phase correction [J]. Geophysical Journal，1988，95：371-389.

中国复杂油气藏人工智能表征及预测

王志章[1,2]　王如意[1,2]　裴升杰[1,2]　张国印[1,2]　李冰涛[1,2]　杨　笑[1,2]　魏周成[1,2]

(1. 中国石油大学(北京)地球科学院；2. 中国石油大学(北京)油气资源与探测国家重点实验室)

摘　要　随着科学技术的不断发展进步，人工智能技术成为当前时代热点，传统的油藏描述科学领域也迎来了新的春天。依据数据的不同驱动方式，可以将油藏表征划分为初级油藏表征、数字化油藏表征和智能化油藏表征三个发展阶段。数据库、数据构架和数学算法是实现智能油藏表征的核心技术。智能油藏表征为油藏描述及预测的科研工作开辟了新的研究领域。油气藏智能表征的研究具有计算效率高、定量化程度高、可重复性强的特点。智能油藏表征的的研究不仅可以提高油藏描述定量化程度，实现油气藏表征方法和技术的创新，实现多学科一体化的战略设想，还可以起到提高工作效率，降低科研工作的生产和管理成本，对于油气田勘探开发未来发展具有重要的意义。

油气藏智能表征及预测是一门传统油藏描述与人工智能相结合的边缘交叉学科，该学科以计算机程序驱动油气藏数据，以多学科一体化的思维实现油藏特征的定量表征和预测。乔平(1996)提出工程地质问题由于各种客观和人为的因素，存在许多不确定性或在理论上未能解决的问题，常常需要依靠专家丰富的经验进行智能化处理，这很适合用人工智能的思想和方法来解决[1]。

本文在回顾近三十年国内外油气地质研究基础上，详细阐述了人工智能技术在油藏表征领域研究进展，明确了目前复杂油气藏智能表征面临的问题、技术难点、对策，阐明了油气藏智能表征的主要内容、关键技术、未来发展趋势及取得的最新研究成果。

关键词　复杂油气藏；人工智能；智能表征；关键技术；研究进展

人工智能简称 AI，是 1956 年美国的 M. Minsky、H. Simon 以及 J. McCarthy 等人在“Dartmouth Summer Research Project on Artificial Intelligence”中首次提出的，是一门综合了控制论、信息论、系统论、计算机科学、遗传学、数学及哲学等多学科的交叉学科。广义上，人工智能是用计算机模拟人类的智能行为，使机器具有类似人类的智能行为，使机器思维并开发相应的理论与技术。狭义上，人工智能方法是指人工智能研究的一些核心内容，如搜索技术、推理技术、知识表示、机器学习与人工智能等方面[2]。伴随 2016 年 3 月 AiphaGo 横空出世，战胜韩国棋手李世石，人工智能引领了各行各业的飞速发展与革命性应用。

目前人工智能技术已经在油藏研究的某些领域如：岩性识别、储层参数预测、地震相分析等有广泛的应用。岩性识别方面，利用逐步回归[3](罗利，1997)、判别分析[4](胡正舟，2007)、模糊判别[5](汪徐焱，1998)、概率神经网络[6](程国建，2007,)、自组织神经网络[7](杨世明等，2004)、将主成分分析和 SOM 神经网络相结合[8](张莹，潘保芝，2009)、支持向量机[9](朱怡翔，2013)、粒子群算法[10](程国建，2010，PSO-LSSVM 分类模型)、核 fisher[11](王鹏、王志章等，2015)等人工智能方法进行复杂岩性识别，取得了良好的效果。储层参数预测方面国内外的许多科学家将多元逐步回归、BP 神经网络、支持向量机、核岭回归[12][13](陈文浩、王志章，2013；董少群，王志章，2016)等算法应用到渗透率预测上，取得较好的效果。地震相分析方面：利用判别因子分析法、专家知识系统、竞争神经网络法、支持向量机、贝叶斯神经网络、基于神经网络的无监督分类方法、层次聚类算法[14](U. P. Baaske，2006)，k－means 聚类算法[15][16](H. Sabeti，2009；Ivan Súnchez Galvis，2017)、概率分类法[17](Paparozzi 2011)、生成拓

【作者简介】王志章(1962—)，男，博士后。中国石油大学(北京)教授、博士生导师，中国石油学会石油地质专业委员会开发地质学组副组长。新疆石油地质、录井工程等杂志编委，地学前缘理事。北京石大油源科技开发公司董事长兼总经理。E-mail：978301193@ qq. com

扑映射算法(generative topographic mapping)、高斯混合模型法(Gaussian mixture models)进行地震相分析，利用无监督学习确定验证分类类别的初始估计，然后利用监督学习进行分类。虽然人工智能技术在油藏描述中已经有了将近二十年的应用积累，但是智能油藏描述的研究目前仍处于起步和探索阶段，尚有以下不足：

(1) 智能化程度低，应用场景简单。目前智能油藏描述研究的应用场景主要集中的岩性识别、储层参数预测、地震属性分析等结构化数据领域，对于薄片、岩心照片、CT 扫描和地震等非结构化数据的应用较少；

(2) 单任务运算，各数据之间的耦合性差。目前智能油藏描述的研究主要解决的是单一聚类问题、分类问题或回归问题，对于不同类型数据之间的耦合串联研究较少，尚未形成技术体系。

本文从现代油藏地质研究回顾与思考、智能油藏描述研究的必要性、目的和意义、智能油藏描述研究的难点、智能油藏描述的关键技术、智能油藏描述的实现等方面论述智能油藏描述框架及实现。

1　现代油藏地质研究回顾与思考

30 年来，无论是中石油、中石化还是中海油，在其辖区内，先后完成了所有油气藏的多轮次油藏描述及预测，作为国内外最早的油藏描述团队之一，中国石油大学(北京)油藏描述与预测研究所，先后完成了 20 多个油气田 160 多个油气藏的描述、表征及预测，参与并领导了胜利、大港、辽河、新疆、塔里木、吉林、长庆、冀东、中石油华北、中石化华北、中石化西南、中海油深圳等单位和地区第一、第二、第三、第四轮油藏描述研究，充分重视了学科之间的“盲点”及多学科理论基础的应用。

1985—1988 年；在进行国家“七五”项目胜利牛庄岩性油藏研究时，针对牛庄油田井井见油、井井不流，储层对比困难的特点，提出了以地震地层学理论为指导，进行相控-等时对比的方法和技术、进行薄层单砂体井震联合识别、基于平面趋势校正(标准化)的储层参数预测、关键井研究及多井评价等技术。

1989—1991 年针对大港枣园油田孔一孔二段水注不进油采不出，储量与产量极端不相称，被列为全国最难开发的七个油田之一的事实，提出了储层岩石物理相及油藏渗流地质学的理论，认为，储层岩石物理相(Petrophysical facies)(张一伟、熊琦华，1989)是指具有一定岩石物理特性的储层成因单元，是沉积作用、成岩作用和后期改造作用的综合效应，它最终表现为现今的储层孔隙网络特征。储层岩石物理相是储层沉积岩石相、成岩储集相和裂缝相从点(井点或控制点)到面(层、组、段)上的延拓，即延展到平面上的三种相带。平面上三种相带的有机叠合即形成现今的孔隙网络特征，它们分别以不同的岩石物理相表示。提出了分层、分块、分相带建立储层参数解释模型的新思路。经过实践保证了 103 口调整井 100% 见效，产量提高 3 倍，稳产 9 年，经济效益明显，成为全国难开发油田的带头羊。

1991—1992 年在辽河冷东—雷家地区沙 3 段砾岩、稠油油藏研究中，发现控制有利微相带中油气富集的因素往往与岩性粒度变化相关，因此提出了沉积微相—岩石相及成岩储集相的概念并发展了砂砾岩测井沉积学，解决了大规模砂砾岩油藏描述问题。

1992—1994 年针对中原胡状集开发中后期油水关系极复杂，准备放弃的油田及华北荆丘高含水油田，及时引进了区域变化变量理论和随机模拟理论，开展了剩余油形成机理及分布预测研究、优势通道-大孔道形成机理及预测研究。

1995—1997 年针对塔里木塔中东河塘砂岩油藏开创性地进行了相控储层预测以及相控储层随机建模研究，针对陆相油藏储层相变频繁复杂的实践不断完善了相控储层表征的理论与技术。提出了岩心储层岩石物理相、测井储层岩石物理相、地震储层岩石物理相的概念、研究方法。进一步完善了储层岩石物理相理论及储层质量评价方法。

1996—1998 年针对塔里木盆地碳酸盐岩油藏储集空间多为双重孔隙介质且穿层的特点，提出了“视储集空间”及渗流单元的概念，成功解决了碳酸盐岩储集空间预测难的问题。

1995—1999 年，针对储层及流体在油藏内部富集规律的复杂性，开展了流场(储层)与流体相互作用机理研究的攻关课题，进一步丰富和完善了层组规模油气差异运聚理论、小层规模油水运动理论、孔隙规模储层岩石-流体相互作用理论。研制了基于模糊综合评价的滑动窗口法识别岩性、评价储层，微分分析法识别油气水层、利用测井资料进行地质微界面分类及识别的方法与技术，基于层拉平储层模拟、沿层模糊随机模拟的储层结构分析技术及软件，通过视储集空间构成进行复杂裂缝型油藏识别与评价的技术，将测井、录井、地质结合于一起的测录井地质综合评价技术。

2000—2005 年，面对碳酸盐岩、低渗透油藏、砾岩油藏及多层砂岩油藏，我们重视实验室物理模拟、数学模拟、储层构形分析、相概率等基础研究，将非均质性、不确定性、非线性、随机性、事件性及概率性贯穿于油藏地质研究的始终，先后提出了概率相、概率流动单元等概念，开展了储层井间模拟及预测、测井相自动识别与描述、岩性自动识别与评价、储层质量评价及优质储层预测。研制了密井网区储层结构分析—层拉平井间模拟、沿层模糊随机模拟技术，概率相与概率流动单元自动评价技术，分阶段数值模拟技术。

2005 年—2010 年，针对致密砂岩油气田、复杂裂缝性油藏、特高含水油藏，我们重视“多相、多孔介质差异分析”，更加强调多学科一体化研究及“数字油藏”的建立，先后提出和发展了“波形差异分析”、“油藏数据处理与管理”、“油藏数据挖掘”、“不同勘探开发阶段地震沉积学”、“地震、测井信息归一化、标准化”等．更加重视油气藏研究的核心的理论问题-格、储、流、藏、动、油的形成机理及分布规律。即：油藏”格架”的复杂性及复合性—微构造；“储层”的层次性、结构性(构型)及非均质性；发展并丰富了储层非均质、储层质量评价理论；重视了油藏内“流体”分布的差异性及可变性；发展了“油藏”模型与储层模型建立中的相控理论；开发过程中油藏属性参数“动态”变化机理与规律，油气藏内部流体与流场相互作用机理及油气渗流地质学理论，广泛开展了“剩余油”形成机理及分布模式、分布规律研究。

2010—2015 年重视特高含水期油藏“储层构形分析”及“流动单元”研究，开展了基于高精度地质模型的“水平井优化设计”，“油藏地质与油藏工程”一体化研究。提出了以概率分析为基础的储层“有效储集空间”评价方法。

2015 年以来，针对大型火山岩油气藏、大型致密砂岩油气田、复杂裂缝性油藏、特高含水油藏、大型碳酸盐岩油藏、大型砂砾岩稠油超稠油油藏，开展了人工智能研究，将人工智能引入油藏研究全过程。

三十年来，在勘探及评价阶段的油气藏研究中，逐步形成了地震资料高分辨率目标处理技术、储层参数预测及油气气水层识别技术、最小(最佳)地震解释单元的确定及构造精细解释技术、以地层切片、分频分析、相位反转、层控地质统计反演为主的地震沉积学分析技术、基于高分辨率地震与正演模拟的砂体构型技术、基于地质统计反演的薄层识别技术、基于波形差异的有效砂体预测技术、体控震控相控岩控条件下的三维建模技术、油藏规模定量表征技术、基于三维模型的井轨迹优化设计技术。

在开发阶段(开发早期、中后期)的油气藏研究中，研制了基于标准化基础上的多井数字处理及评价技术、开发地震评价及预测技术、层拉平储层井间模拟及预测新技术、层控储层井间模拟及预测新技术、概率相分析及概率流动单元评价技术、基于砂体结构分析的油藏数字化技术、基于高精度三维模型基础上的整体油藏数值模拟技术、多薄层精细调整技术。

针对复杂油气藏(大型致密(砂岩、云岩)油气藏、特高含水油藏、大型碳酸盐岩油藏、大型砂砾岩油藏、复杂裂缝性油藏、稠油超稠油油藏、火山岩油气藏、高度非均质复杂断块油藏)，研制了分流动单元(孔隙结构)建立储层参数模型、基于高分辨率地震的储层构型、数据挖掘、支持向量机拟合、核函数分析、有效储集空间评价、深度学习、机器学习等方法和技术。

2　智能油藏表征的必要性与技术难点

2.1　智能油藏描述研究的必要性

(1) 多学科一体化是当前油藏描述研究的重要课题。

油藏描述是一项综合应用性学科，涉及到地震勘探地球物理学、测井地球物理学、地质学、油藏工程等专业领域，完成一项油藏描述项目需要地震地球物理学家、测井地球物理学家、岩石物理学家、地质工程师和油藏油藏工程师协作完成。多学科一体化的需求，对于科研人员的经验和专业技能要求高，项目管理难度大，水桶短板效应明显。

(2) 发展智能油藏的时代背景

当前油藏描述行业具有以下时代特征：

① 油价低，经费少，成本不断增加；

② 当前油气藏表征要求精度高，难度大，

但研究周期变短；

③ 油气藏表征研究内容和技术方法重复率极高，但创新性明显不足；

④ 当前油田勘探开发周期普遍变短，特别是海外油气田勘探开发有明确期权要求，对于智能油气藏表征的需求极大；

⑤ 当前人工智能技术蓬勃发展，为油气藏表征提供技术应用创新的源泉。

因此研究油气藏智能表征技术，将各种资料有效整合起来，将最优秀的经验方法和最新的技术集成起来，不断的技术革新，实现油气藏表征规范化、高效化、创新化是当前油气藏表征行业发展的必然趋势，也是时代赋予石油人的责任。

2.2 油气藏智能表征技术研究的目的和意义

（1）油气藏智能表征技术研究的目的

实现油气藏表征科研工作的智能化，提高油气藏表征科研工作的效率、缩短研究周期、提高科研成果质量、降低降低经济成本和管理成本。

（2）油气藏智能表征技术研究的意义

油气藏智能表征技术为油气藏表征的科研工作开辟了新的研究领域，油气藏智能表征技术可以解决一些长期滞留的科研问题，实现油气藏表征方法和技术的创新，具有较高的学术价值。

2.3 智能油藏描述研究的难点

（1）油藏数据类型多，数据分辨率尺度夸度大，实现油藏数据的层次链接难度大。油藏数据不仅包含分辨率具有较大差异的空间数据，如中包含地震数据（分辨率 20～50m），测井数据（分辨率 0.125m）、岩心数据（毫米级）和薄片数据（微米级）等，还包括试油、试井、注水和生产等时序性数据。因数据间存在较大的差异，因此实现油藏描述工作的智能化难度较大。

（2）地质学是一个经验性学科，讲究模式和规律，而缺少严格的数学推理，研究结果依赖于研究员的经验和认识。模拟人的思维实现地质模式和规律的智能化判别难度极大。

（3）油气藏表征中定性和半定量程度多，定量化难度大，实现油气藏表征的定量化是当前油藏描述行业长期以来面临的巨大挑战。

2.4 智能油藏描述的关键技术

智能油藏描述的关键技术有三项：数据库+数据构架+数学算法。

（1）数据库是科学存储数据调用数据一项重要技术，是油气藏智能表征技术实现的基础；

（2）数据构架是将各类数据有效的连接在一起，实现数据规范化、固定化运算，是科研思想的表达方式的体现，是油气藏智能表征技术的骨架；

（3）数学算法是数据运算的计算方法，数学算法是油气藏智能表征技术的灵魂，不同的计算任务需要不同的数学算法，同时不同的计算方法可以带来不同的计算精度。机器学习自动化技术是解决数学算法优选问题的有效手段，机器学习自动化技术主要实现运算方式的优化、机器学习算法的优化和计算参数的优化。

3 油气藏高精度智能表征关键技术

3.1 井震结合层序地层划分与对比的智能化

利用地震和测井资料层序地层学的理论方法发展井震结合层序地层划分与对比的智能化技术。

该技术由以下关键技术环节：

（1）合成地震记录标定智能化

利用地震数据和测井声波密度曲线数据，采用滑动窗口法，进行子波、速度、便宜和基准面参数优化，利用测井反射系数和地震反射系数进行匹配，选取最优化的组合。

（2）地震断层解释智能化

采用 CNN 卷积神经网络算法、OpenCV 计算机视觉等技术实现地震断层解释智能化。

（3）层序地层智能划分与对比

采用相位搜索算法、CNN 卷积神经网络算法、OpenCV 计算机视觉，滚球算法等技术实现地震层序地层的划分与对比。采用指纹识别算法、cliques 网格算法等进行基于测井曲线的层序地层划分与对比。

3.2 地震储层预测智能化

利用机器学习算法进行地震正演和反演一体化储层预测、地震沉积学研究及地震微相分析、基于地震属性分析的智能储层预测，实现地震储层预测智能化。

3.3 测井储层评价智能化

测井数据是一种结构化数据，利用机器学习算法进行测井沉积相、成岩作用、岩性、储层类型和流体类型的智能化识别和预测，泥质含量、孔隙度、渗透率、含油饱和度以及微观孔隙结构参数的智能化预测。同时进行基于毛管压力曲线的 WinLandR35 法、FZI 流动单元法、J 函数法的储层分类评价及测井识别。

3.4 地质统计学地质图件智能化

（1）利用python语言等采用克里金插值等地质统计学方法进行油藏构造图、沉积相图、砂岩厚度图、有效厚度、油藏平面分布图等地质图件的智能化成图；

（2）根据地质图件实现油藏容积法储量评估。

3.5 三维地质建模智能化

（1）利用地震和井数据进行三维地质建模工作的智能化；

（2）利用生产信息对三维地质模型进行裂缝密度、裂缝强度、裂缝孔隙度、孔隙度、渗透率、含油饱和度等储层参数的优化，实现地质模型和油藏生产状况的吻合提高三维地质模型的质量。

3.6 产能评价智能化

（1）利用油井产量信息进行生产信息批量智能化成图；

（2）利用油井产量信息和生产信息建立油井产量递减模型；

（3）链接地质信息和生产井生产信息进行产能的预测。

3.7 油藏数值模拟智能化

（1）利用三维地质模型和油藏地质信息进行参数的智能优化实现历史拟合智能化；

（2）利用生产井建立产量模型，实现油藏生产产量预测。

3.8 油藏纳米机器人

纳米机器人隶属微型机器人，它不是传统意义上的纯机械机器人，而是一种化学分子系统和机械系统的有机结合体。它的垂直分辨率远高于测井和岩芯分析，探测范围介于测井与地震勘探之间，非常有助于进行油藏表征。

4 结论

（1）中国油气藏现今地质特征的形成是复杂的，是多因素作用的综合效应，同时在地质历史中是不断演化的，在开发过程中是不断变化的。因而要从运动变化的角度审视油藏地质特征的千变万化，区别每个油藏的特殊性，找准研究的突破点，发展相关的理论，确定适应该油藏地质特征的研究技术与方法，从根本上提高地质研究水平和应用实效。

（2）研究中，需重视预测、关注差异、不断创新。多学科综合，以便更多了解深层地质信息。在综合研究基础上，要敢于打破思想认识上的条条框框，提出新思路、新方法。不断深化认识，及时更新观念。以地质实践所提出的问题发展油藏研究的新理论、新方法、新技术，是提高研究转化为生产效益的有效途径。

（3）发展智能油藏描述技术是实现油藏描述多学科一体化有效途径；油气藏智能表征技术的研究具有较高学术价值、经济效益和社会效益，是当前油藏描述行业发展的必然趋势；

（4）数据类型多、分辨率差别大、经验性强、定量化难度大是目前发展智能油藏描述的难点所在；

（5）数据库、数据构架和数学算法是实现智能油藏描述的关键技术。

参 考 文 献

[1] 乔平．计算机人工智能技术在工程地质中的应用[J]．河北地质学院学报，1996，02.

[2] 刘洪等．集成化人工智能技术及其在石油工程中的应用，石油工业出版社，2008.10.

[3] 罗利，陈鑫堂．用测井资料识别碳酸盐岩沉积相．测井技术，1997，21(1)：39~45.

[4] 胡正舟，汤军，张家政，宋树华．火成岩岩性测井识别方法及其应用研究——以红山嘴油田石炭系火成岩油藏为例，内蒙古石油化工，2007年12期．

[5] 汪徐焱，童孝华，胡文艳．模糊神经网络算法及其在油气储层判识中的应用，《物探化探计算技术》1998年02期．

[6] 程国建．基于油气识别的概率神经网络算法[J]．微计算机信息，2009，(25).

[7] 杨世明，孙龙德，杨新华．自组织神经网络地震岩相分析，新疆石油地质，2004.

[8] 张莹，潘保芝．基于主成分分析的SOM神经网络在火山岩岩性识别中的应用，测井技术，2009，33(6)：550-554.

[9] 朱怡翔，石广仁(2013)火山岩岩性的支持向量机识别．石油学报，34，312-322.

[10] 程国建等．PSO-LSSVM分类模型在岩性识别中的应用，西安石油大学学报(自然科学报)，2010.1.

[11] 王鹏，王志章等．核Fisher判别分析在火山岩岩性识别中的应用，测井技术，2015，03.

[12] 陈文浩，王志章，董少群，侯加根．核岭回归方法解释致密砂岩储层孔隙度，测井技术，2015，39(6).

[13] Shaoqun Dong，Zhizhang Wang，Lianbo Zeng，Lithology identification using kernel Fisher discriminant anal-

ysis with well logs, Journal of Petroleum Science and Engineering, July 2016, Pages 95-102.

[14] U. P. Baaske, Using multi-attribute neural networks classification for seismic carbonate facies mapping: A workflow example from mid-Cretaceous Persian Gulf deposits, Geological Society London Special Publications 277(1): 105-120 · January 2007.

[15] Sabeti, H & Javaherian, A. (2009). Seismic Facies Analysis Based on K-means Clustering Algorithm Using 3D Seismic Attributes. 1st International Petroleum Conference and Exhibition. 10.3997/2214-4609. 20145876.

[16] Galvis, I.S., Villa, Y., Duarte, C., Sierra, D., & Agudelo, W. (2017). Seismic attribute selection and clustering to detect and classify surface waves in multicomponent seismic data by using k-means algorithm. Geophysics, 36(3), 239-248.

[17] Paparozzi E., Grana, D., Mancini, S., and Tarchiani, C., Seismic Driven Probabilistic Classification of Reservoir Facies and Static Reservoir Modeling, 73rd EAGE Conference & Exhibition Incorporating SPE EUROPEC Vienna, Austria, May, 2011.

[18] 王志章，蔡毅，熊琦华，曾文冲，黄金柱，牛庄洼陷万全油田沙三中储集层描述识别及综合评价，《地质论评》，1996，42(s1)：307-316.

[19] 张一伟，熊琦华，王志章等．陆相油藏描述，石油工业出版社，1997.

[20] 熊琦华，彭仕宓，黄述旺，等．1994. 岩石物理相研究方法初探——以辽河冷东—雷家地区为例[J]. 石油学报，15(增)：20-25.

[21] 甄维胜等．复杂断块油田非均质油藏精细描述：以中原胡状集油田为例，石油工业出版社，2001 年 10 月 1 日．

[22] 董范等．华北荆丘油田开发实践与认识，石油工业出版社，2000.

[23] 王志章等．低幅度构造油藏描述及预测，石油工业出版社，1999. 6.

[24] 邬长武，熊琦华，王志章．塔中碳酸盐岩储集空间预测及质量评价，新疆石油地质，2002. 8.

[25] 王志章，石占中．现代油藏描述技术，石油工业出版社，1999. 6.

[26] 王志章等．油藏渗流场特征，石油工业出版社，2003. 7.

[27] 王志章，韩海英等．复杂裂缝性油藏分阶段数值模拟及剩余油分布预测——以火烧山油田，新疆石油地质，2010. 12.

[28] 熊琦华，王志章等．现代油藏地质学理论与技术，科学出版社，2010. 10.

泡沫油型超重油油藏冷采特征评价方法与应用

李星民[1] 赵海龙[2] 杨朝蓬[1] 沈 杨[1] 张凡芹[1]

(1. 中国石油勘探开发研究院;2. 中国石油大学(华东))

摘 要 泡沫油冷采与常规溶解气驱的驱油机理与开采特征存在差异。基于泡沫油驱油机理认识,引入滞留气模型,建立了泡沫油冷采物质平衡方程;并采用泡沫油动力学模型,建立了该类油藏水平井冷采流入动态关系式和无因次IPR模型,并拟合出该模型中各参数与地层压力水平的关系式。利用泡沫油冷采物质平衡方程,可建立冷采采出程度与压力水平关系图版,用于定量分析不同压力水平下的冷采潜力和泡沫油流阶段对冷采产量的贡献。对比水平井泡沫油冷采和水平井常规溶解气驱IPR关系曲线形态,前者右端向上弯曲,后者右端向下弯曲,反映了前者在泡沫油作用下的开采特征。典型矿场计算实例表明,泡沫油IPR曲线计算精度较高,可为生产井不同压力水平下的产能评价和工作制度优化提供有效技术手段。

关键词 超重油;泡沫油;非常规溶解气驱;物质平衡方程;水平井流入动态

泡沫油是指含溶解气重油,当压力低于泡点压力,溶解气滞后脱离油相,以分散气泡的形态存在于油相中,与原油一起流动,直至压力降至一定水平后,油气最终分离。由于泡沫油中含有大量的分散微气泡,与常规溶解气驱相比,表现出诸多独特的性质。如泡沫油存在泡点压力和拟泡点压力,拟泡点压力为泡沫油流动过程中,微气泡开始大量聚并,产生连续气相的压力点。在泡点压力和拟泡点压力之间,泡沫油的体积系数和压缩系数大幅增加,因而增加了流体的压缩性,提高了弹性驱动能量和一次衰竭开发的采收率[1]。同时由于拟泡点的存在,泡沫油一次衰竭开发过程可划分为三个阶段:高于泡点压力的单相流阶段、泡点压力和拟泡点压力之间的泡沫油拟单相流阶段和低于泡点压力时的油气两相流阶段。由于泡沫油上述特殊的一次衰竭开发特征,因此通常被称为非常规溶解气驱。同时,常规溶解气驱开采特征的油藏工程评价方法不再适用于泡沫油冷采过程的描述,因此,基于泡沫油驱油机理认识,建立能够反映泡沫油驱油特征的油藏工程评价方法,可用于更加准确的描述泡沫油驱替能量和冷采潜力。

1 泡沫油非常规溶解气驱物质平衡方程

1.1 假设条件

(1) 油藏压力高于泡点压力时为单相流,低于泡点压力高于拟泡点压力时为拟单相流,低于拟泡点压力时为油气两相流;

(2) 油藏压力介于泡点压力和拟泡点压力时,脱出的气体全部以气泡的形式存在于原油中,称为滞留气,气泡以相同的速度随原油一起流动,性质与相同温度和压力下的连续气体性质相同,满足真实气体状态方程;

(3) 忽略气泡的动态结核和聚并过程,气泡浓度仅仅取决于温度和压力;

(4) 泡沫油中的气泡压力与原油压力相等;

(5) 流动处于稳定流动状态,忽略毛管压力和重力作用;

(6) 泡沫油包括含气原油和滞留气两种组分,体积等于含气原油体积和夹带气体积之和。

1.2 非常规溶解气驱物质平衡方程建立

泡沫油重油油藏的开发分为三个阶段:油藏压力高于泡点压力、油藏压力在泡点压力和拟泡点压力之间、油藏压力低于拟泡点压力。三个阶段原油的流动形态不同,因此需要分别考虑。

(1) 当油藏压力高于泡点压力时,流动为单相流动,主要依靠原油的弹性能开采。当油藏压力由原始地层压力降到压力 P_1 时,累积产油量为:

【作者简介】李星民(1976—),男,2010年毕业于中国地质大学(北京),获博士学位。工作单位中国石油勘探开发研究院美洲研究所,室主任,高级工程师,主要从事海外重油油藏开发科研与生产技术支持工作。E-mail:lxingmin@petrochina.com.cn

$$N_{p1}=\frac{\Delta V_{fo}}{B_{fo}}=\frac{V_{fo1}-V_{foi}}{B_{fo}}=NB_{foi}\frac{(e^{\int_{P}^{P_i}C_{fo}dP}-1)}{B_{fo}} \tag{1}$$

式中　V_{foi}——原始油藏压力下原油体积，m^3；

P——油藏压力，MPa；

P_i——原始油藏压力，MPa；

N_{p1}——油藏压力高于泡点压力阶段的累积产油量，m^3；

N——原始地质储量，m^3；

B_{fo}——地层压力下泡沫油体积系数；

B_{foi}——原始地层压力下泡沫油体积系数；

C_{fo}——泡沫油的压缩系数，此时等于常规原油的压缩系数。

其中，泡沫油体积系数是泡沫油在地层温度和地层压力下的体积(含气原油体积)与其在地面条件下的体积(脱气原油体积)之比。

$$B_{fo}=\frac{V_{of}}{V_{os}} \tag{2}$$

式中　V_{of}——泡沫油在地层条件下体积，m^3；

V_{os}——泡沫油在标准状态下的体积，m^3。

原油压缩系数是泡沫油在地层温度下的体积随压力变化的变化率。

$$C_{fo}=-\frac{1}{V_{of}}(\frac{dV_{of}}{dP}) \tag{3}$$

由式(2)和式(3)可以得到当油藏压力高于泡点压力时，泡沫油体积系数为：

$$B_{fo}=B_{ob}e^{\int_{P_b}^{P}-C_{fo}dP} \tag{4}$$

式中，B_{ob}为泡沫油在泡点压力下的体积系数；C_{fo}为泡沫油的压缩系数。

(2) 当油藏压力大于拟泡点压力并小于泡点压力时，流动变为拟单相流动，仍可以用式(1)来计算累积产油量。但是由于C_{fo}在压力高于泡点压力时的计算方法与压力在泡点压力和拟泡点压力之间时的计算方法不同，将式(1)重新整理，累积产油量为：

$$N_{p2}=NB_{oi}\frac{(e^{(\int_{P}^{P_b}C_{fo}dP+\int_{P_b}^{P_i}C_{fo}dP)}-1)}{B_{fo}} \tag{5}$$

式中　N_{p2}——油藏压力从原始地层压力降低至目前地层压力的阶段累积产油量，m^3。

当压力低于泡点压力时，Kumar R 等人通过实验对多个泡沫油样进行拟合得到体积系数的经验公式[2]：

$$B_{fo}=\frac{62.4\gamma_{fo}+0.0764R_{fo}\gamma_g}{62.4\rho_{fo}} \tag{6}$$

式中　ρ_{fo}——地层条件下泡沫油密度，g/cm^3；

γ_{fo}——泡沫油相对密度；

γ_g——气体相对密度。

在泡沫油油藏中，有一部分脱出气不能脱出形成自由气，而是以气泡的形式留在原油中成为滞留气，随原油流动，定义f_g为滞留气占泡沫油的体积分数，f_{gs}为大气压下的滞留气体积分数。

$$f_g=\frac{V_{eg}}{V_{eg}+V_{lo}} \tag{7}$$

式中　V_{eg}——地层条件下滞留气的体积，m^3。

由物质守恒可以得到泡沫油相对密度为：

$$\gamma_{fo}=\frac{\rho_{los}(1-f_{gs})+\rho_{gs}f_{gs}}{\rho_w}=\gamma_{lo}(1-f_{gs})+\frac{\rho_{gs}f_{gs}}{\rho_w} \tag{8}$$

式中　ρ_w——大气压下，15.6℃时水的密度，大约为 0.99g/cm^3；

ρ_{gs}——大气压下，15.6℃时脱出气的密度，g/cm^3；

ρ_{los}——含气原油在标准状况下的密度，g/cm^3；

γ_{lo}——含气原油相对密度。

泡沫油的密度可以由含气原油和滞留气两种组分的密度混合得到：

$$\rho_{fo}=\rho_{lo}(1-f_g)+\rho_g f_g \tag{9}$$

一定温度和压力下含气原油的密度可以表示为[3-4]：

$$\rho_{lo}=\frac{62.4\gamma_o+0.0764R_s\gamma_g}{60.6528+0.009172\left[5.6180R_s\left(\frac{\gamma_g}{\gamma_o}\right)^{0.5}+1.25(1.8T-460)\right]^{1.175}} \tag{10}$$

由真实气体状态方程可以得到一定温度和压力下气体的密度为：

$$\rho_g=\frac{PM}{1000ZRT_g} \tag{11}$$

式中　R——通用气体常数，$R=0.008314MPa\cdot m^3/(kmol\cdot K)$；

P——气体的绝对压力，MPa；

T_g——天然气的绝对温度，K；

M——天然气的分子摩尔质量，kg/kmol。

当压力在泡点压力和拟泡点压力之间时，C_{fo} 由下式计算得到。

$$C_{fo}=-\frac{1}{V_{fo}}\frac{\partial V_{fo}}{\partial P}=-\frac{1}{\frac{m_{fo}}{\rho_{fo}}}\frac{\partial\frac{m_{fo}}{\rho_{fo}}}{\partial P}=\frac{1}{\rho_{fo}}\frac{\partial\rho_{fo}}{\partial P}\tag{12}$$

式中　V_{of}——泡沫油在地层条件下体积，m^3；

m_{fo}——地层条件下泡沫油质量，g；

ρ_{fo}——地层条件下泡沫油密度，g/cm^3。

（3）当油藏压力低于拟泡点压力时，流动变为气液两相流，物质平衡方程变为：

$$N_{p3}R_p=\frac{N_{Pb}(B_t-B_{tpb})-N_{p3}(B_t-R_{spb}B_g)}{B_g}\tag{13}$$

式中　N_{P3}——两相流阶段的累积产油量，m^3；

R_p——两相流阶段累积生产气油比，m^3/m^3；

N_{Pb}——油藏在拟泡点压力时的地质储量，m^3；

B_{tpb}——拟泡点压力下两相体积系数；

B_t——某一压力下两相体积系数；

R_{spb}——拟泡点压力时的溶解气油比，m^3/m^3；

B_g——某一压力下气体体积系数。

1.3　泡沫油非常规物质平衡方程应用

以委内瑞拉重油带典型的泡沫油型超重油 M 油藏流体物性参数和非常规 PVT 测试参数为例，用上述方法计算出该油藏不同压力下的采出程度，得到了不同压力保持水平条件下的剩余可采程度图版(图 1)。

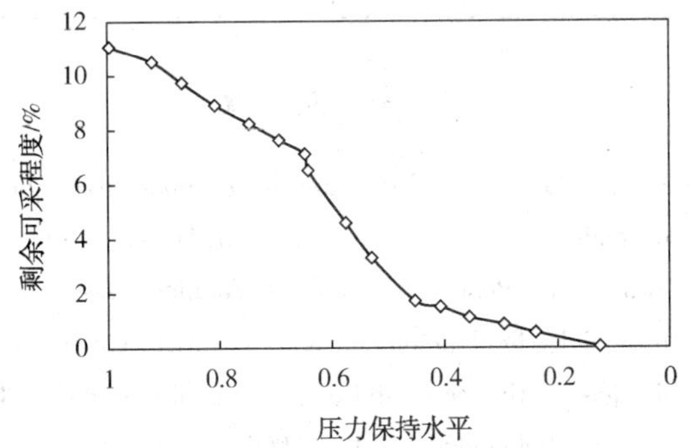

图 1　非常规溶解气驱物质平衡方法预测泡沫油冷采潜力

由图 1 可以看出泡沫油超重油油藏呈现出明显的三段式，当压力高于泡点压力 5.8MPa 时，为单相流阶段。压力降低时，由于地层孔隙压缩和孔隙流体弹性膨胀，采出程度缓慢增加，在泡点压力时达到 3.9%；当压力在泡点压力和拟泡点压力之间时，采出程度随着压力的降低快速增加，在拟泡点压力 4MPa 时达到了 9.5%，反映了由于泡沫油的形成增加的弹性驱动能量。当压力低于拟泡点压力时，为气液两相流阶段，由于气体黏度远低于原油黏度，导致气体快速产出，地层压力快速下降，采出程度增加缓慢。预测该油藏一次衰竭最终采收率 11.26%。

2　泡沫油水平井冷采流入动态

超重油泡沫油冷采与常规溶解气驱相比，在 PVT 特征和油气相渗曲线上存在差异，适用于常规溶解气驱油藏 IPR 曲线的 Vogel 方程、Cheng 方程和 Bendakhlia 方程等不适用于拟合泡沫油超重油油藏水平井 IPR 曲线[5]。

2.1　泡沫油水平井冷采流入动态关系式建立

泡沫油动力学多组分数值模型的模拟组份包括水、油、原油中的溶解气、原油中的分散气、分散气脱离原油形成的自由气。溶解气通过过饱和控制的速率过程变成分散气，分散气通过第二种速率过程变成自由气。在采用此模型的基础上，利用 CMG 数值模拟软件中的化学反应模块实现该模拟思路。上述两种不平衡相间传质过程被模拟为具有规范的化学计量和反应速率常数的化学反应过程，速率常数可用历史拟合的方法加以确定。

采用上述模拟手段，通过以下方法得出泡沫型重油油藏水平井 IPR 曲线：给定初始井底流压进行计算，当衰竭过程达到某一平均地层压力时，记下此时的井底流压和产油量；改变初始井底流压数值，重复上述过程，得到一系列井底流压与相应的产油量，即可作出该平均地层压力下的 IPR 曲线。

不同平均地层压力下泡沫型超重油油藏水平井 IPR 与常规溶解气驱水平井 IPR 对比曲线见图 2，可以看出：平均地层压力较高时，泡沫油 IPR 曲线右端略微上翘(这正是泡沫油特性的体现)，这是因为此时井底流压较低，水平井泄油范围内，存在泡沫油流区域，泡沫油中的分散气泡提供了额外的弹性驱动能量，产油量与常规溶解气驱相比要高；随着平均地层压力的进一步下降，分散气聚并形成连续气相，开始表现出常规溶解气驱油藏的特征。

将图 2 中具有右端上翘特点的 IPR 曲线进行无因次化处理，得到水平井泡沫油冷采的无因次 IPR 曲线(图 3)。无因次化的过程为：用某平均地层压力下 IPR 曲线上各点的井底流压除以该平均地层压力，得到各点的无因次压力；将某平均地层压力下 IPR 曲线左端的直线段延长并交于横坐标轴，用交点对应的产油量除该曲线上各点的产油量，得到各点的无因次产量。可以发现无因

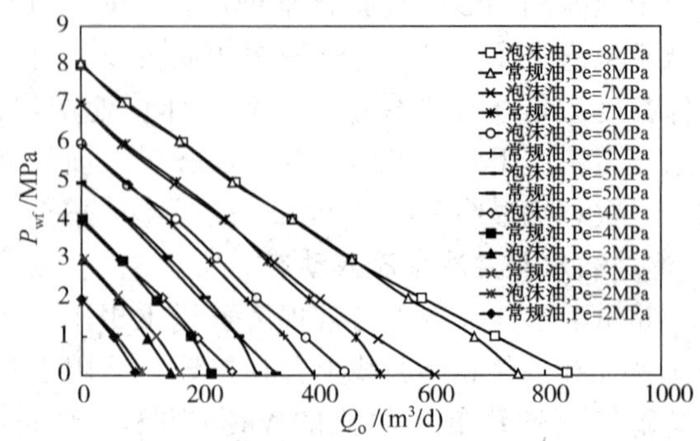

图 2　泡沫油与常规溶解气驱水平井 IPR 对比曲线

次压力较高时，泡沫油冷采的无因次压力与无因次产油量间基本呈线性关系；无因次压力较低时，泡沫油冷采的无因次 IPR 曲线右端则略微向上弯曲。

如下形式的相关式能较好地拟合上述泡沫油水平井冷采的无因次 IPR 曲线。

$$\frac{Q_o}{Q_{omax}}=\left[a+b\frac{p_{wf}}{p_r}+c\left(\frac{p_{wf}}{p_r}\right)^2\right]^n \qquad (14)$$

2.2　泡沫油水平井冷采 IPR 应用实例

根据上述 M 油藏 CIS-14 井实际生产数据，对上述泡沫油水平井无因次 IPR 曲线进行验证，结果表明：计算的产油量与实际产油量吻合程度较好(表 1)。对无因次 IPR 曲线进行非线性回归，在不同油藏压力下拟合得到上式中参数 a、b、c 和 n 的值。回归得到不同参数与地层压力之间的关系：

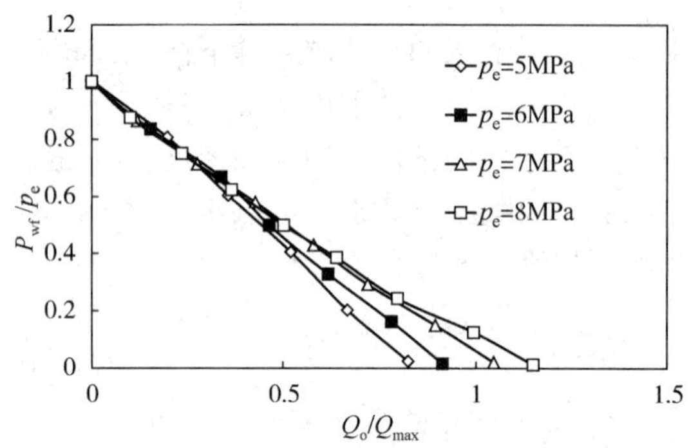

图 3　泡沫油水平井冷采无因次 IPR 曲线

$$a=-0.107+0.193P_r-0.0038P_r^2$$
$$b=1.829-0.812P_r+0.0462P_r^2$$
$$c=-1.205+0.449P_r-0.0293P_r^2$$
$$n=2.207-0.5365P_r+0.0468P_r^2 \qquad (15)$$

表 1　CIS-14 井无因次 IPR 曲线验证计算表

实际产油量/(m³/d)	井底流压/MPa	平均地层压力/MPa	q_{omax}/(m³/d)	a	b	c	n	计算产油量/(m³/d)
114	7.37	9.20	766.1	1.347	-1.731	0.446	1.240	134.5
196	6.16	8.76	730.0	1.292	-1.739	0.480	1.107	197.1
357	4.59	7.99	665.5	1.192	-1.709	0.512	0.915	373.9
216	2.57	5.71	475.8	0.871	-1.302	0.404	0.675	242.0
209	2.65	5.64	470.2	0.861	-1.282	0.396	0.675	229.6
194	2.42	5.40	449.9	0.825	-1.209	0.365	0.679	223.1
169	2.79	5.23	435.4	0.798	-1.153	0.341	0.686	182.0

3　结论

(1) 基于泡沫油非常规 PVT 特征，引入滞留气模型，建立泡沫油溶解气油比、密度、压缩系数等物性参数模型，导出了泡沫油非常规溶解气驱物质平衡方程，可得出泡沫油油藏冷采采出程度与压力水平关系图版，定量分析冷采潜力和泡沫油流阶段对冷采产量的贡献。

(2) 泡沫油动力学多组分数值模拟方法和油藏工程相结合，建立了相应的水平井冷采 IPR 流入动态曲线和无因次 IPR 表达式，并拟合出表达式中各参数与地层压力水平的关系式，该流入动态曲线形态能够体现出泡沫油对产量的贡献，可用于评价不同压力水平下的水平井的产能，有助于指导工作制度的优化。

参　考　文　献

[1] Maini B B. Foamy oil flow in primary production of heavy oil under solution gas drive[R]. SPE 56541, 1999.

[2] Kumar R, Pooladi-Darvish M. Solution-gas drive in heavy oil: field prediction and sensitivity studies using low gas relative permeability[J]. Journal of Canadian Petroleum Technology, 2002, 41(03): 98-106.

[3] Kumar R, Mahadevan J. Well-performance relationships in heavy-foamy-oil reservoirs[J]. SPE Production & Operations, 2012, 27(01): 94-105.

[4] Ahmed T. Reservoir engineering handbook[M]. Gulf Professional Publishing, 2006: 102-104.

[5] 陈亚强，穆龙新，张建英，等．泡沫型重油油藏水平井流入动态[J]. 石油勘探与开发, 2013, 40(3): 363-366.

孤东油田流场调整降本增效开发技术

白需正　崔文福　官敬涛

(中国石化胜利油田分公司孤东采油厂)

摘　要　孤东油田自1986年投入开发以来，按照“密井网、细分层系、储量一次动用”的开发技术政策，经过近30年的高速高效开发，采收率已达40.5%，处于“双特高”(可采储量采出程度92.1%，综合含水95.8%)的开发阶段。面对资源接替不足、产量接替困难、油价持续低迷的严峻形势，立足老油田、老区和老井，以产效益油为目标，深化“流场调整”，全力推进低成本开发战略，抓好创新创效、提质增效、节支保效工作，取得了一定成效。

关键词　流场调整；井网调整转流线；协调注采转流线；改善剖面转流线；剩余油差异分布

2013年以来，围绕提高质量与效益，转观念、按照“调整流线，完善井网，强化学驱，效益开发”的调整思路，以剩余油研究为核心，一体化配套为手段，持续推进转流场调整，探索了不同类型油藏效益开发之路，进一步提高了采收率，但面对油价断崖式下跌，整体转流线效益评估较差，无法适应新时期的要求。根据剩余油差异性分布的特征，进一步突出了个性化调整，建立井组转流线调整模式，形成低油价井组流场调整技术系列，取得了较好的经济效益。

1　孤东油田开发特点

孤东油田自1986年投入开发以来，按照“密井网、细分层系、储量一次动用”的开发技术政策，经过近30年的高速高效开发，目前已进入特高含水开发阶段。“十五”、“十一五”期间依靠聚驱、二元驱，实现产量基本稳定。进入“十二五”以来，由于储量及技术接替不足，油田总递减加大，可持续发展难度越来越大。

(1) 密井网。主力单元的井距为106~212m，1990年井网调整后主力单元从反九点井网加密调整为行列井网，二十余年井网形式固定不变。

(2) 细分层系，储量一次动用。厚油层单层开发，多层单元仅一个主力小层，储量全部动用。如七区西馆上段共计16个小层，其中主力层4个，划分为5套开发层系。

(3) 强注强采。孤东油田平均采液速度20%，主力单元采液速度达到25.0%，累计注水倍数达4.8。

(4) 高速开发。孤东油田目前剩余可采储量采油速度24.9%，30年走完同类油田40余年开发历程，处于“双特高”开发阶段，仍保持0.8%的采油速度(图1)。

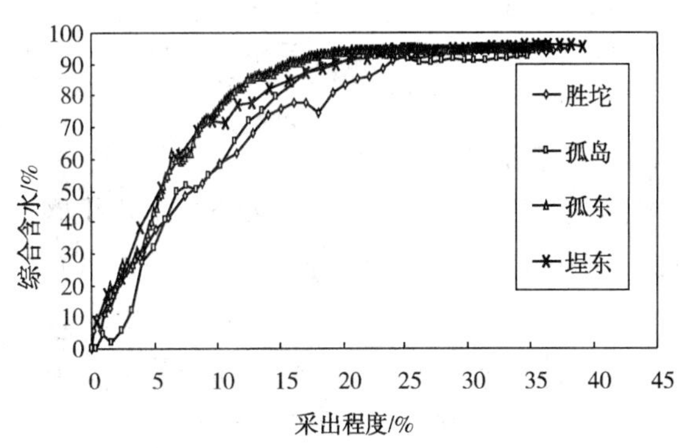

图1　孤东油田和同类油田含水与采出程度关系曲线对比

(5) 开发效益逐渐变差。需要开展以转变驱替方向为主的调整。孤东油田整装单元综合含水≥99%油井230口，日产油仅138吨，日产液1.9万吨，吨油运行成本高达1927元/吨。大部分储量处于高含水末期阶段，含水大于98%的储量占43.5%。低效无效井多，超出经济界限的低效无效井230口，占总开井数的12.6%，年产油量4.0万吨。采取常规技术治理投入高，效益不合算，要求我们必须深化剩余油研究，寻求技术突破(表1)。

【作者简介】白需正(1983—)，男，2009年毕业于中国石油大学，硕士。中石化胜利油田分公司孤东采油厂地质研究所，高级工程师，目前从事油田开发研究工作。E-mail：baixuzheng.slyt@sinopec.com

表 1　孤东油田含水分级汇总表

含水分析	地质储量		井数		单井液量	单井油量	含水
	储量	比例	口	比例	t	t	%
小于 90	2629	11.5	478	25.8	19.3	5	75.4
90~95	2810	12.3	281	15.2	47.7	3.5	92.7
95~98	7499	32.7	462	25.0	73.4	2.3	96.9
98~99	6496	28.3	401	21.7	101.4	1.5	98.5
大于 90	3488	15.2	228	12.3	80.0	0.6	99.3
合计	22922	100	1850	100	62.4	2.6	95.8

2　整体流场调整示范区效果评价及剩余油认识

在油藏特征和开发方式确定的情况下，驱油效率也是确定的。若水驱开发方式不变，提高采收率的途径就是提高水驱平面、纵向波及体积。可以通过改变液流方向、增大注水压差、增大注水倍数等三种方式提高波及，针对孤东油田高注水倍数、流线固定的问题，只有通过转流线才能提高波及体积。2014 年开展实施了单层厚油藏、整装多层二元后期、整装多层注聚后期三种不同类型转流场调整，进一步提高了采收率。

2.1　单层水驱厚油藏七区西 6^{3+4} 试验：转流线 60°+化学驱

七区西 6^{3+4} 单元试验区 1986 年投产，1987 年采用反九点注水开发，1990 年加密井网为 212m×212m 交错行列井网，试验井组 GO7-25XN246 井组，单井液量 107t/d，单井日油 0.9t/d，含水 99.1%。层内高渗条带发育，动态非均质性严重。

针对目前井区呈现高注水倍数(4.7PV)、高含水(99.1%)、高采出程度(41.7%)，目前含水比经济极限含水高 0.4%，开发效益差的开发现状，结合剩余油分布特征，开展了转流线 60°+化学驱的调整方案。

平面流场调整上，结合平面剩余油分布特征，通过油水井别互换，实现流线转 60°。层内优化射孔上，对试验区油水井实施全井段封堵后复射 $Ngs6^{3+4}$ 层顶部，结合井区层间剩余油分布优化射孔厚度及孔数，达到挖潜厚油层顶部剩余油的目的。注采结构优化上，在转流线试验区井网调整基础上，实施注采结构优化，高含水、主流线方向弱化注采，低含水、非主流线方向强化注采。整体注采以转抽井强化提液、老水井控制注入、新水井强化注入调整流线为原则。

以转抽井 GO7-25XN246 为例：GO7-25XN246 注水井 $Ngs6^{3+4}$ 层累计注入 $230\times10^4m^3$，转抽后累计排液 1.7×10^4t 后 GO7-25XN246 开始见油，初期日产油 3.6t/d，含水 97.3%，目前日油 5.4t/d，含水 97.2%，截止目前 GO7-25XN246 已累油 3604t。

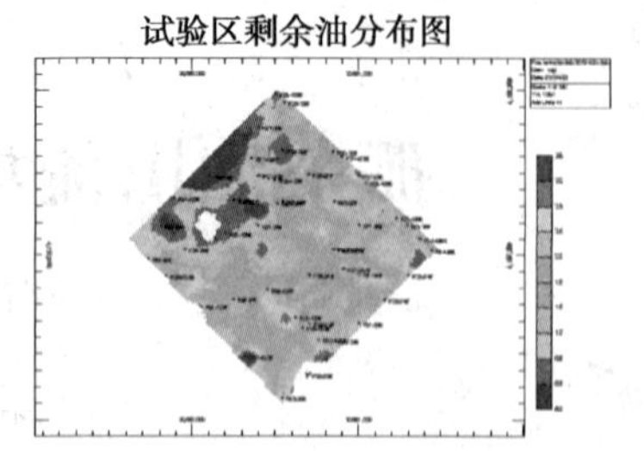

图 2　试验区剩余油分布图

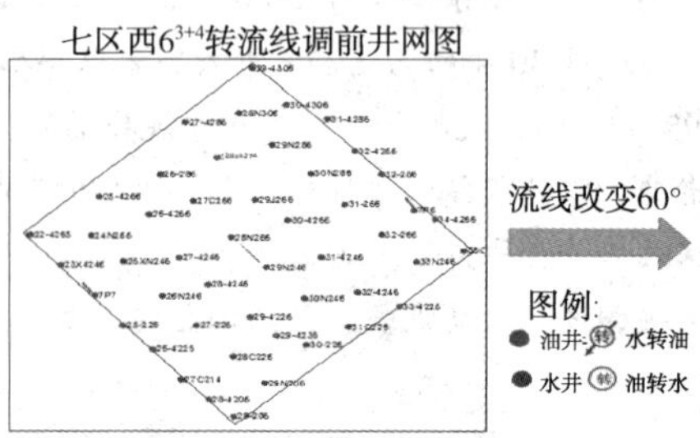

图 3　调整前井网图

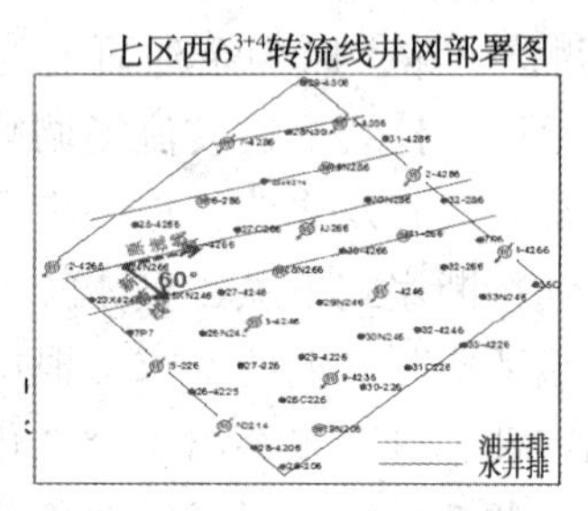

图 4　转流线调整后井网部署图

七区西 6^{3+4} 单元试验区通过转流线 60°+化学驱调整后，整体开发效果得到了显著改善。平面上整体见效，单元目前已在高峰期稳定 3 年以上，吨聚增油 18.1 吨/吨，预计提高采收率 6.9%。

2.2　整装多层二元驱后六区 5^4-6^8：抽稀细分+变流线 27°

针对孤东六区馆陶 5^4-6^8 单元目前多层合采合注层间矛盾突出、高含水、二元驱后采出程度高的开发现状，充分利用老井，细分层系，抽稀转流线，提高层间及平面驱替程度。先后通过拟渗流阻力级差、储量基础、开发指标和经济指标进行优化，在馆陶 5^4-6^8 试验区实施抽稀细分转流线方案，即通过油水井排分别交错隔一抽一，细分形成 5^{4-5}、6^{1-8} 两套交错行列井网，由 106m

×106m 正对行列式井网抽稀为 212m×212m 交错行列式井网。设计新井 10 口，老井工作量 31 口（细分注水 12 口）。

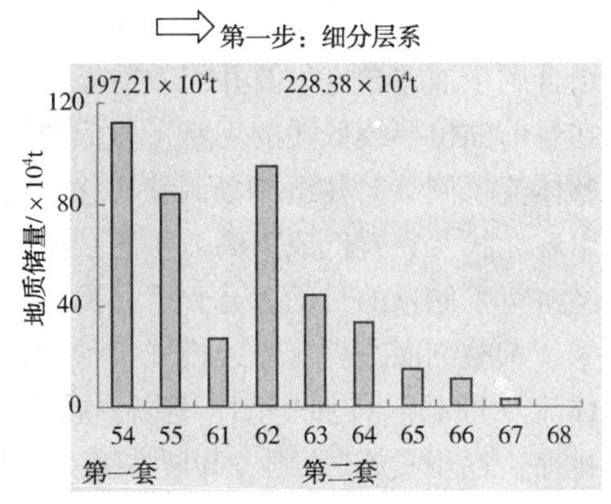

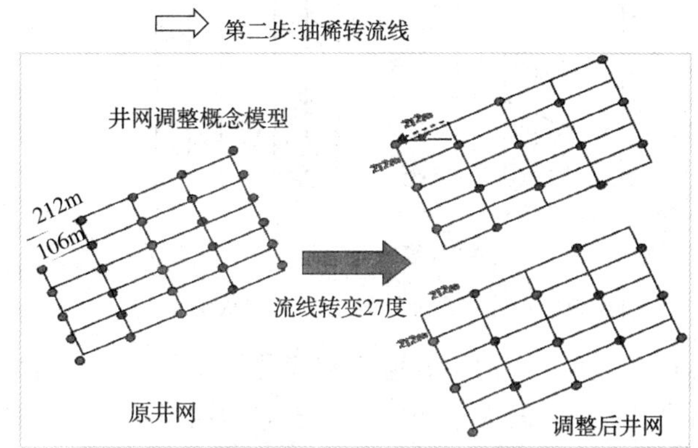

图 5　六区 5-6 井网调整概念模型

结合数值模拟，开展注采参数优化，通过对细分后 Ngs5^{4-5}、Ngs6^{1-3} 两套层系数值模拟，得到当单井日产液 110t/d 时，十五年末采出程度 51.2%，综合含水 99.7%，开发效果最优。

孤东六区 5^4-6^8 单元示范区，抽稀变流线项目实施后，老井递减趋势减缓 9.3%，含水上升率下降 2.2%，示范区水驱开发效果得到了改善，预计调整后 15 年累计可减亏 7116 万元。

2.3　整装多层二区馆 5 非均相驱：变流场 90°+抽稀细分+非均相

孤东二区馆 5 自 1992 年进行井网加密调整，采用 240＊125m 正对行列式井网生产至今，井网多年不变，流线相对固定，进入后续水驱阶段以来，由于层间窜和事故转走导致目前二区馆 5 局部井网不完善。针对二区馆 5 井网相对固定、聚驱后采出程度低(32.0%)的开发现状，实施细分变流线+非均相复合驱的调整方案。即细分成 5^3、5^{4-5} 两套层系，井网由南北调整为东西，流线改变 90°。5^3 层系单层开发转流线，通过井别互换、钻新井形成菱形五点法井网；5^{4-5} 层系强化细分注水转流线，通过分流线钻新井形成 250＊250m 的东西向正对行列井网。共计部署新井 16 口，配套非均相驱，预计累增油 33.5×10⁴t，提高采收率 7.8%，当量吨聚增油 25t/t，可推广地质储量 5122×10⁴t。

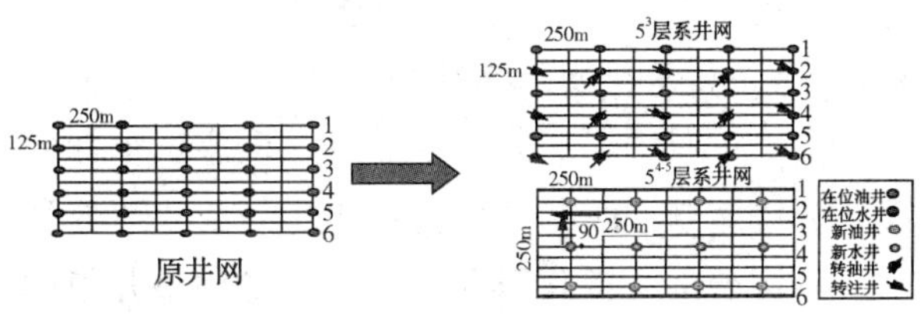

图 6　二区馆 5 井网调整概念模型

二区馆 5 非均相驱方案实施后，自然递减下降 4.1 个百分点，目前正实施非均相驱。

2.4　孤东油田转流场示范评价

孤东油田通过对三种开发单元的转流场示范区的探索调整，总体上转流场在技术上是可行的，能够提高平面纵向波及体积，有效地提高采收率。

（1）流场调整可以增加非主流线驱替压力梯度。正对行列式井网，通过油水井别互换，原油井排及部分井排间区域压力梯度增加，且由正对行列式井网变为九点井网后，原油井排压力梯度增加较大。

（2）流场调整能够有效地提高平面波及体积。通过数值模拟预测，转流场后波及面积平均提高 8.7%，达到挖潜非主流线剩余油的目的。

（3）整体转流场整体平衡油价较高，三个单元平衡油价均在 60 美元以上，但井组见效及效益差别较大。七区西 6^{3+4}、六区 5-6 示范区平衡油价低于 50 美元的井组分别占总井数的 44.4%、48.2%。

3　井组转流线调整模式及效果评价

通过对新投井剩余油饱和度监测，取得了以下两点认识：

（1）平面上，油井间、水井间剩余油富集程度差异大。如七区西 5^{2+3} 单元平面剩余油分布呈现差异性富集的特点，井间剩余油饱和度平均 33.7%，单距离老井大于 50m，含油饱和度 41.8%，其中分流线上剩余油饱和度最高(45.2%)，井间小于 50m 剩余油饱和度最小(28%)。

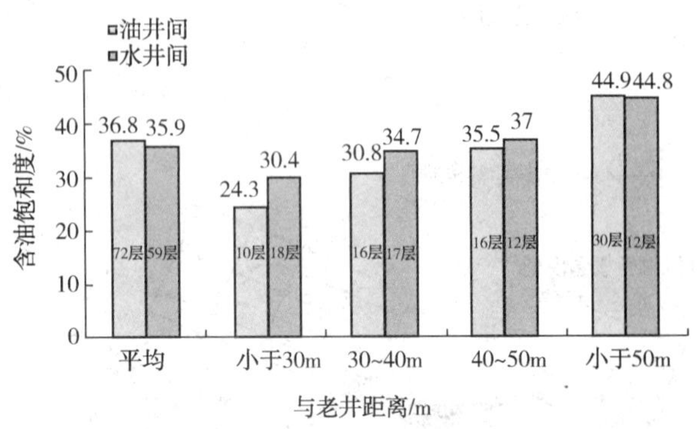

图 7　油井间、水井间含油饱和度分类柱状图

(2) 层间上，主力层分层饱和度总体差异较小，但井组上差异较大。如二区馆 5 非均相驱示范区采出程度 37.6%，平均剩余油饱和度 41.7%，层间平均差异性不大。采出程度在 35%~42%，平均剩余油饱和度相差 1-3 个百分点，但在单井上层间差异性较大，新井剩余油饱和度显示，单井层间上相差 3%~12%。

结合剩余油差异富集及井组效益差异大的特点，在目前油价持续低迷的现状下，低油价下必须从整体流场调整向井组流场调整转移，通过开展井组转流线及完善低成本高效工艺技术，达到增加经济可采储量的目的。建立了井网调整、协调注采、调整剖面三种转流线模式十种类型，实现立体流场调整。按照"整体模拟、局部优化、效益排序，逐步实施"原则，开展井组流场调整。

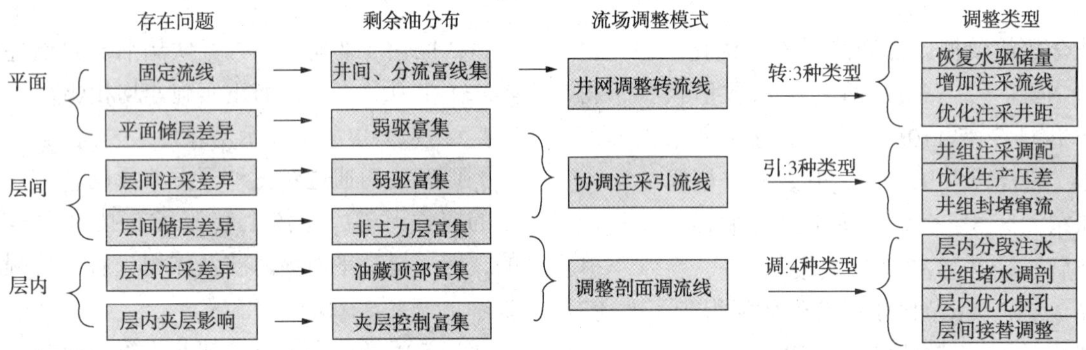

图 8　立体流场调整思路图

3.1　井网调整构建新流线

主要针对平面剩余油富集的油井间、分流线和不完善区域，实施"转"。通过井别转换，增加和减少注采井点，实现大角度的转变流线，挖潜目前井网下难动用的潜力区域。一是针对油井单向对应，含水上升，断层边部储量失控，通过长停水井转抽增加驱替方向，挖潜水井间剩余油；二是针对油井窜聚回返，通过回返井转注增加注采流线，挖潜油井间剩余油；三是针对次主力层，砂体、断层边部等剩余油富集区，通过井网完善，增加新注采流线，挖潜剩余油富集区潜力。

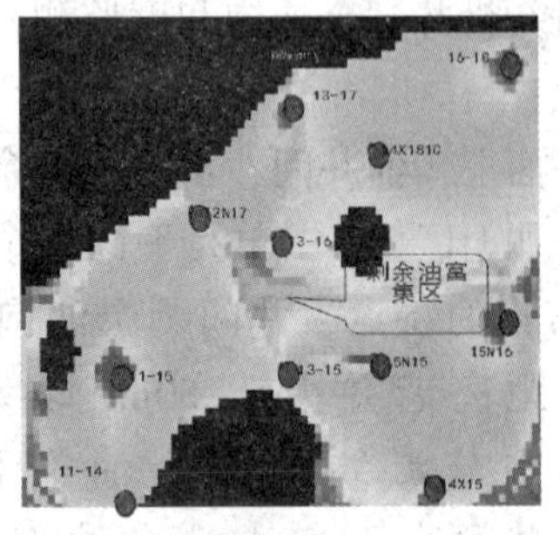

图 9　剩余油分布图

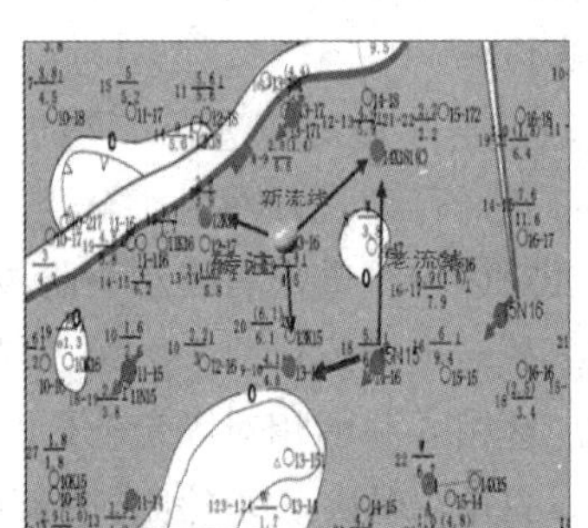

图 10　井网调整图

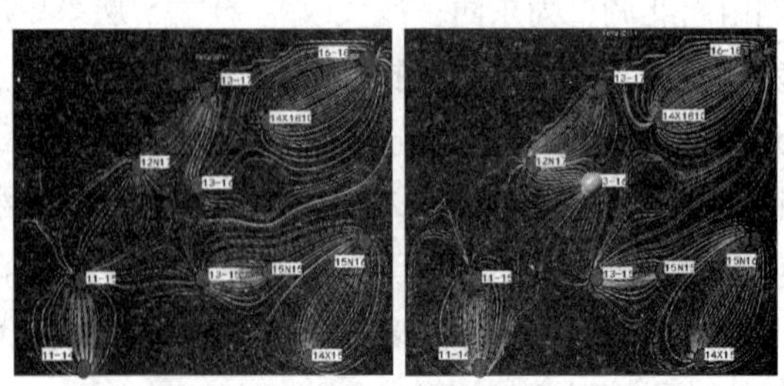

图 11　调整前后流线转变图

3.2　调整剖面截堵强流线

主要针对因储层和注采差异，造成剩余油分层、分段富集的单井，实施"调"。通过细分注水、经济调剖、优化射孔等工艺技术调整井组的注采剖面，在层内和层间上，实现纵向转流线。

一是针对纵向吸水差异大，油井能量不足，实施调剖和细分，强化弱驱层注入，注入剖面得到改善；二是针对应层间差异大，多次堵调治理无效井实施窜流层卡封，挖潜弱驱次要层；三是利用有效的隔夹层遮挡，通过实施封堵高渗段后顶部复扩射，挖潜弱驱层段剩余油。

3.3 协调注采转流线

针对注采差异导致驱替程度低的井组，通过控制强驱，强化弱驱，实施“引”。均衡注采结构。针对平面驱替不均衡，通过高液井限液，低液井防砂提液，同时配套水井调剖，提高驱替效率。

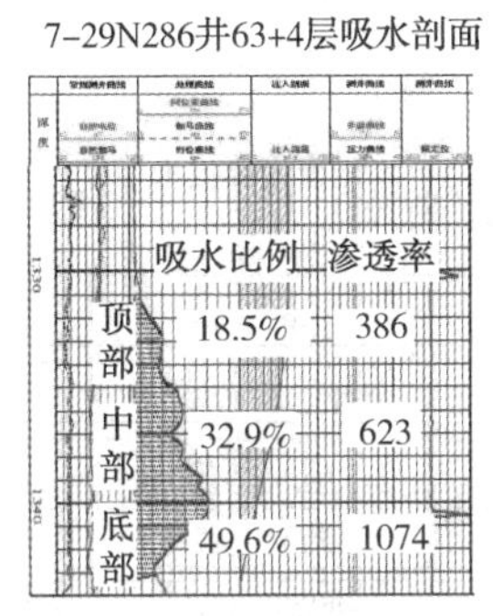

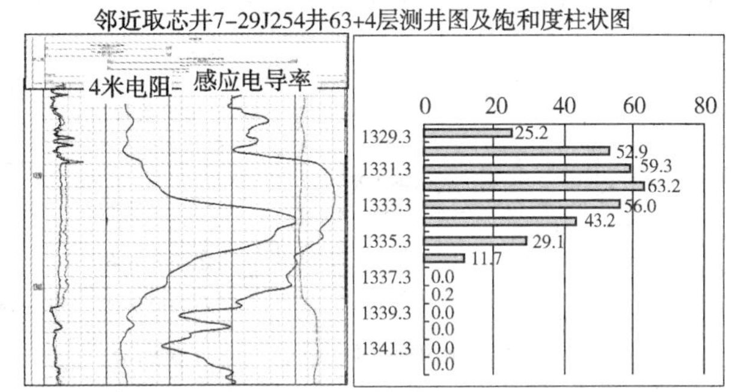

图 12 工艺配套水井调剖，对应油井封堵复射

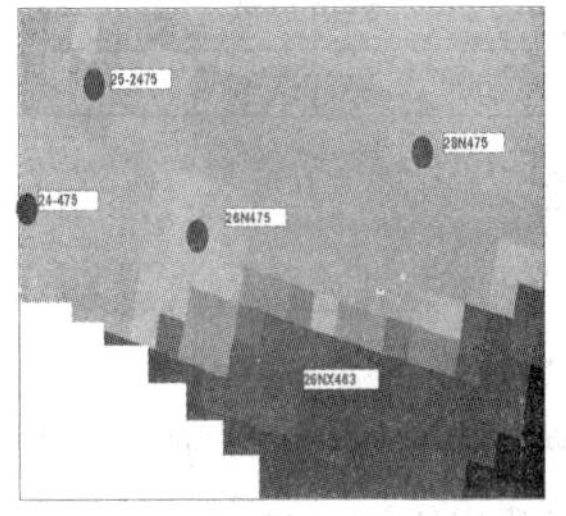

图 13 井组剩余油分布图

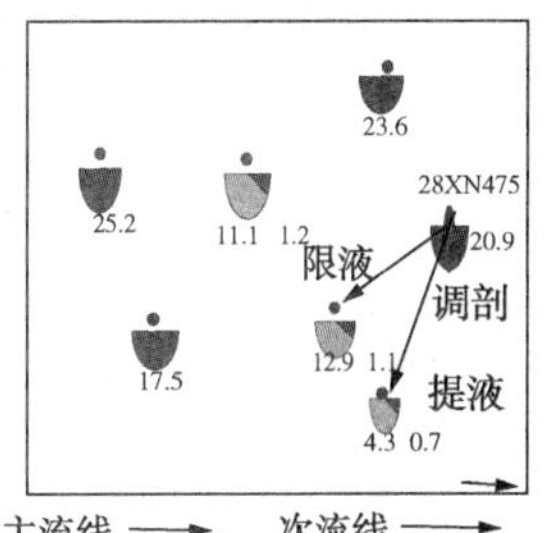

图 15 调整前后流线变化图

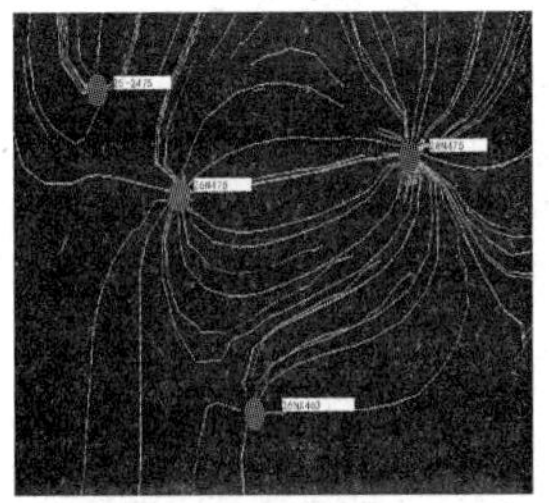

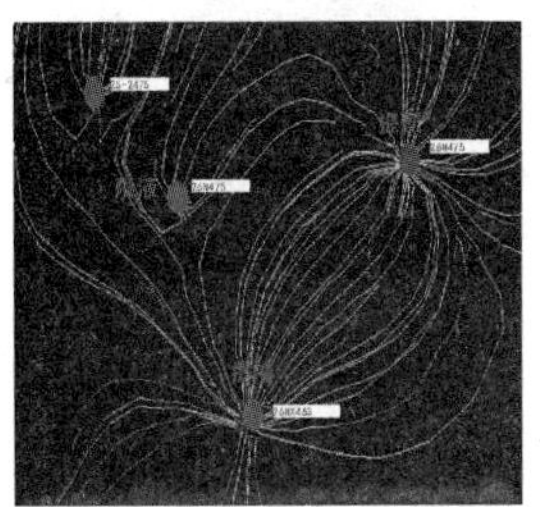

图 14 工作量调整部署图

3.4 配套低成本工艺技术

立足经济高效，低成本战略，围绕流场调整重点研究推广长停井大修治理、高渗低阻防砂提液、分层注水和经济调剖等配套技术，满足油藏需求。如针对聚合物驱后油藏形成了以高渗滤为主的油井防砂提液技术。研制高渗滤砂管，改进过滤体与中心管结构，提高抗堵塞能力，能够有效降低防砂产生附加压降和排出粉细砂。通过室内物模实验高渗滤砂管附加压降为 0.01MPa，绕丝筛管附加压降为 0.08MPa。现场取样分析高渗滤砂管可以有效排除粒径≤40μm 地层泥质及粉细砂。

4 效果与认识

近三年依托井组转流线调整模式，做好四个结合，孤东油田水驱开发经营指标得到明显改善。实施各类流场调整 743 个井组，平衡油价 21.1 美元，50 美元日增效 41.7 万元，投入产出比 1∶2.4。主要四方面认识：

① 流场调整要注重共性与个性的有机结合。单元是由井组有机组合在一起，井组间即存在共性问题，也存在个性问题。井组间的差异造成转流线效果差异较大。只有做好共性与个性的有机结合，做好单细胞的解剖和调整，才能保证整体

效果，特别是低油价下要以优选井组转流线为主。

② 流场调整要注重静态与动态的有机结合。要深化地质研究，尤其是影响剩余油分布的夹层、微构造高点、储层物性的差异。同时要加强剩余油和历史流线的分析。

③ 流场调整要注重调整与经济效益的有机结合。要做好事前算赢，优化方案；边干便算，及时调整；事后再算，总结经验

④ 流场调整要注重一体化运行的有机结合。要强化油藏、工艺、作业、地面、财务、矿场运行管理等多方面的一体化运行的机制，协调多兵种联合作战，才能保证效果。

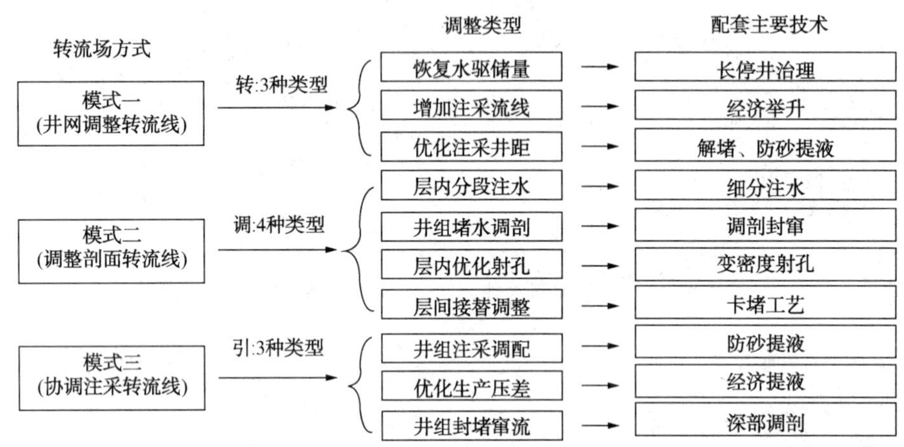

图 16　立体流场调整配套主要技术图

参 考 文 献

[1] 孙焕泉．胜利油田不同类型油藏水驱采收率潜力分析[J]．油气采收率技术，2000，7(1)：33-37

[2] 贾俊山，王建勇，段杰宏，姜华．胜利油区整装油田河流相开发单元开发潜力及对策[J]．油气采收率技术，2012，19(1)：91-94

[3] 窦之林，曾流芳，贾俊山．孤东油田开发研究．北京：石油工业出版社，2003

塔河不同类型缝洞油藏开发规律及对策研究

耿　甜　龙喜彬　巫　波

(中国石化西北油田分公司)

摘　要　利用地球物理识别成果及钻测录资料，结合缝洞发育控因，将塔河缝洞油藏划分为风化壳油藏、古暗河型油藏和断控油藏三大类，对多井缝洞单元进行综合分类评价，划分为残丘洞穴型、古潜山侧缘滩体、暗河深部溶洞型、暗河表层溶洞型、构造-断裂复合溶洞型和断控缝洞型六类缝洞单元。在缝洞单元重新划分基础上，建立了天然能量综合评价标准，总结了不同类型缝洞单元能量变化特征，重点分析了高产井能量特征，明确了不同缝洞单元的含水变化及产量递减规律。在能量评价基础上，结合地质条件和开发规律，提出单井及缝洞单元开发控制对策。高产井见水预警系统有效防止了油井暴性水淹，提高了单井产油量。多井缝洞单元开发控制对策的应用取得了较好的效果，降低了油田自然递减率，进一步改善了缝洞单元的开发效果。

关键词　缝洞型油藏；综合划分；能量特征；开发规律；开发对策

塔河油田位于塔里木盆地阿克库勒凸起轴部，其奥陶系碳酸盐岩油藏属于典型岩溶缝洞型油藏。受多期构造运动、风化剥蚀、古水系等地质条件影响，发育大型洞穴、溶蚀孔洞，其主要流动通道是裂缝[1~4]。储集体空间结构分布复杂多样。随着油田勘探开发程度的不断深入，证实缝洞单元是油藏开发的基本单元，同一单元内具有相对统一的油水关系与压力系统。由于地质条件不清，能量利用不充分，不开发规律认识不清，缺乏合理的开发对策，高产油井出现了暴性水淹，导致开发效果变差，自然递减率偏高，严重制约了油田的科学高效开发。

本文利用各种地球物理方法对不同类型油藏进行精细识别，重新划分了不同岩溶背景下的多井缝洞单元，并以能量评价与利用为核心，创新了高产井见水预警分析，总结了不同类型缝洞单元的含水及产量变化规律，明确了不同类型缝洞单元开发对策。

1　不同类型油藏的识别与划分

以地球物理识别成果与钻测录等实钻资料为基础，结合缝洞发育控因，将塔河缝洞型油藏划分为风化壳油藏、古暗河型油藏、断控油藏三大类油藏(图1)。历经多年勘探开发实践，逐步形成一套适用于塔河缝洞型油藏的三维地震识别预测技术系列。其中利用分频、去强轴、反射结构分析、趋势面分析等地震技术识别风化壳油藏；利用精细相干、张量、蚂蚁追踪、AFE、倾角等三维地震属性刻画断控油藏的空间展布特征；利用双峰灰岩古地貌恢复技术、不同时窗能量体、波阻抗反演等地震技术精细描述古暗河油藏空间分布特征。

由于充填强弱、岩溶作用、构造作用、岩溶基准面的不同及裂缝发育程度等导致缝洞体关联程度差异大，需要对同一类型油藏精细划分。通过综合分类评价，塔河多井缝洞单元划分为六类(图1)，分别为残丘洞穴型(A1)、古潜山侧缘滩体(A2)、暗河深部溶洞型(B1)、暗河表层溶洞型(B2)、构造-断裂复合溶洞型(C1)、断控缝洞型(C2)。其中，A1、A2类缝洞单元属于风化壳油藏；B1、B2类缝洞单元属于古暗河型油藏；C1、C2类缝洞单元属于断控型油藏。A1、B1、B2、C1类缝洞单元主要为溶洞型单元；C2类缝洞单元主要为沿断裂发育的裂缝-孔洞型储集体；A2类缝洞单元主要为裂缝-孔隙型储集体。

2　不同类型缝洞单元开发规律

缝洞型油藏开发具有初期产能高、开发过程易水窜等特点。天然水驱是主要的驱油能量，如何利用水体能量是开发该类油藏的关键。因此，需对不同类型缝洞单元的能量变化特征展开研究。

【基金项目】国家科技重大专项(2016ZXD5053)，中石化重大项目(ZDP17002)

【作者简介】耿甜(1986—)，女，硕士，工程师，从事油气田开发与管理工作。

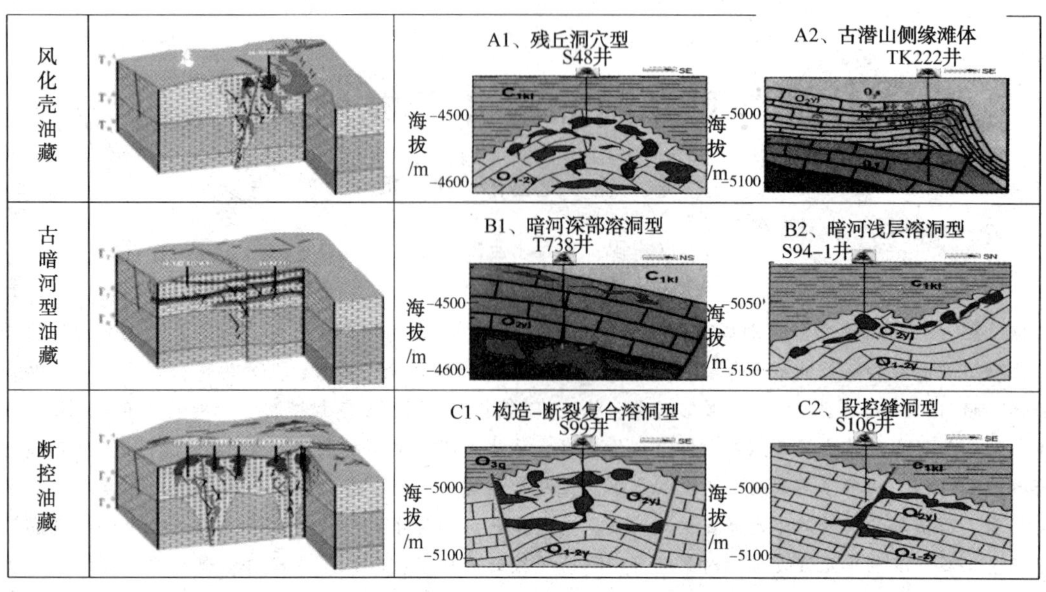

图 1　塔河碳酸盐岩油藏多井缝洞单元综合分类

2.1　不同类型缝洞单元能量特征

根据不同缝洞单元所处开发阶段的不同，利用油藏工程方法深入分析，对油藏天然能量分级，建立缝洞单元天然能量评价标准，分析能量变化规律，确定单元能量平面分布状况。

(1) 驱动阶段划分

根据单元静压、流压资料，结合单元含水及注采比情况，对不同缝洞单元划分驱动阶段。统计 19 个典型单元样本，都经历了弹性驱、天然水驱、注入水混合驱动等三个阶段。对于静压资料欠缺的单元，利用单元内井最大流压的变化趋势来近似代替静压的变化趋势，划分驱动阶段。

(2) 弹性能量评价

通过统计分析 64 口井原油高压物性参数及变化趋势，为能量评价、水体体积及动态储量计算提供相对精确的取值。计算单储压降与弹性产率比值以评价弹性能量，确定阶段的水侵量、水体体积、水油体积比、水侵系数等参数以评价水体能量，综合评价不同缝洞单元天然能量状况。

各单元弹性阶段单储压降值(Dpr)与弹性产率比值(Npr)计算显示 19 个单元整体上在弹性阶段的能量存在差异，平均单储压降值为 4.6，部分单元能量状况相似。结合多井缝洞单元的开发特征，计算合理的能量评价指标(Dpr、Npr)界限值，建立多井缝洞单元弹性能量评价标准(表 1)。结果显示不同类型缝洞单元弹性能量大小不同，其中弹性能量充足单元 6 个，弹性能量较充足 6 个，具有一定弹性能量 1 个，弱性能量不足 6 个。A 类单元中 A1 类弹性能量相对较足，A2 类具有一定天然能量；B 类单元弹性能量整体相对较足；C 类单元中 C1 类较充足、C2 类单元具有一定天然能量。

表 1　塔河油田缝洞单元弹性能量评价指标(Dpr、Npr)界限表

分类	级　别	指　标	
		Dpr	Npr
Ⅰ	天然能量充足	Dpr≤0.44	≥4.68
Ⅱ	天然能量较充足	0.44<Dpr≤0.95	1.97≤Npr<4.68
Ⅲ	具有一定天然能量	0.95<Dpr≤1.63	1.97<Npr≤1.15
Ⅳ	天然能量不足	Dpr>1.63	Npr<1.15

(3) 水体能量评价

通过计算单元水驱阶段的水体体积、水侵系数，结合水侵末期压力保持水平与弹性产率比值，对水体能量进行评价(表 2)。结果显示 A1 类单元天然水体能量强；B1 类单元较强，目前具有一定水体能量；B2 类单元部分天然水体能量较强、部分具有一定天然能量；C1 类单元由于弹性能量作用时间长，目前天然水体能量还未真正发挥作用，表现为天然水体能量一定或不足；C2 类单元具有一定天然水体能量。

结合单元生产过程中动态指标间的差异及单元单井水驱特征曲线法(选取含水≥40%单元)对 19 个单元天然能量进行了评价，其中 10 个单元动态法评价与油藏工程方法一致，9 个单元相近，证实动态指标与能量变化是关联的。通过油藏工程法和动态指标法，对 51 个典型多井单元天然能量进行评价计算，由表3可以看出，风化壳油藏A1类单元天然能量整体充足，A2类具有一定天然能量；古暗河型油藏B1类单元较充足，B2类天然能量充足或较充足占44%，部分单元受暗河发育与充填影响导致能量不足；断控油藏C1类单元天然能量整体较充足，C2类天然能量一般，其中储集体与断裂匹配程度直接影响能量状况。

表2　19个缝洞单元水体能量评价明细表

水体能量分级	单元类型				单元比例(个数/%)	水侵末期压力保持水平/%	水体体积/(10^4m^3)	Npr平均值
	A1类	B2类	C1类	C2类				
天然水体能量强	S48 TK409 S80 S74	T414CH			5/26.3	≥95	≥100000	38.85
						97.31	149296	
天然水体能量较强	TK407 S90 T702B S67	T313			5/26.3	≥95	≥20000～<100000	29.52
						96.17	57901	
具有一定天然水体能量	S65 S77 S66	S79CH T436CH	T705 T740	S106	8/42.1	≥90～<95	≥5000～<20000	14.53
						93.16	13581	
水体能量不足			S86		1/5.3	<90	<5000	2.03
						81.60	3000	

表3　51个典型多井单元天然能量评价计算结果表

油藏类型	单元类型	单元个数	单元号	天然能量评价
风化壳油藏	A1(残丘洞穴型)	12	S48 S65 TK407 TK409 S91 T702B S80 S67 S66 S74 TK7-456 T7-615CH	充足8个，较充足4个
	A2(古潜山侧缘滩体)	2	T443 S7201	一般2个
古暗河型油藏	B1(暗河深部溶洞型)	2	T738 TH10204	较充足1个,一般1个
	B2(暗河表层溶洞型)	25	T805(K) T414CH S79CH T313 T436CH S76 S46 S23CH S70 S64 TK620 T7-444CH T815(K)CH T709 TH10104 TH10209 TH10345 AD11 AD15 AD6CH AD7 S94-1 S94CH TH12312 TH12402	充足6个，较充足5个，一般11个，不足3个
断控油藏	C1(构造-断裂复合溶洞型)	8	S86 T705 T740 TP101 T739 S99 AD13 TH12201	充足4个，较充足3个，一般1个
	C2(断控缝洞型)	2	S106 TP7	一般2个

2.2　高产井能量特征

多井缝洞单元开发过程中，高产油井是主要的产量贡献，其中无水采油量为累产主要构成。高产油井通常能量充足或较充足，水体锥进易导致含水上升快。以能量评价为基础，如何有效控制含水上升速度是油井高效开发的关键问题。

单井开采过程一般为弹性能驱动、天然水驱阶段和混合水驱阶段，底水突破会产生压力异常，流压和油压在各驱动阶段具有一致的变化模式。油井见水前由于进入水驱阶段，水侵会对溶洞系统产生压力干扰影响，使井底流压升高，从而油压和回压升高，即油井见水前会有异常信号影响(图2)。通过应用底水锥进理论、油井节点分析和流体力学理论，揭示见水前异常信号，总结油压-累产液变化模式，基于油井分驱动阶段生产控制的思路，形成了一套缝洞型油藏油井见水风险预警与评价技术。

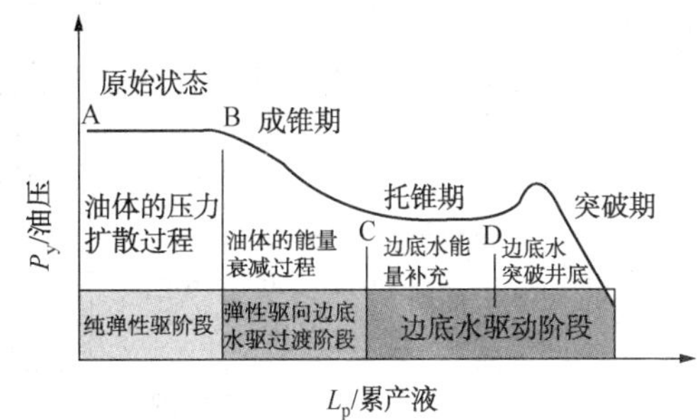

图2　油井不同驱动阶段油压-累产液变化模式图

2.3　含水变化规律

以能量评价为核心，结合矿场实践，塔河缝洞型油藏油井的含水变化划分为缓升型、台阶式上升、快速上升、暴性水淹、波动变化和含水下降共六种类型。对于多井连通的缝洞单元，单元含水上升特征是单井特征的综合反映。选用含水大于40%的33个典型单元，根据回归的直线段斜率和截距，应用水驱特征曲线公式，计算出不同单元类型采出程度与含水、含水上升率关系理论曲线。根据曲线形态特点，归纳为五种类型，即“凹S”型、“S”型、“凸S”型、“凸”型和“厂”字型等(图3)。含水上升类型与驱替类型具有较好的对应关系，缓慢上升的通常表现为“S”、“凹S”，快速上升的多为“凸”、“凸S”型和“厂”字型。不同类型缝洞单元含水类型有差异，A1、B1、C1类含水上升较慢，主要为“S”型；A2类“凸S”或“凸”型，B2类由于储集体的组合方式和油水连通性的不同，“S”、“凹S”、“凸S”均有；C2类为“凸S”型，见表4。

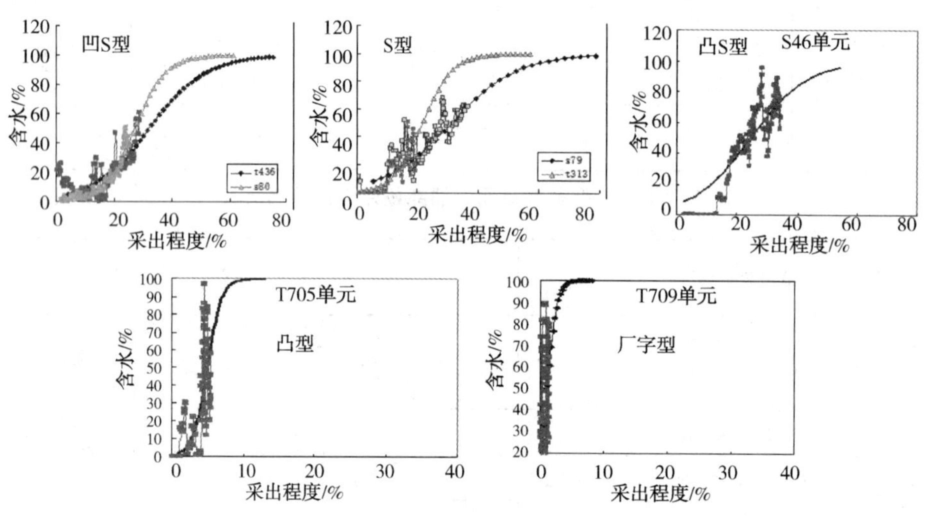

图3　典型单元含水上升类型示例图

表4　不同类型缝洞单元能量状况及含水类型统计表

油藏类型	单元类型	主要储层类型	能量状况	含水类型	典型单元
风化壳油藏	A1 (残丘洞穴型)	以大型洞穴为主	75%的天然能量充足，25%的天然能量较充足	上升形态以缓慢上升为主；上升类型75%为凹和凹S；最大含水上升率2%~4%左右	S48、S67、TK7-456、T702B等
	A2 (古潜山侧缘滩体)	裂缝-孔隙型储集体	具有一定天然能量	含水上升较快，最大含水上升率在15%左右，但带水生产时间较长	S7201、T443
古暗河型油藏	B1 (暗河深部溶洞型)	以溶洞为主	天然能量较充足	目前未见水或低含水，含水上升缓慢	T738、TH10204
	B2 (暗河表层溶洞型)	以溶洞为主，裂缝主要起渗滤通道和连通孔洞的作用	能量级别不等，天然能量充足到较充足占44%，其他具有一定天然能量，个别不足	连通性不太强的含水缓慢上升，连通性好的含水上升较快；相应含水类型多样(凹、S、凸S均有)；最大含水上升率2%~15%	TK839、AD4、AD7、S104、S23等
断控油藏	C1 (构造-断裂复合溶洞型)	以大型洞穴为主，且沿断裂发育	天然能量较充足或充足	目前含水缓慢上升；含水上升类型为凹型	T739、S86、S99、TH12201
	C2 (断控缝洞型)	沿断裂溶蚀主要发育裂缝孔洞型储层	具有一定能量或能量不足	含水上升较快，最大含水上升率10%左右	AD18、TP18、S97、S106等

2.4 产量递减规律

由于缝洞型油藏特殊的储层特征，单井纵向上挖潜措施较少，受工作制度变化、增产措施、开井时率的影响，实际单井生产形态表现为稳产递减型、递减型和波动变化型。由于储量规模、储层发育程度、生产能力、天然能量以及开采方式等因素的影响，多井缝洞单元产量变化趋势表现出不同的特征，一般经历了上产、相对稳产、快速递减、缓慢递减阶段。根据产量变化趋势，划分为三种类型：稳产递减型、递减型和波动型。

对应不同能量特征下的缝洞单元呈现不同的产量递减变化规律(见表5)，其中能量较强的A1、B2、C1类单元稳产期较长，递减曲线呈明显的两段式，快速递减和平缓递减阶段；能量一般的B2、C2类单元基本无稳产期，具有一定上产期，递减多为一段式，含水变化为缓升型；能量较弱的A2、B1类单元产量无明显递减规律，受开井数与措施影响大。

表5　不同单元类型产量递减变化分类表

单元类型	储集体类型	储量规模	油品性质	能量分类	产量递减变化
A1(残丘洞穴型) B2(暗河浅层溶洞型) C1(构造-断裂复合溶洞型)	溶洞型	650	常规-超稠油	能量较强	单元有一定的上产期和稳产期，稳产期6~30个月，平均在16个月；产量递减曲线呈明显的两段式：快速递减期，年递减40%~50%，平缓递减阶段，年递减10%~20%左右
B2(暗河浅层溶洞型) C2(断控缝洞型)	溶洞型 孔洞型 裂缝型	420	常规-超稠油	能量一般	该类型的单元产量有一定的上产期，但基本没有稳产期，产量递减多为一段式递减，年递减为30%左右，含水变化基本是缓升型
A2(古潜山侧缘滩体) B1(暗河深部溶洞型)	孔洞型	370	常规-超稠油	能量较弱	单元液量、产量变化曲线呈波动型变化，没有明显的递减规律，曲线形态受开井数和单井措施影响较大

3 开发对策

3.1 单井开发控制对策

塔河缝洞型油藏多数油井具有能量充足易水窜的特点，因此，利用油压—累产液关系曲线变化全模式研究成果，提出单井分阶段控制方法，即高产井见水预警系统。

根据单井所处开发阶段的不同，制定针对性控制对策。纯弹性驱阶段时，油体压力处于扩散过程，应制定初期合理的工作制度；弹性驱向边底水驱过渡阶段时，油体能量衰竭，应控制油压下降速度，充分利用油藏天然能量，不使其衰竭速度过快(根据油体规模，选择适当油咀大小)；边底水驱动阶段时，应及时主动控制，延长油井无水期(无水生产效率远高于带水生产效率)，当出现油压上跳突破点时要及时进行控制，缩咀压锥。

通过建立高产井见水预警系统，总结出一套简单易操作的见水预警指标和参数，使得油井的见水由“不可预报”到“可预报”，油井管理由“不可控”到“基本可控”，延长了油井的无水采油期，提高了油井的可采储量。现场生产应用表明，预警评价技术效果好，较好地改善了油井生产效果。2018年对托甫台、12区等区高产井进行见水风险评价，现场实施调参56井次，实现增油3.6万吨。

3.2 典型单元开发控制对策

针对不同类型缝洞单元能量状况的差异，充分考虑缝洞单元空间结构特征，需构建全方位立体注采井网。应用油藏工程、数值模拟、统计分析等方法，明确了适用于多井缝洞单元的井网类型，平面上建立不规则面积井网，采用周期注水、多向注水等注水方式；纵向上实施分段注水，对多套储集体剩余油进行驱替；立体组合上采取“低注高采，缝注洞采”等注水开发方式。

综合地质特征及开发规律，对不同开发阶段的缝洞单元提出开发治理对策。其中残丘洞穴型、暗河表层溶洞型、构造-断裂复合溶洞型缝洞单元天然能量较充足，初期即弹性驱，应控制合理生产压差和采油速度；进入水侵阶段后，由于水体较强，需缩小工作制度，或间开生产，抑制水锥进速度；后期虽然压力保持程度较高，但针对含水上升、产油量下降，应注水发挥驱油作用，挖掘剩余油，并及时监测驱动指数变化，调整注采比。古潜山侧缘滩体、暗河深部溶洞型缝洞单元储集体规模小、连通性不强，弹性和水侵阶段生产控制对策相似，后期阶段能量不足时可提液生产，再注水替油，持续优化注水参数。断控缝洞型缝洞单元弹性驱需严格控制采油速度，延长无水采油期；水侵阶段因水体活跃，需缩小工作制度，或间开压锥；后期因油柱高度小、水体活跃，注水效果变差，采用间开捞油潜力较大，对于次断裂单元由于规模小、水体不大，可进行排水采油。

目前多数单元已进入混合驱动阶段，对水体能量较弱的单元，通过注水保持地层压力，减缓因能量不足造成的产量递减；对水体能量较强的单元，通过注水补充能量，保持油层较强的弹性能，可抑制底水锥进。不同的注水开发阶段，需选用合理的注水方式、注采参数以及配套技术，注水初期应试注验证连通及注采关系，中期宜温和注水，后期适当提高周期注水量，辅以换向注水、注水调剖、流势调整等措施。对于注入水与底水均波及不到的洞顶剩余油，选择注气提高采收率技术，其作用机理是通过注入气体产生的气顶驱替洞顶剩余油。

针对不同类型缝洞单元，优化开发控制对策，有效改善了单元开发效果。通过现场实施，暴性水淹井数量大大减少，塔河缝洞型油藏自然递减率由 21.1%(2011 年)下降至 15.1%(2018 年)。以 TP101 单元为例，该单元以高产油井为主，前期单元采速快速增加(1.8%)，导致天然水驱指数速度加快，通过优化开发控制对策，单元油井采速降低(1.8%↓1.5%)，水侵速度减缓(24 万吨/年↓18.8 万吨/年)，稳油控水效果显著。

4 结论

(1) 塔河缝洞型油藏按地质控因主要分为风化壳油藏、古暗河型油藏、断控油藏三大类油藏，对多井缝洞单元进行综合分类评价，可划分为残丘洞穴型、古潜山侧缘滩体、暗河深部溶洞型、暗河表层溶洞型、构造-断裂复合溶洞型和断控缝洞型共六类缝洞单元。

(2) 建立了缝洞单元天然能量评价方法，总结了不同类型缝洞单元能量分布规律，以能量评价为基础，重点分析了高产井能量特征，明确了单元含水变化和产量递减规律，为制定合理的开发对策奠定了基础。

(3) 建立了高产井见水预警及评价系统，分阶段制定控制对策，单井应用增油效果显著；对不同类型缝洞单元构建立体井网，针对不同开发阶段制定合理的开发控制对策，较好地改善了单元开发效果。

参 考 文 献

[1] 金振奎，余宽宏．白云岩储集层埋藏溶蚀作用特征及意义：以塔里木盆地东部下古生界为例[J]．石油勘探与开发，2011，38(4)：428-434.

[2] 丁勇，彭守涛，李会军．塔河油田及塔北碳酸盐岩油藏特征与成藏主控因素[J]．石油实验地质，2011，33(5)：487-494.

[3] 刘群，李宗杰，禹金营等．塔河碳酸盐岩油田三维地震技术及应用[J]．油气藏地质及开发工程国家重点实验室第五次国际学术研讨会，2012：51-64.

[4] 金强，田飞，张宏方．塔河油田岩溶型碳酸盐岩缝洞单元综合评价[J]．石油实验地质，2015，3：272-279.

[5] 罗娟，鲁新便，巫波等．塔河油田缝洞型油藏高产油井见水预警评价技术[J]．石油勘探与开发，2013，40(4)：468-473.

[6] 李春磊，谢爽，杜洋．塔河多井缝洞单元注水模式及注采参数优化[J]．重庆科技学院学报：自然科学版，2014，3：44-47.

[7] 荣元帅，李新华，刘学利等．塔河油田碳酸盐岩缝洞型油藏多井缝洞单元注水开发模式[J]．油气地质与采收率，2013，2：58-61.

[8] 张慧，刘中春，吕心瑞．塔河油田缝洞型油藏注气提高采收率机理研究[J]．中国矿业，2016，S1：455-459.

火山岩油气藏薄片智能识别及分类方法

李冰涛[1,2]　王志章[1,2]

(1. 中国石油大学(北京)地球科学院; 2. 中国石油大学(北京)油气资源与探测国家重点实验室)

摘　要　在油气勘探、评价及开发中，岩性识别和薄片鉴定是十分重要的基础工作，准确的薄片识别结果可以为勘探和开发提供可靠的依据。传统的人工判定方法或实验室分析方法具有主观性强、效率低、自动化程度低等问题。目前基于内容的智能图像识别技术在准确性和具体应用方面还面临着许多难题。论文基于国内外相关研究成果与油气勘探与开发中岩心薄片图像的特点及要求，设计并研制成功薄片图像自动识别系统和薄片智能鉴定系统。利用图像梯度分布和色彩分析进行火成岩岩石薄片智能分类的方法，对所有像素进行类别划分进而得到整体的鉴定结果，实现了省时、高效、高精度的薄片智能鉴定成果。

关键词　火山岩油气藏；深度学习；图像梯度；色彩分析；薄片智能鉴定

1　引言

岩石薄片镜下的判别在地质科学的研究和应用中有着悠久的传统。地球科学家可以用薄片和光学显微镜直接识别岩石的矿物组成，量化结构参数，推断岩石成因。

岩石薄片的点计数是矿物和岩石分类的标准方法。这个过程是由一个岩石学家进行的，以找出每一种矿物在薄图像中的百分比。由于这个过程是手工完成的，所以它更倾向于定性分析而不是定量分析，因为个体的观察可能会发生变化，这可能会导致观察者[1]的错误分类。

使用岩石显微技术存在固有的缺陷。这个过程本身是耗时的，而且是迭代的。这需要一个具有丰富知识和经验的人类专家结合多种岩石和显微镜分类标准，如纹理，颜色，解理，双晶等，执行矿物含量划分。因此，有必要对岩石薄片进行自动的分类，以取代人工操作。

在矿物学中，显微镜是常用的工具，用于在薄片中手工分类矿物。目前对使用显微镜[2]进行矿物的自动分类存在较大的困难。这是由于岩石样品[3]非均质的化学成分和所受的应力引起的变形等引起了色调的细微变化。因此每种矿物类型在薄片图像中显示出的颜色是不均匀的。

本文提出了一种利用图像梯度分布和色彩分析进行火成岩岩石薄片分类的方法，通过梯度分布和色彩分析提取图像特征之后，建立支持向量机判别模型，完成对火山岩岩石薄片图像对分类。

2　研究现状

根据 Travis 等(1995)的观点[4]，火成岩组成的矿物分为原生矿物和次生矿物。原生矿物是直接从岩浆中结晶出来的矿物。根据 Dietrich 和 Skinner 的研究[5]，岩浆的组成范围很广。这些组成变化，连同岩石结构，为火成岩的分类提供了良好的的基础。

用于火成岩分类的 3 个主要判别特征是矿物含量、粒度特征和化学特征。在本研究中，分类完全基于矿物相对含量的确定。用石英、碱性长石、斜长石、铁镁矿物含量对粗粒晶体[6]进行分类和命名。矿物含量的百分比分布如表 1 所示。

表 1

火成岩	石英/%	碱性长石/%	斜长石/%	铁镁矿物/%
花岗岩	20~60	35~90	10~65	5~20
闪长岩	0~20	—	70~90	20~50
玄武岩	—	—	30~60	40~70

Marmo 等(2005)提出了一种基于图像处理和多层感知神经网络的数值方法，从灰度图像对碳酸盐岩进行分类。Lepisto 等(2003)[8]在研究中对图像提取特征向量，最后利用特征向量进行分类。Baykan 等(2010)[2]根据从火成岩、变质岩以及沉积岩的薄片图像中提取的特征，利用神经

【作者简介】李冰涛，男，中国石油大学(北京)，在读博士，主要从事复杂油气藏人工智能表征及预测等方面工作。E-mail：978301193@ qq. com

网络实现岩性识别的最小二乘约束，测试结果的准确性能够达到81%。Valkealahti等(1998)[9]采用彩色纹理的统计纹理分析方法。计算了彩色纹理图像的多维共现矩阵。Lepisto等(2003)[8]研究中应用Gabor滤波器进行了多种尺度和方向进行分类。实Stricker等(1995)[10]使用颜色矩来描述图像的颜色分布并进行分类。Latad等[11]提出了一种基于结构分析的岩石图像分类方法。从岩石图像中提取出纹理特征，最后采用KNN进行分类。

国内徐硕等[12]应用BP神经网络方法对图像进行识别与分类；张宪等[13]根据支持向量机建立显微图像分类识别模型。在地质学研究中，基于人工智能的岩石图像分析也随着图像智能识别领域高速发展而广泛应用。李培军[14]用变差函数作为纹理的计算函数来提取图像纹理，并与原始的光谱数据结合对岩性进行分类。程国建等[15,16]基于神经网络与图像分割实现岩石图像分类与孔隙自动化识别；叶润青等[17]根据岩石图像的光谱和纹理特征测定矿物含量。

然而以上方法仍存在以下不足：(1)现有方法中所采用的分类器多以神经网络为主，其本质是数值计算，缺乏地质上的可结实性；(2)自动分类方法的核心问题在于其可靠性，现有方法仍不能满足实际应用需求；(3)现有方法多局限于图像像素值进行分类，忽略了图像的形态学特征，图像信息未得到充分利用。本文重点介绍了两种矿物类型的分类。石英和铁镁矿物。我们决定排除斜长石和碱长石，因为它们的结构不均匀。此外，无论是斜长石还是碱性长石都需要在多旋转角度捕获薄片图像。不同的消光角度对斜长石和碱长石的光学特征都不同。我们有限的数据集是在单旋转角度捕获的，因此暂时无法对斜长石和碱长石进行鉴别。

3 薄片智能识别及分类研究方法

3.1 基于深度学习的分类方法：

将每种类型的薄片图像拿出5000张作为训练集，分别取500张作为验证集，利用inception-resnet-v2对其进行训练，在imagenet数据集权重的基础上对其进行fine-tuning，最终准确率达到70%左右(图1)。

3.2 基于图像梯度分布和色彩分析的分类方法

本方法基于两个原则：(1)镜下石英几乎没有解理，均一性较好，在图像上则反映为图像梯度较小，因此可利用图像梯度信息提取石英相对含量。(2)附属矿物多色性较强，相比其他矿物属于离群分布的数据，因此对图像三原色值建立多元高斯分布，可提取附属矿物相对含量。总体流程如图2所示。

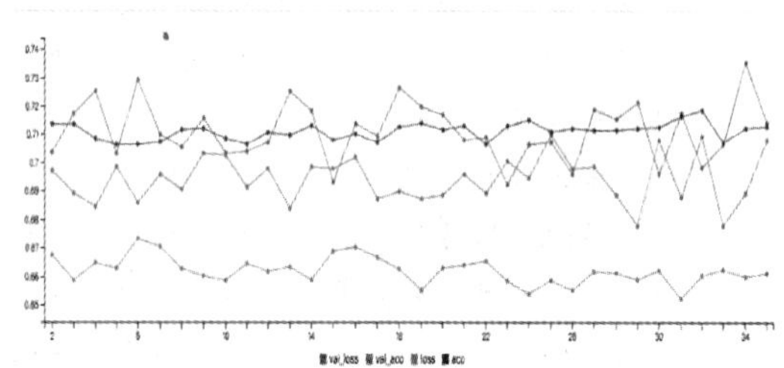

图1 inception-resnet-v2训练结果

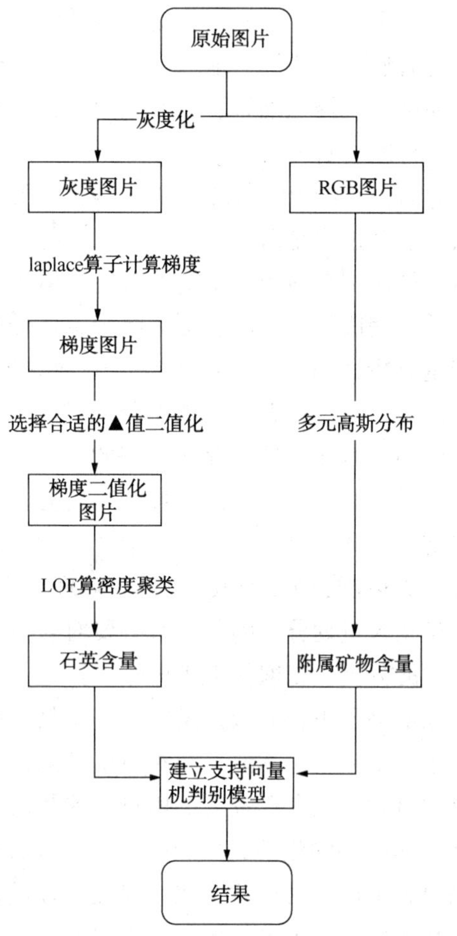

图2 基于图像梯度分布和色彩分析方法流程

3.2.1 薄片图像的获取：

薄片来源于英国地质服务网站(BGS)。本次研究中，我们使用了18000张正交光下的薄片图像，其中角闪岩，花岗岩，玄武岩各6000张，图片分辨率基本为1000×660，每张图像转换为

两种不同的格式：(i)灰度图像，(ii)RGB图像

由于石英多色性较少，同时几乎没有解理，因此灰度图像用来计算其图像梯度从而探测石英。而副矿物的多色性使我们能够使用RGB图像生成颜色直方图，从而提取副矿物含量。

3.2.2　梯度计算提取石英：

（1）梯度的计算

梯度是图像处理形态学研究中的重要概念之一，其主要用于各类图像的边缘检测。梯度可以反应原始图像的灰度级跃变即图像像素灰度的变化趋势，镜下石英几乎没有解理，均一性较好，在图像上则反映为图像梯度较小，因此可利用图像梯度信息提取石英相对含量。

Laplacian算子是常用的计算图像梯度的算子，其是n维欧几里德空间中的一个二阶微分算子，定义为梯度grad的散度div。Laolacian算子的差分形式为：

$$\nabla^2 f(x,\ y)=f(x+1,\ y)+f(x-1,\ y)+f(x,\ y+1)+f(x,\ y-1)-4f(x,\ y)$$

其filter mask形式如下：

1	1	1
1	-8	1
1	1	1

此时，对图像进行梯度计算相当于用filter mask对灰度图像进行空间滤波，将filter mask在原图上逐行移动，然后mask中数值与其重合的像素相乘后求和，赋给与mask中心重合的像素，对图像的第一，和最后的行和列无法做上述操作的像素赋值零，就得到了拉普拉斯操作结果。

（2）局部异常因子LOF的计算

$d(p,\ o)$定义为两点p和o之间的距离，第k距离k-$distance$为$d_k(p)$，其定义如下：

$d_k(p)=d(p,\ o)$，并且满足：

（a）在集合中至少有不包括p在内的k个点$o'\in C\{x\neq p\}$，满足$d(p,\ o')\leqslant d(p,\ o)$；

（b）在集合中最多有不包括p在内的$k-1$个点$o'\in C\{x\neq p\}$，满足$d(p,\ o')<d(p,\ o)$；

有了第k距离，可定义第k距离邻域$N_k(p)$：点p的第k距离即以内的所有点，包括第k距离。

点o到点p的第k可达距离($reach$-$distance$)定义为：

$$reach\text{-}dist_k(p,\ o)=max\{k\text{-}dist(o),\ d(p,\ o)\}$$

局部可达密度lrd定义为：

$$lrd_k(p)=1/\left(\frac{\sum_{o\in N_k(p)} reach-dist_k(p,\ o)}{N_k(p)}\right)$$

有了以上定义之后，我们最终的局部离群因子LOF可定义为：

$$LOF_k(p)=\frac{\sum_{o\in N_k(p)}\frac{lrd_k(o)}{lrd_k(p)}}{N_k(p)}=\frac{\frac{\sum_{o\in N_k(p)} lrd_k(o)}{N_k(p)}}{lrd_k(p)}$$

如果这个比值越接近1，说明p的其邻域点密度差不多，p可能和邻域同属一簇；如果这个比值越小于1，说明p的密度高于其邻域点密度，p为密集点；如果这个比值越大于1，说明p的密度小于其邻域点密度，p越可能是异常点。

（3）石英的提取

对一幅图像首先用laplacian算子计算其梯度，然后对梯度图进行二值化，得到二值化图像中黑色部分即为解理较少的部分，即可能为石英的部分。但是很多黑色点是孤立分布的，只有连成片的黑色区域才是石英出现的区域，因此对二值图中的每个点计算其局部异常因子(LOF)，图像局部异常因子较大的部分说明其局部可达密度较低，其均一性较好，可以认为其是石英(图2)。

3.2.3　色彩特征提取：

（1）多元高斯分布：

$$p(x;\ \mu,\ \Sigma)=\frac{1}{(2\pi)^{n/2}\left|\Sigma\right|^{1/2}}\exp\left(-\frac{1}{2}(x-\mu)^T\Sigma^{-1}(x-\mu)\right)$$

其中：μ是每个正态分布的均值，Σ是协方差矩阵。

（2）附属矿物含量提取

本文采用RGB颜色空间，利用RGB三颜色值建立每幅图像的三元高斯分布，附属矿物由于其多色性，分布更为离散，在高斯分布中属于离群数据，因此可利用高斯分布来提取附属矿物的含量。

利用本方法，图3中玄武岩附属矿物相对含量为39.1%，图4中花岗岩附属矿物相对含量为3.3%，

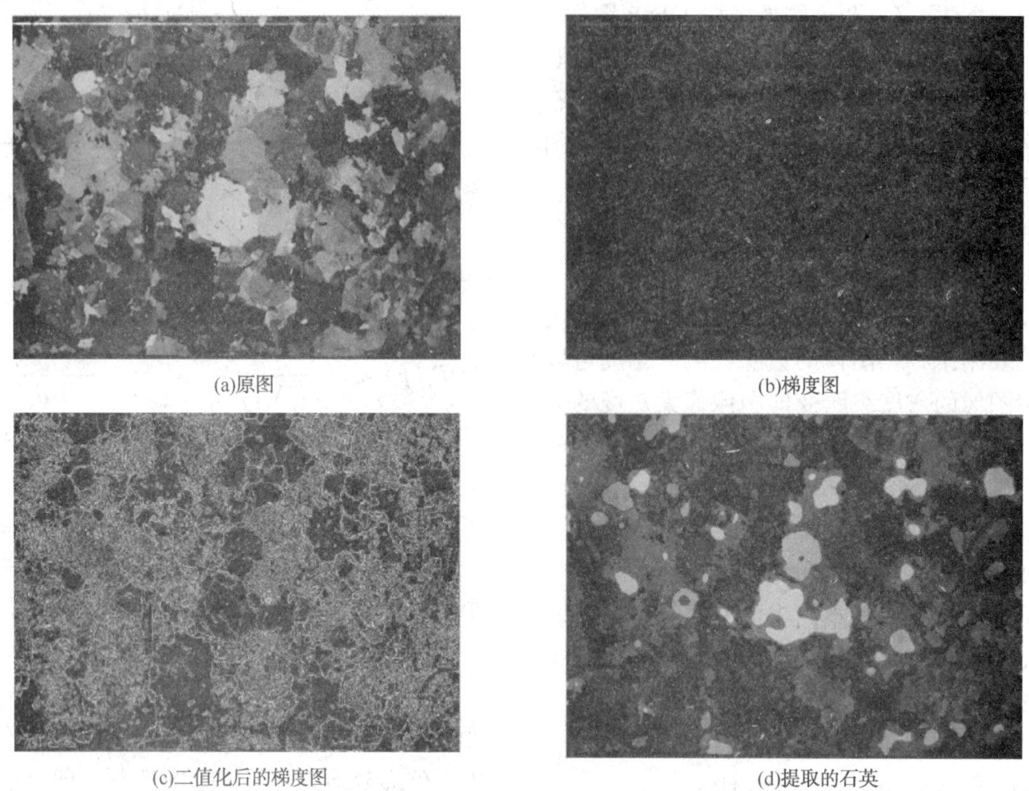

图2

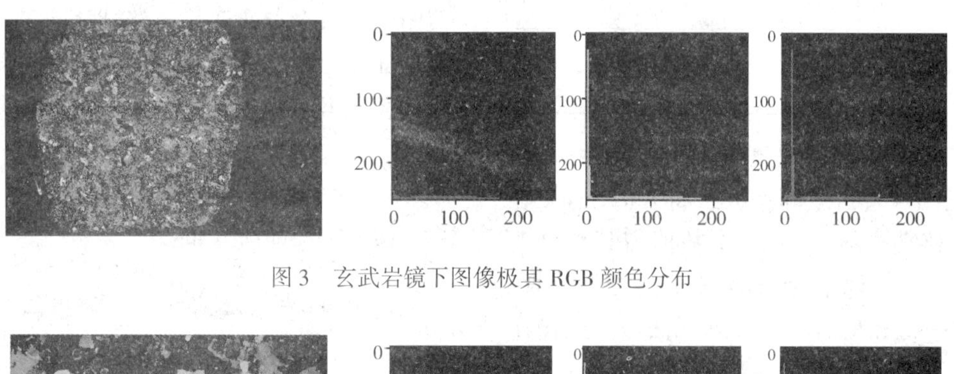

图3 玄武岩镜下图像极其RGB颜色分布

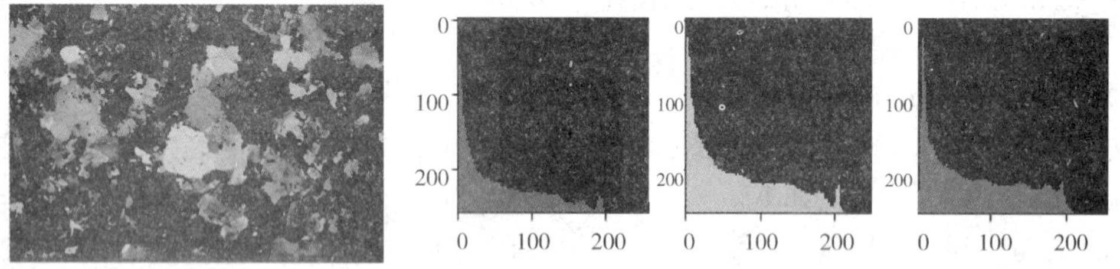

图4 花岗岩镜下图像极其RGB颜色分布

3.2.4 利用SVM进行最终分类：

利用之前提取到的石英和附属矿物的相对含量，组成一个二维的特征空间(图5)，然后作为支持向量机的输入，对应的岩性作为标签，分别选取不同的核函数，进行训练。

本文首先根据学习曲线确定SVM所需的样本数量(图6)，可见样本数量在300附近，模型基本保持稳定。

因此选取每种岩性100张用来训练即可训练出稳定的模型。然后分别选取了线性SVM，多项式核SVM和高斯核SVM对其进行分类，并取30张图片作为测试集进行测试(图7)(表2)。

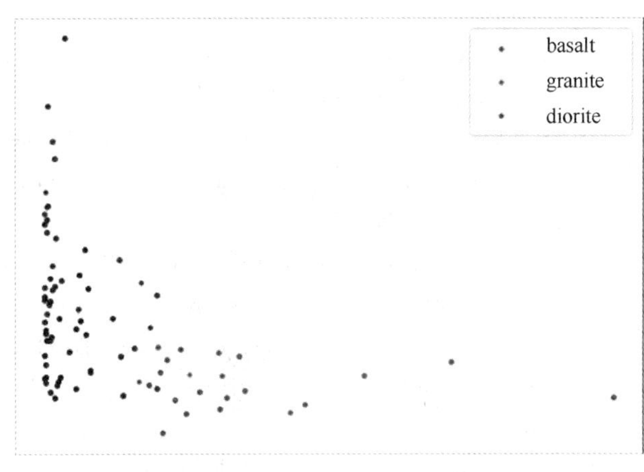

图5 特征空间(横轴石英含量，纵轴附属矿物)

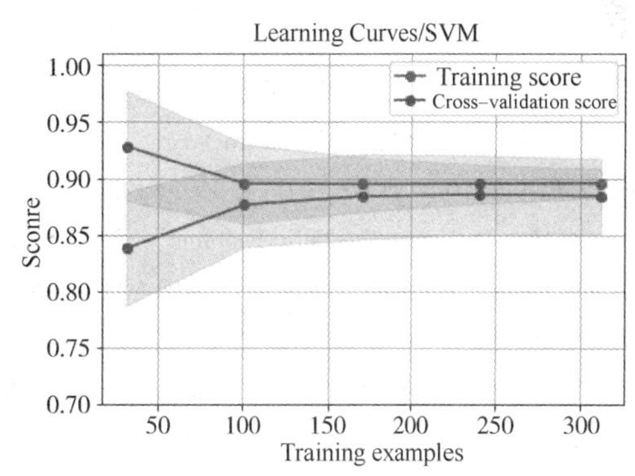

图6 本试验中支持向量机学习曲线

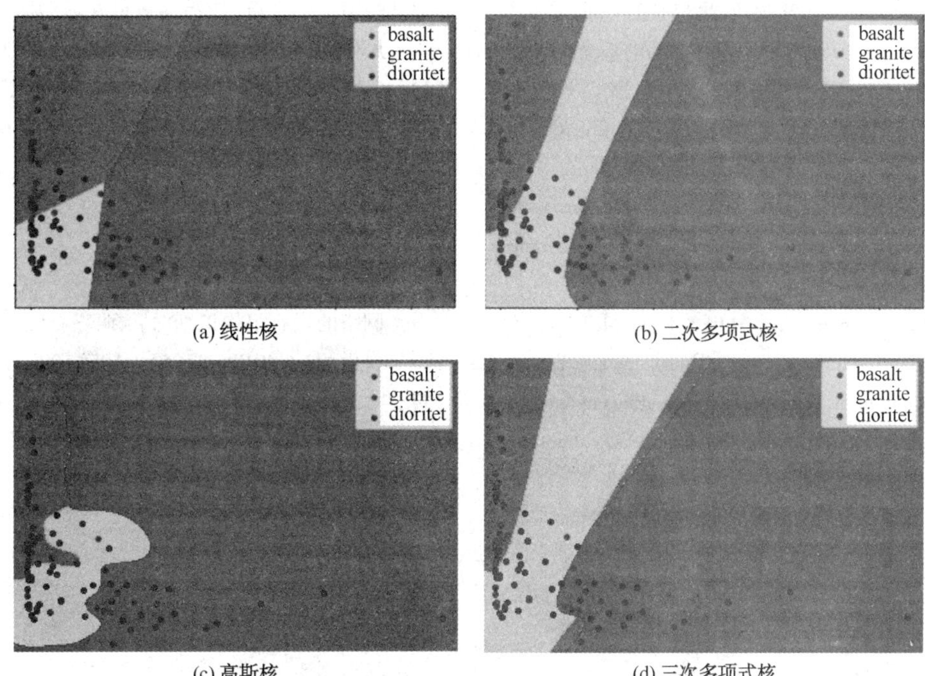

图7 四种不同核函数的训练结果 SVM

表2 不同类型核函数的 SVM 最终对测试集的分类结果

SVM 核类型	准确率	召回率	f1-score
线性	0.84	0.81	0.81
二次多项式	0.88	0.87	0.87
三次多项式	0.90	0.90	0.90
高斯	0.85	0.84	0.84

可见利用三次多项式核的 SVM 对本文的数据分类效果最好，准确率可达 90%。比基于深度学习的方法要高出很多。

4 结论

实验结果表明该方法能够根据石英和附属矿物的检测对火成岩进行精确分类。我们利用石英和附属矿物视觉特性设计了我们的像素级分类方法。之后利用石英含量和附属矿物含量组成特征向量，利用 SVM 进行分类。最终得到了较好的分类结果。且本方法相比流行的深度学习进行图像分类，所需数据量更少，模型更加简单，模型建立速度快，泛化能力更强，可解释性更高。

然而本方法仍有不足，下一部需要：①利用多通道图像描述符捕获矿物视觉特性，比如结合单偏光薄片图像。②从斜长石和碱长石中提取的鉴别特征，以进一步提高分类结果。

参 考 文 献

[1] Albar, A. Osman, M. H., Abdullah, M. S. and Ismail, B. N. (2013). Classification of Intrusive Igneous Rocks Using Digital Image Processing: A Binary Approach. Journal of Engineering Science, Volume 9, pp/11-19.

[2] Baykan, N. A. and Yilmaz, N. (2010). Mineral I-

dentification using Colour Spaces and Artificial Neural Networks. Journals of Computers & Geosciences, Volume 36, Issue 1, pp. 91-97.

[3] Larrea, M., Martig, S., Castro, S., Aliani, P., Bjerg, E. (2010). Rock. AR-A Point Counting Application for Petrographic Thin Sections". 26th Spring Conference on Computer Graphics. 2010. ACM Press. ISBN: 978-80-223-2644-5

[4] Travis, R. B. (1955). Classification of Rocks. Volume 2. Colourado School of Mines.

[5] Dietrich and Skinner. (1979). Igneous and pyroclastic rocks. In B. J. RichardV. Dietrich, Rocks and Rocks Minerals. Canada: John Wiley & Sons, Inc.

[6] 陈世悦, 矿物岩石学[M]. 东营, 中国石油大学出版社, 2002: 192-192

[7] Marmo, R., Amodio. S., Tagliaferri, R., Ferreri, V. and Longo, G. (2005). Textural Identification of Carbonate Rocks by Image Processing and Neural Network: Methodology Proposal and Examples. Journals of Computers & Geosciences, Volume 31, Issue 5, pp. 649-659.

[8] Lepisto, L., Kimftzr, I., Autio, J., and Visa, A. (2003). Classification of Non-Homogeneous Texture Images by Combining Classifiers. Proceedings of International Conference on Intelligent Computing Methodologies, pp. 981-984.

[9] Valkealahti, K. O. (1998). Reduced Multidimensional Histograms in Colour Texture Description. In Proceedings of 14th International Conference on Pattern Recognition, Vol2., 1057-1061.

[10] Stricker, M. O. (1995). Similarity ofColour Images. Proceedings of SPIE Storage and Retrieval for Image and Video III. Vol. 2420.

[11] Latad, S. K. and Deshmukh, S. M. (2015). Classification of Rock Images using Textural Analysis. International Journal on Recent and Innovation Trends in Computing and Communication, Vol(3), Issue(3), pp. 1323-1325

[12] 徐硕, 王洲. 基于纹理特征和神经网络的图像识别[J]. 中国农学通报, 2007, 23(9): 590-594.

[13] 张宪, 李晓娟. 支持向量机在显微图像分类中的应用研究[J]. 计算机应用, 2008, 28(3): 790-791.

[14] 李培军. 用ASETR图像和地统计学纹理进行岩性分类[J]. 矿物岩石, 2004, 24(3): 116-120.

[15] 程国建, 杨静, 黄全舟, 等. 基于概率神经网络的岩石薄片图像分类识别研究[J]. 科学技术与工程, 2013, 13(31): 9231-9235.

[16] 程国建, 马微, 魏新善, 等. 基于图像处理与神经网络的岩石组构识别[J]. 西安石油大学学报(自然科学版), 2013, 27(5): 105-109.

[17] 叶润青, 牛瑞卿, 张良培, 等. 基于图像分类的矿物含量测定及精度评价[J]. 中国矿业大学学报, 2011, 40(5): 810-815, 822.

基于心滩坝沉积演化过程的落淤层分析及其对辫状河厚砂底水油藏精细开发的影响

郑海妮　王建峰　葛善良

(中国石化西北油田分公司)

摘　要　野外露头和现代沉积考察研究证实辫状河落淤层的形成和保存主要与辫状河内心滩坝的沉积演化和后期改造有关。以塔河油田三叠系底水砂岩油藏作为地下地质体，将露头调查与地下地质体进行解剖类比分析，从心滩坝的沉积演化机理出发，对不同沉积作用条件下落淤层的成因和展布样式进行详细分析，结果表明落淤层多发育于心滩坝内，可细分为沟道泥和细粒落淤层。通过精细刻画研究区落淤层的展布范围、长宽比、及其与心滩坝的相互关系，发现落淤层的分布受控于心滩坝的发育，同时受落淤层的影响，塔河油田辫状河厚砂体内的剩余油不是简单的“水上漂”特征，而是分布在落淤层之上周边及环水锥处，以“阁楼油”和“屋檐油”最为常见，并总结出4种辫状河储层中落淤层的空间配置关系对剩余油分布的影响模式，研究成果既指导了辫状河厚砂体储层构型表征，也为以砂体构型研究为核心的构型建模数模和剩余油预测奠定基础，为塔河油田及其同类油藏综合调整方案、井位部署、剩余油挖潜等多个方面提供了地质依据。

关键词　塔河油田；底水油藏；辫状河；心滩坝；落淤层；构型建模；剩余油

辫状河沉积类型多样，按照沉积物粒度，可分为砾质辫状河沉积和砂质辫状河沉积[1]。塔河油田三叠系储层是典型常年流水的砂质辫状河，但是与我国东部各油田有所不同的是本区油藏砂体厚度大，储层内部发育多种类型的隔夹层，150m的油层被划分为多个较薄的“单元”，致使油水关系错综复杂，剩余油挖潜难度加大。

随着大多数以辫状河储层为主力产层的油田进入后期开发阶段，精细储层构型特征分析已迫在眉睫，受国内外曲流河构型特征及其对剩余油分布控制研究的启发[5~7]，众多学者开始利用现代沉积考察和野外露头研究，结合油田的地下地质体的井网资料，对辫状河储层内部结构进行刻画，对隔夹层的分布特征进行阐述，并探讨隔夹层对剩余油分布的影响[2,3,4,8~10]。因此，明确辫状河储层中隔夹层的成因类型及分布模式对于完善辫状河储层的地质认识、明确油藏剩余油、指导油藏的精细开发具有重要意义。前人认为辫状河储层发育三个级次类型的薄夹层：滞留层、落淤层、颗粒降纹层与颗粒流纹层，其中落淤层最具指相意义[2]，是一类较为重要的夹层[2~4]。目前已有学者利用统计学、数值模拟、物理模拟等手段分析塔河油田辫状河储层内夹层的大小、物性以及位置对剩余油分布的影响，但多侧重于隔夹层对流体的影响[8~9]，辫状河砂体内部落淤层的分布样式及机理少见研究，夹层与辫状河储层构型单元之间的联系和组合关系更是鲜有涉及。

基于前人研究成果，此次研究从2个方面对塔河油田三叠系下油组储层的落淤层进行重点研究。第一是调研国内外落淤层的研究[2~4,10~13]，对砂质辫状河野外露头进行详细解剖，明确砂质辫状河储层中落淤层的成因类型，类比塔河油田大底水砂岩油藏的落淤层，分析落淤层的形成机理和保存机理；第二是以落淤层的形成机理和分布模式为指导，精细解剖塔河油田三叠系辫状河储层内部结构，也在夹层密度和钻遇率分析的基础上预测落淤层的分布范围，为夹层控制的剩余油挖潜提供了精细开发的地质基础。

1　地质概况

塔河油田J区三叠系大底水砂岩油藏位于塔里木盆地塔东北坳陷区沙雅隆起阿克库勒凸起南部，构造形态明显受断层控制，处于有利的油气

【基金项目】十三五国家重点攻关项目(2016ZX05053)

【作者简介】郑海妮(1986—)，女，硕士，工程师，从事油气田开发与管理工作。

聚集带。在三叠纪时期，物源区地形坡降较小，携带大量陆屑入湖，沉积组合为以砂岩为主夹少量泥岩为特征，整体上垂向加积作用控制的粗粒岩性砂体横向相变快，为广泛展布的“叠覆泛砂体”，不同期次、不同级次的砂体相互切割叠置，形成厚150m左右的叠覆砂体，砂体内部存在落淤层等低渗屏障，造成砂体并不完全连通。储层物性好，高孔高渗，平均孔隙度20.4%，平均渗透率680mD。J区目前已开发16年，钻井密度9口/km^2，井距250~400m，累产油200万吨，采出程度仅23.7%，综合含水81%，已进入中高含水期，表明储层内仍存在大量剩余油。

2　隔夹层原始模型类比分析

露头类比研究是储层构型研究和恢复沉积相应过程的重要内容[4]。本次研究以露头剖面中发育的心滩坝和落淤层为例，通过统计辫状河道及心滩坝的宽度、厚度数据以及相带划分，结合塔河J区的地质概况，进行类比分析。鉴于沉积粒度及能量的相似性，选取都属于砂质辫状河沉积的山西保德县扒楼沟(图1)和山西大同吴官屯辫状河露头(图2)为原始模型。本次研究的露头均为垂直水流方向的横向剖面。

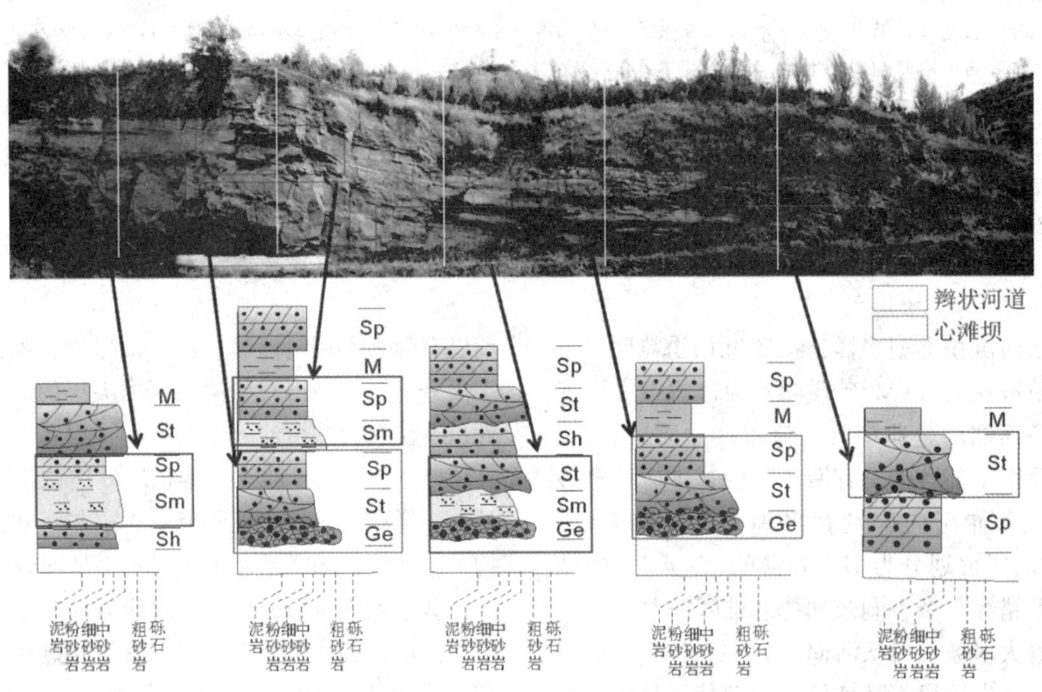

图1　扒楼沟野外露头剖面辫状河三角洲平原砂体垂向岩相组合及其夹层特征(大范围落淤层+沟道夹层)

2.1　露头类比分析

选取原始模型主要基于以下2个因素：①塔河油田J区块与原始模型区发育相似的气候条件，均属于较干旱气候环境；②据Miall关于辫状河的分类标准，研究区与原始模型区发育的水动力条件相同，均属常年流水中等深度型砂质辫状河[1]，二者沉积物粒度普遍较粗，以含砾-粗砂岩为主，岩石成分成熟度和结构成熟度均中等偏低；二者单一辫流河道厚度相近，单一期次砂体厚度不均一，平均约为3.5~6.5m，露头区单一期次砂体厚度平均约为5.1m。依故将该露头区作为原始模型进行研究，以扒楼沟辫状和心滩坝河和吴官屯剖面[3]中发育的心滩坝为例来研究落淤层。

2.2　辫状河储层和夹层的类比分析

辫状河储层主要发育心滩坝沉积和辫状河道充填沉积，因此，对辫状河内部构型解剖的本质就是对河道及多期增生体界面在三维空间展布进行分析，而夹层是识别储层内部界面的基础。前人对辫状河储层的研究多以砂体形态和岩相突变面作为心滩坝的识别标志[2,3]，笔者结合露头剖面的精细描述(图1，图2)，对露头剖面和塔河油田J区三叠系下油组的辫状河沉积进行层次分析[4]和类比分析，发现露头剖面与J区辫状河构型要素特征类似：

① 辫状河储层的砂体横向连片性好、砂体叠置，叠置砂体之间有多种接触样式[14-16]；

② 辫状河道和心滩坝表现为“宽坝窄河道”

样式，心滩坝的规模较辫状河道大；

③ 心滩坝与辫状河道侧向拼接，两者的界面通常不太明显，时有坝道转换夹层出现；

④ 辫状河道顶平底凸，河道内一般不发育夹层，心滩坝则呈底平顶凸，由多期增生体垂向加积而成[14,15]，多发育夹层，其岩性、规模、厚度多样，展布样式多近于水平。

⑤ 与心滩坝沉积相关的落淤层可细分为沟道夹层和心滩坝增生体这类细粒落淤层，沟道泥的宽度小，心滩坝增生体的细粒落淤层横向范围比沟道泥宽(图2)。

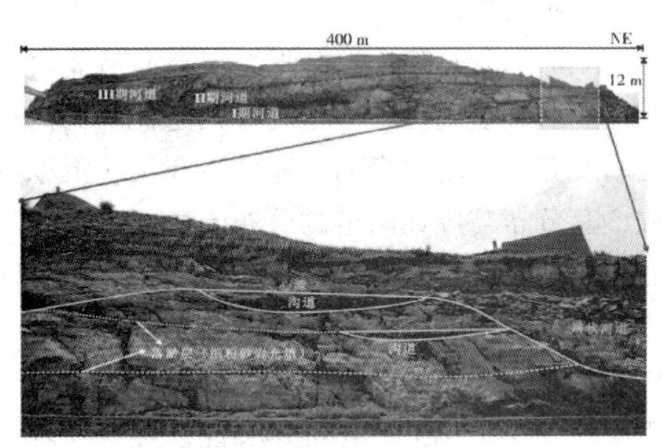

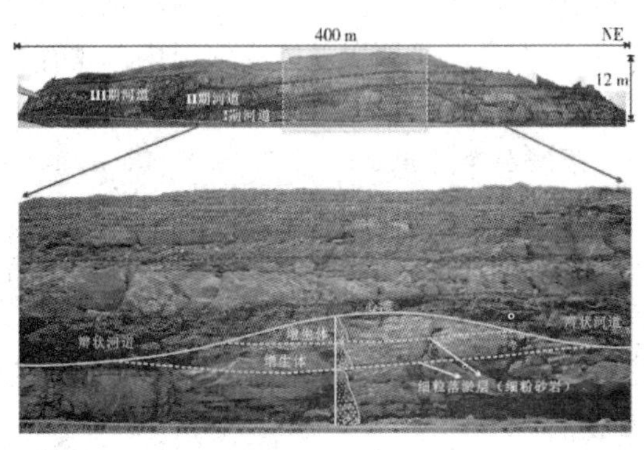

图2　吴官屯侏罗系砂质辫状河野外露头典型岩相剖面中心滩坝内部的细粒落淤层

(左：小范围落淤层—沟道泥；右：大范围落淤层—细粒落淤层)

3　落淤层的现代沉积特征分析

3.1　落淤层的沉积演化机理

3.1.1　落淤层沉积演化过程分类

长江中下游的拓宽段出现很多的心滩和江心洲[11]，在此类心滩的现代沉积观测中，平面上落淤层按分布范围可分为广泛连片分布的细粒落淤层和沟道泥，两者均为研究区心滩坝内重要的夹层类型，只是沉积演化机理略有差异：细粒落淤层是辫状河在洪峰过后的憩水期，心滩坝出露水面，在其顶面垂向加积的细粒悬浮质落淤而成；而沟道泥与废弃河道泥岩的形成机制相似，为洪水过后，心滩坝露出水面，其表面被小规模流水冲出若干的冲坑(图3)，在流水向下迁移的过程中，随着坝顶不断接近水平面，坝顶处水流速度及输砂量逐渐降低，冲坑处水流开始汇聚，并被不断冲刷，形成小水道，即沟道[11,17]，这些沟道后期被悬浮的细粒物质所充填，往往呈不连续的窄条带状零散分布在心滩坝内，平面形态与河道形态一致，剖面呈顶平底凸状，顺水流方向呈窄条带状分布，宽度小，厚度较小。这与野外露头剖面中油砂山和吴官屯落淤层和沟道泥的沉积特征一致。

3.1.2　落淤层的沉积岩性分类

在江心洲的现代沉积中，落淤层呈近水平状展布，展布范围较大，仅发育5~10cm厚的粉、细砂岩，横向延伸稳定，泥质少见，分析认为落淤层沉积与周期性水文环境有关[11]，下面结合现代沉积过程中落淤层的沉积演化机理来具体分析。

洪水期时，水量充足，水动力强，两侧环形水流将粗粒沉积物堆积在河道的中央；当河流下游水量蓄积到一定程度后，产生涌水，即河流的憩水期，悬浮物质发生分异，悬浮在水体中的泥质细粒沉积物垂向加积，并在粗粒沉积物之上形成一层侧向连续的泥质、粉砂质等细粒沉积物，即落淤层。枯水期，河流的水量减小，水面下降，心滩坝露出水面。心滩坝两侧的河道有持续性水流，使得泥质、粉砂质沉积物不易保存而被冲走。露出水面的部分在日照作用下水分蒸发并形成泥质结壳或者粉砂质细粒落淤层。

泥质结壳的边缘部分水分蒸发更加强烈，形成龟裂，而泥质结壳的内部表面易于长草，减少蒸发量并形成板结的泥质层。洪水期再次到来的时候，强烈的水流将泥质结壳边缘龟裂的部分打碎并搬运至心滩坝尾部发生沉积，或者混于粗粒沉积物中，在辫状河底部形成底部滞留沉积。

而露出水面的粉砂质细粒沉积物如果富含硅铝酸盐矿物，在地表流动水作用下，硅铝酸盐矿物(长石类)遭受酸性水的溶蚀作用，形成富Ca^{2+}的水介质，见下述化学方程式(1)。随着水分蒸发，尚未固结，受古气候、古河道变迁及地下水淋滤等综合综合因素的影响，当富含HCO_3^-和Ca^{2+}的地下水经过碳酸钙为主要成分的沉积物时，在较干旱气候区，强蒸发作用引起孔隙水上升，在地表形成钙结层，CO_2 和水分就会减少，化学反应方程式(2)平衡向左移动，形成碳酸钙聚集(单敬福等，2015)[18]。

$$2Ca_{0.5}AlSi_3O_8(\text{钙长石})+2H_2CO_3+9H_2O \longrightarrow Al_2Si_2O_5(OH)_4(\text{高岭石})+Ca^{2+}+2HCO_3^-+4H_2SiO_4 \quad (1)$$

$$CaCO_3+H_2O+CO_2 \rightleftharpoons Ca(HCO_3)_2 \quad (2)$$

如果古土壤层富含碳酸钙，则经暴露地表大气酸性水的作用下，遭受淋滤，使 Ca^{2+} 富集在残积层中，钙沉淀机理与上述同生作用期类似，按方程式(2)逆向进行。最终细粒落淤层成为富含钙沉淀的粉细砂岩，位于心滩坝内部的垂积面上，可以作为心滩坝的垂向增生体(图 2 右)，是识别辫状河内部期次和储层非均质性的重要标志。

如此循环便堆积成现今的心滩坝特征和泥质夹层及钙质夹层等，而落淤层的保留程度和河流的侵蚀及冲刷关系密切，分析现代河流落淤层的沉积及改造为认识古代心滩非均质性提供很好的参照。

3.2　现代落淤层展布范围和样式

结合前人研究成果[2~7]和本次吴官屯、油砂山露头观测发现，在单一心滩坝内部一般只会出现 1~4 条落淤层，可见落淤层易产生难保存。由于心滩坝的不同部位沉积时期水动力差异很大[17]，结合现代辫状河和落淤层沉积，笔者认为落淤层展布范围和保存主要受辫状河道和心滩坝相互作用的影响，心滩坝顶部冲坑对落淤层仅起到局部切割改造的作用，后期心滩坝与辫状河道的改道和消亡对落淤层的保存起到至关重要的作用，主要包含以下两个方面：

(1) 落淤层的分布宏观上受控于心滩坝的展布范围。而辫状河道的持续冲刷改造作用，会导致心滩坝的生长和运移，并同时对早期形成的落淤层产生影响；

(2) 同一类型的心滩坝不同部位的主要沉积作用也有差异，因此导致落淤层的展布样式甚为复杂，主要有以下 2 种：穹窿式、水平式，油田开发中多见水平式。

4　研究区落淤层类比分析

4.1　落淤层成因分类

塔河油田 J 区三叠系下油组巨厚砂质辫状河储层内部发育多期叠加的河道与心滩坝，沉积体内部不同位置发育厚度、规模不等的隔夹层，其隔夹层发育的强随机性对油藏的会产生影响。按照沉积微相夹层可分为以下五种：废弃河道细粒沉积与河道砂体互相叠置，泛滥平原细粒沉积向河道外侧不断延伸，心滩坝内部落淤层、辫状河道与心滩坝转换处的坝道转换夹层以及河道底部滞留泥砾沉积[10]。在开发过程中最常见的就是心滩坝增生体分界面处的落淤层。塔河油田 J 区三叠系油藏砂体的落淤层从岩性来看，可分为泥质夹层和钙质夹层。

J 区常见的泥质夹层主要为废弃河道泥岩和心滩内泥质夹层两种，但是废弃河道泥岩为河道改道后废弃，水动力变弱，充填悬浮细粒沉积物构成，其分布与废弃河道的分布有关，这与心滩内的泥质夹层有本质区别。心滩坝内的泥质夹层可以是沟道泥，平面上呈现条带状，也可以是心滩坝增生体顶面的细粒沉积物，分布范围取决于心滩坝的大小。J 区钙质隔夹层普遍发育，岩心滴酸起泡强烈(图 3a)，在岩心中伴生出现方解石出现(图 3b)，岩性为灰色、灰白色钙质细砂岩及钙质粉砂岩，不仅发育在心滩坝顶粉、细砂岩层段，在泛滥平原以及废弃河道内部也存在钙质胶结。

4.2　落淤层单井识别

落淤层一般厚度较薄，只有 0.1~2.6m，平均 1.2m 接近测井分辨率的极限。因此，笔者选取了工区内的 6 口取心井进行岩电标定，继而利用测井曲线对全区 38 口非取心井心滩坝内部落淤层进行识别。

泥质隔夹层：岩心观察上泥质隔夹层岩性表现为泥岩、粉砂质泥岩、泥质粉砂岩及含砂砾泥岩。测井曲线表现为自然伽马曲线值升高，自然电位曲线负异常减弱靠近泥岩基线，声波时差曲线值增大，密度减小，中子增大，孔隙度和渗透率曲线值均减小；孔隙度在 15%~18.5%之间，GR 大于 65API。

钙质隔夹层：岩心观察上钙质隔夹层由钙质或含钙的中砂岩、细砂岩、粉砂岩组成。测井曲线表现为自然伽马值减小，自然电位曲线无明显变化，声波曲线值减小，密度增大，中子减小，孔隙度和渗透率曲线值均减小。孔隙度大于 15%。

以取心井TK9-J1井为例，从岩心观察和测井曲线可以比较明显的看出，目的层共发育6套隔夹层，包括4套钙质隔夹层和2套泥质隔夹层，并且钙质隔夹层分布于水下三角洲前缘地带，而泥质隔夹层主要分布在水上三角洲平原地带。

(a)岩心钙质夹层段滴酸起泡现象
(x-j1井,4601.21m)

(b)岩心中伴生有方解石析出
(at-15井,4200.51m)

(c)电镜下储层中的长石碎屑溶蚀现象

(d)电镜下的粒间自生高岭石

图3

4.3 落淤层定量分析

通过对研究区44口井落淤层的定性分析和单井识别的基础上，对目的层(T_2a^1)上段砂体发育的隔夹层的厚度和个数进行整体定量统计分析，不仅对落淤层的分布有更为清楚的认识，且可以对后期的三维地质建模提供参数。

4.3.1 落淤层整体定量统计

通过对泥质落淤层和钙质落淤层的个数和厚度进行统计，其结果显示：19口井在目的层段不发育泥质落淤层，占总井数的43%，大多数发育1~2套泥质落淤层，从厚度统计图进行分析，泥质落淤层的厚度在0.5m~1.7m都有分布(图5a)，分布较为均匀；而钙质落淤层发育明显增多，只有3口井不发育钙质隔夹层，钻遇率达到93%，且大多数井发育2~3套，有3口井发育4套隔夹层，厚度从0.68m~2.6m之间分布，一般不超过2.5m(图5b)。

4.3.2 落淤层平面展布范围

本次研究区内井网密集，平均1个心滩能钻遇近2口直井，2口水平井，能够对落淤层展布范围进行识别。通过对研究区12个心滩坝内部37个落淤层范围进行了精细刻画(图6)，得出下列结论：①落淤层大部分位于心滩坝的尾部；②落淤层纵向分布长度占心滩坝的30%~100%，平均为66.7%；③落淤层的横向分布宽度占心滩坝的20%~80%，平均为70%，尤其在水流较急的一侧，落淤层保存难度大；④在标志层拉平的基础上，顺水流方向和垂直水流方向建立连井剖

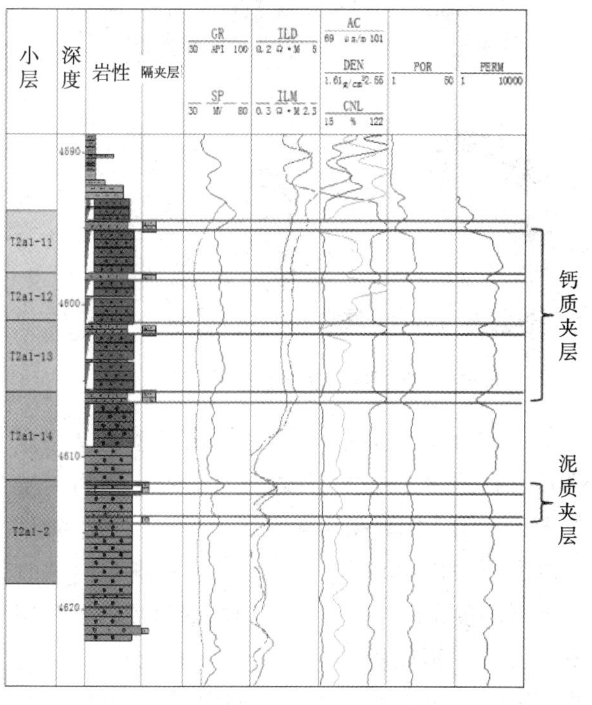

图4　X-J1井心滩内部落淤层识别

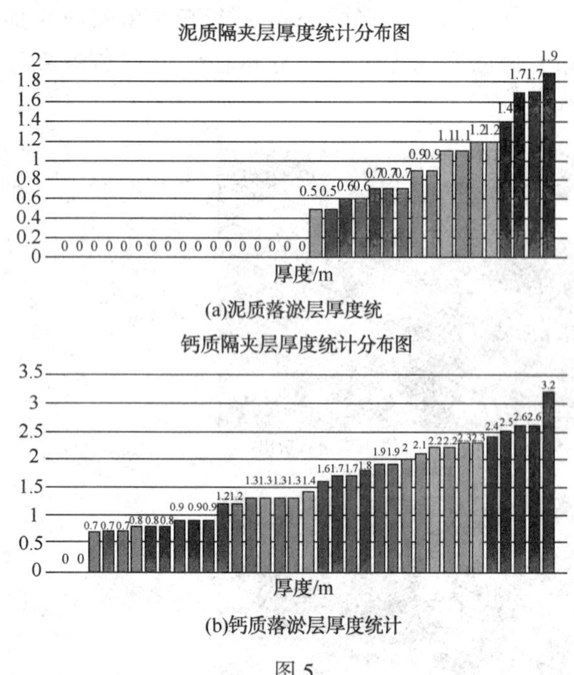

图 5

面显示夹层的夹角多为 0~10°。

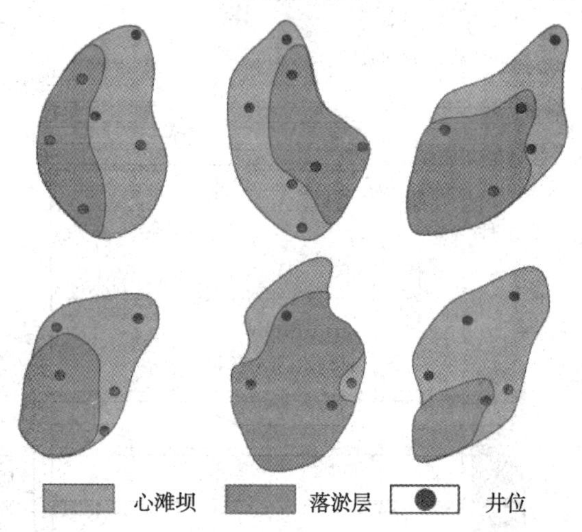

图 6　心滩坝内部落淤层平面位置示意图

在数值摸拟过程中，笔者设定模型中夹层全部具有封挡性，夹层对剩余油的影响因素为夹层的展布范围，因此采用确定性建模方法将心滩坝内落淤层的孔隙度、渗透率设为零，通过模拟改变夹层的展布范围，在沉积相模型的基础上，对不同层位、不同微相进行变差函数多次调试修改，进行属性建模，提高了属性建模的精度，进而拟合夹层控制下的生产历史曲线，建立含水变化与时间模型，通过拟合，X-54H 井夹层方案 3 的含水拟合曲线最接近实际开发生产曲线，也由此决定了夹层在心滩坝体纵向展布范围在 250~300m 之间，宽度在 80~120m 之间(图 7)，根据模型结果再回到静态可控性地修正井间沉积微相和夹层的分布范围。真正意义上能直观表征辫状河储集层立体形态的三维地质模型，进而为油藏数值模拟、剩余油挖潜及开发方案的调整提供模型基础。

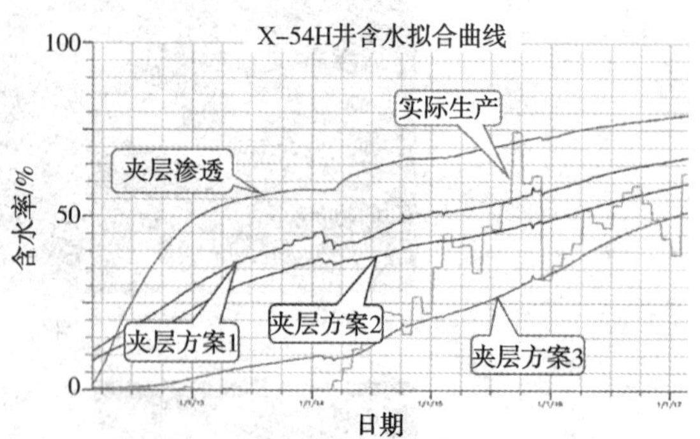

图 7　落淤层分布范围不同，含水拟合曲线不同

通过上述方法，最终预测井间夹层展布范围，研究区落淤层定量表征结果表明：沟道夹层长度为 400 ~ 700.0m，平均 550.0m，宽度在 35.0~75.0m，平均 55.0m；心滩内夹层其长度分布在 250~630m，平均 450m，宽度分布 100~500m，平均 260m；综合比较，落淤层长/宽比约为 4.5；厚度分布在 0.1~2.6m，平均 1.2m。

5　落淤层三维构型分析

基于辫状河储层构型的上述特征，以 J 区三叠系上油组中上部的第四韵律层的砂体为例，通过层次分析、模式拟合的构型表征思路，对心滩坝和辫状水道砂体内部构型进行分析[19]。

首先以心滩坝和河道底部为标志层，采用标志层拉平的方法延顺水流方向和垂直水流方向建立连井剖面；然后在单井夹层识别的基础上，依据标志层高程差、相同期次增生体识别以及心滩坝构型展布特点对储层内部界面进行组合对比，得到其对应的井间匹配关系。在识别单一辫状河道边界以及心滩坝展布范围的基础上，通过心滩坝与辫流带边界的组合关系，判断心滩坝类型，从而定性地判断落淤层的展布模式，以 X11 井区所在的心滩坝为例，结合心滩坝内部构型模式和密井网资料，从心滩坝的生长过程入手，按照流水侵蚀或加积的方向，从而确定了心滩顶部落淤层的分布范围和特征。同时，通过数值模拟来拟合心滩坝内部夹层，具体是模拟井间夹层的范围和大小来拟合地下落淤层的展布样式和分布范围(图 8)。

通过上述分析得知，塔河 J 区心滩内部可以细分为 3~4 期增生体叠置，展布模式为近水平状，主要发育3期辫状河道，心滩坝与辫状河道侧向接触，辫状河道侧向消亡，过渡到泛滥平原向河道外侧不断延伸，顶部为细粒沉积，测井曲线显示为钙质夹层。

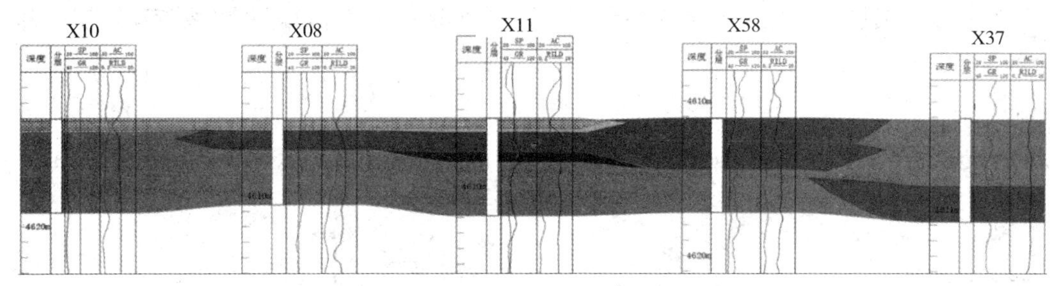

图8 在落淤层约束下的心滩坝级次构型要素图

6 落淤层对储层剩余油的影响

塔河J区三叠系下油组油藏属于大底水油藏，随着原油逐渐被采出，底水自下而上呈锥状进入油层，造成部分井快速水淹，而大量的剩余油仍局部富集[8,9]。而剩余油富集体的规模一般受控于水锥附近垂向隔挡体的规模，即夹层的规模。若夹层连片面积越大，则剩余油储量越大。

由于夹层的遮挡作用，夹层上下部位会有剩余油富集：在夹层下部的可形象的称之为“屋檐油”，在夹层上部暂时性的部分剩余油——阁楼油(图9)，形成原因主要为：夹层的遮挡，底水波及不到，以及次生边水的斜上绕流作用。

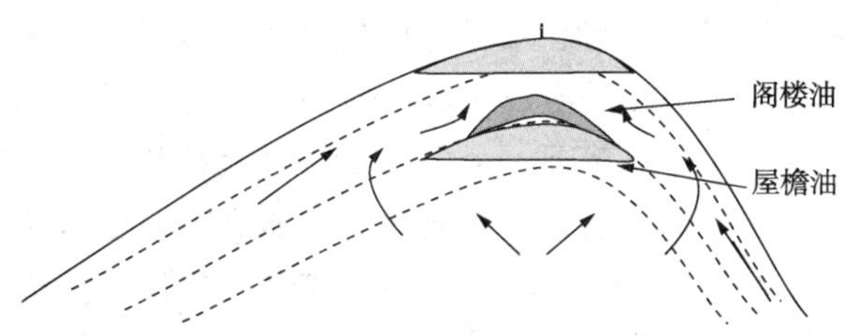

图9 屋檐油、阁楼油剩余油模式图

基于单井夹层识别结果，研究区的夹层主要是落淤层、废弃河道和河底滞留泥砾沉积等，其中废弃河道和底部滞留泥砾沉积分布范围相对较小，井间可对比性差，单井钻遇率小于60%，因此影响最大的仍然是大范围的细粒落淤层对油水界面和剩余油的影响。笔者试图从落淤层稳定性与空间配置关系角度分析油藏的水体运动规律并找出剩余油分布有利区。

研究区辫状河储层中落淤层的空间配置关系对剩余油分布的影响可以总结为4种模式：

(1) 垂向上单一稳定型(图10a)：即油水界面之上，垂向上只发育唯一(较)稳定隔夹层存在的情况下，底水在隔夹层边缘部位突破后再沿垂向继续突进，而隔夹层中部的油井含水率较低。Well 3井稳定隔夹层之上的油层若未射孔，容易形成剩余油，也称“阁楼油”。以X-05H为例，2003年3月投产，水平段射开稳定夹层之上的砂体内部，该井无水采油期时间长，含水上升慢，含水率一直小于60%，产油与产液同步缓慢下降，显示该井油水供应较为平衡。

(2) 单一不稳定型(图10b)：即油水界面之上，垂向上只发育唯一不稳定隔夹层，底水上升过程中，隔夹层下方流体运动流场较为特殊，隔夹层边缘一般存在水体锥进，局部水面较高，隔夹层下部水面较低。隔夹层下方油层若未射孔，则容易形成水动力滞留区，引起剩余油富集。剩余油富集量与隔夹层的横向规模直接相关。另外，受隔夹层下部流场控制，该类剩余油富集体一般呈“倒锥状”，也称“屋檐油”。如在X-70井夹层下部聚集“倒锥状”屋檐油。

(3) 垂向上多个交错稳定型(图10c，图13)：即油水界面之上，垂向上发育多个较稳定隔夹层侧向交错叠置，导致油水运动规律的复杂化。底水突破较低的隔夹层边缘后继续受到上方隔夹层的阻挡，转而沿层侧向突进，导致Well 2 Well 3井区快速水淹，而上部隔层之上若未射孔，则剩余油富集，形成夹层之上的“阁楼油”，在Well 2 Well 3夹层下部聚集“屋檐油”。以S95为例，该井在垂向上发育有2个稳定夹层，致使底水的上涌过程中多次受到阻断，从而含水上升速度慢，后期底水绕过隔夹层边缘上升到达射孔段后，含水逐渐上升，目前累产油已超5万吨，但是仍然存在“阁楼油”和“屋檐油”。

(4) 无夹层型(图10d，图7c)：游荡型辫状河储层中，当垂向无夹层发育时，射孔产层与底水垂向上相连通，由于底水能量强，水体沿最短距离路径向没有夹层隔挡的射孔产层锥进，导致油井暴性水淹。例如 X35 井开井见水，含水上升快，累产油不足 2 万吨。由于底水波及体积被限定在水锥内部，水锥外易形成环绕水锥的剩余油富集体。若邻井发育夹层，在此夹层上亦会形成剩余油分布。

鉴于以上受夹层控制的剩余油分析，针对 J 区大底水剩余制定相应的对策为：当剩余油量较大时，可打水平井挖潜小排液量挖潜；当剩余油量较少时，通过附近井提液带动隔层下部剩余油流动。

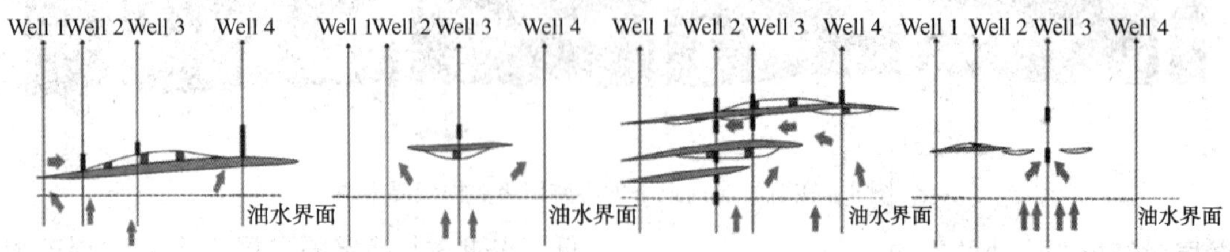

图 10　辫状河落淤层分布模式与剩余油分布位置图

（a 单一稳定型夹层分布模式；b 单一不稳定型夹层分布模式；c 多个交错稳定型夹层分布模式；d 无夹层分布模式）

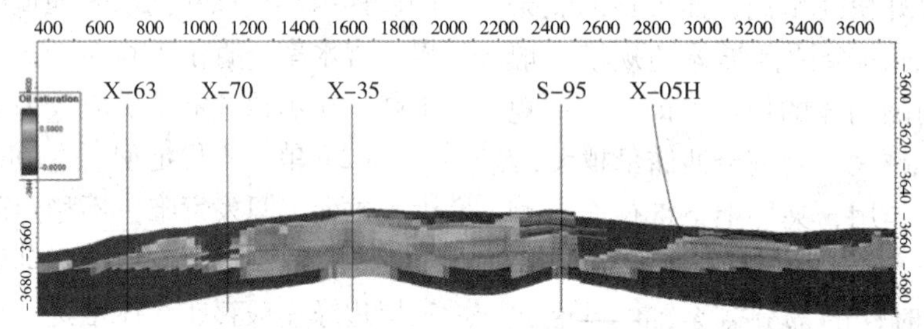

图 11　落淤层对剩余油分布

7　结论与建议

（1）利用露头类比的方法研究塔河油田 J 区的储层构型，是恢复沉积相应过程的主要手段，通过合理有效的模型对比分析，为后期层次分析，动静结合，厘清砂质辫状河构型解剖流程和方法提供了现代沉积理论依据。

（2）结合辫状河的现代沉积演化过程，落淤层可分为沟道泥和细粒落淤层两类，其中沟道泥范围较小，后者规模较大；按照岩性特征的差异，细粒落淤层可细分为泥质结壳和粉砂质细粒落淤层。在沉积成岩过程中细粒落淤层可转化为富含钙沉淀的粉细砂岩，位于心滩坝内部的垂积面上，是识别辫状河内部期次和储层非均质性的重要标志。

（3）落淤层的展布范围宏观上受控于心滩坝规模，而辫状河道的持续冲刷改造作用，会导致心滩坝的生长和运移，并同时对早期形成的落淤层产生影响；落淤层的展布样式与其所处位置有关，主要有穹窿式、水平式两种。

（4）通过研究塔河 J 区三叠系辫状河落淤层成因分类、展布样式和岩电关系与各类定量分析，精细刻画研究区心滩坝内部落淤层的展布范围、长宽比、与心滩坝的相互关系，丰富了砂体构型的方法和深度。在数值模拟中，通过模拟不同夹层的展布范围，由定性到定量地判断落淤层的展布范围，真正意义上建立了能直观表征辫状河储集层立体形态的三维地质模型，进而为油藏数值模拟、剩余油挖潜及开发方案的调整提供模型基础。

（5）通过分析落淤层对心滩坝内部剩余油分布的影响研究发现，辫状河储层中落淤层对剩余油分布的影响有 4 种模式，在落淤层之上周边及环水锥处易形成剩余油分布，以“阁楼油”和“屋檐油”最为常见，为油田精细开发提供了切实可靠的地质依据。

参　考　文　献

[1] Miall A D. Architectural-elements analysis: A new method of facies analysis applied to fluvial deposits[J]. Earth-Science Reviews, 1985, 22(4): 261-308.

[2] 廖保方，张为民，李列，等. 辫状河现代沉积研究与相模式——中国永定河剖析[J]. 沉积学报，1998(01)：34-39+50.

[3] 陈玉琨，吴胜和，王延杰，等. 常年流水型砂质辫状河心滩坝内部落淤层展布样式探讨[J]. 沉积与特提斯地质，2015，35(01)：96-101+112.

[4] 张昌民，尹太举，张尚锋，等. 泥质隔层的层次分析——以双河油田为例[J]. 石油学报，2004，25(3)：48-52.

[5] 岳大力，吴胜和，刘建民. 曲流河点坝地下储层构型精细解剖方法[J]. 石油学报，2007，28(4)：99-103.

[6] Donselaar M E，Overeem I. Connectivity of fluvial point - bar deposits：An example from the Miocene Huesca fluvial fan，Ebro Basin，Spain[J]. AAPG Bulletin，2008，92(9)：1109-1129.

[7] 马世忠，孙雨，范广娟，等. 地下曲流河道单砂体内部薄夹层建筑结构研究方法[J]. 沉积学报，2008，26(4)：632-639.

[8] 郑海妮，李雪，李根等. 夹层抑制砂岩油藏底水锥进影响因素分析[J]. 新疆地地质. 2013(B12)：44-49.

[9] 李根，郑海妮，李雪等. 底水砂岩油藏夹层抑制水平井底水锥进作用研究——以塔河油田三叠系砂岩底水油藏的水平井为例[J]. 石油天然气学报. 2013，35(08)：127-132.

[10] 王敏，赵国良，冯敏等. 砂质辫状河储层隔夹层分布模式及其对边底水运移的影响——以南苏丹P油田Fal块为例[J]. 油气地质与采收率. 2017，24(2)：8-10.

[11] 刘忠保，张春生，汪崎生. 拓宽河段心滩形成与演变的实验模拟[J]. 江汉石油学院学报，1997，19(2)：18-22.

[12] Bridge J S. Fluvial facies models：recent developments[J]. Society for Sedimentary Geology，2006，84(1)：83-168.

[13] 孙天建，穆龙新，赵国良. 砂质辫状河储集层隔夹层类型及其表征方法——以苏丹穆格莱特盆地Hegli油田为例[J]. 石油勘探与开发，2014，41(1)：112-120.

[14] 侯加根，刘钰铭，徐芳，等. 黄骅坳陷孔店油田新近系馆陶组辫状河砂体构型及含油气性差异成因[J]. 古地理学报，2008，10(5)：459-464.

[15] 刘钰铭，侯加根，王连敏，等. 辫状河储层构型分析[J]. 中国石油大学学报：自然科学版，2009，33(1)：7-11.

[16] 葛云龙，逯径铁，廖保方等. 辫状河相储集层地质模型——“泛连通体”[J]. 石油勘探与开发. 1998(05)：77-79.

[17] 张可，吴胜和，冯文杰，郑定业等. 砂质辫状河心滩坝的发育演化过程探讨——沉积数值模拟与现代沉积分析启示[J]. 沉积学报，2018，36(01)：81-91.

[18] 单敬福，赵忠军，李浮萍等. 砂质碎屑储层钙质夹层形成机理及其主控因素分析[J]. 地质论评，2015，61(03)：614-620.

[19] 尹艳树，张昌民，尹太举，等. 萨尔图油田辫状储层三维层次建模[J]. 西南石油大学学报(自然科学版)，2012，34(1)：13-18.

致密气藏水平井开发关键技术研究

王德龙[1,2]　张雅玲[1,2]　刘姣姣[1,2]　王蕾蕾[1,2]　刘　倩[1,2]

(1. 中油长庆油田公司勘探开发研究院；2. 低渗透油气田勘探开发国家工程实验室)

摘　要　本文以鄂尔多斯盆地神木气田致密砂岩气藏为例，研究水平井开发适应性及开发技术政策。首先，依据储层沉积特征，划分砂体叠置模式，采用剖面厚度集中度概念，建立单层式、双层式、多层式气藏模型；研究认识到水平井开发不同类型气藏效果优劣顺序：单层式>双层式>多层式，单层式气藏效果最佳；其次，研究气藏各层渗透率、有效厚度差异性对水平井开发的影响效果，得到水平井开发单层式气藏的最佳储层条件及双层式气藏经济储层物性界限；再次，考虑砂体展布、主应力方向、储量丰度及经济因素，分析认识到神木气田水平井方位以南北向为主、水平段最佳长度 1500m；最后，研究水平井压裂裂缝参数，得到水平井开发单层式、双层式气藏分别存在最优裂缝组合与最佳改造规模。通过以上系统研究，形成水平井开发致密气藏关键技术，为国内外同类气藏水平井开发提供可靠理论依据。

关键词　砂层叠置模式；增产倍比；水平井方位；水平段长度；压裂规模

神木气田位于鄂尔多斯盆地东部，发育上古生界石盒子、山西、太原、本溪组及下古生界马家沟组等多套含气层系，气藏埋深浅，资源潜力大，属于大型致密气藏[1-2]。针对致密气藏开发，目前较多采用直井合采，但单井产量低。然而水平井虽然能提高单井产量，但对于致密气藏，水平井仅能有效控制单一层系储量，开采效果未必比直井好，因此需研究对比水平井与直井开发效果。首先对致密气藏依据产层叠置特征进行分类，分析那类型致密气藏适合水平井开发，研究水平井开发的储层条件敏感性及经济储层物性下限，优化水平井开发技术参数，提出水平井开发最佳方位、水平段最优长度、水平井最优裂缝参数及压裂规模等，并采用合理的水平井布井模式，优化部署，提高致密气藏开发效果。

1　致密气藏储层分类

根据神木气田致密气藏砂层分布特征，结合沉积水动力学特征，精细解剖砂层纵向结构，提出神木气田三种砂体纵向叠置模式：单期厚层块状型、多期垂向叠置泛连通型、薄互层型[2-3]。根据剖面厚度集中度(最大有效储层厚度与储层总厚度比值)，将纵向砂体叠置模式分为多层式、双层式、单层式模式(表 1)。

表 1　砂体叠置模式分类表

类型	示意图	剖面厚度集中度(A)
多层式	0.45　0.29　0.26	任意两层和 $A\leqslant70\%$
单层式	0.82　0.13　0.05	任意一层 $A\geqslant75\%$
双层式	0.40　0.46　0.14	两层和 $A\geqslant85\%$，且两层分别 $A\geqslant35\%$

2　水平井适应性分析

在致密气藏开发中，水平井相比直井接触储层生产段多，泄气范围大，单井产量高[5-6]，但由于水平井仅能有效控制其中某一气层储量，开发效果值得进一步研究。根据此前砂体叠置模式，结合剖面集中度概念，建立不同模式气藏数模模型，分别模拟水平井与直井开发在致密气藏中的开发效果(表 2、表 3)，研究水平井适应性。

【作者简介】王德龙(1982—)，男，2012 年毕业于西南石油大学，博士学位；现就职于长庆油田分公司勘探开发研究院，高级工程师，主要从事气藏工程研究等方面工作。邮箱：wdl201207_ cq@ petrochina. com. cn

表 2　直井与水平井生产压力分布剖面图

砂体叠置模式	砂体叠置示意图	直井开发 15 年后压力分布剖面图	水平井开发 15 年后压力分布剖面
多层式			
单层式			
双层式			

表 3　直井与水平井开发指标对比表

砂体叠置模式	储量集中度	15 年末单井累积采气量/10^4m^3		增产倍比	15 年末采出程度/%	
		直井	水平井		3 口直井	1 口水平井
多层式	1/3：1/3：1/3	3636.8	7363.7	2.02	36.01	24.33
单层式	1/8：3/4：1/8	4109.6	15229.5	3.71	38.80	47.93
双层式	1/5：2/5：2/5	3582.4	8748.3	2.44	32.32	26.31

模拟结果具体分析如下：①多层式气藏，水平井开发相比直井穿过气藏数量少，控制储量有限，局部储量未动用，采出程度较小；同时单井累积产气量(水平井累产气量与直井累产气量比值)仅为 2.02，远小于神木水平井经济开发界限(增产倍比 2.45 倍)，水平井开发效果很差；②双层式气藏，当其中一优势层储量占比为 40%时，水平井开发增产倍比 2.44，与直井开发效果相当，开发效果中等，需研究水平井开发双层式气藏储层物性下限，为水平井开发提供选层标准。③单层式气藏，水平井基本控制主力气层储量，且采出程度 47.93%高于 3 口直井采出程度 38.80%，增产倍比 3.71 远大于界限值 2.45，开发效果最好。

研究认识到水平井相比直井开发致密气藏效果优劣顺序：单层式>双层式>多层式。然而由于单层式、双层式气藏的不同气层之间物性差异，水平井开发效果差异明显，存在储层参数界限及最佳储层参数条件[6]。因此需进一步研究储层参数对水平井开发单层式、双层式气藏影响效果。

3　储层参数影响分析

针对致密气藏纵向物性变化特征，建立存在优势层与次产层的单层式、双层式气藏模型，采用数值模拟方法，分析层间储层渗透率、有效厚度参数变化对水平井开发效果的影响[7~8]，得到水平井开发的致密气藏最佳储层条件。

3.1　储层渗透率

根据神木气田优势层与次产层渗透率差异范围，建立单层式、双层式不同气藏地质模型，设计水平井开采优势层、直井合采多层，分析优势层与次产层渗透率差异对水平井、直井开发效果的影响。研究结果表明：不论单层式、双层式气藏，随着优势层与次产层渗透率比值增大，水平井与直井累产气量逐渐增大，但增幅逐渐减小。且渗透率比值与累产气量呈半对数关系(图 1)。

分析优势层与次产层渗透率差异对水平井增产倍比(水平井生产期末累计产气量与直井比值)的影响，随着渗透率比值的增加，水平井增产倍比先急剧增加，主要原因优势层渗流能力逐渐变强，加之水平井接触储层面积大，水平井开发效果相比直井提升明显；而随着优势层与次产层渗透率比值进一步增大，由于气藏砂体规模有限，加之优势层对直井产量贡献逐步增大，水平井增产倍比反而逐渐变小(图 2)。

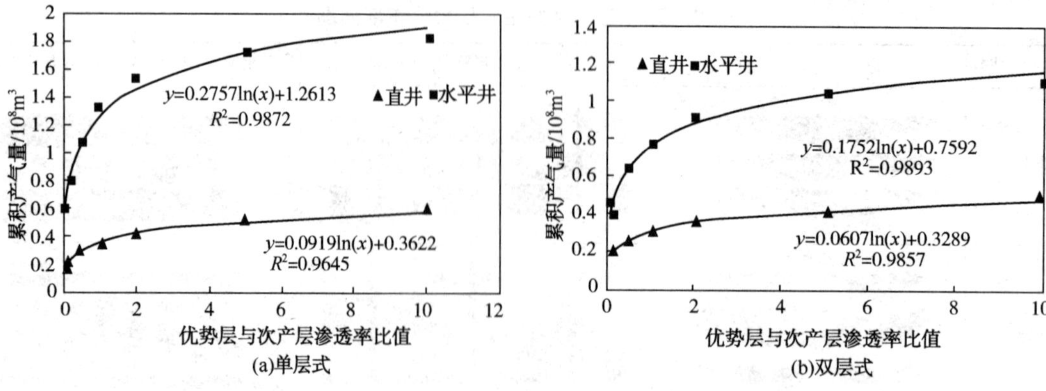

图 1　优势层与次产层渗透率比值与水平井、直井累产气量关系曲线

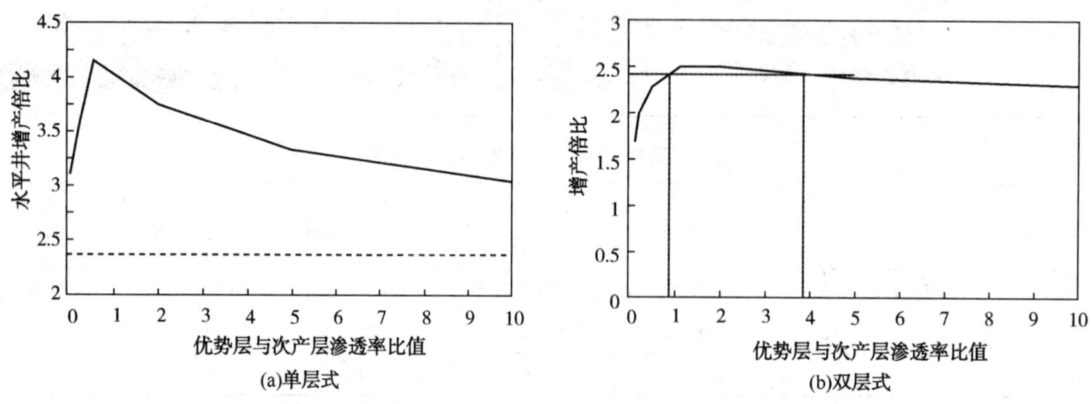

图 2　优势层与次产层渗透率比值与水平井增产倍比关系曲线

针对不同渗透率比值的单层式气藏，水平井增产倍比均大于经济界限值为2.45，当渗透率比值为0.5时，水平井增产倍比达到最高值(4.15)，水平井开发单层式气藏最佳，故水平井开发单层式气藏优势明显；针对双层式气藏，当优势层与次产层渗透率比值介于0.8～3.9之间时，水平井增产倍比大于经济界限值2.45，开发效果好，因此水平井开发双层式气藏存在储层渗透率差异界限。

3.2　储层有效厚度

根据神木气田储层有效厚度范围，建立不同单层式、双层式气藏地质模型，分析优势层厚度比例对水平井、直井开发效果的影响。分析结果表明：优势层厚度占比例越大，水平井与直井累产气量越大，且呈线性关系；水平井增产倍比越大；水平井开发效果越好(图3)。根据水平井为直井累产的2.45倍的经济界限，水平井开发单层式优势层厚度比例下限为40%。双层式厚度(其中一层)比例下限为41.25%(图4)。

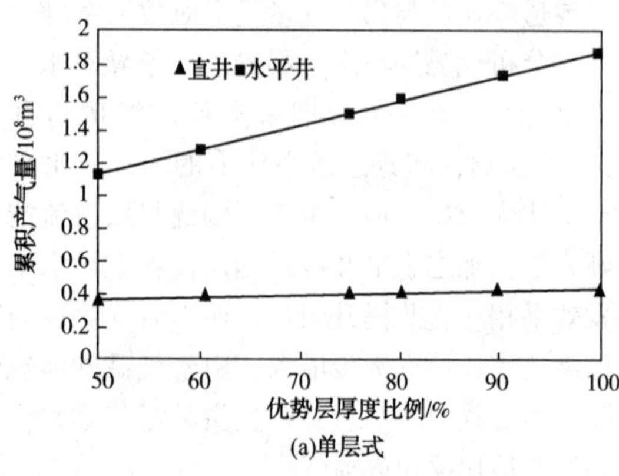

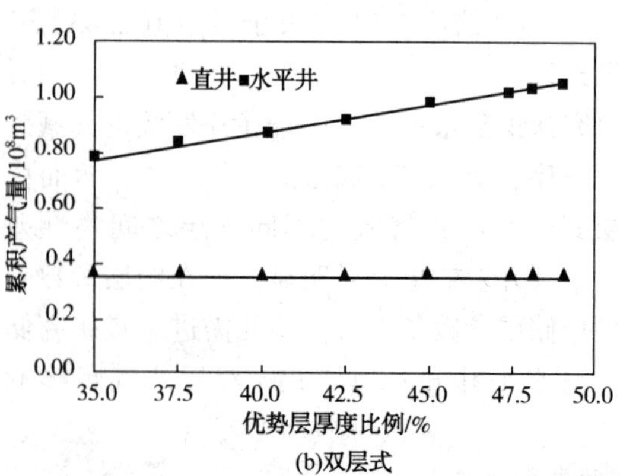

图 3　优势层厚度比例与累计产气量关系曲线

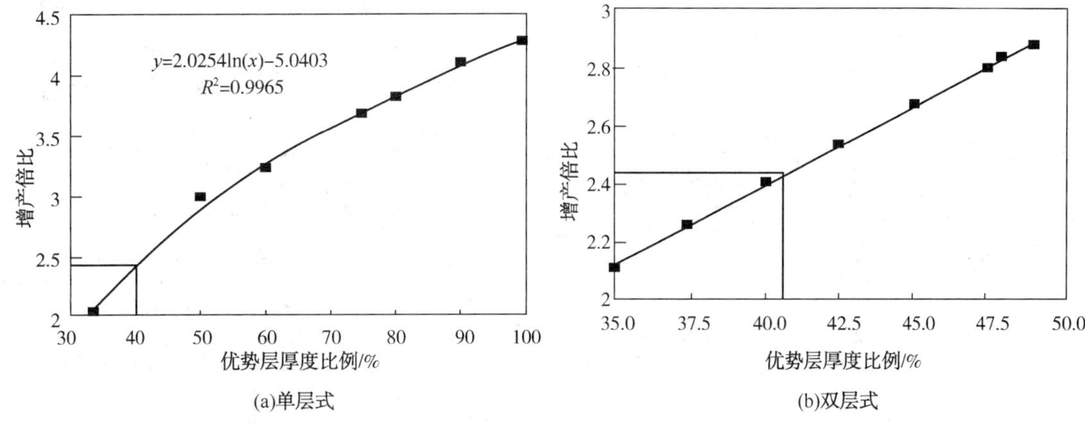

图4　优势层厚度比例与增产倍比关系曲线

基于以上研究，针对单层式气藏，水平井效果好；多层式、双层式气藏，水平井开发效果不明显。因此神木气田需加大太原组、山2(单层式)单层式气藏水平井开发力度。

4　水平井开发参数优化

在研究水平井开发致密气藏适应性及储层条件基础上，为了进一步提高水平井开发效果，需优化水平井开发参数，主要对水平井方向、水平段长度、压裂裂缝条数、裂缝长度等参数优化研究[9,10]。

4.1　水平井方位优化

在致密气藏开发中，水平井方位优化既要考虑水平井是否穿过气藏砂体主力部位、同时也要考虑地层主应力影响储层改造，进而影响气井控制储量及泄流区域范围，因此本文主要从砂体展布方向与最大主应力方向两个角度，分析水平井的最佳方位。

依据神木气藏砂体分布特征，建立储层地质模型，采用数值模拟方法水平井与砂体展布方向的关系对气井产气能力影响；考虑最大地层主应力方向，分析水平井压裂最大改造区域，研究水平井水平段最佳方位[11]。数模研究结果表明：水平井平行于砂体走向，控制有效砂体储量大，气井稳产时间长，累产气量高；相反水平井垂直于砂体走向，由于砂体宽度有限，水平井长度短，气井稳产时间段，累产气量少。相比下水平井走向延砂体走向，水平井开发效果好(图5)。

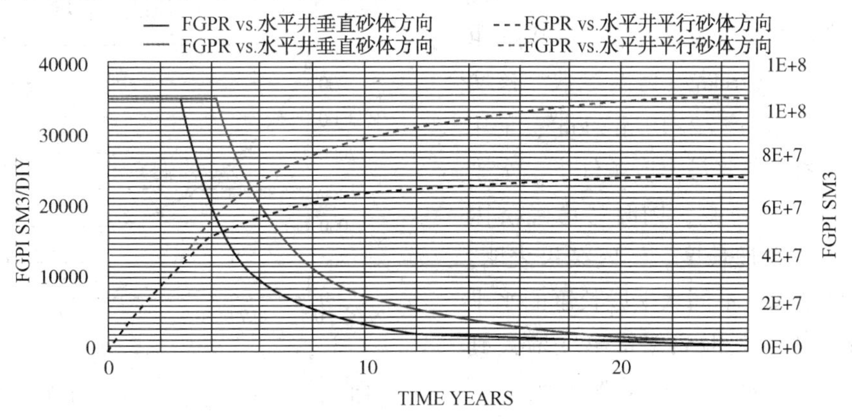

图5　不同水平井方向的气井日产与累产曲线图

最大主应力方向主要影响水平井人工压裂裂缝方向、储层改造区域范围。最大水平主应力方向控制着压裂裂缝和气井整体渗流特征。不同水平段方向，由于最大水平应力作用，水平井渗流区域发生较大变化(图6、图7)。相比45°夹角于最大主应力方向，当水平段垂直于最大主应力方向，压裂裂缝改造区域控制范围较大，外围非改造区向内部渗流接触面积大，渗流能力强，泄流控制范围更大，开发效果好。

在实际气田开发中，水平井方位确定要考虑砂体走向，扩大有效控制砂体范围；同时也需要考虑地层最大主应力方向，发挥压裂水平

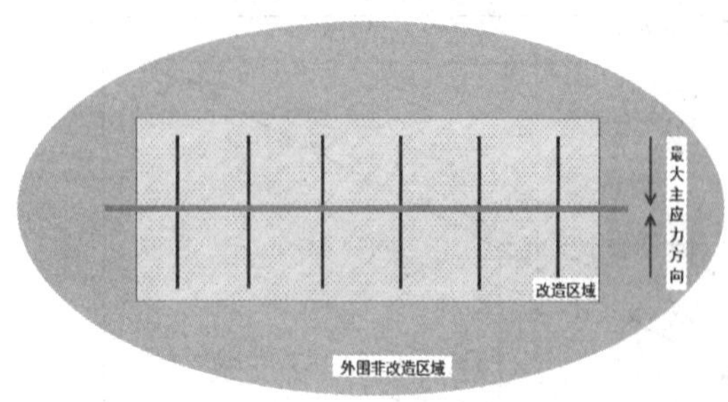

图 6　水平段垂直于最大主应力方向图

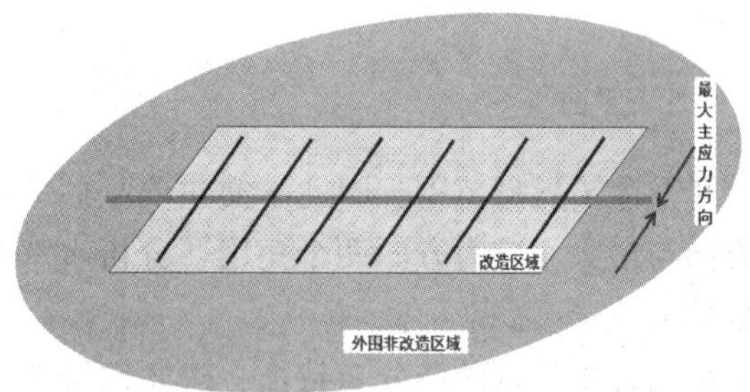

图 7　水平段与最大主应力方向 45 度夹角图

井裂缝最大改造控制区域，提高气井渗流能力。根据神木气田山西组、太原组砂体近南北走向，最大主应力略偏东北的东西向，因此水平井方位大致可南北向，同时考虑砂体叠置关系，水平井方位可略微进行调整，满足水平井控制最大储量同时，也要兼顾压裂改造后气井渗流能力最大化。

4.2　水平井长度优化

水平井水平段长度是水平井开发设计中的重要问题[12]。根据神木气田储层物性参数，核实气层储量丰度为 $0.8\times10^8\sim1.2\times10^8 m^3/km^2$，采用数值模拟方法，预测不同储量丰度条件下，水平段长度对单井累产气量影响，同时考虑经济因素，综合评价水平段合理长度。研究结果表明：随着气藏储量丰度增大，不同水平段长度的水平井累产气量均逐渐增大，但当储量丰度增大到 $1.0\times10^8 m^3/km^2$ 之后，累产气量增加大幅度不大，主要因为储层厚度大，丰度高，储层垂向渗流能力差，顶底储层天然气未开始波及到，水平井已开始发生平面径向流阶段，储层顶底动用储量越来越少，累产后期增幅较小(图 8)。

在相同气藏储量丰度时，随着水平段长度增大，水平井累产气量均逐渐增大，由于水平段内存在压力损失，当气井水平段长度达到 1.5km 之后，水平井产量增加幅度较小(图 9)。

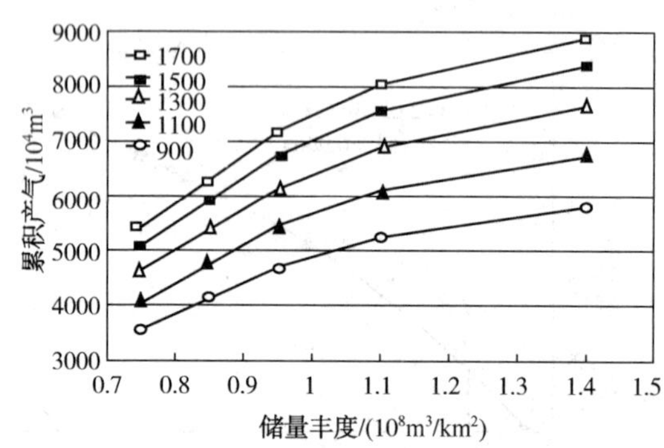

图 8　储量丰度对累产气量影响曲线图

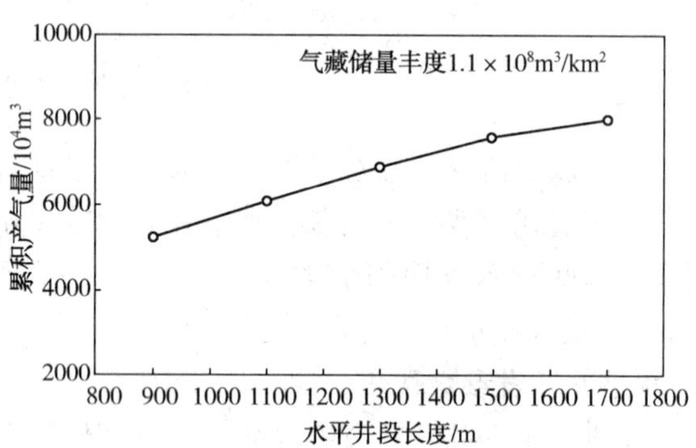

图 9　水平井长度对累产气量影响曲线图

考虑水平井的钻井成本、结合天然气价格，反算水平井内部收益率达 12% 时气井累计采气量，得不同气藏储量丰度条件下的经济合理水平段长度，研究结果表明：随着储量丰度增大，经济合理水平段长度逐步降低。当气层储量丰度为 $0.8\times10^8\sim1.2\times10^8 m^3/km^2$，水平井的经济合理水平段长度为 0.9~1.7km，平均为 1.5km。

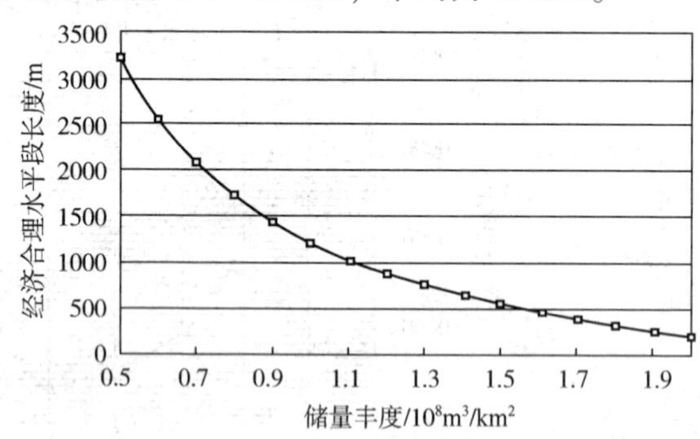

图 10　储量丰度与经济合理水平段长度关系曲线

4.3　水平井压裂参数优化

水平井压裂参数优化是提高水平井开发效果重要技术，水平井压裂区域范围大，渗流能力强，单井日产与累产气量高，开发效果好[13]。依据单层式、双层式气藏地质模型，采用数值模拟，实施水平井多段压裂，优化压裂参数(图 11)。

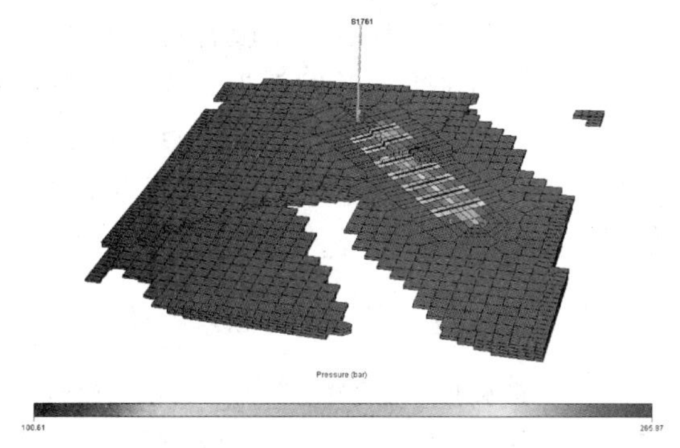

图 11　水平井压裂参数优化数模模型

(1) 裂缝参数优化

针对单层式气藏，在相同压裂规模情况，总的压裂裂缝长度为 1200m，研究不同裂缝条数对单井累计产气量影响。研究结果表明：随着裂缝条数增多、裂缝半长减小，水平井累产气量呈现先增大后减小的趋势(图 12a)。当裂缝条数少，裂缝长，渗流压力损失大，裂缝间距大，裂缝间储量动用程度低，气井产量低；当裂缝条数多，裂缝短、间距小，水平井压裂改造区域面积小，渗流截面减少，累产气量也较少[14]。水平井开发单层式气藏存在一个最优裂缝组合，即裂缝条数为 5、裂缝半长等于 120m，水平井累计产气量最高。

针对双层式气藏，研究不同裂缝条数对单井累产气量影响(图 12b)。研究表明：随着裂缝条数增加，裂缝半长减小，累产气量逐步增加。结合单井压开发经济成本，双层气藏水平井最优裂缝组合，裂缝条数为 9、裂缝半长等于 66.7m。

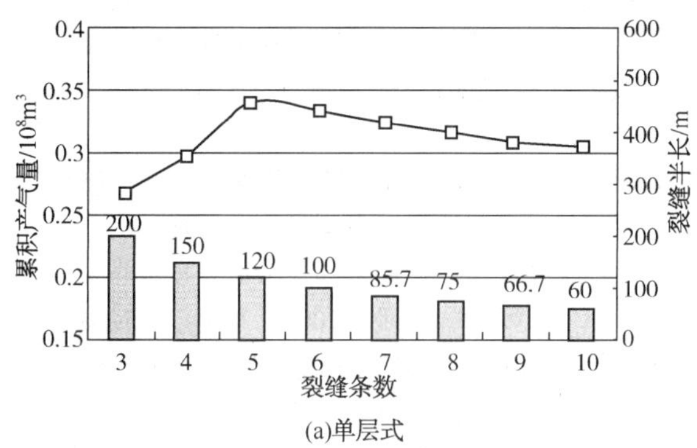

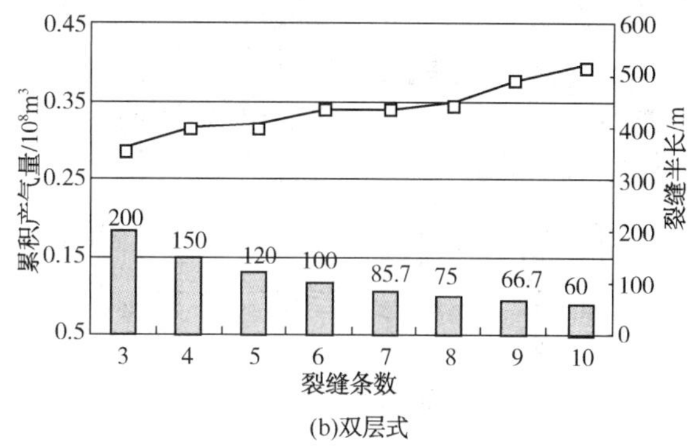

图 12　裂缝条数、裂缝半长与累产气量关系图

(2) 压裂规模优化

针对单层式、双层式气藏，设计相同裂缝条数，改变裂缝不同长度，研究不同压裂规模单井累计产气量影响。研究结果表明：随着储层改造规模的增大，气井累产逐步增大，但当达到某一

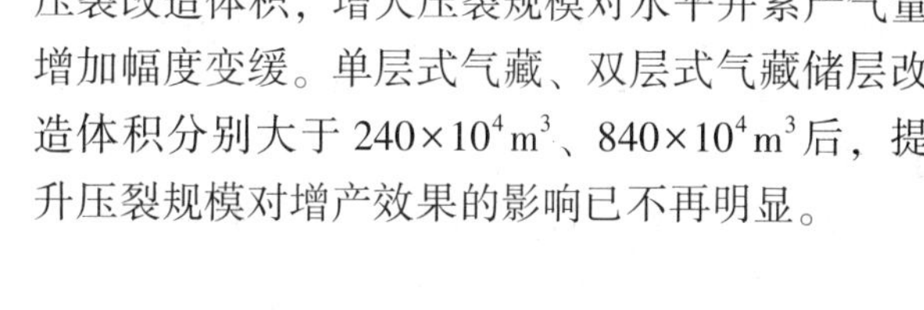

压裂改造体积，增大压裂规模对水平井累产气量增加幅度变缓。单层式气藏、双层式气藏储层改造体积分别大于 $240\times10^4m^3$、$840\times10^4m^3$ 后，提升压裂规模对增产效果的影响已不再明显。

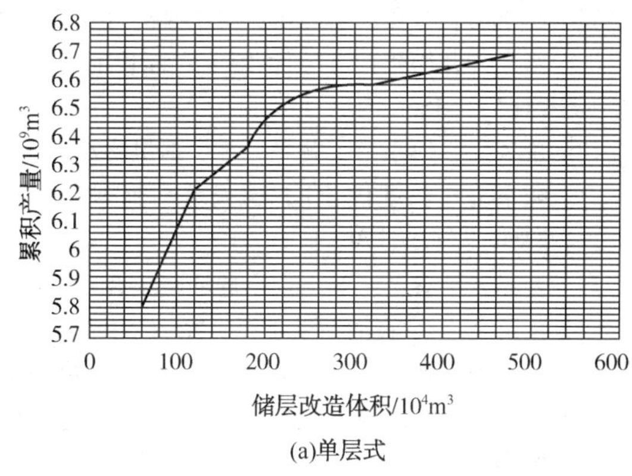

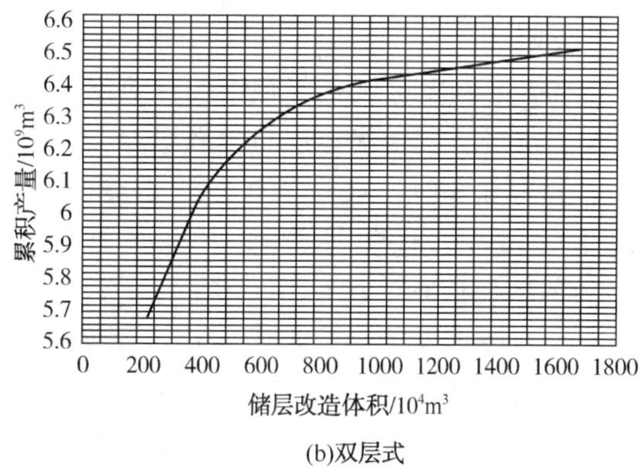

图 13　压裂规模与累产气量关系曲线图

5　水平井部署及开发效果评价

基于神木气田储层地质特征，优选适合部署水平井有利区块，优化水平井部署模式，优化水平井开发参数[15-16](图 14)。根据神木致密气藏水平井开发动态分析，单井平均日产 $3.7\times10^4m^3/d$，为直井的 3.4 倍，单井累计产气量 $7106\times10^4m^3$，

为直井的3.3倍，各项指标均为邻近直井的3倍以上(图15)。在地质条件允许的前提下，水平井在神木气田致密气藏开发具有明显优势。

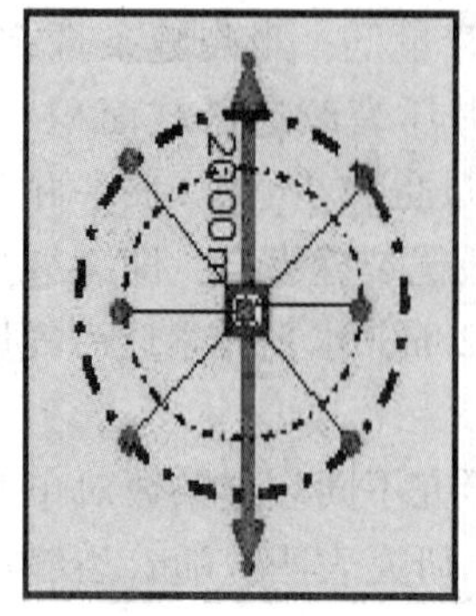

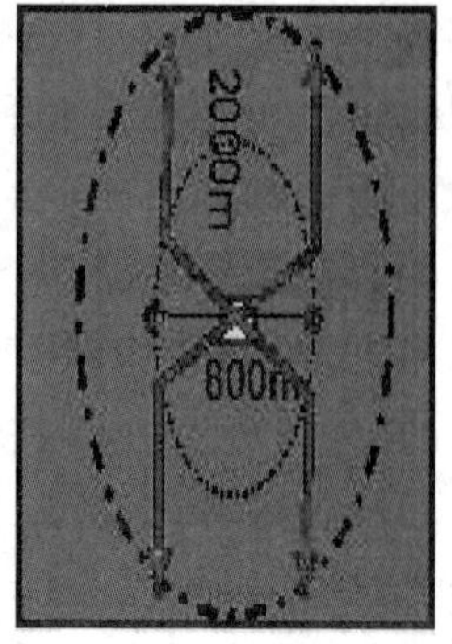

图14　水平井-直井联合布井模式图

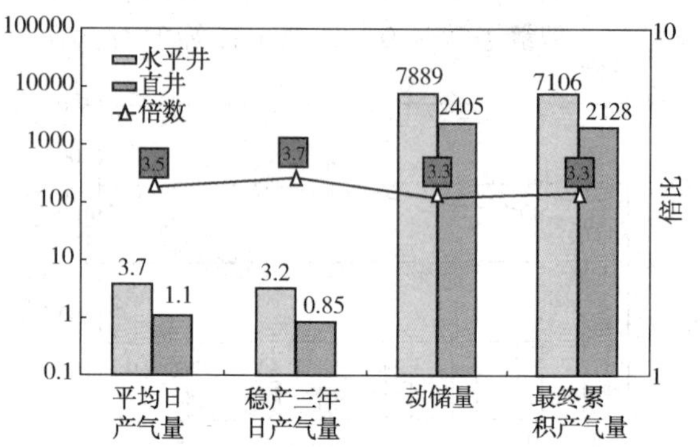

图15　水平井-直井开发指标对比图

6　结论

通过对致密气藏水平井开发关键技术研究及在神木气田应用，主要有以下结论与认识：

(1) 依据神木气田砂层叠置特征，结合剖面厚度集中度概念，并建立多层式、单层式、

双层式模型。分析认识到：水平井适应于单层式气藏开发，对于双层式气藏，水平井开发存在储层物性下限。

(2) 在水平井开发单层式气藏中，优势层厚度比例需大于40%，其中优势层与次产层渗

透率比值为0.5时，水平井开发效果最佳；双层式致密气藏中，优势层厚度比例需大于41.25%，渗透率比值介于0.3~3.9之间。

(3) 考虑砂体展布方向、最大主应力方向，认识到神木气田水平井方位应主要以南北向为主，同时考虑砂体叠置关系，水平井方位可进略微调整。考虑水平井产气量、经济效益，神木气田水平井水平段最佳长度1500m，水平井开发单层式、双层式气藏分别存在最优裂缝组合与最佳储层改造规模。

(4) 根据神木气田砂体展布与叠置关系，优化部署水平井模式，加强水平段有效层段改造

力度，提高水平井开发效果，统计分析神木气田投产水平井各项指标均为邻近直井的3倍以上，水平井开发神木气田致密气藏开发效果好，优势明显。

参考文献

[1] 兰朝利，张永忠，张君峰等．神木气田太原组储层特征及其控制因素[J]．西安石油大学学报(自然科学版)，2010，25(1)：8-11.

[2] 武力超，朱玉双，刘艳侠，等．矿权叠置区内多层系致密气藏开发技术探讨—以鄂尔多斯盆地神木气田为例[J]．石油勘探与开发，2015，42(6)：826-832.

[3] 周拓，周兆华，等．神木气田二叠系气藏有利区预测[J]．东北石油大学学报，2013，37(1)：38-44.

[4] 冯永玖，冯渊，黄琼，等．神木气田多层系致密气藏有利区优选[J]．石油地质与工程，2016，30(5)：36-39.

[5] 冯益富．气藏水平井开发适应性评价指标研究[J]．天然气技术与经济，2014，8(2)：30-33.

[6] 毛凤，刘征权，张建东等．水平井技术在涩北气田应用[J]．天然气工业，2009，29(7)：35-38.

[7] 孙娜．低渗气藏水平井产能影响因素敏感性分析[J]．特种油气藏，2011，18(5)：96-99.

[8] 熊钰，张烈辉，阳仿勇，等．多层气藏一井多层开采技术界限研究[J]．天然气工业，2005，25(7)：81-83.

[9] 胡文瑞．水平井油藏工程设计[M]．石油工业出版社，2008.

[10] 王继平，任战利，李跃刚，等．基于储层精细描述的水平井优化设计方法[J]．西北大学学报(自然科学版)，2012，42(4)：642-648.

[11] 张永清，张阳，邓红琳，等．裂缝性致密砂岩油藏水平井井筒延伸方位优化[J]．断块油气田，2014，21(3)：356-359.

[12] 位云生，何东博，冀光，等．苏里格型致密砂岩气藏水平井长度优化[J]．天然气地球科学，2012，23(4)：775-779.

[13] 姜晶，李春兰，等．低渗透油藏压裂水平井裂缝优化研究[J]．石油钻采工艺，2008，30(4)：50-52.

[14] 王记俊，郭平，王德龙，等．基于PEBI网格的水平井裂缝参数优化[J]．天然气与石油，2013，31(1)：57-59.

[15] 冯永玖，杨勇，孙素芳，等．一种多层系致密砂岩气藏布井方法：，CN 104453836 A[P]. 2015.

[16] 李先锋．鄂尔多斯盆地低渗砂岩气藏水平井开发整体部署技术研究[D]．西北大学，2012.

用多孔介质宏观参数表征微观孔隙结构复杂程度的新方法

李留仁

(西安石油大学石油工程学院)

摘　要　针对目前多孔介质微观孔隙结构表征参数与宏观参数相关性低、数据分散的问题，分析了压汞法存在的不足，结合水驱油理论，提出了一种用多孔介质的宏观参数——渗透率与孔隙度计算表征多孔介质微观孔隙结构复杂程度的新方法。该参数综合表征了多孔介质微观孔隙结构的孔喉大小、变径、变形、迂曲度、交叉和配位数等复杂程度，同时还能很好地表征多孔介质储存能力和渗流能力。该参数具有很强的工程意义，它决定了水驱油见水的快慢。参数易得，使用方便，可以作为储层分类参数。

关键词　多孔介质、孔隙结构、孔隙度、渗透率、孔喉大小、迂曲度、配位数

作为一类油气储集体的多孔介质，拥有非常复杂的微观孔隙结构，大量的孔隙变径、变形、相互交叉。多孔介质的微观孔隙结构决定了其宏观物性参数——孔隙度和渗透率。人们一直努力寻找表征多孔介质微观孔隙结构的方法和参数，已经发展了很多方法，包括毛管压力曲线、铸体薄片、扫描电镜、CT、核磁共振、数字岩心、分形、重整化群等，定义了很多参数，建立了很多模型，试图揭示微观孔隙结构参数和宏观参数的关系，但一直不理想，陷入了一种描述完多孔介质的微观孔隙结构，无法再向前走的尴尬局面，无法将微观孔隙结构和油田开发结合起来。

1921 年，Washburn 首先提出了通过把非润湿液体(汞)压入多孔介质的孔隙中研究其微观孔隙结构特性的观点[1]，后被亨德逊、利迪威和罗斯(Henderson，Ridgway，and Ross，1940)及洛伊斯(Loisy，1941)等人用于不同的场合[2,3]，黎特和德拉基(Ritter and Drake，1945；Drake，1949)做了大力推广和普及工作[4,5]。Yuan H H，Swanson B F. 1989 年更是提出了利用恒速压汞研究孔喉比的方法[6]。今天压汞已是分析研究油气储层微观孔隙结构的一种常用方法。

本文从原理入手剖析压汞曲线分析多孔介质微观孔隙结构存在的不足，基于毛管模型理论，提出了应用多孔介质的宏观参数渗透率与孔隙度计算表征多孔介质微观孔隙结构复杂程度的新方法。

1　压汞原理及分析多孔介质微观孔隙结构存在的不足

1.1　压汞原理

压汞的基本原理是，汞一般对固体不润湿，欲使汞进入孔，需施加外压克服毛管力，外压越大，汞能进入的孔半径越小。测量不同外压下进入多孔介质中汞的量即可知压力对应大小的孔占据的体积。据此可以做出压汞曲线和孔喉大小分布曲线，可以得到进汞压力(门槛压力)、中值压力、最大进汞饱和度、最大孔喉半径、中值半径、平均孔喉半径、结构系数，还可以获得评价多孔介质孔喉分布均匀程度的参数，如均质系数、歪度系数、分选系数、变异系数等。其基本理论假设是，多孔介质的孔隙是由不等径平行毛管束组成。

1.2　压汞分析多孔介质微观孔隙结构存在的不足

压汞的基本理论假设和真实多孔介质的孔隙结构差距太大，真实多孔介质的孔隙结构绝不是不等径平行毛管束，而是由大小、形状剧烈变化的相互交叉的孔隙组成，非常复杂，岩心扫描电镜照片、铸体薄片和 CT 切片均能很好地说明这一点，见图 1~图 4。

【作者简介】李留仁(1963—)，男，1986.7 毕业于华东石油学院，学士，1989.6 毕业于石油大学北京研究生部，硕士，2011 年毕业于中国石油勘探开发研究院，博士，西安石油大学，副教授，硕士研究生导师，主演研究方向为油气渗流理论、油气藏数值模拟和油气藏工程方法。E-mail：860916685@ qq. com

图 1　靖探 396 井延 9^1 粒间孔隙

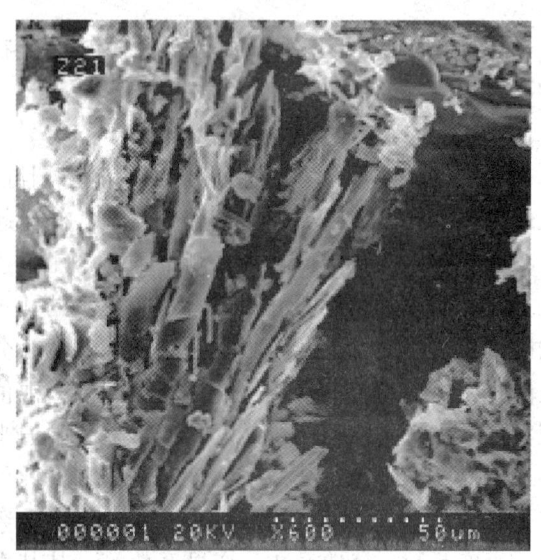

图 2　靖探 156 井延 9^{2-1} 长石溶蚀孔隙

图 3　靖探 403 井延 9^{2-2} 的铸体薄片

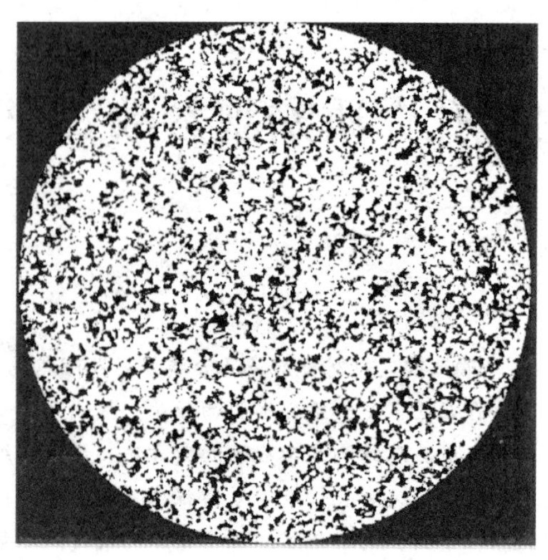

图 4　岩心截面的 CT 二值图像

因为有变径(喉)、变形、交叉的存在，在一定压力下进入的汞的体积，绝不等于岩心中这一压力对应的孔隙的总体积，而是与这一压力对应的入口端孔隙直接连通的大于等于这一孔隙的那部分孔隙的体积。因此，利用压汞曲线得到的孔喉分布必然是小孔多了，大孔少了，远远脱离真实情况。图 5 为两根变径孔压汞的示意图，压力 P_1、P_2、P_3 对应的进汞孔隙半径分别为 r_1、r_2、r_3，当进汞压力为 P_1 时，汞只能进入孔 1 中孔隙半径为 r_1 的孔隙体积，不能进入孔 2 中孔隙半径为 r_1 的孔隙体积(b)；当进汞压力上升到 P_2 时，孔 1 中，汞继续进入到孔隙半径为 r_2 的孔隙体积，在孔 2 中，汞进入孔隙半径为 r_2 的孔隙体积，之后也肯定进入孔隙半径为 r_1 的孔隙体积(c)，这时进入孔 2 中孔隙半径为 r_1 的孔隙体积，就会计作进入孔隙半径为 r_2 的孔隙体积，从而导致误差。

早在 1953 年，梅耶(Meyer，1953)就提出，起码要对那些在“外围”只能靠一些更小的孔隙才能连通的大孔隙作必要的校正[7]。李传亮等人提出恒速压汞不能确定孔喉比[8]。其实，利用压汞曲线根本得不到多孔介质的孔隙分布，只能给出一个孔隙大小区间，即排驱压力对应的最大孔喉半径和最大进汞压力对应的最小孔喉半径，中值压力和中值半径只是一个人为定义的局部点对应的参数，只有用来比较的参考意义。基于压汞曲线得到的微观孔隙结构参数，如均值系数、歪度、分选系数和结构系数也是根据局部点计算得到的，更无太多参考价值。

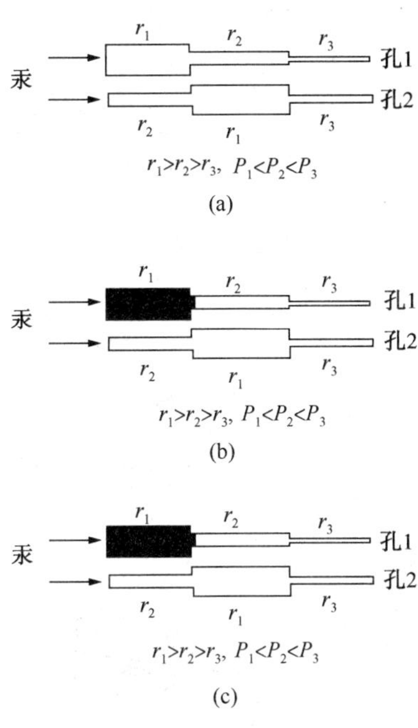

图 5　两根变径孔压汞示意图

另一方面，实际上压汞是汞驱替空气的非活塞两相流动，驱替过程中，总会有残余空气不能被驱替。这也是进汞饱和度达不到 1 的主要原因。

2　多孔介质微观孔隙结构参数与宏观参数的关系

图 6～图 16 为鄂尔多斯盆地 28 个岩样的孔隙度与压汞得到的孔隙结构参数的关系曲线，可以看出，虽然孔隙度越大，门槛压力、中值压力越低，最大孔吼半径、中值半径、最大进汞饱和度越大，退汞效率越高，但相关性很低，点很分散，与残余汞饱和度的相关性更差。均值系数、歪度系数、分选系数、变异系数与孔隙度的关系，点也很分散，相关性很低。

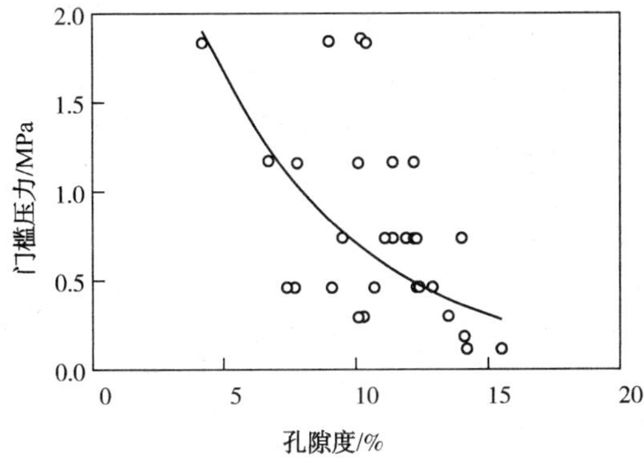

图 6　孔隙度与门槛压力的关系

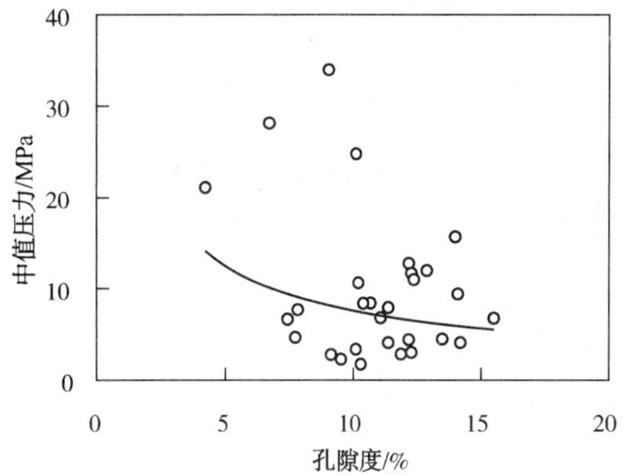

图 7　孔隙度与中值压力的关系

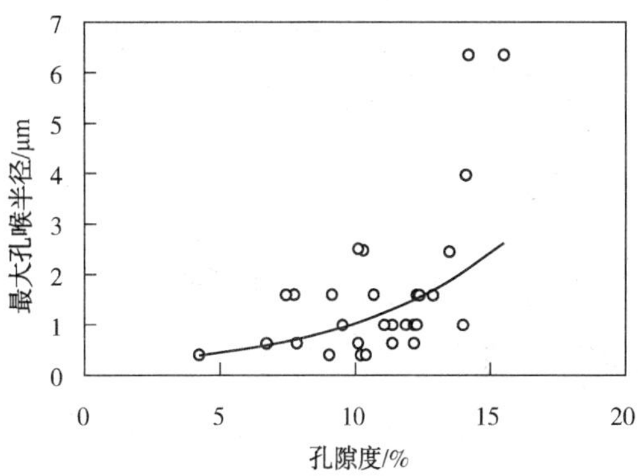

图 8　孔隙度与最大孔喉半径的关系

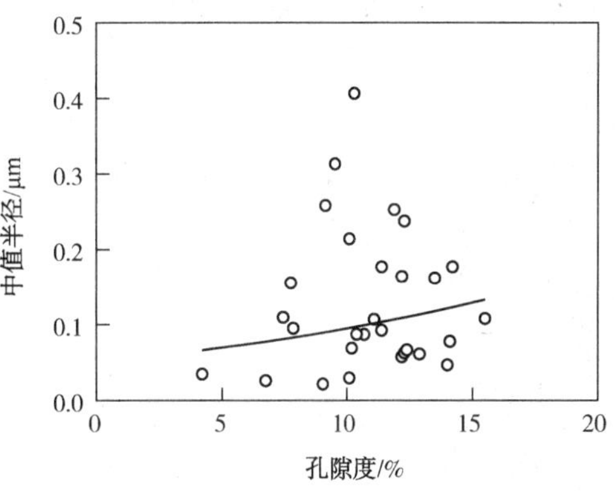

图 9　孔隙度与中值半径的关系

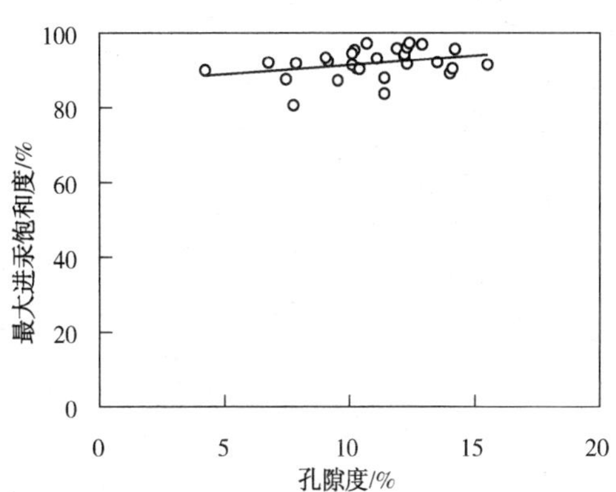

图 10　孔隙度与最大进汞饱和度的关系

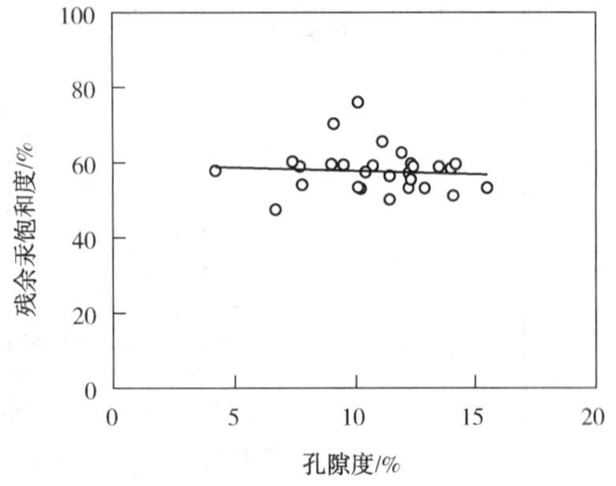

图 11　孔隙度与残余汞饱和度的关系

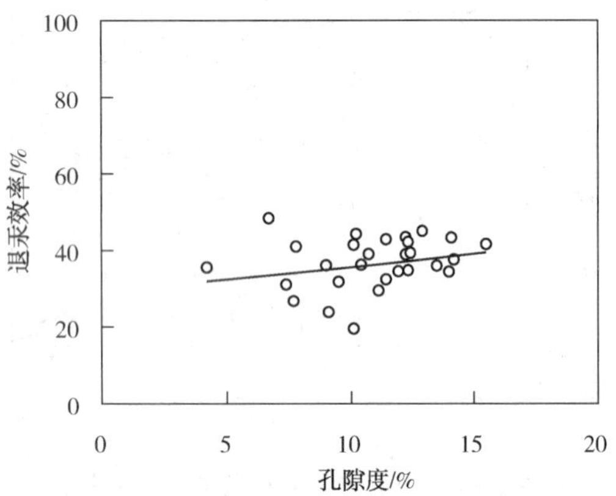

图 12　孔隙度与退汞效率的关系

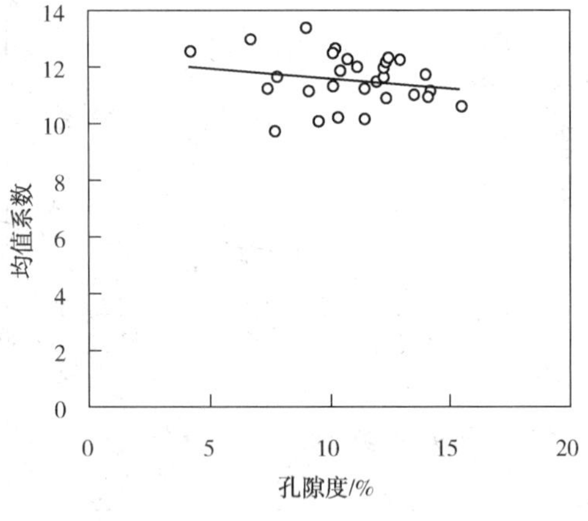

图 13　孔隙度与均值系数的关系

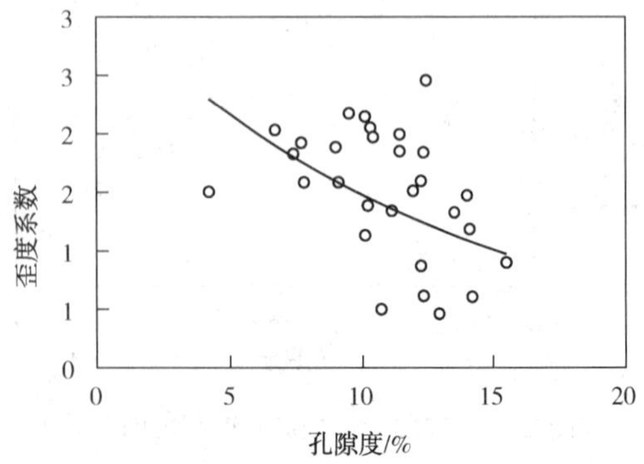

图 14　孔隙度与歪度系数的关系

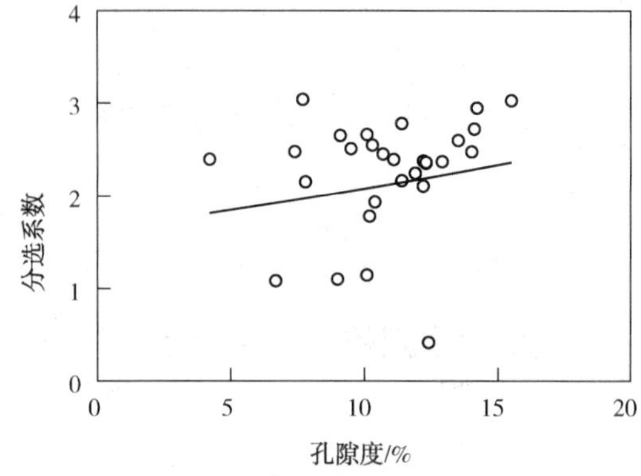

图 15　孔隙度与分选系数的关系

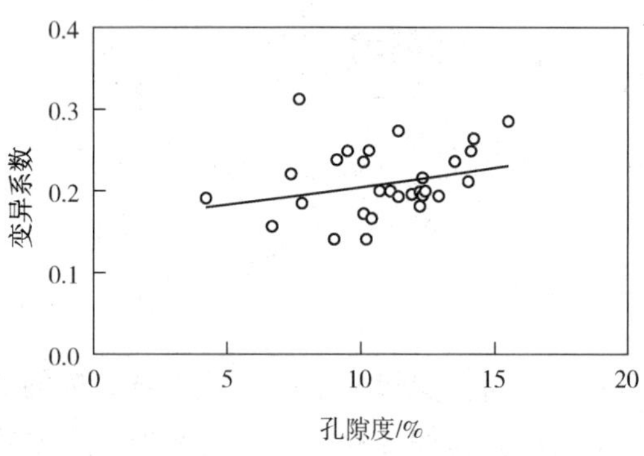

图 16　孔隙度与变异系数的关系

图 17~图 27 为鄂尔多斯盆地 28 个岩样的渗透率与压汞得到的孔隙结构参数的关系曲线。可以看出，虽然渗透率越大，门槛压力、中值压力越低，最大孔吼半径、中值半径越大，但相关性很低，点很分散；与最大进汞饱和度、残余汞饱和度、退汞效率的相关更差。均值系数、歪度系数、分选系数、变异系数与渗透率的关系，点也很分散，相关性很低。

微观孔隙结构参数与孔隙度、渗透率相关性低的原因，除了压汞存在的不足外，孔隙度和渗透率是微观孔隙结构复杂性的多因素综合反映也是一个主要因素。

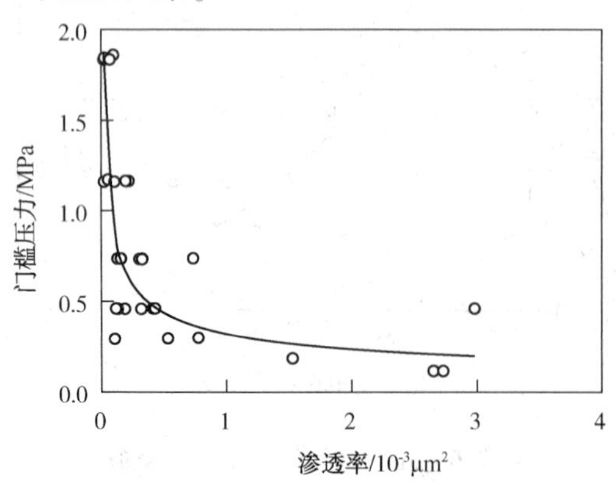

图 17　渗透率与门槛压力的关系

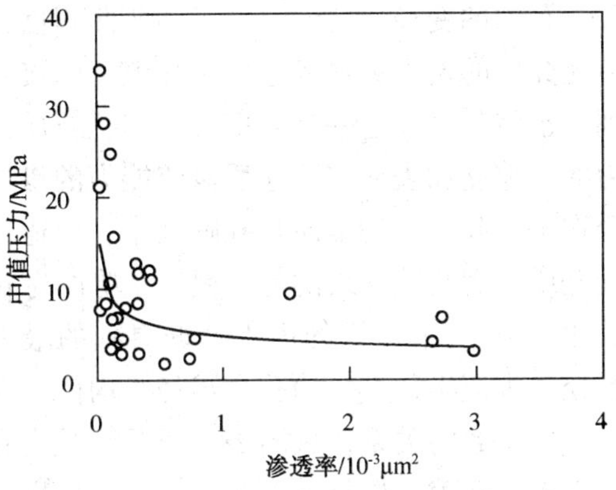

图 18 渗透率与中值压力的关系

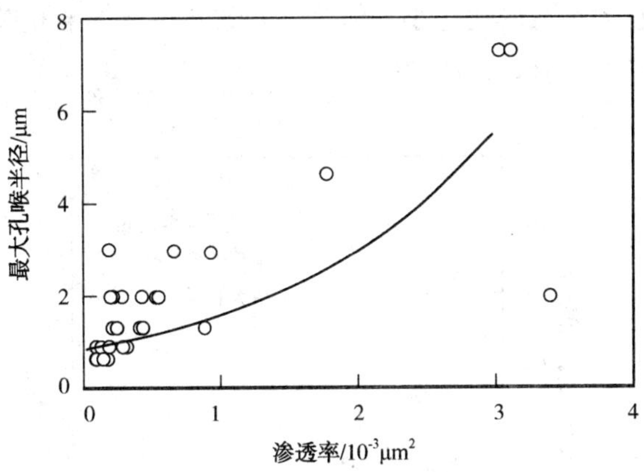

图 19 渗透率与最大孔喉半径的关系

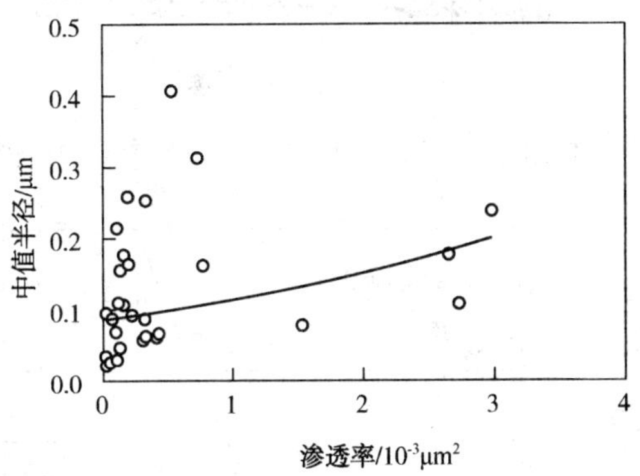

图 20 渗透率与中值半径的关系

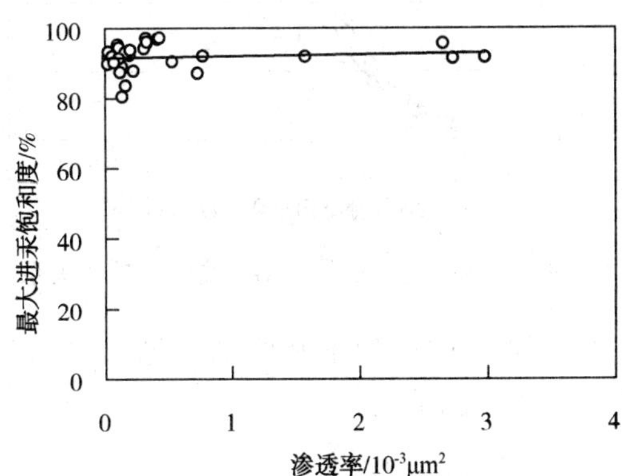

图 21 渗透率与最大进汞饱和度的关系

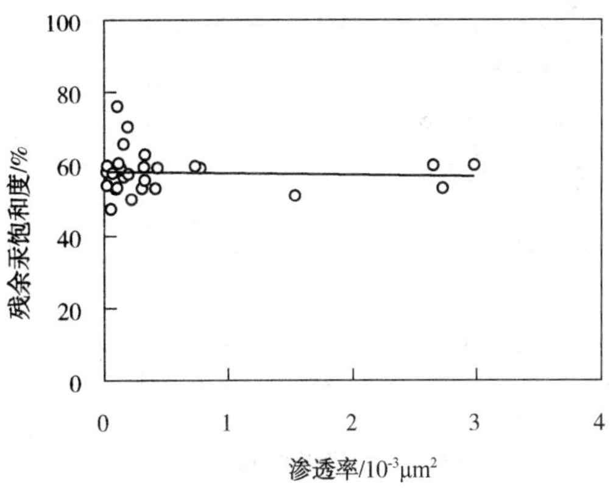

图 22 渗透率与残余汞饱和度的关系

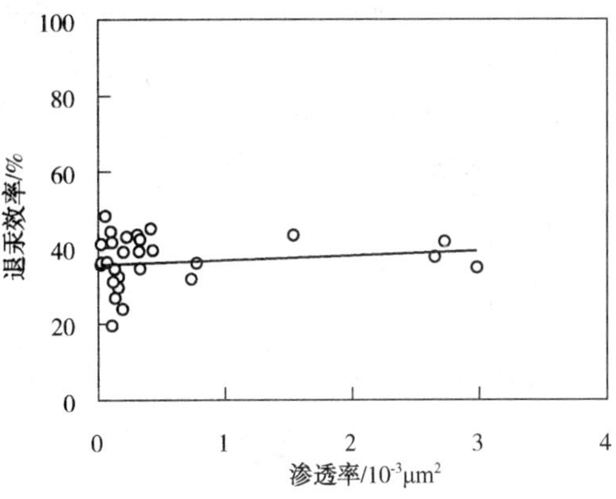

图 23 渗透率与退汞效率的关系

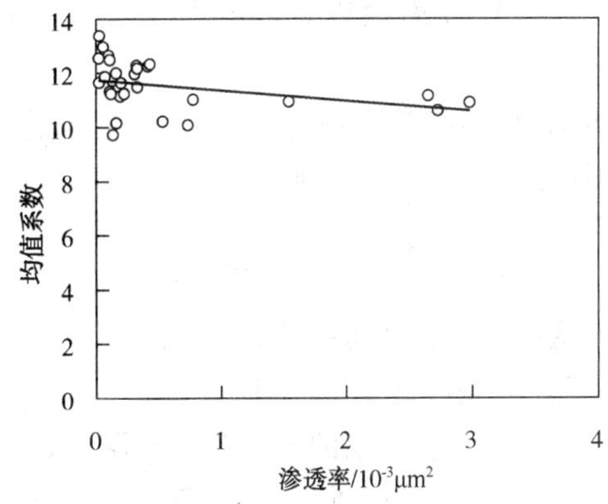

图 24 渗透率与均值系数的关系

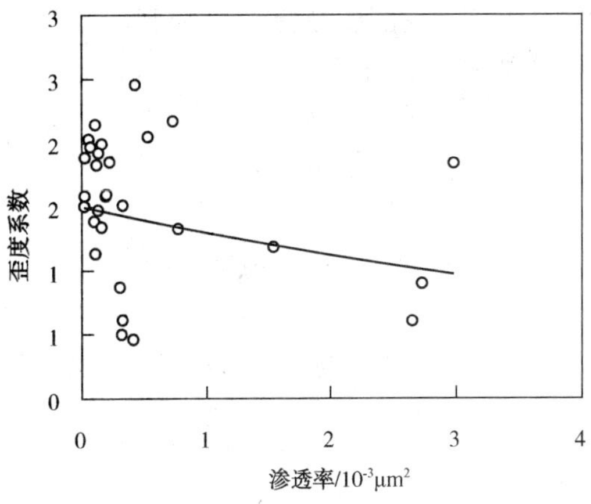

图 25 渗透率与歪度系数的关系

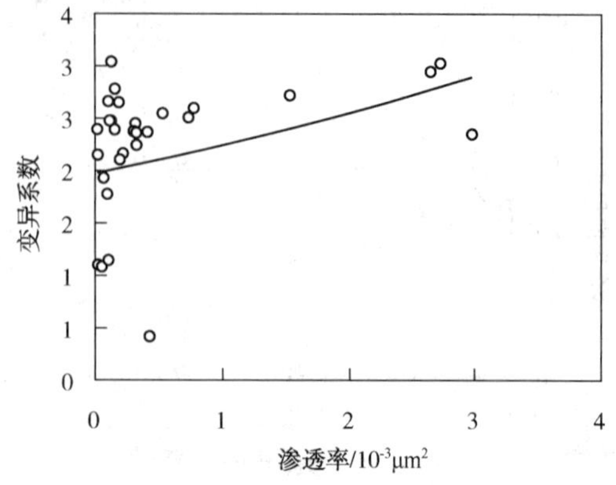

图 26　渗透率与分选系数的关系

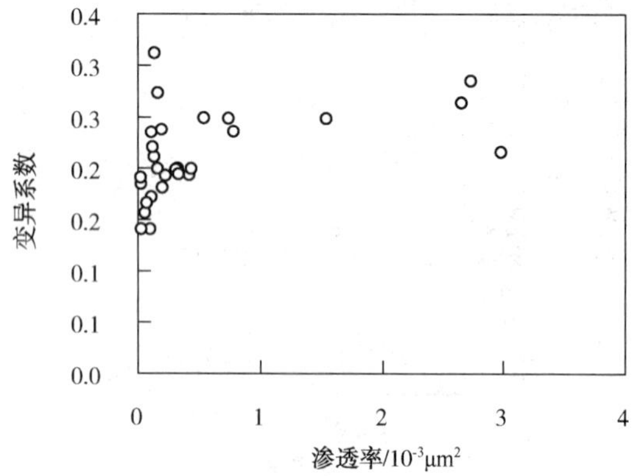

图 27　渗透率与变异系数的关系

3　表征多孔介质微观孔隙结构复杂程度的新方法

根据毛管束模型理论[10]，考虑毛细管的弯曲(用迂曲度 T 表示)，则多孔介质的渗透率为

$$K=\frac{\phi}{8}\left(\frac{r}{T}\right)2 \tag{1}$$

式中　K——多孔介质的渗透率，μm^2；

ϕ——多孔介质的孔隙度，%；

r——多孔介质的平均孔喉半径，μm；

T——多孔介质的毛细管的迂曲度，无因次。

为了考虑孔隙的变径、变形、交叉，在(1))式加上一个修正系数 C，(1)式变为

$$K=\frac{\phi}{8}\left(\frac{r}{CT}\right)2 \tag{2}$$

将(2)式变形为

$$\frac{r}{CT}=\sqrt{\frac{8K}{\phi}} \tag{3}$$

定义多孔介质微观孔隙结构复杂参数R_c为

$$R_c=\frac{r}{CT}=\sqrt{\frac{8K}{\phi}} \tag{4}$$

可见这一参数，综合反映了多孔介质的孔喉半径、孔隙的变径、变形、交叉和弯曲程度，可由多孔介质的宏观参数渗透率和孔隙度间接计算得到。也就是说，这一参数把表征多孔介质储存能力的孔隙度和表征多孔介质渗流能力的渗透率结合在了一起。它的本质是孔喉大小，但还包括多孔介质微观孔隙网络的复杂程度，单位为 μm。

比较了 77 个岩样的压汞数据得到的最大孔喉半径、中值半径、平均孔喉半径、均值与孔隙结构复杂参数的关系，见图 28。可见，最大孔喉半径都大于孔隙结构复杂参数，大部分岩样的平均孔喉半径、均值都大于它，但中值半径有的比它大，有的比它小。但这一参数和渗透率的相关性非常好，见图 29。

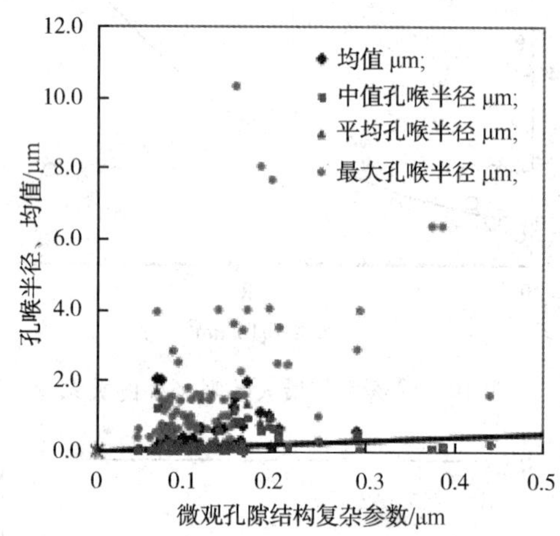

图 28　微观孔隙结构复杂参数与其它参数的比较

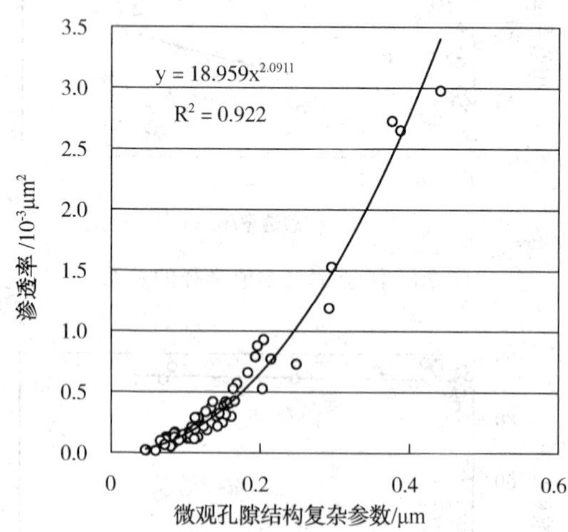

图 29　渗透率与微观孔隙结构复杂参数的关系

在文献[11]中得到了水驱油时见水时间与孔隙度、渗透率的关系为

$$T=37203\left(\frac{K}{\phi}\right)-0.961,\ R2=1 \tag{5}$$

拟合程度非常高。代入新参数，(5)式变为

$$T=5043.227\,(R_c)-1.922,\ R2=1 \qquad (6)$$

可以看出，新定义的多孔介质微观孔隙结构复杂参数有很强的工程意义。此值越小，也就是说，孔隙越小、越复杂，见水越慢；反之，此值越大，即孔隙越大、越简单，见水越快。

4 结论

(1) 新定义了多孔介质微观孔隙结构复杂参数，根据多孔介质的宏观参数(渗透率和孔隙度)，即可评价多孔介质的微观孔隙结构复杂程度。

(2) 该参数有很强的工程意义，与水驱油时的见水时间有很好的相关关系。

(3) 高压压汞方法存在致命缺陷，所得多孔介质孔隙结构参数仅有参考意义，价值不大。

参 考 文 献

[1] E. W. Washburn. Phys. Rev. 17(1921) 273; Proc. Nat. Acad. Sci. 7(1921), 115.

[2] L. M. Henderson, et al. Refiner 19(1940), 185.

[3] R. Loisy. Bull. Soc. Chem. 8(1941), 589.

[4] H. L. Ritter, and L. C. Drake. Ind. Eng. Chem., Anal. Ed. 17(1945), 782.

[5] L. C. Drake. Ind. Eng. Chem. 41(1949), 780.

[6] Yuan H H, Swanson B F. Resolving Pore-Space Characteristics by Rate-Controlled Porosimetry[J]. Spe Formation Evaluation, 1989, 4(1): 17-24.

[7] H. I. Meyer. J. Appl. Phys. 24(1953), 589.

[8] 李传亮，朱苏阳，聂旷，邓鹏，刘东华. 恒速压汞法不能确定孔喉比[J]. 岩性油气藏. 2016, 28(6): 134-139.

[9] A. E. 薛定谔. 多孔介质中的渗流物理[D]. 北京，石油工业出版社，1982: 146.

[10] 李留仁，赵艳艳. 注水开发油田开发层系划分与重组的定量原则和方法[J]. 西安石油大学学报(自然科学版), 2016, 31(6): 60-65, 123.

YB 气田长兴组气藏开发方案优化及稳产对策研究

杨　杰　柯光明

(中国石油化工股份有限公司西南油气分公司勘探开发研究院)

摘　要　YB 气田长兴组气藏地质条件复杂，高效开发难度大，本文针对长兴组气藏高效开发面临的难点，探讨了含水气藏气井合理配产及采气速度优化方法，提出了气藏稳产对策，为实现气藏高效开发提供了技术支撑。在方案实施过程中通过设计井优化调整、投产井优化调整以及开发调整井部署提高了单井产能、减少了项目投资，确保了达产稳产。在生产过程中，按照“高产低配”原则，气井总体按无阻流量 1/8 配产，试采区采气速度可达到 4%左右，滚动区采气速度应控制在 2%-3%左右，而含水井区采气速度应控制在 2%-3%。提出了生物礁有水气藏开发初期稳产对策针：对低部位气井采取“控采速、识水侵、调压差”技术对策，延长气藏无水采气期；优化产水井工作制度，摸索产水井“三稳定”生产方式；加强水驱气藏提高采收率技术攻关。

关键词　方案优化；稳产对策；长兴组气藏；开发技术对策；水侵识别

1　引言

YB 气田地理位置位于四川盆地北部巴中、广元、南充市境内，构造位置位于九龙山背斜与川中低缓构造带的结合部(图 1)，是世界上已发现的埋藏最深的高含硫生物礁大气田[1~4]，长兴组主体为位于开江-梁平陆棚西侧[5~7]的缓坡型台缘生物礁沉积[8~11]，礁体具有小、散、多期的特点[9~12]，储层厚度薄、物性差、非均质性强，气水关系复杂，气藏高产稳产难度大。开发方案优化及稳产对策研究是保证气藏实现高效开发的关键。本文针对长兴组气藏高效开发面临的难点，在前期气藏地质及气藏工程研究成果的基础上，探讨了含水气藏气井合理配产及采气速度优化方法，提出了气藏稳产对策，为实现气藏高效开发提供了技术支撑。

图 1　YB 气田地理位置图

2　长兴组气藏开发方案简介

根据气藏综合评价及开发建产目标区优选结果，按照“先礁后滩、整体部署、分步实施、滚动调整”的原则和分期建成产能目标的思路，分别编制了 YB 气田长兴组气藏一期试采工程和二期滚动建产各 20 亿方混合气/年开发方案。

2.1　一期试采工程 20 亿方/年开发方案

一期试采工程优选优质储层发育、产能相对较高、储量丰度相对较大、构造部位有利和井控程度较高的礁相区，即②、③、④号礁带西北段为开发建产区。方案设计生产井 14 口，其中利用老井 5 口(3 口探井、2 口开发评价井)，部署新井 9 口(图 2)，动用储量 $639.4\times10^8m^3$。5 口利用老井单井配产 $35-55\times10^4m^3/d$，平均配产 $46.0\times10^4m^3/d$；9 口新部署井单井配产 $30-55\times10^4m^3/d$，平均配产 $41.1\times10^4m^3/d$；14 口井单井配产平均 $42.8\times10^4m^3/d$，新建混合气产能 $20\times10^8m^3/y$(表 1)。设计采气速度 3.2%，稳产 8 年，稳产期末累计产气 $157.9\times10^8m^3$，动用储量采出程度 24.6%；预测期末累计产气 $298.8\times10^8m^3$，动用储量采出程度 46.8%。

表 1　YB 气田长兴组气藏一期试采工程 20 亿方/年开发方案部署表

分区部署	设计总井数/口	利用老井/口	部署新井/口	动用储量/10^8m^3	新建产能/$10^8m^3/y$
②号礁带	3	1	2	136.51	4.29
③号礁带	5	2	3	252.48	7.92
④号礁带	6	2	4	250.39	7.59
合计	14	5	9	639.38	19.80

【作者简介】杨杰(1985—)，男，2010 年毕业于西南石油大学，获工学硕士学位，工程师，主要从事测井解释及开发地质研究工作。E-mail：yangjie1.xnyq@sinopec.com

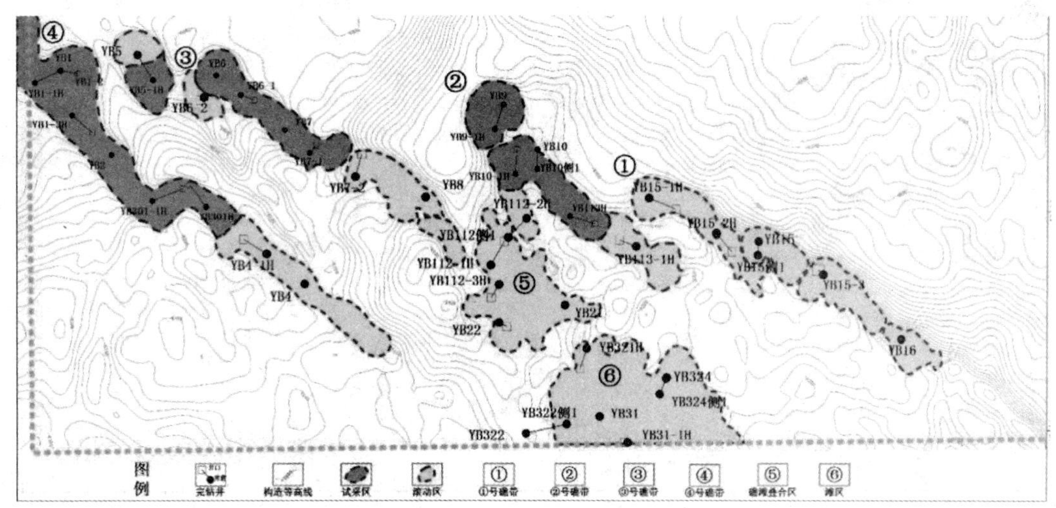

图 2　YB 气田长兴组气藏开发方案部署图

2.2　二期滚动建产 20 亿方/年开发方案

二期滚动建产优选①号礁带、②、③、④号礁带东南段、礁滩叠合区及 YB12 井滩区为开发建产区。方案设计生产井 23 口，其中利用老井 13 口(7 口探井、6 口开发评价井)，部署新井 10 口(图 2)，动用储量 $640.8\times10^8 m^3$(与此对应试采工程 14 生产井动用储量约为 $620.6\times10^8 m^3$)。13 口利用老井单井配产 $10\sim35\times10^4 m^3/d$，平均配产 $21.3\times10^4 m^3/d$；10 口新部署井单井配产 $23-40\times10^4 m^3/d$，平均配产 $32.3\times10^4 m^3/d$；23 口井单井配产平均 $26.1\times10^4 m^3/d$，新建混合气产能 $20\times10^8 m^3/y$(表 2)。设计采气速度 3.1%，稳产 6 年，稳产期末累计产气 $118.3\times10^8 m^3$，动用储量采出程度 18.46%；预测期末累计产气 $272.45\times10^8 m^3$，动用储量采出程度 42.52%。

表 2　YB 气田长兴组气藏二期滚动建产 20 亿方/年开发方案部署表

分区部署	设计总井数/口	利用老井/口	部署新井/口	动用储量/$10^8 m^3$	新建产能/$10^8 m^3/y$
①号礁带	5	3	2	140.02	4.62
②号礁带东南端	1		1	32.88	0.99
③号礁带	3	2	1	81.09	2.97
④号礁带东南端	3	1	2	78.78	2.97
礁滩叠合区	6	3	3	148.42	5.78
YB12 滩区	5	4	1	159.6	2.48
合计	23	13	10	640.75	19.80

3　气藏开发方案优化

3.1　设计井优化调整提高单井产能

在储层预测礁滩叠合区东部储层较差、YB4 井投产测试产水、YB31 井滩区投产测试普遍含水且产能较低的情况下，对滚动区开发方案进行了优化调整：原方案位于叠合区的 YB112-4H 井调整为③号礁带西北 YB5-2 井；原方案位于④号礁带东南的 YB4-2H 井调整为③号礁带中段 YB6-3 井(图 3)。调整后初步计算试采区 14 口井动用储量约 574.4 亿方，滚动区 23 口井动用储量约 612.8 亿方。

3.2　投产井优化调整减少项目投资

由于 YB31 等 5 口井(图 4)测试产能低($5\sim24.5\times10^4 m^3/d$)，配产 $1-4.5\times10^4 m^3/d$，低于气井临界携液流量，投产后水淹风险大。经济利用性分析 5 口井配产低于经济日产界限 $6.1\times10^4 m^3/d$，建议不利用，对方案井进行调整。

调整后 YB 气田长兴组气藏生产井数 32 口，动用储量为 $1020\times10^8 m^3$；采用产量不稳定分析、数值模拟等多种方法确定 32 口生产井混合气生产能力为 $1200\times10^4 m^3/d$($39.6\times10^8 m^3/y$)；气藏采气速度 3.88%，稳产期 6 年；预期期末气藏累产气 $456\times10^8 m^3$，采出程度 44.71%。生产井调整后各项指标与方案设计指标相近。

3.3　开发调整井部署确保达产稳产

由于 YB31 等 5 口井不利用，①号礁带及 YB31 井滩区整体产能低于方案设计，虽然 32 口生产井混合气产能可达 $1200\times10^4 m^3/d$，稳产期可达到 6 年，但为进一步保证方案产能和稳产目标的实现，在 YB1-1H 等井投产效果好且 YB1-1H 西北储量动用程度较低的情况下(未动用储量约 $35\times10^8 m^3$)，部署了开发调整井 YB1-4(图 3)。

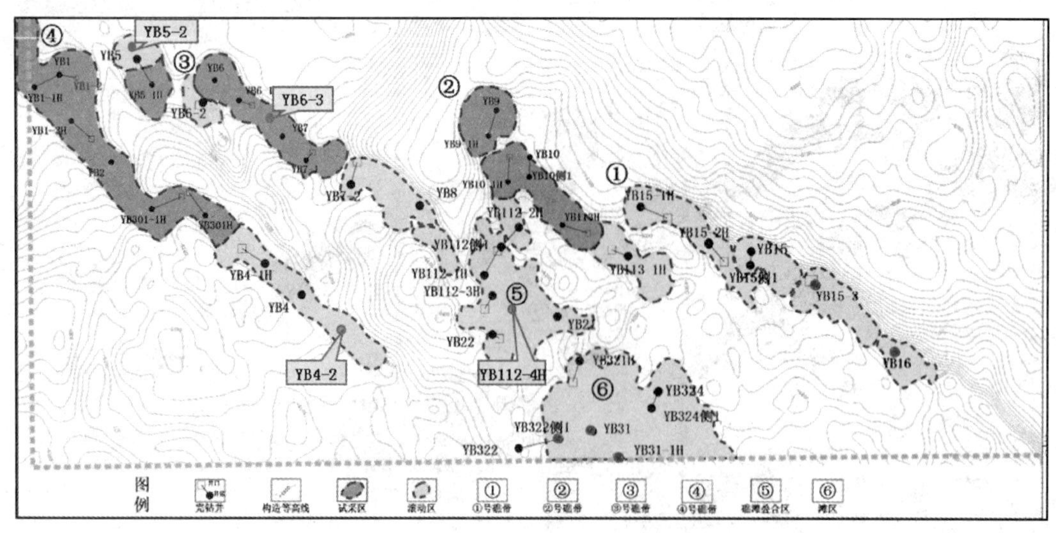

图 3　长兴组气藏滚动区开发井调整部署图

3.4　生产过程中配产及采速优化

3.4.1　气井合理配产

1. 合理产量确定的原则

根据 YB 气田地质特征，结合测试、试采评价、稳定供气要求及单井技术经济界限评价结果，确定出单井合理产量应遵循如下原则：①考虑井底流入与井口流出协调，合理利用地层能量；②单井产量应大于技术经济界限产量；③气井应确保一定的稳产期（试采区 7～8 年，滚动区 6 年）；④具边底水气井应控制采气速度，避免边水突进或底水锥进过快；⑤产水气井合理配产应高于临界携液流量。

2. 合理产量研究方法

在临界携液产量界限的基础上，采用采气指示曲线法、节点分析法、试采经验法、采气速度法、数值模拟法综合确定气井合理产量。

（1）采气指示曲线法

采气指示曲线确定的合理产量着重考虑的是减少气井渗流过程中的非达西流效应。以 YB6-1 井为例，采气指示曲线法确定气井测试段不出现湍流的合理配产为 $60\times10^4m^3/d$（图 4）。

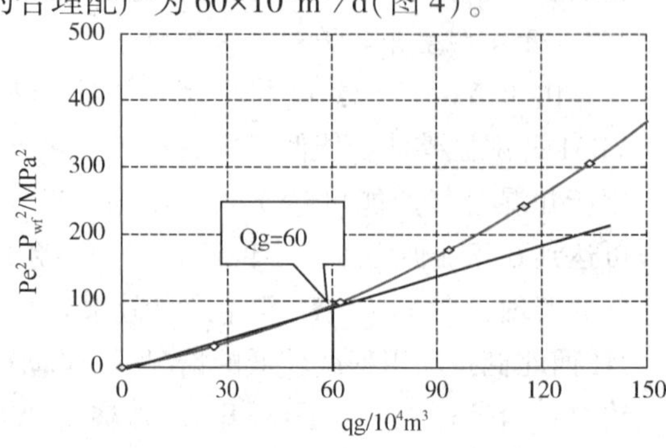

图 4　YB6-1 井采气指示曲线法

（2）节点分析法

气井流入、流出动态曲线在同一坐标系上的交点就是气井协调工作的合理产量，确定不同井口压力下气井协调点产量，做出井口压力和产量关系图。用切线法分析合理产量临界值，低于临界值的配产着重考虑的是减少井筒压力损失（图 5、图 6）。

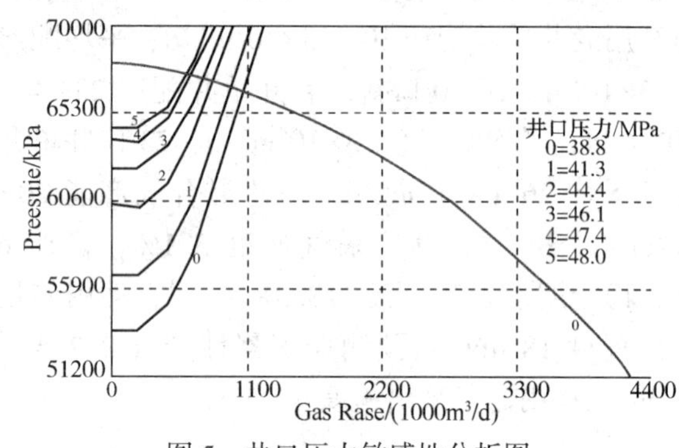

图 5　井口压力敏感性分析图

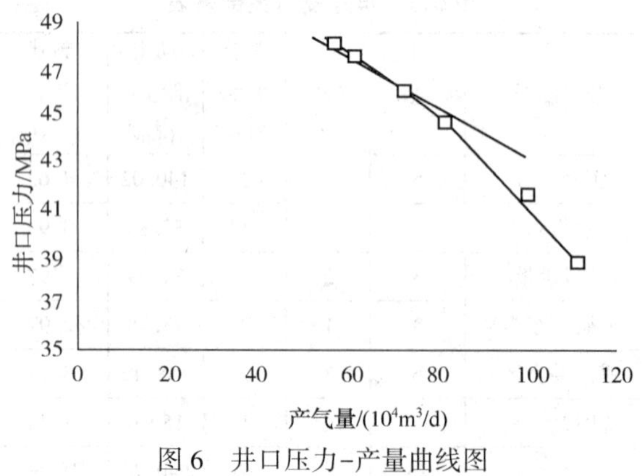

图 6　井口压力–产量曲线图

（3）试采经验法

气井测试产能大小主要受产能系数 KH 值、表皮系数 S 以及地层压力 PR 值所决定。YB 长兴组气藏多采用水平井和大规模酸压改造措施，极大改善了近井地带储层渗流能力，加之产能测试时间短，因此有必要对不同产能气井采用不同经验比例进行配产。

利用气藏两口井短期试采资料分析稳定产量与无阻流量的比例。YB5 井无阻流量为 $268\times10^4m^3/d$，配产 $41\times10^4m^3/d$ 压力稳定(图 7)，稳定产量约为无阻流量的 1/7。YB113H 井无阻流量为 $602\times10^4m^3/d$，焚烧试采产量 $60.69\times10^4m^3/d$，油压稳定在 45.7MPa 左右(图 8)，稳定产量约为无阻流量的 1/10。

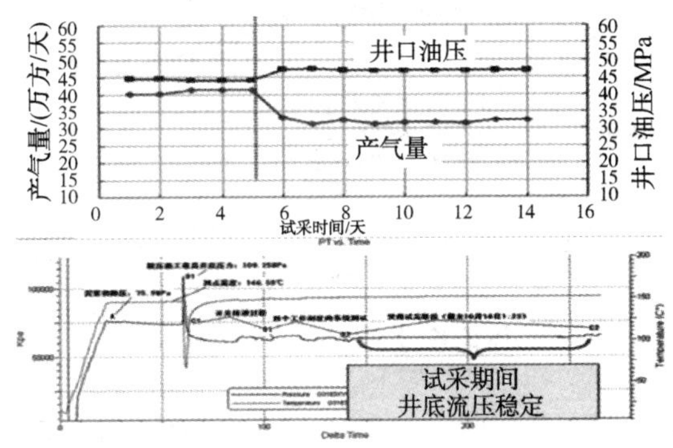

图 7 X1 井短期试采曲线

图 8 X2 井长兴组试采曲线

(4) 采气速度法

采气速度法确定气井合理产量主要用于可能产水的气井，主要考虑的是不同水体大小、储层类型及不同程度非均质性等条件下，不同采气速度对对气藏采收率的影响，以此为基础确定气井的合理配产。对于以Ⅰ、Ⅱ类储层为主的气井，如果水体规模较小，采气速度可达到 3%~4%，如果水体规模大，采气速度应控制小于 3%；对于Ⅱ、Ⅲ类储层为主的气井，水体规模较小时的采气速度为 2%~3%，对于水体规模较大的采气速度应小于 2%。

(5) 数值模拟法

对测井解释有水层或者测试产水的气井建立单井模型，开展数值模拟研究，以确定其合理产量。以 X3 井为例，三种配产下均快速见水(见水时间小于 1 年)，配产越高的日产水量越大，开采中后期受产水量的影响气井停喷。综合各项指标认为，该井配产 $10\times10^4m^3/d$ 更为合理，累产气最高，稳产期可达 3.8 年(表 3)。

表 3 X3 井不同配产条件下生产预测

配产/$10^4m^3/d$	稳产时间/y	累产气/10^8m^3	最高日产水/m^3
10	3.75	1.357	91
15	2.75	1.309	112
20	2.15	1.266	124

结合长兴组气藏实际情况，基于“气井高含硫化氢测试时间短、存在底水、III 类储层占比高达到 50%”等特点，提出“高产低配”原则。为保证气井达到方案设计的稳产期，总体按无阻流量 1/8 配产。其中，产水气井与无阻流量高于 $300\times10^4m^3/d$ 的气井按无阻流量 1/9~1/11 配产；低于 $300\times10^4m^3/d$ 的气井按无阻流量 1/5~1/7 配产。

3.4.2 采气速度优化

气藏合理的采气速度是以储量为基础，在现有的开采技术条件下，尽可能满足国家和社会对天然气的需求，使气藏开采具有一定的规模和稳产期，有较高的采收率，能获得最佳的经济效益和社会效益。

活跃的边底水气藏，慎重地选取采气速度是十分重要的。采气速度过高，气藏无水采气期短，最终采收率低。对一些活跃的边底水气藏，通过选取一个适当的采气速度可降低水侵强度，使地层水缓慢而均匀地推进，从而提高气藏最终采收率。这在国内外都有许多成功的范例，如：加拿大的卡布南礁灰岩气藏，用数值模拟方法计算了合理的生产压差，采气速度控制在 2%左右，虽为底水驱动，预测采收率达 80%以上。YB 长兴组气藏局部井区已证实含水，但水体类型不明，因此含水区域采气速度应适当降低。

1. 无水区合理采气速度

利用 YB5 井单井数值模型计算不同采气速度下(5%、4.5%、4%、3.5%、3%)下气井稳产年限及稳产年限采出程度。数值模拟结果表明，要保证长兴组气藏无水区域 5~10 年左右的稳产期，采气速度应在 3%~4%左右(图 9)。

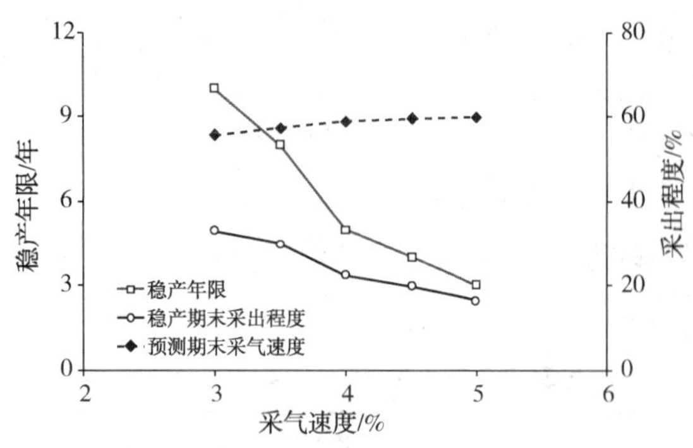

图 9　采气速度与稳产年限、稳产期末采出程度及预测期末采出程度的关系

2. 含水区合理采气速度

对于可能产水的气井，采用数值模拟手段从水体能量、储层垂向渗透率与平面渗透率之比 k_v/k_h 等方面研究采气速度对气藏采收率的影响。

通过数值模拟机理研究表明，当 $k_v/k_h=0.1$ 时，采气速度大小对采收率影响不大(图 10)；当 $k_v/k_h=1$ 时，渗透率高于 1md，水体倍数较大时，采气速度大于 3%，采收率下降快(图 11)。对于礁滩相块状气藏，垂向渗透率高，加上可能存在的垂向裂缝，采气速度对采收率影响大，特别是滚动区物性差，需控制气藏采气速度。当水体规模较小(1~2.5GPV)时，采收率受水体影响不明显，随着水体倍数增加，由于早期水突破，采收率降低(图 12)。低采速，高渗储层，低 k_V/k_H，采收率影响不明显(图 13)。对于低渗高 k_v/k_h 储层，需要控制产量生产。

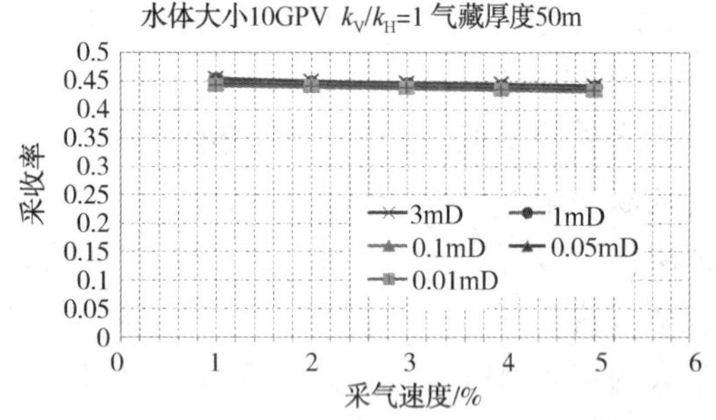

图 10　采气速度与采收率关系($k_v/k_h=0.1$)

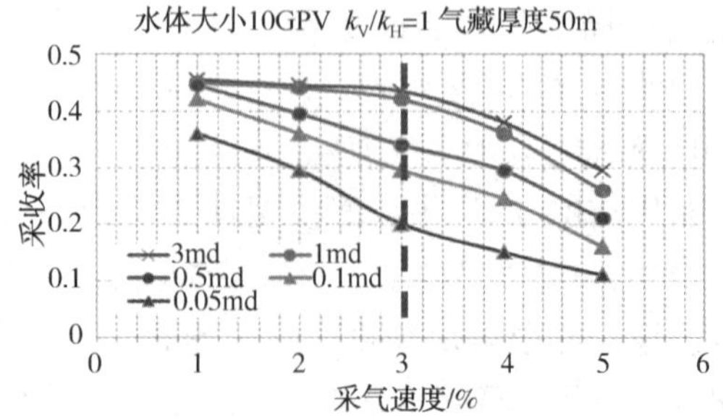

图 11　采气速度与采收率关系($k_v/k_h=1$)

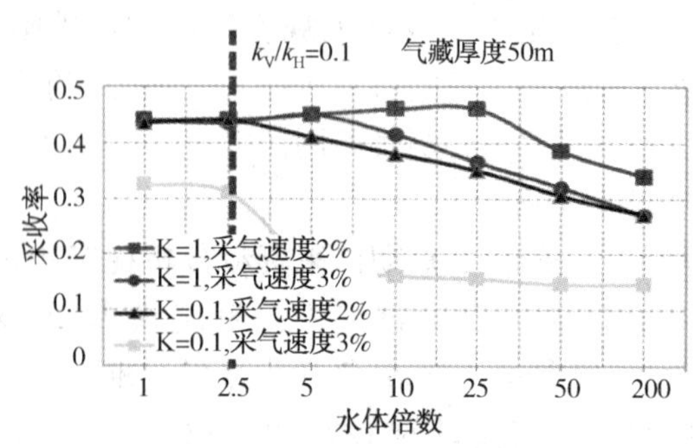

图 12　水体倍数与采收率关系($k_v/k_h=1$)

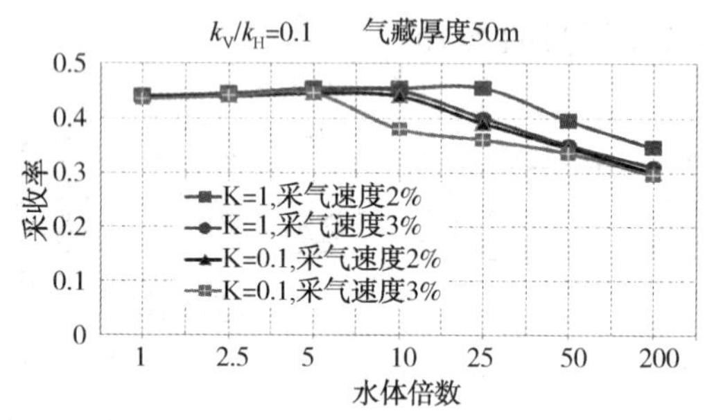

图 13　水体倍数与采收率关系图($k_v/k_h=0.1$)

如果是大水体，以Ⅰ、Ⅱ类储层为主的气井，其采气速度应小于 3%；以Ⅱ、Ⅲ类储层为主的气井，采气速度应控制在 2%左右；如果是小水体，以Ⅰ、Ⅱ类储层为主的气井，采气速度应保持在 3%~4%；以Ⅱ、Ⅲ类储层为主的气井，采气速度应 2%~3%(表 4)。

表 4　含水区采气速度推荐表

项目	含水区			
	大水体		小水体	
储层类型	Ⅰ、Ⅱ类	Ⅱ、Ⅲ类	Ⅰ、Ⅱ类	Ⅱ、Ⅲ类
采速/%	< 3	< 2	3-4	2-3

3. 分区块分气藏类型的采气速度

YB 气田长兴组气藏储量丰度低；储层渗透性差、产能低；部分礁滩体存在边底水。为保持气藏长期稳产，防止边底水上升速度较快，YB 气田采气速度不宜过高。同时考虑 YB 气田储量规模大，目前还没有合适的后备气源，为了保持气藏长期稳定供气，采气速度不宜过高。

但考虑高含硫气藏对管柱及管线的腐蚀，实际开采速度不能太低。综合考虑各因素，YB 气田采用 3%左右的采速开发较为合理。

对于试采区物性较好，厚度较大的礁相储层，采气速度较高，可达到 4%左右；对于滚动区物性相对较差，厚度较薄的滩相储层，采气速度应较低，应控制在 2%~3%左右；而对于含水井区，为避免水推进较快，应采用较低的采气速度，应控制在 2%~3%。

4 气藏开发潜力评价稳产对策研究

4.1 气藏开发潜力评价

产能建设区内，YB31 井滩区整体低产且含水、①号礁带气水关系复杂、④号礁带东南段储层含水，③号礁带储量已动用充分，均不具部署潜力。

依据小礁体精细刻画结果，分析目前井网条件下储量未得到有效控制的区域主要有 4 个(图 14、表 5)：潜力区 1 为 YB1-1H 井 B 靶点以北，含气面积 3.46km^2，地质储量 35.45×10^{8}m^3；潜力区 2 位于 YB2 和 YB301-1H 井之间，储层横向连通性稍差，含气面积 1.87km^2，地质储量 22.52×10^{8}m^3；潜力区 3 位于②号礁带 YB10-1H 和 YB113H 井之间，含气面积 2.24km^2，地质储量 21.22×10^{8}m^3；潜力区 4 位于礁滩叠合区东北部，礁体不连续，含气面积 7.91km^2，地质储量 40.36×10^{8}m^3。

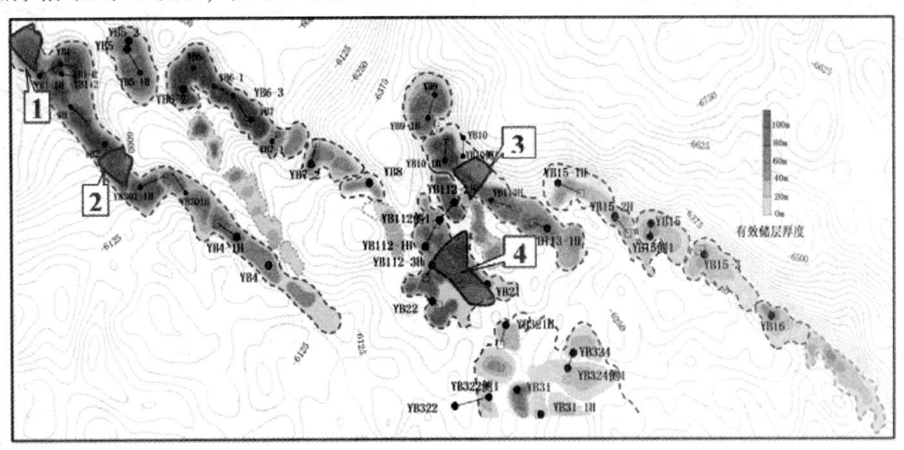

图 14　YB 长兴组气藏产能建设区内 4 个具备部署潜力范围图

表 5　YB/长行组气藏潜力区地质储量表

区块	含气面积 km^2	地质储量 10^{8}m^3	备　注
潜力区 1	3.46	35.45	YB1-1H 井 B 靶点以北礁体
潜力区 2	1.87	22.52	储层横向连通性稍差
潜力区 3	2.24	21.22	构造位置低，储层有含水风险
潜力区 4	7.91	40.36	沉积环境局限，优质储层发育减薄

4.1.2 开发调整井部署建议

1. YB1-4 井

部署目的是控制和动用④号礁带构造高部位 YB1-1H 井 B 靶点以北礁体储量(图 15)。设计井型为大斜度井，动用储量 35.45×10^{8}m^3，靶前距 248m、靶间距 200m、井底距离矿权边界 49m、预计配产 50×10^{4}m^3/d。

2. YB301-2 井

部署目的是控制和动用 YB21 井与 YB301-1H 之间的储量(图 15)。设计井型为定向井，动用储量 22.52×10^{8}m^3，靶前距 673m、预计配产 40×10^{4}m^3/d。YB272-2 井生物礁形态特征明显，纵向上发育两期生物礁储层，靶点设计处于构造相对高部位。

4.2 底水气藏稳产对策

4.2.1 底水气藏开发技术对策

4.2.1.1 均质底水气藏水侵特征及对策

在气藏相对均衡开发的前提下气水界面边界压力下降均匀，由于储集层性质各向同性，从整体上说，水侵呈垂直活塞式推进，气水界面前缘呈连续面向上驱动、水驱效率高且补充了气藏能量，对气藏开发有利。对于均质底水气藏的气井来说，在生产过程中，气井井底流压必要低于气藏地层压力，在井底下面的底水必然会形成水锥，当水锥高度大于气井井底距气水界面高度时，气井便出地层水。

渗透性较好的均质气藏，可采取减小生产压差或关井来“压锥”，使水锥高度减少甚至使水锥消失，而对于低孔隙、低渗透的均质气藏，“压锥”效果并不理想，吸附于孔壁的水膜不会消失，产能难以恢复。因此，均质底水气藏的气井控制合理生产制度和水锥高度，是提高气藏开发效果的重要环节。总体来讲，均质底水气藏通过增加避水高度，优化打开程度；合理配产，控制水锥；水平井开发，增加泄流面积三方面来实现气水界面整体抬升，延长见水时间，提高最终采出程度。

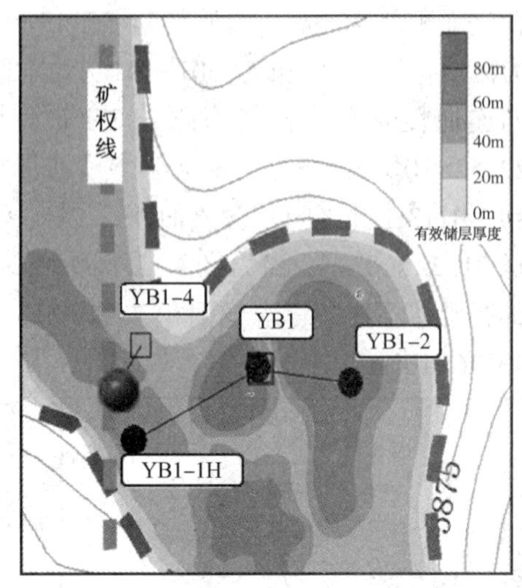

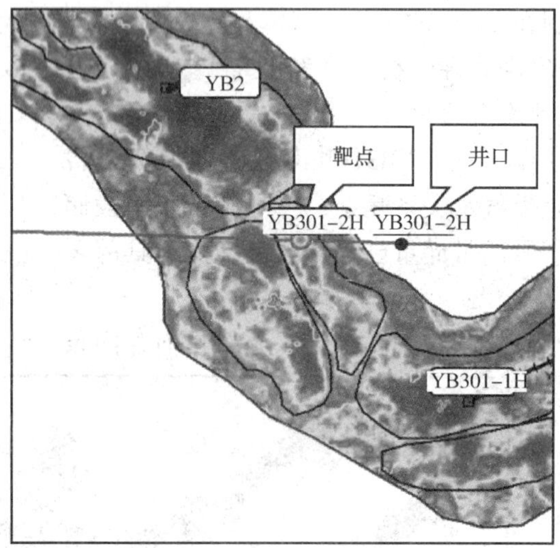

图 15 YB1-4 及 YB301-2 井位位置图

4.2.1.2 非均质底水气藏水侵特征及对策

非均质的裂缝—孔隙(洞穴)型底水气藏水侵的基本特征是非连续面沿裂缝纵横侵复合模式，不存在气水界面纵横向整体推进，裂缝或高渗透带是水侵的主要通道。

根据四川盆地开发实践，对于裂缝—孔洞型底水气藏开发对策主要为：一般采用均匀井网；采气速度不宜过大，控制在 1.5%～3%为宜；由于无水采气期气井产量高，累计产气量多，因此，在气藏开发早、中期，要控制气井钻开程度和临界生产压差，以延长无水采气期；气井出水后，采取排水采气或水淹区强排水措施，有利于气藏采收率的提高。

4.2.1.3 长兴组气藏开发对策

YB 长兴组生物礁底水气藏受储层强非均质性、井网稀疏、试采动态资料少等因素的影响，造成开发初期对气藏连通性与气水关系的认识不清。针对气藏存在边底水，且以底水分布为住的特点，从多方面开展了防水治水措施。

(1) 优选井型、降低压差，增加避水高度

在气藏开发方案设计时就考虑到地层水对气藏开发效果的影响，针对长兴组气藏储层较薄、纵向上发育集中、底部有水层的特点，采用以水平井为主开发方式。

一方面，水平井开发含水气藏的最大特点是能够有效地减缓水锥锥进趋势和推后气井的见水时间。由于水平井生产井段长，与气层接触面积大，水平井压力梯度呈线性变化，在供气范围内变化幅度小，而直井及大斜度井的压力梯度呈对数线性变化，变化幅度大。在相同产量下生产时，水平井的生产压差小，水锥锥进慢。另一方面，在水平井轨迹方面尽量增加避水高度。在水平井轨迹优化调整首要为沿构造高部位，控制轨迹位于礁盖储层顶部，以保证足够大的避水厚度。例如，YB113H 井针对下面水层优化了井眼轨迹，水平井距气水界面 39m。

(2) 控制采气速度，确定气井初期合理产量

合理采气速度是有水气藏早期的主要开采措施。项目研究过程中，提出了采气速度法和底水气藏临界产量法来确定气井初期合理产量，延长气井无水采气期。

采气速度法推荐了气藏不同水体大小、储层类型及不同程度非均质性等条件下的采气速度，对于小水体(小于 2.5GPV)，气藏采气速度可达到 2%～4%；对于大水体，气藏采气速度须小于 3%。

采用底水气藏临界产量法来约束气井初期配产，让推荐产量低于临界产量；对于井底周围有高角度裂缝的气井，还应使其产量低于临界产量的 70%，以有效的控制水锥。对于非均质气藏的临界产量，采用水锥计算公式与实际存在不符，国内外普遍采用对气井水中某一二种组分的监测来确定临界产量。威远气田灯影组气藏开发过程中，通过对 Cl^- 含量的监测来获得气井的临界产量。

(3) 建立水侵早期识别方法，数值模拟进一

步优化开发指标

在 YB 长兴组生物礁气藏气水分布模式的基础上，重点对低部位气井开展水侵早期识别。主要采用生产动态判别(典型曲线、FMB、动态资料)和水化学特征判别(Stiff 图)两类手段对气藏水侵情况进行识别。对于气井水侵初期型气井进一步优化开发技术政策。

采用数值模拟手段对 YB 长兴组气藏两口早期水侵特征明显的 YB29-2、YB103H 井的开发指标进一步优化。YB7-2 井配产 $45\times10^4m^3/d$ 时，见水时间提前到 3 年左右，优化配产 $30\times10^4m^3/d$；YB113H 井优化配产 $55\times10^4m^3/d$，稳产期可达 7 年。

4.2.2 产水气井工作制度优化

YB 长兴组气藏 2 口井(X5、X6)投产即见地层水，表现为产液量高于 $40m^3/d$，水气比大于 $2m^3/10^4m^3$。鉴于 X6 井生产时间较短，主要对 YB10-1H 井见水后的工作制度进行优化。X5 井投产后受地面因素限制，主要采用 $20\times10^4m^3/d$ 的工作制度生产(图 16)。气井水平段距离气水界面 32m，气层段裂缝发育，投产测试酸压规模 $420m^3$，可能沟通了下部水层，造成了气井投产即见水。现阶段已采用关井方式控制水锥，关井后再次开井，水气比较关井前有所降低($2\times1.5m^3/10^4m^3$)，但生产压差变化不大(图 17)，说明气藏水侵程度未有明显改善，说明采用 $20\times10^4m^3/d$ 间歇开井的方式无法改善气井开发效果。采用水平井临界携液模型计算 X5 井临界携液流量 $8.1\times10^4m^3/d$，结合数模预测建议调整气井产量到 $15\times10^4\sim10\times10^4m^3/d$(图 18、图 19)，继续观察携液能力、压降速率、产水量等指标变化情况。

水驱气藏气井出水后，其合理产量目前不能通过数学表达式来计算，应多通过工作制度的摸索来延长带水采气期。根据前人经验，对于水体弹性能量较小的气藏，在合适的生产制度下能达到压力、气、产水量“三稳定”生产。气水同产井稳定生产的条件是：一方面地层水的弹性能量要比储气体积小；另一方面，气井生产制度上采水速度要比采气速度大。

总体来讲，控水采气是通过控制气井气水产量，提高井底回压来减缓水侵，但这对气藏的整体开发未根本缓解水侵对储层的危害，不利于提高气藏最终采收率，还应采用主动性措施应可能消耗水体能量。

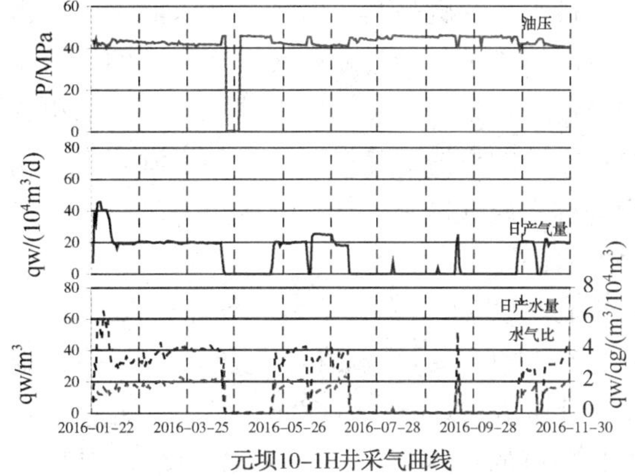

图 16　X5 井采气曲线

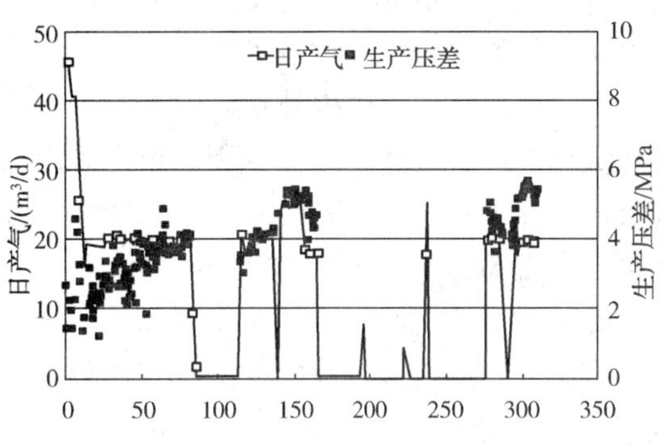

图 17　X5 井产量与压差曲线

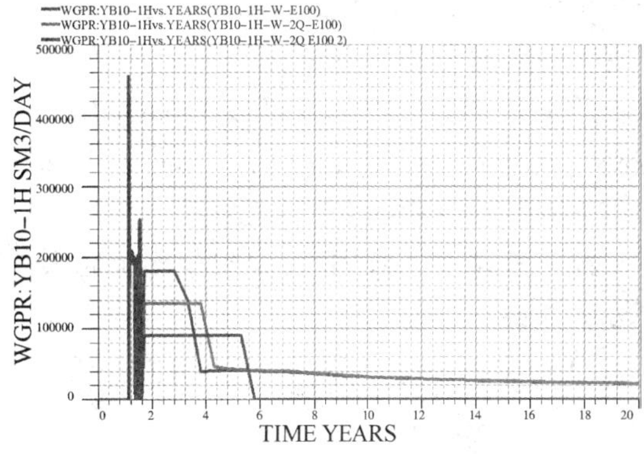

图 18　X6 井不同产量下的生产指标

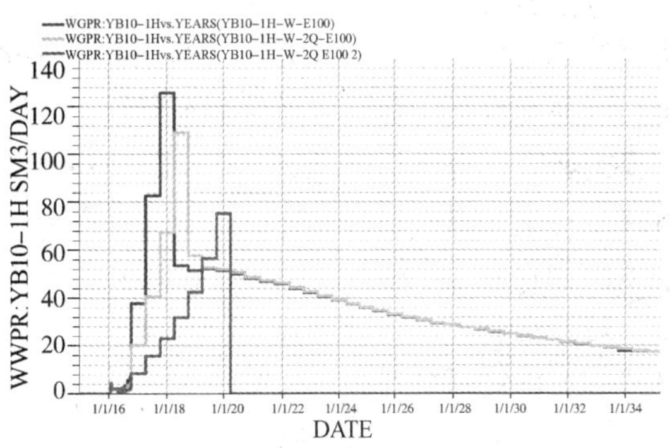

图 19　X6 井不同产量下的日产水量曲线

4.2.3　排水采气工艺措施

排水采气就是利用出水气井采取主动排水以消耗水体能量，通过减小气区和水区的压差来控制水侵，这是针对气藏出水的危害采取的更为积极、主动的方法，是根据开发动态制定的切实可行的排水采气措施，是裂缝水窜型气藏开采的主要方法。

YB 长兴组气藏埋藏深(平均 6770m)、地层温度高(160℃±)、高含硫化氢(5.7%±)，地层水矿化度高(20000-80000mg/L)，受井深结构影响，现有的排水采气工艺施工难度高、风险大、选择空间小。综合分析认为，泡沫排水采气工艺由于施工简单、成本低、见效快，是 YB 气田目前能实施的排水采气关键技术之一。

结合调研认识，国内外耐温>130℃、耐硫化氢的泡排剂鲜有报道。究其原因，很多表面活性剂官能团在 130℃会发生热分解或水解。酸性条件更是在多数情况下加剧了水解的速度。另外，超深井的对泡沫的稳定性提出了更高的要求。因此，有必要开展抗高温高盐耐酸气宽矿化度适用范围的泡排剂配方体系研究，为 YB 长兴组气藏产水气井的排水采气工艺提供支撑。根据国内外泡沫排水采气工艺技术文献及大量的实例井应用发现，在实施外泡沫排水采气工艺技术还应注意：产水量不宜过大(不超过 150m3/d 较佳)；控制气流流速(小于 1m/s 或大于 3m/s)；油管鞋尽量下到气层中部；油管柱无穿孔。

综上研究，认为 YB 长兴组生物礁底水气藏开发初期稳产对策主要为：

(1)“控采速、识水侵、调压差”，延长气藏无水采气期

在气藏开发初期阶段，气水关系不清，水体能量认识不足的情况下，影响水驱气藏采收率的主要可控因素是采气速度，针对长兴组气藏低部位气井采取“控采速、识水侵、调压差”的方式延长气井无水采气期。结合静动态资料，开展数值模拟研究，将优化配产、调控压差、均衡采气贯穿于整个气田精细开发管理之中，以避免局部井区出现强采和压降漏斗的形成，减缓底水锥进，达到水驱气藏“预防为主”的目的。

(2)优化产水井工作制度，摸索“三稳定”生产方式

加强动态监测，进一步评价产水井水体能量。在条件许可情况下，摸索压力、气、产水量“三稳定”的生产方式，充分利用早期充足的气层天然高压能量自喷带水采气，延长气井自喷稳产期。对于产水井，特别是水气比呈上升趋势的气井应尽可能保持连续稳定生产，避免产量调整和频繁开关井。

(3)开展水驱气藏提高采收率技术攻关

针对长兴组气藏埋藏深、地温高、高含硫等特点，建议开展抗高温高盐耐酸气泡排剂配方体系研究。对于长兴组底水气藏采用水平井方式开发，可考虑开展堵水工艺技术的研究。

5　结论

1. YB 气田长兴飞组气藏地质条件复杂，高效开发难度大，为提高项目抗风险能力，按照“先礁后滩、整体部署、分步实施、滚动调整”的原则和分期建成产能目标的思路，分别编制一期试采工程和二期滚动建产各 20 亿方混合气/年开发方案。

2. YB 气田长兴组气藏一期试采工程和二期滚动建产各 20 亿方混合气/年开发方案在实施过程中通过设计井优化调整、投产井优化调整以及开发调整井部署提高了单井产能、减少了项目投资，确保了达产稳产。

3. 采用采气指示曲线法、节点分析法、试采经验法、采气速度法、数值模拟法综合确定气井合理产量。结合长兴组气藏实际情况，按照“高产低配”原则，总体按无阻流量 1/8 配产。其中，产水气井与无阻流量高于 $300\times10^4m^3/d$ 的气井按无阻流量 1/9~1/11 配产；低于 $300\times10^4m^3/d$ 的气井按无阻流量 1/5~1/7 配产。

4. YB 长兴组气藏试采区储层物性较好，厚度较，采气速度可达到 4%左右；滚动区储层物性相对较差，厚度较薄，采气速度应控制在 2%-3%左右；而对于含水井区，采气速度应控制在 2%~3%。

5. 利用等效泄气半径分析长时间投产气井的储量动用情况，结合数值模拟分析气藏地层压力平面分布，明确气藏开发潜力区，优选④号礁带西北端和中部储量动用程度较低区域部署 2 口开发调整井，可进一步夯实气藏稳产基础。

6. 形成了长兴组生物礁有水气藏开发初期稳产对策：针对低部位气井采取“控采速、识水侵、调压差”技术对策，延长气藏无水采气期；优化产水井工作制度，摸索产水井“三稳定”生产方式；加强水驱气藏提高采收率技术攻关。

参 考 文 献

[1] 马永生，蔡勋育，赵培荣．深层、超深层碳酸盐岩油气储层形成机理研究综述[J]．地学前缘，2011，18(4)：181-192.

[2] 贾承造，庞雄奇．深层油气地质理论研究进展与主要发展方向[J]．石油学报，2015，36(12)：1457-1469.

[3] 黄福喜，杨涛，闫伟鹏，郭彬程，马洪．四川盆地龙岗与 YB 地区礁滩成藏对比分析[J]．中国石油勘探，2014，19(3)：12-20.

[4] 张光亚，马锋，梁英波，赵喆，秦雁群，刘小兵．全球深层油气勘探领域及理论技术进展[J]．石油学报，2015，36(9)：1156-1166.

[5] 马永生，牟传龙，谭钦银，于谦．关于开江-梁平海槽的认识[J]．石油与天然气地质，2006，27(3)：326-331.

[6] 徐安娜，汪泽成，江兴福，翟秀芬，殷积峰．四川盆地开江-梁平海槽两侧台地边缘形态及其对储层发育的影响[J]．天然气工业，2014，34(4)：37-43.

[7] 张兵，郑荣才，文华国，胡忠贵，罗爱军，文其兵．开江-梁平台内海槽东段长兴组礁滩相储层识别标志及其预测[J]．高校地质学报，2009，15(2)：273-284.

[8] 陈辉，郭海洋，徐祥恺，等．四川盆地剑阁-九龙山地区长兴期与飞仙关期古地貌演化特征及其对礁滩体的控制[J]．石油与天然气地质，2016，37(6)：854-861.

[9] 马永生，牟传龙，郭旭升，谭钦银，于谦．四川盆地东北部长兴期沉积特征与沉积格局[J]．地质论评，2006，52(1)：25-31.

[10] 马永生，蔡勋育，赵培荣．YB 气田长兴组-飞仙关组礁滩相储层特征和形成机理[J]．石油学报，2014，35(6)：1001-1011.

[11] 王国茹，郭彤楼，付孝悦．川东北 YB 地区长兴组台缘礁滩体系内幕构成及时空配置[J]．油气地质与采收率，2011，18(4)：40-43.

[12] 赵文光，郭彤楼，蔡忠贤，黄仁春，杨博，段金宝．川东北地区二叠系长兴组生物礁类型及控制因素[J]．现代地质，2010，24(5)：951-956.

非均质油藏微观剩余油分布状况研究

房雨佳　杨二龙　殷代印

(东北石油大学)

摘　要　为了进一步提高低渗透非均质油藏的驱油效率，探究其剩余油的分布特征。本文采用非均质光刻玻璃模型和人造平板岩心模型，采用聚驱和聚/表复合驱两种驱油体系，探究两者对非均质油藏驱油效果，以及对各类剩余油的动用机理。结果表明：水驱后，聚/表复合驱采收率提高值相比于聚驱提高 4.27 个百分点，各类剩余油的动用效果更好。当其他条件相同时，随着模型级数的增加，含水率降低幅度明显，采收率提高幅度增大。聚/表驱油体系综合发挥两者的特性，其黏弹性和剪切作用能够更好的将剩余油携带出来。从而证明聚/表体系可以有效改善非均质油藏的水驱效率低的问题，为进一步开发低渗透油藏提供指导意义。

关键词　低渗透；聚合物驱；聚/表复合驱；微观剩余油；驱替机理

由于低渗透油藏非均质性严重，注水阶段易造成指进现状，充分了解油层孔隙结构状况，从而进一步改善低渗透油藏水驱效率低的问题[1-6]。研究非均质油藏采收率的文献已有很多[7-11]，普遍采用填砂模型来研究聚驱对平面非均质油层采收率的影响，王家禄[12]等人通过填砂模型研究交联聚合物对平面非均质油藏的影响，研究得到交联聚合物能够有效封堵高渗透区域，从而有效改善油水黏度比，进一步提高采收率。于龙[13]等人通过平板夹砂可视化模型，研究黏弹性凝胶颗粒对非均质油藏的驱油效果，可以看出黏弹性颗粒将大孔道堵塞，增大小孔道注入压差，从而扩大波及面积。何顺利[14]等人采用天然岩心制作平面非均质模型进行驱油实验，得到剩余油主要分布在模型出口，低注高采等效渗透率较小，高注低采能有效提高驱油效率。上述文章只是从宏观角度研究剩余油饱和度的变化，未能从微观上研究聚驱、聚/表复合驱作用下非均质油层各类剩余油的分布状况。本文制作不同渗透率级差的非均质光刻玻璃模型，研究聚驱、聚/表复合驱对非均质低渗透油层采收率的影响，同时得到不同级差和驱替条件下各类剩余油变化情况，为油田设计合理井距，有针对性的改善剩余油饱和度提供理论支撑。

1　实验设计

1.1　实验模型

光刻玻璃模型，对大庆油田进行取芯，制作渗透率为 $25\times10^{-3}\mu m^2$的均质模型和级差分别为 6 和 9 两个渗透率条带的平面非均质光刻玻璃模型。其尺寸为 40mm×40mm(图 1)。

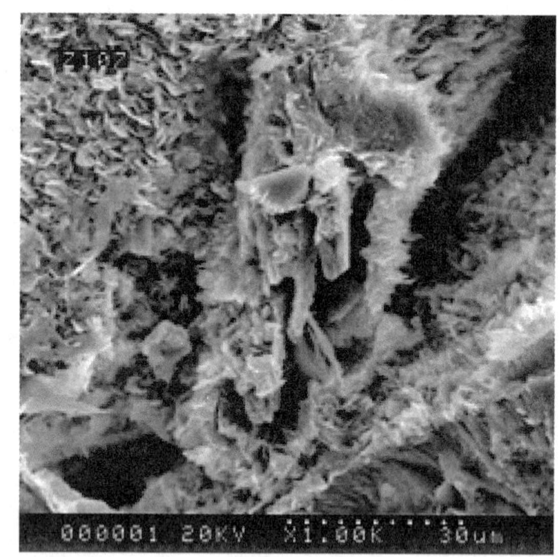

图 1　非均质光刻玻璃模型示意图

人造平板岩心模型，尺寸为 30mm×30mm×4.5mm，渗透率级差分别为 1、6 和 9。

1.2　实验材料

实验用油是大庆榆树林油田的原油和煤油按一定比例配置而成的模拟油，45℃下模拟油黏度

【作者简介】房雨佳(1992—)，女，东北石油大学，博士在读，从事提高采收率研究。E-mail：xiaofangzi_ 101@163.com

为 10mPa·s；采用矿化度为 6778mg/L 的模拟地层水，用于在模型中造束缚水；矿化度为 508mg/L 的盐水，用于进行微观水驱油实验；大庆助剂厂生产的聚丙烯酰胺(HPAM)，相对分子质量分别为 1200×10^4，水解度为 26.7%，矿化度 3700mg/L 复合离子水用于配置聚合物溶液，表面活性剂为石油磺酸盐。

1.3　实验方案

方案 1，先恒速水驱至含水率 98%，注入 0.3PV 聚合物浓度为 1000mg/L(黏度为 9.6mPa·s)溶液，后续水驱至含水率达 98%停止驱替。

方案 2，先恒速水驱至含水率 98%，注入 0.3PV 聚/表溶液(聚合物浓度 1000mg/L，其黏度为 9.6mPa·s，表面活性剂的浓度为 0.1%)，后续水驱至含水率达 98%停止驱替。

1.4　实验步骤

光刻玻璃模型驱油实验：①光刻玻璃模型抽真空后饱和油；②以恒度(0.03ml/h)水驱油，当采出液含水率达到 98%时停止驱替，观察模型剩余油分布状况③注入上述两个方案驱油体系恒速驱替(0.03ml/h)水驱后残余油至模型内不再有油产出则结束实验；④对图像进行处理，分别计算水驱和各方案驱油体系的驱油效率；⑤更换模型重复以上步骤。

人造平板岩心驱油实验：①将岩心抽真空后饱和地层水，然后采用模拟油驱替模型直至出口端无水产生；②水驱至含水达到 98%时停止驱替，计算此时水驱采收率；③注入两种方案驱油体系，后续水驱至含水率 98%时停止驱替。④更换模型重复以上步骤。

2　实验结果与分析

2.1　不同段塞驱油体系微观剩余油动用状况研究

通过四川图像处理软件可以实时拍摄微观剩余油的动用状况，利用计算软件得到不同驱油方案采收率以及各类剩余油所占比例如表 1 所示。

表 1　各类剩余油动用状况

级差	方案	驱替类型	剩余油饱和度/%					饱和度/%	采收率/%
			簇状	柱状	盲端	油滴	膜状		
1	方案 1	水驱	17.04	9.84	4.13	5.32	6.28	42.61	34.45
		最终	15.95	9.15	4.05	4.57	5.89	39.60	39.07
	方案 2	水驱	17.06	9.84	4.12	5.31	6.27	42.59	34.47
		最终	14.95	8.64	4.03	4.23	5.74	37.60	42.15
6	方案 1	水驱	20.75	10.18	3.07	6.09	5.98	46.07	29.12
		最终	15.38	9.40	3.04	5.88	5.84	39.54	39.17
	方案 2	水驱	20.80	10.14	3.11	6.00	6.02	46.08	29.11
		最终	14.03	8.75	3.06	5.77	5.81	37.41	42.44
9	方案 1	水驱	21.34	10.84	3.37	6.15	5.78	47.81	26.45
		最终	14.98	10.02	3.03	6.11	5.55	39.70	38.93
	方案 2	水驱	21.37	10.89	3.34	6.12	6.07	47.79	26.48
		最终	14.28	9.02	3.22	5.47	5.08	37.06	42.98

通过表 1 可以看出，对于级差分别为 1、6 和 9 的光刻玻璃模型，随着渗透率级差的增大，水驱采收率逐渐降低，这是因为级差越大，孔隙和喉道之间半径的差距就越大，在高渗透区域形成主流通道，因而水驱效率低。簇状、柱状和油滴状剩余油饱和度逐渐增大，其他类型剩余油饱和度逐渐减小。经过聚驱和聚表驱后，采收率提高值随着渗透率级差的增大而增大。簇状剩余油和柱状剩余油饱和度变化值随着级差的增大而增大，其他类型剩余油变化规律不明显。

相同级差条件下，两种方案实施后，各类剩余油饱和度均降低。级差为 1，两种驱油方案，采收率提高值分别为 4.62%和 7.68%。簇状剩余油分别降低了 1.086%、2.109%，柱状剩余油分别降低了 0.687%、1.191%，盲端剩余油分别降低了 0.083%、0.89%，油滴状剩余油分别降低了 0.759%、1.082%，膜状剩余油分别降低了 0.389%、0.522%。级差为 6 时，采收率提高值分别为 10.05%和 13.33%，簇状剩余油分别降低了 5.370%、6.775%，柱状剩余油分别降低了 0.778%、1.399%，盲端剩余油分别降低了 0.027%、0.053%，油滴状剩余油分别降低了 0.215%、0.232%，膜状剩余油分别降低了 0.143%、0.206%。级差为 9，两种驱油方案，采收率提高值分别为 12.48%和 16.50%。簇状剩余油分别降低了 6.351%、7.090%，柱状剩余油分别降低了 0.820%、1.871%，盲端剩余油分别降低了 0.339%、0.122%，油滴状剩余油分别降低了 0.044%、0.654%，膜状剩余油分别降低了 0.221%、0.989%。相同级差条件下，相比于聚驱，聚表剂采收率提高值较大，各类剩余油饱和度降低作用增强。

2.2　不同段塞驱油方案人造岩心驱油效率研究

利用人造岩心模型驱油实验模拟平面非均质油层实施驱油方案后采收率变化情况。从图 2 中可以看出，相同驱油方案条件下，随着模型级数的增大，含水率降低幅度值增大，采收率提高幅度增大，这是由于级数增大，非均质程度随之增加，聚合物和聚表剂调剖作用越明显，能够封堵大孔隙，效果明显。当注入聚表剂后，小孔隙两端的压差增大，油水界面张力降低，能改善由于高渗透区域阻力低而形成优势通道。对于渗透率级差分别为 1、6 和 9 的模型，针对方案 1，在常规水驱的基础上，聚驱采收率分别为提高 4.75%、8.90%，14.80%；方案 2，在常规水驱的基础上，聚/表复合驱后采收率分别为提高 6.45%、12.32%，19.07%；聚表剂的注入，不仅存在聚合物调剖作用，同时表面活性剂起到乳化的作用，从而进一步提高采收率，级差为1、6 和 9 的油层，聚/表剂复合驱比聚驱采收率提高 1.7、3.42 和 4.27 个百分点。

2.3　聚表剂作用各类剩余油动用机理

① 簇状

簇状剩余油存在两种赋存机理：一种是小孔包大孔，水在驱替过程中总是沿着阻力小的孔道前进，注入水沿着孔壁运移，使得小孔隙很快被水充满，被小孔隙包围的一个或者一群大孔隙中的原油很难被驱替出来，原油在大孔隙中就会滞留下来，该类剩余油称为簇状剩余油。另一种为被通畅的大孔道包围的小喉道控制群中剩余油簇，由于水主要沿着大孔道中流动，形成微观突进，当两条突进的的水流在驱替前方聚集，就会

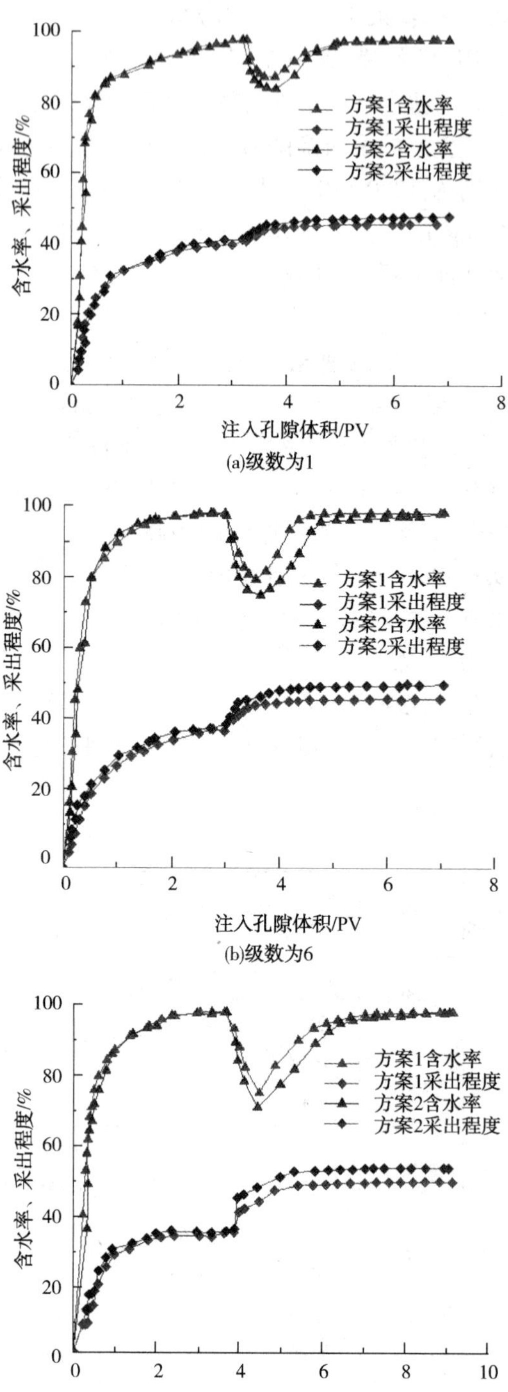

图 2　不同级数岩心注入孔隙体积与采收率和含水率的关系

形成剩余油簇。簇状剩余油在形状上没有一定的特点，它可能是由几个柱状剩余油聚集组成的 Y 或者 H 形，也可能是由更多小块的簇状剩余油形成的一个更大的不规则形状的剩余油。这类剩余油一般存在的数量较少，但是包含的油量很大。聚合物/表面活性剂复合体系进入到孔隙中后，由于增大了注入液的黏度，能够波及到水驱无法

波及的区域，驱替过程中剩余油先进入大孔隙中，在大孔隙中逐渐聚集，受到的驱替阻力逐渐变大，剩余油向与大孔道相连通的小孔隙流动，聚表剂的注入增大了孔隙两端的驱替压差，使受到圈闭作用的小孔隙中的剩余油在聚表剂的作用下和大孔道中的剩余油形成连续的通道，逐渐转化为其他类型的剩余油，随驱替液运移至出口端(图3)。

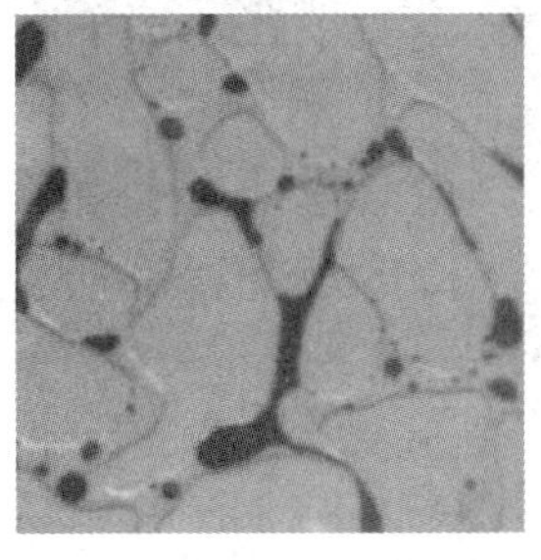
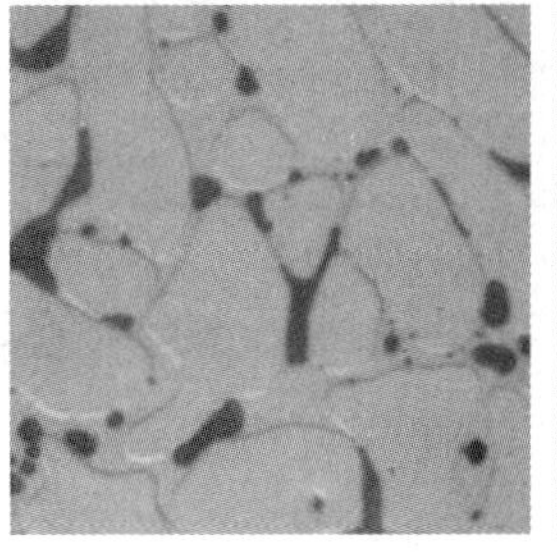
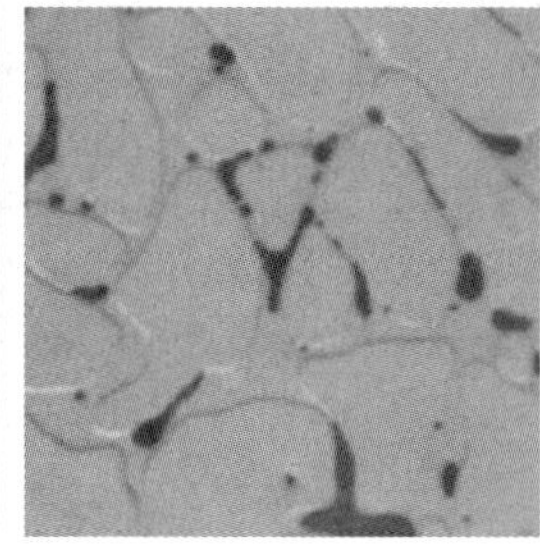
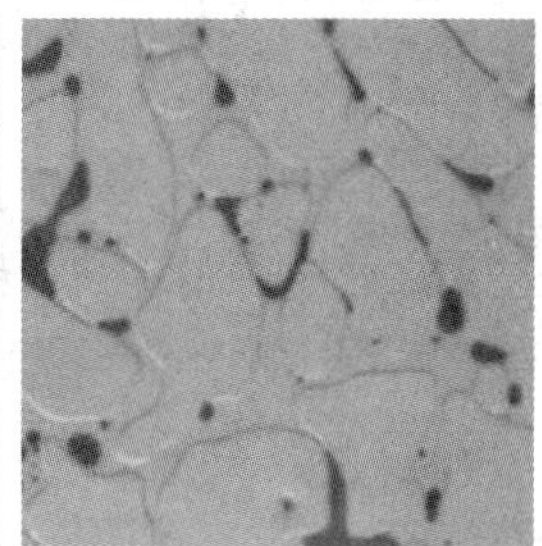

图3

② 油滴状

水驱后，在水相中存在一些相互分离的油滴，这些油滴与孔壁脱离，悬浮在水中，但是不能被水携带出孔道，该类残余油就是油滴状剩余油。油滴状剩余油多呈滴状，它的特点是脱离孔壁，被水包围。油滴状剩余油的形成原因如下：水驱过程中，水可以沿水湿孔道的孔壁突破，将油与孔壁剥离，从孔道中采出的油以被水相裹挟的形式运移，一些喉道半径小于油滴的半径，油滴通过这些喉道时需要发生变形，由于油水界面张力高，油滴发生变形难度大，导致油滴无法通过喉道而滞留下来，形成油滴状残余油。水驱时由于油水界面张力较高，大油滴很容易在通过喉道处时发生滞留，形成油滴状剩余油。随着油滴的积累，半径逐渐增大，当其半径大于流过的细小喉道时，在喉道处需要发生变形，喉道两端驱替压差较小，不足以克服毛管力，油滴滞留在喉道处。注入聚表剂后，模型中的原油被聚表剂乳化，降低油滴通过喉道处的毛细管阻力，在通过喉道时变形，呈现类似哑铃状，在剪切作用下被拉长后折断，分散成细小的液滴，液滴在驱替液的作用下向出口端运移(图4)。

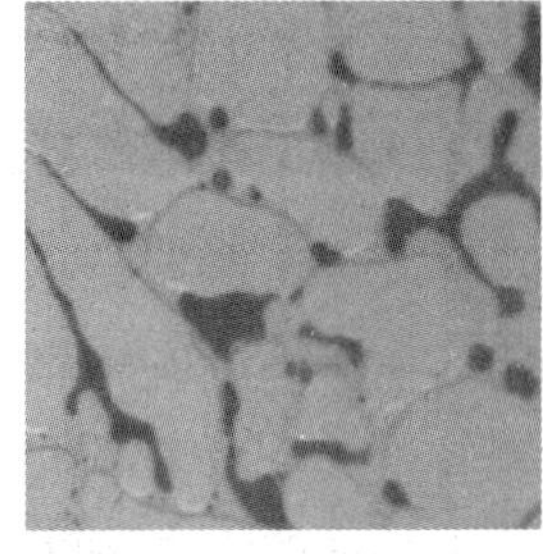
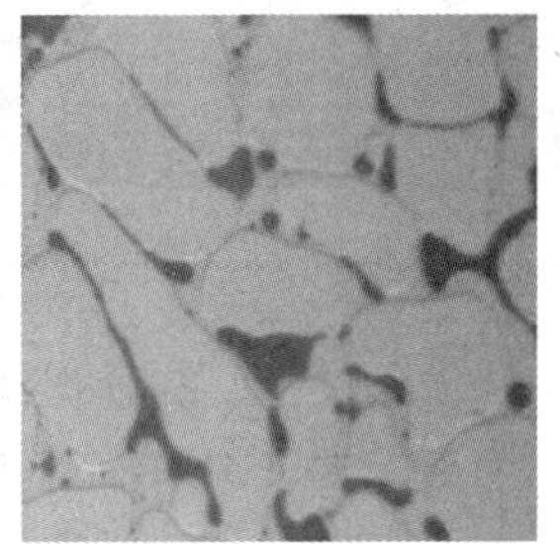
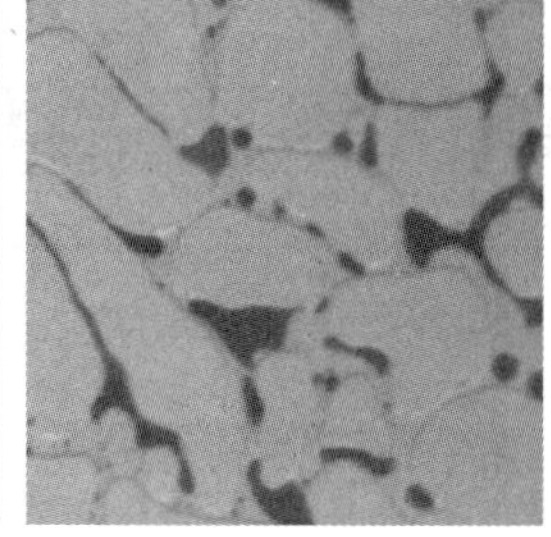
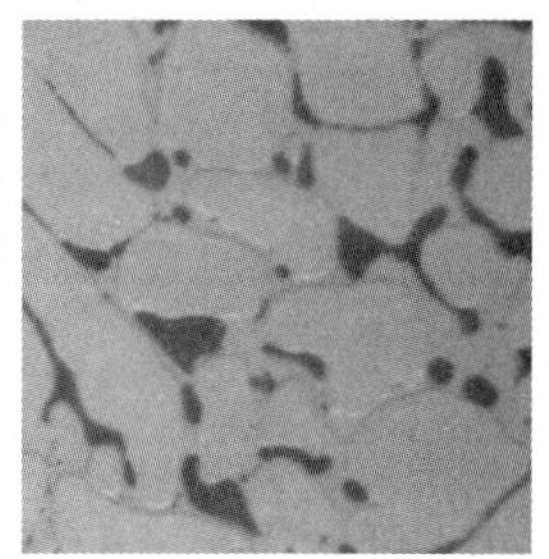

图4

③ 膜状

亲油孔壁对油的束缚作用很强，水驱过后，孔壁处的油受到的水的黏滞力小于油在孔壁上的附着力，此时水沿着孔隙中间通过，导致油吸附在孔壁处，形成膜状剩余油。在亲油的孔道内膜状剩余油大量存在。膜状剩余油经常作为连接两个独立油体的通道。当改变驱替液的性质后，由于在驱替液的作用下，形成类似水包油的乳状小油滴，在一定的速度梯度下，驱替前缘拉长变大，此部分逐渐脱落下来，连续此过程，油膜变薄，直至被全部携带下来。剪切应力的增加，使聚表剂能够驱替盲端状、膜状残余油。由于聚表剂大分子在孔喉中产生拉伸应力，造成局部压力梯度升高，有利于驱动孔喉处的残余油。

聚表剂溶液的黏弹性对于改善流度比具有重要的作用。聚表剂水溶液是黏弹性流体，在运动中表现出一种法向应力，该力的大小与黏弹性流体的弹性程度有关，与相对运动速度有关，该力作用的方向与曲面垂直，指向曲面内部，它对油珠和孔隙介质固体颗粒的油膜迎面上施加一个比水驱时大的推动力。聚表剂溶液与油的界面黏度远大于水与油的界面黏度。聚表剂溶液与油之间界面上的剪切应力与界面黏度成正比，与相对运动速度成正比。它是聚表剂溶液剪切运动方向上对油膜的一种拉力，这样，聚表剂溶液就有一种比水大的携带油的能力。由于这两种力的作用，就有一部分水驱时不能流动的残余油又重新启动，比如这也是表剂驱可以提高驱油效率的一个原因(图5)。

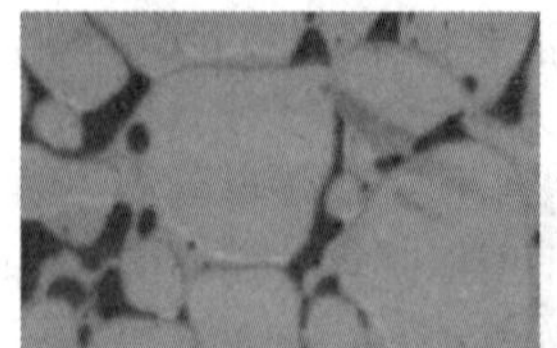
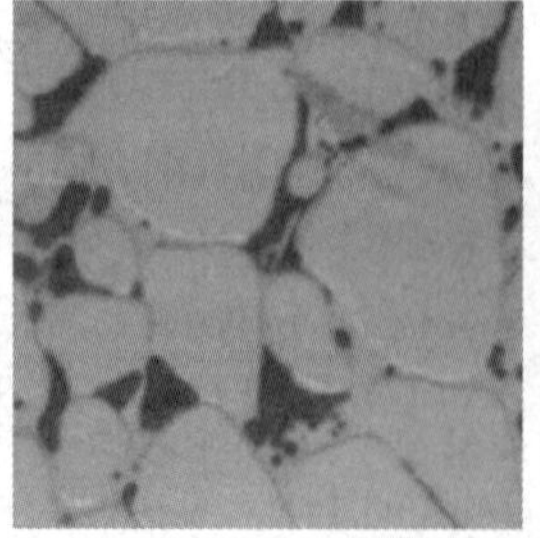
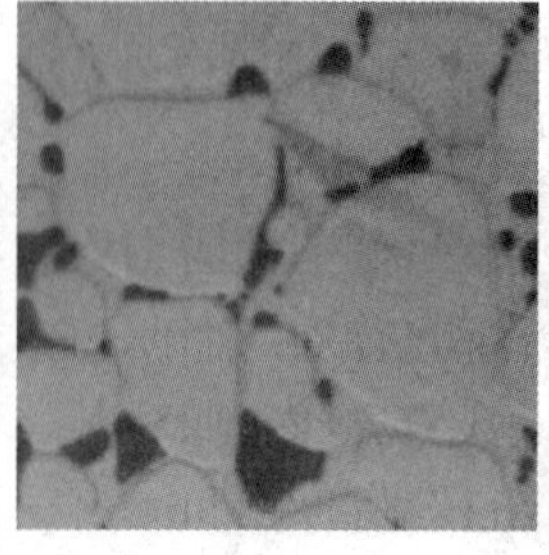
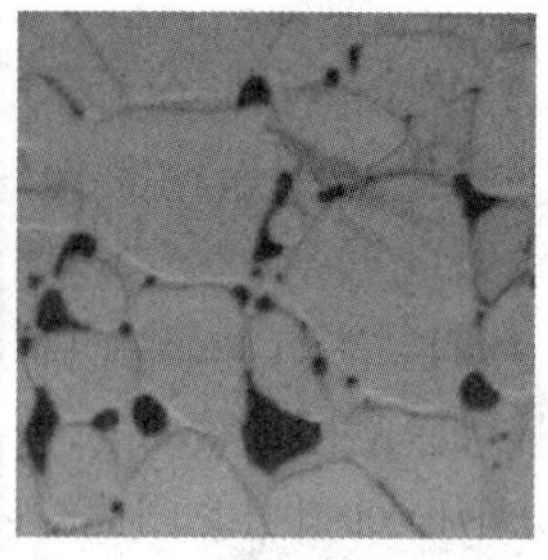

图5

④柱状

这类剩余油的形成原因是：由于低渗透油藏喉道半径小，根据毛细管阻力计算公式 $p_c = \frac{2\delta}{r}$，对于一些细长喉道中的残余油在运移过程中受到的毛细管阻力非常大，由于驱替压力小于毛细管阻力，最终形成柱状剩余，低渗透油藏配位数低，仅为2~3，若驱替方向只有1个，孔隙间只有1个连通方向，垂直流动方向的孔隙越易形成柱状剩余油，由于大孔道渗流阻力小，聚合物在大孔道中剪切作用相对较弱，因此能有效封堵大孔道，小孔道两端的驱替压差增大，从而将更多的剩余油携带出去。聚表剂的注入增大了柱状剩余油所在喉道两端的驱替压差，且柱状剩余油在驱替液的作用下发生变形，以拉丝的状态沿着孔隙壁向前移动，与前缘的原油发生聚并，一起被携带出去(图6)。

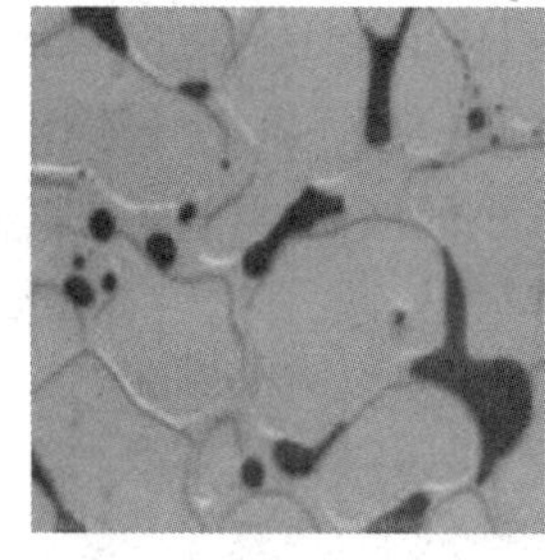
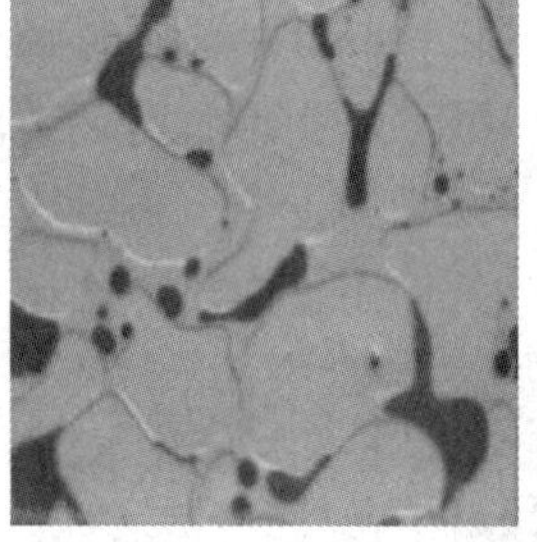
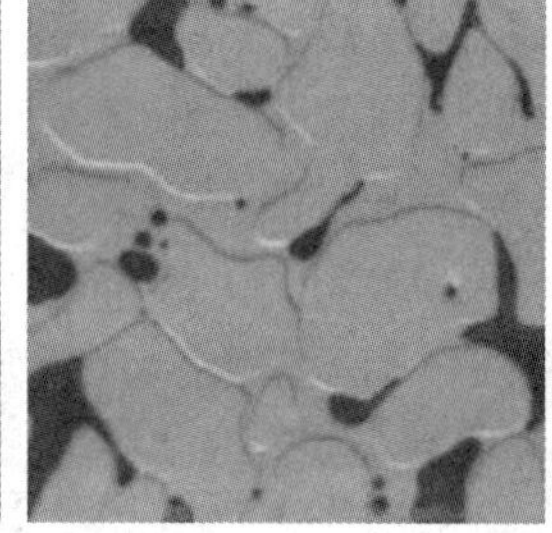
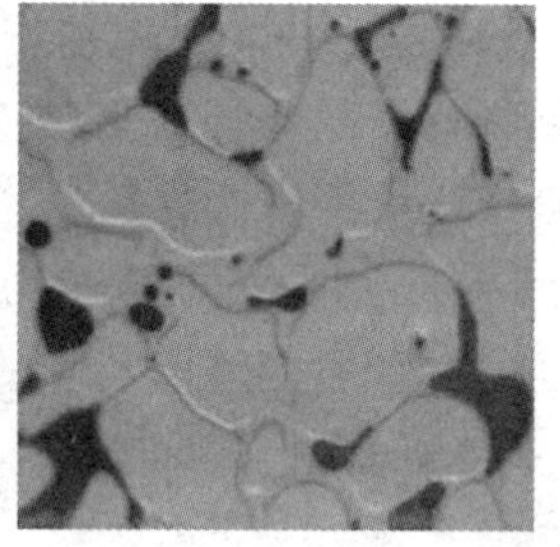

图6

⑤ 盲端

水驱后，盲端剩余油聚集在一端封闭的孔隙内，较难被驱替出来，聚表剂的注入使剩余油受到的剪切力增强，对盲端孔隙内周围的剩余油具有拉扯作用，能够将端口处的剩余油拖拽出来，在盲端口处和与之相连的孔隙壁面的油膜状剩余油形成连续的通道，在表面活性剂乳化作用下，最后分散成液滴的形式被驱替出来。从流体力学基本观点来看，油藏是由大量几何形状复杂的孔隙流道构成，在这些复杂几何形状往往会诱导出二次流，产生旋涡。在油藏孔隙的两相驱替流动过程中，旋涡的大小、强度及波及区域对于残余油的驱替具有非常重要的作用。在实验中也观察到了涡流现象。聚表剂溶液能否将滞留在油藏孔隙中的残余油驱替出来，主要取决于它对原油的作用力以及携带能力。因此，在油藏孔隙中驱替流动条件下，黏弹性涡流所形成的应力场可以作为衡量聚表剂溶液对孔隙盲端残余油驱替能力的指标。只有当驱替液与原油界面的应力足以克服原油内部的黏滞力与结构力时，才有可能驱动滞留在孔隙盲端的残余油。在实验条件下聚驱后盲端剩余油驱替效果不明显，这主要是由于聚合物溶液的浓度较低，黏弹性不够，聚表剂溶液与原油界面的应力不足以克服原油内部的黏滞力与结构力。根据资料，对于油湿盲端，随着聚表剂溶液弹性的增加，盲端类残余油的驱油效率提高。对于水湿“盲端”，聚表剂溶液不能提高不可动残余油的驱替效率。如果“盲端”处的残余油为可动油，或有其他油滴流入“盲端”与残余油聚并，即可形成较大的可动油滴，用黏弹性流体驱替，可使“盲端”处残余油饱和度降低(图7)。

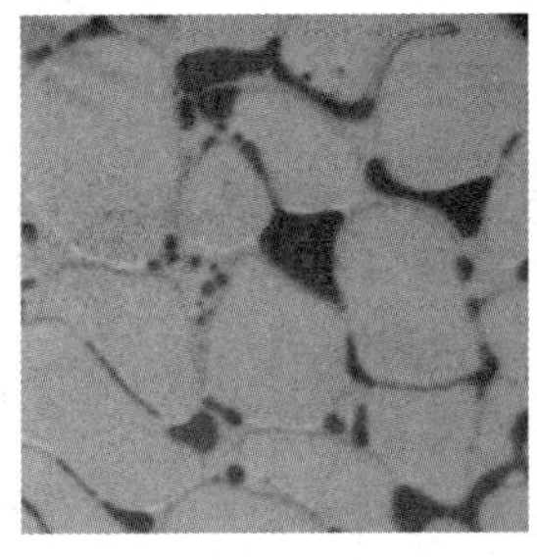 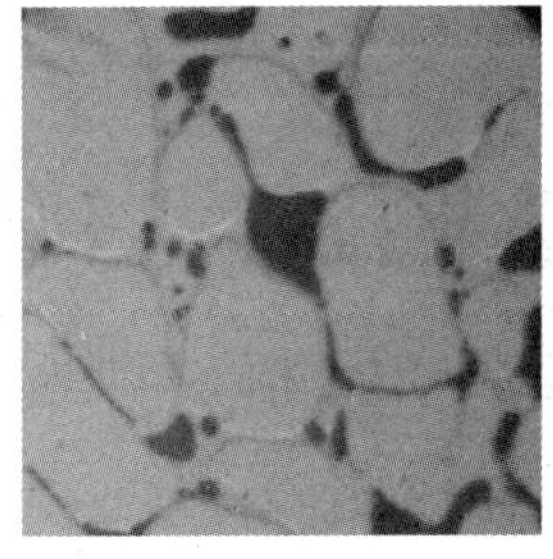 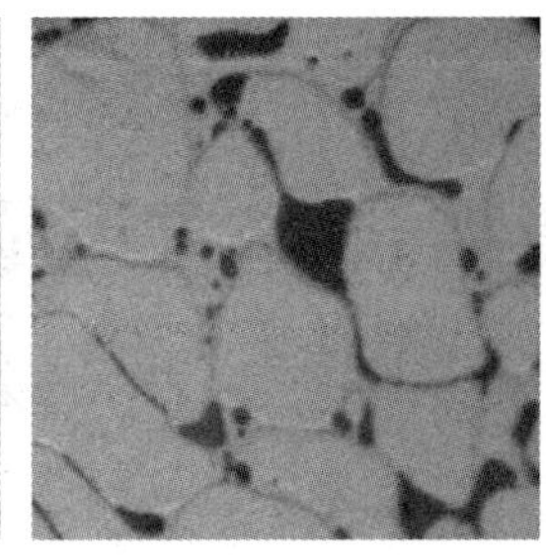 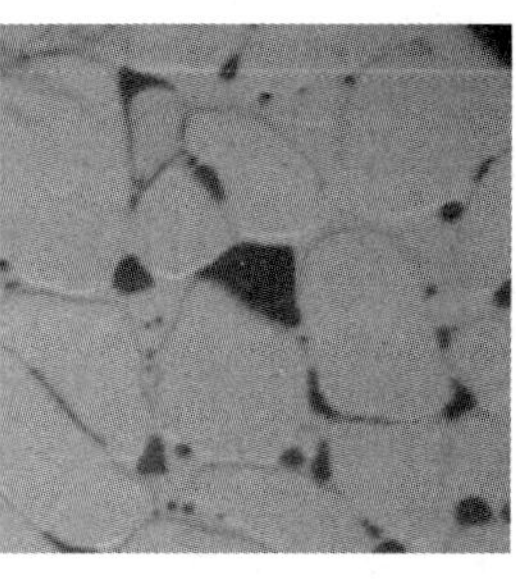

图 7

3 结论

(1) 相同注入条件下，随着渗透率级差的增大，水驱采收率逐渐降低，经过聚驱和聚表驱后，采收率提高值增大。簇状剩余油和柱状剩余油饱和度变化值随着级差的增大而增大，其他类型剩余油变化规律不明显。

(2) 聚表剂的注入，不仅存在聚合物调剖作用，同时表面活剂起到乳化的作用，从而进一步提高采收率，级差为 1、6 和 9 的油层，聚表剂比聚驱采收率提高 1.70、3.42 和 4.27 个百分点。

(3) 由于聚表剂大分子在孔喉中产生拉伸应力，造成局部压力梯度升高，有利于驱动孔喉处的残余油。聚表剂水溶液是黏弹性流体，在运动中表现出一种法向应力，同时在界面处存在拉力，从而进一步活化剩余油。

参 考 文 献

[1] 郝宏达，赵凤兰，侯吉瑞，宋兆杰，侯利斌，王志兴，李文峰，付忠凤．低渗透非均质油藏 WAG 注入参数优化实验及提高采收率机理研究[J]．石油科学通报，2016，1(02)：233-240.

[2] 崔传智，安然，李凯凯，姚荣华，王鹏．低渗透油藏水驱注采压差优化研究[J]．特种油气藏，2016，23(03)：83-85+154-155.

[3] 熊敏．一种提高低渗透非均质多层油藏水驱储量动用程度的有效方法[J]．西安石油大学学报(自然科学版)，2013，28(03)：38-41+4.

[4] 徐庆岩，杨正明，何英，于荣泽，晏军．特低渗透多层油藏水驱前缘研究[J]．油气地质与采收率，2013，20(02)：74-76+116.

[5] 何顺利，李中锋，杨文新，门成全．非均质线性模型水驱油试验研究[J]．石油钻采工艺，2005(05)：52-55+97-98.

[6] 王小泉，樊西惊．低渗透油藏复合表面活性剂水驱试验[J]．西安石油大学学报(自然科学版)，2004(05)：31-34+55-4.

[7] 于倩男，刘义坤，刘学，姚迪，于洋．非均质低渗透储层渗流特征实验研究[J]．西南石油大学学报(自然科学版)，2018，40(03)：105-114.

[8] 方勇，杨胜来，陈璨，马铨铮，丘志鹏，徐斌．非均质性油藏剩余油产生机理实验研究[J]．重庆科技学院学报(自然科学版)，2015，17(05)：34-36.

[9] 安桂荣，屈亚光，沙雁红，耿站立，张伟．油藏平面非均质性对水驱开发效果的影响程度分析[J]．钻采工艺，2013，36(06)：45-47+4.

[10] 周涌沂，汪勇，田同辉，常涧峰．改善平面非均质油藏水驱效果方法研究[J]．西南石油大学学报，2007(04)：82-85+193.

[11] 苏玉亮，李涛．平面非均质性对特低渗透油藏水驱油规律的影响[J]．油气地质与采收率，2009，16(01)：69-71+115-116.

[12] 王家禄，沈平平，李振泉，刘玉章，江如意．交联聚合物封堵平面非均质油藏物理模拟[J]．石油学报，2002(03)：60-64+4.

[13] 于龙，宫厚健，李亚军，桑茜，董明哲．非均质油层黏弹性凝胶颗粒提高采收率机理研究[J]．科学技术与工程，2014，14(17)：59-63.

[14] 何顺利，李中锋，杨文新，门成全．非均质线性模型水驱油试验研究[J]．石油钻采工艺，2005(05)：52-55+97-98.

老油田井震结合窄河道描述技术及剩余潜力认识

蔡东梅　姜　岩　杨会东　杨　柏　刘朋坤

(大庆油田有限责任公司勘探开发研究院)

摘　要　本文以萨中油田北一区断东高台子油层为例，开展密井网条件下基于地震沉积学的井震结合刻画方法研究，应用地层切片上的振幅特征和地震剖面上的波形变化特征，以“地震趋势为引导，井点相确定”为原则，平面与剖面相互验证，井震结合精细识别内前缘相水下分流河道砂体的空间展布特征。研究结果表明：研究区高台子油层水下分流河道宽度主要为60~150m，只在中部发育500~600m宽的大规模河道，为多期叠加而成，局部河道走向与物源方向垂直。应用水下分流河道识别成果指导开发调整挖潜，剩余油潜力共五种成因类型，分别为窄河道导致“井网控制不住型”、不同微相组合变化导致“注采不完善型”、单一河道边界导致“局部遮挡型”、河道内砂体连通质量差异性导致“弱水驱型”、河间薄层砂物性差导致“弱水驱型”。

关键词　大庆长垣；水下分流河道；识别；地震沉积学

目前大庆长垣油田萨葡高油层的前缘相水下分流河道精细描述存在两个问题：①水下分流河道砂体宽度较窄，目前井网控制程度较低，根据露头观察发现，即使相距为30~40m距离的砂体，岩性、宽度和厚度差异都较大，而研究区目前井距主要为100m左右，无法完全刻画横向剧烈变化的窄河道砂体；②目前对水下分流河道砂体的描述主要是以井点为中心，两侧对称分布，不同厚度的河道宽度一致，且不同位置的河道宽度也相似。通过现代沉积发现，在平面上河道的宽度也存在不均匀变化的现象，目前的刻画方法不能真实展现地下实际河道的面貌。因此，不应仅依靠现代沉积露头以及常规的经验公式所反映的预测模式对水下分流河道砂体进行描述，还应利用高密度三维地震资料所反映的实际地下地质模式，综合利用密井网资料，开展窄河道砂体精细描述。地震沉积学由Zeng等[1]首次提出，经历了十几年的发展，对其理论基础、核心思想、研究内容、研究思路等都有较为统一的认识，它继承了地震地层学和层序地层学的思想，强调地层切片的等时性、岩性标定、资料处理及解释方法，注重地震资料的沉积学(沉积相和岩性)解释[2]，利用沉积体系的空间地震反射形态与沉积地貌之间的关系来研究沉积建造[3]。近年来，国内外学者应用地震沉积学的方法开展解释工作，林承焰等指出了地震沉积学的关键技术、及其适用性和意义[4,5]，陆永潮等对滩坝砂进行了精细识别[6,7]，Hart分析了扇三角洲的宏观展布特征[8]，曾洪流、朱晓敏等精细描述了松辽盆地齐家地区青山口组的三角洲窄河道砂体走向以及边界，并形成了相应的技术规范[9,10]。但在井网密度较大(最小井距为60m)的条件下，如何能充分发挥井信息纵向分辨率高和地震资料横向密度大的优势，建立逼近地下实际的砂体模型，这方面的研究开展得较少。本文以大庆长垣油田北一区断东为例，开展密井网基于地震沉积学的井震结合水下分流河道刻画方法研究。

1　研究区地质概况

图1所示为北一区断东西块位置及地震资料品质。由图1可见：研究区位于长垣北部的一个短轴背斜构造的中部，含油面积为17.3km^2。其主力含油层系为萨葡高油层，为水退转为水进时期形成的大型坳陷湖盆条件下河流—三角洲沉积体系，研究区位于湖岸线频繁摆动区域，油层沉积类型多样，河道砂体、河口坝砂体(叶状体)和薄层席状砂体重迭交错，非均质性严重，其中

【基金项目】国家重大专项课题“井震结合油藏精细结构表征技术”(2011ZX05010-001)

【作者简介】蔡东梅(1982—)，女，高级工程师，博士学位，主要从事油气田开发地质、开发综合研究方向。E-mail：dqcaidm@petrochina.com.cn

河道砂体为主要储层[11,12]。储层孔隙度为22%~26%，渗透率为0.2~1.6μm^2，具备中孔中渗特征。该区块1960年投入开发，先后经历了3次大调整，部署7套开发井网，综合含水率已达到90%以上，为特高含水期。分析认为研究区地震采集时激发药量大、地震资料能量高、信噪比高且均一，地震资料品质较高，适合开展地震储层预测研究。

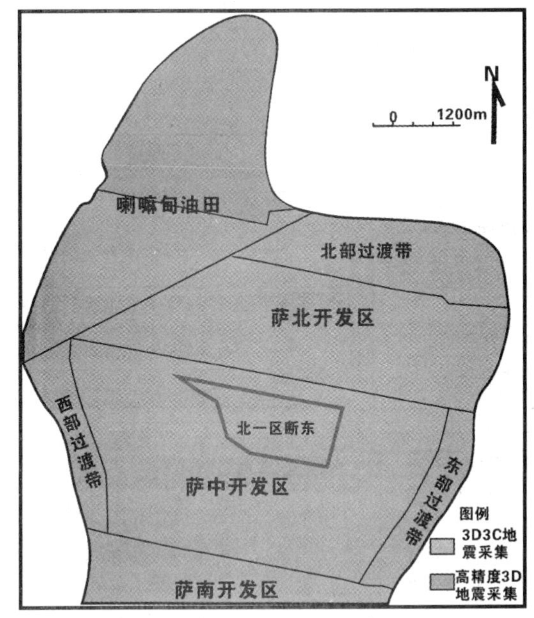

(a)研究区位置

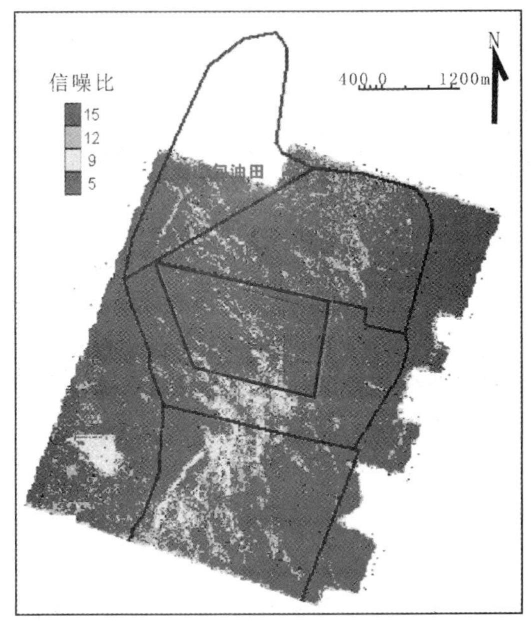

(b)地震信噪比分布特征

图1　北一区断东西块位置及地震信噪比分布特征

2　基于地震沉积学的井震结合砂体刻画方法

国内外已开展的地震沉积学解释主要是面向勘探的研究，关键技术包括地层切片、90°相位和分频处理3项[13]。与常规的地震沉积学解释相比，在面向开发尺度的密井网条件下，基于地震沉积学的井震结合砂体刻画方法不仅须要识别河道砂体的宏观发育特征，还须要对河道边界的准确位置和确定走向进行精细识别，这须要突破传统的四分之一地震反射波长的分辨率。因此，在研究方法上，应该强调以丰富的密井网资料作为控制，从河道砂体的沉积成因出发，充分利用河道砂体在平面和剖面上沉积特点和相互间的成因联系，以地质模式和沉积规律来弥补地震解释中多解性的问题。针对研究区的特点，在本次研究中采用井控高保真地震处理、基于正演模拟的砂体反射特征研究、井控地层切片提取和优选、井震结合分层次刻画河道砂体等方法。

2.1　井控高保真地震处理

为有效消除地震资料各种干扰因素的影响，提高地震资料岩性识别能力，采用小目标区处理方法，在北一区断东西块高密度三维地震资料处理时，开展模型约束初至折射静校正、叠前噪音压制、分域两部法反褶积[14]、基于微测井表层吸收补偿及窄入射角成像等关键处理技术攻关，充分利用密井网资料，以井点一类砂岩厚度值为控制，对振幅切片进行分析，通过处理与解释多次反复的结合，直到获得能够真实反映地下丰富地质信息的地震处理数据体，实现北一区断东西块地震资料高保幅处理，有效降低地表及基地表因素影响，拓宽频带宽度，目的层段主频为45~56Hz，地震波形横向变化特征明显，横纵向分辨能力有所提高，为水下分流河道砂体井震结合精细刻画奠定了坚实的基础(图2)。

2.2　不同类型砂体的反射特征分析

地下砂体的分布与组合特征是影响地震反射特征的主要因素，不同类型砂体及其组合在实际地震资料中的响应特征，以及砂体边界地震波形和属性的变化特征，都需要开展研究。地震正演模拟就是利用已有资料建立地下地质模型，根据地震波在地下介质中的传播原理，通过射线追踪或波动方程偏移等方法，正演模拟计算出对应于地质模型的地震记录，帮助地质研究人员建立沉积解释思路，减少地震储层预测的多解性。根据北一区断东实际井资料，建立水下分流河道砂体组合模型有河道—河漫、河道—河道、河道—堤岸3种类型，针对不同类型的组合模型，利用地震正演模拟技术，分析其地震响应特征如表 1 所示。

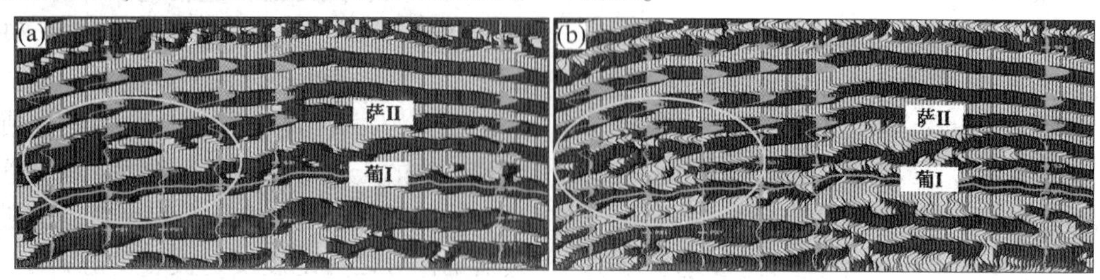

(a)原始地震剖面　　(b)井控高保真处理后地震剖面

图 2　北一区断东西块井控高保真处理前后地震剖面对比

表 1　不同剖面组合地震响应特征

组合	河道—河漫	河道—堤岸	河道—河道
地质模型	B1-63-P257　B1-60-549　G110-43 SII8b　SII9　SII10	B1-41-547　G103-41　B1-41-548 SII8b　SII9　SII10	B2-323-P44　B2-323-P45　B2-323-P46 SII1+2b　SII2+3a　SII2+3b
正演模拟剖面	B1-63-P257　B1-60-549　G1 10-437 755　787　SII　SIII1	B1-41-547　G103-41　B1-41-548 757　788　SII　SIII1	B2-323-P44　B2-323-P45　B2-323-P46 840　878　SII　SII7+8
地震属性变化	振幅属性 / 地震道	振幅属性 / 地震道	振幅/10³ / 地震道

由表 1 可见：河道—河漫组合为突变式接触关系，即厚层砂直接与泥岩、泥质粉砂岩或者粉砂质泥岩接触，这种沉积组合的河道边界地震反射特征变化不明显，只有微弱的变化，沿着目的层位(框内)分析剖面地震属性，得到振幅属性随地震道的变化曲线，分析认为河道边界处振幅属性变化较大(2 道与 3 道之间，6 道与 7 道之间)，综合分析认为地震振幅属性能够准确反映孤立河道砂体边界。

河道—堤岸组合为渐变接触关系，即厚层砂与厚度较薄、质量较差砂岩接触，这种沉积组合的河道边界地震反射特征变化也不明显，沿着目的层位(框内)分析剖面上地震属性随地震道的变化曲线，河道砂体边界处振幅能量微弱突变(2 道与 3 道)，须结合多种资料综合解释河道边界的确定位置。

河道—河道组合为不同期次河道砂体叠合而成，这种沉积组合的复合河道边界地震反射特征变化明显，但内部单一河道边界无法通过地震剖面反射特征识别，沿着目的层位(框内)分析剖面上地震属性随地震道的变化曲线，在复合河道边界处地震能量突变，在单一河道边界振幅能量无突变，但随砂岩厚度的变化，振幅也呈规律性的变化，需依据河道的形态、展布等特征综合判断复合河道中单一河道期次和边界。

可见，河道的剖面地震反射特征和平面属性变化比较复杂，应用地震资料对其进行解释存在多解性，需综合多种资料，相互验证，对河道进行刻画。

2.3　井控地层切片提取和优选

研究区地层沉积厚度横向上比较稳定，采用时间域基于反射标志层顶底的等比例剖分的方法能够有效地表征小层界面的相对等效性[14]。为了提高地震层位解释精度，在全区2250口井中选取1006口有声波曲线的井，应用校正井曲线、提取变频、变子波的方法，进行合成记录的制作。通过井震合一的逐井逐标志层进行层位精细标定和追踪，并以标志层为控制，进行等比例剖分，结合目的层位的沉积特征，对层位进行局部微调，建立逼近沉积单元级的精细等时地层格架，确保目的层位地层切片的提取精度。

在精细地层切片提取基础上，利用丰富的密井网资料，以井点钻遇砂岩厚度与地层切片上振幅能量强弱进行对比分析，统计认为，砂岩厚度大于2米以上的井点中，75%的井点分布在中—强振幅区域，说明井震匹配关系较好，地层切片可用来开展河道砂体井震结合刻画。

2.4　井震结合分层次刻画河道砂体

地震沉积学解释方法的优势体现在大规模河道砂体的精细解释，即利用其平面分辨率高的优势，精细识别大规模河道砂体边界的准确位置和确定走向。因此，采用分层次解释的思路，井震结合分层次刻画河道砂体：首先，以地震资料信息为主，井震结合确定河道的展布趋势和边界特征；然后，在复合河道边界的控制下，以井信息为主，沉积模式指导精细刻画单一河道砂体的空间展布特征。

2.4.1　河道展布趋势的确定

以往的河道展布趋势的确定主要通过物源分析、砂岩等厚图分布特征、古构造分析等资料，按照模式绘图法确定河道展布趋势，对井点微相进行组合，存在不确定性。本次研究充分发挥地震信息的平面采样率高的特点，宏观分析大区域的地震属性切片，通过“泥中找砂”，应用强振幅信息初步确定目标区河道的趋势和接触关系。以高Ⅰ6+7为例，分析地层切片认为，北一区断东工区内发育5条河道，其中北部物源河道4条，东部物源河道1条，不同河道相互叠加、汇流和分流，形成枝状、网状的分布格局，河道的曲率主要为1.1~1.3，局部区域曲率较大，大于1.5(图3)。

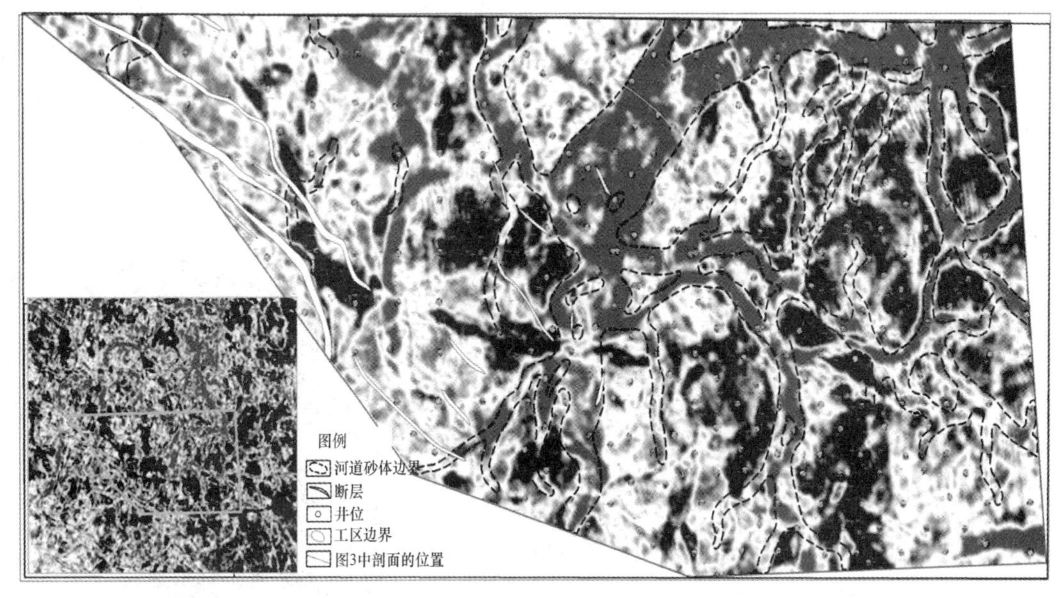

图3　北一区断东西块高Ⅰ6+7振幅切片的沉积学解释

2.4.2　河道边界的确定

井间河道边界的确定一直是困扰地质家的难题，以往研究主要依据现代沉积、古代露头以及经验公式预测河道边界。本次研究在河道展布趋势确定基础上，采用“井震结合，平面与剖面相互验证”的方式，平面上地层切片振幅能量突变判断为河道边界，剖面上地震波形变化辅助刻画分析，精细刻画井间河道边界。

图4所示为北一区断东西块高Ⅰ6+7井震结合剖面识别河道边界(剖面位置在图3中绿线标注)。由图3和图4可知：河道规模变化较大，中部大规模河道宽500~600m，西部和东部窄河道宽60~70m，河道以连续分布为主，在局部地区发生断续。

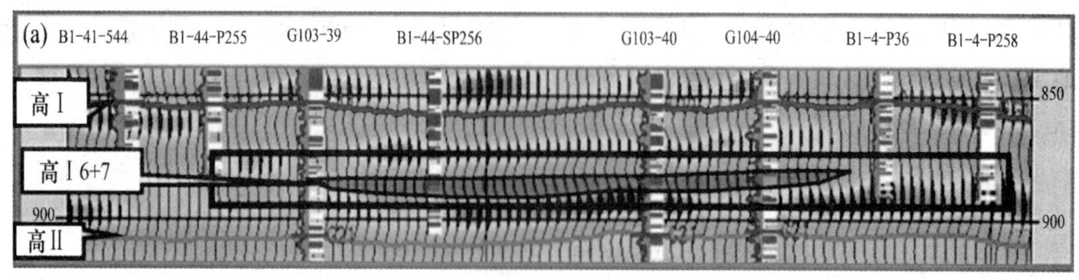

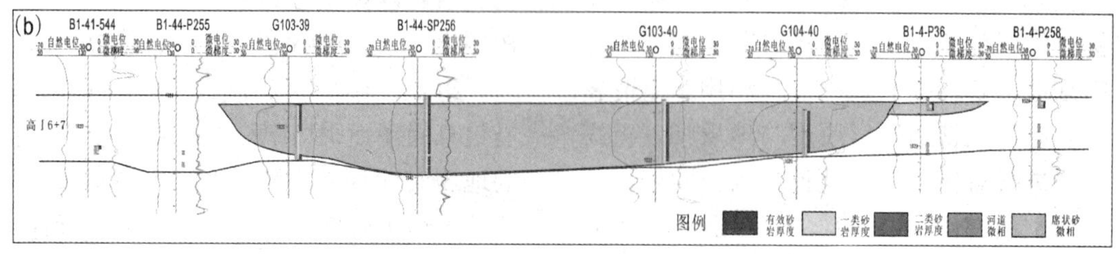

(a)地震剖面反射特征(黑色框内); (b)地层对比井剖面

图 4　北一区断东西块高Ⅰ6+7 井震结合剖面识别河道边界(剖面位置在图 3 中标注)

2.4.3　单一河道的划分

在复合河道边界控制下，利用密井网测井信息识别的单井相为主，在沉积模式引导下[14]，平面与剖面相互约束和验证，以“厚度差异、高程差异、曲线形态差异”为识别依据[15,16]，揭示复合河道砂体内幕信息，精细识别单河道砂体的空间展布特征。以高Ⅰ6+7 单元为例，图 5 所示为北一区断东西块高Ⅰ6+7 井震结合剖面识别河道边界。井震结合识别中部发育 400~600m 宽的河道砂体，分析垂直河道水流方向剖面的测井曲线特征，由图 5 可见：B1-4-B35 井与 B1-4-P135 井的测井曲线形态和砂岩厚度差异较大，表现为不同的水动力特征；B1-51-SP254 井与 B1-D5-W35 井，砂岩顶界高程存在差异，表现为河道沉积时期的差异性；在井 G107-39 识别出河间薄层砂。综合判断中部发育的宽河道砂体为两期河道切叠而成，早期河道为工区北部流入，河道宽度约 150m，晚期河道为工区东部流入，河道宽度约 200m。

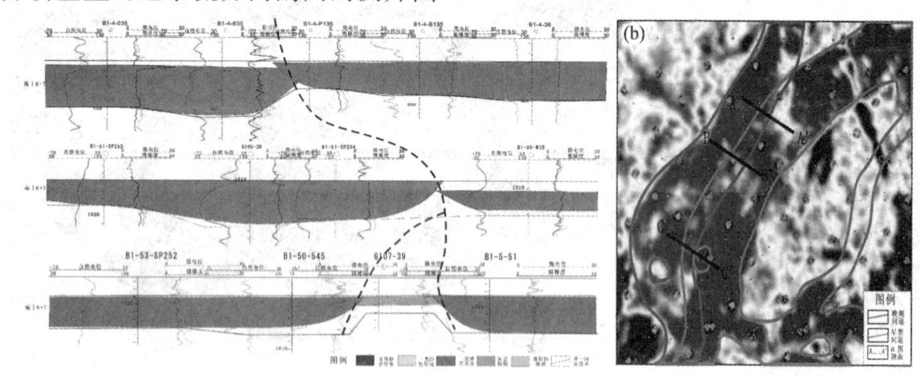

(a)单一河道边界剖面识别; (b)单一河道识别结果

图 5　北一区断东西块高Ⅰ6+7 井震结合剖面识别河道边界

3　沉积成因分析及潜力认识

3.1　窄河道砂体沉积成因分析

通过上述基于地震沉积学的井震结合水下分流河道砂体精细识别，对研究区高台子油层水下分流河道砂体的发育特征及成因进行分析。

北一区断东高台子油层发育内前缘相中远岸沉积，由于古地形平坦，湖泊的波浪作用带较宽，沉积物较薄且分布广泛，水进和水退频繁交替发生，存在多级次的旋回，在剖面上呈交互指状的分布特征。

水下分流河道砂体宽度主要为60~150m，主体部分厚度为2~3m，较薄的河道砂厚度小于2m，表现了浅水三角洲分流体系末端衰竭的河流特点，水流强度和切割能力较弱，不发生明显的侧向迁移；河道整体呈连续的枝状、网状和豆荚状分布，这是由于河流能量较弱，天然堤不发育，洪水期易发生决口改道的作用，因此河道容易分流，而不同分流河道发生汇流作用，使河道呈枝状或网状分布特征，并且由于水流能量较弱，古河道沉积厚度薄，容易被湖水改造，使条带状河道砂体发生断续，呈豆荚状分布特点；大部分河道为顺物源走向分布，但由于河水分流、汇流以及局部微构造的影响，局部地区发育垂直物源走向的河道，沿河道方向砂体连续性和渗流方向均较好。

3.2　剩余油潜力认识

应用井震结合储层精细刻画成果，采用动静结合综合分析方法，对不同类型砂体动用状况进行了分析，明确不同类型砂体剩余潜力分布特征，为制定“个性化”调整挖潜措施提供了依据。通过分析，剩余油潜力共五种成因类型，分别为①窄河道导致“井网控制不住型”，可采用水平井、补充直井进行剩余油挖潜；②不同微相组合变化导致“注采不完善型”，可采用高效直井及压裂补孔措施进行剩余油挖潜；③单一河道边界导致“局部遮挡型”，可采用井别调整及压裂补孔措施进行剩余油挖潜；④河道内砂体连通质量差异性导致“弱水驱型”，可采用压裂补孔措施进行剩余油挖潜；⑤河间薄层砂物性差导致“弱水驱型”，可采取压裂补孔的方式进行挖潜。

以高115-51井区为例，采出井高115-51与周围注水井的高Ⅰ6+7-高Ⅰ16单元均不发育河道，注采对应关系较差，日产液23.5t，日产油2.4t，含水质量分数为85.5%，属于低效井；分析井震结合刻画成果，认为高115-51井与周围3口采出井均位于河道边部变差部位，通过压裂措施增强与水下分流河道砂体的渗透连通性，改善注采效果，2012年4月30日，对高115-51井的高Ⅰ油层组实施压裂措施，该井每日的产液量达到26.8t，产油量达到8.2t，含水率下降了8.6个百分点，截止到2013年9月24日为止，累积增加产油量达到560t，应用效果较好。这也进一步验证了基于地震沉积学的井震结合刻画方法识别水下分流河道边界的准确性。

4　结论

(1) 在密井网开发区应用地震沉积学，应强调丰富井信息的控制作用，对高精度的三维地震资料的处理、切片提取和优选、正演模拟、地震相分析的关键环节进行质量控制，并以地质模式和沉积规律作为指导，发挥三维资料的空间优势，平面与剖面联合解释，尽可能消除传统地震沉积学解释中的多解性，可以突破地震资料分辨率对河道砂体解释的制约，提高河道砂体的解释精度。

(2) 研究区的水下分流河道砂体具有厚度薄、变化快的特点，仅仅依靠地震资料，也不能完全反应砂体的内幕信息，采用分层次刻画河道砂体的思路，即首先以地震资料信息为主，井震结合确定河道的展布趋势和边界特征；然后在复合河道边界的控制下，以井信息为主，精细识别砂体的空间展布特征，刻画成果指导开发调整措施方案，应用效果良好，证实了井震结合刻画成果的可靠性和方法的可行性。

(3) 井震结合识别研究区水下分流河道砂体的空间展布特征，河道砂体宽度主要为60~70m，形态呈枝状、网状和豆荚状分布，大部分河道走向为顺物源方向，局部地区发育垂直物源走向的河道。井震结合重新认识后剩余油潜力共五种成因类型，分别为窄河道导致“井网控制不住型”、不同微相组合变化导致“注采不完善型”、单一河道边界导致“局部遮挡型”、河道内砂体连通质量差异性导致“弱水驱型”、河间薄层砂物性差导致“弱水驱型”。

参 考 文 献

[1] ZENG H L, Backus MM, Barrow K T. Facies mapping f rom three dimensional seismic data: Potential and guidelines from a Tertiary sandstone-shale sequence model, Powder horn field, Calhoun County, Texas[J]. AAPG Bulletin, 1998, 80(1): 16-46.

[2] ZENGHongliu, Loucks R G, Frank L. Mapping sediment-dispersal patterns and associated sysytems tracts in fourth and fifth order sequences using seismic sedimentology: Example from Corpus Christi Bay, Texas[J]. AAPG Bulletin, 2007, 91(7): 981-1003.

[3] Hentz T F, ZENG Hongliu. High frequency sequence stratigraphy from seismic sedimentology: Applied to Miocene, Vermilion Block 50, Tiger Shoal area, offshore Louisiana [J]. AAPG Bul letin, 2004, 88 (2):

153-174.

[4] 林承焰，张宪国．地震沉积学探讨[J]．地球物理学进展，2006，21(11)：1140-1144.

[5] 林承焰，张宪国，董春梅．地震沉积学及其初步应用[J]．石油学报，2007，28(2)：69-72.

[6] 陆永潮，杜学斌，陈平，等．油气精细勘探的主要方法体系—地震沉积学研究[J]．石油实验地质，2008，30(1)：1-5.

[7] 魏嘉，朱文斌，朱海龙，等．地震沉积学—地震解释的新思路及沉积研究的新工具[J]．勘探地球物理进展，2008，31(2)：95-101.

[8] Hart B S. Channel detection in 3-D seismic data using sweetness [J] . AAPG Bulletin, 2008, 92 (6): 733-742.

[9] 曾洪流．地震沉积学在中国：回顾和展望[J]．沉积学报，2011，29(3)：61-70.

[10] 朱筱敏，赵东娜，曾洪流，等．松辽盆地齐家地区青山口组浅水三角洲沉积特征及其地震沉积学响应[J]．沉积学报，2013，31(5)：889-897.

[11] 赵翰卿，付志国，吕晓光．储层层次分析和模式预测描述法[J]．大庆石油地质与开发，2004，23(5)：74-77.

[12] 赵翰卿．大庆油田精细储层沉积学研究[M]．北京：石油工业出版社，2011：32-238.

[13] ZENGHongliu, Posamentier H W, Miall A D, et al. 地震沉积学[M]．朱筱敏，曾洪流，董艳蕾，等，译．北京：石油工业出版社，2011：25-202.

[14] 郝兰英，郭亚杰，李杰，等．地震沉积学在大庆长垣密井网条件下储层精细描述中的初步应用[J]．地学前缘，2012，19(2)：81-86.

[15] 陈清华，曾明，章凤奇，等．河流相储层单一河道的识别及其对油田开发的意义[J]．油气地质与采收率，2004，11(3)：11-15.

[16] 周银邦，吴胜和，岳大力，等．复合分流河道砂体内部单河道划分—以萨北油田北二西区萨Ⅱ1+2b小层为例[J]．油气地质采收率，2010，17(2)：4-8.

致密低丰度碳酸盐气藏体积酸压机理分析及应用

徐兵威[1,2]　周守为[1]　郭建春[1]　王付斌[2]　郭耀华[2]

(1. 油气藏地质及开发工程国家重点实验室；2. 中石化华北油气分公司)

摘　要　为了解决大牛地气田致密低丰度碳酸盐岩储层平面非均质性强、纵向多薄层、天然充填裂缝发育等酸压改造难点，在地层岩石脆性指数、天然裂缝分布、地应力差等体积酸压可行性分析基础上，提出平面延伸裂缝长度、纵向沟通多产层的体积酸压技术，同时配套暂堵转向、酸加砂等工艺，从而形成复杂的裂缝网络系统，扩大 SRV，增大单井控制储量，提高单井产量，保障后期气井生产持续稳产。

关键词　大牛地气田；致密碳酸盐岩；低丰度；体积酸压；机理分析

大牛地气田下古生界碳酸盐岩气藏天然气资源量达 2230 亿方，是鄂尔多斯盆地北部重要的储产量接替阵地。下古生界碳酸盐岩气藏主力产层为马五$_1$、马五$_2$、马五$_4$、马五$_5$等层位，单层厚度 3~8m，储量丰度小于 $0.5\times10^8m^3/km^2$；储层岩性以微-粉晶白云岩、细晶白云岩、黑色微晶灰岩等为主，埋深 2900~3700m，中部深度 3300m 左右，地层温度 90~120℃，孔隙度分布范围 0.58%~14%、平均值 4.3%，渗透率分布范围 0.01~5.89mD、平均值 0.46mD，总体表现为致密低丰度碳酸盐岩气藏[1~3]。根据国内外碳酸盐岩储层改造经验，该类储层实施体积改造可获得更大的增产改造体积(SRV)，且前期现场试验也表明，获得了较大 SRV 的井，其产气量均相对较高。因此，如何在下古生界致密低丰度碳酸盐岩储层实现体积酸压，通过增大 SRV 提高单井产量，成为该类储层规模化经济开发的关键技术[4~6]。

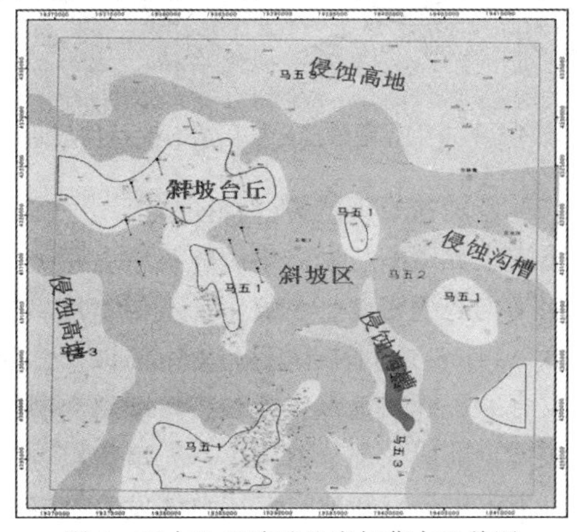

图 1　下古生界碳酸盐岩气藏古地貌图

1　致密低丰度碳酸盐岩气藏改造难点

大牛地气田下古生界碳酸岩气藏前期酸压改造先后试验了普通酸压、多级注入酸压、多级注入加砂酸压、交联酸酸压等工艺，累计酸压施工直井 82 口 101 层、水平井 28 口 267 段，其中水平井试气最高无阻流量达 $50\times10^4m^3/d$，取得了一定的勘探开发成果，同时也证实了下古生界碳酸岩气藏具有较好的资源基础，能够为大牛地气田的长期稳产提供一定的资源保障。但下古生界碳酸盐储层平面非均质性强、纵向多薄层发育、天然充填裂缝发育，导致酸蚀有效作用距离短，单井 SRV 有限，单井控制储量不足，压后产量下降较快。

(1) 平面上储层非均质性强，储量丰度低，单井产能低

大牛地气田下古生界碳酸盐岩地层形成期风化剥蚀严重，储层有利区大多发育在斜坡台丘、侵蚀高地、侵蚀沟槽等构造位置，储层平面非均质性较强，优质储层连片性差。同时主力产层储量丰度大多小于 $0.5\times10^8m^3/km^2$(图 2)，单井控制储量有限，采用常规酸压工艺形成的酸蚀有效作用距离较短，难以实现沟通远井地带的储集体，酸压改造效果不理想，单井产能低，难以实现经济有效开发。

(2) 纵向上多套气层发育，储层薄且存在泥质夹层，稳产能力差

下古生界碳酸盐岩气藏纵向上依次划分为上、下马家沟组的五个岩性段、十个岩性亚段，

【作者简介】徐兵威(1985—)，男，河南周口人，博士研究生，工程师，从事油气藏增产理论与技术研究工作。E-mail：xubingv@163.com

主力产层马五$_1$、马五$_2$、马五$_4$和马五$_5$段单层厚度仅 3~8m(图 2)，且不同小层间泥质夹层发育，导致酸压改造后酸蚀裂缝被泥质充填，有效裂缝导流能力保持率较低；同时后期生产过程中，随着支撑裂缝上覆压力的增大，支撑剂嵌入泥质夹层程度增大，裂缝导流能力逐步降低，从而降低生产过程中的稳产能力。

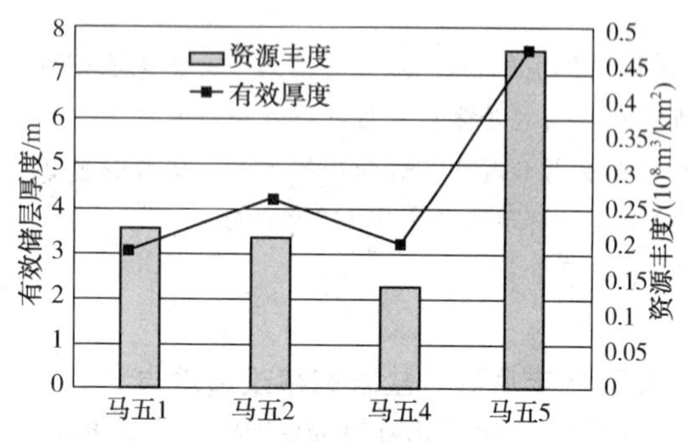

图 2　下古生界主力储层厚度及资源丰度

(3) 天然充填裂缝发育，酸压施工液体滤失大，酸蚀有效作用距离短

下古生界碳酸盐岩储层天然裂缝发育，但裂缝充填程度平均达 79%，整体以充填裂缝为主(图 3)。酸压过程中天然裂缝导致酸液滤失严重，且随着施工压力的升高及酸蚀裂缝的延伸，酸液与储层接触面积增大，充填裂缝开启，进一步加大了酸液滤失，导致酸压施工难以形成较高的井底净压力，酸蚀裂缝延伸受限，有效酸蚀缝长变短，酸压 SRV 大幅度降低，单井控制储量有限。

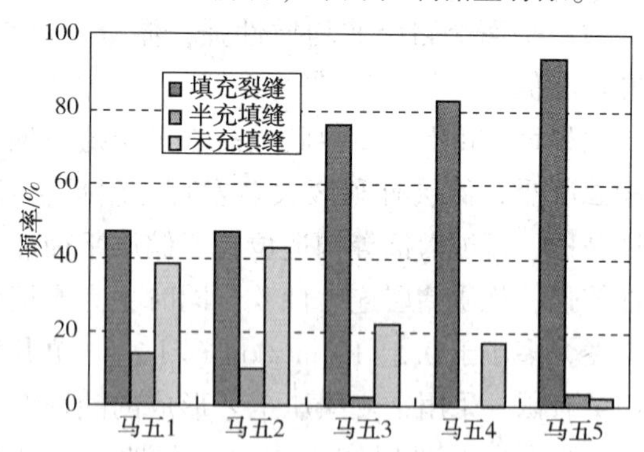

图 3　下古生界主力储层裂缝频率及充填程度统计

2　体积酸压机理研究

2.1　体积酸压理论分析

体积酸压针对大牛地气田碳酸盐岩气藏储量丰度低、纵向上多套气层发育的特点通过横向裂缝延伸、纵向裂缝沟通及转向形成复杂的裂缝网络，从而扩大 SRV，增大单井控制储量，提高单井产量，保障后期稳产[7~8]。

大牛地气田下古生界碳酸盐岩储层平面上储层非均质性强、优质储层连片性差，体积酸压改造采用大液量非反应性液体造缝、酸液溶蚀裂缝壁面，快速延伸横向裂缝系统，沟通多个储集体。同时纵向上通过提高施工排量沟通多个小层，同时配套暂堵转向、酸加砂等技术，进一步提高裂缝的复杂性，形成稳定的供气通道。

2.2　体积酸压可行性研究

地层岩石的脆性指数、天然裂缝、地应力差等直接影响酸压改造过程中能否形成缝网体积，通过综合评价不同因素分析下古生界碳酸盐岩储层体积酸压的可行性。

(1) 碳酸盐岩脆性指数分析

脆性是岩石压裂形成复杂缝网体积的重要因素之一，脆性越高、越容易形成复杂裂缝，借鉴页岩脆性分析方法开展下古生界碳酸盐岩储层脆性分析。采用 Rick Rickman 提出的静态杨氏模量和静态泊松比计算脆性指数的方法，不同杨氏模量和泊松比的组合表示岩石具有不同的脆性，杨氏模量越大，泊松比越小，岩石的脆性越高，当岩石脆性指数大于 50% 时易于形成复杂缝网[8~12]。计算分析下古生界碳酸盐岩储层岩石脆性指数介于 28%~66%，平均为 51.2%，利于形成复杂裂缝(图 4)。

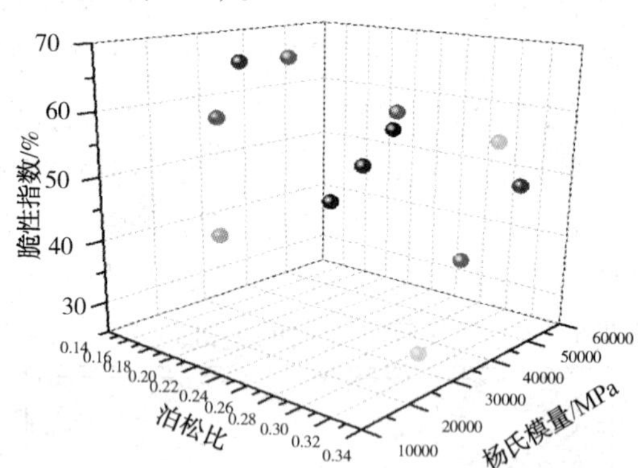

图 4　下古生界碳酸盐岩储层岩石脆性指数图

(2) 碳酸盐岩天然裂缝特征分析

下古生界碳酸盐岩储层裂缝线密度较大，主力产层平均裂缝密度 2.6 条/m，裂缝宽度主要集中在 0.1~1mm 之间，最宽可达 5mm 以上。同时地层发育的裂缝以垂直裂缝和高角度斜交裂缝为主，裂缝全部或大部分被充填，充填物以方解石为主。下古生界碳酸盐岩储层总体发育裂缝，酸压改造过程中利于与人工裂缝一起交互形成复杂的裂缝网络系统，进一步提高体积酸压改造的效果(图 5，图 6)。

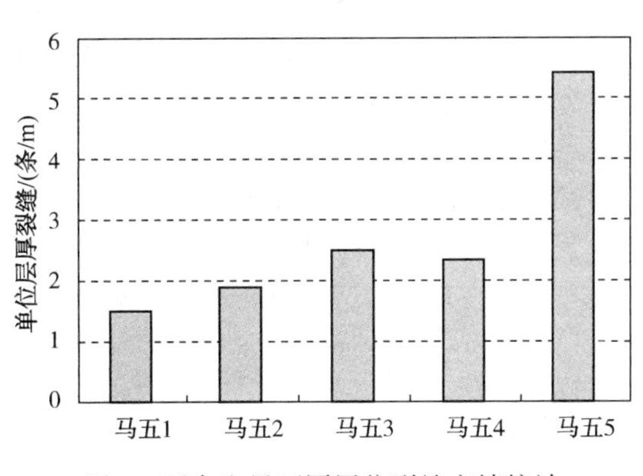

图 5　下古生界不同层位裂缝充填统计

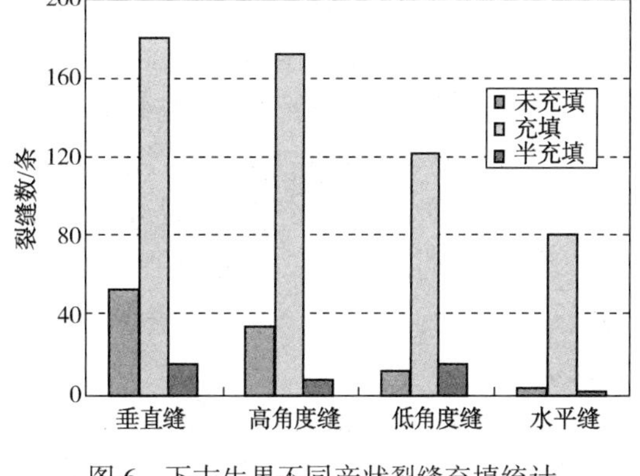

图 6　下古生界不同产状裂缝充填统计

(3) 碳酸盐岩地应力特征分析

下古生界碳酸盐岩储层主力产层水平应力差16.7~19.6MPa，应力差异系数0.24~0.27，水平应力差及应力差异系数较大，不利于形成复杂缝网(图7)。

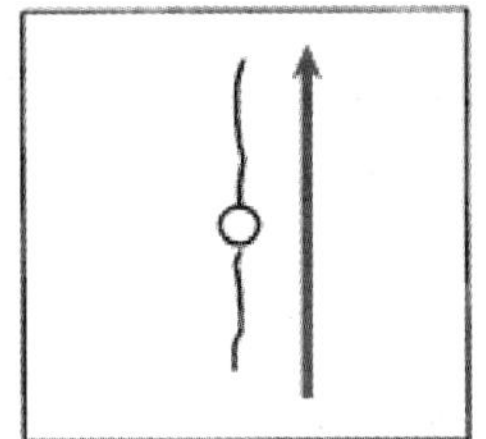
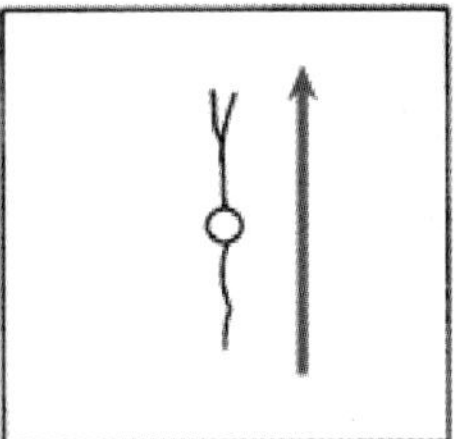
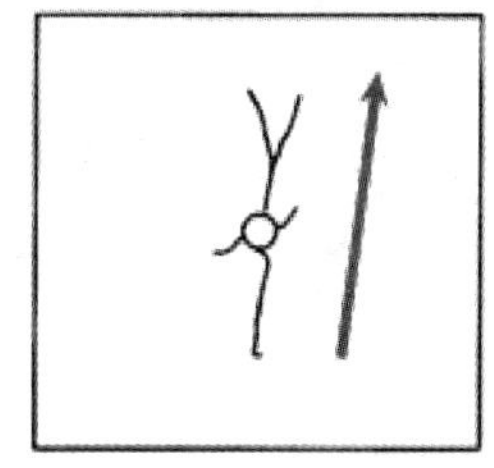
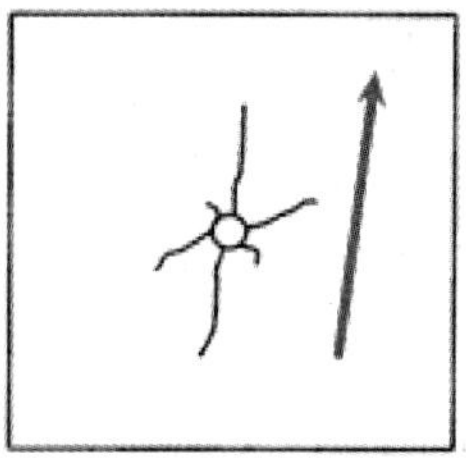

水平应力差异系数=0.5　水平应力差异系数=0.25　水平应力差异系数=0.13　水平应力差异系数=0

图 7　水平应力差异系数与裂缝形态的关系

综合体积酸压可行性分析可知，下古生界碳酸盐岩储层脆性较大、天然裂缝发育，有利于形成复杂裂缝网络。但应力差异系数较大，对裂缝转向有较大影响，通过增大排量、降低液体黏度、加入暂堵剂等方式可减小高应力差异的影响，提高裂缝复杂程度。

3　现场应用

DF井是大牛地气田下古生界碳酸盐岩储层的一口水平井，水平段长1000m，钻遇具有全烃显示230m，加权全烃净增值3.2%。根据水平段测、录井显示情况，DF井优选9段采用裸眼预置管柱进行分段酸压改造，设计采用“大排量低黏前置液造长缝、暂堵形成复杂裂缝网络、酸液刻蚀有效裂缝、后置加砂提高裂缝导流能力”的体积酸压思路，现场施工累计入地液量9886.2m^3，其中酸液3964m^3，加入暂堵剂1330kg、纤维530kg、支撑剂326.3m^3，施工最高压力67MPa，最高排量达10m^3/min(图8)。

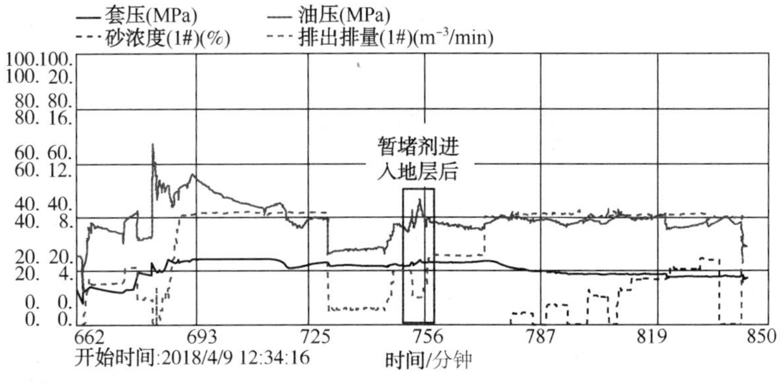

图 8　DF井第六段体积酸压施工曲线

以第6段施工曲线为例分析，前置液采用8m^3/min的低黏滑溜水造缝，非反应滑溜水在碳酸盐岩储层中的造缝保证了裂缝长度的有效延伸、沟通横向天然裂缝系统；后续注入高浓度胶凝酸液体系保证了裂缝壁面的有效溶蚀，暂堵剂和纤维进入地层后，井底净压力上升 4-5MPa，裂缝转向后沟通纵向天然裂缝，与主裂缝交互形成体积裂缝系统，提高了单井 SRV；后期支撑剂体系进入裂缝后支撑裂缝进一步提高裂缝导流能力，最终为气井后期生产提供稳定的供气通道，保障气井长期稳产。

4 结论及认识

（1）致密低丰度碳酸盐岩储层体积酸压能够沟通纵向和横向的天然裂缝系统，形成复杂的裂缝网络，大幅提高 SRV，增大单井控制储量，利于提高气井产量。

（2）大牛地下古生界碳酸盐岩储层岩石脆性较大、天然裂缝发育，有利于体积酸压技术的施工，通过增大排量、降低液体黏度、加入暂堵剂等方式可减小高应力差异的影响，进一步提高裂缝复杂程度。

参 考 文 献

[1] 李克智，徐兵威，秦玉英，等．致密碳酸盐岩气藏转向酸酸压技术研究[J]．西南石油大学学报：自然科学版，2013，35(2)：97-101.

[2] 刘源．致密气藏体积酸压工艺参数优化研究[D]．成都：西南石油大学，2015. PHam

[3] 李功强，宋立志，孙延飞等．鄂尔多斯盆地大牛地气田碳酸盐岩地层确定岩性的测井方法[J]．石油地质与工程，2009，23(3)：47-49.

[4] 吴奇，胥云，王晓泉，等．非常规油气藏体积改造技术——内涵、优化设计与实现[J]．石油勘探与开发，2012，39(3)：352-358. PH

[5] 李年银，代金鑫，张倩，等．一种有效开发致密碳酸盐岩气藏的新工艺—体积酸压[J]．科学技术与工程，2015，15(34)：29-39.

[6] Elrafie E A, Wattenbarger R A. Comprehensive Evaluation of Horizontal Wells with Transverse Hydraulic Fractures in a Layered Multi - phase Reservoir [J]. SPE15211.

[7] Manne, Ludwig, M, Atomic force microscope imaging contrast based on molecular recognition. Biophys [J]. 1997, 452-445.

[8] 赵金洲，任岚，胡永全，等．裂缝性地层水力裂缝非平面延伸模拟[J]．西南石油大学学报(自然科学版)，2012，34(4)：174-180.

[9] 程远方，李友志，时贤，等．页岩气体积压裂缝网模型分析及应用[J]．天然气工业，2013,)33(9)：53-59.

[10] 李宪文，樊凤玲，李晓慧，等．体积压裂缝网系统模拟及缝网形态优化研究[J]，西安石油大学学报(自然科学版)，2014，2%1)：71-75.

[11] 赵金洲，李勇明，王松，等．天然裂缝影响下的复杂压裂裂缝网络模拟机．天然气工业，2014，34(1)：68-73.

[12] Horne R N. Relative Productivities and Pressure Transient Modeling of Horizontal Wells with Multiple Fractures[J]. SPE129891.

中东典型油田碳酸盐岩储层微观特征研究及高渗条带描述

司朝年　陈志海　李洁梅　吕　铁

(中国石化石油勘探开发研究院)

摘　要　中东典型油田F层为低渗碳酸盐岩油藏，属于早白垩纪浅水缓坡滩相沉积，成岩作用多样，储集空间复杂，储层分类困难。基于薄片、岩心、CT扫描、毛管压力测试等资料，对岩石类型、沉积类型、储集空间类型、孔喉特征、成岩作用和储层物性进行研究，明确了储层微观特征，并建立了一套储层综合评价标准。在生产测井标定基础上，通过测井地震综合研究，刻画高渗条带的展布，为油田开发方案编制提供依据。

关键词　中东；典型油田；碳酸盐岩；储层微观特征；高渗透条带

1　区域地质概况

中东典型油田位于伊朗阿巴丹平原(Abadan)胡泽斯坦省(Khuzestan)，距阿瓦士市(Ahwaz)约70km，地处伊朗和伊拉克两国边境处。伊朗和伊拉克都盛产石油，都是石油输出国组织的创始国，共同陆地边界1200km。油田南侧波斯湾，距离大约100km，霍尔木兹海峡是波斯湾的海上门户。

中东地区主要由阿拉伯地台和扎格罗斯山前褶皱带两大构造单元组成，典型油田位于二者的过渡带上，在扎格罗斯盆地西侧，靠近阿拉伯地台(图1)。扎格罗斯褶皱带从东到西依次分布三个带，包括逆冲褶皱带、叠瓦褶皱带和简单褶皱带，典型瓦兰油田位于简单褶皱带上，断层不发育(图2)。

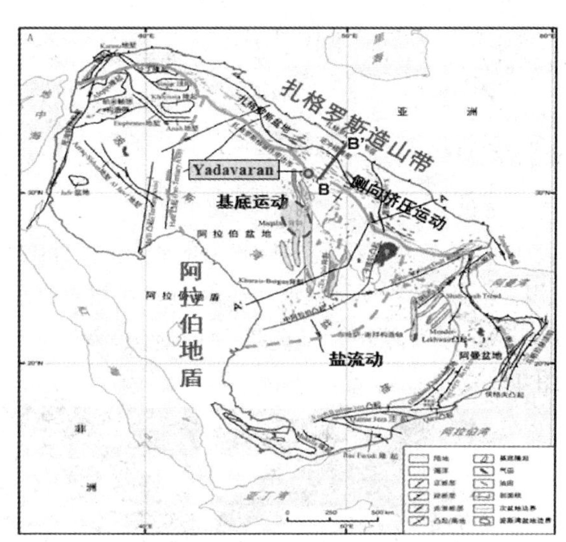

图1　扎格罗斯盆地(Zagros Basin)构造位置示意图

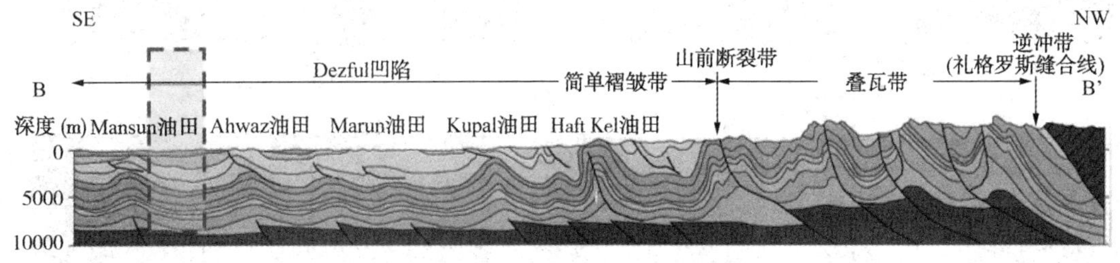

图2　扎格罗斯盆地构造剖面图

典型油田F层属于中生代早白垩纪一套浅滩相海碳酸盐岩沉积，上覆浅海相的泥灰岩、泥质灰岩盖层，地层厚度可达400m，含油性较好。根据沉积旋回特征，将F层划分为4个小层(F1、F2、F3、F4)，试井资料表明该油藏有多套油水系统。

2　碳酸盐岩储层特征

2.1　岩石类型

岩石学特征矿物组分较单一，以石灰石为主，含量在85%~95%，白云石、石英在10%~

【作者简介】司朝年(1981—)，男，高工，从事油藏地质综合研究。E-mail：sicn.syky@sinopec.com

15%，微量黄铁矿、硬石膏一般小于 5%。根据碳酸盐岩矿物组分分类标准(冯增昭，1993)，属于灰岩、含云灰岩。

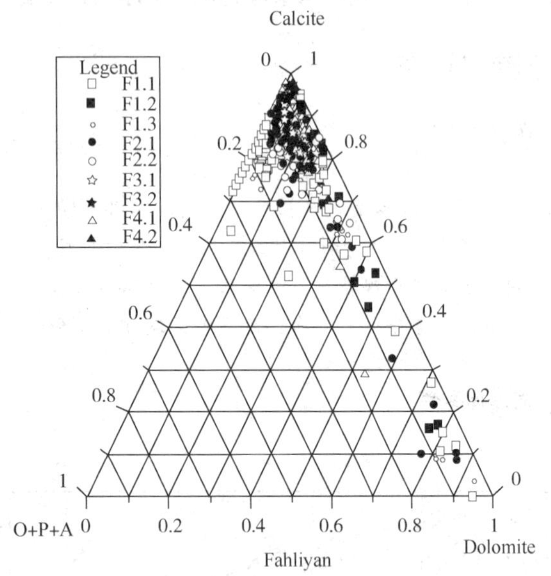

图 3　F 层碳酸盐岩矿物组成图

2.2　沉积类型

F 层属于大型缓坡古隆起上的碳酸盐岩滩相沉积，沉积相类型分为滩、浅海和泻湖相，其中滩相又可分为滩顶、高能坡和低能坡三个亚相(图 4)。

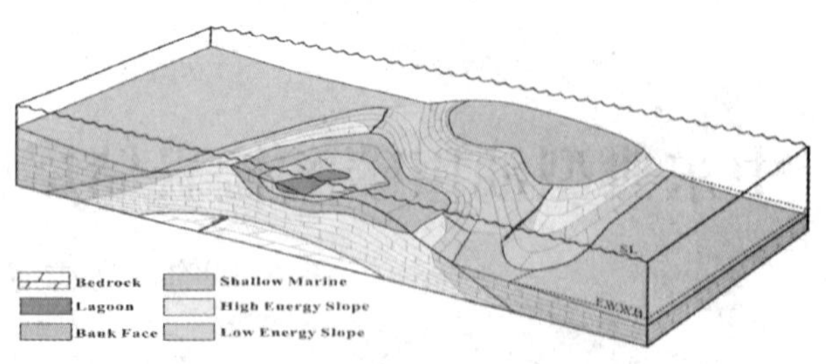

图 4　F 层低水位期碳酸盐岩沉积模式

滩顶相、高能斜坡相主要分布在构造高部位，水体较浅，水动力足，颗粒滩发育，沉积和溶蚀作用均较强，储层物性好。

低能斜坡相包括岩性多泥粒、粒泥及颗粒灰岩；沉积构造常见水平层理、泥纹层；旋回特征为反旋回；颜色以灰色、深灰色、灰白色为主。

泻湖相包括白云质灰岩和黏土岩，岩性以粒泥、泥灰岩为主；颜色以深灰色、黑灰色为主。

浅海相以黏土为主，常见水平层理；颜色以灰色、深灰色为主。

2.3　储集空间类型及组合

F 层储集空间包括原生孔隙和次生孔隙，其中原生孔隙包括粒间孔、粒内孔、基质孔，次生孔隙包括铸模孔、溶洞、收缩缝、溶蚀缝及层间缝等(图 5)。

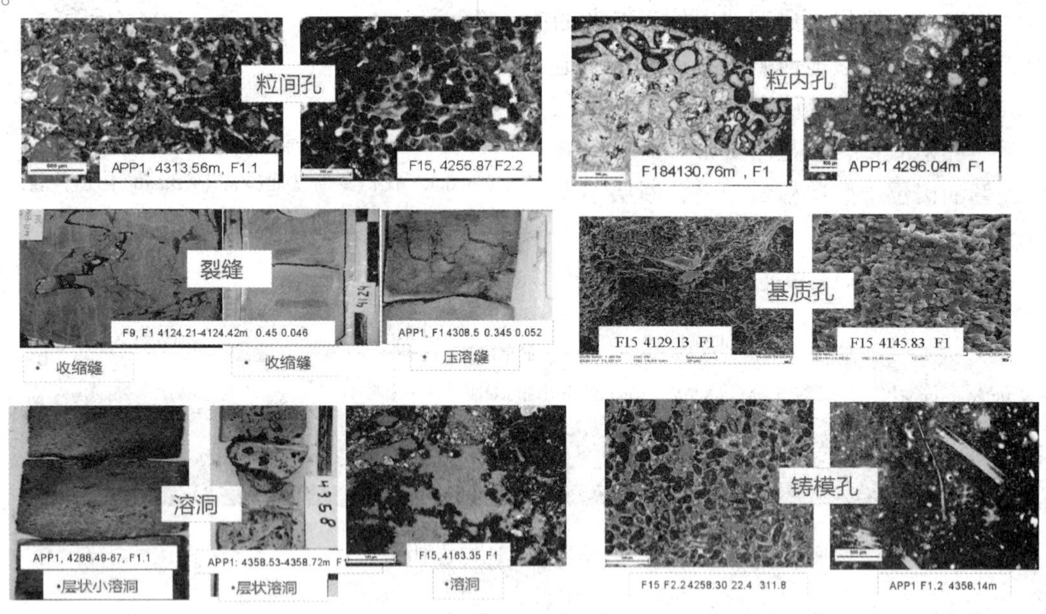

图 5　F 层储集空间类型

F 层发育大量的铸模孔、溶洞等次生孔隙，占总孔隙 70%以上。粒间孔占比自 F4～F1 逐渐增加，反映了水体由深变浅，颗粒由细变粗的反旋回的特征。

基于 223 块 CT 扫描岩心分析，将储集空间组合类型分为 6 类：孔隙型、孔洞型、孔洞缝型、孔缝型、基质孔隙型和孤立孔洞型(图 7)。

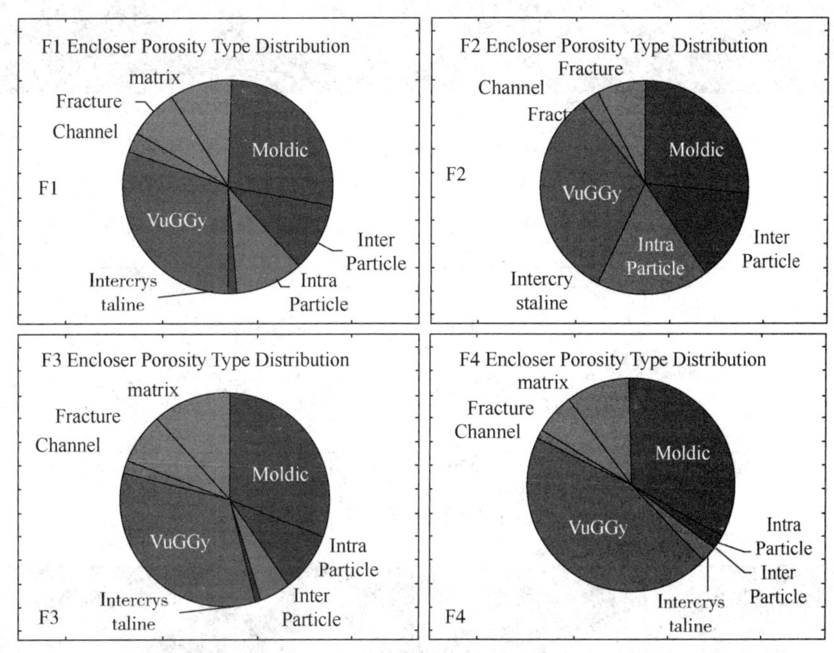

图 6　F 组储集空间类型统计饼状图

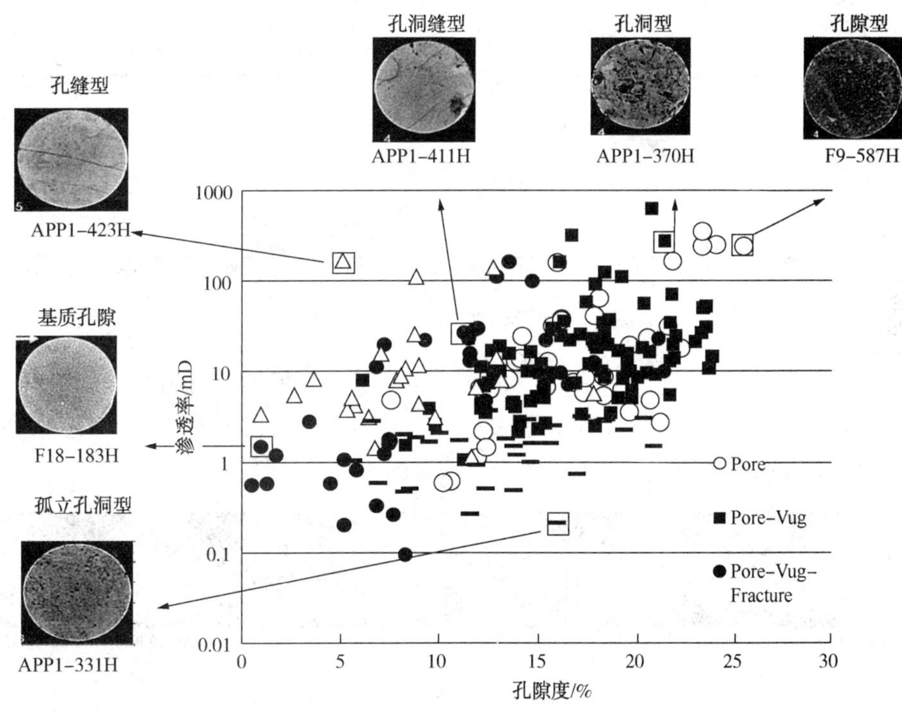

图 7　储集空间组合类型及孔渗关系

(1) 孔隙型

孔隙型储集空间组合类型，多发育在滩顶相和高能斜坡相带，颗粒粗大，小的溶孔发育，孔隙度大于 20%、渗透率在 10~1000mD(图 8)。

(2) 孔洞型

孔洞型储集空间组合类型，发育在滩顶和高能斜坡相带，溶蚀孔洞发育且连通性好，易形成高渗条带，孔隙度大于 20%、渗透率在 10~1000mD(图 9)。

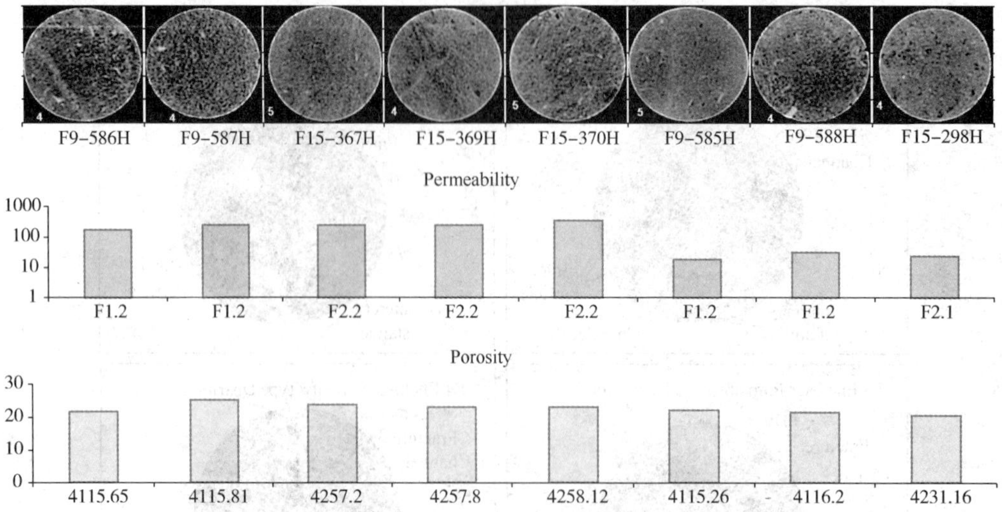

F9-586H
F9-587H
F15-367H
F15-369H
F15-370H
F9-585H
F9-588H
F15-298H
Permeability
1000
100
10
1
F1.2
F1.2
F2.2
F2.2
F2.2
F1.2
F1.2
F2.1
Porosity
30
20
10
0
4115.65
4115.81
4257.2
4257.8
4258.12
4115.26
4116.2
4231.16

图 8　孔隙型 CT 扫描及孔、渗特征

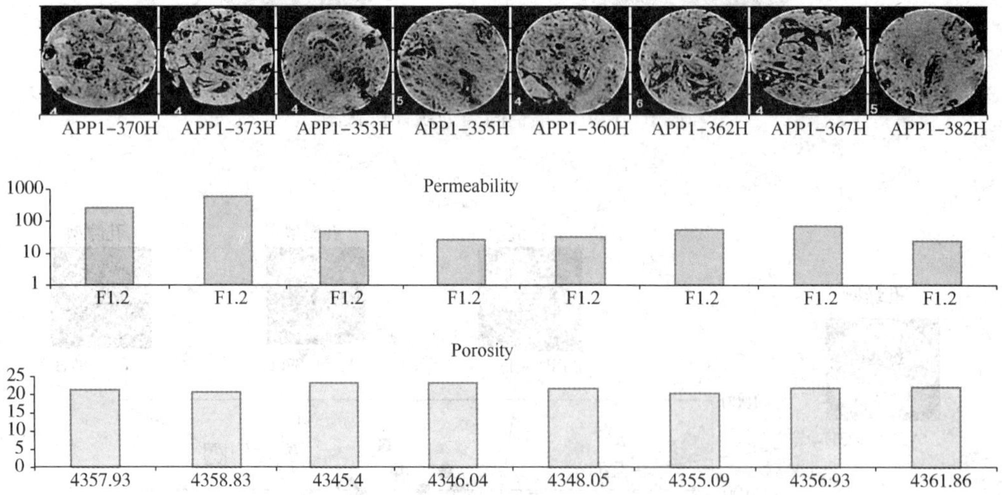

APP1-370H
APP1-373H
APP1-353H
APP1-355H
APP1-360H
APP1-362H
APP1-367H
APP1-382H
Permeability
1000
100
10
1
F1.2
F1.2
F1.2
F1.2
F1.2
F1.2
F1.2
F1.2
Porosity
25
20
15
10
5
0
4357.93
4358.83
4345.4
4346.04
4348.05
4355.09
4356.93
4361.86

图 9　孔洞型 CT 扫描及孔、渗特征

（3）孔洞缝型

孔洞缝储集空间组合类型，发育在高能斜坡、低能斜坡、泻湖相带，岩性多为泥粒、粒泥灰岩，溶蚀孔洞和裂缝发育。孔隙度、渗透率中等，孔隙度 10% 左右、渗透率在 10 ~ 100mD（图 10）。

APP1-249H
APP1-295H
F18-100H
APP1-266H
APP1-423H
APP1-220H
APP1-240H
APP1-255H
Permeability
1000
100
10
1
F1.1
F1.1
F1.2
F1.1
F1.2
F1.1
F1.1
F1.1
Porosity
15
10
5
0
4305.14
4321.14
4134.49
4310.92
4376.08
4294.05
4301.55
4307.15

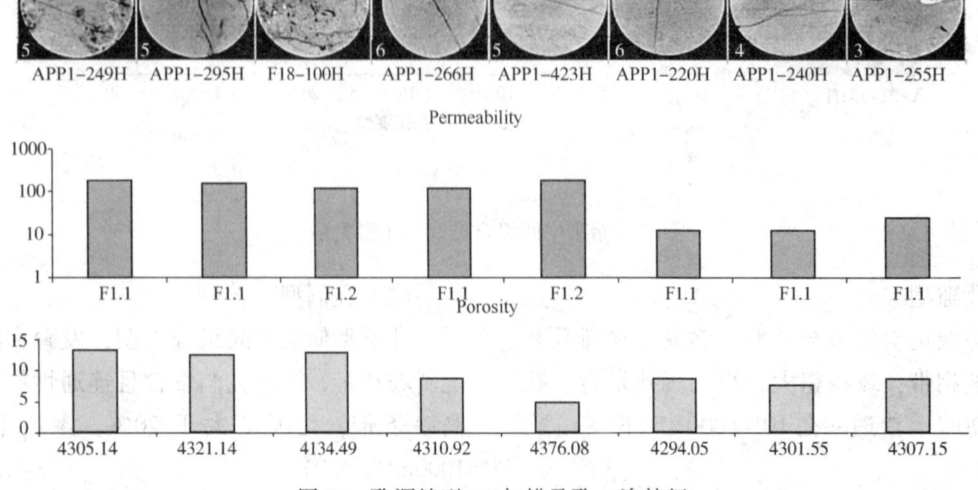

图 10　孔洞缝型 CT 扫描及孔、渗特征

(4) 裂缝型

裂缝型储集空间组合类型发育在低能斜坡相带，多为泥灰岩，裂缝发育。孔隙度低，渗透率中等，孔隙度5~10%、渗透率在一般小于于5mD(图11)。

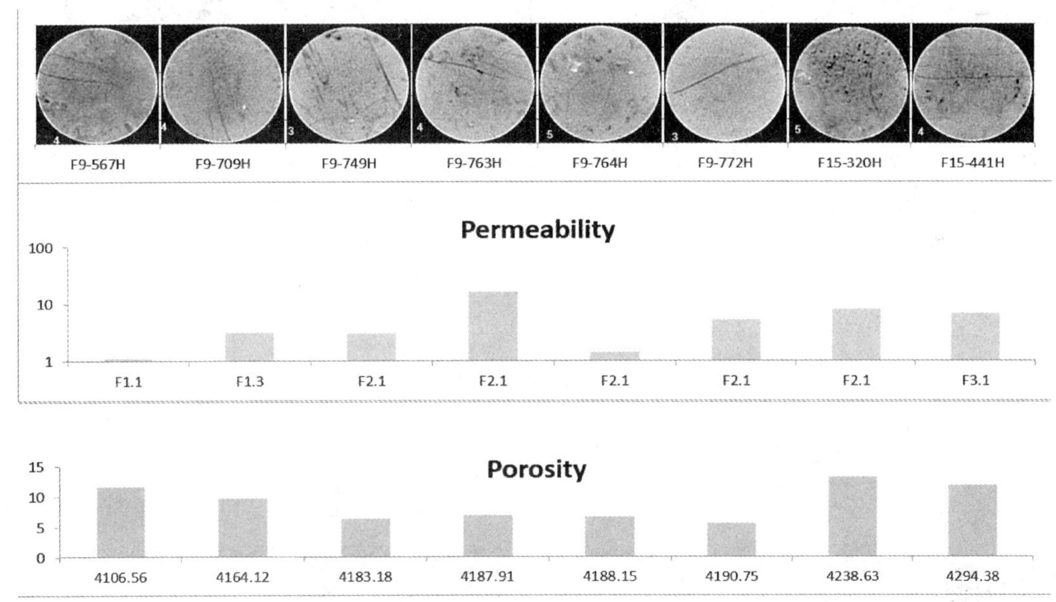

图11　裂缝型CT扫描及孔、渗特征

(5) 孤立孔洞型

孤立孔洞型储集空间组合类型发育在低能斜坡相、泻湖相带，岩性为泥灰岩，孤立的溶蚀孔发育。孔隙度中等，渗透率低，孔隙度10~15%、渗透率在一般小于1mD(图12)。

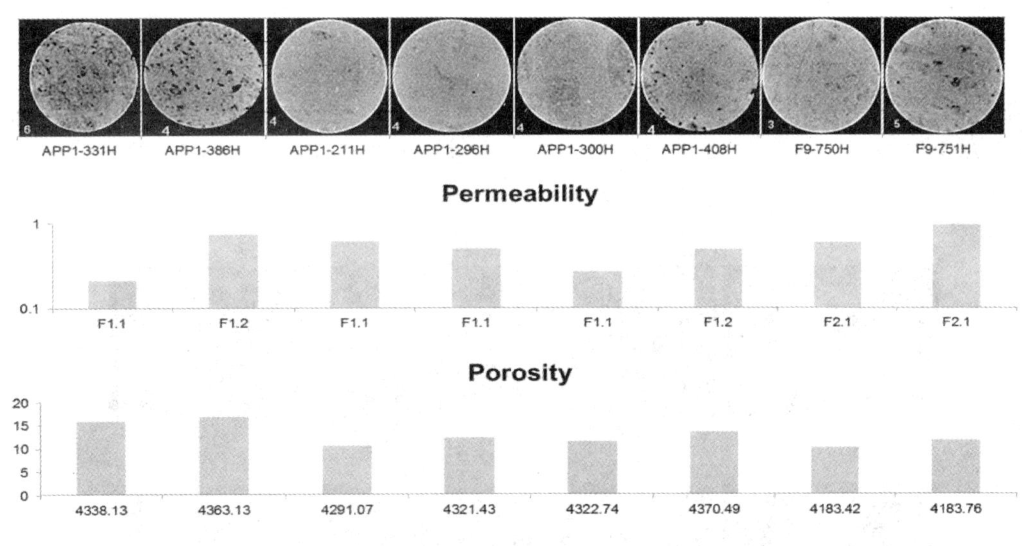

图12　孤立孔洞型CT扫描及孔、渗特征

(6) 基质孔隙型

基质孔隙型储集空间发育在泻湖相带和浅海相带，岩性为泥灰岩，属于致密隔夹层。孔隙度低、渗透率低，孔隙度小于2%、渗透率在一般小于0.1mD(图13)。

2.4　孔喉结构特征

F层平均孔吼半径主要分布在0.25~4μm，孔喉类型、毛细管压力曲线有五种(图14)，分别为Ⅰ型(低中值压力-中粗喉道)、Ⅱ型(较低中值压力-中喉道)、Ⅲ型(较高中值压力-中细喉道)、Ⅳ型(高中值压力-微细喉道)、Ⅴ型(极高中值压力-微喉道)。

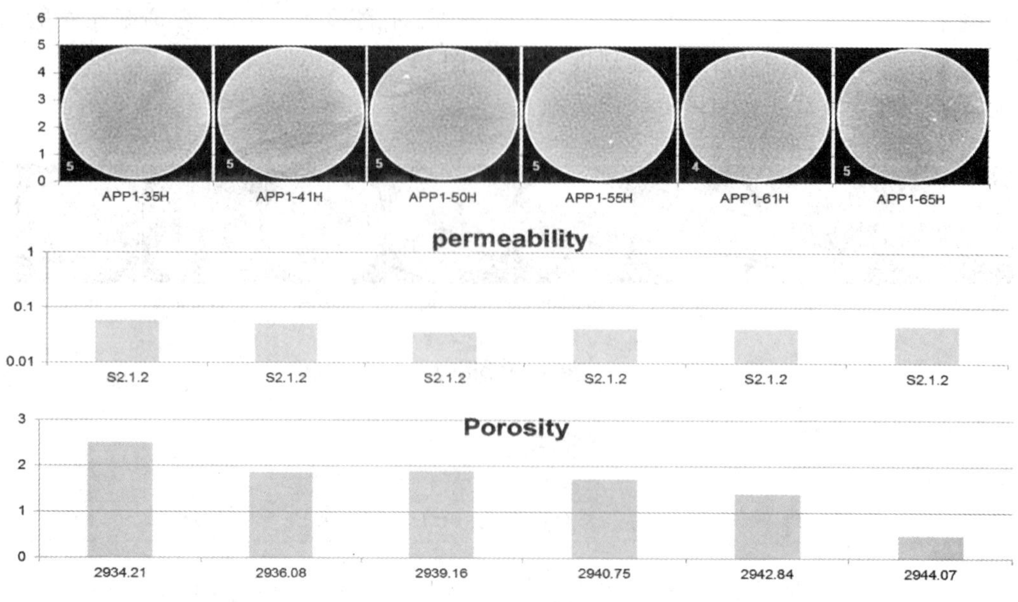

图 13　基质孔隙型 CT 扫描及孔、渗特征

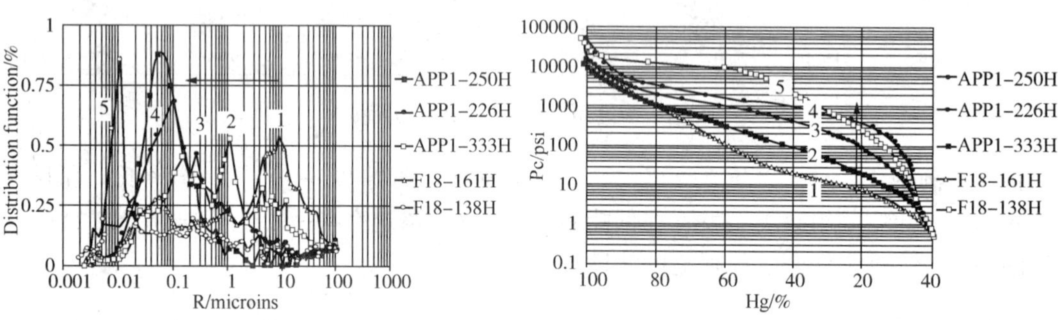

图 14　孔喉类型及毛细管压力曲线

2.5　成岩作用

F 层成岩作用分为破坏性成岩作用(压实、压溶、胶结、硅化作用等)和建设性成岩作用(溶蚀作用、白云石化作用等)，其中溶蚀作用对储层的物性改造作用巨大(图 15)。

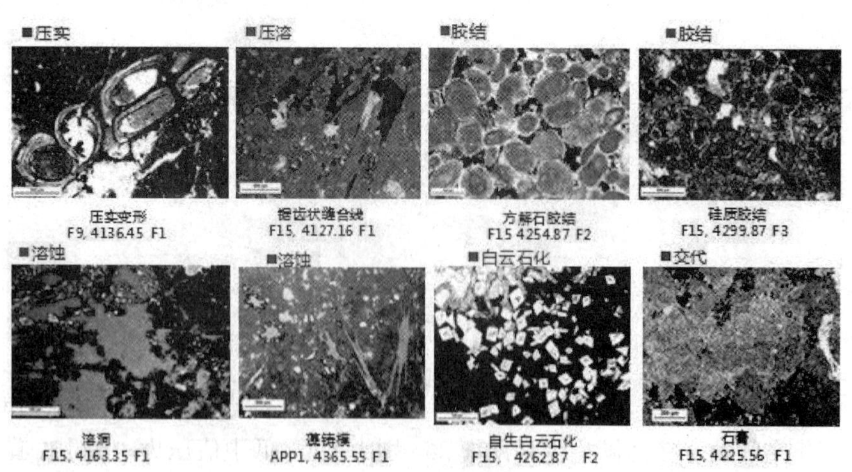

图 15　F 层岩石成岩作用类型

2.6　储层物性特征

F 层储层孔隙度分布范围 5%~28%，平均孔隙度 13.4%，渗透率分布范围 0.01~1000mD，平均渗透率为 29mD，属性低渗碳酸盐岩。

通过岩心测试孔隙度-渗透率交会分析，依据成因将储层分为三类(图 16)。

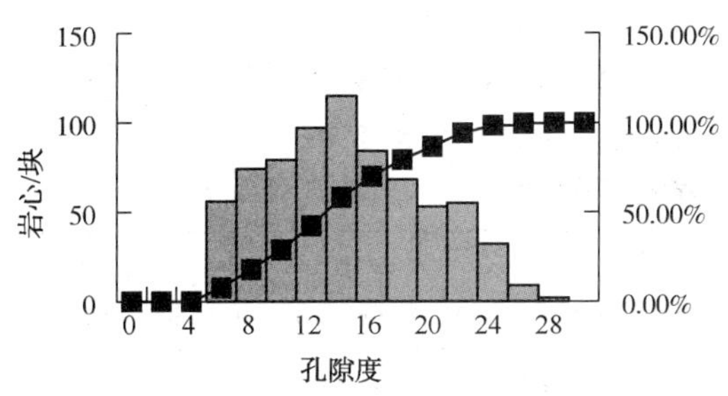

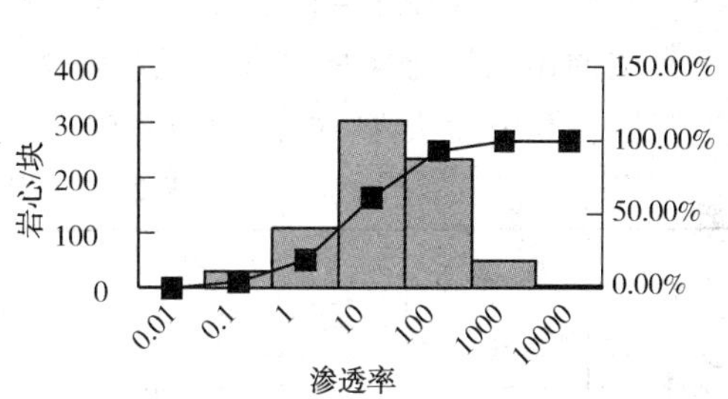

图 16 F 层孔隙度、渗透率分布直方图

第一类：储层受沉积作用控制，主要发育粒间孔隙，孔隙度和渗透率呈线性关系。

第二类：储层受溶蚀成岩作用控制，主要是发育溶洞、溶孔，孔隙空间和渗透性均有所增加，物性得到改善。

第三类是与压溶缝、溶蚀缝有关，储层孔隙空间较小，但是渗透性大大增强(图 17)，属于无效储层。

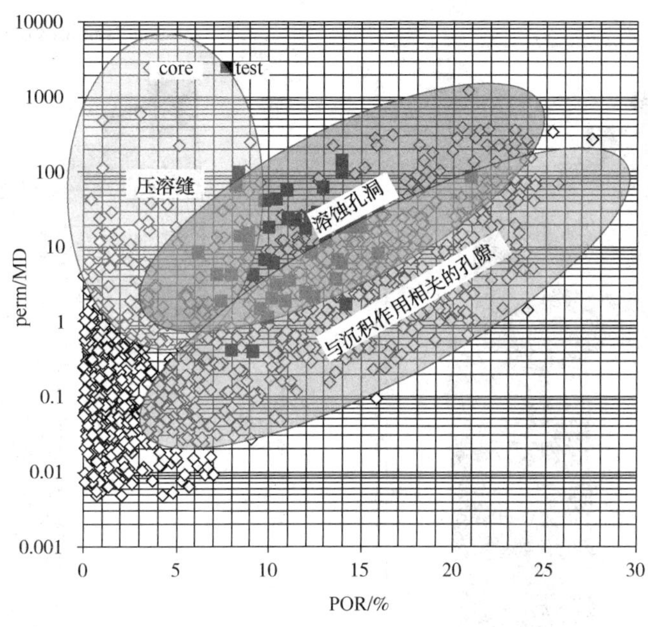

图 17 FU 岩心测试孔隙度-渗透率交会成因分类

3 储层综合评价

综合沉积相、岩性、成岩作用、储集空间类型、孔喉特征等研究，将 F 层划分为三类：优质储层、低品位储层及非储层。优质储层位于滩顶相和高能斜坡相带，颗粒、泥粒灰岩为主，溶蚀作用强，溶蚀孔洞型、孔隙型储集空间，大孔粗喉、中孔中喉。低品位储层位于高能坡、低能坡相带和泻湖相，以泥粒、粒泥灰岩为主，溶蚀改造作用弱，孔隙型、孔缝型储集空间，小孔细吼道。非储层主要位于泻湖、浅海相，以泥灰岩为主(表 1)。

表 1 典型油田储层评价因素表

储层评价因素	优质储层	低品位储层	非储层
沉积相带	滩顶、高能坡	高能坡、低能坡、泻湖	泻湖、浅海
岩性特征	颗粒、泥粒灰岩	泥粒、粒泥、泥灰岩(少量)	粒泥、泥灰岩
成岩作用	溶蚀改造作用强	溶蚀改造作用弱	—
储集空间	溶蚀孔洞型、孔隙型	孔隙型、孔缝型	—
孔喉特征	大孔粗喉、中孔中喉	小孔细喉	—

参照中石油行业标准《油气储层评价方法SY/T 6285—1997》中碳酸盐岩储层评价的分类标准，建立典型油田储层分类的评价标准(表2)。一类优质储层，孔隙度大于9%，中值孔喉半径大于0.3μm，储层特征指数大于0.2；二类低品位储层，孔隙度5%~9%之间，中值孔喉半径0.045~0.3μm，储层特征指数小于0.2；三类非储层，孔隙度小于5%。

表2　F层储层分类的评价标准

储层分类	孔隙度/%	渗透率/mD	排驱压力/MPa	中值孔喉半径/μm	储量丰度/(万吨/km²)	KH/(mD·m)	储层特征指数(hSoΦ*50%+KH*50%)
一类(优质储层)	≥9	≥0.02	<0.28	≥0.3	≥50	≥100	≥0.2
二类(低品位储层)	5-9	≥0.02	0.84-0.28	0.045-0.3	<50	<100	<0.2
非储层	<5	<0.02	>0.84	<0.045	--	--	0

按照储层评价标准，评价F层的各类储层规模大小及分布情况。FU一类储层，总面积183.7km²，储量3592MMbbl；二类储层，总面积227.5km²，储量3586MMbbl。一类储层主要分布构造高部位，受沉积相带及溶蚀改造作用。一类储层内高产井吻合率达90%(图18)。

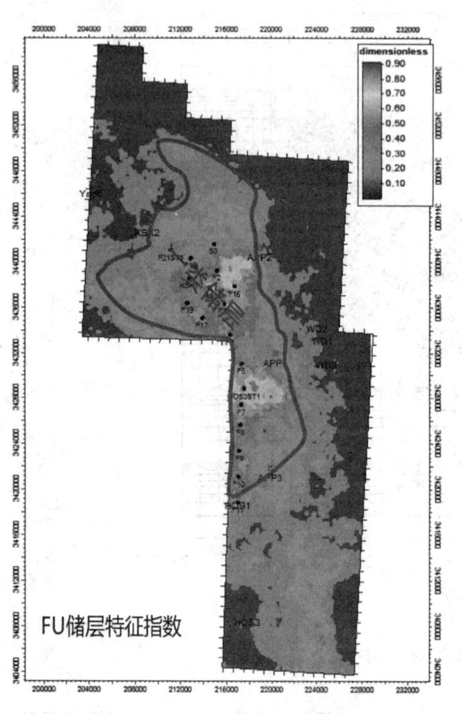

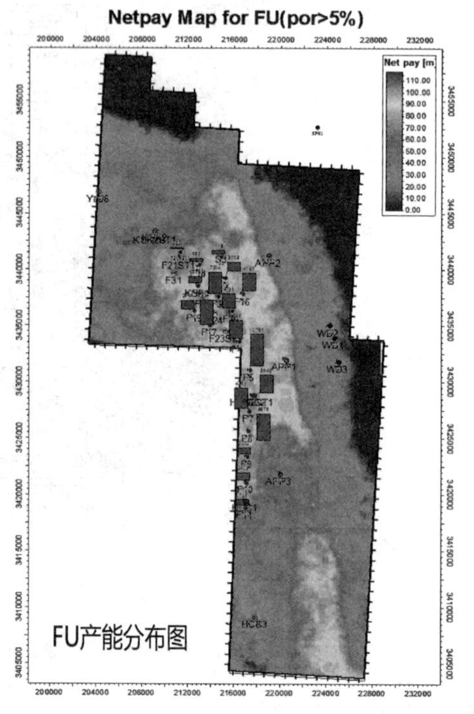

图18　FU储层分类及产能分布图

4　高渗条带描述

4.1　高渗条带特征分析

基于生产测井分析，高渗带于产液曲线突变段，即高产液层段，是油田开发关注的目标层段。F18井以F1.1底部为主力产液段，4122~4136m储层段，产液量占总产液量的85%(图19)。

基于岩心观察，F18井优质储层段(4122~4136m)，属于滩顶和高能坡相带沉积，岩性为颗粒灰岩，溶蚀孔洞发育，偶见水平压溶缝(图20)。

基于薄片观察，优质储层储集空间以溶蚀孔洞、生物骨架孔、铸模孔为主，偶见微裂缝(图21)。

基于测井曲线、CT扫描分析，优质储层段以孔洞型、孔洞缝型储层为主，(图22)。测井响应特征为高声波时差，低伽马，储层物性好。

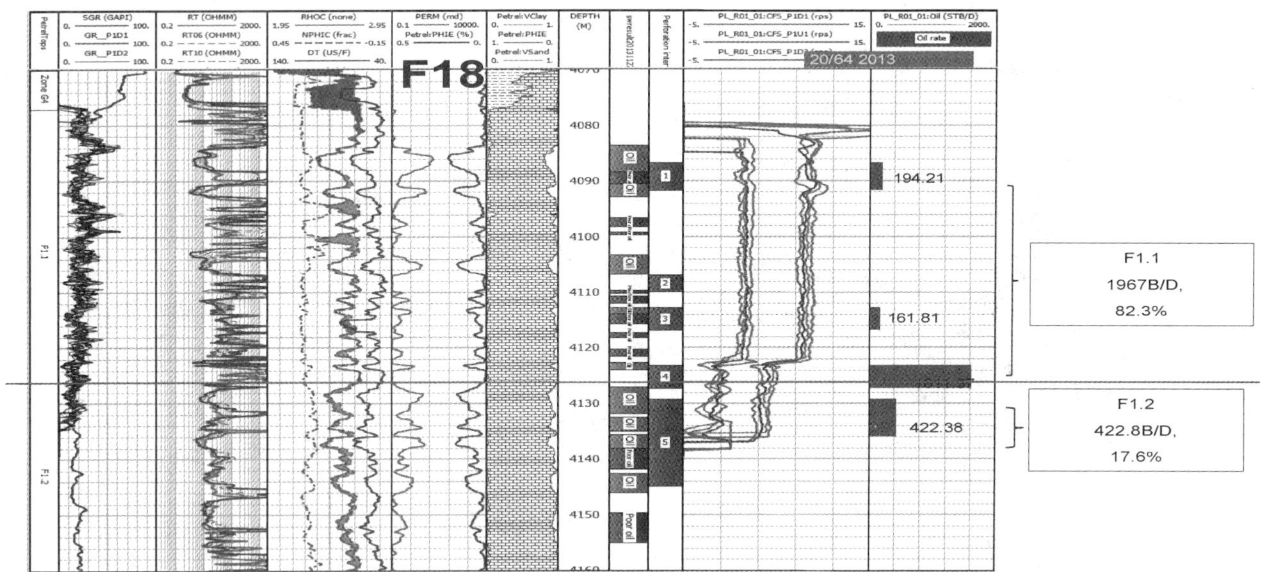

图 19　优质储层段在生产测井曲线上的响应

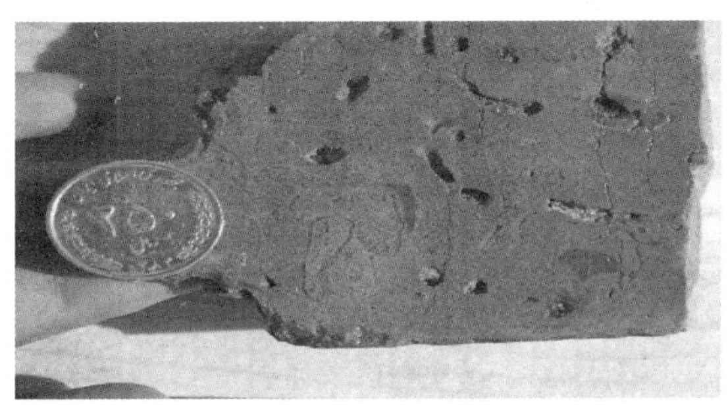

图 20　F18 井优质储层段岩心照片(4131.9~4132m，4132.7~4132.8)

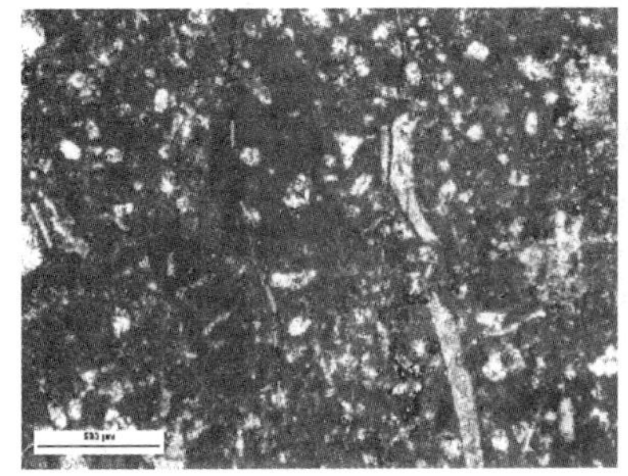
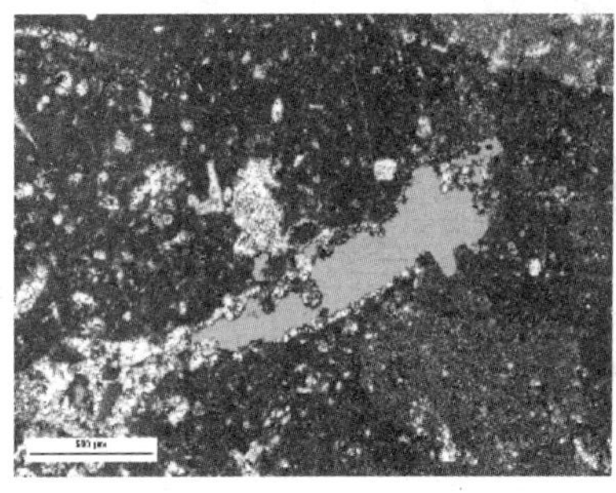
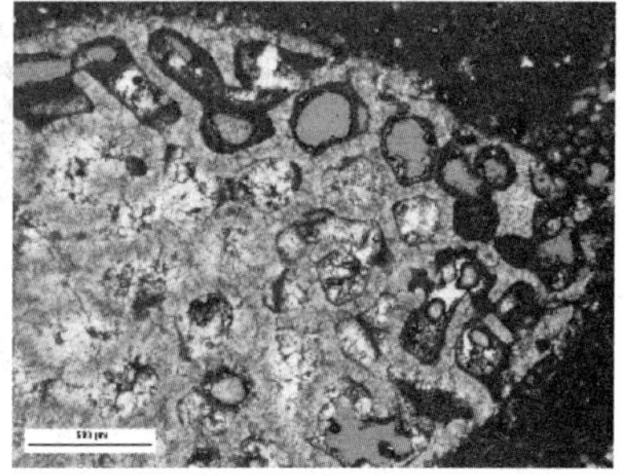

图 21　F18 井优质储层段铸体薄片(4127.04m、4127.27m、4130.76m)

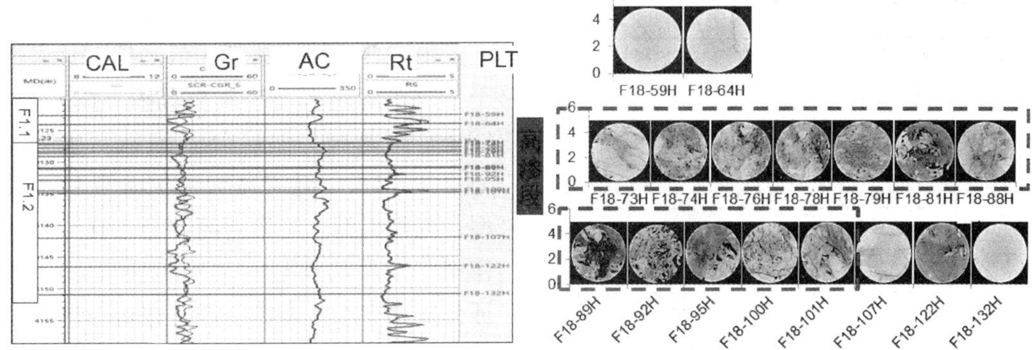

图 22　F18 井优质储层段岩心 CT 扫描及测井响应特征

4.2 高渗条带储层展布

制作精细的合成地震记录，优质储层段地震反射特征为强反射。优质储层段储层物性好，波阻抗较低，与致密隔夹层形成强反射界面(图23)。

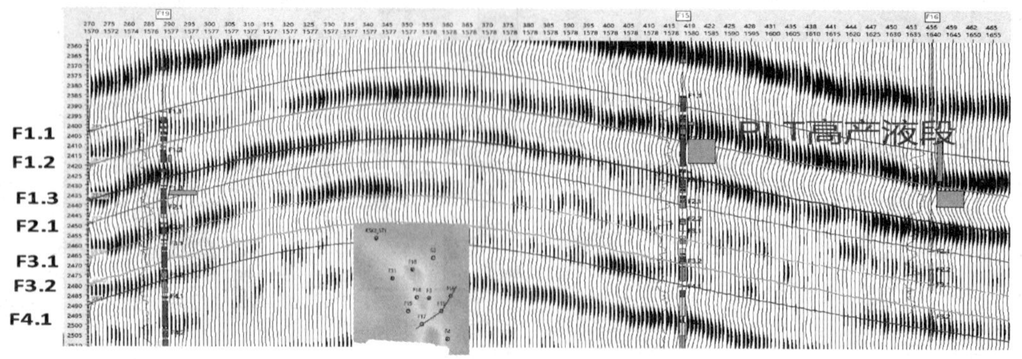

图23　优质储层段地震反射特征

开展地震相位90度旋转处理，将地震界面信息转换为岩性信息，提取沿层地震属性，预测优质储层空间展布。经过生产测井测试对比，优质储层段吻合率整体上能达到81.5%。(图24、表3)。

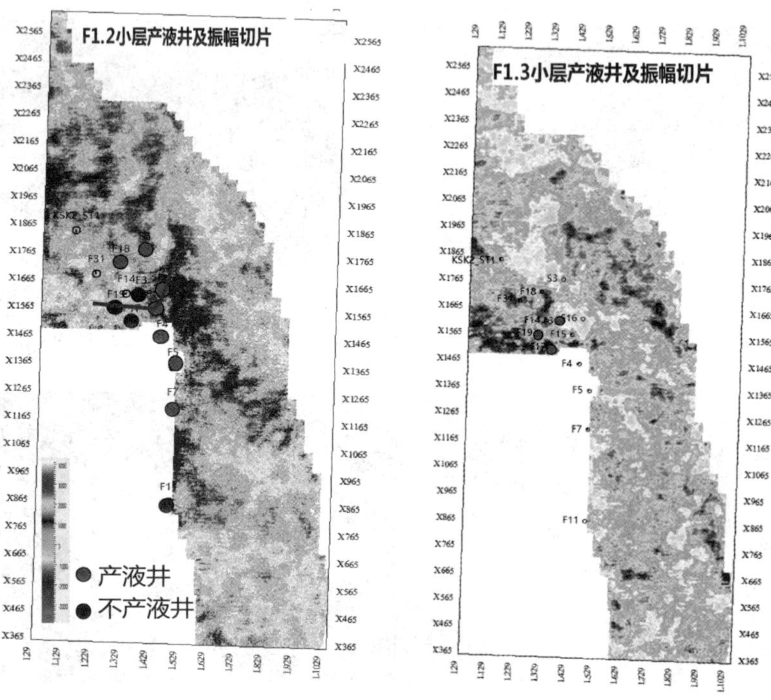

图24　优质储层段预测平面图(F1.2\\ F1.3)

表3　优质储层段预测结果、生产测井(PLT)结果对比表

小层	总井数/口	符合井数/口	产液段和地震属性符合率
F1.1	10	6	60%
F1.2	7	7	100%
F1.3	3	2	67%
F2.1	1	1	100%
F2.2	1	1	100%
F3	3	3	100%
F4.1	2	2	100%
合计	27	21	81.50%

5 结论

中东典型油田F层为低渗碳酸盐岩油藏，属于早白垩纪浅水缓坡滩相沉积，成岩作用多样，储集空间复杂，储层分类困难。基于薄片、岩心、CT扫描、毛管压力测试等资料，对岩石类型、沉积类型、储集空间类型、孔喉特征、成岩作用和储层物性进行研究，明确了储层微观特征，并建立了一套储层综合评价标准。在生产测井标定基础上，通过测井地震综合研究，刻画高渗条带的展布，为油田开发方案编制提供依据。

(1) 将碳酸盐岩储层分为优质储层、低品位储层和非储层，明确优质储层分布范围及储量规模。一类优质储层，孔隙度大于9%，中值孔喉半径大于0.3μm，储层特征指数大于0.2；二类低品位储层，孔隙度5%~9%之间，中值孔喉半径0.045~0.3μm，储层特征指数小于0.2；三类非储层，孔隙度小于5%。

(2) 对高渗条带的分布开展基于地质、测井、地震的刻画描述，经生产测井(PLT)证实，高渗条带吻合率达81.5%，为油田开发方案编制提供依据。

参 考 文 献

[1] 张琪，李勇，李保柱，等．礁滩相碳酸盐岩油藏贼层识别方法及开发技术对策[J]．油气地质与采收率，2016，23(2)：29-34

[2] 王君，郭睿，赵丽敏，等．颗粒滩储集层地质特征及主控因素[J]．石油勘探与开发，2016，43(2)：367-377

[3] 邓亚，郭睿，田中元，等．碳酸盐岩储集层隔夹层地质特征及成因-以伊拉克西古尔纳油田白垩-Mishrif组为例[J]．石油勘探与开发，2016，43(1)：136-144

[4] 伏美燕，赵丽敏，段天向，等．以伊拉克西古尔纳油田白垩系Mishrif组厚壳蛤滩相储层沉积与早期成岩特征[J]．中国石油大学学报(自然科学版)，2016，40(5)：1-9

[5] 赵文智，沈安江，胡素云，等．中国碳酸盐岩储集层大型化发育的地质条件与分布特征[J]．石油勘探与开发，2012，39(1)：1-12

[6] 谭学群，廉培庆．碳酸盐岩油藏岩石分类方法研究[J]．科学技术与工程，2013，14(13)：3963-3967

[7] 谭学群，廉培庆，邱茂君，等．基于岩石类型约束的碳酸盐岩油藏地质建模方法——以扎格罗斯盆地碳酸盐岩油藏A为例[J]．石油与天然气地质，2013，4(34)：558-563

[8] 杜建芬，陈静，李秋，等．CO2微观驱油实验研究．西南石油大学学报(自然科学版)[J]，2012，34(6)：131-135

[9] Moutaz A. Al-Dabbas, Saad Salih Aljumaily. Depositional environments and porosity distribution in regressive limestone reservoirs of the Mishrif Formation, Southern Iraq. Arabian Journal of Geosciences, February 2010.

[10] Zahid Bhatti, Shahin Negahban. Screening of Field Development options by Simulation Study to Improve Recovery from Lower Southern Units of Complex Carbonate Reservoir. SPE, 101909

[11] A. Chawathé, SPE; J, Dolan. Innovative Enhancement of an Existing Peripheral Waterflood in a Large Carbonate Reservoir in the Middle East. SPE; and R. Cullen, SEP: 102419

[12] Bingjian Li, Schlumberger; Hamad Najeh, Kuwait Oil Company; Jim Lantz, BP Kuwait. Detecting Thief Zones in Carbonate Reservoirs by Integrating Borehole Images With Dynamic Measurements: Case Study From the Mauddud Reservoir, North Kuwait. SPE 116286

[13] A. Holden, C. Lehmann, K Ryder, B. Scott, K. Almond (BP, Rumaila Operating Organisation). Integration of Production Logs Helps to Understand Heterogeneity of Mishrif Reservoir in Rumaila. SPWLA55th Annual Logging Symposium, May 18 - 22, 2014

南海西部异常高温高压气藏区域产能预测技术

王雯娟　鲁瑞彬　陈健　何志辉　张风波　王世朝

(中海石油(中国)有限公司湛江分公司)

摘　要　针对异常高压气井测试费用高、产能预测难问题，开展区域产能预测技术研究，重点考虑应力敏感、非烃、气井表皮系数对产能的影响。通过大量实验，明确靶区应力敏感变化规律；分析 CO_2 含量对天然气偏差系数、黏度等参数的影响，基于实验数据推导建立了一种适用于高中低二氧化碳含量的全范围偏差系数校正模型。最终建立了同时考虑应力敏感、非烃、表皮系数影响的区域产能预测图版，大大降低气井产能测试费用，在南海西部高温高压气井应用效果较好。

关键词　高温高压；区域产能预测；应力敏感；非烃校正；表皮系数

气井产能评价是气田开发生产中的一项重要任务，确定气井的产能不仅是气井合理配产的需要，也是气井动态分析及预测的基础[1~3]。

随着天然气工业的快速发展，近年来在南海西部莺琼盆地发现大量高温高压天然气藏，高温高压气藏的发现与开发给南海西部增储上产带来了重大机遇。东方13区属于超高压气藏，压力系数在1.9以上，地层温度140℃，且组分复杂，CO_2 含量高(3%~70%)，由于海上高温高压气藏的特殊性，其测试费用高、测试成功率低，测试获取气井产能难度大[4]；同时对于高温高压气井产能的影响因素有很多，主要研究集中在井底污染、储层渗透率、地层压力、气井探测半径等[5~8]，对产能的准确计算同样存在较大难度。从测试、理论公式计算求取高温高压气井产能困难较大。

基于南海西部高温高压气藏特殊的温压特征及复杂的组分分布，以区域已有高温高压气井产能为知识库，开展考虑应力敏感、非烃校正及表皮系数校正的区域产能预测技术，合理预测气藏产能，降低高温高压测试费用，指导气藏合理开发。

1　高温高压气藏应力敏感实验研究

由于异常高压气藏的超高压特性，在开发过程中随着流体的采出会表现出较强的应力敏感特征，特别是井底附近，压降较大，速度较快，储集层物性会发生明显变化，产生“应力污染”现象[9~11]。应力敏感导致渗透率的降低会明显影响气井的产能进而影响气藏的开发效果[12~14]。

目前常用的评价储层应力敏感程度的方法有渗透率损坏系数法(行标)、应力敏感性系数法和数学回归等方法，考虑到应力敏感的连续表征及其在数模、产能评价中的应用，数学回归方法中指数式(式1)、幂规律关系式(式2)应用较多。

$$K_n = K_i \times e^{-\gamma}(\Delta\sigma) \tag{1}$$

$$K_n = K_i \times (\Delta\sigma)^{-\gamma} \tag{2}$$

式中　γ——应力敏感系数，小数；

K_i——等效初始渗透率，mD；

K_n——净应力增加过程中不同净应力下岩心渗透率，mD；

$\Delta\sigma$——有效应力，MPa。

南海西部东方13区气藏平均压力系数1.9，地层温度140℃，以靶区实际温压条件为基础，设计变内压，建束缚水应力敏感实验[15]，结果表明，靶区应力敏感程度属于中等偏弱水平，渗透率损害率约为40%。

从图1可以看出对于异常高压气藏，由于其较高的地层压力，使得储层岩石原始有效应力较

【基金项目】国家科技重大专项“莺琼盆地高温高压天然气富集规律与勘探开发关键技术(三期)”(2016ZX05024-005)。

【作者简介】王雯娟(1982—)，女，2005年毕业于中国石油大学(华东)获学士学位，现就职于中海石油(中国)有限公司湛江分公司南海西部石油研究院任项目经理，主要从事油气田开发方面的研究。E-mail：wangwj3@cnooc.com.cn

高，增大了气藏开发过程中有效应力的变化范围，有效应力变化的下限降低，使应力敏感表现更加明显[16]；且开发初期岩石发生弹塑性变形，应力敏感较后期大，表现出前期应力敏感强(地层压力系数下降到1.0前)，后期应力敏感弱的特性。

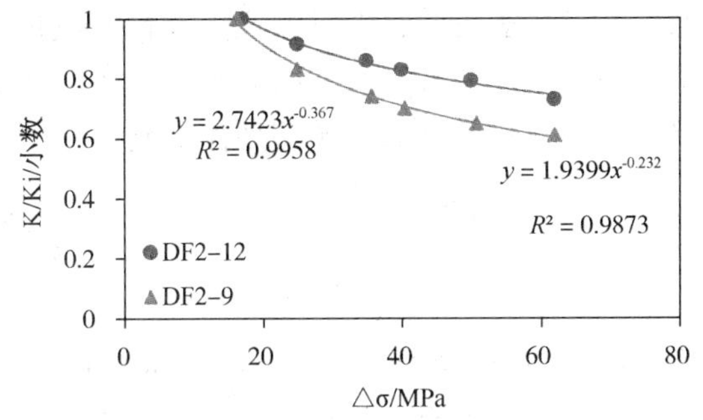

图1　部分岩心应力敏感实验结果

通过对靶区所有岩心应力敏感结果进行归一化处理，得到表征靶区应力敏感的幂规律关系式(式3)，进一步用两口生产井(从投产初期至今进行了三次试井解释)进行了试井验证，结果表明变化趋势与实验结果较为一致(图2)，以此关系式为基础，用于研究校正区域产能。

$$K=2.34\times K_i\times(\Delta\sigma)-0.31 \tag{3}$$

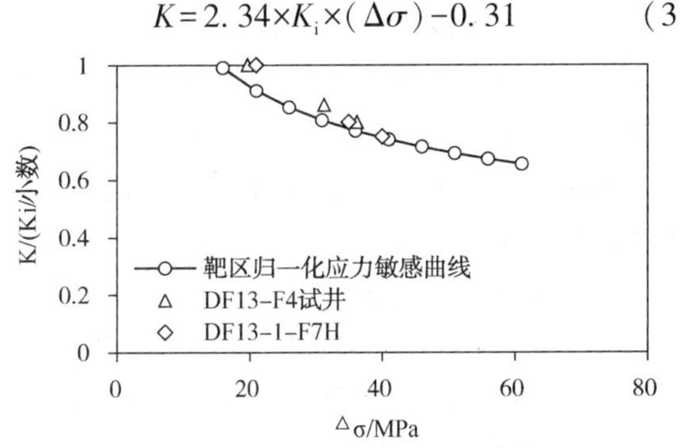

图2　靶区归一化应力敏感与实际生产井测试结果对比图

2　高温高压气藏不同 CO_2 含量 PVT 变化规律

南海西部东方13区异常高压气藏的另一个显著特点是地层流体中含有3%~70%的 CO_2，变化幅度大，组分复杂。由于储层条件下 CO_2 处于超临界状态，其性质易受温压变化影响，且由于 CO_2 与甲烷分子结构的差异导致高含 CO_2 天然气 PVT 参数及变化规律与常规天然气存在较大偏差[17]，实验表明不同 CO_2 含量对天然气体黏度、偏差系数存在较大影响，从而影响气井产能。

2.1　不同 CO_2 含量对天然气偏差系数的影响

按照高温高压 PVT 测试流程，配置并完成四种 CO_2 含量井流物在148℃条件下的 PVT 参数变化规律测试研究。

从图3可以看出，偏差系数随 CO_2 含量的增加而降低，在低压下，随压力升高而减小；高压下，随压力升高而增大，且由于在高压下 CO_2 含量越高，分子间斥力越大，偏差系数变化幅度也越大，即高压下 CO_2 含量对产能的影响相对更大，因此对于异常高压气藏，需要考虑非烃对产能的影响。

在获取偏差系数时，为了达到快速推广应用的目的，多采用公式的方法计算。常用的经验公式计算模型有很多[18~20]，对于非烃含量较低的天然气计算结果比较可靠，从高 CO_2 天然气 PVT 实验结果可以看出，CO_2 等非烃气体会对天然气偏差系数造成较大影响，因此需要考虑 CO_2 等对拟临界参数的改变，对于非烃的校正，目前常用的校正模型有两种：Car－Kobayshi－Burrows (CKB)方法和 Wicher-Aziz(WA)法。与实际实验结果对比，传统校正方法校正后的计算精度，误差仍较大(图4)，在南海西部适用性较差。

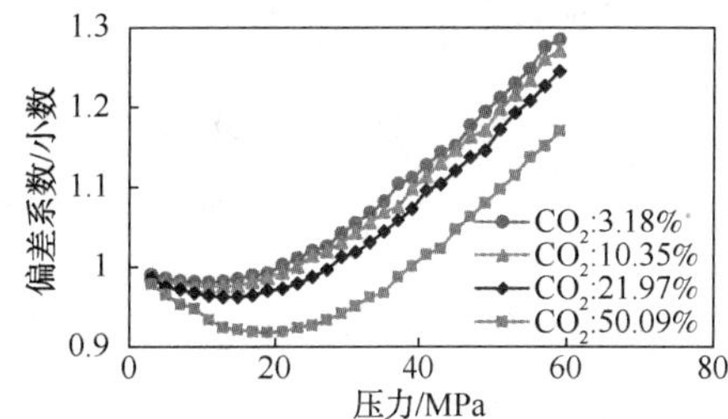

图3　不同 CO_2 含量天然气的偏差系数随压力变化曲线

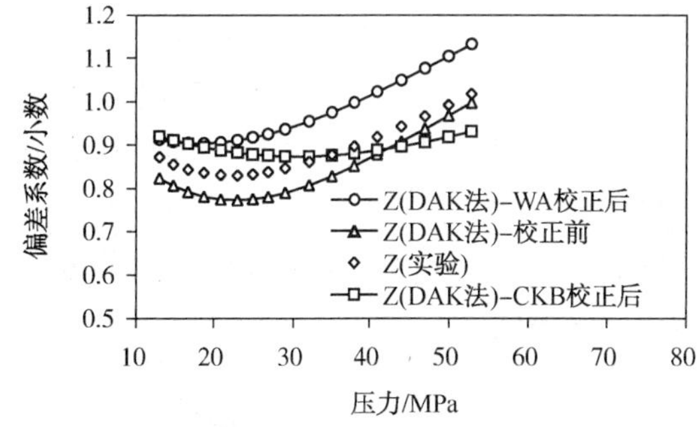

图4　高二氧化碳(73.58%)时常规非烃校正模型计算效果

基于以上问题推导建立了一种适用于高中低二氧化碳含量的全范围校正模型。对新模型采用以下形式的混合校正规则：

$$T'_{pc}=T_{pc}-\gamma \tag{4}$$

$$P'_{pc}=\frac{P_{pc}\times T'_{pc}}{T_{pc}} \tag{5}$$

利用式4、式5来确定CO_2对气体临界温度、临界压力的影响，其中校正系数y为二氧化碳分压的函数。

以莺琼盆地实际气藏流体实验结果为基准数据库，以最小二乘法非线性拟合为手段建立非烃含量与天然气拟临界参数(校正系数y)之间的关系，通过回归，建立三次多项式，常数项为0的校正模型(式6)

$$y=A\times M+B\times M^2+C\times M^3 \tag{6}$$

式中　y——校正系数，小数；

M——CO_2含量，小数。

南海西部异常高温高压气藏校正系数值：$A=229.5$；$B=-751$；$C=699.5$。

从图5可以看出，校正后的模型与实验数据拟合效果较好。以此模型为基础，计算CO_2含量对气体PVT参数的影响，从而对气井产能进行校正。

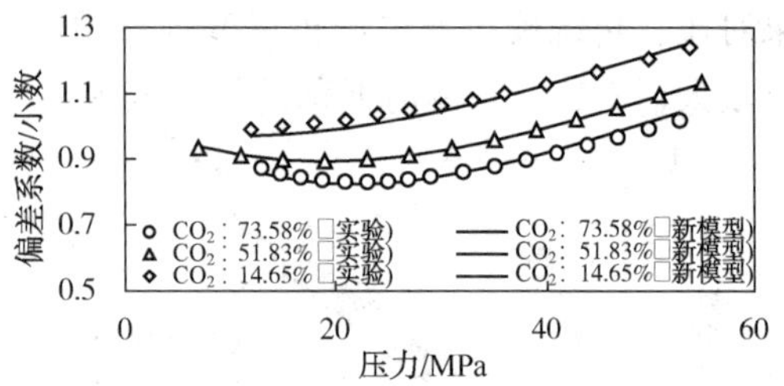

图5　不同CO_2含量新模型结果与实验值对比图

2.2　不同CO_2含量对天然气黏度的影响

CO_2含量对气体黏度影响较大(图6)：随CO_2含量增加，天然气黏度增加；天然气黏度随压力的上升而增大，且高压下，二氧化碳含量对黏度的影响显著。分析其原因是高温高压条件下，由于超临界二氧化碳气体分子间排斥力成为主导作用，气体层面剪切力大，导致黏度大。这也意味着储层压力越高、CO_2浓度越高、流体黏度越大，越难流动，产能越低。

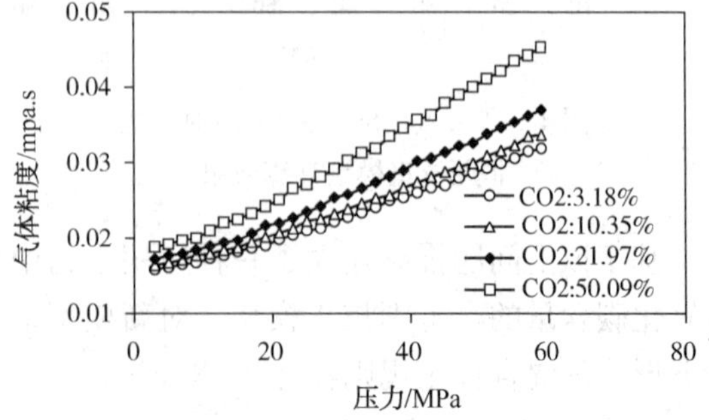

图6　不同CO_2含量天然气黏度随压力变化曲线

3　高温高压高CO_2气藏产能影响因素敏感性分析

结合南海西部“三高(高温高压高CO_2)”气藏地质油藏特征，从公式7(压力平方式)可以看出，对产能影响较大的参数主要有渗透率、偏差系数、黏度、表皮等，在进行产能评价时应重点考虑应力敏感、非烃、表皮的影响，将各气井校正到同一水平进行区域产预测规律研究。

$$q_{sc}=\frac{774.6kh(p_e^2-p_{wf}^2)}{T\bar{\mu}\bar{Z}(\ln\frac{r_e}{r_w}+S)} \tag{7}$$

式中　q_{sc}——标准状态下的产气量，m^3/d；

K——气层有效渗透率，mD；

p_e——地层压力，MPa；

p_{wf}——井底流压，MPa；

T——气层温度，K；

$\bar{\mu}$——气体黏度：mPa・s；

$\bar{Z}$——气体偏差系数，小数；

r_e——波及半径：m；

r_w——井径：m；

S——表皮系数，小数。

以南海西部异常压力井数据为基础，进行产能影响因素敏感性分析，该井地层压力90MPa，压力系数2.1，地层温度191℃，有效厚度15m，以此数据为基础，进行敏感性分析。

3.1　应力敏感对产能的影响

通过对应力敏感的研究，储层在发生应力敏感后物性不断降低，以式3为基础，进行应力敏感对产能影响研究(图7)，从图中可以看出随着应力敏感系数的增大，气井产能不断降低，无阻流量降低比例与应力敏感系数增加比例基本呈线性关系。

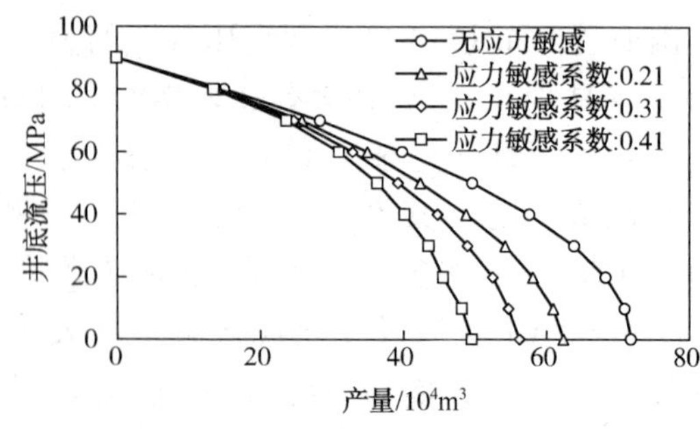

图7　不同应力敏感指数下的气井流入动态曲线

3.2　非烃含量对产能的影响

非烃含量(CO_2)主要影响气体偏差系数和黏

度，从而影响气井产能，图 8 为不同 CO_2 含量气井流入动态曲线。随着 CO_2 含量的不断增加，气体偏差系数不断降低，黏度不断增大，二者的乘积决定气井产能的变化规律，总体来说随 CO_2 含量的增加，气井产能逐渐降低。

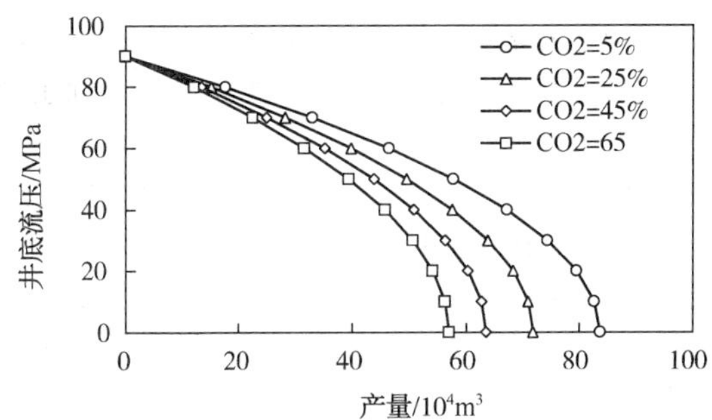

图 8　不同 CO_2 含量下气井流入动态曲线

3.3　储层污染对产能的影响

储层污染实质是固相颗粒侵入或黏土矿化膨胀堵塞渗流通道，造成储层污染的主要因素有：钻完井液配方、泥浆侵泡时间、岩石黏土矿物成分等。统计高温高压气井测试数据，在钻完井液体系相同时，泥浆侵泡时间越长，污染表皮越大。高温高压气井由于安全角度考虑，较常规钻完井历时时间长，因此南海西部高温高压气井均存在不同程度的储层污染。

污染对储层产能伤害较大，由于储层污染，压力损失在井底附近急剧增大，产能下降，理论计算表明，表皮系数越大，产能下降越大(图 9)。

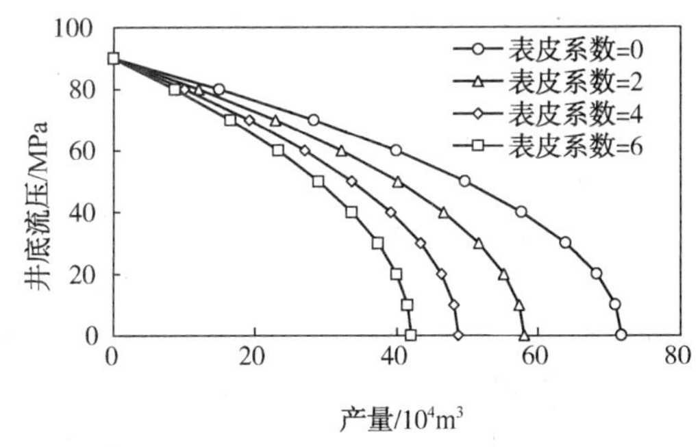

图 9　不同表皮系数下气井流入动态曲线

4　南海西部高温高压气藏产能预测图版及应用

南海西部在长时间的勘探开发历程中建立了大量的开发指标知识库、图版、经验公式等。对于高温高压气井产能的预测研究，以成功测试、取得准确产能的井为基础，考虑储层应力敏感、CO_2含量对 PVT 参数的影响以及表皮系数对产能的影响，将各井产能数据做统一校正，以校正后的数据为基础开展靶区区域产能预测技术研究(图 10)，指导未测试井产能预测，降低测试费用。

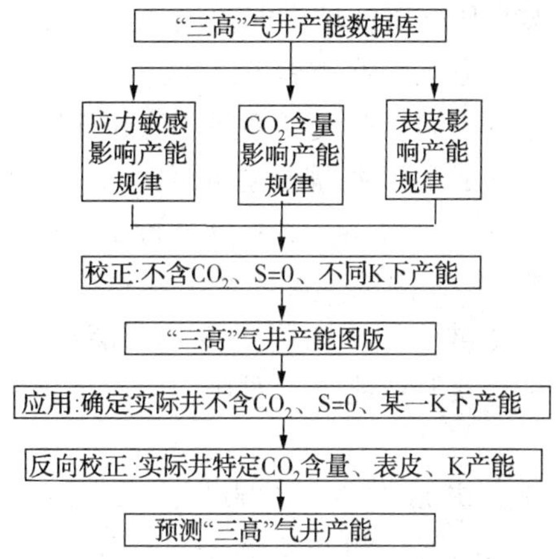

图 10　南海西部区域产能预测技术研究思路

4.1　南海西部高温高压气藏产能预测图版

以理论公式为基础，结合南海西部地区温压、流体参数特点，经过推导得到南海西部异常高压区域米采气指数与试井渗透率系式。

$$\frac{q_{\mathrm{AOF}}}{hP_{\mathrm{r}}^2}=cK^n \tag{8}$$

式中　$\frac{q_{\mathrm{AOF}}}{hP_{\mathrm{r}}^2}$——米采气指数，$10^4\ \mathrm{m^3/(d \cdot m \cdot MPa^2)}$；

K——试井渗透率，mD；

c、n——反应区域特征的系数(南海西部：$c=0.005$，$n=0.893$)，无因次。

结合南海西部异常高压气井产能测试数据，考虑各井应力敏感，合理确定气井无阻流量，同时将各井无阻流量校正到不含 CO_2，表皮系数为 0 状态下，分析米采气指数与试井渗透率关系，建立了南海西部异常高压气井区域产能规律图版(图 11)。

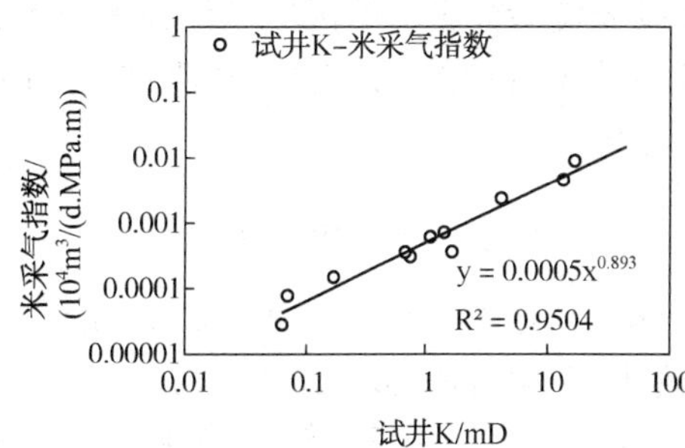

图 11　南海西部异常高压气井区域产能预测图版

异常高压气井区域产能预测图版，创新建立了试井渗透率与产能的关系，具有明显的区域适用性，通过区域产能规律图版，只需要获取储层渗透率、有效厚度和地层压力，就可以快捷地计算气井无阻流量。

4.2　图版验证及应用

高温高压气藏区域产能预测技术在南海西部乐东区、东方区等高温高压靶区得到广泛应用，成功指导了高温高压气藏勘探评价和开发生产。

L气田是南海西部典型的高温高压低渗气藏，该气藏三口探井中1井只进行了MDT测试，2井未进行相关测试，仅3井(L-3)进行了产能测试，在测试前用该图版对该井产能进行预测，并与测试后实测产能进行对比，以验证该图版的准确性。

L-3井井底温度近200℃、压力系数2.3，地层温度182℃，测井渗透率1.77mD，测试段气层厚度为14.4m，孔隙度11.09%，含水饱和度38.40%。为了较为准确的确定L-3井的有效渗透率，以区域知识库$K_{试井}/K_{测井}$图版为基础，预测L-3井有效渗透率为0.78mD。将预测的试井渗透率值投到南海西部高温高压气井产能预测图版(图11)中，预测该井无阻流量为$36.8\times10^4 m^3/d$。

测后资料分析结果表明：该井试井渗透率为(0.7~1.4)mD(径向复合)，无阻流量为$35.5\times10^4 m^3/d$(去表皮后)，区域产能预测图版预测产能准确性较高，应用效果较好。

5　结论

(1)建立了南海西部异常高温高压气藏应力敏感幂规律关系式，得到了储层应力敏感对气井产能影响的定量关系。

(2)推导了异常高压气藏考虑CO_2含量的气体偏差系数预测新模型，解决了高温高压高CO_2气藏偏差系数难以准确预测的难题。

(3)建立了高温高压气藏考虑应力敏感、非烃校正及表皮系数影响的区域产能预测技术，大大降低气井测试费用，在南海西部应用效果较好。

参考文献

[1] 唐洪俊，徐春碧，唐皓．气井产能预测方法的研究与进展[J]．特种油气藏，2011，18(5)：11-15.

[2] 杨志浩，李治平，陈奎，等．产能递减分析新方法及应用[J]．断块油气田，2015，22(4)：484-487.

[3] 廖代勇，边芳霞，林平，等．气井产能分析的发展研究[J]．天然气工业，2006，26(2)：100-101.

[4] 成涛，陈建华，阮洪江，等．海上异常高温高压气藏产能评价方法[J]．石油钻采工艺，2016，38(6)：832-836.

[5] 李国锋，李海涛，王文清，等．影响气井产能的主要因素分析[J]．重庆科技学院学报(自然科学版)，2008，10(1)：18-21.

[6] 何自新，郝玉鸿．渗透率对气井产能方程及无阻流量的影响分析[J]．石油勘探与开发，2001，28(5)：46-49.

[7] 郝玉鸿，王方元．地层压力下降对气井产能方程及无阻流量的影响分析[J]．天然气工业，2000，20(1)：71-73.

[8] 郝玉鸿．气井探测半径对产能方程的影响[J]．新疆石油地质，1999，20(1)：53-55.

[9] 张辉，王磊，汪新光，等．异常高压气藏气水两相流井产能分析方法[J]．石油勘探与开发，2017，44(2)：258-262.

[10] 郭晶晶，张烈辉，涂中．异常高压气藏应力敏感性及其对产能的影响[J]．特种油气藏，2010，17(2)：79-81.

[11] 杨滨，姜汉桥，陈民锋，等．应力敏感气藏产能方程研究[J]．西南石油大学学报(自然科学版)，2008，30(5)：158-160.

[12] 郭平，赵梓寒，汪周华，等．应力敏感对东方1-1气田开发指标的影响[J]．西南石油大学学报(自然科学版)，2016，38(4)：95-100.

[13] 杨胜来，王小强，汪德刚，等．异常高压气藏岩石应力敏感性实验与模型研究[J]．天然气工业，2005，25(2)：107-109.

[14] 袁丙龙，杨朝强，吴倩，等．莺歌海盆地DF13区储层应力敏感特征及主控因素[J]．科学技术与工程，2016，16(5)：60-64.

[15] 郭平，张俊，杜建芬，等．采用两种实验方法进行气藏岩芯应力敏感研究[J]．西南石油大学学报，2007，29(2)：7-9.

[16] 向祖平，谢峰，张剪，等．异常高压低渗透气藏储层应力敏感对气井产能的影响[J]．天然气工业，2009，29(6)：83-85.

[17] 韩宏伟，张金功，张建锋，等．济阳拗陷二氧化碳气藏地下相态特征研究[J]．西北大学学报(自然科学版)，2010，40(3)：493-496.

[18] 张国东，李敏，柏冬岭．高压超高压天然气偏差系数实用计算模型—LXF高压精度天然气偏差系数解析模型的修正[J]．天然气工业，2005，25(8)：79-80.

[19] 李相方，庄湘琦，刚涛，等．天然气偏差系数模型综合评价与选用[J]．石油钻采工艺，2001，23(2)：42-46.

[20] 李相方，任美鹏，胥珍珍，等．高精度全压力全温度范围天然气偏差系数解析计算模型[J]．石油钻采工艺，2010，32(6)：57-62.

坪北油田延长组储层岩石物理相分类研究

王　建

(中国石化江汉油田分公司勘探开发研究院)

摘　要　鄂尔多斯盆地坪北油田延长组广泛发育一套低孔特低渗透储层。各小层渗透率差异性较小，均在 $1\times10^{-3}\mu m^2$ 左右，开发上却表现出了强烈的平面、纵向非均质性特征。目前行业内并没有形成成熟的方法对该类储层进一步细分来体现该种特征。本文基于岩心、薄片、X衍射、压汞等各类分析测试资料，针对研究区强非均质性特征，从储层岩石物理相的角度开展储层分类方法的研究，形成了几项重要成果：(1)经典岩石物理相概念中的裂缝相描述在坪北油田受到资料情况限制较难实现，可以扩展为孔隙结构相的概念加以描述分析；(2)该区域特低渗透储层沉积相可分为水下分流河道、河口坝、分支间湾三种；成岩相可分为碳酸盐岩胶结、强压实致密、弱压实-弱溶蚀、不稳定组分强溶蚀四类；孔隙结构相可分为小孔微喉、中孔细喉、中孔中喉三类；(3)结合沉积相、成岩相与孔隙结构相，可将研究区岩石物理相划分为四类，对应储层级别为非-差，较差，中等，好。采用改进的岩石物理相划分方法能够有效的将低孔特低渗油藏进一步细分，该成果对油田当前的滚动勘探油藏评价及老区细分开发调整具有较大的现实意义，同时对于相似油藏的储层分类研究提供了一种有效方法。

关键词　鄂尔多斯盆地；延长组；岩石物理相；孔隙结构相

我国低渗透油藏储量占累计探明储量的60%-70%，低渗透油藏开发将是我国未来油气开发的主力，然而关于低渗透储层的分类评价，目前现行的石油天然气行业标准[1]仍然偏粗(表1)。因此，建立一种有效的方法开展低渗透储层的分类显得尤为重要。国内外较多学者强调了以渗透率作为低渗透储层分类的界限。前苏联学者认为渗透率小于(50~100)mD的油田属于低渗透油田[2]。李道品等将低渗透层的渗透率上限定为50mD，并提出了超低渗透的概念[3-4]。针对鄂尔多斯盆地，宋国初等将三叠系延长组低渗透储层进一步细分为了5类[5]。从前人的研究成果可以知道，碎屑岩储层分类研究尽管在低渗透储层的上限方面已基本达成共识，即普遍将渗透率50mD作为低渗透储层的物性上限，但是对于特低乃至超低渗透并没有形成统一的及进一步的分类评价标准，不能满足类似鄂尔多斯盆地这种近乎于超低渗透油气田勘探开发的需求。

表1　碎屑岩储层物性分级标准

(SY/T 6285—1997 油气储层评价方法)

分级	孔隙度/%	渗透率($\times10^{-3}\mu m^2$)
特高孔特高渗	>30	>2000
高孔高渗	30-25	2000-500
中孔中渗	25~15	500~50
低孔低渗	15~10	50~10
特低孔特低渗	≤10	≤10

近年来在精细储层描述领域应用效果较好的岩石物理相划分方法可以作为低渗透油藏进一步划分的有利有段。1992年，美国学者D. R. Spain[6]等人在对沃克县砂岩型和粉砂岩相的研究中首次提出了岩石物理相分类，开展储层评价工作；国内的岩石物理相最早由1994年石油大学的熊琦华教授等[7]提出，熊教授认为：岩石物理相是多种地质作用形成的成因单元，它是沉积微相、成岩储集相、后期构造改造等作用的综合效应，它最终表征为现今的孔隙几何学特征-孔隙模型。近20多年来，不同的专家学者均

【基金项目】中国石化股份有限公司重点攻关项目“坪北特低渗透油藏深度水驱技术与应用”(编号：P15141)资助。

【作者简介】王建(1986—)，男，2011年毕业于中国地质大学(武汉)，获硕士学位，目前就职于江汉油田分公司勘探开发研究院石油开发研究所，工程师，主要从事特低渗透油藏储层描述及经济有效开发研究工作。E-mail：109274678@qq.com

对岩石物理相的划分方法开展过较深入的研究[8-18]，利用多学科结合提出了各具特色的划分办法，也针对不同的区块分别实际应用。随着地质科学的不断发展，利用岩石物理相划分技术开展目前不容易进一步细分的特低渗透油藏分类研究，对该类油藏的开发工作意义重大。

坪北油田平均渗透率仅有 $1\times10^{-3}\mu m^2$，属于典型的低渗-超低渗透油藏。截止到目前，研究区还没有构建出一套较合适的储层分类方法。随着对地质开发工作的进一步深入，近年来，研究区开展了大量的岩心分析试验，资料程度有了很大的完善，为储层进一步细分研究提供了很好的机遇。为此，本次研究充分利用各种新资料，以储层岩石物理相描述为手段，并针对区块特点完成了该类型储层分类的研究。

1 区域地质背景

坪北油田位于陕西省延安市安塞县境内，构造位置处于鄂尔多斯盆地东部陕北斜坡坪桥鼻褶带(图 1)，工区地层平缓，构造简单，为一个西倾的大单斜[19]。钻井揭示的地层从上往下依次为：白垩系志丹组；侏罗系安定组、直罗组、延安组和富县组；三叠系延长组。其中主要含油层系也是本文主要研究的层段，为延长组 C4+5 和 C6，可细分为 $C4+5_2$、$C6_1$、$C6_2$、$C6_3$ 四个含油小层，发育三角洲前缘沉积体系，储层岩性主要为岩屑长石砂岩，磨圆度差，反映出较低的结构成熟度和成分成熟度。由于受到强烈的压实作用影响，区域内储层物性与鄂尔多斯盆地延长组整体物性相当，均较差。平均孔隙度 11%，平均渗透率 1mD，属于低孔特低渗透储层。

截止目前，研究区地质储量采出程度仅有 9.4%，而综合含水率却达到了 56.28%，较早的进入了低产出程度中高含水阶段。前期研究来看，地质描述工作的精细程度不够，储层研究拘泥于传统的地质定性描述是导致目前开发效果不理想的根本因素。油田早期开发主要以小层为单元开展工作，对于非均质认识的要求不高，而到了目前精细开发阶段，小层内部单砂体、单砂体内部储层的微小变化对于剩余油的分布，配套工艺的实施均有着重大的影响。因此引入新的思路和理念，精雕细化储层认识，细化单砂体内部的研究工作，从而更加有效高效的指导老区开发显得越来越迫在眉睫。

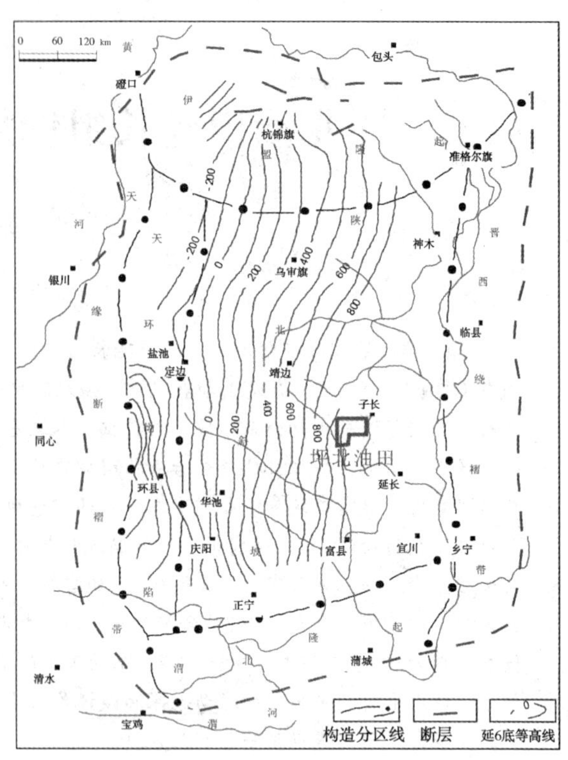

图 1　坪北油田构造位置图

2 岩石物理相划分

本次研究主要针对研究工区特有的地质特征，基于经典的岩石物理相理论即对工区沉积相、成岩相、裂缝相分别展开描述。然而坪北地区由于上覆地表黄土层较厚的影响，全区无法开展三维地震的采集[20]，同时从未实施成像测井工作，传统的裂缝相描述变得极其困难[21]。因此，研究中引入渗流力学的理念将传统裂缝特征理解为微观孔隙结构中高孔高渗特征，将裂缝相的研究扩展为针对特低渗透储层的微观孔隙结构相的研究。将沉积相、成岩相以及孔隙结构相有机组合，从而实现本区储层岩石物理相的分类。

2.1 沉积相划分

鄂尔多期盆地东北部延长组为内陆湖泊浅水三角洲沉积体系，发育多支三角洲，三角洲之间相互叠置，平面呈三角裙形态展布[22]。研究区处于盆地东北部安塞三角洲沉积体系。安塞三角洲类型及沉积亚相、微相的发育独具特点[23]，即三角洲前缘亚相发育，亚相中又以水下分流河道沉积微相占优势，河口坝沉积微相不甚发育，而且在三角洲强烈向湖盆推进过程中，先期形成的河口坝往往受后期水下分流河道冲刷侵蚀而得不到完整保存，表现在剖面上水下分流河道与河口坝多呈冲刷截切叠置关系(图 2a)。

坪北工区位于安塞三角洲东北部边缘河流入

湖处，随着入湖水量减少，湖盆由 C7 最大扩张期开始收缩，形成了从长 6-长 2 段沉积相从三角洲前缘向三角洲平原的逐渐演化，长 4+5-长 6 以水下分流河道沉积微相为主，河口坝沉积微相为辅，同时在三角洲发育过程中水下分流河道向前推发生横向迁移，造成水下分流河道汇聚而显示出较宽的河面特征(图 3)。总的来说，坪北地区主要沉积微相为水下分流河道、分支间湾、河口坝等三种，极少数区域单井偶见水下天然堤、水下决口扇发育。

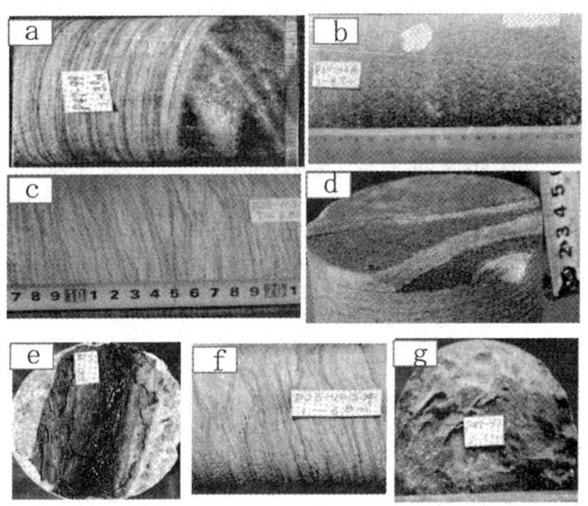

(a) P47-99井，1355.6m，水下分流河道与河口坝冲刷面；(b)P60-84井，1345.2m，块状层理；(c)P23-103井，1326.3m,波状层理；(d) P29-100井，1314.2m，平行层理；(e) P60-84井，1350.2m，炭化植物；(f) P23-103井，1319.2m，波状交错层理；(g) P47-99井，1341.2m，黑色泥岩；

图 2　坪北地区层理构造特征

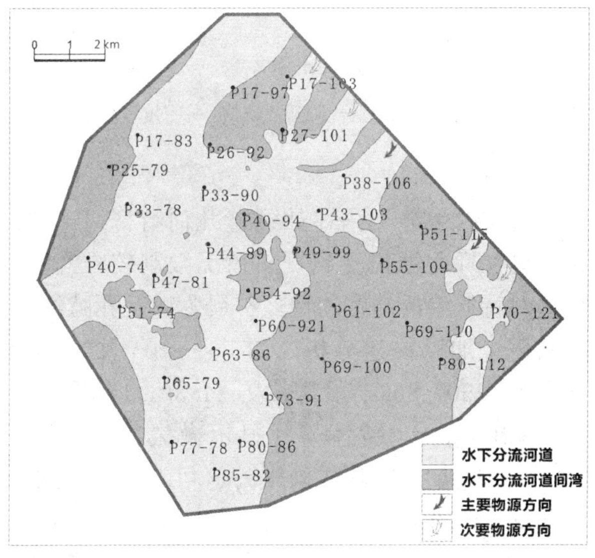

图 3　坪北地区延长组长 6_2^2 小层沉积微相平面图

研究区水下分流河道多由多期河道摆动叠置形成，河道砂体河面较宽，视厚度大，局部可达 30 米。岩性为浅灰~浅绿灰~灰褐色含砾细砂岩、中~细砂岩、细砂岩、粉细砂岩向上可变为粉砂岩，剖面上显示正韵律特征，反映出水动力能量由强到弱的变化过程。砂岩中发育块状层理、波状层理及平行层理(图 2b、c、d)。见顺层面分布的炭化植物碎片，偶而见已转化为煤的丰富植物茎干化石(图 2e)。单个河道砂体的电测曲线特征呈中~高幅钟形或箱形，多个河道砂体连续叠置呈中~高幅钟形叠加钟形或箱形及钟形+箱形的复合形。

河口坝微相为水下分流河道延伸末端能量减弱，大量河水携带沉积物快速堆积的产物，岩性主要为灰色~绿灰色细砂岩，粉细砂岩及粉砂岩，单个砂体具粒度向上变粗，泥质含量减小的反韵律。发育块状层理、沙纹层理、波状交错层理(图 2f)。单个河口坝以漏斗形或指形为主，由多个河口坝砂体叠加而形成台阶状漏斗形复合体，与上部水下分流河道砂体呈镜向对称关系。

水下分流河道间湾整体分布于河道的两侧，岩性特征为深灰色-黑色泥岩、粉砂质泥岩，无较明显的层理(图 2g)，厚度不大，但分布较为稳定，平面上呈宽广的港湾状展布，偶而夹薄层砂岩，可能与洪水漫溢于间湾或水下分流河道砂延伸进入间湾沉积有关。储层物性较差，在研究工区主要以隔层和夹层的形式出现，测井曲线特征明显，SP 曲线低幅并贴近泥岩基线。

2.2　成岩相

论文通过对大量的普通薄片、铸体、X 衍射全岩分析等测试资料总结，明确了坪北地区延长组成岩作用主要分为对于储层破坏型的压实作用、碳酸盐岩类胶结作用及建设型的溶蚀作用三种。从薄片分析来看，砂岩主要成分为陆源碎屑岩，可见部分火成岩及变质岩的母岩成分，反应了物源来自北部阴山造山带中的太古界花岗质的片麻岩。而碎屑颗粒之间基本以线接触为主，反映储层成岩过程经历了较强的压实作用。主要的胶结物类型为少量石英自生加大(图 4a)及广泛发育的方解石类，反映了储层经历了较普遍的碳酸盐岩胶结过程(图 4b)。从泥质成分可以看出，主要的泥质类型为绿泥石，占到泥质含量的 80%以上，从镜下观察可知，绿泥石主要以环形薄膜形式存在孔隙中(图 4c)，大量的绿泥石增加了岩石的机械强度并在一定程度上抑制了储层后期胶结作用，对储层物性起到了一定的保护作用[24]。从铸体图像资料可知，储层整体孔隙度较小，而孔隙类型主要以粒间溶孔为主(图 4d)，见少量的剩余粒间孔，反应了前期原生孔隙在经历强压实作用后损失较大，而后期溶蚀作用对研究区物性改造起到了较积极的影响，并成为主要的孔隙类型[25]。

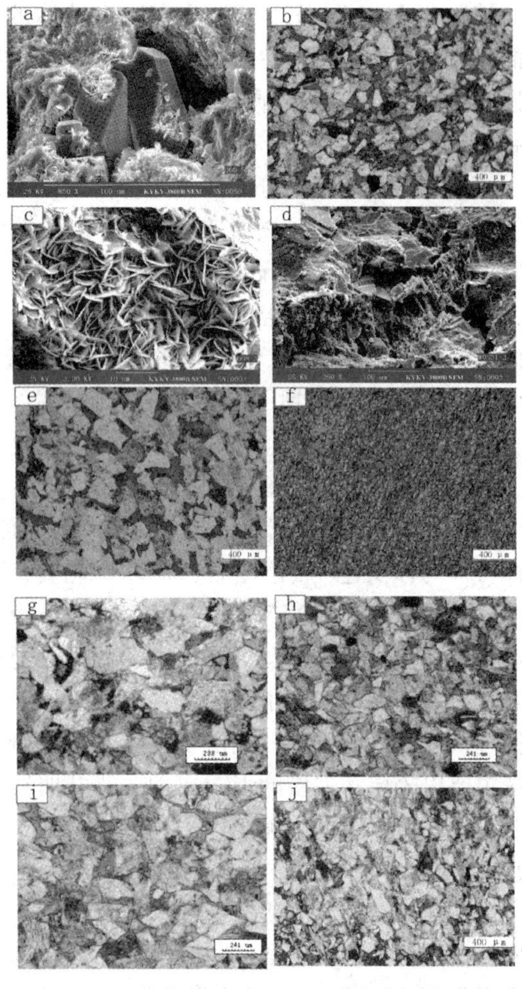

(a)P29-100井，长61，1360.77m，自生石英充填粒间孔中；(b)P39-873井，长4+52，1274.5m，孔隙充填式，方解石交代颗粒边缘；(c)P29-100井，长61，1341.12m，包裹颗粒表面的针叶状绿泥石；(d)P23-86井，长62，1431.16m，长石粒内溶孔及粒间孔；
(e)P28-102井，长4+52，1317.32m，碳酸盐胶结相；
(f)P39-873井，长4+52，1210.72m，压实致密相；
(g)P23-86井，长6，1435.26m，强压实弱溶蚀相；
(h)P39-873井，长4+52，1287.25m，不稳定组分强溶蚀相；(i)典型裂缝发育储层铸体薄片；(j)典型裂缝欠发育储层铸体薄片；

图 4　坪北地区延长组成岩作用及成岩相类型

根据岩石母岩成分、颗粒接触关系、胶结物类型及泥质成分含量可以明确，该区域典型的成岩演化序列为东北部母岩搬运沉积→较强机械压实→绿泥石膜胶结→石英自生加大→碳酸盐岩胶结→长石、岩屑溶蚀[26]。

在对延长组储层成岩作用认识的基础上，可以将研究区主要的成岩相划分为四类：①碳酸盐岩胶结相(图 4e)，表现为镜下可以明显看见连片的方解石胶结物堵塞孔隙，该类岩相孔隙度极低，一般小于 7%，粒度较小，一般为 0.15μm 以下，岩石视密度大于 2.5g/cm³；②强压实致密相(图 4f)，主要为泥岩和泥质含量较高的砂岩，泥质的充填导致镜下常常未见明显孔隙，局部有少量孤立微孔，不能形成有效储层，该类岩相孔隙度也较低，一般在 7%～9%之间，粒度也较小，一般在 0.20μm 以下，岩石视密度在 2.4～2.5g/cm³之间；③弱压实-弱溶蚀相(图 4g)，主要为有一定泥质填充了部分孔隙，同时由于溶蚀作用形成了一定的次生孔隙的砂岩，该类岩相镜下铸体可测孔隙少。孔隙度一般在 9%～12%之间，岩石视密度 2.35～2.4g/cm³之间，粒度适中，一般在极细砂岩级别以上；④不稳定组分强溶蚀相(图 4h)，主要为泥质含量较少，而长石颗粒及岩屑中的长石组分大量溶蚀，造成了储层具有较好的渗透性，为最好的成岩相，铸体可测孔隙相对较多。孔隙度在 11%～14%之间，岩石视密度小于 2.35g/cm³，粒度和弱压实-弱溶蚀相差异较小。不同的岩石相随着致密程度的降低，孔隙度变大，岩石视密度减小(图 5)。

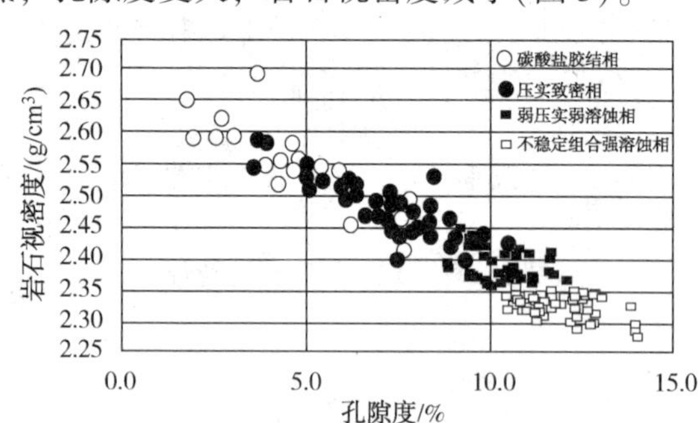

图 5　不同成岩相孔隙度与岩石视密度交汇图

2.3　孔隙结构相

传统的裂缝相描述如裂缝几何特征、产状、密度等在坪北油田受到资料情况限制较难实现，可针对特低渗透油藏的特点扩展为微观孔隙结构相的概念加以描述分析。如 P39-103 井，C6₁，样品 1，1307.86m，孔隙度为 11.8%，渗透率为 $1.79\times10^{-3}\mu m^2$，铸体薄片显示微裂缝发育(图 4i)，该类储层孔隙结构较好，可测孔隙较多；样品 2，1320.02m，孔隙度为 9.2%，渗透率为 $0.3\times10^{-3}\mu m^2$，铸体薄片显示无微裂缝发育(图 4j)，该类储层孔隙结构较差，可测孔隙较少。微裂缝越发育，孔隙结构相越好。

从铸体和电镜结果可知，坪北地区孔隙类型

相对单一，主要为次生发育的粒间溶孔，孔隙喉道均较小，类型比较复杂，主要以片状、弯片状、缩颈状及管束状为主，因此喉道大小成为了孔隙空间是否有效并提供渗流能力的评价标准[27]。一般而言，反映孔隙喉道大小及渗流能力可通过压汞曲线特征参数体现，各参数均从不同角度反映了储层微观孔隙结构特征，各参数相互独立却又互相关联。其中平均孔喉半径对储层渗透率影响最大，孔喉半径越小，储层渗透率越低(图6)，而储层渗透率贡献大小则主要决定于主流孔喉平均有效半径 R_Z(1)，研究区 R_Z 主要集中在几个区域(图7)，因此可以根据 R_Z 的大小分布开展孔隙结构相的分类。如表2，可计算 K_1 = 0.093mD、R_Z = 0.0677μm；K_2 = 2.63mD、R_Z = 2.7μm。

$$R_Z=\frac{\sum R_I}{I} \tag{1}$$

式中　R_z——主流孔喉平均有效半径，μm；

R_I——样品中渗透率贡献较大的主流孔喉有效半径值，μm；

I——渗透率贡献累计频率大于90%以上的孔喉分布类型个数，无量纲。

笔者通过对15口均匀分布的取芯井200余块压汞样品分析，根据 R_z 分布特征选择了排驱压力、平均孔喉半径、分选系数三个参数对孔隙结构相进行分类，将研究区划分为小孔微喉、中孔细喉、中孔中喉三种类型，对应的主流孔喉平均半径由小到大，渗流能力由差到好。其中小孔微喉型主流孔喉平均半径小于0.325μm，平均孔喉半径较小、排驱压力较大、分选系数较小。中孔细喉型主流孔喉平均半径在0.325~0.815μm之间，平均孔喉半径中等、排驱压力中等、分选系数中等；中孔中喉型主流孔喉平均半径大于0.815μm，平均孔喉半径大、排驱压力小、分选系数大；(表3)

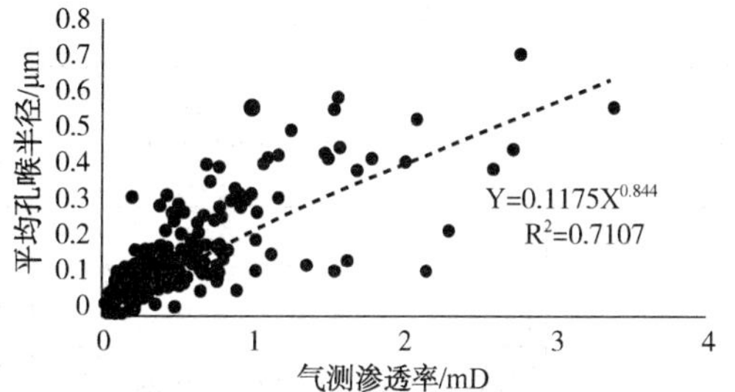

图6　平均孔喉半径与空气渗透率关系图

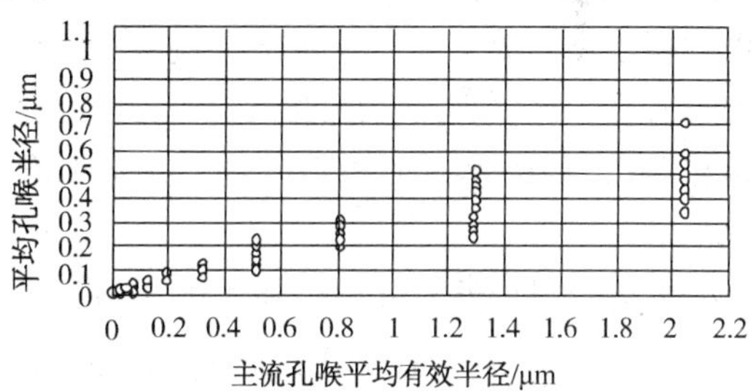

图7　坪北地区储层渗透率贡献最大主流孔喉平均半径分布图

表2　典型样品孔喉半径分布表

渗透率/mD	孔喉半径/μm	频率值/%	渗透率贡献值/%	累积贡献率/%	备注	渗透率/mD	孔喉半径/μm	频率值/%	渗透率贡献值/%	累积贡献率/%	备注
0.093	0.1	6.92	40.14	40.14	主流孔喉	2.63	4	3.7433	39.264	39.26	主流孔喉
	0.063	14.42	32.83	72.97	主流孔喉		2.5	8.8766	37.2	76.46	主流孔喉
	0.04	18.98	17.23	90.2	主流孔喉		1.6	9.3487	15.513	91.98	主流孔喉
	0.025	21.96	7.96	98.17	非主流孔喉		1	7.7422	5.191	97.17	非主流孔喉
	0.016	9.86	1.42	99.58	非主流孔喉		0.63	6.7691	1.781	98.95	非主流孔喉
	0.01	5.06	0.29	99.88	非主流孔喉		0.4	5.3568	0.562	99.51	非主流孔喉
	0.0063	4.35	0.1	99.97	非主流孔喉		0.25	8.6279	0.362	99.87	非主流孔喉
	0.004	2.79	0.03	100	非主流孔喉		0.16	4.8749	0.081	99.95	非主流孔喉
							0.1	4.5841	0.031	99.98	非主流孔喉
							0.063	3.5429	0.009	99.99	非主流孔喉
							0.04	3.1504	0.003	100	非主流孔喉

表3　坪北地区延长组不同储层孔隙结构相压汞特征参数表

孔隙结构相	主流孔喉平均半径/μm	排驱压力/MPa	平均孔喉半径/μm	分选系数
小孔微喉	≤0.325	1.022-70	0.0042-0.12	0.0081-0.0855
中孔细喉	0.325-0.815	0.4129-1.022	0.12-0.2889	0.0871-0.2782
中孔中喉	>0.815	0.2461-0.4129	0.3049-1.0356	0.2782-0.7554

3　岩石物理相划分方案的建立

坪北地区沉积微相主要有水下分流河道、河口坝、分支间湾三种；成岩相主要有碳酸盐岩胶结相、强压实致密相、弱压实-弱溶蚀相、不稳定组分强溶蚀相四种；孔隙结构相主要有小孔微喉、中孔细喉、中孔中喉三种；将沉积微相、成岩相、孔隙结构相三者有机叠加结合，并去掉不科学、不符合常规地质认识的组合形式，可将本区域储层岩石物理相划分为四类(表4)，对应的储层级别分为非-差，较差，中等，好。

表 4　坪北地区延长组储层岩石物理相分类

岩石物理相	沉积相	成岩相	孔隙结构相	储层类别
PF1	分支间湾为主，分流河道及河口坝中灰质、泥质夹层	碳酸盐岩胶结；强压实致密	小孔微喉	非-差
PF2	分流河道侧缘及河口坝底部	弱压实-弱溶蚀相；不稳定组分强溶蚀相	小孔微喉	差
PF3	分流河道主体，河口坝中上部	弱压实-弱溶蚀相；不稳定组分强溶蚀相	中孔细喉；中孔中喉	中
PF4	分流河道中部，河口坝中部	不稳定组分强溶蚀相	中孔中喉	好

其中 PF1 类储层最差，基本为非-差储层。沉积微相主要为分支间湾及水下分流河道、河口坝中的灰质、泥质夹层；成岩相主要为碳酸盐岩胶结和强压实致密相；孔隙结构相为小孔微喉型。

PF2 类储层较差，沉积微相主要为分流河道侧缘及河口坝底部；成岩相主要为弱压实-弱溶蚀相、不稳定组分强溶蚀相两类；孔隙结构相以小孔微喉型为主；

PF3 类储层中等，为研究区常见储层，沉积微相类型主要为分流河道主体、河口坝中上部较粗部分；成岩相主要为弱压实-弱溶蚀相、不稳定组分强溶蚀相两类；孔隙结构相以中孔细喉型为主，部分为中孔中喉型；

PF4 类为研究区最好储层，沉积微相类型主要为水下分流河道中部，河口坝中部；成岩相主要为不稳定组分强溶蚀相；孔隙结构相主要为中孔中喉型。

岩石物理相越好，储层品质越好，产能越高。为了验证岩石物理相划分正确与否，笔者利用目前业界公认的表征岩石物理相好坏的储集层品质指数(RQI)[28]与表征储层产能大小的压汞参数汞饱和度中值压力 $P_{50[29]}$ 建立关系。其中 RQI 值由式 2 计算求得，汞饱和中值压力 P_{50} 由室内试验求得。可以看出(图 8)，岩石物理相越好，RQI 值越大，而相应的 P_{50} 越小，对应着储层产油能力越强。

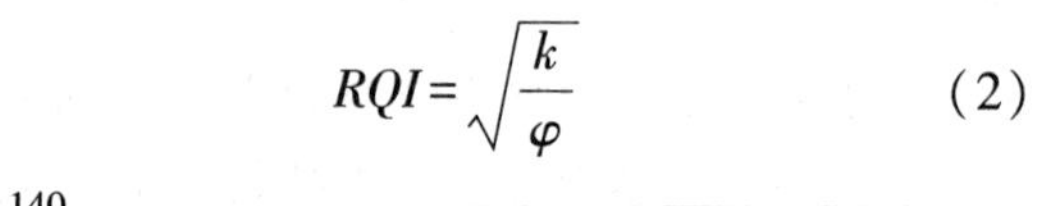

$$RQI=\sqrt{\frac{k}{\varphi}} \qquad (2)$$

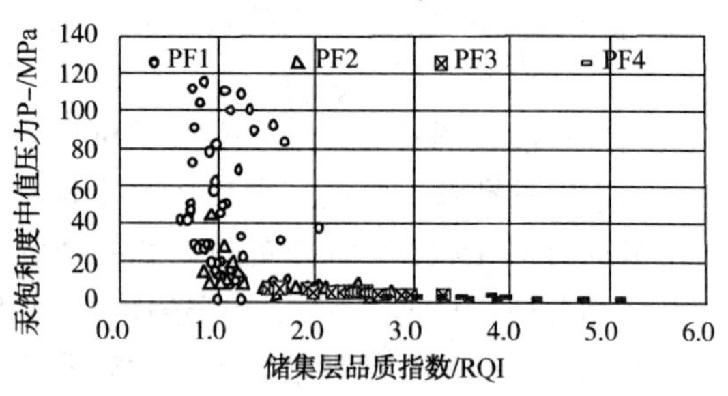

图 8　储集层品质指数(RQI)与饱和度中值压力交汇图

在岩石物理相划分的基础上，综合坪北地区现有测井系列的特点，优选了声波时差，自然电位，深感应三种曲线，建立了不同相的测井相识别标准(表5)。继而实现了无岩心资料的单井岩石物理相纵向连续划分(图9)。

表 5　不同岩石物理相测井相识别标准

岩石物理相类型	声波时差(μs/m)	自然电位减小系数/α	深感应/(Ω·m)
PF1	AC<218	—	—
	AC≥218	α<0.5	—
PF2	AC≥218	0.5<α<0.75	ILD≤22
	AC≥218	α≥0.75	ILD≤20
PF3	AC≥218	0.5<α<0.75	ILD>22
	AC≥218	α≥0.75	20<ILD<27
PF4	AC≥224	α≥0.75	ILD≥27

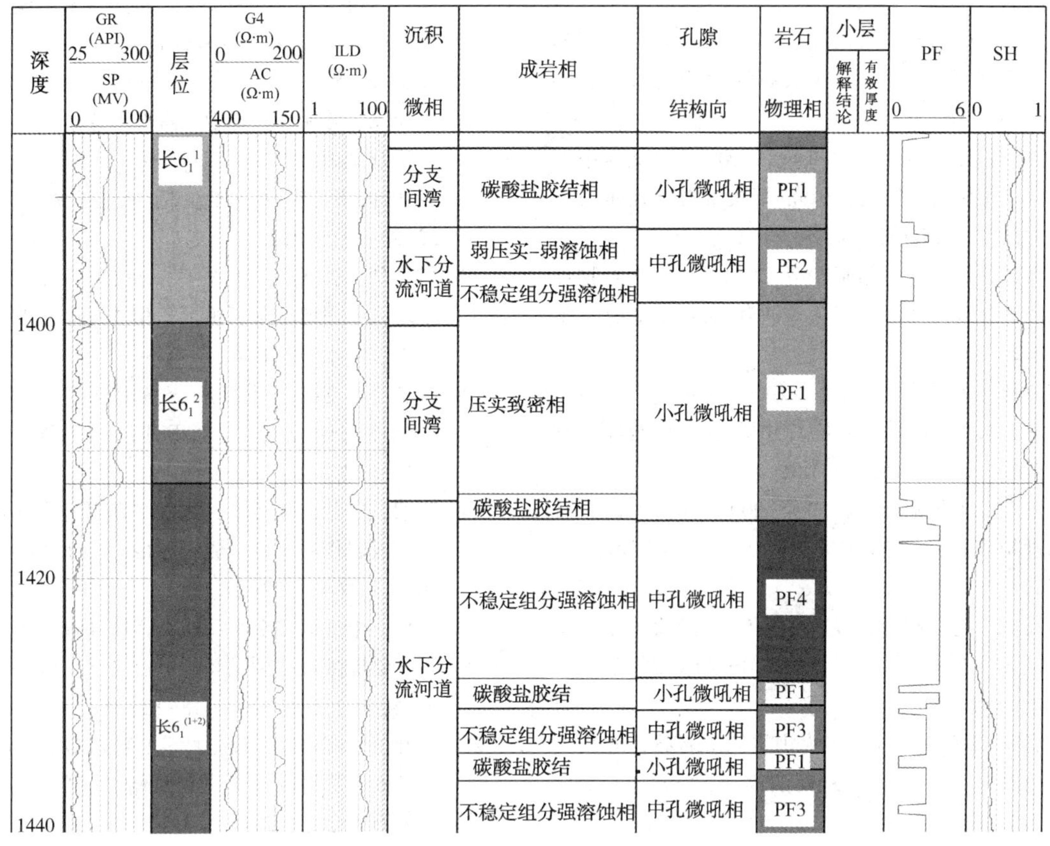

图9　典型井岩石物理相划分柱状图

4　结论

通过论文研究工作的开展，取得以下成果与认识：

(1) 将鄂尔多斯盆地坪北地区延长组特低渗透储层划分为三类沉积微相、四类成岩相、三类孔隙结构相。

(2) 利用压汞参数开展孔隙结构相分类从而替代常规描述中裂缝相的研究能较好的区别特低渗透油藏储集性能，研究方法可以为其他类似区域的储层评价研究提供借鉴。

(3) 通过数学叠加法将坪北地区储层岩石物理相由差到好划分为4类，实现了特低渗透油藏储层的进一步描述与细分。

通过开展特低渗透油藏储层岩石物理相划分，论文建立了渗透率参数差异性较小的该类储层的分类界限，形成了一套有效的划分方法，为现行低渗透油藏进一步分类体系的完善指出了一个研究方向。这对于该类型油藏的滚动勘探油藏评价与老区细分开发均具有较大的意义。

参考文献

[1] 赵澄林，胡爱梅，陈碧珏等．中华人民共和国石油天然气行业标准，油气储层评价方法(SY/T 6285—1997)[S]．北京：石油工业出版社，1998：16.

[2] 苏尔古伊耶夫．低渗透油田开发的问题和原则[M]//杨俊杰编著．低渗透油气藏勘探开发技术．北京：石油工业出版社，1993：136-138.

[3] 李道品，罗迪强，刘雨芬等．低渗透砂岩油田开发[M]．北京：石油工业出版社，1997：354.

[4] 李道品，罗迪强，刘雨芬．低渗透油田的概念及其在我国的分布[M]//闵琪，金贵孝，荣春龙主编．低渗透油气田研究与实践．北京：石油工业出版社，1998：1-10.

[5] 宋国初，李克勤，凌升阶．陕甘宁盆地大油田形成与分布[M]//张文昭主编．中国陆相大油田．北京：石油工业出版社，1997：254-288.

[6] SpainDR. Petrophysicalevaluationofaslopefan/basin-floor-fancomplex: CherryCanyonFormation, WardCounty, Texas[J]. AAPGBulletin, 1992, 76(6): 805-827.

[7] 熊琦华，彭仕立，黄述旺，魏萍．1994. 岩石物理相研究方法初探以辽河冷东-雷家地区为例[J]．石油学报，15(增刊)：68-73.

[8] 戴厚柱，杨克敏，郑宇霞．1997. 严重非均质油藏岩石物理相研究[J]．断块油气田，6(1)：23-25.

[9] 段林娣，张一伟，张春雷．2007. 划分岩石物理相的新方法及其应用[J]．新疆石油地质，28(2)：

219-221.

[10] 吕晓光，闫伟林，杨根锁．1997. 储层岩石物理相划分方法及应用[J]. 大庆石油地质与开发，16(3)：19-21.

[11] 郭燕华，熊琦华，吴胜和等．2000. 吐哈盆地中侏罗统储集层岩石物理相研究-以葡北胜北连木沁地区为例[J]. 新疆石油地质，21(1)：50-53

[12] 宋子齐，唐长久，刘晓娟等．2008. 利用岩石物理相甜点筛选特低渗透储层含油有利区[J]. 石油学报，29(5)：711-716.

[13] 谭成仟，宋子齐，吴少波．2001. 克拉玛依油田八区克上组砾岩油藏岩石物理相研究[J]. 石油勘探与开发，28(5)：83-84.

[14] 伍泰荣，王爱丽，郝新武等．2003. 商河油田岩石物理相平面展布特征研究[J]. 江汉石油学院学报，25(2)：28-29.

[15] 姚光庆，赵彦超，张森龙．1995. 新民油田低渗细粒储集砂岩岩石物理相研究[J]. 地球科学，20(3)：355-360.

[16] 张春露．2009. 徐深气田火山岩储层岩石物理相分类及其应用[J]. 大庆石油学院学报，33(3)：18-21.

[17] 杨宁，王贵文，赖锦等．岩石物理相的控制因素及其定量表征方法研究[J]. 地质论评 2013，59(3)：563-574.

[18] 李洪娟，覃豪，杨学峰．基于岩石物理相的酸性火山岩储层渗透率计算方法[J]. 大庆石油学院学报．2011，35(04)：38-41.

[19] 尚婷，陈刚，李文厚等．鄂尔多斯盆地东南部富黄探区延长组长 6 段物源分析[J]. 地质科技情报，2012，31(1)：33-40.

[20] 杨城增，金东民，梁殿文等．长波长静校正问题的识别与解决方法——以鄂尔多斯黄土塬地震资料为例[J]. 地球物理学进展，2016，31(5)：2212-2218.

[21] 王瑞飞，陈明强，孙卫．特低渗透砂岩储层微裂缝特征及微裂缝参数的定量研究——以鄂尔多斯盆地沿 25 区块、庄 40 区块为例[J]. 矿物学报，2008，28(2)：215-220.

[22] 付金华，郭正权，邓秀芹．2005. 鄂尔多斯盆地西南地区上三叠统延长组沉积相及石油地质意义[J]. 古地理学报，7(1)：34-44.

[23] 吴志宇，赵虹，李文厚．安塞地区上三叠统延长组沉积体系研究[J]. 煤田地质与勘探．2005，33(06)：13-16.

[24] 李渭，白薷，李文厚．鄂尔多斯盆地合水地区长 6 储层成岩作用与有利成岩相带[J]. 地质科技情报，2012，31(4)：22-27.

[25] 王伟，朱玉双，牛小兵等．鄂尔多斯盆地姬塬地区长 6 储层微观孔隙结构及控制因素[J]. 地质科技情报，2013，31(3)：118-125.

[26] 兰叶芳，邓秀芹，程党性等．鄂尔多斯盆地华庆地区长 6 油层组砂岩成岩相及储层质量评价[J]. 矿物岩石学杂志，2014，33(1)：51-63.

[27] 张创，孙卫，解伟．低渗储层有效喉道半径下限研究：以苏北盆地高邮凹陷沙埝南地区为例[J]. 地质科技情报．2011，30(1)：103-107.

[28] 张龙海，刘忠华，周灿灿等．低孔低渗储集层岩石物理相分类方法的讨论[J]. 石油勘探与开发，2008，35(6)：763-768.

[29] 彩珍，李治平，贾闽惠．低渗透油藏毛管压力曲线特征分析及应用[J]. 西南石油学院学报，2002，24(2)：21-25.

基于井震联合的碳酸盐岩薄储层精细表征

贺川航[1] 李 飞[2] 李 杰[1] 林 煜[1] 刘定锦[1] 别 静[1] 王紫笛[1] 徐相前[1]

(1. 中国石油东方地球物理公司；2. 中国石油西南油气田公司)

摘 要 川中龙女寺地区栖霞组是四川盆地重要的产气层段，更是典型的深部碳酸盐岩储层，属浅海台内滩沉积环境，地下地质情况十分复杂。针对地质上的储层薄、缝洞尺度小、横向变化大，地震资料分辨率低等现状，按照“先缝洞-后储层”的研究思路，有效地预测储层分布。实施步骤是：①利用测井、岩心资料建立缝洞识别图版，划分单井缝洞发育位置；②以单井缝洞解释成果优选地震几何属性，预测小尺度缝洞发育区；③测井曲线预处理，将多条敏感曲线重构成一条能准确识别、划分薄储层和岩性的综合曲线，制作出统一的岩性解释图版；④采用井震联合进行薄储层岩性地质统计学反演预测。反演结果与钻井资料吻合度高，能较精确地识别、预测出3~8m薄储层及空间分布，实现对优质薄储层的预测。

关键词 缝洞解释及预测；敏感曲线重构；储层精细解释；薄储层反演预测

四川盆地龙女寺地区栖霞组埋深4000多米，地层全区稳定发育，厚度在110~130m之间，经过云化和溶蚀形成以细晶白云岩、中-粗晶白云岩和颗粒白云岩为主的储层，储集空间为晶间(溶)孔、缝洞、裂缝；以中孔径或大孔径为主，孔喉半径>1μm，其颗粒矿物组分和区域沉积环境决定了基质孔隙型普遍较低，属于低孔底渗薄储层，非均质性很强，往往具有随机分布或沿某个方向分布的特点[1,2]。因此寻找缝洞发育有利区与储层发育有利区叠加的优质储层带是该气藏获得高产井的关键。

赵路子等(2014)提出针对川中深部碳酸盐岩，利用成像测井结合常规测井能够有效识别裂缝及溶蚀孔洞[3]。贺振华等(2003年)针对缝洞储层探讨了与缝洞储层检测和预测有关的若干问题。只要储层中的缝洞系统有足够大的密度，则缝洞储层的地震检测和预测是有可能成功的[4,5]。马瑾环等(2007年)在讨论相干技术发展及三代相干算法优缺点的基础上，介绍了改进的第三代相干算法[6]。王峣钧等(2014)针对碳酸盐岩裂缝-孔洞型储层的有效预测，研究并提出了井震结合的地震多属性融合缝洞体系综合预测方法[7]。

栖霞组储层属于小尺度缝洞型储层，储层厚度薄。栖霞组地震资料主频38Hz，按照极限分辨率1/4波长计算，仅能够识别40m左右的地层，远远不能满足小尺度缝洞刻画的开发需求。由于缝洞发育区与围岩之间的岩石物理特征差异较大，可将该区作为围岩的异常体分析，本文采用先基于地震几何属性预测缝洞发育有利区[3,4]，实现对小尺度缝洞的识别；再结合地质统计学反演预测储层分布，对3~8m薄砂层的有效预测[5,6]。结合两者成果最终实现对栖霞组优质储层带分布位置的有效预测。

1 缝洞发育区预测

1.1 测井识别缝洞图版

四川盆地下二叠统栖霞组缝洞主要以中小溶蚀孔洞为主，根据岩心观察，溶蚀孔洞在井壁上的表现是部分切割井壁，各种测井方法基本能探测到缝洞的存在。缝洞发育区，中子、声波有所增大，电阻率和密度有所降低，其幅度取决于缝洞的发育程度和大小、延伸情况；成像测井呈大小不均匀的暗色斑状高导异常，并具有浸染状特征，成像背景色具有过渡颜色[8,9]，见图1。综合应用常规测井、钻井信息、成像测井特征可有效识别缝洞发育类型，建立研究区缝洞识别模板，用于准确识别单井缝洞发育位置，见表1。

【作者简介】贺川航(1989—)，男，2014年毕业于中国石油大学(北京)地球探测与信息技术专业，硕士研究生;；现在东方地球物理公司研究院西南物探研究院从事油藏地球物理技术综合研究工作，工程师。E-mail：hechuanhang@cnpc.com.cn

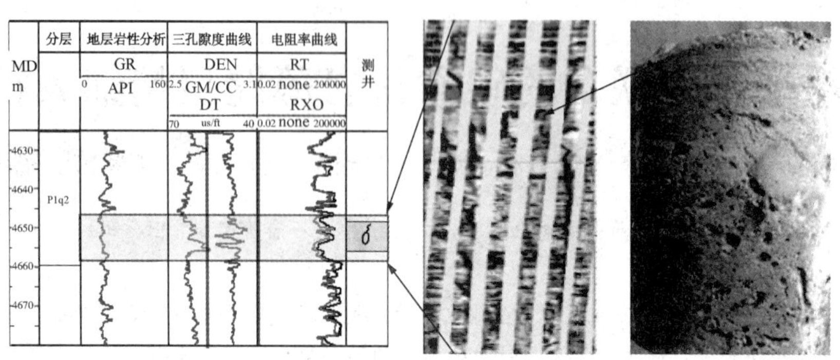

图 1　缝洞测井响应特征

表 1　缝洞型储层识别模板

特征 / 相类型	成像测井	成像模式	岩心	常规则井特征	地质解释
孔洞发育(裂缝)层	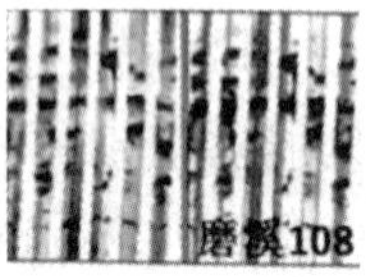	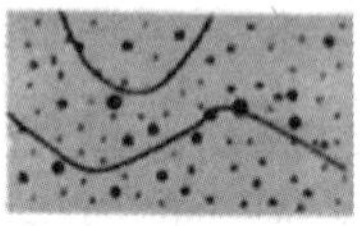	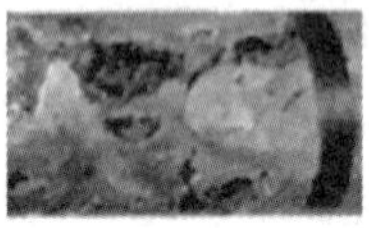	常规曲线"两低两高":高中子测井、密度略有增高、即密度和中子出现"顶牛",低伽马,低深浅电阻率,"正幅度"差	该相多在白云岩段发育,溶蚀孔洞发育,孔度高、连通性比较好、反映地层溶蚀作用强,常伴随有裂缝发育,多为1类储层
孔隙层				常规曲线"两低一高":低伽马、低电阻率、高中子,密度和声波曲线随岩性不同而变化相反	该相多在白云岩段发育,溶蚀孔洞欠发育,以晶间孔、粒间孔为主,孔多为针状或窝状为主
孤立孔洞(裂缝)层	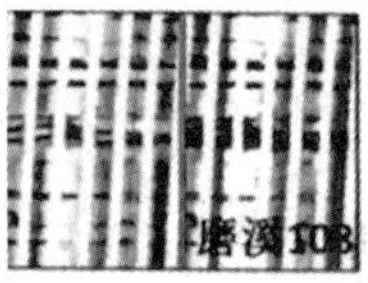	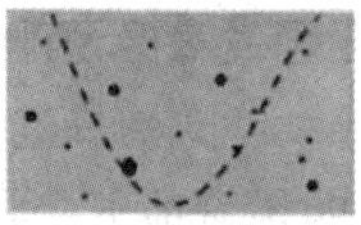	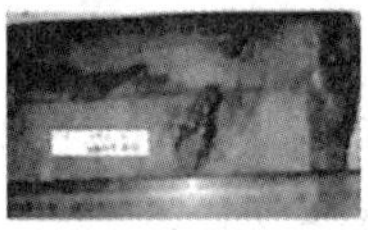	常规曲线"两低一高":低伽马、低电阻率]高中子,密度和声波曲线随岩性不同而变化相反	该相在白云岩段和灰岩段均有出现,具一定孔但连能性多较差若有裂缝可对府层起到一定沟通作用
层状地层		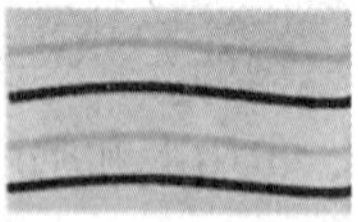		常规曲线"三高三低":高自然伽马、高中子、高声波时差、低无轴伽马、低电阻率、低密度	该相岩性多为灰岩,夹泥质灰岩,硅质团声或燧石结核,主要出现在茅一段和栖霞组底部,非储层
致密块状层			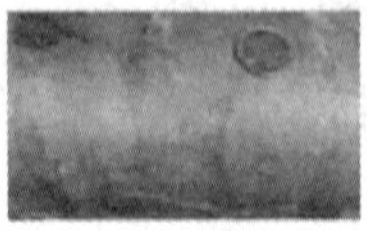	常规曲线"两高两低":高电阻、高密度、低声波时整和低中子测井电阻率多大于5000	该相似灰岩地层为主,呈块状、低孔低渗,非储层,易形成区域性隔挡,影响油气开发

1.2　地震属性预测缝洞

随着信息技术与计算机技术等的发展,从地震数据中提取的地震属性可多达上百种,信息越来越丰富。本次研究中,针对栖霞组层位精细解释的基础上,提取多种地震属性,但并不是每个属性都与缝洞型储层有关,需要利用测井解释结论优选最能反映缝洞发育的地震属性[10,11,12,13]。步骤如下:首先基于全区缝洞型储层识别图版,结合岩心资料对单井栖霞组缝洞发育情况进行解释统计，然后提取地震几何属性中对断裂及裂缝反映敏感的方差、相干、曲率、纹理等属性进行对比，结合测井及岩心解释缝洞特征，优化参数，得到与本区地质条件吻合度较高的缝洞预测结果。

以 X42、X207、X31X1 井为例(图 2)，首先利用测井资料结合岩心资料对缝洞发育情况进行精细解释。在 X42、X31X1 井栖霞组顶部，常规测井资料指示储层孔隙较发育，电成像资料指示局部发育有裂缝，说明缝洞型储层较发育。X207 井栖霞组常规测井资料指示储层孔隙欠发育，电成像资料指示裂缝、溶蚀孔洞均欠发育。针对研究区 23 口井进行缝洞发育区解释，作为优选地震属性的标准。

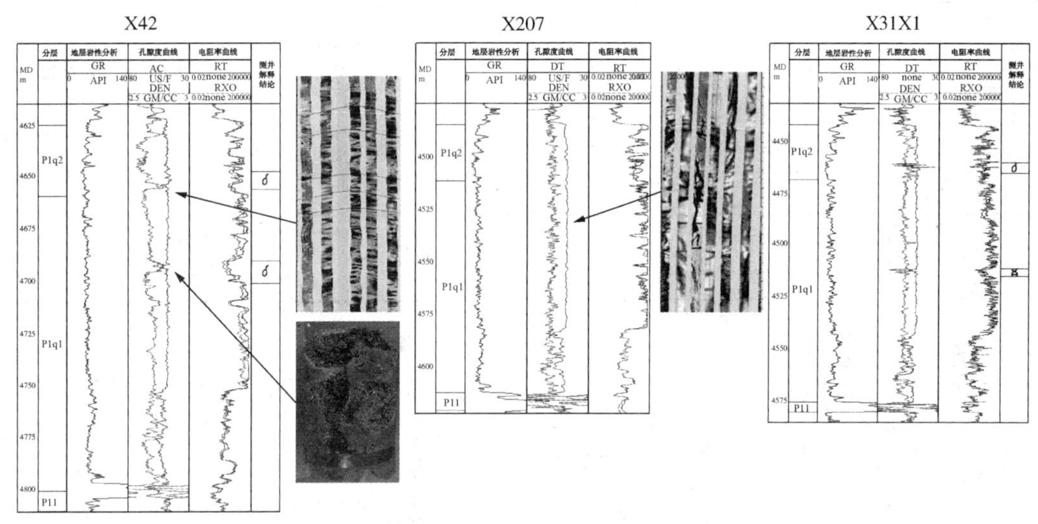

图 2　X42、X207、X31X1 单井缝洞解释

将过 X42、X207、X31X1 井地震属性预测剖面结果与单井解释结果对比(图 3)，发现纹理熵属性预测结果与测井解释结论匹配关系最好，吻合率到 75.3%，见表 2，可用于全区的缝洞预测工作。

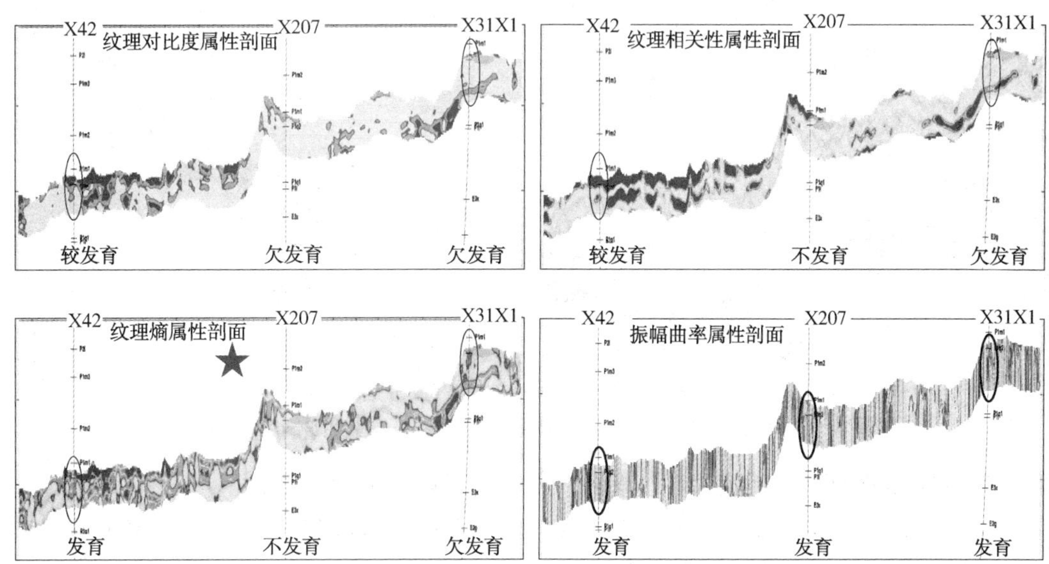

图 3　地震几何属性优选用于缝洞预测

表 2　单井解释结论与预测结果对比

井名	储层段	测井解释	属性预测	结论
X42	栖二段	发育	发育	是
	栖一上段	发育	发育	是
X31X1	栖二段	欠发育	不发育	是
	栖一上段	欠发育	欠发育	是
G16	栖二段	欠发育	欠发育	是
	栖一上段	欠发育	不发育	否
G112	栖二段	欠发育	欠发育	是
	栖一上段	欠发育	不发育	否
B1	栖二段	不发育	欠发育	否
	栖一上段	不发育	发育	是
X16	栖二段	发育	不发育	否
	栖一上段	不发育	发育	否
X202	栖二段	发育	发育	是
	栖一上段	不发育	不发育	是
X206	栖二段	欠发育	欠发育	是
	栖一上段	欠发育	欠发育	是
X207	栖二段	欠发育	不发育	否
	栖一上段	不发育	不发育	是
X208	栖二段	不发育	发育	否
	栖一上段	不发育	不发育	是
X23	栖二段	不发育	欠发育	否
	栖一上段	不发育	不发育	是
X29	栖二段	发育	发育	是
	栖一上段	不发育	不发育	是

续表

井名	储层段	测井解释	属性预测	结论
X31	栖二段	欠发育	欠发育	是
	栖一上段	较发育	较发育	是
X39	栖二段	不发育	不发育	是
	栖一上段	不发育	发育	否
X41	栖二段	不发育	不发育	是
	栖一上段	发育	不发育	否
X46	栖二段	不发育	不发育	是
	栖一上段	发育	不发育	否
X51	栖二段	发育	欠发育	是
	栖一上段	发育	不发育	否
X53	栖二段	不发育	不发育	是
	栖一上段	不发育	发育	否
N1	栖二段	发育	发育	是
	栖一上段	发育	发育	是

1.3　缝洞预测

过 X16、X42、X207、X31X1、NV1 井剖面，分析地层缝洞特征，见图 4，上部储层发育段缝洞较发育，多斑块状纵向展布，局部发育水平型及眼球状缝洞，总体上呈横向弱连通性；平面上，沿 X11-X31X1 井一线，古凸起主体区缝洞较发育，连通性相对较好，以外区域缝洞零星发育，连通性较差。

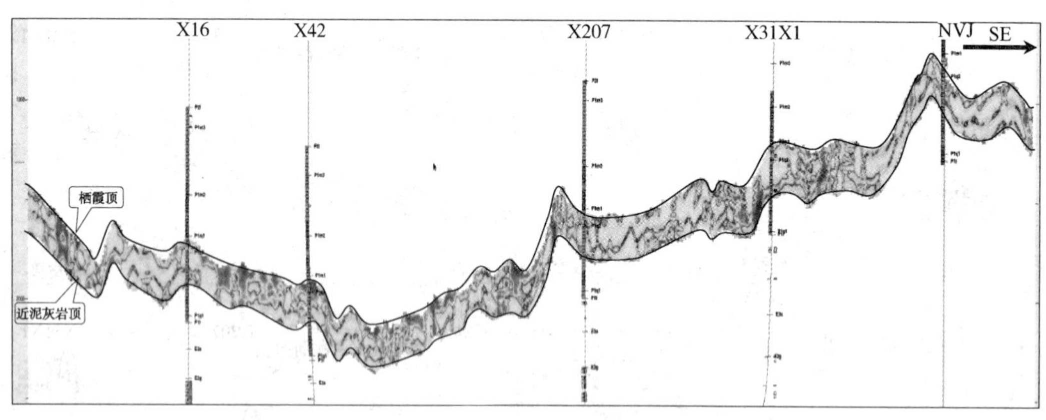

图 4　过 MX16-MX42-MX207-MX31X1-NVJ 井上段纹理熵属性剖面

提取纹理属性预测的缝洞数据体平面特征，图 5 所示，总体缝洞发育，局部有差异。缝、洞纵横交错，形成立体网状连通体系；工区中部发现 5 个有利缝洞发育区；断裂与缝洞体系组合形成油气疏导、聚集有利区。

2　碳酸盐薄储层反演

测井岩性解释模型构建技术主要包括：测井资料预处理，测井曲线储层岩性敏感性分析，薄储层敏感综合曲线的重构(包含归一化处理等)，重构曲线岩性数据方波化提取，全区统一岩性解释图版制作等[14,15]。

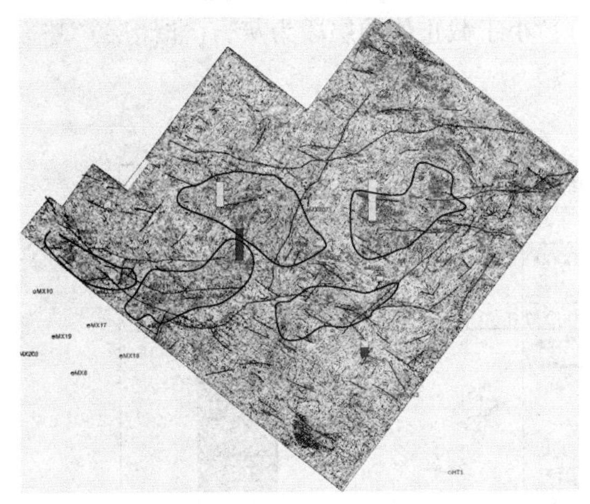

图5　栖霞组中部储层段缝洞融合体平面与断裂叠合图

2.1　测井曲线储层岩性敏感性分析

不同类型岩石的物理性质对应的测井响应会不同，但它们之间存在着一定的相关性。研究区目的层栖霞组的岩性主要为白云岩、灰岩(取心标定)。通过对多口井声波、中子、密度、电阻率等测井曲线进行岩性敏感性分析(图6)，发现该研究区单一曲线对不同岩性有选择性、敏感度也有差异，难以发挥有效作用。

2.2　薄储层敏感综合曲线重构

以上分析说明，仅靠单一曲线有效识别储层岩性比较困难，需要通过多条测井曲线的优选和数理统计方法重构出一条对薄储层特征更敏感的、新的综合曲线。本次采用密度、自然伽马、声波时差和电阻率测井数据作为变量，进行多曲线融合与重构。为了保证各曲线对重构贡献的一致性，先将各曲线进行线性归一化处理(去量纲化)，电阻率曲线则采用对数归一化，使得重构后的曲线值域范围在[0, 1]之间，消除因测井曲线类型不同、物理量纲不同而导致无法直接进行运算的影响[8]。

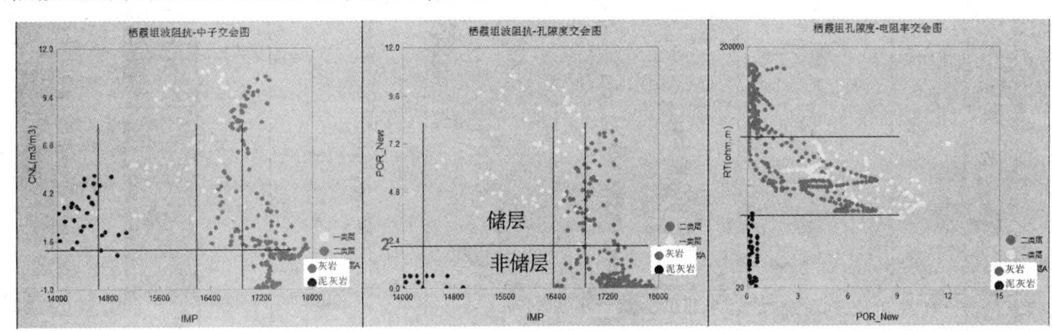

图6　常规曲线的交会分析

$$Log_{\mathrm{Nor,i}}=\frac{Log_{\mathrm{i}}-Log_{\min}}{Log_{\max}-Log_{\min}},\ i=1,\ 2,\ 3,\ \cdots,\ N \tag{1}$$

式中　$Log_{\mathrm{Nor,i}}$——归一化后曲线各样点值；

Log_{i}——原始曲线各样点值；

$Log_{\max}$和$Log_{\min}$——对应原始曲线所有样点中的最大值及最小值；

N——曲线样点数。

多曲线重构处理的5个步骤如下：

(1) 对各井曲线进行储层特征分析，筛选出对目的层段储层特征有贡献的曲线。

(2) 考虑到不同曲线对储层特征贡献不一样，应设置不同的权系数或者通过信息融合理论自动计算出权系数$k_i(-1\ll k_i\ll 1)$，i表示不同曲线)。

(3) 利用加权系数k_i对井分析曲线进行加权，即：$k_i(Log_{\mathrm{Nor,i}}-\overline{Log_{\mathrm{Nor,i}}})$，$\overline{Log_{\mathrm{Nor,i}}}$为$Log_{\mathrm{Nor,i}}$的平均值。

(4) 将其中一条曲线加权后的值作为加权系数对基准曲线进行加权处理，即：

$$Log_{\mathrm{Re}}=Log_{\mathrm{Base}}[1+k_i(Log_{\mathrm{Nor,i}}-\overline{Log_{\mathrm{Nor,i}}})] \tag{2}$$

式中　Log_{Base}——基准曲线。

(5) 将加权后的曲线作为基值，再对第二条曲线重复上述操作步骤，以此类推，使得参与重构的所有曲线都进行加权处理，最后得到的结果就是所求重构(综合)曲线，即：

$$Log_{\mathrm{Re}}=Log_{\mathrm{Base}}\prod_{i=1}^{n}[1+k_i(Log_{\mathrm{Nor,i}}-\overline{Log_{\mathrm{Nor,i}}})] \tag{3}$$

式中　Log_{Re}——所求的重构曲线。

如图3所示，LOG曲线是一条新的综合曲线或重构曲线，它融合了多条曲线对不同岩性的敏感响应，与岩性描述对应关系较好，更能突出不同岩性的特征。结合取心井段岩性描述信息与刻度标定，可定性地给出重构曲线对不同岩性的门槛划分区域，图 7 中(第 4 道)黑色虚线是储层截止线，即曲线值大于截止值的层段为白云岩(储层)；小于截止值的层段为灰岩(非储层)。

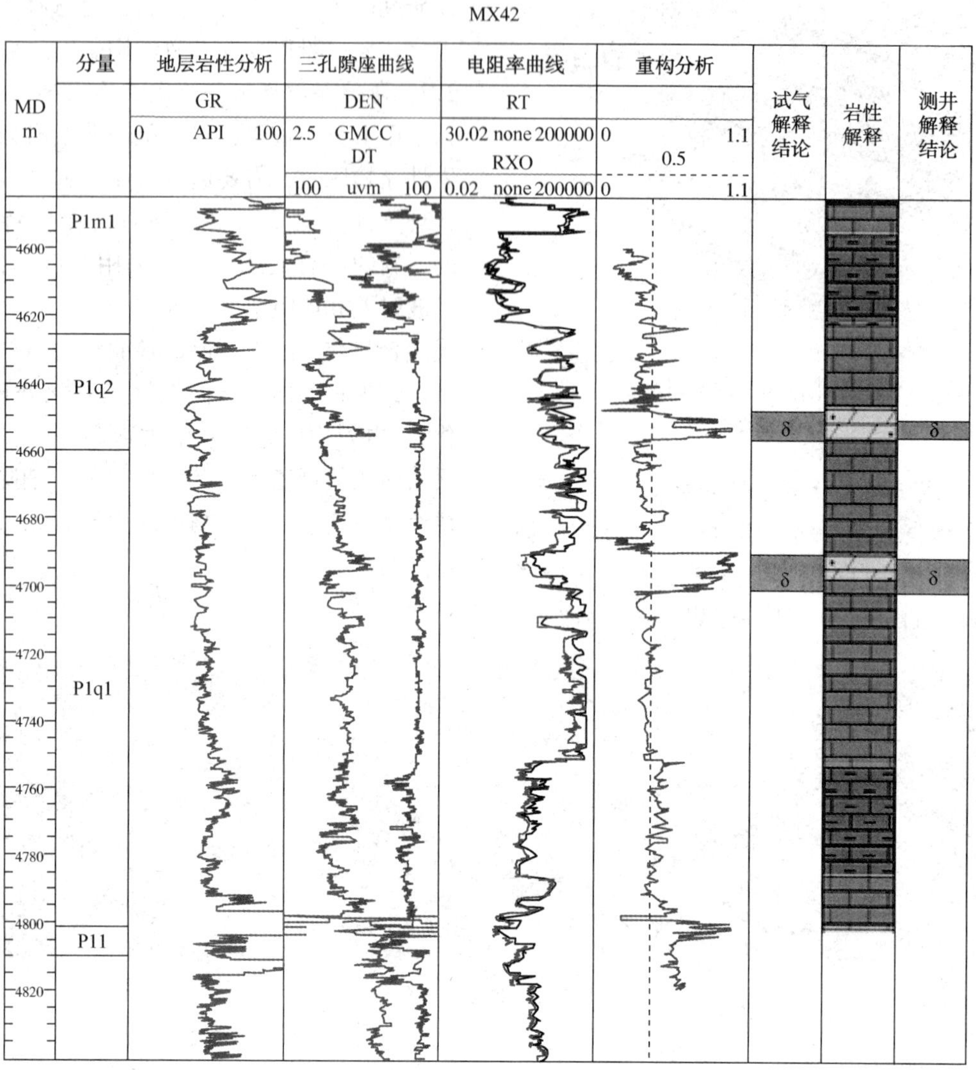

MX42

MD m	分量	地层岩性分析	三孔隙座曲线	电阻率曲线	重构分析	试气解释结论	岩性解释	测井解释结论
		GR	DEN	RT				
		0 API 100	2.5 GMCC DT	30.02 none 200000 RXO	0 0.5 1.1			
			100 uvm 100	0.02 none 200000	0 1.1			
4600	P1m1							
4640	P1q2							
4660						δ		δ
4700						δ		δ
4740	P1q1							
4810	P1l							

图 7　基于多曲线融合的重构曲线结果

2.3　重构曲线岩性数据方波化提取技术

利用曲线重构技术获得对储层更加敏感的综合曲线，为加强对储层的识别，还需采用成熟的曲线方波化技术准确拾取储层顶底界面，为后续制作统一的储层解释模板提供标准值[8]。方波化后的曲线值发生突变的深度对应岩性顶、底分界面。根据储层顶/底位置、厚度、幅值和复合类型建立了四种不同的方波化自动判断、取值方法(图 8)，分层判别准则如下：

(1) 当单一储层厚度小于 3m 时(通常 2~3m)，方波化取单形曲线的“拐点”位置，如图 8a；(2) 当单一储层厚度大于 3m 时(通常 3~8m)，方波化常取单形曲线的“半幅点”位置，如图 8b；(3) 当复合储层中发育(准)夹层，若这类夹层幅值差异小、厚度又很薄，方波化时忽略其影响，按照厚储层(通常 6~10m)处理、取其组合曲线顶、底“半幅点”位置，如图 8c；(4) 当复合储层呈薄互层结构(6~10m)，且白云岩、灰岩岩幅值差异大时，方波化将组合曲线分解、按多层薄砂岩分别取值，方法参照(1)和(2)，如图 8d。

按照上述方波化准则，将重构曲线进行方波化，图 9(右)中红色曲线为重构曲线，黑色的是方波化后的曲线，再利用重构曲线和岩心资料制作出全区统一的测井岩性解释图版，如图 9(左)，结合方波化技术确定的岩性边界，完成对研究区所有井的岩性数据解释，并将岩性解释结果应用于地质统计学反演中。

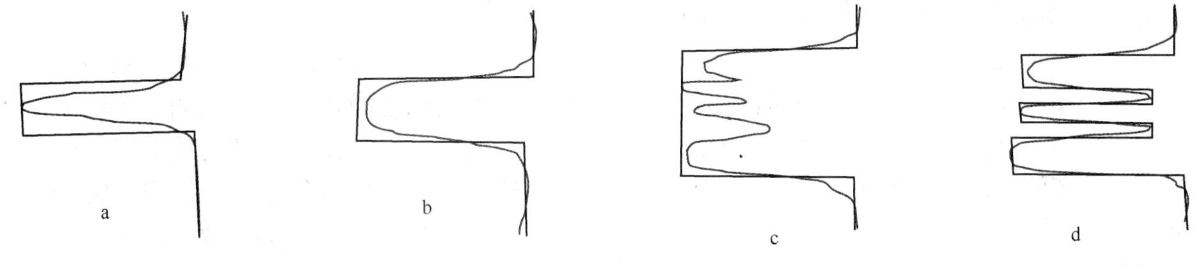

图 8　测井重构曲线储层信息方波化拾取准则示意图

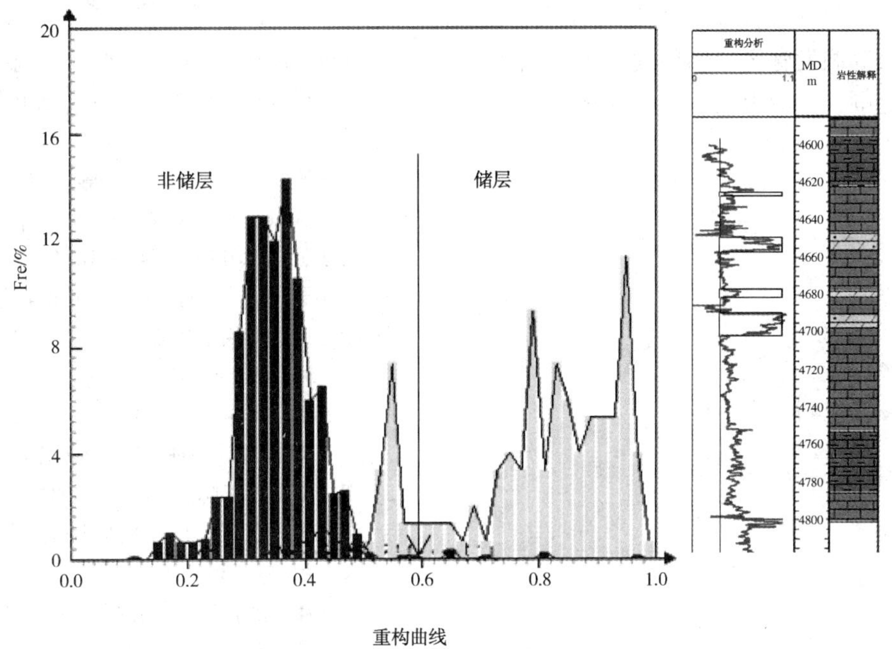

图 9　岩性解释判别图版及方波化曲线

2.4　反演结果

通过对比发现，选择传统的岩性反演方法[16~19]，即将单一测井曲线(如自然伽马曲线)转换成岩性曲线进行反演，剖面上薄储层的识别能力仍然较低。依照研究区沉积特点和薄储层预测要求，在地震资料分辨率不高的背景下，应用本文获得的测井岩性解释模型为约束，开展地质统计学反演更有利于提高储层纵向分辨率、薄砂层识别与分布预测精度(图 10)。

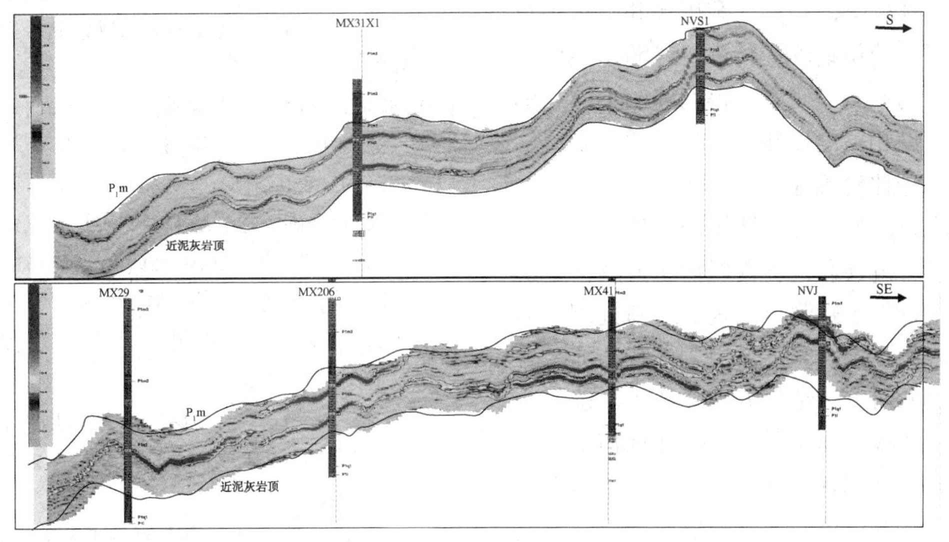

图 10　磨溪 31X1 井区栖霞组白云岩岩性概率剖面

如图 10 所示，薄储层预测分辨率基本与测井一致，纵向上识别出三套储层，厚度 3～8m；平面上储层呈局部“滩”状分布，横向连续性较差。井点岩性识别概率 95%，随井距增大降低；靠近地层顶部储层识别程度相偏低；储层有效预测距离约 3.3km。

3 有利区预测

通过单井储层发育要素分析，结合前面的认识发现栖霞组成藏主要受缝洞及优质储层控制。最终通过综合缝洞发育区、储层发育区寻找研究区优质储层范围，为油田勘探开发部署做好基础工作。

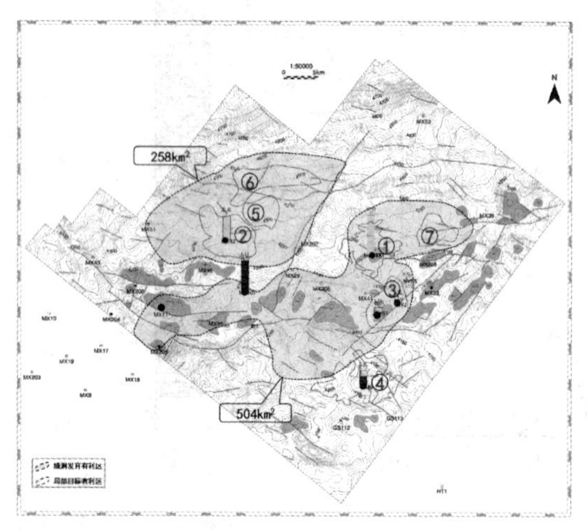

图 11　磨溪 29-23 井区栖霞组综合评价图

构造、储层及缝洞综合分析划分有利区带及目标刻画。划分 2 个有利区带，总面积：762km²。优选 7 个局部目标，总面积：200km²。

4 总结

（1）最终针对缝洞型碳酸盐岩储层孔隙空间复杂，非均质性较强的特点，利用测井解释评价成果，在勘探中使用地震资料进行缝洞型储层的空间分布及定向预测与研究，得到缝洞型储层的分布情况并布设相关勘探井位，建立适合研究区的井震联合解释评价流程。

（2）本文拓展性联合发挥了测井资料对储层岩性的纵向高分辨性和地震资料横向连续性好的各自优势，特别是通过测井曲线的重新处理、薄储层敏感曲线的优选、突出储层岩性特征的综合曲线重构方法的研究，结合方波化技术准确、合理地提取重构曲线上薄储层及岩性数据信息并形成统一的测井岩性解释图版，进一步提高了全区测井曲线岩性解释精度和多井薄储层划分、对比的一致性，为后续反演提供了高质量的井基础数据。

（3）针对缝洞型碳酸盐岩储层孔隙空间复杂，非均质性较强的特点，利用测井解释评价成果，在勘探中使用地震资料进行缝洞型储层的空间分布及定向预测与研究，得到缝洞型储层的分布情况并布设相关勘探井位，建立适合研究区的井震联合解释评价流程。

参 考 文 献

[1] 张健，周刚，张光荣，等．四川盆地中二叠统天然气地质特征与勘探方向[J]．天然气工业，2018，1(1)：10-20.

[2] 董才源，谢增业，朱华，等．川中地区中二叠统气源新认识及成藏模式[J]．西安石油大学学报(自然科学版)，2017，32(4)：18-23，31.

[3] 赵路子，谢冰，等．2014．四川盆地乐山—龙女寺古隆起深层海相碳酸盐岩测井评价技术[J]．天然气工业，34(3)：86-92.

[4] 贺振华，黄德济．2003．缝洞储层的地震检测和预侧[J]．勘探地球物理进展，26(2)：79-83.

[5] 贺振华，杜正聪，文晓涛．2004．碳酸盐岩喀斯特溶洞和裂缝系统的地震模拟与预测[J]．地球科学进展，19(3)：399-402.

[6] 马瑾环，陈国俊，吴志高，等．2007．改进的第三代相干算法及应用[J]．勘探地球物理进展，30(4)：286-296.

[7] 王峣钧，郑多明，李向阳，等．2014．碳酸盐岩裂缝-孔洞型储层缝洞体系综合预测方法及应用[J]．石油物探，06(14)：727-736.

[8] 洪有密．测井原理与综合解释[M]．中国石油大学出版社，2008.

[9] 张福明，查明，邵才瑞，等．天然气的测井勘探与评价技术[J]．地球物理学进展，2007，22(1)：179-185.

[10] 张瑞，文晓涛，李世凯，等。分频蚂蚁体追踪识别深层小断层中的应用[J]．地球物理学进展，2017，32(1)：350-356.

[11] 王光付．碳酸盐岩缝洞型储层综合识别及预测方法[J]．石油学报，2008，29(1)：47-51.

[12] 孔选林，唐建明，徐天吉．曲率属性在川西新场地区裂缝检测中的应用[J]．石油物探，2011，50(5)：517-520.

[13] 张延玲，杨长春，贾曙光．地震属性技术的研究和应用[J]．地球物理学进展，2005，20(4)：1129-1133.

[14] 胡丰旭．泥质含量伪声波曲线重构及应用[J]．中国石油和化工标准与质量，2014，34(12)：158.

[15] 谢锐杰，王健，段天友．利用声波重构反演方法预测红台地区储层[J]．石油天然气学报，2012，34(09)：93-96.

[16] 魏立花，郭精义，杨占龙等．测井约束岩性反演关键技术分析[J]．天然气地球科学，2006，17(5)：731-735.

[17] 曹学良，曹延军，姜传恩等．胡状集地区地震岩性反演与储层预测[J]．石油与天然气地质，2001，22(3)：225-228.

[18] 沈洪涛，郭乃川，秦童等．地质统计学反演技术在超薄储层预测中的应用[J]．地球物理学进展，2017，32(01)：248-253.

[19] 夏竹，李中超，贾瑞忠等．井震结合薄储层沉积微相表征的实例研究[J]．石油地球物理勘探，2016，51(05)：1002-1011.

不确定优化理论在油田开发决策中的应用

方艳君

(大庆油田勘探开发研究院)

摘　要　油田开发进入特高含水后期，开发对象变差、驱替方式多样、加之国际油价大幅波动等影响，致使开发规划的潜力、技术、效益等核心指标不确定性增大。从分析油田开发规划过程中存在众多不确定性因素出发，基于数据挖掘技术与开发规划优化思想，建立了油田开发规划数据挖掘一体化平台和油田开发规划核心指标预测的不确定性量化表征体系；建立了技术优化、经济优化和一体化优化的开发规划多目标不确定性建模方法；应用人工智能理论，改进智能优化算法求解出多目标规划优化模型的方案解集，解决了多目标、多阶段、多参数优化模型模拟量大等难题。应用大数据理论和数据库建设，研发了开发规划数据一体化管理系统。在油田中长期开发规划方案编制过程中，应用上述研究成果，量化了分年、分结构的油田产量完成风险概率，为油田开发和生产管理确定不同目标的储量、产量、投资、成本和效益一体化规划优化方案提供科学决策依据。

关键词　油田开发；不确定性；产量预测；一体化优化；智能算法

1　前言

油田开发规划是油田开发中一系列的技术决策和生产以及经营决策的重要依据，是多学科、多技术相融合的一项复杂的系统工程[1]。规划期内对油田产量及增产措施工作量的合理优化是油田开发规划的重要工作，这将关系到油田发展的长远大计，关系到油田开发的成败。油田进入特高含水后期，由于开发对象变差、驱替方式多样以及多结构的复杂性，加之国际油价大幅波动等影响，致使决定规划的技术及经济等核心指标不确定性增大。由于地质特征和开发方式等因素[2]，对油层的认识具有模糊性和不确定性，这就使得油田开发规划过程中存在众多不确定性因素。各类增产措施的效果评估、预测老井未措施产量都存在着很大的不确定性。油田的资源潜力，诸如加密井总量、未动用储量、待探明储量、三采增储等因素受到地质方面、经济方面以及社会方面的不确定性影响，这就使得油田开发规划方案中增产油量具有很大的不确定性[3]。

通过分析油田开发存在众多不确定性因素，研究建立不确定性规划指标量化表征方法，并建立分区规划不确定性优化模型，进行基于遗传算法和蒙特卡洛模拟理论混合算法的人工智能求解，量化得出油田产量完成的风险概率，解决了油田开发中多结构、多阶段、多参数优化模型的模拟计算量大等复杂问题。通过开展基于不确定性的油田开发规划优化方法研究，得到更可靠、更稳健的最优设计结果，目的是将不确定性规划设计思想和方法引入油田开发规划中，提高油田开发水平。

2　开发规划指标不确定性预测方法

规划编制的核心是产量预测。制约油田稳产目标的不确定性因素是多方面的，既有定性上的，又有定量上的。如何选出有代表性的不确定指标，是规划不确定性因素分析及优化建模的关键。考虑到模型的实际应用以及规划的宏观决策，制定规划不确定性指标选择的原则应是好选取、易建模、可量化[4]。因此依据规划产量结构及规划优化模型构建的需要，应用数据挖掘方法，结合专家经验确定分区、分产量构成影响产量的关键指标。考虑开发规划中存在的不确定性具有客观性，用随机变量来刻画指标的值，并借助于数理统计分析方法给出其表征。一是针对有数据的不确定指标，随机变量分布的类型已知，需要由观测数据确定该分布的参数；由观测数据确定随机变量概率分布类型，并在此基础上确定其参数；由已有的观测数据难以确定该随机变量的理论分布形式，则定义一个实验分布[5]。二是数据样本少的指标，无法用定量方法确定出分布类型，可由专家给定其分布类型以及其参数。

以三次采油的开发规划为例，从产量构成上划分为已注区块、新井、空白水驱、试验及新投注聚区块五部分，每年可控制的、调配的产量就是新投注区块的产量。一方面从新投注区块规划部署上看，总是使得部署的区块产量峰值叠加更加合理，以达到完成产量目标；另一方面从模型计算与应用可行性上，三次采油规划优化模型不可能包络影响三采产油的各类因素，优化合理产量部署规模是优化建模的主要目的。因此，在区块产量模式确定后，其峰值是三次采油规划过程中控制的重要因素，考虑三次采油优化过程的模式控制，把区块的采油速度高值作为三次采油规划优化建模的控制变量。

采油速度高值通过对已注区块采油速度的统计分析，确定不同地区、不同油层采油速度高值的均值，并计算出各年采油速度与高值的比例关系，建立采油速度模式图，同时给出模式图高点值取值的变化范围。从南部、北部采油速度与时间的关系曲线看，采油速度达到高点值都出现在投注第 2 年和第 3 年，为了减少出现采油速度高点值的时间对齐而产生的误差和不合理性，分别按第 2 年和第 3 年进行统计。

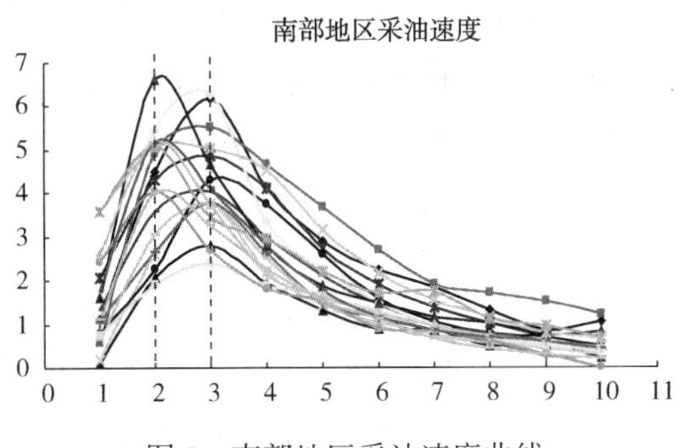

图 1　南部地区采油速度曲线

北部地区采油速度

图 2　北部地区采油速度曲线

统计表明，南部地区采油速度在第 2 年达到高值的区块 7 个，高点均值为 5.02，第 3 年达到高点的区块 11 个，高点均值为 4.33；北部地区Ⅰ类第 2 年达到高值的区块 5 个，高点均值为 5.29，第 3 年高点区块 16 个，均值 4.65，Ⅱ类第 2 年达到高值的区块 2 个，高点均值为 4.29，第 3 年高点区块 8 个，均值 4.31。

表 1　采油速度高值均值统计表

地区		第 2 年达到峰值/%			第 3 年达到峰值/%		
		区块数	累计值	均值	区块数	累计值	均值
南部地区		7	35.13	5.02	11	47.66	4.33
北部地区	Ⅰ类	5	26.43	5.29	16	74.33	4.65
	Ⅱ类	2	8.58	4.29	8	34.47	4.31

3　不确定性规划优化模型的建立

对于油田开发规划这样一个复杂的决策问题，当油田的生产任务目标确定后，通过产量分解的办法分别按各规划单元建立产量优化的数学模型，这样能够在一定程度上简化油田开发规划问题的复杂性[6,7]。结合运筹学、系统工程学发展的新成就和已有开发油田规划方法的经验教训，结合油田开发工程所具有的特征，通过分解的办法使复杂问题简单化。利用不确定规划理论、随机模拟技术和多目标综合评价方法实现分区优化、全区组合与评价的优化过程[8,9,10]。从优化过程流程化上，把中间层优化系统划为“目标确定，分级控制，全区选优，人机交互”四个阶段。以三采为例，在规划编制中就是在给定产量目标方案前提下，三采产油构成中已注聚区块产油、新井产油、空白水驱产油和试验产量作为已知给定，每年可调配的部分就是新投注区块产油量，可以通过不同注入时间、采用不同驱替方式(三元或聚驱)，进行新投注区块产油量安排。如何优化安排区块的注入时间，采用哪种驱替方式就是优化的主要问题。对于这类区块投与不投、上聚驱或三元、什么时间注的选择性问题，选用 0-1 规划对其进行分析。

3.1　决策变量与目标约束

设 X_{nsk} 为 0-1 变量，表示第 n 厂第 S 区块在第 k 年是否动用。

目标约束如下：

(1) 产油量：区块年产油量应大于等于三采年产量任务。

$$\sum_{n=1}^{N}\sum_{k=1}^{t}\sum_{s=1}^{S(n)} H_{ns}M_{ns}v_{ns(t-k+1)}x_{nsk} + Q_{sc}(t) \geqslant Q_{o}(t) \tag{1}$$

考虑区块采油速度高值变化的不确定，会引起年产油不确定性，产油量的变化用概率分布表示。那么规划期间完成产量目标的概率最大化为：

$$\max \prod_{t=1}^{T} \Pr\{ \sum_{n=1}^{N} \sum_{k=1}^{t} \sum_{s=1}^{S(n)} H_{ns} M_{ns} v_{ns(t-k+1)} x_{nsk} + Q_{sc}(t) \geqslant Q_{o}(t) \} \quad (2)$$

式中 $Q_{sc}(t) = Q_{yz}(t) + Q_{xj}(t) + Q_{kb}(t) + Q_{sy}(t)$

v_{nsk}——第 n 厂第 s 区块在第 k 年的采油速度与高值的比例；

H_{ns}——第 n 厂第 s 区块采油速度高值(随机变量，按浮动区间)；

N——采油厂数；

$S(n)$——第 n 厂包含的区块数；

P——地面配制站数；

$Q_o(t)$——规划第 t 年目标产量，万吨；

$Q_{xj}(t)$——规划第 t 年新井产油量，万吨；

$Q_{kb}(t)$——规划第 t 年空白水驱产油量，万吨；

$Q_{yz}(t)$——规划第 t 年已注区块产油量，万吨；

$Q_{sy}(t)$——规划第 t 年试验产油量，万吨；

M_{ns}——第 n 厂第 s 区块的动用储量，万吨。

(2) 化学剂成本费用：规划期间投入的化学剂成本费用不超过给定的最小限额 CB。

$$\sum_{t=1}^{T} \sum_{n=1}^{N} \sum_{k=1}^{t} \sum_{s=1}^{S(n)} (c_1 Z_{ns(3(t-k)+1)} + c_2 Z_{ns(3(t-k)+2)} + c_3 Z_{ns(3(t-k)+3)}) x_{nsk} = CB \quad (3)$$

对区块的规划部署来说，总希望规划期间内化学剂花费越小越好，即：

$$\min \sum_{t=1}^{T} \sum_{n=1}^{N} \sum_{k=1}^{t} \sum_{s=1}^{S(n)} (c_1 Z_{ns(3(t-k)+1)} + c_2 Z_{ns(3(t-k)+2)} + c_3 Z_{ns(3(t-k)+3)}) x_{nsk} \quad (4)$$

式中 c_i——第 i 种化学剂单位用量成本定额，元/吨；

Z_{nsk}——第 n 厂第 s 区块第 k 年投入的第 i 种化学剂量，万吨。

(3) 年动用储量规模：储量规模与产量和化学剂用量有直接关系。年动用储量增大，产量和化学剂用量也会增大，带来的是投资和成本费用的增加，所以限制规划期间每年投注新区块的总动用储量。

$$\underline{M}(t) \leqslant \sum_{n=1}^{N} \sum_{s=1}^{S(n)} M_{ns} x_{nst} \leqslant \overline{M}(t) \quad (5)$$

式中 $\overline{M}(t)$、$\overline{M}(t)$——年动用储量上、下限，万吨。

(4) 年聚合物规模：年注聚合物用量增加，成本费用增大，考虑成本的整体控制，要对年注聚合物规模加以限制。

$$\underline{W}_1(t) \leqslant \sum_{n=1}^{N} \sum_{k=1}^{t} \sum_{s=1}^{S(n)} Z_{ns(3(t-k)+1)} x_{nsk} \leqslant \overline{W}_1(t) \quad (6)$$

式中 $\overline{W}_1(t)$、$\underline{W}_1(t)$——年注聚合物用量上、下限，万吨。

(5) 年表活剂规模：考虑表活剂生产厂产品的生产能力以及成本费用的整体控制，规定年表活剂规模限制。

$$\underline{W}_2(t) \leqslant \sum_{n=1}^{N} \sum_{k=1}^{t} \sum_{s=1}^{S(n)} Z_{ns(3(t-k)+2)} x_{nsk} \leqslant \overline{W}_2(t) \quad (7)$$

式中 $\overline{W}_2(t)$、$\underline{W}_2(t)$——年注表活剂量上、下限

(6) 年地面配制站能力限制：当年投注区块的聚合物总量不能超过区块隶属的配制站能力上限。

$$\sum_{n=1}^{N} \sum_{k=1}^{t} \sum_{s=1}^{S(n)} GZ_{pns} Z_{ns(3(t-k)+1)} x_{nsk} \leqslant \overline{Z}_p(t) \quad (8)$$

为避免单区块隶属多配制站的“一对多”问题，增加一个区块只能隶属于一个配制站约束，即一个区块只能隶属于一个配置站：

$$\sum_{n=1}^{N} \sum_{s=1}^{S(n)} \sum_{p=1}^{P} GZ_{pns} = 1 \quad (9)$$

式中 GZ_{pns}——配制站与第 n 厂第 s 区块的对应关系(0 或 1)；

$\overline{Z}_p(t)$——第 p 配置站在第 t 年的实际能力(除去已注区块在第 t 年的能力)，万吨。

(7) 年投注区块均衡约束：为使每年各厂投注的新区块数量相对均衡，也是考虑各厂年钻建工作量安排及地面配制站现有能力限制，给出每年每个厂至少投入区块限制。

$$\sum_{s=1}^{S(n)} x_{nst} \geqslant GK_{nt} \quad (10)$$

(8) 决策变量约束：一个区块在规划期间中只能上一次。

$$\sum_{t=1}^{T} \sum_{n=1}^{N} \sum_{s=1}^{S(n)} x_{nst} \leqslant 1 \quad (11)$$

3.2 不确定优化模型

三次采油的新区块预测及类比存在着不确定性，这种不确定性主要体现在采油速度高值的不确定性上，因此，在新投注聚区块采油速度模式

图已知的前提下，要优化的问题是：在年动用储量、年注化学剂用量规模、地面配制站能力、各钻建厂工作量等约束下，考虑到采油速度高值的不确定性，确定如何安排区块，能使整个规划期内完成产量目标的概率最大化，化学剂成本费用最小化，规划优化模型[10]如下：

$$\max \prod_{t=1}^{T} \Pr\{ \sum_{n=1}^{N} \sum_{k=1}^{t} \sum_{s=1}^{S(n)} H_{ns} M_{ns} v_{ns(t-k+1)} x_{nsk} + Q_{sc}(t) \geqslant Q_{o}(t) \}$$

$$\min \sum_{t=1}^{T} \sum_{n=1}^{N} \sum_{k=1}^{t} \sum_{s=1}^{S(n)} (c_1 Z_{ns(3(t-k)+1)} + c_2 Z_{ns(3(t-k)+2)} + c_3 Z_{ns(3(t-k)+3)}) x_{nsk}$$

s. t.

$$\begin{cases} \underline{M}(t) \leqslant \sum_{n=1}^{N} \sum_{s=1}^{S(n)} M_{ns} x_{nst} \leqslant \overline{M}(t) \\ \underline{W}_1(t) \leqslant \sum_{n=1}^{N} \sum_{k=1}^{t} \sum_{s=1}^{S(n)} Z_{ns(3(t-k)+1)} x_{nsk} \leqslant \overline{W}_1(t) \\ \underline{W}_2(t) \leqslant \sum_{n=1}^{N} \sum_{k=1}^{t} \sum_{s=1}^{S(n)} Z_{ns(3(t-k)+2)} x_{nsk} \leqslant \overline{W}_2(t) \\ \sum_{n=1}^{N} \sum_{k=1}^{t} \sum_{s=1}^{S(n)} GZ_{pns} Z_{ns(3(t-k)+1)} x_{nsk} \leqslant \overline{Z}_p(t) \\ \sum_{s=1}^{S(n)} x_{nst} \geqslant GK_{nt} \\ \sum_{n=1}^{N} \sum_{s=1}^{S(n)} \sum_{p=1}^{P} GZ_{pns} = 1 \\ \sum_{t=1}^{T} \sum_{n=1}^{N} \sum_{s=1}^{S(n)} x_{nst} \leqslant 1 \end{cases} \tag{12}$$

4　基于人工智能算法的模型求解

针对多目标、多阶段、整数决策变量(算法NP难)的不确定优化模型，如何进行优化求解算法是核心所在。三次采油优化模型是新投注区块的优化部署，不确定变量是采油速度高值。三采优化模型的决策变量是0-1变量，因此需要解决的问题是0-1规划问题，同时模型对决策变量有严格的限制，各区块的上或不上不仅受到动用储量、聚合物规模、表活剂规模、配置站能力的约束，各厂的区块在采用上还有严格的先后顺序，可优化的空间被严格限制，在约束范围的空间内，稀薄的存在着满足条件的解。针对这样的问题，拟采用随机搜索和蒙特卡洛模拟相结合的方式寻找模型的可行解。具体的搜索思路是：从一个初始解开始，每一步在当前邻域内找到一个更好的解，使目标函数逐步优化，直到不能进一步改进为止。先任意给每个决策变量取个值，如将所有X都等1，得到一个初始解。它一般使一部分约束为真，也就是能满足某些约束条件，当然也肯定有很多约束条件不满足。具体分析是哪一条约束没有得到满足，然后针对性的反复对指派进行局部的调整，使得被满足的约束越来越多，最后得到一个满足所有约束的指派，即得到一个解。比如，针对聚合物规模的约束，X的值带入后超出了约束条件，就要针对这一点，调整某个厂在这一年上的区块的数量。其余部分算法将随机搜索同蒙特卡洛模拟相结合，找出满足约束条件的决策变量的集合，带入目标函数进行计算，最终输出各年完成目标概率、期间化学剂成本费用和区块工作安排。因此，研究设计基于遗传算法和蒙特卡洛模拟构建多目标不确定性优化模型的求解算法[11,12,13]。算法流程图如下，算法包括几大部分的内容：

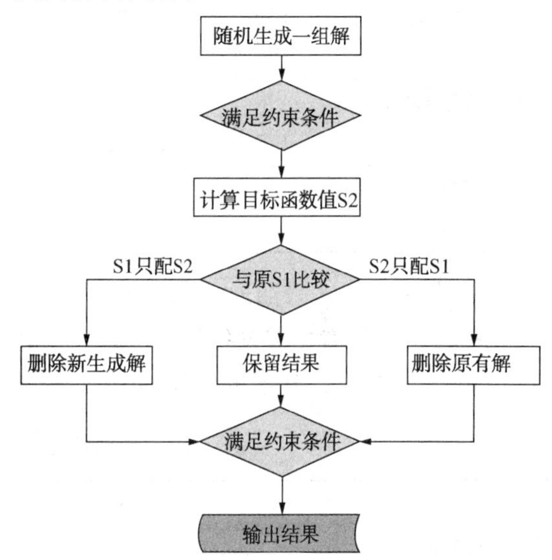

图3　不确定性优化模型求解算法流程

(1) 遗传算法。这是搜寻多目标优化模型Pareto解的核心部分，基于带精英策略的非支配排序的遗传算法，进行全局随机搜索，寻找最优解；

(2) 蒙特卡洛模拟。对模型中随机变量进行抽样，代入模型进行计算，为求解概率、均值做准备；

(3) 寻找Pareto解。对模型中的三个优化目标的值进行比较，两个解A和B比较时，只要不是所有的目标值都是A相应的优于B或B优于A，A和B就都被保留下来，否则保留均更优的一方；

(4) 计算目标函数值，依据模型公式，将各项参数带入计算，得出最终的函数值；

(5) 判断是否满足约束条件。将随机产生的 X 的值带入模型中的约束条件，计算是否满足；

(6) 输出最终结果。包括各年完成目标概率、优化目标函数值，决策变量的值即工作量安排。

5　规划方案优化结果及分析

在油田中长期开发规划方案编制过程中，应用大数据理论进行开发规划数据库的建设，研发了开发规划数据一体化管理系统，应用本文上述研究方法，进行不确定性开发规划指标的预测，建立开发规划优化模型并进行求解。对 T 油田的三次采油进行规划优化方案编制，结合三次采油规划潜力研究成果，考虑每年储量动用规模和产量变化趋势，以及规划对产量的要求，综合确定了三次采油规划的规模参数如表 2。结合各厂区块实际，综合确定出各个新区块的采油速度高值及产油变化趋势，区块采油速度高值的分布按南部地区和北部地区分别采用正态分布，每个区块高值的变化范围分别取自不同地区分布的 95% 置信区间。采用随机搜索和蒙特卡洛模拟相结合的方式寻找模型的可行解，为确保各厂新区块在随机抽样时抽取的机会相对均衡[14,15,16]，随机模拟次数设为 10000。

表 2　规划期间规模参数设置

类　别		年均衡约束				
		2013	2014	2015	2016	2017
年动用储量规模（万吨）	上限	9000	9000	9000	9000	9000
	下限	6500	6500	6500	6500	6500
年聚合物规模（万吨）	上限	25	25	25	25	25
	下限	17	17	17	17	17
年表活剂规模（万吨）	上限	10	19	25	30	33
	下限	7	10	10	10	10

通过表 3 对三次采油递增规模 40 中的方案产量概率分析结果看，方案各年的产量方差和风险度指标逐年增大，方案的风险也是逐年增加的[17,18]。虽然方案产量完成的概率都为 1，但也存在产量完成的风险。

表 3　递增规模 40 的最可能方案概率分析结果表

指　标	2013	2014	2015	2016	2017
产量完成概率/%	1	1	0.9857	0	0
产量期望值/万吨	1448.59	1491.82	1496.24	1412.25	1379.25
产量下限/万吨	1442.16	1481.22	1464.69	1365.92	1346.80
产量上限/万吨	1454.85	1502.59	1524.16	1451.66	1411.55
样本方差/万吨	2.09	8.78	12.84		
风险度	0.0014	0.0059	0.0086		

6　结论

油田开发进入特高含水后期的多结构、多阶段、风险性以及多目标性，使得开发指标波动具有较大不确定性。研究建立的开发规划指标相关影响因素不确定性预测方法和不确定性开发规划优化模型及求解方法，为规划决策提供可行方案解集和量化完成产量概率的风险，能够为油田开发决策提供重要的参考依据。

参　考　文　献

[1] 袁庆峰，陈鲁含等．油田开发规划方案编制方法[M]．北京：石油工业出版社，2005：3-15.

[2] 计秉玉，顾基发．优化方法在油田开发决策中应用综述[J]．系统工程理论与实践，2000，20(3)，120-124.

[3] 曲德斌，武若霞．油田开发规划科学预测的理论和实践[J]．石油学报，2002，(3)，38-42.

[4] 胡永宏．综合评价方法[M]．北京：北京科学出版社，2000：25-43.

[5] 陈月明，刘亚平等．油田开发中的不确定性问题及其求解方法[J]．中国石油大学学报(自然科学版)，2007，31(4)，46-50.

[6] 谢祥俊，刘志斌等．油田开发规划措施结构优化模型及其应用[J]．西南石油学院学报，2004，26(2)，11-14.

[7] 盖英杰，陈月明等．油田措施配置多目标随机规划．系统工程理论与实践，2002，20，131-134.

[8] Meister B, Clark J and Shah N, Optimization of oilfield exploration under uncertainty, Computers and Chemical Engineering 1996, (20), 1251-1256.

[9] Lasdon L. Optimal Hydrocarbon Reservoir Production Policies, Operations Research, 1986, 34 (1), 40-54.

[10] SALAM T A, MARAGHI E. Rapid Assessment of Development Planning Options for Giant Oil Reservoirs in West Kuwait, 1999. SPE 53167, 203-217.

[11] Liu B., *Theory and Practice of Uncertain Programming*, PhysicaVerlag, Heidelberg, 2002

[12] Bai S., *System Engineering*, Publishing House of Electronics Industry, 2009.

[13] 王兴峰，葛家理．石油工程方案综合评价优选方法研究述评．石油规划技术．2000，11(6)，-8

[14] 郭秀英，张艳云．油(气)田开发方案优选的模糊决策方法，西南石油学院学报，2001，24(2).

[15] 马菊红．应用 TOPSIS 法综合评价工业经济效益[J]．统计与信息论坛，2005.

[16] 赵明宸，陈月明．应用理想解排序法优选油田开发方案．新疆石油地质，2006，27(4)，84-486.

一种动态储量分析技术在海上断块水侵油藏挖潜中的应用

何志辉　王雯娟　马　帅　王世朝　李树松　张　骞

(中海石油(中国)有限公司湛江分公司)

摘　要　针对南海西部断块水侵油藏存在的动态储量认识不清造成挖潜风险大的问题，建立了一种以长期生产数据分析为基础的水侵油藏水侵量和动态储量计算模型。通过对压降双对数曲线、Blasingame 典型特征曲线分析及长期生产数据拟合获得储层和水体参数，最终求得平均地层压力变化曲线、单井动态储量和控制范围内水侵量。南海西部某断块边水驱油藏存在静态储量认识不清、动态储量计算难的问题，利用该方法计算动态储量并提出调整井方案，调整井实施后验证了方法的可靠性，研究成果对断块水侵油藏单井水侵量和动态储量计算有较强实用性，可有效指导油田挖潜。

关键词　动态储量；长期生产数据；断块水侵油藏；水侵量；挖潜

水侵油藏动态储量是油藏开发过程中的重要参数，是确定油田动用范围、预测生产动态和评价开发潜力的重要基础。南海西部水侵油藏受地震资料品质受限，岩性边界难以判断；井少油水界面位置不清；砂体横向变化快；多因素影响导致静态储量认识不清。渗透率较低，压力恢复速度慢，测压过程中难以获得准确的地层压力；且常用的水侵量计算方法(Schilthuis 稳态流法、Van Everdingen-Hurst 非稳态流法、Fetkovitch 拟稳态法)过程复杂，基础参数获取难，致使动态储量计算繁琐且准确性低[1-5]。南海西部 W 油田 L 油组为断块水驱油藏，调整前已部署 1 口探井和 2 口采油井，岩性边界位置不明，隔夹层纵向封隔性未知，井间连通性复杂，导致静态储量和动态储量认识不清，衰竭式开发效果差，亟需进行调整井挖潜，提高开发效果。本文针对该水侵油藏的特殊性，建立了径向水侵油藏流动模型，以动用范围内动态物质平衡为基础，通过对压降双对数、Blasingame 典型特征曲线分析和长期生产数据拟合，最终求得水侵油藏单井动态储量[6-10]，并在此基础上进行调整井方案优化，为水侵油藏合理挖潜提供了基础。

1　水侵油藏渗流模型建立

首先建立径向复合的油藏水驱物理模型，内区为油区，外区为水区，然后基于渗流理论、初始条件和边界条件建立油藏水驱数学模型，并对数学模型求解[11]。

1.1　水侵物理模型

边底水/注水驱动物理模型(图 1)，假设：

(1) 地层为水平等厚且各向异性，上下均为封闭不渗透，储层水平，厚度为 h；

(2) 考虑单相微可压缩流体渗流，流体物性不随压力变化；

(3) 地层流体流动服从线性达西渗流；

(4) 测试前地层各处压力为 p_i，以产量 q 开井生产；

(5) 边界上有无限大水体驱动；

(6) 径向水驱系统(内区为油区，外区为水区)。

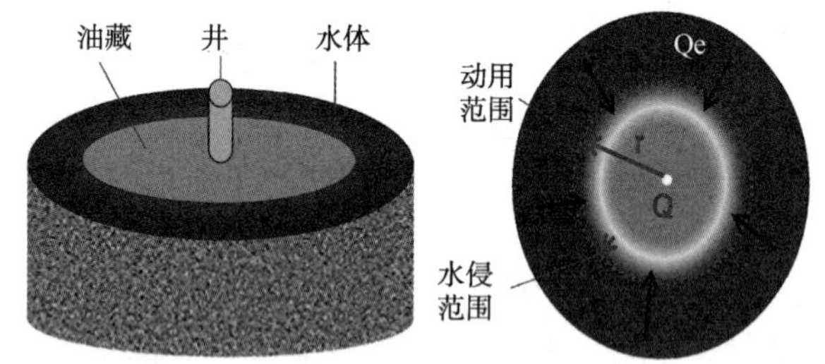

图 1　边底水/注水驱动渗流模物理型

1.2　水侵数学模型

以无因次综合渗流微分方程为基础，结合初始条件、井筒储集效应的内边界条件和表皮效应的影响，建立油藏水侵数学模型[公式(1)]。

【作者简介】何志辉(1986—)，男，2013 年毕业于西南石油大学，硕士研究生，中海石油(中国)有限公司湛江分公司，开发工程师，主要从事油气田动态分析。E-mail：hezhh9@cnooc.com.cn

$$\begin{cases}\dfrac{\partial^2 P_D}{\partial r_D^2}+\dfrac{1}{r_D}\dfrac{\partial P_D}{\partial r_D}=\dfrac{\partial P_D}{\partial t_D}\\ -r_D\dfrac{\partial P_D}{\partial r_D}\bigg|_{r_D=r_{eD}}=q_{Dext}\\ C_D\dfrac{dP_{wD}}{dt_D}-r_D\dfrac{\partial P_D}{\partial r_D}\bigg|_{r_D=1}=1\\ P_{wD}=\left[P_D-S\left(r_D\dfrac{\partial P_D}{\partial r_D}\right)\right]_{r_D=1}\end{cases} \tag{1}$$

式中　P_D——无因次压力；

P_{wD}——无因次井底压力；

r_D——无因次距离；

r_{eD}——无因次动用距离；

q_{Dext}——无因次外边界流量；

t_D——无因次时间；

C_D——无因次井筒储集系数；

S——表皮系数，无量纲。

为更好地说明动用范围内油藏的动态物质平衡，引入水侵强度概念来表征单井动用范围内外边界处的水侵强弱，水侵强度值定义为动用范围内水侵量与采出量之比[公式(2)]。水侵强度等于0时表明为无水侵衰竭式开发；水侵强度小于1时表明油藏水侵；水侵强度等于1时表明能量充足，水侵量和采出量平衡，地层压力保持较好；水侵强度大于1时表明为过平衡注水，为升压存储模型，油藏压力逐步升高。

$$q_{Dext}=W_e/Q \tag{2}$$

式中　q_{Dext}——水侵强度，无量纲；

W_e——水侵量，m^3；

Q——总产量，m^3。

外边界流量为：

$$q_{Dext}(t_D)=q_{D0}u(t_D-t_{sD})$$

$$\bar{q}_D(u)=\frac{1}{u^2}\frac{1}{\bar{p}_D(u)} \tag{3}$$

式中　t_{sD}——无因次水侵开始时间；

u——变换至拉普拉斯空间；

$\bar{p}_D(u)$——拉普拉斯空间下无因次恒定压力；

$\bar{q}_D(u)$——拉普拉斯空间下的无因次恒定产量。

非流动条件(无过流边界的流动)：

$$q_{Dext}(t_D)=0 \tag{4}$$

“阶梯”流量条件(边界流的脉冲开始)：

$$q_{Dext}(t_D)=-q_{Dext,\infty}u(t_D-t_{sD}) \tag{5}$$

式中　$q_{Dext,\infty}$——拟稳态时外边界流量。

适用于储层非均质性较强，水体与储层连通性较差，或者注水开发区块。生产初期水体未参与流动，随着储层压力进一步下降到某一“启动压力”后，水体参与流动，补给储层能量。

“陡坡”流量条件(边界流的平滑开始)：

$$q_{Dext}(t_D)=-q_{Dext,\infty}[1-\exp(-t_D/t_{sD})] \tag{6}$$

适用于储层非均质性较弱，水体与储层间连通性较好，随着开发的进行，水体逐渐侵入储层。

该模型的解被广泛用于边缘注水机制或者水侵，其中侵入水是经过储层边界进入动用范围，在原始地层压力条件下，边界是封闭的。解得形式如下：

$$\bar{P}_D(r_D,\ u)=\frac{1}{u}\frac{K_0(\sqrt{u}r_D)I_0(\sqrt{u}r_{eD})-K_0(\sqrt{u}r_{eD})I_0(\sqrt{u}r_D)}{\sqrt{u}I_1(\sqrt{u})K_0(\sqrt{u}r_{eD})+\sqrt{u}K_1(\sqrt{u})I_0(\sqrt{u}r_{eD})} \tag{7}$$

式中　I_0、I_1、K_0、K_1——0阶、1阶第一类贝塞尔函数[12-13]，分别对应不同的表达式(见公式8~11)。

$$I_0(x)=\sum_{k=0}^{\infty}\frac{1}{(k!)^2}\left(\frac{x}{2}\right)^{2k}=1+\left(\frac{x}{2}\right)^2+\frac{1}{(2!)^2}\left(\frac{x}{2}\right)^4+\cdots \tag{8}$$

$$I_1(x)=\sum_{k=0}^{\infty}\frac{1}{k!\ (k+1)!}\left(\frac{x}{2}\right)^{2k+1}=\frac{x}{2}+\frac{1}{2!}\left(\frac{x}{2}\right)^3+\frac{1}{2!\ 3!}\left(\frac{x}{2}\right)^5+\cdots \tag{9}$$

$$K_0(x)=-I_0(x)(\ln\frac{x}{2}+\gamma)+\sum_{k=-0}^{\infty}\frac{1}{(k!)^2}\left(1+\frac{1}{2}+\cdots+\frac{1}{k}\right)\left(\frac{x}{2}\right)^{2k} \tag{10}$$

$$K_1(x)=-I_1(x)ln\frac{x}{2}+\frac{1}{x}-\frac{1}{2}\sum_{k=-0}^{\infty}\frac{1}{k!\ (k+1)!}[\varphi(k+2)+\varphi(k+1)]\left(\frac{x}{2}\right)^{2k+1} \tag{11}$$

其中，$\varphi(z)$、$\varphi(z+1)$计算方法如下(见公式12~13)，γ为欧拉常数，取值为$\gamma=0.5772156649015328606065120 9$。

$$\varphi(z)=\frac{\mathrm{d}}{\mathrm{d}z}\ln\Gamma(z)=\frac{\Gamma'(z)}{\Gamma(z)}=-\gamma-\frac{1}{z}+\sum_{k=1}^{\infty}\left(\frac{1}{k}-\frac{1}{k+z}\right) \tag{12}$$

$$\varphi(z+1)=\frac{\mathrm{d}}{\mathrm{d}z}\ln\Gamma(z+1)=\varphi(z)+\frac{1}{z}=-\gamma+\sum_{k=1}^{\infty}\left(\frac{1}{k}-\frac{1}{k+z}\right) \tag{13}$$

2 水侵油藏动态储量

2.1 水侵识别

根据水侵油藏动态模型求解结果，并结合长期生产动态数据、储层物性参数、流体参数建立了特征曲线识别油藏水侵方法：双对数曲线水侵识别法(图 2)、Blasingame 特征曲线水侵识别法[14~16](图 3)和历史拟合曲线水侵识别法(图 4)。

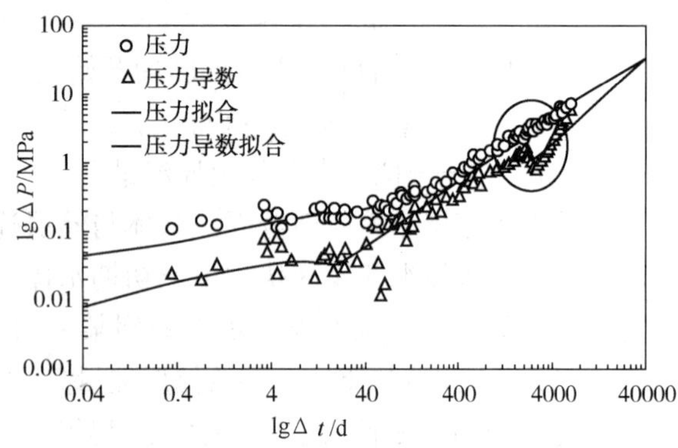

图 2　双对数曲线水侵识别

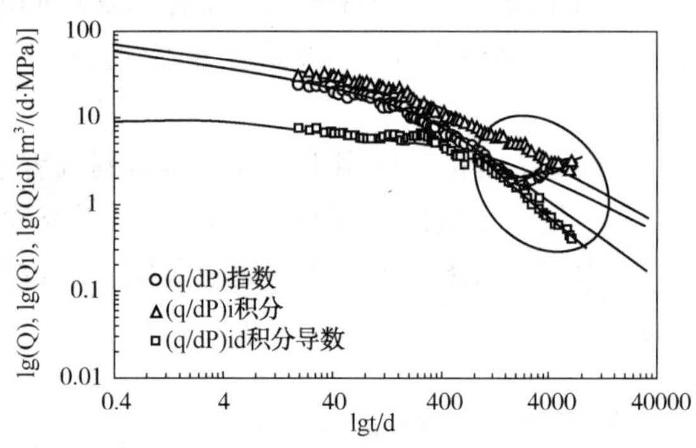

图 3　Blasingame 特征曲线水侵识别

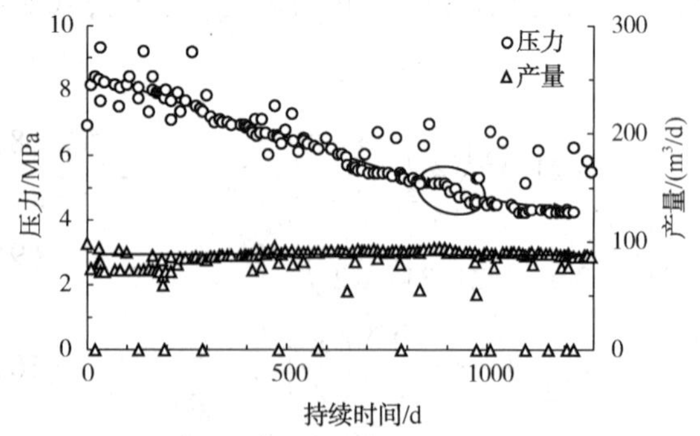

图 4　历史拟合曲线水侵识别

油藏在水侵作用下，3 条识别曲线会出现明显的变化特征，特别是水侵作用明显时，变化趋势更明显。其中双对数水侵识别曲线中的压力导数曲线随着水侵作用逐渐增强，会出现出现下掉；Blasingame 特征曲线中的流量指数曲线上翘，流量积分导数曲线下掉，流量积分导数曲线与流量积分曲线逐渐分离；历史拟合曲线中压力曲线下降趋势变缓，当注水补充能量时甚至增加。

综合分析认为：3 条水侵识别曲线变化的拐点即是水侵作用明显阶段的拐点，拐点之前为动用纯油阶段，油藏利用地层弹性能量衰竭式开发阶段；拐点之后为水侵作用阶段，不仅受到地层弹性能量的影响，还受到水体驱动作用，因此产量递减速度变缓。

2.2 动态储量计算

在确定水侵拐点之后，利用拐点之前的实际生产数据，并结合特征曲线识别油藏水侵方法，最终确定动态储量范围(动用距离 r_{eD})和水侵量，结合动态物质平衡及容积法[公式(14)]确定水侵油藏动态储量[17]。

$$N=\frac{N_P B_O-W_e-W_i B_w+W_P B_w}{B_{Oi} C_i \Delta p} \tag{14}$$

式中　N——油藏动态储量，m^3；

N_P——油藏累计采油量，m^3；

B_o——原油体积系数，m^3/m^3；

B_w——地层水体积系数，m^3/m^3；

B_{oi}——原油原始体积系数，m^3/m^3；

W_i——累计注水量，m^3；

W_P——累计产水量，m^3；

C_i——油藏有效压缩系数，MPa^{-1}；

Δp——油藏总压降，MPa。

3 断块水侵油藏挖潜

以南海西部断块水驱油藏 W 油田 L 油组为例，该油组由构造和岩性综合控制，目前已经部署 2 口采油井，1 口水平井 A1 井和 1 口定向井 A2 井进行衰竭式开发。探井部署在构造低部位，在 L 油组上部钻遇一套油层，中间钻遇 2m 厚的干层，下部主要为水层，并发育泥岩隔夹层。再加上 L 油组普遍存在砂体横向变化快，分布不稳定，储层连通性复杂，地震资料品质较差，油组识别难度大的特点，上交地质储量时认为中部干层发育稳定，将干层以下的水层对应的构造高部位储量划分为控制储量。该井区探明储量存在较大不明确，剩余油分布认识不清，调整挖潜存在较大不确定性。

3.1　油田概况

南海西部 W 油田 L 油组为中孔、低渗、常温、异常高压、构造和岩性控制的边水油藏，油藏原始压力系数 1.32。地下原油密度低、黏度低，原始溶解气油比低，饱和压力低，地饱压差大，属于未饱和油藏。油藏南、北部被断层控制，东西为岩性边界封闭，驱动类型为弱边水驱动和弹性驱动。

生产动态特征表明 A1 井和 A2 井井间不连通，A1 井区探明储量 $55.0\times10^4m^3$，A1 井区控制储量 $116\times10^4m^3$，存在探明储量与控制储量认识不清的问题。本文主要针对 A1 井区进行动态储量计算，研究调整潜力。A1 井投产初期日产油 $100m^3/d$，不含水，调整前日产油 $37m^3/d$，含水率 11%，累产油 $17.5\times10^4m^3$，预计衰竭开发累产油 $20.4\times10^4m^3$，预计 A1 井区采收率 37%，该采收率已经远超同类型油田水平，认为 A1 井区原探明储量计算偏小，需重新认识。目前产量及压力递减快，衰竭式开发效果差，有必要进行动态储量计算，在明确调整潜力的基础上进行剩余油分布精细研究，新增调整井以提高最终开发效果。

3.2　动态储量分析

采用本文建立的水侵油藏动态储量计算模型计算 L 油组 A1 井区动用油储量。首先建立水侵油藏模型，然后通过拟合分析 A1 井长期生产数据压降双对数水侵识别曲线(图 5)、Blasingame 水侵识别曲线(图 6)和历史拟合水侵识别曲线(图7)，计算 A1 井的总动用流体储量 $460.0\times10^4m^3$，其中动用油储量 $155.0\times10^4m^3$，动用水储量 $305.0\times10^4m^3$，水侵量 $7.5\times10^4m^3$，水侵强度 0.5。

获得如下认识：动用油储量 $155.0\times10^4m^3$ 远大于原上交国家的探明储量($55.0\times10^4m^3$)，调整井潜力大；中间干层可能展布小，未达到纵向封隔效果，A1 井已经动用了下部部分控制储量；结合最新的地震资料认为，构造含油面积有向西扩边可能；水侵强度低，水体能力有限，需注水补充能量。

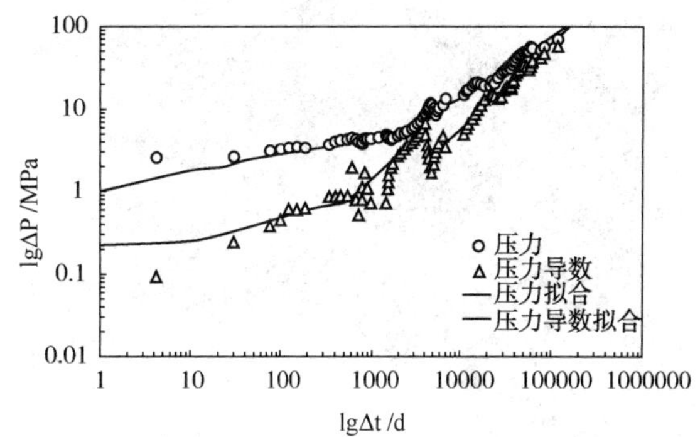

图 5　A1 井双对数拟合曲线

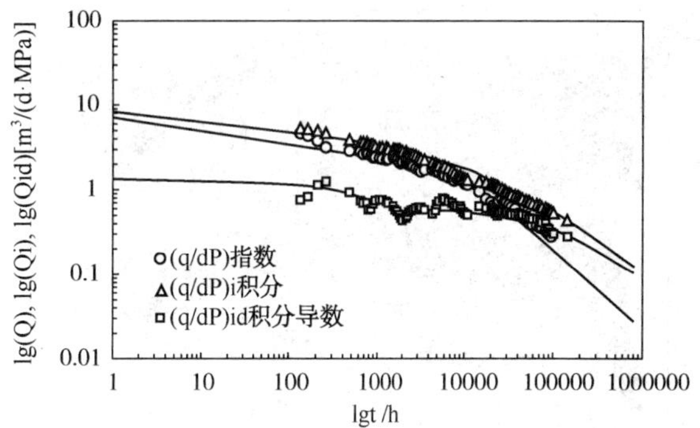

图 6　A1 井 Blasingame 拟合曲线

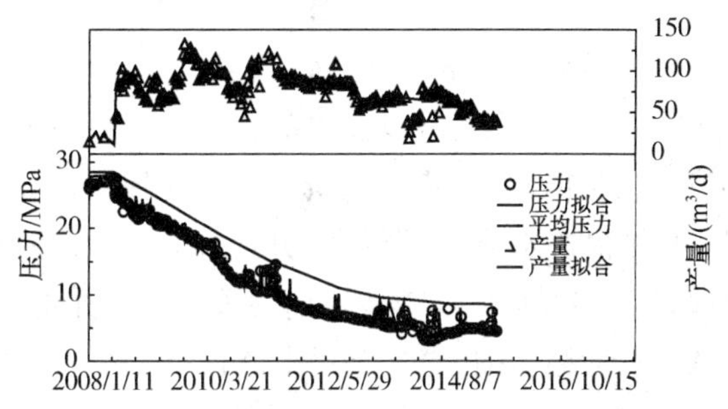

图 7　A1 井历史拟合曲线

3.3　调整井方案优化

在上述动用油储量计算结果的基础上，对数模模型中地质储量及水体大小进行调整，数模历史拟合后预测剩余油分布。根据剩余油分布情况设计注水调整井方案，分别从井数、井位和配产配注量进行增油量对比优化。

(1) 部署井数优化。

数值模拟结果表明：在南面高部位增加 1 口定向井采油，同时在低部位增加 1 口定向井注水的方案(方案 1，图 8)比仅在高部位增加 1 口注水井(方案 2，图 9)增油效果好，方案 1 可累增油 $23.8\times10^4m^3$，方案 2 累增油 $15.3\times10^4m^3$。

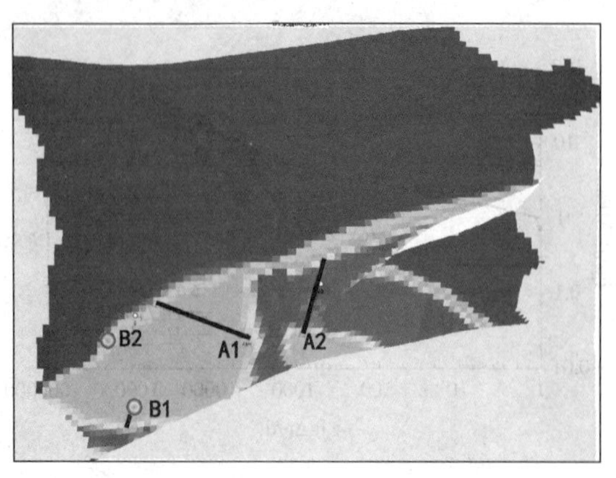

图 8　井数部署方案 1 剩余油饱和度叠合图

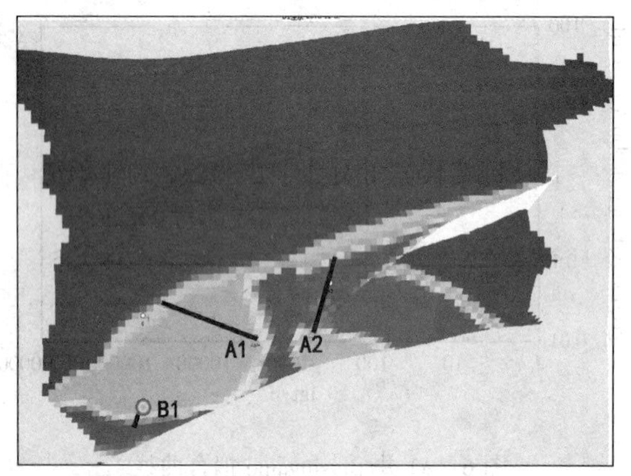

图 9　井数部署方案 2 剩余油饱和度叠合图

(2) 注水井位置优化。

方案 1：将注水井 B2 井部署在 A1 井北部低部位时(图 10)，可有效补充 A1 井处地层能量，但 A1 井很快水淹，且距 B1 井约 800m，存在注水效果差的风险。方案 2：将注水井 B2 井部署在 A1 井西部、B1 井北部(图 11)，注水时能够有效的补充两口生产井的能量，且 A1 井见水晚。方案 2 累增油 $23.8\times10^4m^3$，比方案 1 累增油多 $0.1\times10^4m^3$。

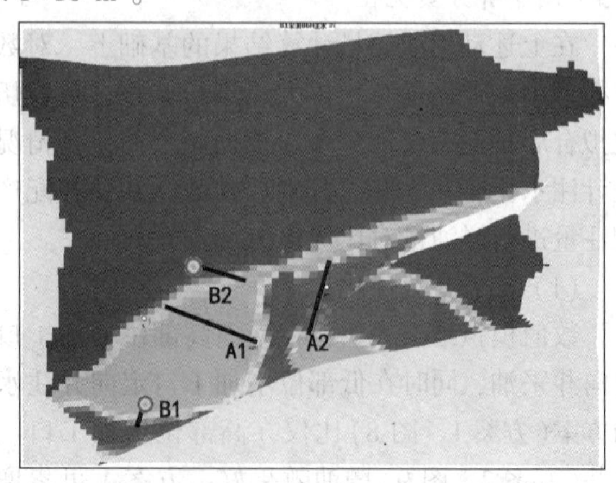

图 10　井位部署方案 1 剩余油饱和度叠合图

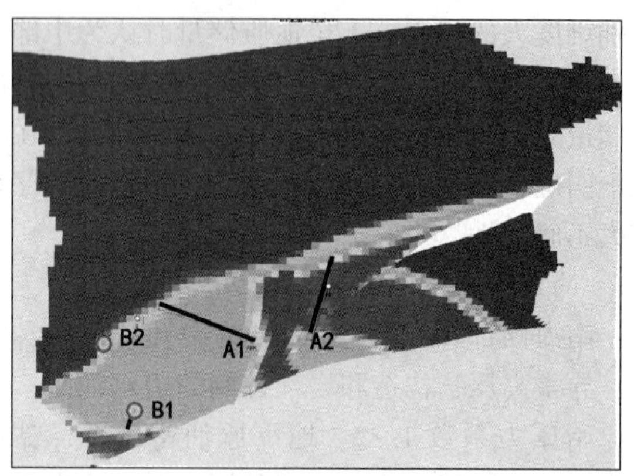

图 11　井位部署方案 2 剩余油饱和度叠合图

(3) 配产配注方案。

借用 A1 井物性及采油指数数据，B1 井产能范围为 $56\sim110m^3/d$，考虑到 L 油组目前压力系数较低，B1 井投产初期配产 $50m^3/d$，待地层压力恢复后提高至 $100m^3/d$。利用 A1 井初期和目前采油指数，并结合裘比公式，计算 B2 井吸水指数 $16.8\sim53.7m^3/(MPa\cdot d)$，注水能力大于 $300m^3/d$，B2 井初期配注 $200m^3/d$，后期再定期优化。

通过方案优化，确定在 A1 井区增加 1 采 1 注，南面高部位部署 1 口采油井，同时在低部位增加 1 口定向注水井，注水井初期配注 $200m^3/d$，采油井初期配产 $50m^3/d$，待地层压力恢复后提高至 $100m^3/d$，预计调整后 A1 井区累增油 $23.8\times10^4m^3$。

3.4　效果评价

目前 A1 井区调整井 B1 井已实施完毕，核算后探明储量 $129\times10^4m^3$，与调整前利用该方法计算的动态储量一致性较好，验证了该方法计算结果可靠性较好。

在这种地质储量认识不清的海上断块水侵油藏中，利用长期生产数据分析动态储量技术，明确油藏调整潜力，为调整井方案设计和优化提供基础，提高油藏的最终开发效果。

4　结论

(1) 海上断块水侵油藏井数少，储量认识不清，且地层压力、水侵量等参数获取难，采用常规方法难以准确评价其动态储量，建立并求解了径向水侵油藏动态储量计算模型。

(2) 根据水侵油藏动态模型求解结果，并结合长期生产动态数据、储层物性参数、流体参数建立油藏水侵识别方法：双对数曲线水侵识别法、Blasingame 特征曲线水侵识别法和历史拟合曲线水侵识别法，通过对特征曲线拟合分析得到水侵油藏动态储量。

(3) 实例应用效果表明，该方法规避了地层压力测试和水侵量的复杂计算过程，通过调整井实施后验证动态储量计算结果可靠性较高，对于海上断块水侵油藏动态储量计算有较强实用性，为水侵油藏合理开发及调整提供了基础。

参考文献

[1] 王洪峰．水侵油藏水侵量预测与注采比确定方法研究[D]．四川：西南石油大学，2004.

[2] 李传亮，仙立东．油藏水侵量计算的简易新方法[J]．新疆石油地质．2004，25(1)：53-54.

[3] 黄天星，谢兴礼．底水油藏无因次水侵量计算的数值反演法[J]．大庆石油地质与开发．1994，13(4)：32-35.

[4] Dake L P Fundamentals of Reservoir Engineering [M] . New York：Elsevier Scientific Publishing Company，1978.

[5] M J Fetkovich，M E Vienot，M D Bradley. Decline Curve Analysis Using Type Curves - Case Histories [R]. SPE13169，1987.

[6] 黄炳光，刘蜀知编著．实用油藏工程与动态分析方法[M]．北京：石油工业出版社，1998.

[7] 陈元千．油气藏的物质平衡方程式及其应用[M]．北京：石油工业出版社，1979.

[8] 陈元千．油气藏工程计算方法[M]．北京：石油工业出版社，1990.

[9] 林加恩，王倩．低渗透油藏连续监测数据分析方法研究[J]．油气井测试．2012，21(1)：1-3.

[10] 张宏友，王月杰，马奎前，等．应用永久式井下压力计压降曲线计算油藏动态储量[J]．油气井测试．2010，19(3)：31-32.

[11] 陈庆轩．有水气藏动态分析方法及应用研究[D]．西南石油大学，2017.

[12] 奚定平．贝塞尔函数[M]．高等教育出版社，1998.

[13] 李大治，杨梓强，梁正．第一、二类复宗量贝塞尔函数的数值计算方法[J]．电子科技大学学报，1996(s1)：125-128.

[14] Blasingame T A，Johnston J L，Lee W J. Type curve analysis using the pressure integral method [R]. SPE18799，1989.

[15] 孙贺东，朱忠谦，施英，等．现代产量递减分析Blasingame图版制作之纠错[J]．开发工程．2015，35(10)：71-75.

[16] 孙贺东．油气井现代产量递减分析方法及应用[M]．北京：石油工业出版社，2013.

[17] 杨通佑，范尚炯，陈元千，等．石油及天然气储量计算方法[M]．北京：石油工业出版社，1990.

小扇体致密气藏高效动用技术研究
——以长岭断陷南部龙凤山气田为例

毛永强　任宪军　孙　楠　许明静　李　宁

(中国石化东北油气分公司勘探开发研究院)

摘　要　龙凤山气田属于近源小扇体沉积，非均质性强，有效储层演化过程与形成的主控因素尚不明确；储层薄且横向变化较快，精细刻画有效储层难度大；有效储层呈多层、互层、致密的特点，高效开发技术政策有待深入研究。通过对储层成岩与孔隙演化过程分析，明确了富火山岩碎屑储层在先碱后酸环境中的浊沸石溶蚀和弱压实是潜力目标区优质储层的主要成因；通过含气差异性评价，采用气砂敏感因子预测方法对有效储层进行描述预测；通过多层水平井开发提高储量动用程度和单井产能，实现龙凤山地区立体高效开发。

关键词　小扇体；致密气藏；高效动用技术；有效储层；含气性差异；多层水平井

龙凤山气田位于长岭断陷南部北正镇断阶带，自 2014 年北 201 井在营城组营Ⅳ砂组取得战略性突破以来，在该区陆续发现了营Ⅲ、营Ⅴ、营Ⅵ砂组等 3 个含气砂组，2014-2015 年提交营Ⅲ、Ⅴ、Ⅵ砂组天然气控制地质储量 152.81 $\times10^8\,m^3$，凝析油 288.12$\times10^4$t，叠合含气面积 51.08km^2；2015 年提交营Ⅳ砂组天然气探明地质储量 32.48$\times10^8 m^3$，凝析油 97.95$\times10^4$t，探明含气面积 13.3km^2。龙凤山气田成为东北分公司油气上产的主要区块。

龙凤山气田具有近物源、小扇体、沉积变化快的特点，储层具有多层、互层、泥质含量高，储层物性差，有效储层占比低，地球物理差异响应弱的特点，采用直井开发产能低，产量递减快，稳产能力弱，储量动用困难；采用常规水平井开发单层厚度薄，单井控制储量不达标，天然气储量无法经济有效动用。在日益严峻的油气产量形势下，如何提高产能、提高稳产能力，提高储量动用效益是摆在目前必须要解决的问题。为此，东北油气分公司持续开展特低渗碎屑岩储层建造机理及分布特征、近源小扇体致密有效储层精细刻画、小规模低丰度复杂储层高效动用等关键技术攻关，实现了小扇体致密气藏规模效益开发。

1　近源改造型储层控制因素与分布规律研究

近源小扇体储层横向变化快，有效储层占比低，储层整体物性差，有效储层以甜点为主，有效储层的描述是开发动用的关键。

1.1　沉积相的精细研究，描述储层展布

根据碎屑岩岩屑平均含量和重矿物组合特征分析[1]，龙凤山构造区营城组物源区可分为西部物源区、东部物源区和中部混合物源区。通过对龙凤山地区北 1 井、北 204 井、北 203 井等多井的取芯观察，识别出了 5 种岩相组，14 种岩相类型。根据岩心观察、粒度分析、测井资料、构造背景、相标志及岩相组合特征综合研究发现，龙凤山地区发育一套扇三角洲-滨浅湖沉积体系[2]。总体上呈现如下特征：①粒度较粗，以砾岩、砂砾岩、(含砾)粗砂岩为主，中-细砂相对缺少，分选差-中等，砾石以次棱角状-次圆状为主，结构成熟度较低，属于近源沉积；②层理不发育，说明沉积速率高，为季节性水流特征；③龙凤山地区南部井缺少煤线，说明陆上沉积环境不发育，不利于植被生长；向北砂岩中层理逐渐发育，说明水流趋于稳定；④测井曲线形态包括箱型、钟型、箱型+钟型复合型、指型，曲线具微齿化或齿化特征。

从剖面相上看，北 1 井到北 209 井呈南西-北东向，整体以三角洲平原沉积为主。营Ⅳ期，

【作者简介】毛永强(1971—)，男，2008 年 7 月毕业于中国石油大学，硕士学位，现任东北油气分公司勘探开发研究院院长，多年从事油气田开发工作，具有丰富经验。E-mail：895554330@qq.com

西南边北 1 井和北 204 井主要以辫状河三角洲平原沉积为主；而南部则主要以扇三角洲前缘沉积为主；营Ⅲ期，整体以三角洲平原(辫状河三角洲、扇三角洲)为主，仅在北 202 井、201-10 井和北 209 井发育滨湖-浅湖相。南部从营Ⅳ-2—营Ⅳ-1 为湖盆扩张期，发育扇三角洲前缘相；而从营Ⅲ-3—营Ⅲ-1 为湖盆萎缩期，沉积范围变大，开始向陆上沉积演变，而西南部湖盆范围基本无变化(图 1)。

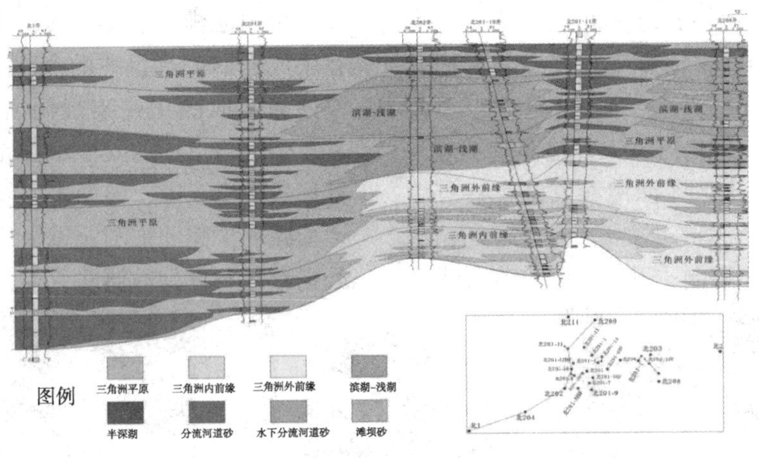

图 1　龙凤山地区剖面沉积相图

在营Ⅳ时期，西南部主要沉积亚相为辫状河三角洲平原及内前缘，而南部为扇三角洲内前缘，三角洲外前缘及滨湖亚相欠发育(图 2)。

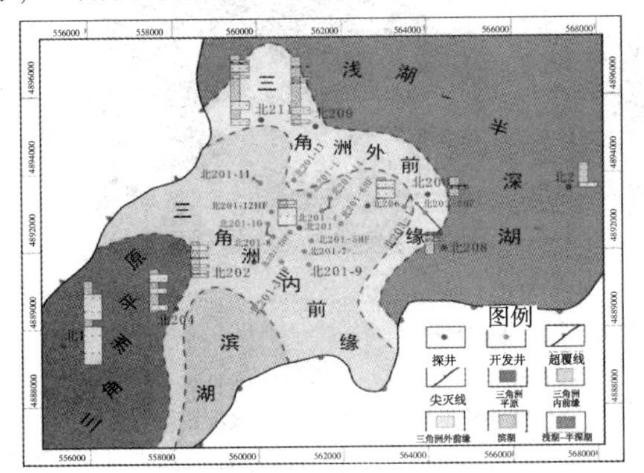

图 2　龙凤山地区营Ⅳ沉积相平面图

营Ⅲ时期，湖平面开始下降，湖水变浅，西南部的沉积亚相类型主要是辫状河三角洲平原，南部扇三角洲主要亚相为内前缘，东南部发育了一个新的扇三角洲体，但规模较小。北 201-8 井及北 202 井附近继续隆起，亚相由外前缘变为滨湖，导致南部的扇三角洲沉积体系进一步向东北迁移。在三个三角洲间，主要发育的是滨湖亚相，范围较Ⅳ砂组有明显扩大(图 3)。

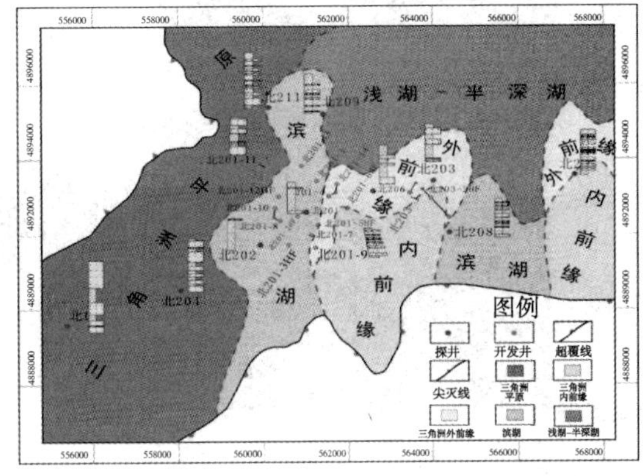

图 3　龙凤山地区营Ⅲ沉积相平面图

1.2　改造型储层形成机理及分布规律研究

岩屑、长石及浊沸石的溶蚀是控制该地区优质储层发育的一个关键因素。岩屑及长石的溶蚀主要发生在刚性、较刚性颗粒发育较多的砂岩中，这些颗粒具有较好的保护原生孔隙的能力，促进后期孔隙流体的流动及溶蚀作用的发生。溶蚀过程中比较有特色的是对浊沸石胶结物的溶蚀。

浊沸石胶结物形成于早成岩早期，与绿泥石环边同期或略晚形成，较早的浊沸石胶结增加了颗粒间的抗压实程度，颗粒间多呈不接触或点接触，但浊沸石的大量形成占据了原生粒间孔，导致浊沸石胶结砂岩中粒间孔不发育。前人研究认为浊沸石具有遇酸极易溶解，在中成岩期，烃源岩生烃过程中，释放大量的有机酸及 CO_2，导致碱性的孔隙水 pH 值降低，有机酸的大量形成致使浊沸石溶蚀形成次生孔隙[3]。

浊沸石的形成及稳定需要较高的 pH 值(9.1~9.9)[3]、较低的 CO_2 分压等条件，绿泥石通常形成于弱碱性条件[4]，在强碱性环境中难以形成。通过薄片观察发现，从物源区到湖盆中心，绿泥石环边的厚度及含量逐渐降低，浊沸石胶结物含量逐渐增加。因此可以通过对绿泥石及浊沸石含量变化，来判断浊沸石及绿泥石形成环境，进而预测优质储层发育带。

在北 209 井中，浊沸石溶蚀强，多呈残骸状分布(图 4c)，这些溶蚀孔缝的相互连通，大大改善储层物性(图 4b)，薄片下浊沸石砂岩面孔率为 6.48%。北 201-1 井中，浊沸石溶蚀强度较低，局部呈残骸状，但仍可见大片连晶胶结的浊沸石(图 4a)。龙凤山地区浊沸石胶结主要见于扇三角洲外前缘，形成于碱性环境中。扇三角洲外前缘主要受到湖水控制，基本不受大气淡水的影响，在营城组沉积时气候演变为半潮湿—半干燥气候，湖盆演变为半咸水相，在碱湖沉积环境下形成导致沉积时水介质呈碱性[5]。咸化湖水控制着地层水性质，火山碎屑蚀变过程中释放大量的金属阳离子，进一步增强地层水的 pH 值，形成大量的浊沸石胶结，发育浊沸石胶结成岩相。在中成岩期，有机酸的充注对浊沸石进行溶蚀，溶蚀强度取决于距离烃源岩的远近，靠近烃源岩，生油岩形成的酸性水首先溶解较近的浊沸石并形成次生孔隙，向湖岸方向浊沸石的溶蚀作用逐渐减弱，因此推测龙凤山地区营城组北部深凹处仍存在有良好的储层。

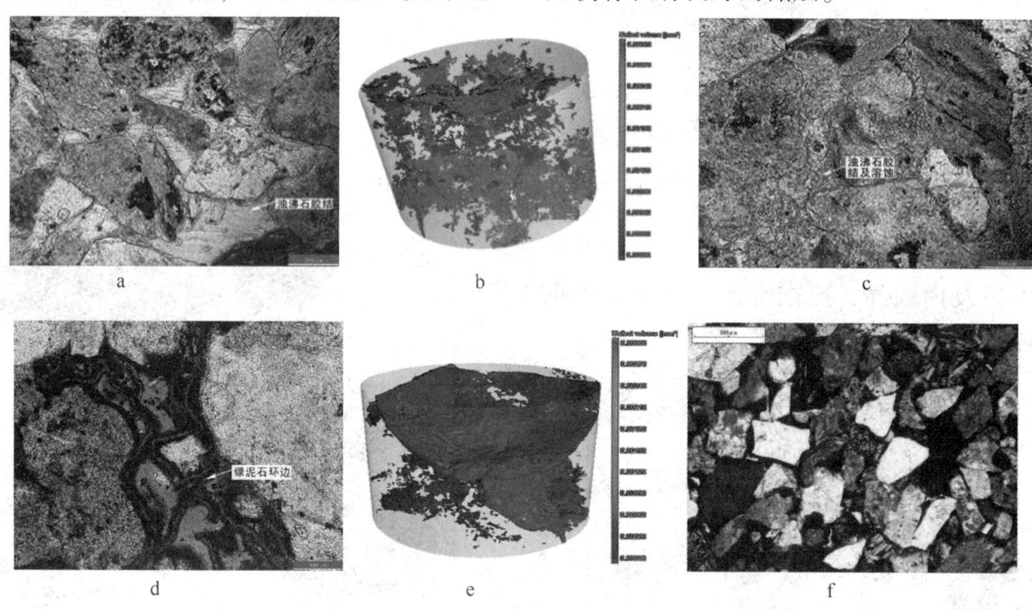

图 4　营城组砂岩薄片及 CT 扫描照片

a：浊沸石呈大片连晶胶结，浊沸石胶结砂岩，北 201-1 井，3222.96m，10 倍(-)；b：浊沸石胶结砂岩 CT 扫描照片，孔喉的连通性好(蓝色到红色孔隙体积逐渐增大)，北 201-1 井，3222.96m；c：浊沸石溶蚀形成的次生孔隙，孔喉连通性较好，北 209 井，3254.7m，10 倍(-)；d：原生粒间孔、绿泥石包壳较厚，绿泥石胶结砂岩，北 202 井，3099.45m，20 倍(-)；e：绿泥石胶结砂岩 CT 扫描照片，孔喉的连通性较差(蓝色到红色孔隙体积逐渐增大)，北 202 井，3128.9m；f：粒间溶蚀孔，北 202 井，3101.4，10 倍(-)。

绿泥石胶结砂岩常见于粒度较粗的砂岩及砾岩中，以发育绿泥石包壳为典型特征，多发育于三角洲平原及内前缘的主河道的粗粒沉积。绿泥石通常形成于弱碱性条件[4]，随着 pH 值的增加，依次形成蒙脱石、浊沸石。三角洲平原沉积区主要受到大气淡水的控制，大气淡水的注入及火山碎屑水化的综合作用，导致地层水呈弱碱性，为绿泥石的形成提供必要水介质条件。而火山碎屑的蚀变为绿泥石的形成提供丰富的物质来源，因此在三角洲平原发育较厚的绿泥石环边，形成绿泥石胶结成岩相。由于绿泥石包壳形成于早成岩作用的早期，较早的绿泥石包壳的形成能够抵消上覆地层的压力，提高砂岩的抗压实程度，使得绿泥石胶结砂岩发育区颗粒间通常呈点-线接触。因此，绿泥石的早期胶结很大程度上保存了原生粒间孔(图 4d)，虽然绿泥石环边的形成在一定程度上影响了砂岩的渗透性，但由于绿泥石环边的形成，所保存的原生粒间孔仍具有良好的连通性(图 4e)，为后期酸性水的注入提供通道，形成部分溶蚀孔隙，也提高储层物性(图 4f)。

扇三角洲内前缘受到大气淡水及湖浪的共同作用，两者皆有发育。

1.3　地球物理方法实现有效储层精细预测

在优化基础资料的基础上，针对龙凤山断陷层营城组开展叠前弹性参数反演[6]，岩石物理分析认为剪切模量对砂岩与泥岩区分度最好，而拉梅常数和泊松比对于区分含气性最好，而气砂敏感因子综合了这两种区分度，拉大了气砂与非气砂的差距。

在叠前地质统计学反演基础得到的气砂因子剖面(图5)，提高了气砂空间预测的辨识度，与已完钻井吻合程度高。

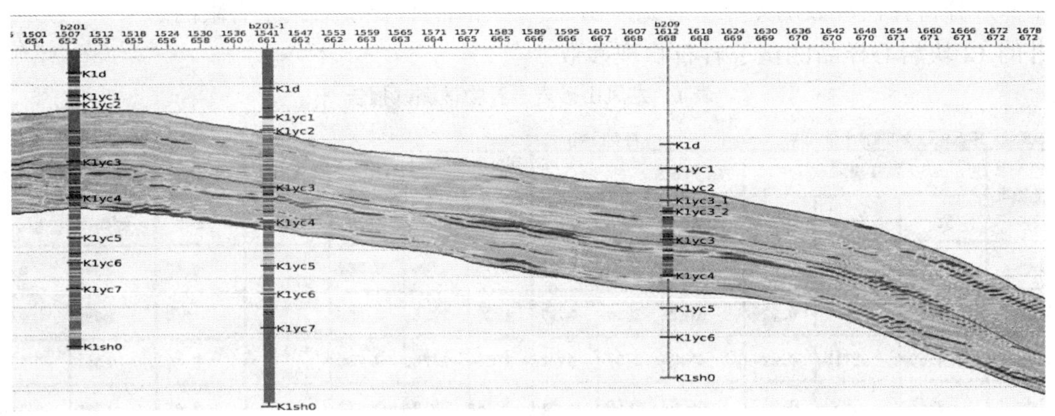

图5　气砂敏感因子反演剖面

利用气砂敏感因子进行营Ⅳ气砂厚度预测，图6为预测气砂累计厚度平面图，预测结果认为北201和北206以北含气性较好，且整体呈扇状分布，但往北至北209气砂厚度减薄。

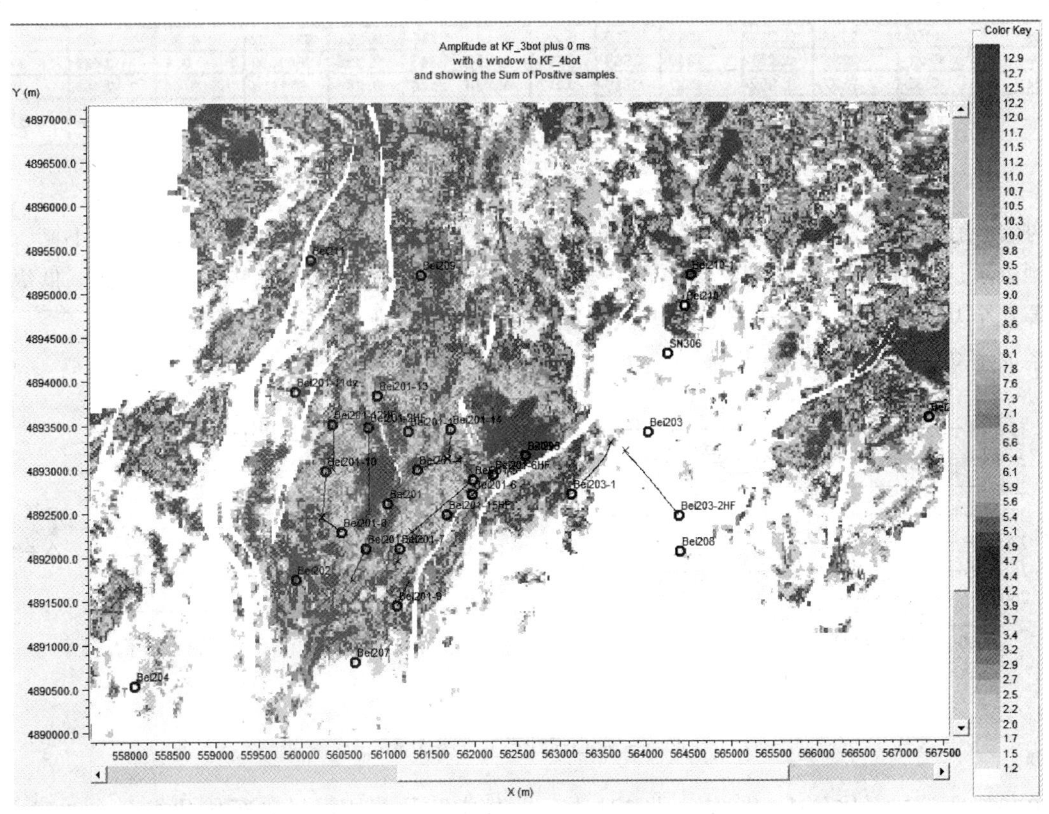

图6　营Ⅳ砂组气砂累计厚度图

基于叠前反演和叠前地质统计学结合的气砂敏感因子预测方法，能够定量评价薄储层含气的可靠性，并能较好识别薄层流体，较常规有效储层预测方法，在精度和可靠性方面更为有效。

2　致密砂岩储层地球物理预测技术

龙凤山气田沉积相带受构造地形及物源控制，具有东西分区、多物源、近物源、快速堆积小扇体、以扇裙方式展布的特点。储层纵向含气层系多、横向砂体尖灭快、不同层系间隔层发育。由于地层压实作用，储层一般致密、非均质性较强，且与泥岩阻抗差异小，在地震剖面上表现为弱反射特征，利用常规地震属性和反演方法区分储层较为困难。

为了深入分析弹性参数的差异，对龙凤山 4 口重点井的 12 块岩心样品测试了岩石物理参数(表 1)。北 202 井上下两个层，孔隙度值相当，纵横波速度、泊松比以及密度都没有明显的区别，但是储层内部装的东西不一样，一个是气层，一个是含气水层，具有明显的“同孔不同质”的特点，因此采用物性及单一的弹性参数来刻画有效储层效果是有限的。

表 1　龙凤山砂岩岩石物理测试报告

测试单位：中石化石油物探技术研究院　　提交日期：2015-3-26　　测试负责人：马中高

样品编号	干燥			完全气饱和			完全水饱和			深度	孔隙度	密度(干)	密度(水)
	Vp	Vs	泊松比	Vp	Vs	泊松比	Vp	Vs	泊松比	m	%	g/cc	g/cc
201a	4722	2841	0.216	4769	2833	0.227	4915	2784	0.264	3397.84~3397.98	4.18	2.445	2.471
201b	4734	2808	0.229	4782	2814	0.235	4933	2816	0.258	3398.38~3398.72	2.4	2.568	2.578
201c	4550	2715	0.224	4633	2737	0.232	4750	2676	0.268	3400.04~3400.24	5.49	2.513	2.535
201d	4858	2852	0.237	4969	2860	0.252	5046	2819	0.273	3401.24~3401.45	2.01	2.595	2.603
b202a	4337	2624	0.211	—	—	—	4652	2602	0.272	2493.52~2493.86	5.51	2.484	2.51
202b	4299	2638	0.198	4318	2647	0.199	4607	2645	0.254	2997.70~2997.86	6.06	2.493	2.519
202c	4377	2647	0.212	4410	2622	0.227	4621	2629	0.261	3001.04~3001.29	7.36	2.448	2.478
202d	4487	2682	0.206	4490	2689	0.220	4762	2673	0.270	3086.90~3087.22	3.62	2.527	2.542
203a	4460	2698	0.211	4543	2712	0.223	4814	2736	0.261	3317.22	4.85	2.452	2.482
203b	4821	2852	0.231	4846	2868	0.230	4977	2843	0.258	3609.09	0.7	2.629	2.632
203c	4232	2587	0.202	4327	2615	0.212	4552	2576	0.264	3871.4	9.04	2.467	2.506
b2a	4670	2831	0.209	4692	2848	0.208	4826	2814	0.242	3745.09~3745.34	3.04	2.558	2.571

用对岩心在干燥状态、饱含气、饱含水进行模拟，测试了这三种状态下孔隙度、纵横波速度及密度等几个基础参数[7]。分析岩心的纵横波速度的关系如图 7，可以看出，在纵横波速度比与泊松比交会图上，气砂和水砂斜率不同，可以区分气砂和水砂，气层具有低泊松比、低纵横波速度比的特征。

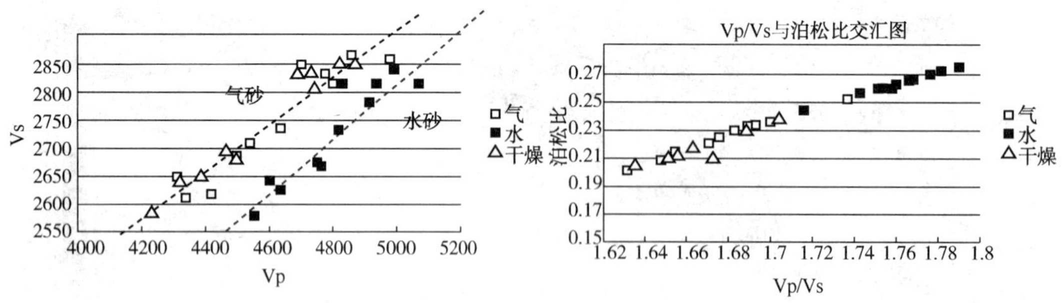

图 7　岩心弹性参数交会分析

从单井弹性参数对比分析(图 8)，北 201 井上部高产气层和下部低产气层用纵横波速度比、泊松比、拉梅常数以及剪切模量是区分不开的，不能有效的识别有效储层。

因此，结合测井响应特征及岩心数据上弹性参数对岩性与含气性的敏感程度，对泊松比、拉梅常数及剪切模量进行优化组合[8]，建立“气砂敏感因子”弹性参数(图 9)，放大了气砂弹性参数与非气砂弹性参数的差异，解决了致密砂岩有效储层差异小，预测可靠性低的难题，通过评价含气性差异实现近源小扇体致密含气薄储层可靠预测。

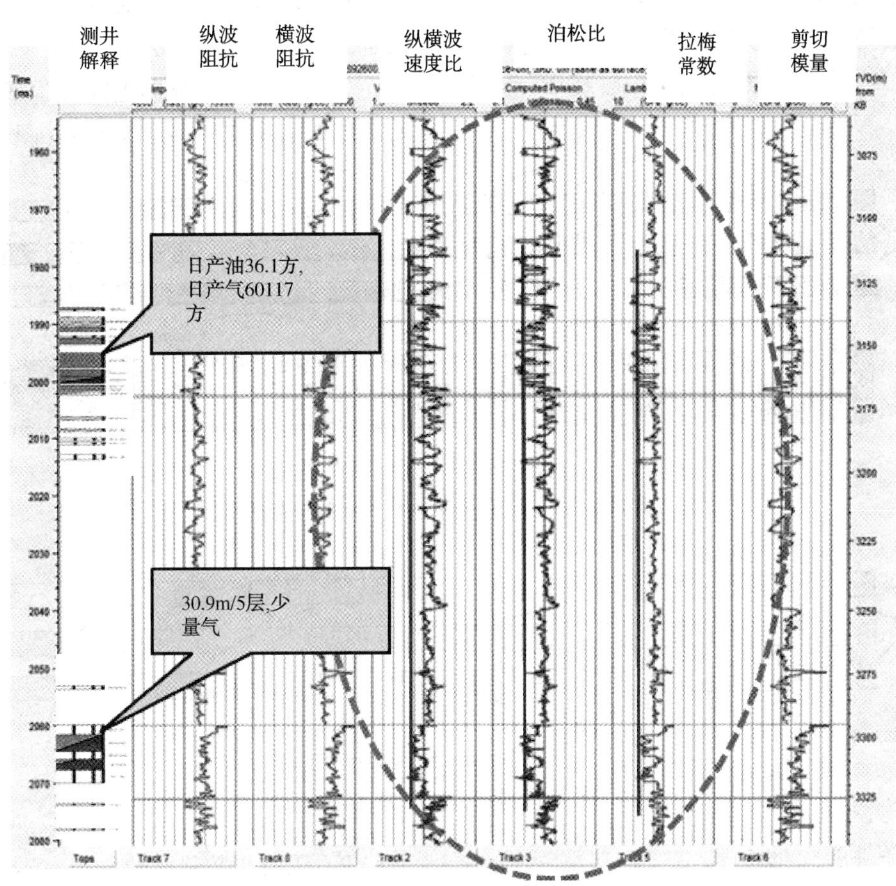

图 8　北 201 井弹性参数对比图

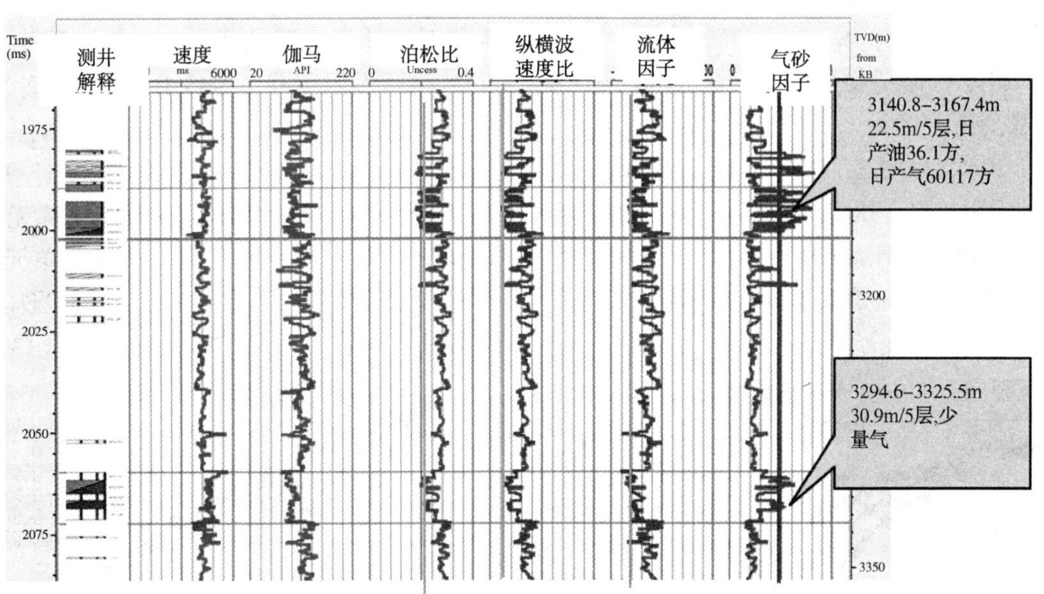

图 9　北 201 井气砂敏感因子测井曲线

3　小扇体致密气藏有效储层高效动用技术

在储层预测评价的基础上，根据储层厚度、物性、空间展布等特征，在平面及纵向上对区域进行分类，其中Ⅰ类区总体表现为单层发育厚度大于 10m、储层物性较好、产能较高，为产建区，Ⅱ类区目前产能不达标，砂体多期发育，储层分布模式主要为多期叠置和薄互层型，单层砂体厚度小于 10m，微观孔喉特征差，为评建区，Ⅲ类区需继续深化认识。

针对Ⅰ类区单期厚层型砂体，单井控制储量

达标区域，采用常规水平井；针对Ⅱ类区多期叠置型和薄互层型砂体，考虑兼顾上部气层，采用多层水平井[9、10、11]，通过多层兼顾提高动用储量。

动用单元：通过压裂能沟通的一个层或一组层定义为一个动用单元。

多层水平井：纵向上能够沟通的多个动用单元组成的水平井叫多层水平井(图 10、11)。

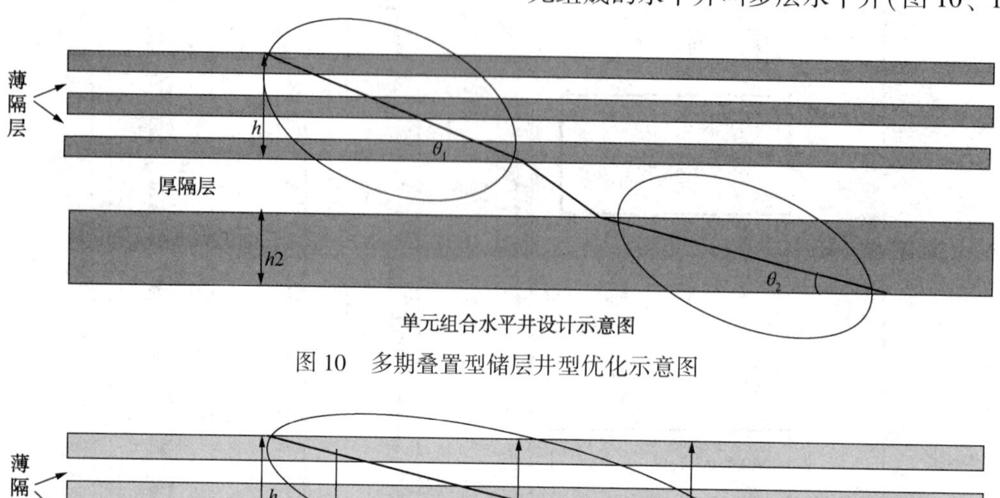

图 10　多期叠置型储层井型优化示意图

图 11　薄互层型储层井型优化示意图

3.1　多层水平井最优化设计

(1) 压裂间距最优化

压裂间距过小出现层段间干扰，间距过大浪费水平段进尺[12]。

根据研究区储层物性特征，建立 60×40×5 单井模型，孔隙度为 8.3%，渗透率为 0.1mD。气层厚度 10m，采用三维组分模型计算不同压裂间距下的无阻流量。压裂间距 50m 时，计算无阻流量 $2.15\times10^4m^3$；压裂间距 60m 时，计算无阻流量 $2.5\times10^4m^3$，压裂间距 80m、100m、120m 时，计算无阻流量都在 $3\times10^4m^3$(图 12)龙凤山凝析气藏压裂间距 80m，产量贡献值最大。

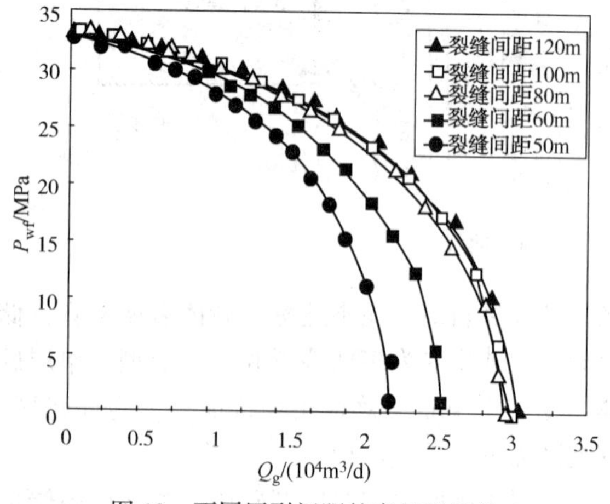

图 12　不同压裂间距的产量贡献率

(2) 压裂段数最优化

建立 80×40×5 单井模型，采用三维组分模型计算不同压裂段数下水平井的无阻流量。压裂 1 段时，计算无阻流量 $3.59\times10^4m^3$；压裂 2 段时，计算无阻流量 $6.94\times10^4m^3$；压裂 3 段时，计算无阻流量 $9.5\times10^4m^3$；压裂 4 段时，计算无阻流量 $11.42\times10^4m^3$；压裂 5 段时，计算无阻流量 $12.85\times10^4m^3$；压裂 6 段时，计算无阻流量 $13.63\times10^4m^3$。多层水平井一个动用单元内随着压裂段数的增加，产能不断增加；但当压裂段数超过 3 段以后，产能增加幅度减小(图 13)。

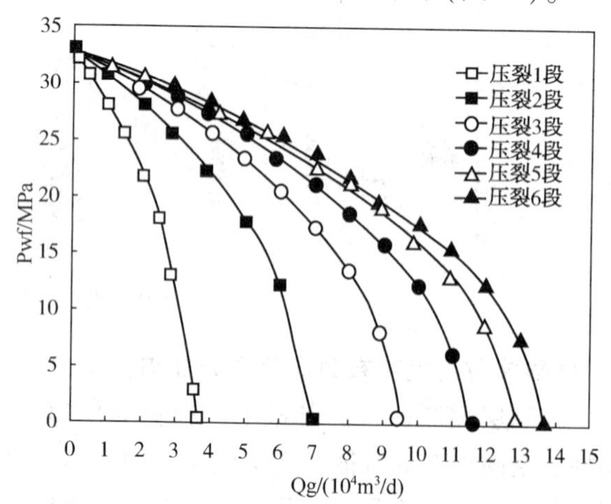

图 13　一个动用单元内压裂段数和产量的关系图

把水平井跟端和趾端做为压裂点分2段压裂，动用储量和产能贡献最大。随着压裂段数增加，压裂点之间压力波及范围重叠部分增多，裂缝之间存在干扰，每段对产能的贡献逐渐降低[13]。

在单期厚层型和薄互层型储层物性特征相同的前提下，分别建立了沿层水平井和多层水平井单井数值模拟模型，对2种类型的水平井进行15年开发指标预测，两者期末地质储量采出程度都达到了35%以上，可采储量采出程度都达75%以上，说明多层水平井能够解决气层厚度薄、动用储量低的问题，实现提高单井产量和储量充分有效动用的目的。

3.2　多层水平井类型多样

通过大量实践证明，采用多层水平井开发有很多优势，但是不能模式化，应根据储层展布特点，灵活运用。针对A靶储层发育，B靶储层变差，构造有幅度差的储层，先打下部储层，充分动用A靶之外造斜段储层(图14)。针对零散分布优质储层串成“糖葫芦”状(图15)，实现气层的有效动用。

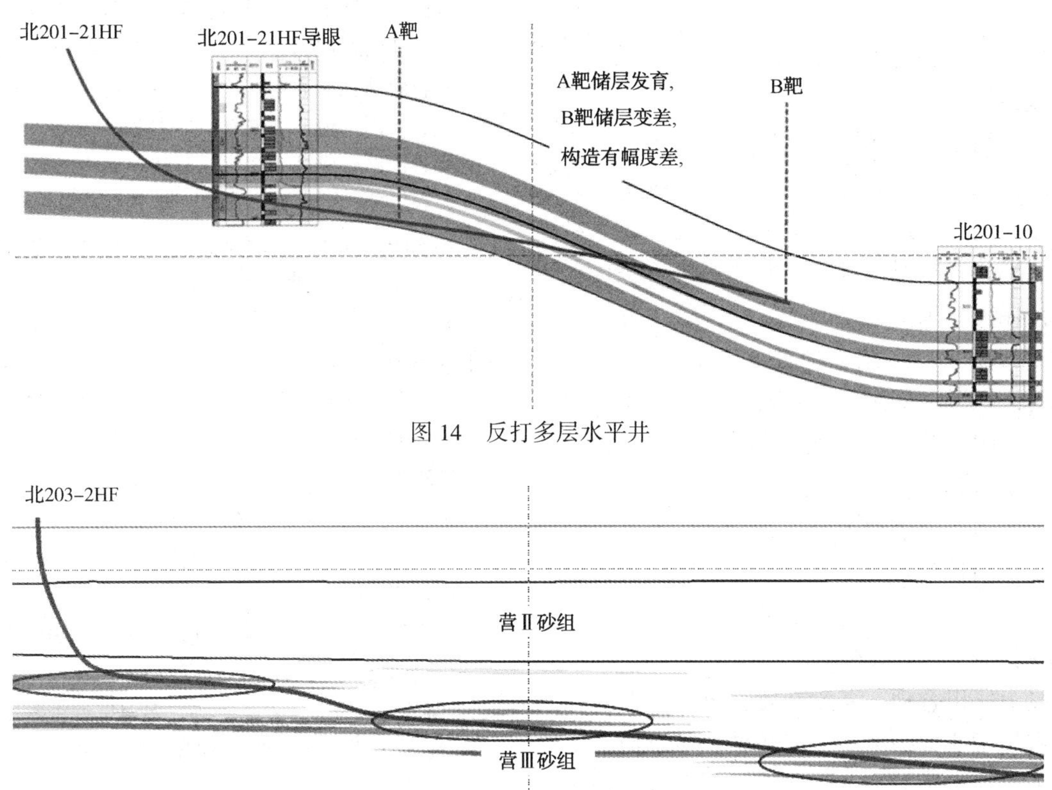

图14　反打多层水平井

图15　串糖葫芦多层水平井

3.3　多层水平井应用实例

部署实施第一口多层水平井北201-6HF，完钻井深4080m(3380m)，水平段698m，钻遇储层270m，储层钻遇率39%，钻遇气层155m，气层钻遇率22%(图16、图17)。初期日产气$8.7\times10^4m^3$，日产油$30m^3$，油压17.4MPa；目前日产气$6.7\times10^4m^3$，日产油$5.5m^3$，油压13.4MPa；累产气$2602\times10^4m^3$，累产油$4841m^3$。

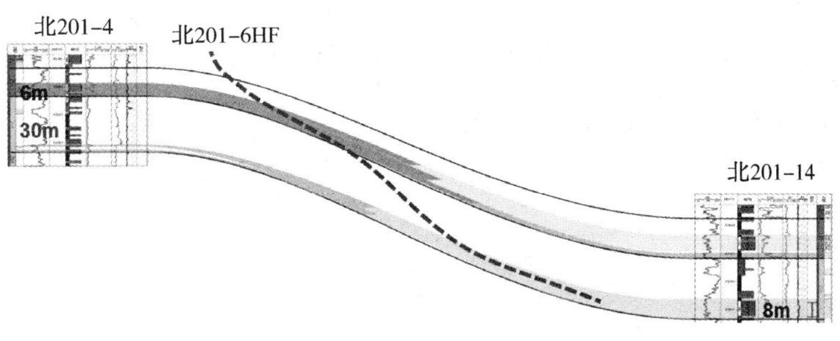

图16　北201-6HF气藏剖面图

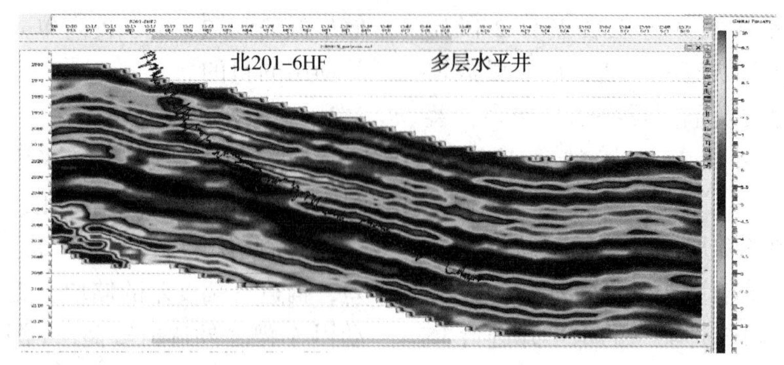

图 17　北 201-6HF 井轨迹反演剖面图

北 201-6HF 井初期日产气是周边直井的 7.1 倍，投产 2 年累产气是周边直井的 7.4 倍，目前日产气是周边直井的 10~20 倍。

4　开发效果

以上系列技术在龙凤山气田的开发中发挥了重要作用，取得了良好的开发效果。通过水平井效应增加产能，通过多层兼顾增加动用储量，结合实际气层分布状况，对水平井轨迹进行最优化设计，在保证效果最大化的同时，降低工程实施的难度。2016 年，多层水平井北 201-6HF 应用取得成功，拉开了外围薄、差气层评价动用的序幕；2017-2018 年，在龙凤山外围产建中进行实施攻关，结合地质条件，灵活运用，采用正打、反打、穿糖葫芦等多种运用方式，共实施了 9 口井。单井平均日产气 $6.7\times10^4 m^3$，平均日产气是原来的 5.4 倍，累产气是原来的 7.1 倍，采收率由 10.5%提升到 33.84%。

龙凤山气田合理、高效开发，成功开辟了小扇体致密气藏这样一个复杂的领域，所形成的高效开发配套技术带动了东北地区断陷层致密薄气层的评价动用，目前已在八屋西、苏家屯地区得到广泛应用。

参　考　文　献

[1] 朱筱敏，潘蓉，赵东娜，等．湖盆浅水三角洲形成发育与实例分析[J]．中国石油大学学报，2013，37(5)：7-14.
[2] 朱筱敏．沉积岩石学[M]．石油工业出版社，2007.
[3] 朱国华．陕北浊沸石次生孔隙砂体的形成与油气的关系[J]．石油学报，1985，6(1)：1-8.
[4] 王成，邵红梅，洪淑新，等．松辽盆地北部深层碎屑岩浊沸石成因、演化及与油气关系研究[J]．矿物岩石地球化学通报，2004，23(3)：213-219.
[5] 王成，邵红梅，洪淑新，等．松辽盆地北部深层碎屑岩浊沸石成因、演化及与油气关系研究[J]．矿物岩石地球化学通报，2004，23(3)：213-219.
[6] 孙兴刚，魏文，李红梅．岩石物理参数的流体敏感性分析[J]．油气藏评价与开发，2012，2(1)：37-40.
[7] 许翠霞，马朋善，赖令彬，孙圆辉，李忠诚．致密砂岩含气性敏感参数——以松辽盆地英台气田营城组为例[J]．石油勘探与开发，2014，41(6)：712-716.
[8] 李国发，岳英．基于模型的薄互层地震属性分析及其应用[J]．石油物探，2011，50(2)：144-149.
[9] 段永明，张岩，刘成川，等．川西致密砂岩气藏开发实践与认识[J]．天然气地球科学，2016，27(7)：1352-1359.
[10] 何鎏，王准备，夏勇，等．多薄层致密砂岩气藏开发模式研究[A]．第三届煤层气、页岩气勘探开发与井筒技术推介交流会论文集[C]．2015：33-36.
[11] 冯婷婷，陈晓亮，张亚琦，等．鄂尔多斯盆地低渗气藏井型优选研究[A]．第五届全国天然气藏高效开发技术研讨会论文集[C]．2014：244-249.
[12] 魏列民，杨静静，杨宗宇，等．凝析气田开发中水平井的应用及效果评价[J]．中国化工贸易，2013，(2)：7-19.
[13] 陈文龙，吴迪，尹显林，等．水平井在凝析气田开发中的应用及效果评价[J]．天然气地球科学，2004，15(3)：290-293.

断块型深层低渗油藏天然气混相驱影响因素实验研究

章 杨[1,2,3] 程海鹰[1] 柳 敏[1] 闫云贵[1]

(1. 中国石油大港油田采油工艺研究院；2. 中国石油大港油田博士后工作站；
3. 中国石油大学(北京)博士后流动站)

摘 要 本文以大港油田深层低渗油藏X断块为研究对象，采用相渗测定和天然气驱油实验装置，测定了天然岩心的油水相对渗透率曲线和不同条件下的天然气驱采收率。实验结果表明：大港油田深层低渗油藏X断块天然岩心相渗曲线等渗点对应的含水饱和度(Sw)大于50%，为强亲水岩心，此类油藏有利于剩余油的采出和最终采收率的提高；天然气驱油实验结果表明，驱替速度越高最终采收率越低，气窜发生越早，天然气混相驱获得的采收率最高，其次为近混相驱，非混相驱最低，因此，在天然气驱现场试验实施过程中，建议控制注入压力在最小混相压力以上，从而保持天然气混相驱，并且维持较低的驱替速度，延缓气窜现象的发生，提高天然气混相驱采收率。

关键词 天然气驱；相渗曲线；影响因素；采收率

我国东部油田深层低渗油藏储量丰富，但由于其储层沉积多样，非均质性强，物性差，敏感性强，油井初期产能较低，压裂后产量递减快，注水压力高，注水开发难以建立有效驱替系统，与各类油藏开发效果对比，深层低渗油藏开发水平最差，亟需重选有效开发方式。水驱开发过程中通常表现出注水压力高、地层能量低等现象[1~5]。为了提高该类油藏开发水平，迫切需要改变开发方式，利用气体注入能力强、驱油效率高、无水敏等特点[6~10]，开展气驱试验以探索此类油藏实现有效开发的新途径。本文以大港油田X深层低渗油藏断块为研究对象，通过相渗测定和天然气驱油实验，对天然岩心的油水相对渗透率曲线和不同条件下的天然气驱采收率，为不断探索断块型深层低渗油藏天然气驱提高采收率技术方法，实现开发方式的转换具有重要意义。

1 实验样品与方法

1.1 实验样品

天然气驱实验研究以大港油田X深层低渗油藏断块为研究对象，油藏基本参数如表1所示，在原始地层条件下采用X断块脱水原油和油井产出气按照原始气油比配制原油样品，通过油气样品组成色谱分析得到原油组分组成数据如表2所示。

表1 油藏物性数据表

油藏区块	地层温度/℃	地层压力/MPa	生产气油比/(m^3/m^3)
大港X断块	135.7	49.8	175

实验用注入天然气模拟大港油田Y气藏天然气组分，具体成分如表3所示。

表2 原油组分组成数据表

组分	N_2	CO_2	C_1	C_2	C_3	iC_4	nC_4	iC_5
摩尔组成/(mol%)	4.436	0.682	57.617	2.927	0.863	0.121	0.254	0.115
组分	nC_5	C_6	C_7	C_8	C_9	C_{10}	C_{11}	C_{12}

【基金项目】中国石油天然气股份有限公司重大科技专项“大港油区效益增储稳产关键技术研究与应用”—“深层低渗透油藏有效开发关键技术研究”(2018E-11-05)及“复杂断块油田提高采收率关键技术研究”(2018E-11-07)。

【作者简介】章杨(1987—)，男，2016年6月毕业于中国石油大学(华东)，获工学博士学位，现为大港油田采油工艺研究院工程师，中国石油大港油田博士后工作站与中国石油大学(北京)博士后流动站联合招收博士后，主要从事三次采油方向研究。E-mail：zhangyang08@petrochina.com.cn

续表

组分	N_2	CO_2	C_1	C_2	C_3	iC_4	nC_4	iC_5
摩尔组成/(mol%)	0.821	0.428	2.887	3.649	3.001	3.013	2.186	1.934
组分	C_{13}	C_{14}	C_{15}	C_{16}	C_{17}	C_{18}	C_{19}	C_{20}
摩尔组成/(mol%)	1.602	1.482	1.582	0.983	0.81	0.859	0.743	0.567
组分	C_{21}	C_{22}	C_{23}	C_{24}	C_{25}	C_{26}	C_{27}	C_{28}
摩尔组成/(mol%)	0.56	0.509	0.494	0.429	0.36	0.327	0.295	0.294
组分	C_{29}	C_{30}	C_{31}	C_{32}	C_{33}	C_{34}	C_{35}	
摩尔组成/(mol%)	0.297	0.279	0.316	0.408	1.089	0.415	0.366	

C_{11+}性质：相对密度=0.8656；分子量=232.78

表3　注入天然气(Y气藏模拟气)组分组成表

组分	甲烷	乙烷	丙烷	正丁烷	异丁烷	异戊烷	氮气	二氧化碳
体积含量/%	88.55	6.58	1.9	0.19	0.2	0.07	0.98	1.53

1.2　相渗测定实验设备与方法

油水相对渗透率资料是研究油水两相渗流的基础，是油田开发参数计算、动态分析以及油藏数值模拟等方面不可缺少的重要资料。油水相对渗透率资料可应用于计算油井产量，水油比和流度比；分析油井产水规律；计算驱油效率和油藏水驱采收率；判断油藏润湿性等方面。获得有代表性的相对渗透率资料对油田开发十分重要，可为油田开发方案的制定提供基本依据。

油水相对渗透率测试流程如图1所示，主要实验设备包括：岩心夹持器(Φ=2.5cm)、恒速驱替泵、压力传感器、油水取样装置、天平、秒表、游标卡尺、BrookefieldDV-Ⅲ黏度仪、恒温烘箱。参照中国石油天然气行业标准SY/T 5345—2007《岩心中两相流体相对渗透率测定方法》中介绍的非稳态法进行油水相渗曲线测试。

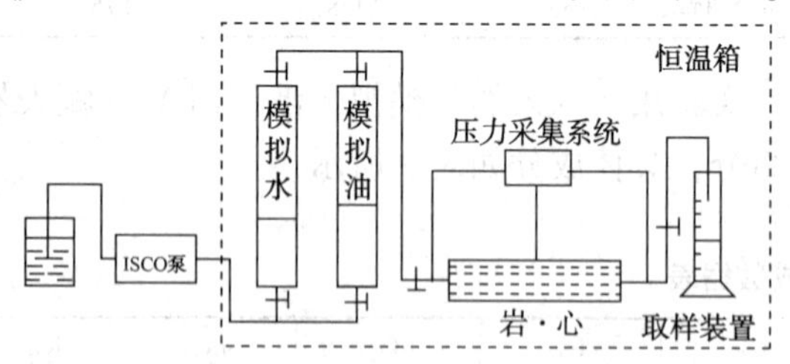

图1　相渗测定实验装置流程图

1.3　天然气驱油实验设备与方法

气驱工艺参数如注入速度、注入段塞大小对采收率存在较大影响，气驱现场实施前开展室内注气工艺参数研究有助于优化注入工艺方案，提高气驱成功率。气驱工艺参数的研究可采用数值模拟方法也可采用物模实验方法。物模实验方法更接近于地层实际情况，同时对检验数值模拟方法也有较大的作用。物模实验主要通过长岩心驱替实验完成。

天然气驱油实验流程如图2所示。实验所需设备包括自动泵、中间容器、长岩心夹持器、分离器、气相色谱仪、取样器、恒温烘箱等。

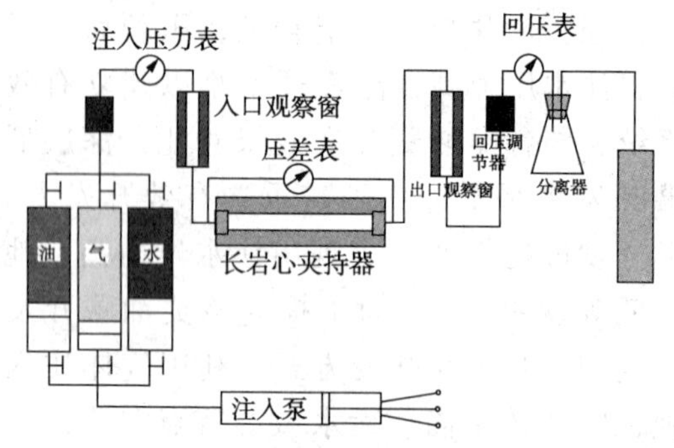

图2　天然气驱油实验流程图

实验所用岩心为大港油田X断块钻井取心。由于受取心技术所限，要在驱替实验中采用单根长度30cm以上天然岩心非常困难，研究中通常将钻井取心得到的若干短岩心拼接成长岩心。具体方法是：选择无破损且较长的岩心，经打磨、清洗、烘干、对岩心基本物性参数进行测试后，进行拼接；为消除岩心拼接处存在空隙而引起的末端效应，将短岩心端口之间用滤纸连接。岩心具体参数如表4所示，实验所用岩心总长度为44.85cm，平均气测渗透率$2.14\times10^{-3}\mu m^2$。

表4　岩心参数表

岩心编号	长度/cm	直径/cm	孔隙度/%	气测渗透率 $\times10^{-3}\mu m^2$
1	7.29	2.53	14.7	2.14
2	7.92	2.49	14.9	2.08

续表

岩心编号	长度/cm	直径/cm	孔隙度/%	气测渗透率 $\times10^{-3}\mu m^2$
3	7.54	2.50	14.1	2.21
4	7.56	2.52	15.4	1.73
5	7.44	2.50	15.1	2.97
6	7.10	2.51	14.8	2.14

天然气驱油实验步骤：①在实验前将岩心装入长岩心夹持器中，用石油醚清洗岩心，然后用氮气吹干石油醚，并烘干岩心备用；②将岩心抽真空饱和地层水，在实验温度和压力下稳定一段时间使岩心充分饱和后记下饱和量。③用脱气原油驱替岩心中的水，直到建立束缚水饱和度为止，记录驱出的水量，计算束缚水饱和度和原始含油饱和度。④用配制的地层油样驱替岩心中死油，直到入口、出口端原油气油比一致为止。⑤按照实验方案，用恒速泵和高压液体容器以一定的速度将注入气注入岩心。⑥通过岩心末端的高压玻璃孔观察采出的液体，产出流体闪蒸到回压调节阀下游的常温常压状态，分离出的天然气体积用湿式气体流量计连续记录；采集不同时刻析出的液体，用气相色谱仪分析油样；计算注入量与之对应的驱油效率。

2 实验结果与分析

2.1 相渗测定实验结果

相渗测试实验在大港油田X断块目的层油藏温度(135℃)和压力(49MPa)下进行，测试采用的是目的层模拟地层水，水型为 $NaHCO_3$ 型，总矿化度17063mg/L。所用油样为模拟地层油。测试结果如图3所示，由油水相渗曲线可知，等渗点的Sw大于50%，为强亲水岩心，此类油藏有利于剩余油的采出和最终采收率的提高，岩心束缚水饱和度44.2%，水驱后残余油饱和度18%，驱替效率67.74%。

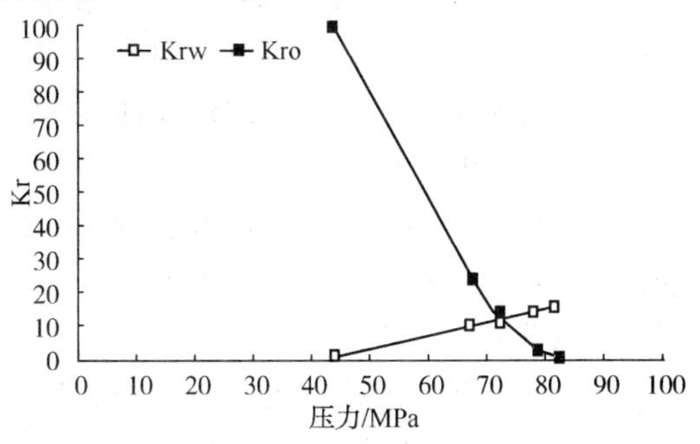

图3 岩心油水相渗测试曲线

2.2 天然气驱油实验结果

(1) 不同速度驱替实验

本次研究中，保持注入压力在MMP(45MPa)以上，进行了不同速度(2.1m/d、4.2m/d、6.3m/d、10.5m/d、14.7m/d)的驱替实验，研究驱替线速度对混相驱效果的影响。实验结果如图4~图6所示，在注入压力高于MMP情况下进行天然气驱，不同的驱替速度对最终采收率具有较大影响。随着注入速度的增大，获得的最终采收率呈下降趋势；实验岩心完全产气对应的注入PV数降低。分析产生此现象的原因为，随着驱替速度增大，注入气在岩石中流动速度加快，与地层原油在多孔介质里面的接触程度降低，造成混相能力降低，产出端突破时间缩短。在高于混相压力下注气驱油随着注入速度的增大，注入气在0.2PV~0.3PV之间即可发生完全突破(完全产气而不再产油)。在完全突破之前，采收率随注入气量增加而增加；注入气完全突破后，采收率不再增加。因此，在天然气驱现场试验实施过程中，建议维持较低的天然气驱替速度，延缓气窜现象的发生，提高天然气驱采收率。

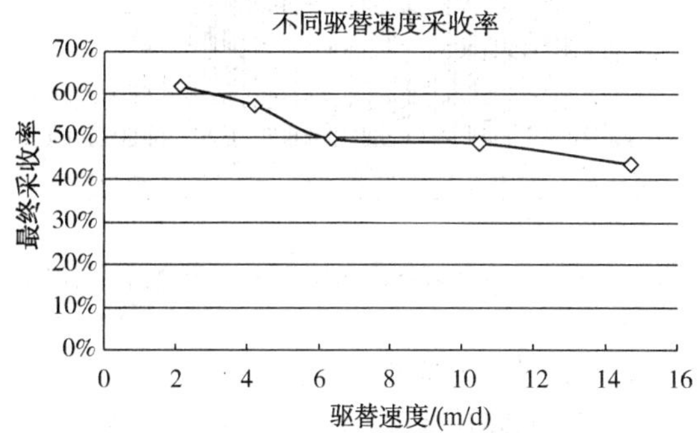

图4 不同驱替速度最终采收率变化图

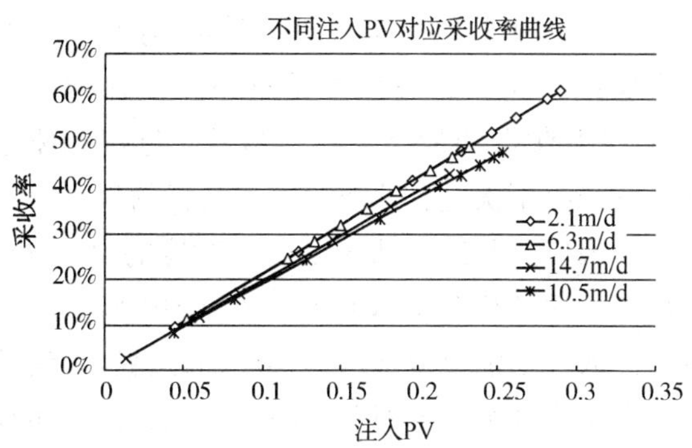

图5 不同注入PV对应采收率变化图

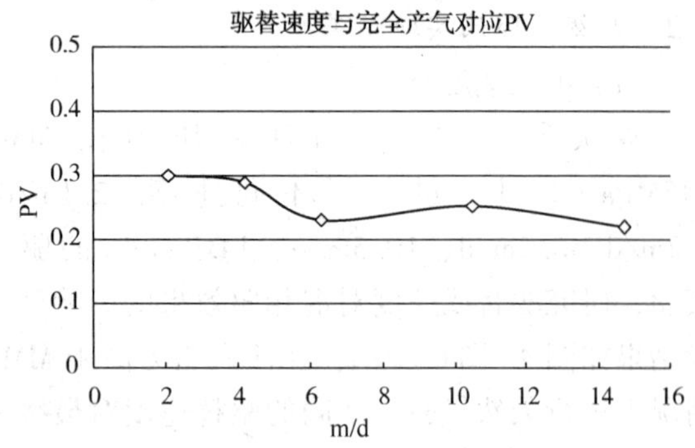

图 6　不同驱替速度下完全产气对应的注入 PV 数

实验过程中，不同时刻在出口端取样进行油样的色谱分析，实验结果如图 7 所示，对比气驱不同阶段油样色谱可发现，驱替初期产出油样 C_7-C_{17} 百分含量较高，驱替后期 C_6 含量增加幅度大，C_7-C_{17} 含量有所降低，而 C_{18+} 百分含量有所增加，说明注入气与地层原油实现了一定程度的混相。

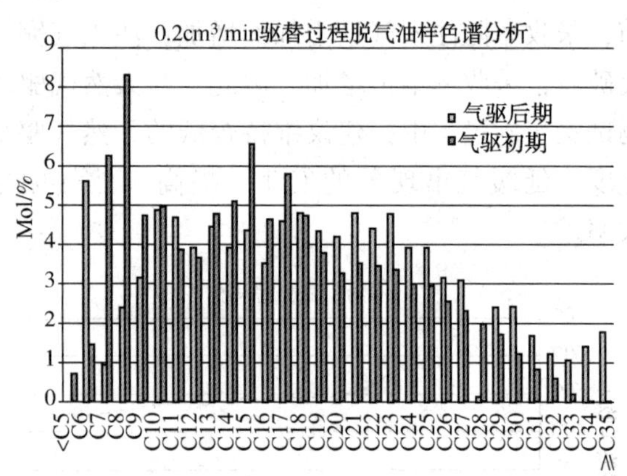

图 7　驱替实验(0.2cm³/min)过程油样色谱对比图

(2) 不同压力驱替实验

进行了不同压力下的驱替实验，驱替压力分别为 40MPa、44MPa 和 48MPa，分别模拟非混相、近混相和混相驱过程，研究驱替压力对采收率的影响。实验结果如表 5、图 8 和图 9 所示。由实验结果可知，在同等条件下，注入压力在 MMP 以上获得的最终采收率最高，近混相驱下获得的采收率次之，非混相驱下获得的采收率在三者中最低。此外，从完全产气对应的 PV 数和产出气油比的变化曲线可知，在 MMP 以上驱替可使注入气更加充分地与地层原油接触，延缓注入气在生产井突破的时间。因此，在天然气驱现场试验实施过程中，建议控制注入压力在最小混相压力以上，从而保持天然气混相驱，提高天然气驱采收率。

表 5　不同注入压力驱替结果

注入压力/MPa	最终采收率	完全产气对应 PV 数
48	58.34%	0.29
44	54.33%	0.28
40	47.05%	0.24

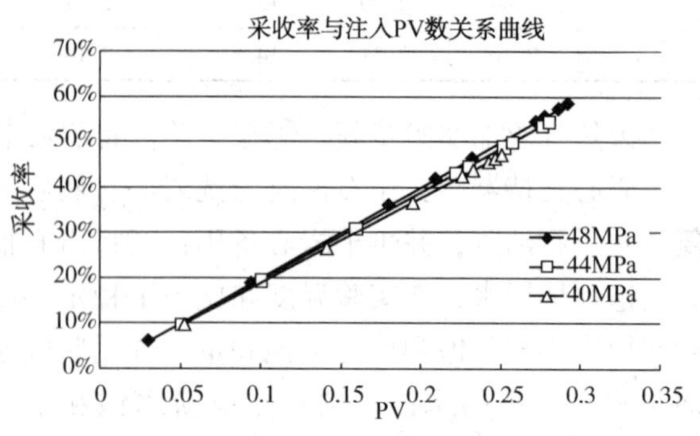

图 8　采收率与注入 PV 关系曲线

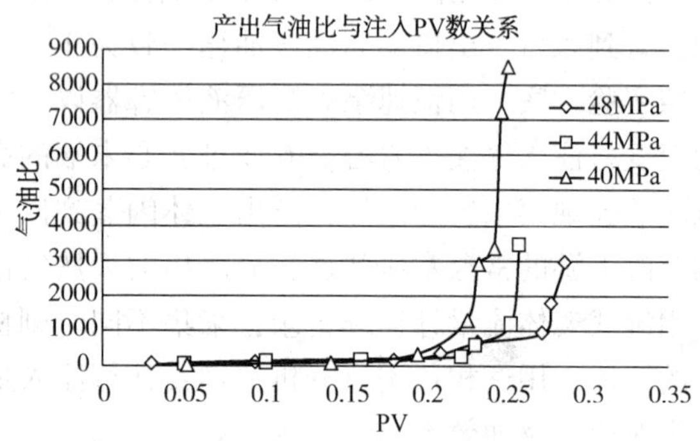

图 9　产出气油比与注入 PV 关系曲线

3　结论

针对大港油田 X 断块进行岩心相渗测定和天然气驱提高采收率影响因素实验研究，可以得出如下结论：

(1) 相渗曲线测试表明，等渗点的 Sw 大于 50%，为强亲水岩心，此类油藏有利于剩余油的采出和最终采收率的提高。

(2) 不同驱替速度的天然气驱实验表明，驱替速度越高最终采收率越低，气窜发生越早，其原因是高速驱替容易造成气窜，注入气与原油混相效果变差。室内实验结果表明，注气 0.2PV~0.3PV 后即出现完全产气，因此现场注入天然气应采取较低的速度进行驱替。

(3) 非混相驱(44MPa)、近混相驱(44MPa)和混相驱(48MPa)三种压力条件下的驱替结果表明，混相驱获得的采收率最高，其次为近混相驱，非混相驱最低。因此现场试验应控制注入压力在 MMP(45MPa)以上进行驱替，实现天然气混相驱，提高采收率。

参 考 文 献

[1] 刘瑞平，郑中红，王兴明，等．低速低效油藏开发技术研究[J]. 化工管理，2013(16)：116.

[2] 景海权，张烈辉，赵连水，等．大港油田张东地区低渗储层黏土矿物分析及敏感性研究[J]. 特种油气藏，2012，19(02)：110-112+141.

[3] 景海权．张东沙河街组注水过程中储层保护技术研究[D]. 西南石油大学，2012.

[4] 董良．齐37块深层低渗难采储量评价研究[J]. 石油地质与工程，2010(3)：56-58+141-142.

[5] 窦让林，邓君，计曙东，等．濮城油田深层低渗透储层驱替特征实验[J]. 断块油气田，2009(3)：65-67.

[6] 高弘毅，侯天江，吴应川．注天然气驱提高采收率技术研究[J]. 钻采工艺，2009，32(05)：25-27+125.

[7] 郭永伟，杨胜来，李良川，等．长岩心注天然气驱油物理模拟实验[J]. 断块油气田，2009(6)：76-78.

[8] 李孟涛，张英芝，刘先贵，等．大庆榆树林油田天然气驱油研究[J]. 天然气工业，2006，26(5)：84-86.

[9] Sun X, Zhang Y, Cui G, et al. Feasibility study of enhanced foamy oil recovery of the Orinoco Belt using natural gas[J]. Journal of Petroleum Science and Engineering, 2014, 122: 94-107.

[10] Ding M C, Wang Y F, Wang W, et al. Variation of Crude Oil Physical Properties and Oil Recovery of Natural Gas Flood Under Different Pressures[J]. Petroleum Science and Technology, 2016, 34(6): 491-498.

中渗油藏特高含水期非均质性精细表征及差异化挖潜技术

李松泽 熊运斌 王 明 孙 静 张 宁

(中石化中原油田分公司)

摘 要 油藏非均质性是剩余油分布的主控因素，不仅体现在储层方面也体现在流场方面，本次研究以濮城西区 $S_{2上}^{2+3}$ 油藏为研究目标，利用岩心、测井、分析化验等资料，分别建立隔夹层、优势渗流通道分级标准，精细描述油藏储层及流场非均质性，最终明确了各级别夹层对剩余油的控制作用，针对各级优势通道与夹层发育规律、剩余油富集程度、开发参数的不同划分剩余油潜力挖潜区，提出差异化挖潜对策，为特高含水期剩余油精细挖潜奠定了基础。

关键词 中渗油藏；濮城西区 $S_{2上}^{2+3}$ 油藏；隔夹层分级；优势渗流通道分级；剩余油；差异化挖潜

濮城西区 $S_{2上}^{2-3}$ 油藏位于濮城构造西部，系濮14断层以北与濮3-29、濮49、濮31等断层以西所组成的断块构造油藏，油藏储量较富集，有效含油面积 5km^2，石油地质储量 870×10^4t，储层平均孔隙度 22.3%，平均渗透率 $56.5\times10^{-3}\mu m^2$，属于中孔、中低渗储层，沉积类型为辫状河三角洲前缘砂沉积，砂层厚度大、层数多，且泥质含量较高，储层层内非均质性较为严重，属于典型的厚层严重非均质油藏，隔夹层发育，多年的水驱开发导致地下流场的非均匀性变强，不同程度的隔夹层及优势渗流通道广布，导致剩余油分布规律认识不清，目前很多学者和研究人员针对如何描述夹层及优势通道方面做了大量研究工作，取得了很多成果，但多集中在识别、刻画方面，缺少对夹层及优势通道的分级定量表征，本次研究拟综合考虑地质、开发、工艺等因素建立分级标准，分级定量描述夹层及优势渗流通道，明确不同级别夹层、优势通道对剩余油的控制作用，结合油藏内不同区域储层、流场非均质性以及开发参数，针对性的提出差异化挖潜对策，这不仅对濮城西区 $S_{2上}^{2+3}$ 油藏低油价下的精细效益开发有实际意义，对整个中国东部砂岩水驱油藏剩余油精细挖潜都具有重要的理论价值和现实意义。

1 隔夹层分级描述

1.1 隔夹层分类与识别

岩心资料是了解、分析地下油藏最直接准确的硬数据，根据濮城西区 $S_{2上}^{2+3}$ 油藏岩心观察描述结果，可将研究区隔夹层划分为泥质隔夹层、物性隔夹层、钙质隔夹层三类。

1.1.1 泥质隔夹层

泥质隔夹层一般都是由于水动力减弱，细的悬移质沉积而形成的，泥质隔夹层主要是辫状河沉积过程中形成的河漫滩沉积物在垂向上或侧向所构成的隔挡层，通常具有一定的厚度和横向连续性，是濮城西区 $S_{2上}^{2+3}$ 油藏较为常见的隔夹层类型之一(图1)。

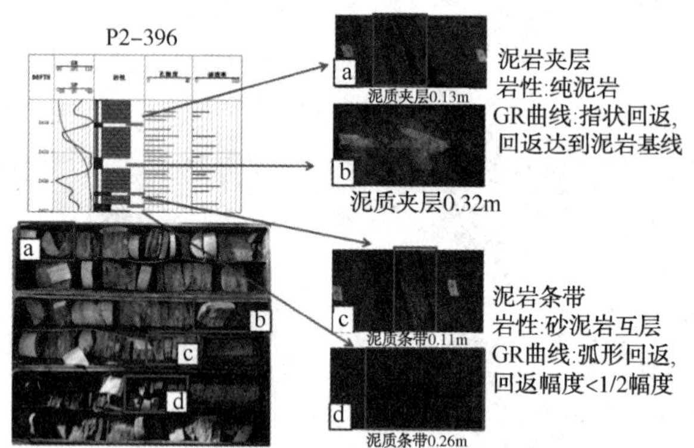

图1 濮城西区 $S_{2上}^{2+3}$ 油藏泥质夹层岩心观察(XP2-396)

岩性上，泥质隔夹层主要由灰色或深灰色泥岩、纹层状粉砂质泥岩或泥质粉砂岩构成。总结泥质屏障的特征，自然电位曲线靠近泥岩基线，声波时差偏大，深侧向电阻率低(区别于钙质夹层)，该类隔夹层在吸水剖面上表现为不吸水。

【作者简介】李松泽(1983—)，男，毕业院校：长江大学，获得学位：博士学位，工作单位：中石化中原油田分公司勘探开发研究院，从事学科研究方向：油藏精细描述，E-mail：songze83@163.com

1.1.2 钙质隔夹层

濮城西区 $S_{2上}^{2+3}$ 油藏的钙质隔夹层主要岩石类型是钙质粉砂岩、钙质细砂岩(图 2)。厚度多在 0.1~0.3m 左右，填隙物中黏土杂基含量非常少，钙质胶结物含量较多，一般都超过 10%。其胶结方式随胶结物含量的不同而不同，钙质胶结物含量为 10%~15%时，以孔隙式胶结为主，而钙质胶结物含量超过 15%时则多以基底式或嵌晶式胶结，胶结物多具晶粒结构或放射状结构。濮城西区 $S_{2上}^{2+3}$ 油藏储层钙质砂岩屏障较为发育，在岩心观察时可以明显的看到灰白色的钙质砂岩，胶结较为致密，与盐酸反映剧烈，表明钙质含量较高。从排驱压力的观点来看，由于其排驱压力较高，成为阻挡流体渗流的屏障。

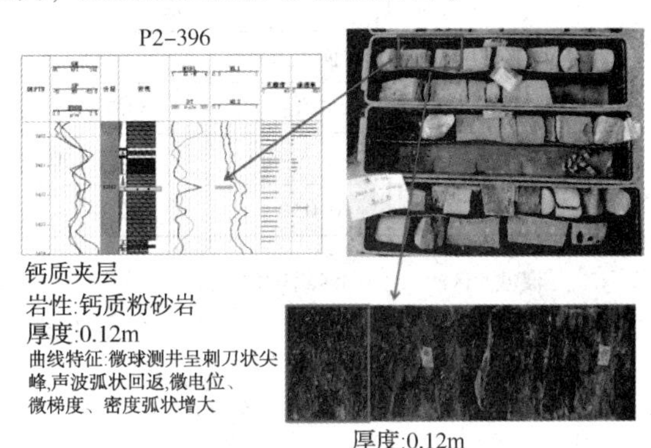

图 2 濮城西区 $S_{2上}^{2+3}$ 油藏钙质夹层岩心观察(XP2-396)

1.1.3 物性隔夹层

物性隔夹层也是本区隔夹层的重点研究对象之一(图 3)。濮城西区 $S_{2上}^{2+3}$ 油藏的物性夹层岩性主要为粉砂岩，岩性与砂岩有一定的形似性，但是由于物性与砂岩差别较大，主要是因为它的沉积和成岩作用的不同，沉积过程中水动力较弱，泥质、粉砂、细砂、中砂及细砾混合堆积形成不同大小颗粒的砂岩，杂基支撑，粒度差别较大，分选差，一些储集砂岩类由于胶结、压实、交代等成岩后生作用，使得其孔隙空间、渗透率等物性参数不利于油水在其内部储层或流动，甚至起到阻碍遮挡作用，所以物性隔夹层有一定的孔隙度，但是很小，渗透率低的特征。物性夹层的物性虽然其岩性要好于泥岩隔夹层，和粉砂岩及泥质粉砂岩相似，但是其物性与好储层相比差别较大。物性隔夹层由于受到成岩、岩性等作用，导致岩层的物性相对差，虽然具有一定的渗透率和孔隙度，但还远未达到有效厚度物性的下限，对储层内流体的渗流具有一定影响。

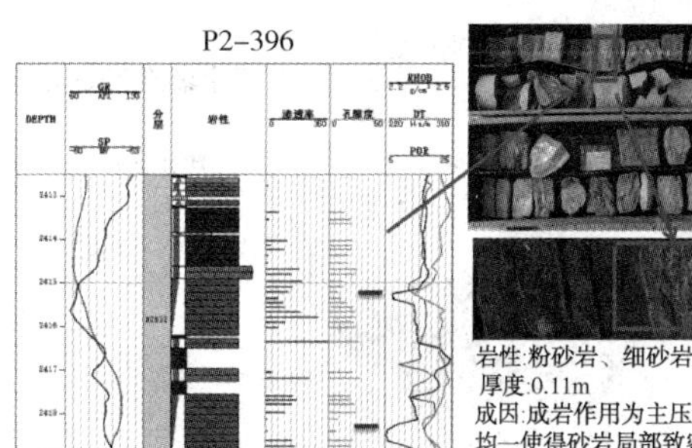

图 3 濮城西区 $S_{2上}^{2+3}$ 油藏物性夹层岩心观察(XP2-396)

1.2 夹层分级定量表征

在夹层单井识别的基础上，统计所有夹层的“三度”参数，即垂厚(厚度)、物性(纯度)、广度，然后首先通过离差平方和法对所有夹层进行分类，基本做法是同一类夹层属性的离差平方和较小，不同级别之间的离差平方和较大，首先将每一个夹层样品点自成一类，使离差平方和增加最小的两个夹层样品点合并为一类，直到所有的夹层样品点都归为一类为止，距离计算采用平方欧式距离，归为一类的前一步的分类数即为夹层的分级数，绘制沃尔德聚类谱系进行分类(图 4)，对濮城西区 $S_{2上}^{2+3}$ 油藏识别出的 9840 个夹层进行聚类分析，将夹层初步分为三个级别，即一级、二级、三级，其中一类的样品数相对较少，而二级样品数较多，从相关性来看二级与三级都较好一般，一级样品的数据相关性一般。

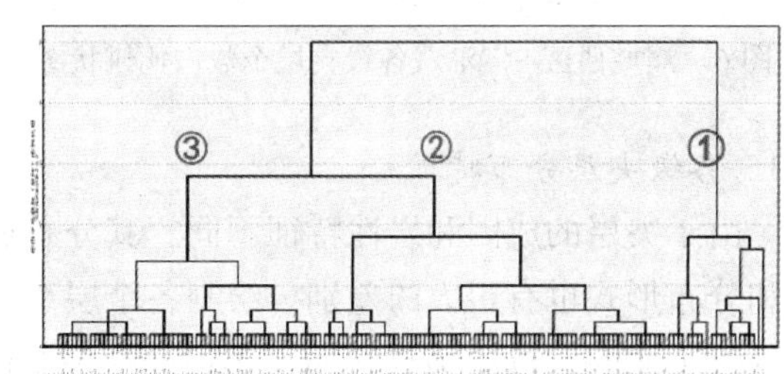

图 4 濮城西区 $S_{2上}^{2+3}$ 油藏夹层沃尔德聚类谱系分类图

将通过“三度”分类濮城西区 $S_{2上}^{2+3}$ 油藏的结果进行建议，检验的方法综合使用典则函数系数(Canonical Discriminant Function Coefficients)与贝叶斯判别方法(Naive Bayes)，即分别根据这两类均值的加权平均作为准则点绘制散点图，并投出聚类中心点(图 5)，从图中我们可以看出各类样品点距离各及夹层数据的组质心都较近，分配较为合理，分级标准可见表 1。

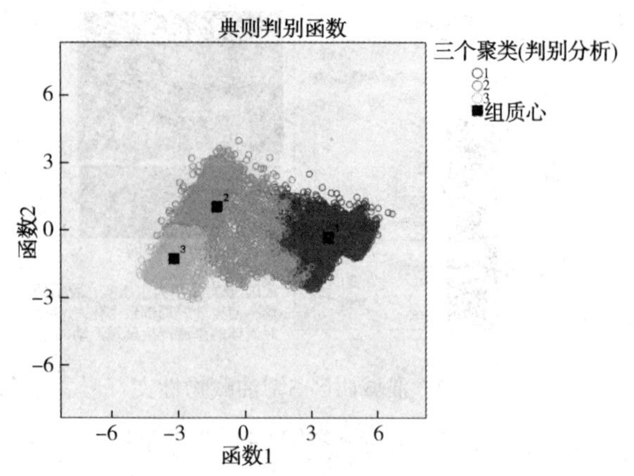

图 5　濮城西区 $S_{2上}^{2+3}$ 油藏夹层典则函数分类验证图

绘制各级夹层属性绘制夹层个数占比饼状图表(图 6)，结合各级夹层分级标准(表 1)分析认为，一级夹层厚度较大，同时物性差、展布范围大，一般能在 4~9 个井距稳定追踪，在研究区井钻遇 3382 个，占比 34%；其中二级夹层占比最多，在研究区最为发育占比达到 41%，4050 个，厚度一般大于 0.31，可在 3~5 个井距稳定追踪，三级夹层最少 2408 个，占比 25%，厚度薄一般小于 0.25，面积小，单井钻遇后，一般到井距较近的邻井就消失尖灭，也说明其发育的不稳定性与随机性，但与前两种相比物性稍好。

表 1　濮城西区 $S_{2上}^{2+3}$ 油藏各级夹层分级标准

隔夹层级别	厚度	纯度				广度	
	垂厚/m	渗透率/mD	泥质含量/%	孔隙度/%	岩性	面积/km²	面积占比
Ⅰ	2.4~6.4	<0.1	>91	<4	泥岩	7.1~11	60.7%~99%
Ⅱ	0.7~1.5	0.1~0.3	74~91	4	泥岩、钙质泥岩	1.6~4.6	11%~50%
Ⅲ	0.2~0.7	0.3~2.1	<74	4~6	泥岩、含粉砂泥岩	0.03~1.6	0.2%~1.7%

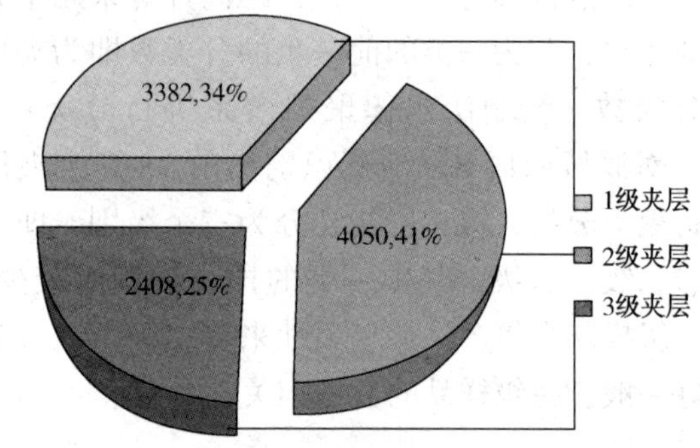

图 6　濮城西区 $S_{2上}^{2+3}$ 油藏各级夹层个数占比饼状图

图 7　濮城西区 $S_{2上}^{2+3}$ 油藏 3-4 小层多级夹层平面图

1.3　各级夹层分布特征

由于夹层的成因和岩性特征不同，其分布面积和分布形式也有很大的差别。绘制各个层系夹层分级平面图，以主力层 3-4 小层为例(图 7)，不同级别夹层分布特征为：

(1) Ⅰ级夹层平面分布特征

Ⅰ级夹层是濮城西区 $S_{2上}^{2+3}$ 油藏分布最为稳定的夹层，该类夹层对油藏流体的控制作用较强，由于渗透性极差，同时发育相对稳定，多能在一定范围内阻隔流体的流动，在主力小层多分布在濮城西区 $S_{2上}^{2+3}$ 油藏的南部，分布的形态整体呈大范围的席状分布、连续性好，岩性多为湖侵相或洪水期沉积的泥岩，也有部分是在洪水间歇期形成后后期未经过河道冲刷或冲刷程度较低而形成的，夹层的厚度大，稳定发育、延展范围远，在河道砂体或两种交替变化的微相砂体之间发育较多。

(2) Ⅱ级夹层平面分布特征

与Ⅰ级夹层相比Ⅱ级夹层在平面上展布范围较小、厚度较薄，呈片状分布，互不相连，剖面上断续分布，夹层岩性多以粉砂质泥岩夹层、灰质、钙质胶结夹层为主，厚度较薄，在油藏内部对流体的控制多为起到延缓流动的作用，发育上多分布在河道砂体的边部与河道侧翼，主要是由于在洪水间断期溢出河道的细粒沉积，有一部分受后期河道迁移冲刷变薄或消失，主要分布在水下分支河道相和河口砂坝相砂体中，区域内多分布在研究区的中部。

(3) Ⅲ级夹层平面分布特征

Ⅲ级夹层不规则冲刷充填沉积形成，濮城西区 $S_{2上}^{2+3}$油藏沉积时期水下分流河道为辫状河在水下部分的延伸，辫状三角洲水下分流河道砂体同时具有冲刷和充填特征，每期河道底部都可能存在一层泥质夹层，但由于受到后期河道的冲刷，大部分部分区域的夹层受冲刷消失，仅在河道边部呈零星分布，厚度较薄，不同期的夹层剖面上相互交切，平面上分布范围很小，在席状砂及河道侧翼的部分区域零散发育，这类夹层在单井上可以识别，但平面上对比比较困难，往往具有较强的随机性，只有在密井网条件下才能有效地进行追踪对比，从区域上来看濮城西区 S^{2+3}2 上油藏的夹层分布较为零散，全区范围内都有分布，展布范围小，厚度薄。

2　优势通道分级定量描述

2.1　优势渗流通道主控因素及权重分析

综合考虑地质静态(沉积相、渗透率、渗透率级差、夹层频率、渗透率纵横比)、开发动态(注采强度、注采比、井距)、工艺因素(射孔位置、注采工艺)的综合影响，选取渗透率、渗透率级差、夹层频率、渗透率纵横比、注采强度、注采比、射孔位置、注采工艺对形成优势渗流通道影响较大的8个因素作为参数，设计8因素4水平正交设计方案 L16(48)，共计16组方案，在模型中设定对应的参数进行模拟计算，各影响因素的不同水平取值及方案设计列入表2。各方案模型运行完成之后，根据以上所述优势渗流通道的判别标准，选择平面相对受效吸水、水油比、相对吸水比、含水上升速度作为评价结果，各方案所得结果如表2所示。

表2　影响因素参数正交设计方案表 L16(4^8)

因素	地质因素								开发因素				工艺因素			
	A		B		C		E		E		F		G		H	
	渗透率/mD		渗透率级差		渗透率纵横比		夹层频率/(个/注)		吸水强度/(m^3/d·m)		注采比		射孔位置		注采工艺	
实验号	水平编号	水平值	水平编号	水平值	水平编号	水平值	水平编号	水平值	水平编号	水平值	水平编号	水平值	水平编号	水平值	水平编号	水平值
1	1	25	1	5	1	0.001	1	0	1	2	1	0.8	1	上上	1	分采分注
2	1	25	2	20	2	0.01	2	1/5	2	8	2	1	2	上下	2	分采合注
3	1	25	3	50	3	0.1	3	2/5	3	15	3	1.5	3	下上	3	合注分采
4	1	25	4	100	4	0.5	4	1/2	4	20	4	2.0	4	下下	4	合采合注
5	2	100	1	5	2	0.01	1	0	3	15	4	2.0	2	上下	3	合注分采
6	2	100	2	20	3	0.1	2	1/5	4	20	1	0.8	3	下上	4	合采合注
7	2	100	3	50	4	0.5	3	2/5	1	2	2	1	4	下下	1	分采分注
8	2	100	4	100	1	0.001	4	1/2	2	8	3	1.5	1	上上	2	分采合注
9	3	400	1	5	2	0.01	1	0	3	15	4	2.0	2	上下	3	合采合注
10	3	400	2	20	3	0.1	2	1*5	4	20	1	.8	3	上下	4	分采分注
11	3	400	3	50	4	0.5	3	2/5	1	2	2	1	4	下下	1	分采合注
12	3	400	4	100	1	0.001	4	1/2	2	8	3	1.5	1	上上	2	合采合注
13	4	800	1	5	2	0.01	1	0	3	15	4	2.0	2	上下	3	分采分注
14	4	800	2	20	3	0.1	2	1/5	4	20	1	0.8	3	下上	4	分采合注
15	4	800	3	50	4	0.5	3	2/5	1	2	0	1	4	下下	1	分采合注
16	4	800	4	100	1	0.002	4	1/2	2	8	3	1.5	1	上上	2	合采合注

为比较不同因素对优势渗流通道的综合影响，需要对试验所得的极差进行无因次化，无因次化过程认为表征优势渗流通道的四个指标所占比重相同。首先，针对第 $j(j=1, 2, 3, 4)$ 个指

标，用第 $i(i=1, 2, 3, 4, 5)$ 个因素的极差 $R(i, j)$ 除以所有因素的极差之和，便得到指标 j 下因素 i 的无因次化极差(，ijR；然后针对第 i 个因素，将4个指标的无因次化极差相加除以4，便得到该因素i对优势渗流通道的综合权重值 f_i。公式如下：

无因次化极差：

$$\overline{R}_{(i,j)}=\frac{R_{(i,j)}}{\sum_{i=1}^{5}R_{(i,j)}} \tag{1}$$

综合权重：

$$f_i=\frac{\sum_{j=1}^{\max(j)}\overline{R}_{(i,j)}}{\max(j)} \tag{2}$$

以渗透率级差为例，对于指标吸水强度比的极差试验值为0.43，而所有因素对吸水强度比的极差试验值之和为 0.43+0.59+0.22+0.73+0.37=2.34，因此渗透率级差对吸水强度比的极差无因次量为0.43/2.34=0.184，其余各项依次计算可得。之后计算渗透率级差对优势渗流通道的综合权重为：(0.184+0.199+0.251+0.221)/4=0.214，其余各因素对优势渗流通道的综合权重依次计算可得。根据各方案极差无因次量和综合权重，绘制不同因素对优势渗流通道指标影响的极差综合分析图，如图8所示。从图中可直观判断各因素对不同评价指标和优势渗流通道的影响大小，从而为下一步识别优势渗流通道指明了方向，明确了识别过程中应着重考虑的因素以及它们所占权重的大小。

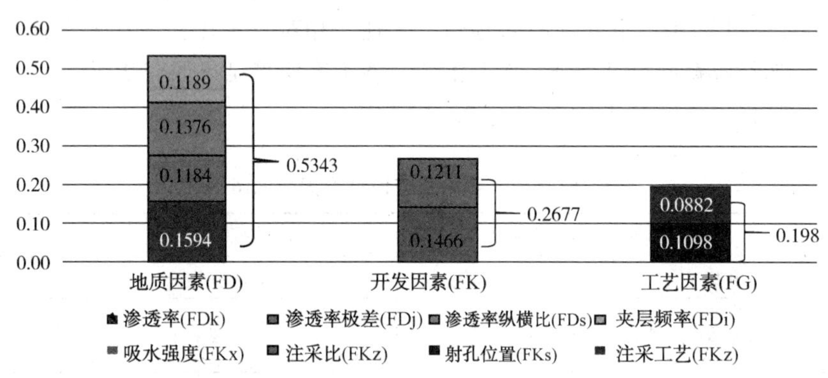

图8　优势渗流通道主控因素权重分析图

2.2　优势渗流通道分级识别模型及标准

利用正交试验的方法综合分析了地质、开发、工艺等参数在优势渗流通道形成时的权重。将各静态因素的指标值 F_{Di}，与其权值 ω_{Di} 相乘并累加，其累加值记作叫做优势渗流通道的静态判度 F_D[式(3)]；不同工艺因素的指标值为 F_{Gi}，分布与其权值 ω_{Gi} 相乘并累加，其累加值记作叫做优势渗流通道的工艺因素判度 F_G[式(4)]；将各个动态因素的指标值 F_{Ki}，与各个动态参数的权值 ω_{Gi} 相乘并累加，其累加值记作叫做优势渗流通道的动态判度 F_k[式(5)]。

$$F_D=\sum_{i=1}^{4}(F_{Di}\times\omega_{Di}) \tag{3}$$

$$F_G=\sum_{i=1}^{2}(F_{Gi}\times\omega_{Gi}) \tag{4}$$

$$F_K=\sum_{i=1}^{2}(F_{Ki}\times\omega_{Ki}) \tag{5}$$

将静态判度、动态判度、工艺因素判度分别与其权值相乘再求和，得到优势渗流通道的综合判度 F_Z(6)，其值越大优势渗流通道越发育，综合进行优势渗流通道判度值区间划分，每个区间代表高渗条带发育程度不同，将优势渗流通道分为三个级别：强优势渗流通道带、中优势渗流通道、弱优势渗流通道，每级对应一个综合判别值区间。在此基础上，统计分析不同级别高渗条带其表征参数值的大小，如表3所示，濮城西区 $S_{2上}^{2-3}$ 油藏从地质方面分析渗透率越高、渗透率极差、纵横比越大优势渗流通道发育的级别越高，夹层的越发育优势渗流通道发育的程度越低；从后期动态开发来进行分析，吸水强度及注采比越大，即在开发过程中注水开发程度越高，越容易发育高级别的优势渗流通道；从工艺因素方面来看全段射孔、合采合注等粗放式开发工艺已导致高级别优势渗流通道的形成，而针对储集砂体不同部位射孔、分采分注等精细工程工艺可以有效控制优势渗流通道的形成及加剧。

表3　优势渗流通道主控参数权重表

影响因素	主控参数	平均权重	因素权重
地质因素(F_D)	渗透率(F_{Dk})	0.1594	0.5343
	渗透率级差(F_{Dj})	0.1184	
	渗透率纵横比(F_{Ds})	0.1376	
	夹层频率(F_{Di})	0.1189	
开发因素(F_K)	吸水强度(F_{Kx})	0.1466	0.2677
	注采比(F_{Kz})	0.1211	
工艺因素(F_G)	射孔位置(F_{Ks})	0.1098	0.1980
	注采工艺(F_{Kz})	0.0882	

$$F_z=F_D\theta_D+F_K\theta_K+F_G\theta_G \tag{6}$$

优势渗流通道判别标准

若综合判度$F_Z<0.4$，未发育强优势渗流通道；

若综合判度$0.4<F_Z<0.6$，发育弱优势渗流通道(Ⅲ级优势渗流通道)；

若综合判度$0.6<F_Z<0.8$，发育中优势渗流通道(Ⅱ级优势渗流通道)；

若综合判度$0.8<F_Z<1$，发育强优势渗流通道(Ⅰ级优势渗流通道)。

表4　各级优势渗流通道分级参数表

等级	地质参数				开发参数		工艺因素	
	渗透率/mD	渗透率级差	渗透率纵横比	夹层频率/(个/m)	吸水强度/[m^3/(d·m)]	注采比	射孔位置	注采工艺
Ⅰ	>280	>21	>50	0~1/5	>37	>1.6	全段、下下、上下	合采合注、合采分注
Ⅱ	240~280	13~21	36~50	1/5~2/5	21~37	1.4~1.6	全段、上下、下上	合采分注、合采合注
Ⅲ	122~240	5~12	8~35	≥2/5	11-721	1.1~1.4	下上、上上	合采合注、分采分注、合采分注、分采合注

2.3　优势渗流通道分级动态矢量刻画

在对优势渗流通道形成影响因素研究及井间连通性分析的基础上，以濮城西区$S_{2上}^{2-3}$油藏注水井及其周边的生产井为研究对象，现有的资料包括已开发水井的月注水数据、油井井位坐标及生产数据、吸水剖面资料、示踪剂资料、单砂体分层数据表、测井解释成果表等。在前期基于储层物性、级差、相带等静态地质资料确定优势渗流通道发育的区域后，综合吸水剖面、生产数据等动态数据矢量分级刻画优势渗流通道。

2.3.1　优势渗流通道发育区域判定

以濮城西区$S_{2上}^{2-3}$油藏新濮2-89井区为例，从沉积相(图9)来看XP2-89与2-134在28小层为河道相，从生产动态数据来看(图10)，注采连通性较好，油井注水见效较快；水井吸水急速上升，油井爆性水淹，产油量，油压下降，分析认为在该区域已经已形成优势渗流通道。

2.3.2　优势渗流通道发育层位判断

分析XP2-89井历年的注水剖面(图11)，认为随着注水时间延长，各层系3-3小层单层单层突进，吸水百分数持续增大，在2011年治理后相对吸水收到控制有所下降，后期再次几句上

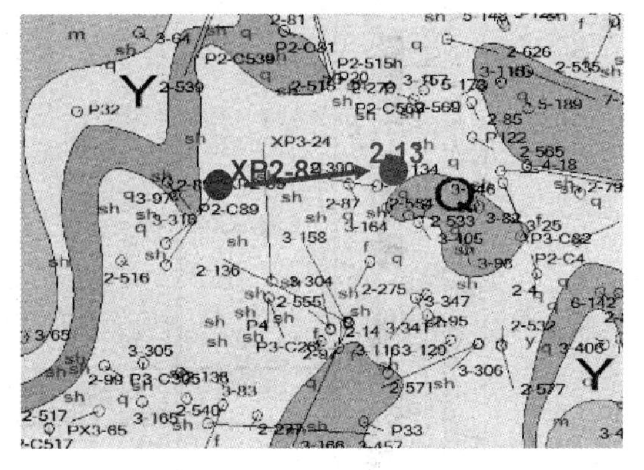

图9　濮城西区$S_{2上}^{2-3}$油藏2-8小层沉积微相分区图

升，到2013年4月相对吸水达到百分之百，分析认为此时该井组在3-3层优势渗流通道形成，导致吸水远高于其他层系，加剧了层间矛盾，造成了注水单层突进现象。

2.3.3　优势渗流通道分级矢量刻画

将XP2-89井区2-89、2-134、2-275、2-516井地质、开发、工艺参数代入前期建立的优势渗流通道分级定量评判模型[式(3)]至[式(6)]进行计算，结果如表5所示，其中XP2-89井与2-134之间形成Ⅰ级优势渗流通道，与2-87之间形成Ⅱ级优势渗流通道，与2-275井、2-516井之间形成Ⅲ级优势渗流通道。

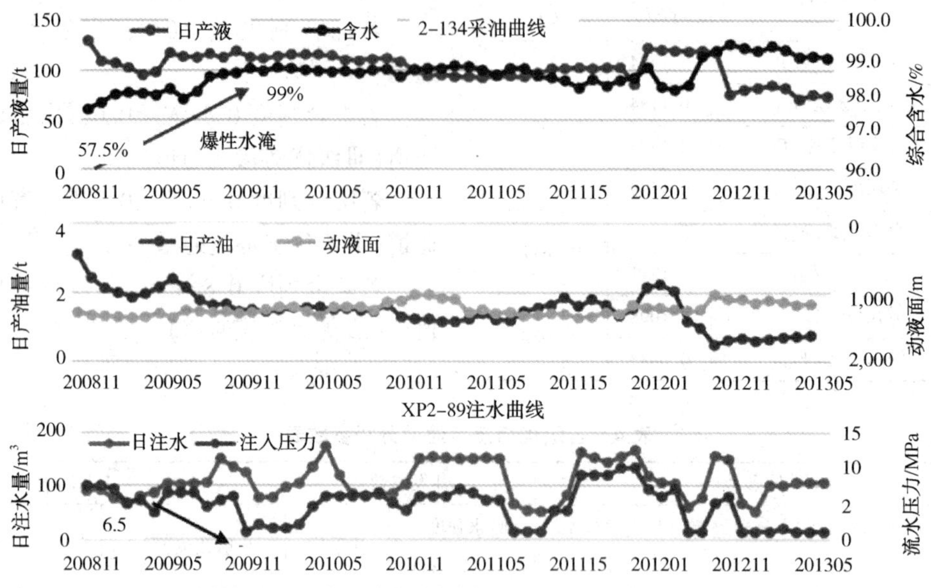

图 10　2-134 井采油曲线及 xp2-89 井注水曲线图

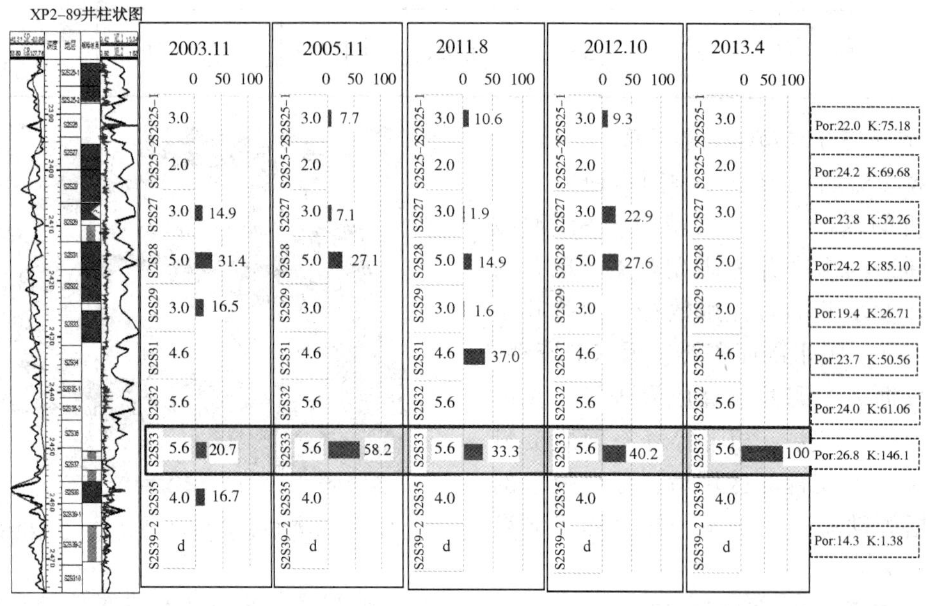

图 11　XP2-89 历年吸水剖面

表 5　XP2-89 井组优势渗流通道分级表

井号	渗透率/mD	渗透率级差	渗透率纵横比	夹层频率/（个/m）	吸水强度/[m³/(d·m)]	注采比	射孔位置	注采工艺	F_Z	优势渗流通道等级
2-87	369.6	17	43	0.2	67	1.43	全段	合采	0.62	Ⅱ
2-134	685.4	24	89	0	91	1.74	全段	合采	0.94	Ⅰ
2-275	316.7	9	15	0.2	54	1.21	全段	合采	0.51	Ⅲ
2-516	179.5	6	21	0.2	52	1.19	全段	合采	0.45	Ⅲ

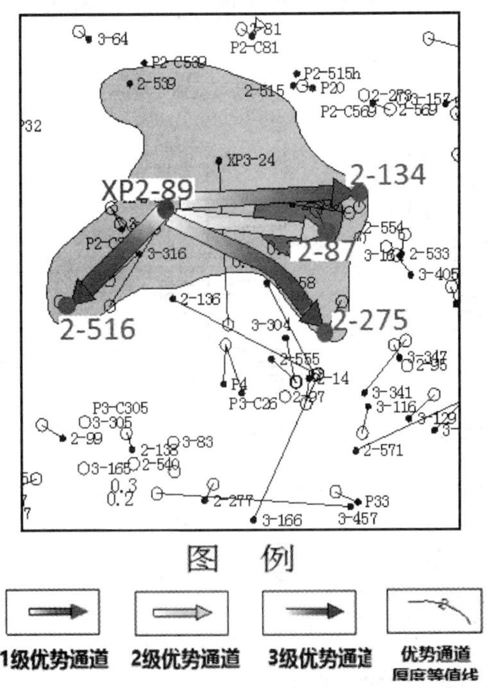

图 12　XP2-89 井组优势渗流通道分级平面图

2.4　濮城西区 2+3 油藏优势渗流通道分布特征

基于优势渗流通道分级评判模型，完成对濮城西区 $S_{2上}^{2-3}$ 油藏的各级别优势渗流通道的刻画，以主力层系 3-1 小层为例(图 13)，从平面上看，南部采出程度高，过水倍数大，Ⅰ级优势通道比较发育；中部，北部物性较南部差，级差相对小，过水倍数较低，多发育Ⅱ级和Ⅲ级优势通道。

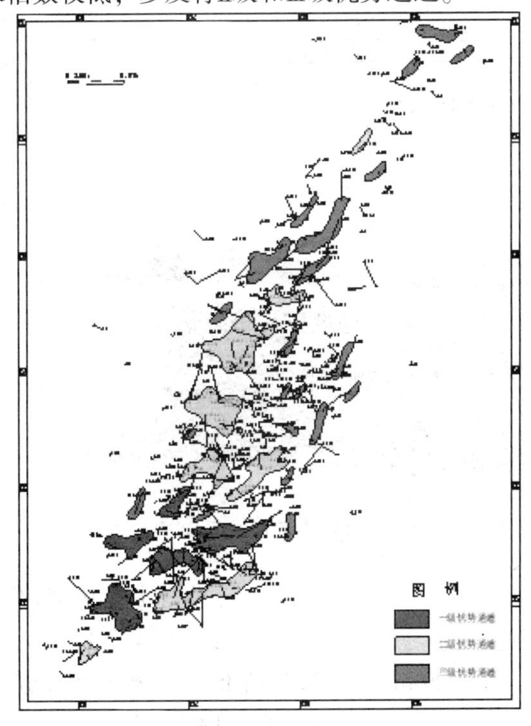

图 13　濮城西区 $S_{2上}^{2+3}$ 油藏 3-1 小层优势渗流通道分布图

3　剩余油富集模式及差异化挖潜对策

濮城西区 $S_{2上}^{2+3}$ 油藏经过 20 多年注水开发，含油饱和度在平面上分布表现出较大的不均匀性，各油层含油饱和度均有较大幅度的下降。从平面上来看，南区主要以Ⅰ级夹层及一级优势渗流通道复合控制型为主，级别较高，剩余可动油储量占比 44%；中部西区主要以Ⅱ级夹层及二级优势渗流通道复合控制型为主，级别中等，剩余可动油储量占比 32%；中部东区主要以Ⅲ级夹层控制型为主，剩余可动油储量占比 14%；北区主要以Ⅲ优势渗流通道控制型为主，剩余可动油储量占比 10%。

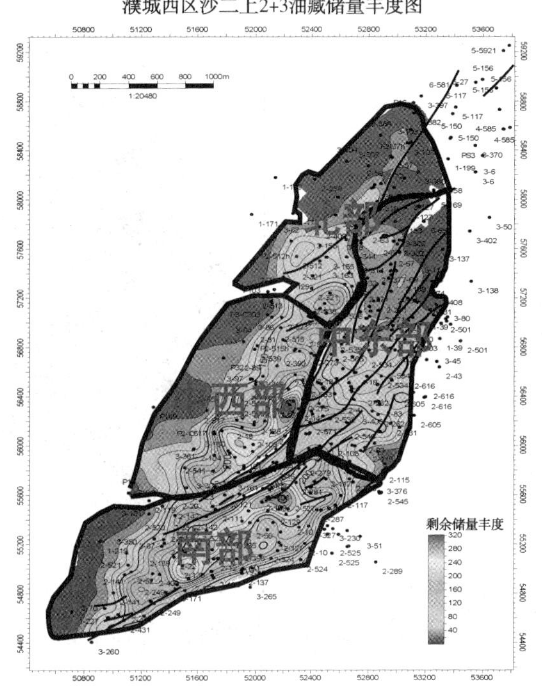

图 14　濮城西区 $S_{2上}^{2+3}$ 油藏剩余可动油储量丰度图

3.1　南区剩余油分布规律及挖潜策略

综合南区目前的开发指标(图 15)南区目前剩余可动油储量最大，采出程度最高，高于目前油藏的整体水平，含水也最高，整体呈现出“双高一富集”，仍是下步挖潜的重点。主要的挖潜对策是通过平面上矢量调堵高级别优势通道的去水方向，转流场挖潜通道两翼，纵向上封堵优势通道发育的层位，重点挖潜主力层系 2-4、2-8、3-3 等高级别夹层间的剩余油。

从平面上看(图 16)，南区Ⅰ级优势渗流通道最为发育，剩余油在平面上由于通道内部与两翼的差异较大，多分布于优势渗流通道两侧，在垂向上(图 17)优势通道多分布于各小层的底部，剩余油多富集于顶部，针对Ⅰ级优势通道发育的区域主要以封层或是大粒径凝胶颗粒封堵为主，同时挖潜剩余油相对富集，优势通道不发育的区域。

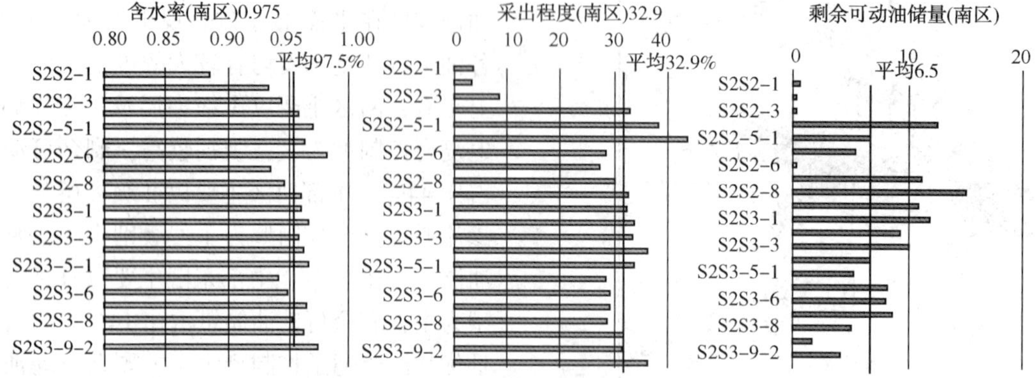

图 15　濮城西区 $S_{2上}^{2+3}$ 油藏南区开发指标柱状图

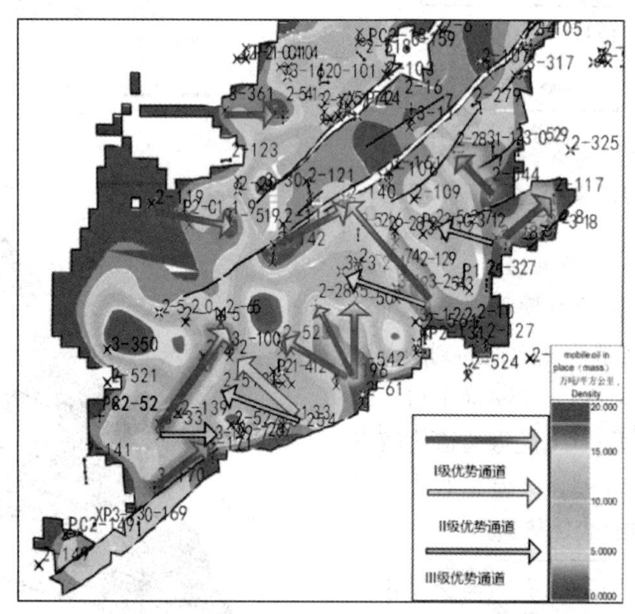

图 16　濮城西区 $S_{2上}^{2+3}$ 油藏南区 $S_{2上3-3}$ 小层剩余可动油丰度与优势通道叠合图

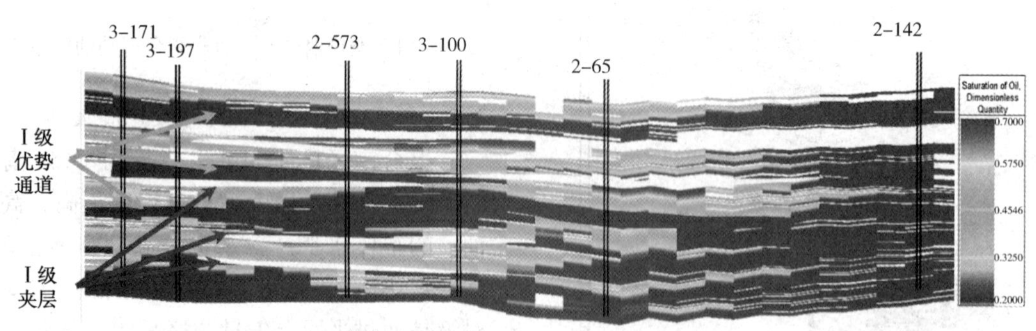

图 17　濮城西区 $S_{2上}^{2+3}$ 油藏南区 3-171—2-573—2-142 井剩余可动含油饱和度连井剖面

3.2　中西区剩余油分布规律及挖潜策略

综合分析认为中西区采出程度为 30.19%，含水较高剩余油相对富集(图 18)，与油藏整体的开发状态相近，区域内夹层发育较少，主要发育中、高级优势通道控制型剩余油，日后的挖潜思路“调”、“堵”兼顾，建议封堵Ⅰ级优势渗流通道较为发育的 2-5-2、2-9、3-4 等层系，同时以 200~500μm 微球调堵Ⅱ、Ⅲ级优势通道扩大水驱波及体积，提高剩余油挖潜效率。

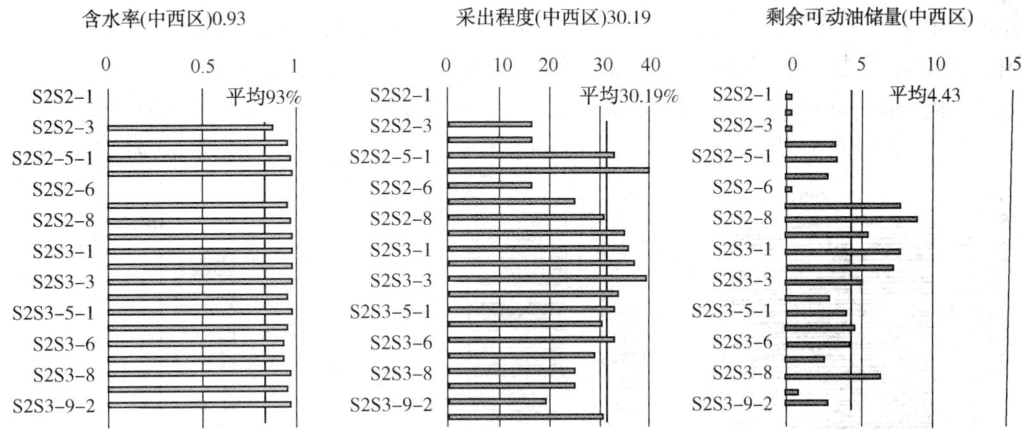

图 18　濮城西区 $S_{2上}^{2+3}$ 油藏中西区开发指标柱状图

从平面上(图 19)，中西区的剩余油平面差异不大，受中、高级别的优势渗流通道控制，小范围连片分布，但剩余可动油丰度相对较低，垂向上看(图 20)剩余可动油饱和度高的层位多分布在 2-7 至 3-3 小层，优势渗流通道发育在底部，下步挖潜时需针对这部分区域封堵，挖潜顶部剩余油，对于其他剩余可动油饱差异小的层位注微球扩大水驱波及体积，同时配合注采参数调整进行精细挖潜。

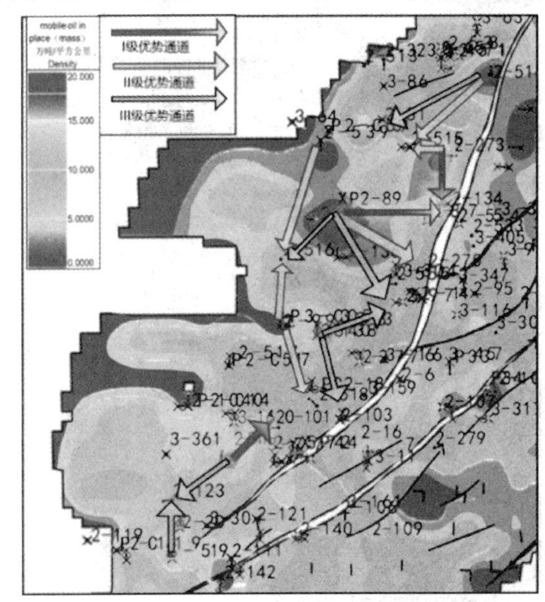

图 19　濮城西区 $S_{2上}^{2+3}$ 油藏中西区 S2S2-8 小层剩余可动油丰度与优势通道叠合图

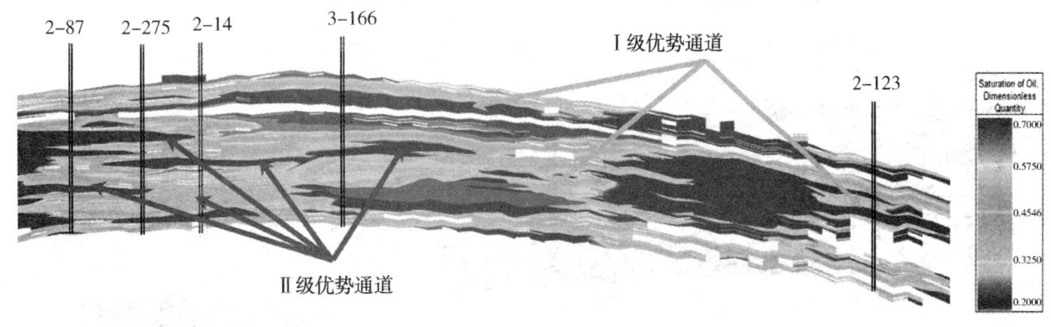

图 20　濮城西区 $S_{2上}^{2+3}$ 油藏中西区 2-87—2-275—2-123 井剩余可动含油饱和度连井剖面

3.3　中东区剩余油分布规律

分析中东区的开发指标，认为中东区采出程度较低含水较高，剩余可动油不多，以中高级夹层控制型为主，主要分布在 2-4、2-7、3-1 等小层，日后应重点挖潜Ⅰ级夹层下部剩余油及Ⅰ、Ⅱ级夹层发育频率较高的区域。

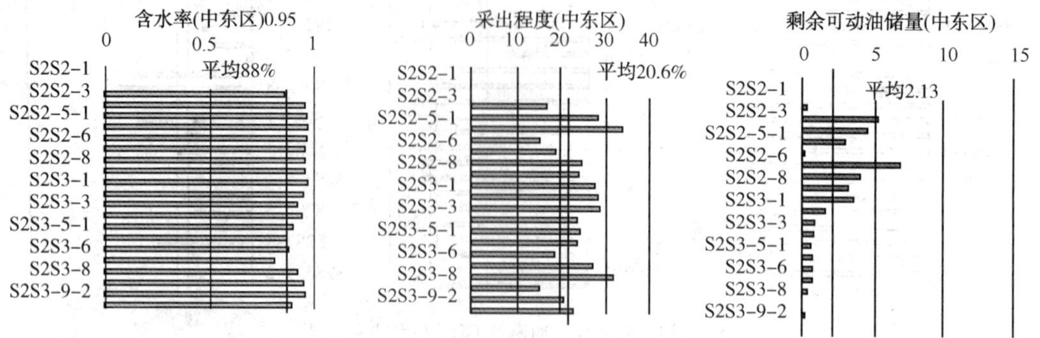

图 21　濮城西区 $S_{2上}^{2+3}$ 油藏中东区开发指标柱状图

以主力小层 2-7 为例(图 22)，中东区在 2-577 井区附近剩余油局部小范围富集，平均剩余可动油丰度相对较低，从剖面上来看(图 23)多富集在Ⅰ级夹层的下方，下步挖潜主要以层内、层间细分精细开采为主。

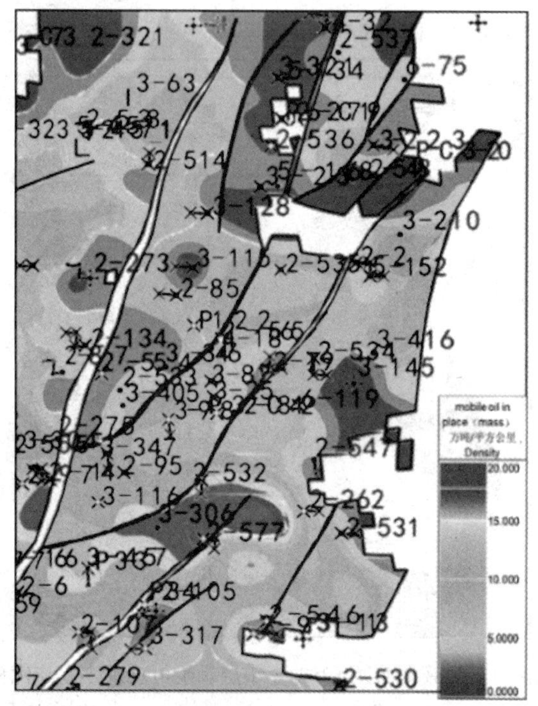

图 22　濮城西区 $S_{2上}^{2+3}$ 油藏中东区 S_2S^{2-7} 小层剩余可动油丰度图

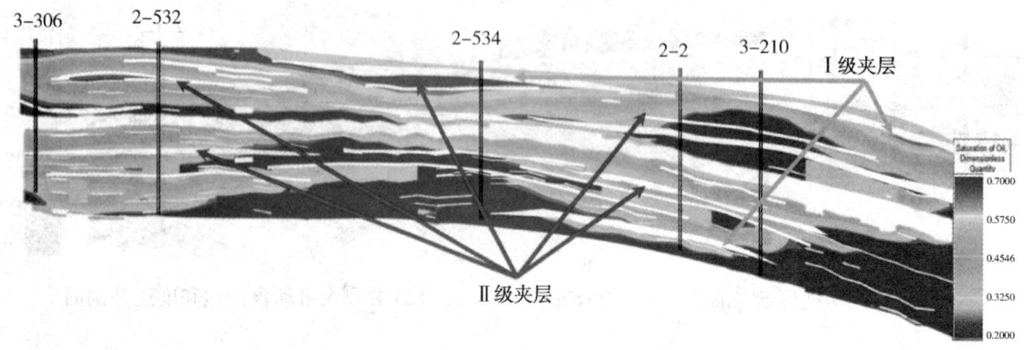

图 23　濮城西区 $S_{2上}^{2+3}$ 油藏中东区 3-306—2-534—3-210 井剩余可动含油饱和度连井剖面

3.4 北区剩余油分布规律

北区相对比别的区域剩余可动油最少，含水较高，采出程度中等，整体看来2-5-1、2-7、3-1等小层相对富集，主要受中低级别优势通道影响，挖潜潜力小，封堵优势通道投入产出比较低，建议在日常生产中控制注水，抑制优势通道升级，择机挖潜。

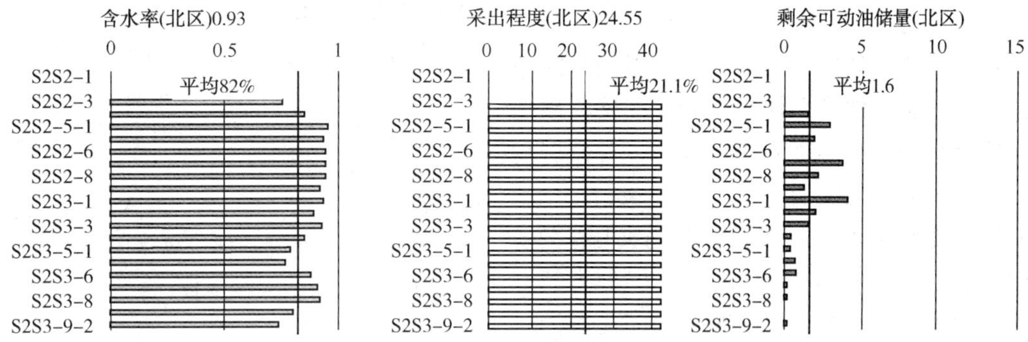

图 3-24　濮城西区 $S_{2上}^{2+3}$ 油藏北区开发指标柱状图

北区平面上剩余可动油丰度相对较低(图25)，主要发育低级别的Ⅱ、Ⅲ级优势通道，垂向上(图26)看砂体连续性差，剩余油富集区分布零散，挖潜难度大，成本高，日后不刻意挖潜剩余油富集区，在择机挖潜的同时需要温和开发，轻注慢采，控制优势渗流通道的升级，稳步挖潜。

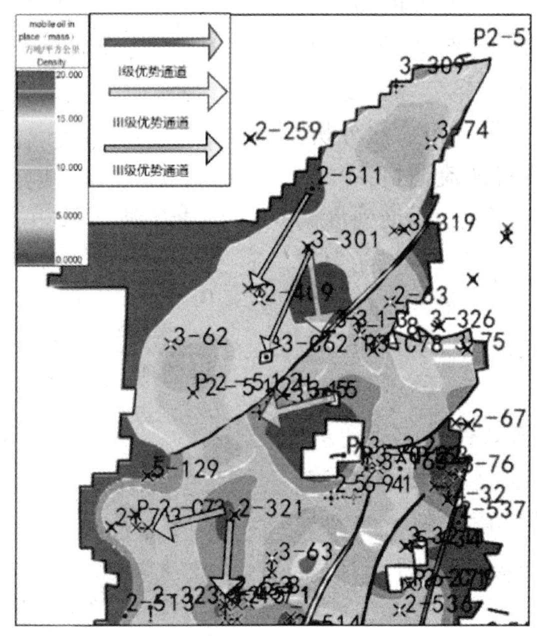

图 25　濮城西区 $S_{2上}^{2+3}$ 油藏北区 S_2S^{3-1} 小层剩余可动油丰度与优势通道叠合图

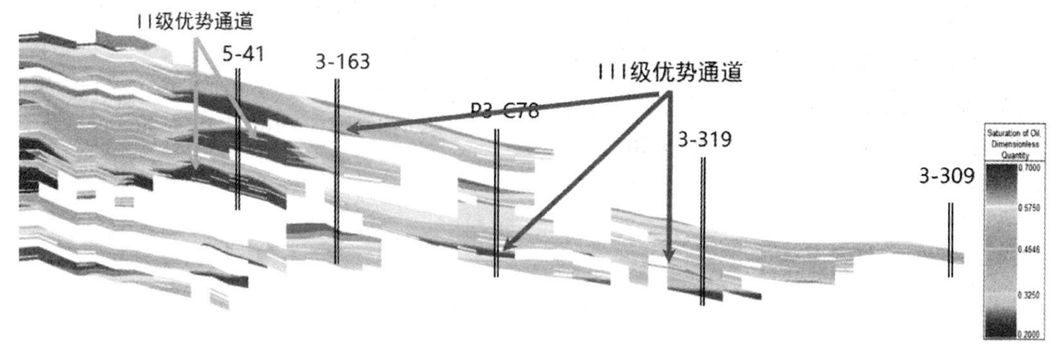

图 26　濮城西区 $S_{2上}^{2+3}$ 油藏北区 5-41—3-319—3-309 井剩余可动含油饱和度连井剖面

4 结论

(1) 基于岩心分析观察，结合测井、分析化验数据在濮城西区 $S_{2上}^{2+3}$ 油藏识别出三类夹层：泥质隔夹层岩性主要是泥岩、粉砂质泥岩或泥质粉砂岩，是本区最为发育的类型；钙质夹层主要是钙质粉砂岩、钙质细砂岩，岩性致密，阻挡封隔性较强；物性夹层岩性是含泥粉砂岩、泥质粉砂岩为主，由于物性与相邻砂岩相比较差，对储层内流体的渗流具有一定影响。

(2) 综合考虑濮城西区 $S_{2上}^{2+3}$ 油藏隔夹层“三度”，即厚度、纯度(物性)、广度将夹层分为三级，一级为稳定型，厚度大，展布范围广，多为泥质，席状、云朵状连片分布。二级为次稳定型，厚度稍薄，展布范围一般，多为泥质，平面上为条带、“Y”字状。三级随机分布，厚度薄，范围小，多为泥质、钙质夹层，呈蚕豆状、月牙状。

(3) 综合考虑濮城西区 $S_{2上}^{2+3}$ 油藏地质、开发、工艺因素，建立优势渗流通道分级标准，将优势通道分为三级，采用“平面定区、纵向定层、聚类定级、层内注采单元定方向、相关性分析、矢量刻画”的方法分级刻画优势渗流通道，一级优势通道发育程度最强，渗透率大，采液强度高多分布在研究区南部和中西部，二级渗流能力中等，多分布在研究区中西部，三级最弱，主要发育在中东区和北部，纵向上高级别优势通道多发育在开发程度高的主力小层。

(4) 综合濮城西区 $S_{2上}^{2+3}$ 油藏各级优势通道、隔夹层、可动剩余油分布特征，将濮城西区 $S_{2上}^{2+3}$ 油藏划分为四个潜力区，其中南区剩余油储量大，剩余油多以高级别优势通道、夹层控制型为主，下步以“封堵”为主；中西区剩余可动油储量较大，剩余油主要受中高级优势通道、夹层控制，以“调剖”为下步挖潜思路；中东区剩余储量较少，中高级别夹层控制为主，后期开发以井网“完善”为主；北区剩余油储量最少，剩余油主要受中低级优势通道控制型，下步挖潜主要温和开发，缓注慢采，以“抑制”优势通道发育为主。

参 考 文 献

[1] 李大川．志丹油田 X13 井区长 6 沉积微相与储层宏观非均质性研究[D]．西安石油大学，2018.

[2] 王彩萍，严彬．唐山油区长 2 油藏储层非均质性研究[J]．辽宁化工，2017，46(07)：679-681.

[3] 黄小青，郭鹏，杜悦，呼赞同．海安油田袁家断块阜三段储集层宏观非均质性研究[J]．能源与环保，2017，39(06)：35-43.

[4] 刘超，李云鹏，刘宗宾，田博，王颖超．渤海湾盆地 S 油田三角洲相储层隔夹层及剩余油挖潜研究[J]．西安石油大学学报(自然科学版)，2017，32(03)：26-33.

[5] 邓明．浅水三角洲高分辨率层序地层特征与储层非均质性研究[D]．东北石油大学，2017.

[6] 罗懿兰，孙卫，任大忠，刘登科．鄂尔多斯盆地华庆油田长 6_ 3 储层非均质性研究[J]．石油地质与工程，2017，31(02)：61-64.

[7] 王旭影，姜在兴，岳大力，王欣，王夏斌．河控三角洲河口坝储层内部隔夹层分布样式研究[J]．西南石油大学学报(自然科学版)，2017，39(02)：9-17.

[8] 王延忠．河流相正韵律厚油层剩余油富集规律研究[D]．中国地质大学(北京)，2006.

[9] 杨丰源．SX 区块优势通道识别与分布特征研究[D]．东北石油大学，2017.

[10] 张艳红．GD 油田优势渗流通道演化模拟与识别研究[D]．中国石油大学(华东)，2016.

[11] 孙明，李治平．注水开发砂岩油藏优势渗流通道识别与描述[J]．断块油气田，2009，16(03)：50-52.

[12] 丁帅伟，姜汉桥，赵冀，李俊键，周代余，旷曦域．水驱砂岩油藏优势通道识别综述[J]．石油地质与工程，2015，29(05)：132-136+149.

[13] 曹鹏．注水开发砂岩油藏优势渗流通道模拟分析[D]．西南石油大学，2017.

[14] 王鸣川，石成方，朱维耀，丁乐芳．优势渗流通道识别与精确描述[J]．油气地质与采收率，2016，23(01)：79-84.

[15] 林式微．G6 断块渗流优势通道模糊识别研究[J]．复杂油气藏，2016，9(04)：46-49.

克拉玛依油田冲积扇储层表征技术及剩余油分布规律研究

陈玉琨 许长福 张记刚 王晓光 程宏杰 邹 玮 秦 明

(中国石油新疆油田公司)

摘 要 在"控制递减率,提高采收率"的老油田稳产思想指导下,单砂体连通关系及对应的剩余油分布规律一直是研究的重点之一。以七东$_1$区克下组油藏为例,针对砾岩冲积扇储层宏观岩性多变、韵律复杂以及微观复模态孔隙结构特征,综合岩心、分析化验、测井、地震以及生产动态资料,建立了冲积扇储层不同相带砂体连通模式及其控制下的剩余油分布模式,根据油层动用情况及数值模拟实现了井组内部剩余油的定量表征,为加密调整奠定了坚实基础。

关键词 冲积扇;储层构型;剩余油;砂体连通;定量

1977 年,Allen 在第一次沉积学研讨会上,首次提出河流构型的概念;1985 年 Miall 继承了 Allen(1983)的思想,提出了一套河流相的储层构型要素分析法,同年发表了"构型要素分析-河流相分析的一种新方法"一文,介绍了该方法中的构型要素、界面等概念,将储层构型定义为"储层及其内部构成单元的几何形态、尺寸、方向及其相互关系"[1];2009 年,吴胜和教授进一步发展了储层构型表征技术,形成"层次分析,模式拟合,多维互动"的构型表征方法。国内外学者针对不同类型沉积储层从露头、现代沉积、密井网区等多方面系统地形成了构型模式、表征技术及剩余油分布研究。针对砾岩冲积扇储层,国内外学者已在沉积构型分级、砂体叠置模式等方面取得了重要成果,目前针对六、七区和一、三区的两类冲积扇分别建立构型模式,但是在实用表征技术方面仍存在表征方法单一的缺点,在扇根、扇中平面范围识别以及动态资料利用方面需要进一步攻关。因此,考虑到砾岩冲积扇储层岩性多样、平面相带多变以及复模态孔隙结构的特殊非均质性,直接应用发源于河流相的构型表征方法"层次分析,模式拟合"仅仅只是达到砂体构型的层次,没有突出不同构型单元的储层质量差异及动态连通关系,然而该部分内容对冲积扇砾岩油藏而言显然更为重要,因此进一步发展储层构型表征技术以适应新疆的砾岩冲积扇储层,可以更好地为砾岩油藏的方案调整、精细注水、深部调剖及三次采油服务。

1 研究区地质油藏概况

克拉玛依油田七东 1 区位于新疆克拉玛依市白碱滩地区,距克拉玛依市以东约 30km,地表平坦,交通便利,其克下组油藏属于克拉玛依 I 类砾岩油藏,油藏埋深 1100~1400m。构造上七东 1 区处于准噶尔盆地西北缘克—乌逆掩断裂带白碱滩段的下盘,是一个四周被断裂切割成似菱形的封闭断块油藏,为一东南倾的单斜,北以北白碱滩断裂为界与六区相邻;南以 5137 井断裂为界与七东$_2$区相邻;西以 5054 井断裂与七中区接壤。七东$_1$区克下组不整合沉积在石炭系之上,上部依次沉积的地层为三叠系克上组(T_2k_2)、白碱滩组(T_3b)、侏罗系的八道湾组(J_1b)、三工河组(J_1s)、西山窑组(J_2x)、头屯河组(J_2t)、齐古组(J_3q)、白垩系的吐谷鲁群(K_1tg)。克下组内部发育 2 套稳定分布的泥岩标志层,分别命名为 R5 和 R6。根据 R6 标志层把克下组划分 S_6 和 S_7 两个砂层组,并可细分为 S_{61}、S_{62}、S_{63}、S_{71}、S_{72-1}、S_{72-2}、S_{72-3}、S_{73-1}、S_{73-2}、S_{73-3}、S_{74-1}、S_{74-2}12 个单层,主力油层为 S_{72}、S_{73}、S_{74}(图 1)。

【作者简介】陈玉琨(1983—),男,河南灵宝人,高级工程师,油气田开发地质专业,E-mail:cyk_ 117@ petrochina. com. cn

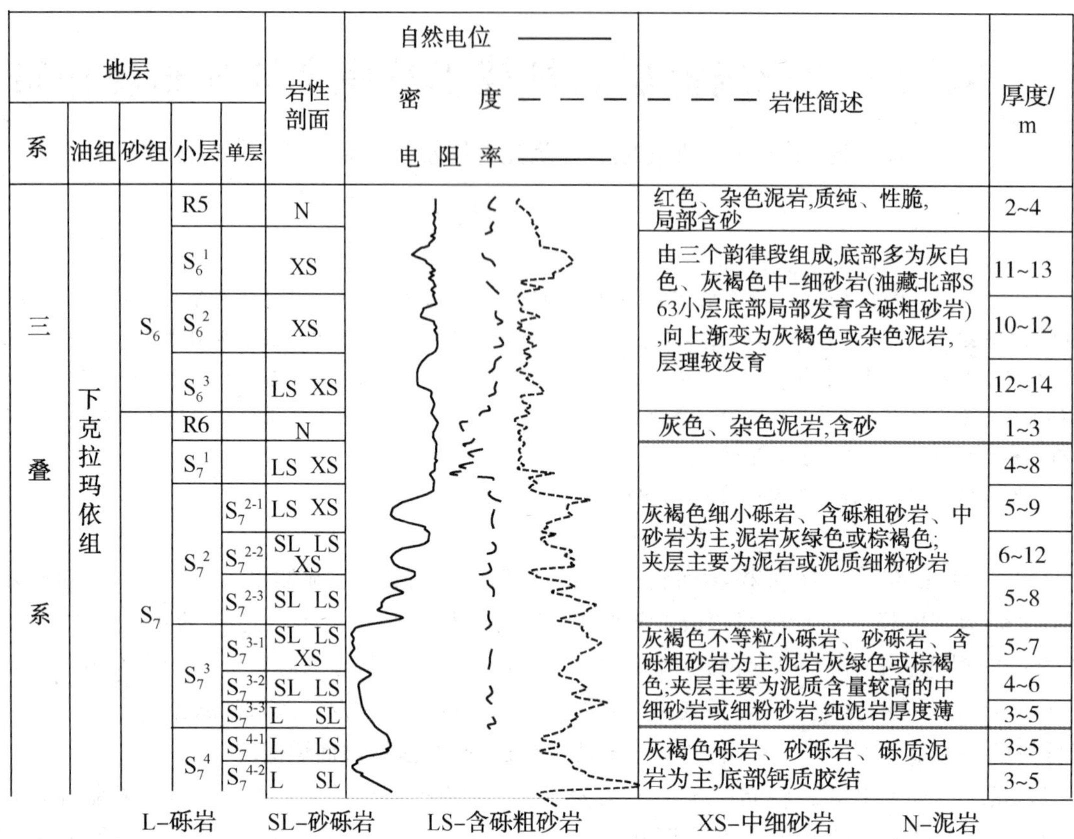

图 1　七东$_1$区克下组地层综合柱状图

七东$_1$区克下组沉积自下而上，岩性由砾岩、砂砾岩过渡为粗砂岩、中细砂岩，表现为向上变细的正旋回特征；沉积构造由洪积层理过渡为交错层理，剖面反映出严重的非均质性。目前正在开展聚合物驱。

2　构型表征

2.1　不同级次构型单元的主要沉积砂体特征

① 扇根片流砾石体为洪峰期快速堆积而成席状沉积物，岩性主要以砾岩砂砾岩为主，分选、磨圆差，砾岩结构成熟度和成分成熟度皆很低，砾岩岩比达 90%以上，发育块状层理，表现为不完整韵律，电性曲线总体呈块状高阻正旋回形态，剖面上表现为泛连通体特征。洪积层理属于冲积扇特有的沉积构造，表现为薄层间找不到明显的层理面，由多次结构和成分不同的洪积物叠覆而成的成层性沉积构造，反映严重的剖面非均质性。洪积层理内部常发育支撑砾岩，是在沉积过程中洪泛末期牵引型水流搬运的筛积物，厚度一般不超过 20cm，辐向延伸长度不超过 50m，横向延伸仅数米至十数米，在洪积扇上频繁出现，一般均为高渗通道。

表 1　七东$_1$区克下组沉积构型划分及电性特征表

亚相	微相	单砂体厚度/m	主要岩性	测井相	电性特征	目的层
扇根外带	片流砂砾体	>3.5	砾岩、砂砾岩	漏斗形或箱形	自然电位反韵律或者幅度大 0.25m 电位电极：20~45Ω · m 地层电阻率：50~300Ω · m	S_{74-2}、S_{74-1}、S_{73-3}
	漫洪砂体	>1.5	粗砂岩、中细砂岩	指状 互层	自然电位幅度小 地层电阻率：30~90 Ω · m	
	漫洪细粒沉积	—	泥质砂砾岩、泥质细粒岩	平直	自然电位平直 地层电阻率：<30 Ω · m	

续表

亚相	微相	单砂体厚度/m	主要岩性	测井相	电性特征	目的层
扇中	辫流水道砂体	>2.5m	砂砾岩，含砾粗砂岩	钟形或箱形	自然电位幅度大 0.25 米电位电极：15~30Ω·m 地层电阻率：80~150Ω·m	S_{73-2}、 S_{73-1}、 S_{72-3}、 S_{72-2}、 S_{72-1}
	漫洪砂体	>1.5	中细砂岩	指状 互层	自然电位幅度小 地层电阻率：20~80Ω·m	
	漫洪细粒沉积	—	泥质细粒岩	平直	自然电位平直 地层电阻率：<30Ω·m	
扇缘	径流水道砂体	>1.5m	粗砂岩、中砂岩	钟形	自然电位幅度小 0.25 米电位电极：10~20Ω·m 地层电阻率：15~100Ω·m	S_{71}、 S_{63}、 S_{62}、 S_{61}
	漫流砂体	>1m	细砂岩	指状 互相	自然电位幅度小 地层电阻率：20~80Ω·m	
	漫流细粒沉积	-	泥质细粒岩	平直	自然电位平直 地层电阻率：<30Ω·m	

② 扇中辫流水道沉积是在漫流细粒沉积背景下，多期下切形成的水道复合砂带，岩性主要以砂砾岩和含砾粗砂岩为主，分选较好，磨圆中等，、砾石含量约为40%~60%，发育平行层理、交错层理以及水道底部滞留砾石叠瓦构造(见图2)，具有明显的牵引流水道冲刷充填特征，电性曲线表现为钟形或箱形，剖面上表现为砂泥互层或“砂包泥”特征。水道可进一步分为砂坝和流沟两类3级构型要素(相当于张纪易模式的辫流砂岛和辫流线)。砂坝岩性较粗，岩性为小细砾岩相和粗砂岩相，泥质含量较低，分选较好，厚度较大(一般大于2m)。地层电阻率RT一般介于20~60Ω·m，形态呈箱形-箱钟形。

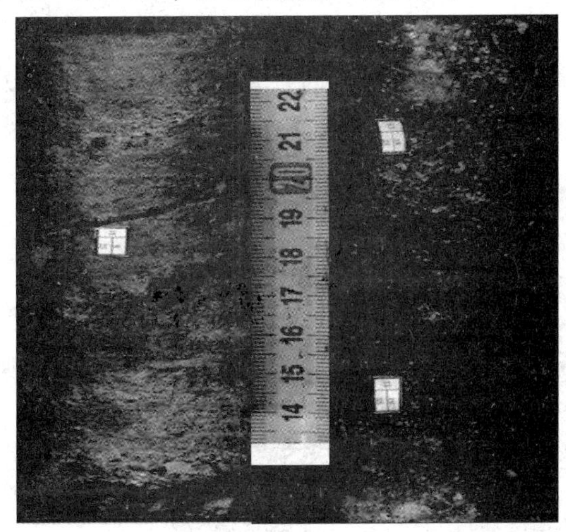

图2　交错层理

(左：T71839井，1402m；右T71839井，1416m)

③ 扇缘径流水道沉积是扇中辫流水道的发散延续，是整个冲积扇优势砂体中水流能量最弱，沉积物最细的部分，岩性主要中细砂岩为主，个别以粗砂岩为主，偶见砂砾成分，电性曲线呈指

状形态，剖面上表现为厚层泥岩夹薄砂岩透镜体；

④ 漫流砂体和漫流细粒沉积，漫流砂体岩石相主要为含泥中砂岩、中细砂岩和粉砂岩，其特征是单层较薄，一般小于0.5m；电性特征表现为测井曲线呈指状尖峰，RT介于20~40Ω·m之间。漫流细粒沉积岩石相主要以棕红色泥岩、泥质粉砂岩为主；特征是常见块状层理，砂纹层理，局部质纯泥岩可见水平层理，厚度大于1m；其电性特征表现为测井曲线平直，接近基线，RT介于5~20Ω·m。

2.2　分级表征

(1) 五级构型

通过综合研究区的砂体厚度分布及取心井分析，认为研究区主要受西北物源控制，在东部受西北和东北方向双物源影响，因此在研究区主要发育两条单一扇体。

根据地震波形差异，主力层位的砂体厚度分布特征，结合录井及岩心证据，可以较为清晰地反映油藏东北部存在双物源的沉积特征(图3)。

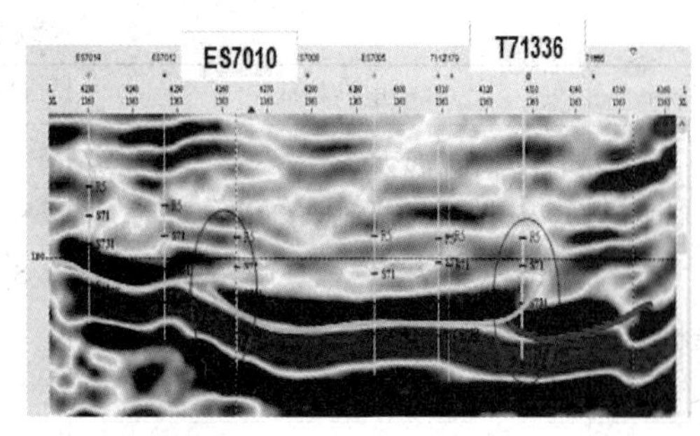

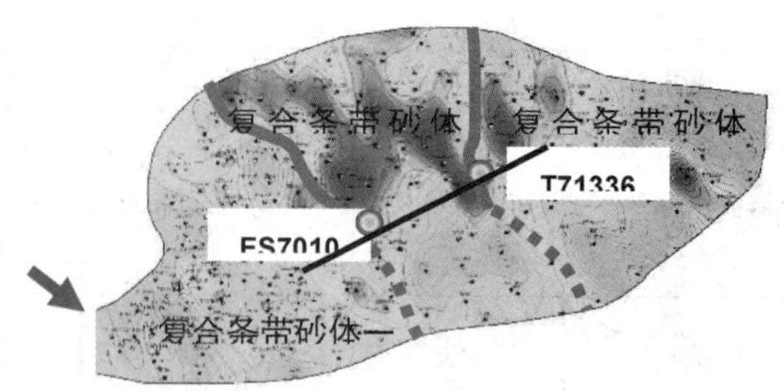

图 3　典型层位砂体厚度分布图

根据识别结果，五级构型特征见图 4。

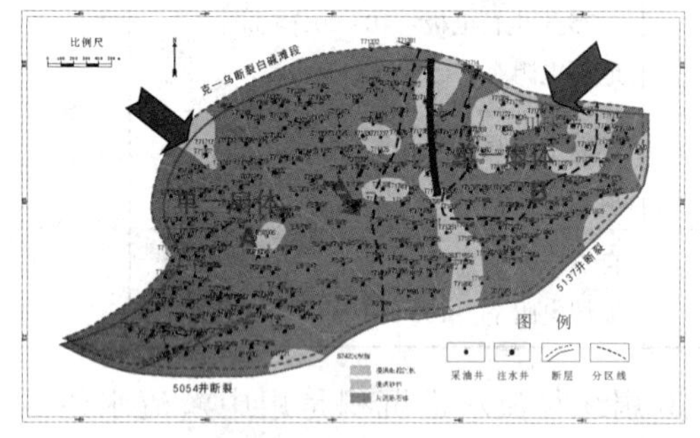

图 4　研究区五级构型分布图

(2) 四级构型要素分析方法

① 垂向分期

通过对七东$_1$区取心井以及岩电特征的综合分析，垂向期次划分主要依据为以下三种类型：

a. 期次间存在泥岩。这种类型在研究区所有井中占比为 35.2%。其岩性表现为砂-泥-砂的组合接触关系，电性特征表现为 RT 和 DEN 曲线回返明显(图 5)。

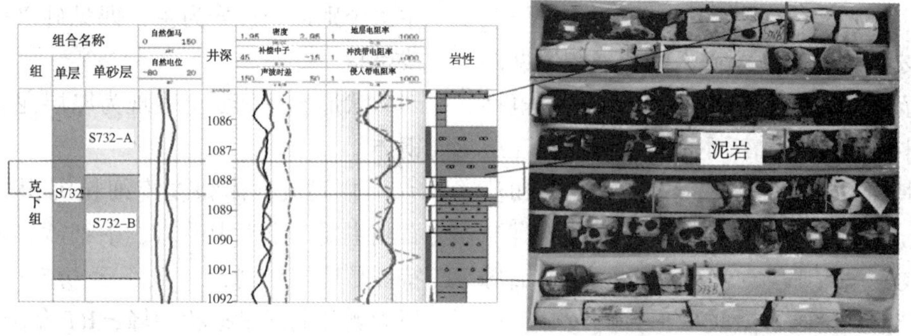

图 5　T71721 井 S_7^{3-2} 小层利用期次间泥岩细分单砂层图

b. 后期砂体切叠早期砂体。这种类型在研究区所有井中占比为 42.1%。其岩性表现为砂砂的组合接触关系，但界面特征清晰，存在明显的粒度变化；电性特征表现为 RT 无明显回返，DEN 曲线回返明显，同时 SP 曲线存在显著拐点(图 6)。

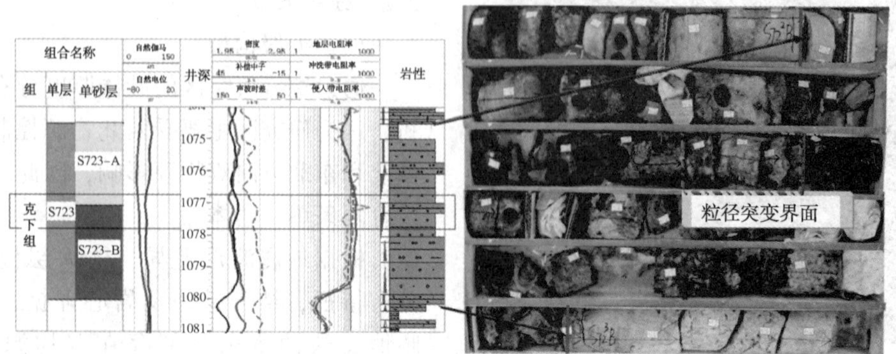

图 6　T71721 井 S73-2 小层利用期次粒度突变细分单砂层图

c. 只发育一期砂体。这种类型在研究区所有井中占比为21.6%。其岩性自下而上由砂岩变为泥岩或者泥岩变为砂岩。接触面表现为砂泥突变或者渐变的组合接触关系；电性特征两期沉积表现出显著的RT差异，DEN-CNL曲线幅度差异(图7)。

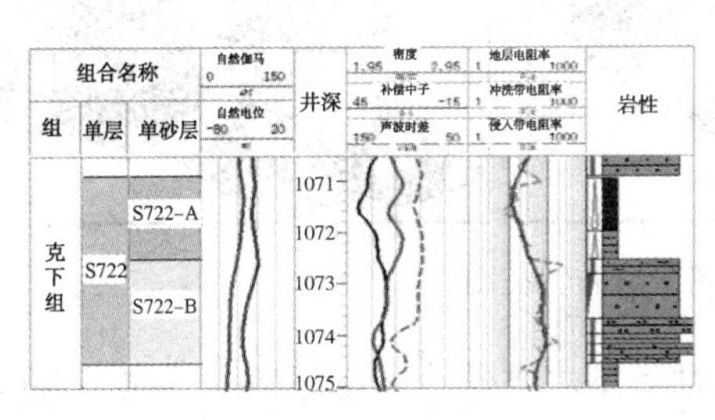

图7　T71721井 S_7^{2-2} 小层期次沉积变化细分单砂层图

利用这一方法，根据构型剖面演化规律，将 S_7^{2-1}、S_7^{2-2}、S_7^{2-3}、S_7^{3-1}、S_7^{3-2}、S_7^{3-3} 进一步划分为两个单砂层，靠近物源方向两期砂体相互叠置，厚度较大，连续性较好，远离物源方向，砂体厚度减薄，连续性变差，泥岩夹层厚度增加(图8)。

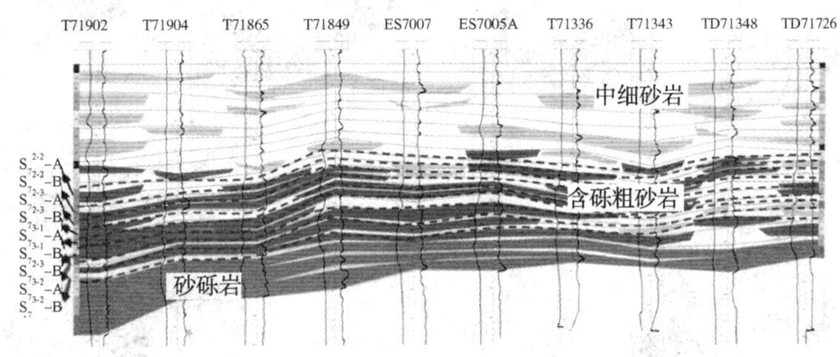

图8　过T71902井-TD71726井单砂体对比剖面

② 侧向分期

根据七东$_1$区砂体厚度图，综合考虑冲积扇扇中沉积演化规律，研究区扇中构型要素之间的侧向边界通常表现为三种样式，即单砂体顶面相对高程差、水道间细粒沉积以及不同期次厚度及曲线特征差异(图9)，图中数字对应不同类型的侧向边界，不同颜色砂体表示不同期次的成因砂体。

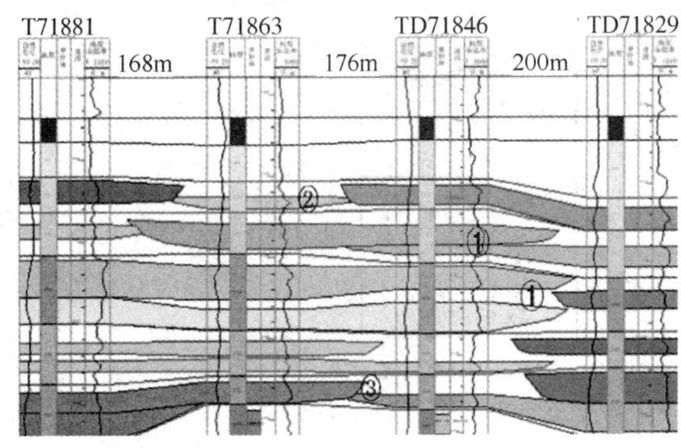

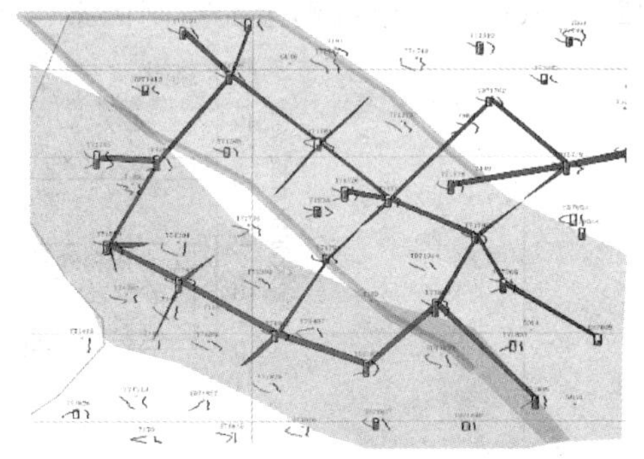

图9　T71881井至TD71829井侧向划界示意图

③ 空间约束

以侧向划界的剖面成果为纽带，综合利用三维视窗进行任意单井、剖面以及空间的多视角分析，清晰反映不同期次水道的叠置关系，实现真正成因砂体的空间表征。通过这种多条剖面结果的平面显示，可以清晰地反映不同期次单河道的侧向拼接关系。

④ 水道构型要素分布特征及规模

受沉积微相控制，平面上不同单砂层的水道沉积主要为条带状，顺物源规模逐渐减小。从 ${}^{3-2}S_7$ 小层往上，条带状砂体的宽度逐渐变小，厚度变小(图10)。

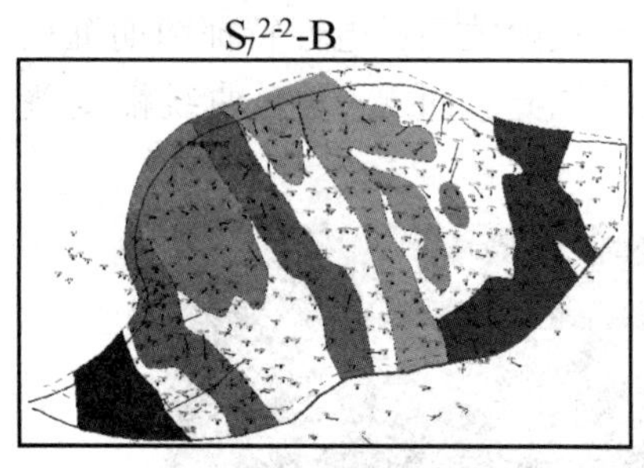

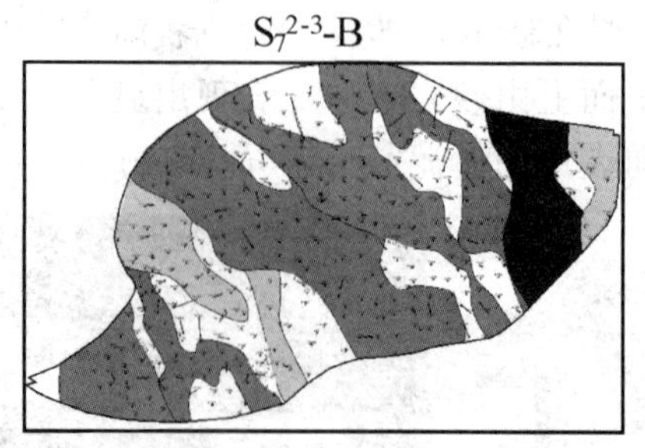

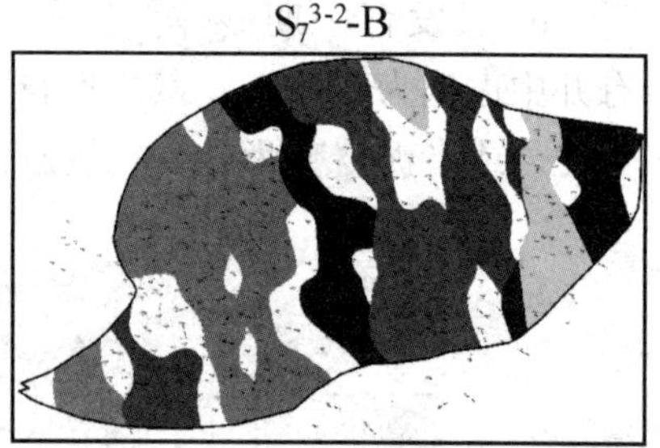

图 10　主力单砂层水道构型要素的分布特征图

2.3　剩余油表征技术

(1) 明确了剩余油类型

进一步结合油藏数值模拟结果，发现试验区剩余油类型主要受砂体连通情况、注采对应关系、物性和水动力影响。结合微观分类，把宏观剩余油分为(边角)连片状、孤立状、条带状(图 11)。

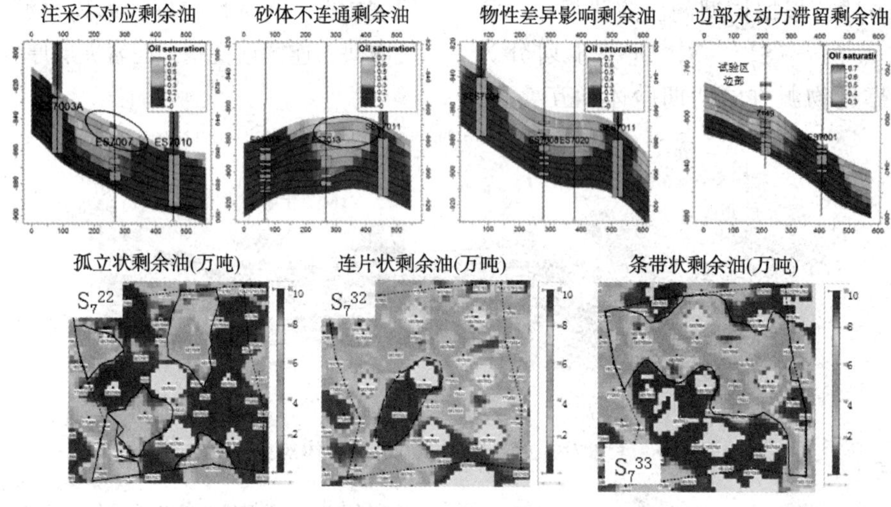

图 11　剩余油形成的主要因素及分布形态图

在确定了井组内部射孔层段砂体均为连通的情况下，进一步通过渗透率与剩余油饱和度交汇图(图 12)，依据宏、微观剩余油控制因素、剩余潜力区储层特征、剩余油机理、剩余油赋存状态等，将剩余油划分为四种类型(表 2)。

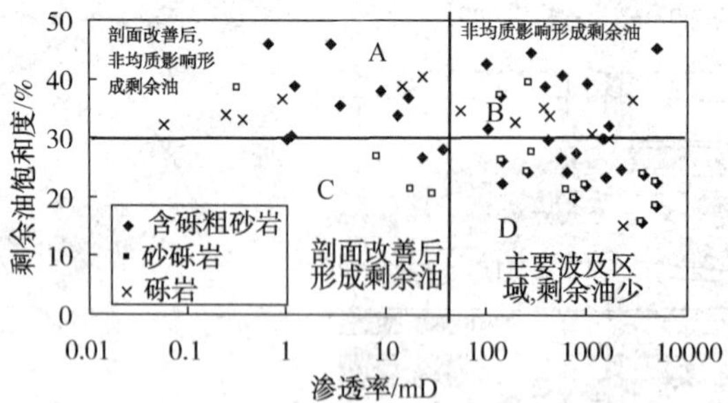

图 12　聚驱后岩心样品的渗透率与含油饱和度交汇图

表 2　聚驱后剩余油类型分类表

参数			强波及型	中波及型	弱波及型	未波及型
控制因素	宏观	主要因素	物性影响	物性影响、边部水动力	物性影响	注采不对应、砂体不连通
	微观	最大孔喉/μm	38.84~50	23.01~38.84	5.25~23.01	1.93~5.25
		平均孔喉/μm	7.30~50	3.24~7.30	1.56~3.24	0.55~1.56

续表

参数		强波及型	中波及型	弱波及型	未波及型
储层类型	主要岩性	含砾粗砂岩	含砾粗砂岩、砾岩	砂砾岩	砾岩、泥质含砾粗砂岩
	主要渗透率/mD	>300	50~300	10~50	<10
	含油饱和度/%	26.7	32.5	32.6	35.7
剩余油机理		物性最好，配方与储层匹配性好，聚驱主要波及区域	物性好，强驱替区域受非均质影响	物性较差，剖面反转后波及	物性最差，配方与储层不匹配
赋存状态	宏观	连片状	条带状	边角状	孤立状
	微观	自由态	半束缚态	半束缚态、束缚态为主	束缚态为主

(2) 量化了剩余油潜力

对聚驱部分剩余油分布的描述与水驱相同，从密闭取心、试油分析、水淹特征等多方面出发，首先宏观分析剩余油的潜力分布情况，然后根据数模结果，分类定量评价剩余油，与水驱描述相比，聚驱后剩余油分布描述更加精细，给出了各个井组之间的剩余油分析

通过密闭取心井饱和度分析表明，聚驱前含油饱和度集中分布在30%~50%区间，油层厚度以含油饱和度40%~50%区间内为主；聚驱后剩余油饱和度集中分布在20%~40%区间，剩余油饱和度由聚驱前的45.8%下降至聚驱后的32.7%。，降低了13.1个百分点。聚驱试验区两口井聚驱效果均较好，ES7020井剩余油饱和度相对较高(表4)。

根据剩余油不同的分布形态结合微观孔喉区间，为聚驱后剩余油挖潜提供依据(表3)。D区平均孔喉半径大，是聚合物主要波及区，剩余油少，聚驱后主要封堵储层，B区因受储层非均质性影响，剩余油较多，是主要挖潜对象。

聚驱后试验区剩余油储量有8.8%的未波及储量难以动用，13.6%的弱波及储量可以通过提高驱油效率动用，35.7%的中波及储量可以通过扩大波及体积动用；41.9%的强波及储量只能通过高浓度段塞调剖封堵，先扩大波及体积，再提高驱油效率动用。

表3　聚驱后不同剩余油类型储量

剩余油类型	渗透率/mD	剩余油饱和度/%	残余油饱和度/%	储量比例/%	控制因素	攻关方向	接替技术	宏观赋存状态
未波及	1~10	38.4	35.1	8.8	注采不对应砂体不连通	难以动用		孤立状
弱波及	10~50	32.62	31.7	13.6	物性较差	提高驱油效率为主，扩大波及体积为辅	复合驱	边角状
中波及	50~300	32.45	27.6	35.7	非均质影响	扩大波及体积	高浓聚驱	条带状
强波及	300~3000	26.73	25	41.9	物性好	扩大波及体积为主提高驱油效率为辅	调剖封堵	连片状
合计		32.72	29.9	100				

3　结论及认识

通过研究取得了以下主要成果与认识：

(1) 根据取心资料以及砂体厚度分布图综合分析后表明，七东1区克下组油藏存在双物源，主要受西北物源控制，局部受东北物源影响。综合岩心、测井及地震资料分析后认单砂体呈条带状，宽度约为100~200m；

(2) 聚驱后剩余油饱和度32.7%，集中分布在20%~40%之间。平面剩余油主要分布在试验区北部，北部剩余潜力主要在S72-3、S73-1、S73-2，南部剩余潜力主要在S72-2、S72-3、S73-1；

(3) 依据宏、微观剩余油控制因素、剩余潜力区储层特征、剩余油机理、剩余油赋存状态等，将剩余油划分为四种类型：强波及型、中波及型、弱波及型和未波及型。四种不同类型的剩余油可以通过复合驱、高浓度聚驱或是调剖封堵进一步提高采收率，具体方式需要结合经济评价

和现场操作难易程度进一步考量。

参 考 文 献

[1] 周总瑛，张抗．中国油田开发现状与前景分析，石油勘探与开发，2004，31(1)：84-87.

[2] Miall A D. Arcitectural-element analysis：A new method of facies analysis applied to fluvial deposits. Earth Science Reviews，1985，22(4)：261-308.

[3] Miall A D. Hierarchies of architectural units in terrigenous clastic rocks，and their relationship to sedimentation rate//Miall A D，Tyler N，eds. The three-dimensional facies architecture of terrigenous clastic sediments and its implications for hydrocarbon discovery and recovery v. 3. [S. 2.]：SEPM Concepts in Sedimentology and Paleontology，1991：6-12.

[4] 吴胜和，伊振林，许长福等．新疆克拉玛依油田六中区三叠系克下组冲积扇高频基准面旋回与砂体分布型式研究．高校地质学报，2008，14(2)：157-163.

[5] 颜泽江，唐伏平，姚颖，胡新平，胡万庆，单江，刘萍．洪积扇砂砾岩储集层测井精细解释研究——以克拉玛依油田为例[J]．新疆石油地质，2008 年 10 月，29(5)：557-560.

[6] 孟飞，李文海，付素英，李长洪．洪积扇沉积微相对储层质量的控制作用——以克拉玛依油田三 3 区克下组储层为例[J]．石油天然气学报，2011 年 6 月，33(6)：161-165.

[7] 王向荣．洪积扇储层油藏描述及地质建模研究[D]．中国地质大学(北京)博士论文．2006 年．

[8] 刘仁静，刘慧卿，李秀生，高建．砾岩油藏流动单元渗流特征及剩余油分布规律——以克拉玛依油田三 3 区克下组为例[J]．油气地质与采收率，2009 年 1 月，16(1)：30-33.

[9] 吴胜和，伊振林，许长福等．新疆克拉玛依油田六中区三叠系克下组冲积扇高频基准面旋回与砂体分布型式研究．高校地质学报，2008，14(2)：157-163.

[10] 许长福，刘红现，钱根宝，覃建华．克拉玛依砾岩储集层微观水驱油机理[J]．石油勘探与开发，2011 年 12 月，38(6)：725-732.

[11] 甘利灯，戴晓峰，张昕等．高含水油田地震油藏描述关键技术[J]．石油勘探与开发，2012 年 6 月，39(3)：365-377.

[12] 宋子齐，谢向阳，高兴军等．克拉玛依油田八区克上组砾岩油藏非均质连通性与注采关系研究[J]．测井技术，2002 年，26(4)：315-320.

[13] 李中锋，何顺利．非均质三维模型水驱剩余油试验研究[J]．石油钻采工艺．2005，27(4)：41-44.

[14] 孙梦茹．基于模糊综合评判的剩余油分布定量描述[J]．油气地质与采收率．2005，12(2)：52-54.

鄂尔多斯盆地东胜气田裂缝特征及识别方法研究

苏 程

(中国石化华北油气分公司勘探开发研究院)

摘 要 利用野外露头、岩心、成像测井等资料分析裂缝类别及发育特征，开展东胜气田致密气藏裂缝特征描述，研究表明高角度缝及垂直缝是主要裂缝类型。针对此类裂缝在预测识别上难度大的情况，通过引入R/S的分形统计方法，对测井曲线进行分形计算，应用取心井及成像测井的裂缝描述作为验证，结合井动静态资料，实现裂缝的有效识别。在东胜气田开发区的实际应用中，采用对测井项进行R/S分形的方法对裂缝进行识别，预测结果准确，较以往根据三维地震相干体预测的方法，裂缝识别的准确度更高，为气田实际开发生产提供有力地质依据。

关键词 裂缝特征；裂缝识别；R/S分形；致密气藏

裂缝是油气有效的储集空间，同时也是油气运移的通道，对油气的成藏及富集起到了控制作用，在油气藏的勘探开发中有着重要的地位。储层裂缝的识别与准确描述对于油气藏的精细开发起到了关键作用。致密气藏中由于裂缝的沟通，形成了有效的储集空间，因此准确的裂缝识别是对此类气藏进行有效评价的前提[1-4]。

然而与裂缝性气藏不同，致密气藏裂缝规模较小，采用常规的测井曲线对裂进行有效识别非常困难。目前可以准确描述裂缝的方法主要是采用成像测井来完成，然而成像测井的成本非常高，普及性受到限制。针对目前的现状，一东胜气田致密砂岩气藏为例，开展裂缝特征描述及识别方法研究，利用分形理论对裂缝进行有效识别，为气藏的精细开发提供有力支撑。

1 东胜气田裂缝特征

通过柳林县成家庄镇剖面和保德桥头镇剖面的地质实地考察，总结出目标区构造裂缝具有如下特征：上古生界砂岩中裂缝发育，以近垂直的高角度裂缝为主，多数发育在砂岩内部不穿层，平行与层面的缝与高角度裂缝在空间上“工”字相交；砂岩接触面处多发育平行于层面的水平缝，该类裂缝延伸距离较长。(图2)选取75口东胜气田取心探井作为研究对象进行观察描述，其中61口井钻遇裂缝，并且以高角度缝和垂直裂缝为主，占比77.1%。岩芯裂缝长度普遍小于30cm，占比约90%，裂缝长度1m以上占比5%。裂缝多为半充填和未充填状态，内部充填物为硅质、钙质及泥质。裂缝断开面普遍较为光滑，发育斜向擦痕，说明主要为岩石受到挤压扭动作用而成(图1)。

成像测井由于其分辨率高、全井眼扫描的特征，是目前最直观有效的裂缝识别的特殊测井方法[5-7]。成像测井资料显示，东胜气田构造裂缝多数以高角度为主，表现为与井轴夹角很小的正弦曲线。裂缝的垂向延伸性较差，截止于砂泥岩交接处，主要是受到砂泥岩的力学性质影响导致泥岩的塑性阻碍了砂岩的脆性破裂延伸。

2 基于R/S分形分析的裂缝识别方法研究

2.1 基于R/S分形的裂缝识别

在利用常规测井方法对裂缝进行识别时，对于高角度缝和垂直缝，常规测井曲线响应较弱难以识别，另外综合利用多类型测井曲线进行识别，误差相对较大，难以对裂缝形成准确的定量评价标准，而成像测井虽然可以准确识别裂缝位置，但成本较高，难以普及。在油气藏储层精细描述方面，分形统计已广泛应用于孔隙结构描述、砂体构型等研究领域[8-10]。大部分的分形方法不断显微放大任意部分后，在一定标度范围内可以保持与主体的一致性，即比例自相似性；在

【基金项目】国家科技重大专项“低丰度致密低渗油气藏开发关键技术”(2016ZX05048)

【作者简介】苏程(1988—)，女，工学硕士，中国石化华北油气分公司勘探开发研究院，助理研究员，开发地质。
E-mail：sucheng.hbsj@sinopec.com

统计意义下，自然界中一切形状及现象都可以用

较小或部分的细节反映出整体的不规则性[11-15]。

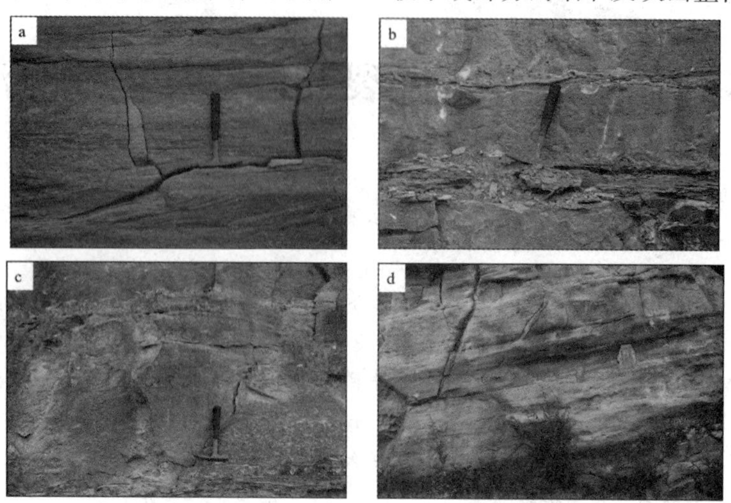

图 1　上古生界野外露头宏观裂缝特征

a—近垂直裂缝，上古生界山西组；b—平行层面水平缝及垂直缝，呈工字形，上古生界下石盒子组盒 1 段；c—高角度裂缝，上古生界太原组；d—高角度裂缝，上古生界下石盒子组盒 2 段

图 2　东胜气田岩心裂缝照片

a—锦 109 井，盒 1 段，井段 3079. 64-3080. 04m，岩心照片，发育垂直缝；b—锦 109 井，盒 1 段，井段 3079. 64-3080. 04m，岩心照片，垂直缝纵断面泥质半充填；c—锦 89 井，盒 2 段，垂深 3085. 5m，岩心照片，发育垂直缝，裂缝中钙质充填；d—锦 109 井、山 2 段，垂深 3183. 91m，断面见镜面擦痕

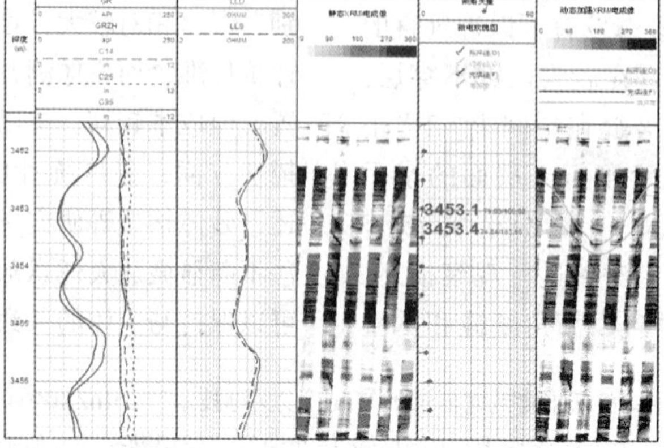

图 3　成像测井裂缝显示图

由于岩石的破裂在一定区域内受到统一的应力场作用具有系统性，宏观及微观特征自相似性强，裂缝、砂泥岩互层等非均质特征均会造成测井曲线的波动[16-20]，因此利用分形统计的方法来放大测井响应强度来表征天然裂缝系统是可行的。

R/S(rescaled analisisy)分形是目前应用最广泛、最成熟的一维分形统计方法，利用数据序列极差与标准差的商值来放大序列的相对变化强度。对于一维过程Z(i)，R/S分析过程如下：

$$R(n)=\max\left[\sum_{i=1}^{u}Z(i)-\frac{u}{n}\sum_{j=1}^{n}Z(j)\right]-\min\left[\sum_{i=1}^{u}Z(i)-\frac{u}{n}\sum_{j=1}^{n}Z(j)\right] \quad (1)$$

$$S(n)=\sqrt{\sum_{i=1}^{n}Z2(i)-\left[\frac{1}{n}\sum_{j=1}^{n}Z(j)\right]2} \quad (2)$$

式中　n——测井采样点数，每个采样点均对应一个测井深度；

Z——随采样点变化的因变量；

u——由端点开始在0～n之间依次增加的样点数；

i，j——采样点对应测井数据；

$R(n)$——测井序列全井段极差，代表样点间的复杂程度；

$S(n)$——测井序列全井段标准差，代表样点的平均趋势。

$R(n)/S(n)$与n呈明显的双对数线性关系(图4)。根据以上方法建立自然伽马、声波时差、补偿中子、深侧向电阻率、浅侧向电阻率、补偿密度及井径数据的$R(n)/S(n)$与n的对应关系。利用东胜气田内已有成像测井及岩心数据识别的裂缝进行标定，最终确定声波时差分形后对岩石骨架变化的敏感性最强，可以较好的识别出裂缝发育特征，准确度达到83%。除此之外，通过结合深侧向电阻率分形结果共同判别，可有效提高裂缝位置的定位精度。

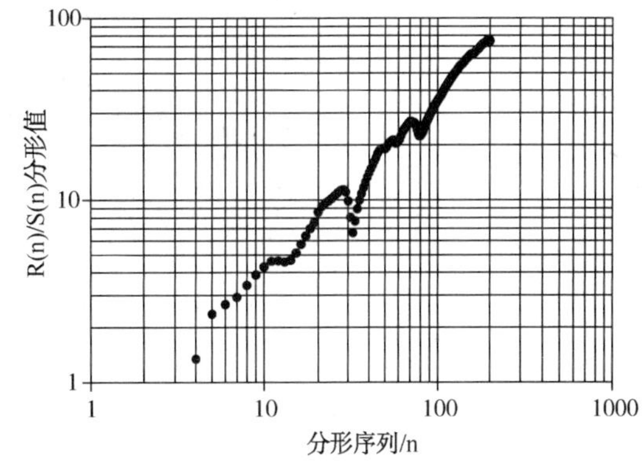

图4　双对数坐标下$R(n)/S(n)$分形曲线

各测井项目的$R(n)/S(n)$变尺度分形的符合率如下：

表1　各测井项目分形符合率统计表

测井项目名称	验证井段数/段	分形异常点/个	准确裂缝条数/条(误差3m之内)	裂缝位置符合率/%
自然伽马	316	190	87	45.79
声波时差	316	228	190	83.33
深侧向	316	199	130	65.33
浅侧向	316	184	105	57.07
补偿中子	316	122	11	9.02
补偿密度	316	145	52	35.86
井径	316	159	34	21.38

2.2　典型井裂缝识别及应用效果

以东胜气田研究区内锦X1井为例，该井的常规测井曲线中并没有出现明显的裂缝响应特征(图6)，采用R/S分形的方法构建声波时差和深侧向电阻率的分形曲线，将曲线中拾取的特征值与该井成像测井识别出的裂缝进行对比，预测准确(图5)，同时结合深感应电阻率的分形结果和测井曲线综合分析，剔除了泥岩层段的影响，有效提高了识别精度和准确率(图6)。

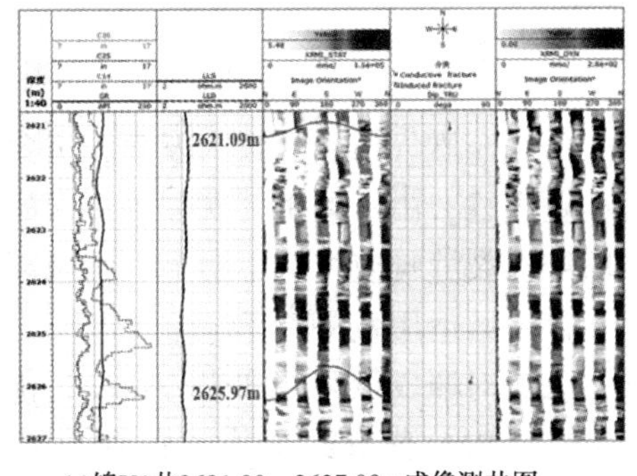

(a)锦X1井2621.00～2627.00m成像测井图

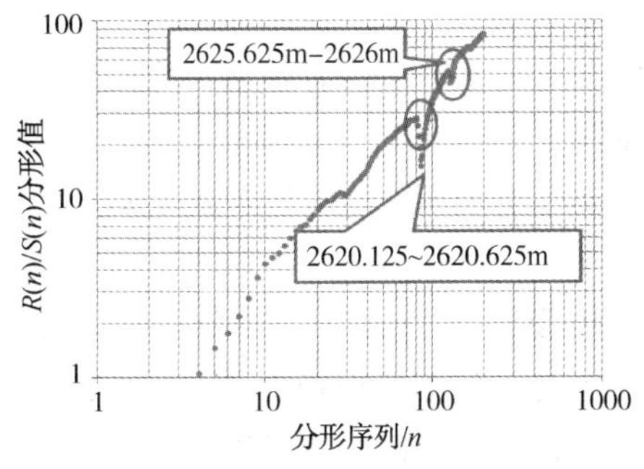

(b)2610～2635m声波时差AC变尺度分形

图5　分形识别裂缝位置与成像测井对比图

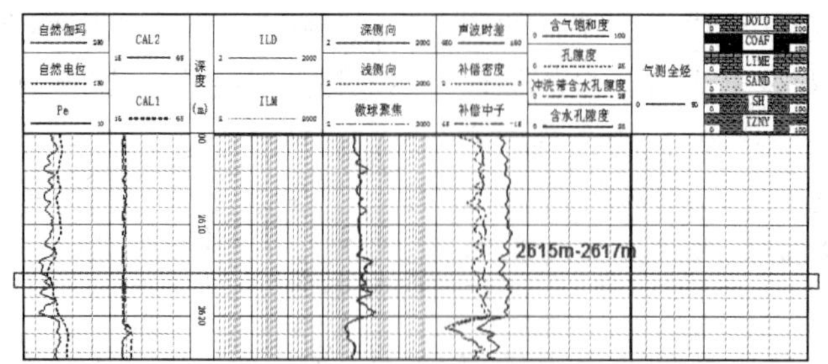

(a)锦X1井测井与气测综合图

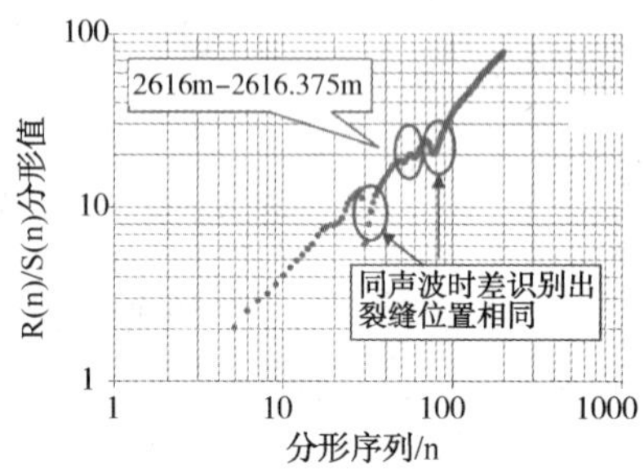

(b)2610-2635m深侧向电阻率LLD变尺度分形

图 6　综合 LLD 分形结论与测井曲线剔除岩性变化层段分析图

图 7 为锦 X2 井常规测井曲线，其中裂缝发育段测井响应并不明显，采用 R/S 分形的方法对全井段开展裂缝检测和识别工作，在 3567～3569m 处有裂缝显示，针对该井段选取射孔位置进行酸压投产，试获无阻流量 $12\times10^4m^3/d$，在本开发区取得了产能突破。

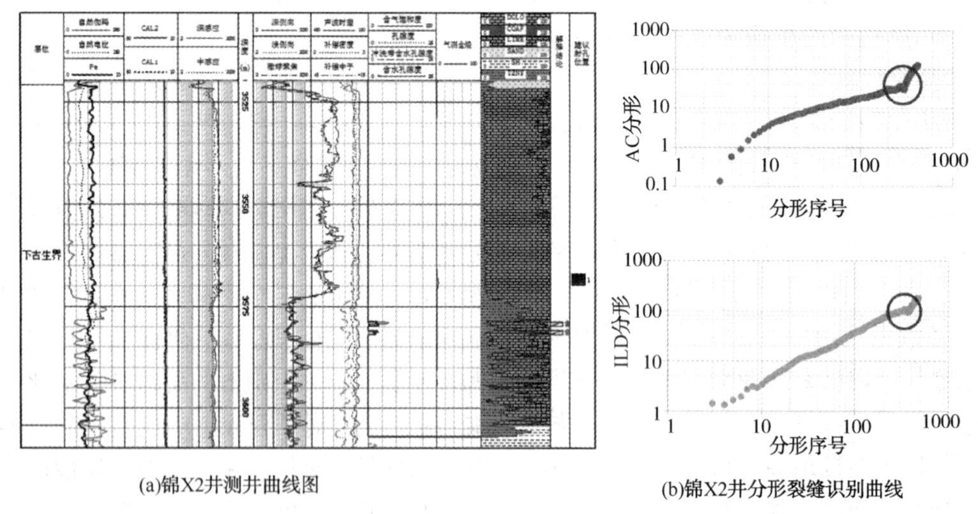

(a)锦X2井测井曲线图　　(b)锦X2井分形裂缝识别曲线

图 7　锦 X2 井分形结果图

此外裂缝对气水产出有着重要的影响，对于有底水存在气井，压裂施工过程中，人工缝容易在纵向上沿垂直于水平段的裂缝扩展延伸沟通水层，导致水淹。针对此类气井，对水平段进行裂缝识别，合理设计压裂方案，避免沟通下部水层。基于 R/S 分形的裂缝识别方法取得较好的应用效果，为东胜气田的精细开发提供了有力的地质依据。

3　结论

（1）东胜气田裂缝较为发育，主要为高角度缝和垂直缝，由于致密气藏裂缝规模的限制，测井曲线对裂缝响应特征不明显，常规裂缝识别方法在该地区适用效果差。

（2）对照成像测井和岩心数据，优选声波时差 AC 的 R/S 分形结果作为识别裂缝的主要曲线，结合深感应电阻率 LLD 的分形结果和测井曲线综合判断裂缝位置，剔除岩性变化的影响，提高识别精度。

(3) 基于R/S分形理论的裂缝识别方法在东胜气田得到了很好的应用，储层裂缝位置描述及预测准确，弥补了在该气田裂缝识别研究的不足，为气藏的精细开发提供有力的地质依据。

参 考 文 献

[1] 曾大乾，张世民，卢立泽．低渗透致密砂岩气藏裂缝类型及特征[J]．石油学报，2003，24(4)：36-39.

[2] 李辉，肖克．裂缝研究方法综述[J]．内蒙古石油化工，2006(7)：80-82.

[3] Pollard D D. Aydin. A. Progress in Understanding Joint over the Past Century. Bull [J]. Geol. Soc. Am. 100, 1998：1811-1204.

[4] 杨华，付金华，刘新社．鄂尔多斯盆地上古生界致密气成藏条件与勘探开发[J]．石油勘探与开发，2012，39(3)：295-303.

[5] 童亨茂．成像测井资料在构造裂缝预测和评价中的应用[J]．天然气工业，2006，26(9)：58-61.

[6] 王鹏，金卫东，高会军等．声、电成像测井资料裂缝识别技术及其运用[J]．测井技术，24(增刊)：487-490.

[7] 杨旭海，张晓春．利用声成像测井数据实现岩石裂缝特征的自动识别[J]．中国海上油气(地质)，2000，14(6)：429-431.

[8] 童亨茂．储层裂缝描述与预测研究进展[J]．新疆石油学院学报，2004，16(2)：9-13.

[9] 安丰全，李从信，李志明．利用测井资料进行裂缝的定量识别[J]．石油物探，1998，37(3)：119-123.

[10] 唐洪，廖明光，靳松，等．基于常规测井资料的裂缝概率模型及其应用[J]．天然气工业，2012，32(10)：28-30.

[11] 潘欣．构造裂缝识别与建模研究[D]．西安：西北大学，2010.

[12] M. Friedman andD. W. Stearns, Relations Betewwn Stresses Inferred from Calcite Twin Lamellae and Macrofractures. Teton Abticline, Montana, Geol. Soc. Amer. Bull. 1971, 82(11)：3151-3162

[13] Matthew A. d' Alessio、Stephen J. Martel. Fault terminations and barriers to fault growth[J]. Journal of Struction Geology, 2004, 26：1885-1896.

[14] D. W. Stearns. "Certain Aspects of Fracture in Naturally Defoumed Rocks" in NSF Advanced Science Seminar in Rock Mechanics, R. E. Rieker, Ed., Special Report. Air Force Cambridge Research Laboratories, Bedford, Mass., 1968. 97-118.

[15] 陈科贵，穆曙光，魏彩茹等．一种评价碳酸盐岩储层裂缝参数的测井新模型[J]．西南石油学院学报，2003，25(1)：6-8.

[16] 高如曾，何光明，刘开时等．断层系的分维及储层裂缝发育带的预测技术[J]．四川地质学报，1996，16(2)：180-185.

[17] 何光明，高如曾．分形理论在裂缝预测中的尝试[J]．石油物探，1993，32(2)：1-12.

[18] Barton, C. C., Lapointe, P. R., Fractal in petroleum geology and earth science processes [M]. New York, 1995：23-89.

[19] Sibbit A. M., Faivre O. 裂缝岩石的双侧向测井响应(T) [A]．宋兰琴译．测井分析家协会第二十六届年会论文集[C]．北京：石油工业出版社，1989.

[20] 杜启振，杨慧珠．方位各向异性介质的裂缝预测方法研究[J]．中国石油大学学报(自然科学版)，2003，27(4)：32-36.

苏里格西区致密砂岩气藏微观渗流产水机理研究

熊　哲　高　航　刘　俊　张　丹　张　楠　张永洁　陈　颖　袁家庚　丁　卯　张　刚

(中国石油长庆油田公司)

摘　要　苏里格西区储层致密、非均质性强且普遍产水，人工的物理模型模拟无法真实反映储层内部流体的流动情况及分布特征，本文利用微观多相渗流实验中的真实砂岩模型进行气水渗流特征研究，使研究结果可信度较其它模型大大增加。通过实验表明，产水机理主要为由于生产压差逐渐增大，使得在气体膨胀力的作用下的一部分束缚水转变为可动水，随气体流入井筒；其中水膜残留水、绕流形成的残余水、孔隙边缘及角隅处的可动束缚水是西区主要产水类型。因此，气井在投产时应合理配产，控制生产压差，防止由于生产压差过大束缚水转变为可动水、造成产水量增大的情况出现。

关键词　苏里格气田；多相渗流实验；产水机理；渗流规律；生产压差

苏里格气田是我国最大的致密砂岩气田，同时又是典型的“低渗透、低压力、低丰度”气藏，其中西区储层高含水特征明显、具有微-纳米级双孔喉复杂结构及非达西渗流等特征，渗流特征复杂，随着油田勘探开发水平的提高，深入分析目前致密砂岩储层开发中遇到的问题，合理、科学、高效地开发致密砂岩储层至关重要，故急需开展致密砂岩微观储层气水渗流特征研究。

本文以大量分析化验资料为基础，对苏里格气田西区上古生界石盒子组盒$_8$段和山西组山$_1$段致密砂岩储层微观孔喉结构进行定量化分析，此外还利用微观渗流实验及气、水相渗实验对致密砂岩储层气、水分布情况以及微观产水机理等特征进行分析，为明确该区块产水类型及气水分布主控因素，制定合理气井管理对策打下坚实的基础。

1　储层物性影响因素

1.1　填隙物结构

利用6口气井90块样品填隙物含量统计表明，盒$_8$、山$_1$储层段填隙物含量较为接近，主要为黏土矿物(伊利石、高岭石、绿泥石膜)、硅质、碳酸盐胶结物和火山灰。其中硅质、伊利石和高岭石含量较高，其次为铁方解石、绿泥石和凝灰质(表1)。砂岩中填隙物以胶结物或杂基填隙或杂基-胶结物混合填隙为主，胶结类型主要为孔隙-接触式、孔隙式和接触式胶结为特征。

表1　苏里格气田西区盒$_8$、山$_1$储层段砂岩填隙物组分统计表

填隙物＼层位	高岭石/%	伊利石/%	绿泥石膜/%	凝灰质/%	方解石/%	铁方解石/%	硅质%	其他/%
盒$_{8上}$	3.38	3.49	0.6	0.33	0.02	1.44	4.64	0.95
盒$_{8下}$	3.18	3.87	0.58	0.17	0.13	1.83	4.05	0.8
山1	3.03	3.96	0.94	0.41	0.01	1.32	3.18	0.38

其中硅质胶结物是苏里格气田块盒$_8$、山$_1$段储集层段普遍存在的胶结物，据薄片资料统计(表1)，其平均含量分别为4.35%和3.18%，盒$_{8上}$含量最高，山$_1$最低。从其形态和产状来看，有石英次生加大以及硅质加大现象(图1、图2)，对孔隙有明显堵塞作用。由于硅质胶结物难以溶解，使孔隙结构更趋复杂，对储层的物性影响较大，影响气驱水作用。

1.2　压实作用

本区山$_1$、盒$_8$段储集层为深部储集砂岩，埋深普遍在深3100~3900m，压实作用强度普遍显示为中等和强的特点；碎屑多呈点、线接

【作者简介】熊哲(1987—)，男，2013年毕业于西安石油大学，矿产普查与勘探硕士学位，长庆油田分公司第三采气厂地质研究所工作，工程师，主要从事气藏动态分析及气田管理工作。E-mail：xz0716@yeah.net

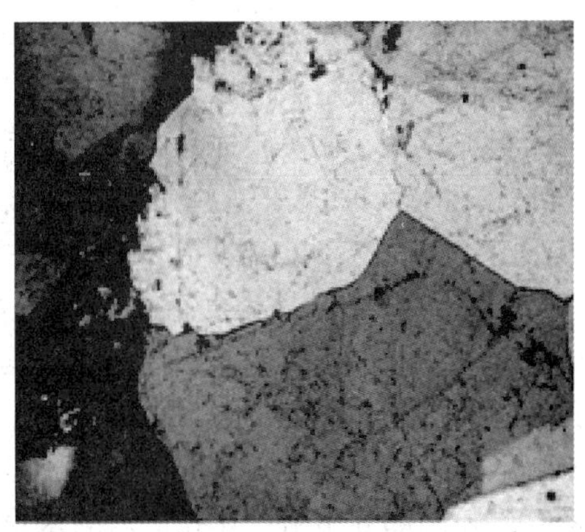
图 1　石英次生加大

图 2　硅质加大堵塞孔隙

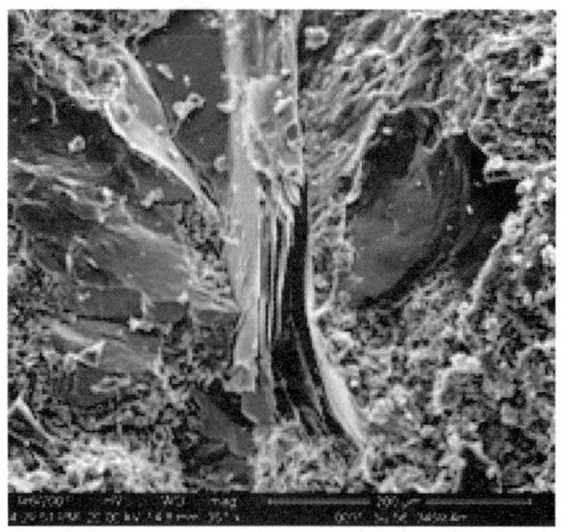
图 3　压实作用使塑性颗粒变形

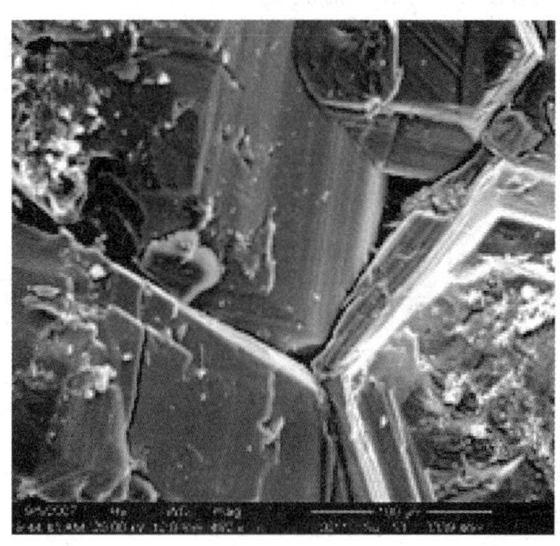
图 4　砂岩致密呈线接触

触。在含有较多塑性颗粒的砂岩中，由于塑性颗粒(黑云母、泥岩岩屑、千枚岩岩屑和少量火山岩岩屑等)变形、强烈扭曲以及假杂基化(图3)，部分颗粒之间由线接触(图4)向凹凸接触甚至缝合接触转变，这些特点表明储集层受到了强烈压实作用的影响，这是储层致密的主要原因之一。研究区砂岩的岩性比较致密，压实作用较为发育。碎屑颗粒间接触紧密，在不断埋深的过程中，由于受到的压实作用比较强烈强烈，矿物颗粒主要以点一线形式接触，并且主要的接触形式为线接触，一部分石英颗粒的表面因为强烈的压实作用而出现微裂缝、脆性矿物颗粒发生破裂(图4)。泥岩岩屑、云母等塑性颗粒经过压实作用之后，发生弯曲变形，使得小颗粒嵌在大孔隙之中，这些因素使的原生粒间孔隙数目快速降低以至消失，导致孔隙度及渗透率的降低。

1.3　储层孔隙组合类型

本区砂岩的储集空间多以各类孔隙的复合形式出现，主要有晶间孔+溶孔、晶间孔+溶孔+微孔等。

晶间孔+溶孔的孔隙组合，孔隙是由自生矿物晶间孔构成，孔隙个体小且连通性较差。此类组合的岩石致密，有效孔隙度和渗透率普遍都很低，铸体薄片的面孔率低于2%，因此，储集性能很差，主要分布在致密胶结的中-细砂岩之中(图5)。晶间孔+溶孔+微孔的孔隙组合，孔隙主要是溶孔和晶间孔，还有少量微孔隙，孔隙分布较均匀，具有较好的连通性，铸体薄片面孔率为2%~7%，主要分布在中砂岩中(图6)。

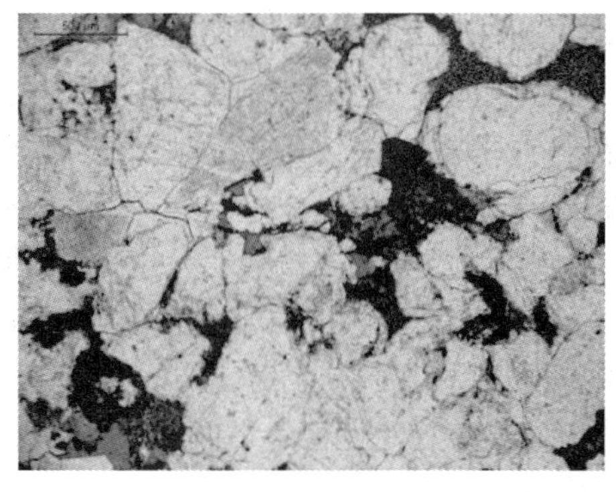
图 5　晶间孔+溶孔

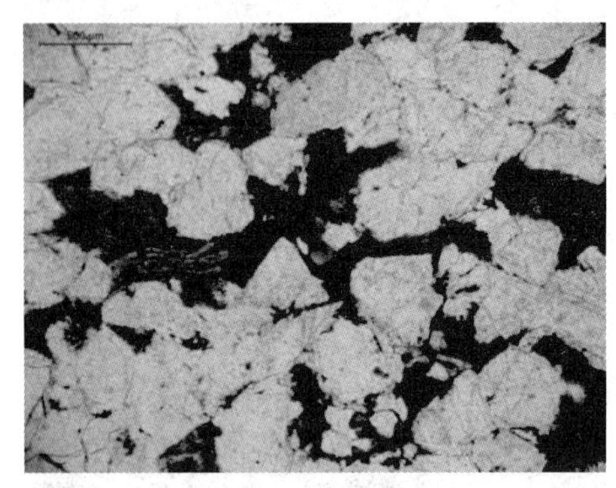

图 6　溶孔+晶间孔+微孔

2　储层微观渗流规律

2.1　可视化多相渗流实验

实验原理：在保持原岩心的各类性质和孔隙结构的条件下，对岩石进行切片、磨平，将磨平的岩石薄片黏结在两个玻璃片之间，在黏结时注意不要将孔隙污染或堵死，等胶黏剂固化后即制成了砂岩微观模型。由于其精细的制作技术，保留了储层岩石本身的孔隙结构特征、岩石表面物理性质及部分填隙物，使研究结果可信度较其他模型大大增加。利用真实砂岩模型实验的最大优点是，可以通过显微镜和图像采集系统直接观察流体在实际油层岩石孔隙空间的渗流特征。

2.1　气驱水渗流特征

实验所用砂岩模型样品尺寸一般为 2.5cm×2.5cm，厚度约 0.6mm，承压能力 0.2~0.3MPa，耐温能力为 80℃左右。本次实验过程中的实验用水为实际地层水(矿化度 17300mg/L)，为便于实验过程中进行观察，水中加入少量甲基蓝。

微观气驱水实验的实验流程如下：

(1) 将微观模型抽真空，一般需要 4h，然后饱和水(水经过甲基蓝染色)，物性越好的样品，饱和水的时间越短；

(2) 饱和水过程完成后，将样品放至显微镜载物台上，从左边模型入口连接加压系统，使压力每隔半小时增加 10~20kPa，观察气体进入模型的情况；

(3) 当气体开始进入模型后，记录启动压力大小以及驱替起始时间，并从连接的计算机显示屏上观察模型微观气、水分布状态，待模型中气、水分布状态稳定后记录下时间，并拍照，计算模型中含水饱和度的变化；

(4) 继续加压记录，重复此过程直到模型含水饱和度达到不同的原始地层含水饱和度，结束实验。

气驱水实验主要用来模拟气藏的形成过程和束缚水的形成过程。在实验样品制备完成后，先饱和水，由于水无法进入一些死孔隙和微细孔隙，无法达到 100.00%的含水饱和度。各种微观赋存状态的水的流动难易程度存在较大的差距：大孔道内的水容易被驱出；而微细孔隙及其包围的大孔道内的水，由于毛细管阻力的作用，在较低的驱替压差下气较难进入其中，驱替压差达到一定程度，才能部分驱出；死孔道内的水很难在驱替压差下流动。实验样品的高出水段主要是大孔道内的水被驱出，而后期主要是中孔隙和微细孔隙内的水被驱出。

天然气的运移取决于运移力与毛细管阻力之间的对比，气体总是沿着毛细管阻力最小的方向运移，运移速率不均匀，运移路径迂回曲折。实验过程中，观察到卡断现象比较明显。微观模型在亲水多孔介质中，残余水主要是由于卡断和绕流现象形成的；而在低渗储层中孔喉比更大、孔隙直径更小，卡断和绕流现象将更为明显，将形成更高的残余水饱和度。

图 7 和图 8 是亲水微观模型水驱气过程中气、水在微观孔喉中观察到的渗流机理和分布状态。可以发现充满气体的孔、喉见水后，水主要沿着孔喉壁面快速突进，同时对大孔喉中的气体快速形成圈闭；被圈闭的气体在随后的渗流过程中很难再发生运移，特别是周围都被小喉道包围的大孔隙中的气体再流动的难度极大，除非在极高的驱动压力梯度下气体在小喉道中克服贾敏效应后变成小气泡或卡断裂解成一个个更小的气泡后才能流动，见图 7。

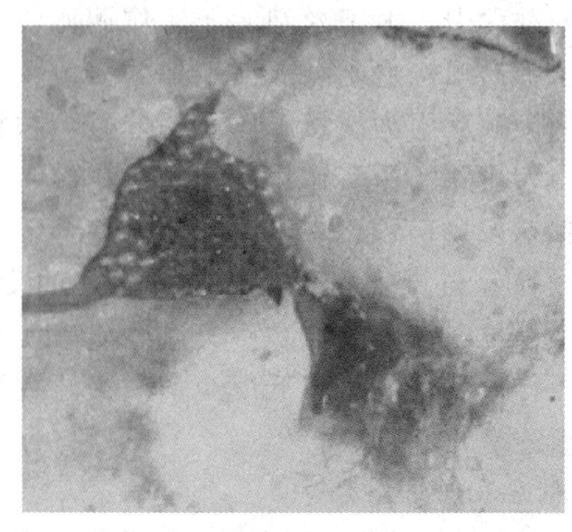

图 7　气体裂解为小气泡

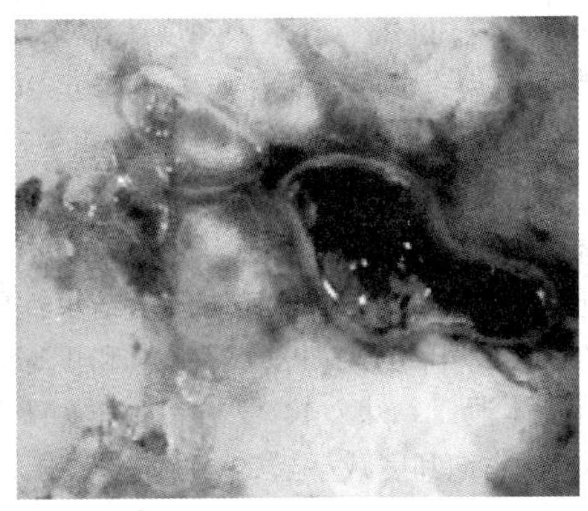

图 8　气体卡断现象

微观模拟实验研究结果表明，亲水砂岩气藏见水后水在多孔介质中的渗流速度很快，波及范围很大，但是水量不多，主要分布在多孔介质的壁面和细小的喉道中，可是其对气藏的伤害却相当严重。由于水在多孔介质壁面和细小喉道中的存在，导致气相相对渗透率大大降低，渗流能力明显下降；而且水沿着细小喉道大范围分布对于大孔隙中的气体形成了有效的圈闭，即气体水锁严重；再加上气藏的低渗透性，最终导致低渗砂岩含水气藏开发难度大，采出程度低。

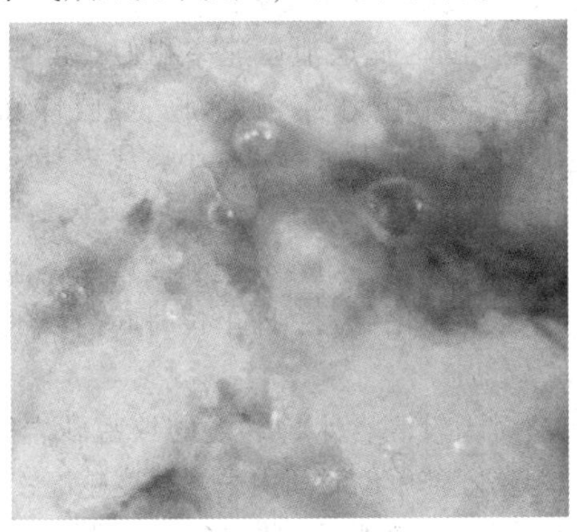

图 9　气体被水圈闭

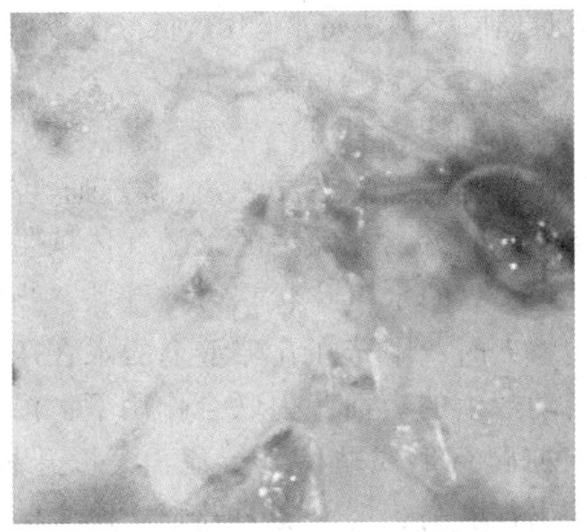

图 10　角隅残余水向膜状残余水转化

2.2　气驱水后气、水赋存状态

对于低渗致密砂岩气藏，水在孔隙中的赋存状态受控于孔喉大小、形状以及岩石表面物理性质等。致密砂岩储层其孔隙结构十分复杂，孔喉细小，经过成藏作用后，岩石孔隙中各类孔、喉中均有水的赋存，其中细小孔、喉中赋存量较大。

苏里格气田西区原始含水饱和度分布在30.45% ~ 62.73%之间，平均含水饱和度为42.02%。对模型进行水驱气实验，分别饱含至不同含气饱和度。气驱水后观察残余水的形态，主要有：角隅残余水、膜状残余水、绕流残余水。

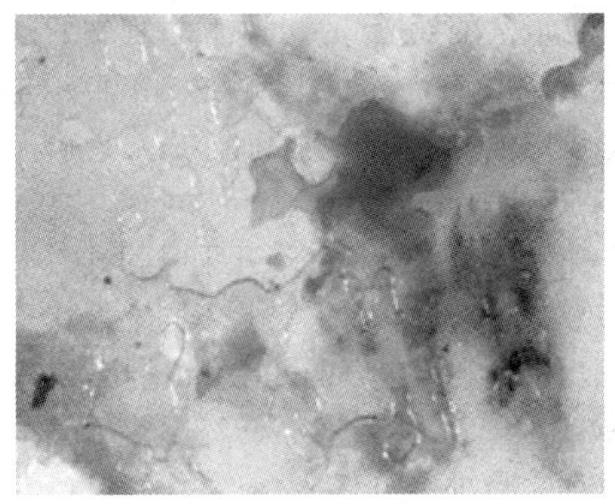

图 11　角隅处残余水

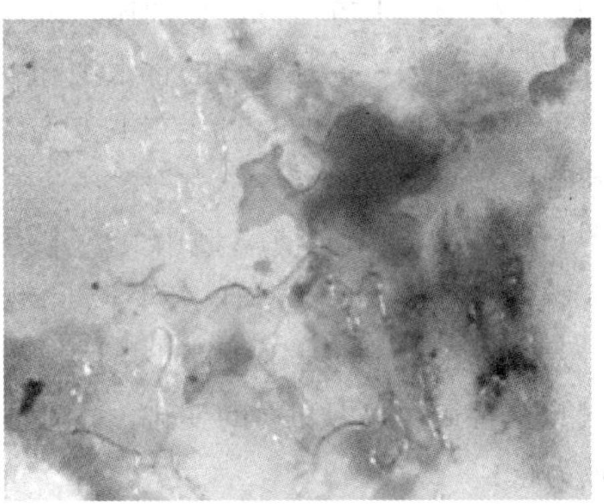

图 12　膜状残余水

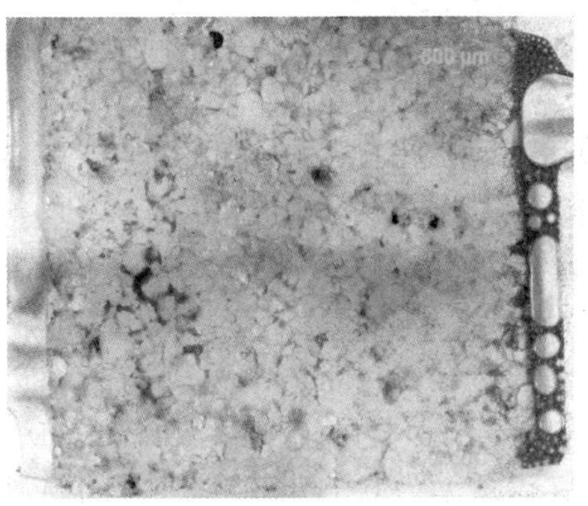

图 13　簇状残余水

膜状残余水：研究区盒$_8$、山$_1$段储层储层岩石矿物成分较为稳定，石英含量高，岩石普遍亲水。镜下观察表明，水膜主要存在于气体通过的孔隙壁上，同时可以看出在渗流通道上水膜厚度较厚，在角隅残留水分布区域较多。

角隅残余水：在气驱水能量不高的情况下，与细小喉道相连通的孔隙由于毛管力的作用使得气体不能驱替孔隙中的水形成边缘角隅的残余水。

绕流残余水：绕流残余水主要是由储层岩石孔隙结构的非均质性所造成。真实砂岩微观模型渗流实验结果表明，气体沿着模型中阻力较小的孔道(或裂缝)向前突进，同时逐渐向两边绕流扩张，形成气的通道。气水驱替过程中的这种气体突进现象具有一定的普遍性。由于突进和绕流，地层中大量的水被残留而形成残余水。

2.3　泄压开采实验

泄压实验可以模拟气藏开采时的气、水排出情况以及分布规律，本次实验不同之处在于模拟了不同含水饱和度气藏的开采情况，其实验流程如图所示：

具体实验步骤如下：

(1) 将模型抽真空，饱和水；

(2) 在模型右上方出口连接加压系统以及真空压力计，逐渐加压控制模型的含水饱和度，达到实验所需的含水饱和度时封住左下方入口和右上方的出口，使模型的保持压力静置；

(3) 静置两个小时使模型中气、水混合均匀，然后打开出口，模型压力下降，每下降10kPa便封住出口，此时压力停止下降，记录泄压所用的时间和含水饱和度的变化，直到压力不再下降为止；

(4) 泄压结束后，驱空样品并烘干，重复抽真空、饱和水的过程，再分别气驱至不同含水饱和度，静置后继续泄压，得到不同物性岩样，不同含水饱和度压力变化规律。

苏里格西区平均含水饱和度在42%左右。对不同渗透率岩样模拟含水饱和度为42%的气体泄压实验(图14)，图为2号样品(渗透率为0.034mD)，6号样品(渗透率为0.029mD)，7号样品(渗透率为0.153mD)，9号样品(渗透率为0.254mD)，10号样品(渗透率为0.019mD)和14号样品(渗透率为0.117mD)泄压开始与泄压结束后的压力以及含水饱和度变化情况，2号样品在压力下降至30kPa、含水饱和度减小至31%时气体泄压结束；6号样品在压力下降至30kPa、含水饱和度减小至31%时气体泄压结束；7号样品在压力下降至15kPa、含水饱和度减小至19%时气体泄压结束，9号样品在压力下降至10kPa、含水饱和度减小至13%时气体泄压结束；10号样品在压力下降至35kPa、含水饱和度减小至30%时气体泄压结束；14号样品在压力下降至20kPa、含水饱和度减小至22%时气体泄压结束。

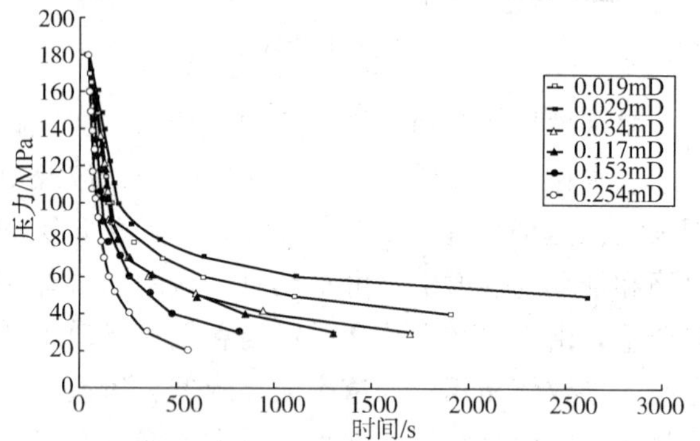

图14　不同渗透率岩样压力变化规律曲线(含水饱和度42%)

泄压开采实验研究表明：

(1) 苏48区储层泄压速率相似，可能代表了致密储层具有相似的渗流特征，储层越致密渗透率越小，储层泄压速率就越小，代表其渗流能力较差；

(2) 同一样品，随含气饱和度增高，泄压时间变短，压力变化变大，即单位时间内采气程度更高；

(3) 对于较高含水饱和度的致密砂岩储层，储层类型越好，单位时间内采气程度越高；

(4) 储层类型越好，携液能力越强；

(5) 致密砂岩储层都有一个较长的低压、低产阶段且储层类型越差，低压、低产阶段越长。

2.4　实验结果及影响因素分析

2.4.1　储层非均质性对产水的影响

当储层非均质性较弱时，孔隙连通性较好，样品渗透性较好，孔隙中的水随气体携带一起流动，喉道处的水由片状转为贴壁状，当生产压差足够大时，附着在孔隙壁上的水在压力和气体流动产生的表面张力联合作用下，沿着孔隙壁向前爬行形成贴壁爬行流，模拟开采时，气体采出程度高，携液能力较强，残余的水体较少(图15)。

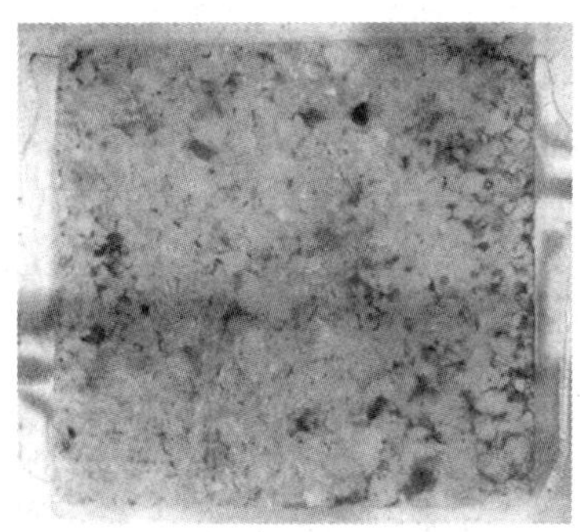

图 15　非均质性弱 t_1、t_3、t_5 时刻

当储层非均质性较强时，孔隙间连通性较差，孔隙和喉道尺寸分布不均，大孔隙和小孔隙交互分布，可动水在小孔道中形成的段塞不仅堵塞了小孔道，在小孔隙包围大孔隙的情况下也使大孔隙成为不能参与天然气流动的封闭孔隙，进而大大减小了天然气的流动空间，使气相渗透率急剧下降，这种情况下，气体主要沿着局部高渗带流动，从图 16 看出气体主要沿上部产出，气体携液能力较差。

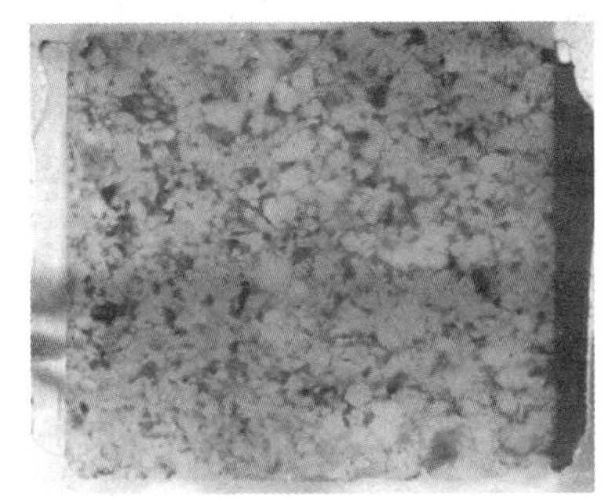
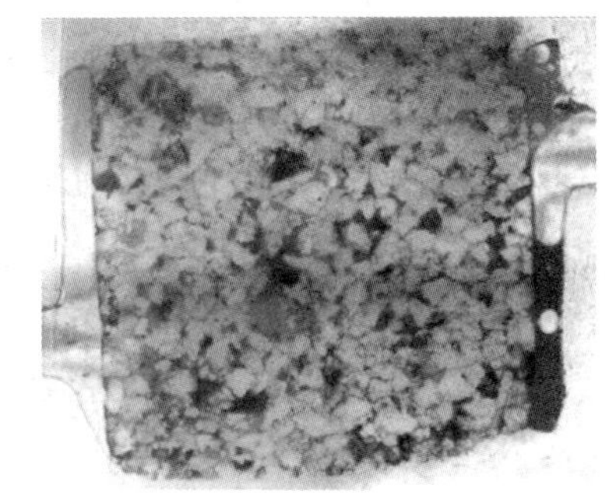
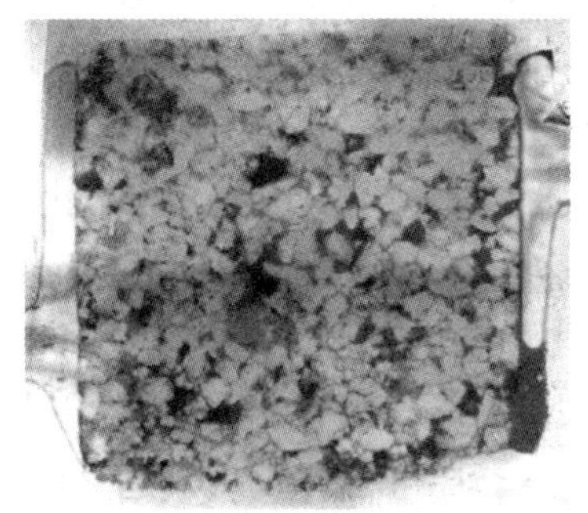

图 16　非均质性强 t_1、t_3、t_5 时刻

2.4.2　含气饱和度对产水的影响

如图 17，气驱水至含气饱和度为 30.45%，在含气饱和度较低的区域，气驱水不彻底，开采过程中，绕流形成的簇状残余水沿较粗的孔喉随气体流动。

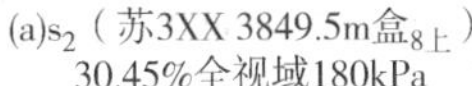
(a)s_2（苏3XX 3849.5m盒$_{8上}$）30.45%全视域180kPa

(b)s_2（苏3XX 3849.5m盒$_{8上}$）30.45%全视域150kPa

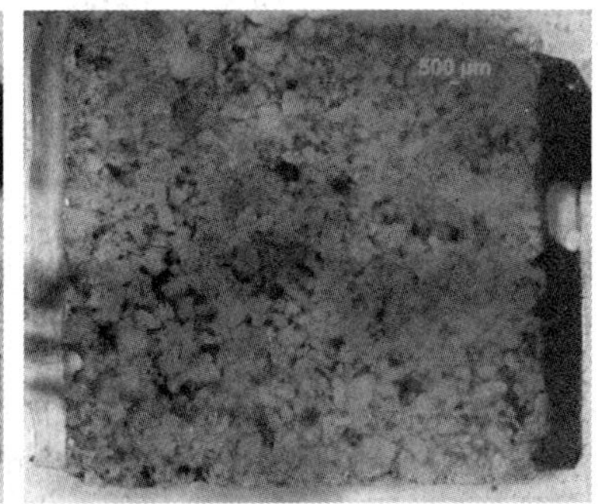

(c)s_2（苏3XX 3849.5m盒$_{8上}$）30.45%全视域120kPa

图 17　30.45%含气饱和度下渗流过程图

增加含气饱和度至 42%含气饱和度在含气饱和度中等区域，气驱水较为彻底，气体有一定的渗流通道，开采过程中，随着生产压差不断增大会带动通道周边的水体流动。

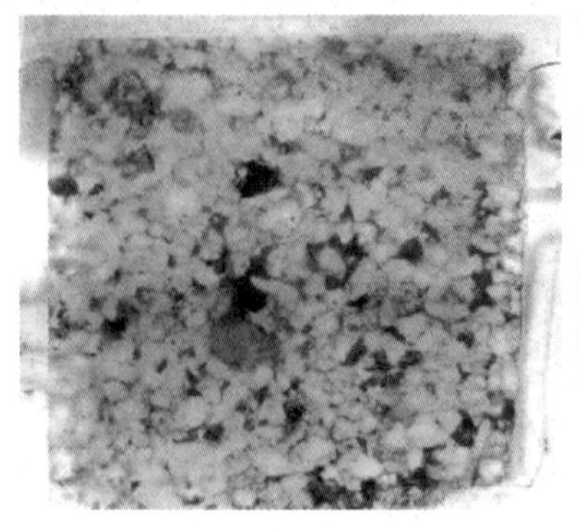

(a)s_7（苏3XX 3646m盒$_{8下}$）
42%全视域180kPa

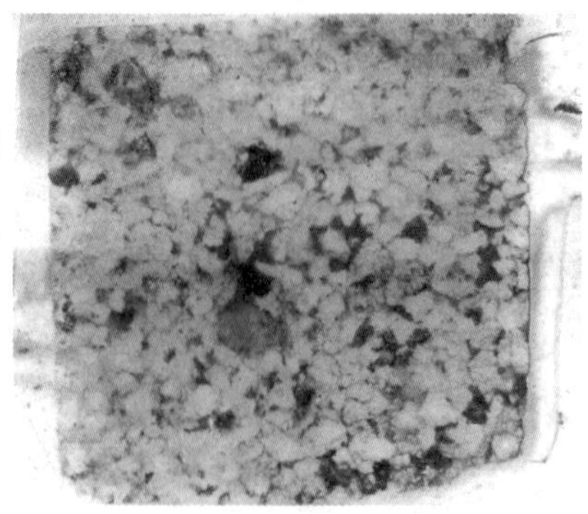

(b)s_7（苏3XX 3646m盒$_{8下}$）
42%全视域140kPa

(c)s_7（苏3XX 3646m盒$_{8下}$）
42%全视域80kPa

图 18　42%含气饱和度下渗流过程图

3　苏西产水机理

3.1　地层水产出类型

前人地层水研究结果表明，地层产出水主要包括凝析水、自由水和可动水 3 类。其中，凝析水是指生产过程中伴随温度、压力的下降，导致天然气中水蒸气摩尔含量不断降低而产出的液态水。

由相关经验公式可以推算出目前地层压力下的生产凝析水气比：

$$WGR=1.6019*10^{-4}\times A\times[0.32\times(0.05625T_f+1)]^B\times C$$

其中：$A=3.4+418.0278/P$；

$B=3.2147+3.8537\times10^{-2}P-4.7752\times10^{-4}P^2$；

$C=1-4.893\times10^{-3}S-1.757\times10^{-4}S^2$；

式中　WGR——水气比，$m^3/10^4m^3$；

T_f——气藏地层温度，℃；

P——气藏地层压力，MPa；

S——NaCl 含量，%；

C——矿化度校正系数；

苏里格气田西区气藏平均中深为 3612m，平均中深压力为 32.23MPa，平均中深温度为 115℃。针对气藏特点，选陈元千提出的凝析水产量经验公式进行计算。结果表明(表)，苏西气井凝析水的水气比非常小，平均为 $0.08m^3/10^4m^3$。与苏西平均水气比 $1.15m^3/10^4m^3$ 相比可忽略不计。同时结合气井产出水分析结果，CL^- 含量在 18.06～45.34g/L 之间，平均含量 30.24g/L，平均占阴离子总量的 95.43%，矿化度较高，水型为 $CaCl_2$ 型，可以判定苏西产出水主要为地层水。

3.2　地层水产出原因

苏里格气田上古生界致密砂岩气藏具有先致密后成藏的过程，储层先致密，而后天然气充注到储层中，天然气充注成藏是一个运移动力克服阻力的过程。当天然气在致密储层中的浮力在不足以克服微孔喉的毛细管阻力时，气相运移主要依靠流体膨胀进行驱动，在气体产生膨胀作用过程中，气体膨胀驱水并没有固定的方向，且以非活塞式驱替的方式展开，在四周各个方向排驱孔隙自由水，其规律是先占据排驱压力较小的孔喉空间，再向大孔喉推进充注。

对于气藏来讲，水相一般为润湿相，主要分布在微细喉道内及岩石表面，气体赋存在孔隙内，微细孔喉包围、控制孔隙体，形成气水互封的状态(图 19)。在成藏过程中，由于受到界面吸附、毛管压力的影响，致密砂岩储层在天然气充注后，储层岩石中的地层水形成束缚水及自由水并存的赋存状态。

如图 19 所示，当天然气成藏过程中运移动力小于运移阻力时，地层水就会保存在孔喉发育条件相对较好的毛细管孔隙以及裂缝中而没有被驱替出去，往往造成孔隙中气水共存的赋存状态。在开发过程中，随着储层压力逐步下降，压力降传导到孔隙内的气体中时，气体体积迅速膨胀，对孔隙表面束缚水相进行挤压，并对孔喉处的自由水相产生推动力，这种推动力只要大于某一孔喉处的毛细管力束缚，则这部分孔喉处及其控制的孔隙内的自由水就会被推动，从而运移产出。

在天然气运移动力不充足的情况下，天然气不可能把岩石孔隙中的水完全驱替出去，会有一定量的水残存在岩石孔隙中。如图 19 所示，这

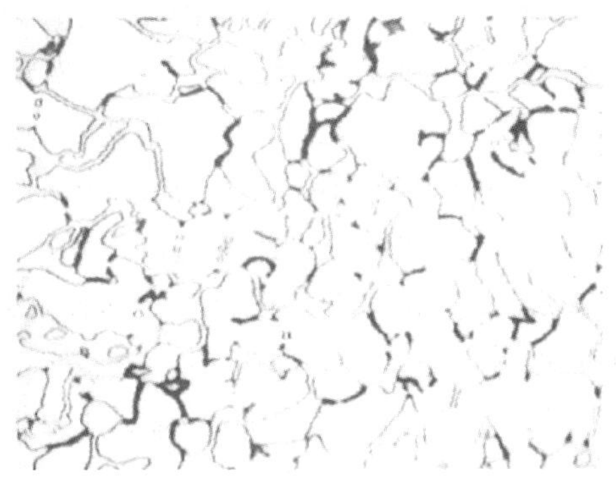

图 19　苏西微观砂岩饱和水模型

些水多数分布和残存在岩石颗粒接触处角隅、微细孔隙中或吸附在岩石骨架颗粒表面。由于特殊的分布和存在状态，这一部分地层水在一般油气层条件下的压力梯度不能自由移动，故被称为束缚水。那么一旦气体流速达到某个数值，使气体对束缚水膜的拖曳力大于水膜最外层的沿程阻力，束缚水膜的外层将变的可动。通过对比岩样离心前后核磁共振 T_2 谱分布，当离心压力达到 2.07MPa 后，束缚流体区域明显变小，束缚流体饱和度较离心前明显降低，图 20 中阴影面积代表了离心前后由束缚流体变为可动流体的那部分流体含量。所以束缚水是一个相对的概念，超过一定的条件，束缚水也会变成可动水。

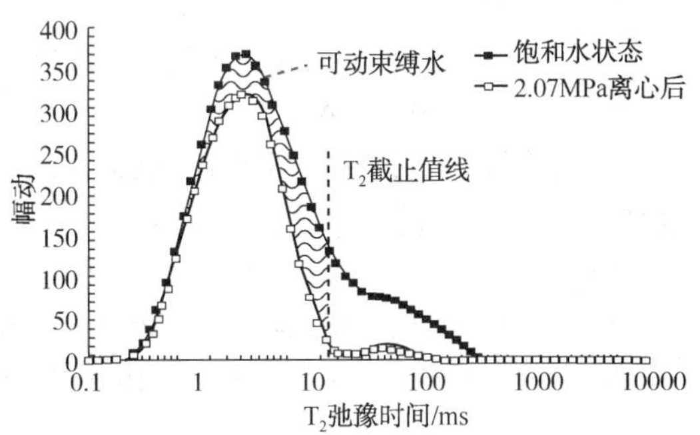

图 20　苏西砂岩样品离心前后核磁 T_2 谱(2.07MPa)

对于低渗致密气藏，由于微细孔喉发育，束缚水饱和度较高，衰竭式开发过程中压力梯度大，因而可动水产出量较大，严重影响气藏产能。

3.3　产水定量分析

通过气水两相相渗实验，可以得到不同含水饱和度条件下的相渗变化曲线以及对应的压汞曲线。由图 21，随着毛细管压力(Pwg)的变化，对应的相渗透率(Kg、Kw)以及含水饱和度(Sw)也均发生相应改变。也就是说，在生产过程中，当生产压差克服一定的毛管力时，相应地就会产出一定的地层水，如果产出的这部分水处于两相流区则称之为自由水；如果生产压差足够大(一般都很大)，随着气体生产速度的增大，处于单相流区水也可能产出，这部分水定义为可动束缚水。

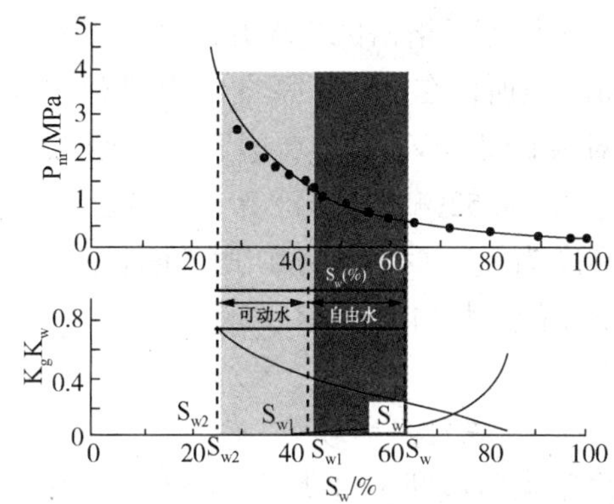

图 21　苏西储层样品相渗曲线与压汞曲线 Sw 对应图

统计苏里格西区 7 口井 90 组岩心分析含水饱和度进行统计，平均含水饱和度为 57.98%。其次，要确定自由水饱和度的界限，用含水饱和度减去临界水饱和度 Sw_1(水相开始流动时的含水饱和度)即为自由水。统计了苏西 12 口井气水相渗曲线束缚水处的含水饱和度，平均值为 46.09%(图 22)。这样可得到苏西平均自由水饱和度为 15.34%。

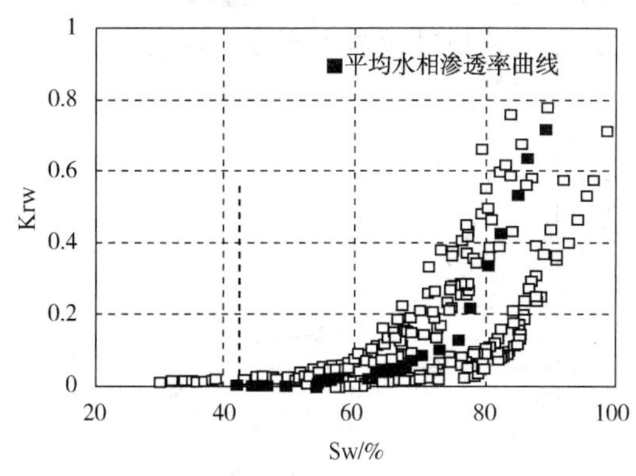

图 22　水相开始流动时含水饱和度

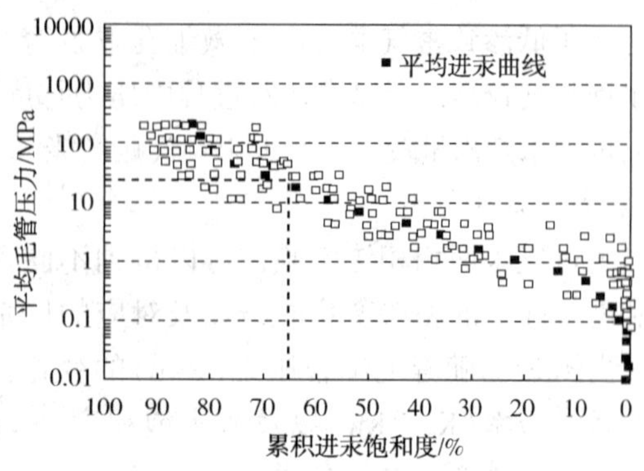

图 23　试气压差对应束缚水饱和度

可动水饱和度为一定生产压差下可以驱动的除了自由水以外的束缚水，即为可动束缚水饱和度，即可动水饱和度为水相刚开始流动的饱和度 Sw_1 与生产压差对应不可动束缚水饱和度 Sw_2 的差值。统计苏里格西区产水井的平均试气压差为 11.7MPa，所以在高压压汞曲线上得到相应每个样品对应的不可动束缚水饱和度如图 23 所示，平均值为 34.52%。这样计算得到苏西平均可动水饱和度为 8.12%。说明在试气条件下苏西储层不但产凝析水和自由水，还可产 8.12% 的可动水。

3.4　生产压差对产水影响

将压汞曲线进行平均化处理，得如下图所示，根据图 24，当原始含水饱和度为 57.98%时对应压差为 3.6MPa；含水饱和度 46.09%时(束缚水饱和度)对应压差为 7.5MPa。如果控制生产压差小于 3.6MPa，地层只产少量凝析水；如果生产压差控制为 3.6～7.5MPa，地层既产凝析水，也产自由水；如果生产压差大于 7.5MPa 地层产出凝析水、自由水及可动水。因此，控制生产压差可以控制地层产出水。根据现场生产资料显示，当生产井平均压差为 2.2MPa 时，未见产水，这说明减小生产压差是控制地层产水的有效方法，尤其可以减少自由水及凝析水产出。

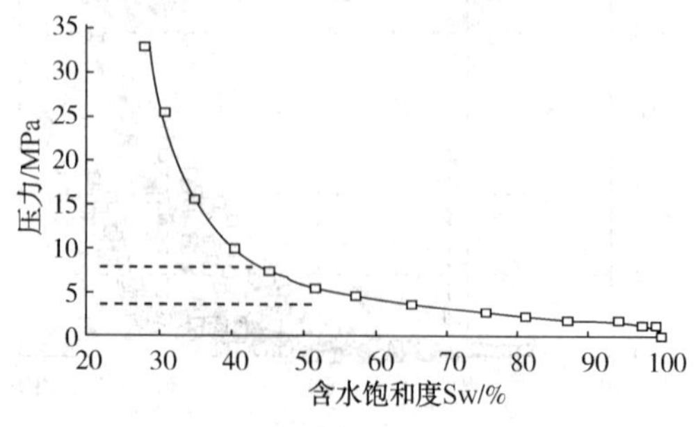

图 24　平均压汞曲线

4　结论

(1) 提出了微观渗流实验方法，深化了微观致密气藏气、水渗流机理研究认识，对致密砂岩储层而言，气体在成藏过程中优先选择孔喉半径大、连通性好的通道流动，孔喉不发育处几乎没有气体进入，随着驱替压力增加，气体仍沿该通道流动，直到驱替压力增加到一定程度，气体才开始进入小孔喉，使储层连通性增强，可能形成新的通道。

(2) 采用真实砂岩模型气水互驱实验分析渗流情况，得出砂岩模型气驱水的类型有三种：指状驱替、均匀状驱替和网状驱替，水膜残留水、绕流形成的残余水、孔隙边缘及角隅处的水是研究区储层微观砂岩模型驱替实验表现出的主要产水类型。微观产水的机理主要为由于生产压差逐渐增大在气体膨胀力的作用下，一部分束缚水转变为可动水随气体流入井筒。

(3) 控制生产压差是控制地层出水有效手段。如果控制生产压差小于 3.6MPa，地层只产少量凝析水；如果生产压差控制为 3.6～7.5MPa，地层既产凝析水，也产自由水；如果生产压差大于 7.5MPa 地层产出凝析水、自由水及可动水。

参考文献

[1] 庞宏磊．苏里格气田盒 8 气藏储层特征及地层水的地质成因研究[D]．成都：成都理工大学，2007.

[2] 王少飞，安文宏，陈鹏等．苏里格气田致密气藏特征与开发技术[J]．天然气地球科学，2013，24(1)：138-144.

[3] 王晓梅，赵靖舟，刘新社．苏里格地区致密砂岩地层水赋存状态和产出机理探讨[J]．石油实验地质，2012，34(4)：400-404.

[4] 温守国．气井出水与积液动态分析研究[D]．北京：中国石油大学，2010.

[5] 李晓平，刘启国，孙万里等．气井凝析液量研究[J]．钻采工艺，2001，24(6)：30-32.

[6] 刘辉，董俊昌，崔勇等．水相相态变化规律及气井产水成因研究[J]．钻采工艺，2011，34(3)：52-54.

[7] 王蕾蕾，何顺利，代金友．苏里格气田西区产水类型研究[J]．天然气勘探与开发，2010，33(4)：41-44.

[8] 代金友，李建霆，王宝刚等．苏里格气田西区气水分布规律及其形成机理[J]．石油勘探与开发，

2012，39(5)：524-529.

[9] 陈代询，王章瑞．致密介质中低速渗流气体的非达西现象[J]. 重庆大学学报(自然科学版)，2000，23增刊.

[10] 姬随波．苏里格气田孔隙水的可动条件研究[D]. 西安：西安石油大学，2015.

[11] 支鑫．苏西致密砂岩气藏储层产水机理及预测[D]. 北京：中国科学院大学，2015.

[12] 郭平，黄伟岗，姜贻伟等．致密气藏束缚与可动水研究[J]. 天然气工业，2006，26(10)：99-101.

[13] 张浩，康毅力，陈一健等．致密砂岩气藏超低含水饱和度形成地质过程及实验模拟研究[J]. 天然气地球科学，2005，16(2)：186-188.

[14] 姜林，柳少波，洪峰等．致密砂岩气藏含气饱和度影响因素分析[J]. 西南石油大学学报(自然科学版)，2011，33(6)：121-125.

[15] 高树生，叶礼友，熊伟等．大型低渗致密含水气藏渗流机理及开发对策[J]. 石油天然气学报(江汉石油学院学报)，2013，35(7)：93-99.

[16] 李莲明，李治平，车艳．砂岩气藏地层压力下降对束缚水饱和度的影响[J]. 新疆石油地质，2010，31(6)：626-628.

[17] 蒋贝贝，谭胜伦，肖泽峰等．苏里格西区致密砂岩气藏单井出水预测新方法[J]. 重庆科技学院学报(自然科学版)，2013，15(3)：66-69.

[18] 任冠龙，吕开河，徐涛等．低渗透储层水锁损害研究新进展[J]. 中外能源，2013，18(12)：55-59.

低渗致密砂岩气藏水平井积液规律

鲁光亮

(中国石化西南油气分公司)

摘　要　针对水平井井筒积液规律认识不清导致排水采气措施针对性不强的难题，基于相似性原理，结合川西气田水平井井身结构特征研制了水平井井筒可视化模拟装置，可通过改变支架系统参数模拟水平段不同型态、不同倾角条件下气井的排液情况。根据水平井气液产出特征开展了水平井水平段充满积液后卸载、气液同产、分段射孔气液同产生产过程模拟。结果表明水平井水平段型态、水平段倾角对水平井最终排液率影响较小；水平段呈分层流，斜井段呈段塞流，垂直段呈环状流，液相滑脱主要发生在斜井段。实验成果与现场井筒流压监测结果均表明，井筒压降损失主要发生在斜井段，且压降梯度突变点位于造斜点附近；明确了水平井的排液重点是斜井段的排液，为排水采气措施的针对性实施提供了指导。

关键词　水平井；可视化模拟；井筒流动；积液规律；排液重点

川西气田是典型的低渗致密砂岩气田[1]，纵向上发育蓬莱镇组、沙溪庙组、须家河组等多个气藏，目前已开发新场、马井、洛带、中江、高庙等 12 个区块，29 个气藏，年产天然气 32×10^8 m^3。储层具有低孔低渗、非均质性强、含水饱和度高等特点；其中的新场沙溪庙组气藏有效渗透率为 0.05×10^{-3}～4×10^{-3} μm^2、平均有效渗透率小于 0.1×10^{-3} μm^2，是目前国内规模开发的渗透率最低气藏。随着气田开发的不断推进，目前气田增储上产主要依托于“特低孔特低渗”为特征的难动用Ⅲ类储量；为提高开发效益和动用程度，形成了以水平井开发为主的开发方式[2,3]。川西气田目前有水平井 252 口，日产天然气 281.3×10^4 m^3，日产水 266m^3，平均气液比 1.19×10^4 m^3/m^3。水平井普遍产水，以束缚水和凝析水为主，单井产液量低，但对水平井稳产影响大，产量年自然递减率高达 18%。同时由于水平井井身结构由直井段、大斜度井段、水平段组成，井筒流态复杂多变，导致水平井井筒积液规律及积液机理认识不清，排水采气工艺不能针对性实施，措施有效率低，气井稳产难度大[4]。因此，通过水平井气液两相流可视化模拟研究水平井井筒积液规律和积液机理，对提高排水采气措施针对性、提升水平井稳产能力具有重要的现实意义[5]。

1　水平井井筒可视化模拟装置研制及实验方案

1.1　可视化模拟装置研制

在水平井井筒可视化模拟装置研制过程中，结合川西水平井井身结构特征(表 1)，根据相似性原理，通过等比例缩放建立水平井井筒可视化模拟装置。

表 1　川西水平井井身结构特征及气液产出特征

井身结构特征	垂深/m	斜深/m	造斜段长度/m	水平段长度/m	水平段最大井斜角/°
	1300～2400	2400～3400	400～500	800～1300	90～93
产出特征	平均液气比/($m^3/10^4m^3$)				
	0.88				

水平井井筒可视化模拟装置采用 $\phi40\times5$mm 的有机玻璃管组合连接而成[6]。实验装置可视化，便于观察气液流动过程中的液滴携带、回落，液流形成。该装置可通过改变支架系统参数，模拟水平段不同型态、不同倾角条件下气井的排液情况。

【作者简介】鲁光亮(1982—)，男，2010 年毕业于西南石油大学，获硕士研究生学位，就职于西南油气分公司采气一厂，高级工程师，主要从事采气工程工艺技术研究工作，E-mail：luguangliang.xnyq@sinopec.com

水平井气液两相流实验系统由供液供气系统与管路系统组成(图1)。根据川西气井射孔密度将供液系统参数设计为16孔/m，单孔直径2mm；实验流体采用水和压缩空气，气体流量参数范围为0~100m^3/h，实验温度为5~40℃，水流量为0~5m^3/h，实验段压力范围为0.01~0.6MPa。

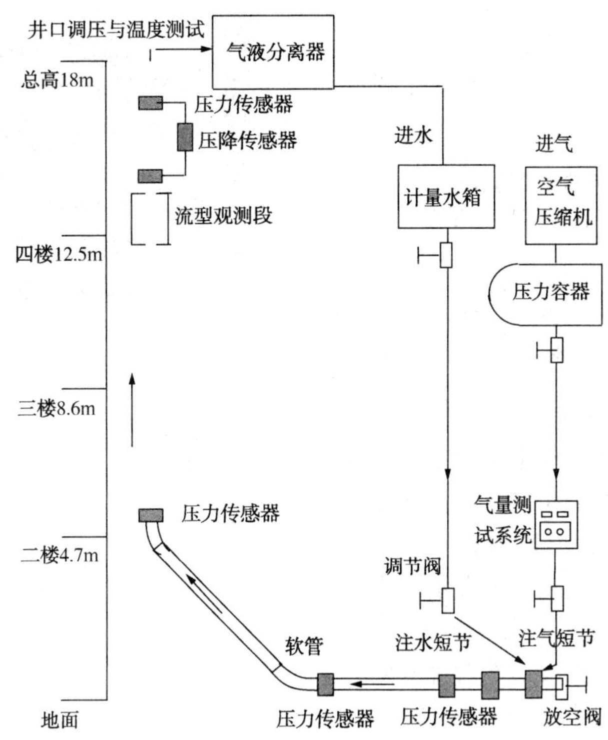

图1 水平井井筒可视化模拟装置设计图

1.2 实验方案

采用水平井井筒可视化模拟装置，根据川西水平井气液产出特征，开展水平段充满积液后卸载模拟、气液同产生产过程模拟、分段射孔气液同产生产过程模拟，从而摸清水平段型态、水平段倾角对排液率的影响规律和水平井不同井段的流态变化。

水平段充满积液后卸载模拟实验步骤如下：(a)打开调压阀，确定一井口压力；(b)通过柱塞计量泵向实验管路注水，直到达到预定的位置，充满水平段为止；(c)预定一气量值开始注气，维持恒定气量排出水平段积液，直到没有液体被带出，实验运行5min；(d)测量排出液量和剩余液量；(e)改变实验条件，重复(a)至(d)。

水平井气液同产过程模拟实验步骤如下：(a)打开调压阀，确定一井口压力；(b)同时打开进水开关和气源开关，向实验管路中注入水和压缩空气，开展气水同产模拟实验；(c)维持一预定气量和预定水量，运行实验5min；(d)测量管路中的排出液量和剩余液量，记录数据；(e)改变井斜角及水平段形态，重复(a)到(d)，测量新一组数据。

2 水平井气液两相流积液规律分析

2.1 井眼轨迹对排液影响情况分析

根据川西气田240余口水平井气液产出特征模拟水平段充满积液后卸载、气液同产、分段射孔气液同产情况下的排液情况，以深化水平井排液影响因素认识，提高排液措施的针对性[7-9]。

水平段充满积液后卸载模拟实验结果表明，水平段型态及水平段倾角对最终排液率影响较小，最终排液率都能达到95%以上(表2)。

表2 不同水平段型态与倾角下的排液率

倾角 / 形态	水平段倾角/°	0°	2°	5°
线性水平段	气量/(m^3/h)	21	30	45
	排液率/%	98.1	96.4	97.2
微凸水平段	气量/(m^3/h)	45	45	45
	排液率/%	99.2	99.3	98.7
微凹水平段	气量/(m^3/h)	45	45	45
	排液率/%	98.9	99.2	98.8

气液同产生产过程模拟结果表明：最终排液率仅有85%左右，低于水平段充满液体后卸载情

况下的排液率，可见对于产水水平井而言，要彻底排出水平段积液比较困难(表3)；在注气量到达携液临界气量条件下，水平段倾角对最终排液率影响较小；水平段形态对排液率有一定影响，线性水平段的排液率在88%左右，而微凹型、微凸型水平段的排液率在83%左右，线性水平段的排液率高于微凹型、微凸型。

表3　气液同产情况下的最终排液率

形态＼倾角	水平段倾角/°	0°	2°	5°
线性水平段	排液率/%	88.3	88.4	86.9
微凸水平段	排液率/%	80.8	82.4	84.4
微凹水平段	排液率/%	80.9	83.6	86.8

在分段射孔气液同产过程模拟实验中，模拟了2段8孔气液同产水平井的生产，将供气量设计为1：1、供液量为3：5，分段射孔气液同产生产过程模拟结果表明：产出液首先在水平段底部形成积液，后以分层流的形态携带至A靶点，水平段底部始终有积液；水平段形态对排液率有一定程度影响，线性水平段排液率高于微凹型、微凸型(表4)。

表4　分段射孔气液同产情况下水平段型态对排液率的影响对比

形态＼倾角	水平段倾角/°	0°	2°	5°
线性水平段	排液率/%	85.4	86.4	86.5
微凸水平段	排液率/%	83.9	74.3	70.4
微凹水平段	排液率/%	84.1	83.4	84.1

2.2　气液同产水平井井筒流态模拟

在供气量低于携液临界气量条件下，水平段充满积液后卸载、气液同产、分段射孔气液同产均呈现相似的井筒流态特征[10,11]。水平段呈分层流，液膜最薄，液体运动最快；斜井段呈段塞流，液膜最厚，液体运动缓慢，液相滑脱严重；垂直段呈环状流，液膜较薄(图2)。明确了滑脱主要发生在斜井段，斜井段的液相滑脱是水平井排液困难的主要原因。

究其原因，气流要携带液相上行，气芯拉力需大于液相沿流向反方向的重力分力，即 $F>G\times\sin\theta$(图3)。随着井筒与地面夹角 θ 的逐渐增大，液膜逐渐变薄，表现为G逐渐减小，$\sin\theta$ 逐渐增大；两因素作用下，在45°~60°斜井段呈现出液膜厚，所需气芯拉力大，导致了大斜度井段排液困难。

图2　气液同产水平井垂直段、倾斜段、水平段流态

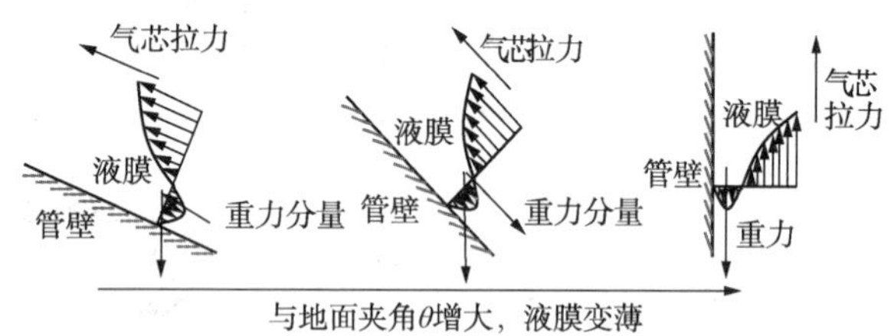

图3　气液同产水平井垂直段、倾斜段、水平段流态

2.3　气液同产水平井积液机理分析

从实验过程中压力监测来看(图4)，A、B靶点压力相近，说明水平段在较小的压差下可将积液带至A靶点附近，在A靶点气液扰动下，由原来的分层流变为段塞流。造斜点处压力明显降低，说明压降损失主要发生在A靶点以上的斜井段。

另一方面，基于对川西气田71口水平井的井筒流压梯度资料统计，通过对流压梯度突变点深度与造斜点深度进行对比分析(图5)，可以看出流压梯度突变点主要位于造斜点附近，主要集中在-200~200m范围内，井筒压力梯度突变值高达0.8MPa/100m。与模拟实验研究得出的结论一致，压降主要发生在斜井段。

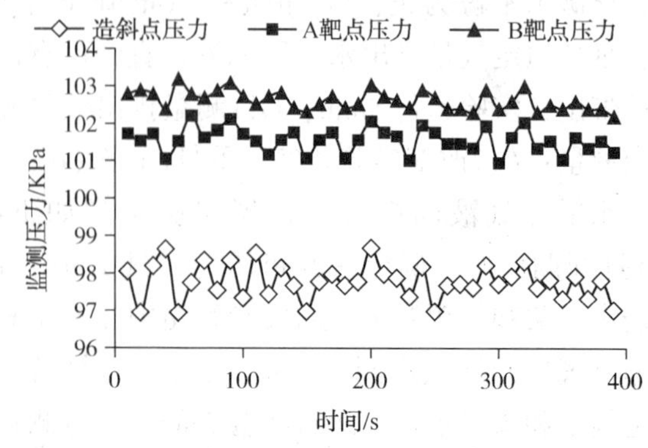

图4　积液高度4/5管径携液实验压力监测图

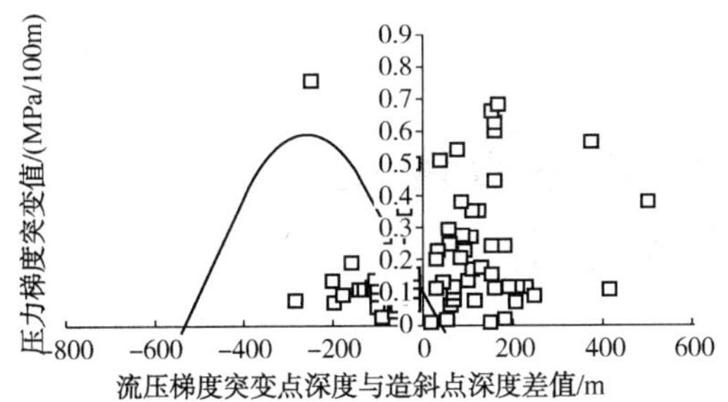

图 5　压力梯度突变值随 ΔH 变化趋势图

如 XS21-10H 井，造斜点 1805m，压降突变点 1800m，井筒压力梯度从 0.134MPa/100m 增加到 0.8MPa/100m，呈积液特征（图 6），该类水平井有 17 口，占比 23.9%。SF3-1H 井，造斜点 1200m，压降突变点 1250m，井筒压力梯度从 0.12MPa/100m 增加到 0.31MPa/100m，呈液相滑脱特征（图 7），该类水平井有 54 口，占比 76.1%。这些井筒存在液相滑脱或积液的水平井是排水采气工艺的重点实施对象。

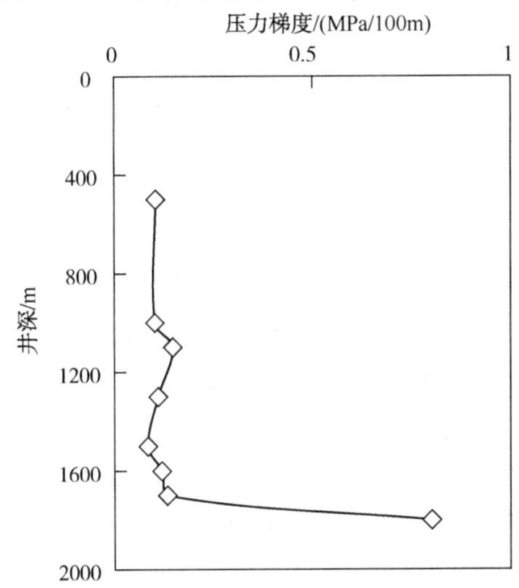

图 6　XS21-10H 井筒压力梯度曲线

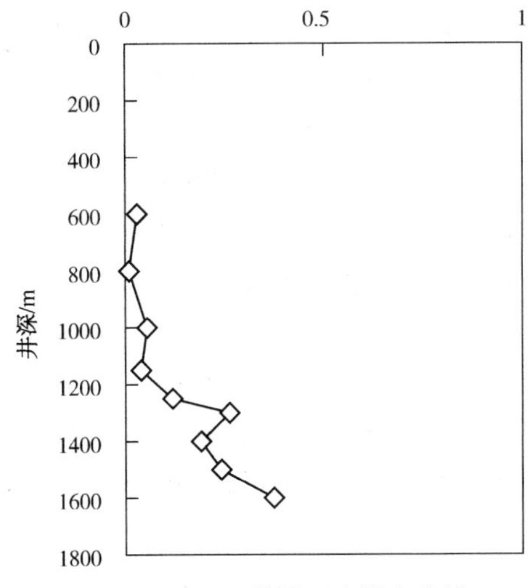

图 7　SF3-1H 井筒压力梯度曲线

综上所述，在产气量低于水平井携液临界流量情况下，斜井段的液相滑脱导致斜井段压降损失增加是水平井积液的主要原因。因此，水平井排液的重点是斜井段的排液，其关键是改变斜井段的流态，降低斜井段的液相滑脱，从而降低斜井段的压降损失。

3　结论

（1）水平井水平段型态、水平段倾角对水平井最终排液率影响较小，有利拓展了水平井水平段井眼轨迹调整范围。

（2）水平段呈分层流，液膜最薄，液体运动最快；斜井段呈段塞流，液膜最厚，液体运动缓慢，液相滑脱严重；垂直段呈环状流，液膜较薄。

（3）水平井井筒液相滑脱和压降损失主要发生在斜井段，斜井段的液相滑脱导致斜井段压降损失增加是水平井积液的主要原因，水平井排液的重点是斜井段的排液。

参 考 文 献

［1］张国生，赵文智，杨涛，等．我国致密砂岩气资源潜力、分布与未来发展地位［J］．中国工程科学，2012，14(6)：87-93.

［2］熊昕东，王世泽，刘汝敏．致密砂岩气藏储量难动用影响因素及开发对策［J］．西南石油大学学报：自然科学版，2008，30(4)：77-80.

［3］任山，杨永华，刘林，等．川西低渗致密气藏水平井开发实践与认识［J］．钻采工艺，2009，32(3)：50-52.

［4］刘通，郭新江，王雨生，等. 川西积液水平井井筒压力及液位预测［J］. 石油钻采工艺，2017，39(1)：97-102.

［5］武恒志，戚斌，郭新江，等. 致密砂岩气藏采输技术［M］. 北京：中国石化出版社，2015.

［6］周兴付，杨功田，高升，等．川西气田大斜度井临界携液模拟实验研究［J］．钻采工艺，2012，35(4)：47-49.

［7］周兴付，邹一峰，傅春梅，等．水平井井眼轨迹对排水采气的影响［J］．复杂油气藏，2013，5(1)：76-79.

［8］徐晓峰，傅春梅，周兴付．川西气田水平井井身结构对排水采气的影响［J］．新疆石油天然气，2013，9(1)：23-27.

［9］周兴付，邹一锋，傅春梅，等．川西水平气井靶点高差对排液的影响［J］．新疆石油天然气，2012，8(1)：33-37.

［10］Keuning A. The Onset of Liquid Loading in Inclined Tubes［J］. Master thesis, Eindhoven University of Technology, 1998.

［11］Belfroid S P C, Schiferli W etc. Prediction onset and dynamic behavior of liquid loading gas wells［J］. SPE 115567.

海上老油田精细构型解剖与势控论控制下剩余油挖潜效果分析

涂　乙　王亚会　王伟峰

(中海石油(中国)有限公司深圳分公司)

摘　要　开发中后期海上老油田剩余油零星散落分布，运移-富集成藏受地质静态与动态因素控制，将“构型精细解剖”与“流体势”结合，基于构型单元进行油水动态运移规律研究，深入预测剩余油分布与聚集规律，提出低势闭合区对剩余油挖潜潜力较大，由此构建“运聚再生油藏模式”。以海上 Y 油田为例，该油田两次的开发调整为剩余油聚集提供了时间条件，对于主力油藏(Z11、Z13)，经过约 1~3 年动态运移-聚集，剩余油主要富集于井控较低、势能较低的构造高部位。对于非主力油藏，剩余油动态运聚时间、方向以及成藏规律与油藏类型、储层物性、韵律性、隔夹层、流体特征等因素相关，经过约 3 年以上时间，剩余油向低势闭合区运移-富集成藏，如 Z9 非主力油藏，在低势闭合区和构造高部位部署 Y1-6H 和 Y1-3H 水平井，低势闭合区 Y1-6H 井，平均日产油超过 250m^3，含水率仅 3.6%，约为 ODP 设计产能 2 倍，已稳产 3.5 年；构造高部位投产 Y1-3H 井，平均日产油不到 60m^3，含水率高达 79.3%，稳产时间较短，远低于低势闭合区生产井开发效果。该再生油藏模式在非主力层 Z5-2、Z6-1、Z8、Z12 也进行了应用，取得了较好的生产效果和经济效益。实际生产资料表明低势闭合区“动态运聚再生油藏模式”的合理性，为中-高含水期老油田、废弃油藏的再开发拓展了开发思路和方向，对剩余油的有效挖潜具有重要的战略意义。

关键词　构型解剖；势控论；运移聚集；再生成藏模式；开发效果

1　油田概况

1.1　油田简介

1985 年由探井 A-1X 井的钻探发现了 Y 油田，该油田位于南海珠江口盆地北部坳陷带惠州凹陷南部。Y 油田构造是一个在主断层控制下的逆牵引背斜构造，该背斜构造形态简单，圈闭面积小，构造幅度低，油田范围内无断层发育，构造走向北西~南东向。

1.2　储层特征

Y 油田油藏的含油层段分布在上第三系珠江组地层，以非主力 Z9 油藏为例，埋藏深度在-2675~-2685m，油层分布在 21.0~17.0Ma，物源来自北西西方向，属于上三角洲平原-三角洲前缘沉积，测井曲线漏斗形-指形，主要发育河口坝-席状砂微相。储层岩性比较单一，以细—中粒长石石英砂岩为主，其次是粗—中粒长石岩屑石英砂岩及细—中粒石英砂岩。上部中等分选为主，2370m 以下分选较好，磨圆度为次圆—次棱角状，粒径一般 0.2~0.6mm，属细—中粒级，个别为粗粒或不等粒。地层厚度 6.1~13.9m，平均 10.7m；地层孔隙度 8.8%~14.3%，平均 11.4%，构造高部位物性较好，孔隙度在 12%以上，渗透率集中分布在 70~300mD；Z9 储层岩性描述如图 2 所示，储层内部夹层发育，泥质条带和团带较发育，非均质性较强。

Z9 储层主要发育水下分流河道、河口坝和席状砂等微相，如图 3a 所示。从 B-3H 井水平段随钻测井曲线响应以及高分辨率电阻率剖面(图 3b)来看，认为 Z9 储层横向上砂体极有可能发育多期砂体叠置特征，一期砂体、三期砂体表现为高电阻，低密度砂体，储层物性好，含油饱和度高体；二期砂体为低电阻，高密度特征，砂体物性差，含水高。隔夹层的发育，储层内砂泥岩近等厚互层，泥岩夹层较为发育，空间分布较稳定，使得剩余油分布比较分散，剩余油分布规律更加复杂化。原始油藏模式如图 3c 所示。

【作者简介】涂乙(1986—)，男，湖北汉川人，硕士，工程师，2010 年毕业于长江大学石油工程专业(本科)，2013 年毕业于中国石油大学(北京)油气田开发工程专业(研究生)，现任中海石油(中国)有限公司深圳分公司研究院工程师，主要从事开发地质、储量评价及储层建模等研究。

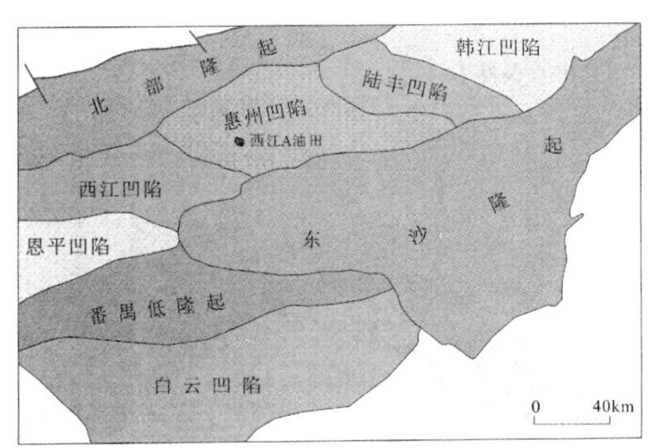

(a)油田区域位置

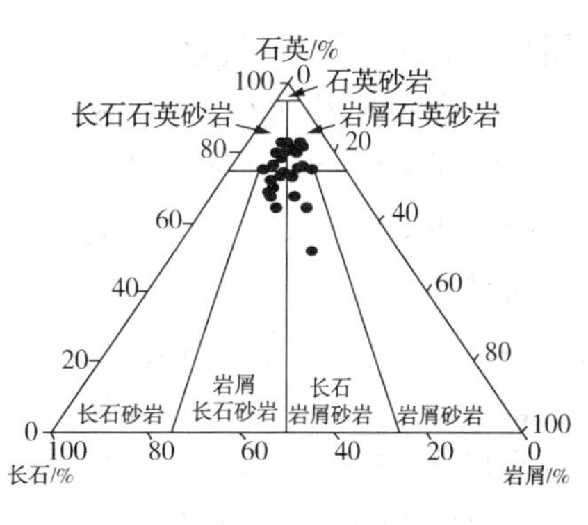

(Ⅰ)岩性三角分类图

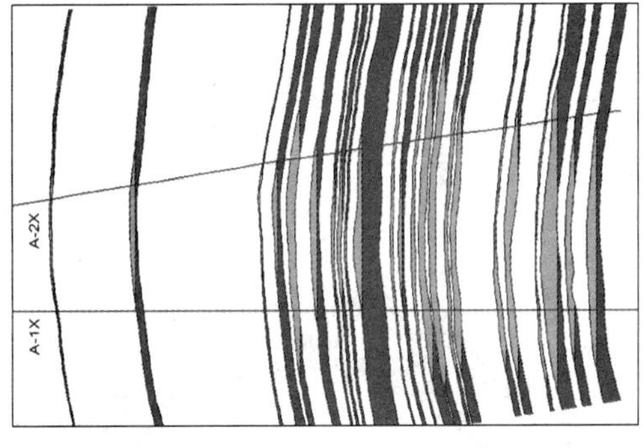

(b)油层纵向分布S

图1　油田区域位置与油层分布

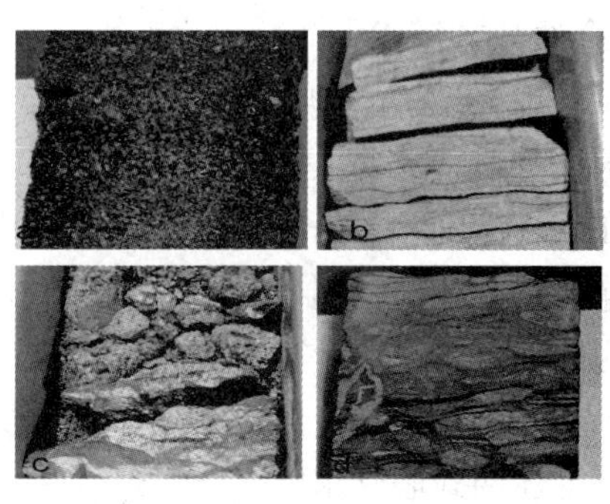

(Ⅱ)井岩心描述

图2　储层岩性描述

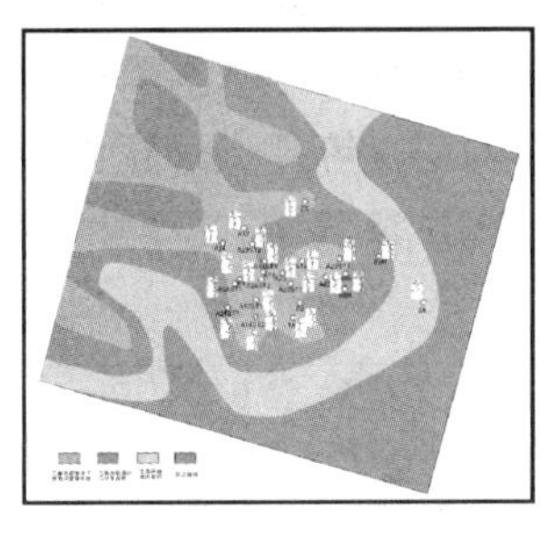

(a)Z9油藏沉积微相平面图

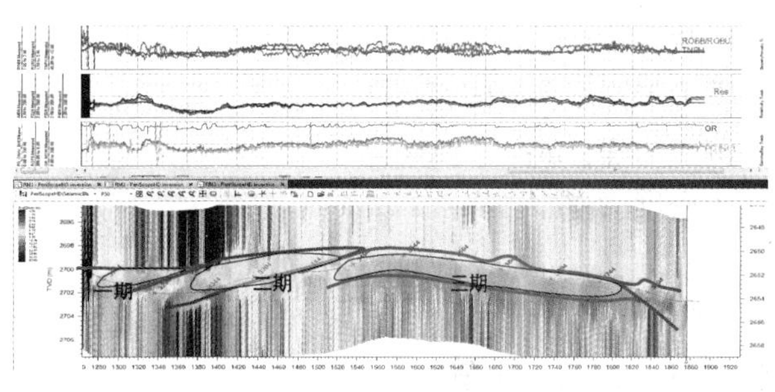

(b)B-3H井水平段随钻测井综合图

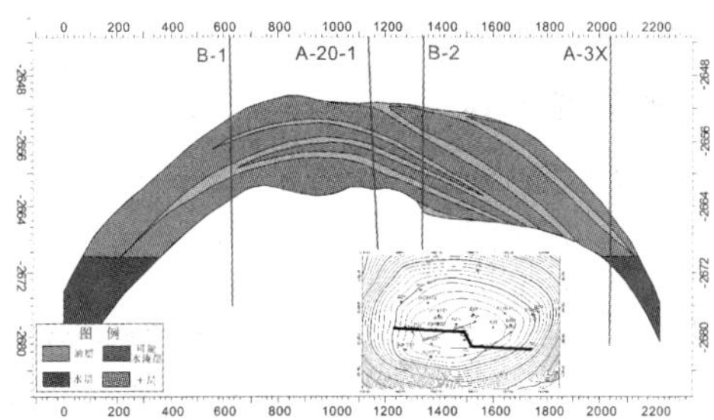

(c)Z9油藏原始油藏模式

图3　Z9油藏特征

2　开发调整背景

基于早期评估该油田储量规模不大，不具备独立开发的经济价值，设计依托B平台钻探大位移井进行开采，1997年至2014年，先后有17口大位移井投入生产。由于大位移井钻完井时间长、难度大，导致产量损失惨重；管柱老化腐蚀严重，钻井过程中套管磨损严重，加之钻完井固井质量很难保证，油井故障率高；而修井难度大、费用高、成功率低，侧钻井生产寿命呈逐年减少趋势；井况差使油田(井)的生产不能反映地下油藏的实际情况。在这种情况下继续采用大位移井生产，在工程上及地质油藏上都存在很大的风险，同时类比周边油田分析认为西江 Y 油田具有很大的剩余储量潜力，因此，2014 年开始从 B 平台钻井开发 Y 油田，目前在生产井 12 口，获得了较高的生产能力，Y 油田剩余油分布复杂，储量潜力较大，需要对剩余油模式和分布规律做进一步研究。

3　剩余油分布模式

3.1　“势控论”基本原理

根据赫伯特、蒲玉国等人研究成果，流体势是指在某一基准参考面，某一渗流单元内单位质量流体所具有的总的机械能[3-5]。该单元内某一点对应的油势、水势计算公式为

$$\varphi_o = gh_o = gz + p/\rho_o;\quad \varphi_w = gh_w = gz + p/\rho_w$$

将上述两式联立求解 $h_o = h_w\rho_w/\rho_o - z(\rho_w - \rho_o)/\rho_o$；在特定的油藏内，$\rho_w/\rho_o$ 与 $(\rho_w - \rho_o)/\rho_o$ 为一定值，h_o 大小只与 h_w 和 z 有关。

式中　φ_o——油势，m · m/s^2；

φ_w——水势，m · m/s^2；

g——重力加速度，m/s^2；

z——测点高程，m；

ρ_w——水密度，g/m^3；

ρ_o——油密度，g/m^3；

h——总压头，m。

在静水情况下，h_w 为一定值，h_o 大小只与 z 测点高程有关。即在含油构造范围内，油水界面呈水平状态，构造闭合区即为低势区。

在动水情况下，h_o 大小由 h_w 和 z 共同确定，h_w 随着岩层方向下倾递降时，h_o 等值线不在处于水平状态，油水界面表现出倾斜或弯曲状态，倾斜程度大小取决于油水密度差与水头递降梯度，在受到油藏内静态遮挡元素(构造或者地层)作用条件下，形成低势闭合区(图 4)。

3.2　“势控论”剩余油分布模式

海上油田剩余油复杂的分布与富集形式，单一“正向型微构造”控油论已不能合理解释，设想引入剩余油的“势控论”理论，并建立了“动态富集再生油藏成藏模式”，综合考虑剩余油富集静态和动态主控因素，解释剩余油富集规律更科学、合理和客观。该模式的应用将对珠江口盆地

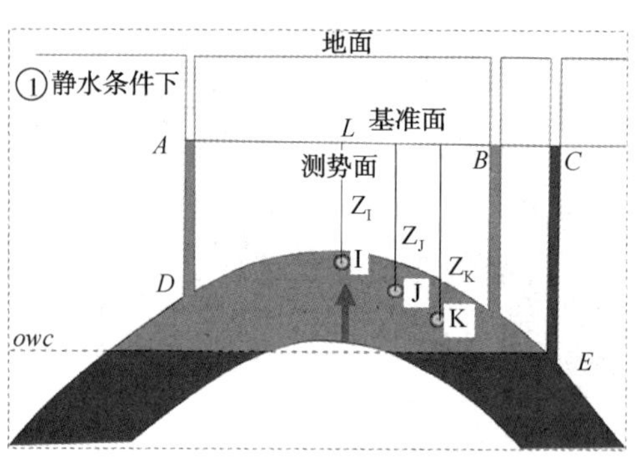

(a)静水条件下流体势

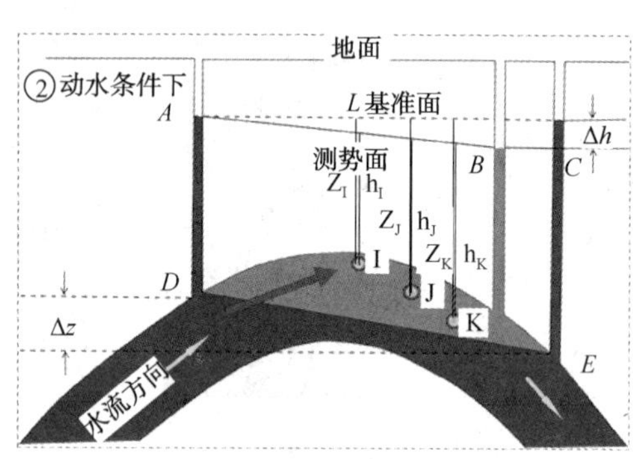

(b)动水条件下流体势

图 4　流体势模式

老油田后期的挖潜、特高含水低效开发油藏的开发调整(A 油区于 2011 年基本关停所有开发井)、废弃油藏的再次开发等提供理论指导，对剩余油深入、准确的挖潜具有重要的战略意义[1-4](图 5)。

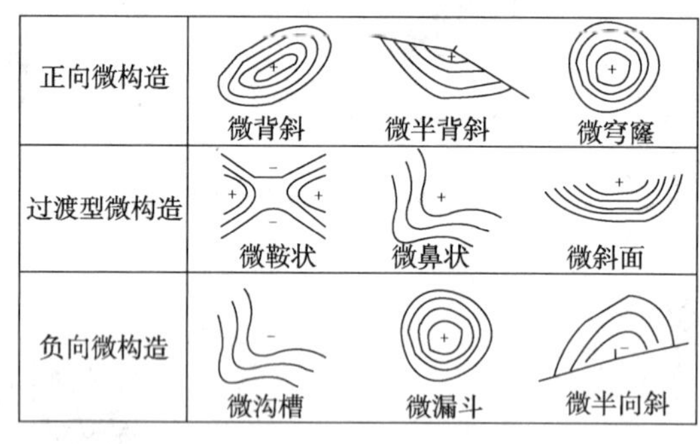

图 5　微构造类型

3.3　三种剩余油分布模式

根据油藏中油、气、水运移规律，油、气、水三相运移方向遵循从高势区流向低势区，并在低势闭合区运聚成藏。“势控论”的核心是“势”的形成与闭合。“势”形成的过程就是油、气、水在油藏圈闭内由高势区向低势区运移的过程，势能主要来源边底水或注水能量，影响“势”闭合的主控因素包括油藏特征、静态和动态因素，主要在实际生产的油井或者无井控制区域形成相

对低势闭合区，低势闭合区的形成是剩余油具备经济性、可动性的必要前提，低势闭合区是剩余油分布和富集的有利目标区，因此，在研究油藏剩余油分布和富集规律之前，首先地质和油藏工程师要对油藏剩余油动态运移以及分布形态进行分析和研究，剩余油分布与聚集大致可分为静态型、动态型及复合型三种类型[3-8](图6)。

(1)静态型：主要受油藏静态因素控制，动态因素为辅。

(2)动态型：油藏流体动态流势因素为主控因素，油藏圈闭构造形态为辅。

(3)复合型：油藏构造因素、成藏遮挡条件与动态水势共同作用形成。多见于断裂系统发育的构造型油田或者岩性油气藏，具有动态变化特征，剩余油挖掘增效潜力较大。

4　运聚再生油藏模式与开发效果

4.1　构型精细解剖

储层碎屑物由西北向东南方向沉积，整体上沿物源方向储层物性逐渐变差，西北方向是各层优势渗流通道。Y油田依托B平台，自1997年6月投产以来，先后钻有17口大位移井投入生产。由于井漏严重，递减较快，含水率上升较快，采出程度偏低，无法有效开发剩余油潜力[9-13]。油区无测试资料，剩余油分布分散，大位移井开发风险越来越大，开发调整势在必行，Y油田大位移井关井情况(见表1)。

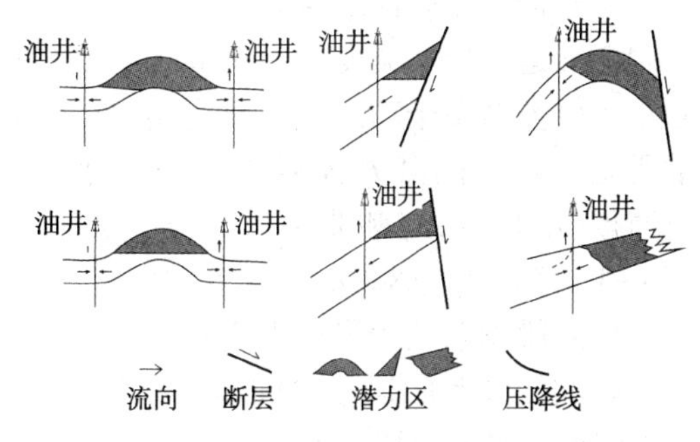

(a)静态型剩余油模式

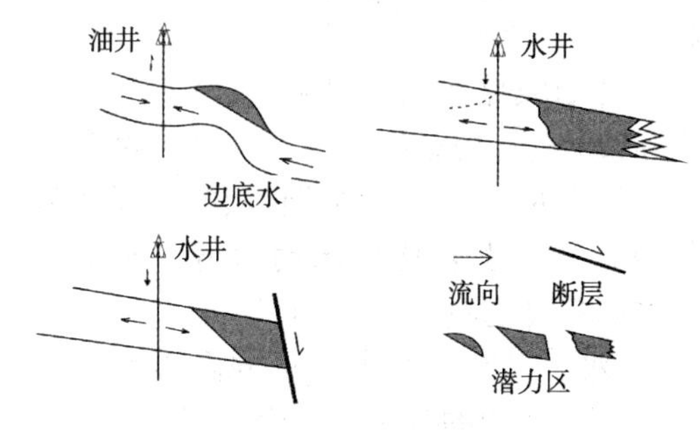

(b)动态型剩余油模式

图6　剩余油分布模式

表1　Y油田老生产井基本情况

井号	投产日期	关井日期	生产层位	距第一口新井B-1投产(2014/10/29)运聚时间(年)	
A-14	1997年6月	2004年1月	Z5-2/Z6-1/Z6-2/Z8/Z9/Z11/Z12/Z13	高部位	10
A-17	1999年6月	2005年10月	Z8/Z9/Z11/Z12/Z13	边部位	9
A-18	2000年6月	2003年7月	Z5-2/Z6-1/Z6-2/Z8/Z9/Z11/Z12/Z13	中部位	11
A-20	2001年5月	2004年7月	Z5-2/Z6-1/Z6-2/Z8/Z9/Z11/Z12	高部位	10
A-22	2002年6月	2004年12月	Z5-2/Z6-1/Z6-2/Z8/Z9/Z11/Z12	高部位	10
A-23	2003年3月	2009年6月	Z5-2/Z6-1/Z6-2/Z8/Z9/Z11/Z12/Z13	高部位	5
A-18-1	2003年9月	2009年1月	其他层位	中部位	5
A-24	2004年2月	2006年3月	Z6-1/Z6-2/Z8/Z9/Z12	边部位	8
A-14-1	2004年6月	2007年2月	Z6-1/Z6-2/Z8/Z9/Z12/Z13	中部位	7
A-20-1	2004年8月	2008年3月	Z5-2/Z6-1Z6-2/Z8/Z9/Z12	高部位	6
A-1-1	2005年2月	2008年9月	Z6-1/Z6-2/Z8/Z9/Z11/Z12	中部位	6
A-22-1	2005年9月	2007年5月	Z5-2/Z6-1/Z6-2/Z8/Z9/Z11/Z12	中部位	7
A-17-1	2006年1月	2009年3月	Z12	高部位	5
A-24-1	2006年6月	2007年5月	Z6-1/Z6-2/Z8/Z9/Z12	中部位	7
A-14-2	2007年6月	2013年7月	Z6-1/Z6-2/Z8/Z9/Z12	中部位	1
A-22-2	2008年2月	2015年11月	Z6-1/Z6-2/Z8/Z12	西北边部位	0
A-24-2	2008年10月	2011年3月	Z6-1/Z6-2/Z8/Z9/Z12	高部位	3

根据 Y 油田地质—油藏模拟研究结果表明，该油田在宏观上仍然具有可观的可动剩余油，由于开发年限较长，构造高部位原油开采程度较高，在相对低势闭合区域剩余油呈零星星云状分布，剩余油运移聚集需要一定时间，Y 油田剩余油分布形成类型属于动态型与复合型之间一种具有重要现实意义的潜力区类型[14,15]。以 Y 油田主力油藏(Z11、Z13)和非主力油藏(Z5-1、Z5-2、Z6-1、Z6-2、Z8、Z9、Z12)为例，总结了适合于现阶段剩余油运聚再生成藏模式。

原始油气成藏的运移时间跨度是以“地质时代”为尺度。动态运移—聚集—成藏，形成再生潜力区或“再生油藏”的时间跨度以“年”为尺度。

4.1.1 主力油藏

主力油藏储集层物性好(Z11、Z13)，孔隙度大于 20%，渗透率大于 380mD，油藏厚度较大，泥质含量较少，原油流体具有轻质、低黏度等特点，并且发育优势流动通道，初期产量很高，底水锥进速率很快，油井见水早，含水近 100%。对于具有边底水能量的高渗性厚层轻质油油藏，剩余油的分布主要由井网\\构造共同控制，剩余油主要集中在井控低和构造高部位，零星散落的可动剩余油在较短时间(1 年左右)内可较快地运移，富集在构造的低势闭合区，如图 7 油藏模式所示。将调整井实施后的剩余油储量丰度平面图与运聚再生油藏模式对比，剩余油的富集规律是一致的(图 7)。

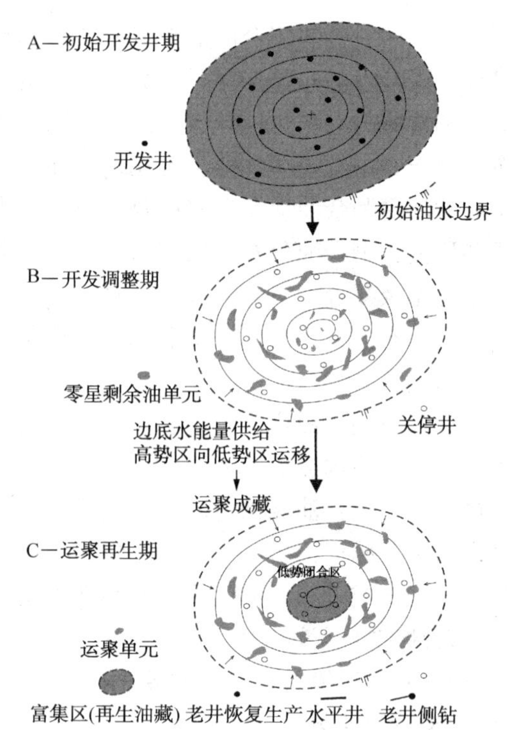

图 7 主力油藏运聚再生油藏模式

4.1.2 非主力油藏

非主力油藏(Z5-1、Z5-2、Z6-1、Z6-2、Z8、Z9、Z12)物性相对主力油藏要差一些，孔隙度均低于 18%，渗透率集中分布在 70mD ~ 300mD，储层夹层发育，非均质性较强。

以 Z9 油藏为例，该油藏纵向上发育三期叠置砂体，泥质夹层也比较发育(表 2 所示)，流体在纵向上流动受阻。如③、④、⑤号小范围半渗滤型夹层，发育规模 1~3 个井区，厚度 1m~2m，泥质含量为 20%~30%，一部分边底水可以穿过该模式夹层，但是会大大延缓锥进速率，另一部分底水会绕过夹层往低势区推进，从而形成次生底水驱或者次生边水驱，如②大范围渗滤型夹层，发育规模 5 井区以上，加大了底水绕过夹层的距离，进一步延缓锥进速率，泥质夹层比较发育，将开发区西边与东边砂体隔开。若油藏在纵向上发育单条小范围半渗滤夹层，油井驱替效果较好，但对剩余油富集挖潜意义较小；若发育多条空间上叠置的半渗滤型夹层，底水锥进速率大大下降，油井能量供应不足，不同程度分布大量剩余油。如①号小范围不渗滤型夹层，厚度大于 2m，泥质含量 30%~40%，底水不能穿过夹层，只能从夹层的两端发生绕流，在夹层中间下附油无法被底水驱替，从而形成了“屋檐油”分布，夹层形成的“屋檐”闭合高度和面积决定着油量大小，同样，绕流而上的底水无法有效驱替夹层上覆的油，使得形成“屋顶油”分布，“屋顶油”与“屋檐油”不同，只要有足够的边底水能量，就会被驱替采出，“屋檐油”则必须采取调整措施才能被采出。

表 2 Y 油田夹层分布模式统计表

模式	模式 1	模式 2	模式 3	模式 4
模式图	生产井 油水界面	生产井 油水界面	生产井 油水界面	生产井 油水界面

续表

模式	模式 1	模式 2	模式 3	模式 4
特征	无夹层	半渗透型夹层	小范围 不渗透型夹层	大范围 不渗透型夹层
分布面积	无夹层	1-3 个井区	3-4 个井区	5 个井区以上
厚度/m	<0.5	1-2	2-4	>4
渗透率/mD	>10	1-10	<0.1	<0.1
泥质含量/%	<10	10-30	>30	>50
驱替特征	底水驱	次生底水驱 次生边水驱	次生边水驱	衰竭式
油井特征	高产短命	稳产长命	高产高效	低产短命
典型井	Y1-8H、Y1-5H1	Y1-4H、Y1-10H	Y1-6H、Y1-9H	Y1-02、Y1-13HA Y1-3H 高部位、
层位	Z11、Z13	Z4B、Z1B1	Z9、Z3G	Z6B、Z12、Z9、Z11

储层非均质程度影响着剩余油的分布与富集，Z9 油藏零星状、条带状的剩余油运移—聚集—成藏时间较长，从开发实施情况来看，Z9 油藏主要来水方向为西北—东南，构造高部位 A-S1 日产量低，含水率接近 100%，于 2008 年关井，有可能发生水淹，同时该模式受岩性边界控制而形成相对低势闭合区，剩余油可能会长时间存在，是剩余油挖潜的潜力区(图 8b~图 8c)，Z9 油藏剩余油 3~10 年运聚成藏模式如图 8d 所示运聚再生中期油藏模式。根据油气水遵循从高势区向低势区运移规律，多薄层泥质夹层纵向上叠置延缓了流体流动，一般 10 年以上油水动态运聚，剩余油主要会富集在构造高部位，构造高部位为该类型油藏剩余油挖潜的潜力区，如图 8d 所示运聚再生后期油藏模式。

4.2　开发效果分析

(1) 主力油藏模式(Z11、Z13)，截止于 2013 年 6 月，全油田日产油低于 50m^3，综合含水高达 98.9%，全部关井后进行了调整井设计研究。Z11 油藏经过 1 年半时间剩余油动态运聚成藏，于 2014 年年底构造高部位投产 Y1-8H 井，前 3 个月平均日产油超过 300m^3，平均含水率仅为 19.8%，2015 年年初含水率迅速突破 60%，进入了高含水率开发时期，截止于 2016 年 1 月含水率已经超过 80%，日产量下降了约三分之二，日产油下降较快。Z13 油藏经过 2 年左右时间剩余油动态运聚成藏，2015 年初在 Z13 油藏构造高部位投产 Y1-5H1 井，前 3 个月平均日产油高达 200m^3，平均含水率仅为 1.8%，2015 年中旬含水率达到 60%，含水率上升较快，进入了高含水率开发时期，截止于 2016 年 1 月，该层含水率接近 80%，日产量下降了约四分之三。以主力油藏 Z13 为例，2007 年 2 月该层绝大部分井含水率接近 99%，被迫进行关停作业。

从剩余油储量丰度图(图 10a~10d)来看，2008 年 Z13 油藏剩余油分布零星分散，构造高部位原油开采程度很高，只有井控不足/物性相对较差的部位散落分布剩余油，2009 年 6 月构造高部分最后一口生产井关停，剩余油分布呈现出少、小、散等特点，2010 年后，随着 Z13 油藏经过 1 年多时间地层能量恢复，剩余油开始进行动态运聚，主力油藏物性好，非均质性较弱，小而散的剩余油将主要聚集在井控低和构造高部位，2013 年(ODP 设计阶段)和 2015 年(生产井钻后，构造重新解释，构造展布略有变化)Z13 油藏剩余油分布比较一致，均在该层井控较低和构造高部位聚集成一定规模。从生产井开采效果来看，对于储层物性好，具有边底水能量的高渗性厚层轻质油油藏，1~3 年运聚时间，分散的剩余油可较快地富集在低势闭合区(构造高部位)，由于油藏高渗优势通道发育，边底水推进很快，含水率上升很快，稳产时间短，与剩余油运聚再生成藏模式地质认识是一致的。

(2) Y 油田非主力油藏模式(Z5-1、Z5-2、Z6-1、Z6-2、Z8、Z9、Z12)，17 口大位移井绝大多数井于 2011 年关停，2014 年年底调整井实施投产，动态运聚 3~10 年多的时间，给剩余油运移—聚集—成藏创造了条件。

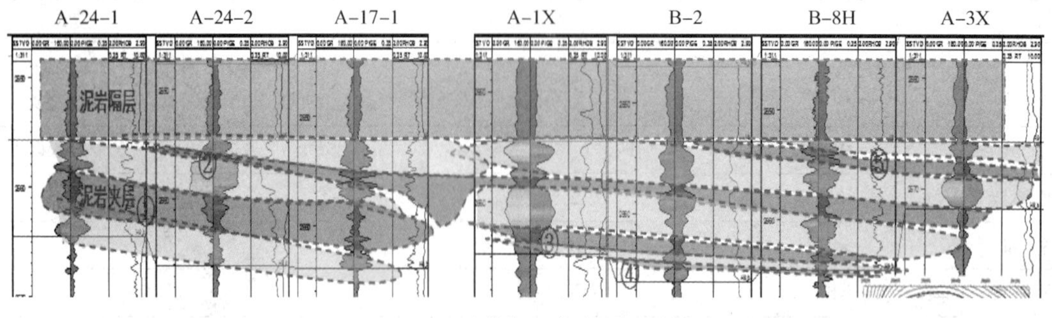

(a)Z9油藏进WE向砂泥岩对比图

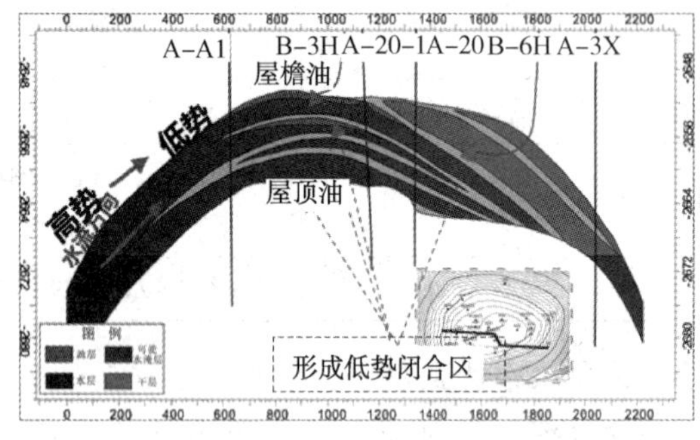

(b)Z9油藏剖面

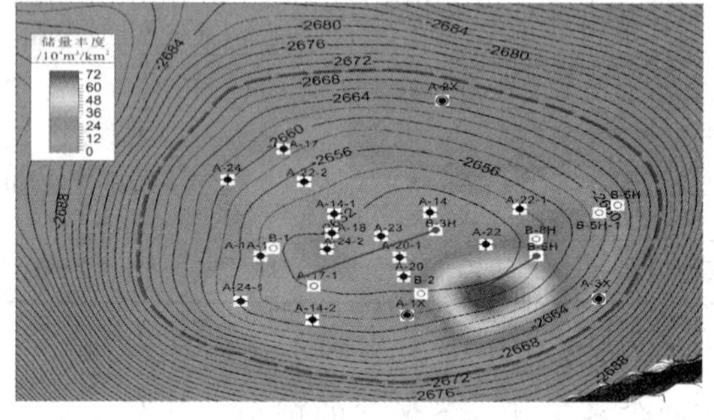

(c)Z9油藏剩余油储量丰度叠合结构图

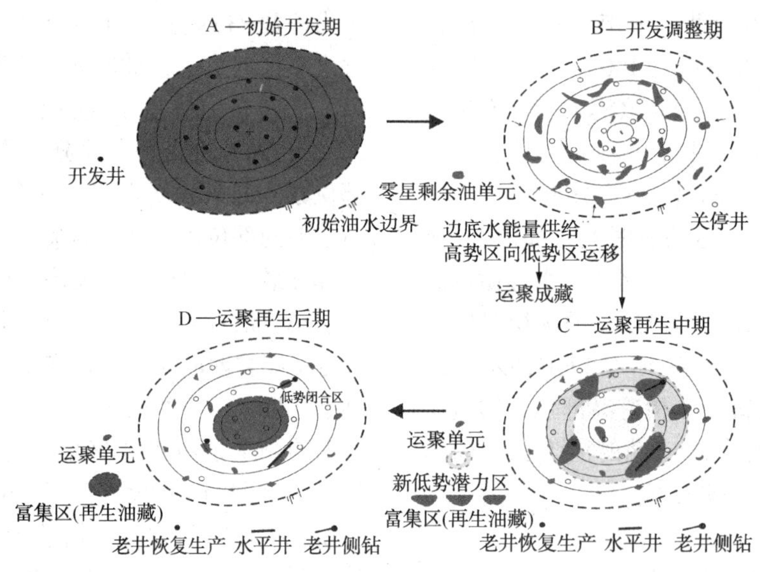

(d)动态富集再生油藏模式

图 8　Z9 油藏模式及特征

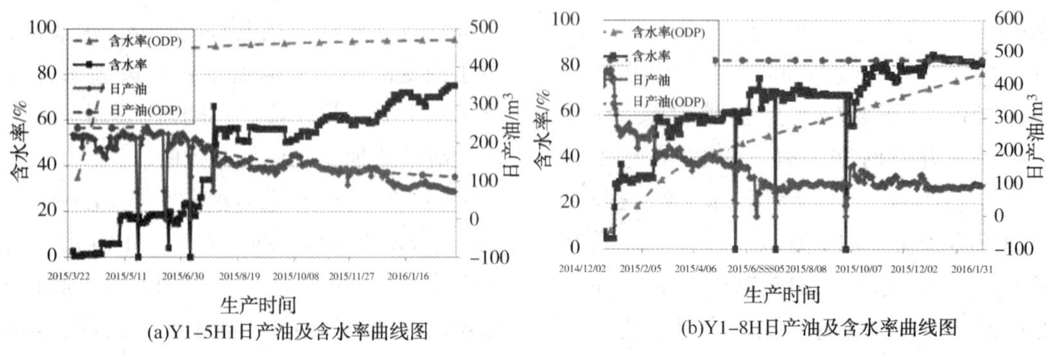

图 9　主力层水平井日产油及含水率

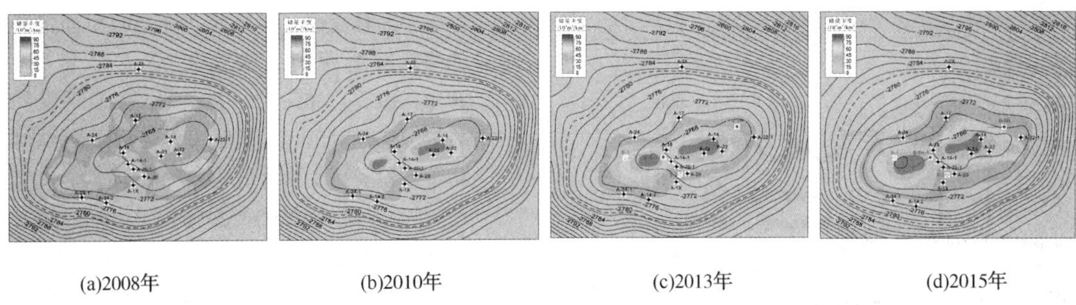
(a)2008年　(b)2010年　(c)2013年　(d)2015年

图 10　Z13 油藏剩余油储量丰度与构造图

备注：黑色实心井圈代表调整前的井位置；红色井圈代表 ODP 设计时期调整井(2013 年)，红色空心井圈表示穿过该层未开发生产井的位置，红色实心井圈表示开发生产井的位置。

以 Y 油田 Z9 油藏为例，A-14-2 井位于圈闭西北方向构造低部位，于 2013 年关停，A-24-2 井位于圈闭相对高部位，于 2011 年关停，其余井均在 2009 年之前全部关停。2008 年 Z9 油藏构造南边剩余油分布比较分散，主要零星散落在构造圈闭四周，高部位几乎没有剩余油聚集。经过 3 年多时间运移聚集，2013 年(ODP 设计时期)开发区南边剩余油显示还处于分散的状态，相对于 2011 年关停时期，剩余油有了一定程度的聚集。2015 年初调整井陆续投产开采，又经过接近 3 年的运聚时间，分散的剩余油进行了进一步地运移-富集，如图 11a~图 11c 所示。随着关井期间井底压力的恢复和边底水能量的供给，剩余油获得能量重新运移聚集成藏，Z9 油藏由于储层物性相对较差，储层非均质较强，纵向上多期砂体叠置，夹层比较发育，反韵律顶部水淹严重，剩余油主要富集于受岩性边界控制而形成相对低势闭合区，形成含油饱和度较高且有一定经济规模的剩余油潜力区，3 年多的运聚时间内，Z9 油藏剩余油没有向构造高部位运聚，一直在开发区东南翼部进行富集成藏，主要是受到泥质夹层和水淹等情况影响。

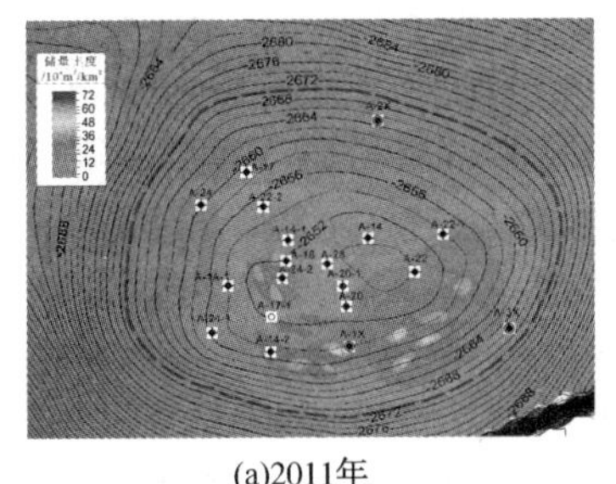
(a)2011年

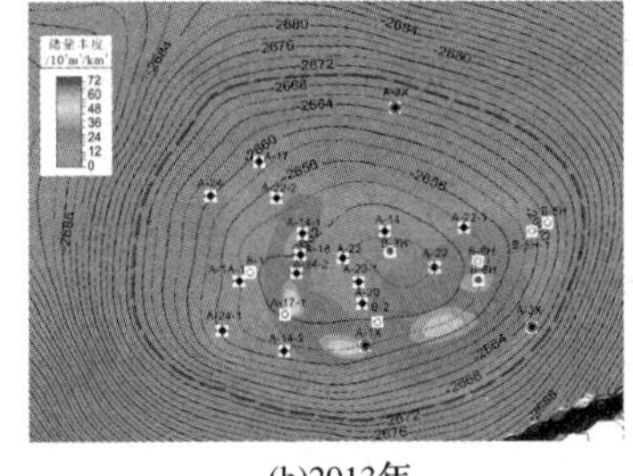
(b)2013年

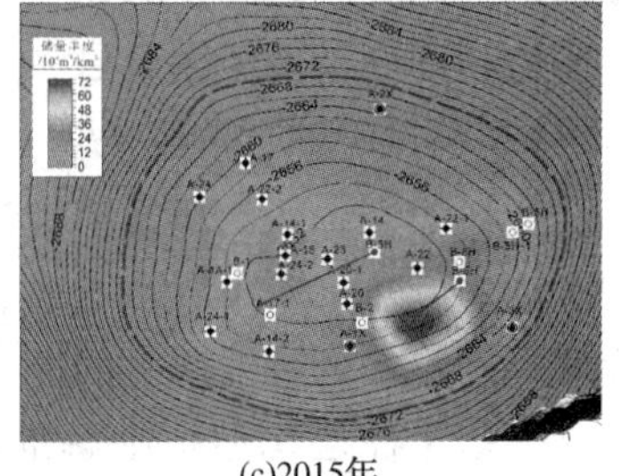
(c)2015年

图 11　Z9 油藏剩余油储量丰度与构造图

备注：黑色实心井圈代表调整前的井位置；红色井圈代表 ODP 设计时期调整井(2013 年)，红色空心井圈表示穿过该层未开发生产井的位置，红色实心井圈表示开发生产井的位置。

从生产调整井开发效果角度分析，2014 年底-2015 年初在 Y 油区 Z9 油藏相对低势区投产 Y1-6H 井，前 3 个月平均日产油超过 250m^3，平均含水率仅为 3.6%，平均采油指数超过了 60m^3/d/MPa，日产油高于 DST 测试产能，并且日产油和采油指数远高于 ODP 设计，2015 年初在 Z9 油藏构造高部位投产 Y1-3H 井，实际前 3 个月平均日产油仅不到 60m^3，平均含水率高达 79.3%，平均采油指数不到 15m^3/d/MPa，远低于 Y1-6H 井 ODP 设计的日产油和采油指数，并且 Y1-6H 已稳产接近 2 年，且含水率上升较缓慢，截止于 2016 年初，含水率不超过 20%，稳产时间较长。开发生产井效果表明：类似 Z9 油藏动态富集再生油藏具有巨大的生产开发价值，尤其在构造相对低势区，该类型油藏 3 年以上动态运聚可获得显著的挖潜效益。

5　结论

(1) 剩余油分布、运移与聚集主要受地质因素与动态水势控制。低效开发油藏在“动态运聚再生油藏模式”下进行剩余油挖潜取得了良好的效果。

(2) 对于具有边底水能量的高渗性厚层轻质

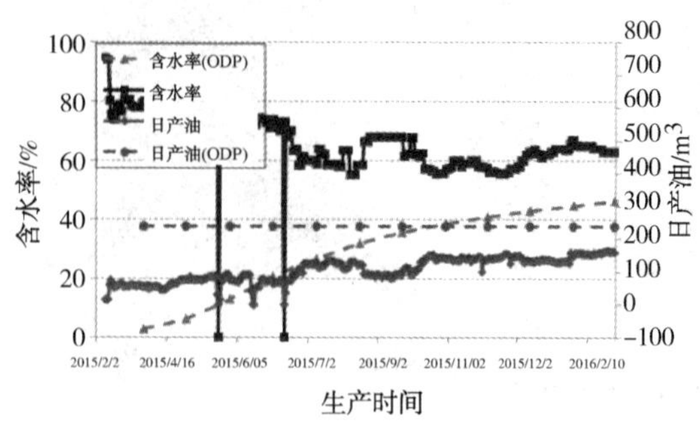

(a)Y1-3H日产油及含水率曲线图

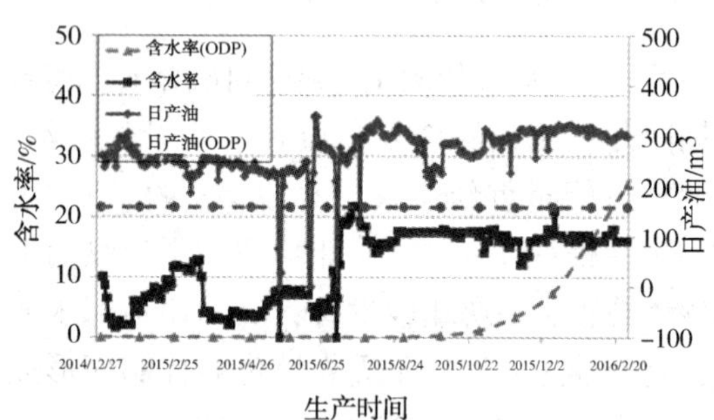

(b)Y1-6SSH日产油及含水率曲线图

图 12　非主力层水平井日产油及含水率

油油藏，剩余油的分布主要由井网\ \ 构造共同控制，零星散落的可动剩余油能较短时间内，富集在构造的低势闭合区，剩余油主要集中在井控低、构造高部位及低势闭合区，是剩余油挖潜的潜力区；

(3) 对于储层非均质强、物性差的轻质油油藏剩余油的分布主要由岩性边界、物性差的低势闭合区控制，是剩余油挖潜的潜力区。

(4) 基于储层构型精细解剖基础上，由“势控论”构建的“动态运聚再生油藏模式”，拓展了剩余油挖潜研究思路和方向，为该类低效开发老油田剩余油挖潜提供技术支持。

参 考 文 献

[1] 郭德志，王怀民，李翠玲．储层微型构造形成剩余油的水动力原因[J]．大庆石油地质与开发，2003，22(1)：32-34..

[2] 李志鹏，林承焰，李润泽，等．利用油气势能预测油藏开发后期剩余油富集区[J]．特种油气藏，2012，19(2)：69-72.

[3] 蒲玉国，吴时国，冯延状，等．剩余油“势控论”的初步构建及再生潜力区模式[J]．西安石油大学学报(自然科学版)，2005，20(6)：7-11.

[4] 吴冲龙，林忠民，毛小平，等．“油气成藏模式”的概念、研究现状和发展趋势[J]．石油与天然气地质，2009，12(6)：673-682.

[5] 韩大匡．准确预测剩余油相对富集区提高油田注水采收率研究[J]．石油学报，2007，28(2)：73-78.

[6] 党胜国，权勃，闫建丽，等．小气顶低幅构造强底水油藏剩余油分布主控因素[J]．油气地质与采收率，2016，23(1)：129-132.

[7] 陈程，孙义梅．厚油层内部夹层分布模式及对开发效果的影响[J]．大庆石油地质与开发，2003，22(2)：24.

[8] 张建宁，尤启东，郭文敏．高含水停采油藏剩余油再聚集敏感因素研究[J]．油气藏评价与开发，2015，5(3)：39-43.

[9] Jiao Yangquan, Yan Jiaxin, Li Sitian et al. Architectural units and heterogeneity of channel reservoirs in the Karamay Formation, outcrop area of Karamay oil field, Junggar basin, northwest China [J]. AAPG Bulletin, 2005, 89(4): 529-545.

[10] 曾祥平．储集层构型研究在油田精细开发中的应用[J]．石油勘探与开发，2010，37(4)：483-489.

[11] 吴胜和．储层表征与建模[M]．北京：石油工业出版社，2010：228 -234.

[12] 孙焕泉．油藏动态模型和剩余油分布模式[M]．北京：石油工业出版社，2002：59-61.

[13] 李胜利，于兴河，高兴军，等．剩余油分布研究新方法—灰色关联法[J]．石油与天然气地质，2003，24(2)：175-178.

[14] 李志鹏，林承焰，李润泽，等．利用油气势能预测油藏开发后期剩余油富集区[J]．特种油气藏，2012，19(2)：69-72.

[15] 李胜利，于兴河，高兴军，等．生产动态和油藏静态结合研究剩余油分布的理论与方法[J]．资源与产业，2006，8(2)：63-66.

现代沉积与密井网资料在微相建模中的应用

王志宝　罗波波　孙廷彬

(中国石化中原油田分公司)

摘　要　沉积微相建模一致是地质建模中的难点，多点地质统计学建模借助于“训练图像”，它是多点地质统计学的输入参数、其准确性是建模成功的关键，本文主要针对濮城油田沉积微相建模中训练图像的建立，提出了利用现代沉积资料与密井网观察资料建立训练图像；利用建立的训练图像进行了沉积微相建模，分析结果表明，利用此种方法建立的训练图像用来建模后模型模拟结果符合率较高。

关键词　地质建模；多点地质统计学；现代沉积；训练图像；沉积相模拟

1　概况

油藏精细描述是油田开发中后期主要研究的工作，精细描述的核心是油藏地质模型，相控建模是地质模型建立的主流方法，而“三步法相控建模”逐步取代“两步相控建模”，“三步相控建模”的首要工作就是建立合适的沉积微相模型[1-9]，油藏地质建模的核心沉积相模型，利用多点地质统计学进行相建模关键在于训练图像。

濮城油田文51块沙二下油藏储层为三角洲前缘亚相，多物源沉积，沉积微相平面相变快，纵向间互叠置，变化大，储层以2~3m薄储层为主，小于3m占75%；目前的相建模方法难以在这种复杂沉积环境下，准确的描述出这种复杂的储层沉积微相变化规律及不同相带间的接触关系。

2　利用多点地质统计学相建模方法

如何建立精确的沉积微相地质模型一直是学者们追求的目标，国内外学者多利用密井网区资料、野外露头和现代沉积，结合传统的两点地质统计学方法进行微相的随机模拟研究。相对于传统的两点地质统计学而言，多点地质统计学方法可以描述具有复杂空间结构和几何形态的地质体，是今后地质统计学发展的方向。多点地质统计学应用的难点在于训练图像的制作，以往训练图像的制作以密井网区资料为基础，密井网区资料虽可以获取微相的长宽数据，但不同微相的平面形态特征更依赖于地质人员的推测。现代沉积可以直观表述不同微相的平面特征。

利用鄱阳湖三角洲现代沉积获取不同微相的平面形态特征，利用密井网资料得到水下分流河道的宽度数据，二者结合建立定量且符合现代沉积的训练图像，对多点地质统计学模拟方法进行约束，并对研究区沉积微相进行随机模拟。

2.1　野外露头观察建立训练图像

训练图像的建立是多点地质统计学方法应用的基础，首先利用鄱阳湖三角洲沉积确立三角洲前缘不同微相的平面形态特征，再利用濮城油田主体沙二下局部密井网资料确定水下分流河道和河口坝微相的宽度数据，二者相结合，最终建立定量的三角洲前缘训练图像。

鄱阳湖位于长江以南，江西省北部，赣江、抚河、修水、信江、饶河5河汇入，湖底平坦，水较浅，平均深度为8.4m，湖盆倾斜坡度小。赣江流域面积占鄱阳湖流域总面积的49.9%，过南昌后分西、北、中、南4支入湖。以汇入鄱阳湖的赣江中支河道形成的三角洲朵叶体为例(图1)，在受人类活动影响较小的区域，利用卫星图像(平面分辨率30m)揭示河控三角洲前缘水下分流河道与河口坝砂体三维几何形态，分析水下分流河道与河口坝的平面特征并测量二者的长度、宽度数据。

三角洲前缘水下分流河道在形成演化时，随着河流流入湖盆，湖水顶托作用使河口坝砂体形成，河口坝阻碍作用导致河道开始分叉，形成新的分流河道。通过对鄱阳湖三角洲的观测发现。分叉角度分布在20°~60°之间，其中30°~40°区间所占比例最大，接近60%，50°~60°区间次

【作者简介】王志宝(1986—)，男，2008年6月毕业于中国石油大学(华东)获得工学学士学位；工作于中国石化中原油田分公司勘探开发研究院，工程师，主要从事油藏精细描述工作；E-mail：316855177@qq.com

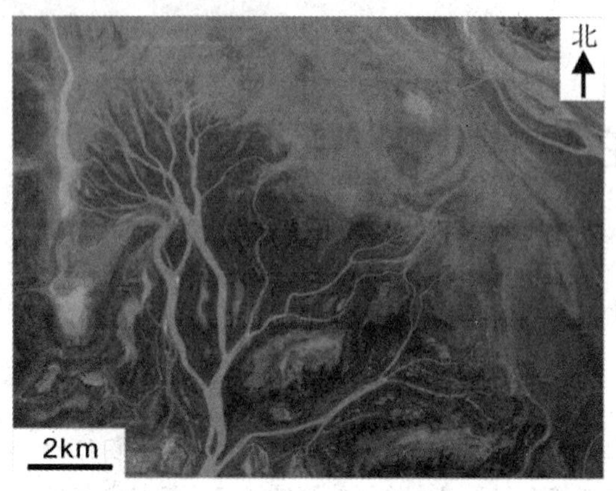

图 1　鄱阳湖三角洲卫星图片

之，占 25%左右，其它区间比例较小。

河道宽度变化趋势：首先，沿河道流向，河道宽度总体呈减小趋势。其次，河道宽度减小速率与河道分叉有十分密切的关系，0～3000m 分叉前河道宽度变化不大，3000～9000m 的河道快速分叉期内，河道的宽度保持了较高的减小速率，最大 10m/388m，平均 10m/703m，河道宽度迅速下降，9000m 以外河道分叉频率低，河道宽度减小率较低，河道宽度变化减缓(图 2)。

河口坝形态

通过对鄱阳湖现代沉积中河口坝的平面形态观察，发现主要呈两端锐角收敛的狭长心滩状河口坝和物源方向锐角收敛的三角状河口坝两种(图 3)。

(1) 狭长心滩状河口坝

平面形态表现为长轴端锐角收敛，中心部位宽度最大，类似于辫状河心滩，其形态主要受水下分流河道发育的限制，因水下分流河道的分叉在顶部形成锐角状，在末端同样受到分流河道的分叉与合并的影响，形成锐角收敛。这种形态的河口坝主要发育在三角洲的中上部。

(2) 三角状河口坝

平面形态为物源方向锐角收敛的三角状河口坝，其物源方向的形态由水下分流河道的分叉控制，因此物源方向呈锐角状，而末端随着水下分流河道的分叉、发散并消亡，最终河口坝末端的形态不再受河道控制而收敛。其河口坝规模不一，主要发育在三角洲前缘的中下部。

不同微相砂体规模及长宽比

将分流河道上次分叉与下次分叉之间的长度定义为单一分流河道，测量其长度与宽度，测量结果表明，水下分流河道长度集中在 500～

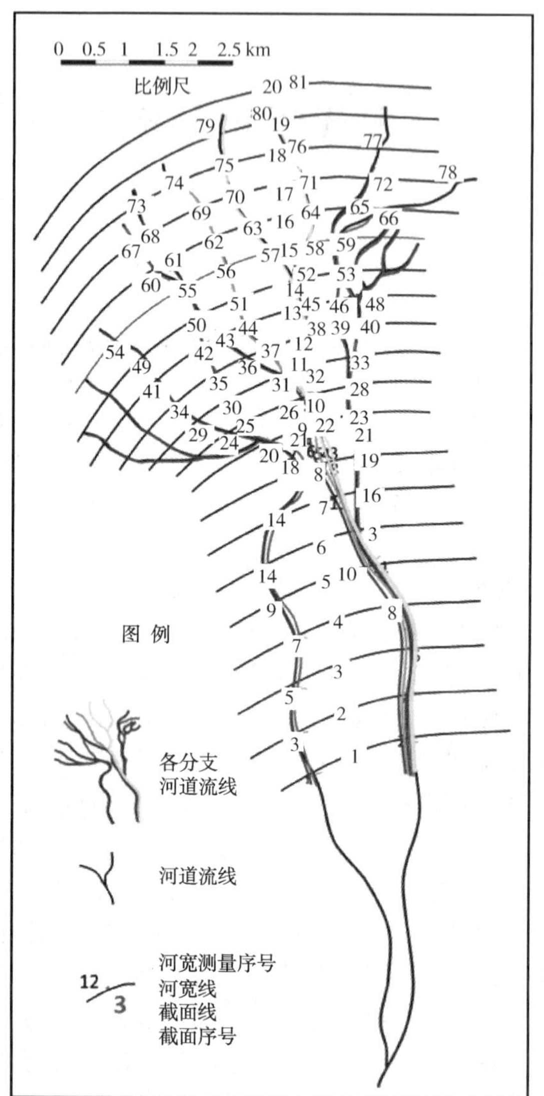

图 2　河流三角洲分支河道及定量表征测点分布图

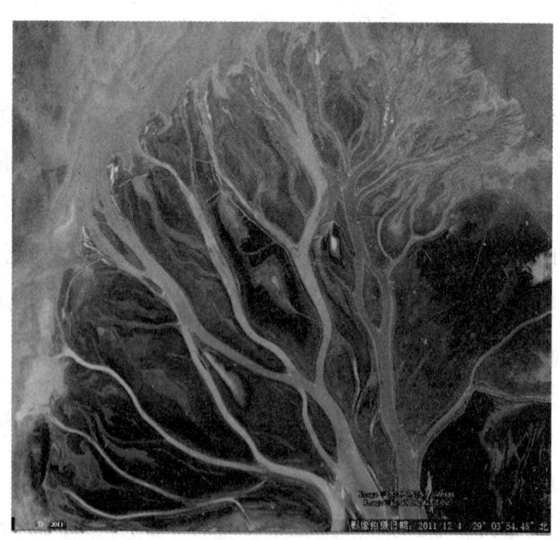

图 3　鄱阳湖河口坝卫星图

1000m，平均为 900m，宽度集中在 30～150m，平均为 90m。平面上共划分出 31 个单一河口坝单元，其中在三角洲前缘中上部的心滩状河口坝有 11 个，河口坝长度为 750~2730m，宽度为 230~850m。在三角洲前缘下部，因分流河道持续分叉，数量增多，河口坝的数量也相应增多，河口坝有 20 个，平面形态主要为三角状河口坝，河口坝规模变化较大，河口坝长度为 160~3600m，宽度为 100~1400m。两类河口坝的长度集中在 500~1500m，宽度为 250~750m。鄱阳湖三角洲测量的河口坝长宽比为 1.17~6.89，平均为 3.28，河道长宽比为 2~41，平均为 15，水下分流河道的长度与宽度之间无相关性[10]。

2.2 密井网区微相观察分析

根据密井网区资料可以确立不同微相的发育规模，研究区主要为水下分流河道与河口坝沉积。首先对研究区单井微相类型进行解释，然后在局部密井网区选择垂直物源连井剖面，测量不同微相在剖面上的发育规模。测得的河道厚度与河道宽度、河道宽度与延伸长度关系(表 1)。参考鄱阳湖三角洲水下分流河道与河口坝的发育规模，认为结果可信。

表 1 河道厚度与河道宽度、河道宽度与延伸长度关系表

厚度/m	宽度/m	延伸长度/m
1.5~2	60~120	70~140
2~4	80~160	105~485
4~6	110~260	300~1200
6~8	150~320	700~1800
8~10	240~380	1000~2800

2.3 研究区的训练图像

综合研究区资料及现代沉积研究结果，建立合理而定量的训练图像。在密井网区，通过连井对比剖面的分析，研究区水下分流河道的宽度约为 100m，河口坝宽度大于 150m。从鄱阳湖现代沉积研究中得到了三角洲前缘不同微相的平面发育特征，包括水下分流河道锐角分叉，河道每分叉一次宽度减至原宽度的 0.75 倍，研究区内河口坝形态以狭长心滩状为主、长宽比约为 3.2[10]。根据研究区的沉积背景，结合以上定量和定性数据，在 Petrel 软件中建立研究区的训练图像(图 4)，训练图像反映了研究区微相的定量分布模式，重点在于表达储层变化的空间结构性，同时定量反映了微相的发育规模。

3 模拟沉积微相

以井点测井相为硬数据，借助现代沉积与密井网资料得到的训练图像对沉积微相进行模拟，建立目的层沉积微相模型。

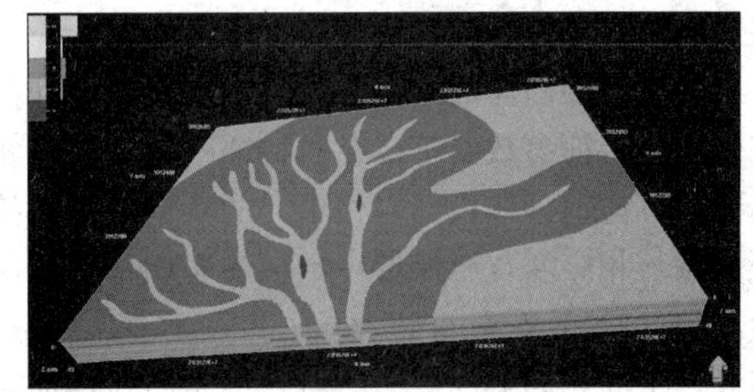

图 4 研究区三维训练图像

etrel 软件的多点地质统计学采用 Snesim 算法，本次研究以井点测井相为硬数据，借助现代沉积与密井网资料得到的训练图像对沉积微相进行模拟，建立目的层沉积微相模型。利用 Snesim 算法对研究区沉积微相进行随机建模。包括准备数据、扫描训练图像以构建搜索树、选择随机路径、序贯求取各模拟点的条件概率分布函数并通过抽样获得模拟实现，这一过程通过 Petrel 软件自动完成。沉积微相模拟结果在完全忠实于井信息基础上，再现了训练图像表达的几何形态和空间展布，不仅反映了训练图像的结构性，在两种不同微相的发育规模上也与训练图像设定的规模相吻合。由于 Snesim 算法本身存在不连续性的特点，导致局部水下分流河道出现不连续的现象，可以在后期工作中需要人机交互进行相应的处理。

建模步骤如下：按等时对比原则将储层划分为多个建模单元；用多信息约束建立砂体骨架模型；在砂体骨架模型的严格约束下建立河道砂体岩相模型；最后用变差函数将上述各类信息综合在一起，用岩相模型约束建立高精度储层参数模型。

3.1 搜索模板的设置

完成训练图像建立后，下一步就要从训练图像中提取多点统计数据，首要是要建立合适的搜索模版。搜索模版的数据是来自研究区的实际数据，用一个搜索模版对训练图像进行扫描，同时统计出被模拟点的砂体概率。一般来说，搜索模版越大，那么模拟结果越接近于合理。但是，由于计算量的关系，搜索模版又不能无限的大。在实际应用中一般取为区块总网格数目的 1/2 或 1/3。搜索模版可以是圆形，椭圆形，矩形，实际中矩形为首选。

进行合理的河道砂体的相控建模应具有 3 个

层次的约束条件：

河道骨架砂体的分布要符合地质规律，即河道砂体的特征参数要符合经验特征参数和平面相趋势；各河道砂体内部岩相单元的垂向与侧向接触关系与相序变化要保持一致；各岩相单元的属性参数的分布概率与硬数据(井点数据)一致。因此，平面相趋势约束、地质知识库经验特征参数指导、相序及相比例控制、统计概率保持一致是进行非均质河道砂体相控建模的必要条件。建模过程中应先建立河道砂体骨架模型，在骨架模型的约束下建立岩相模型，最后在岩相模型的约束下建立属性模型，即多级相控建模。当然，在进行多级相控之前地层单元的划分必须遵循等时控制原则，要分析基准面旋回变化对沉积物分布的影响，而不是简单数理统计，若将不同时间段的沉积体作为一个层单元来模拟，则可能混淆不同等时单元的实际地质规律，导致所建模型不能客观地反映地质实际。

3.2 储层预测数据约束沉积微相模型

地震资料在油藏建模中作为软数据，具有纵向分辨率很低，横向分辨率较高的特点。测井资料在油藏建模中作为硬数据，具有纵向分辨率很高，横向分辨率很低的特点。用地震数据约束测井数据建模(图5)可以有效降低沉积相井间分布的不确定性，尤其是井网稀疏区域和距井位较远的区域。在多点地质统计建模方法中，允许软数据以概率数据的形式对硬数据进行约束，硬数据(测井资料)与软数据(地震资料)有效结合的关键在于如何将地震资料有效的转化为概率数据，参与到整个油藏建模过程中。

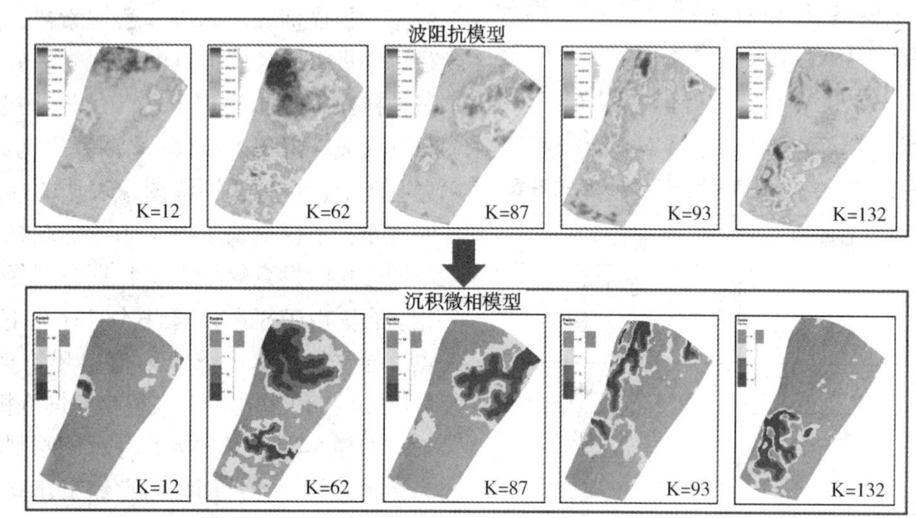

图5　储层预测成果约束沉积微相建模图

3.3 模型检验

对于建立好的地质模型，需要验证其合理性与不确定性。模型的检验是地质模型用于指导生产之前的必要步骤。

(1) 单井沉积微相粗化检验

储层建模时使用的条件数据是原始测井曲线值离散到模拟网格中的数据。就本次研究而言，条件数据对原始数据的忠实性检验问题实质就是数据离散前后的误差问题，这一误差与模型网格的精度，主要是纵向精度有直接关系，与建模方法等因素无关。

(2) 抽稀井检验

抽稀井检验方法是指从研究区内抽出一定数量的井作为检验井，不参与模拟，用剩余的井作为井检查模型的符合率，对比抽稀井砂体的吻合程度，重点对比抽稀井位置处模拟结果与实钻数据的吻合程度。抽稀井的数量一般不宜超过总井数的20%，这是因为抽取过多的井可能会造成概率统计量前后变化过大，不利于模型保持其稳定性。在进行抽稀井检验时，所选抽稀井的数目以及抽稀井的位置应具有代表性，最好在工区内均匀地分布。本次抽取3口井。抽稀后的模型各微相的分布基本与抽稀井误差较小(表2)，说明之前建立模型是稳定合理的。

(3) 井组连通情况验证

井组动态分析显示，模型预测的井组砂体连通正确率大于90%井占90%(表3)，模型预测的井间砂体分布可靠性较高。

表 2　井组连通情况验证表

层号	W51 197			XW51 168			W51 172		
	实站厚度/m	预测厚度/m	相对误差/%	实站厚度/m	预测厚度/m	相对误差/%	实站厚度/m	预测厚度/m	相对误差/%
S2X11	0.0	0.0	0.0	0.0	0.0	0.0	0.0	0.0	0.0
S2X12	0.0	0.0	0.0	0.0	0.0	0.0	0.0	0.0	0.0
S2X13	0.0	0.0	0.0	0.0	0.0	0.0	0.0	0.0	0.0
S2X14	1.1	1.1	-1.8	0.8	0.8	-2.5	0.0	0.0	0.0
S2X21	1.2	1.1	-8.3	0.0	0.0	0.0	3.0	2.8	-6.7
S2X22	0.0	0.0	0.0	0.0	0.0	0.0	0.0	0.0	0.0
S2X23	0.0	0.0	0.0	3.5	3.6	2.9	0.0	0.0	0.0
S2X24	2.6	2.7	3.8	4.5	4.3	-4.4	3.6	3.7	2.8
S2X25	0.0	0.0	0.0	0.0	0.0	0.0	1.4	1.3	-7.1
S2X26	0.0	0.0	0.0	0.0	0.0	0.0	1.0	0.9	-10.0
S2X27	0.0	0.0	0.0	1.0	0.0	0.0	0.0	0.0	0.0
S2X31	0.0	0.0	0.0	0.0	0.0	0.0	0.9	0.0	-100.0
S2X32	2.7	2.6	-3.7	5.0	4.83	-14.0	2.2	2.1	0.0
S2X33	1.1	1.1	-1.8	1.6	1.7	6.2	1.4	1.4	0.0
S2X53	0.7	0.6	-14.3	1.3	1.2	-7.7	0.8	0.8	-5.0
S2X54	1.5	1.5	0.0	1.9	1.8	-5.3	0.0	0.0	0.0
S2X55	2.0	1.9	-5.0	0.8	0.0	-100.0	0.0	0.0	0.0
S2X56	4.1	3.8	-7.3	0.0	0.0	0.0	2.1	0.0	-100.0
S2X57	0.0	0.0	0.0	1.3	1.1	-15.4	1.4	1.3	-7.1
S2X58	2.4	2.3	-4.2	1.8	1.7	-5.6	2.5	2.6	4.0
S2X61	1.6	1.7	6.2	2.4	2.5	4.2	1.8	1.9	5.6
S2X62	0.0	0.0	0.0	1.4	1.5	7.1	0.0	0.0	0.0
S2X63	0.0	0.8	0.0	0.0	0.0	0.0	0.0	0.0	0.0
S2X64	2.4	2.3	-4.2	0.0	0.0	0.0	1.0	0.9	-10.0
S2X65	0.0	0.0	0.0	2.6	2.4	-7.7	0.8	0.8	-2.5
S2X66	0.0	0.0	0.0	0.0	0.0	0.0	0.0	0.0	0.0
S2X71	1.3	1.2	-7.7	0.8	0.8	-2.5	1.2	1.3	8.3
S2X72	3.4	3.6	5.9	1.0	0.9	-10.0	1.6	1.7	3.1
S2X73	0.0	0.0	0.0	5.9	5.7	-3.4	2.5	2.4	-4.0
S2X74	0.0	0.0	0.0	0.0	0.0	0.0	1.0	1.0	0.0
S2X75	2.1	2.0	-4.8	1.0	0.0	0.0	1.0	1.0	-5.0
S2X76	3.3	3.2	-3.0	0.6	0.7	8.3	7.8	7.9	1.3
S2X81	4.5	4.4	-3.2	2.6	2.5	-3.8	5.0	4.8	-4.0
S2X82	1.8	1.9	5.6	n	—	0.0	1.0	1.0	
S2X83	0.8	0.0	-100	n	—	0.0	3.5	3.4	-2.9
S2X84	0.8	0.0	-12.5	n	—	0.0	3.6	3.7	2.8
S2X85	2.4	2.3	-4.2	n	—	0.0	0.8	0.8	
总厚度	43.8	43.0	-3.9	41.4	38.0	-15.2	58.8	49.0	-1.3
钻遇率	28.0	27.0	96.4	29.0	28.0	96.6	34.0	31.0	91.2

表 3　抽稀井检查

井组名	预测连通个数	动态验证连通个数	连通正确率
P72C	7	6	85.7
W51-62	11	10	90.9
W51-96h	13	12	92.3
W51-221	9	9	100.0
W51-226	14	13	92.9
W51-90	19	18	94.7
W51-79	17	16	94.1
W51-59	18	17	94.4
W51-170	10	10	100.0
W51-52	11	10	90.9

4　相控属性模拟

通过对石油地质的理论研究以及对多年生产实践经验的总结，不同的沉积微相中的物性分布规律是有差异的。因此影响孔、渗、饱属性模型的因素不仅仅是由数据分析所得到的统计规律，更重要的是用来做控制的沉积相模型。

属性模型主要是指孔隙度模型、渗透率模型、有效厚度模型以及流体模型，它是精细油藏描述中的核心部分。高精度的属性模型可准确预测有利目标的空间展布，是油气开发方案部署和调整的依据。本次属性模型的建立主要是在岩相模型、沉积微相模型以及沉积微相—岩石相模型的框架内，测井二次解释数据为输入数据，应用前期储层精细评价中的沉积微相分布特征、储层参数的测井计算和评价、储层非均质性认识、储层的分类评价、储层的展布特征等相关资料为约束条件，通过序贯高斯随机模拟对建模过程加以趋势约束，对井间孔隙度、渗透率加以约束建立研究区的高精度三维属性模型。沉积微相约束孔隙度的模拟结果(图 6)分析可知，储层物性较好的区域主要分布在河道砂岩相，其次是前缘砂岩相，最差为远砂相，这也充分说明不同类型不同成因的岩性对储层物性起关键性的控制作用。由模拟结果可得出物性较好的区域，含油饱和度(图 7)也相对较高，与先期地质研究成果相符。由此可知应用相控建模的方法模拟效果较好。采用相控建模方法，正是从沉积环境的成因角度来指导建模过程，利用沉积相带的平面展布和垂向演化趋势来约束建模结果。

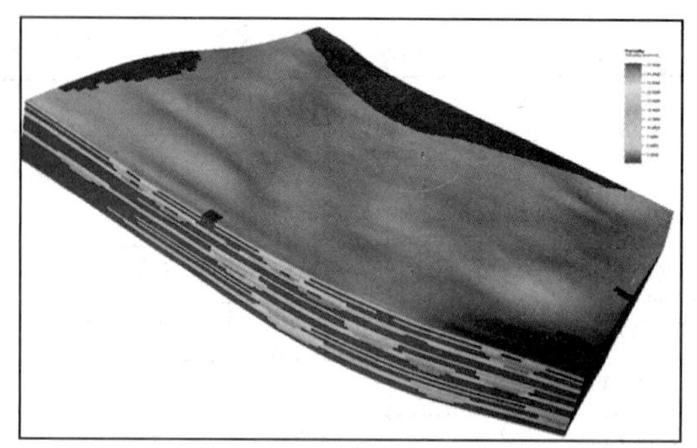

图 6　51 小层孔隙度模型

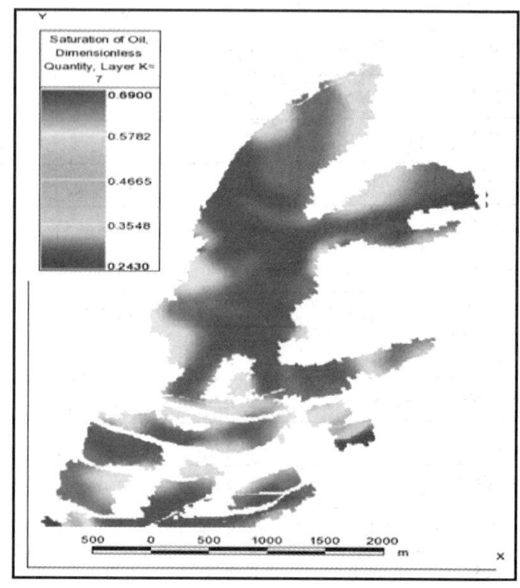

图 7　相控 J-函数法油藏初始含油饱和度

5　现场应用效果及效益分析

5.1　调整挖潜建议

精细沉积微相及相控约束属性建模、数模下，发现油藏潜力进行细分调整，提出对濮侧 72 井组进行细分注水(图 8)、挖潜剩余油，濮 72 侧井措施目的：分注强化薄差层动用。

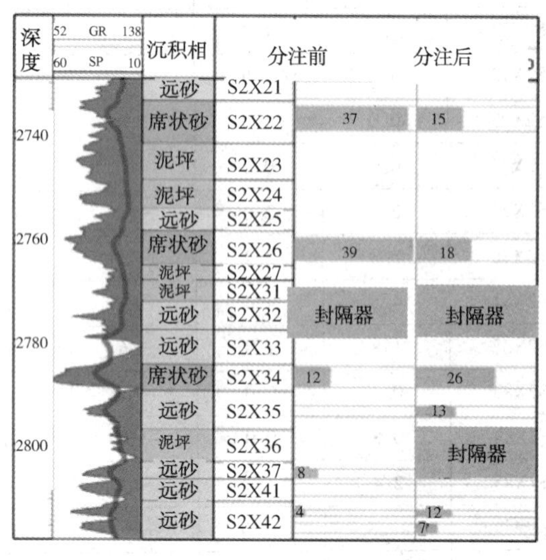

图 8　濮 72 井分注情况图

通过数模分析认为在文 51-53 井高部位赋存大量剩余油(图 9)，结合井网，部署文 51-侧 53 井(图 10)挖潜剩余油。

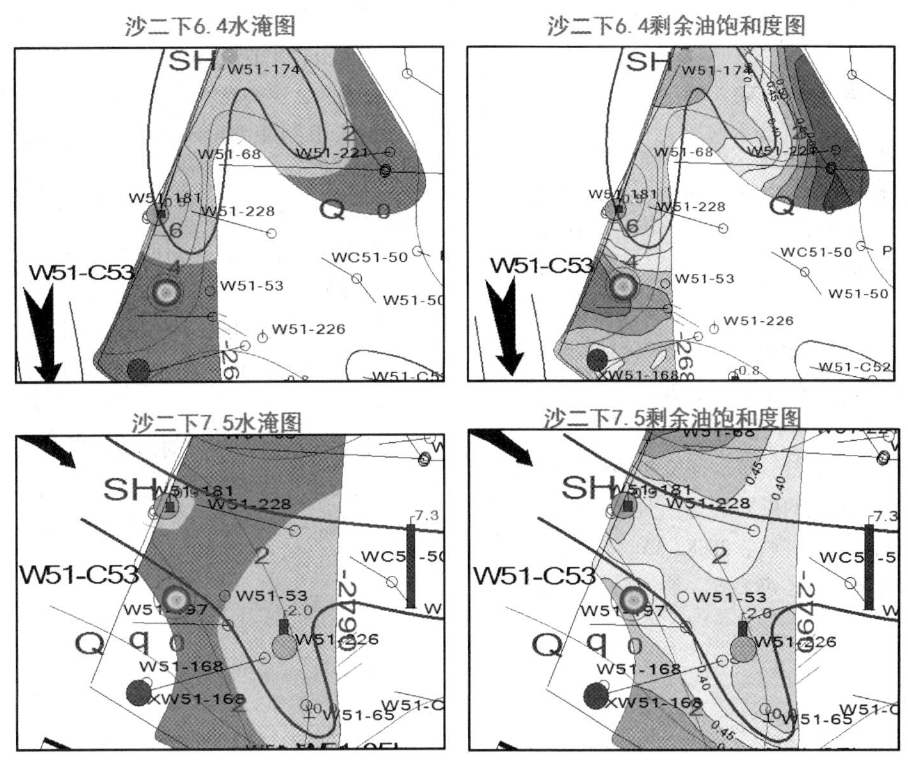

图 9　文 51-53 井区剩余油分布图

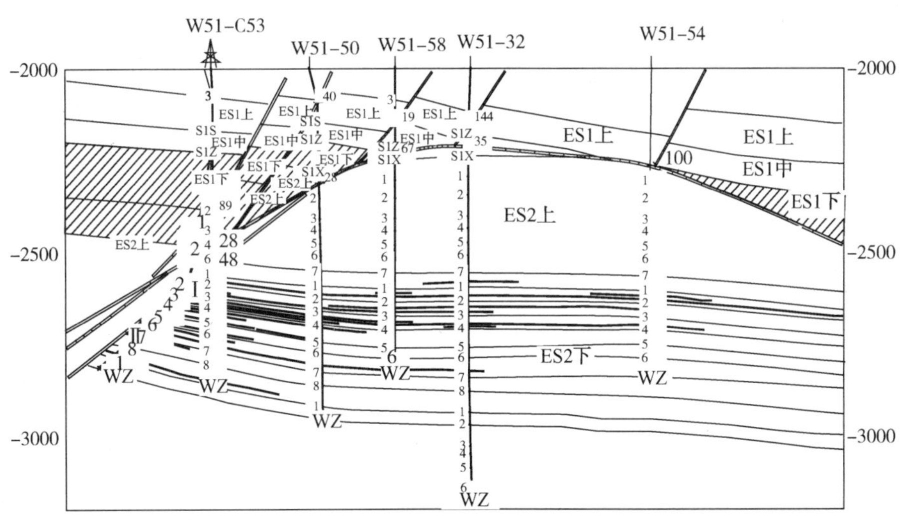

图 10　文 51-侧 53 井设计剖面

5.2　现场应用

濮 72 侧井措施分注强化薄差层动用，实施措施后文 51-70 井见效后日增油 2.7t，目前累增 2653t，增油效果显著。

通过对多点地质统计学沉积微相随机建模研究；描述出分析出各个沉积微相的展布规律。为剩余油分布规律研究提供科学依据。多点地质统计学着重表达多点之间的相关性，克服了两点地质统计学的不足，应用多点地质统计学方法进行沉积相随机建模，可较好将先验地质模式融入到地质建模中，表征复杂沉积环境下，不同相带间的接触关系，对于提高该油藏储层描述精度和可靠性有重要意义。。为剩余油分布规律研究提供科学依据。

6　结论

应用现代沉积资料和密井网资料建立的训练

图像进行相建模，可较好将先验地质模式融入到地质建模中，表征复杂沉积环境下，不同相带间的接触关系，对于提高油藏储层描述精度和可靠性有重要意义。

参 考 文 献

[1] 段天向，刘晓梅，张亚军，等 . petrel 建模中的几点认识[J]. 岩性油气藏，2007，19(2)：102-107.

[2] 刘建华，朱玉双，胡友洲，等 . 安塞油田 H 区开发中后期储层地质建模[J]. 沉积学报，2007，25(1)：110-115.

[3] 计秉玉，赵国忠，王曙光，等 . 沉积相控制油藏地质建模技术[J]. 石油学报，2006，27(增刊)：111-114.

[4] 于兴河，李胜利，赵舒，等 . 河流相油气储层的井震结合相控随机建模约束方法[J]. 地学前缘中国地质大学(北京；北京大学)，2008，15(4)：33-41.

[5] 于兴河，陈建阳，张志杰，等 . 油气储层相控随机建模技术的约束方法[J]. 地学前缘(中国地质大学(北京))；北京大学)，2005，12(3)：237-244.

[6] 韩登林，张昌民，李忠，等 . 油气田开发中后期的储层三步建模法———以赵凹油田为例[J]. 地质科技情报，2007，26(5)：109-112.

[7] 吕建荣，王晓光，钱鑫，等 . 地质建模技术中的沉积微相约束[J]. 断块油气田，2009，16(3)：14-16.

[8] 吕晓光，张永庆，陈兵，等 . 深度开发油田确定性与随机建模结合的相控建模[J]. 石油学报，2004，25(5)：60-64.

[9] 周丽清，熊琦华，吴胜和 . 随机建模中相模型的优选验证原则[J]. 石油勘探与开发，2001，28(1)：68-71.

[10] 段冬平，侯加根，刘钰铭 . 多点地质统计学方法在三角洲前缘微相模拟中的应用[J]. 中国石油大学学报(自然科学版)，2012，36(2)：22~26.

稠油开发方式转换阶段沉积微相研究及应用

荐　鹏　王熙琼　雷霄雨　许　卉

(中国石油辽河油田公司)

摘　要　稠油开发方式转换阶段的蒸汽驱、SAGD、火驱等开发方式更注重储层连通性、注采对应关系及非均质性等研究，需提高对沉积微相的研究精度，以实现相控注采井网部署与层系井网优化设计的目的。本文以辽河油田稠油蒸汽驱开发主力区块之一的Q40块为例，针对吞吐阶段沉积微相研究的精细性、系统性、定量性相对薄弱的问题，以区域化建立单井相划分标准、精细化表征微相砂体展布形态和规模，系统化分析微相对砂体物性和渗流能力的控制作用为重点，充分利用高密度井网资料与丰富的静动态数据，结合注采受效方向及开发效果评价，采用测井相识别、岩心刻度测井单井相解剖、优势相分析、动静态结合等方法，开展沉积微相精细描述。沉积微相精细描述实现了研究精度由砂岩组细化至小层、研究内容从宏观向微观的转变。通过剖析沉积作用对汽驱渗流屏障形成的控制作用，辅助建立定量识别标准，从而起到有效预测渗流屏障，落实汽驱优势通道分布特征，制订针对性汽驱调控措施，提高油藏动用程度的作用。

关键词　沉积微相；开发方式转换；汽驱优势通道；注采连续性分析

1　研究背景

稠油在油气资源中占有很大比例，其开采得到普遍关注。目前稠油开发方式日益多样，从开发初期的蒸汽吞吐，发展到目前开发方式转换阶段的蒸汽驱、SAGD、火驱等开发方式。研究重点也从单井评价、降压开采向驱替机理、注入介质优选、井网优化组合等方面转变，需更加注重储层连通性、注采对应关系及非均质性等研究。

随着油气田勘探开发工作的发展，国内外对沉积相划分精度越来越细，对沉积相研究的要求越来越高。因研究与应用目的差异，资料及手段不同，形成了岩性微相、测井微相、地震相、沉积微相计算机自动识别等研究方法。综合应用地质和物探信息、动态数据等资料，对沉积微相进行多层次逐级细分。

沉积微相作为储层评价的主控因素之一，目前研究内容以相模式、物源方向、砂体展布特征为主[1-2]，忽视了单井微相区块差异化建立、沉积微相细分，相带与砂体空间形态关系的研究，因此，迫切需要更全面的资料和寻找更完善的方法来支撑沉积微相的精确划分和精细描述，以满足目前研究精度的需求[3,4]。

本次研究以开发方式转换为中心，多种资料相结合，总结沉积微相描述关键技术，完善沉积微相细分流程及方法，探讨开发方式转换阶段沉积微相研究重点及其对汽驱优势通道宏观分布和储层质量微观差异的控制作用，从而指导汽驱开发调整。

2　基本沉积特征

Q40块为在斜坡背景发育起来的、被断层复杂化的单斜构造，蒸汽驱开发目的层位L油层，属中~厚互层状高孔、高渗储集层，油藏类型为中~厚层状边水稠油油藏。

Q40块L油层为辽河断陷盆地深陷初期湖盆边缘的沉积产物，泥岩颜色较浅，以浅灰~浅绿灰色为主，富含介形类化石，主要有华北介属，藻类主要为粒面渤海藻，偶见白云母碎片，均反映浅水的沉积环境。

重矿物分析表明，矿物成份以绿帘石为主，其次是钛磁铁矿、锆石，重矿物稳定系数为0.42，说明距物源区较近。由北向南，稳定系数逐渐增大，储层岩性变细，砾石含量减少、砾径由大变小，反映物源来自与北部。

Q40块L油层为褐色含油砂岩与浅灰~灰绿色泥岩组合，岩性分布比较分散，粒度变化范围大(图1)。含油砂岩主要为中~细砂岩、粉砂岩，

【作者简介】荐鹏(1975—)，男，1998年毕业于大庆石油学院石油与天然气地质勘查专业，2006年大庆石油学院地质工程硕士毕业，辽河油田勘探开发研究院，高级工程师，从事油田开发地质研究工作，E-mail：caipeng03@petrochina.com.cn。

纵向上与泥岩间互组成复合旋回(图 2)。

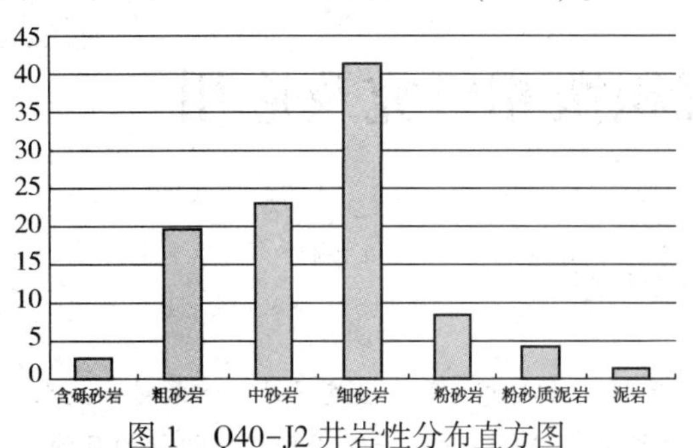

图 1　Q40-J2 井岩性分布直方图

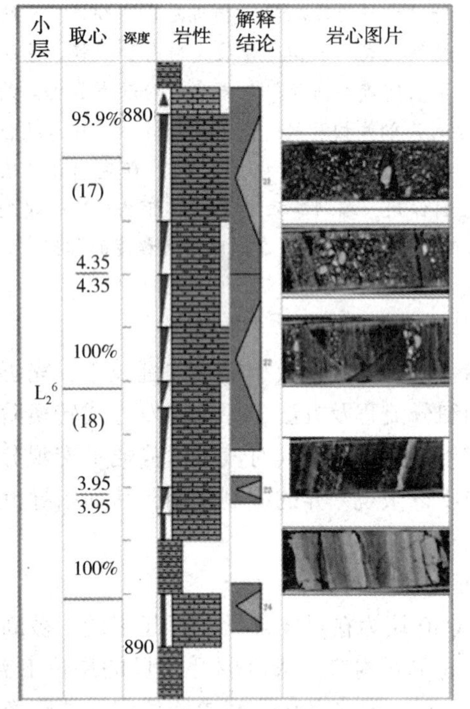

图 2　Q40-13-0242 井岩性组合柱状图(880m~890m)

岩心观察可见强水动力下的交错层理、平行层理、底冲刷构造等牵引流作用下的层理类型(图 3)。

根据粒度资料分析，L 油层粒度概率累积曲线主要表现为两段式、三段式和多段式三种类型。其中以跳跃和悬浮组分为主，滚动组分较少，反映重力流沉积特点的多段式比较少见[5](图 4)。C-M 图由 PQ 和 QR 段构成，C 值在 0.2~2.0mm 之间，M 值在 0.04~0.6mm 之间(图 5)。粒度特征分析表明 L 油层以牵引流为主。

综合以上特征，可以判定 Q40 块 L 油层的沉积环境为近源、构造坡降较大的粗碎屑扇三角洲。

3　主要研究内容

3.1　研究特点

Q40 块在开发初期阶段沉积微相研究已取得一定认识，但受当时资料、技术等局限，研究的

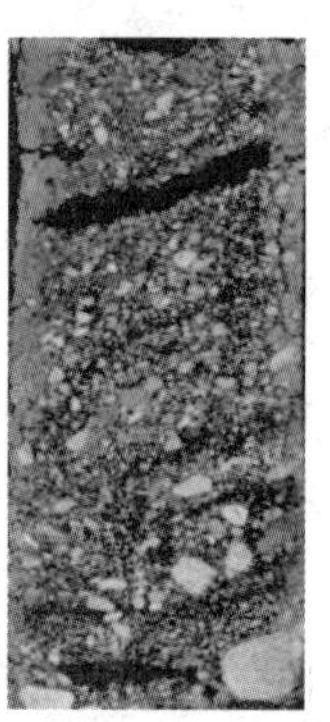

交错层理,含砾砂岩　　粒序层理,含砾砂岩

脉状交错层理,含砾砂岩　　平行层理,含砾砂岩

图 3　Q40-13-0242 井岩心照片

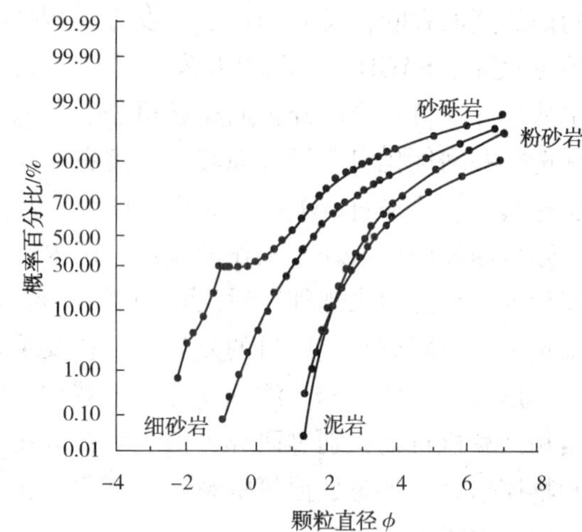

图 4　Q40-1-301 井 L 油层粒度概率累积曲线

精度无法满足目前开发方式转换阶段蒸汽驱开发的需要。本次沉积微相研究较以往具有资料更丰富，描述更精细，方法更完善的特点。资料更丰富体现为新增 700 余口井资料，填补部分区域完钻井资料空白；并且现有取心井 10 口，可提供丰富的取心井资料和分析化验数据；将研究结果结合开发动态调整，更具有现实依据。描述更精细体现为沉积微相划分更加精细，细分水下分流河道和河道侧缘，突出储层物性变化；同时描述单元由砂岩组细化到小层；并依据取心资料分区

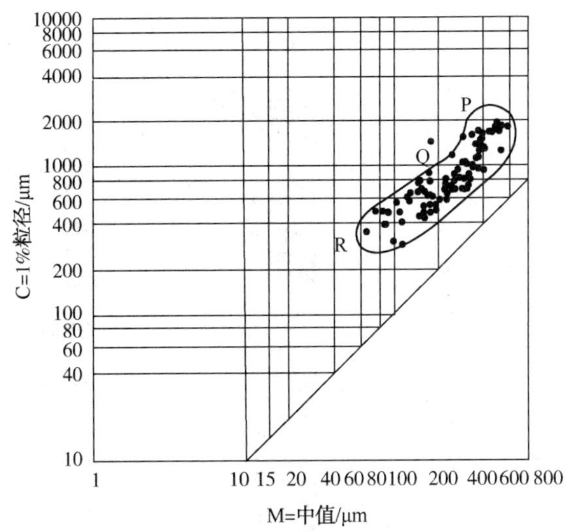

图 5　Q40-13-0242 井 L 油层 C-M 图

域建立单井相划分标准，单井相建立突出区域化特征。方法更完善体现为引入概率累积曲线、测井曲线齿中线形态精细描述、优势相分析及动静态结合等方法，提升研究的准确性。研究过程中井点密度的增大，使研究的精细程度提升，单井岩心相分析的丰富，使研究的理论和事实依据更牢靠，多种研究方法是综合应用，使研究结果互相验证，更趋近地质事实。

3.2　沉积微相标志准确识别与建立

通过对 Q40 块基本沉积特征的研究，按细分需要，确定扇三角洲前缘的沉积微相类型有水下分流河道、河道侧缘、河道间、河口坝、前缘薄层砂，结合岩心观察取样分析，总结沉积微相类型与测井曲线形态、岩性组合及粒度概率累积曲线对应关系(表 1)。

表 1　Q40 块沉积微相相标志特征表

	水下分流河道	河道侧缘	河道间	河口坝	前缘薄层砂
岩性	含砾粗砂岩、砂砾岩	含砾中砂岩、含砾细砂岩	砂质泥岩、泥岩	中细砂岩、粉砂岩	砂质泥岩、泥岩夹细砂岩
砂岩厚度	4～7m	<2m	1～3m	2～3m	
物性	渗透率较高	渗透率相对较低	—	渗透率中等，上部大于下部	渗透率中等
粒序	正粒序	正粒序	—	反粒序	细粗细完整粒序
曲线形态	箱形、齿中线内收敛	钟形、齿中线内收敛	齿中线平行	齿形、外收敛	指形、齿上线上倾平行
粒度概率累积曲线	由悬浮总体和两个跳跃次总体组成。缺乏滚动总体	以跳跃总体为主。相对河道粒径偏细	基本上都由单一的悬浮总体组成	为斜度较高的双跳跃两段式和单跳跃两段式	沉积物粒径极细，分选极好

水下分流河道：取心资料分析显示，岩性以含砾细砂岩、砂砾岩为主，砂岩厚度 4～7m，渗透率较高，正粒序比例大。粒度概率累积曲线由悬浮总体和两个跳跃总体组成。测井曲线高幅，上下幅度基本保持不变，形态呈箱形，齿中线内收敛[6]。

河道侧缘：岩性以含砾中砂岩、含砾细砂岩为主，砂岩厚度 2～4m，渗透率相对较低。粒度曲线以跳跃总体为主，较河道粒径偏细。测井曲线下部幅度大，向上幅度降低，呈现钟形，齿中线内收敛。

河道间：岩性以砂质泥岩、泥岩为主，砂岩厚度小于 2m。粒度概率累积曲线基本由单一悬浮总体组成。测井曲线低幅，平直，齿中线平行。

河口坝：岩性以中细砂岩、粉砂岩为主，砂岩厚度 1～3m，渗透率中等，且上部大于下部。粒度概率累积曲线反映悬浮总体发育，粒度较细，分选很好。测井曲线呈现下部幅度小，向上幅度变大的漏斗形，齿中线外收敛。

前缘薄层砂：岩性以砂质泥岩、泥岩夹细砂岩为主，砂岩厚度 2~3m，渗透率中等。粒度概率累积曲线反映沉积物粒度细且分选好，测井曲线呈指形，齿中线上倾平行。

稠油开发方式转换阶段沉积微相相标志确立过程中，对测井曲线的分析不仅继承了开发初期阶段对曲线幅度、形态、光滑度等描述，更加强对齿中线组合形态的刻画。同时，补充建立各微相类型与粒度概率累积曲线特征对应关系。通过齿中线组合形态的描述和粒度概率累积曲线的分析，深化对各类型沉积微相沉积时水动力条件的认识，使得方式转换阶段的相标志特征较开发初期阶段更为明确。

3.3 单井相差异化分析

由于 Q40 块区块面积大，不同构造位置地质主控因素、储层发育特征明显不同，为使描述更精细，划分成中部主体区、北西部高倾角区、北东部隔夹层发育区、西南部薄层砂分布区及东南部边水区五个区域(图 6)。选取每个区域的典型取心井精细解剖，开展单井相差异化研究(图 7、图 8)。

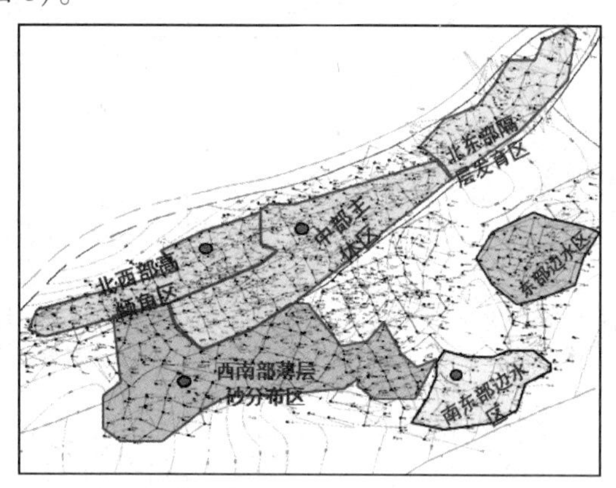

图 6　Q40 块沉积相分区研究分布图

在相标志识别的基础上，分区域建立单井相划分标准(表 2)。对比水下分流河道较为发育的主体区、高倾角区以及不甚发育的西南薄层砂区、东南边水区单井相特征，区别建立各沉积微相类型的划分标准。不同于开发初期阶段全区统一标准的情况，方式转换阶段的划分标准更突出同类沉积微相类型发育的区域化差异。以水下分流河道砂体厚度划分标准为例，主体区和高倾角区的标准为 4~7m，在东南边水区和西南薄层砂区标准可降低到 3~4m。

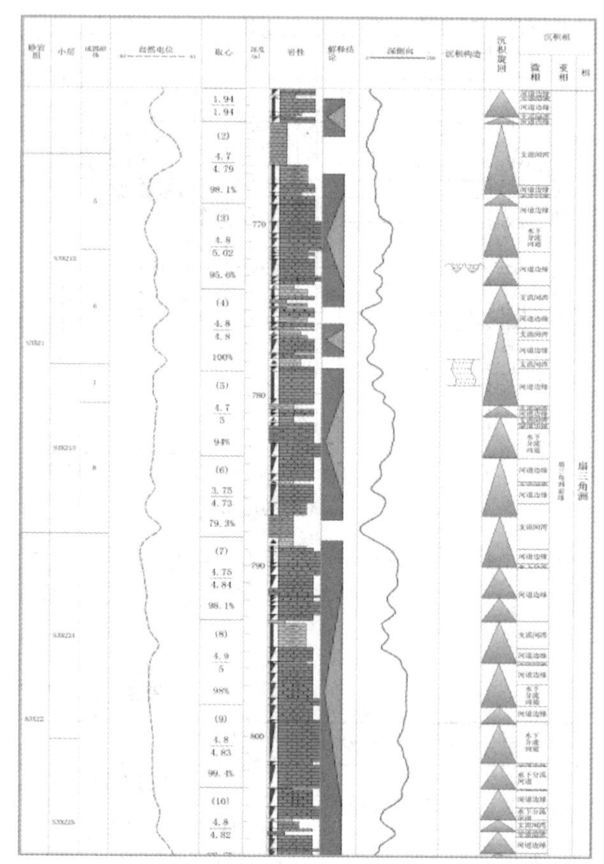

图 7　北西部高倾角区 Q40-18-K281 井单井相综合柱状图

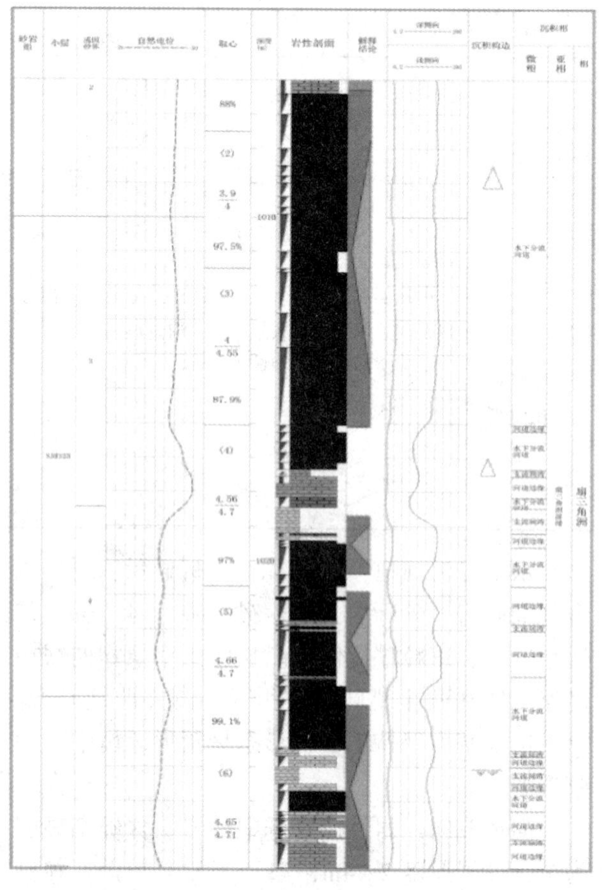

图 8　东南部边水区 Q40-1-301 井单井相综合柱状图

表 2　Q40 块分区沉积微相砂体厚度统计表

微相类型＼区域	主体区	高倾角区	东南边水区	西南薄层区
水下分流河道	4~7m	4~7m	3~4m	3~4m
河道侧缘	2~4m	2~4m	1~3m	1~3m
河道间	<2m	<2m	<1m	<1m
河口坝	1~3m	1~3m	1~3m	1~3m
前缘薄层砂	2~3m	2~3m	2~3m	2~3m

3.4　沉积微相平面展布特征精细描述

对于研究区沉积微相平面展布图的绘制，首先利用优势相代表某一时间段内的沉积相。依据各井岩性类型及比例、砂岩百分含量等岩性特征，平面上对岩石类型分区并确定优势相，进而辅助沉积微相的平面划分[7]（图 9）。

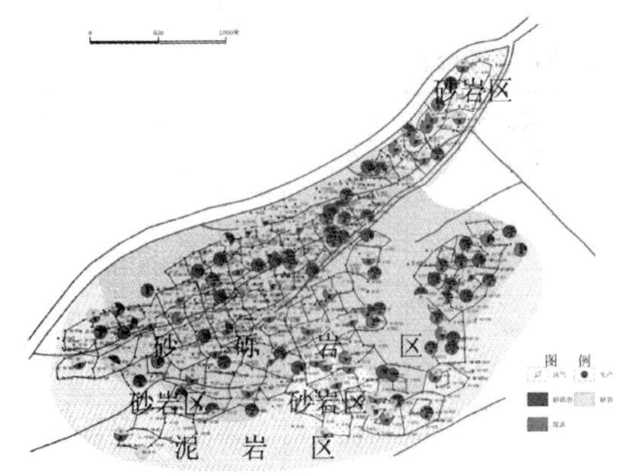

图 9　Q40 块 L Ⅱ$_{23}$小层优势相分析图

利用确定的沉积相标志和相应的划分标准，精细划分沉积微相，并绘制沉积微相平面分布图（图 10）。

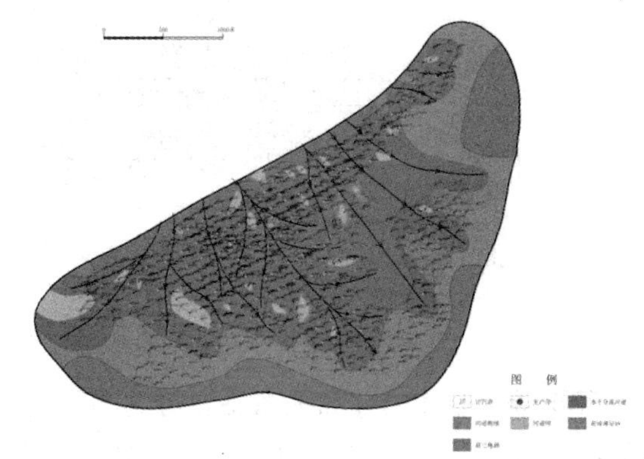

图 10　Q40 块 L Ⅱ$_{23}$小层沉积微相平面图

开发方式转换阶段的动态资料较开发初期阶段更为丰富，可以通过参考开发受效效果分析及井温等动态监测资料，辅助河道主流向的确定。通常河道主流向与高温高压区域及汽驱的优势方向一致。方式转换阶段沉积微相研究可应用开发动态资料，减少研究的多解性，使划分依据更加充分（图 11）。

3.5　沉积微相砂体叠置关系与渗流能力评价

在沉积微相精细研究的基础上，平剖结合，在沉积微相剖面上，以小层为单元，纵向描述不同沉积微相接触关系及砂体叠加模式，确定各微相砂体几何形态和规模（图 12），并且统计分析沉积微相砂体的孔隙度、渗透率、净总比等物性参数并定量表征（表 3）。

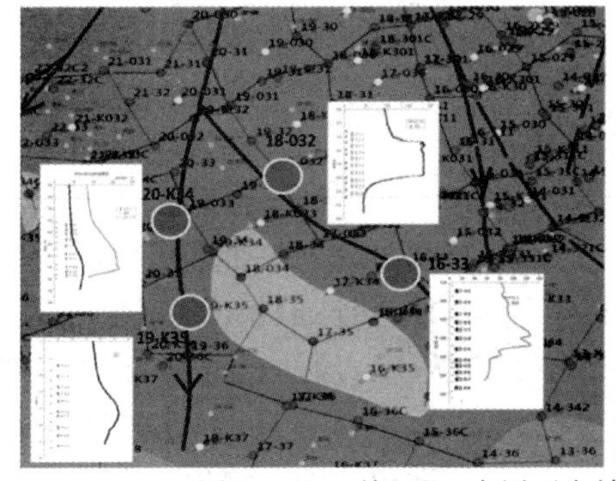
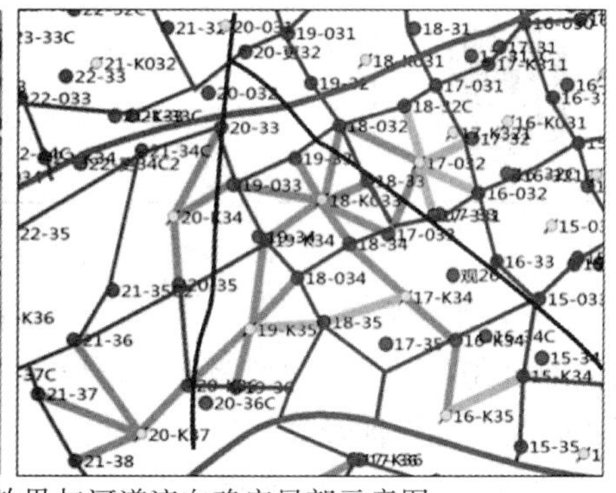

图 11　Q40 块 L Ⅱ$_{23}$小层开发效果与河道流向确定局部示意图

表 3　Q40 块不同沉积微相砂体规模及物性参数统计表

沉积微相	平面形态	剖面形态	长/m	宽/m	厚度/m	孔隙度/%	渗透率/mD	净总比
水下分流河道	条带状	上平下凹	500~1200	100~300	>4	25	1500~2400	0.78
河道侧缘	心月状	上平下凹	<500	<100	2~4	20	800~1600	0.68
河口坝	朵状	下平上凸	<300	<200	2~4	23	1300~2200	0.72
分流河道间	条带状	透镜状	<400	60~500	<2	18	300~900	0.57
前缘薄层砂	舌状	楔状透镜状	100~300	200~300	1~3	21	1200~1900	0.67

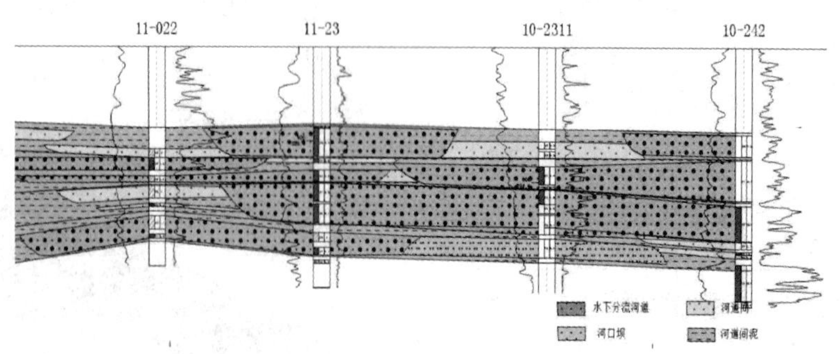

图 12　Q40-11-022~10-242 井莲花油层沉积微相剖面图

沉积微相砂体的叠加关系主要分为多期水下分流河道叠加、水下分流河道与河道侧缘叠加、水下分流河道与河口坝叠加三种类型。渗流能力在蒸汽驱开发过程中是一个重要的影响因素，采用夹层分布、最高渗透率位置、渗透率级差和垂渗平渗比值为标准对叠置的微相砂体进行渗流能力评价(表 4)。通过对比，单一水下分流河道砂体渗流能力最好，多期水下分流河道的渗流能力好于水下分流河道与河道侧缘、河口坝的叠加。

表 4　Q40 块沉积微相砂体叠置渗流能力评价表

沉积微相	岩性组合	渗透率韵律性	夹层分布	最高水平渗透率位置	渗透率级差	垂直渗透率/水平渗透率	渗流能力评价
单一水下分流河道			泥质薄层位于中上部	底部	<3	0.96	好
多期水下分流河道叠加			泥质薄层分布于河道叠加处	叠加处	3~5	0.84	较好
水下分流河道+河口坝			泥质薄层位于中下部	叠加处	5~8	0.76	中
河道侧缘+水下分流河道			泥质薄层位于中上部	底部	>8	0.63	差

4　应用研究

4.1　相控井网部署和井网重组

沉积微相精细研究对注采井网部署具有指导作用。不同沉积微相类型物性及非均质性存在差异，通常蒸汽优先沿各水下分流河道主流线突进，尽管有时多个水下分流河道微相砂体连接形成一个较宽的含油砂体，但侧向连通性较差，因此注采井网优先部署在渗透率好、非均质性弱、连续厚度大于 5m 的同一水下分流河道微相发育区域，通过沉积微相结合剩余油分布规律研究，进行相控井网重组。对于因注汽井位于河道间而导致剩余油富集、井组受效差的井组，可通过重组注采关系，调整位于水下分流河道的井为注汽井，提高注采连通性。以剩余油富集井组 Q40-16-K37 为例，原注汽井 Q40-16-K37 位于河道间微相，与两侧河道微相生产井储层连通性较差。通过重组井网，将位于水下分流河道微相的 Q40-17-37 井与 Q40-14-K37 井调整为注汽井，可有效改善汽驱效果(图 13~图 15)。

4.2　汽驱优势通道分析

汽驱优势通道是受储层自身先天条件控制，在开发过程中受注采对应关系、注采强度等一系列因素影响而形成的一种渗流通道，是先天和后天共同作用和体现的结果表征。水下分流河道发育区，储层砂体厚度大，储层物性好，高渗区条带状分布，蒸汽可沿主流线方向优先突进，是汽驱优势通道形成的有利位置。将沉积微相研究结果与地震连续性和生产效果结合，可指导分析优势通道平面分布特征。汽驱优势通道主要存在于水下分流河道的主河道，构造上倾部位，主力受效高温方向。采用灰色关联分析和模糊聚类分析，建立汽驱优势通道评价标准。评价分为两类，Ⅰ类汽驱优势通道形成于水下分流河道发育区、有效砂体厚度一般为4.4m，平均渗透率2.651μm²，变异系数0.59、夹层频率平均为0.25个/m，而Ⅱ类汽驱优势通道主要形成于河道侧缘微相，平均有效砂体厚度为2m，平均渗透率2.370μm²，变异系数0.52、夹层频率平均为0.45个/m(表5)。

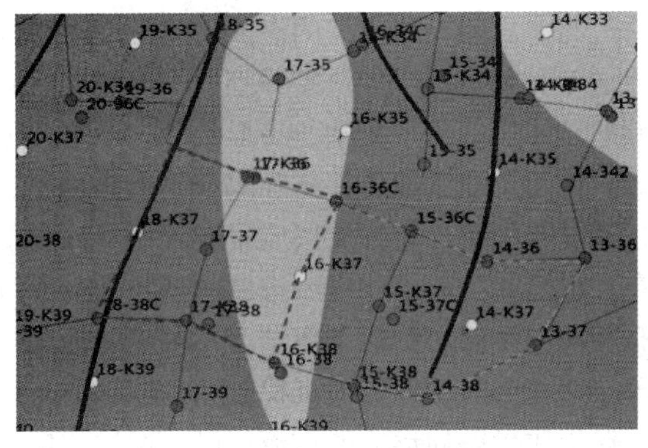

图13　Q40-16-K37井组LⅡ$_{11}$小层沉积微相平面图

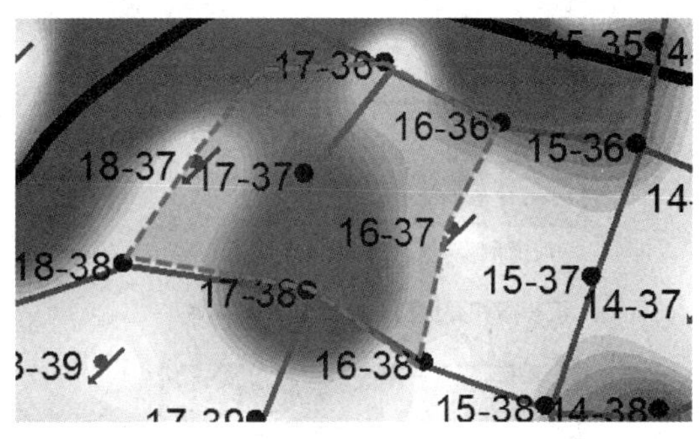

图14　Q40-16-K37井组LⅡ$_{11}$小层剩余油平面图

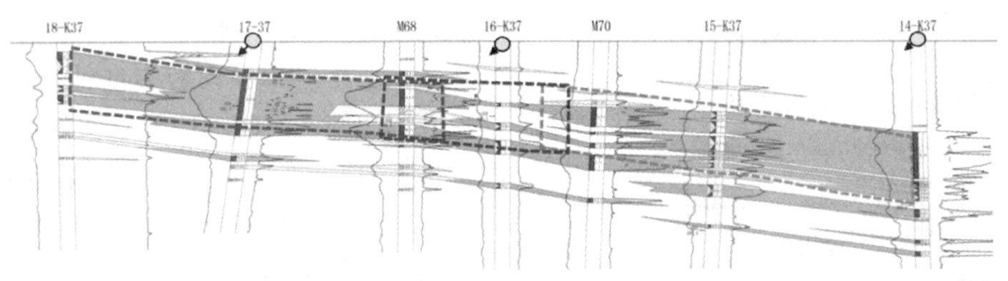

图15　Q40-16-K37井组重组井网油藏剖面示意图

表5　Q40块汽驱优势通道评价标准表

类别	样本个数	砂厚/m	渗透率/($10^{-3}\mu m^2$)	变异系数	夹层频率个/m	沉积微相
Ⅰ	69	1.2~12.3(4.4)	1025.5~5538.2(2651.4)	0.16~1.76(0.59)	0~0.68(0.25)	水下分流河道
Ⅱ	15	0.8~4.3(2.0)	1258.5~3970.8(2369.7)	0.22~0.87(0.52)	0.18~0.67(0.45)	水下分流河道侧缘

汽驱优势通道的存在往往导致蒸汽过早突破，改善蒸汽效果重点在于如何精准确定优势通道分布位置及识别标准，从而采取分段重组注汽层段等调控措施，减小波及程度差异，提高汽驱采注比，扩大汽腔波及范围。

4.3　渗流屏障预测

渗流屏障为分隔连通砂体的，或是对流体流动具有阻断性控制作用的地质体，通常为确定的物理界面。结合沉积微相研究成果，分析渗流屏障分布特征，研究发现沉积作用形成的渗流屏障与泥岩隔夹层和储层非均质性有关。泥岩隔夹层形成汽驱渗流屏障主要有三种模式：

(1)河道侧缘~河道间~河道侧缘沉积微相叠加型。此类泥岩隔夹层发育于河道间沉积微相，以黏土沉积为主，含少量的粉砂和细砂。砂质沉积多是洪水季节河床漫溢沉积的结果，常为黏土夹层或呈薄透镜状。研究区内此类泥岩隔夹层纵向发育最多，占比例高达69%。

(2)河道侧缘~河道间~水下分流河道沉积微相叠加型。此类泥岩隔夹层发育于河道间沉积微相，是由三角洲河口砂坝经湖水冲刷作用使之再分布于其侧翼，主要发育泥质粉砂岩类隔夹层。研究区内此类泥岩隔夹层纵向发育较少，占比例较小，为20%。

(3)水下分流河道~河道间~水下分流河道沉积微相叠加型。此类泥岩隔夹层位于水下分流河道前方，是由河流带来的砂泥物质在河口处因流速降低堆积而成，一般分选好，质较纯；当砂泥供应量大，且砂与泥比率低时，河口砂坝相对发育，发育的隔夹层规模相对较小，反之发育的隔夹层规模相对较大；发育的隔夹层岩性主要为泥质粉砂岩类。研究区内此类泥岩隔夹层纵向发育很少，占比例最小(图 16)。

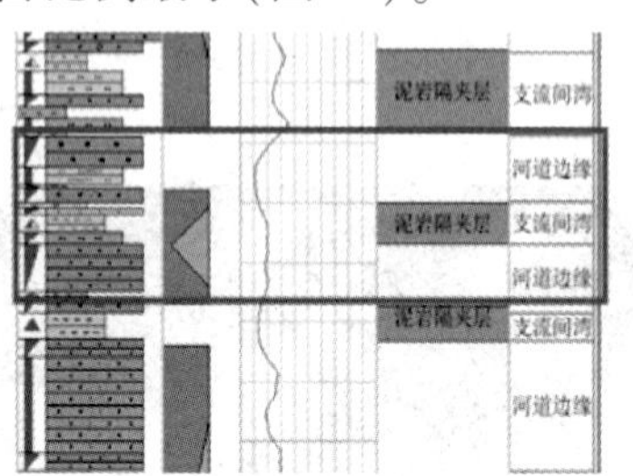

河道侧缘–河道间–河道侧缘

沉积微相叠加型泥岩夹层渗流屏障

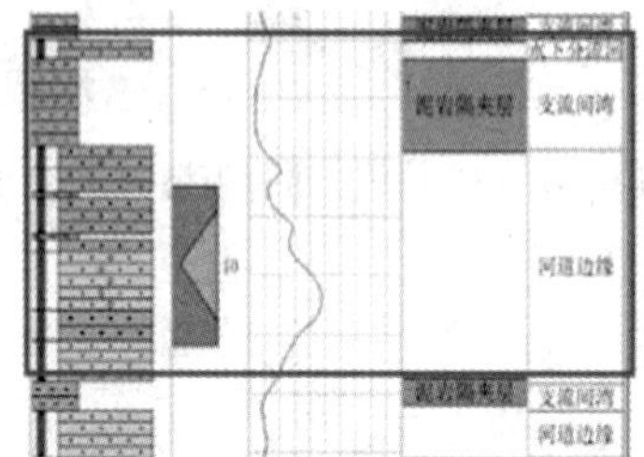

河道侧缘–河道间–水下分流河道

沉积微相叠加型泥岩夹层渗流屏障

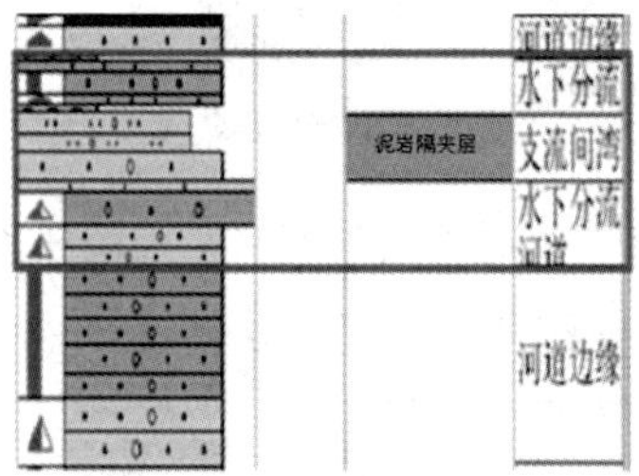

河道侧缘–河道间–水下分流河道

沉积微相叠加型泥岩夹层渗流屏障

图 16　泥岩隔夹层汽驱渗流屏障形成模式

另一类渗流屏障类型为由储层非均质性形成。储层非均质性可分为层间非均质性和层内非均质性。层间非均质性是由于多期水下分流河道的频繁摆动，使不同微相在纵向上交错叠加造成的。其导致蒸汽波及动用不均，高渗层动用好，低渗层动用差，这种物性差异所形成的渗流屏障对蒸汽波及影响很大。层内非均质性的形成受沉积韵律影响。正韵律上部、反韵律下部的低渗层段，较难连通，影响汽驱动用程度。

与泥岩隔夹层有关的渗流屏障类型有砂体不连通型和相控储层质量差异型。不同沉积微相间储层砂体接触关系复杂，易形成砂体不连通型屏障。可通过地震波形特征和蚂蚁体追踪分析，描述其分布位置。相控储层质量差异型屏障主要分布在河道间、河道侧缘所控制的低物性区，沉积微相研究和储层物性参数结合，可更好的反映其分布特点。对于该类由沉积微相砂体横向不连通或储层质量差异形成的渗流屏障，通过相控井网部署和注采井网调整，提高蒸汽波及体积。

与储层非均质性有关的渗流屏障类型有层间非均质性和厚层沉积韵律型。层间非均质性型可通过储层质量差异参数表征结合动态监测资料，逐井逐层筛选汽驱动用差层，判别层间非均质型屏障发育位置。厚层沉积韵律型屏障多发育在5m 以上厚层反韵律下部。通过厚层单砂体追踪结果结合剩余油分布，可实现对该类型渗流屏障的预测。对于该类由沉积微相砂体纵向叠置或韵律性形成的渗流屏障，可对厚层含油富集区细分汽驱层段开发及直平组合汽驱挖潜。

沉积微相是渗流屏障形成的主控因素，通过沉积微相精细研究能有效指导对沉积成因各类型渗流屏障分布预测，指导针对性调控措施的制定，从而提高稠油开发方式转换阶段中汽驱油藏采收率(表 6)。

表 6　Q40 块沉积成因渗流屏障分布模式与主要识别标志表

主控因素分析	屏障类型	分布模式建立	重点描述内容	识别标志	调整思路	针对性部署措施制定
砂体连通性	砂体不连通性		井间地震连续性评价	主要为叠置型地震波形，蚂蚁体数值 > 0.7，影响注采对应性	井组间接替	多井点采液井网
沉积微相	相控储层质量差异型		沉积微相研究	渗透率 < 500，蚂蚁体数值 0.3 ~ 0.7，影响蒸汽波	井点接替	相控井网部署

续表

主控因素分析	屏障类型	分布模式建立	重点描述内容	识别标志	调整思路	针对性部署措施制定
层间非均质性	层间非均质型		层间非均质性描述	地层系数<0.3，级差>4，纵向动用不均，单层突进	层间(内)接替	重组注汽层段
层内非均质性	厚层沉积韵律型		层内非均质性描述 单砂体追踪描述	反韵律底部，5m以上厚层下部热水驱替，动用程度低		直平组合蒸汽驱

5 认识

(1) 沉积微相研究在不同开发阶段所使用的研究方法及研究手段的侧重点均不同，不同开发阶段沉积微相研究具有继承性与独特性，针对特定阶段开展沉积微相研究，会进一步深化理论认识及指导开发调控措施的制定。

(2) 沉积微相研究需更注重运用先进技术方法，更充分利用新资料，提升研究精度。沉积微相研究成果在稠油开发方式转换阶段对开发调整具有指导作用，体现在相控井网部署和井网重组。

(3) 沉积微相研究是油田地质研究的重要组成部分，贯穿油田勘探开发的全过程，应针对不同开发阶段的任务与矛盾，针对性制定研究目的，提高研究精度，改善开发效果。

参 考 文 献

[1] 王伟锋，金强，徐怀民等．油藏描述中的沉积相研究[J]．沉积学报，1995，13(1)：94-101.

[2] 林畅松，张燕梅，刘景彦等．高精度层序地层学和储层预测[J]．地学前缘，2000，9(7)：111-117.

[3] 林承焰，董春梅，任丽华等．油藏描述技术发展及启示[J]．中国石油大学学报：自然科学版，2013，37(5)：22-27.

[4] 于兴河．油田开发中后期储层面临的问题与基于沉积成因的地质表征方法[J]．地学前缘，2012，3(19)：1-14.

[5] 袁文芳，陈世悦，曾昌民等．柴达木盆地西部地区第三系碎屑岩粒度概率累积曲线特征[J]．石油大学学报(自然科学版)，2005，29(5)：12-18.

[6] 李潮流，李谦．利用测井信息判识古流向的方法探讨[J]．测井技术，2008，32(5)：427-431.

[7] 王德玉，郑庆林，冯兴强等．优势相分析在白家海-五彩湾地区苍房沟群沉积相分析中的应用[J]．沉积与特提斯地质，2005，25(3)：87-93.

压裂水平井产能影响因素分析

张海军

(大庆油田有限责任公司)

摘　要　为了改善低丰度 PTH 油层的开发效果，2002 年以来，开展了水平井开发低丰度油藏现场试验，在开发过程中为了进一步提高水平井的动用效果，采取了压裂投产的方式。2007 年以来，已实施水平井压裂完井 114 口，占总井数的 65.14%，压裂段数 3~7 段，平均 5 段左右，压裂初期平均单井日产油 14.1t，是射孔投产井的 1.3 倍以上，压裂投产取得了较好的效果，但针对 PTH 油层水平井不同水平段长度、不同区块储层条件情况，优化缝间距、匹配合理布缝条数，将影响水平井压裂初期产能和累计产量。

关键词　储层物性；水平段长度；缝间距；压裂条数

近几年来，大庆外围低丰度薄差油层水平井开发技术迅猛发展，并取得了一定的成绩。水平井压裂投产的初期产能影响成为较受关注的研究课题[1]。目前国内对低丰度储层水平井压裂对初期产能影响的研究，主要是建立数值模型用于水平井产能预测[2]，并通过对表皮系数进行修正，分析压裂参数对水平井初期产能的影响，优化压裂施工参数[3]。并对压裂后初期产能进行预测，但针对合理压裂缝间距对水平井采出情况和投资回报率的对比资料相对较少，本文通过分析不同压裂井的储层条件、施工参数和累积产量情况进行资料对比分析，得出了一些认识，并提出了一些初步意见。

1　地质条件对压裂经产量影响因素分析

同一区块而言，不同裂缝条数，不同裂缝间距，初期产量、累计产量和阶段采出程度差异较大，通过数据对比分析造成初期产量差异较大，主要有两方面因数。

1.1　钻遇储层

对比分析 PTH 油层相对较好的 B603 区块和相对较差的 F483 区块的 2 口井，其中物性最好的 B603 区块 B78-P73 井钻遇砂岩长度 323m，钻遇渗透率最高的 $PI2_1-PI2_2$ 的渗透率为 79.7mD，孔隙度为 22.5%；F483 区块 F164-P136 井物性相对较差，钻遇砂岩长度 288m，渗透率最高的 $PI3-PI4_1$ 层渗透率为 53.3mD，孔隙度为 20.9%。压后初期 B78-P73 井初期日产油 12.1t，而 F164-P136 井初期日产油达到了 13.4t。从 2 口井对比的相带图可以发现，F164-P136 井钻遇靠近河道砂，压裂沟通优势相，提高压裂效果(图 1、图 2)。

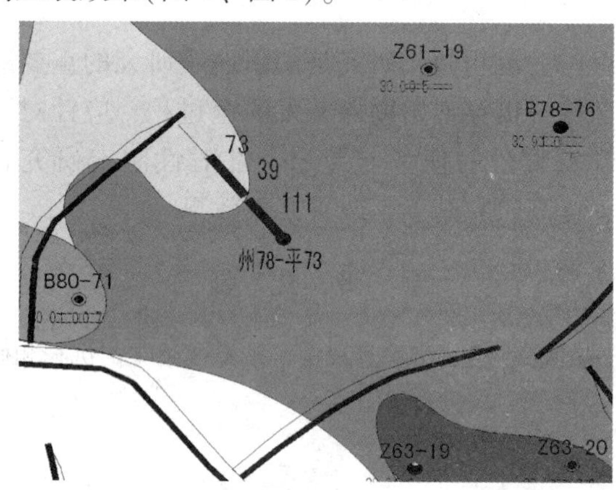

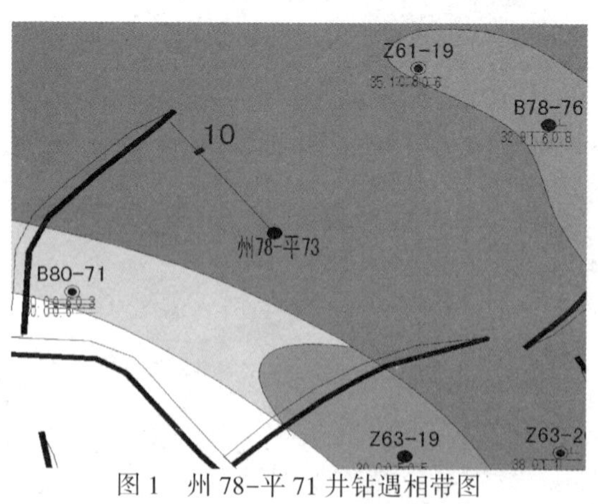

图 1　州 78-平 71 井钻遇相带图

【作者简介】张海军(1979—)，男，现工作单位为大庆油田有限责任公司第八采油厂工程技术大队，高级工程师，2003 年 7 月毕业于齐齐哈尔大学化学工程与工艺专业，本科学历，从事水平井采油工艺研究专业。E-mail：haijunzhang@petrochina.com.cn

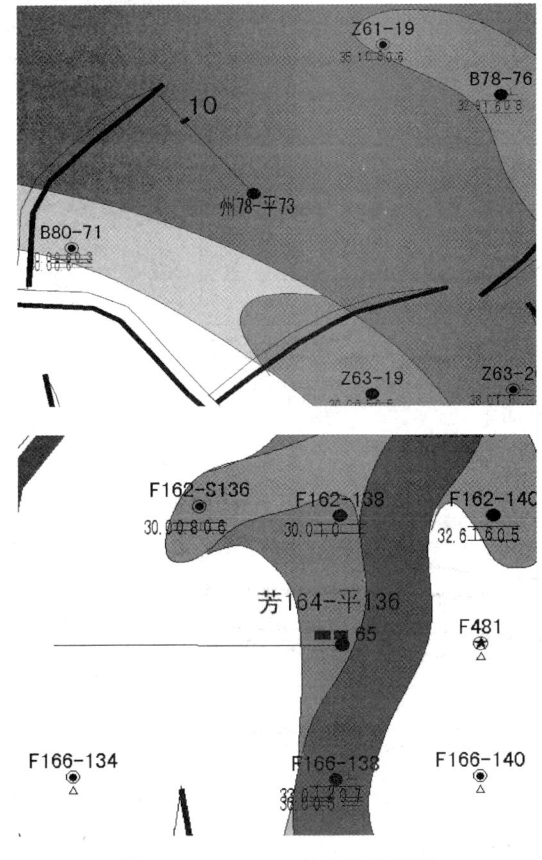

图 2　F164-P136 井钻遇相带图

1.2　含油砂岩长度

统计 ZB 油田 32 口水平井压裂初期产能与水平段钻遇砂岩长度散点图(图 3)可以看出，含油砂岩长度与初期产能虽然没有较好的对应关系，但压裂初期产能主要由钻遇的主体层位的发育情况决定。

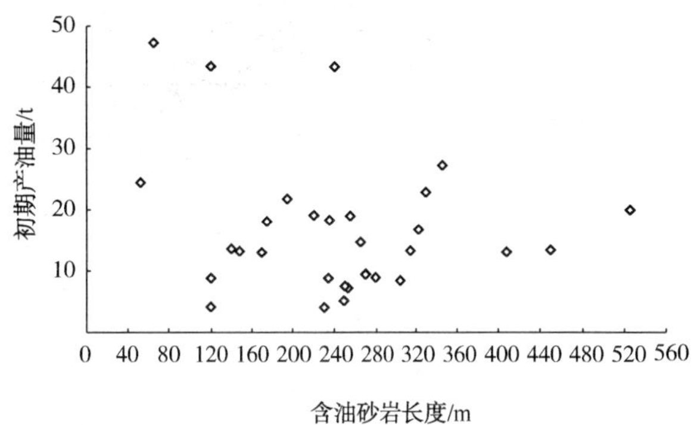

图 3　含油砂岩长度与初期日产油量散点图

1.3　布井方位

水平井的水平段展布方位与地应力有三种典型选择：一是与地应力方向平行；二是与地应力方向垂直；三是与地应力有一定的夹角。统计不同方位井的压裂效果，发现与地应力垂直效果较好，其它相对差点，但不是决定因数(见表 1)。

表 1　裂缝方位角对水平井压裂产能的关系表

方位	与地应力方向	统计井数口	平均单井含油长度/m	初期			累计产量/$\times10^4$t
				日产液量/t	日产液量/t	含水率/%	
南北或近南北	垂直或近垂直	6	347	16.7	15.3	8.5	1.6325
东西或近东西	平行或近平行	15	339	14.0	12.1	13.5	1.3451
北西南东或北东南西	有一定夹角	10	232	15.1	13.9	7.9	1.4905

2　施工参数对压裂井的产量影响因素

2.1　裂缝条数

统计 Z40 区块 11 口不同压裂段数的水平井，在水平段钻遇砂岩长度相差不大的情况下(见表 2)，并不是裂缝条数越多，水平井的初期产能就越高，从图 4 统计的日产量变化曲线可以看出由于裂缝增多，裂缝间距变小造成裂缝间的干扰，使产量随裂缝条数的增加不可能线性的增加；从图 4 和图 5 统计的变化曲线可以看出：在控制的储量不增加的情况下，缝越多，单条缝控制的储量就越少，因此裂缝条数越多，水平井产能并非就越高，而在开发后期由于裂缝条数过多，易造成含水上升过快，导致产油量快速下降。因此对于特定的储层，在水平段长度和储量一定的前提下，合理的裂缝数和裂缝间距决定其最终的产能。

表 2　对比 11 口压裂水平井的钻遇数据表

压裂段数/段	井数/口	水平段长度/m	钻遇砂岩长度/m	控制储量/$\times10^4$t
压裂 4 段	3	557	233	3.69
压裂 5 段	3	562	241	4.11
压裂 6 段	3	548	238	3.83
压裂 7 段	2	576	252	4.06

2.2　施工规模

统计 ZB 油田 B57 区块分段压裂的 21 口井数据表中(表 3)可以看出，对比相同裂缝条数的压裂井，压裂规模的大小对初期产能和累积产量没有好的对应关系，压裂规模对产能的影响不起决定性因数；但随着裂缝条数的增加，布缝间距的缩小，初期产能和累积产量都有明显得的上升。从统计数据可以看出，随着裂缝条数的增加，产量非线性增加，但加砂量的增加，效果增加不明显。

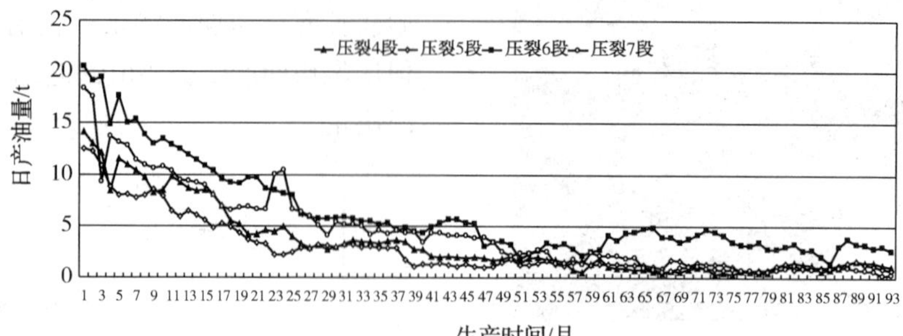

图 4　压裂段数与日产量的曲线图

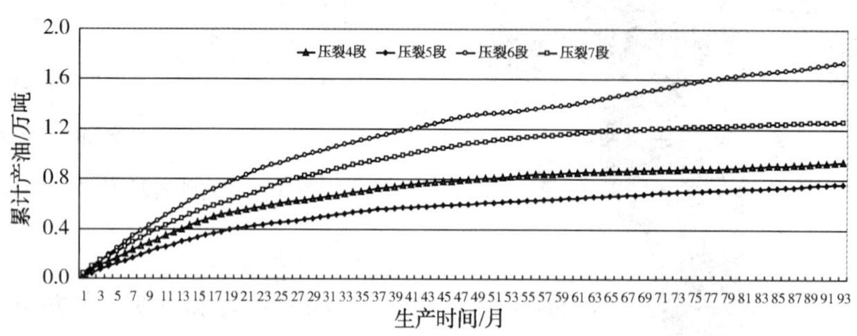

图 5　压裂段数与累计产量的曲线图

表 3　压裂规模与初期产能统计表

区块	压裂段数段	施工井数口	钻遇油层长度/m	液量/m^3	加砂量/m^3	初期产能			累计产量/$\times10^4t$
						日产液量/t	日产油量/t	含水率/%	
B57	4	3	214	900	80	14.3	11.8	18.0	1.1088
		4	212	1150	100	12.3	10.6	16.2	0.9771
	5	4	257	1200	100	15.4	12.4	19.3	1.3621
		4	237	1600	150	15.7	12.9	17.8	1.5026
	6	3	323	1400	120	18.6	15.7	15.5	1.7739
		3	315	1980	180	19.0	16.4	13.6	1.8696

3　结论及认识

(1) 从压裂投产的水平井表现出的特征看：钻遇储层物性条件好，将影响压后初期产能，但不是决定性的，通过压裂沟通未钻遇的优势砂体也能取得较好的压裂效果。

(2) 从统计的数据分析压裂投产的水平井含油砂岩长度与初期产能没有较好的对应关系。

(3) 布井方位决定后期压裂裂缝与地应力的夹角大小，南北向布井由于东西向布井，但不是影响压裂效果的决定性因数。

(4) 根基数据对比分析，单段压裂施工规模对压裂井产能有影响，但受注水井网限制，影响不明显。

(5) 对水平井压裂效果有主要影响的是压裂裂缝条数，随裂缝条数的增加，压裂产能增加，但相对与水平段 500m 左右，钻遇砂岩 300m 左右的葡萄花层水平井，从统计数据看，裂缝条数 6 条较为合适，从裂缝间距上分析缝间距 70－90m 较好。

参 考 文 献

[1] 万仁溥等编译．水平井开采技术[M]. 1995. 3.

[2] 刘想平等．射孔完井的水平井向井流动态关系[M]. 石油勘探与开发．1999. 26(2)：71-74.

[3] 刘健，练章华，林铁军．水平井不同完井方式下产能预测方法研究[J]. 特种油气藏．2006. 01.

[4] 崔传智．水平井产能预测的方法研究[D]. 中国地质大学(北京)．2005 年．

胜利油田稠油低成本开采技术

梁　伟　翟　勇　于田田　刘冬青　赵晓红

(中国石化胜利油田分公司石油工程技术研究院)

摘　要　面对国际油价持续低迷和胜利油田以蒸汽吞吐开发为主的现状，发展了全程保干、蒸汽流场调整、注汽参数优化和水驱稠油 CPE 等低成本技术。全程保干技术以提高井底干度为目标，对注汽锅炉、地面输汽管线、注汽井筒各个环节进行系统优化并采取相应技术措施，最大限度降低注汽系统热损失。蒸汽流场调整技术为提高水平段整体动用效果，开发了热采水平井微差井温测试技术，研制了自调节恒流量配汽器，同时为了封堵多轮次吞吐造成的高耗汽条带，研发了具有温敏热可逆特性的凝胶堵调体系，实现了水平井蒸汽流场的高效调整。注汽参数优化技术以储层“热需求”为出发点，结合多轮次储层“三场”(温度场、压力场、含油饱和度场)展布变化与锅炉制汽水平、沿程保干能力，实现从油藏到锅炉的一体化优化注汽量，提高现场注汽量的合理性。水驱稠油 CPE 技术基于水溶性自扩散体系在陈 25 中深层特稠油油藏进行了强化水驱现场试验，段塞注入体系 15.7t，有效期达到 4 个月，吨剂增油 133t。

关键词　稠油；蒸汽吞吐；水平井；流场；水驱；CPE

胜利探明稠油热采地质储量 6.6 亿吨，其中东部探明储量 5.78 亿吨，动用 4.86 亿吨。西部春风、春晖、阿拉德油田，探明储量 8209 万吨，动用 4139 万吨。

胜利东部稠油具有“深”、“稠”、“薄”、“敏”、“水”等特点：埋藏深度 900~2000m 的稠油储量占 92%；原油黏度最高的超过 50×104mPa·s；油层厚度最薄的小于 2.1m；水敏渗透率保留率小于 30% 的占 30% 以上；且普遍具有边底水，水油体积比>5 的占 57.7%。胜利西部稠油以春风油田浅层超稠油油藏为代表，具有“浅”、“薄”、“低”、“稠”等特点：油藏埋深普遍在 340~600m；有效厚度 2~8m；油藏压力 3~6MPa，油层温度 20℃~30℃；地层原油黏度 2~9 万 mPa·s。

由于埋深、复杂边底水等原因，胜利大部分稠油储量不适合蒸汽驱。蒸汽吞吐一直是胜利热采的主导方式，覆盖储量和产量占比历年来都在 95%以上。随着 HDCS、HDNS 等热复合化学开发技术的创新发展，稠油热采技术能力日益提高，目前开发技术极限，原油黏度已由 5 万 mPa·s拓展到 40 万 mPa·s，埋深由 1300m 拓展到 1800m，可实现 2.1m 以上的薄层稠油、水敏指数 0.9 的敏感性稠油以及渗透率 200md 以上的低渗稠油的有效动用。

2014 年，国际油价出现断崖式下跌，至今油价持续低迷，针对胜利油田以蒸汽吞吐开发为主的现状，发展了全程保干、蒸汽流场调整、注汽参数优化以及水驱稠油 CPE 等低成本技术，进一步改善胜利油田稠油开发现状，为低油价下稠油高效开发提供技术支撑。

1　全程保干技术

蒸汽加热降黏是稠油热采主要机理，相同注汽条件下，蒸汽干度决定了注入油层的热量和波及体积，保持蒸汽高干度对提高稠油热采效益具有重要意义。依据《水和蒸汽的性质》计算[1]，15MPa 饱和压力条件下，蒸汽干度由 30%提高至 50%，热焓值增加 11.53%(增加 200.15kJ/kg)，体积增加 40.7%。数模研究表明：在油藏埋深 1200m、厚度 10m、注汽量 2000t 的条件下，蒸汽干度增加 20%，油层内蒸汽(200℃)波及半径增加 7%。因此，以提高井底干度为目标，对注汽锅炉、地面输汽管线、注汽井筒各个环节进行系统优化并采取相应技术措施，最大限度降低注汽系统热损失。同时，从降低成本角度研制应用了两种低成本输/配汽装备：管道式等干度蒸汽

【作者简介】梁伟(1985—)，男，工程师，2010 年硕士毕业于中国石油大学(华东)油气田开发工程专业，现从事稠油开采方面的研究工作。E-mail：lwei1985@163.com

分配装置和气凝胶隔热油管。

1.1 注汽井筒

通过优选隔热管、配套隔热接箍、隔热补偿器、密闭注汽封隔器，形成全密闭无热点注汽工艺管柱，提高井底干度 18%以上。

1.2 管道式等干度蒸汽分配装置

采用高效旋流整形及管内相分割技术实现等干度分配。与球形等干度分配器相比，分配精度由 10%提高到 6%，成本由 80 万(一分四)下降到 36 万，降低 55%。排 612 块一分二现场试验，各分支干度偏差<1%，流量偏差<2%，实现了低成本、等干度精细配汽。

1.3 气凝胶隔热油管

胜利目前在用主要为高真空隔热管。真空度是保持隔热性能的关键因素；注汽过程的热化学反应导致气体渗入夹层，真空度下降；现场统计平均使用寿命 10-15 周期。

气凝胶是目前已知导热系数最低的固体材料，导热系数只有传统材料的 1/4，用于隔热夹层中，降低了隔热管对真空度的依赖。气凝胶隔热管的千米投资仅增加 9%，隔热寿命可延长 1 倍，周期成本降低 45%。在孤岛采油厂完成了 4 井次的注汽试验，现场测试隔热性能保持稳定。

2 蒸汽流场调整技术

胜利油田大部分稠油油藏已进入多轮次吞吐开发阶段，水平井蒸汽吞吐方式占比约 50%，边底水入侵、蒸汽汽窜等导致蒸汽对油层的加热效果差，周期产油量、油汽比逐渐降低，含水升高，成为影响热采水平井开发效果的主要因素之一。现场测试表明，多轮次吞吐后储层非均质性加剧，采用常规注汽工艺水平井的吸汽井段长度只有 50m 左右[2]，仅占全水平段的 1/4，造成了控制储量的有效动用率低，无法充分发挥稠油油藏热采水平井开发的优势。为提高水平段整体动用效果，开发了热采水平井微差井温测试技术，研制了自调节恒流量配汽器[3]，同时为了封堵多轮次吞吐造成的高耗汽条带，研发了具有温敏热可逆特性的凝胶堵调体系，实现了水平井蒸汽流场的高效调整。

2.1 热采水平井微差井温测试技术

热采水平井微差井温测试分析技术，从“储层非均质性、测井解释结果、微差井温数据、上周期出汽点位置”四方面入手，通过微差井温测试、测井解释分析水平井的吸汽情况及动用程度，通过数值模拟软件优化水平段的吸汽剖面，为配注器调整及堵调措施的实施提供科学依据，实现蒸汽流场的高效、准确调整。

微差井温测试仪主要由温度传感器、压力传感器、流量测量系统、采集系统、隔热瓶、护套等组成，如图 1 所示。测试仪下井后，采取的四路电信号经放大器放大后通过 A/D 转换成数字信号存储到 CPU 的数据存储器中。测试完成后，地面主机将数据存储器中的时间、温度、微差、压力、接箍信号进行地面数据回放，进行数据并归，形成完整的时间、深度、温度、压力、接箍的完整数据。测试仪通过起下油管方式(或连续油管)下入水平井水平段后，起下过程中自动采集各项参数。

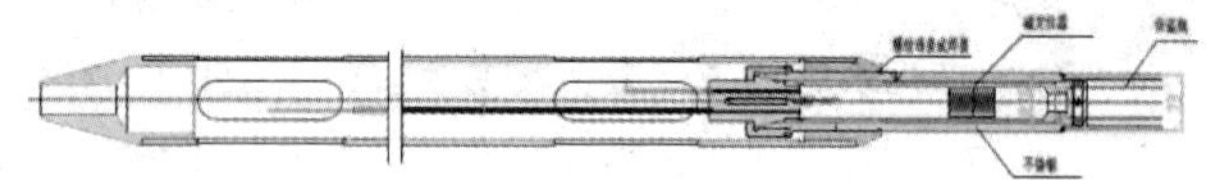

图 1　热采水平井微差井温测试仪结构示意图

该技术的现场应用，实现水平段温度压力参数监测；通过测试资料分析，能够定性分析水平段吸汽和产液剖面，为配注器调整提供依据，同时能够测量高含水平井注汽放喷后油层的微温差，通过对测试资料的分析，可以判断水层(高耗汽带)位置，为堵水调剖提供科学依据。

2.2 温敏热可逆凝胶堵调体系

针对高耗带造成的热能的浪费，研发了具有温敏热可逆特性的凝胶堵调体系，来改善蒸汽波及效率、提高油藏的加热效果是改善吞吐开发效果。该体系低温时为低黏度水溶液，高温时转变为胶体，冷却后又转变为低黏度水溶液。其技术特点是：

(1) 温敏热可逆凝胶堵调体系可以有效地利用吞吐过程中油藏的温度场变化和分布，实现有选择性地封堵。

(2) 无技术风险。颗粒型堵剂、树脂类堵剂等可能存在“堵死”渗流通道、甚至导致油井报废的风险，而温敏热可逆凝胶可以达到“有效调剖”、“堵而不死”，从而提高多轮次吞吐高含水热采水平井的产量。

用精制棉花纤维为主要原料制备温敏热可逆凝胶体系，其在低温时呈现低黏度的水溶液性质，高温凝固后呈现高黏的胶体性质。甲基类纤维素醚聚合物的浓度将直接影响体系凝胶点的变化，随着羟丙基甲基纤维素醚聚合物浓度的提高，体系的凝胶点温度也逐渐升高，体系浓度为1%、2%、3%时凝胶点温度依次为58～65℃、62～70℃、70～91℃。同时加入添加剂后，温敏热可逆凝胶体系的凝胶点温度由60℃(2%)升高至62～70℃，添加剂的加入明显改善了体系的凝胶点温度。

2.3 应用效果

热采水平井蒸汽流场调整技术可以提高热采水平井的吸汽剖面和动用程度，从而提高产量。

图2是陈373-平65井堵调前后微差井温测试温度场对比，可以看出，调整后井筒温度场分布更均匀，表明油层吸汽均匀，动用程度高。目前热采水平井蒸汽流场调整技术累计在胜利实施2600余井次，有效提高了热采水平井的产量及采收率。

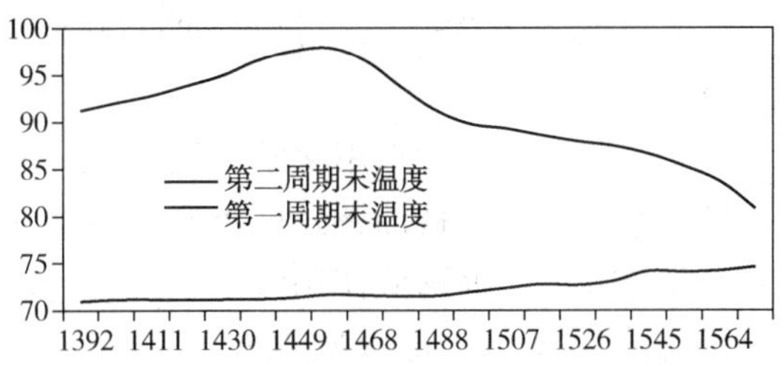

图2 陈373-平65井堵调前后微差井温测试温度场对比

3 注汽参数一体化优化技术

胜利热采稠油经过多年的开发，目前大于7周期的多轮次吞吐井占比>33%，根据不完全统计，现场10周期以后平均注汽量一直维持在3000m^3上下，未能很好地体现区块边底水入侵速度、单井措施实施、邻井干扰等对注汽量需求的影响，周期油汽比下降至0.4左右，经济效益不理想。因此集成、创新了注汽一体化优化技术，加强不同开发阶段注汽量优化[4]，实现稠油热采效益的进一步提升

3.1 技术原理

注汽一体化优化技术是以储层“热需求”为出发点，以油层为耦合节点，结合多轮次储层“三场”(温度场、压力场、含油饱和度场)展布变化与锅炉制汽水平、沿程保干能力[5]，实现从油藏到锅炉的一体化优化注汽量[6]，提高现场注汽量的合理性。该技术相比传统的注汽参数优化技术优势在于：

(1) 实现了储层“热需求”和注汽沿程的耦合，可以优化出锅炉出口的注汽参数，更直接地指导现场操作(空间一体化)。

(2) 充分利用“三场”展布，考虑不同周期的动用程度、邻井干扰，边水入侵以及作业措施等的影响，实现全生命周期动态优化注汽量(时间一体化)。

3.2 现场实施效果

2016年面对低油价下的新常态，为进一步提高热采效益，利用数值模拟技术开展注汽量优化试验22井次，通过参数优化，平均单井注汽1978t，减少256t；生产149天，产油634t，平均较上周期同期增加155t，油汽比0.32，提高0.11，生产效果明显。研究成果可在乐安油田和王家岗油田12个区块20个单元推广应用，覆盖探明储量1.14亿吨，具有良好的经济效益和社会效益。

4 水驱稠油CPE技术

胜利水驱稠油油藏综合含水89.4%，已进入高含水开发期，而其采收率、采出程度分别为15.9%、11.3%，仍具有较大的提高采收率潜力。水驱稠油主要面临如下几方面矛盾：⑴原油黏度高，油水流度比太大，油井含水高；⑵储层非均质性强，层间、层内吸水不均匀；⑶储层动用程度差异大。目前水驱稠油提高采收率的接替开发方式主要为转热采，但注蒸汽费用高，同时对油层薄、埋藏深、边底水活跃等油藏，注蒸汽热利用率低，开发效果较差。为进一步提高稠油油藏采收率，研制出具有降黏、捕集和调剖作用的低用量(使用浓度600mg/L)的水溶性自扩散降黏体系，形成了稠油油藏捕集强化采油技术—CPE(Collector Production Enhanced)技术。

4.1 体系降黏性能评价

实验室开展体系的系列性能评价。表1可以看出，在温度50℃时，体系浓度400-600mg/L条件下，原油黏度由1283～33833mPa·s降至为300mPa·s以下。

表1 体系降黏性能评价(50℃)

体系用量/mg/L	油样黏度/mPa·s			
	垦东167-斜1	GD15X0	辛6P1	孤东9-22
0	1283	12000	17333	33833
200	—	186	—	—
400	—	175	—	—
600	152	172	222	231
1000	—	167	—	—

4.2 体系物模驱油效果

利用线性物模装置，以不同浓度体系水溶液开展物模驱油实验。实验结果如图 3、图 4 所示。实验表明，对不同驱替方式、不同油样，体系均有较好的驱油效果，可以提高驱替效率 10% 以上。

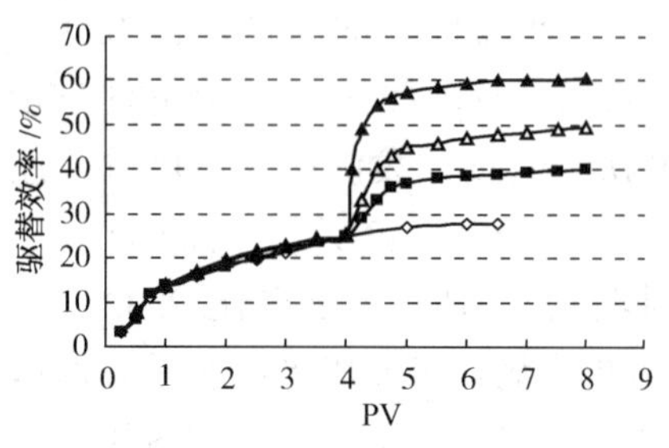

图 3　陈 31-X73 驱油效果(60℃)

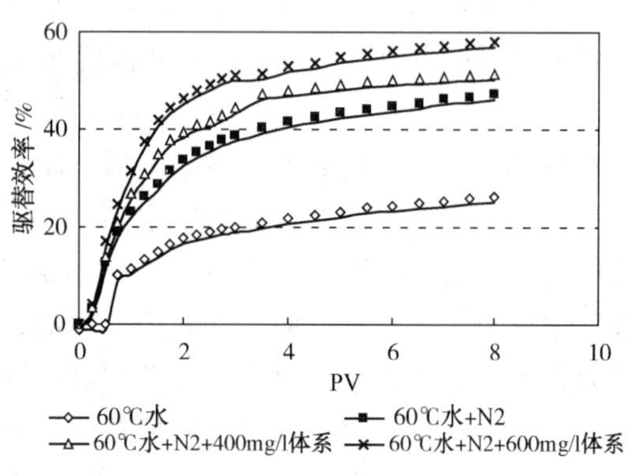

图 4　GD903-8 驱油效果(60℃)

4.3 体系对油水相对渗透率的影响

依据 SY/T 5345—2007 标准，利用孤岛中 14-检 10 井真实岩心测定了标准盐水、CPE 体系(400mg/L)对油水相对渗透率的影响，结果表明，加入 CPE 体系，油相相对渗透率提高，残余油饱和度由 33.81% 降到 17.47%，降低了 16.32%。

4.4 现场试验

水驱稠油 CPE 技术在胜利油田不同区块开展现场应用，累计实施 15 个井组，平均吨剂增油 63t，取得明显效果。陈家庄稠油单元主要含油层系为下馆陶油层，油藏埋深 1250～1350m，单层有效厚度 2～8m，孔隙度 25%～35%，渗透率 800～4000×10^{-3} μm^2。原油黏度 50℃ 时为 13392～38166mPa·s，地层水总矿化度 13254～16700mg/L。地层温度 66℃。陈 25 单元 1992 年 5 月投产注水开发，至 2010 年 6 月单井日液水平 50.9t，单井日油水平 5.1t，综合含水 90.1%，采出程度 19.14%。

在陈 25 单元选取两个井组进行现场试验，井组注水层位 Ng13、Ng14，原油黏度 7343－27712mPa·s，综合含水分别为 88.6%、95.4%。储层连通性良好，示踪剂显示注入水推进速度 4.6-22m/d。在不改变现有配注参数的条件下，以自扩散体系 600mg/l 驱替，试验累计注入 4 个月、累计注入体系 15.7t，累计增油 2088t，平均吨剂增油 133t。其中，CJC7-31 井组，试验前综合含水 95.4%，日油 5t；试验后综合含水最低降至 90%，日油最高升到 11.9t；停注后有效期为 4 个月，累计增油 650.4t。

5 结论及建议

(1) 国际油价持续低迷形势下，从提效和降本两个角度出发，通过全程保干、蒸汽流场调整、注采参数优化等手段，可以保证热采稠油的效益开发。

(2) 水驱普通稠油采用化学方法提高采油速度和采收率是低成本稠油开发的重要方向。在合适的油藏条件下，筛选低使用浓度、具有自发扩散功能的降黏体系，可以取得较好的现场实施效果。

参 考 文 献

[1] [德]W. 瓦格纳 A. 克鲁泽. 水和蒸汽的性质. 科学技术出版社，2003.

[2] 刘慧卿. 水平井均匀注汽工艺在滨南油田的研究与应用[J]. 油气地质与采收率，2009，16(2)：106-107.

[3] 逯国成，刘明. 热采水平井蒸汽流量自调节装置[J]. 油气田地面工程，2011，30(1)：93-94.

[4] 刘文章. 特稠油、超稠油油藏热采开发模式综述. 特种油气藏，2002，(4)：21-27.

[5] 朱益飞，潘道兰. 提高孤东油田注汽系统效率的探讨. 油田节能，2006，6(2)：18-23.

[6] 丁万成，王卓飞，赵建华，等. 降低稠油注汽系统能耗技术研究. 特种油气藏，2005，12(4)：94-99.

[7] 吴光焕，孙建芳，邱国清，等. 胜利稠油渗流特征及应用研究[C]. 稠油、超稠油开发技术研讨会论文汇编，2005(10).

[8] 姚军，郭龙. 特超稠油油藏复合驱替机理研究[C]. 中国石油大学(华东)，2008，12.

鄂尔多斯盆地下寺湾油田长8致密油有效储层识别及地质“甜点”优选

李锦锋　杨连如　张凤博　鲁金凤　曹丹丹　李　硕　梁　欢　薛　佺　薛佳奇

(延长油田股份有限公司)

摘　要　以下寺湾油田长8油藏试油、试采及生产数据为基础，识别在水平井加大规模体积压裂技术条件下能够开发的储层为有效储层，从岩心特征、岩屑气测综合录井特征、储层实验分析和测井响应特征等方面建立有效储层的识别标准。认为在现有技术条件下寺湾油田能够开发的致密油储层为孔隙度大于8.5%、渗透率大于$0.15\times10^{-3}\mu m^2$的油迹级以上细砂岩。储层含油饱和度大于30%，测井响应声波时差大于222μs/m。，全烃气测录井气测值为基线的5倍以上，电阻率达到32Ω·m以上，且压裂后可动用油层厚度达5.0m以上的识别为地质“甜点”区。地质“甜点”区的筛选按照先从致密油“三大控制因素”进行有利区带优选，然后用重新确定的有效储层下限标准进行“甜点”筛选，在油藏内部产能建设实施过程中按照含油性、油层的有效厚度及邻井实施效果排序，排除风险区，避免低效区(图3)。

关键词　致密油；有效储层；“甜点”优选；长8段；下寺湾油田

继页岩气之后，在世界石油工业界享有“黑金”美誉[1,2]的致密油已经成为非常规油气资源勘探开发新亮点。美国和加拿大是致密油开发最成功的国家，在各项关键技术领域的研究中均取得了突破性进展[3-5]。近年研究表明中国致密油资源亦十分丰富，如松辽盆地、渤海湾盆地、鄂尔多斯盆地及四川盆地等，均发现了地质储量可观的致密油资源。因此中国的致

密油具有广阔的开发前景。但是我国致密油的勘探开发及其相关技术手段与美国和加拿大等致密油开发较成功的地区相比则仍处于相对较为落后的阶段。近几年国内专家学者在致密油的研究中取得了一定的成果[6-11]。如贾承造和李建忠等人[6]对我国致密油的主要类型和致密油的评价标准进行了研究，并对我国致密油的开发前景等均进行了评估；邹才能、朱如凯、杨华和姚泾利等人[7-9]对中国致密油的聚集类型、致密油的特征及其生成机理等都进行了一定的研究并对开发前景进行了展望；任战利、李文后和于波等人[10-11]则对致密油的成藏条件进行了深入分析，在此基础上又对其成藏主控因素等进行了一定的分析研究；张文正、杨华、李剑锋和李相博等人[12-17]则对致密油的生排烃特征及其机理等进行了一定的分析和研究，并对各致密油藏的油源进行了一定的分析；赵靖舟、王香增和杨华[18-19]等人对致密油的定义进行了一定的探讨，并根据实际情况对其进行了重新的定义。但在现有技术条件下对致密油有效储层识别的研究则相对较少。

本次研究结合鄂尔多斯盆地近几年对致密油的勘探开发经验，对在现有技术条件下鄂尔多斯盆地南部探区延长组长8段可开采的有效储层下限标准进行了重新厘定，并对其地质“甜点”进行了优选，对今后南部探区延长组下组合致密油的开发具有一定的参考作用。

1　LLY区长8致密油开发概况

下寺湾油田在构造位置上位于鄂尔多斯盆地伊陕斜坡带西南部。2012年至今，下寺湾油田在三叠系延长组下组合致密油的勘探中取得了突破性的进展[20-24]，其中长6和长7均建立了一定规模的产能，长8也在LLY区取得了一定突破(图1)。在LLY区长8致密油前期主要采用探井及丛式井相结合的方式开采。但投产初期平均单井产液$3.21m^3/d$，产油$0.21m^3/d$，含水率

【作者简介】李锦锋(1987—)，男，2011年7月大学本科毕业于西安石油大学勘查技术与工程专业，2017年7月硕士研究生毕业于西安石油大学地质工程专业，获工学硕士学位。工作单位：延长油田股份有限公司下寺湾采油厂勘探开发研究所，工程师，现主要从事致密油勘探开发研究工作，E-mail:vip_lj1213@163.com

93.4%，年递减率近 70%，整体开发效果较差。随着近几年水平井及大规模体积压裂改造工艺的成熟，LLY 区长 8 致密油采用了水平井加大规模体积压裂后衰竭式开发。水平井投产初期平均单井产油量达到 8.2m³/d，整体开发效果较好，但随之又有新的问题暴露出来，即在部分区域出现了低液量或高含水低效井。

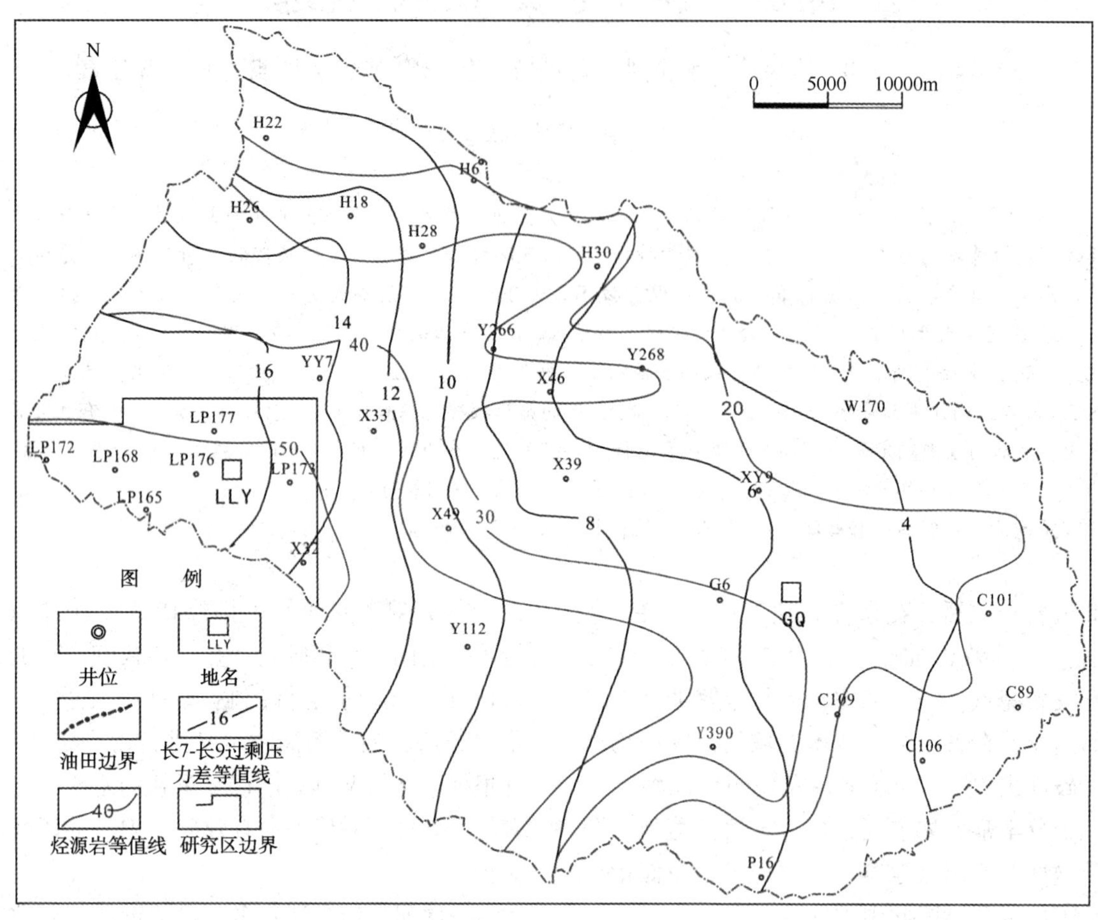

图 1　XSW 油田烃源岩及过剩压力差叠合图

2　有效储层的识别

2.1　决定产能的关键因素—有效储层

由于致密砂岩油储层致密，运用常规技术手段无法开采或开采效果较差。在同一油气富集区，当压裂工艺相同的情况下，有效储层的厚度、有效孔渗的大小和含油性等便是影响水平井产能的主要因素。根据研究区探井岩心和测井相分析，认为下寺湾油田延长组下组合长 8 段是湖泊扩张期的沉积产物，为陆相三角洲和湖相沉积，其中以三角洲沉积为主，湖相沉积次之[20-24]。LLY 区受东北部物源的影响，以三角洲前缘水下分流河道和分流间湾沉积微相为主，其中水下分流河道是主要的油气富集区。但整体来说 LLY 区长 8 期水下分流河道微相沉积规模较小，河道较窄。从横向上看，砂层变化大，砂体发育不稳定且时有尖灭，且主河道两翼摆动幅度较大(图 2)，致使水平井无法钻遇有效储层，从而影响水平井单井产量。从纵向上看，长 8 期虽有多套油层发育，但其夹层较多且单油层分布不稳定，油层准连续发育，给水平井井位的部署带来了不确定性。当水平井轨迹钻至砂体尖灭钻遇泥岩时，会影响整体油层钻遇率，且如果泥质夹层厚度较大时采用大规模体积压裂也不能有效的沟通上下储层，从而影响水平井产量。

2.2　岩心特征

对 LLY 区 LP187 井、LP184 和 LP127 等井的岩心观察及薄片镜下鉴定分析，LLY 区长 8 储层以灰色细粒长石砂岩为主，粉—细粒长石砂岩及中—细粒长石砂岩次之，属致密砂岩储集层[21]。具有矿物成熟度低，结构成熟度低，成岩作用强烈等特征[21]。从岩心上看，长 8 致密油有效储层以灰色块状或交错层理油迹细砂岩、灰褐色块状油斑细砂岩为主；而细纹水平层理、波状层理的浅灰色荧光级以下的细砂岩薄层则多数为无效储层。研究区取心井岩心显示，长 8 含油性变化大，如 LP184 岩心含油性较好，其对应电阻率为 41Ω · m，而 LP123 岩心含油性较差，其对应电阻率只有 24Ω · m。因此可以根据岩心观察的层理结构及颜色等确定其是否为有效储层。

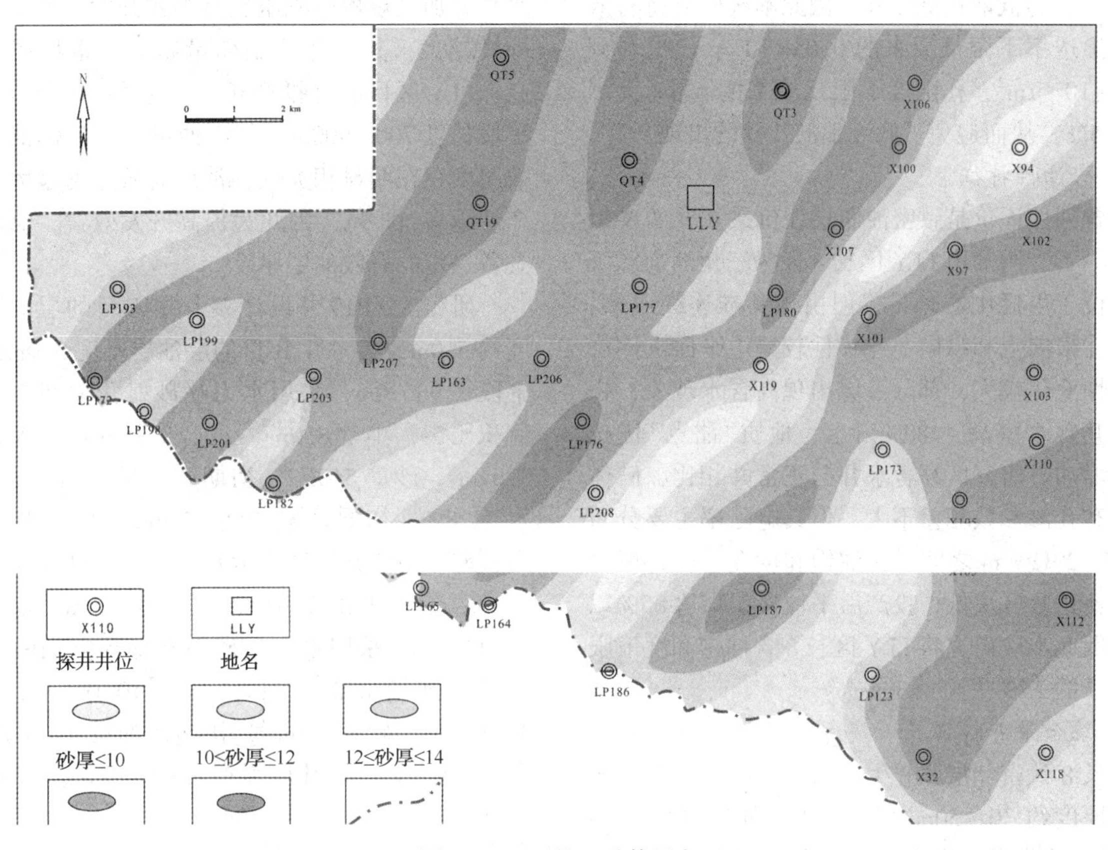

图 2　LLY 区长 8_2 砂体展布

2.3　电性特征

致密油储层中钻遇高含水层是水平井低产的一个重要原因。根据研究区近几年对延长组下组合致密油的开发经验，认为延长组下组合致密油准连续成藏[25-27]，储层含油性主要受沉积作用和物性控制，在沉积主河道或主水道区且储层物性好的区域出油，非主河道或主水道且物性较差的区域出油较差。在准连续成藏理论指导下，LLY 区采用探井和水平井相结合的方式开发，但在投产后出现部分高含水低效井。与高产区相比其沉积环境、砂体厚度及储层物性等差异不大，但其含油性差异较大，高含水低效区在电性特征中主要表现为低电阻率，由此认识到致密油在准连续成藏背景下，在部分区域存在高含水区带。根据 LLY 区探井及水平井资料统计，储层电阻率与其产量具有较强的相关性，电阻率越高，其产量越高。当电阻率小于 32.0Ω · m 时，其产油量小于 2.5m^3/d，但其含水率则高达 90%，为高含水低效井。本次研究为了避免了高含水水平井的出现，特将电阻率下限从原来的 29.0Ω · m 提高到 32.0Ω · m。

2.4　物性特征

LLY 区 11 口取心井岩心分析孔隙度分布范围为 6.1%～15.6%，平均为 8.4%，大多数样品在 8.0%～10.0%之间，占总数的 70.4%；渗透率分布范围在(0.03～1.25)×10^{-3} μm^2，平均为 0.21×10^{-3} μm^2，渗透率主要分布在(0.1～0.5)×10^{-3} μm^2之间，占总孔隙的 83.6%。

根据研究区取心井岩心录井、常规录井及试油试采资料，当储层渗透率下限值取 0.05×10^{-3} μm^2时，录井显示为油迹级以上，储层仍有一定的产油能力。根据岩心含油产状统计，储层渗透率大于 0.05×10^{-3} μm^2，孔隙度大于 6.5%时，含油级别一般在油迹级以上，试油可获油流，由此在 LLY 区长 8 致密油开发的前期将储层物性下限定为渗透率大于等于 0.05×10^{-3} μm^2，孔隙度大于等于 6.5%。

但以此为标准，水平井在投产后部分区域出现了低液量低效井。当孔隙度小于 8.5%，渗透率小于 $0.15\times10^{-3}\mu m^2$ 时，稳产后其液量小于 $10m^3/d$，为低液量低效井。因此本次研究将有效储层渗透率下限从原来的 $0.05\times10^{-3}\mu m^2$ 提高到 $0.15\times10^{-3}\mu m^2$，孔隙度下限从原来的 6.5%提高到 8.5%，从而避免了低液量低效井的出现。

2.5　含油性特征

含油性评价是致密油储层评价最重要的要素之一。下寺湾油田 LLY 区长 8 段为三角洲前缘沉积，位于生烃中心地带，但由于其准连续成藏，砂体在横向上和纵向上连片性较差。平面上储层含油性变化较大，部分区域出现高含水现象，投产后其含水率高达 80%以上，地质“甜点”优选风险增加。研究区高含水井与正常井相比，砂体厚度和孔渗参数相差不大，但其电阻率主要分布在 15~29Ω · m 之间，含油饱和度在 10~25%之间，比正常区块低，投产后平均含水率达 85%以上。因此本次研究将 LLY 区长 8 含油饱和度下限从原来的 25%提高到 30%。

2.6　综合录井特征

长 8 致密储层紧邻生油岩，顶部为长 7 烃源岩，厚度约 30~50m[20]，长 8 中部发育厚度约 6~15m 烃源岩，底部为长 9 顶部烃源岩，厚度约 15~25m[21-24]。研究区长 8 油藏为典型的近油源致密砂岩油藏，储层具有烃源岩条件好、源储配置好但储层整体物性差、非均质性强且油质轻等特点。油气录井显示直照消光，肉眼不易落实其含油性，因此在 LLY 区前期钻井过程中采用了综合气测录井和岩屑录井相结合的技术，避免了录井中漏失油层事件的发生。在气测录井中，参考钻井液密度、黏度和钻时对气测全烃值的共同影响，将气测全烃值 5 倍于基值以上的层定义为明显异常层，可能钻遇油层，结合岩屑录井中系列对比情况确定其含油性。气测录井中当钻时、钻井液密度和黏度一定的情况下，其全烃含量越高，含油性越好；当气测全烃值相同时，其轻烃组分(主要为甲烷和乙烷)越高，储层含油性越好。反之亦然，当钻时、钻井液密度和黏度一定的情况下其全烃含量越低，储层含油性越差；当全烃值相同时，轻烃组分越低，储层含油性越差。在水平井钻井过程中需综分析钻井液密度、黏度和钻时对全烃值的影响，根据全烃值的变化及组分中轻烃含量的变化，及时调整轨迹，确保其钻遇有效储层，提高油层钻遇率。

2.7　油层有效厚度

鄂尔多斯盆地近几年致密油的开发主要采用水平井加大规模体积压裂衰竭式开发，油层有效厚度越大，其单井控制储量越大，累积产量越高。LLY 区目前已投产长 8 水平井 20 余口，水平段长度 700~900m，其产油量与单砂体油层有效厚度存在明显相关性，油层有效厚度越大，累产油越多(图 3)，因此为提高开发效益，储层需具备一定的有效油层厚度。

研究区 LP19 井设计参考井 A 目的层油层厚度约 5.0m，参考井 B 目的层油层厚度 3.0m，水平段长 935.0m，采用水力喷砂射孔加环空加砂体积压裂，排量 $8.0m^3/min$，射孔 9 段，入地液 $3964m^3$，砂量 $550m^3$，初期产油量 $5.1m^3/d$，含水 84.8%，初周月累产油 $57.9m^3$，整体开发效果较差。QP3 井设计参考井 A 目的层油层厚度约 8.0m，参考井 B 目的层油层厚度 6.0m。水平段长 990.0m，采用水力喷砂射孔加环空加砂体积压裂，排量 $8.0m^3/min$，射孔 10 段，入地液 $3925.0m^3$，砂量 $530m^3$，初期产油量 $47.0m^3/d$，含水 35.6%，初周月累产油 $257.6m^3$，开发效果好。

LP19 和 QP3 在水平段长度、压裂方式及压裂规模相近的情况下，由于其钻遇的油层有效厚度的不同，导致二者产量存在很大的差异。为了进一步提高其油层钻遇率及单井可控储量，避免低效井的出现，本次研究根据目前对延长组下组合致密油的开发实践并结合研究区已投产井产量及钻遇油层厚度情况，将砂体油层有效厚度下限确定为 5.0m。

3　致密油地质“甜点”优选

3.1　地质“甜点”优选方法

由于 LLY 区长 8 致密油目前主要采用探井和 700~900m 长水平段水平井相结合的大规模体积压裂后衰竭式开采，部署区内可参考井较少，这对水平井“甜点”的优选增加了不确定性。地质“甜点”区的优选难度增加，需要从烃源岩、沉积微相和过剩压力等方面预测有利区，然后用储层岩性、电性、含油性、物性、油层有效厚度及综合录井等重新厘定的下限标准来优选地质“甜点”区，并参考邻井已投产井的开发效果，避免低效区(图 3)。

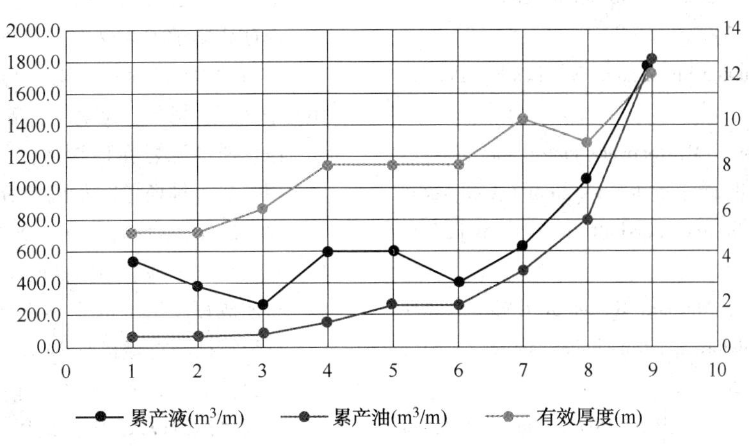

图3　长8初周月累产液、累产油与有效厚度关系

LLY区长8致密油水平井"甜点"区筛选方法：(1)根据研究区优质烃源岩的分布、优越的沉积微相之下优良的储层及较高的过剩压力差致密油三大控制因素[10-11,23-24]为优选原则对其有利区域进行优选。LLY区有利储层为三角洲前缘水下分流河道砂体，但其主河道规模相对较小，砂体准连续沉积。本次研究将砂体联通性较好的主河道与烃源岩厚度等值线图和过剩压力等值线图叠合，三者叠合较好的区域作为其有利区带。(2)在确定了其有利区带的基础上再根据重新厘定的有效储层识别标准(表1)对其地质"甜点"区进行优选。LLY区长8要求岩心分析孔隙度大于等于8.5%，渗透率大于等于$0.15\times10^{-3}\mu m^2$，对应的声波时差大于等于222μs/m，单砂体油层有效厚度大于等于5.0m，含油饱和度大于等于30%，录井显示油迹及以上，全烃气测达到基值的5倍以上，测井反映电阻率大于等于32Ω·m，达到以上标准的可作为产能建设部署的地质"甜点"区。(3)对于达不到要求的储层或区域坚决缓钻缓压，减少低效井的出现，提高产建效益。

表1　"甜点区"各参数下限标准

区块	层位	岩性	含油级别	气测参数/%	孔隙度/%	渗透率/$10^{-3}\mu m^2$	声波时差/$\mu s\cdot m^{-1}$	电阻率/Ω·m	含油饱和度/%	油层有效厚度/m
LLY	长8	细砂岩以上	油迹及以上	5倍于基值以上	≥8.5	≥0.15	≥222	≥32	≥30	≥5

3.2　LLY区地质"甜点"优选

根据上述地质"甜点"各参数下限优选标准，在LLY区长8致密油共优选出10个"甜点"区，分别为LP180井区、LP187井区、LP176井区、LP164井区、X100井区、X32井区、X105井区、X112井区、QT4井区和QT19井区(图2)。这10个"甜点"区可作为研究区下一步水平井部署的重点区。

4　结论

(1)根据研究区长8致密油开发实践，形成了以优质烃源岩、优越的沉积微相和较高的过剩压力差三大致密油成藏主控因素优选区带，以储层物性、单砂体油层有效厚度优选区块，以其含油性(参考综合气测录井)确定井位的致密油地质"甜点"优选方法。

(2)在准连续成藏背景下，局部存在低液量或高含水低效区。重新厘定了地质"甜点"区各参数下限标准：即岩心分析渗透率需大于等于$0.15\times10^{-3}\mu m^2$，孔隙度大于等于8.5%，声波时差大于等于222.0μs/m，单砂体油层有效厚度大于等于5.0m，含油饱和度大于等于30%，测井反映电阻率大于等于32.0Ω·m，录井需细砂岩油迹级以上，全烃气测值达到基值的5.0倍以上。

(3)水平井单井产量的决定因素主要有单砂体油层有效厚度、有效孔渗的大小、含油性及油层钻遇率等，单砂体油层有效厚度越大、有效孔渗越及含油性越好、油层钻遇率越高其单井产量越高。

参考文献

[1] Daniel A, Brain B, Bobbi J C, et al. Evaluating impli-

cation of hydraulic fracturing in shale gas reservoirs [R]. SPE 121038, 2009.

[2] Bruce Johnstone. Bakken black gold[N]. Leader-Poster, 2007-12-10(6).

[3] Dechongkit P, Prasad M. Recovery factor and reserves estimation in the Bakken petroleum system (Analysis of the Antelope, Sanish and Parshall fields) [R]. SPE 149471, 2011: 1-15.

[4] Martin R, Baihly J, Malpani R, et al. Understanding production from Eagleford-Austin chalk system[R]. SPE 145117, 2011: 1-28.

[5] Clarkson C R, Pedersen P K. Production analysis of western Canadian unconventional light oil plays[R]. SPE 149005, 2011: 1-23.

[6] 贾承造，邹才能，李建忠等．中国致密油评价标准、主要类型、基本特征及资源前景[J]．石油学报，2012，33(3)：343-350.

[7] 邹才能，张国生，杨智等．非常规油气概念、特征、潜力及技术—兼论非常规油气地质学[J]．石油勘探与开发，2013，40(04)：385-399+454.

[8] 邹才能，朱如凯，吴松涛等．常规与非常规油气聚集类型、特征、机理及展望—以中国致密油和致密气为例[J]．石油学报，2012，33(02)：173-187.

[9] 姚泾利，邓秀芹，赵彦德等．鄂尔多斯盆地延长组致密油特征[J/OL]．石油勘探与开发，2013，40(02)：150-158.

[10] 任战利，李文厚，梁宇，等．鄂尔多斯盆地东南部延长组致密油成藏条件及主控因素[J]．石油与天然气地质，2014，35(2)：190-198.

[11] 于波，周康，郭强，等．鄂尔多斯盆地吴定地区延长组下部油气成藏模式与主控因素[J]．地质与勘探，2012，48(4)：858-864.

[12] 张文正，杨华，李善鹏．鄂尔多斯盆地长 9_1 湖相优质烃源岩成藏意义[J]．石油勘探与开发，2008，35(05)：557-562+568.

[13] 张文正，杨华，傅锁堂等．鄂尔多斯盆地长 9_1 湖相优质烃源岩的发育机制探讨[J]．中国科学(D 辑：地球科学)，2007，37(S1)：33-38.

[14] 李相博，刘显阳，周世新等．鄂尔多斯盆地延长组下组合油气来源及成藏模式[J]．石油勘探与开发，2012，39(2)：172-180.

[15] 张文正．鄂尔多斯盆地烃源岩研究新进展[A]．中国地质学会石油地质专业委员会．第十届全国有机地球化学学术会议论文摘要汇编[C]．中国地质学会石油地质专业委员会，2005：4.

[16] 张文正，杨华，李剑锋，等．论鄂尔多斯盆地长 7 段优质油源岩在低渗透油气成藏富集中的主导作用—强生排烃特征及机理分析[J]．石油勘探与开发，2006，33(3)：289~293.

[17] 张文正．论鄂尔多斯盆地长 7 优质油源岩在低渗透石油成藏富集中的主导作用Ⅱ-优质油源岩的生、排烃特征与排烃机理[A]．中国地质学会石油地质专业委员会．第十届全国有机地球化学学术会议论文摘要汇编[C]．中国地质学会石油地质专业委员会，2005：2.

[18] 赵靖舟．非常规油气有关概念、分类及资源潜力[J]．天然气地球科学，2012，23(03)：393-406.

[19] 王香增，任来义，贺永红等．鄂尔多斯盆地致密油的定义[J]．油气地质与采收率，2016，23(01)：1-7.

[20] 李锦锋．下寺湾油气田延长组长 7 段页岩气藏浅析[J]．复杂油气藏，2015，8(01)：20-24.

[21] 李锦锋．下寺湾油田长 8 段致密砂岩油藏成藏条件及有利发育区预测[J]．石油地质与工程，2016，(02)：9-11+16+147.

[22] 李锦锋，李磊，李晓宏等．下寺湾油田延长组长 9 致密砂岩储层特征及主控因素分析[J]．科技通报，2017，(11)：39-43.

[23] 李锦锋，马腾，王津等．下寺湾油田延长组长 9 段致密砂岩油藏成藏主控因素及有利勘探方向[J]．油气藏评价与开发，2017，(06)：14-19.

[24] 李锦锋，马永钊，王津等．下寺湾油田延长组长 9 段致密砂岩油藏成藏条件及主控因素分析[J]．新疆地质，2017，(03)：325-329.

[25] 李得路，李荣西，赵卫卫等．“准连续型”致密砂岩油藏地质特征及成藏主控因素分析：以鄂尔多斯盆地陇东地区长 7 油层组为例[J]．兰州大学学报(自然科学版)，2017，53(02)：163-171.

[26] 赵靖舟，白玉彬，曹青等．鄂尔多斯盆地准连续型低渗透-致密砂岩大油田成藏模式[J]．石油与天然气地质，2012，33(06)：811-827.

[27] 赵靖舟，付金华，姚泾利等．鄂尔多斯盆地准连续型致密砂岩大气田成藏模式[J]．石油学报，2012，33(S1)：37-52.

基于非结构网格的离散裂缝模型在裂缝性油藏模拟中的应用

罗启源[1]　李　黎[1]　戴　宗[1]　闫正和[1]　李俊超[2]

(1. 中海石油(中国)有限公司深圳分公司；2. 南京特雷西能源科技有限公司)

摘　要　目前，裂缝性油藏数值模拟多采用双重介质模型，该模型对裂缝的分布采用了理想化假设，导致应用于实际油藏时精度无法保证；同时，传统的离散裂缝网络往往只用于双重介质模型参数的计算，而无法直接应用于油藏模拟计算，导致高精度的裂缝模型与数值模拟模型之间的脱节。基于蚂蚁体、成像测井等多尺度裂缝研究成果，建立离散裂缝模型，并应用非结构网格对离散裂缝进行精细描述，实现了对裂缝系统从几何形态到渗流行为的逼真细致的描述。A 油田的应用结果表明，基于非结构网格的离散裂缝模型在单机单 CPU 上运算耗时仅 11 小时，是 Intersect 模拟器在 16 节点机群上运算耗时的 1/2，而且计算的未拟合的单井主要指标与历史观测值符合率达到 74.5%，远高于双重介质模型 27.5%的符合率。

关键词　非结构网格；离散裂缝；礁灰岩；裂缝性油藏；数值模拟

南海东部 A 油田为典型台地边缘礁灰岩油田，该油田为稠油底水油藏，地层原油黏度为 46.5~129.8mPa·s，油田内部断层、裂缝发育，非均质性强，表现出明显的裂缝-孔隙双重介质特征，储集层岩性及储集空间发育情况复杂，油水运动规律也十分复杂，如何精确描述复杂的裂缝系统以及流体的渗流行为是油藏数值模拟面临的最大挑战。

随着数值模拟技术的发展，A 油田的数值模拟也经历了单孔单渗模型，等效双孔双渗模型以及双孔双渗模型三个阶段，研究人员对储层裂缝的发育规律和流体渗流规律的认识也逐步深入。从目前应用的双重介质模型来看，依然存在着计算精度不够，运算速度慢的问题，对油田挖潜研究造成了一定的制约，因此，亟待一种既能高精度描述流体运动规律又能加快运算速度的模型。

1　传统双重介质模型数值模拟方法的不足

对于裂缝性储层的数值模拟目前主要有两大类模型：双重介质模型和离散裂缝模型。双重介质模型(Dual Porosity Model，简称 DP 模型)是现阶段裂缝性油藏数值模拟应用最广泛的模型。双重介质模型也叫双孔模型，其最早由 Barenblatt 和 Zheltov 于 1960 年提出[1]，并由 Warren 和 Root 引入到油藏领域[2]。双重介质模型对裂缝的分布采用了理想化假设，假定油藏基质理想分布成一个个的小立方体，而每个立方体的外表面都被裂缝所包围，属于等效连续模型(ECM，Equivalent Continuum Model)范畴，即将真实裂缝和基质块被分别处理为两种连续介质，将油藏的流动空间采用多重连续介质描述，裂缝介质和基质介质在空间上相互复叠，裂缝与基质间的窜流量通过窜流计算公式来描述。

现有双孔模型在模拟强连通的裂缝系统和大尺度流体流动时得到了较好的应用，尤其是对于微小裂缝，连续介质模型能够较好地处理。然而，对于天然大尺度裂缝以及压裂裂缝，由于模型采用了一些较强的理想化假设与近似处理，导致应用于实际油藏时精度无法保证(图 1)。

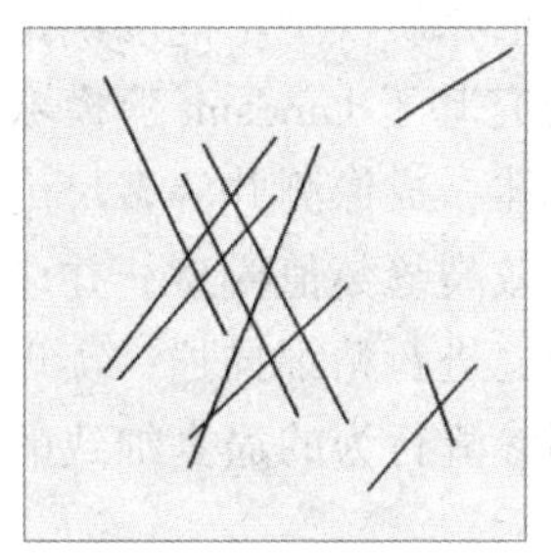

(a)概念裂缝模型

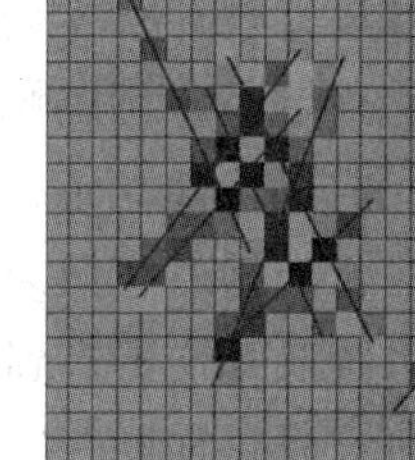

(b)双孔双渗模型

图 1　双孔双渗模型对裂缝系统的描述

此外，在地质模型向数模模型转化的过程中，传统双孔模型采用“统计”或者“等效”方法计算 Sigma 因子。这种方法表征的裂缝系统不能

【作者简介】罗启源(1984—)，男，油藏工程师，2011 年毕业于西南石油大学油气田开发专业，现主要从事油藏管理和数值模拟方面的研究工作。E-mail：luoqy@ cnooc. com. cn

描述清楚一个网格内的联通问题，也不能描述网块间部分连通的问题，刻画传统双孔双渗模型的参数如裂缝渗透率 K_f、形状因子 σ 完全来源于统计平均的数据，不能描述局部的特性。如图 2 两种截然不同的模型可能计算得出相同的 Sigma 因子。

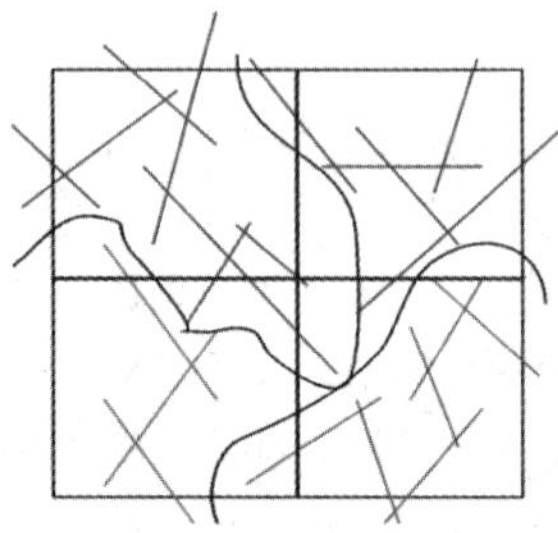

(a)网块内连通而网块间不连通

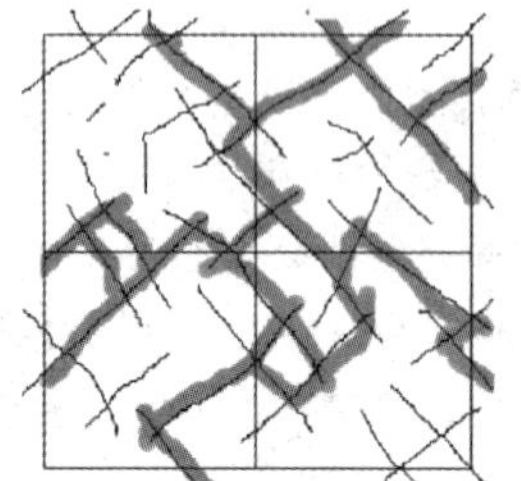

(b)网块内不连通而网块间连通

图 2　网块不同连通类型的模型

近年来，随着裂缝识别预测技术与设备的发展，裂缝性储层的缝网描述与建模呈现精细化、定量化、离散化的趋势，构建全油藏的离散化裂缝网络是现在裂缝性储层建模的通常做法。由于早先离散裂缝网络往往只用于双重介质模型参数的计算，无法直接应用于油藏数值模拟计算，导致高精度的裂缝模型与数值模拟模型之间的脱节。随着网格剖分技术、传导率计算、数值方法和计算机科技等技术的发展，离散裂缝数值模拟在实际油藏中的应用成为可能，并可极大地提高运算速度和精度。

2　建立基于非结构网格离散裂缝模型的关键技术

如上所述，传统的基于角点网格的裂缝性油藏地质模型向数模模型转变过程中会丢失裂缝的部分信息，致使建立的双重介质模型不能准确地描述流体运动规律。本研究基于 Landsim 建模数模一体化平台，应用蚂蚁体、成像测井等多尺度裂缝研究成果，建立了离散裂缝数值模型，并应用非结构化网格对离散裂缝进行精细描述，实现对裂缝系统从几何形态到渗流行为的逼真细致的描述，研究思路如图 3 所示。

2.1　离散裂缝模型显性表征大尺度裂缝并应用于数值模拟

与等效连续模型用规则网格块描述裂缝系统不同，离散裂缝网络模型直接用具有不同尺度和形态的裂缝片组成的裂缝网络，以离散数据形式来描述裂缝系统。离散裂缝模型是目前世界上描述裂缝的一种先进方法，该方法通过展布三维空间中各类裂缝片组成的裂缝网络构建整体的裂缝模型，每类裂缝网络由大量具有不同形状、尺寸、开度、方位及所附带的基质块等属性的裂缝片组成，可以实现对裂缝系统从几何形态到渗流行为的逼真细致的有效描述[3]（图 4）。离散裂缝模型具有多学科、多资料协同的优势，能够把露头、岩芯、地震、测井、地质、钻井、生产资料等多类型、多尺度数据充分结合，从多个角度认识裂缝，应用多条件约束建立裂缝网络模型。因此，离散裂缝模型能给出更加接近实际地层的裂缝描述体系，实现所有的裂缝都根据其实际尺寸和分布形态完整和显性地表征。

基于深度域的蚂蚁体数据构建大尺度离散裂缝

根据蚂蚁体属性展布，利用最小二乘法拟合目标网格最有可能的方向，预测裂缝的密度与方位角

将预测的裂缝密度和方位角数据体重采样转换到地质网格中，在地质网格中生成基于地质角点网格的裂缝片

离散裂缝重构，还原裂缝的真实原貌

中小尺度裂缝属性等效到基质

基于非结构网格的属性模型

在裂缝约束下将模型剖分成非结构网格

图 3　研究思路

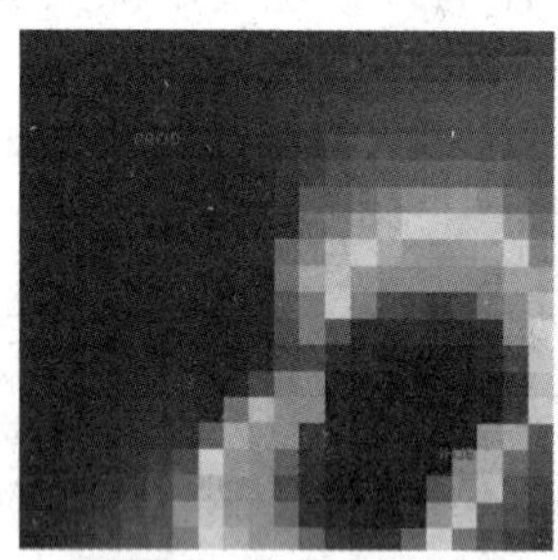

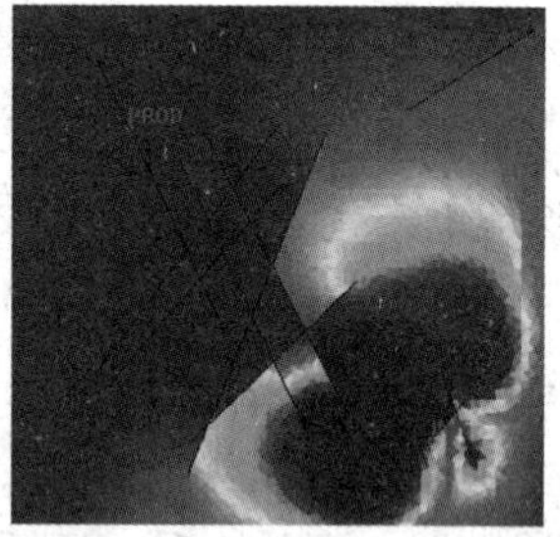

图 4　典型的等效双重介质模型(左)和离散裂缝模型(右)饱和度分布对比

离散裂缝模型广泛用于裂缝性油藏三维地质建模，在油藏渗流的动态模拟方面还处于起步阶段。离散裂缝的油藏数值模拟技术存在主要的问题在于：相比连续介质，建立离散裂缝模型需要更多网格，当裂缝数量较大，相比连续介质产生的网格数量倍增，计算效率同比急剧下降[4]。

针对双重介质模型描述大尺度裂缝的描述具有先天不足，而对中小尺度裂缝具有足够精度的

特点，同时考虑生成网格的数量和计算机的运算能力，采取的对策是：保留大尺度裂缝，并离散化显性表征于数值模型中，直接参与传导率计算；对于中小尺度裂缝则把其属性等效于基质后参与传导率计算。如此一来，就可以分别发挥双重介质模型和离散裂缝模型的优势，既实现不同尺度裂缝的精确描述，又可以提高计算效率。

本研究利用基于深度域上的蚂蚁体数据，构建大尺度离散裂缝。首先根据蚂蚁体属性的展布，预测裂缝的密度与方位角，利用最小二乘法拟合目标网格最有可能的方向(图5)。其实现步骤为：

(1) 确定拟合区域范围，拟合范围需与蚂蚁体数据分辨率以及网格尺寸相匹配；

(2) 确定裂缝有效密度范围，搜索并过滤掉区域内部无效的裂缝密度信息；

(3) 根据有效裂缝密度网格的分布，基于线性方程或椭圆方程，利用最小二乘法拟合最大可能的裂缝方位角。

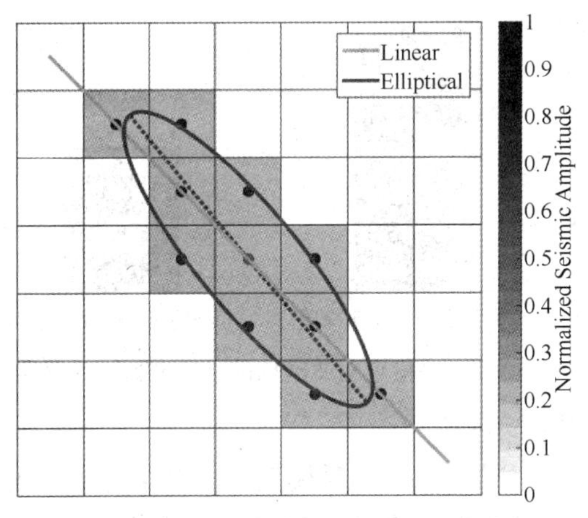

图5　方位角预测原理示意图

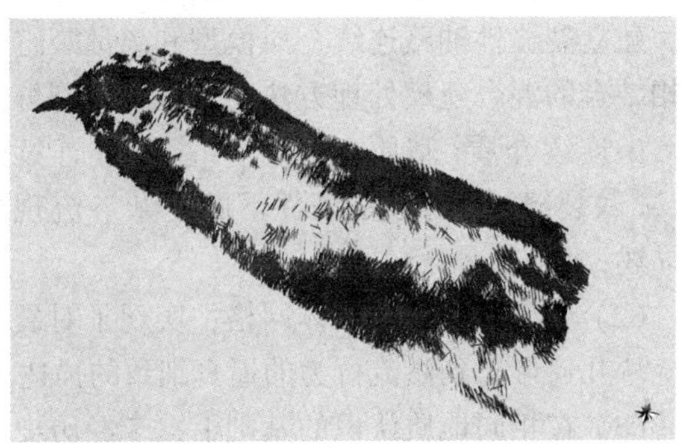

图6　A油田离散裂缝元数据

其次是将上一步中预测的裂缝密度和方位角数据体重采样转换到地质网格中，在地质网格中生成基于地质角点网格的裂缝片(图6)，在此基础上，进行离散裂缝重构，生成一条条在三维空间中真实分布的裂缝(图7、图8)。

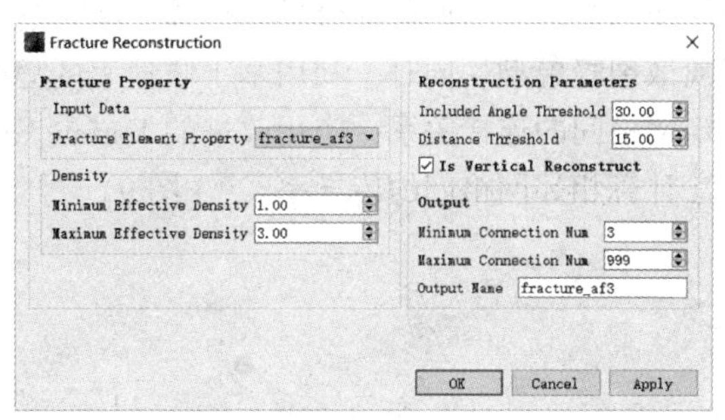

图7　离散裂缝重构参数面板

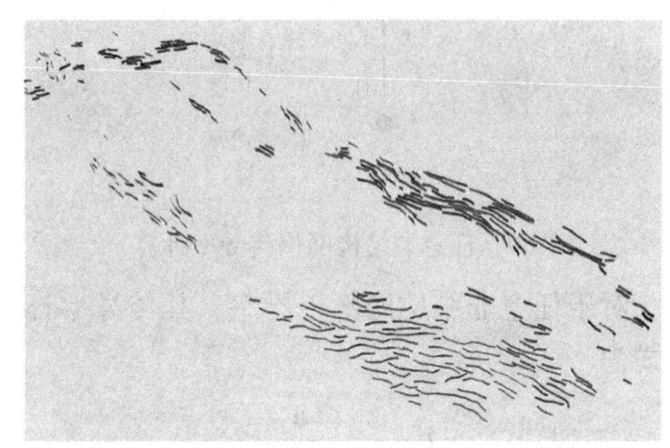

图8　裂缝重构得到的离散裂缝

对于中小尺度裂缝，则把其属性等效到基质，最终得到多尺度裂缝融合的离散裂缝网络，并直接应用于数值模拟。

2.2　应用非结构网格精确描述复杂的离散裂缝

当前，角点网格是主流油藏数值拟软件采用的网格系统，它可以较好地处理断层和沉积构造分层约束下的复杂地质模型。然而，它不适合模拟形态结构复杂的油藏，对于带有离散裂缝网络等更为复杂的几何约束模型却并不适用，为了精确适应几何形态更复杂的离散裂缝模型，必须采用非结构网格。

非结构网格技术从20世纪60年代开始得到了发展，主要是为了解决结构网格无法适应较复杂形状和任意连通区域的网格剖分的缺欠，在有限元分析、固体力学、结构分析等领域得到广泛应用[5]。然而，当前国内外的研究中，非结构网格生成技术中目前只有三角形网格(二维模型)和四面体网格(三维模型)的自动生成技术较为稳定，应用也最为广泛，其他任意几何形状实体的非结构网格生成技术还面临着任意边界恢复或空间过渡等诸多挑战。具体到油藏数值模拟领域，棱柱型网格和四面体网格是最常见的非结构网格。

本研究利用 Delaunay 剖分算法划分非结构网格[6-7]，该方法非常灵活，算法成熟可靠，能够很简便的处理点线面体混合的几何体，非常适用于离散裂缝模型。同时，利用基于联通表的思想确定网格间的连接关系，应用改进的 Karimi Fard 算法计算相邻网格间的传导率[8-14](图 9)。

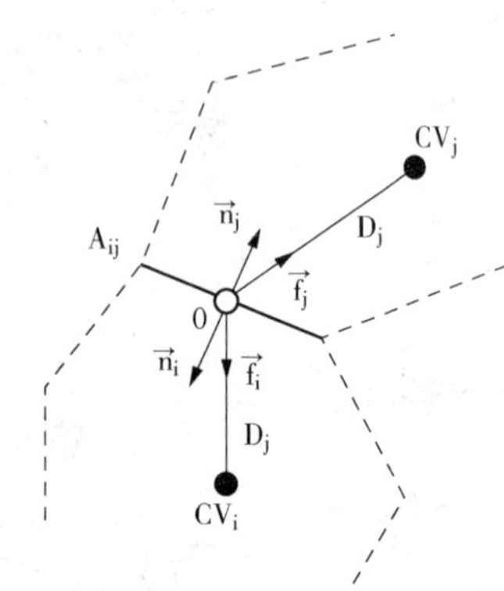

图 9　任意非结构网格传导率计算

对于任意非结构网格传导率，其传导率计算公式为：

$$T_{12} = \frac{\alpha_1 \alpha_2}{\alpha_1 + \alpha_2} \tag{1}$$

$$\alpha_i = \frac{A_i k_i}{D_i} \vec{n}_i \cdot \vec{f}_i \tag{2}$$

式中　T_{12}——网格 1 和网格 2 之间的传导率；

A_i——网格 i 的交面面积；

K_i——网格 i 的渗透率；

D_i——网格中心点到公共面相交点的长度；

$\vec{n}_i$——交面指向 i 网格的单位法向量；

f_i——公共面相交点指向 i 网格中心点的单位方向向量。

应用四面体网格剖分技术，在裂缝约束下将模型剖分成的非结构网格模型，其网格数约为 40 万，在此基础上建立基于非结构网格的属性模型(图 10)。

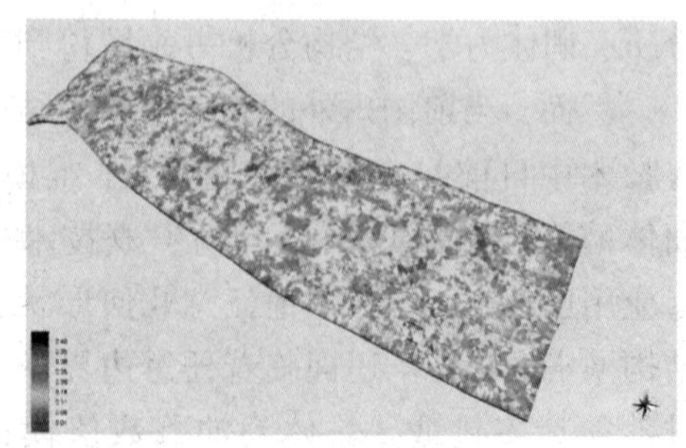

图 10　非结构网格剖分后的属性模型

3　在南海东部 A 油田的应用效果

南海东部 A 油田是大型生物礁滩稠油油藏，储层由新生代中新世生物礁、滩组成，油藏埋藏浅，厚度大，是一个底水控制的块状油藏，油藏内部断层、裂缝/溶洞发育，地质情况十分复杂，非均质性强。目前共有 58 口生产井，在生产井 20 口，生产历史长达 21 年，目前动用储量采出程度为 9.65%，综合含水为 96.6%。

针对目前油藏模拟中出现的问题，本研究应用基于非结构网格建立的离散裂缝模型开展数值模拟运算，非结构网格数量与原双重介质模型的网格数量相当，均在 40 万左右，在单机单 CPU 的硬件条件下运算耗时 11 小时，是斯伦贝谢 INTERSECT 模拟器在 16 节点机群上运算耗时的 1/2(图 11)，而且计算的未拟合的单井主要指标与历史观测值相吻合的井数达到 74.5%，远高于传统双重介质模型 27.5%的吻合率(图 12)。

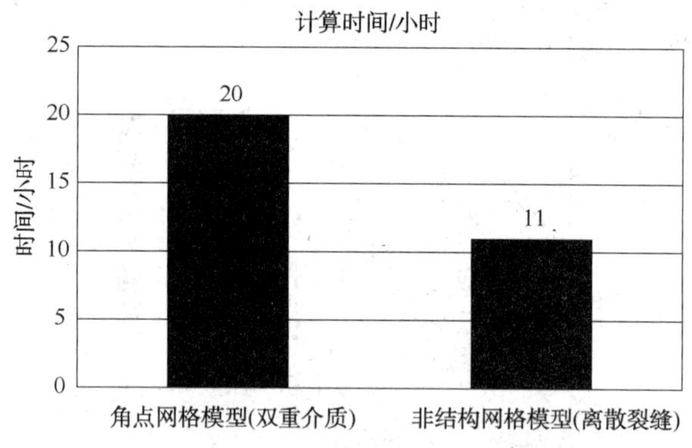

图 11　角点网格模型与非结构网格模型运算耗时对比

4　结论

(1) 结合双重介质模型和离散裂缝模型的优缺点，建立双重介质—离散裂缝混合数学模型，将油藏介质区分为连续介质和不连续介质分别处理，建立裂缝性油藏连续介质模型和离散裂缝模型相结合的混合建模处理方法，实现了对裂缝性油藏中连续介质(基质、中小裂缝)和非连续介质(离散裂缝)同时存在条件下的复杂渗流现象的描述；

(2) 应用非结构四面体网格，实现了对裂缝系统从几何形态到渗流行为的逼真细致的描述；

(3) 在相同地质认识的基础上，未经历史拟合的单井指标与历史动态的符合率由 27.5%上升到 74.5%，表明该方法对裂缝性油田数值模拟具有较好的适用性。

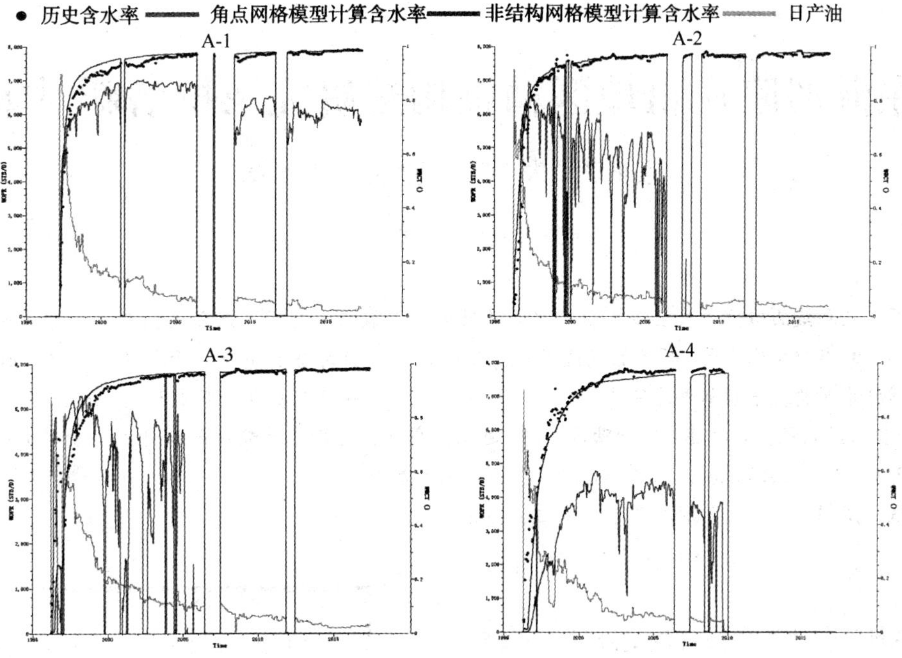

图 12　角点网格模型与非结构网格模型计算结果对比

参　考　文　献

[1] Barenblatt, G. I. and I. P. Zheltov, Fundamental equations for the filtration of homogeneous fluids through fissured rocks. Doklady Akademii Nauk SSSR, 1960. 132 (3): p. 545-548.

[2] Warren, J. E. and P. J. Root, The Behavior of Naturally Fractured Reservoirs. Society of Petroleum Engineers Journal, 1963. 3(03): p. 245-255.

[3] Li, J., et al., Effective Local-Global Upscaling of Fractured Reservoirs under Discrete Fractured Discretization. Energies, 2015. 8(9): p. 10178-10197.

[4] 刘勇. 基于非结构六面体网格的裂缝性油藏数值模拟[D]. 西南石油大学, 2016.

[5] Baker T J. Automatic mesh generation for complex three-dimensional regions using a constrained Delaunay triangulation [J]. Engineering with Computers, 1989, 5(3-4): 161-175.

[6] Zhou X. Liu S. Arobust Algorithm for Constrained Delaunay Triangulation [J]. Chinese Journal of Computers, 1996.

[7] Weatherill N P, Hassan O. Efficient three-dimensional Delaunay triangulation) with automatic point creation and imposed boundary constraints [J]. International Journal for Numerical Methods in Engineering, 1994, 37(12): 2005-2039.

[8] Karimi-Fard, M., L. J. Durlofsky and K. Aziz, An efficient discrete-fracture model applicable for general-purpose reservoir simulators. SPE Journal, 2004. 9(2): p. 227-236.

[9] Karimi-Fard, M., B. Gong and L. J. Durlofsky, Generation of coarse-scale continuum flow models from detailed fracture characterizations. Water Resources Research, 2006. 42(10): p. n/a-n/a.

[10] Hui, M., et al. The Upscaling of Discrete Fracture Models for Faster Coarse-Scale Simulations of IOR and EOR Processes for Fractured Reservoirs. in SPE Annual Technical Conference and Exhibition. 2013: Society of Petroleum Engineers.

[11] Gong, B., Effective models of fractured systems. Vol. 68. 2007.

[12] Gong, B., M. Karimi-Fard and L. J. Durlofsky, Upscaling Discrete Fracture Characterizations to Dual-Porosity Dual - Permeability Models for Efficient Simulation of Flow With Strong Gravitational Effects. SPE Journal, 2008. 13(01): p. 58-67.

[13] Gong, B. and G. Qin. A Hybrid Upscaling Procedure for Modeling of Fluid Flow in Fractured Subsurface Formations. International Journal of Numerical Analysis & Modeling, 2012. 9(3).

[14] Gong, B., J. Li and Y. Shan. An Integrated Approach of Fractured Reservoir Modelling Based on Seismic Interpretations and Discrete Fracture Characterisation. in IPTC 2013: International Petroleum Technology Conference. 2013.

东濮凹陷庆祖地区精细构造研究及挖潜新对策

姜涌波　朱彦群　马改正　于本涛

(中国石化中原油田分公司)

摘　要　庆祖集油田位于长垣断裂和石家集断裂两大断裂系统趋于交汇之处，断层发育，断块小，构造极其复杂，断层组合难度大。局部微构造的认识程度直接影响到整个油田的开发水平，所以如何运用构造精细解释技术对构造深刻刻画是目前开发工作的重中之重。根据庆祖集地区构造特点，采取新的挖潜对策：(1)根据成藏模式，寻找连片富含油区；(2)通过占高点，进行构造精细解释开展滚动增储；(3)利用井震结合开展单砂体精细刻画，挖潜平面、层间(内)剩余油。

关键词　庆祖集油田；断层发育；微构造；挖潜对策

1　地质背景

东濮凹陷西部斜坡带是由五星集断层、石家集断层和长垣断层等断层形成的东倾断阶带，庆祖集油田就位于二断阶上，目前已探明含油面积 9.85km^2，探明石油地质储量 743.31×10^{4}t。由于处于长垣断裂和石家集断裂两大断裂系统趋于交汇之处，小断层发育，断块破碎，构造极其复杂，断层组合难度大(图 1)。区域内共发育断层 40 余条，平均单井钻遇断层 4 条，共有含油断块 21 个，断块平均含油面积仅 0.3km^2。油藏类型属于中孔、中低渗常温常压极复杂断块油藏(表 1)。内部构造的复杂性严重影响区块注采完善程度、储量动用程度和采收率的进一步提高。因此，对该油藏进行构造精细研究，进而提高动用程度、提高采收率具有十分重要的现实意义[1]。

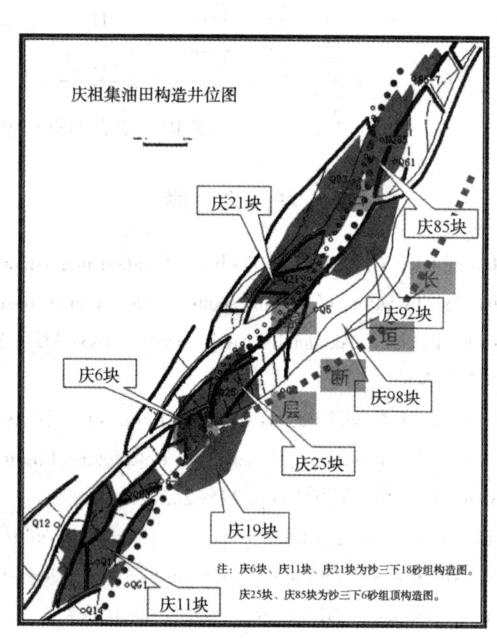

图 1　庆祖集油田构造井位图

表 1　庆祖集油田主要断块参数表

庆祖集	区块	平均孔隙度/%	平均渗透率/($10^{-3}\mu m^3$)	渗透率级差	突进系数	地质储量/10^4t	标定采收集	目前采出程度	油藏类型
下降盘	庆 19 块	16.8	43.2	169	13.29	181	5.52	3.11	低渗
	庆 92 块	18.2	47.2	187	13.7	45	15.7	11.6	中渗
	庆 98 块	19.4	64	424	12.28	37	16.9	15.95	中渗
	庆 85 块	18.6	79	475	14.38	71	30.9	30.83	中渗
	庆 25 块	19.9	53.8	200	14.21	38.5	42.8	39.47	中渗
上升盘	庆 11 块	14.6	31.7	30	5.9	208.75	20.7	10.12	中低渗
	庆 21 块	12.3	23.6	67	9.78	50	18.3	18	低渗
	庆 6 块	13.4	24.8	50	7.97	28	36.45	36.45	低渗

【作者简介】姜涌波(1987—)，男，2014 年毕业于中国石油大学(华东)地质工程专业，硕士研究生，现工作于中石化中原油田分公司濮东采油厂地质研究所，专业方向为石油地质和油气地球物理勘探。E-mail：524060540@qq.com

2 精细微构造研究

弄清构造的微构造分布位置及小(微)断层几何形态以及其走向、倾向、断距等各种构造要素，是油气田开发的重要依据之一。精细构造描述是油田开发后期，调整井位、挖掘剩余油、提高采收率的研究基础，只有进行了精细的微构造研究，才能为后期调整方案的编制提供依据，进一步完善部分注采井网，提高采收率。

2.1 解释基本思路

对断块复杂、岩性横向变化大、地震资料品质差的地区，必须有正确合理的解释思路，否则解释会陷入困境。在解释过程中我们主要遵循了以下思路：(1)建立构造模式，运用地质观点指导地震资料解释；(2)先解释资料品质相对比较好的区块，确定可靠的部分，再推断差的部分；(3)先以基干测网为主解释主要断层，再逐块解剖内部构造细节；(4)提取某种地震属性，如瞬时振幅、瞬时相位等，突出某种地质特征；(5)在解释地震资料的同时要充分利用钻井、地质、测井、试油等资料尽量捕捉多种信息增加解释的可靠性[2]。

2.2 解释技术与解释方法

(1) 构造样式分析：为解决构造的多期运动对解释工作带来的困难，首先应加强区域地质、构造规律的分析，深入研究区内基底类型、边界条件、区域构造应力场等情况，建立本区构造及断层模式，指导构造及断层解释。因在地质构造研究中，所研究的对象往往不是某一个独立的地质构造，而是有一系列共同特点和规律的构造组合，因此以构造模式去认识和预测凹陷(或盆地)中可能出现的构造样式具有指导作用。对一些微断层，建立微断层识别模式，用地质模式指导地震剖面的解释。只要掌握此模式就能对研究区做出较准确的判断。

(2) 方差体、时间切片联合解释法[3]

在不同切片上，对特征明显、上下延续性强的突变带和不相干带进行定义解释，分级追踪其在地震剖面上的特征，确定断裂结构，结合剖面进行断层同步解释，纵剖面和水平切片互相投影和控制，以确定断层的闭合情况和整体形态，以及各断层间的交切关系。同时，利用任意线来检查解释的结果。最后，根据本区的地质规律，利用相干体切片和时间切片对断层进行平面组合，从浅至深，按照不同时间切片上的断层变化，确定剖面上断层的交切关系(图2)。

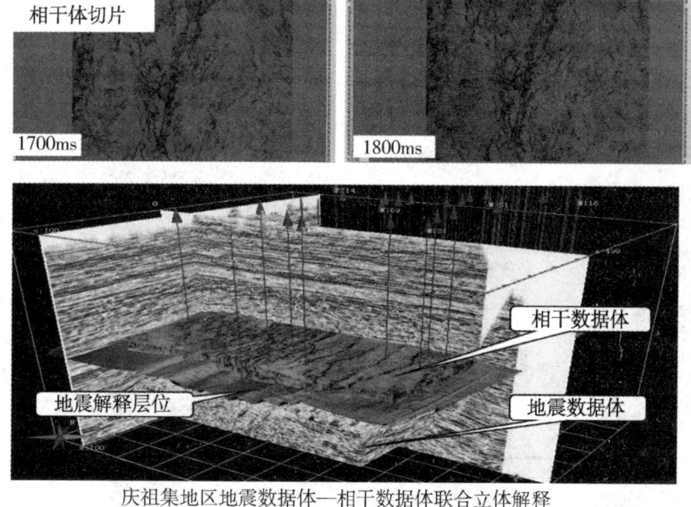

庆祖集地区地震数据体—相干数据体联合立体解释

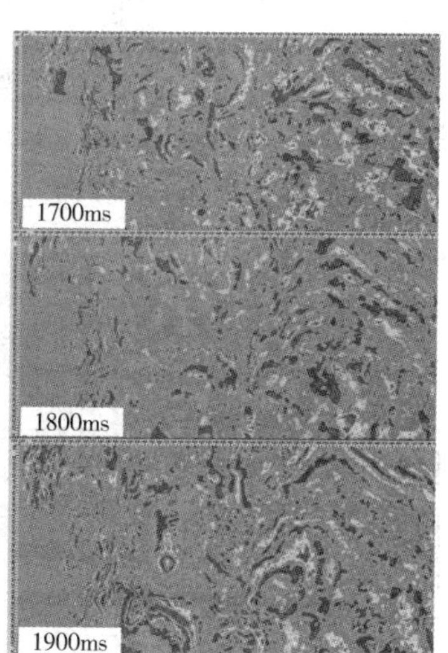

时间切片

图2　井震藏综合分析技术

(3) 分块控制解释法

由于主控断裂构造运动的差异，导致凹陷同一地质层位在不同区块地震反射特征不一致。为保证各地震层位的一致性，在大套层位控制下，可以先解释断层，解释好的断层把研究空间分割成一系列断块[4]。对分割性很强的区块采用迂回追踪法完成对比解释。其主要步骤如下：①建立构造格架；②在已知探井的控制下，对研究区块进行追踪对比解释；③在无井控制的区块，根据绕过断层的连井剖面，确定层位对比追踪。

(4) 断层立体展布法解释技术

根据水平切片、联络线上断层的位置和走

向，判断该条断层的解释是否合理利用断层展布法解释，即先断层、后层位，做到“剖面定倾向，切片定走向，共同定产状”的三定解释。可以做到主测线、联络测线、水平切片三位一体，真正实现空间上的一致，真正还原地下的真实构造特征。

(5) 三维空间监测

在三维空间上监测断层及层位解释的合理性。与传统的二维形式的剖面和平面图检查相比，则三维方式显示解释成果，具有信息量大，结果更加直观的特点。通过一组解释的断层线在空间的展布，更便于发现问题，及时调整。

(6) 地震资料时频分析技术

基于广义S变换的地震资料时频分析方法，在广义S变换的基础之上，引入谱模拟反褶积和反Q滤波，从而压制了能量扩散，得到具有更高时频分辨率的分析结果。进一步应用于实际地震数据的时频分析(图3)，有助于精细刻画断层等地质信息，地震资料的进一步解释及井位的确定。

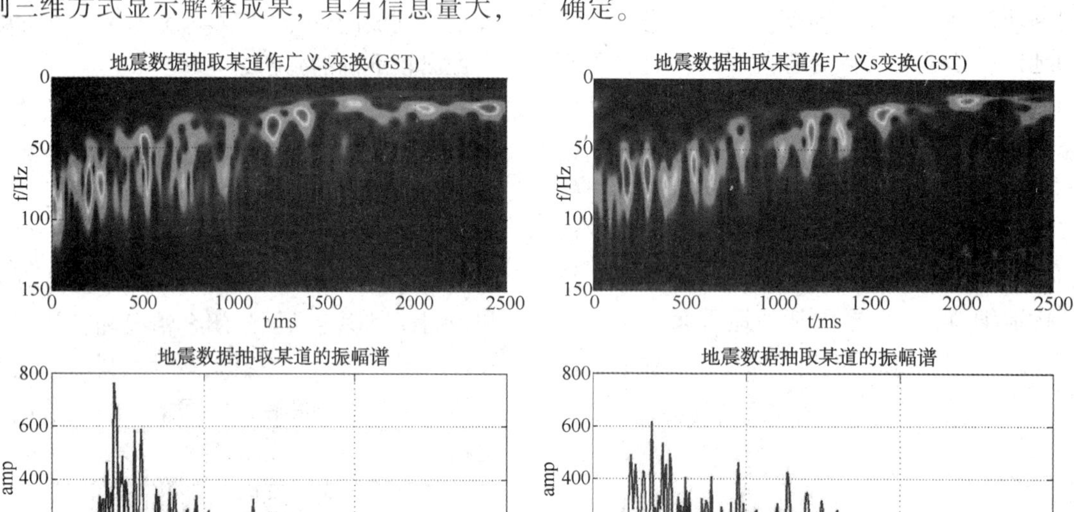

图3　地震数据某道的时频谱(上)及振幅谱(下)

如图3所示，从时频谱中我们可以看出处理后的地震信号的能量聚焦效果较好，地震信号的有效频带拓宽为10～100Hz，有效频带变宽，达到提高地震分辨率的目的(图4)。

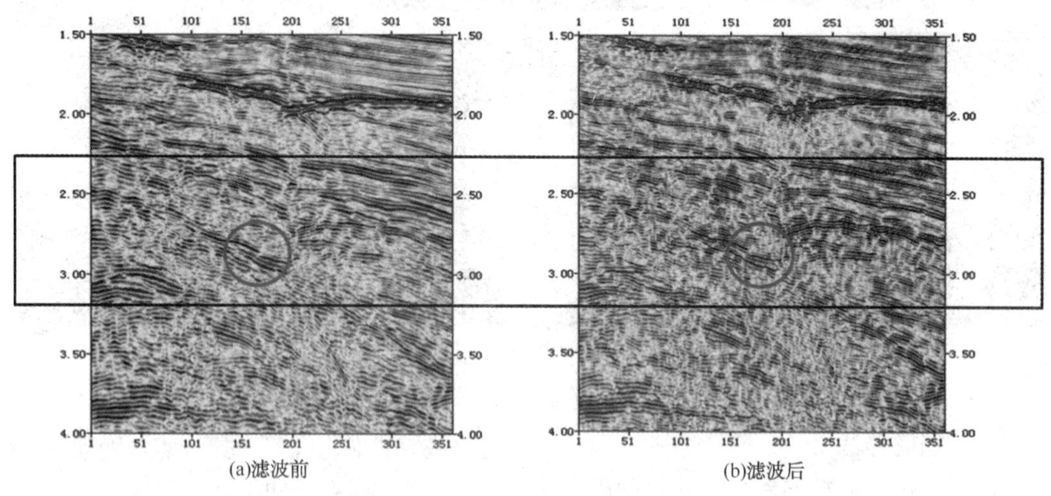

图4　反Q滤波前后某地震剖面对比

2.3　主体构造背景

胡庆地区构造走向与东濮凹陷构造走向大体一致，为NNE向。从地震剖面和断裂体系图上可以看出，该区构造形态的最大特点是呈断阶形式，地层向东节节东掉，形成了五星集、石家集和长垣三个台阶，且每个台阶具有完全不同的构造特征[5]。

受五星集断层、石家集断层和长垣断层三组NNE向断裂系的控制，将斜坡带切割为具三个东掉的断阶带(图5)。其中，长垣断层下降盘为Ⅰ台阶，长垣断层与石家集断层之间为Ⅱ台阶，石家集断层与五星集断层之间为Ⅲ台阶。每一个台阶均具有不同的断裂发育特征和构造样式。各断阶带内受主断层的影响，派生了次一级的小断层系，将各断阶切割成若干断块，断块构造较为复杂。

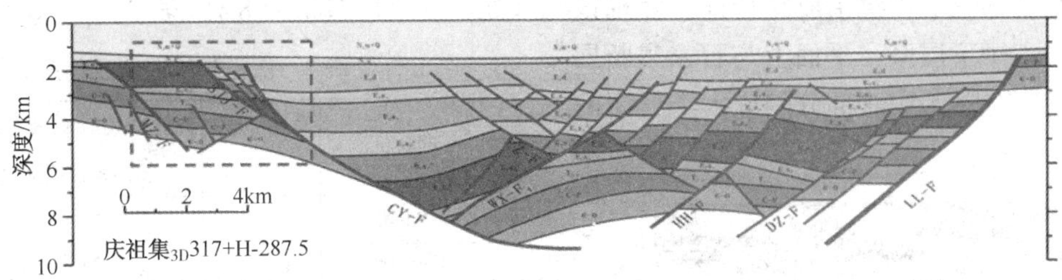

图5 庆祖集油田构造剖面图

2.4 典型构造样式

东濮凹陷西部斜坡带构造发育受断裂、下伏基底结构等因素的共同控制，主要发育有顺向断阶式、反向断阶式和复合型断阶式三种典型构造样式。同时，在此基础之上受局部变形强度差异性变化等因素的影响，还派生发育有屋脊式断块构造以及逆牵引构造(图6)。

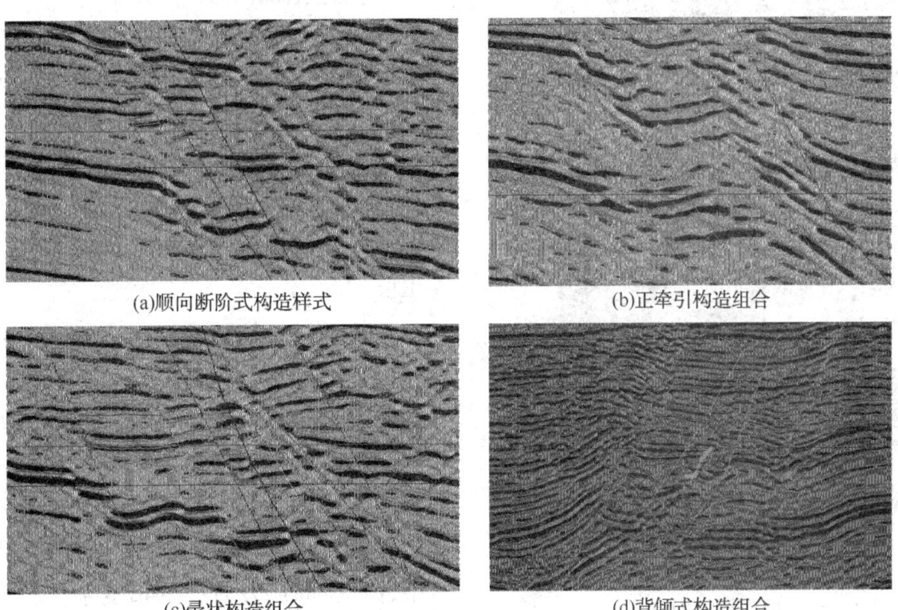

图6 典型构造样式

2.5 正演模型分析构造地震特征

为了更好地掌握断层特征，我们针对庆祖集油田南北结合部的地层结构和断层特点进行了正演模型研究，主要分析不同断距不同断层倾角下断层断面及两盘地层的变化情况。从庆祖集的各地层层平均速度看，地层速度结构基本相当，分别进行了断层断距为30m、100m、300m和断层倾角为30°、45°、60°情形下的断层正演模型研究，模型基础建立在垂直入射水平层状地层，从模型中可以看出，在断层倾角不变的情况下断距越大则断面波显现越清楚、越易识别，并且反射层处的断面波最强，分析认为这主要是由于断距100~300m之间变化时，断面波延伸长度随着断距的增大而加长[6]。

在实际地震解释中，我们发现庆祖集油田许多地区的地震剖面上确实存在上述现象，其地震异常通过上述剖析得到很好解释，这也指导我们在断层精细解释时不要轻易被断层下盘的这些现象误导，在层位上翘或下拉处解释为小断层，造成构造解释人为复杂化，而应认真分析主断层两侧地层对接关系，从而决定这种小断层是否存在[7]。

2.6 取得的新认识

(1) 庆 H 块北部新增有利圈闭

庆 H 块原构造认为该地区小断层不发育，庆 H 块南北为完整区块，为统一油水系统。通过地震解释、地层对比、储层油水关系和生产特征等技术手段，结合沙三下1.2层系成藏特征，发现该主要发育在沙三中下层系，平面上与石家集断层呈 30 度相交，将庆 85 块北部分隔成一个封闭的墙角小断块(图 7)。

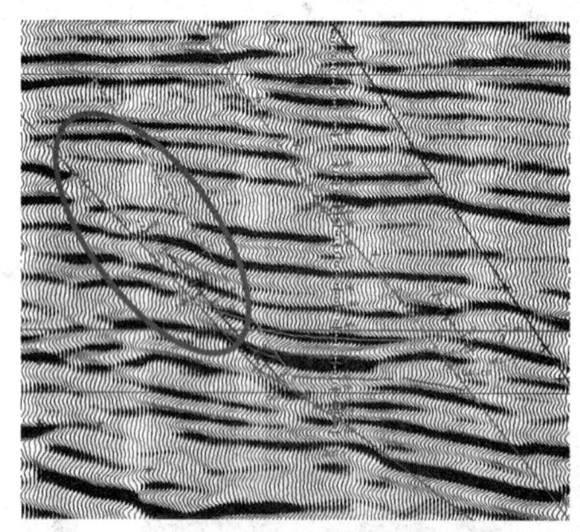

(a)庆H块原始地震剖面

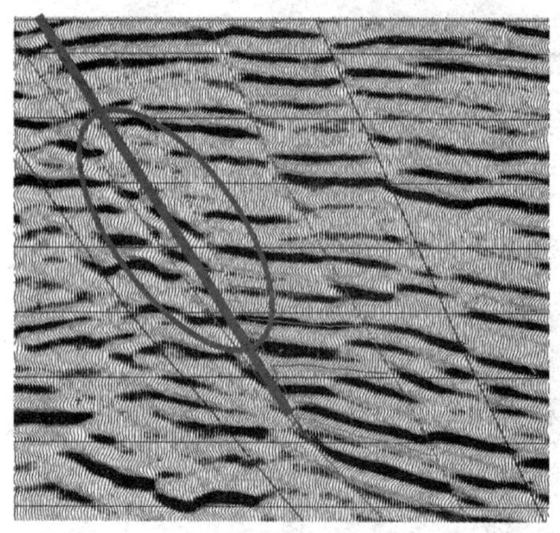

(b)庆H块新解释地震剖面

图 7　新老地震剖面对比

(2) 庆 M 块南部新增有利断块

依据庆 11-5 井的钻井及测井情况，认识到庆 11-5 井南部沙三下 17 顶的构造存在一条近东西向展布的小断层，将庆 11-5 井区与南边小断块分隔开，同时通过地震资料的再处理分析进一步验证了该断层的存在，其为近东西向展布，东交于石家集断层向西被庆 85 断层截断，主要发育在沙三下层系，将庆 11-15 井区南部分隔成一个封闭的小断块。

2011 年庆祖集高精度三维地震投入使用，通过对比发现，高精度地震对断层的识别有所提高，降低了构造解释的多解性。同时井震结合，运用“点-线-面-体-面-线-点”的解释模式，结合钻井、测录井资料地震瞬时相位，瞬时频率，方差体属性等资料对庆祖集油田从南到北重新认识和刻画，对构造做了修改[8]。2016-2018 共增加断层 9 条，修改断层 17 条，修改等高线 24 处，修改构造格局 8 处(表 2)。

表 2　庆祖集构造修改信息表

区块	增加断层/条	修改断层/条	修改等高线/处	修改构造格局/处
庆 85 块	2	5	6	2
庆 11 块	1	4	5	2
庆 19 块	3	4	5	2
庆 92 块	2	2	3	1
庆 25 块	1	2	5	1
合计	9	17	24	8

3　挖潜技术新对策

(1) 根据成藏模式，寻找连片富含油区。

与以往不同的是，我们首先开展整体构造描述，先整体后局部，由胡 12 块和庆 85 块主体描述来指导目标区的构造描述；其次利用地震属性(MAV、RMS)提取技术开展平面砂体展布规律研究；最终确定本地区的成藏特征，寻找连片富集区。

该地区整体构造是由庆 91 断层与庆 85 断层所夹持条带状的断块，内部有两个大的鼻状构造，分别是北部的胡 12 块主体及庆 85 块主体，中间有若干个次级小断鼻构造(图 8)。两大鼻状构造主体构造相对简单，构造低点在庆 85-20—胡 62-6 一线，处于构造转换带，造成地应力集中释放，断层发育，构造复杂。

由于该地区近物源重力流沉积，导致砂体自高部位向低部位逐渐变差，造成胡 12 块主体与庆 85 块构造高点储层发育，中间鞍部构造转换带砂体发育较差。从沙三中含油气情况可以看出，北部油气聚集在胡 12 主力块；庆 85 块主体块沙三中几乎不含油，油气主要是沿庆 85 断层下降盘庆 85 东块构造高点小幅度聚集。

部署思路：在精细构造、储层及含油气性研究的基础上，自庆 85-6 往北逐步部署实施，遵循的原则是“先易后难，先简后繁”，依据潜力大小分批实施。研究区域庆 85 东块位于庆 85 块主体东部与胡 62 块结合部，构造形态与庆 85 块主体区有一定的继承性(图 9)。从储层预测的结

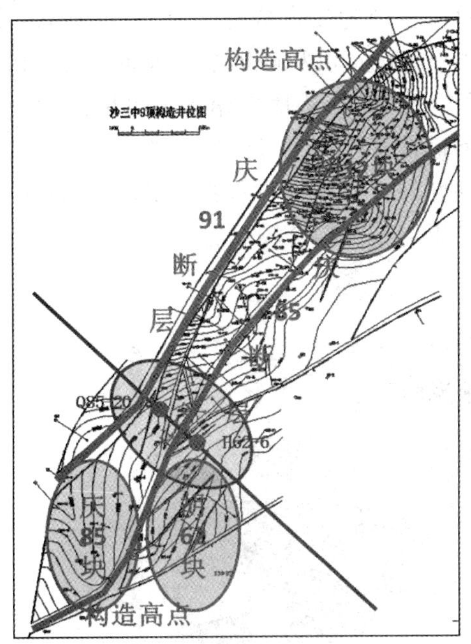

图 8　胡 12 块-庆 85 块构造叠合图

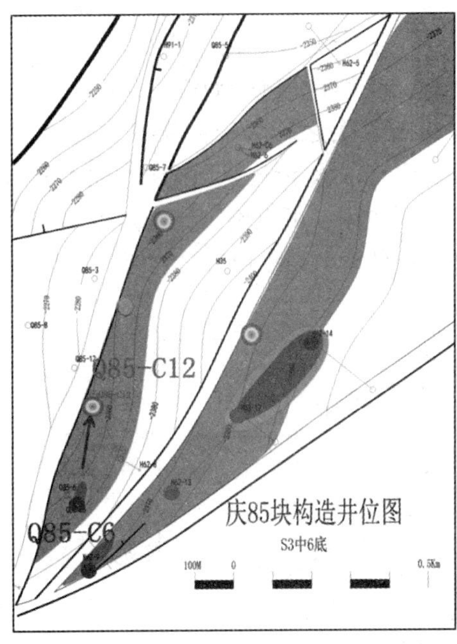

图 9　研究目标区构造图

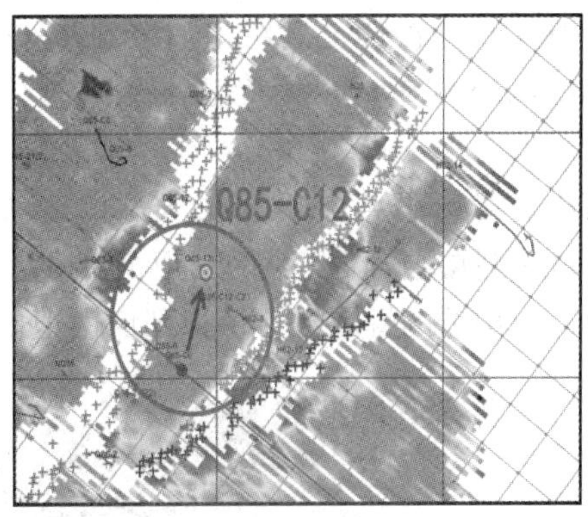

(a)S3中6底

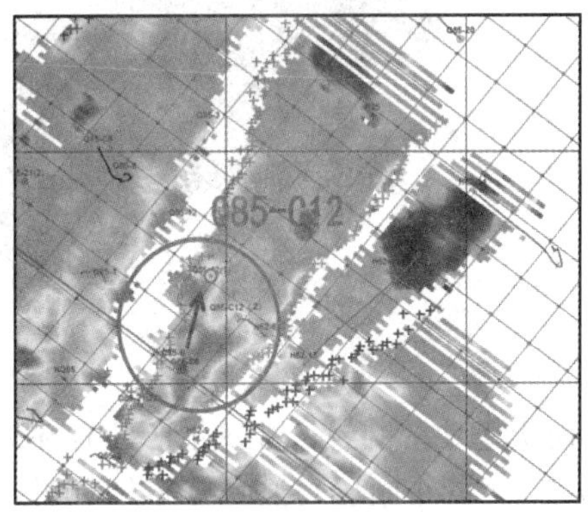

(b)S3中7底

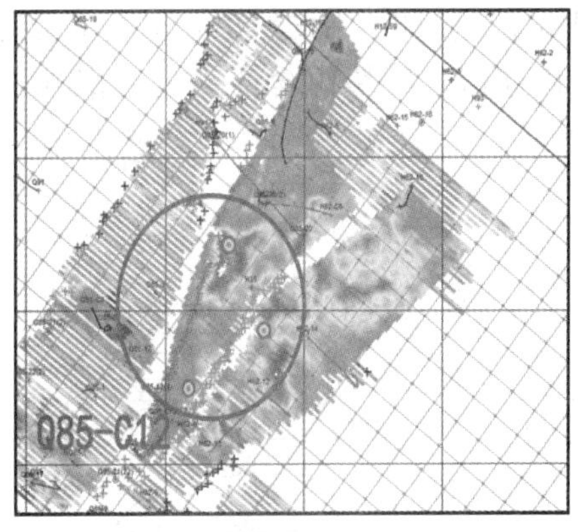

(c)S3中8底

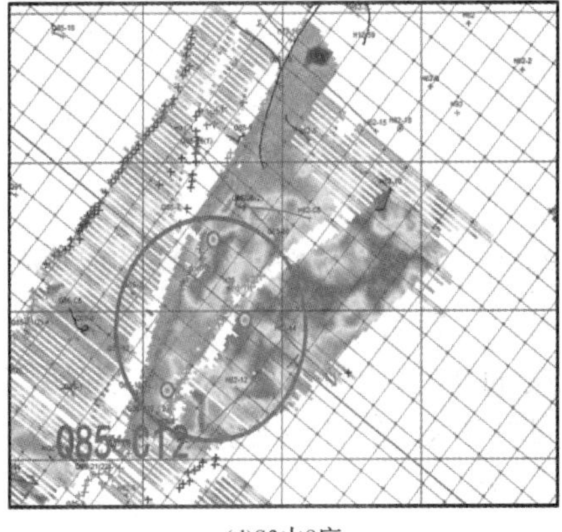

(d)S3中9底

图 10　庆 85 东块沙三中储层预测(MAV 平均绝对值振幅)

果来看，目标区域沙三中 7-9 砂体发育较好，储层发育情况与钻遇井实际情况相符，符合率达 90%(图 10)。坚持区块井网整体部署，分批实施的原则，共部署井位 4 口。另外，通过早期注水及时补充能量。预计新增动用储量 25×10^4t，新增可采储量 7.5×10^4t。

(2) 占高点，构造精细解释进行滚动增储。

庆南地区庆 11 块由石家集断层和庆 12 断层的夹缝带形成的复杂断鼻构造。区块内发育一系列倾向东南的断层把区块分为主要的 4 个条带；条带内发育倾向北、东南的小断层分割成块，造成部分小断块内无井控制。其中主要含油层位为沙三下 16-20 和沙四上砂组，油藏埋深-2260~-2765m。以常规解释手段无法准确进行微构造描述。

构造解释新思路在于首先从古构造认识入手，通过去断层结合古地貌恢复认识构造，发现古地貌与现构造的继承性，认识到庆南地区有效储层总体表现为受古构造和有利沉积相带控制；其中沙三下河道沉积砂体主要分布于古构造高部位(图 11)。另外从地震相图上可以清楚反映出庆南河道发育区，主河道沉积砂体厚，储层物性好，油性好；河道间砂体厚度薄，储层物性差。预测结果与钻井吻合较好。

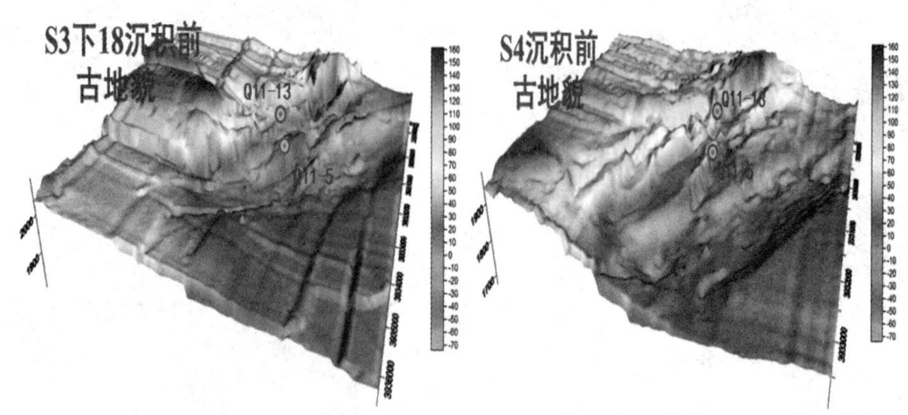

图 11　庆南地区古地貌恢复

目前庆南地区共投入开发生产共有 6 个小断块，10-20 米的小断层对油水分布具有明显的控制作用，油气主要聚集在各个小断块构造高点处；但由于受整体构造的约束，丰度由构造高点向低部位递减；区块内含油高度一般在 30-50 米。因此，我们可以认为该块主要受微构造控制，岩性因素次之。由于油层纵向上成层状分布，具有多套油水系统，小断层对油水分布具有明显的控制作用，可以确定庆南地区为典型的极复杂断块层状油藏(图 12)。

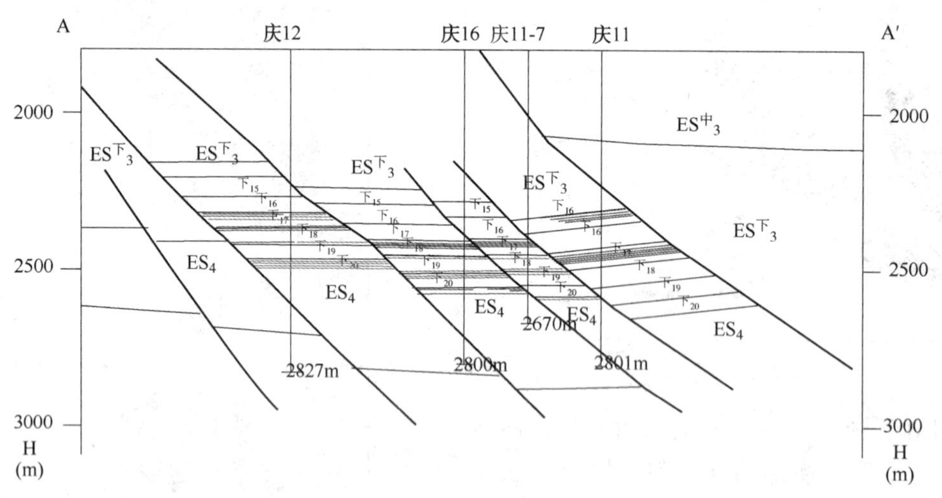

图 12　庆南地区某油藏剖面

最终我们通过微构造精细研究以及该地区储层发育特点，结合“占高点”的指导思想，在庆南地区庆 11 块周边目标区共部署滚动评价井 3 口，预计新增动用储量 61.1×10^4t，新增可采储量 11.9×10^4t。

(3) 井震结合单砂体精细刻画，挖潜平面、层间(内)剩余油。

与以往单砂体描述做法不同的是：我们首先通过正演模拟，分析不同油气水层的地震响应特征(图 13)；其次建立了针对庆祖地区的沙三下亚段三角洲前缘沉积环境的单砂体识别和对比模式，根据不同砂体模式(表 3)，采取针对性的调整措施；最后通过动静结合落实水淹特征及剩余油分布规律，挖潜复杂小断块以及微构造较为发育的区域的剩余油：一是对未知区域单砂体预测，二是对已开发老区进行单砂体的精细刻画。

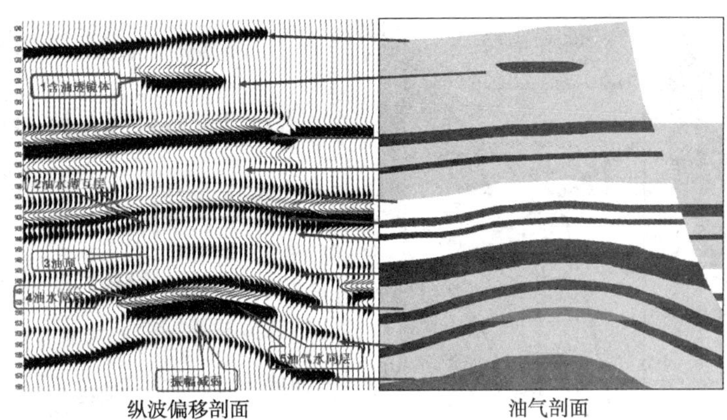

图 13 地震偏移成像剖面分析

表 3 庆祖集油田单砂体成因模式划分

一类	1-2、1-3、1-4、2-1、2-2、2-3、3-2、6-4、7-3、8-1、8-2、9-3、10-1、10-2	多为对接式，同位不同期复合式也较多见，部分砂体为单边、双边切叠式，孤立式较少，砂体间连通性最好
二类	3-3、4-2、4-3、6-3、7-1、7-2、8-3	全区范围内数量多、范围大，砂体之前相互切割、叠置，多为双边切叠式、叠加式、对接式，仅局部见单边式与孤立式，这些层位砂体间的联通性较好
三类	1-1、3-1、4-1、5-3、6-2、6-4、9-1、9-2、10-3、10-4、10-5	小个单砂体个数少、范围小，多以孤立式为主，连通性较差

我们通过对研究区重点井、关键井目的层进行复查，建立准确的、等时的、统一的小层关系。最终将庆祖集油田下降盘沙三中 9-12、沙三下 1-8 划分 70 个小层，沙三下 15-20 砂层组划分为 47 个小层(表 4)。

表 4 庆祖集油田小层重新划分统计表

断块	砂组	小层数	断块	砂组	小层数
石家集下降盘	沙三中 9	3	石家集上升盘	沙三下 15	7
	沙三中 10	4		沙三下 16	11
	沙三中 11	5		沙三下 17	3
	沙三中 12	2		沙三下 18	13
	沙三下 1	9		沙三下 19	7
	沙三下 2	6		沙三下 20	6
	沙三下 3	5		合计	47
	沙三下 4	6	总计		117
	沙三下 5	8			
	沙三下 6	7			
	沙三下 7	5			
	沙三下 8	6			
	沙三下 9	4			
	合计	70			

通过确定单砂体边界，研究单砂体接触及连通关系，最终确定目标区块单砂体成因类型及平面分布规律。以庆 H 块沙三下 1-2#为例，本层有效厚度呈带状分布，分布范围较广，厚度范围是 0.7~4.4m，最大值在 Q85-4 井附近。砂体主要沿石家集断层一线展布，与构造匹配关系较好。从图 14 中可以看出两期河道砂体向中间方向厚度变化不明显，中间部分砂体从测井曲线可以呈现明显的回返，显示出两期河道砂体的叠加。庆 H 块整体砂体类型自高部位至低部位由叠加式向切叠式过度。

另一方面，由于层内渗流屏障的影响及受到局部小断层发育的影响，造成局部水驱范围规律性不强，整体储层的动用程度不一样，部分地区水淹程度较低(图 15)。

4 实施效果

通过构造精细解释对庆祖集油田构造进行重新认识，分别对庆 85 块、庆 11 块、庆 92 块、庆 19 块及庆 25 块等五个小断块油藏进行构造精细研究，精细刻画并修改小断层 26 条，其中在庆 11 块、庆 85 块区块认识上取得了突破性进展。近几年已在庆 85 北块、庆 25 南块、庆 28 块等共实施新井 1 口，侧钻井 5 口累计钻遇油层 177.1m/66n，取得了比较好的经济效益。

5 结论与认识

(1) 形成了适用于庆祖地区极复杂断块的构造精细刻画技术，利用方差体数据分析体以及时间切片解释技术结合测井资料约束对小断层及微构造进行识别，确定有利目标区域。通过深化构造、储层及成藏规律研究，能有效指导下步挖潜方向；综合利用地震属性(MAV、RMS)进行储层预测能够帮助我们进一步认识储层。

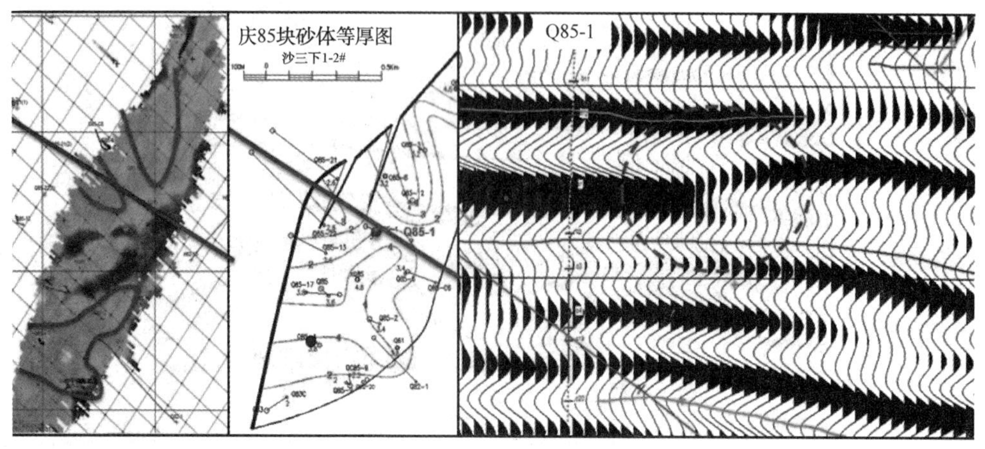

图 14　利用地震属性(RMS)和地震解释剖面进行庆 H 块砂体展布特征分析

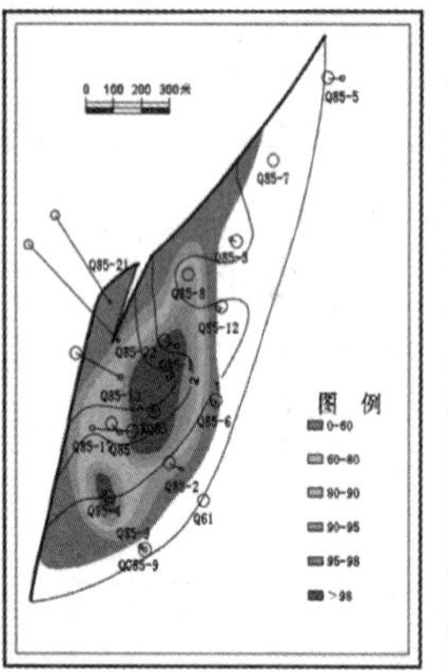

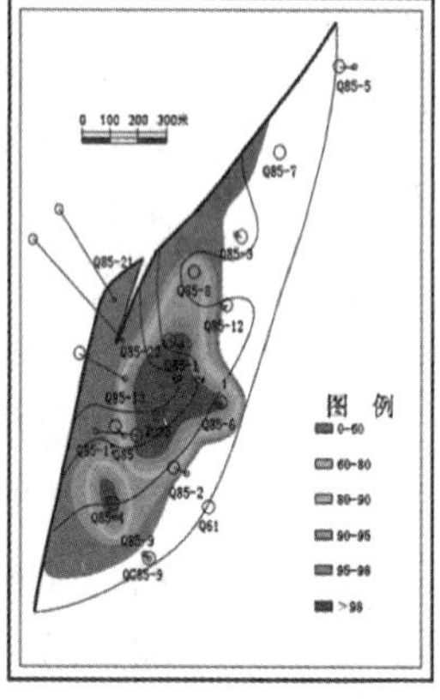

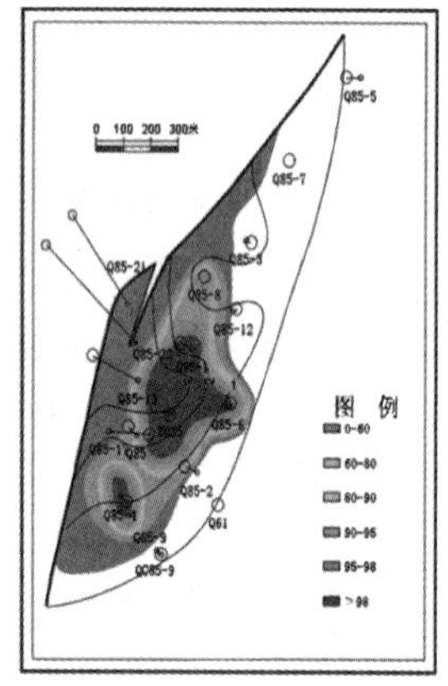

图 15　庆 H 块 S3 下 1 的 3#分砂体体水淹图

(2) 建立了沙三下亚段三角洲前缘沉积环境的单砂体识别和对比模式，主要分为隔夹层的识别、主力砂体的细分、井震结合检验小层的划分、成因模式的划分、砂体展布特征的刻画共五个部分。通过确定单砂体边界，研究单砂体接触及连通关系，进而研究单砂体成因类型及平面分布规律。

(3) 从储层成因模式入手，研究储层成岩作用阶段及演化过程，从静态方面评价储存油气水分布规律，同时结合动态开发资料，通过储层物性平面图及可动用剩余油叠合平面图分析，动静结合进一步落实水淹特征及剩余油规律，最终指导提高水驱效率的开发政策制定。

参 考 文 献

[1] 刘振旺，闫德飞，王渊，等．东濮凹陷胡庆油田一台阶深层油气成藏条件[J]．兰州大学学报：自然科学版，2006，42(5)：7-10.

[2] 韩喜．油田地震地质综合研究方法[D]．中国地质大学(北京)，2007.

[3] 李香臣，高洁，刘明伟，等．应用方差体切片方法预测小断层．中国科技博览，2012.

[4] 苏惠，朱述坤，张金川，等．东濮凹陷晚期洼陷成藏系统的油气勘探[J]．断块油气田，2015，12(5)：13-16.

[5] 朱志澄．构造地质学．第三版．中国地质大学，2008.

[6] 王彦君，雍学善，等．小断层识别技术研究及应用．油气藏评价与开发，2007.

[7] 黄建军，纪友亮，王改卫，等．东濮凹陷古近系含盐地层层序特征及成因分析[J]．石油与天然气地质，2007，28(4)：479-484.

[8] 赵俊峰，纪友亮，苏慧，等．东濮凹陷沙三段盐岩成因及含盐地层层序划分[J]．海洋石油，2009，29(1)：9-15.

大牛地气田奥陶系风化壳马五$_5$段古岩溶发育特征及模式研究

唐明远　雷　涛

(中石化华北油气分公司勘探开发研究院)

摘　要　大牛地气田奥陶系马家沟组马五$_5$段古岩溶发育特征是其储层研究的基础。基于大量岩心、测井及地球化学资料分析，在采用“印模法”和“残厚法”相结合的方法对大牛地奥陶系风化壳岩溶古地貌精细刻画的基础上，通过纵、横向的岩溶差异对比研究，明确风化壳底部马五$_5$段古岩溶发育特征，建立岩溶发育模式。结果表明：研究区马五$_5$地层主体位于水平潜流带之下，受到深部缓流带岩溶作用，发育裂纹-镶嵌角砾和裂纹角砾岩，裂缝大部分被亮晶方解石充填。其中，北部和西部岩溶高地，岩溶作用主要为物理风化剥蚀及间歇性雨水快速管道流溶蚀，垂向岩溶带较浅，马五$_5$发育裂纹角砾岩，其下部马五$_6$地层未见明显的岩溶作用；而东南部岩溶沟槽附近，岩溶作用以面状流水侵蚀和化学淋滤溶蚀为主，垂向岩溶强，马五$_5$发育裂纹-镶嵌角砾岩，局部岩溶作用穿透至马五$_6$层；斜坡台丘区马五$_5$段岩溶不发育，仅发现少量的微裂缝。

关键词　大牛地；风化壳；马五$_5$；岩溶特征；岩溶模式；古地貌

鄂尔多斯盆地奥陶系以碳酸盐岩沉积为主，加里东运动晚期，地层整体抬升，遭受近150Ma风化剥蚀，风化壳岩溶储层发育，在中部靖边地区已发现的大型岩溶风化壳气藏，地质储量达$7000\times10^8m^3$，展示了盆地下古生界奥陶系碳酸盐岩风化壳气藏的巨大潜力[1-3]。位于盆地东北部的大牛地气田，在奥陶系风化壳发现马五$_{1+2}$、马五$_5$上下两套具有一定规模的气层，前人认为风化壳顶部马五$_{1+2}$段储层为一套以白云岩溶蚀孔洞为主的储集体，受到风化壳古岩溶、古地貌的控制，其储层主要分布在地层保持较好的岩溶斜坡台丘；底部马五$_5$段储层为一套以白云岩晶间孔为主的储集体，主要受到沉积微相的控制，其储层主要分布在颗粒滩发育区。最新研究表明，大牛地地区马五$_5$白云岩储层分布与风化壳古岩溶有关，受到古地貌的控制。但是马五$_5$段风化壳古地貌刻画不够精细、古岩溶特征不明确、发育模式不清楚，影响储层发育规律的研究。本次通过岩心观察、同位素测试、岩溶分析法、印模法等研究方法及手段，精细刻画风化壳古地貌，明确马五$_5$段古岩溶发育特征，建立岩溶发育模式，为马五$_5$段白云岩储层特征及分布规律研究奠定基础。

1　地质背景

鄂尔多斯盆地下古生界奥陶系马家沟组马五$_5$亚段是马五段海退型沉积背景下的次一级短期海侵沉积，发育厚度相对稳定的微晶灰岩，后期经历浅埋藏期或表生期混合水白云化作用，使局部碳酸盐沉积形成有效的白云岩晶间孔储层[4]。大量研究表明：马五$_5$段白云岩储层与上古生界煤系烃源岩配置关系良好，有利于发育大规模的岩性气藏，使其成为继风化壳马五$_{1+2}$段之后最重要的碳酸盐岩勘探新层位。近年来，以沉积微相、储层形成机理与成藏富集规律研究成果为指导，持续加大马五$_5$段勘探力度，目前已有十余口井获日产百万方以上高产工业气流，落实苏203、桃33、苏127等多个含气富集区，提交探明、控制储量合计$898.16\times10^8m^3$，预计最终可形成千亿方储量规模(图1)。

大牛地气田位于鄂尔多斯盆地东北部，马五$_5$段为潮下带灰坪沉积，发育一套稳定的厚层状深灰色—灰黑色微晶灰岩，厚度主要分布在

【基金项目】国家科技重大专项“低丰度致密低渗油气藏开发关键技术”(2016ZX05048)资助。

【作者简介】唐明远(1984—)，男，副研究员，2007年毕业于西南石油大学资源勘查专业，现从事油气田开发地质工作，E-mail：tmytxl19840120@163.com

24.0～30.0m，平均26.8m。由于表生期风化壳古岩溶、古地貌的控制，在风化壳残留厚度较薄的岩溶高地、岩溶沟槽地貌单元，大气淡水及岩溶水下渗至马五$_5$泥晶灰岩地层，发生混合水白云化作用，形成储集空间以晶间孔为主的粉-细晶白云岩储层。在研究区西部大48井区，9口水平井钻遇试气效果均良好，平均气测显示钻遇率50.7%，平均无阻流量$10.2\times10^4m^3/d$，证实马五$_5$段具有良好的开发潜力。

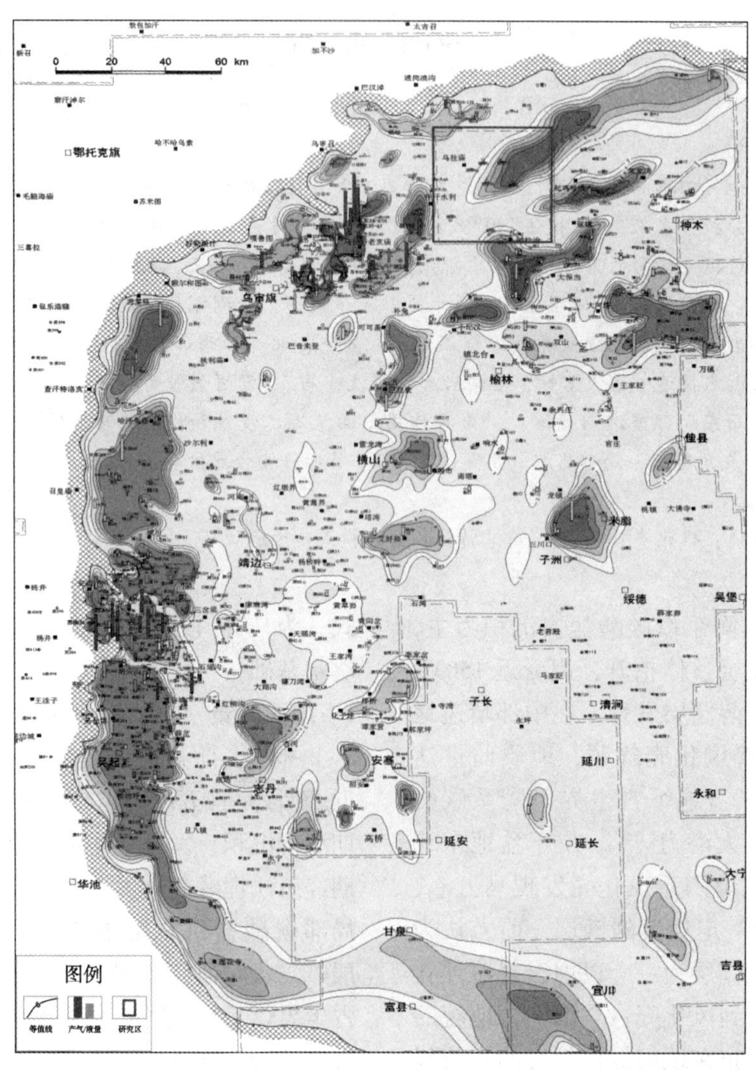

图1　大牛地奥陶系马五$_5$段白云岩储层分布图

2　马五$_5$古岩溶作用鉴别

岩溶作用不但形成各类孔洞和岩溶地貌，且伴随机械、化学及重力等作用，形成较为特殊的沉积物和岩石，被称为岩溶角砾岩。岩溶角砾岩是风化壳古岩溶鉴别过程中一个重要标志，其充填物碳、氧同位素等地球化学特征是判断古岩溶缝洞成因及形成时间的重要依据。

2.1　岩溶角砾岩标志

根据角砾的错位程度，岩溶角砾岩可以分为裂缝岩溶角砾岩、紊乱角砾岩及洞穴角砾岩[5,6]。裂缝岩溶角砾岩是岩层角砾化初期角砾未错位时期的产物，紊乱角砾岩是及洞穴角砾岩中角砾呈紊乱状态，后者角砾具有一定磨圆度。大牛地气田古岩溶风化壳中，以紊乱角砾岩和裂纹角砾岩为主，角砾间往往发育溶蚀孔缝，多见淡水亮晶方解石、泥质杂基及白云石胶结物充填。大量岩心观察表明，马五$_5$段发育裂纹角砾岩和裂纹-镶嵌角砾岩为主，方解石充填，与风化壳上部马五$_1$～马五$_4$地层发育颗粒支撑和杂基支撑紊乱角砾岩特征存在明显差异[图2(a)～图2(i)]。

2.2　缝、洞及充填特征

马五$_5$段地层缝、洞较发育，且多被晶粒大小不一的亮晶方解石充填，因此可以通过方解石充填物的产状与碳、氧同位素测年资料判断缝洞

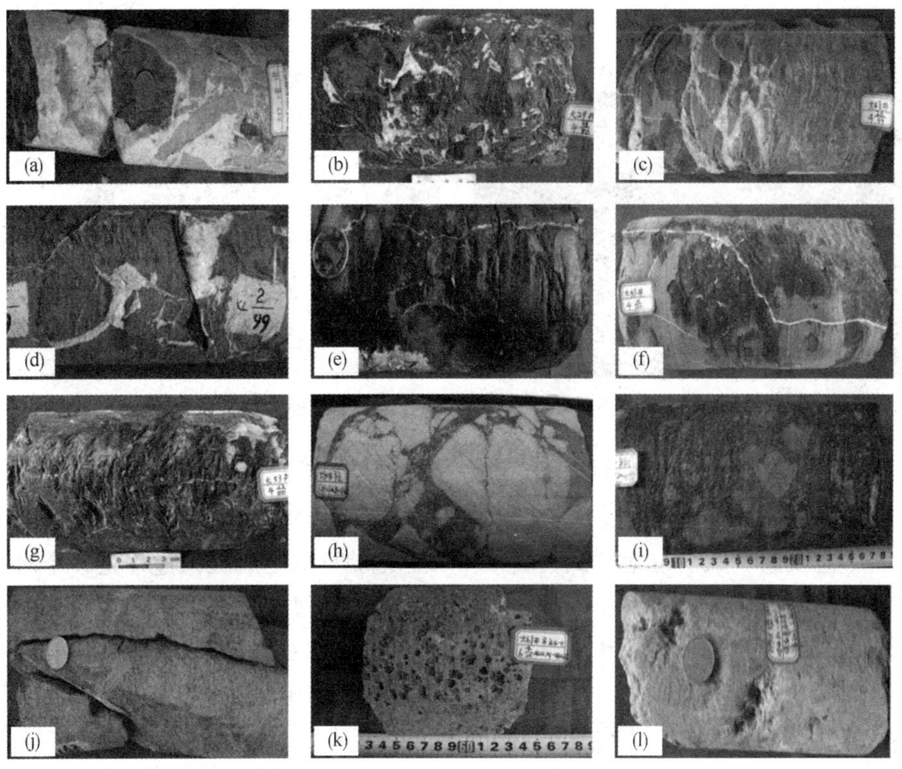

图2　马五$_5$及以上风化壳地层岩溶角砾岩类型及裂缝、溶孔特征

(a)岩溶沟槽，马五$_5$，大88，裂纹-镶嵌角砾岩，灰黑色灰岩，缝洞发育，被粗晶方解石充填；(b)岩溶沟槽，大29，马五$_5$，裂纹角砾岩，黑色灰岩，网状缝发育；(c)岩溶高地，马五$_5$，大48，裂纹-镶嵌角砾岩，深灰色灰云岩，呈破碎角砾状，方解石脉充填；(d)岩溶高地，大48，马五$_5$，裂纹角砾岩，深灰色白云岩，破裂缝发育，亮晶方解石充填；(e)岩溶高地，马五$_5$底部，大50，黑色灰岩，发育蚯蚓状垂直缝，(f)岩溶斜坡，马五$_5$，大53，灰黑色角砾灰岩裂缝充填方解石脉；(g)岩溶斜坡，大53，灰黑色灰岩，裂缝不发育；(h)马五$_4$，大60，颗粒支撑紊乱角砾岩，灰色灰质角砾间充填黑色泥质，角砾成分单一，磨圆差，为垂直渗流带与水平潜流带过渡区产物；(i)大107，马五$_3$，杂基支撑紊乱角砾岩，杂基为泥质，角砾成分复杂，次棱角状-次圆状，分选差，大小不一，反应地下暗河多期次，能量不一的搬运、沉积；(j)马五$_2$，大39，灰色泥晶白云岩，高角度缝，缝面未充填；(k)马五$_2$，大69，豆粒状膏溶孔，部分方解石半充填；(l)马五$_6$，DP93H，泥云岩，发育溶蚀孔

形成时间和充填演化过程。以大48井马五$_5$段3014.56m处缝洞为例，该缝洞被晶粒大小不一的方解石全充填，充填方解石至少可以区分出三个期次[图3(a)]。碳、氧同位素测年资料表明：①充填方解石的碳、氧同位值较马五$_5$原始海洋环境下沉积的石灰岩碳、氧同位值明显偏负，古盐度Z值明显偏小，说明其成岩与大气淡水、岩溶作用有关；②该裂缝充填方解石的晶粒大小与形成时间有关，形成时间越早，晶粒越粗；③最早一期充填物D48-3粗晶方解石样品，粒径达到12mm，碳、氧同位素值分别为-7.6‰、-2.3‰，古盐度Z值为117.6，形成温度26.6℃，形成埋深189.7m，结合本研究区典型井埋藏史可知[7,8]，该期方解石形成于表生期的浅埋藏环境，从而判断该裂缝形成于加里东风化破裂期(表1、图3b)。大量充填方解石碳、氧同位素资料表明，大牛地气田奥陶系风化壳马五$_5$地层缝、洞主要形成于加里东表生期风化岩溶作用，后期逐渐被不同期次不等粒方解石充填；缝、洞形成初期充填方解石最粗，后期受方解石充填作用影响，裂缝空间逐渐减小，充填方解石晶粒也逐渐减小。

表1　大48井马五$_5$段缝、洞充填亮晶方解石成岩环境参数表

样品编号	氧同位素/‰	碳同位素/‰	古盐度Z	温度/℃	埋深/m	形成时期
D48-3粗	-7.6	-2.3	117.6	26.6	189.7	加里东风化破裂期
D48-3中	-11.3	-5.2	115.7	75.9	1597.2	印支期
D48-3细	-14.6	-2.2	114.1	111.3	2608.6	燕山破裂期
马五$_5$灰岩	-4.6~-2.2	-1.8~0.3	121~124	23.5~25.1	0~50	沉积期

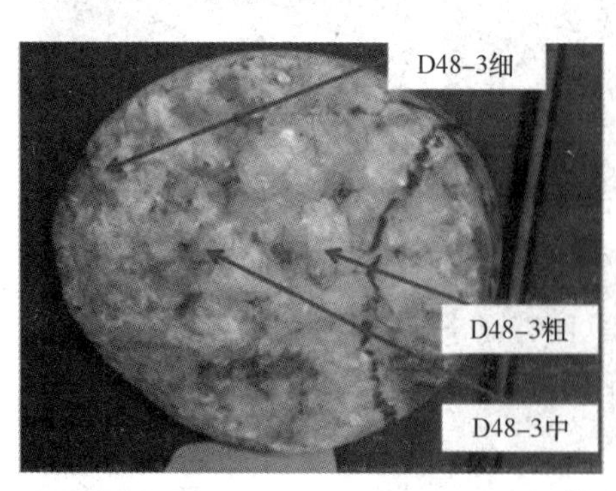

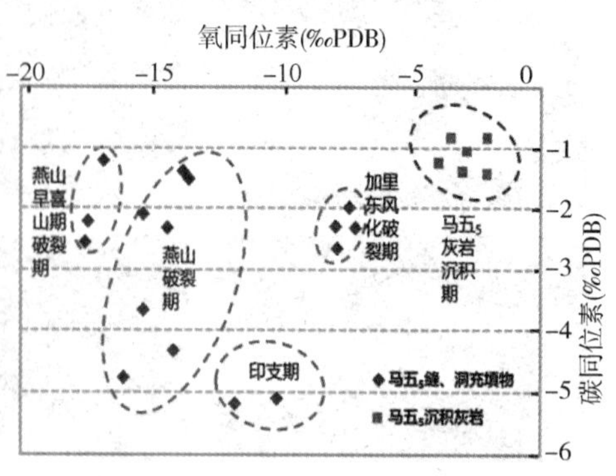

(a)大48井,马五5,30度斜交缝,多期方解石全充填;　(b)马五5段裂缝充填方解石碳、氧同位素关系图。

图 3　裂缝充填方解石碳、氧同位素特征

3　风化壳古地貌精细刻画

岩溶角砾岩标志及碳、氧同位素测试资料表明，大牛地气田奥陶系风化壳古岩溶作用到达了马五$_5$地层，该层古岩溶作用强度和分布与风化壳岩溶古地貌的密切相关，因此有必要开展风化壳岩溶古地貌恢复，为马五$_5$地层古岩溶发育特征研究奠定基础。目前对古地貌恢复的研究基本上还停留在定性阶段，因此必须开展风化壳古地貌精细刻画。

3.1　古地貌恢复研究方法

目前对古地貌恢复主要的技术方法有：盆地分析回剥法、沉积学法、层序地层法、残余厚度及印模法，“残厚法”和“印模法”最为常用[9-11]。残厚法恢复古地貌原理是选取古地貌不整合面下伏的某一地层为基准面，用该基准面到古地貌顶面之间地层的残余厚度反映古地貌的形态，残留厚度小的地方为洼地，残留厚度大的地方为高地。该方法操作简单，直观真实，但缺点是未考虑沉积前的地形及剥蚀差异的影响，误差较大。“印模法”恢复古地貌采用沉积补偿原理，因为古地貌形成之后沉积过程是一个对古地貌进行填平补齐的过程，古地貌相对较高的位置，对应的上覆地层越薄，相对较低的位置，对应的上覆地层越厚。由于上覆沉积体与古地貌之间呈“镜像”关系，因此可以用古地貌上伏某一基准面到古地貌顶面之间的地层厚度的分布状况来恢复古地貌。该方法实际工作中，填平补齐基准面的选择比较困难，且需要对“印模”地层进行去压实校正。

本次研究在众多前人研究成果的基础上，采用“印模法”和“残厚法”相结合的方法恢复大牛地气田风化壳古地貌(图 4)。根据“正反印模原理”，用古风化壳界面上、下两套不同沉积体系的地层厚度，分别编绘出上覆石炭系(太 1 段+本溪组)地层沉积厚度图及风化壳马五$_1$～马五$_4$段地层残留厚度图，两张地层等厚图从不同方面反映本区奥陶系风化壳在石炭系沉积前其顶面的起伏变化。

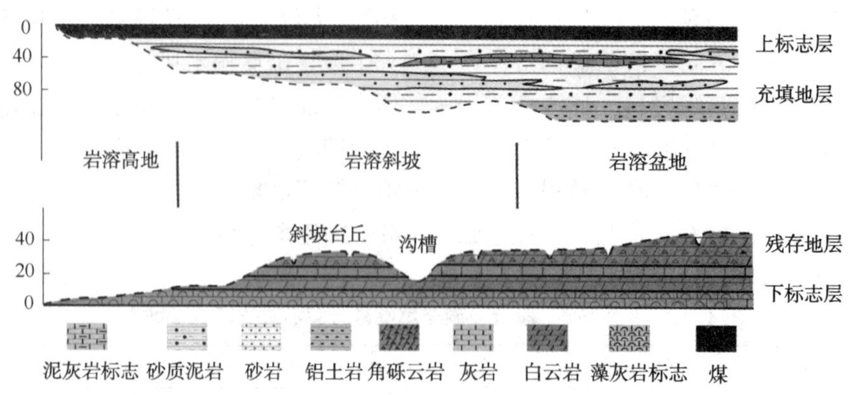

图 4　“正反印模法”恢复古地貌示意图(据文献[12]修改)

3.2　岩溶古地貌恢复

采用印模法恢复岩溶古地貌，在实际工作中，填平补齐基准面的选择比较困难，并且需要对“印模”地层进行去压实校正。考虑到太 2 障壁岛沉积体系中的潮汐流对太1层顶部主煤的冲刷剥蚀作用，本次选取太原组太1段主煤煤底为基础面，对本溪组底至太原组太1段主煤煤底之间的泥岩、铝土岩、煤层、砂岩、灰岩分别进行压实恢复，得到原始沉积厚度，通过厚度变化趋势镜像反映古地貌形态(图5)。根据调研情况，泥岩、铝土岩、煤层、砂岩、灰岩的压实系数分别取值为0.4、0.4、0.3、0.7、0.6。

依据上覆石炭系太1段和本溪组两套地层的原始沉积厚度变化趋势确定古地貌构造背景，利用风化壳出露层位和马五$_{1-4}$地层残留厚度确定剥蚀和岩溶程度(图6)，三者结合基本可以反映古地貌的分布形态。研究表明，大牛地气田加里东期岩溶古地貌共可划分岩溶高地和岩溶斜坡两个二级地貌单元，不发育岩溶盆地，北部和东部岩溶高地难以再细分，岩溶斜坡可划分为斜坡台丘、斜坡残丘、斜坡区、沟槽四个三级地貌单元(图7)。岩溶高地主要位于研究区北部及西部，剥蚀层位较深，风化壳出露层位马五$_3{}^1$小层，马五$_5$段以上风化壳地层残留厚度小于45m，上覆地层原始沉积厚度小于50m；斜坡台(残)丘位置地层保存较好，为正向地貌单元，马五$_5$段以上风化壳地层残留厚度大于60m，上覆地层原始沉积厚度在50~70m之间，主要出露马五$_1{}^4$上部小层，保全了主力气层马五$_2{}^1$小层；斜坡区马五$_5$段以上风化壳地层残留厚度在45m~60m之间，上覆地层原始沉积厚度在在70~105m之间，出露层位在马五$_2{}^1$和马五$_2{}^2$之间，是沟槽与斜坡台丘、岩溶高地的过渡区；岩溶沟槽是由水流溶蚀冲刷而形成的负向地貌单元，发育在研究区东南部，马五$_5$段以上风化壳地层残留厚度小于45m，上覆地层原始沉积厚度大于100m，开壳层位为马五$_3{}^1$小层。

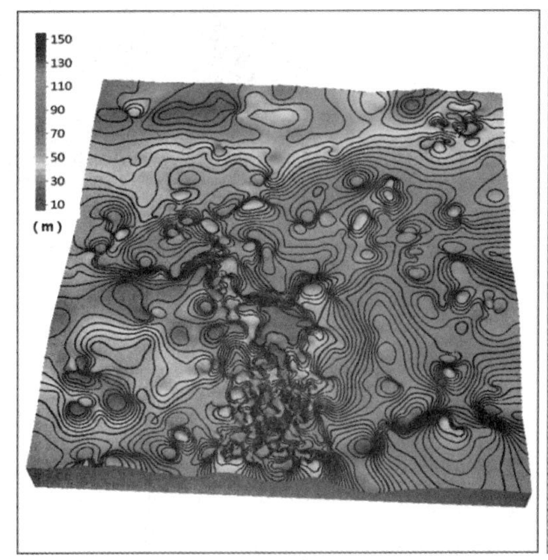

图5 “印模法”恢复的岩溶古地貌图

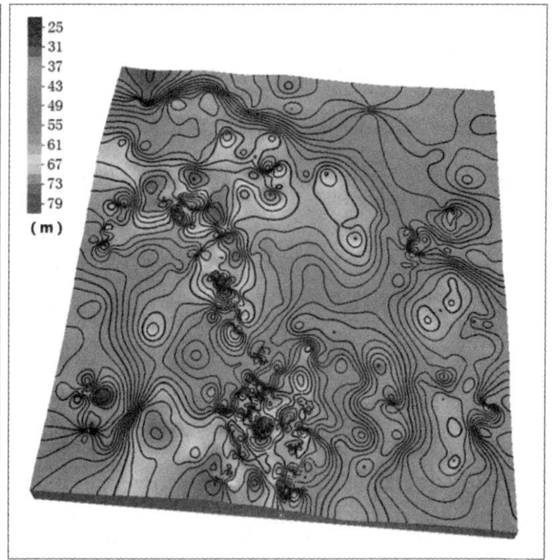

图6 “残厚法”恢复的岩溶古地貌图

4 马五$_5$段岩溶发育特征及模式

4.1 马五$_5$段岩溶发育特征

纵向上不同的岩溶深度、岩石类型，马五$_5$段与其上部马五$_1$~马五$_4$段地层具明显的岩溶差异，平面上不同古地貌位置，马五$_5$段地层也具有不同岩溶特征。

4.1.1 纵向上岩溶差异

马五$_1$~马五$_2$段为开阔台地潮上带沉积环境，发育含膏白云岩、微—粉晶白云岩和泥质白云岩的互层，位于风化壳岩溶剖面顶部，受到表生期古岩溶作用强烈，地层剥蚀较严重，残留地层主要发育高角度裂缝、膏模孔等，大部分裂缝未见充填(图2j、图2k)。马五$_3$~马五$_4$段主要为潮间带沉积环境，主要发育泥云岩与粉晶云岩的不等厚互层，位于风化壳岩溶剖面中部，受到古岩溶作用略次于马五$_1$~马五$_2$地层，地层局部受到剥蚀，主要发育颗粒支撑和杂基支撑紊乱角砾岩，角砾岩之间以泥质杂基充填为主(图2h、图2i)。研究目的层马五$_5$为潮下带沉积环境，发育一套厚度稳定的泥微晶灰岩，位于风化壳岩溶剖面底部，古岩溶作用最弱，地层保存完整，局部发现裂纹角砾、裂纹-镶嵌角砾岩，裂缝被亮晶方解石充填(图2a~图2f)。

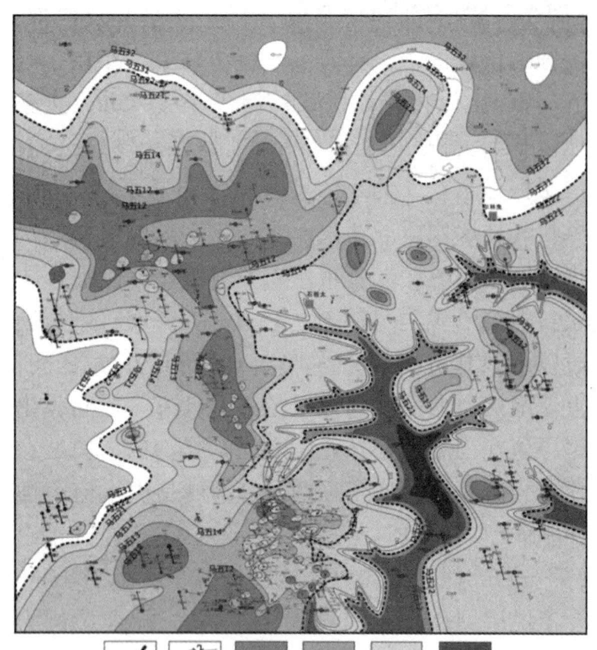

图 7　大牛地奥陶系风化壳古地貌图

4.1.2　平面上岩溶差异

在岩溶沟槽位置，马五$_5$段岩溶作用强烈，溶蚀孔、洞及裂缝发育，被方解石充填，主要发育裂纹-镶嵌角砾岩，其次为裂纹角砾岩，多口取心井显示马五$_{6-10}$为角砾云岩，表明风化壳岩溶作用的穿过了马五$_5$地层(图 8b、图 2l)。岩溶高地马五$_5$段岩溶作用仅次于岩溶沟槽，主要发育在地层中上部，普遍分布网状缝及垂直裂缝，方解石充填，溶洞不发育，裂缝宽度、密度明显低于岩溶沟槽，以裂纹角砾岩为主，裂纹-镶嵌角砾岩次之；马五$_5$段地层底部岩溶作用欠发育，岩心上主要见小型蚯蚓状微裂隙，且被方解石充填(图 8a)。斜坡区、斜坡台丘马五$_5$段地层岩心裂缝发育程度最低，仅局部发育不规则微裂缝，且被方解石充填(图 2f、图 2g)。

4.2　马五$_5$段岩溶发育模式

根据岩溶水动力学特征、岩溶作用过程及产物，可将风化壳岩溶剖面划分为表层岩溶带、垂向渗滤带、水平潜流带和深部缓流带[13]。根据钻井资料显示，研究区岩溶作用高差范围 30～50m，总厚度由岩溶沟槽、岩溶高地向斜坡区、斜坡台丘减薄。马五$_{1+2}$地层顶部主要发育表层岩溶带，为岩溶地区岩溶作用较强的表层部分；大气淡水以地表径流的方式向下渗流和淋滤溶蚀，形成裂缝、孔洞和洞穴等储集空间；其发育规模受溶蚀残丘和溶峰等微地貌控制，地貌越高，表层岩溶带厚度越大，缝洞参数越好。马五$_{1+2}$地层底部主要发育垂向渗滤带，岩溶水以垂向径流为主，高角度溶蚀缝洞发育，充填程度较高。马五$_3$和马五$_4$地层以水平潜流带为主，发育颗粒支撑和杂基支撑紊乱角砾岩，角砾岩具有明显垮塌、搬运作用，局部见小型洞穴，被后期被铝土岩或岩溶角砾岩充填。

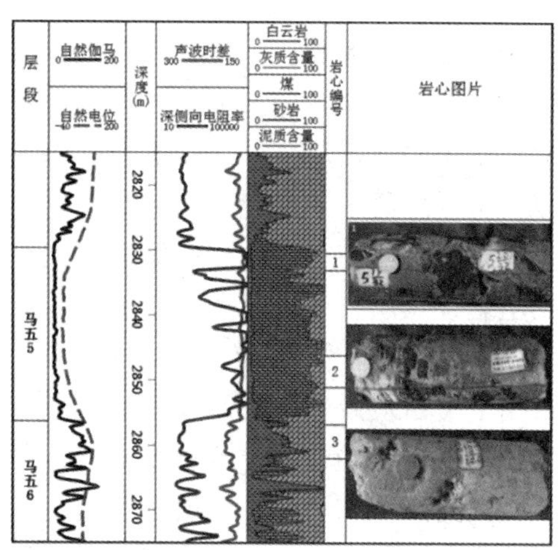

(a)岩溶沟槽马五5段综合柱状图

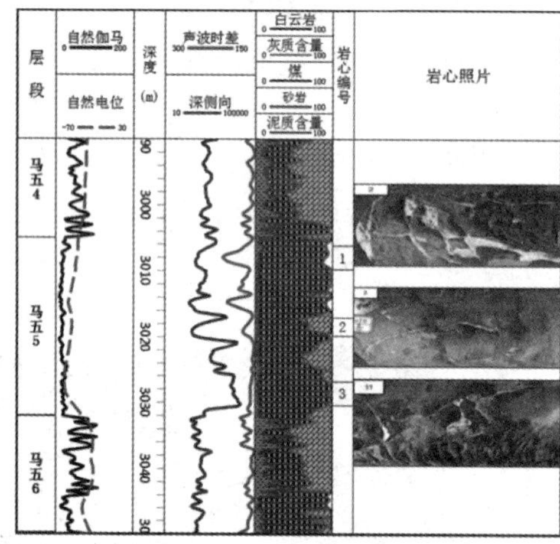

(b)岩溶高地马五5段综合柱状图

图 8　不同古地貌单元马五$_5$段综合柱状图

表生期岩溶阶段，受重力驱动的岩溶水具有水动力学的分带性，不同地貌位置的岩溶特征不同[14-16]。在岩溶高地和沟槽古地貌单元附近，本次研究目的层马五$_5$段地层主要发育深部缓流带岩溶作用，广泛发育裂纹-镶嵌角砾岩和裂纹角砾岩，裂缝大部分被亮晶方解石是充填；斜坡台丘区马五$_5$地层岩溶不发育，仅发育少量的微裂缝。另外，北部和西部岩溶高地，岩溶作用以物理风化剥蚀及间歇性雨水快速管道流溶蚀为主，垂向岩溶带较浅，马五$_5$以下地层未见明显岩溶作用；而东南部岩溶沟槽附近，岩溶作用为面状流水侵蚀和化学淋滤溶蚀，垂向岩溶发育，局部发育垂直渗流带岩溶，岩溶作用穿透马五$_5$地层，DP93H井岩心上马五$_6$地层见溶蚀孔洞(图9、图21)。

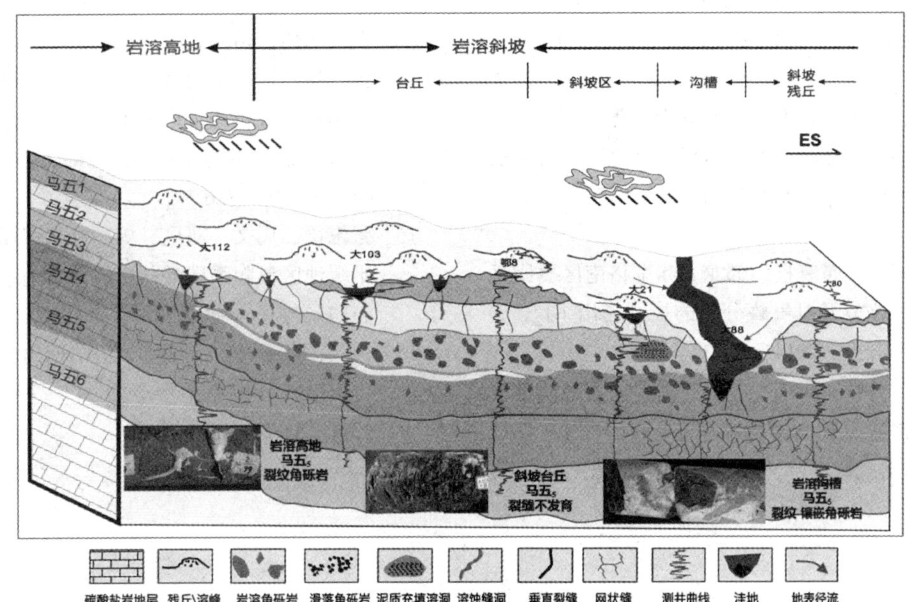

图9　大牛地气田下古生界奥陶系风化壳古岩溶发育模式

5　结论

(1)基于岩溶角砾岩、裂缝充填物碳氧同位素特征的研究，表明马五$_5$段古岩溶作用发育，且主要为加里东表生期岩溶。

(2)采用“印模法”和“残厚法”相结合的方法对大牛地气田奥陶系风化壳古地貌进行了精细刻画，其结果为：大牛地气田奥陶系风化壳岩溶古地貌可划分岩溶高地和岩溶斜坡两个二级地貌单元，岩溶高地位于气田北部和西部，难以再细分；岩溶斜坡又可划分为斜坡台丘、斜坡残丘、斜坡区、沟槽四个三级地貌单元。

(3)纵向上不同的岩溶深度、岩石类型，马五$_5$段与其上部风化壳地层具有明显的岩溶差异。马五$_5$段主要位于深部缓流带，岩溶作用较弱，局部发现裂纹角砾岩、裂纹-镶嵌角砾岩，裂缝多被不等粒亮晶方解石充填，即化学淀积充填；上部马五$_1$~马五$_4$段主要位于垂直渗流带和水平潜力带，岩溶作用较强，大量发育紊乱角砾岩、裂缝及溶蚀孔洞，多为泥质杂基充填，即物理充填。

(4)平面上不同的古地貌位置，马五$_5$段岩溶特征不同。在岩溶沟槽附近，马五5段岩溶作用强烈，主要发育裂纹-镶嵌角砾岩；在岩溶高地，岩溶作用仅次于岩溶沟槽，主要发育裂纹角砾岩；斜坡区、斜坡台丘区岩溶作用最弱，仅局部发育不规则微裂缝，岩溶角砾岩不发育。

参考文献

[1] 史基安，邵毅，张顺存，等．鄂尔多斯盆地东部地区奥陶系马家沟组沉积环境与岩相古地理研究[J]．天然气地球科学，2009，20(3)：317-324.

[2] 杨华，付金华，魏新善，等．鄂尔多斯盆地奥陶系海相碳酸盐岩天然气勘探领域[J]．石油学报，2011，32(5)：733-740.

[3] 姚泾利，包洪平，任军峰，等．鄂尔多斯盆地盐下天然气勘探[J]．中国石油勘探，2015，30(3)：1-12.

[4] 杨华，包洪平．鄂尔多斯盆地奥陶系中组合成藏特征及勘探启示[J]．天然气工业，2011，31(12)：11-20.

[5] Loucks R G. Paleo cave carbonate reservoirs：origins，burial depth modifications，spatial complexity and reservoir implications [J]. AAPG Bulletin，1999，83(11)：1795-1834.

[6] Loucks R G，Mescher P K，McMe chan G A，Three dimensional architecture of a coalesced，collapsed palaeocave system in the Lower Ordovician Ellenhurger group，central Texas [J]. AAPG Bulletin，2004，88(5)：545-564.

[7] 戴金星，李剑，罗霞，等．鄂尔多斯盆地大气田的烷烃气碳同位素组成特征及其气源对比[J]．石油学报，2005，26(1)：18-26.

[8] 郭彦如，付金华，魏新善，等．鄂尔多斯盆地奥陶系碳酸盐岩成藏特征与模式[J]．石油勘探与开发，

2014，41(4)：393-403.

[9] 拜文华，吕锡敏，李小军，等．古岩溶盆地岩溶作用模式及古地貌精细刻画——以鄂尔多斯盆地东部奥陶系风化壳为例[J]．现代地质，2002，16(3)：292-298.

[10] 司马立强，黄丹，韩世峰，冯春珍，焦雨佳，宁治军．鄂尔多斯盆地靖边气田南部古风化壳岩溶储层有效性评价 [J]．天然气工业，2015，35(4)：7-15.

[11] 付晓燕，杨勇，黄有根，郝龙．苏里格南区奥陶系岩溶古地貌恢复及对气藏分布的控制作用 [J]．天然气勘探与开发，2014，37(3)：1-4.

[12] 姚泾利，王兰萍，张庆，等．鄂尔多斯盆地南部奥陶系古岩溶发育控制因素及展布[J]．天然气地球科学，2011，22(1)：56-65.

[13] 何江，方少仙，侯方浩，等．风化壳古岩溶垂向分带与储集层评价预测：以鄂尔多斯盆地中部气田区马家沟组马五 5—五 1 亚段为例[J]．石油勘探与开发，2013，40(5)：534-542.

[14] 张云峰，谭飞，屈海洲，等．岩溶残丘精细刻画及控储特征分析：以塔里木盆地轮古地区奥陶系风化壳岩溶储集层为例[J]．石油勘探与开发，2017，44(5)：716-726.

[15] 张银德，周文，邓昆，等．鄂尔多斯盆地高桥构造平缓地区奥陶系碳酸盐岩岩溶古地貌特征与储层分布[J]．岩石学报，2014，30(3)：757-767.

[16] 张兵，郑荣才，王绪本，等．四川盆地东部黄龙组古岩溶特征与储集层分布[J]．石油勘探与开发，2011，38(3)：257-267.

准噶尔盆地西北缘二叠系佳木河组火山岩储层裂缝发育特征及其分布预测

何　辉[1]　刘　畅[1]　王百宁[2]　孔垂显[3]　蒋庆平[3]　邓西里[1]

(1. 中国石油勘探开发研究院；2. 中国地质大学(北京)；3. 新疆油田公司勘探开发研究院)

摘　要　准噶尔盆地西北缘金龙2井区二叠系佳木河组裂缝是该区火山岩储层油气主要的渗流通道。综合岩心、岩石薄片及成像测井等资料，识别出该区主要发育的裂缝类型为半充填或未充填高角度缝，其次为半充填低角度斜交缝与网状缝。成像测井解释裂缝方位近东西向，与岩心古地磁解释现今地应力最大主应力方向近似平行，开启有效性较好。火山岩储层裂缝发育主要受构造与岩性两因素影响。距离断层越近，构造曲率增大，裂缝越发育且多沿断裂呈条带状分布。不同的火山岩类型，裂缝发育程度也不同。通过成像测井资料分析认为研究区中-酸性火山熔岩及火山碎屑熔岩裂缝较发育，并进一步定量计算出单井裂缝密度、裂缝倾角、裂缝孔隙度等，确定单井裂缝发育特征。结合叠前方位各向异性法(AVAZ)，预测佳木河组火山岩储层裂缝分布特征，井震结合有效提高了裂缝预测精度，为火山岩油藏开发井部署提供可靠依据。

关键词　准噶尔盆地；二叠系；火山岩；裂缝；成像测井；叠前地震预测

随着世界石油工业发展，火山岩油气藏已逐步成为目前石油勘探与开发的重要领域。但是，由于火山岩储层一般埋藏较深、构造复杂，岩性岩相空间变化快，储层非均质性较强，储层描述与预测存在较大的困难[1]。同时，多年火山岩油藏勘探开发实践表明，裂缝发育程度恰恰是控制火山岩储层油气运移与富集的重要因素，也是火山岩油藏高效开发的有利条件，裂缝的存在为流体提供了有效的渗流通道，提高了油气渗流能力，同时增加了额外的油气储集空间，提高了泄油能力与面积[2-4]。因此，描述火山岩储层裂缝发育特征，分析裂缝发育主控因素，预测裂缝分布规律成为火山岩储层预测的关键，对火山岩油藏有效勘探与开发具有重要意义[5-7]。新疆金龙2井区位于准噶尔盆地西北缘中拐凸起东斜坡带克拉玛依油田五区南部，二叠系是该区主要含油层系之一。2012年金201井于二叠系佳木河组获高产工业油气流，发现了金龙2井区佳木河组火山岩油气藏，揭开了该区深层火山岩油气藏勘探开发序幕。

由于该区火山岩经过了多期构造运动，裂缝普遍发育，因此本文针对佳木河组火山岩储层裂缝描述难点，利用岩心观察、微电阻率扫描成像测井(FMI)等资料进行火山岩储层裂缝发育特征识别，总结裂缝发育规律，同时应用叠前地震反演方法预测裂缝密度与裂缝方向，为佳木河组火山岩油藏经济有效开发与部署提供地质依据。

1　储层特征

针对本区目前已钻遇的佳木河组火山岩储层[11]，根据岩心观察与薄片鉴定，其岩性按结构可分为三大类，即火山熔岩类、火山碎屑熔岩类及火山碎屑岩类。按成分，熔岩类可识别出基性的玄武岩、杏仁玄武岩，中基性的玄武安山岩，中性的安山岩，中酸性的英安岩以及酸性的流纹岩、气孔流纹岩、球粒流纹岩等；碎屑熔岩类主要识别出基性玄武质(熔结)角砾岩、中性安山质(熔结)角砾熔岩等；火山碎屑岩类主要识别出中性安山质集块岩、安山质角砾岩及中酸性英安质凝灰岩、酸性流纹质晶屑凝灰岩等。金龙2井区佳木河组火山岩储层主要识别出三类8种岩性(表1)，其中有利储层岩性主要为安山质火山角砾岩，火山角砾熔岩及安山岩、流纹岩

【作者简介】何辉(1982—)，男，中国地质大学(北京)2010年能源地质工程专业毕业，获博士学位，现就职于中国石油勘探开发研究院油田开发研究所，高级工程师，主要从事油气田开发领域的科研工作。E-mail：hui_ he@petrochina.com.cn

等，岩相单元以火山爆发相、喷溢相为主。

研究区火山岩储层孔隙度 7.9%～20.4%，平均 12.3%，渗透率(0.01～752)$\times10^{-3}\mu m^2$，平均 0.69$\times10^{-3}\mu m^2$，属低孔-低渗(特低渗)储层。岩石薄片鉴定结果表明，佳木河组火山岩储层储集空间主要以杏仁溶蚀孔、气孔、基质孔为主，其次为斑晶晶内孔及微裂缝。压汞实验结果表明，佳木河组火山岩储层以微细-细喉道为主，最大孔喉半径 0.3～4.1μm，分选中等-差，优势孔喉半径一般为 20～0.5μm，排驱压力一般小于 0.03MPa，主要分布在以气孔、杏仁安山岩、安山质火山角砾熔岩及火山角砾岩为主的有利储层中，且储层裂缝普遍发育，成为该区火山岩储层油气主要渗流通道。

表 1　金龙 2 井区佳木河组火山岩储层岩性特征及储集空间类型

岩石类型		颜色	结构	构造	代表井	储集空间类型	岩心照片
熔岩类	玄武岩	深灰色、灰褐色	间隐	块状、杏仁状	金 201	杏仁孔、微裂缝	
	安山岩	灰绿色、绿灰色	基质玻晶交织	杏仁、气孔、块状	金 204、金 208	气孔、杏仁孔、微裂缝	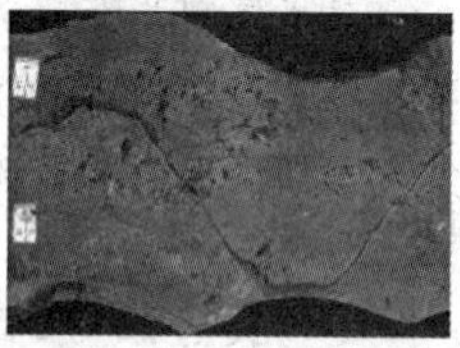
	流纹岩	灰色、浅粉红色	斑状霏细-微粒	流纹	金 204、金 213	气孔、基质溶孔	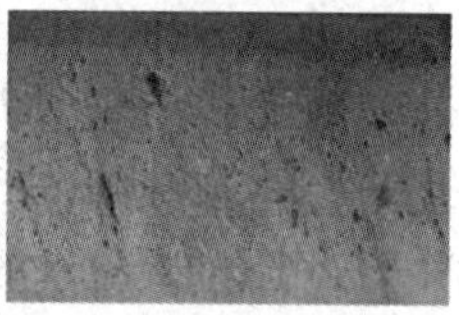
火山碎屑熔岩	玄武质角砾熔岩	深灰色、灰褐色	熔结角砾	杏仁状	金 201	杏仁孔、微裂缝	
	安山质角砾熔岩	灰绿色、绿灰色	熔结角砾	气孔、杏仁、块状	金 204、金 208、金 213	气孔、杏仁孔、微裂缝	
火山碎屑岩类	安山质火山角砾岩	灰色、灰褐色	凝灰角砾	块状	金 201、金 214	气孔、基质孔、微裂缝	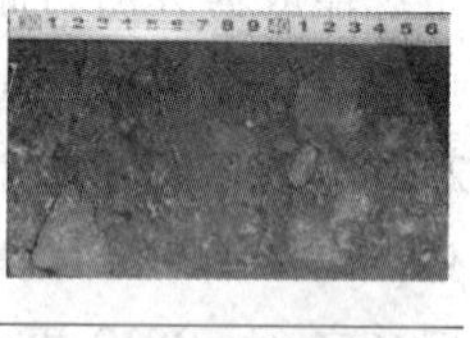
	英安质凝灰岩	灰褐色、灰绿色、灰色	岩屑晶屑、角砾、凝灰结构	块状	金 204、金 208、金龙 2	基质溶孔、晶内孔、微裂缝	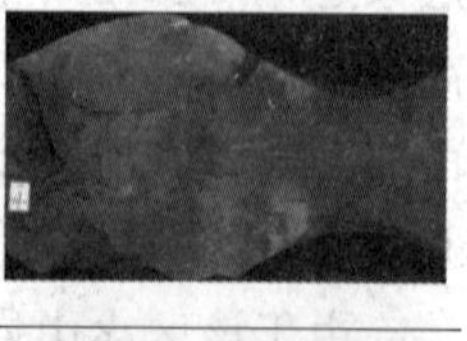
	流纹质晶屑凝灰岩	灰色、浅紫红色	岩屑晶屑	流纹、块状	金龙 2	基质溶孔、晶内孔、微裂缝	

2　裂缝发育特征及其控制因素

2.1　裂缝发育特征

根据金龙2井区佳木河组取心井岩心观察、成像测井资料及岩石薄片资料，该区天然裂缝按成因可分为成岩缝与构造缝，其中成岩缝可进一步细分出冷凝收缩缝、角砾粒间缝、层间缝及溶蚀缝等。按照裂缝产状，该区裂缝可识别出水平缝(倾角≤15°)、低角度缝(15°<倾角≤45°)、高角度缝(45°<倾角≤75°)、垂直缝(75°<倾角≤90°)等四种产状裂缝类型(表2)。其中，从成因上研究区主要以构造裂缝为主，产状上主要以高角度缝、垂直缝为主。

表2　金龙2井区佳木河组火山岩储层裂缝类型及特征

分类	裂缝类型		特征	分类	裂缝类型	特征
成因	成岩缝	冷凝收缩缝	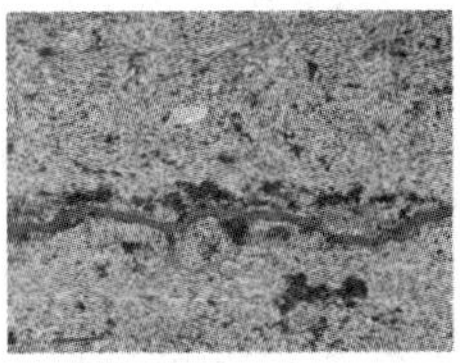 沉凝灰岩	产状	水平缝(倾角≤15°)	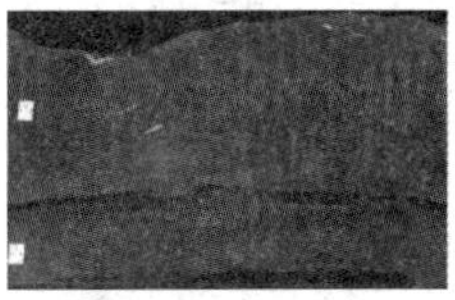 玄武岩
		角砾粒间缝	 火山角砾岩		低角度缝(15°<倾角≤45°)	 玄武质角砾熔岩
		层间缝	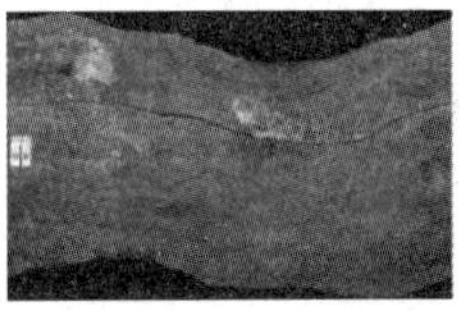 安山岩		高角度缝(45°<倾角≤75°)	
		溶蚀缝	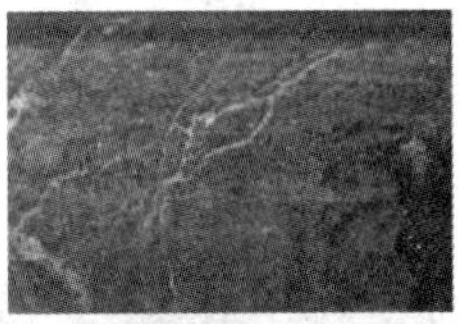 安山岩全充填缝		垂直缝(75°<倾角≤90°)	 安山质角砾熔岩
	构造缝		 玄武质角砾熔岩			

通过全直径岩心地应力分析与成像测井(FMI)解释裂缝方位分析，该区佳木河组裂缝发育方向为主要为近EW向(120°±5°)，近SN向裂缝发育较差(图1)。裂缝充填程度多以未充填或半充填为主，全充填裂缝较少，裂缝充填物多以方解石充填为主，说明佳木河组火山岩储层裂缝大部分是有效的(表2)。岩心与岩石薄片鉴定表明，半充填或未充填缝有沥青充填现象，裂缝主要起到油气运移作用及部分储渗作用(图2)。成像测井解释结果表明研究区以倾角大于45°的高角度缝或垂直缝发育为主，倾角分布范围主要在50°~90°，平均65°(表3)。高角度缝主要为构造成因的剪切缝，缝面较平直，产状稳定，低角度斜交缝有剪切与拉张两种成因，且多数充填

或半充填。此外，根据以往研究成果[13]，当裂缝走向与现今最大主应力方向小于30°时，裂缝有效。岩心地应力、单井成像测井解释表明研究区裂缝基本与最大主应力方向一致，天然裂缝能有效保存。因此高角度缝或垂直缝的有效性有利于火山岩储层高效开发。

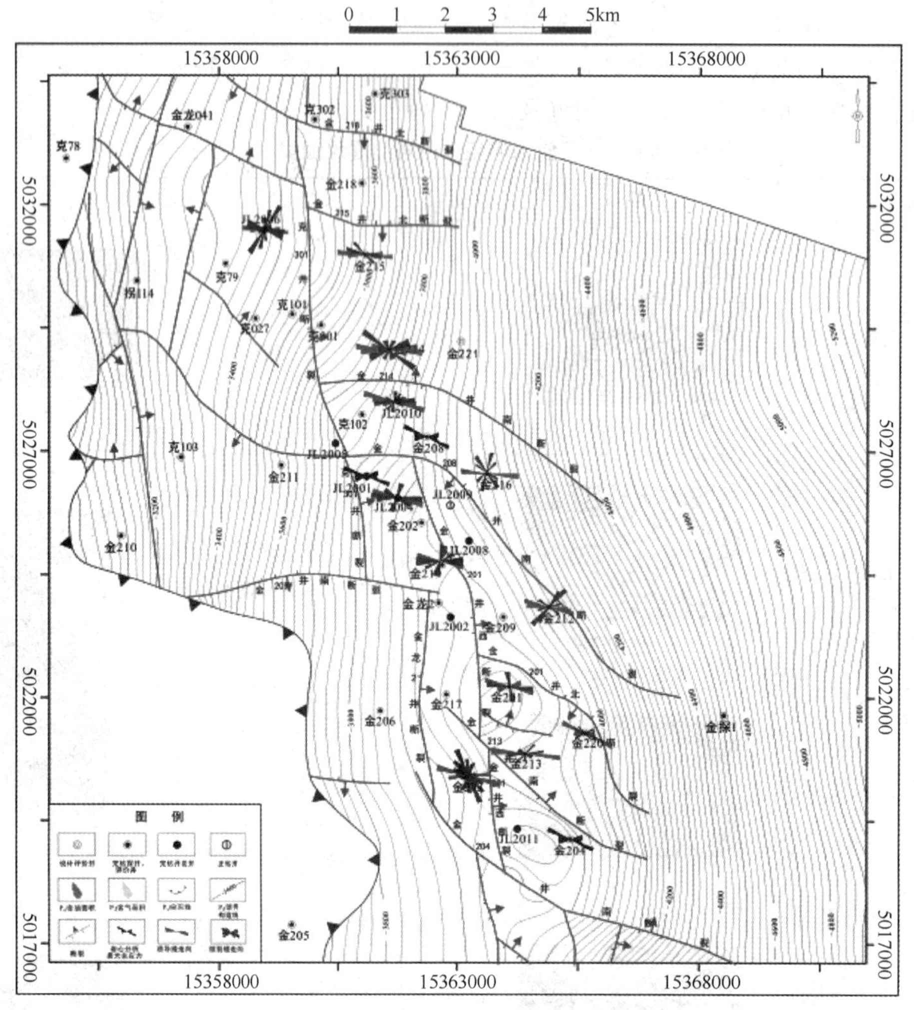

图1　金龙2井区裂缝走向解释结果

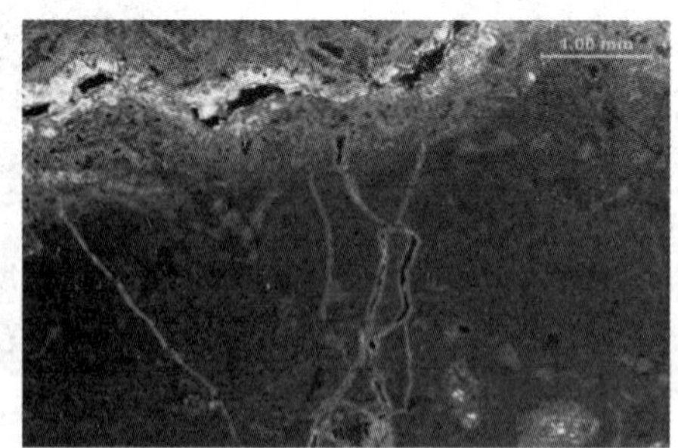

(a)金204,4287.29m.熔结凝灰岩,局部见拉长状硅质半充填气孔,气孔和微缝内见沥青

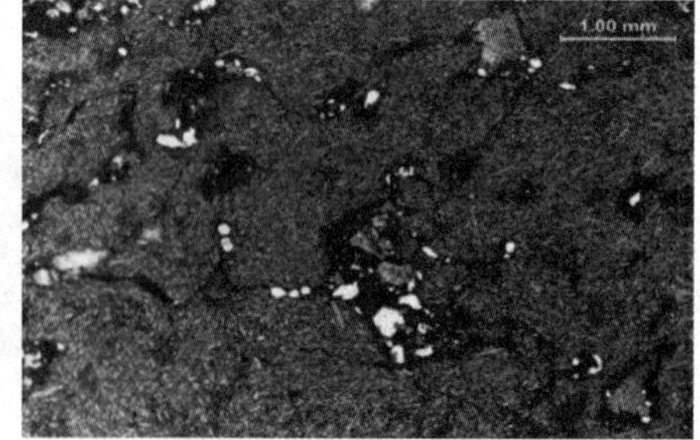

(b)金201,4168.55m.安山质火山角砾岩,微裂缝,绿泥石、沸石、硅质,微裂缝内见沥青

图2　金龙2井区佳木河组火山岩典型微裂缝显微照片

2.2　裂缝发育控制因素

目前普遍认为构造与岩性特征是影响火山岩储层裂缝发育程度的主控因素[5-11]。在地质历史时期海西运动、印支运动与燕山运动等多期次构造运动控制火山岩体产生了成组出现的构造裂缝，构成了金龙2井区复杂的裂缝系统，该区主要发育北西-南东及近东西向两组逆断裂，其中北西-南东向为早期形成逆断裂，近东西向为后期形成并与北西-南东断裂相交的走滑逆断裂，将研究区切割为多个断块。佳木河组断距较大，火山岩体由东部斜坡区沿滑脱断层面向西部老山石炭系古隆起逆掩推覆。当岩层受构造应力挤压

时，层面发生弯曲变形，该形变与曲率的关系可以定性预测张裂缝分布，通常称该曲率为构造曲率。前人一般认为，构造应力差异影响了裂缝发育位置与程度，离断层越近，构造曲率越大，裂缝越发育[5,7,9]。研究区内，裂缝发育同样表现出此特征，如JL2010井与JL2004井，前者距离南北向边界控藏大断裂1600m，其裂缝密度平均为1.47条/m，而JL2004井，距离南北向边界控藏大断裂400m，其裂缝密度平均可达到2.36条/m，且裂缝宽度也表现出明显差异，揭示了断裂对裂缝发育程度的影响，因此，不同构造位置是裂缝分布的主控因素(表3，图1)。

表3　佳木河组火山岩储层裂缝参数成像测井解释结果

井号	分布	裂缝密度/(1/m)	裂缝长度/m	裂缝宽度/mm	裂缝孔隙度/%	裂缝倾角/(°)	裂缝倾角分布图
金213	范围	2.22~4.54	0.55~3.18	0.02~0.05	0.01~0.13	20~70	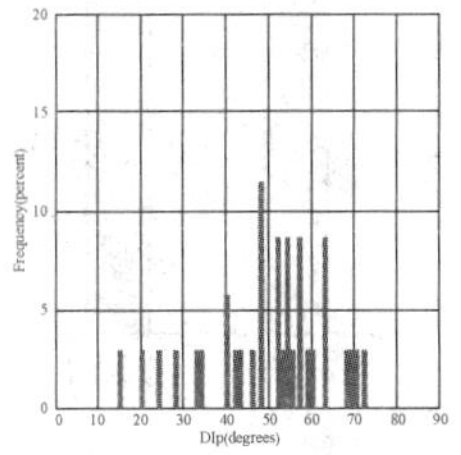
	平均	3.02	1.71	0.04	0.07	56	
金201	范围	0.2~4.67	0.43~4.47	0.012~0.1	0.01~0.03	20~60	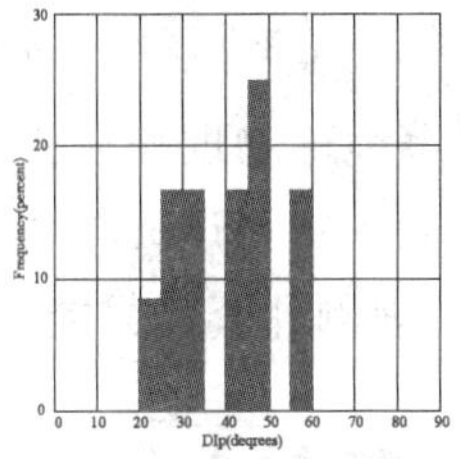
	平均	1.87	2.26	0.06	0.01	45	
JL2004	范围	0.14~6.93	0.12~4.47	0.02~0.2	0.01~0.41	50~90	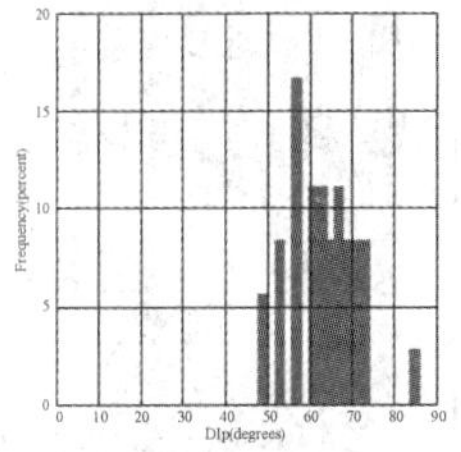
	平均	2.36	1.48	0.09	0.15	65	
JL2010	范围	0.89~1.62	0.84~1.68	0.008~0.017	0.008~0.025	40~85	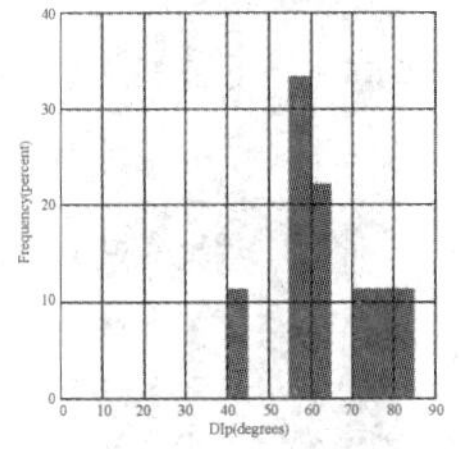
	平均	1.47	1.47	0.01	0.02	65	
金215	范围	0.02~5.09	0.49~2.59	0.036~0.186	0.018~0.227	30~80	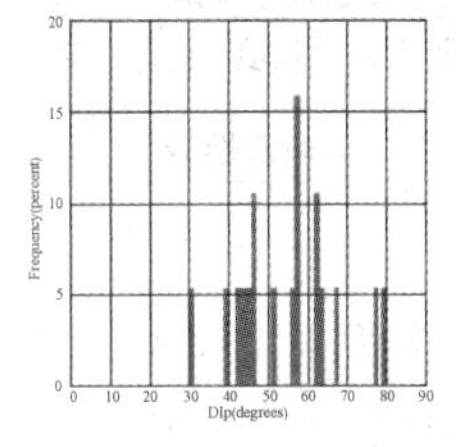
	平均	2.3	1.51	0.09	0.13	58	

此外，在相同的构造应力背景下，不同岩性其裂缝发育也有所差异[2,4,5]。高角度缝或垂直缝多发育在中-酸性火山熔岩及火山碎屑熔岩中，如安山岩、流纹岩、安山质火山角砾熔岩等，低角度斜交缝主要发育在不规则块状的火山碎屑岩中。由高角度缝与低角度斜交缝互相错动形成的网状缝，多发育在火山碎屑熔岩及中性熔岩(安山岩)中。从相同构造应力背景条件下看，火山

角砾熔岩及安山岩由于抗压缩性较差，因此更易发生剪切破裂(表 1、表 2、图 3)。

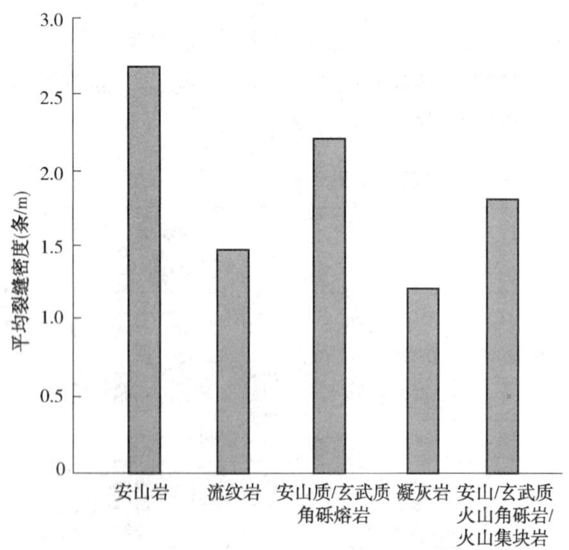

图 3　金龙 2 井区佳木河组不同岩性平均裂缝密度

3　裂缝地球物理响应特征及应用

3.1　成像测井识别与描述火山岩储层裂缝

常规测井资料只能定性识别裂缝发育情况，为了能定量描述火山岩储层裂缝，明确裂缝发育特征，为金龙 2 井区佳木河组火山岩油藏经济有效开发提供可靠依据，建议部署了微电阻率成像测井(FMI)。本文应用成像测井资料，识别出不同火山岩岩性及裂缝类型与发育特征：未充填的高角度缝与垂直缝在成像图上显示为暗色的低阻条纹，且多贯穿岩心；未充填的低角度裂缝在成像图上表现出正弦暗色曲线切分层理；半充填或全充填的发育较短的高角度缝、垂直缝与低角度缝，在成像图上显示出白色或亮色条纹；而气孔、溶蚀孔洞在成像图上则表现出暗色低阻斑点；火山角砾表现出亮色斑点(图 4)。在裂缝与岩性识别基础上，本文重点定量描述了火山岩储层宏观裂缝发育程度，如裂缝密度、裂缝长度、裂缝宽度、裂缝倾角及裂缝孔隙度。从成像图分析可以看出，研究区佳木河组火山岩储层裂缝倾角较大，以高角度缝、垂直缝及部分低角度斜交缝为主，裂缝发育密度 0.3~3 条/m，裂缝发育宽度以 0.01~0.1mm 的中等缝为主，裂缝孔隙度相对较小，平均在 0.01~0.1%之间(表 3)。

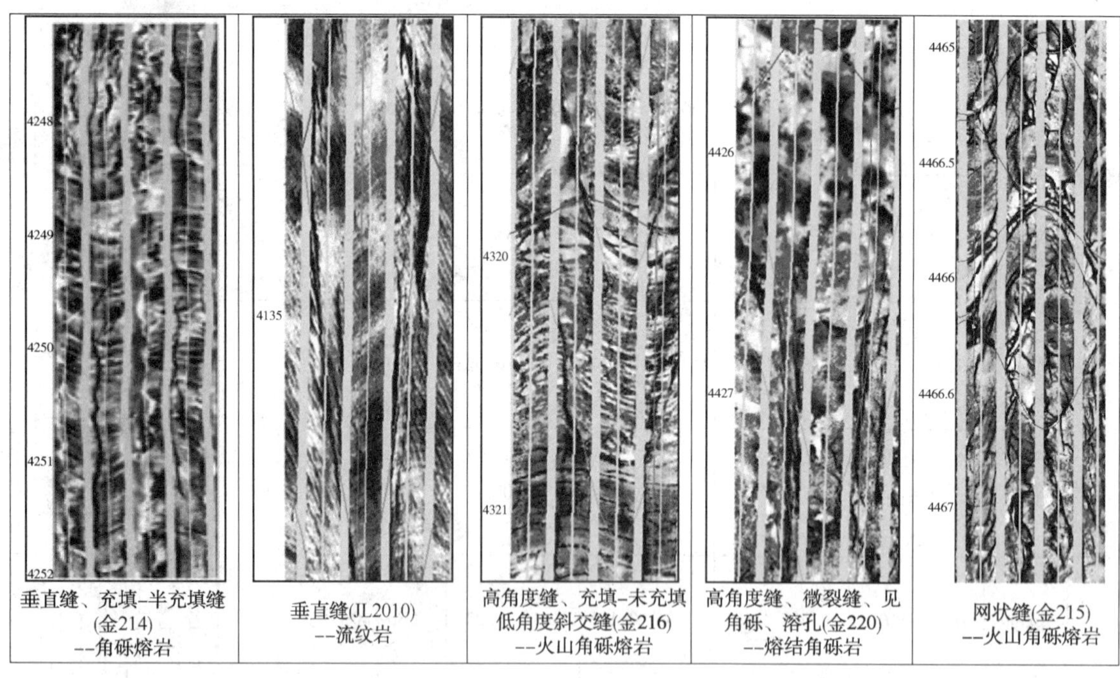

图 4　金龙 2 井区佳木河组不同裂缝类型 FMI 成像图

3.2　叠前地震反演法预测裂缝分布规律

裂缝的存在往往会造成地下介质方位各向异性，从而使地震属性(振幅、频率、衰减等)发生有规律变化，地震波振幅各向异性强度与裂缝密度成正比，裂缝越发育，振幅随方位角变化各向异性越明显。目前常用的地震预测方法中由于叠前地震资料保留了更多的偏移距与方位角信息，保证了方位各向异性的预测研究，因此描述裂缝密度的可靠性与精度更高。利用叠前地震资料，从中提取地震波动特征的方位各向异性，根据地震属性随方位角变化特征分析裂缝方向与发育强度，这一预测方法常称之为叠前方位各向异性法，即 AVAZ(Amplitude Versus Azimuth)[8-12]。

本次研究利用金龙 2 井区叠前 CMP 道集数据，应用叠前方位各向异性法，参考 Hudson 裂隙理论模型，在三维地震资料保真、保幅处理基础上，进行地震资料的叠前处理(包括方位角划分、偏移距和覆盖次数分析)，然后对不同方位角数据体进行叠加偏移处理与属性计算。对比了叠前最大能量、总能量、相对波阻抗、衰减起始频率、衰减梯度等不同振幅动力学属性各向异性强度及指示裂缝发育程度，与成像测井(FMI)解释裂缝密度对比，单井衰减起始频率(地震振幅衰减到 85%时对应的频率值)计算裂缝密度体符合率可达 80%以上(图 5)，与实际解释结果更为符合。因此选取衰减起始频率属性模拟计算研究区佳木河组裂缝方位椭圆，方位椭圆的短轴方向指示了裂缝在空间的统计定向(法向)，长轴与短轴之比为扁率，该值大小代表了地震反射的各向异性强度，可以指示裂缝密度，从而实现对裂缝密度和方向的预测。同时岩心分析水平最大主应力方向、FMI 解释裂缝走向均为近东西向，与 AVAZ 方法预测的裂缝方位基本一致(图 6)，证明 AVAZ 方法对金龙 2 井区佳木河组裂缝分布预测结果较为可靠，可对全区进行了裂缝分布预测。

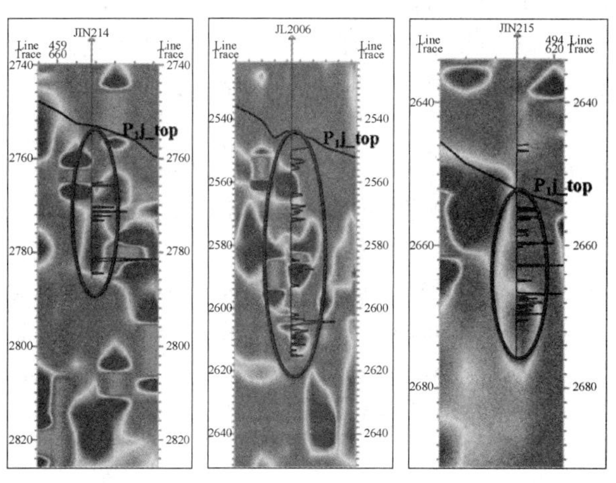

图 5　裂缝密度叠前地震反演预测图(衰减起始频率属性)

从全区裂缝预测分布(图 7)可以看出：①受北西-南东及东西向两组断裂控制，金龙 2 井区潜山带佳木河组火山岩储层裂缝较为发育，且距离断裂越近，裂缝越发育，断块轴向交点部位，构造变形越大，裂缝发育程度越高，如金 208 断块、金 202 断块及金 209 断块；②金龙 2 井区属于北高南低、北陡南缓的构造格局，北部地区裂缝较南部更为发育；③根据佳木河组不同时间切

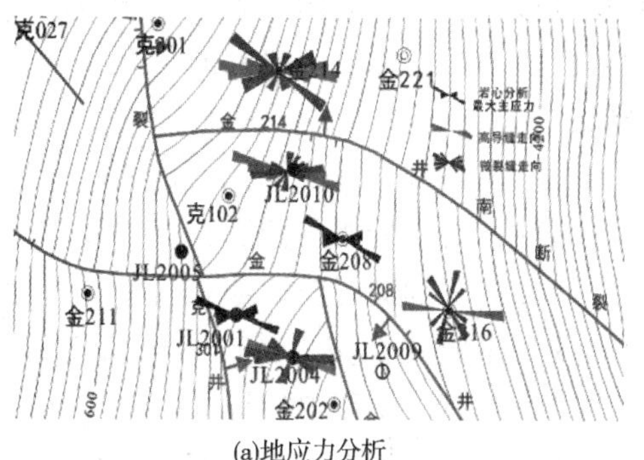

(a)地应力分析

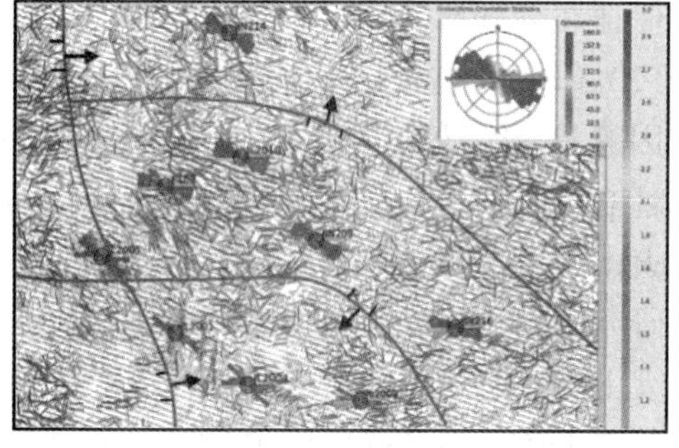

(b)裂缝预测切片

图 6　金 208 断块佳木河组裂缝预测方位与地应力对比图

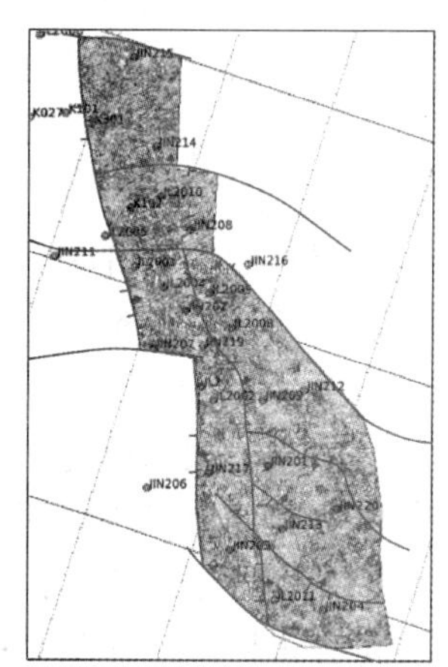
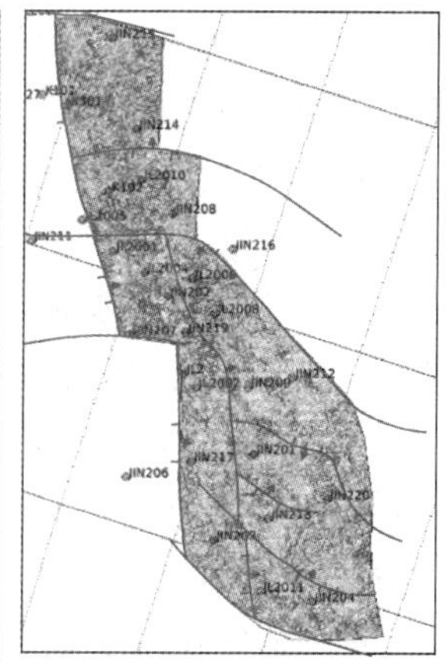

图 7　金龙 2 井区二叠系佳木河组裂缝分布预测图

片裂缝预测分析，距离佳木河组顶部不整合面越远的层位裂缝发育程度有所减弱，如金 214 断块、金 201 断块；④裂缝发育程度较高且张开裂缝走向与地应力方向匹配较好的区域，单井试油试采效果好，如 JL2010 井，裂缝走向与现今最大主应力方向几乎平行，在 4158～4189m 进行试油，3mm 油嘴日产油 15.34t，日产气 1760m^3，后期试采 51d，累积产油 592.2t，产气 3.3×10^{4}m^3，产水 46.4t，平均日产油 11.6t。而金 212 井解释裂缝走向与现今最大主应力方向夹角较大(>30°)，成像测井解释局部发育裂缝，且裂缝多以低角度斜交缝为主，张开缝较少，射孔后抽汲日产油 0.6t，产水 3.6t，进行压裂改造投产，3mm 油嘴日产油 14.5t。可见储集层主要裂缝走

向与现今最大主应力方向一致或夹角较小时，其裂缝有效性才好，储层一般都能获得高产。

4 结论

（1）金龙 2 井区佳木河组火山岩油藏可识别出多种岩性，岩性岩相是控制火山岩储层的主要因素。研究区有利储层段裂缝相对发育，主要以高角度缝、垂直缝为主，其次为低角度斜交缝，多表现出未充填或半充填特征，裂缝走向近东西向，与现今地应力最大主应力方向近似平行，有利于保证裂缝开启性。

（2）研究区裂缝发育主要受构造与火山岩岩性两因素影响。距离断层越近，构造裂缝越发育，且断裂复杂，构造变形越大裂缝发育程度越高。火山岩岩性类型不同，裂缝发育程度也不同，研究区高角度缝或垂直缝多发育在中性-中酸性火山熔岩及火山碎屑熔岩中，如安山岩、英安岩及安山质火山角砾熔岩等，低角度斜交缝主要发育在不规则块状的火山碎屑岩中，如火山角砾岩、火山角砾熔岩等。由高角度缝与低角度斜交缝互相错动形成的网状缝，多发育在火山碎屑熔岩及部分中性熔岩中。

（3）研究区微电阻率成像测井技术的应用，准确地识别出裂缝类型，并定量计算出单井裂缝密度、裂缝长度、裂缝宽度、裂缝倾角及裂缝孔隙度，同时也辅助定性识别出火山岩岩性，弥补了岩心、常规测井识别的不足。同时根据研究区以高角度缝发育为主的特征，以单井成像资料解释结果为基础，采用叠前方位各向异性法，即 AVAZ 定量地预测了裂缝空间分布特征，并与单井成像测井解释结果进行对比，提高了叠前裂缝预测的可靠性。同时，裂缝发育程度较高且张开裂缝走向与最大主应力方向一致或夹角较小时，单井试油试采效果好。叠前地震裂缝预测为研究区开发井部署提供了重要参考。

参考文献

[1] 范宜仁，黄隆基，代诗华．交会图技术在火山岩岩性与裂缝识别中的应用[J]．测井技术，1999，23(1)：53-56.

[2] 陈钢花，毛克宇，王中文，等．利用地层微电阻率成像测井识别裂缝[J]．测井技术，1999，23(4)：279-281.

[3] 季玉新．用地震资料检测裂缝性油气藏的方法[J]．勘探地球物理进展，2002，25(2)：28-35.

[4] 邓攀，陈孟晋，高哲荣．火山岩储层构造裂缝的测井识别及解释[J]．石油学报，2002，23(6)：32-36.

[5] 周新桂，操成杰，袁嘉音．储层构造裂缝定量预测与油气渗流规律研究现状和进展[J]．地球科学进展，2003，18(3)：400-403.

[6] 付建伟，肖立志，张元中．井下声电成像测井仪的现状与发展趋势[J]．地球物理学进展，2004，19(4)：730-738.

[7] 陈佳梁，兰素清，王昌杰．裂缝性储层的预测方法及应用[J]．勘探地球物理进展，2004，27(1)：35-40.

[8] 甘其刚，高志平．宽方位 AVA 裂缝检测技术应用研究[J]．天然气工业，2005，25(5)：42-43.

[9] 周新桂，张林炎，范昆．含油气盆地低渗透储层构造裂缝定量预测方法和实例[J]．天然气地球科学，2007，18(3)：328-333.

[10] 张莹，潘保芝，印长海等．成像测井图像在火山岩岩性识别中的应用[J]．石油物探，2007，46(3)：288-293.

[11] 朱国华，蒋宜勤，李娴静．克拉玛依油田中拐—五八区佳木河组火山岩储集层特征[J]．新疆石油地质，2008，29(4)：446-449.

[12] Dragana T M, Glenn L, David G, et al. Identifying vertical productive fractures in the Narraway gas field using the envelope of seismic anisotropy[C]//SEG Int. l Exposition and 74th Annual Meeting, 2004: 135-138.

涩北多层疏松砂岩气藏治水关键配套技术

陈汾君　常　琳　李雪琴　刘世铎　徐晓玲

(中国石油青海油田分公司)

摘　要　涩北多层疏松砂岩气藏开发受出水加剧影响，水气比迅速蹿升，积液、水淹停躺井增多，气田递减率控制难度加大，稳产形势日趋严峻，亟需优化气田治水技术，以保气田长期稳产。基于此，在研究气藏地质及气田水侵规律认识、研发提升治水配套技术等方面加强了技术攻关和现场试验，形成了涩北多层疏松砂岩气藏治水关键配套技术。通过新技术、新工艺推广应用，气田产能递减率控制在8%以内，水侵速度控制在0.5m/d(实现多年水侵速度不增)，生产压差稳定，开发效益得到显著提升，有效助力气田持续稳产和提质增效，实现气田$50\times10^8m^3$稳产目标，所形成的关键技术可为同类型气藏开发提供借鉴。

关键词　多层疏松砂岩气藏；水侵；治水；排水采气

涩北多层疏松砂岩气藏位于柴达木盆地，属于第四系浅层生物成因气藏。埋藏浅，成岩作用弱，储层岩石疏松，且由于成藏期晚，储层和隔夹层内均含有较为丰富的层内可动水和层间水层水，加上涩北气田存在较大体积的边水，在气田开采过程中，气井广泛出水。

近年来，对气藏渗流机理方面有了较为全面和深入的研究，但对水源类型识别及气水分布认识还存在较大不确定性。气藏主产层和主要出水层对应关系对气井产出特征影响较大，边水会通过层内水和层间水窜的形式侵入投产气砂体，隔层可动水和边水的纵向层窜等都会大大降低气藏的可采储量和采收率。

目前，涩北气田以"治水"为重心，不断开展排水采气攻关试验，最终明确以泡沫排水和气举为主体的排水采气技术，并取得了一定效果。但随着气田开发的不断深入，边水水侵发生的范围逐渐扩大，出水量越来越大，常规排水采气工艺仅针对单井间歇排水已不能满足现多井、高出水的排水需求。从地质、工艺角度出发，气藏治技术方面有待进一步科研攻关。

1　气藏出水现状

涩北气田属于世界罕见的第四系生物成因多层疏松砂岩水驱气藏，其构造平缓，完整无断层，平面上连通条件好，纵向上砂泥间互。层多且薄，高孔中低渗，压力敏感及非均质性强，含气面积差异大，气水边界倾斜，地层水存在形态多样，矿化度高，天然气甲烷含量高，干气气藏。

其特殊地质特征导致气田易出砂、易出水，早期开发以解决"出砂"为主。自2012年后，气田出水逐年加剧，出水加剧出砂，部分出水井沉砂速度与砂面上升速度均随出水量增加而增加。目前气田砂埋产层井312口，砂面上升速度60m/a，其中浅部层组、深部水侵层组出砂井数210口，占出砂井的70%。现逐渐向"治水"为主、"治砂"为辅的工作转变。气田现已进入高产水阶段，水侵速度0.57m/d，约1/2小层出现水侵，水侵面积占原始含气面积的1/2；平均单井日产水5.1m^3，近1/3的气井存在积液，水淹停躺井比例达7.1%。

2　气藏治水面临的问题

近年来，随着开发的进行，涩北气田出水形势逐年加剧，气井产能和产量大幅下降，导致气田稳产压力增加，治水势在必行，但目前气藏治水面临着以几个主要问题，制约治水效率：

(1) 气井出水水源多样

多层疏松砂岩气藏的储层薄而多、气水层间交互，同时气井大多采用多层合采方式开发。气井一旦出水，随着气藏压力逐渐降低，一口井会在不同开采阶段出现边水、层内束缚水、凝析水等，井口产出的水来自多种水源，识别难度大

【作者简介】陈汾君(1985—)，女，2012年毕业于西南石油大学油气田开发工程专业，硕士学位，现在青海油田勘探开发研究院从事气藏开发工作，工程师；E-mail：chenfjqh@petrochina.com.cn

(见图 1)。同层组井间水源也存在差异(见图 2)。针对多样水源，涩北气田目前常规判别方法考虑因素单一、定性判别，多样水源判别的准确度人为因素较大。

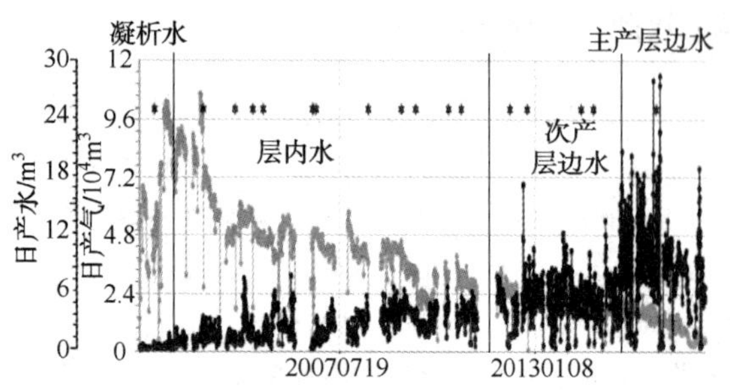

图 1　涩 4-5 井单井开采曲线

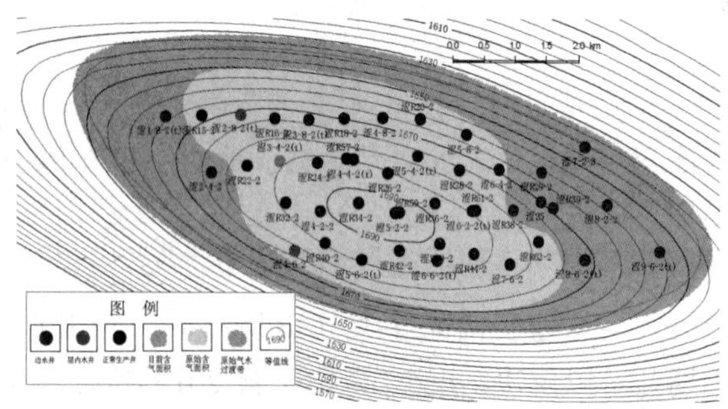

图 2　涩北二号气田 2-4-9a 砂体不同水源分布

(2) 气藏出水规律复杂

受构造、沉积、储层、流体特征多因素影响，气藏出水规律复杂，致使对气藏气水运动规律认识存在较多不确定性，主要体现如下：

① 气藏构造整体平缓，气水过渡带宽，边水易推进，同时构造顶部缓翼部陡促使边水突破翼部后，在高部位长驱直入，致使后期见水迅速；

② 气藏平面上稳定的湖湘沉积、纵向上砂泥岩频繁间互，气藏地层连通性好，地层水易发生水窜；

③ 气藏储层疏松、黏土含量高、储层及隔夹层均具有较大孔隙度、层间和层内非均质性强，束缚水饱和度大，在一定条件下可动使气井出水，开发过程中由于地层压实，隔夹层挤出水参与流动，隔层可动水和边水易纵向层窜。

④ 气藏气水边界倾斜、地层水存在形态多样、各气层含气面积差异大，使气藏不同部位水动力条件存在差异，出水水源识别复杂，各层边水推进差异大。

(3) 气藏水侵识别难度大

气田出水形势日趋严重，水侵后储层物性变化增加了气井测井解释难度，造成对开发中后期气藏水侵层位盲判、误判。

① 涩北多层疏松砂岩气藏环境导致流体识别困难，气层电阻了分布 0.4~2.0Ω·m 间，大部分气层电阻率低于 1Ω·m；

② 气层水侵后出现速敏伤害和水锁效应，储层物性发生改变；

③ 气藏部分水侵层的电阻率高于 0.4，与低阻气层电阻率差别不大，造成水侵识别困难。

(4) 常规排水技术已不能满足现治水需求

气田出水形势日趋严峻，气井积液、水淹逐年增多，边水水侵发生范围扩大，泡排、气举等常规排水采气工艺技术无法满足气田现多井、高出水的排水需求(表 1)。

表 1　不同治水工艺推荐依据

临界携液流量比 R_q 范围		相应措施	诊断结果
$0.8 \le R_q < 1$		间歇泡排	轻微积液
$0.6 \le R_q < 0.8$		间歇气举为主	中等积液
$R_q < 0.6$	$0.3 \le R_q < 0.6$	间歇气举为主	严重积液
	$0 \le R_q < 0.3$	集中增压气举	

3　气藏治水攻关技术及成效

3.1　多水源识别技术

综合构造、测井解释、产出剖面测试、生产动态数据、试井资料及水样分析等资料，首先，依据各水源判别过程中对资料的依存度，建立水源识别资料依存度表(表 2)；其次，根据气藏开发中后期出水特征，在定性判别不同水源基础上，定量化凝析水、层内水、层间水窜临界条件，建立涩北多层疏松砂岩气藏开发中后期多水源识别方法。

气藏中后期出水水源识别方法。同时，依据各种水源判别过程中对现有资料的依存度，建立水源识别资料依存度评价表(表 2)，再根据气田后期出水特征，建立各种水源判别流程(图 3)。

表 2　水源识别资料依存度评价表

判断资料＼水源	边水	凝析水	层内水	层间水	工作液
构造	★★★				
测井		★★	★★★	★★★	
剖面测试	★★	★★	★★★	★★★	
生产数据	★★★	★★★	★★	★★	★★★
水分析		★			
试井资料	★				

注：★★★—主要依存；★★—依存；★—参考。

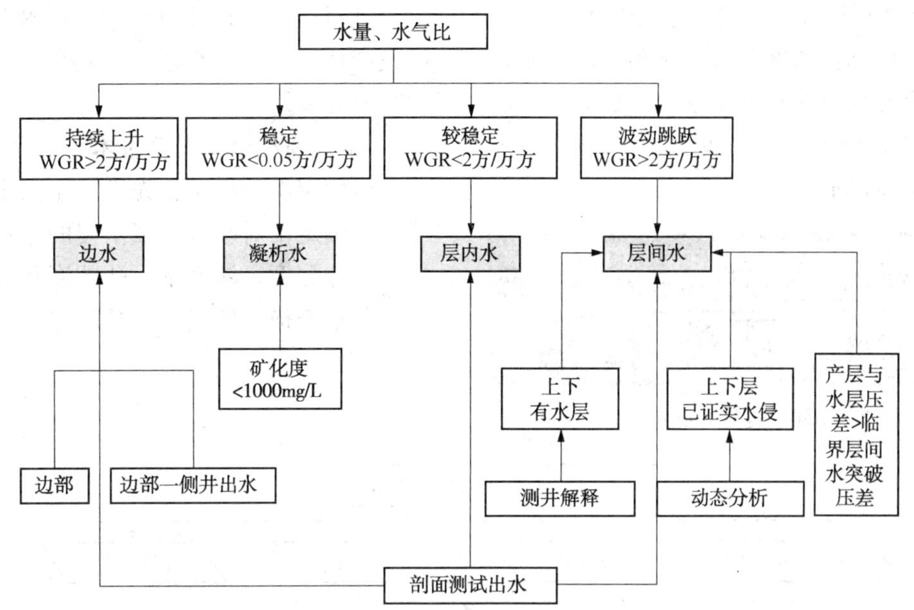

图 3　气田地层水源判别方法流程

涩北气田气井出水存在多种水源，同层组井、同井不同开采阶段，水源都存在差异，井口产出水来自多种水源。统计涩北气田目前生产井出水来源，分析认为气井出水主要以层内水、边水为主，分别占气田的 29.8%、39.4%，其中边水占居最多。

3.2　低阻气藏水侵层测井精细解释技术

针对涩北气田水侵识别问题，开展气井水侵层测井精细解释。在水侵层测井定性识别基础上，结合气井生产曲线建立水侵层定量评价标准，进一步评价气层水侵等级，为气田开发中后期剩余气挖潜提供可靠方向。

(1) 1 条曲线对比：气层发生水侵后电阻率会出现不同程度下降，通过与邻井电阻率曲线形态对比分析识别气藏是否水侵，随着水侵程度增加，电阻率下降趋势明显。以台 3-18 井、台 3-14 井对比情况为例(图 4)。

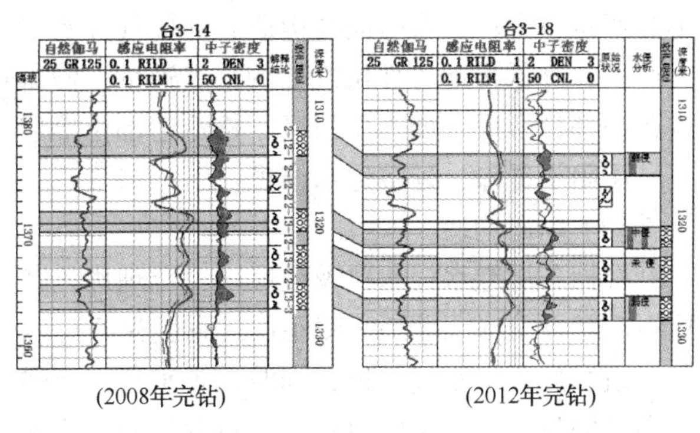

图 4　台 3-18 井—3-14 井测井响应对比

(2) 2 个剖面定性：储层物性主要受泥质含量影响，泥质含量与标准化 GR 曲线有较强相关性，通过电阻-物性极值对称、中子-密度镜像交会形态识别水侵。气层受水侵程度影响，2 个剖面会出现对称形态改变。以台检 1 井为例(图 5)。

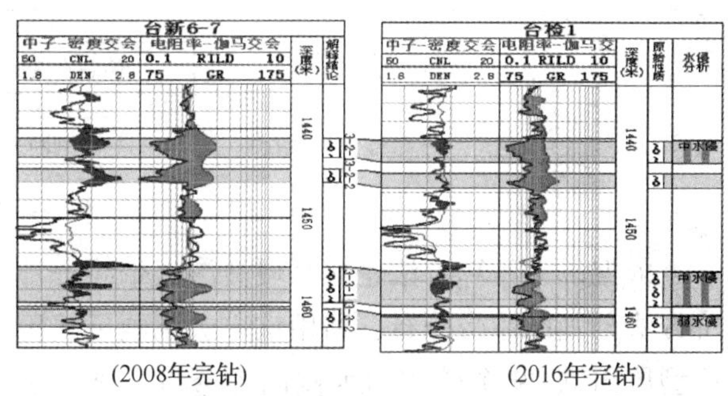

图 5　台检 1 井—台新 6-7 井电性特征对比

(3) 3 个参数量化：在水侵层定性识别的基础上，通过分析水侵井生产曲线特征划分水侵气井的不同生产阶段，并将其与通过相渗实验在各个阶段计算水气比进行匹配和对比，结合可动水饱和度、水侵厚度比两个参数，综合判定气层水侵等级(图 6)。

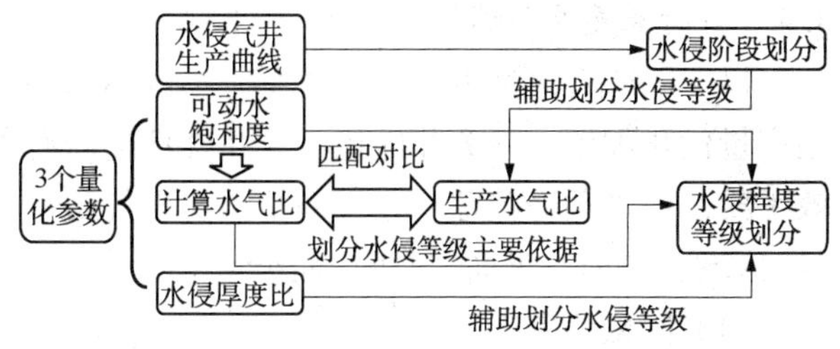

图 6　水侵气层量化评价流程图

(4) 4 个级别划分：在气井水侵层测井定性识别基础上，依据饱和度、水气比预测值、水侵厚度比例 3 个参数建立水侵层量化评价标准，将气层水侵程度划分为四个等级：气层、弱水侵、中水侵、强水侵(图 7)。

图 7　不同水侵程度划分

针对近年新投井进行水侵层测井解释，与实际投产情况比对，符合率达 82%，有效指导了气田高效开发。

3.3　水侵高渗透带刻画技术

运用层次分析法，先进行主因子分析，综合筛选，确定出对影响气藏水侵的潜在地质因素包括：构造深度、渗透率、孔隙度和泥质含量，综合多因素来描述储层水侵高渗透带(图 8)。

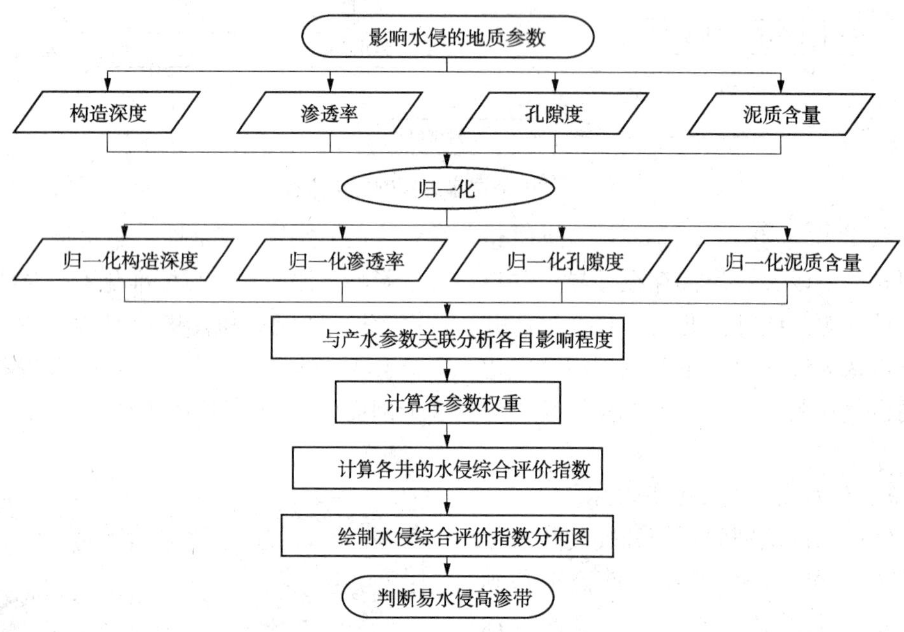

图 8　水侵高渗透带刻画流程图

依据以上计算方法建立水侵高渗透带综合评价方法刻画高渗带分布，利用该方法刻画了气田典型层组共 29 个砂体的水侵高渗透带，进一步深化认识水侵动态特征，得到气田水侵高渗带具有如下特征：

(1) 水侵高渗带是沿着构造等高线分布，低部位气水边界附近最早也是最容易发生全面水侵。

(2) 水侵高渗带具有局部突进的特征，储层渗透性好的区域更容易加剧局部水侵。

3.4　均衡采气综合调控技术

以“控递减、控边水、防停躺”为目标，利用产量优化配置、开关井优化、单井合理配产有效手段，通过预警跟踪、分析调整，实现气藏采气“区域、平面、纵向、时间”四个均衡的目标。

(1) 区域均衡

合理分配气田各项任务指标，根据各气田实际生产能力，考虑储采比，把年度产销任务分配到各区块，在各区块确定产量任务情况下预测下年产能递减率目标值和气井完好率目标值，确保全年全气田递减率最低。

(2) 平面均衡

根据单井构造位置、出水量、出砂程度、产量递减情况，优化开关井顺序、多因素合理配置单井产量(图 9)，采用提高构造高部位气井的采气速度，降低构造边部位气井的采气速度，使得构造高部位形成了压力低值区，构造边部位形成了高压阻水屏障，延缓边水推进。

(3) 纵向均衡

根据各层组水侵情况及递减率，合理优化各层组产量及开关井顺序(图 10)，通过先开已水侵层组，后开未水侵层组，同时，未水侵层组递减率低的先开，水侵层组水侵严重的先开，确保各层组均衡动用、递减可控。

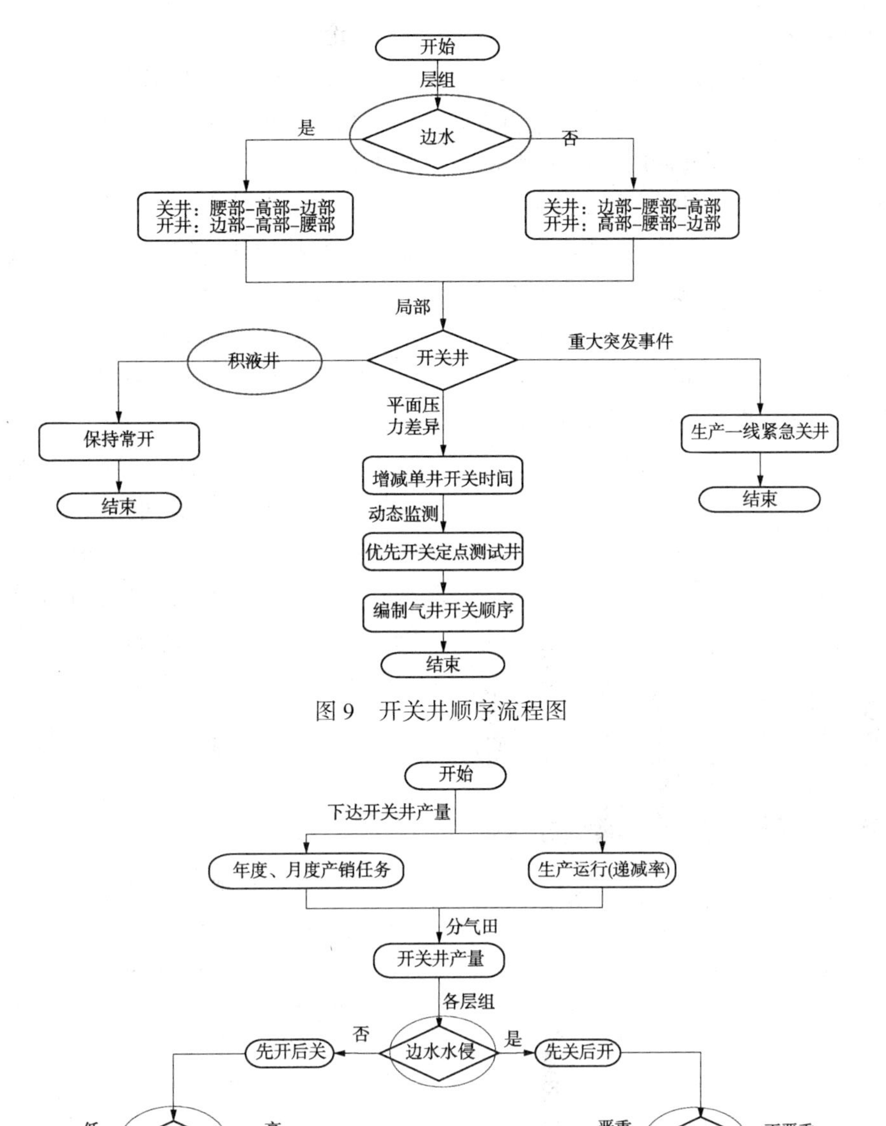

图 9　开关井顺序流程图

图 10　层组间开关井顺序流程图

(4) 时间均衡

全面考虑动态监测、场站检修、下游用气需求等综合因素，将年度生产任务及递减率分解到各月度，以最大限度降低峰谷差，保障全气田平稳生产。

通过此项技术的推广应用，近五年，气田递减率总体控制在8%以内，气井完好率保持在93%以上；逐渐在构造高部位形成压降漏斗，层组间压力下降趋于均衡；合理配产后积液高度平均减少4.2m，单井产气量增加了$0.17\times10^4m^3/d$，日产水增加$2.2m^3/d$，井筒流态得以改善，气藏水侵得以缓解。

3.5　特色排水采气工艺技术

随着涩北气田积液日益严重，水淹井逐年增多，边水水侵发生范围不断扩大，泡排、撬装压缩机气举无法满足气田当下排水量需求，集中增压气举“一对多”排水采气新模式，实现了多井同时、连续、有效的排水，成为气田开发中后期治水稳气的核心关键技术，其治水方式实现了由“单井”向“整体”、由“间歇”向“连续”、由“单一”向“复合”的重要转变。

集中增压气举工艺从积液、水淹停躺井排水量、地面工艺及气举工艺参数方面在涩北气田表现出很好的适用性，达到了多井同时、连续排水，恢复气井产能的目的，符合气田开发的实际需求。

自 2016 年开展集中增压试验 10 口井，恢复水淹停躺井 7 口，维持 3 口积液井正常生产，实现日增气 $7.4\times10^4m^3$、日排水 134.2m^3，工艺有效率 100%；截至 2017 年 4 月，已累计增气 $1155\times10^4m^3$，累计增排水 $2.2\times10^4m^3$，达到了多井同时连续排水，恢复气井产能的目的(见图 11、图 12)。

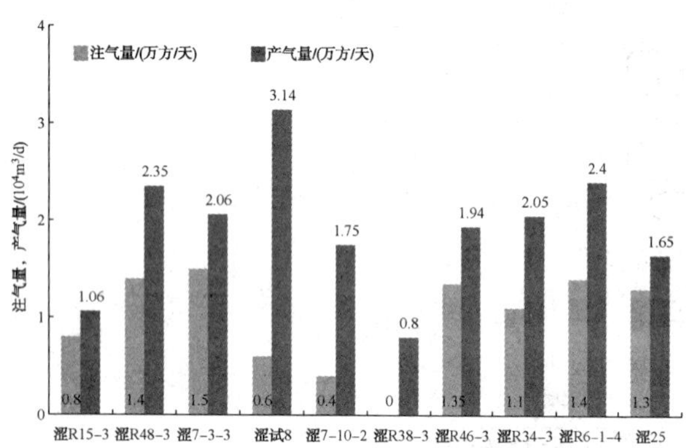

图 11　集中增压气举排水采气试验增产效果

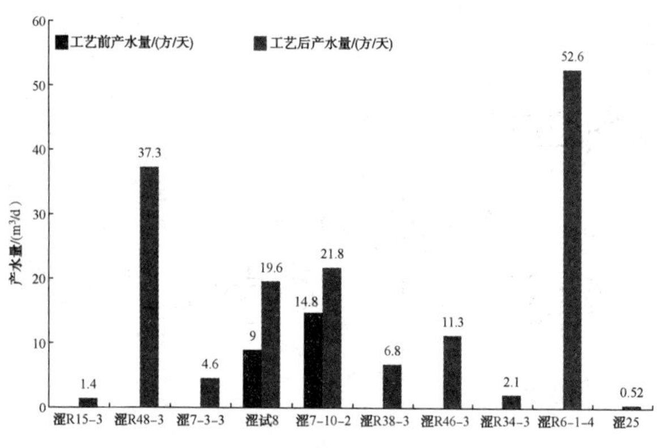

图 12　集中增压气举前后产水量对比

4　实际应用效果评价

治水配套关键技术在涩北多层疏松砂岩气藏推广应用后，气田开发纸币全面受控，整体生产平稳，年产气量保持在 $50\times10^8m^3$ 以上，实现多年水侵速度不增(0.5m/d 以下)，生产压差稳定(0.9MPa)，综合递减率受控(<8%)。同时，在气田水侵规律认识及工艺配套研究基础上，编制涩北气田综合治水方案，指导气田“十三五”期间的开发治水工作，确保气田长期稳产，2017 年已经在涩北气田 9 个重点层组开展综合治水工作，通过实施开关井调控、泡排、气举等治水措施 858 井次，累计增产气 $1712\times10^4m^3$。

5　结论

(1) 通过多水源识别技术，准确识别当前气井产水的水源类型，为治水措施的制定提供可靠依据；

(2) 针对低阻气藏水侵后的特点，提出了水侵层测井解释评价技术，建立了气层水侵分级评价解释标准；

(3) 利用层次分析法进行了气藏高渗透带刻画，深化认识了水侵规律，为气藏水侵分级评价与治理提供了依据；

(4) 利用产量优化配置、气井开关井优化等手段，实现了气藏采气“区域、平面、纵向、时间”四个均衡；

(5) 集中增压气举工艺在涩北气田具有较好的适用性，是涩北气田高含水开发阶段的主要工艺措施。

参 考 文 献

[1] 刘华勋．边底水气藏水侵机理与开发对策．天然气工业，2015.

[2] 王鸣华．气藏工程[M]．北京：石油工业出版社，1997.

[3] M. K. Abdou，H. D. Pham，A. S. Al-Aqeell，Impact of Grid Selection on Reservoir Simulation [J]．SPE21391，1995.

[4] Settari A，Aziz K. Use of Irregular Grid in Reservoir Simulation[J]. Society of Petroleum Engineers Journal，1972，103-114.

[5] B. Guo and A. Ghalambor and C. Xu. A Systematic Approach to Predictiong Liquid Loading in Gas Wells. SPE94081，2005，81-88.

[6] 罗万静等．涩北气田多层合采出水原因及识别[J]．天然气工业，2009，86-88.

[7] 邓勇，杜志敏，陈朝晖．涩北气田疏松砂岩气藏出水规律研究[J]．石油天然气学报。2008，30(2)：336-338.

[8] 华锐湘，贾英兰，等．涩北气田气水分布及气水运动规律分析[J]．天然气工业，2009，29(7)：68-71.

[9] 李喜平，梁生，李君．边水气藏开发过程中气水关系分析[J]．天然气工业，2000，12.

[10] 马力宁．涩北气田开发中存在的技术难题及其解决途径[J]．天然气工业，2009，29(7).

[11] 张列辉，梅青艳，李允，等．提高边水气藏采收率的方法研究[J]．天然气工业，2011，31(2).

强边水油藏天然水驱与人工注水协同开发技术对策
——以 Akshabulak 油田中 Yu-III 层为例

张安刚　赵　伦　范子菲　王进财　侯庆英

(中国石油勘探开发研究院中亚俄罗斯研究所)

摘　要　针对 Akshabulak 油田中 Yu-III 层强边水砂岩油藏采油速度高、边水推进不均匀的开发特征，运用油藏数值模拟手段明确了合理的采油速度和注采比，同时优化了边外注水开发配注量。

采油速度、注采比是影响天然水驱和人工注水协同开发的主控因素。中 Yu-III 层强边水油藏在采油速度为 4%的条件下，合理注采比为 0.9。分析对比了油藏北部、中部及南部不同区域的天然水体大小及水驱前缘推进速度，优化边外注水配注量，控制强水淹区的水线推进速度，实现了水驱前缘均匀推进。油藏开发实践表明，中 Yu-III 层在注采比 0.9、采油速度 3.5%的高速开发模式下，实现了油藏在 15%的低含水情况下地质储量采出程度达到 54%。

关键词　强边水油藏；天然水驱；人工注水；采油速度；注采比；水驱前缘

强边水油藏边外注水开发过程中，如何最大限度地利用天然水体的驱动能量、减小人工注水的经济投入，即充分发挥天然水驱与人工注水的协同作用，是目前亟需解决的开发问题[1,2]。明确油藏开发的主控因素，从而制定合理的开发技术对策，对于强边水油藏实施天然水驱与人工注水协同开发至关重要[3-7]。本文以 Akshabulak 油田中 Yu-Ⅲ层强边水砂岩油藏为例，明确了天然水驱与人工注水协同开发条件下合理的采油速度和注采比，并分区优化了边外注水配注量，实现了油藏的高速高效开发。

1　Akshabulak 油田中 Yu-Ⅲ层地质与生产特征

Akshabulak 油田位于南图尔盖盆地 Aryskum 凹陷内，为一北东向凸起构造，受断裂控制，平面上分为中部、东部和南部等三个隆起，中部和南部之间被东西向断层隔开，南部断层发育程度高。油田整体上为一多层状背斜型砂岩油藏，油藏埋深 1550~1950m，纵向上发育 7 套含油气储层：白垩系(M-II-1、M-II-2)；侏罗系(Yu-0-1、Yu-0-2、Yu-I、Yu-II、Yu-III)，如图 1 所示。Yu-III 层中部(简称中 Yu-III 层)以粗砂岩和中砂岩为主，储层厚度约 11m，平均孔隙度为 25.8%，平均渗透率为 1320mD，为高孔特高渗储层，层内非均质性较强。

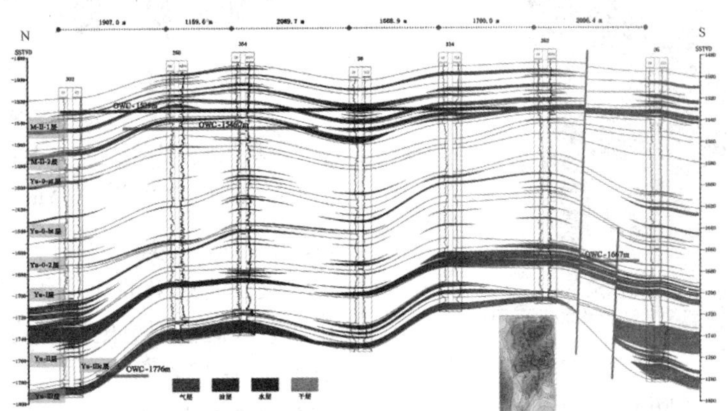

图 1　Akshabulak 油田中部侏罗系南北向油藏剖面图

【作者简介】张安刚(1986—)，男，2015 年 7 月毕业于中国石油勘探开发研究院油气田开发工程专业，并获工学博士学位，现在中国石油勘探开发研究院中亚俄罗斯研究所工作，主要从事哈萨克斯坦 KGM 项目的课题研究及技术支持工作。E-mail：zhangangang@ petrochina. com. cn

中 Yu-III 层于 1996 年 10 月投入开发，2002 年 11 月进入边外注水开发阶段。油藏采用高速开发模式，自 2004 年以来油藏地质储量采油速度始终保持在 3%以上，高峰采油速度达 4.4%(图 2)。由于油藏在开发过程中逐次关闭边部高含水油井，导致目前综合含水仅为 15%，处于低含水阶段。中 Yu-III 层边水能量充足(水体倍数约为 30)，但边水能量分布不均，北部边水能量相对弱，东部能量相对较强。中 Yu-III 层中部断层区域渗透性高，边水能量高，水线推进速度最快；北部边水能量弱，水线推进较慢；南部渗透性差，水线推进最慢。油藏数值模拟的历史拟合表明，2013 年中 Yu-III 层北部、中部及南部的水线推进速度分别为 199m/年、319 m/年及 106 m/年(图 3)。受边水和注入水不均匀推进的影响，中 Yu-III 层目前有 11 口井因含水迅速上升而关井，从开始见水到关井，多数井都不到半年时间。

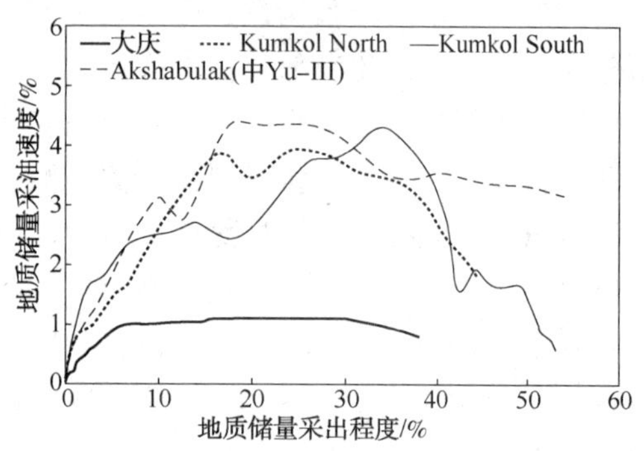

图 2　主力油田采油速度与采出程度关系

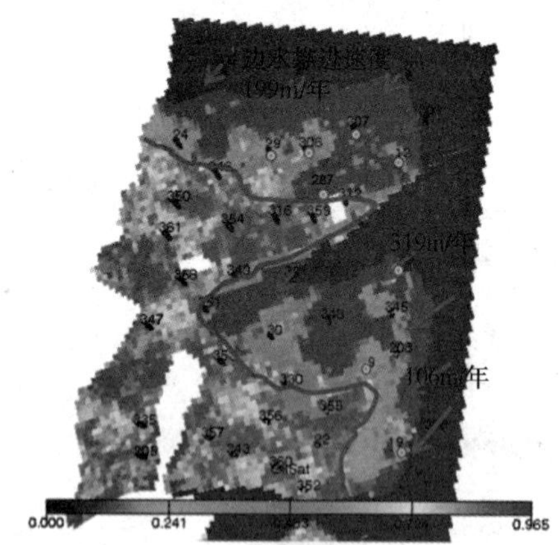

图 3　中 Yu-III 层剩余油饱和度分布及水线推进速度(2013 年 12 月)

自 2002 年中 Yu-III 层采用边外注水开发以来，随着油藏年注采比的不断增加，天然水侵驱动指数逐渐减小，溶解气+弹性驱动驱动指数亦逐渐减小，而人工注水驱动作用日益增强(图 4)。由此看来，边外人工注水的实施在一定程度上抑制了天然边水的入侵。2016 年中 Yu-III 层累积水侵量为 1211 万方，天然水侵驱动指数为 0.21，而人工注水驱动指数为 0.72。

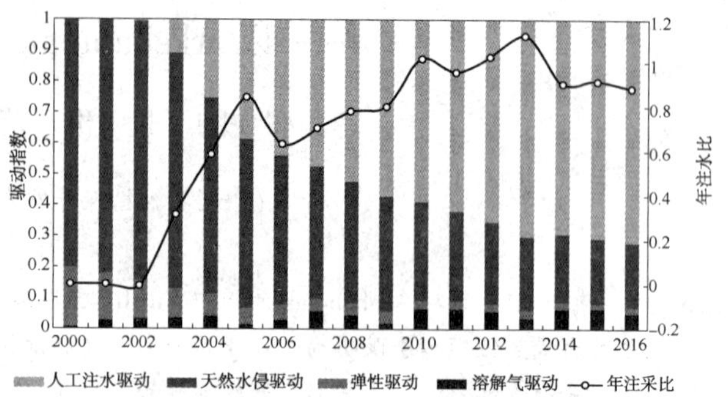

图 4　中 Yu-III 层历年油藏驱动指数、注采比变化

2　强边水油藏天然水驱与人工注水协同开发技术对策

2.1　合理采油速度

假设油藏注采比恒定(年注采比为 0.8)，在油藏数值模拟历史拟合的基础上，分别论证了中 Yu-III 层在 1%、2%、2.5%、3%、4%、4.5%等不同采油速度下的开发效果。论证结果表明，随着采油速度的不断增加，中 Yu-III 层合同期内的采出程度呈现先增加后降低的趋势。当采油速度为 4%时，合同期内的采出程度达到最高值 60.1%(图 5)。对比不同采油速度下的剩余油饱和度分布可以看出，在 4%采油速度条件下油藏剩余油饱和度明显变少(图 6)。

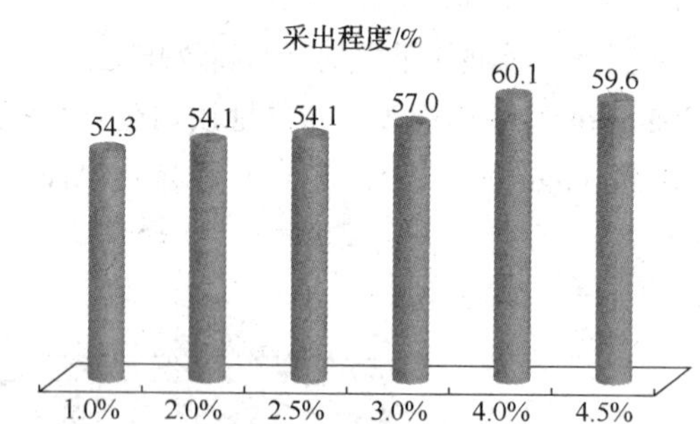

图 5　不同采油速度下中 Yu-III 层合同期内采出程度

2.2　合理注采比

假设油藏采油速度恒定(采油速度为 4%)，在油藏数值模拟历史拟合的基础上，分别论证了中 Yu-III 层在 0.6、0.7、0.8、0.9、1.0、1.1 等不同注采比下的开发效果。论证结果表明，随着油藏注采比的不断增加，合同期内采出程度也逐渐增加。但是当注采比达到 0.9 后，合同期内采出程度随注采比增加的幅度逐渐降低(图 7)。因此，当采油速度为 4.0%条件下，合理的注采比为 0.9。

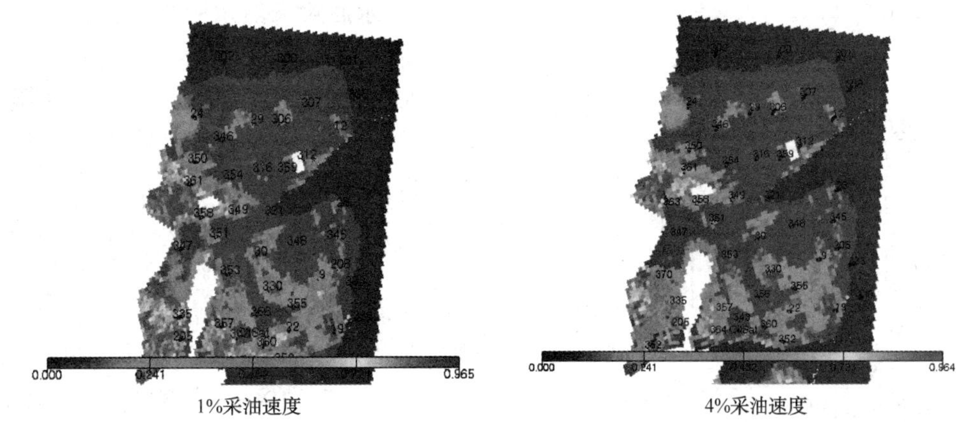

图6　不同采油速度中 Yu-III 层合同期末剩余油分布图

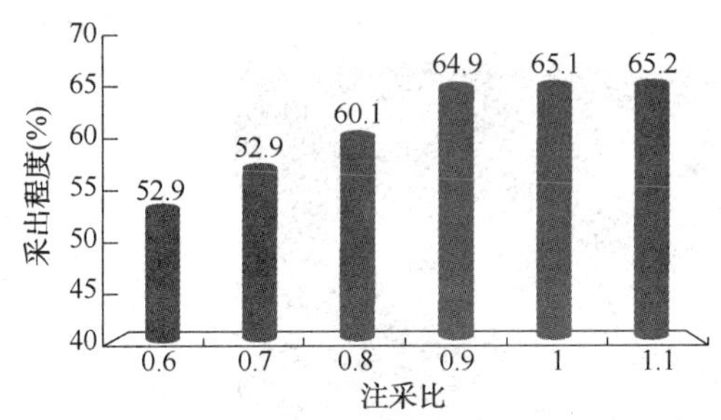

图7　不同注采比下中 Yu-III 层合同期内采出程度

2.3　边外注水量优化

针对中 Yu-III 层强边水油藏水驱推进不均匀的开发特征，运用数值模拟手段开展了强边水油藏边外注水量优化研究。通过平面分区优化边外注水配注量，控制强水淹区的水线推进速度，并提高弱水淹区的水驱控制程度，实现水驱前缘均匀推进，延缓油藏含水上升，提高油藏的整体开发效果。在油藏采油速度保持在 4% 的条件下，共设计了 6 套边外注水调整方案，结果表明方案 4 的合同期内采出程度最大为 66.7%(图9)。其具体的配注方案为油藏北部注水量基本保持不变(降 $100m^3/d$)，油藏中部注水量减少 $700m^3/d$，油藏南部注水量增加 $600m^3/d$(图8、表1)。

表1　中 Yu-III 油藏不同配注方案设计描述

	方案设计
方案1	目前注水量的基础上，不做任何调整预测至合同期末
方案2	300、301、302、308 各降 $100m^3/d$，28、331 井各降 $300m^3/d$，321 降 $200m^3/d$，19 保持不变，333、338 各增 $300m^3/d$
方案3	300、301、302、308 各降 $100m^3/d$，28、331 井各降 $300m^3/d$，321 降 $100m^3/d$，19 增 $700m^3/d$，333、338 各增 $300m^3/d$

续表

	方案设计
方案4	300、301、302 保持不变，28、331、333 井各降 $300m^3/d$，308 降 $100m^3/d$，321 增 $200m^3/d$，19、338 各增 $300m^3/d$
方案5	300、301、331、333 井各降 $100m^3/d$，28 降 $100m^3/d$，308 增 $100m^3/d$，302、321 各增 $200m^3/d$，19、338 各增 $300m^3/d$
方案6	300、301 井各降 $100m^3/d$，331、333 井各降 $200m^3/d$，302、308、321 各降 $100m^3/d$，28 增 $100m^3/d$，19、338 各增 $200m^3/d$

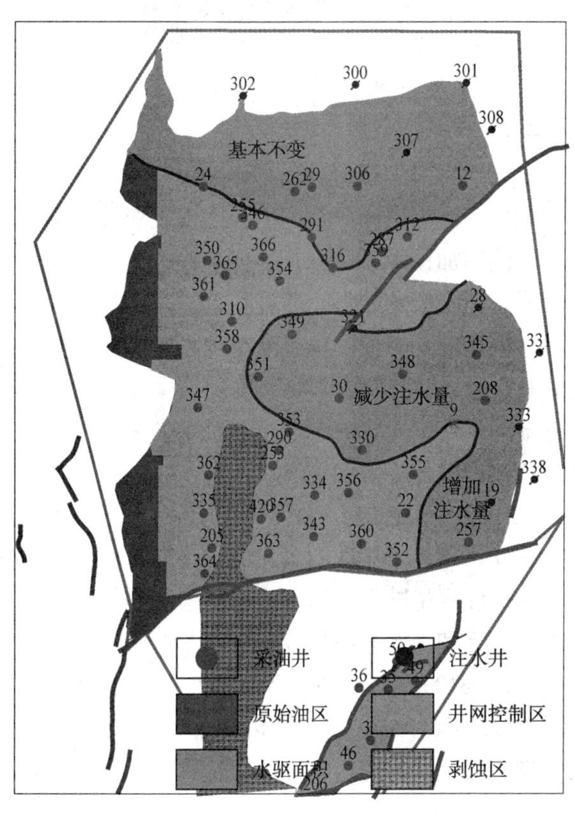

图8　中 Yu-III 油藏水驱控制程度图

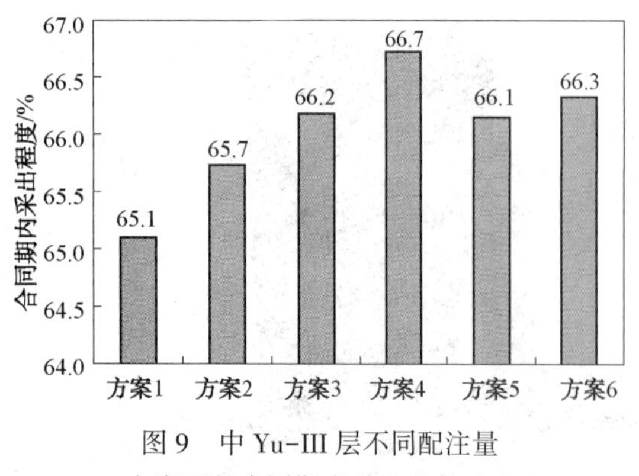

图 9　中 Yu-III 层不同配注量方案下的合同期内采出程度对比

3　强边水油藏天然水驱与人工注水协同开发效果评价

2014 年至 2016 年间，中 Yu-III 层保持高速开发模式，实际注采比和采油速度分别保持在 0.9 和 3.5%左右，地层压力保持水平较高(80%)，实现了油藏在 15%的低含水情况下地质储量采出程度达到 54%。油藏数值模拟结果表明，通过不断优化边外注水量，油藏北部、中部和南部的水驱前缘推进速度由 2013 年的 199m/年、319m/年、106m/年变为 2016 年的 185m/年、205m/年、190m/年(图 10)，基本上实现了水驱前缘均匀推进。

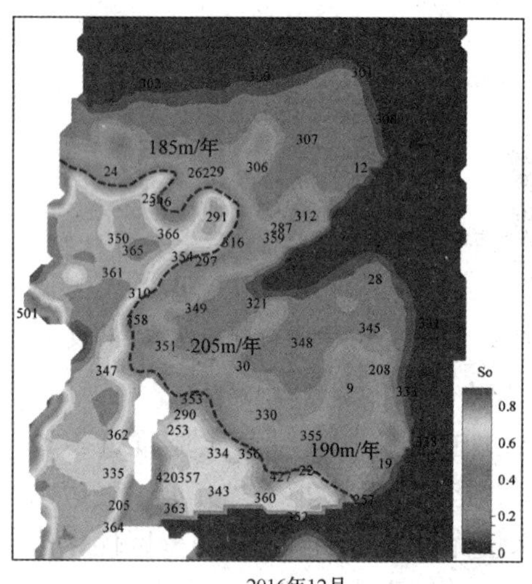

2013年12月　　2016年12月

图 10　Yu-III 层油藏剩余油饱和度及水驱前缘推进速度变化

4　结论

(1) 注采比、采油速度是影响强边水油藏天然水驱和人工注水协同开发的主控因素。随着采油速度的不断增加，中 Yu-III 层合同期内的采出程度呈现先增加后降低的趋势。随着油藏注采比的不断增加，合同期内采出程度也逐渐增加。但是当注采比达到 0.9 后，合同期内采出程度随注采比增加的幅度逐渐降低。中 Yu-III 层强边水油藏在采油速度为 4%的条件下，合理的注采比为 0.9。

(2) 在中 Yu-III 层保持高速开发模式下，优化了边外注水配注量，即油藏北部注水量基本保持不变、中部注水量减少、南部注水量增加，使得油藏北部、中部和南部的水驱前缘推进速度由 2013 年的 199m/年、319m/年、106m/年变为 2016 年的 185m/年、205m/年、190m/年，基本实现了水驱前缘的均匀推进，为油藏的高速高效开发提供了保障。

参　考　文　献

[1] 张锐，俞启泰．天然水驱砂岩油藏开发效果分析[J]．石油勘探与开发，1991，18(3)：46-54.

[2] 穆龙新，吴向红，黄奇志．高凝油油藏开发理论与技术[M]．北京：石油工业出版社，2015：108-115.

[3] 金勇，唐建东，赵娟，等．边底水油藏合理生产压差优化方法及其应用[J]．石油学报，2003，24(1)：68-72.

[4] 侯健，张言辉，宫汝祥．高渗透稀油强边水油藏开发技术政策优化——以春光油田排 2 油藏为例[J]．油气地质与采收率，2012，19(6)：82-86.

[5] Kolawole A, Wattenbarger R A, Maggard J B. Estimating water production behavior from edge water drive in a monocline reservoir[C]. SPE 114593.

[6] 赵新军，雷占祥，陈和平，等．厄瓜多尔低幅度构造强天然水驱油田开发形势与技术对策[J]．油气地质与采收率，2014，21(3)：98-101.

[7] 王建淮．强天然水驱油藏高含水期剩余油分布规律及挖潜研究[J]．石油天然气学报，2010，32(2)：306-308.

松辽盆地北部深层地层三项压力预测方法应用

刘 方

(大庆石油钻探工程公司地质录井一公司)

摘 要 本文针对松辽盆地北部深层地质特点，结合地质、工程等经典理论，以地质分析的视角认识和解决地层压力预测问题。无论是采取分层分区预测地层孔隙压力；解决火山岩地层孔隙压力预测问题；建立地层破裂压力标准谱图；还是坍塌压力给予提示工程风险提示等，是地层压力预测方法的不断升级。地质与钻井技术的融合有效解决生产深层地层压力预测的生产问题，技术水平不断提高，应用效果良好。

关键词 深层；地质；火山岩；地层三项压力；预测；工程提示

松辽盆地北部深层(以下简称深层)从泉头组二段至基底，历经盆地形成过程中断陷到坳陷等地质构造变迁，造就区域、地层间压力的不均衡，岩性复杂，这些无疑给深层钻井施工带来诸多挑战，所以做好钻前的地质工程准备成为深层勘探的重中之重。地层压力预测是钻前准备的基础，是施工安全的依托，地层三项压力预测是钻井施工顺利的首要关注点。

关于压力预测前人做了大量的实验及基础理论研究工作，提出多种计算方法，针对不同的地质模型，讨论方法的适用性。在此基础上，大庆探区地层压力预测主要把工作重点放在方法应用上，重视区域应用效果。深层压力预测的基本思路是从区域地质认识开始的，结合已知钻井的实际情况，借助理论方法给出压力剖面，形成钻井液密度窗口。其主导思想就是借助地质理论，简化复杂的工程问题，不断完善地层压力预测经典方法。十年的生产实践，形成了基本工作流程、预测方法。在松辽盆地北部深层应用效果良好，地层孔隙压力预测平均相对误差 8.41%，地层破裂压力预测平均相对误差 9.51%。

1 地层三项压力预测基本理论及计算公式

关于异常压力产生的机制有很多种，多与地质作用、构造作用和沉积速度有关，所以沉积压实、构造应力成为主要因素。目前地层压力异常主要在碎屑岩地层中讨论地层压力与岩石的压实程度关系。受上覆岩层的重力影响所引起的机械压实作用，正常情况下地层深度加深，上覆地层压力增加，上覆地层压力梯度变大。当致密层孔隙中流体排泄不畅会造成地层压力的异常，易形成异常高压。另由于地层抬升后风化剥蚀，地层的缺失上覆地层负载降低，压力释放易形成异常低压。

理论计算公式基于不同的地质模型、数据源等，公式多种，历经多年实际生产中多方对比和遴选，大庆探区深层压力预测使用如下方法求取压力数据，且计算区域参数也基本稳定，计算结果可比性较好：

(1) 地层孔隙压力计算模型 Eaton sonic Method(伊顿声波法)方法经典，公式如下：

$$PP=OBG-(OBG-PPn)(DTn/DTo)^{x} \quad (1)$$

式中 OBG——上覆地层压力，通过测井密度数据计算获得；

PPn——区块压力数据的一般值，可统计区块实测压力数据获得；

DTo——测井声波数据；

DTn——理论趋势线数据；

x——区域常数。

(2) 破裂压力的计算应用 Breckels and Van Eekelen's Method 方法，公式如下：

$$FG=0.053H1.145+0.46(PP-PPn) \quad H(3m,\ 3500m)$$

$$FG=0.0264H-317+0.46(PP-PPn) \quad H>3500m$$

式中 H——为深度；

PP——地层孔隙压力；

PPn——为区块压力数据的一般值；

【作者简介】刘方(1968—)，女，1987 年毕业于大庆石油学院测井专业，现任大庆钻探工程公司地质录井一公司设计员，从事地层三项压力预测等工作多年，现在的研究方向为与深层钻前可钻性相关的压力及岩性预测等课题。E-mail:liufang_ lj@ petrochina. com. cn。

OBG——为上覆地层压力；

ν——地层泊松比；

$\sigma1$——叠加构造应力；

σ——有效应力；

ki——模型构造应力。

（3）坍塌压力预测应用 Modified Lade failure criterion 方法计算，公式：

$$SFG=H\sigma m+K$$

其中：　$\sigma m=(\sigma i+\sigma j+\sigma k)/3$

$$H=4tan\varphi2(9-7sin\varphi)/27(1-sin\varphi)$$

$$K=4ctan\varphi2(9-7sin\varphi)/27(1-sin\varphi)$$

式中　σi，σj，σk——三维主应力分量；

φ——内摩角。

上述公式计算的是已知井的压力剖面数据，预测未知井时遵循区域沉积特征的同一性和相似性的原则，利用邻井地质属性变化为“桥梁”，现在常用地层层位预测剖面为依据做外推压力剖面，完成由“已知”推测“未知”的过程，给出预测结果。

2　松辽盆地北部深层地层压力预测方法

钻井工程面对的压力问题是多维度的，实际工作中我们只能通过试油和压裂间接得到少量点的压力数据，如何用点数据形成压力剖面，来有效指导多维钻井力平衡问题，是压力预测的难点，也是根本出发点。特别是松辽盆地北部深层，工区内各个构造带都具有火山活动与构造运动双重成因机制。复杂的地质条件，提出了一系列实际问题，下分述解决方法。

2.1　地层孔隙压力预测方法

如果地层压力预测可以简单理解为在宏观压力认识基础上讨论局部压力差异，那么分析认识区块压力分布状况，有助于单井压力的合理预测。另外火山岩地层压力评价方法适应性也是根本问题，提供区域理论趋势线的讨论来谋求其解决方案。

2.1.1　深层区块压力特征：

认识区域上压力分布的基本情况，是解决单井地层压力预测问题的一个简单、直接办法。统计研究区块地层孔隙压力数据，共 113 口井 213 个试油数据点，见表 1。统计结果可以提供公式(1)中必要的计算参数 PPn 以及为预测剖面做校正依据。还根据数据集中程度，形成登娄库组和营城组形成平面压力分布图(见图 1)。分析表或图中数据可以形成区块压力宏观分布特征：纵向层间对比，受火山运动影响，营城组数据稍高于其他层火石岭组暂无数据；区域横向对比，徐家围子断陷中部营城组压力系数值相对较高 1.1~1.2；三肇-朝阳沟背斜带，构造阶梯状排列处相对高位，上部地层剥蚀，压力释放数值较小 0.7~0.9；中间的斜坡可以理解为一个压力过渡带，数据值中等，同时有高、低值的存在。借鉴区块压力特征和地质构造特征的对应关系，可以为压力数据的缺少区域或地层的压力预测，提供必要的参考和依据。

表 1　深层地层孔隙压力数据统计表

区块 \ 层位		K1q			K1d			K1yc			K1sh			J			
			数值			数值			数值			数值			数值		
		数据点数	范围	平均	数据点数	范围	平均	数据点数	范围	平均	数据点数	范围	平均	数据点数	范围	平均	合计点数
古中央隆起带		2	0.86~1.01	0.93	22	0.64~1.08	0.93										26
安达断陷								5	1.07~1.09	1.08	1	1.1	1.1				6
徐家围子	徐西坳陷	1	1.14	1.14	20	0.97~1.12	1.03	41	0.58~1.40	1.05	2	1.03~1.1	1.06	1	1.04		63
	徐东坳陷	9	0.86~1.02	0.97	38	0.77~1.16	1	41	0.93~1.26	1.07	8	0.82~1.14	0.98	1	1.04		97
肇东-朝阳沟背斜带					3	0.60~0.92	0.8	1	1.4	1.4							4
莺山断陷					6	0.61~0.87	0.7	4	0.59~1.31	0.93				3	0.95~0.98	0.96	13
双城断陷								1	0.95	0.95				3	0.65~0.9	0.77	4
合计点数		12			89			93			11			8			213

2.1.2　赋予趋势线地质意义与火山岩预测方法

前述计算孔隙压力公式 1 中，OBG、PPn、DTo 均为邻井的已知参数，x 区域常数基本稳定，那么 DTn(理论趋势线)的获取受到了更多关注。对应深层断陷和坳陷期地层沉积特征不同，很难有统一的趋势线，所以将深层地层粗略划分两部

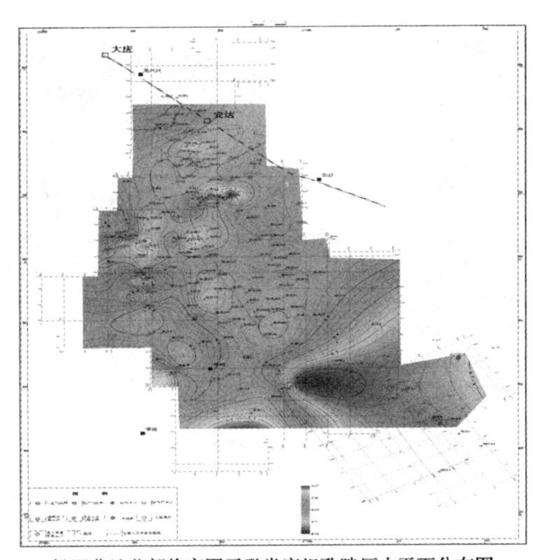

松辽盆地北部徐家围子登娄库组孔隙压力平面分布图

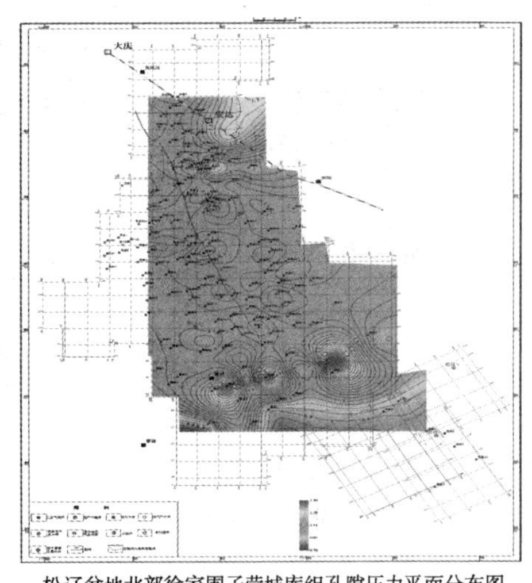

松辽盆地北部徐家围子营城库组孔隙压力平面分布图

图 1　松辽盆地北部徐家围子登娄库组、营城组孔隙压力平面分布图

分：登娄库组及其以上地层和营城组及其以下地层(以下分别简称深层上部、深层下部)。赋予理论趋势线地质意义，将其作为地质与工程结合的切入点，根据区域地质特征的不同而分区、分层建立区域理论趋势线。

(1) 深层上部地层理论趋势线的确定

深层上部地层为沉积岩特征，沉积岩地层区域地质的同一性可比性强，决定了理论趋势线有相似的特征，可以形成区域的理论趋势线。如图 2 可见单井和区域理论趋势线关系图，红线色为单井理论趋势线，黄色线为区域理论趋势线。区域理论趋势线为动态数据，量化指标用斜率 K 值表示理论趋势线，随井数的增加参数更稳定。区域趋势线用于单井地层压力预测更为合理，便于对比井间预测数据。

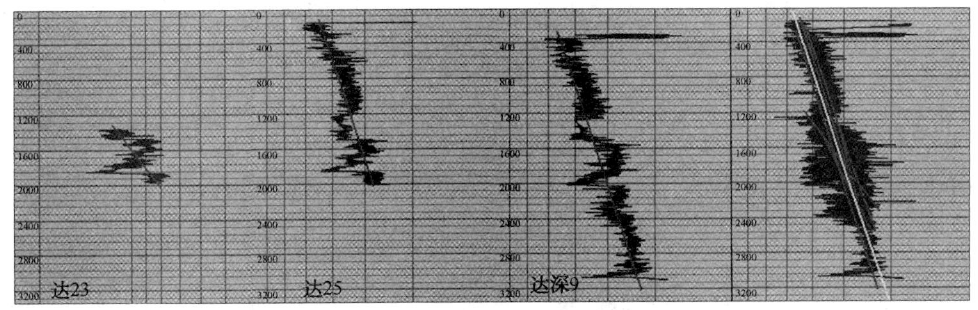

图 2　单井趋势线和区域趋势线关系图

(2) 深层下部理论趋势线 DTn 的确定

火石岭组和营城组以火山岩为主，地层裂缝发育。上覆地层在重力作用下，火山岩孔缝空间被压缩，使地层有“压实”特征。这种地层的“弹性”，为应用经典理论预测火山岩压力提供了可能和前提。但不可忽视火山岩层还有块状、厚层的“钢性”存在，不能简单地套用沉积岩的压力计算方法，特别是理论趋势线的设置。徐家围子营城组火山岩具“高位喷发，低位充填”的特征，从而造就中部坳陷火山岩发育，厚度大，而东西两侧的构造高位火山岩或歼灭剥蚀，厚度小。对应测井曲线也有趋势性变化，趋势线 K 值不同，使上下趋势线形成新的“夹角”。火山岩地层发育不均衡，所以不能形成“稳定”区域理论趋势线，而是参考构造位置的不同，通过夹角大小设置趋势线，来完成火山岩的压力评价。

以图 3 为例(图中红、黄色直线分别为上部、下部理论趋势线)：xs27 井位于徐家围子坳陷中部，构造位置低，火山岩发育，上下部趋势线的倾斜角度交角较大；而靠近坳陷边缘的 shas3 井，构造位置高，火山岩不发育，上下部趋势线夹角角度变小，近于平行(有的井会重合)。夹角变化与区域火山岩地层的发育程度相关。这样虽然看似不确定的趋势线，但是借助地质意义的“统一”，提高预测结果合理性。

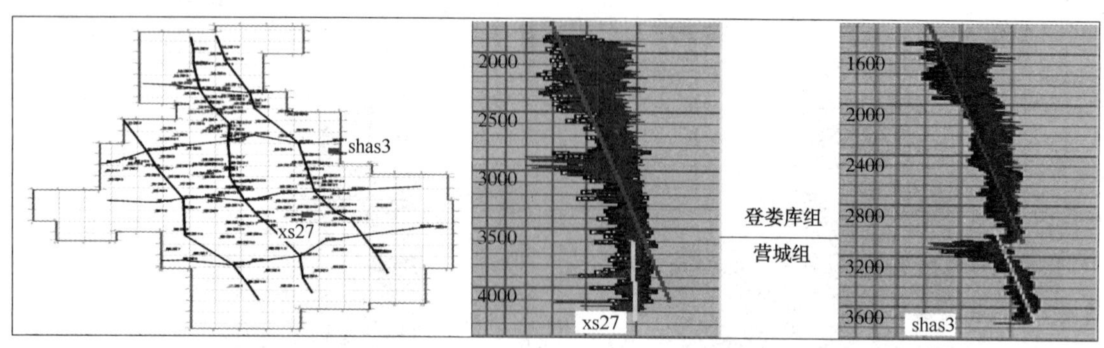

图 3　深层理论趋势线关系示意图

2.2　地层破裂压力的预测方法

地层破裂压力预测的问题，是在研究区块地层破裂压力实测数据提出的，统计共 125 口井 265 个压裂数据点，见表 2。也是营城组和登楼库组数据相对丰富，建立这两层的破裂压力平面图(见图 2)。分析数据特征：横向上破裂压力数据表现陷两翼压力高中部低，徐东坳陷高徐西坳陷低的基本特点。位于徐西坳陷北部升平隆起带破裂压力低值特征较为显著。纵向上：大的趋势是压力随深度的加深而增加。登娄库组数值低于沙河子组数据，数据集中在 1.7~2.0 之间；营城组压力数据波动范围较宽 1.26~3.13，数据直方图图形呈双峰态分布，表明数据有高低两部分值域范围。由此提出问题：如何正确理解营城组数值分布双峰态，高低数据的纵向剖面是怎样的分布关系？为此根据构造位置关系在全区选具代表性井，做了 78 口井的压力剖面，分层统计谱图特征(见表 3)，由此建立破裂压力曲线基本特征剖面图(见图 5)。

表 2　深层地层破裂压力数据统计表

层位		K1q			K1d			K1yc			K1sh			Jhs			J			
区域		数据点数	数值 范围	数值 平均	数据点数	数值 范围	数值 平均	数据点数	数值 范围	数值 平均	数据点数	数值 范围	数值 平均	数据点数	数值 范围	数值 平均	数据点数	数值 范围	数值 平均	合计点数
古中央隆起带					8	1.85~2.05	1.93	1	1.61											9
安达断陷					1	2.46		12	1.26~2.28	1.94	2	1.82~2.22	2							15
徐家围子	徐西坳陷	3	1.84~1.93	1.90	28	1.50~2.29	1.85	43	1.28~2.45	1.72	5	1.69~2.12	1.9	1	2.17	2.17	3	1.59~2.13	1.77	81
	徐东坳陷	9	1.57~3.13	2.09	26	1.44~2.44	2.33	78	1.35~2.78	1.89	28	1.53~2.43	2.2	2	1.66~1.67	1.67	2	1.93~1.99	1.96	147
肇东-朝阳沟背斜带					3	2.1~2.52	2.24	2	2.38~2.43	2.41										5
莺山断陷								4	1.52~2.42	2.08	1	2.23								5
双城断陷								1	1.81		1	1.86		1	3.25	3.25				3
合计点数		12			66			141			37			4			5			265

图 5 中，登娄库组(除登娄库组底部外)、沙河子组以及营城组的沉积岩层(特别是致密砂泥岩)，地层破裂压力基本保持基线相对平直，且随井深的增加，数值小幅抬升。这与上部中浅层沉积岩地层破裂曲线形态基本一致。

营城组和火石岭组，火山岩层裂缝发育，构造运动强烈火山喷发或后期的剥蚀，对应破裂压力会降低，压力曲线会有负向异常。这两层也同

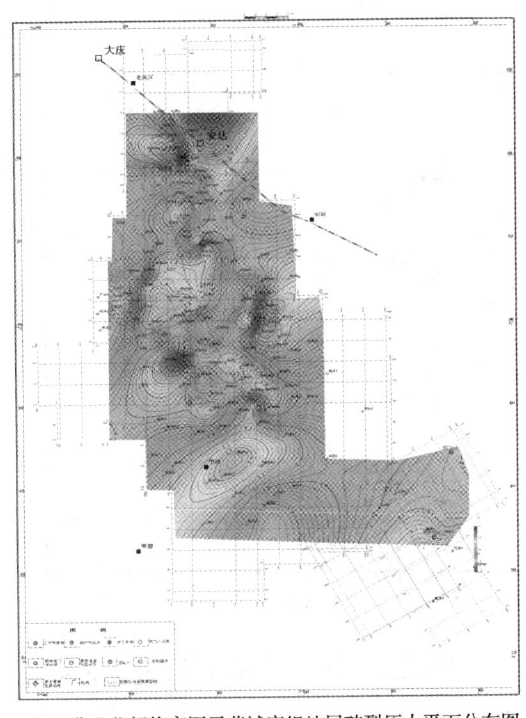

松辽盆地北部徐家围子营城库组地层破裂压力平面分布图

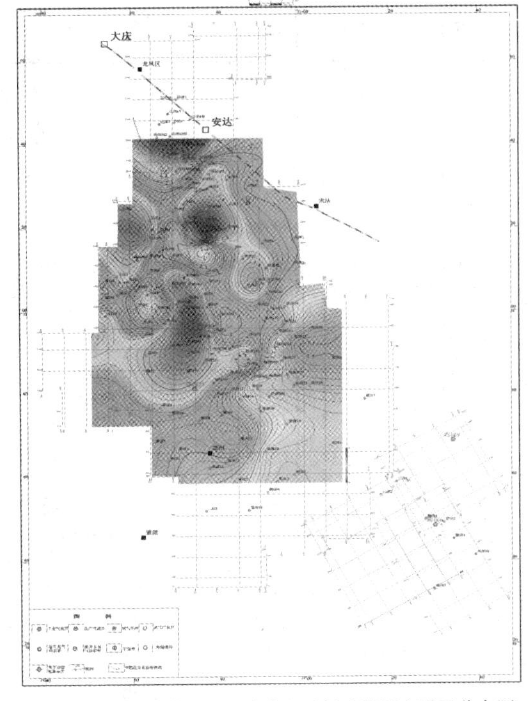

松辽盆地北部徐家围子登娄库组地层破裂压力平面分布图

图 4　松辽盆地北部徐家围子营城组和登楼库组破裂压力平面分布图

时会有沉积岩地层，这样沉积岩与火山岩地层的曲线形态对比，差别显著，也就很好地解释了营城组实测数据直方图的两段式分布的原因。

而对应的登娄楼库组底部(受分层认识影响也可以是营城组的顶)和基底顶部地层压力曲线都呈现的负向异常，是由于盆地有经历大级别地质构造变动，长期的风化剥蚀而造成的地层岩石疏松，而表现为破裂压力的低值。

总结破裂压力曲线特征与区域地层特点对应的关系，借助地质属性关系，把已知井区的信息提供给未知井区做参考。

表 3　深层破裂压力区域曲线特征与岩性关系统计表

层位	曲线典型特征	曲线特征区域变化		主要岩性	特征井数	钻遇井数
		特征变化	区域位置			
q2-q1	较平直	基值徐西部低，徐东稍高	研究区域	砂泥岩	78	78
d	(1)上部较平直	(1)基值徐西部低，徐东稍高	研究区域	砂泥岩砾岩	78	
	(2)底部负向异常*	(2)底部负向异常*	徐家围子中南部	砾岩或夹砂泥岩	24	
		(3)底部小幅波动	徐家围子北部及东西侧构造高位局部，莺山等	砂泥岩或夹砾岩	53	
yc	负向异常	(1)负向异常幅度较大，有单峰或双峰异常	徐家徐西坳陷中南部	火山岩或夹砾岩	26	77
		(2)负向异常幅度较小，有单峰或双峰异常	徐家徐西坳陷北大部	火山岩和砾岩	49	
		(3)较为平直	徐东徐西坳陷北部局部	砂泥岩砾岩	2	
sh	较平直	基值徐西部低，徐东稍高	研究区域(钻遇)	砂泥岩砾岩	44	44
hs	负向异常	(1)负向异常	徐西坳陷西侧、徐东坳陷东侧等区域(钻遇)	火山岩	11	15
		(2)较平直	徐西坳陷北部局部(钻遇)	砂泥岩	1	
J	负向异常	负向异常	研究区域(钻遇)	变质岩	24	24

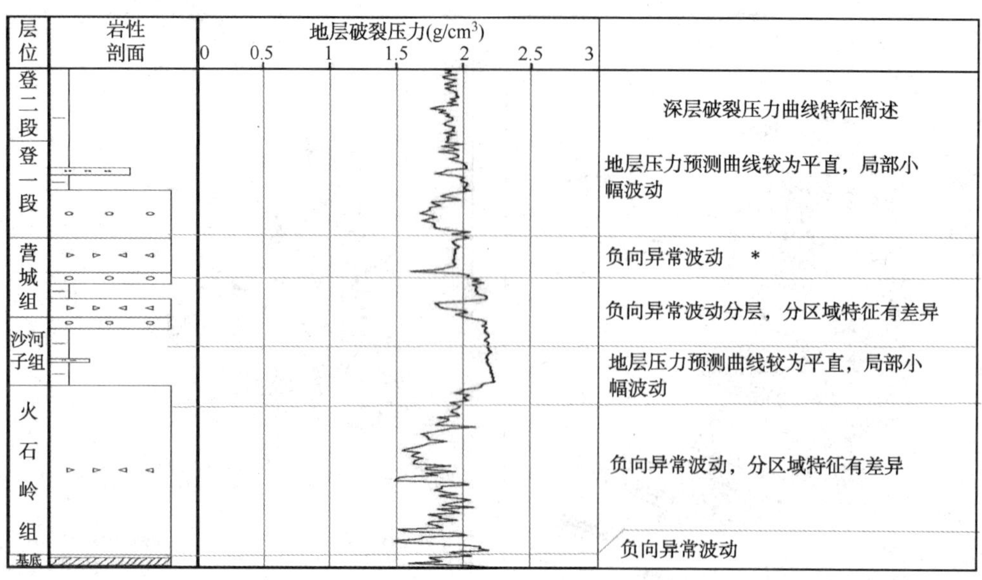

图 5　松辽盆地北部深层徐家围子深层破裂压力曲线基本特征关系图

2.3　地层坍塌压力特征

应用力学理论模型建立坍塌压力剖面，地层坍塌压力没有实测的数据来检验，生产中参照实际的工程状况(特别是青山口组)，来推算坍塌压力，参与评价井眼稳定性。坍塌压力与孔隙压力联合给出密度窗口下限，特别提示工程井塌、卡钻预警，成为深层的压力预测的重要一环。

钻井施工中井壁坍塌剥落，对应井段内井径曲线显示有跳跃，地层坍塌压力亦会有不同程度的波动，可为工程提示施工风险。坍塌压力为正向波动时，会靠近孔隙压力曲线，与其共同限制压力窗口下限，波动值高则风险提升。如图 6，该井有两层段井眼扩径严重，坍塌压力有不同程度的正向波动。可以提示塌卡风险。对应工程实况，该井于井深 3147.96m、3812.00m 有卡钻事故发生。

分析深层已钻井 35 口井 50 层井塌、卡钻、遇阻的相关数据，对应有压力预测剖面的井 10 口井 13 层卡钻记录(见表 4，图 6)，层段岩性主要为砂泥岩、凝灰岩。分析上述井壁坍塌发生事故(或井下复杂情况)情况，总结共性特征：(1)坍塌井段井径扩径较为严重；(2)坍塌压力有正向异常，大段数据接近或超出孔隙压力值；(3)扩径地层厚度较大(统计数据中最小厚度 80 米)；(4)事故发生在扩径井段中或紧邻其下部。这样根据坍塌压力预测结果可以提示风险，提请工程设计、施工注意，预防井塌、卡钻等事故(或井下复杂情况)的发生。

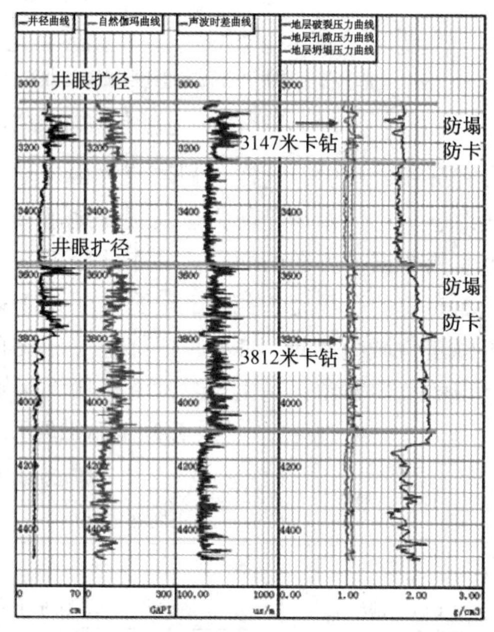

图 6　地层坍塌压力提示钻井施工风险示意图

上述坍塌压力预测主要基于力学计算方法讨论，只是解决井壁失稳问题众多方法之一。井眼稳定性分析是个复杂的技术课题，相关于地层应力、岩石强度、地层孔隙压力等理论因素；现场施工涉及到钻井液体系、物理、化学性质与施工地层特性的匹配关系；特别是科学有效提高钻速，缩短地层浸泡时间，可以有效解决应力释放周期给钻井施工带来的困扰。井眼稳定性分析需要多技术理论、手段的发展，深入的开展多技术融合，不断推升综合评价能力，以适应复杂的地质、钻井施工需求。

表 4 深层卡钻井段数据与坍塌压力曲线特征关系统计表

序号	井名	区块	层位	卡钻深度	SFG 异常	井径	扩径井段		
							岩性简述	SFG 与 PP 关系	井段
1	c102	中央古隆起带	K_1q_2	2292.00	是	扩径	砂泥岩	SFG 接近或大于等于 PP	1800~3200
2	ds9	徐东坳陷	K_1sh_4	3812.00	是	扩径	砂泥岩	SFG 接近或大于等于 PP	3580~4100
3	ws1	徐东坳陷	K_1d_3	2777.46	是	扩径	砂泥岩	SFG 接近或大于等于 PP	2700~2950
4	wes5	徐西坳陷	K_1d_3	2928.32	是	扩径	砂泥岩	SFG 接近或等于 PP	2850~3082
5	fs701	徐西坳陷	K_1d_4	3080.91	是	扩径	砂泥岩	SFG 接近或等于 PP	3000~3080
6	xs33	徐西坳陷	K_1d_2	3381.58	是	扩径	砂泥岩	SFG 接近或大于等于 PP	2850~3600
7	zs9	徐西坳陷	K_1q_2	2557.69	是	扩径	砂泥岩	SFG 接近或大于等于 PP	1500~2557
8	ds9	徐东坳陷	K_1yc_{1+2}	3147.96	是	扩径	凝灰岩	SFG 接近或大于等于 PP	3070~3260
9	xs15	徐东坳陷	K_1yc_{1+2}	4135.00	是	扩径	凝灰岩	SFG 接近或等于 PP	4050~4250
10	xs15	徐东坳陷	K_1yc_{1+2}	4213.00	是	扩径	凝灰岩	SFG 接近或大于等于 PP	
11	xs18	徐东坳陷	K_1yc_{1+2}	3840.00	否	无扩径			
12	zs9	徐东坳陷	K_1d_2	3172.88	否	无扩径			
13	zs5	徐东坳陷	K_1d_3	2995.00	否	无扩径			

3 压力预测方法的应用效果

地层三项压力预测技术在应用中不断总结成功经验，压力从单井纵向压力剖面到区域压力宏观认识，力求更加全面、客观、有效地表达地层的压力情况，为工程提供更合理更可靠的压力预测结果。十年生产实践用试油、压裂数据验证地层压力预测结果，实测与预测数据可应关系吻合程度较好：统计试油数据 9 口井 10 点数据，与地层孔隙压力预测值对比，平均相对误差 8.41%；统计压裂数据 32 口井 79 点数据，地层

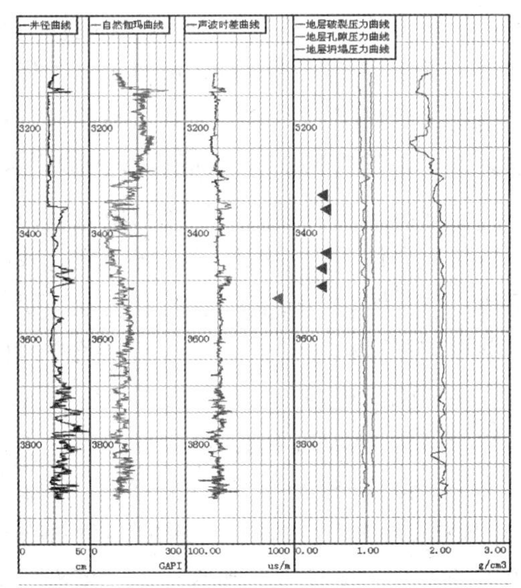

注：蘸深20井地层三项压力预测依据蘸深6井测井曲线数据，该剖面仅供参考

图 7 地层孔隙压力预测数据与试油数据对比图

破裂压力预测平均相对误差 9.51%。实例简述：应用前述各项成果预测深 20 井地层压力，地层压力预测剖面见图 7，沙河子组井深 3547.63m，预测地层孔隙压力当量密度 1.1，地层实测压力 83.2MPa，换算成地层压力系数 1.1，压力数据预测与实测吻合。该井压裂数据 5 点，地层破裂压力实测与预测数据对比，压力系数最大绝对误差 0.15，相对误差 7.8%，数据对应关系较好。另外全井无工程事故发生，也可以看作是预测剖面基本合理的又一佐证。

4 结束语

综述全文，一个方面强调压力预测的讨论是多维度的，绝不仅限于一个纵向压力剖面图的展示。无论孔隙压力还是破裂压力，都在反复强调点数据纵横向的变化特征和压力与盆地构造关系，目的就是试图通过单井预测的压力剖面，把零散的实测压力数据点与复杂的深层地质体合理的联系，可以给予工程更多的压力信息，有利于优化钻前的设计施工流程、钻具组合及井身结构及做好相关安全保障。还有工程提示风险也是压力预测应用的另一拓展，积极参与井眼稳定性评价。

另一方面，面对复杂的工程问题，经典压力理论评价也需要更丰富的外延技术支撑，地质理论的介入，无疑为压力预测做了更好的说明和拓展，也为钻井工程的顺利实施提供了必要的技术支持。特别是反复认识繁杂的工程数据与地质特征的关系，可以提炼具地质属性的工程认识，对区块间的压力评价及预测有良好借鉴意义。坚定认为深层钻井工作需要多项勘探技术更多的融合，前景可期。

参 考 文 献

[1] 高瑞祺，蔡希源．松辽盆地油气田形成条件与分布规律[M]. 北京：石油工业出版社，1997.

[2] 蔡美峰．岩石力学程[M]. 北京：科学出版社，2013.

[3] 于兴河．油气储层地质与工学基础[M]. 北京：石油工业出版社，2009.

基于模型正演的断裂阴影带低幅构造恢复技术研究

李 黎　董 政　刘 南　刘 振

(中海石油(中国)有限公司深圳分公司)

摘　要　断层阴影问题在南海东部珠江口盆地比较常见，特别是在断层下盘紧邻断层三角区，地震资料畸变明显，地震同相轴往往表现为“上拉”、“下拉”和“错断”的假象，给低幅构造的地震地质精细研究带来很大困扰，制约油田开发实施效果。因此，针对断裂阴影带能够正确识别和预判畸变假象，消除断层阴影影响，对于低幅构造形态恢复至关重要。本文以南海东部地区 A 油田在 ODP 实施过程中面临的构造不确定问题，基于油田实际资料，综合运用钻测井及地震资料建立精细速度模型，开展波动方程正演模拟研究工作，对比模拟结果与现有地震资料，明确了断层阴影带畸变范围，有效识别断裂假象，提出了一套较为可行的断层阴影带构造定量校正方法，最大程度恢复了低幅构造的真实形态，对油田开发井位部署及储量评价具有现实指导意义，为南海东部类似油田断裂阴影带构造恢复提供了一套可借鉴的技术方法和思路。

关键词　低幅构造；断裂阴影带；构造校正；波动方程正演；叠前时间偏移

断裂阴影带一般指的是断层下盘靠近断层处的三角区域，该区域内地震资料往往出现信噪比低、同相轴扭曲或杂乱，地震成像出现畸变现象。叠前时间偏移地震剖面上通常表现为地震同相轴的“上拉”、“下拉”和“错断”假象，特别是针对断层控制的低幅断块油藏，在断层附近的开发井实施过程中往往出现实钻结果与预测深度出现较大偏差。针对断裂阴影带许多学者也做了大量的研究工作，通过正演模拟与实验数据分析表明，成像畸变假象主要有两种类型，一类是时间异常，即上拉和下拉现象，此类畸变对构造形态会产生直接影响，进而影响开发水平井部署；另一类是下盘地震反射同相轴错断现象，虚假断裂的存在增加了地震解释的多解性，给地球物理精细研究带来不必要的困扰，严重制约构造预测精度[1-3]。

断裂阴影带成像畸变的主要原因是地震波在穿过断面时，地震射线路径发生非对称性弯曲，从而使下盘地层成像产生畸变，本质上是因为产生地球物理异常速度单元的变薄或缺失以及地层的沉积差异，即速度横向突变问题。因此，断层倾角通常控制了断层阴影三角区的范围，断层断距及断层性质控制了断层阴影畸变的大小[3-5]。当地层速度横向变化时，即便建立准确的地震速度模型，断裂阴影带范围内时间域地震偏移算法、常规的时深转换方法等均解决不了断层阴影带构造成像问题，因此时间域构造特征并不代表真实的地质构造形态。目前在实际地震资料处理过程中，叠前深度偏移技术是解决复杂构造及速度存在横向变化地区地震成像问题的较好方法[6]，但该方法对资料质量及偏移速度模型精度要求高，受限于地质结构与认识，实际工作中建立高精度速度模型存在很大困难，叠前速度偏移成像并不一定能达到真实精确的成像效果[7-9]。

目前地震正演模拟技术是研究地震波传播规律、特殊地质体、构造畸变等问题行之有效的技术手段[9,10]，但对于畸变构造的定量校正研究较少，断层阴影带构造认识及畸变恢复仍是油田开发过程中面临的难题。针对南海东部地区 A 油田断裂阴影带构造畸变问题，笔者以波动方程正演模拟为基础，通过对比统计正演结果与实际 PSTM 地震剖面时间差异，并求取换算每次迭代的深度校正量，反复更新和修正速度模型，最终达到利用真实地层速度场开展 Kirchhoff 叠前时间偏移成像的目的，并在此基础上提出了一套较为可行的低幅构造畸变定量校正方法和思路，在油田的开发生产应用中取得了良好效果，为油田开发井部署、实施和风险规避提供了有力指导，为

【作者简介】李黎(1981—)，女，汉族，山东济宁人，资深工程师，毕业于中国石油大学(华东)物探专业，获硕士学位，现主要从事开发地震研究工作。

南海东部地区类似低幅构造油田断裂阴影带畸变恢复提供了经验和借鉴。

1　油田概况

南海东部地区 A 油田具有构造幅度低、油层多、储量分散的特征，其构造主要受两条主干断层控制，下盘靠近断层部位地震资料信噪比低，无论 PSTM 和 PSDM 地震资料同相轴均存在一定程度的“下拉”和“扭曲”畸变特征(图 1)。该油田 ODP 开发井 A-1H 等井实钻结果也证实，断裂阴影带范围内构造均有不同程度抬升。因此，结合油田生产动态，从构造认识的角度而言，油田仍存在比较大的潜力，有待进一步挖掘。

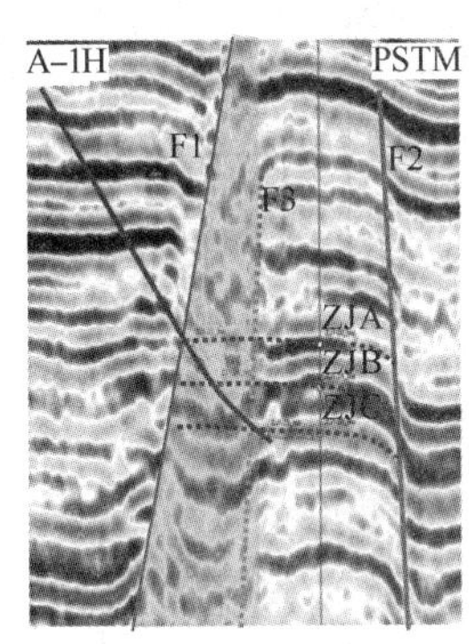

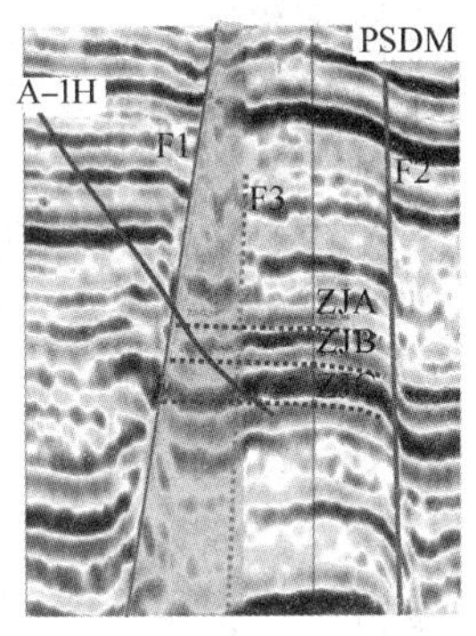

图 1　南海东部地区 A 油田断层阴影带畸变剖面图

基于 ODP 实钻井钻后分析认为构造误差主要为断层两盘速度差异所致，断层附近地层厚度的变化及差异沉降使地层横向速度发生改变，鉴于地震资料处理过程中符合地质情况的真实精细速度建模难度大，叠前时间偏移与叠前深度偏移剖面上均存在不同程度的构造畸变现象，速度场的横向变化使得地震剖面中所反映的下凹构造可能在真实地层中并不存在，但低幅构造特征却没有得到真实呈现。考虑经济性与可行性，单纯依靠钻井方式来落实构造形态无疑会加大开发成本，因此有必要改变思路探寻新方法来指导构造和断层研究，去除畸变假象，恢复地层真实形态，指导储量评估，助推开发生产。

2　技术方法和思路

目前研究构造畸变规律比较好的技术手段是波动方程正演模拟技术。地震正演模拟就是利用已有资料建立地下地质模型，根据地震波在地下介质中的传播原理，通过射线追踪或波动方程偏移等方法，正演模拟计算出对应于建立模型的地震记录，其主要目的是通过模拟记录与实际地震记录的对比分析，校正初始模型，使之更接近地下真实的地质情况[3,11]。

针对断裂阴影带构造畸变所带来的地震构造研究与断层解释多解性问题，笔者提出地震正演模拟指导的定量校正技术思路(图 2)，以叠前时间偏移地震资料、测井资料、地震解释数据及实钻分层为基础，首先针对断层阴影带构造畸变特征进行机理分析，在畸变成因认识的基础上结合构造统计数据总结规律，依此建立较为准确的地质模型，通过二维地震 Kirchhoff 叠前时间偏移正演得到模型对应的叠前时间偏移(PSTM)剖面，将其与实际 PSTM 剖面对比分析，并统计出两者之间的时间差异，进行时深转换，将得到的深度校正量更新和修正地质模型，利用地震正演模拟技术进行迭代验证，直至正演时间偏移(PSTM)剖面形态与实际 PSTM 剖面趋于一致且时间误差很小，并将每次求取的深度校正量与原始深度构造相加，最终得到畸变恢复的校正后构造图。

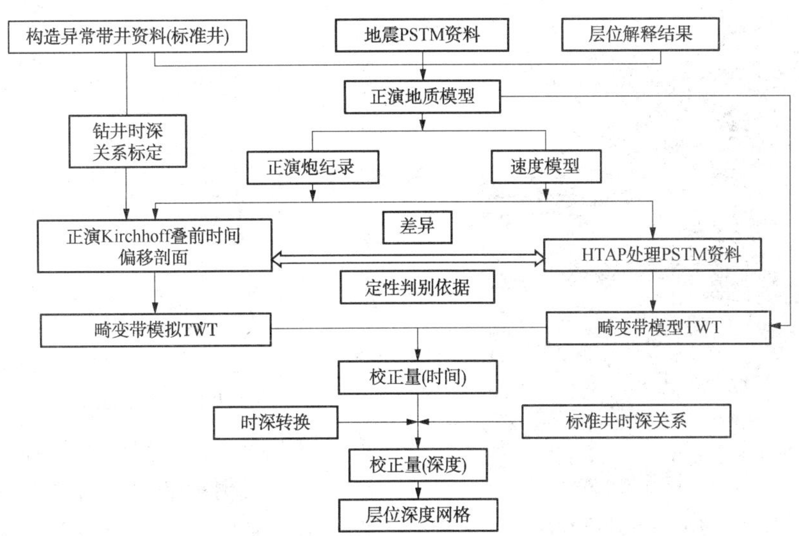

图 2　地震正演模拟指导的定量校正技术思路

3　模型建立与正演模拟

为了使正演模拟更接近实际，综合利用测井资料与构造研究成果，确定了过 A-1 井、A-2 井地质模型的基本结构和物理参数(表 1)，并根据野外采集参数模拟放炮，对模拟采集数据进行偏移处理。分析开发井实钻误差及理论模型正演结果，认为南海 A 油田断层阴影带构造畸变影响因素横向稳定(油田构造简单、断层横向断距及倾角变化不大)。

表 1　浅层围岩物理参数统计表

层名	上升盘速度/(m/s)	下降盘速度/(m/s)
T32	2500	2510
T35~T32	2758	2818
T35~HJ2-16	2878	2947
HJ2-16~HJ2-24	3030	3008
ZJ2-24~ZJ1-06	3163	3222
ZJ1-06~ZJ1-12	3318	3432
ZJ1-12~ZJ1-17	3536	3451
ZJ1-17~ZJ1-23	3413	3489
ZJ1-23~ZJ1-29	3527	3378
ZJ1-29~ZJ1-35	3624	3405
ZJ1-35~ZJ1-38	3526	3449
ZJ2-04~ZJ2-12	3616	3882
ZJ2-13~ZJ2-15	3740	3780
Base	3950	4039

本次研究首先利用南海 A 油田过井典型剖面搭建模型(图 3)，采用 A-1 井、A-2 井的时深关系进行时深转换(图 4)，时深转换后得到初步深度构造(图 5)

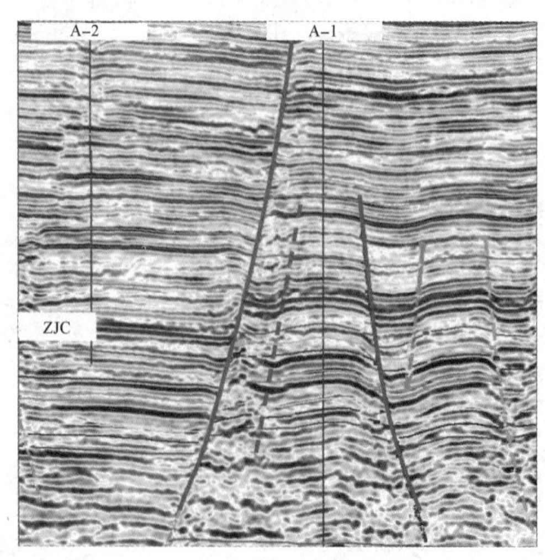

图 3　南海 A 油田典型过井地震剖面

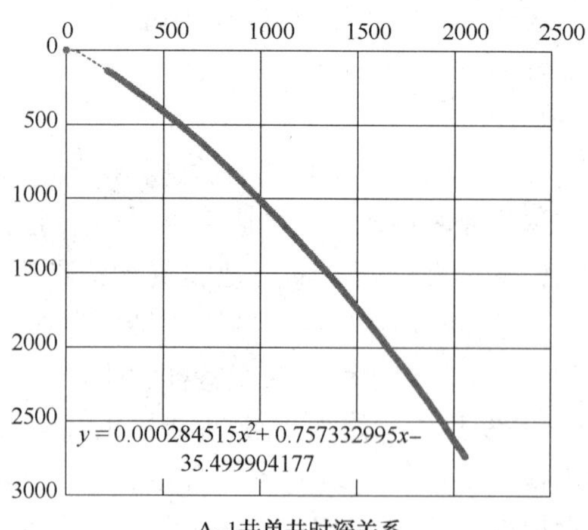

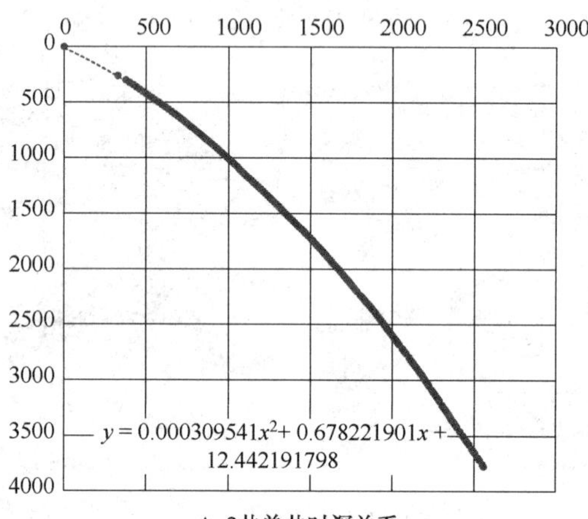

图 4　南海 A 油田时深关系曲线

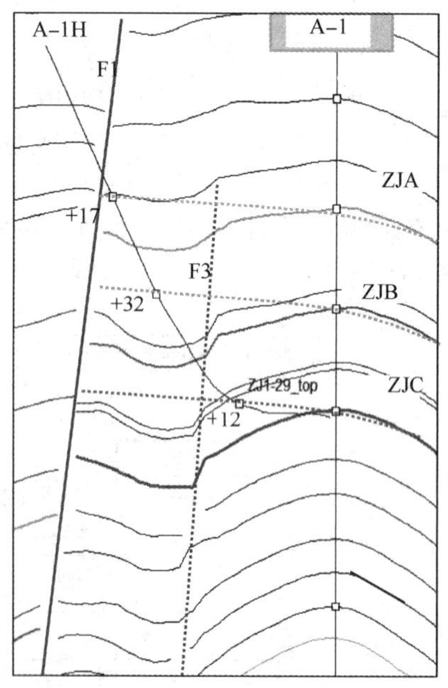

图 5　初步构造剖面

初步构造剖面与实钻井 A-1H 存在较大误差，也说明了直接利用单井时深转换的方法，无法解决断层阴影带构造畸变的问题，因此在此初步构造的基础上，结合构造畸变认识及区域统计规律，对该套构造进行了调整(见图 5 中虚线)，并建立相应的正演地质模型(图6)。以主力油层ZJC层为例，调整前后构造相减得到深度相对调整量$\Delta D_{调}$(图7)。另外，根据油田特点及开发实践经验，构造中F3断层认为是断层阴影带造成的断裂假象，在初始模型的建立过程中对F3小断层进行剔除。

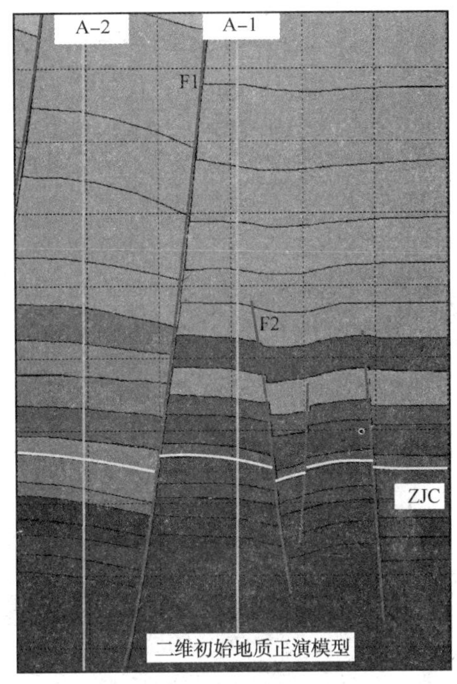

图6　调整后构造剖面

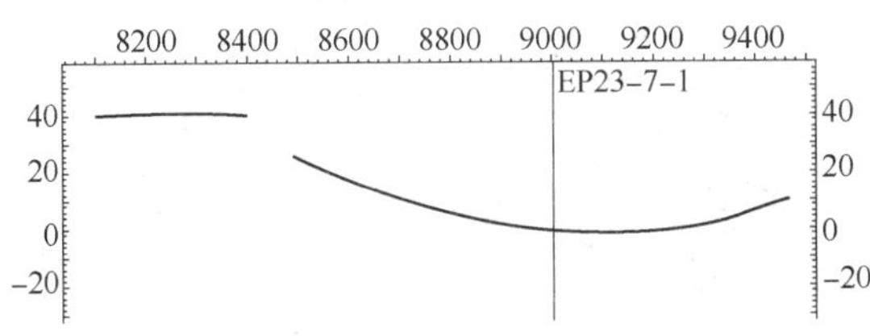

图7　ZJC顶面构造调整量$\Delta D_{调}$
(调整前构造-调整后构造)

利用调整后的地质模型，经Kirchhoff波动方程正演偏移，得到一个断层附近有明显下拉的时间构造(图8)，正演PSTM剖面与实际PSTM剖面(图3)存在较好的相似性(图9)，说明图8的构造形态是较为准确的。对比ZJC层正演时间构造与实际PSTM构造，仍存在一定的时间残差$\Delta T_{校}$(图10)，由于该差异量是正演与实际的时间差异量，因此利用A-1井时深关系进行时深转换后的深度残差$\Delta D_{校}$，并与$\Delta D_{调}$合并得到总的深度校正量$\Delta D_{总}$，依据此方法进行构造模型的更新和迭代，使最终正演的PSTM地震剖面与实际地震剖面趋于一致。正演结果表明油田范围内的F3小断层为地层速度横向变化引起的同相轴畸变假象，油藏阴影带内不存在小断层。

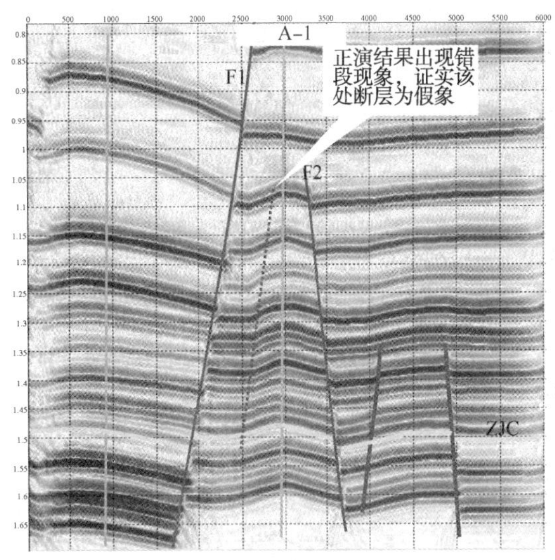

图8　Kirchhoff叠前时间偏移正演剖面

考虑油藏范围构造形态展布，在潜力区选取多条剖面进行Kirchhoff叠前时间偏移正演模拟研究，并有效地对ZJC层深度构造进行恢复。

深度校正量具体公式表述为：

$\Delta D_{校}=T_2\times(284.515\times TWT\times 10-6+35.5/TWT+0.757)-T_1\times(284.515\times TWT\times 10-6+35.5/TWT+0.757)$，其中$T_2$、$T_1$分别为正演、实际ZJC层时间层位。

总深度校正量表述为：$\Delta D_{总}=\Delta D_{调}+\Delta D_{校}$。

4　构造图校正及应用效果

在构造畸变正演模拟研究过程中，正演概念模型与实际地质模型相结合，由简单到复杂，充分利用已知信息，不断完善模型，逐步逼近地质真实情况，充分展现了正演模拟技术的优势。

本次研究针对南海A油田阴影带区域选取多条垂直断层方向的剖面进行正演研究，确保控制构造形态，从而获得多条剖面方向的深度校正量，油藏范围内共建立了5个正演模型(图11中黑色实线条表示模型平面位置)，利用前述构造校正方法，对5条剖面进行了校正，并结合断距、倾角变化对模型影响，综合所有二维剖面深度校正量进行构造误差样点统计，根据校正量样点统计结果，编辑ZJC深度校正量$\Delta D_{总}$平面误差网格(图11)，并与校正前ZJC层深度网格(利用单井时深转换得到)相加，得到校正后的ZJC层深度网格，最终达到有效恢复ZJC层深度构造。

将校前、校后两套深度网格与A1-H井实钻对比，发现校正后构造误差只有3m(校前约

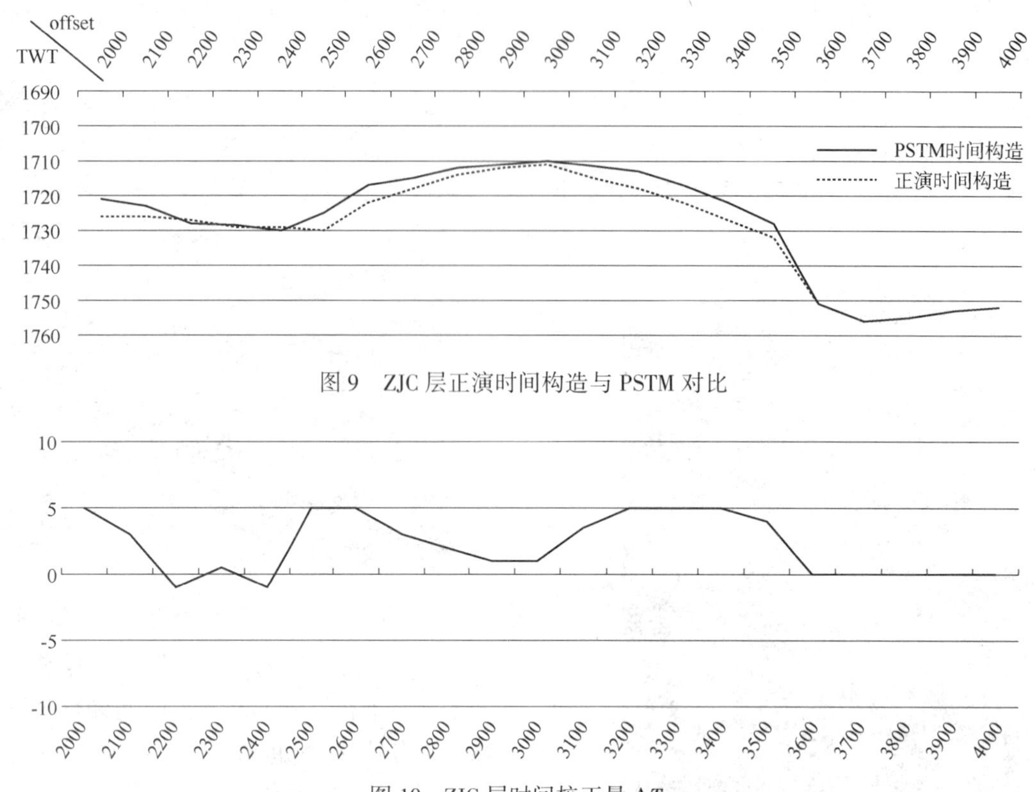

图 9　ZJC 层正演时间构造与 PSTM 对比

图 10　ZJC 层时间校正量 $\Delta T_{校}$

图 11　ZJC 层顶界深度构造误差趋势图 $\Delta D_{总}$

12m)，构造准确度得到提升。对比校正前后构造，主控断层附近构造抬升明显，校正前南海 A 油田构造为一断背斜构造，校正后则为断鼻构造(图 12、图 13)。同样，根据上述流程得到其它解释层的真实构造。

通过模型正演的断裂阴影带低幅构造恢复技术研究，南海 A 油田主要含油层段构造均由原来的断背斜转变为断鼻构造，含油面积大幅增加，预计储量规模较 ODP 实施前有大幅度提高，按照这一储量规模，最多可新增 6 口开发井，此外，深层也存在可观的资源量有待钻探。通过本次构造畸变评价，有效落实了南海 A 油田构造形态，为油田储量规模评估以及整体开发潜力评价打下坚实基础，为其它具有类似阴影带背景及构造特征的油田提供了宝贵的理论基础和实践经验。

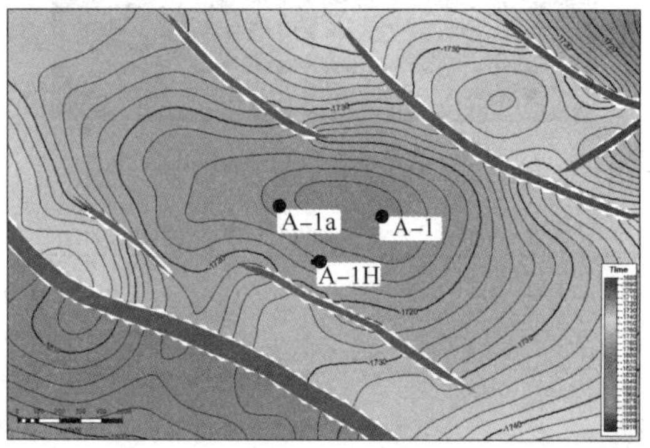

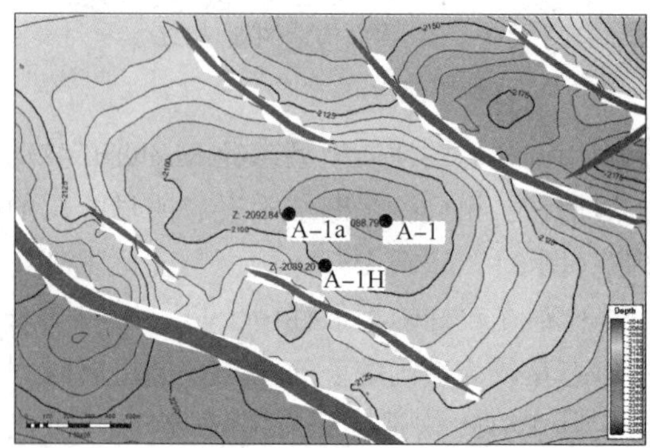

图 12　ZJC 层顶界等 T0 图(左)、校前深度构造图(右)

5　结论及认识

(1) 基于波动方程的正演模拟技术是一项非常重要的地球物理技术，可针对不同问题或不同需求，设计相应的模型进行分析，并识别地震剖

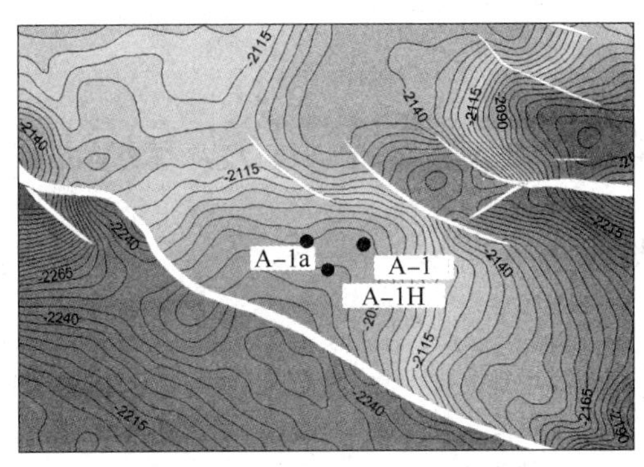

图 13 ZJC 层校后深度构造图

面中的虚假信息。本次断层上下盘速度模型的建立均来自油田实钻井点数据，速度模型最大限度的贴近真实地层情况；

(2) 本次研究充分利用钻测井信息，补充已有地震资料的不足，结合实际油田模型正演应用，通过校正样点统计，最终做到半定量恢复阴影带内构造，对研究断块油田构造变化、落实构造圈闭具备借鉴意义；

(3) 理论上由于波动方程模型正演结果受采集、处理、地层速度等因素影响，基于正演模拟校正量统计的低幅构造恢复形态可能与真实构造形态存在一定偏差，但对于构造相对简单、地层沉积稳定、层速度横向变化不大的地区，从生产实践应用效果上看，即使正演模拟校正量与实际真实校正量不完全等同，但不影响对断裂阴影带虚假信息识别，畸变恢复的构造形态基本符合油田构造认识及生产动态；

(4) 断裂阴影带在南海珠江口盆地较为普遍，基于模型正演的断裂带低幅构造恢复技术是识别断裂阴影带内断裂假象及构造形态恢复的有效手段，其研究成果可为圈闭识别、储量估算及开发方案实施、调整提供支持和保障，具备简便、快捷和经济的特点。

参 考 文 献

[1] Stuart Fagin，赵改善. 断层阴影问题：机理与消除方法[J]. 石油物探译从，1997，2：51-55.

[2] 龚幸林，吴育林，杨晓，等. 地震反射同相轴畸变的正演分析方法——在阿姆河右岸区块的应用[J]. 天然气工业，2010，30(5)：34-36.

[3] 宋亚民，赵红娟，董政，等. 基于地震正演的断层阴影校正技术及其在南海 A 油田的应用研究[J]. 工程地球物理学报，2016，13(4)：521-527.

[4] 赵刚，刘勇，聂其海，等. 正演模拟识别断层阴影及效果分析[J]. 当代化工研究，2016，09：13-15.

[5] 刘南，李熙盛，侯月明，等. 模型正演在断层阴影带内构造研究中的应用[J]. 西南石油大学学报，2016，38(5)：65-73.

[6] 罗勇，张龙，马俊彦，等. 复杂构造地震叠前深度偏移速度模型构建及效果[J]. 新疆石油地质，2013，34(5)：576-579.

[7] 叶月明，庄锡进，胡冰，等. 典型叠前深度偏移方法的速度敏感性分析[J]. 石油地球物理勘探，2012，47(4)：552-558.

[8] 郝守玲，赵群. 横向速度变化对构造成像影响的物理模拟研究[J]. 石油物探，2008，47(1)：49-54.

[9] 鲁红英，李显贵，肖思和. 基于模型正演的叠前深度偏移 [J]. 天然气工业，2006，26(6)：552-558.

[10] 李素华，王云专，范兴才，等. 模型正演技术在兴城地区叠前深度偏移中的应用[J]. 地球物理学进展，2008，23(4)：1216-1222.

[11] 李志祥. 地震模型正演在盐下构造中的应用[J]. 海洋地质前沿，2014，30(8)：55-59.

超稠油油藏直井-水平井组合火驱关键技术研究与应用

高成国 木合塔尔 蒋雪峰 吕世瑶 陈 凤 李永会

(中国石油新疆油田公司)

摘 要 重 18 块为浅层超稠油油藏，在开展直井-水平井组合火驱试验和室内实验研究时，存在燃烧带前缘单向锥进和火窜等问题，从而影响火驱效果。通过室内物模实验、数值模拟及矿场试验取得认识，指出可动油区流体顺利渗流和超覆式燃烧界面控制是实现该技术稳定泄油的必要条件；重 18 块成功实施火驱的关键在于注气直井射孔位置、井间有效热连通、如何实现高温燃烧及小幅度多级次提气维持注采平衡等环节；研究成果应用于矿场试验中，取得了较好的开采效果。截止目前 FHHW005 井组已实现稳定泄油 1000d 以上，燃烧腔体发育形态、水平井单井产量、空气油比等指标符合方案预期。

关键词 超稠油油藏；直井-水平井组合火驱；稳定泄油；油藏设计；矿场试验

新疆油田超稠油资源丰富，应用常规直井火驱无法开采，同时超稠油常规热采开发技术又面临巨大的节能减排压力。直井-水平井组合火驱是一种极具应用潜力的技术[1]，与常规的稠油开采技术相比，具有燃烧效率高、采收率高、原油改质效果明显等优势[2]。为了探索与评价超稠油火驱开发技术，经论证决定在重 18 块开展直井-水平井组合火驱矿场试验。重 18 块 FHHW003 井组的矿场试验初期见到了重力泄油的迹象，但运行不到 2 个月就因水平井井筒高温火窜、氧气突破、管柱腐蚀严重等复杂状况被迫终止试验；室内物理模拟也存在燃烧带前缘单向锥进和火窜等问题。本文从直井-水平井组合火驱机理的稳定泄油条件出发，研究了重 18 块矿场试验实施直井-水平井组合火驱的关键技术，并将研究结果应用于重 18 块 FHHW005 井组的现场试验中，取得了较好的生产效果。

1 油藏概况

风城油田重 18 块油藏位于准噶尔盆地西北缘乌—夏断褶带，直井-水平井火驱试验目的层位为齐古组 $J_3q_2^{2-3}$层。目的层顶部构造形态为南倾单斜，平均埋深为 300m，地层倾角为 5°~8°。储层平均孔隙度为 31.4%，平均渗透率为 1.067μm²，平均含油饱和度为 69.9%，为高孔、高渗、高含油饱和度储层。油层平均有效厚度为 13.6m，原始地层温度 19.3℃，原始地层压力 2.98MPa，压力系数 0.99。目的层油藏原油密度 0.960g/cm³，50℃ 地面脱气原油黏度为 9040~15512mPa·s，平均 11400mPa·s，为浅层超稠油油藏。

2 直井-水平井组合火驱稳定泄油的条件

垂直注气井和水平井生产井组合[3](图 1)是火驱重力泄油多种组合方式之一，直井-水平井组合火驱泄油过程的操作原则与面积火驱的操作原则基本相同，都是利用油层本身的部分燃烧裂化产物作为燃料，利用外加的氧气源和人为的加热点火手段把油层点燃，并维持不断的燃烧，实现复杂的多种驱动作用。

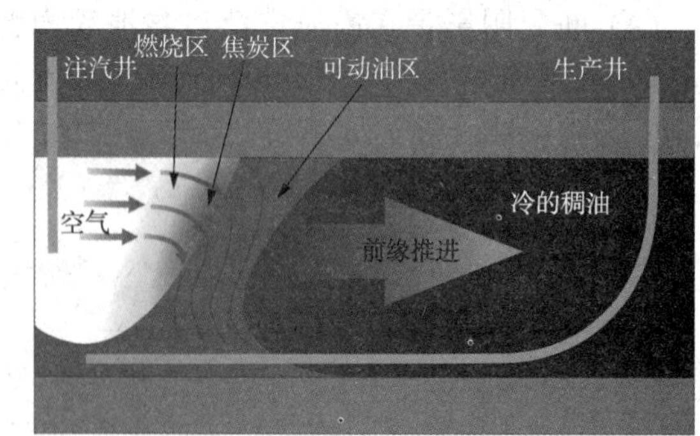

图 1 直井-水平井组合火驱机理示意图

与常规面积火驱不同的是，在直井-水平井火驱泄油过程中，由于高黏度冷油带形成了黏性阻挡层，从而使燃烧带之前的可动油和其他流体全部进入水平井在冷油区之前的暴露段。水平井引入到火烧油层的开发过程，水平井既是高温可

【作者简介】高成国(1987—)，男，工程师，2010 年毕业于中国石油大学(华东)勘查技术与工程专业，现从事稠油开发研究工作。E-mail：sxytgcg@petrochina.com.cn

动油和冷凝水的排泄通道，又是烟道气的排泄通道，水平井筒内同时存在气液两相流动。相比之于SAGD的水平生产井中只有液相流动，直井-水平井火驱技术在动态控制上难度更大。高温可动油经水平井产出会使水平井段所处条带的温度升高，当该处温度升高到一定程度后，一旦氧气从水平段突破，发生高温氧化(燃烧)就很难逆转[4]。要实现稳定泄油并保证燃烧前缘不从水平井突破，就必须使空气中的氧气全部在结焦带之前消耗掉。这在注、采工作制度的控制上存在相当大的难度。在理论上，注、采平衡关系的设计和动态控制必须满足两个条件：一是燃烧带加热形成的高温可动油和燃烧产生尾气必须及时被采出；二是燃烧带前缘保持平缓上倾的超覆式燃烧界面。

3　直井-水平井组合火驱关键技术

直井-水平井组合火驱开发过程分为三个阶段[5]：①预热连通阶段：注蒸汽预热，建立直井-水平井井间关系；②点火启动阶段：直井注空气点火，转火驱投产；③火线扩展阶段：火线前缘从水平井趾端向跟端持续燃烧推进，稳定泄油。实施重18块直井-水平井火驱技术，涉及到注气直井射孔优化、注蒸汽预热设计、启动方式设计及火驱注采参数设计等环节的关键技术研究。

3.1　注气直井射孔方式优化

利用数值模拟，选择注气井射开油层上部1/3、射开下部1/3、全部射开三种方式进行分析。研究表明注气直井射开全井段和油层下部[图2(b)、图2(c)]注蒸汽预热阶段油层下部提前热连通，这种情况有火线向水平井钻进风险。直井上部1/3油层射孔时(图2a)，注蒸汽预热阶段，蒸汽超覆易于形成“倒锥型”连通模式，对后期火线稳步发育比较有利；转火驱阶段，能较好的利用重力泄油，又能促进火线前缘超覆式推进[6]。

3.2　注蒸汽预热设计

考虑重18块原油黏度高，注气直井点火前，需要对注汽直井和采油水平井进行注蒸汽预热，在井间形成热连通[7]。

3.2.1　预热方式选择

利用数值模拟，采用直井循环+水平井循环、直井吞吐+水平井吞吐、直井吞吐+水平井辅助循环三种方式，以观察不同注汽预热方式对预热

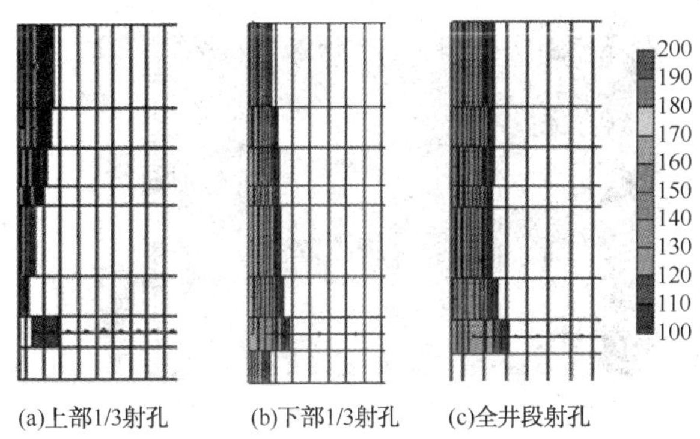

图2　不同射孔方式预热结束后温度场

效果的影响。直井循环+水平井循环预热方式(图3a)预热形态主体在水平井井筒上方及周围扩展，直井预热腔体扩展缓慢，循环注汽注蒸汽预热热效率低，井组预热时间相对较长，井组间很难建立热连通关系。直井吞吐+水平井吞吐预热方式(图3b)预热形态主体在水平井井筒上方及周围扩展，直井预热腔体扩展相对也较快，吞吐预热使得注蒸汽预热热效率均较高，井组连通程度和预热腔体形态不易控制，易引起井组之间连通过强，同时注蒸汽能耗也相对较大。直井吞吐+水平井辅助循环预热方式(图3c)预热形态以促进直井上部汽腔发育为主，与以上两种方式对比，具有预热效率高、连通程度易于控制的优势，直井吞吐促进了“倒锥形”预热腔体及有效渗流空间建立，水平井辅助循环建立水平井井筒及近井区域热场，确保井筒流体渗流，因此推荐该种注汽预热方式。

3.2.2　预热模式建立

为了降低直平火驱预热阶段形成优先渗流通道的风险，同时快速建立连通关系并在转直平火驱的初期就形成“倒锥形”超覆式均匀发育的蒸汽腔，以实际三维地质模型为基础，采用CMG公司的STARS热采模拟模块，建立了直平火驱油藏数值模型，提出了直井“低压吞吐-提速扩腔-吞吐稳腔”的三段式预热连通模式(图4)。

模拟结果显示，初期采用较低压力吞吐预热，能起到初步预热油藏的作用，充分发挥热传导作用，由于无压差引入，注气直井上方预热腔体均匀加热，并在一定程度上缓解了初始油藏初期吸汽能力差、注入压力高等矛盾；45d后提高注汽速度，饱和蒸汽温度相应增大，大大增加了热传导效率，此阶段仍无压差引入，以直井吞吐预热为主，可初步形成“倒锥形”预热连通腔体；30d后再通过降低注汽强度进行操作，稳固蒸汽

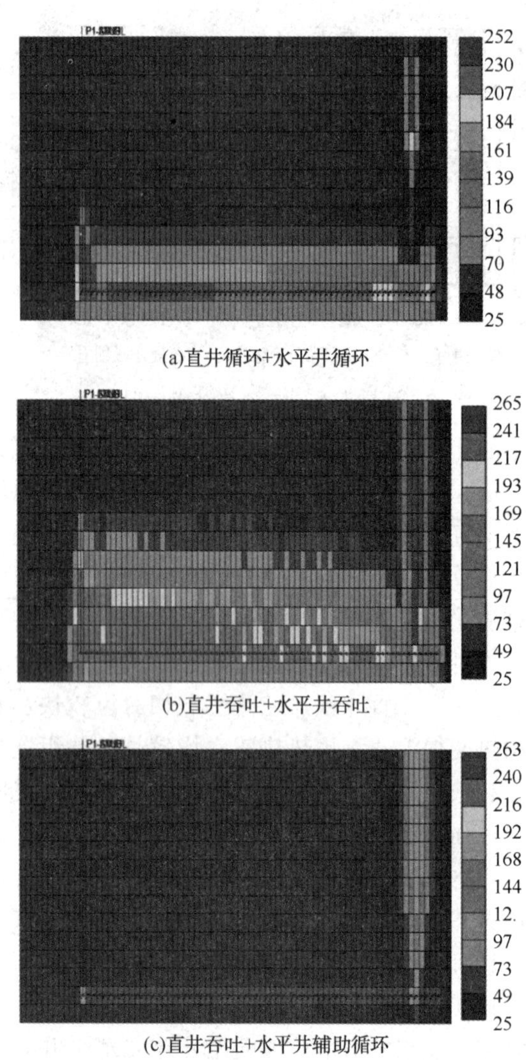

(a)直井循环+水平井循环

(b)直井吞吐+水平井吞吐

(c)直井吞吐+水平井辅助循环

图3　不同预热方式预热连通温度场图

腔体预热形态及连通程度。

注气直井注汽预热2~3周期后，直井-水平井井间建立较好的热连通关系，届时采油水平井采用辅助循环方式进行注汽预热，以满足井筒渗流条件即可，然后注气直井转注空气点火投产。

3.3　启动方式设计

3.3.1　点火温度

利用重18块原油和油砂样品分别开展了原油氧化动力学实验，根据TGA中常用的点火温度的定义方法—TG-DTG联合定义法，测得油样、油砂样的点火温度分别为480℃、430℃(表1)。研究表明油砂有利于燃烧，热流曲线显示油砂样的燃烧放热峰比油样低50℃，其主要原因为油砂的表面效应和催化作用。为了确保油层实现高效、充分燃烧，建议点火温度设置在500℃以上。

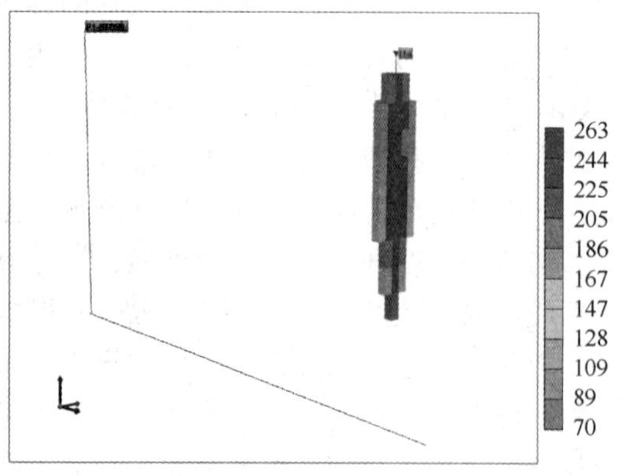

(a)低压吞吐预热阶段

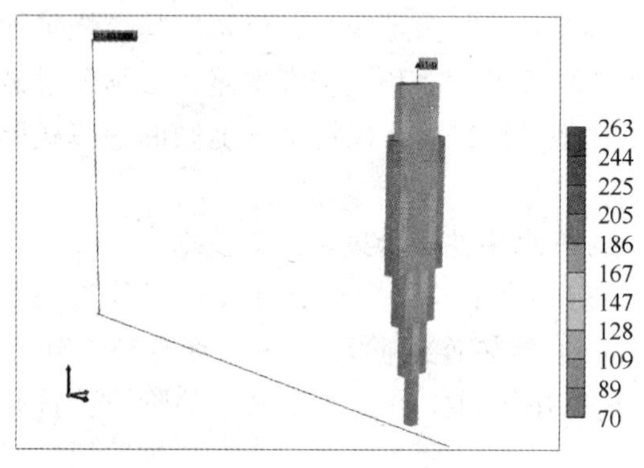

(b)提速扩腔预热阶段

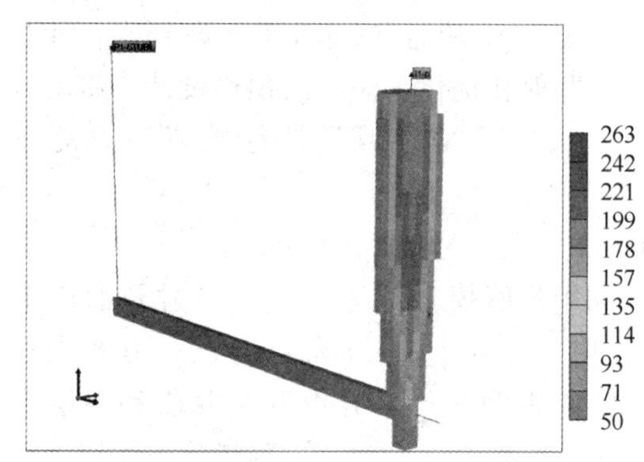

(c)吞吐稳腔预热阶段

图4　注气直井三段式预热连通模式

表1　原油、油砂样品氧化温度统计表

序号	样品	着火温度/℃	放热峰对应温度/℃
1	原油	480	518
2	油砂	430	462

3.3.2　井筒预处理

为了解决井筒清洗及井筒内残留油污问题，有效预防了点火过程中井筒内爆燃风险，注气直井点火前需要对井筒进行预处理。通过采用注气直井注蒸汽对井筒油污加热降黏，再注氮气、空气清扫井筒，实现井筒预处理。

3.3.3　点火启动

高的点火温度(500℃以上)是实现点火启动的必要条件，点火启动阶段燃烧区域相对较小，并且会有相当一部分热量随产出流体从水平井排出，相对于常规火驱来说热量聚集速度要慢[8]。室内三维物模实验因调控不当出现过点火不充分或熄火的现象，熄火后再次点燃油层的难度很大，而点火不充分将会导致燃烧前缘温度相对较低，这对燃烧前缘的扩展和泄油稳定造成不利影响。

矿场试验在点火阶段要维持足够高的点火温度，在点火成功后最好能继续注入一段时间的高温空气，以在一定程度上弥补由于热量被水平井携带出来所导致的热损失，确保良好的点火效果。

3.4　火驱注采参数设计

与面积火驱相类似，在点火初期，注气速度有一个逐步提高的过程。提速过慢不利于燃烧带前缘的稳定推进和泄油面积的扩大，提速过快又会造成火线前缘沿着水平井突进[9]。通过数值模拟优化逐级提速方案(图5)，设计点火期间注气速度3000m^3/d，每月提速500~1000m^3，火线推进距离接近至水平井排距之半时，稳定注气速度10000-15000m^3/d。

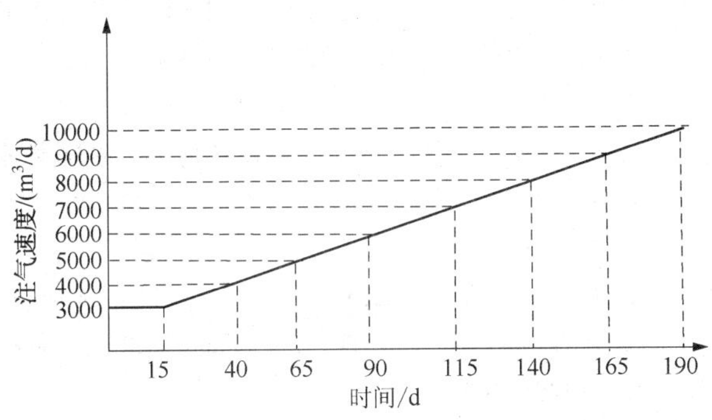

图5　火驱生产井组注气提速设计图

由于地层原油属于超稠油，产出烟道气在地层流体中的溶解和扩散很小，可以忽略不计。但考虑到随着燃烧带前缘从水平井的脚趾向脚跟推进的过程中，地层中的空气腔逐渐扩大会引起存气量的增大。稳定泄油阶段数值模拟研究表明采油水平井日产气9400~14100m^3/d，即气体采注比控制在0.94左右，可以保持火线的稳定推进。

通过以上研究，重18块直井-水平井火驱试验实现火线超覆式燃烧与稳定泄油，制定如下矿场试验实施策略：

(1)注气直井上部1/3油层段射孔，是超覆式注汽预热腔体形成和火线扩展基础；

(2)合理的预热连通腔体形态和预热连通程度关系到直井-水平井火驱试验的成败，转点火投产前，需要采用直井吞吐+水平井辅助循环方式进行注蒸汽预热。

(3)矿场试验在点火阶段要维持足够高的点火温度(500℃以上)，在点火成功后最好能继续注入一段时间的高温空气，以在一定程度上弥补由于热量被水平井携带出来所导致的热损失，确保良好的点火效果。

(4)点火初期注气提速采取小幅度多级次的原则，同时尽量提高注气压力，注气压力升高后等量气体(标况下)的体积被压缩的更小，在相同的空气消耗条件下，气体的渗流速度减小，从而使水平井两侧方向的压力梯度与沿水平井方向的压力梯度差异减小，这有利于燃烧前缘的稳定扩展，同时对后期燃烧前缘的楔形推进也有一定的抑制作用。

(5)矿场试验中应控制生产井的产气速率，使之与注气速率相匹配，维持和促进局部水平井筒内的高温燃烧，促进水平井火驱前缘平稳推进。

4　直井-水平井火驱矿场试验与效果

试验区共有4个火驱井组：FHHW003、FHHW004、FHHW005、FHHW006，设计水平段长度为300~500m，水平井之间的井距为70m，每个井组的注气直井与对应水平井平面投影距离为3m。截止目前，矿场试验先后开展了FHHW003井组和FHHW005井组的转点火投产。

重18块FHHW003井组预热结束后，于2014年9月24实施点火，10月13日确定点火成功。点火生产57天时，采油水平井FHHW003井出现高温、氧气超标等异常情况，共实施调控注采参数、观测井注蒸汽辅助引产、水平井间开试排等措施近40井次，后期受管柱腐蚀严重、温度监测点损坏等因素影响，已不能满足火驱生产要求，被迫终止试验。FHHW003井组火驱阶段历时241d，其中正常生产57d，措施调控184d。期间累计产液1450t，产油622t，日均产油11t/d，综合含水56%，累计注气120×10^4 Nm^3，空气油比1929 Nm^3/t。

分析认为，导致FHHW003井组燃烧带火线窜进的原因在于：①注气直井、采油水平井前期均采用强化吞吐预热，直井与水平井之间形成局部导通。实施点火后，燃烧带优先沿蒸汽导通带向水平井锥进。②对超稠油油藏点火认识不足，点火前对井筒的处理不充分，点火过程中，井筒残余油与注入空气发生了燃烧，致使点火电缆受损和近井地带热量累计不足，影响了初期火腔的均匀发育。③点火期间注气速度提速过快。

按照重 18 块直井-水平井火驱火线超覆式燃烧与稳定泄油矿场试验实施策略，2015 年 8 月对 FHHW005 井组预热，10 月形成热连通，11 月点火投产，截止 2018 年 10 月 31 日，该井组矿场试验累计运行 1032 天，水平井单井产油量达 7-8m^3/d，累计注空气量 485×10^4 Nm^3，累计产油 4409m^3，空气油比 1100m^3/m^3。

FHHW005 井组点火成功后，采油水平井尾气符合高温燃烧特征[10]，水平段监测温度最高可达 400℃以上，产出液呈泡沫状、间歇出液的特征，产出油略有改质：饱和烃升高，芳香烃、胶质、沥青质总量则有不同程度的下降(表 2)，50℃原油黏度由 17970mPa·s 下降为 8072mPa·s；表明井组已实现高温燃烧。目前该井组生产运行状况较为平稳，初步见到较好火驱重力泄油效果。

表 2　FHHW005 井组尾气及原油族组分化验统计表

尾气监测		原油化验		
高温氧化标准	FHHW005 井组	族组分	FHHW005 井组	
			火驱前	火驱后
氧气利用率>85%	98%	饱和烃	43.1	50.24
CO_2 含量>12%	15.4	芳香烃	20.88	18.48
视氢碳比 1~3	2.1	胶质	33.33	28.71
N_2/CO_2 4~6	5.2	沥青质	2.69	2.57

5　结论与认识

(1) 浅层超稠油油藏直井-水平井组合火驱实现稳定泄油必须满足两个条件：一是燃烧带加热形成的高温可动油和燃烧产生尾气必须及时被采出；二是燃烧带前缘保持平缓上倾的超覆式燃烧界面。

(2) 直井-水平井组合火驱重力泄油对注气直井射孔优化、注蒸汽预热设计、启动方式设计及火驱注采参数设计等关键点开展油藏优化设计，可以有效控制水平井火驱风险，实现稳定泄油。

(3) 矿场试验 1 井组因预热效果不理想、井筒处理不充分及注气速度过快导致试验井筒燃烧、火线窜进。第 2 个井组在吸取第 1 井组经验教训，并根据室内研究成果针对性采取实施策略，可有效避免火窜情况发生，截止目前该井组已稳定生产 1000d 以上。

(4) 先导试验 FHHW005 井组呈现高温燃烧特征，生产运行状况稳定，表明重力火驱泄油技术上可行。

参　考　文　献

[1] M Greaves, M Al-Honi. Three-dimensional Studies of In Situ Combustion-Horizontal Wells Process with Reservoir Heterogeneities [C]. The Petroleum Society, Paper 98-07, 1998.

[2] 李伟超，吴晓东，刘平. 从端部到跟部注空气提高采收率的新方法[J]. 西南石油大学学报(自然科学版)，2008，30(1)：78-80.

[3] Xia T X, Greaves M. Injection well_ producer well combinations in THAI [C]. SPE75137, 2002.

[4] 关文龙，吴淑红，梁金中. 从室内实验看火驱辅助重力泄油技术风险[J]. 西南石油大学学报(自然科学版)，2009，31(4)：67-72.

[5] 韩国庆，吴晓东，李伟超，郭晔. THAI 技术及其在稠油开发中的应用[J]. 油气田地面工程，2007，26(5)：17-18.

[6] 高飞. 深层厚层块状稠油油藏直平组合火驱技术研究[J]. 特种油气藏，2013，20(03)：93-96+100+155.

[7] AYASSE C, BLOOMER C, etc. First Field Pilot of the THAI™ Process [C]. The Petroleum Society, Paper 2005-142, 2005.

[8] 梁金中，关文龙，蒋有伟，席长丰，王伯军，李晓玲. 水平井火驱辅助重力泄油燃烧前缘展布与调控[J]. 石油勘探与开发，2012，39(6)：720-727.

[9] 关文龙，席长丰，陈龙，木合塔尔，高成国，唐君实，李秋. 火烧辅助重力泄油矿场调控技术[J]. 石油勘探与开发，2017，44(05)：753-760.

[10] 程宏杰，顾鸿君，刁长军，汪良毅，王波生. 注蒸汽开发后期稠油藏火驱高温燃烧特征[J]. 成都理工大学学报(自然科学版)，2012，39(04)：426-429.

内蒙达14块稠油活化能测定及数值模拟研究

李洋洋　李　健　杨　丽　姚建兵　李明志　李国锋　侯义梅

(中国石化中原油田分公司)

摘　要　目前，国内外大部分稠油油藏使用蒸汽热采方式开采，成本高、采收率低。与蒸汽热采相比，火烧油层技术具有采收率高、改善剩余油性质、适用条件更广泛等特点，是具有明显优势的接替开采技术。内蒙达14块属于薄互层稠油油藏，位于达尔其油田西构造，地处严重缺水地区，并且由于属于薄互层油藏，如果采用蒸汽热采方式热损失严重，地面和井筒隔热措施成本较高，所以本文针对达14块稠油样开展火驱开发室内相关研究。因为火烧驱油本身的特点，其机理十分复杂，本文通过燃烧池室内实验深入认识各个阶段的氧化特征，计算活化能、指前因子等数值模相关参数，确定火驱反应动力学方程，采用数值模拟方法模拟火驱过程中油藏燃烧过程，优化开发井网、井距、射孔位置等，为提高油藏采收率奠定理论基础。

关键词　火驱；活化能；燃烧阶段；指前因子；数值模拟

中国稠油资源分布广泛，已在12个盆地发现了70多个稠油油田，预计中国稠油资源量可达300×10^8t以上[1]。我国稠油已探明地质储量为世界总石油探明地质储量的15%~20%，大约数十亿吨，开采出这部分稠油资源对于国内石油供应具有重大意义[2,3]。目前，中国许多稠油油藏采用蒸汽热采方式开采，成本高、采收率低[4]。火烧油层是采用自然点火和人工点火等方式使油层温度达到原油燃点，并向油层注入空气，使燃油过程利用空气中的氧气和原油中重质组分的氧化反应持续燃烧，达到降黏和蒸汽驱的目的[5,6]。火烧油层技术与其他技术相比具有明显的优势，改善剩余油性质、适用条件更广，是非常具有前景的接替开采技术[7]。在胜利、辽河、克拉玛依等油田开展过先导性实验，取得了一定成果，为后续研究奠定了基础[8]。内蒙达14块属于薄互层稠油油藏，位于达尔其油田西构造，地处严重缺水地区，并且由于属于薄互层油藏，如果采油蒸汽热采方式热损失严重，地面和井筒隔热措施成本较高，所以针对蒙达14块油藏开展室内相关研究。

因为火烧驱油本身的特点，其机理是十分复杂的，在分析驱油效果的需要分析的因素有很多，在众多因素中分析不同开发参数对去油效果的影响就显得十分重要[9]。在实际工作中可以通过分析油藏条件，来设计合理的开发参数，通过可以操作的参数来改善火驱效果，包括井网井距、注汽速度等。本文通过燃烧池实验深入认识各个阶段的氧化特征，确定稠油燃烧活化能和指前因子等关键参数，确定燃烧反应动力学方程，为数值模拟研究提供相关参数。应用数值模拟方法优选燃烧方式、开发井网、注汽速度等，提供火驱现场实验关键参数，为区块经济效益开发提供技术基础[10-11]。

1　油藏概况

内蒙达14块为断块油气藏，构造上位于达尔其油田西构造[12]。达14块油层埋深440~570m，油层厚度5~10m，50℃时原油黏度为325mPa·s，原油密度为0.89(g/cm^3)，孔隙度14.3%~19.7%，渗透率10.4~42.32mD，属都一段Ⅱ砂组，含油面积1.3km^2，地质储量79×10^4t。达14块油藏属于浅层常压中渗普通稠油，井网完善。目前该区块有21口井(油井15口井，水井6口)。

都一段储油岩性为粉砂岩，岩性较疏松，达14井岩芯分析石英含量65.0%，长石含量18.0%，岩屑含量17%。碎屑颗粒粒度0.03~0.25mm，属粉砂级、细砂级颗粒。胶结物以灰质为主，含量15.0%左右。都一段Ⅱ砂组油层埋深520m，测井解释孔隙度平均值26.0%，渗透

【作者简介】李洋洋(1988—)，女，本科，中原油田分公司石油工程技术研究院稠油所工程师，从事稠油开采；E-mail：liyangxsx@163.com

率 249.67μm^2，总体上物性较好，为高孔高渗储层，属Ⅰ类储层。根据达 14 断块区已完钻井样品分析结果，地面原油凝固点 5℃，初馏点 85℃。地层水总矿化度 84074.6~88073.3mg/L，氯根 49708~50144mg/L，水型为 $NaHCO_3$ 型。据达 16-2 井静压测试报告，地层压力为 3.61~4.47MPa，压力系数为 0.86~0.89，地层温度为 28~36℃，为常温常压油藏。

2 活化能的测定

活化能是指分子从正常状态向活跃状态时所需的能量，而活跃状态是指分子容易发生化学反应的状态。在火驱过程中发生的化学反应的是极其复杂的，而且多孔介质中的多相燃烧反应因孔隙中的传热和传质行为而变得复杂，因此温度或热量变化也很复杂。此外，活化能、指前因子这两个参数是火驱数值模拟中的关键参数，这两个参数也是描述燃烧动力学方程的重要参数，决定反应动力学的行为。因此，使用数值模拟软件对反应趋势进行合理的模拟就需要合理的反应动力学模型，而模型必须通过理论及实验分析才能给出。

2.1 实验方法

稠油燃烧反应是在燃烧池内进行，将稠油、石英砂按照一定比例加入燃烧池，从室温升温至 600℃，设定不同的升温时间，当温度达到 600℃时，停止加热，记录温度及产出气体浓度数据并分析处理。

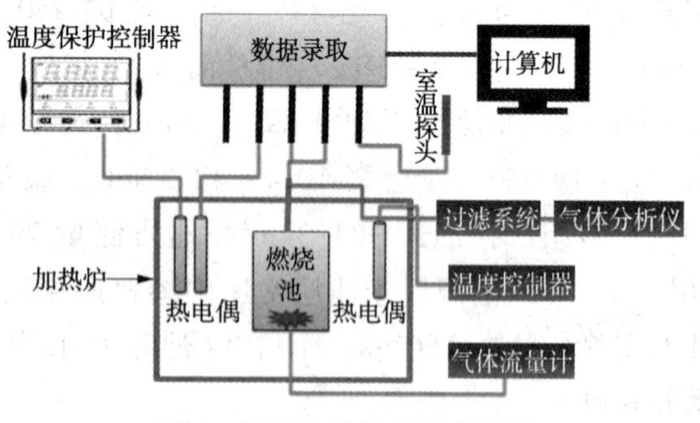

图 1　燃烧池及数据测定装置

燃烧池实验流程：

① 配样：用烧杯称量一定量的原油，再按一定的油：砂比例加入砂；②取出混合均匀的油砂，用称量纸称量适量油砂(如 10.5g)；然后再用称量纸称量 5.0g 石英砂，和 10.0g 石英砂各一次；③取出燃烧池，将燃烧池内清洁干净，待燃烧池清洁完毕，放入三层滤网或滤杯，防止石英砂掉入下部管线难于清理；④将称量好的 5.0g 石英砂倒入燃烧池并铺平，再倒入 10.5g 油砂，用药匙轻轻按紧，再将 10.0g 的石英砂倒在油砂表面，铺平，并放上一层陶瓷棉；⑤放入垫片，安装燃烧池，将燃烧池盖安装到燃烧池上时，应轻拿轻放，放好后尽量扶稳，不要来回扰动，防止温度井将上层石英砂与油砂搅拌混合；⑥将安装好的燃烧池放入加热炉中，连接好管线，检查各处阀门是否打开；⑦打开气瓶，关闭背压阀，调节入口流量至设计值；为防止压力差过大损坏设备，憋压时，缓慢调高注入压力，最好保证注入压力和背压之差不超过 0.5MPa，待注入压力增加到实验所需压力时，停止增加注入压力，待背压升高到与注入压力相同时，观察入口流量，等待流量稳定；⑧若低压下入口流量低于 0.2L/min，高压下入口流向低于 0.3L/min，则在实验误差范围内认为装置气密性良好，可以开始实验，若入口流量过高，则需进行装置气密性检漏，关闭气瓶，重新连接漏气处管线；⑨气密性检查完毕后，逐步调高注入压力为 1.2MPa，背压为 0.7MPa，等待压力和流量稳定；⑩打开计算机，开启 Gas analyzer 并连接串口，打开温度控制仪，将定温度区间设为 25~600℃，加热时间分别为 150min 和 360min，设定完成后，待气体流量和压力稳定后，按下 run 控制按钮，开始加热；⑪当温度达到 600℃时，停止加热，打开炉盖开始降温，关闭气阀，关闭气体分析仪，导出实验数据；⑫待燃烧池冷却至温度较低时，将燃烧池从加热炉内取出，旋开螺丝，打开顶盖，将其中的砂子倒出，称量剩余物重量，观察燃烧后的剩余物形态；⑬对记录的温度数据和产出气体浓度数据进行处理分析。

2.2 试验结果分析

图 2 是原油经三组(1.88K/min，2.40K/min，3.20K/min)根据油样燃烧池试验结果绘制反应特征曲线，其反应温度随着时间的变化，及产物($CO+CO_2$)浓度随着时间的变化曲线图。当升温速度为 3.20K/min 时，温度达到 198.5℃根据浓度曲线可以看出氧气开始消耗，此时反应开始发生。在温度达到 286℃时出现第一个峰值，此时氧气浓度降到最低；当温度达到 416℃时出现第二个氧气消耗浓度峰值。其他两组 1.88K/min，2.40K/min 条件下也出现同样变化规律，相比 3.20K/min 初始反应温度及氧气消耗峰值随着上升速率降低而逐渐降低。

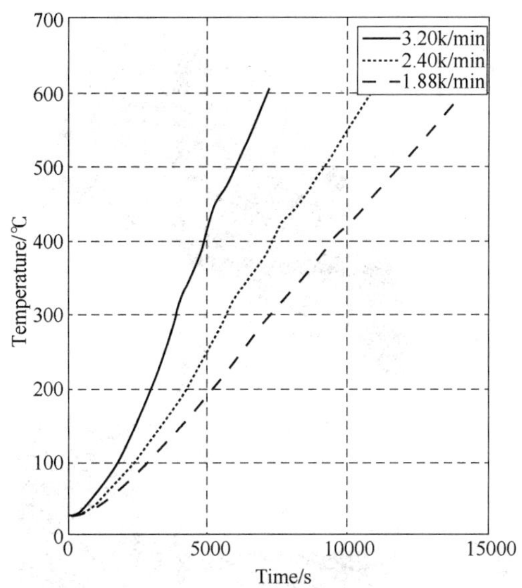

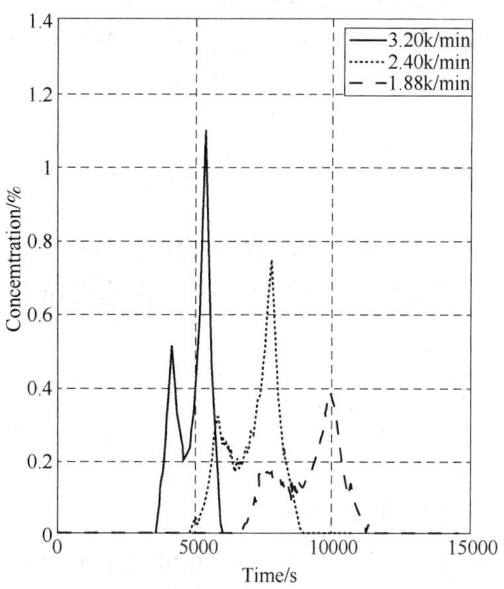

图 2 燃烧池内油样反应特征曲线

2.3 活化能计算

通过三组燃烧池实验的温度与浓度数据计算得到内蒙稠油燃烧活化能及指前因子，结果见表1。

表 1 不同反应特征产生的能量

反应特征	低温加氧反应（气-液相反应）	氧化裂解（气-液相反应）	高温燃烧（气-液相反应）	高温燃烧（气-固相反应）
Ea，kJ/mol	120~160	50~70	200~250	280~320
转化率	<0.15	0.15~0.35	0.35~0.7	0.7~0.9
A	10^{15}~10^{18}	10^{2}~10^{7}	10^{14}~10^{17}	10^{22}~10^{25}

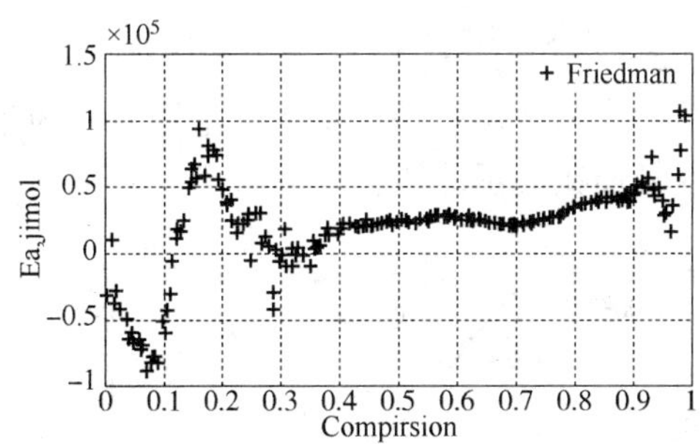

图 3 活化能随转化率变化指纹图

通过燃烧池内油砂与空气反应可以看出，随着反应行为及反应速度的变化，活化能随着上升和下降进行波动。

（1）低温加氧反应阶段：初始状态反应活化能开始升高，这是由于主要发生了低温加氧反应，转化率<0.15，活化能约为120~160kJ/mol。

（2）氧化裂解阶段：转化率在0.15~0.35为原油的氧化裂解阶段，活化能约为50~70kJ/mol，该区间主要发生了加氧及裂解反应，部分原油组分燃烧，产生CO_2气体。

（3）高温燃烧阶段：化率在0.35~0.9为原油的高温燃烧阶段，包括：气-液反应及气-固反应，活化能约为200~320kJ/mol，主要为原油的重组分及高温焦化产物的燃烧。

当转化率大于0.9时，由于反应体系的环境温度较高，原油组分残留较少，氧气过剩，因此矿物组分可能参与反应并导致消耗氧气，使计算出的活化能大大降低。后来的数据点变得稀疏，表明氧大部分原油在此温度之前被燃烧掉了。

低温加氧反应阶段、氧化裂解阶段、高温燃烧阶段(气-液、气-固)指前因子A分别为10^{15}~10^{18}、10^{2}~10^{7}、10^{14}~10^{17}、10^{22}~10^{25}，低、中温阶段线性较好，高温区域的线性较差。这表明实验在中、低温区的重现性较好，计算结果较为合理。而高温区由于原油的挥发、原油与油砂混伴效果及加热速率的影响，其线性变差。

2.4 燃烧反应动力学方程

燃烧动力学方程：

①低温加氧反应(气液)，其反应速度可以表示：

$$Rc=\frac{dC_f}{dt}=10^a e^{(-Ea/RT)}p_2^{1.7}C_f^{0.5}$$

其中，$a=15\sim18$，$Ea=120\sim160$kJ/mol。

②氧化裂解反应(气液)，其反应速度可以表示：

$$Rc=\frac{dC_f}{dt}=10^a e^{(-\frac{Ea}{RT})}p_2^{0.8}C_f$$

其中，$a = 2 \sim 7$，$Ea = 50 \sim 70$kJ/mol。

③高温燃烧反应(气液)，其反应速度可以表示：

$$Rc = \frac{dC_f}{dt} = 10^a e^{(-Ea/RT)} pC_f^{0.5}$$

其中，$a = 14 \sim 17$，$Ea = 200 \sim 250$kJ/mol。

④高温燃烧反应(气固)，其反应速度可以表示：

$$Rc = \frac{dC_f}{dt} = 10^a e^{(-Ea/RT)} pC_f^{0.5}$$

其中，$a = 22 \sim 25$，$Ea = 280 \sim 320$kJ/mol。

3 目标区块数值模拟研究

因为火烧驱油本身的特点，其机理是十分复杂的，在分析驱油效果的需要分析的因素有很多，在因素中分析不同开发参数对去油效果的影响就显得十分重要[16]。在实际工作中可以通过可以操作的参数来改善火驱效果，包括井网井距、注汽速度、射孔位置等。我们应用数值模拟软件 CMG-STARS 对达 14 块的开发参数进行了优化。达 14 块油藏地质参数如下表。

表 2 目标区块油藏地质参数

目标区块	孔隙度/%	渗透率/mD	饱和度/%	脱气原油黏度/(mPa·s，50℃)	有效厚度/m	隔层厚度/m
达 14 块	26.5	249	63	324.87	5.6	1.5

(1) 不同井网类型的火驱开发效果

井网的选择、部署和调整，在油田开发方案的重要内容，在油田生产中起着重要的作用，同时对于油田企业来讲，也是提高企业经济效益的关键因素之一[17-18]。不同的井网方式对火驱开发的效果影响较大，本文针对目标区块数值模拟了反五点、正七点、反九点三种井网开发方式的原油采收率、空气油比，绘制出与采收率、空气油比的关系曲线，如图所示。

从图可以看出，其中反九点井网采收率最高，为 45.6%，空气油比最低，为 1755m³/t，累积产油量约为反五点井网的 1.8 倍。

(2) 不同井距的火驱开发效果

在进行油藏开发设计中，一项很重要的内容就是井距的设计。通过设计合理的井距，可以实现投入较少的同时获得最好的开发效果和最优的经济效益[19]。本文针对目标区块数值模拟了不同井距的火驱开发效果，绘制出不同井距与采收率、空气油比关系曲线，如图所示。

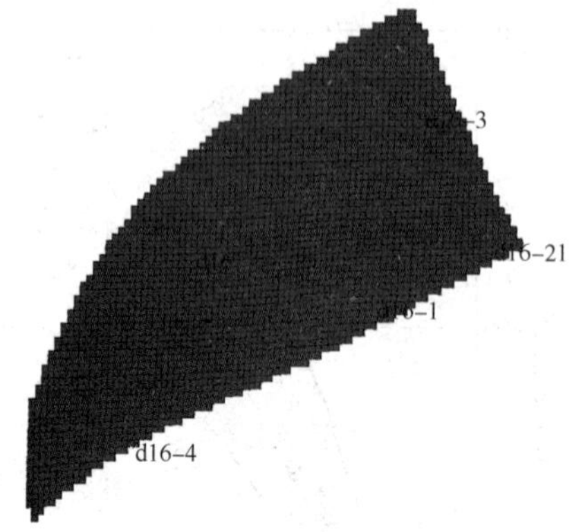

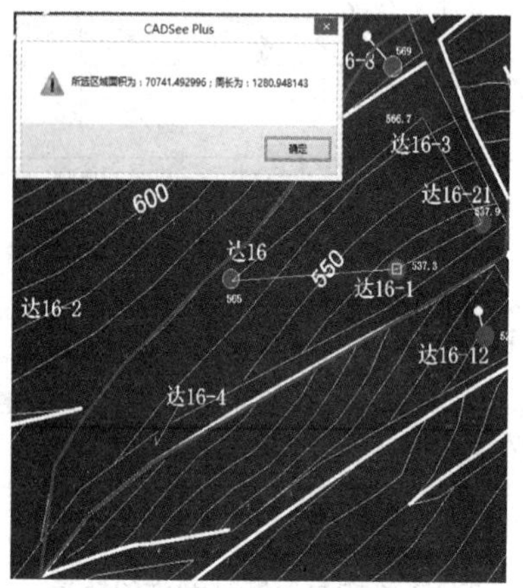

图 4 目标区块油井分布数值模拟

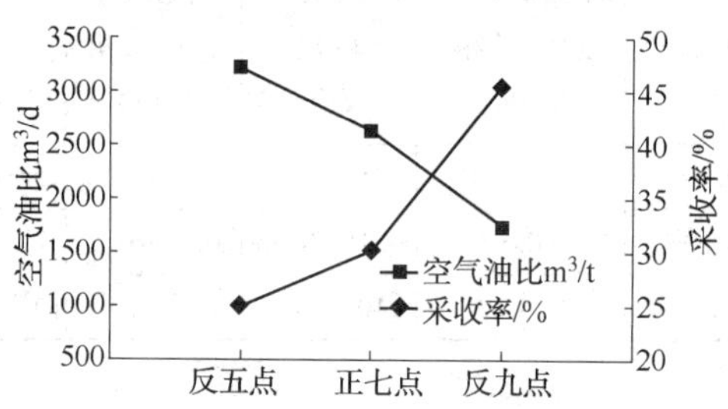

图 5 不同井网类型的数值模拟

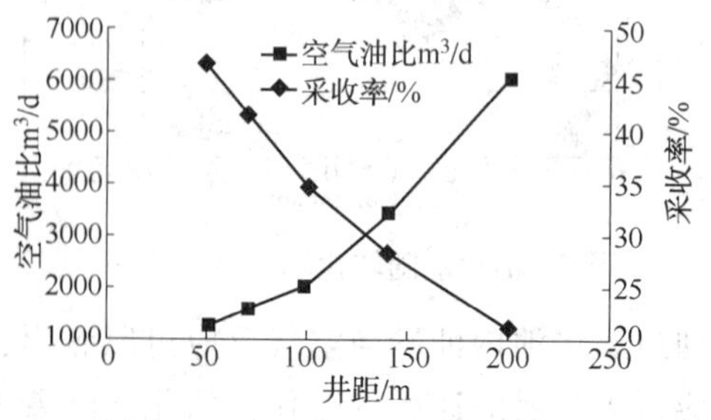

图 6 不同井距的数值模拟

从图可以看出，井距越小采收率越高，空气油比越低。从采收率与空气油比等指标看，火驱的井距不宜超过 140m。

(3) 不同射孔位置的火驱开发效果

对于薄互层油藏平面及纵向火驱动用状况的

认识，可以通过数值模拟结果来进行分析，在此基础上结合油藏工程方法对射孔层段进行优化设计[20]。本文针对目标区块数值模拟了上1/3、1/2、全井段三种射孔情况下的采收率及空气油比，并绘制出相应曲线，如下图所示：

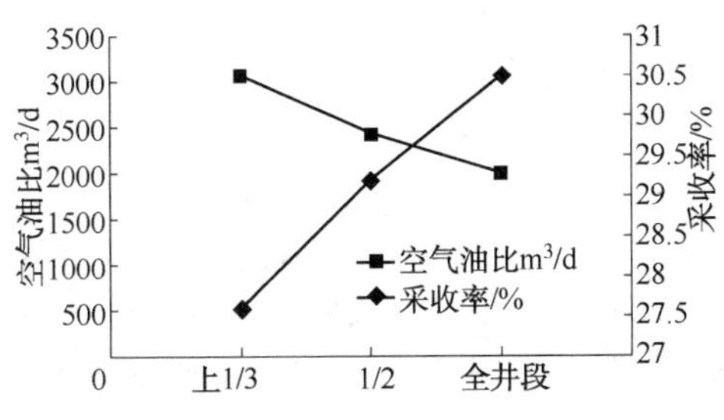

图7　不同射孔位置数值模拟

从采收率与空气耗量等指标看，不同的射孔位置，火驱开发效果差异大，全井段射孔的火驱开发效果最好。

4　结论

(1) 针对内蒙达14块进行了燃烧池实验，得到不同升温速率下空气和油砂的反应特性，确定三个阶段(低温加氧反应阶段、氧化裂解阶段、高温燃烧阶段)指前因子A，较准确地计算出反应活化能，确定稠油燃烧反应动力学方程，为数值模拟提供数据基础。

(2) 用数值模拟开发效果，反五点、正七点、反九点三种井网形式及不同火驱井距，得出反九点井网采收率最高，空气油比最低，井距不宜超过140m。

(3) 用数值模拟上1/3、1/2、全井段三种射孔情况下的采收率及空气油比，火驱开发效果差异大，全井段射孔的火驱开发效果最好。

参考文献

[1] 胡见义，牛嘉玉．中国重油沥青资源的形成与分布[J]．石油与天然气地质，1994，15(2)：105-112.

[2] 钟文新，陈明霜．世界重油资源状况分析[J]．石油科技论坛，2008，27(5)：18-23.

[3] 徐嘉信，张伶俐，张培茂．中国近海油气田开发回顾与展望[J]．中国海上油气．地质，2001(03)：32-38.

[4] 李丹琼．中深层稠油油藏提高蒸汽驱采收率方法研究[D]．中国石油大学(北京)，2010.

[5] 陈振亚，牛保伦，汤灵芝，等．原油组分低温氧化机理和反应活性实验研究[J]．燃料化学学报，2013，41(11)：1336-1342.

[6] 梁建军，陈龙，计玲，等．火驱注气燃烧工艺在新疆油田的应用[J]．新疆石油天然气，2014，10(3)：61-63.

[7] 袁士宝，孙希勇，蒋海岩，等．火烧油层点火室内实验分析及现场应用[J]．油气地质与采收率，2012，19(4)：53-55.

[8] 彭昱强，莫成孝，徐绍诚．氮气泡沫调驱改善海上稠油开发效果[C]// 我国近海油气勘探开发高技术发展研讨会．2005.

[9] 孙永杰．火驱辅助重力泄油合理燃烧方式研究[D]．中国石油大学，2011.

[10] 金少杰，郭琳琳，高志远，等．A区稠油油藏热采合理注汽参数优选[J]．能源与环保，2017(12)：255-258.

[11] 王厚东，闫伟，孙金，等．稠油热采井注热过程数值模拟与参数优选[J]．中国海上油气，2016，28(5)：104-109.

[12] 光兴毅，彭妥，李玉生．达尔其油田浅层断块油藏滚动勘探目标评价及实施效果[J]．断块油气田，2003，10(5)：29-32.

[13] 何盼，钱胜，高明哲，等．单质活泼性与键能的关系初探[J]．化学教育，2013，34(12)：86-87.

[14] 蒋海岩，袁士宝，李杨，等．稠油氧化阶段划分及活化能的确定[J]．西南石油大学学报(自然科学版)，2016，38(4)：136-142.

[15] 赵仁保，高珊珊，杨凤祥，等．稠油火烧过程中的活化能测定方法[J]．石油学报，2013，34(6)：1125-1130.

[16] 孙永杰．火驱辅助重力泄油合理燃烧方式研究[D]．中国石油大学，2011.

[17] 王江华．试析油田企业财务管理的创新与思考[J]．中国经贸，2013(4)：192-193.

[18] 彭昱强，涂彬，魏俊之，等．油气田开发井网研究综述[J]．大庆石油地质与开发，2002，21(6)：22-25.

[19] 江南，鲁洪江，张浩，等．稠油油藏注水开发合理井网井距研究[J]．石油化工应用，2014，33(1)：24-27.

[20] 张方礼．厚层稠油油藏火驱射孔层段优化探讨[J]．特种油气藏，2013，20(2)：96-101.

碳酸盐岩油藏多信息融合裂缝预测及建模技术研究
——以中东 X 油田 Asmari 层为例

但玲玲　史长林　黎运秀　魏　莉　张　剑

(中海油能源发展股份有限公司工程技术分公司)

摘　要　中东 X 油田碳酸盐岩油藏裂缝发育非均质性比较强，运用常规的裂缝预测及建模方法无法精细刻画裂缝。本文应用多种叠前地震属性非线性融合对裂缝进行三维定量预测，首次解决多属性线性加权融合导致的叠加问题；基于 BP 神经网络技术利用常规测井对无成像的单井进行裂缝预测，从而解决建模少井约束问题；采用离散裂缝网络建模技术，在地震多信息融合及多井控的条件约束下，建立反映该油藏裂缝发育特征的裂缝模型，从而助力油田开发生产。

关键词　碳酸盐岩油藏；裂缝预测；地震属性；裂缝密度；离散裂缝网络；裂缝建模

碳酸盐岩油气藏在全球油气勘探开发中一直处于举足轻重的地位，油气地质储量和产量在全球都占很大的比重。国外的印尼 RAMA 油田、KARISNA 油田、伊拉克米桑油田等，以及国内的塔里木盆地、渤海、南海等许多大型碳酸盐岩油藏，由于裂缝的发育，使致密的碳酸盐岩的渗流特征得到很好的改善，成为良好的储集空间及运移通道。因此，对裂缝进行精细的预测及建模，搞清楚裂缝在三维空间的分布特征以及对渗流的影响，对该类油田的增产和提高采收率具有很大意义。

而目前进行精细的裂缝预测并应用于建模研究还处于探索阶段。潘玲黎等[1]充分利用露头、岩心、成像测井资料对单井裂缝密度进行刻画，采用地震叠前反演的横波阻抗数据体约束来建立裂缝密度模型，但是研究区岩心和成像测井单井数据有限，没有对常规测井进行裂缝的响应特征预测分析，在建模过程中缺少丰富的单井硬数据约束。王乐之等[2]利用蚂蚁体进行裂缝预测并利用确定性方法进行裂缝建模，但该方法的适用范围应在大断裂及伴生的小断裂级别，还达不到裂缝精细表征的程度。苗青等[3]采用高精度曲率属性作为建模空间约束条件，但是构造曲率大多反映的是构造成因形成的裂缝，不能表征成岩作用形成的裂缝。邓西里等[4]认为地震叠后属性对小尺度裂缝失效，主要原因是叠后地震资料缺乏偏移距信息和方位角信息，而叠前纵波方位角各向异性检测方法对垂直缝和高角度缝预测效果较好，可以预测出小尺度缝的三维空间裂缝数据体。笔者认为，由于单井资料和井间约束条件的限制，大多数裂缝预测及建模还是不能客观的反映出裂缝的分布。尤其是在对井上裂缝密度刻画上，主要依赖少量的岩心资料和有限的成像测井资料，

使得大多数无成像井的裂缝密度刻画受到很大的限制。单井硬数据太少，得不到准确的数据分析，不能满足建模精度的要求。在井间裂缝预测约束条件上，大多数往往采用的是与裂缝相关的单一地震属性，如构造曲率、方位角各向异性、横波阻抗属性、蚂蚁体属性等，但是不同尺度、不同方位的裂缝在地震的响应各有不同，单一的地震属性预测不能完整的反映出储层裂缝发育的实际情况，并且如果单纯将多种地震属性加权信息融合，会造成线性叠加问题。对于裂缝精细表征而言，需要整合各种信息来进行裂缝预测及建模[5-6]，只从有限的几口单井资料、一个方面的裂缝属性预测或者地震属性线性加权融合都不能全面的反映裂缝信息。

本文利用有限的岩心观察、成像测井资料，并基于 BP 神经网络[7]的方法利用常规测井对其

【作者简介】但玲玲(1986—)，女，2012 年毕业于中国石油大学(北京)，硕士研究生，就职于中海油能源发展股份有限公司工程技术分公司，开发地质工程师，主要从事油藏精细描述与地质建模研究。E-mail：danll@ cnooc. com. cn。

它无成像井的裂缝密度进行预测，从而丰富了单井裂缝密度硬数据。应用多种叠前地震属性非线性融合生成裂缝密度概率体对裂缝进行三维空间预测，并作为三维空间约束条件。在严格变差函数相关性分析以及裂缝参数统计分布规律的多重条件控制下，建立比较全面准确的裂缝模型。从而为后期油田开发策略优化提供比较好的地质依据，也为同类油田增产提供技术指导。

1 区域地质概况

中东X油田是以碳酸盐岩油藏为主的大型整装油田，位于阿拉伯台地东部美索不达米亚低角度褶皱带东南部(见图1)。该油田构造总体呈北西~南东走向的断背斜，断裂沿背斜两翼发育，断裂走向同背斜长轴走向一致。断裂发育在表层，均为逆冲断层，断距较小，断裂平面延伸长度较长。其中Asmari层为该油田的主力油藏，含油层段可以细分为A和B两个主力油组及7个小层。研究区是以潮坪、半局限~局限台地为特征的碳酸盐岩台地沉积，其中碎屑潮坪、台内礁滩是最有利的储集亚相带。主要发育的是白云岩、灰岩，局部发育少量的砂岩储层。X油田碳酸盐岩沉积年代久远，历经多次扎格罗斯构造运动的影响，遭受到强烈的风化、剥蚀和林滤作用，Asmari层构造缝和溶蚀缝均有发育，并且各向异性和非均质性非常强。

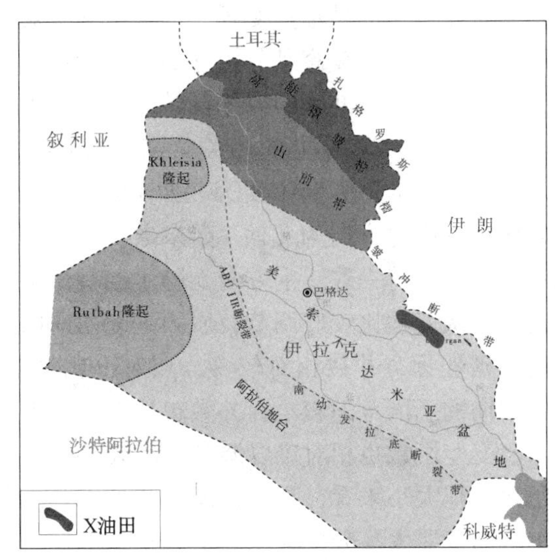

图1 伊拉克X油田位置示意图

2 裂缝的发育特征

岩心资料是裂缝描述的第一手资料，研究区观察描述了3口典型井岩心500m，照相1050张。根据区域构造特征，结合岩心观察和描述以及4口成像测井解释，总结了几点研究区裂缝发育特征如下：

(1) 裂缝成因类型

受扎格罗斯构造运动的影响，Asmari层主要发育构造缝。从力学性质来看，研究区构造缝主要为张裂缝，受张应力控制，裂缝往往处于开启状态。X油田碳酸盐岩沉积年代久远，油藏埋藏比较深，局部地区由于成岩压溶作用而形成压溶缝(缝合线)。

(2) 裂缝倾角

根据岩心照片观察及成像测井分析统计，Asmari层裂缝倾角分布在10°~90°之间。高角度缝、斜交缝、低角度缝均有发育，主要以中高角度缝为主。裂缝倾角受地层产状的控制，构造背斜轴部大多发育近垂直缝，翼部多为斜交缝及近水平缝。

(3) 裂缝走向

岩心资料很难准确得到裂缝的走向，主要通过成像测井资料获取。根据4口成像测井解释统计分析，发现研究区主要发育北西~南东走向裂缝，与区域构造主应力方向一致。

(4) 裂缝开度

岩心上直接测量的裂缝开度，实际是地面减压之后裂缝的张开值。一般比地下实际值大的多，因此岩心实测的开度值不能代表裂缝的真实开启情况[8-9]。本次主要是通过成像测井资料间接求取其可能的真实值。从统计结果来看，裂缝开度主要在0.01~0.5mm之间。早期的裂缝多被石膏充填，后期裂缝多呈开启状态，成为良好的渗流通道。

3 多信息融合裂缝预测研究

3.1 基于BP神经网络技术的常规测井裂缝密度预测

研究区共有44口井，只有4口井有成像测井数据，如果仅仅靠这几口井作为井上硬数据的控制条件，往往不能满足裂缝建模精度的要求。因此利用常规测井资料对无成像测井资料的单井进行裂缝密度预测。而常规测井在机理上对裂缝有一定的反映，但信号都是比较微弱的，并且多解性比较强。通过研究发现，研究区Asmari层不同产状的裂缝，双侧向测井曲线形态和幅度均有不同的差异，纵波时差对低角度裂缝有较明显的反应而对高角度裂缝没有响应。由于泥浆侵入的影响，水平裂缝、低角度裂缝表现为相对高伽玛、低电阻、深浅侧向基本重合、低密度、高中子、高声波的测井响应特征；斜交缝、高角度裂缝表现为中高电阻率、深浅电阻率正差异(Rs<Rd)、低密度、低声波的测井响应特征。

根据对常规测井资料进行裂缝响应特征综合分析，发现伽玛、声波、密度、中子、浅侧向电阻、深侧向电阻这六条常规测井曲线对研究区裂缝有一定的响应特征，但是也有多解性。本次利用 BP 神经网络技术，该技术采用误差反向传播算法进行学习，在网络中数据从输入层经隐含层逐层向后传播，训练网络权值时，则沿着减少误差的方向，从输出层经过中间各层逐层向前修正网络的连接权值。通过模糊聚类分析，选择以上六条常规测井曲线作为输入信号，拟合的裂缝密度曲线作为输出信号，进行网络化训练，形成网络训练模型。以成像测井拟合的裂缝密度曲线数据点作为检验数据，校验网络训练模型的合理性。结果发现，常规测井预测的裂缝密度与对应成像井客观拟合的裂缝密度数据 85%以上对比效果比较好。然后将该神经网络模型再推广至其他井位，从而得到其他 41 口无成像测井的裂缝密度，增加了井上硬数据约束的控制条件。

3.2　多种叠前地震属性非线性融合裂缝预测

裂缝密度模型如果单纯通过测井资料计算得到的井上裂缝密度曲线进行井间插值建立，往往可靠性比较差[10-11]。本次的做法是借助地震资料作为井间约束的条件，为了实现地震资料对井间裂缝密度的有效约束，需要对地震资料进行预处理，并以此为基础提取能够反映裂缝密度分布的地震属性。

X 油田碳酸盐油藏沉积年代久远，埋藏比较深，常规碎屑岩中与裂缝储层响应比较好的地震属性如振幅、波阻抗、频率等与该油田中裂缝的响应关系并不明显[12]。通过研究发现，叠前纵波方位各向异性属性对主测线垂直或平行的裂缝敏感，而对与主测线 45°夹角的裂缝不敏感。远近偏移距属性对与主测线垂直的大角度裂缝敏感，对平行主测线且夹角小的裂缝不敏感。如果单纯将这两种地震属性加权信息融合，会造成线性叠加[13-14]，导致与主测线垂直的裂缝加强，与主测线夹角 45°左右裂缝减弱。为了比较全面的反映出研究区裂缝发育信息，本次基于神经网络的方法对这两种地震属性进行非线性融合，解决了加权融合线性叠加问题，并形成了地震信息融合裂缝发育概率体(图 2)。提取地震井旁道与测井得到裂缝密度进行对比[15-16]，发现与 80%以上的测井裂缝密度趋势对应效果比较好。将该裂缝密度概率体重采样到三维网格中，作为井间裂缝密度约束的条件，增加了裂缝建模井间裂缝预测的可靠性。

图 2　地震多信息融合裂缝密度概率体

4　裂缝三维地质建模

4.1　裂缝三维密度模型的建立

裂缝密度建模是整个裂缝建模的核心，它的准确与否直接影响到离散裂缝网络模型的建立[17-19]。本文利用成像测井计算了 4 口井的裂缝密度，并采用神经网络方法，利用常规测井进行其它 41 口单井裂缝密度预测，并得到密度预测曲线。基于 44 口丰富的井点数据，为了分析裂缝密度之间的相关性，进行了空间变差函数的分析。首先调节的是垂直变程，因为纵向上裂缝密度数据点多，比较容易分析它们之间的相关距离，从而获得比较准确的变差函数。从表 1 可以看出，裂缝密度垂向上的相关距离在 2~5m 左右。变差函数的主方向主要为北西~南东向，原因是区域主应力方向为北西~南东向，与区内断层走向基本保持一致。主方向上的主变程相对次方向上的次变程比较好调节，原因是北西向的工区范围延伸远，井数相对较多，点对也比较多，而北东向的工区范围较小，井数也比较少，点对有限，变差函数也相对难以调节。从 A 油组各小层主次变程大小来看，它们整体比 B 油组各小层的主次变程要大。分析其原因是 A 油组的储层为含结核状石膏的云岩或云岩与硬石膏互层，在这种塑性与脆性岩石交互的情况下，脆性云岩中最容易产生裂缝。而 B 油组主要发育灰岩，部分夹杂着砂泥岩，裂缝的发育程度没有 A 油组高，相关性距离也会相对小些。

表1 裂缝密度变差函数分析表

层位	主变程/m	次变程/m	垂直变程/m	主方向/°
A1	2059.77	1890.28	1.93	176
A2	1393.55	1154.01	3.66	170
A3	1457.20	1126.36	2.53	187
B1	1089.55	1012.16	5.38	152
B2	1063.97	880.04	2.91	156
B3	1155.62	1024.74	5.07	144
B4	1159.94	897.92	3.96	193

通过成像测井和常规测井资料计算研究区内单井裂缝密度，以单井裂缝密度作为硬数据，在严格的变差函数分析和地震信息融合裂缝发育概率体作为双重井间约束条件下，通过序贯高斯随机函数模拟的方法建立Asmari层裂缝密度模型(图3)。

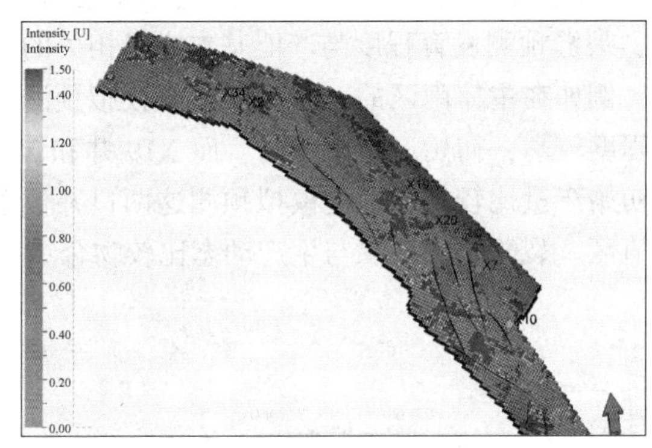

图3 裂缝密度三维模型

结果显示，裂缝发育的整体趋势主要为北西~南东向，在构造高部位，特别是靠近断层部分裂缝发育密度比较大；在主体南区，由西到东，裂缝发育逐渐减弱，在北区，由西到东，裂缝发育逐渐增强，主体南区的裂缝发育程度整体比北区强；从纵向上来看，A油组裂缝发育总体比B油组强(图4)。

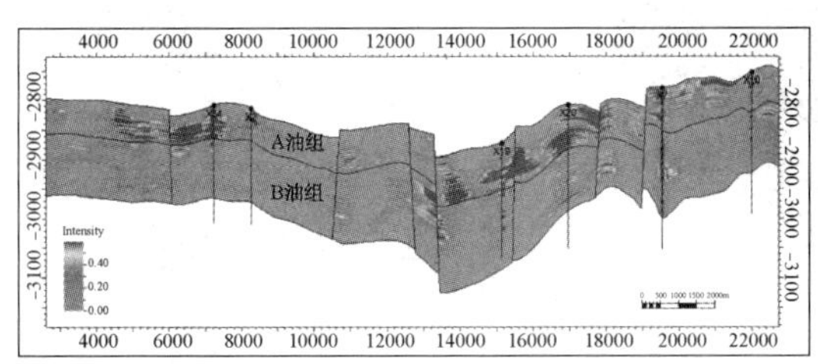

图4 裂缝密度模型剖面图

4.2 离散裂缝网络模型的建立

离散裂缝网络(DFN)模型是在裂缝密度模型建立的基础约束上，对裂缝片的分布、几何形态、方位等方面进行三维表征，实现了裂缝系统从几何形态到其渗流特征有效描述[20-21]。

通过成像测井解释资料，可以统计分析出各小层裂缝参数，包括倾角、方位角、开度、长度的最大值、最小值、标准偏差(表2)。本次建模采用斯伦贝谢Petrel软件DFN裂缝建模模块，在裂缝的分布、几何形态、方位、开度四个方面的参数设置的基础上，针对每小层的裂缝发育情况，逐层设置进行离散裂缝网络模型的建立(图5)。从裂缝片发育结果显示，从A1小层到A3小层的裂缝片发育逐渐增多，主要是A油组从上到下硬石膏含量逐渐增多，而云岩与硬石膏互层接触越多，越容易产生裂缝。B1小层到B4小层裂缝片发育逐渐减弱，主要原因是B油组从上到下，脆性云岩含量越来少，砂岩含量逐渐增多，裂缝发育也逐渐变少。裂缝离散网络模拟结果精细客观的反映出实际地质认识。

表2 各小层裂缝参数统计表

层位	取值	倾角/°	方位角/°	开度/mm	长度/m
A1小层	最小值	10.73	8.72	0.01	0.15
	最大值	86.63	346.55	0.96	6.60
	标准偏差	16.19	106.67	0.17	1.45
A2小层	最小值	12.58	2.70	0.01	0.03
	最大值	88.40	359.10	3.83	6.90
	标准偏差	12.85	106.75	0.48	1.33
A3小层	最小值	7.29	1.03	0.03	0.03
	最大值	62.20	357.42	3.14	6.56
	标准偏差	12.28	106.38	0.50	1.38
B1小层	最小值	8.52	1.35	0.03	0.07
	最大值	74.85	359.45	2.74	8.10
	标准偏差	12.60	97.80	0.49	1.63
B2小层	最小值	11.97	8.38	0.03	0.02
	最大值	60.68	351.30	3.26	6.45
	标准偏差	12.35	114.47	0.76	1.16
B3小层	最小值	13.98	0.58	0.03	0.02
	最大值	61.32	346.85	5.04	3.51
	标准偏差	11.61	104.27	0.95	0.97
B4小层	最小值	14.09	3.16	0.10	0.08
	最大值	78.22	343.53	2.19	4.57
	标准偏差	11.73	112.82	0.55	0.91

4.3 裂缝等效属性模型的建立

根据裂缝的离散裂缝网络模型结合基质模型，采用裂缝等效参数计算的方法[22]，对裂缝

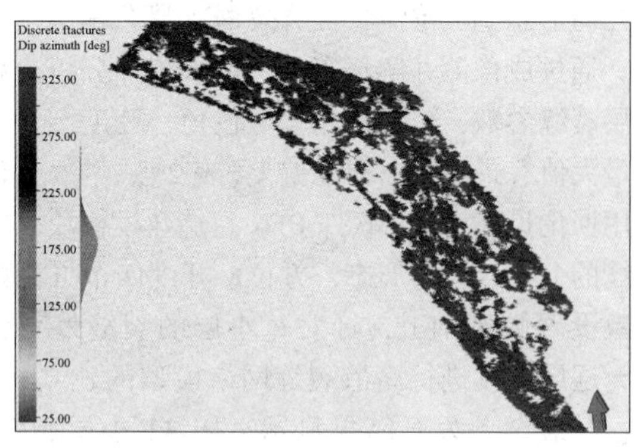

图 5　离散裂缝网络模型

储集体离散网络模型进行粗化至基质模型。以单个网格内裂缝的总面积及裂缝的不同参数为基准，计算每一个网格内由裂缝贡献的单元属性。将裂缝离散网络模型转换为裂缝储集体属性模型，等效形成裂缝介质的属性体，包括裂缝孔隙度、I，J，K 三个方向的裂缝渗透率、基质系统与裂缝系统沟通程度的 Sigma 因子场、以及 I，J，K 方向每个网格的裂缝间距。计算结果显示裂缝的孔隙度非常的小，主要集中在 0～0.3%之间。裂缝的渗透率分布区间比较大，主要分布在 300×10^{-3}～$2500\times10^{-3}\mu m^2$ 之间。

5　模型的验证及应用

5.1　模型的验证

将裂缝-基质双重介质模型进行油藏数值模拟，对油田所有生产井进行历史拟合[23]。主要拟合油田的压力，产量等开发指标，各指标都达到了较好的拟合效果。以往该油田由于缺乏三维地震资料和单井裂缝描述资料没有建立裂缝模型，导致该油田的各项指标一直拟合不上。通过本次建模，对单井的含水率、压力、日产油量、日产液量等方面都进行拟合，拟合率均达到 85%以上。该油田的油藏数值模拟得以顺利进行，也是地质模型比较合理的一个反映。

5.2　在开发策略优化中的应用

该油田基质渗透率平均为 $4.4\times10^{-3}\mu m^2$，一般在 $10\times10^{-3}\mu m^2$ 以下，裂缝发育较大程度改进了储集层的渗流能力[24]。已有的生产井显示(图 6)，裂缝预测发育程度与产能基本成正相关的关系，例如在主体南区的 X12 井，裂缝模拟预测发育程度较高，初始产量也较高，而 X19 井和 X31 井初始产量比较低，裂缝模拟预测这两口井位于低值区。裂缝预测结果与生产动态比较吻合。

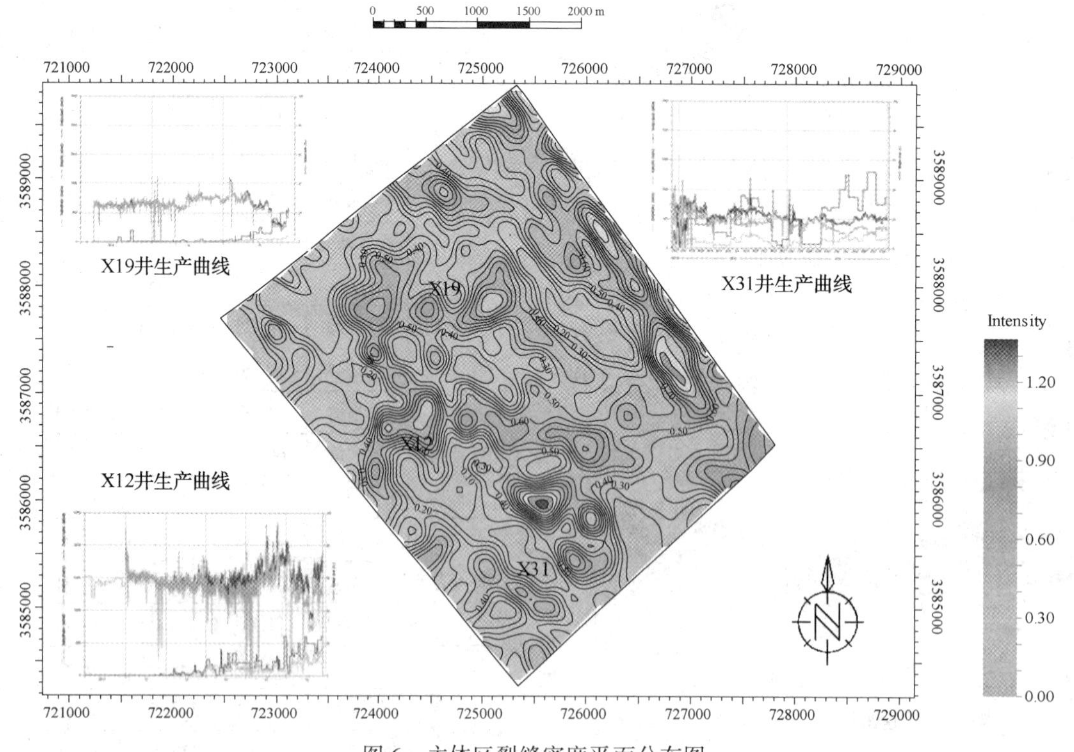

图 6　主体区裂缝密度平面分布图

在 X 油田主体南区的北部，改区域投产井较少，但从模型结果来看，A 油组裂缝发育程度较高，对该区域建议采用水平井或大斜度井进行优先开发，共设计新井 55 口。在方案优化指导下，该油田新钻井 15 口，投产 7 口，平均单井日产 2298 桶，累计增油 202 万桶。从生产情况可以看出该模型精细的表征了裂缝分布特征，为油田开发方案提供一定的指导，也为该油田稳油增产提供一定的技术指导。

6 结论与认识

（1）此次裂缝预测及建模充分利用了常规测井资料和叠前多属性裂缝预测，而不局限于少量的岩心资料和有限的成像测井资料及单一裂缝地震属性，多信息融合裂缝预测及建模方法相比传统利用少量信息表征裂缝的方法能更加准确。

（2）利用有限的岩心观察、成像测井资料对井上裂缝特征进行统计分析，并基于 BP 神经网络的方法利用常规测井对其它无成像井的裂缝密度进行预测，从而丰富了单井裂缝密度硬数据；并在地震多信息融合裂缝密度预测概率体和严格变差函数相关性分析的双重空间约束以及裂缝参数统计分布规律的控制下，建立比较全面准确的裂缝模型。

（3）通过研究形成一套多信息融合裂缝预测及建模的方法，模拟结果精细客观的反映出实际地质认识，并在方案优化指导下，该油田新钻井 15 口，投产 7 口，累计产量比较高，对油田增产和提高采收率具有重要的意义。

参 考 文 献

[1] 潘玲黎，吕坐彬，张迎春，等．裂缝性油藏三维定量表征技术在锦州南油田开发生产中的应用[J]．重庆科技学院学报(自然科学版)，2012，14(5)：2-4.

[2] 王乐之，刘红磊，张纪喜，等．普光大湾地区断裂系统自动识别及裂缝建模研究[J]．科学技术与工程，2013，13(18)：5304-5307.

[3] 苗青，周存俭，罗日升，等．碳酸盐岩裂缝型油藏裂缝预测及建模技术[J]．特种油气藏，2014，21(2)：38-39.

[4] 邓西里，李佳鸿，刘丽，等．裂缝性储集层表征及建模方法研究进展[J]．高校地质学报，2015，21(2)：307-316.

[5] 彭仕宓，索重辉，王晓杰，等．整合多尺度信息的裂缝性储层建模方法探讨[J]．西安石油大学学报(自然科学版)，2011，26(4)：1-6.

[6] 郑应钊，刘国利，马彩琴，等．多条件约束地质建模技术在青西油田裂缝性油藏中的应用[J]．油气地质与采收率，2011，18(3)：77-80.

[7] 孙致学，姚军，孙治雷，等．基于神经网络的聚类分析在储层流动单元划分中的应用[J]．物探与化探，2011，35(3)：349—353.

[8] 吴永平，昌伦杰，陈文龙，等．裂缝表征及建模在迪那 2 气田的应用[J]．断块油气田，2015，22(1)：79-81.

[9] 董双波，柯式镇，张红静，等．利用常规测井资料识别裂缝方法研究[J]．测井技术，2013，37(4)：381-382.

[10] 孟俊，骆杨．泾河油田长 8 段垂直裂缝常规测井识别[J]．测井技术，2015，39(6)：725-726.

[11] 张小平，郭希明，蒋记伟，等．新场气田裂缝孔隙性储层地质建模研究[J]．石油天然气学报，2013，35(10)：42-44.

[12] 汪勇．裂缝油气藏储层预测方法及应用研究[D]．武汉：中国地质大学，2013.

[13] 张广智，陈怀震，王琪，等．基于碳酸盐岩裂缝岩石物理模型的横波速度和各向异性参数预测[J]．地球物理学报，2013，56(5)：1707-1715.

[14] 杨勤勇，赵群，王世星，等．纵波方位各向异性及其在裂缝检测中的应用[J]．石油物探，2006，45(2)：177-181.

[15] 姜传金，鞠林波，张广颖，等．利用地震叠前数据预测火山岩裂缝的方法和效果分析——以松辽盆地北部徐家围子断陷营城组火山岩为例[J]．地球物理学报，2011，54(2)：515-523.

[16] 孙炜，李玉凤，付建伟，等．测井及地震裂缝识别研究进展[J]．地球物理学进展，2014，29(3)：1231-1242.

[17] 张占女，陈建波，吕坐彬，等．等效裂缝密度在锦州南变质岩潜山裂缝定量表征中的应用[J]．重庆科技学院学报(自然科学版)，2014，16(1)：13-16.

[18] 陈烨菲，蔡冬梅，范子菲，等．哈萨克斯坦盐下油藏双重介质三维地质建模[J]．石油勘探与开发，2008，35(4)：494-495.

[19] 刘瑞兰，王泽华，孙友国，等．准噶尔盆地车排子油田火成岩双重介质储集层地质建模[J]．新疆石油地质，2008，29(4)：483-484.

[20] 徐维胜，龚彬，何川，等．基于离散裂缝网络模型的储层裂缝建模[J]．大庆石油学院学报，2011，18(2)：14-16.

[21] 李虎，许自强，边滢滢，等．基于 FracMan 的储层裂缝建模技术[J]．天然气技术与经济，2014，8(2)：19-21.

[22] 张岚，霍春亮，赵春明，等．渤海湾盆地锦州南油田太古界变质岩潜山储层裂缝三维地质建模[J]．油气地质与采收率，2011，18(2)：13-14.

[23] 张迪．双重介质条件下的地质建模技术研究与应用——以哥伦比亚 Capella 油田为例[J]．中外能源，2015，20(9)：41-44.

[24] 孙晓飞，张艳玉，王中武．裂缝性低渗透砂砾岩油藏一体化评价方法及应用——以盐家油田盐 22 块为例[J]．油气地质与采收率，2011，18(5)：71-72.

强边底水块状油藏剩余油分布研究与应用

唐　韵

(中国石化江苏油田分公司勘探开发研究院)

摘　要　针对强边底水块状油藏高含水阶段中产量形势严峻、原地质认识欠缺以及常规产量劈分方法适用性不佳等问题，通过剖析典型区块陈堡油田 $K_2t_1{}^3$ 油藏，从储层构型研究、储量动用评价、油藏工程分析、数值模拟研究四个方面开展了系统的剩余油研究，确立了适用于陈堡油田 $K_2t_1{}^3$ 油藏的产量劈分以及水平井水淹模式评价的方法，并将研究成果应用于流场调整及剩余油挖潜，收效明显，有效扼制了产量的递减势头，为同类型油藏改善水驱对策的制定与措施经济可行性评价提供依据。

关键词　强边底水块状油藏；储层构型；产量劈分；数值模拟；剩余油分布

1　油藏概况

陈堡油田 $K_2t_1{}^3$ 为苏北盆地典型的强边底水块状油藏，上与边水油藏 $K_2t_1{}^2$ 由稳定发育的隔层分隔，下与底水油藏 K_2c 不整合接触，存在流体交换。$K_2t_1{}^3$ 属于扇三角洲前缘亚相沉积，储层厚度约 90m，由两套稳定发育的夹层分为三个正韵律亚段，平均孔隙度 22.1%，平均渗透率 338.8mD，渗透率变异系数 0.8，突进系数 6.25，属中孔-中高渗非均质储层。1997 年以 K_2t_1-K_2c 油藏投入试采，采用 200m 井距三角形不规则井网，依靠天然能量逐层段上返的方式开采。2003 年编制的调整方案将 $K_2t_1{}^3$ 独立为一套开发层系，采用定向井与水平井组合的模式，依靠天然能量开发，2009 年转为注水开发。随着开发程度的深化，“十二五”末，$K_2t_1{}^3$ 逐步进入高含水阶段，水淹程度加重、产量递减迅速的问题日益突出，油水运动规律复杂成为制约油藏稳产的主要因素。因此，立足新认识新方法深化剩余油研究是陈堡油田 $K_2t_1{}^3$ 制定针对性调整措施的基础和控水稳产的关键。

陈堡油田 $K_2t_1{}^3$ 探明含油面积 1.2km^2，地质储量 414×10^{4}t，可采储量 171.8×10^{4}t，标定采收率 41.5%(图 1)。2018 年 9 月 $K_2t_1{}^3$ 采油井 21 口，开井 18 口(其中水平井 12 口)，日产液 370.8t/d，日产油 61.2t/d，平均单井日产油 3.4t/d，综合含水 83.5%，采油速度 0.54%，累积产油 143.0×10^{4}t，采出程度 34.5%，累积产水 195.0×10^{4}t，注水井总井数 7 口，开井 7 口，日注水水平 912.1m^3/d，累积注水 172.9×10^{4}m^3，月注采比 2.35，累积注采比 0.46。

2　研究的必要性

2.1　油水运动规律复杂

陈堡油田 $K_2t_1{}^3$ 历经 21 年的高效开发，目前已进入高含水阶段。受构造、隔夹层、角度不整合接触面、开发方式、水平井和常规井组合等诸多因素影响，油水运动日趋复杂。对全区 18 口油井进行含水分级：含水超过 80% 的油井占比 67%；单井平均日产油 3.4t，低于均值产量的油井占比 56%，产量形势严峻。从含水与采出程度关系曲线(图 2)可以看出，近期含水上升速度加快，主要原因一是受井况限制卡堵效果不理想，水窜严重；二是注入水沿优势通道突进，水驱波及面积减小。在 2012 年的剩余油认识基础上实施了密闭取心井陈检 1 井，资料显示部分高部位井区水淹严重，剩余油分布愈发复杂零散，调整治理难度加大。

$K_2t_1{}^3$ 油水运动规律的复杂性在于不但存在平面上的运动，还存在纵向上的运动。示踪剂监测结果揭示了流体纵向运动是客观存在的，亚段间稳定发育的夹层并不能完全分隔流体，韵律亚

【作者简介】唐韵(1988—)，女，2010 年毕业于西南石油大学石油工程专业，2017 年获得中国石油大学(华东)地质工程硕士学位，2015 年取得油藏工程助理研究员任职资格，现任中石化江苏油田分公司勘探开发研究院开发一室油藏工程主管师，从事油气藏生产管理、开发调整规划及相关科研工作。E-mail：tangyun.jsyt@sinopec.com

段不再是独立流动单元，纵向上存在流体交换，而且水往低处走高处走的情况都存在，比如 K_2c 的采油井陈 3-33、陈 3 平 13 井见到了 $K_2t_1^3$ Ⅰ Ⅱ 亚段注水井陈 3-94 井投放的示踪剂；$K_2t_1^3$ Ⅰ 的采油井陈 3-27、陈 3-115 井见到了 Ⅱ Ⅲ 亚段注水井陈 3-93 井投放的示踪剂，注入水流向分析难度加大。

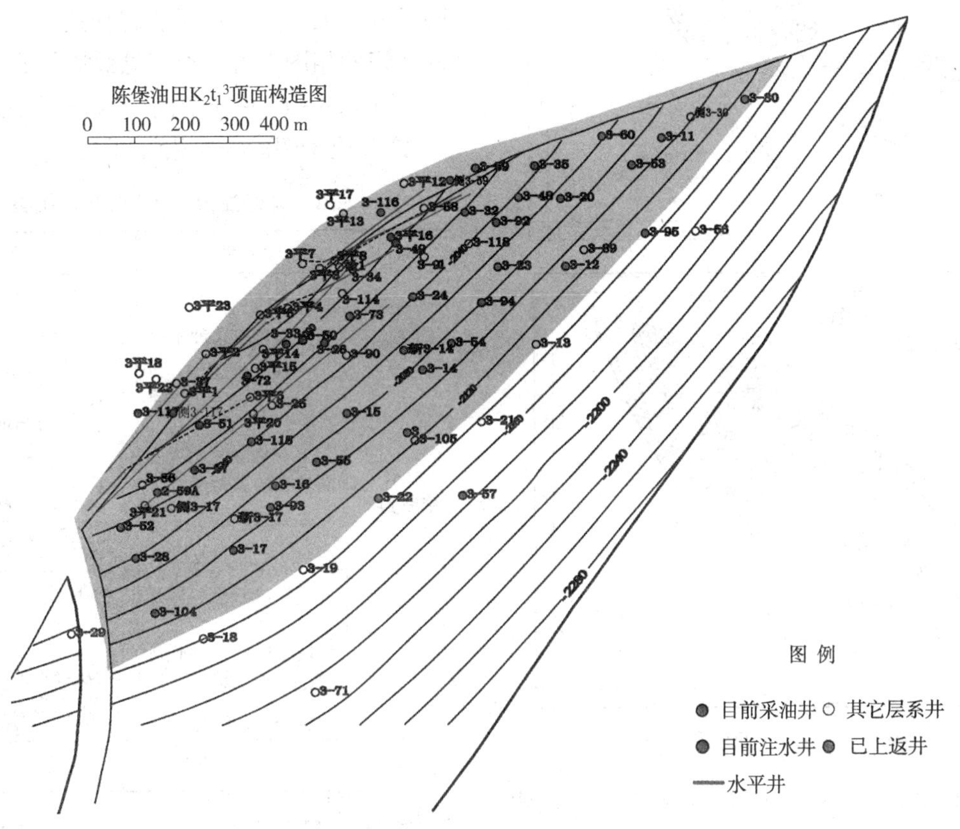

图 1 陈堡油田 $K_2t_1^3$ 顶面井网图

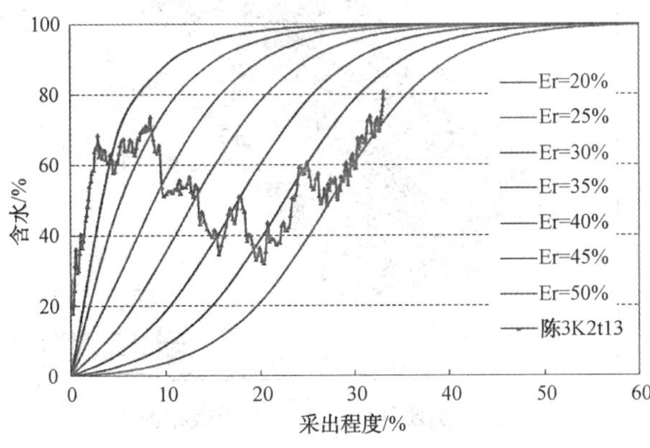

图 2 陈堡油田 $K_2t_1^3$ 含水与采出程度关系曲线

2.2 沉积相认识有待深化

原沉积相认识：$K_2t_1^3$ 仅发育扇三角洲前缘亚相沉积，且微相划分较粗，由相图判断平面非均质性较弱，边水应均匀推进(图 3)。

但注入示踪剂资料显示，基本等距的一线受效井见效时间差异较大，如陈 3-93 井组中陈 3-27、陈 3-115 井的注采井距分别为 180m、160m，其注水见效时间分别为 125d、86d；陈 3-104 井向 425m 外的陈 3-117 井注水，80d 后见到示踪剂显示，而陈 3-94 井向 430m 外的陈 3-33 井注水，29d 后便见到示踪剂显示，实际平面非均质性较强，沉积相认识有待进一步深化。

2.3 常规劈产方法适用性不佳

储层的产量劈分是剩余油分布研究的重要环节，劈分方法的适用性将直接影响研究结果的精度和可信度。常规产量劈分方法，是根据油井月报中生产层位对应的小层号进行 KH 值劈分，这种方法对于生产井段短、射孔层数少、储层非均质性较弱的砂岩油藏适用性较好，而对于 $K_2t_1^3$ 这类水平井常规井组合开发、生产井段长、边底水复合驱动的厚层块状油藏来说，适用性较差。$K_2t_1^3$ 依据常规方法的劈产结果暴露出诸多矛盾：$K_2t_1^{3-4}$采出程度超过 100%；$K_2t_1^{3-8}$与 $K_2t_1^{3-9}$上下连通但采出程度差异大，采出程度分别为

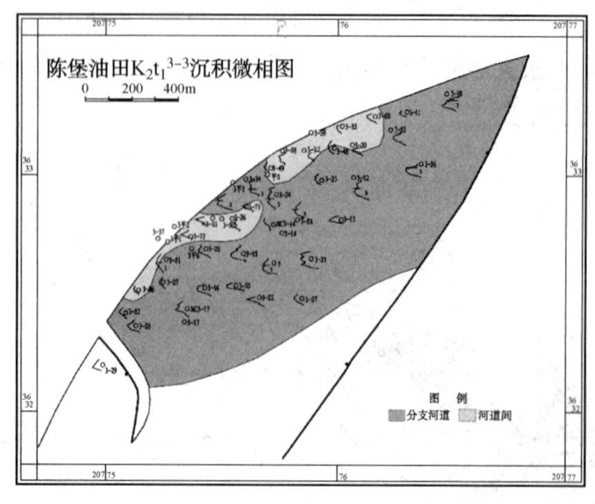

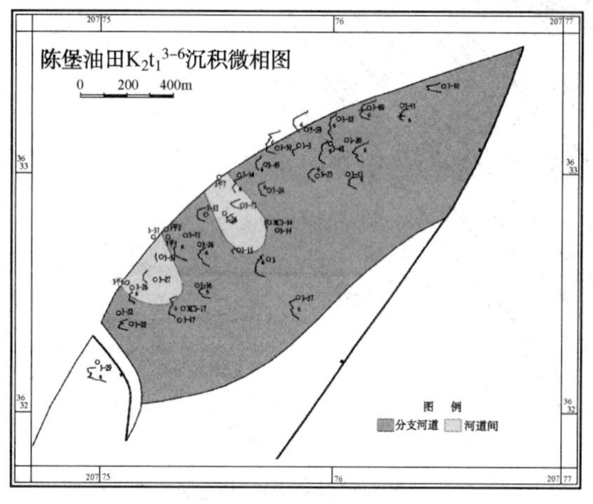

图 3　陈堡油田 $K_2t_1^{3}$ 原沉积相认识

53.38%、1.03%；$K_2t_1^{3-11}$ 钻遇情况显示为强水淹，但采出程度为 0。这些矛盾也印证了常规劈产方法对于水平井常规井组合开发、边底水复合驱动的厚层块状油藏来说，适用性较差。

3　剩余油分布研究

3.1　储层构型研究

3.1.1　沉积微相研究

由于原沉积相认识不足以支撑动态分析，2015 年开展了 $K_2t_1^{3}$ 沉积微相再认识，重新系统观察描述岩心划分微相类型，以此为基础建立岩-电关系，形成 13 类沉积微相的测井响应模板，对全区 78 口井开展了单井相解释，通过剖面相、平面相展布规律研究建立了全区沉积相模式。

亚相类型由原先的 1 类细化为扇三角洲平原、扇三角洲前缘 2 类；微相类型由原先的 2 类细化为包含辫状水道-内带-陡坡、辫状水道-缓坡、漫流沉积等在内的 11 类沉积微相(表 1)。新认识较好地支撑了动态分析：2014 年 2 月补开陈 3-92 井 $K_2t_1^{3-4}$ 获得高产，与之相距仅 80m 且构造等高的陈 3-118 井该小层解释为水层。从相图上可以看出，3-92 井位于水道边缘，是相态差异留住了一部分剩余油(图 4)；示踪剂解释结果显示，陈 3-93 井组中同样生产 $K_2t_1^{3-3}$ 的基本等距的一线受效井陈 3-27、陈 3-115 井见效时间差异较大，原认识无法解释这一动态矛盾，从新认识的相图上可以看到见效快的陈 3-115 井与注水井陈 3-93 井处于同一水道，而见效慢的陈 3-27 井位于间湾泥岩相带(图 5)。

表 1　陈堡油田 $K_2t_1^{3}$ 沉积微相类型表

大相	亚相	微相
扇三角洲	陡坡型扇三角洲平原	辫状水道
		次级水道/水道边缘
		漫流沉积
	陡坡型扇三角洲前缘	水道间细粒沉积
		水下分流河道
		河口坝
		分流河道间漫溢沉积
		湖相泥岩、间湾泥岩
	缓坡型扇三角洲平原	辫状水道
		次级水道/水道边缘
		漫流沉积

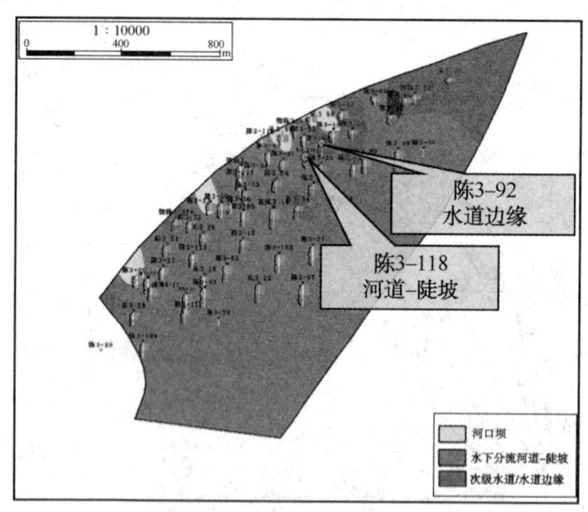

图 4　陈堡油田 $K_2t_1^{3-4}$ 沉积微相图

3.1.2　储层构型解剖

沉积微相研究可以反映砂体的宏观非均质性，但平面上看似连片的砂体其实是多种成因砂体的符合体，因此为满足现阶段剩余油研究的需要，首次开展储层构型解剖，采用层次分析和要素分析法，从单井、剖面、平面到三维空间逐步解剖砂体内部的构型特征，最终形成 $K_2t_1^{3}$ 构型建模。

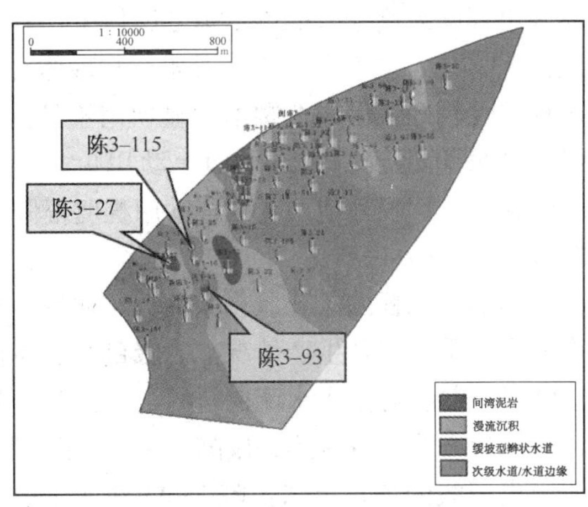

图 5　陈堡油田 $K_2t_1^{3-3}$沉积微相图

确立了 $K_2t_1^3$ 扇三角洲构型界面八级划分方案，以Ⅰ亚段的构型单元垂向分期图(图 6)为例，三个小层之间为五级构型界面，各砂体之间为四级界面，砂体中不同微相类型间为三级界面。在此基础上分析归纳出 2 大类 4 亚类 13 小类的构型单元叠置模式，合理解释了井间砂体对应但不连通，因而注水不见效等动态矛盾。

3.2　储量动用评价

3.2.1　评价方法

储量动用评价是剩余油研究的基础，$K_2t_1^3$ 是边底水块状油藏，其水侵机理体现为Ⅰ Ⅱ亚段受亚段间稳定发育的夹层影响，以边水侵入的驱替为主；Ⅲ亚段因边水沿剥蚀面侵入产生次生底水，为底水加边水的复合驱替。

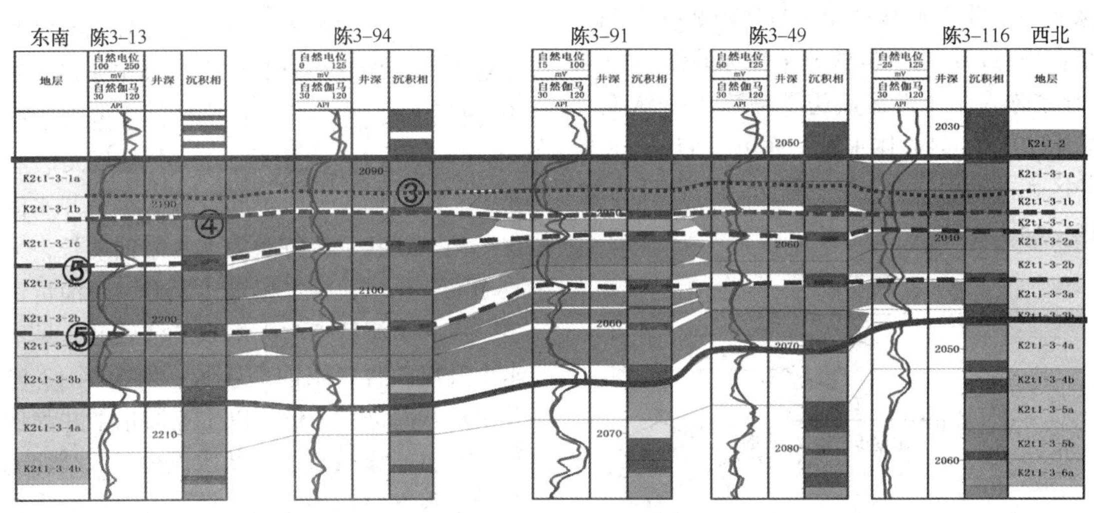

图 6　陈堡油田 $K_2t_1^{3-3}$ Ⅰ亚段构型单元垂向分期图

通过文献调研，运用水油比及水油比导数的曲线形态评价水侵模式的方法在 $K_2t_1^3$ 油藏适用性较好。由于底水突进造成的油井出水和边水推进造成的油井出水规律不同，在评价指标水油比和水油比导数双对数坐标曲线体现出不同的特征：由底水锥进造成的油井出水，双对数坐标下，其水油比(WOR)随着开发时间延长逐渐增加，但增长幅度逐渐减小，后期曲线趋于定值；而水油比导数(WOR′)随着开发时间延长逐渐降低，即 WOR′曲线的斜率基本上为负值，见图 7。由边水(平面水驱)突进造成的油井见水，在双对数坐标下，其水油比(WOR)随着开发时间延长而逐渐增加，增长幅度基本保持不变；而水油比导数(WOR′)随着开发时间的延长也逐渐增加，即 WOR′曲线的斜率基本上为正值，见图 8。

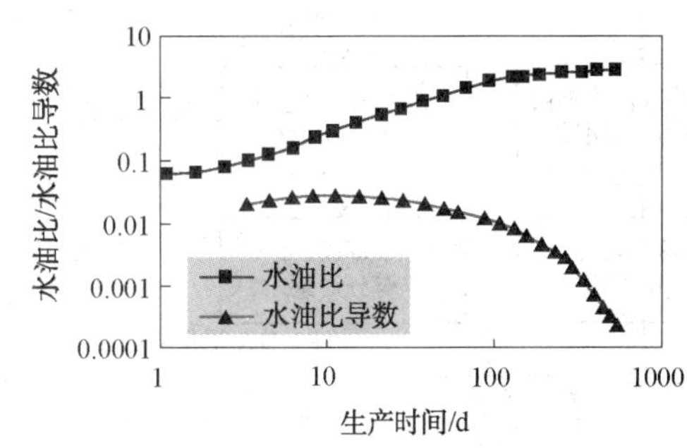

图 7　底水突进油井水油比及水油比导数双对数曲线

通过此法结合每口油井的井型、位置、投产时间、层位、厚度、生产能力、产液大小、无水采油期、含水上升状况等，确定油井生产特点。通过单井生产特点进一步归纳出各亚段常规井、水平井的生产特点，以及各亚段不同部位的见水规律。

在明确单井、亚段的生产特点及见水规律的基础上进行单井产量劈分。为提高劈分的准确

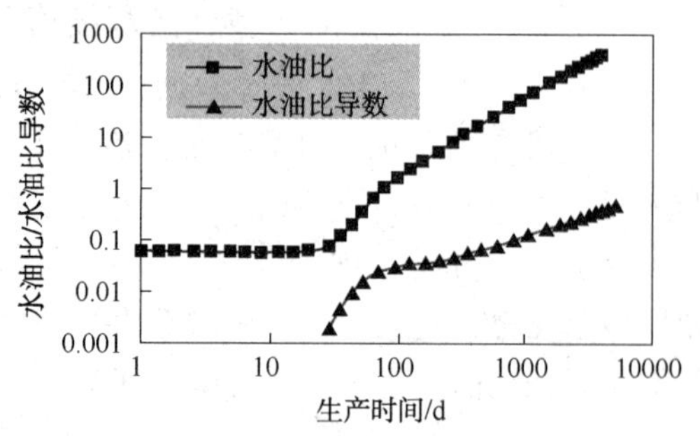

图 8　边水推进油井水油比及水油比导数双对数曲线

度，采用了新方法：制定了不同井型、产层位置、生产特点、驱动阶段、夹层分布情况下的产量劈分流程(图 9)。以陈 3 平 1 井为例，该井位于 8 号砂体高部位，根据水油比导数曲线特征划分驱动阶段，底水驱阶段实际动用砂体由井区位置的夹层分布情况决定，由于砂体间无夹层遮挡，陈 3 平 1 井底水驱阶段纵向动用 8-11 号砂体，结合静态资料将产量劈分至目标砂体。2014 年 11 月在陈 3 平 1 井区实施了侧陈 3-37A 井，实钻显示 10、11 号砂体水淹，而 10、11 号砂体在该井区无井动用，新方法的劈分结果合理的解释了这一动态矛盾。

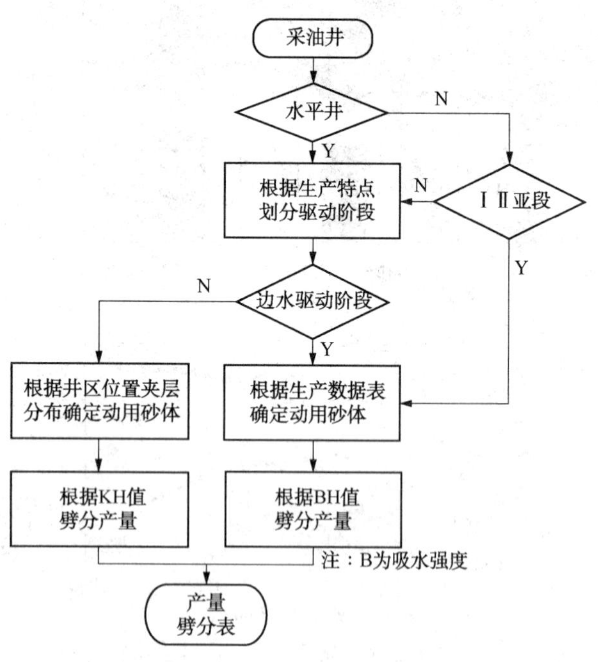

图 9　陈堡油田 $K_2t_1^3$ 产量劈分流程图

3.2.2　评价结果

分析储量动用情况，纵向上Ⅲ亚段受边底水共同作用，采出程度最高；Ⅱ亚段井网较为完善，采出程度次之；Ⅰ亚段动用最差，采出程度仅 20%，为标定采收率的一半。亚段内受储层正韵律特性影响，由上至下采出程度递增，11 号砂体采出程度最高达 65.5%，1 号砂体采出程度最低仅 13.7%。平面上ⅡⅢ亚段累产与砂体有效厚度相关性较好，但构造腰部明显动用不足，Ⅰ亚段砂体发育比较稳定，平面上动用也相对均匀，但高部位相较其他两个亚段动用程度偏低。

3.3　油藏工程方法研究

运用油藏工程方法开展剩余油分布研究，从动态分析入手，结合生产情况、产吸剖面、层位对应情况分井组对注入水流向进行分类评价，强弱流线评价方法不再赘述，以陈 3-93 井组为例，说明历史流线的评价方法：陈 3-93 井ⅡⅢ亚段合注，吸水资料显示主吸层由 2012 年时的Ⅱ亚段转变为 2015 年时的Ⅲ亚段产层，因此判断陈 3-93 井到Ⅱ亚段生产井陈 3-26 井为一个历史流线方向。同时结合生产测井资料，比如利用示踪剂测试资料分析平面水驱差异，利用过套管电阻率等剩余油测井项目分析纵向动用差异。根据以上分析，绘制出三个亚段的注入水流向示意图。

除了受注入水影响，$K_2t_1^3$ 油藏天然能量充足，不同时期投产、不同位置的水平井水淹模式也不同。线状水淹特点为无水采油期长，无水采收率高，见水后含水率迅速上升，产油量递减严重；点状水淹特点为无水累产油较低，见水后含水上升慢，含水采油期较长。对全区 12 口水平井水淹状况进行评价。以Ⅰ亚段水平井为例，陈 3 平 21 井动态表现为点状水淹模式，结合流线图分析来水方向西弱东强；陈 3 平 16 井动态表现为线状水淹模式，分析来水方向判断水淹规律自西向东为中等水淹强水淹弱水淹(图 10)。在此基础上结合产量劈分结果对水平段含水率进行分段赋值，可得到各亚段的含水等值线图，再结合流线图，有效指导下一步流场调整工作。

3.4　数值模拟研究

在构型建模的基础上开展数值模拟研究。根据各亚段各小层的剩余油分布状况，归纳统计出现阶段调整潜力区。明确剩余油分布的基础上进一步分析剩余油主控因素，将剩余油存在形式分为：近井物性遮挡型、井间未完全驱替型以及油层内部顶部未控制型(图 11)。并将剩余储量按三种类型划分，统计发现油层内部顶部未控制型剩余油共 125.9×10^4t，占剩余油总量 46.4%，是下一步调整的重点(表 2)。

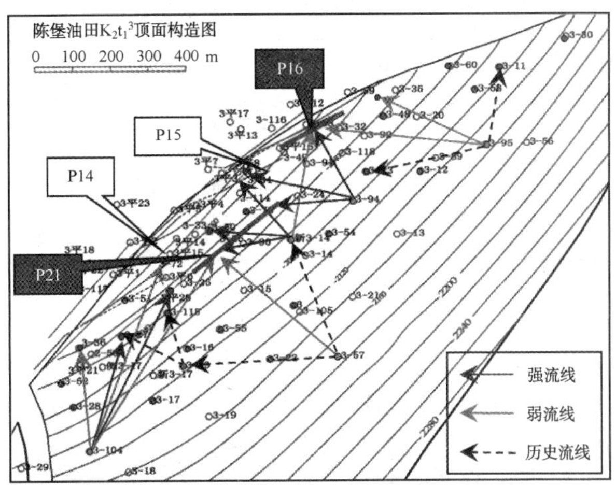

图 10　陈堡油田 $K_2t_1^3$ Ⅰ亚段流线图

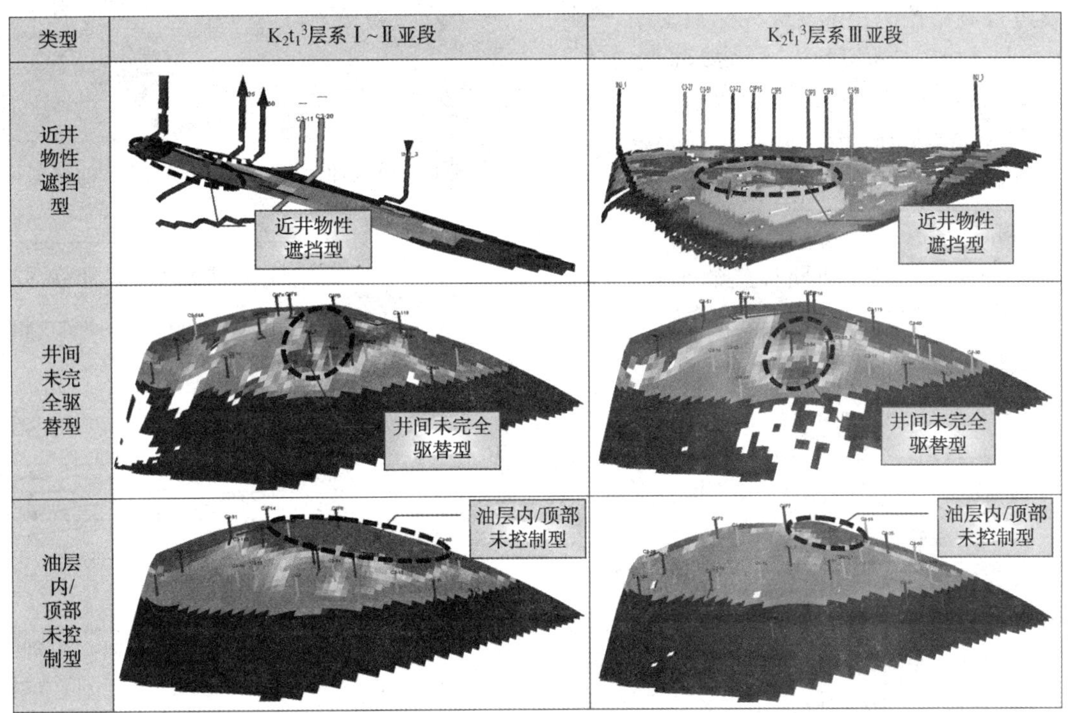

图 11　陈堡油田 $K_2t_1^3$ Ⅰ亚段流线图剩余油主控因素

表 2　陈堡油田 $K_2t_1^3$ 不同类型剩余油分布状况统计表

小层		储量/10^4t		近井物性遮挡型/10^4t		井间未完全驱替型/10^4t		油层内/顶部未控制型/10^4t	
		地质	剩余	剩余	分布井区	剩余	分布井区	剩余	分布井区
1	$K_2t_1^3$-1	66.40	57.87	0.45	陈 3-54	25.12	陈 3-53、陈 3-14	21.20	陈 3 平 14、陈 3 平 16
2	$K_2t_1^3$-2	33.90	25.03	/	/	4.89	陈 3-73、陈 3-48	13.20	陈 3 平 15、陈 3 平 16
3	$K_2t_1^3$-3	39.10	24.58	/	/	3.56	陈 3-73、陈 3-48	18.10	陈 3 平 14、陈 3 平 16
4	$K_2t_1^3$-4	38.70	28.36	/	/	4.12	陈 3-26	16.80	陈 3 平 6、陈 3-59A
5	$K_2t_1^3$-5	31.60	23.45	6.23	陈 3-59、陈 3-35	3.24	陈 3-26、陈 3-28	9.56	陈 3-60、陈 3-59A
6	$K_2t_1^3$-6	35.30	21.03	4.65	陈 3-59、陈 3-35	2.85	陈 3-59A	7.32	陈 3-60
7	$K_2t_1^3$-7	19.40	10.85	7.80	陈 3-59；陈 3-35	/	/	1.35	陈 3-60、陈 3-59A
8	$K_2t_1^3$-8	68.50	41.30	/	/	10.8	陈 3-24、陈 3-26	19.60	陈 3 平 1、陈 3 平 2
9	$K_2t_1^3$-9	49.70	25.78	/	/	5.28	陈 3-24、陈 3-26	11.65	陈 3 平 1、陈 3 平 2

续表

小层		储量/10^4t		近井物性遮挡型/10^4t		井间未完全驱替型/10^4t		油层内/顶部未控制型/10^4t	
		地质	剩余	剩余	分布井区	剩余	分布井区	剩余	分布井区
10	$K_2t_1^{3}$-10	18.90	9.04	/	/	3.20	陈3-24、陈3-26	4.80	陈3平1、陈3平3
11	$K_2t_1^{3}$-11	12.40	3.94	/	/	1.40	陈3平1、陈3平3	2.35	陈3平1、陈3平3
总计		414.00	271.20	19.13	/	64.46	/	125.93	/

4 应用与效果

4.1 优势位置剩余油挖潜

研究成果成功指导实施高效井两口，在稳定隔夹层遮挡、水道边缘或间湾泥岩相带、停产水平段的高部位/趾端/弱水淹段等优势因素叠加位置，利用套损井陈3-117、陈3平1井在剩余油富集位置进行侧钻挖潜，恢复失控储量动用。侧陈3-117井在$K_2t_1^3$层段电测解释油层2层34.3m，油水同层4层33.2m，2017年2月投产$K_2t_1^{3-6}$顶端8.8m，初期日产油15t，目前累计产油4151t；侧陈3平1井在$K_2t_1^3$层段电测解释油层2层25.0m，水淹层4层27.5m，2017年3月投产$K_2t_1^{3-4}$油层11.2m，初期日产油15t，目前累计产油3396t。两口高效井的成功实施，验证了剩余油认识的准确性。

4.2 措施经济可行性评价

措施经济可行性评价，以陈3-15井转注为例，该措施目的在于完善边内注水井排，形成人造边水，减小外溢量，提高注入水利用率，改善平面水驱效果。运用$K_2t_1^3$数值模型，模拟对比转注后井网和原井网各生产15年，两套方案累产油的差值3900t即为措施累增油(图12)。根据$K_2t_1^3$油藏基础参数绘制措施增油经济界限图版(图13)，在不同措施成本曲线上根据措施累增油找到对应的平衡油价，以此评价措施的经济可行性。

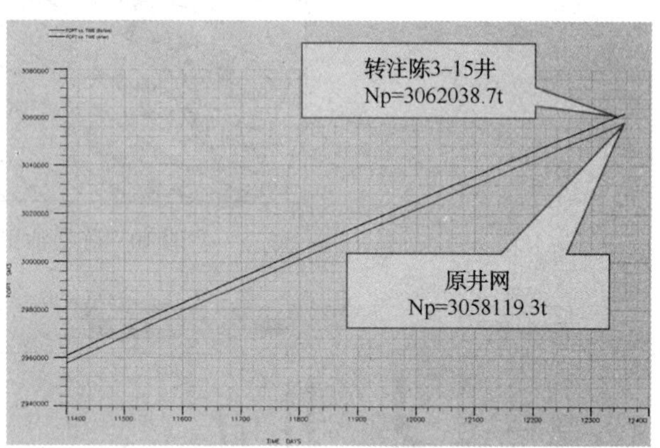

图12　陈堡油田$K_2t_1^3$数模预测累产油方案对比

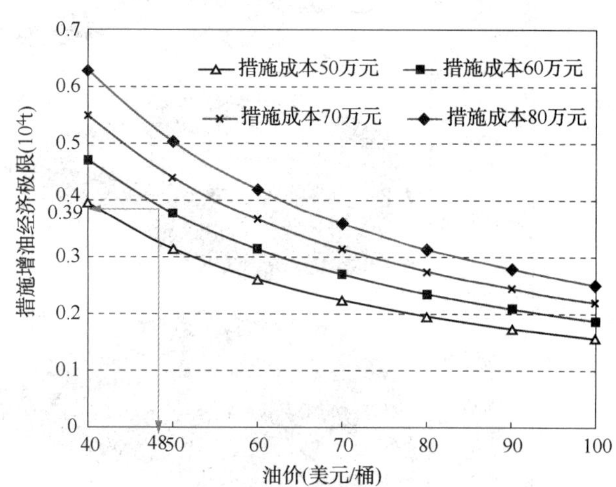

图13　陈堡油田$K_2t_1^3$措施增油经济界限图版

4.3 流场调整

油水井联动改变固有流场，以$K_2t_1^{3-8}$的陈3平2井为例，通过弱流线注水井陈3-104井增注，强流线注水井陈3-93井控注，配合陈3平2井原层补孔引效，调整后日增油5t，含水下降10%，有效提高了水平段周围的水驱动用程度(图14)。

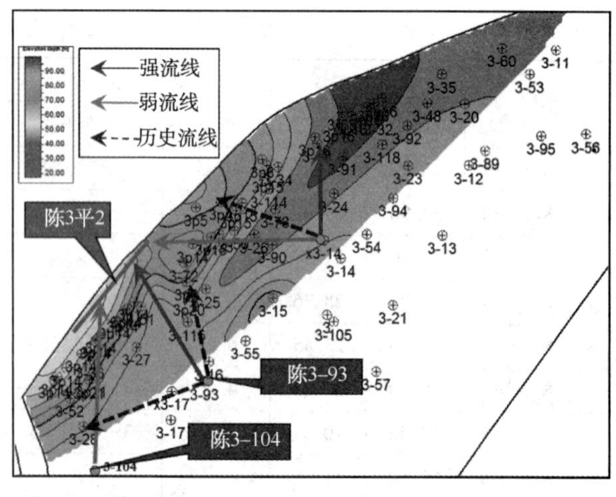

图14　陈堡油田$K_2t_1^3$Ⅲ亚段含水等值线与流线叠合图

2016年，陈堡油田$K_2t_1^3$通过对弱流线方向的6口油井原层补孔、提液引效，强流线方向的3口油井调参控液，配合5口注水井的调配注、调水嘴，实现了平面上42%的流线类型转变，措施累积增油 2047t。

5　结论

（1）油水运动规律复杂是制约强边底水块状油藏高含水期稳产的主要因素，开展储层构型研究和采用新方法深化剩余油研究是陈堡油田 $K_2t_1{}^3$ 制定针对性调整措施的基础和控水稳产的关键。

（2）对于边底水复合驱动油藏，运用水油比及水油比导数的曲线形态评价水侵模式的方法在陈堡油田 $K_2t_1{}^3$ 适用性较好。

（3）常规劈产方法对于水平井常规井组合开发、边底水复合驱动的厚层块状油藏适用性较差。根据陈堡油田 $K_2t_1{}^3$ 油藏特征及开采特点，制定了不同井型、产层位置、生产特点、驱动阶段、夹层分布情况下的产量劈分流程，新井钻遇情况验证了新方法劈产结果的准确。

（4）运用数模量化剩余油分布的基础上进一步根据剩余油主控因素，将剩余油存在形式分为：近井物性遮挡型、井间未完全驱替型以及油层内部顶部未控制型。统计发现油层内部顶部未控制型剩余油共 125.9 万吨，占剩余油总量 46.4%，是下一步调整的重点。

参　考　文　献

[1] 罗南，罗钰涵，郑红．油藏隔夹层分布对开发效果的影响[J]．石油地质与工程，2008，22(3)：53-56.

[2] 陈民峰，李晓风，时建虎等．边底水复合砂岩油藏见水规律及主控因素研究[J]．复杂油气藏，2014，7(4)：45-49.

数字岩心微观孔隙特征及水驱油特征研究

李芳芳[2]　胡云亭[1]　朱　健[2]　魏　莉[1]　李新建[1]　黎运秀[1]

(1. 中海油能源发展工程技术公司；2. 数岩科技(厦门)股份有限公司)

摘　要　注水开发是渤海油田最主要的开发方式，水驱过程受微观孔隙结构特征及润湿性影响，油水运移规律复杂，常规实验难以表征。以渤海某油田真实岩样为例，借助微纳米成像技术和图像处理技术建立数字岩心和孔隙网络模型，对岩样的孔隙网络特征进行表征并对水驱油规律及剩余油分布进行了研究。研究结果表明：B6 岩样为致密砂岩，裂缝不发育，样品总孔隙度为 9.81%，连通孔隙为 9.45%，最小连通孔隙半径为 7.66μm；饱和油后，束缚水主要分布在喉道及小孔隙中，原油主要分布在较大半径的孔隙半径中；水驱油过程，由于岩样强水湿，初期驱动力以毛管力自吸作用为主，注入水主要进入喉道和大孔隙颗粒表面，中后期以驱动力为主，注入水逐渐占据大孔隙和中小连通孔；水驱油后剩余油可分为簇状剩余油、角状剩余油、黏土微孔隙剩余油、孤岛状剩余油，各类剩余油形成机理不同，主要分布在半径小于 7μm 的孔隙中，并以簇状剩余油为主。

关键词　数字岩心；孔隙网络模型；孔隙特征；水驱油特征；剩余油分布

注水开发是渤海油田最主要的开发方式。在注水开发结束时，由于受地层条件等宏观因素以及孔喉结构和润湿性等微观因素的影响，水驱采出程度不高，仍有较多原油以剩余油的形式留在油层中，搞清水驱过程及剩余油分布特征是下一步提高采收率的关键。注水开发的油田，储层的诸多宏观性质(渗透率、毛管力、润湿性等)取决于它的微观结构、岩石成分以及其地下流体的物理化学性质，常规岩心流动试验所获取的参数如渗透率、毛管力、润湿性等实际上是岩石矿物以及孔隙结构和流体性质等在特定试验条件的宏观体现，岩石中孔隙的微观结构、岩石本身以及其中流体的性质才是各种现象的本质。以提高原油采收率为开发目标，不能仅停留在储层宏观性质的研究，而是要从微观孔隙结构入手，对微观孔隙结构、流体分布特征进行定量表征。数字岩心技术借助先进的 CT 扫描及电镜扫描技术，可将微观孔隙结构以数字化图像直接表达，并可精细刻画岩石孔隙空间特征及流体相渗流空间的变化特征。该项技术始于 20 世纪 50 年代，是基于逾渗理论对微观孔隙、渗流特征进行研究的一种先进手段，通过微米 CT 扫描所获取的岩心图像可以较好的刻画岩石三维骨架及孔隙结构的分布，是一项应用于能源与矿产资源领域的新兴岩心分析技术。

本文以渤海某油田 B6 井取芯岩样为例，将数字岩心技术与传统实验技术相结合，利用数字岩心技术捕捉不同状态下的岩心孔隙及流体的三维空间分布，从微观机理出发来解释常规流动驱替实验所反映出的宏观现象及趋势，从而能够更加深入的了解油水渗流特征，深化油水渗流机理的研究，对于指导油田开发实践具有重要的理论意义和实际应用价值。

1　数字岩心模型建立

数字岩心分析技术流程如图 1 所示，主要可分为三大流程。(1)图像获取：利用锥形 X 射线穿透物体，通过不同倍数的物镜放大图像，由 360 度旋转所得到的大量 X 射线衰减图像重构出三维的立体模型，获取高质量有代表性的岩石图像。(2)图像分割：在原始图像获取的基础上，对灰度图像进行区域选取、阈值分割与降噪处理，获取岩石骨架及孔隙的基本信息，建立相应的数字图像模型及孔隙网络模型。(3)数值模拟：在获取数字图像模型或孔隙网络模型的基础上，依据不同的模拟方法和原理来获取相应的岩石物理参数。

【作者简介】李芳芳(1984—)，女，博士研究生。主要从事油气藏物理模拟与油藏工程等方面的研究。E-mail：chanel_ lf@ 126. com

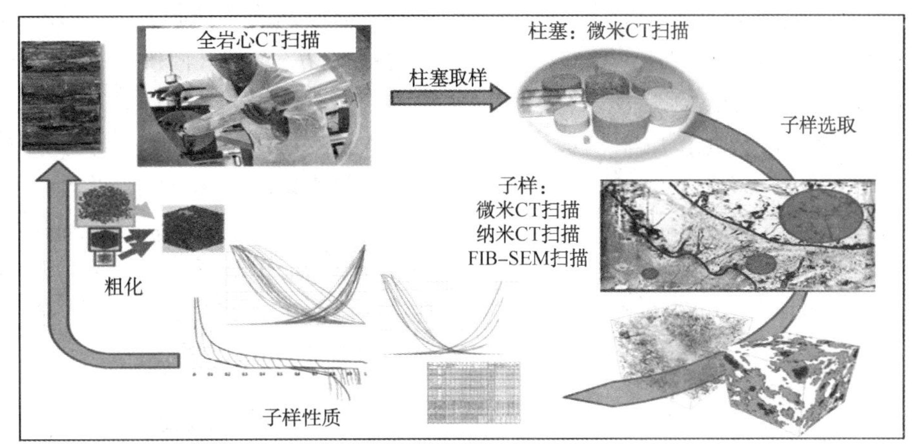

图 1　数字岩心分析测试流程图

1.1　样品扫描

以渤海某油田 B6 井取芯岩样为例，对所接收样品进行了除油、除盐，烘干恒重后测定其常规气体孔隙度、渗透率。然后在原岩样上钻取 8mm×20mm 的柱塞小样，以 2μm 的扫描精度对柱塞样品进行样品整体原位微米 CT 扫描，扫描结果如图 2 所示。从图 2 柱塞 CT 扫描图像上可见样品孔隙也比较发育，孔隙结构明显，部分孔隙明显被黏土矿物填充。此外，B6 岩样虽然比较致密，未见微裂缝发育。

图 2　B6 岩样 2μm 微米级 CT 扫描结果

1.2　图像处理

根据岩心微米 CT 扫描得到灰度图像，图像中明亮的部分认为是高密度物质，而深黑部分则认为是孔隙结构。利用 ImageJ 软件对 CT 灰度图像进行降噪处理和二值化分割，划分出孔隙与颗粒基质，得到可用于孔隙网络建模与渗流模拟的分割图像。对 CT 扫描数据进行切片，得到横向和纵向的灰度图像，通过 Avizo 软件对灰度图像进行区域选取、降噪处理和二值化分割，并将孔隙区域用蓝色进行渲染提取孔隙图像并进行三相分隔得到三维的数字岩心模型如图 3 所示。

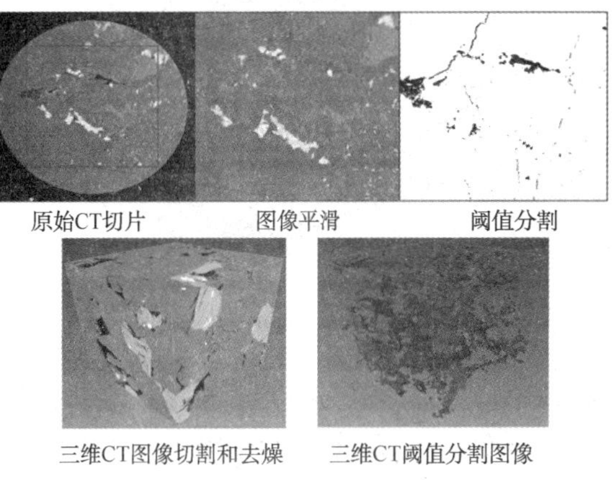

图 3　B6 岩样图像处理过程

1.3　孔隙网络模型建立

根据三维数字岩心模型中提取出来的孔隙部分，利用“最大球”方法提取出样品的孔隙网络模型，数字岩心中形状不规则的真实孔隙和喉道被规则的球形填充，利用形状因子来存储不规则孔隙和喉道的形状特征，从而获取三维拓扑结构以及孔隙与喉道等参数信息。B6 岩样三维数字岩心模型提取的孔隙网络模型如图 4 所示，模型尺寸 2mm×2mm×2mm，孔隙数量 62640 个，喉道数量 68662 个。

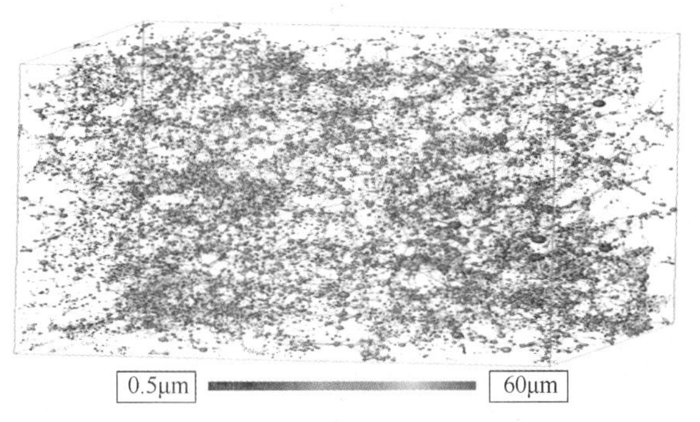

图 4　B6 样品三维孔隙网络模型

1.4　岩心物性参数计算

基于数字岩心模型可以模拟计算岩石的物性特征，主要包括基本孔渗参数、地层电阻率、胶结指数、核磁共振(NMR)模拟、压汞模拟和孔隙结构特征等。

(1) 孔隙度

基于二值分割后的数字岩心图像，统计孔隙体素占整个岩石的体素比例，可以得到岩石的孔隙度，通过判断孔隙体素某一方向上的连通性，可计算相应的连通孔隙度。

(2) 渗透率

假设不可压缩流体在多孔介质中低速流动，采用计算流体动力学(CFD)线性斯托克斯方程组描述多孔介质中的流体流动，通过有限差分计算流体在某方向上的流量得到三维数字岩心模型在某一方向的绝对渗透率，如图 5 所示。

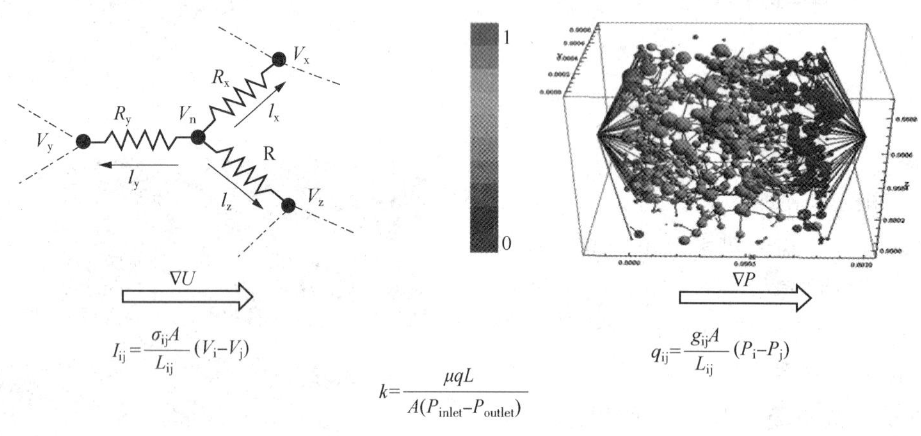

图 5　绝对渗透率计算

(3) 迂曲度

数字岩心迂曲度是利用随机步行者模拟方法得到，模拟大量做随机布朗运动的粒子在迂曲的孔隙空间内和自由空间内做扩散运动，通过运动时间和均方位移得到对应空间的扩散系数，二者比值即为迂曲度。

粒子在迂曲孔隙空间内做布朗运动的扩散方程：

$$\langle r(t)^2 \rangle = 6D(t)t$$

粒子在自由空间内做布朗运动的扩散方程：:

$$\langle r^2 \rangle_{free} = 6D_0 t$$

迂曲度：

$$\tau = \frac{D_0}{D(t)}$$

式中，$\langle r(t)^2 \rangle$ 和 $D(t)$ 分别代表均方位移和扩散系数。

(4) 地层电阻率因子

根据阿尔奇经验公式，将迂曲度与孔隙空间孔隙度结合，从而得到孔隙空间的地层电阻率因子。

$$FRF = \frac{\tau}{\phi}$$

(5) 胶结指数

在孔隙空间迂曲度为 1 的假设条件下，可得到孔隙空间的胶结指数 m。

$$FRF = \phi^{-m}$$

根据 B6 样品微米 CT 扫描图像和物性计算方法得到样品的基本物理信息，如表 1 所示。室内常规实验测得 B6 平行样品渗透率为 81.9×10^{-3} μm^2，孔隙度为 11.06%，胶结指数为 2.20。通过对比可知，数字岩心获得孔隙度、渗透率、胶结指数与常规实验较为接近，仅孔隙度略低于常规实验(数字岩心孔隙度一般采用面孔率值)，主要原因是由于本次采用的是微米级 CT 扫描，而所用样品较为致密，样品中纳米级孔隙未能成功识别。与常规实验相比，数字岩心较常规实验具有快速、无损、精细、直观的特点，除常规物性参数外，一次扫描和计算即可获得岩样的常规物性、矿物成分、毛管力曲线和相对渗透曲线等参数，还可以直观的观测到孔隙大小、分布及连通情况。

表 1　B6 样品参数信息

总孔隙度/%	9.81	连通孔隙度/%	9.45
孔隙连通率/%	96	绝对渗透率，$\times10^{-3}\mu m^2$	66.7
迂曲度	14.4	地层电阻率因数	146.6
m 指数	2.15	最大联通孔隙半径/μm	7.66
面孔率/%	10.34		

2　模拟成藏及水驱油过程

2.1　饱和水

为区别岩石孔隙中油水的灰度值，采用浓度为30%的KI溶液饱和岩样。将8mm×20mm柱塞岩样抽真空4h，自吸饱和后，放入特制岩心夹持器以0.02mL/min的速度驱替2h以上。按照干岩心扫描参数进行原位CT扫描，采用图像差值法来获取孔隙空间及流体渗流空间。图6为饱和水后的三维数字岩心模型，通过图像处理和统计分析得到B6样品总的孔隙度为7.23%，连通孔隙度为5.70%，渗透率为$9.71\times10^{-3}\mu m^2$，平均孔隙半径为7.775μm，平均喉道半径为3.399μm。

图6　饱和水空间切片(左)及三维模型(右)图

图7为饱和水后岩样孔隙半径和喉道半径分布。由图可知，B6样品孔隙半径主要分布在5~13μm之间，峰值半径为8.2μm；喉道半径主要分布在1.5~5μm之间，且双峰型分布，峰值半径分别为1.8μm和3.6μm。

2.2　饱和油

采用恒速0.01mL/min速度饱和油，逐步将流量调至0.2mL/min，围压2MPa，直至不出水为止，认为岩样此时处于束缚水状态，进行原位CT扫描，扫描结果如图8所示。图中红色为孔隙中的原油分布，蓝色为孔隙中束缚水分布。由图8左可知，饱和油后，原油主要占据连通孔隙中的大孔隙，束缚水分为连片状束缚水和分散状束缚水。连片状束缚水主要是分布在与喉道连通孔隙中的束缚水，在饱和油过程中由于油相黏度高渗流阻力大，岩心偏水湿，原油驱动力不足以克服喉道带来的毛细管阻力，束缚水被滞留在孔隙中无法驱出。分散型束缚水又可分为膜状、角状和孤岛状。其中膜状束缚水主要分布在黏土矿物填充的孔隙中，束缚水被黏土矿物吸附在表面形成的附着力大于驱替力而无法被驱出。角状束缚水主要是分布在孔隙死角和孔隙盲端的束缚水。孤岛状束缚水则分布在平面上不与周围孔隙连通的小孔隙中，其形成机理与片状束缚水类似。对油相和水相占据的体积进行统计，其中束缚水饱和度占据24.5%，与该油田原始取芯岩样分析一致。

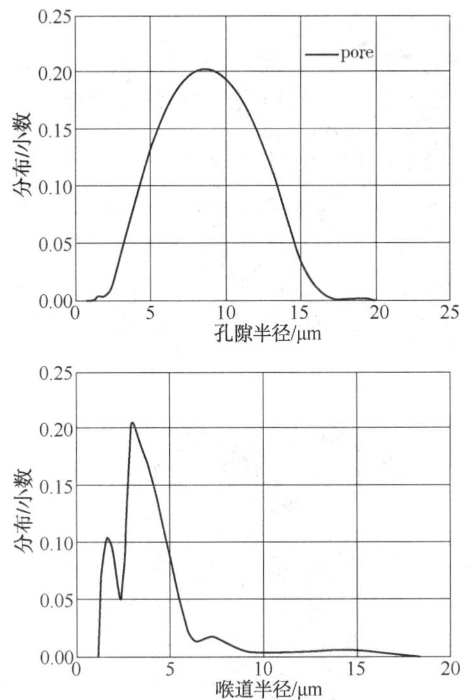

图7　饱和水孔隙半径分布曲线(左)和油相渗流空间喉道半径分布曲线

对原油和水占据的孔隙半径进行统计，结果如图8左所示。由图可知，饱和油后，束缚水为非连续相，主要占据在小于7μm的孔隙空间中，原油为连续相主要占据在3~12μm的孔隙空间中。对油相渗流空间喉道半径进行统计，如图9右所示。油在喉道中的分布为单峰式，峰值半径为2μm。

2.3　水驱油

饱和油后，采用0.01mL/min恒速水驱1PV后，调整注入速度至0.02mL/min恒速水驱10PV，再次整注入速度至0.2mL/min恒速水驱40PV至不出油，分别对注入1PV、10PV和40PV后样品进行原位扫描，获得水驱油过程微观特征，如图10所示。

由图可知，强水湿岩样，在低速驱替的初期，以自吸作用为主，注入1PV后，注入水主要进入喉道及孔隙的颗粒表面属于非连续相，原油则处于大的连通孔隙中属于连续相。通过对油水占据的孔隙半径统计，发现注入1PV后，水相

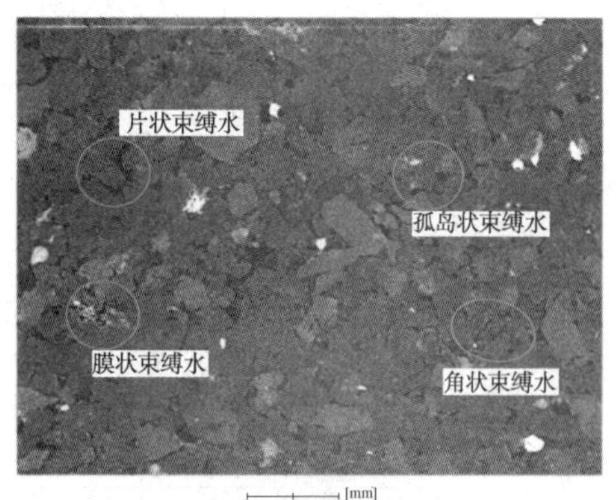

图 8　饱和油油水空间切片(左)及三维模型(右)图

主要分布在 2~7μm 的孔隙中，峰值半径为 4μm，原油主要分布在 4~11μm 的孔隙中，峰值半径为 7μm，驱油效率为 18.9%。提高注入速度后，注入水的进入以驱替作用为主，注入水将大孔隙以及连通孔隙中的原油逐步驱替出来呈连续相分布，位于喉道以及连通性差孔隙中的原油难以克服毛管力滞留下来呈非连续相分布。注入 10PV 后，水主要分布在 5~12μm 的孔隙中，峰值半径为 8μm，原油主要分布在 3~7μm 的孔隙中，峰值半径为 3.5μm，驱油效率为 56.8%。随着驱替速度和驱替倍数的进一步提高，位于大孔隙边角处以及与喉道连通的孔隙中的原油被驱出，驱替效率进一步增加。注入 40PV 后，水相主要分布在 5~12μm 的孔隙中，峰值半径为 8.5μm，原油主要分布在 3~7μm 的孔隙中，峰值半径为 3μm，驱油效率为 66.1%。

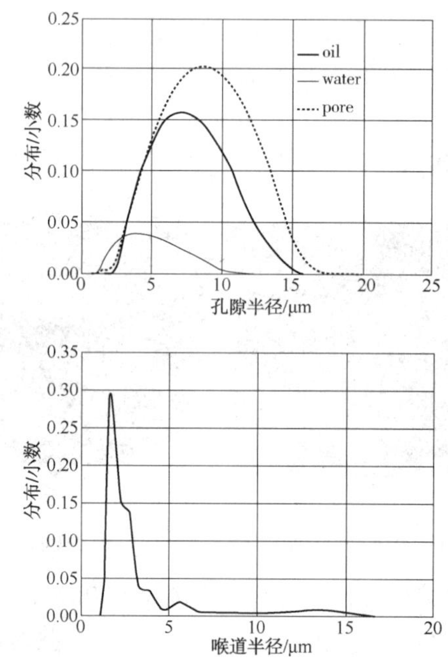

图 9　油、水空渗流间孔隙半径分布曲线(左)和油相渗流空间喉道半径分布曲线(右)

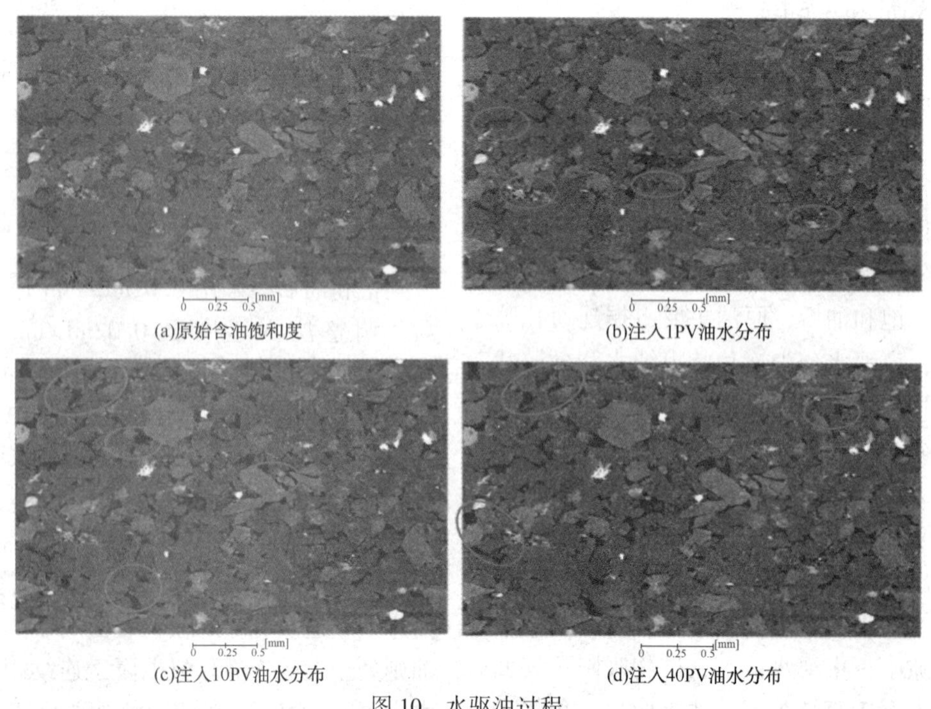

图 10　水驱油过程

2.4　剩余油分布

水驱40PV以上至不产油，得到剩余油分布如图11所示。由图左可知，水驱40PV后残余油量较少，其分布形态可分为四类：簇状剩余油、角状剩余油、黏土微孔隙剩余油、孤岛状剩余油。与束缚水不同，由于岩样亲水，孔隙中不存在成片状的残余油分布。簇状残余油主要分布在与喉道连通的大孔隙中，这部分残余油主要由于毛管力形成的油路断裂和绕流作用导致大孔隙中的剩余油无法被驱替出来。角状剩余油主要分布在大孔隙的角落处，这部分剩余油是水驱扫过后孔隙角落或盲端的剩余油。黏土微孔隙剩余油主要是黏土微孔隙中部分亲油的颗粒与原油之间的附着力大于水驱过程的剪切呢，注入水在孔隙中间通过，试附着在岩石表面的油留下形成油膜或者油环。孤岛状剩余油主要在孔喉比相差较大的孔隙中形成，注入水沿着亲水的岩石表面前进，通过喉道时，占据喉道使得与喉道连接的孔隙中的原油被卡段无法被驱替出来。对水驱后残余油体积进行统计，残余油饱和度为25.6%，计算得驱油效率为66.1%，与常规水驱实验结果一致。

图11　三次水驱油水空间切片(左)及三维模型(右)图

对水驱后三维模型中的剩余油滴进行标记和统计，以每个独立油滴的体积为基准，将油滴体积对应转化为球形半径，统计了不同油滴半径对应的体积分布。在此基础上，对每个独立油滴的形状因子进行统计，形状因子越大表明物体的形状越复杂，统计结果如表2所示。由表2可知，B6号样品水驱后，剩余油滴主要分布在10~50μm大小的孔隙半径中。因此，要将这些孔隙中油滴驱替出来，所需要的驱动力必须大于孔隙半径所带来的毛管力。此外，剩余油滴的形状因子普遍大于10，剩余油分布以簇状为主，形状普遍比较复杂。

表2　剩余油定量表征

等效油滴半径/μm	<5	5~10	10~25	25~50	>50
体积占比，小数	0.12	0.13	0.25	0.35	0.15
形状因子	<1.5	1.5~2.5	2.5~3.5	3.5~10	>10
体积占比，小数	0.18	0.05	0.05	0.21	0.51

水驱后，对原油和水占据的孔隙半径进行统计，结果如图12左所示。由图12可知，图可知，饱和油后，残余油为非连续相，主要占据在半径小于7μm的孔隙空间中，注入水为连续相主要占据在5~13μm的孔隙空间中。水相在喉道中的分布呈双峰式。其中第一个峰值代表的主要是滞留在孔隙中未参与流动的束缚水，第二个峰值代表水驱油过程中较大喉道中原油被水驱走重新占据的喉道半径。

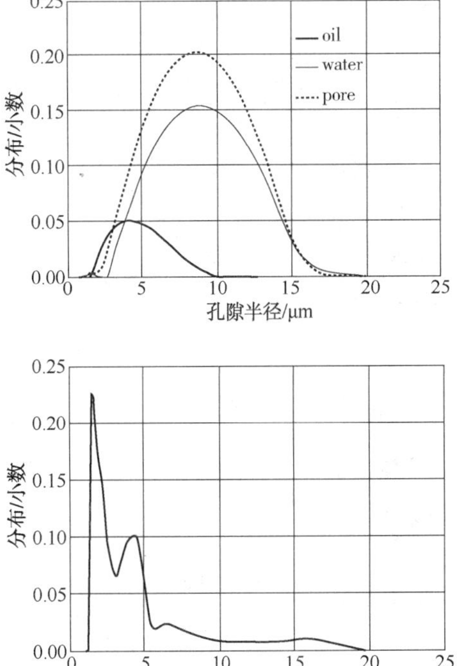

图12　油、水空间孔隙半径分布曲线(左)和水相渗流空间喉道半径分布曲线(右)

3 结论与认识

（1）借助高精度 CT 扫描和数字图像处理技术，建立了 B6 样品的数字岩心和孔隙网络模型，获得了样品渗透率、孔隙度、连通孔隙度、迂曲度以及孔隙半径等相关物理性质。

（2）通过微米级原位 CT 扫描，对 B6 样品饱和油以及水驱油期间的孔隙特征以及流体分布进行了表征。饱和油中，束缚水为非连续相主要占据在较小的孔隙和喉道中，原油为连续相主要分布较大的孔隙中；水驱后，残余油主要占据孔隙死角和较大的喉道中。

（3）水驱过程中，由于岩心强水湿，初期以毛管力自吸作用为主，然后驱替作用逐渐占主导作用；随着注入 PV 增加，水所占据孔隙半径峰值逐渐增加，注入 1PV、10PV 和 40PV 后峰值半径分别为 4μm、8μm 和 8. 54μm。

（4）水驱后，残余油饱和度为 25. 1%，驱油效率为 66. 1%，剩余油分布形态可分为簇状剩余油、角状剩余油、黏土微孔隙剩余油、孤岛状剩余油，其中簇状剩余油是最主要的分布形态。

参 考 文 献

[1] 姚军，赵秀才，衣艳静等．数字岩心技术现状及展望[J]．油气地质与采收率，2005，12(6)：52-54.

[2] 张顺康，陈月明，侯健等．岩心 CT 微观驱替实验的图像处理研究[J]．大庆石油地质与开发，2007，26(1)：10-12.

[3] 王克文，关继腾，范业活等．孔隙网络模型在渗流力学研究中的应用[J]．力学进展，2005，35(3)：353-360.

[4] 王晨晨，姚军，杨永飞等．气驱油微观渗流模拟及相渗曲线升级技术[J]．渗流力学与工程的创新与实践——第十一届全国渗流力学学术大会论文集，2011.

[5] 侯健，李振泉，关继腾等．基于三维网络模型的水驱油微观渗流机理研究[J]．力学学报，2005，37(6)：783-787.

[6] 高慧梅，姜汉桥，陈民锋．多孔介质孔隙网络模型的应用现状[J]．大庆石油地质与开发，2007，26(2)：74-79.

[7] 陈民锋，姜汉桥．基于孔隙网络模型的微观水驱油驱替特征变化规律研究[J]．石油天然气学报，2006，28(5)：91-95.

[8] 姚军，赵秀才，衣艳静，等．储层岩石微观结构性质的分析方法[J]．中国石油大学学报：自然科学版，2007，31(1)：80-86.

[9] 赵碧华．用 CT 扫描技术观察油层岩心的孔隙结构[J]．西南石油学院学报，1989，11(2)：57-64.

[10] 郝乐伟，王琪，唐俊．储层岩石微观孔隙结构研究方法与理论综述[J]．油气藏，2013，25(5)：123-128.

中心管技术能有效改善底水油藏的开发效果

吴星宝 陈维华 莫起芳 伍文明 郑圣黠 文 星

(中海石油(中国)有限公司深圳分公司)

摘 要 底水锥进是底水油藏普遍存在的问题，是伴随油田开发全过程的主要开发矛盾，一般采用水平井这一开发方式。由于水平井段井筒流动摩阻的存在，使得水平井段各处的压力剖面和供液剖面不均衡，造成水平井根部过早见水。而中心管技术可以较好的平衡水平井段的压力分布和供液剖面，从而延缓底水锥进，改善底水油藏的开发效果。在珠江口盆地A油田群和B油田先后使用过中心管技术，收到了一定的成效，而C油田由于砂岩疏松的特征，中心管的使用收到了更为明显的效果，在一定程度上扭转了被动的开发局面，获得较好的经济效益。

关键词 中心管；底水油藏；水平井；底水锥进；疏松砂岩；出砂堵塞

底水锥进是底水油藏普遍存在的问题，采用直井开发生产压差大，容易造成底水锥进，导致油井过快水淹，而水平井开发增大了泄油面积，减小了生产压差，可以起到一定的压锥效果[1]，因此，底水油藏一般采用水平井这一开发方式。但水平井生产时，由于水平井段井筒流动摩阻的存在，使得水平井段各处的压力剖面和供液剖面不均衡，底水会过早从水平井的根部锥进、见水。而中心管可以明显改善水平井段内的生产压差分布，使之更加均衡，从而使水平井段的供液剖面趋于均衡，缓解了底水锥进的速度，可以有效地改善底水油藏的开发效果。

在珠江江盆地A油田群和B油田的生产井先后使用过中心管技术，收到了一定的成效，而C油田由于砂岩疏松的特点，中心管的使用，收到了更为明显的效果，在一定程度上扭转了被动的开发局面，获得较好的经济效益。鉴于珠江口盆地油田以块状底水油藏为主，普遍具有物性好、单井采油速度高，底水锥进严重的特点，中心管技术在珠江口盆地开发中具有良好的应用前景。

1 中心管技术介绍

1.1 中心管定义

中心管，有时也叫“尾管”，通过把油管的吸入口由水平井段的根部延伸到水平井段的中部，以达到平衡生产压差和供液剖面的效果，从而实现减缓底水锥进目的。

以C油田使用的中心管为例[2]，其规格如下，采用4½″ 12.6lb/ft N-80 Hunting FJL 油管，尾端为20米钻孔管，孔密20孔/米，孔眼直径10mm，相位角90°，每相邻两条布孔母线上的孔眼上下均匀交错布孔。沿圆周均布4排孔，每排5孔/米。中心管与防砂封隔器之间采用插入锁紧式定位密封，采用C型锥形导鞋下如脱手。中心管示意图如图1所示。

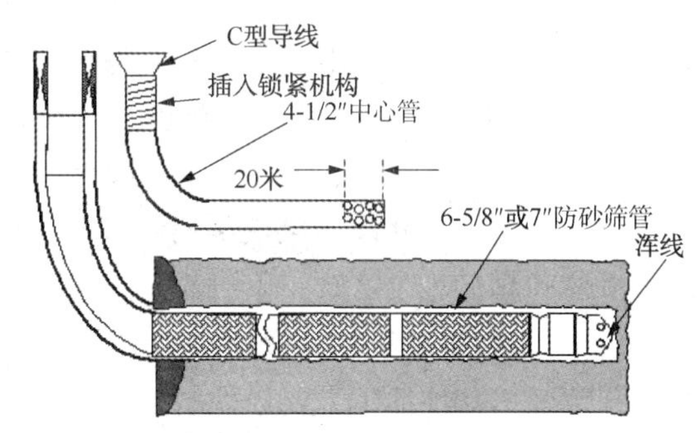

图1 中心管示意图

1.2 中心管的工作机理

在钻井损害表皮系数基数为3，平均生产压差为2MPa，不考虑地层的非均质的情况下。经计算，水平井段内的生产压差分布情况如图2所示[2]。

从图中可以看出，在水平井段内，常规筛管完井的最大生产压差和最小生产压差之间相差1.17MPa，底水较容易从生产压差高的水平井根

【作者简介】吴星宝，男，地质工程师，2009年研究生毕业于长江大学，开发地质专业，主要从事油气田开发工作。E-mail：wuxb2@cnooc.com.cn

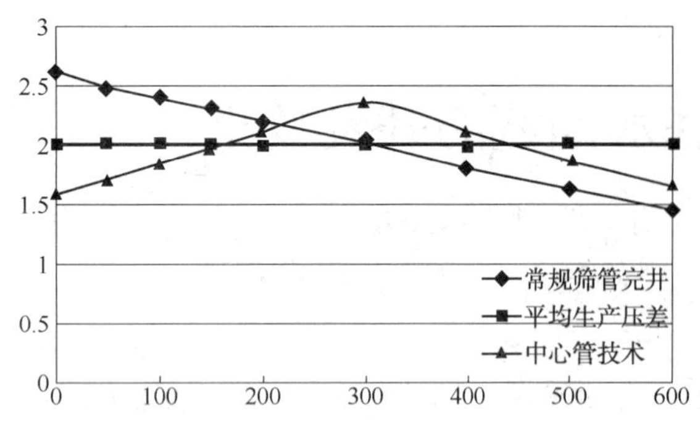

图 2　采用中心管水平井段生产压差示意图

端锥进。而采用中心管技术后，最大生产压差和最小生产压差之间仅相差 0.77MPa，而且水平井尾端的生产压差也比采用常规筛管时提高了 0.21MPa。

据资料分析，中心管长度与水平井段供液剖面存在如图 3 所示的关系[3]。

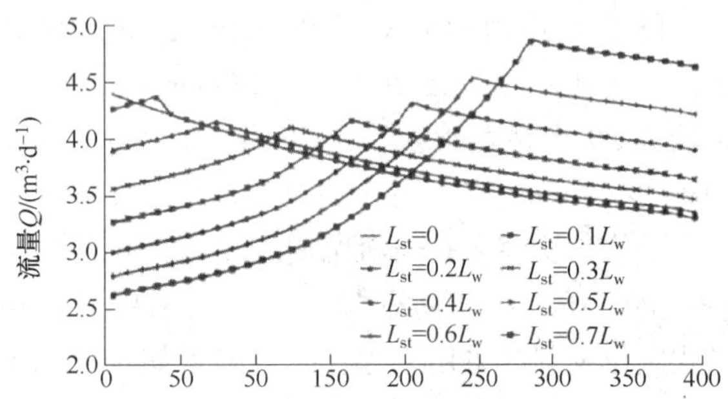

图 3　不同中心管长度与水平井段供液量的关系

从图 2、图 3 可以看出，中心管能够较好的改善水平井段中压力和供液剖面的分布。因此，利用水平井开发底水油藏，采用中心管技术，可以较明显的平衡水平井段的供液剖面，进而缓解底水锥进的问题。

2　中心管应用效果分析

由于珠江口盆地油田主要以块状底水油藏为主，砂体物性好，连通性好，而且海上高速开采使得单井采油速度高，从而不可避免的造成底水锥进严重。为延缓底水锥进的速度，A 油田群、B 油田使用过中心管技术，收到了一定的成效。而中心管在 C 疏松砂岩底水油藏的使用中，收到了更为明显的效果，在一定程度上扭转了被动的开发局面，获得较好的经济效益。接下来，以 C 为例分析中心管的应用效果。

2.1　C 油田开发矛盾分析

中心管之所以能够在 C 油田取得明显的效果，是由 C 油田特殊的开发矛盾决定的。

C 油田是典型的疏松砂岩薄油层底水油藏。已动用的五个油藏油层厚度仅为 8～11m，与相同类型油田 D 和 B 相比，由于埋深浅、距物源近，以及地层砂分选较差等原因，更为疏松、更容易出砂堵塞，对比见表 1。

表 1　C 油田出砂伤害与 D、B 对比表

油田名称	埋藏深度/m	距物源距离（物源为西北向）	砂岩粒径特点	注释
XJ231	1700～1900		不等粒砂岩为主；分选差	
CJ243	1930～2400	比东部的 XJ243 近约 19 公里	中细砂岩为主，分选好	有出砂史
CJ302	1900～2800	比东部的 XJ302 近约 26 公里	中细砂岩为主，分选好	有出砂史
分析结论	埋深浅，欠压实	距物源近、砂粒较粗	粗砂含量较高，胶结强度低	胶结强度低，易出砂堵塞

底水锥进、出砂堵塞是伴随 C 油田开发全过程的主要矛盾，因而对于 C 油田的开发造成非常大的难度。如果水平井段供液剖面不均衡，不仅会引起底水锥进，还会因局部流量过大造成出砂堵塞的问题，而出砂堵塞又会引起水平井段局部位置压降过高，从而进一步加剧了底水锥进，使整个开发形势恶化。

中心管能够较好的改善水平井段中压力和供液剖面的分布，尤其对 C 油田这种疏松砂岩油田，不仅起到延缓底水锥进，还起到减轻地层出砂堵塞的作用，从而改善 C 油田的开发效果。

2.2　未采用中心管油井的生产动态

C 油田开发初期，由于对地层出砂堵塞的潜在伤害认识不足，除 A04H 井外，其它井均未采用中心管技术，导致整个开发局面陷入被动。除 A04H 井生产动态较好外，其余底水油藏大部井生产动态较差。

2.2.1　初期投产井普遍见水早、含水上升快

图 4 中，横坐标是累积产油量，纵坐标是含水率，二者的关系反映了油井的开发效果。除 A03H 见水较晚外，其余未采用中心管的油井生产动态较差。

2.2.2　井底压力下降明显、地层堵塞严重

图 5 中，横坐标是累积产液，纵坐标是电泵入口处的压力。该图是累积产液达到 60 万桶时，

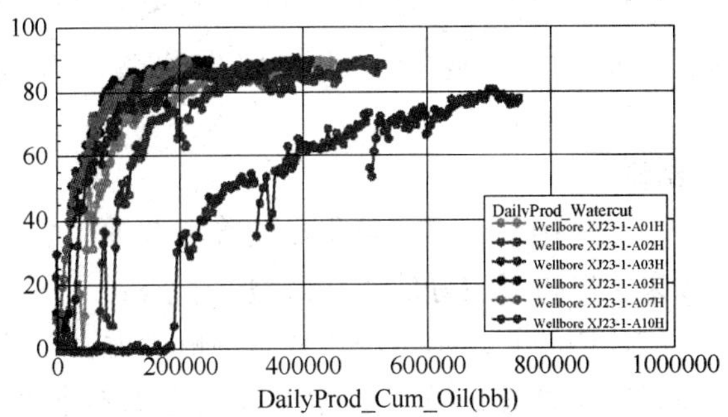

图 4　初期油井累产油与含水率的关系图

初期投产井井底压力变化趋势，期间有几次因台风油井关停。压力变化趋势能够反映油井产能的大小，以及地层的堵塞程度。从图 5 中，可以看出多数井出现了地层堵塞的现象，其中 A05H 井底压力下降幅度最高达到 100PSI/d，地层堵塞严重。

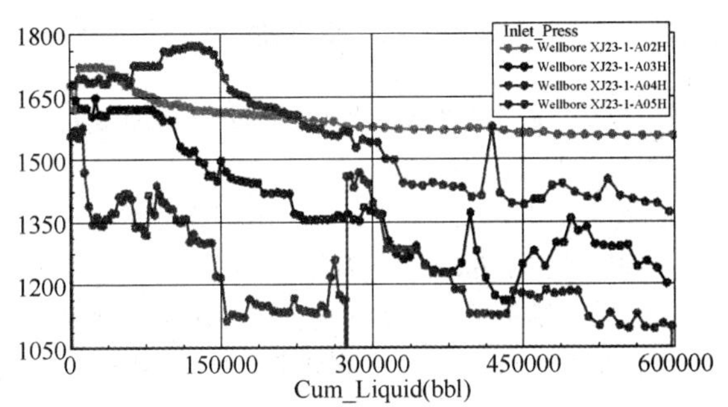

图 5　初期投产井井底压力变化趋势

2.3　采用中心管油井的生产动态

在分析生产动态的基础上，经过对 C 油田开发矛盾的再认识，以及受到 A04H 生产动态较好现象的启发，后期投产的 5 口井均采用了中心管技术，收到了明显的效果，在一定程度上扭转了前期被动的开发局面。

中心管技术主要应用在主力底水油藏 H1B 和 H3B 中。其中 H3B 为前期开发，有 4 口井，只有一口井采用了中心管技术；H1B 有 4 口井为后期开发，均采用了中心管。接下来，分油藏进行分析中心管的使用效果。

2.3.1　中心管在 H3B 油藏的应用效果分析

底水油藏 H3B 的 4 口井均为前期投产，只有 A04H 井采用了中心管，整体开发效果较差。但 A04H 井相比之下，生产动态明显要好。

从图 6 中可以看出，A04H 井见水较晚，含水率上升较慢，在累积产油相同的情况下，含水上升最慢。

图 7 中，横坐标为累积产液，纵坐标为累积产油。从图 7 中可以看出，A04H 井累积产油近

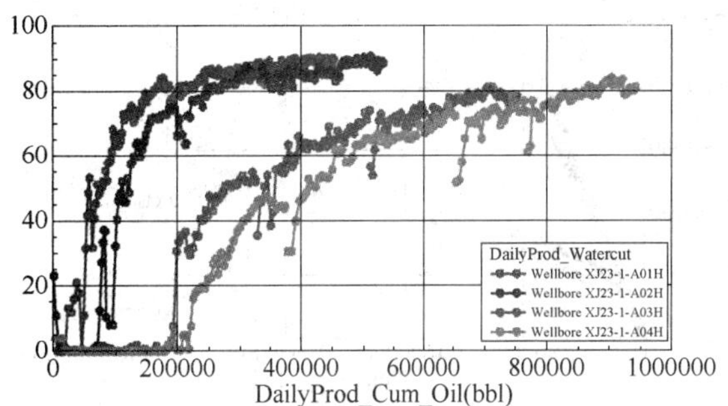

图 6　H3B 油井累积产油与含水率的关系图

100 万桶，对油田产量贡献最大；在累积产液相同的情况下，累积产油最高。

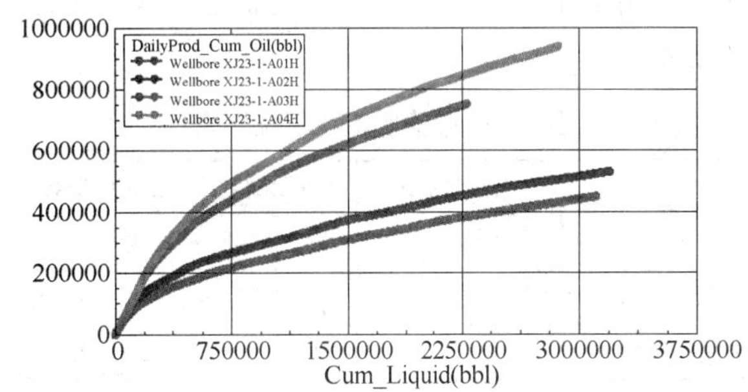

图 7　H3B 油井累积产液与累积产油的关系

2.3.2　中心管在 H1B 油藏的应用效果分析

底水油藏 H1B 中 A12H、A13H、A14H、A15H 四口井为后期投产井，均采用了中心管技术，A10H 为前期投产井，未采用中心管技术。

从图 8 中可以看出，在 H1B 油藏中，采用中心管的井生产动态明显偏好，对扭转 C 油田的开发局面做出了很大贡献。而中心管在 A12H 井的应用效果不明显，这说明中心管技术不是影响油井开发效果的唯一因素。

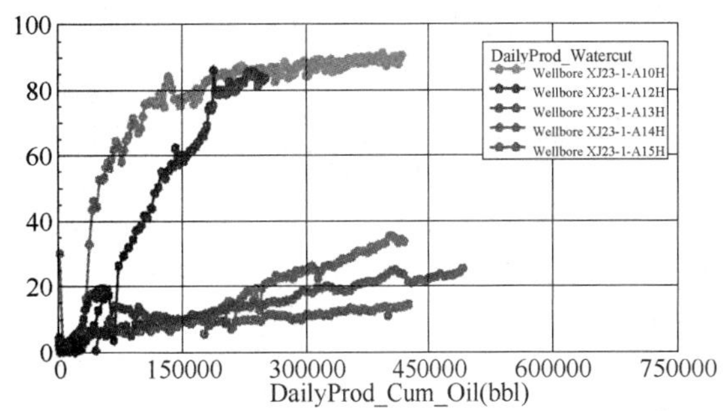

图 8　H1B 油井累产油与含水率的关系图

从图 9 中可以看出，A10H 井虽然为前期投产，但累积产油并不高，后期投产的 4 口井，已经有 3 口的累积产油超过 A10H 井。在累积产液相同的情况下，A10H 井的累积产油最低。

中心管在 H1B 的使用效果最为明显，对 C 油田产量的贡献也比较大。

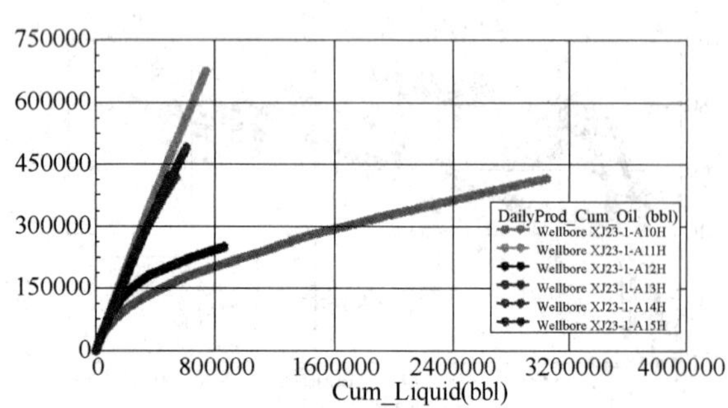

图 9　H3B 油井累积产液与累积产油的关系

2.4　中心管使用效果统计

C 油田底水油藏共有 13 口生产井，其中有 6 口井采用了中心管。经统计，它们生产动态的情况如表 2。

表 2　中心管使用效果统计表

类型	井数	比预测效果好		接近预测效果		比预测效果差	
		井数	比例/%	井数	比例/%	井数	比例/%
未用中心管	7	1	14.29	1	14.29	5	71.43
采用中心管	6	3	50	1	16.67	2	33.33
结论	中心管可有效延缓见水时间和上水速度，能明显改善开发效果						

从表的对比可以看出，采用中心管的开发井，其开发效果较好的比例接近 70%；而没有采用中心管的开发井，其开发效果较好的比例仅为 30%左右。由此可以看出，中心管技术能够明显延缓底水锥进的速度，改善底水油藏的开发效果。

3　结论

（1）采用中心管技术明显改善了 C 油田的开发效果，取得了较好的经济效益；

（2）中心管技术适用于底水油藏、尤其是疏松砂岩底水油藏的开发，除可减缓底水锥进外，还能在一定程度上缓解因供液剖面不平衡时对地层冲刷，减轻地层出砂堵塞。

（3）由于珠江口盆地主要以块状底水油藏为主，普遍具有物性好、单井采油速度高，底水锥进严重的特点，非常适合采用中心管技术。鉴于中心管成本低廉、操作简单，中心管技术在珠江口盆地的开发中具有很好的推广价值。

参　考　文　献

[1] 胡文瑞．水平井油藏工程设计[M]．石油工业出版社，2008：83-84.

[2] 唐海雄，韦红术，张俊斌．C 油田延缓底水锥进的水平井防砂技术专题研究[M].

[3] 刘均荣，姚军．改善水平井生产井段流入剖面的尾管优化方法[J]．中国石油大学学报(自然科学版)，2008，32(3)：89-92.

华北复杂断块砂岩油藏精细开发调整技术政策优化

杜玉洪　闫爱华　郭发军　杨延辉

(中国石油华北油田公司勘探开发研究院)

摘　要　精细开发调整技术作为复杂断块砂岩油藏提高油气产量的核心技术，是指导油田科学、合理调整的主导技术。在充分论证开发效果影响因素的基础上，深入分析潜力，研究建立了适合华北复杂断块砂岩油藏特点的技术政策优化思路和方法。通过室内实验和灰关联分析方法研究认为，除油藏本身地质条件外，层系划分、井网部署是影响油藏最终采收率的核心因素。在此基础上，研究了复杂断块油藏层系重组、井网重构的优化方法。另外，对影响分注效果的主要地质因素开展了评价，制定了分注标准。30个区块的实施表明，实施区块当年年产油量增加9.3万吨，累计增油33.1万吨，综合递减减缓6.7个百分点，自然递减减缓4.3个百分点。

关键词　复杂断块；砂岩油藏；精细开发调整；技术政策；采收率

华北已开发砂岩油藏构造破碎、沉积类型多样、储层物性变化快、非均质严重，且大部分已进入开发中后期阶段。一般多套层系开发，不同层系间、层间储层物性差异大，油水关系复杂，大部分主力油藏水淹程度较高，剩余油分布情况复杂，潜力认识难度越来越大。套变套损严重和部分油藏注采井数比低，导致油藏水驱控制程度低；由于油层分布井段长，多段合采、储层非均质性强，导致油层水驱动用程度低。在这种前提下，研究并提出了适合华北油田的复杂断块砂岩油藏精细注水开发配套技术，该技术是一项以层系井网优化为主导的综合性开发调整技术，强调通过层系重组、井网重构的主动调整，优化注采井网、注水结构、注采匹配关系，核心是建立有利于驱替油藏剩余油的合理压力分布场，达到改善油藏水驱状况、提高最终采收率的目的[1]。至于如何调整和调整程度的确定则主要依赖于开发技术政策的研究和优化。

1　开发效果影响因素研究

1.1　储层非均质性对水驱效果的影响

设计了单层不同韵律组合和多层不同渗透率级差组合的水驱油实验，研究得到以下认识。

(1) 采收率与注入倍数成正比。注入倍数在0~0.5PV之间水驱采收率增幅最大，注入倍数达到10PV以后，水驱采收率增幅明显变小。

(2) 储层的韵律特征对水驱采收率有较大影响。在储层物性相近的条件下，反韵律储层水驱采收率明显高于正韵律储层，其差值可达到5%以上。

(3) 多层笼统注水实验结果表明，水驱采收率与渗透率值成正比、与渗透率级差成反比，尤其是中低渗油藏更敏感。2个平均渗透率相同($300\times10^3\mu m^2$)渗透率级差分别为15和30的油层，含水90%时，水洗厚度分别为66.7%和28%。

油田矿场开发实践得到相同的认识。统计留70断块5口井35层产液剖面，产液强度低于0.5t/(d·m)的层占41.7%；8口井232层吸水剖面，吸水强度低于1.0t/(d·m)的层占55.0%。

1.2　注水开发对采收率的影响

注水开发会使储层的结构和特性发生改变，进而影响采收率。

(1) 岩石孔隙结构及孔隙度的变化。油田长期注水后，油层孔隙结构将发生变化。研究了华北油田8组12块平行岩样水驱前、后的铸体薄片，水驱后岩石颗粒表面变得清洁，粒间胶结物含量减少，绝大部分孔隙直径变粗，且改善了孔隙网络体系的连通状况，从而提高了流体的渗流能力；研究15 PV水驱后的岩样，水驱前后孔隙度分别为27.2%和27.1%，几乎没有变化。

【作者简介】杜玉洪(1965—)，男，1986年毕业于西南石油学院，现任中国石油华北油田公司勘探开发研究院院长，教授高级工程师。主要从事油气田开发技术方面工作。E-mail：yjy_dyh@ [illegible]a.com.cn

据阿南油田2口相邻生产井取心资料，在近10年的水驱过程中，孔隙度变化不大。大庆、胜利、河南油田和石油勘探院室内岩心长期注水冲刷实验及不同阶段取心井岩心对比，高、中渗岩石孔隙度大多呈增长趋势，中低渗岩石孔隙度呈减小趋势，但增减幅度均较小，在测量允许的误差范围内。

(2) 岩石渗透率的变化。渗透率的大小主要取决于喉道半径，注水开发过程中引起的油层孔隙半径的变化势必引起渗透率的变化。长期注入水冲刷后储层岩石渗透率变化较为复杂，各油田因实验条件、研究方法及储层地质条件的不同，所形成的认识也不尽相同。

大庆、长庆、河南、中原和胜利油田的室内实验和取心对比研究认为，在较高倍数孔隙体积注入水冲刷下，大部分岩心渗透率增大，以中、高渗岩心居多；同层同相带，高渗储层渗透率增大，低渗储层渗透率减小；细岩性渗透率降低，粗岩性渗透率增大；不同沉积相带，渗透率变化不同。

华北岔河集、晋45和京11断块各沉积类型的岩心实验表明，河道砂体、河口坝、近岸滩坝长期水驱后渗透率分别提高41.3%、16.9%和17.2%。

(3) 岩心相对渗透率和驱油效率变化。岔河集、晋45和京11断块水驱前、后(15PV)相对渗透率测试结果表明，水驱后，相对渗透率曲线向右移，亲水性增强，残余油饱和度降低，束缚水饱和度升高，油水两相共渗范围增加，残余油时水相渗透率稍有降低。3个油田的驱油效率分别由60%、69%和68%提高到63%、73%和72%。如果波及体积按65%计算，则采收率提高幅度在2%~3%之间。

(4) 黏土矿物含量及敏感性的变化。15块岩心样品X衍射黏土矿物相对含量分析表明，水驱替前、后样品的黏土矿物总量均呈减少趋势。其中，易发生颗粒迁移的矿物(高岭石/绿泥石和伊利石)相对含量普遍降低；易于发生晶格膨胀的矿物(蒙皂石、伊/蒙混层)相对含量呈现增加的趋势。此外，储层物性相对较好、孔喉直径相对较粗(>5μm)的储层，黏土总量减少的幅度大；而物性相对较差、孔喉直径相对较细(<4μm)的储层，黏土矿物减少的幅度小。

10组29块平行样品不同水驱倍数下岩样敏感性分析表明，随水驱程度增加，盐敏性和水敏性变化不大，但速敏性随着驱替倍数的增加显著降低。

(5) 油层润湿性的变化。国内外相关研究表明，造成岩石表面性质变化的因素除与含水饱和度变化、岩石中黏土矿物的组成有关外，还取决于原油中极性物质含量的变化。油田注水长期冲刷，黏土矿物被冲走或冲散，造成岩石表面油膜剥离，颗粒表面光滑，孔隙半径增加，渗透率增高，岩石吸附能力减弱，使极性物质吸附，岩石表面向亲水方面转化。

岔河集、晋45和京11断块水驱后润湿性的变化研究表明，水湿指数分别由0.19，0.17，0.18上升到0.28，0.31，0.42。

通过综合分析以上研究结果，发现长期注水开发对孔隙度的影响不大，但油层孔隙半径发生变化；由于孔隙半径的变化引起渗透率的变化，大部分样品由于注入水的冲刷作用，渗透率增加幅度较大，个别样品渗透率略有减小；岩心的亲水性增强，油层润湿性发生变化，从偏亲油变为亲水，从偏亲水变为强亲水。因此长期注水可提高水驱波及体积，提高采收率。

2 层系优化调整技术

随着开发程度的加深，开发初期的层系井网已难以适应中后期开发的需要，但进行大规模调整又受制于地质认识、剩余油分布、井况、油价等多种因素，合理的层系井网配置需要综合考虑平面和纵向的挖潜需要。通过研究不同渗透率级差、采出程度级差、射开的有效厚度等开发因素对开发一套层系时整体开发效果的影响，从而确定层系重组的术政策界限，将层间差异控制在合理范围[2]。

渗透率级差敏感性分析

根据储层渗透率整体的反韵律特性，将概念模型最下面一层基础层设置为低渗层，按照渗透率递增顺序组合，分别修改最上面一层的渗透率，每一种组合对应相应的渗透率级差[3]。选取级差为2、3、4、5、6、7、8、9、10、11、12、13的组合，共设计12个方案，在保持井位、采液强度、生产压差等开采方式及条件不变的情况下，计算不同渗透率级差条件下的开发指标，对比开发效果(图1)。

由不同渗透率级差下采出程度对比曲线分析，级差越大，采出程度差异越大，整体采出程

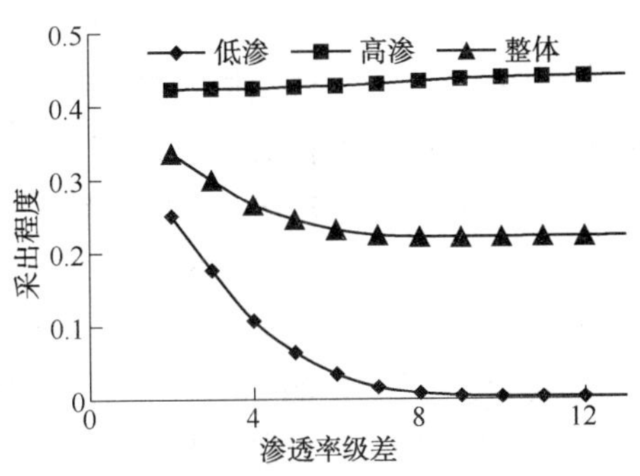

图 1　渗透率级差敏感性分析对比图

度降低，开发效果变差。由曲线变化趋势可知，井网重组的渗透率级差应控制在 5 以内，以利于改善开发效果。

采出程度差异敏感性分析

在原始模型基础上，设定最下面一层基础层为低采出程度层，分别修改最上面一层的采出程度，每一种组合对应相应的采出程度级差。选取级差为 2、3、4、5、6 的组合，共设计 5 个方案，在保持井位、采液强度、生产压差等开采方式及条件不变的情况下，计算不同采出程度级差条件下的开发指标，对比开发效果(图 2)。

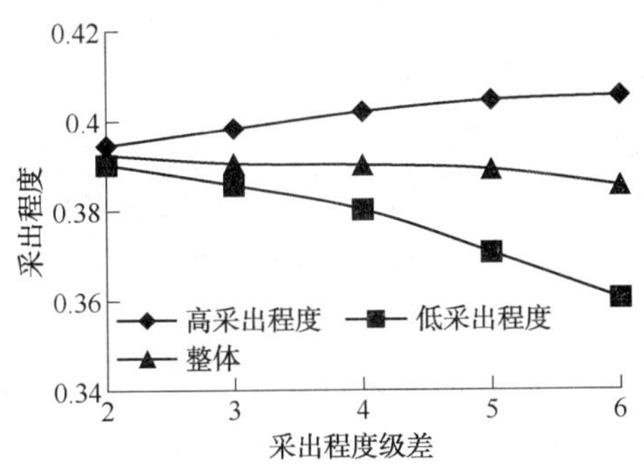

图 2　采出程度级差敏感性分析对比图

由不同采出程度级差下的采出程度对比曲线分析，级差越大，采出程度差异越大，整体采出程度降低，开发效果变差。由曲线变化趋势可知，常规油区井网重组采出程度级差应控制在 5 以内，稠油区采出程度级差也应控制在 5 以内，以利于改善开发效果。

有效厚度上限分析

同一套层系内有效厚度应该有一定的范围，有效厚度过大，易导致油层纵向上非均质性增强，层间矛盾突出；单井控制有效厚度过小，则导致油田挖潜潜力小，不利于后续措施开展。

定义吸水厚度与射开厚度的比值作为衡量层间矛盾的指标进行研究，统计两井区共 16 口井矿场资料数据，分别回归吸水厚度比与射开厚度关系曲线，并划定吸水厚度比为 0.6 时的射开厚度为技术政策界限厚度(图 3)。

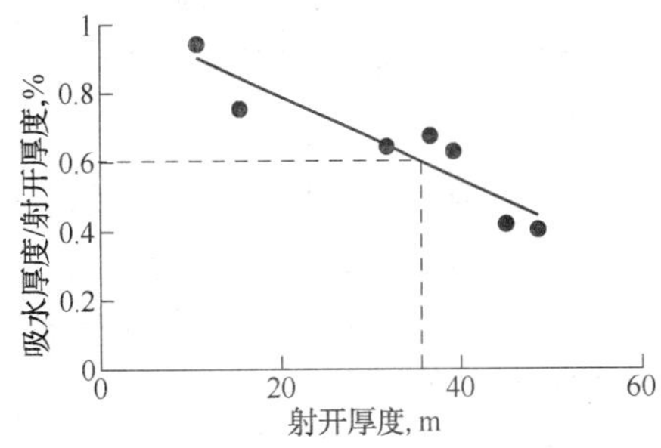

图 3　吸水厚度比与射开厚度关系曲线图

阿 31 断块原为四套层系开发，开发后期层系被打乱，目前合采合注井占总井数的 53%，由于大段生产井逐年增加，剖面矛盾更加突出，水驱动用程度由细分层系时的 80%左右，下降至目前的 50%左右。A Ⅰ油组的主力小层为 2-5、16-17 小层，局部区域 10 号小层生产状况较好，A Ⅱ油组的主力小层为 8~10 小层，南部局部区域 21 号小层采出程度高，因此初步设计将 A Ⅰ油组的 2-5、15-17 小层、A Ⅱ油组的 8-10 小层组合为一套层系，A Ⅰ油组 6-14 号小层为一套层系，A Ⅱ油组 2-7、11-15 小层为一套层系，16-25 号小层主要发育在南部高部位，储量丰度较大，可单独形成一套层系(图 4)，根据以上层系重组思路，在构造高部位区域仍维持四套层系，但与原层系的划分完全不同，新层系的层间干扰会显著减少。

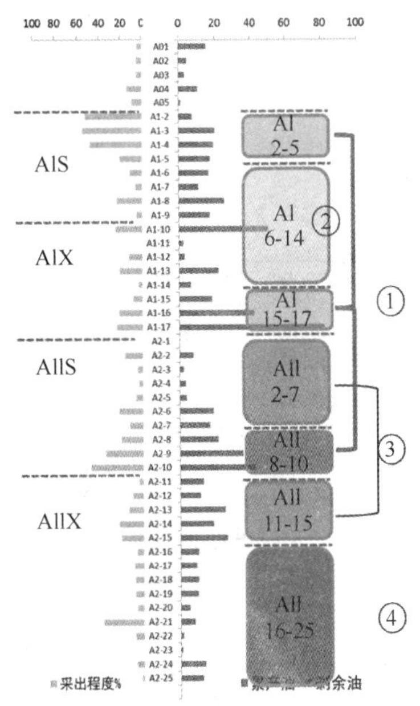

图 4　阿 31 断块层系重组示意图

井网优化调整技术

开展了不同沉积类型储层微观结构和渗流机理研究，认为近物源快速堆积的扇三角洲沉积和辫状河三角洲沉积的储层渗流特征存在明显区别，孔隙结构的非均质性是影响水驱效果的主控因素。在室内实验研究的基础上，建立了针对不同类型储层的合理井距公式，该公式考虑了启动压力梯度、注采压差、流度、压裂缝长等因素，具有较好的适用性[4-6]。

河流相储集体井网优化

冀中地区大部分砂岩油藏为河流相或浅水三角洲沉积，砂体规模小，断层复杂，注采关系不完善，为进一步提高油藏水驱控制程度，开展了井网优化调整。

合理井距公式：

$$R_{合理}=0.616\,(P_H-Pwf)^{0.879}\left[0.0531\left(\frac{k}{\mu}\right)^{-0.118}\right]^{-0.873}$$

典型复杂断块油藏如岔河集油田，构造破碎，水下分流河道宽度较窄，一般小于 130 米，油层连通性差。初期井距在 300m 左右，继续加密，不仅能钻遇新的油层，而且可以提高砂层连通率、油层连通率（图 5），进而提高水驱控制程度。计算技术经济合理井距在 100～150m，目前井距 200～250m，与合理井距有一定的差距。

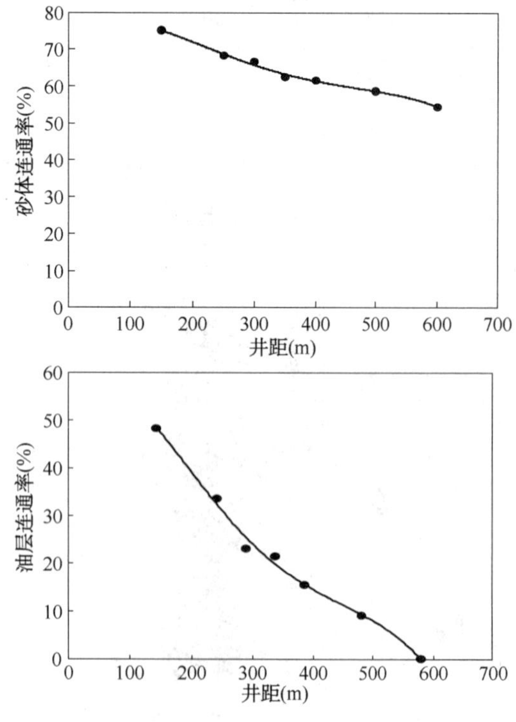

图 5　井距与砂层、油层连通率关系曲线

在岔 15-141 井区加密 3 口井，井距由 200m 缩减到 100m。加密后，油砂体的控制程度提高，油砂体个数新增加 11 个，油层连通率由 68.7% 提高到 85.8%，提高了 17.1%，可采储量由加密前的 43.1 万吨提高到加密后的 76.1 万吨。

三角洲储集体井网优化

三角洲或水下扇沉积的油藏，储层分布较为稳定，平面、纵向非均质性强，根据物性和见效差异优化井网。

合理井距公式：

$$R_{合理}=0.616\,(P_H-Pwf)^{0.879}\left[0.1019\left(\frac{k}{\mu}\right)^{-0.369}\right]^{-0.873}$$

如阿 31 断块主力层根据见效状况及剩余油分布，抽稀井网、换向驱油，实现变流线注水。水淹、水窜方向的油水井换层系生产，利用其它层系的井，根据剩余油分布，重构注采井网。考虑到主力层见效较好，井距从 170m 左右抽稀调整为 270～330m（图 6）。新的注采井网，避开了水窜通道，提高了对平面剩余油的控制程度。

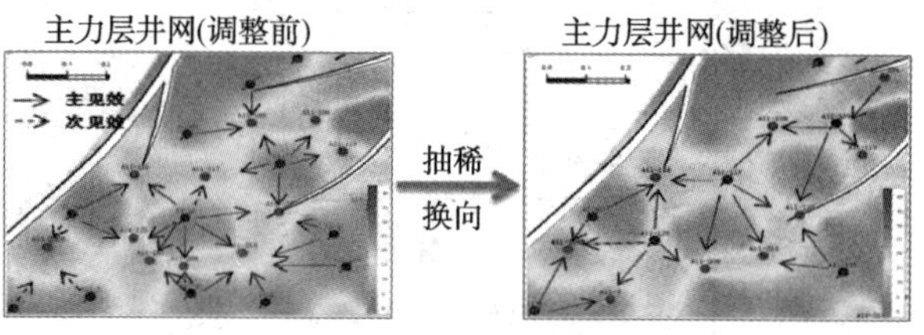

图 6　阿 31 断块井网调整示意图

非主力层通过卡水、分注、压裂，减缓层间矛盾，改善见效状况。利用水淹、水窜的油水井，单采非主力层，结合井别调整、分注等，重构非主力层井网。考虑到非主力层物性较差，井距控制在 200m 以内。同时，强化低渗透改造，改善非主力层见效状况。

阿 31 断块实施 83 口（油井 40 口，水井 43 口），新井 11 口，调整后日增油 70t，年增油 2.55×10^4t，提高采收率 2.2 个百分点。

细分注水技术

细分注水是针对非均质油层注水开发的不均匀性，因势利导，尽量将油层物性相近的小层放在一个段内注水，其作用是减轻不同性质油层之间的层间干扰，加强低渗透、低含水层段的注水，限制高渗透、高含水层段的注水，发挥所有油层的潜力，起到控制含水上升和减缓产量递减的作用。提高水驱动用程度、改善水驱动用状况是分注的直接目标[7]。

通过对大量已实施分注井的吸水剖面资料的统计，利用灰色关联分析法对影响分注效果的主要地质因素开展评价。通过分析，影响华北复杂断块油藏精细分注的主要地质因素是渗透率变异系数、孔隙度和有效厚度(图7)。

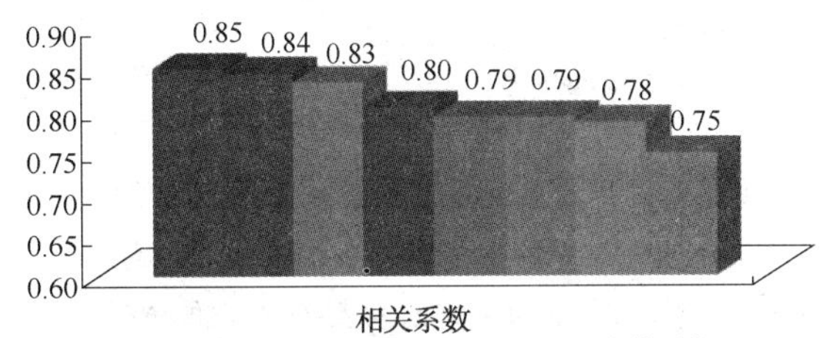

图7　分注效果各影响因素相关系数柱状图

分析高阳油田变异系数、渗透率级差、层段内小层数、段内砂层厚度与砂层动用厚度比例的相关性，相关系数均达到0.7以上，因此，上述因素均是控制合理分级的重要因素。以砂层动用程度80%以上为标准，由上述研究得出高阳油田合理细分标准(表1)。总体上看，高阳油田目前动用程度72.8%，6项影响因素中有3项达到标准，其余3项均略低于标准值。

表1　高阳油田细分注水标准及现状

分段数	段内小层数	渗透率级差	变异系数	段内砂岩厚度	段内有效厚度	动用程度比例
≥3	≤2	≤2	≤0.3	≤8	≤7	80%
3.26	1.8	2.9	0.2	8.3	7.9	72.80%

实施应用效果

以精细油藏单元划分和精细剩余油描述为基础，以“重组开发层系、重构注采井网”为手段，综合调整、立体治理，提高层系井网的适应性。30个重点治理区块当年年产油量增加9.3×10^4t，累计增油33.1×10^4t，综合递减减缓6.7个百分点，自然递减减缓4.3个百分点，改善了复杂断块砂岩油藏开发效果。

结论

(1) 随着开发程度的加深，初期的层系井网已难以适应中后期的开发需要，本文确定了层系重组的主要技术政策界限，其中渗透率级差、采出程度级差均为5，吸水厚度比为0.6时的射开厚度为技术政策界限厚度。

(2) 通过对不同沉积类型的低渗透储层的储层微观结构和渗流机理研究，建立了针对不同类型储层的合理井距公式，考虑了启动压力梯度、注采压差、流度、压裂缝长等因素，具有较好的适用性。

(3) 细分注水是针对非均质油层注水开发的不均匀性，尽量将油层物性相近的小层放在一个段内注水，减少层间干扰，加强低渗透、低含水层段的注水，限制高渗透、高含水层段的注水，提高水驱动用程度、改善水驱动用状况。

(4) 以精细油藏单元划分和精细剩余油描述为基础，以重组开发层系、重构注采井网为手段，综合调整、立体治理，提高了层系井网的适应性，改善了复杂断块砂岩油藏开发效果。

参　考　文　献

[1] 胡永乐，王燕灵，杨思玉，等．注水油田高含水后期开发技术方针的调整[J]．石油学报，2004，25(5)：65 69.

[2] 冯其红，王波，王相，等．高含水油藏细分注水层段组合优选方法研究[J]．西南石油大学学报，2016，38(2)：103-108.

[3] 陈民锋，姜汉桥，曾玉祥，等．严重非均质油藏开发层系重组渗透率级差界限研究[J]．中国海上油气，2007，19(5)：319-322.

[4] 方宏长，冯明生．中国东部几个主要油田高含水期提高水驱采收率的方向[J]．石油勘探与开发，1999，26(1)：40-42.

[5] 曹仁义，程林松，薛永超，等．低渗透油藏井网优化调整研究[J]．西南石油大学学报，2007，29(4)：67-69.

[6] 彭长水，高文君，李正科，等．注采井网对水驱采收率的影响[J]．新疆石油地质，2000，21(4)：315-317.

[7] 谢华．王凤细分注水方法的研究[J]．油气田地面工程，2007，26(2)8-9.

鄂尔多斯盆地北缘盒 1 段冲积扇与冲积平原过渡带沉积特征及对天然气开发的影响

高照普

(中石化华北油气分公司勘探开发研究院)

摘　要　在鄂尔多斯盆地北缘盒 1 段冲积扇与冲积平原过渡带上，多层叠合的大型岩性圈闭构成了东胜气田锦 58 井区的主力产层。本文主要通过对比环境敏感粒度组分判别沉积作用类型，并在大量岩心观察的基础上，归纳不同沉积相带岩相类型和岩相组合，总结测井相特征，在垂向上剖析典型井的沉积序列，根据不同部位沉积特征将锦 58 井区由北往南划分为冲积扇、过渡带以及冲积平原辫状河三个沉积相带，并总结三个相带沉积模式，直观展示主力层位砂体在平面和垂向上的展布特征。在沉积相带分类的基础上，结合薄片观察并归纳物性参数特征，从孔隙类型、颗粒接触关系以及黏土矿物含量等方面分析各相带孔隙演化规律。北部冲积扇及南部辫状河中沉积砂体复合连片且相互叠置，且孔隙发育易形成优质储层，具有较大的天然气开发潜力。

关键词　岩相测井；相沉积序列；沉积相带；沉积模式；孔隙演化

1　区域地质概况

鄂尔多斯盆地为国内第二大沉积盆地，面积可达 $37\times10^4km^2$。从现今构造形态上来说，该盆地可划分为六个二级构造单元：天环坳陷、晋西挠褶带、伊盟隆起、伊陕斜坡、西缘逆冲带以及渭北隆起。本文以鄂尔多斯盆地北缘的锦 58 井区为研究区，该区域位于鄂尔多斯盆地北缘伊陕斜坡带上(图 1)。

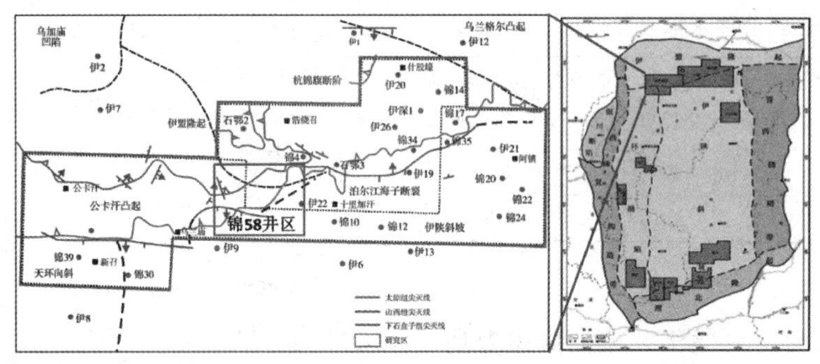

图 1　研究区构造位置图

本文研究层位为下石盒子组盒 1 段，该地层在整个研究区均有发育，主要岩性为棕褐色、灰色泥岩与浅灰色中、粗砂岩等厚互层(图 2)，而下伏山西组和太原组地层在研究区西部和北部均有不同程度缺失。目的层盒 1 段的天然气主要来源于下伏太原组和山西组的煤层及暗色炭质泥岩[1]，储集层主要为辫状河沉积环境中形成的中-粗粒含砾岩屑砂岩，而其上覆上石盒子组大套厚层泥岩则形成区域盖层，为之下的天然气藏提供遮挡条件。

2　沉积特征

2.1　沉积物粒度分析

从研究区盒 1 段的沉积物粒度 C-M 图(图 3)可看出不同沉积相带在该图版上并无区别，根据不同沉积类型的 C-M 图版[2]，可知锦 58 井区表现出明显牵引流沉积特征。C-M 图是一种表示沉积物内部颗粒结构与沉积作用关系的综合性的成因图解[3]，因为北部冲积扇上也主要发育辫

【作者简介】高照普(1989—)，男，2015 毕业于中国地质大学(北京)能源学院并获得硕士学位，目前就职于中国石化华北油气分公司勘探开发研究院，油气田勘探开发工程师，现研究方向为油气勘探开发工作中应用沉积及储层综合评价。E-mail：gaozhaopu. 2008@ 163. com。

状河道，其沉积作用以及沉积物结构与研究区南部相同，所以在 C-M 图上，各沉积相带区分特征不明显。

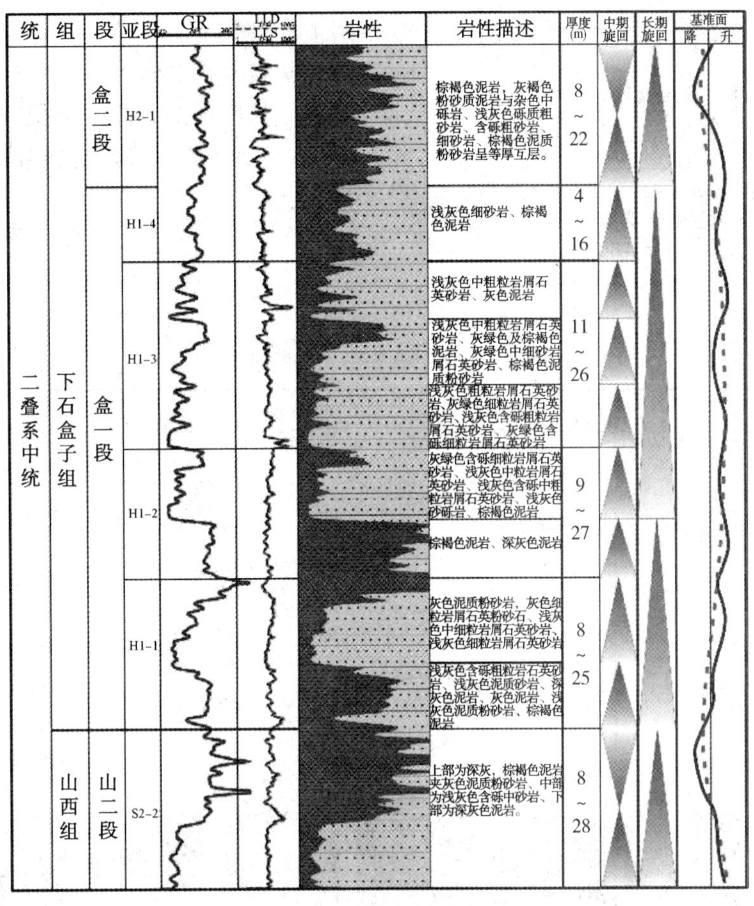

图 2　研究区盒 1 段地层划分表

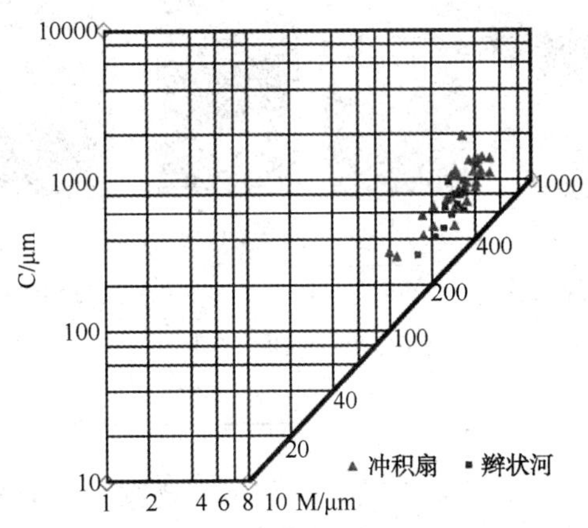

图 3　不同沉积相带 C-M 图

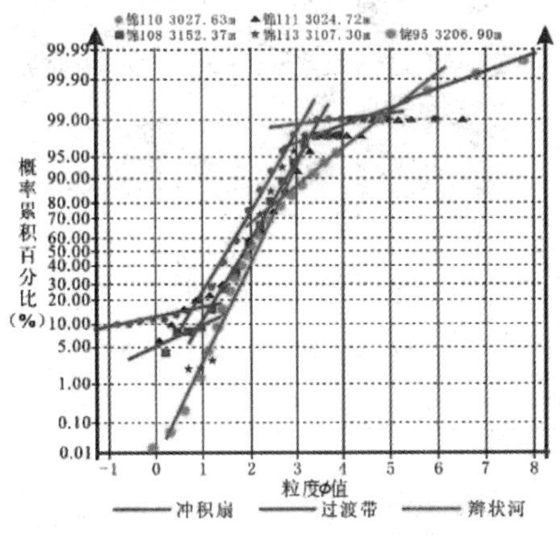

图 4　不同沉积相带概率累计曲线图

粒度概率累积曲线是研究样品中粒级的分布，受沉积物搬运方式的影响，能够明显反应和区分各总体的特点，从而识别各沉积物搬运机制进而识别各种沉积环境。北部冲积扇和中间过渡带粒度概率累积曲线呈典型的三段式，主要代表滚动、跳跃和悬浮三种沉积颗粒类型，但是过渡带悬浮组分含量明显更高，但总体粒度小于冲积扇。因为过渡带是冲积扇扇端与冲积平原的过渡位置，扇端泥质含量较高，而且距物源较远，粒度较细。南部冲积平原辫状河概率累积曲线呈典型的两段式，缺少滚动组分，总体粒度最细，因为南部辫状河距物源最远，且坡度较缓，颗粒最细，分选最好[4]。

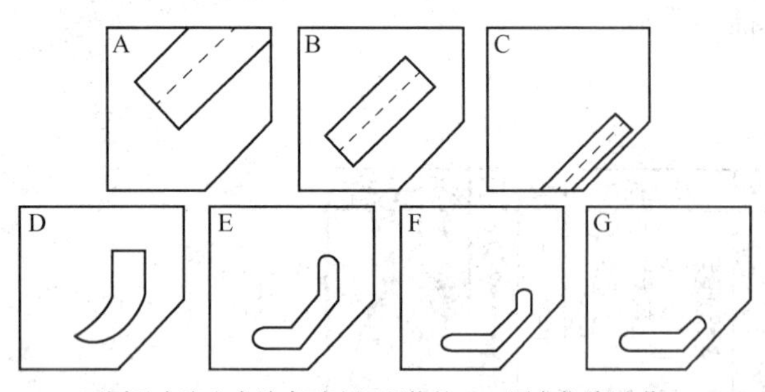

不同重力流和大陆牵引流沉积物的C-M图变化(郑浚茂)
A-泥石流(或碎屑流);B-浅水浊流;C-典型浊流;D-冲积扇;
E-辫状河;F-曲流河;G-三角洲;

图5　各沉积环境C-M图版(郑浚茂)

2.2　岩相特征

岩心是进行沉积相分析最为直接的证据。通过岩心观察，研究区由北向南，在远离物源的方向上，砾石含量逐渐降低，沉积物粒度逐渐变细，颗粒分选磨圆也逐渐变好，结构成熟度以及成分成熟度逐渐升高。沉积构造也由块状层理占主体逐渐演变为槽状交错层理和平行层理较为发育。

表1　不同沉积相带岩心特征表

	扇根		扇中河道		扇端-冲积平原过渡带		冲积平原辫状河	
沉积特征	距物源最近 1. 发育碎屑流沉积，沉积物粒度粗； 2. 岩性以砂砾岩和含砾粗砂岩为主； 3. 常见块状层理； 4. 单期河道沉积厚度大		与扇根相比： 1. 以牵引流为主，偶见碎屑流沉积； 2. 岩性以含砾中粗砂岩为主； 3. 块状层理为主，可见平行层理和槽状交错层理； 4. 单期河道沉积厚度中等 5. 测井相为钟型和单期光滑箱型		与扇中河道相比： 1. 沉积物粒度较细，岩性以中-细砂岩和泥岩为主； 2. 发育块状层理，平行层理和槽状交错层理； 3. 单期河道沉积厚度较薄； 4. 测井相为单期钟型和锯齿状箱型		坡度较缓： 1. 沉积物粒度较细，分选较好，岩性以中-细砂岩为主； 2. 发育槽状交错层理和平行层理； 3. 典型的牵引流特征，河床滞留沉积砾石发育； 4. 测井相为单期钟型和锯齿状箱型	
岩心照片								
沉积构造	块状层理	块状层理	递变层理	块状层理	块状层理	槽状交错层理	槽状交错层理	平行层理
岩性	砂砾岩	含砾粗砂岩	含砾粗砂岩	粗砂岩	含砾粗砂岩	中粗砂岩	中细砂岩	中细砂岩
GR值	$GR<30$	$30<GR<40$	$30<GR<50$	$50<GR<70$	$35<GR<55$	$60<GR<75$	$70<GR<100$	$70<GR<100$
对应微相	碎屑流水道	辫流水道	心滩	辫流水道	心滩	辫流水道	辫流水道	心滩

总结不同相带岩心特征，共归纳出9种岩相类型(表2)，其中块状层理砂岩相和含砾粗砂岩相最为常见。块状层理砂岩相岩性为砂质很纯的灰白色中粗砂岩，无明显层理，表示强水动力沉积环境；含砾粗砂岩相为块状中粗砾砂岩，常见冲刷面，砾石成分复杂，可见定向排列，多形成于强水动力环境中[5]。不同沉积环境均有典型的岩相发育。

表2　研究区盒1段岩相特征表

代码	沉积构造	岩石相名称	特征描述	成因解释	常见形成环境
Sg		含砾粗砂岩相	块状中粗粒砂岩，见冲刷面，砾石成分复杂，呈杂乱或弱的定向排列	多形成于近源水道中，水体高能，搬运能力强，且冲刷作用强烈	北部冲积扇、中部过渡带、南部辫状河均有发育，常见于河床底部滞留沉积中

续表

代码	沉积构造	岩石相名称	特征描述	成因解释	常见形成环境
St		槽状交错层理砂岩相	中细砂岩，砂质较纯，偶见漂浮的细砾，底部常见冲刷面	常发育在强水动力水道中，砂体迁移频繁，冲刷作用较为强烈	中部过渡带及南部辫状河辫流水道亚相中均有发育
Sp		板状交错层理砂岩相	中细砂岩，板状交错层理纹层相互平行或者向下收敛，可呈多组叠置出现	形成于具有顺流加积或者侧向加积的砂体中，水体能量较高，但冲刷作用不明显	中部过渡带及南部辫状河辫流水道亚相中均有发育
Sh		平行层砾砂岩相	细砂岩、极细砂岩，纹层之间互相平行，纹层等间距或呈韵律状	形成于水体能量稳定，沉积空间充足，水体较浅但流速较快，为单项水流高流态的产物	中部过渡带及南部辫状河辫流水道亚相中均有发育
Sd		小型沙纹层理砂岩相	中细砂，砂岩层理通常不发育，泥质条带呈起伏或披覆状	水体能量不稳定，水动力较弱，变化频繁，常形成于河道边部落淤处或进入水体的扇端处	发育于南部辫状河河道边部
Sm		块状层砾砂岩相	中细砂岩，灰色或灰白色，质纯，无明显层理	由悬浮且较纯的中细砂非常快速地沉积而形成，如常见的洪水沉积	北部冲积扇、中部过渡带、南部辫状河均有发育，常见于心滩和辫流水道微相中
Gm		块状砾岩相	块状砾岩，排列杂乱无序，无明显层理，砾石分选磨圆均较差，颗粒支撑	多形成于坡度较陡，物源充足且有突发性洪水，主要发育在冲积扇扇根	常见于北部冲积扇扇根，冲积扇扇中部位也有发育
Gh		平行层理砾岩相	砾石粒度较小，以极细砾和细砾为主，颗粒或砂质支撑，可见砾石定向排列	具有明显牵引流沉积特征，为辫状河道底部的滞留沉积，常与下伏砂岩之间形成冲刷面	北部冲积扇、中部过渡带、南部辫状河均有发育，常见于河床底部滞留沉积中
Mm		块状层理泥岩相	泥岩，灰色或深灰色，块状，质纯，无沉积构造，无明显层理	形成的水体稳定的静水环境一般展布范围局限，常见于分流间湾和泛滥平原	发育于中部过渡带及南部辫状河环境中的河漫沉积

单一的岩相在垂向上常具有固定的岩相组合特征，锦58井区常见微相一般具有三种岩相组合(表3)：

(1)碎屑流沉积：常见浅灰色中粗砾岩，整体分选和磨圆较差，多级颗粒支撑为主，也可见杂基支撑，磨圆中等，可见叠瓦状排列。发育块状层理，垂向序列为Gm-Sm，是一种泥沙俱下的沉积形式。常见于冲积扇扇根，在冲积扇扇中部位也有发育。

(2)心滩：灰白色中粗砂岩或砂砾岩，往往呈反粒序。砂岩中常见块状层理或板状交错层理，砂质纯，物性好；砂砾岩中，砾石呈悬浮状砂质支撑，砾石分选较好，也可见砾石定向排列呈交错层理；垂向序列为Sp-Sg，水动力强，物源供给充足。在北部冲积扇扇中辫状河、中部过渡带以及南部辫状河环境中均有发育，但是向南单期心滩厚度逐渐减薄，沉积颗粒粒度变细。

表3　典型沉积微相及其岩相组合

沉积环境	岩相代码	岩相组合	岩心照片	沉积环境	岩相代码	岩相组合	岩心照片
碎屑水道	Sm Gm			北部冲积扇辫流水道	St Sg St Sg		

续表

沉积环境	岩相代码	岩相组合	岩心照片	沉积环境	岩相代码	岩相组合	岩心照片
心滩	Sg Sp			南部冲积平原 辫流水道	Sd St Sg	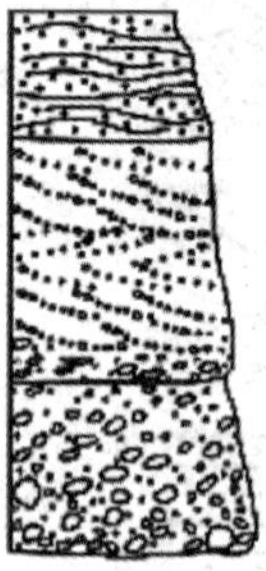	

(3) 辫流水道：北部冲积扇辫流水道滞留沉积物中砾石含量较高，可见砾石定向排列形成的交错层理，单期河道厚度较大，正粒序，岩相组合垂向序列为 Sg+St，反映水动力较强，物源供给充足且沉积速率快。南部冲积平原辫流水道中沉积物以灰色、浅灰色中细砂岩为主，砂质较纯，底部滞留沉积砾石含量相比北部较少，发育槽状或板状交错层理，顶部可见小型流水沙纹；中部过渡带辫流水道沉积特征介于北部与南部之间。

(4) 河漫沉积：深灰色或灰绿色泥岩，发育水平层理，反映水动力较弱的静水环境，沉积速率缓慢。

2.3　测井相特征

依据测井相分析的四大基本原则(曲线形态、上下接触关系以及各种测井相的组合类型)，总结了研究区盒 1 段典型测井相特征。

辫流水道测井曲线主要呈钟型，其底部与下部河漫沉积泥岩突变接触。心滩是由顺流加积作用形成，测井曲线形态呈漏斗型，具有反旋回特征，表明水体能量较强，且物源区碎屑物质丰富，沉积物持续进积。当物源区碎屑物质持续供给时，心滩在垂向上往往形成大套厚层的砂砾岩体，测井曲线则显示为箱型。河漫沉积泥岩往往岩性较纯且厚度较大，测井曲线形态显示为线型。在辫状河道边部，由于与河漫沉积接触，在垂向上岩性呈现砂泥岩交互叠置发育，其测井曲线形态显示为指型。不同沉积环境均发育有相对应的测井相(图 6)。

复合模式则是沉积微相组合与测井曲线组合的匹配，如心滩+辫流水道+河漫沉积的微相组合分别对应箱型曲线与漏斗型的组合，该组合在整个研究区均有发育，而辫流水道+河漫沉积等微相组合对应钟型与漏斗型曲线或箱型与指型的组合，常发育在研究区的中部和南部(图 7)。

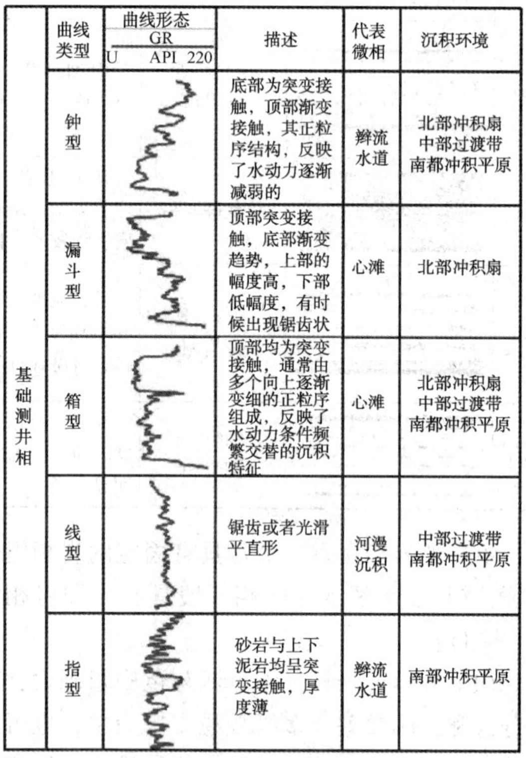

	曲线类型	曲线形态 GR U　API　220	描述	代表微相	沉积环境
基础测井相	钟型		底部为突变接触，顶部渐变接触，其正粒序结构，反映了水动力逐渐减弱的	辫流水道	北部冲积扇 中部过渡带 南都冲积平原
	漏斗型		顶部突变接触，底部渐变趋势，上部的幅度高，下部低幅度，有时候出现锯齿状	心滩	北部冲积扇
	箱型		顶部均为突变接触，通常由多个向上逐渐变细的正粒序组成，反映了水动力条件频繁交替的沉积特征	心滩	北部冲积扇 中部过渡带 南都冲积平原
	线型		锯齿或者光滑平直形	河漫沉积	中部过渡带 南都冲积平原
	指型		砂岩与上下泥岩均呈突变接触，厚度薄	辫流水道	南部冲积平原

图 6　基础测井相特征

3　沉积模式

通过对多口井目的层岩心的精细描述，建立各单井的垂向沉积序列。其中，锦 110 井靠近冲积扇扇根，可见碎屑流沉积物，发育大套厚层块状层理砾岩相，砾石含量高，分选较差，可见颗粒支撑的混杂堆积，也可见砂质支撑的砾石定向排列。说明此处物源供给充足，地形坡度陡，搬运机制复杂，水动力条件变化快，测井曲线特征为高幅、锯齿、厚层箱型。

锦 98 井位于冲积扇上扇根与扇中的过渡位置，垂向序列上也可见碎屑流特征，岩相类型应与锦 110 井相似。但牵引流沉积特征也很明显，岩性以

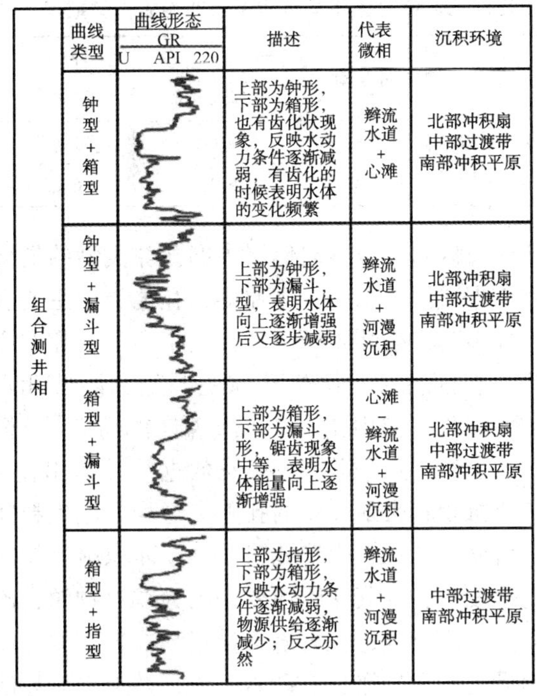

	曲线类型	曲线形态 GR U API 220	描述	代表微相	沉积环境
组合测井相	钟型+箱型		上部为钟形，下部为箱形，也有齿化状现象，反映水动力条件逐渐减弱，有齿化的时候表明水体的变化频繁	辫流水道+心滩	北部冲积扇 中部过渡带 南部冲积平原
	钟型+漏斗型		上部为钟形，下部为漏斗型，表明水体向上逐渐增强后又逐步减弱	辫流水道+河漫沉积	北部冲积扇 中部过渡带 南部冲积平原
	箱型+漏斗型		上部为箱形，下部为漏斗形，锯齿现象中等，表明水体能量向上逐渐增强	心滩-辫流水道+河漫沉积	北部冲积扇 中部过渡带 南部冲积平原
	箱型+指型		上部为指形，下部为箱形，反映水动力条件逐渐减弱，物源供给逐渐减少；反之亦然	辫流水道+河漫沉积	中部过渡带 南部冲积平原

图7　组合测井相特征

含砾粗砂为主，可见砾石叠瓦状排列，分选相对较好，其中杂基含量低[6]。沉积构造常见块状层理，未见泥岩，说明此处水动力作用强，沉积物为碎屑流和牵引流共同作用的结果，测井曲线特征为底部高幅厚层箱型，顶部可见厚层钟型[7]。

锦112井位于扇端与冲积平原过渡带上，以辫状河沉积特征为主，岩性以中粗砂岩为主，垂向序列底部常见冲刷充填构造，细砾级砾石定向排列，整体发育槽状交错层理和板状交错层理，均为洪水期的落淤沉积[8]，沉积微相主要为心滩和辫流水道，偶见河漫泥岩沉积，测井曲线特征为底部高幅厚层钟型和箱型。

锦95井位于研究区南部冲积平原，因为远离物源并且地形坡度较缓，水动力条件逐渐减弱，辫状河道受季节性洪水控制显著，河道迁移快，非均质程度变强[9]。岩性逐渐变细，以细砂岩为主，杂基含量增大，泥岩厚度也逐渐增大，单期河道砂体厚度减薄。垂向序列上，以泥岩为主的河漫沉积微相较为发育，心滩规模较小。由于河道迁移变化快，砂体呈现出宽而薄的特征[10]。测井曲线特征为中-高幅中-薄层钟型和箱型与中-薄层线型不等厚互层。

在上述研究的基础上，建立了研究区盒1段北部冲积扇-中部过渡带-南部冲积平原辫状河沉积模式(图8)，从扇根到扇端，距离物源由近及远，地形坡度逐渐变缓，搬运机制由碎屑流向

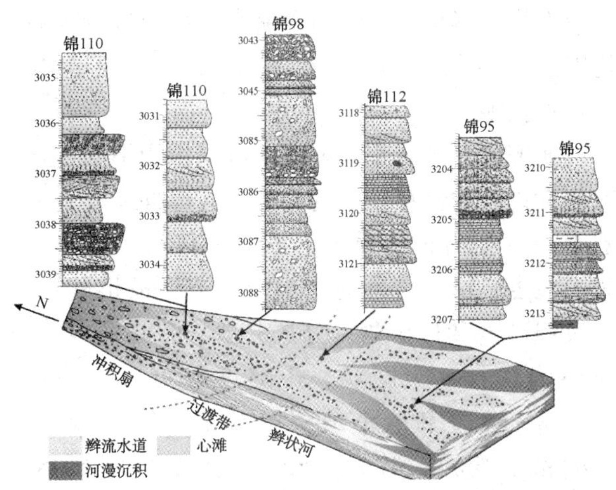

图8　研究区盒1段不同相带沉积模式

牵引流逐渐发展。由扇根到扇端旋回厚度逐渐变小，岩性粒度逐渐变细，岩性依砾岩-砂砾岩-含砾粗砂-中粗砂-细砂逐渐变化，砂砾岩厚度由厚变薄，泥岩含量逐渐增多。

根据研究区不同沉积相带典型井岩心综合柱状图对比可知，北部以冲积扇扇中辫状河为主，南部以冲积平原辫状河为主，而中部具有南北部过渡性特征；两者在碎屑粒度、沉积构造、砾石结构特征及砂地比、旋回厚度方面均存在显著区别(表4)。

表4　研究区盒1段不同沉积相带沉积特征表

	北部冲积扇	中部过渡带	南部辫状河
粒度	粒度粗，砾石含量高	粒度较细，泥质含量高	粒度细，少见砾石
沉积构造	块状层理为主	块状层理为主，可见槽状交错层理	常见平行层理和槽状交错层理
砾石结构特征	大小混杂，排列杂乱	分选较好，定向排列	砾石悬浮状，砂质支撑
旋回厚度	厚度较大	厚度中等	厚度较薄，常见冲刷面

4　孔隙特征

研究区盒1段为主要储气层段，其优质储层的发育以及天然气的勘探和开发主要受两个因素影响，即沉积作用和成岩作用。沉积相不仅控制储集砂体成因类型和分布，而且也控制储集体的原生物性。成岩作用是后期储层改造的主要影响因素，压实和压溶作用会降低储层的孔渗，而溶蚀作用等建设性成岩作用则会提高储层的物性。

研究区盒1段属于冲积扇-辫状河沉积环境，不论何种沉积相带，储层砂体均形成于心滩微相和辫流水道滞留沉积中，根据对232块样本的统

计数据可以得出，心滩和辫流水道颗粒接触关系均以点~线接触为主(93%~97%)，少量线接触，未见点接触。

研究区三个沉积相带由于沉积作用不同造成其岩性以及物性存在一定差异。北部冲积扇上岩石类型主要为长石质岩屑砂岩，其次是岩屑砂岩。粒度较粗，岩性主要为粗砂岩—极粗砂岩、含砾粗砂岩和砂砾岩。分选一般，磨圆度中等，主要为次棱—次圆状。孔隙度较低，平均值8.54%。渗透率最小值仅0.07mD，最大值达3.63mD，变异系数为0.82，突进系数为5.45，渗透率非均质性强。

冲积扇-冲积平原过渡带岩石类型主要为长石质岩屑砂岩，粒度较粗，主要为粗砂岩—极粗砂岩。分选、磨圆与北部冲积扇一致。孔隙度平均值为5.49%，渗透率最小值仅0.08mD，最大值达5.24mD，变异系数为1.04，突进系数为6.13，渗透率非均质性很强。

南部冲积平原辫状河岩石类型主要为长石质岩屑砂岩。分选性中等，磨圆度中等，主要为次棱—次圆状。孔隙度平均值5.96%。渗透率最小值仅0.05mD，最大值达4.84mD，变异系数为1.45，突进系数为6.83，渗透率非均质性最强。通过对比，研究区盒1段非均质性由北向南逐渐增大(表5)，这是由冲积平原辫状河迁移摆动频繁导致的。

表5　锦58井区不同沉积相带非均质性参数表

	冲积扇	冲积扇-冲积平原过渡带	冲积平原辫状河
变异系数	0.82	1.04	1.45
突进系数	5.45	6.13	6.83

研究区盒1段砂岩储层中的孔隙类型的划分主要依据成因—结构分类原则，孔隙类型主要有原生孔隙与次生孔隙两大类，其中原生孔隙主要为原生粒间孔隙，次生孔隙主要包括溶蚀孔隙(粒间溶孔、粒内溶孔、填隙物内溶孔及铸模孔)及裂缝。通过薄片观察及数据统计得出盒1段每个沉积相带最发育的孔隙类型均为原生粒间孔、粒间溶孔和粒内溶孔(图9)。冲积扇上粒间溶孔最发育，究其原因主要是因为靠近物源，碎屑未经长距离搬运，岩屑含量很高，岩石类型以岩屑砂岩和和岩屑长石砂岩为主，其中岩屑易溶蚀所导致的。南部辫状河原生粒间孔隙最为发育，此处距物源最远，碎屑颗粒分选磨圆最好，泥质含量逐渐降低，颗粒刚性最强，结构成熟度和成分成熟度最高[11]，而且冲积平原上黏土矿物中高岭石含量最多，这种自生高岭石的生成与孔隙体积的发育同步，这正是储层原生粒间孔隙保存及溶蚀孔隙发育的必要条件[12]。过渡带的孔隙类型及其影响因素则介于北部冲积扇与南部辫状河两者之间。

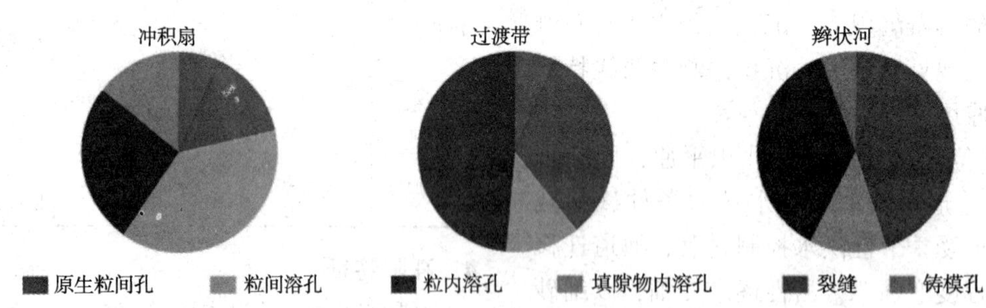

图9　不同沉积相带孔隙类型分布图

将三种沉积相带进行深度归一化处理，由于研究区为一平缓单斜，冲积扇构造深度最浅，将孔隙度数据进行投点可见，孔隙度总体上是随着深度的增加，压实作用增大而逐渐降低的，但是在冲积扇和辫状河沉积相带上会出现两段孔隙度异常增大的条带，而过渡带则无此现象，结合孔隙类型发育程度推断，粒间溶孔和原生粒间孔才是天然气主要的储集空间，而且对储层物性的影响最大(图10)。

5　天然气开发潜力

通过对沉积特征、砂体厚度、储集层物性及薄片鉴定等分析认为研究区北部冲积扇扇中辫状河道及南部冲积平原辫状河道沉积砂体在平面上复合连片，垂向上相互叠置，而且孔隙较为发育，具有形成大规模优质储集层的潜力[13]。考虑生、储、盖、运等条件，认为勘探开发的重点应当放在这种发育大量河道砂体的部位(图11)。

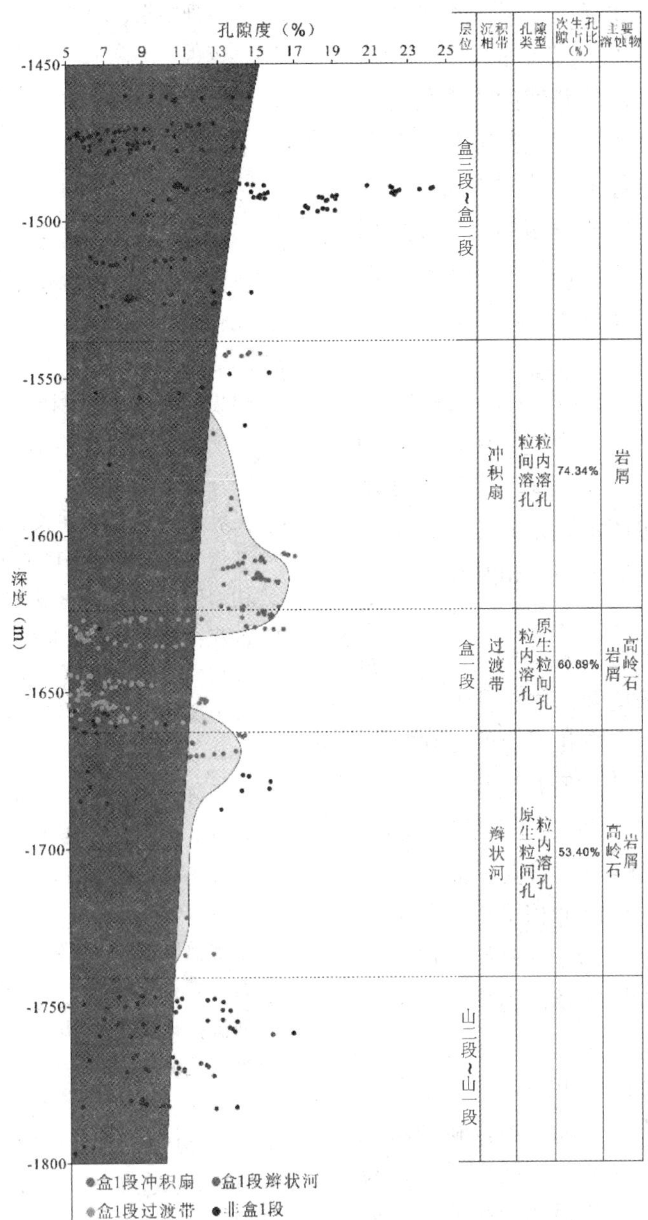

图 11　研究区孔隙演化特征图

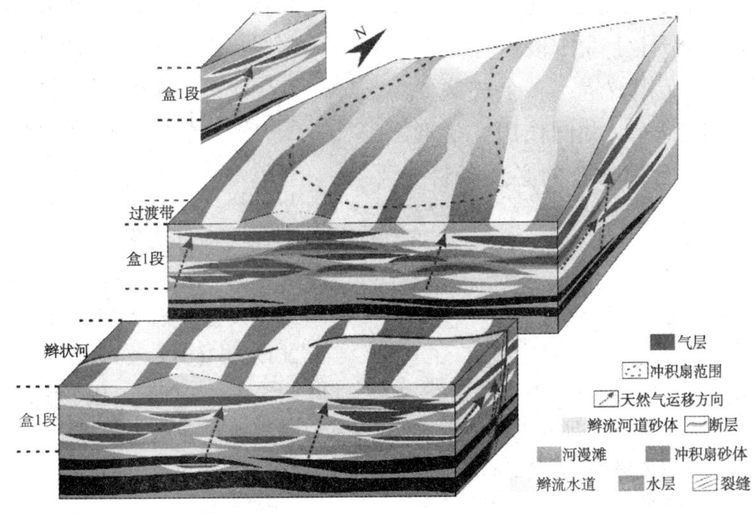

图 12　研究区盒 1 段天然气富集模式

总之，鄂尔多斯盆地北缘盒 1 段沉积砂体大面积发育，为大面积含气提供良好的储集空间；上部巨厚的泥岩盖层以及伊陕斜坡的构造稳定性均有利于气藏的后期保存[14]。上述几个成藏要素在空间和时间上的有效配置、共同作用，形成了现今盒 1 段岩性气藏大面积分布的格局，所以本区盒 1 段冲积扇与冲积平原过渡带的天然气勘探开发就是以寻找大型岩性圈闭为目标。

6　结论

（1）研究区盒 1 段沉积方式以牵引流为主；共发育 9 种岩相，最常见岩相为块状层理砂岩相(Sm)，其次为含砾粗砂岩相(Sg)，反映了强水动力的洪流携带沉积物快速沉积是其主要的沉积过程。不同沉积环境均有典型的岩相发育。

（2）根据测井曲线形态总结出研究区盒 1 段共 5 种典型测井相和 4 种典型测井相组合，代表微相主要为心滩、辫流水道及河漫沉积及其垂向组合。不同沉积环境均发育有相对应的测井相。

（3）针对不同沉积相带典型井进行岩性与沉积微相综合描述，并建立了盒 1 段北部冲积扇-过渡带-南部辫状河沉积模式，明确了北部以冲积扇扇中辫状河为主，南部以冲积平原辫状河为主，中间过渡带兼具两者特征；三者在碎屑粒度、沉积构造、砾石结构特征及砂地比、旋回厚度方面均存在显著区别。

（4）研究区目的层孔隙类型主要有原生孔隙与次生孔隙两大类，冲积扇孔隙类型以粒间溶孔和粒内溶孔为主，过渡带和辫状河孔隙类型以粒内溶孔和原生粒间孔为主。孔隙类型的演化主要受成岩作用的影响。

（5）结合沉积环境和成岩作用，建立研究区目的层天然气富集模式，整体上盒 1 段岩性气藏大面积连续分布，垂向上互相叠置，多个成藏要素在空间和时间上的有效配置、共同作用，是形成现今盒 1 段岩性气藏大面积分布的必要条件。同时北部冲积扇及南部辫状河具有较大的天然气开发潜力。

参　考　文　献

[1] 于兴河，王香增，王念喜，单新，周进松，韩小琴，李亚龙，杜永慧，赵晨帆．鄂尔多斯盆地东南部上古生界层序地层格架及含气砂体沉积演化特征[J]．古地理学报，2017，19(06)：935-954.

[2] 郑浚茂，王德发，孙永传．黄骅拗陷几种砂体的粒度分布特征及其水动力条件的初步分析[J]．石油实验地质，1980(02)：9-20+61.

[3] 于兴河．2008．碎屑岩系油气储层沉积学[M]．北京：石油工业出版社

[4] 印森林，吴胜和，陈恭洋，白凯，曾建宏．基于砂砾质辫状河沉积露头隔夹层研究[J]．西南石油大学学报(自然科学版)，2014，36(04)：29-36.

[5] 印森林，吴胜和，冯文杰，李俊飞，尹航．冲积扇储集层内部隔夹层样式——以克拉玛依油田一中区克下组为例[J]．石油勘探与开发，2013，40(06)：757-763.

[6] 吴胜和，范峥，许长福，岳大力，郑占，彭寿昌，王伟．新疆克拉玛依油田三叠系克下组冲积扇内部构型[J]．古地理学报，2012，14(03)：331-340.

[7] 古莉，于兴河，万玉金，杜秀芳，帅勇乾，闫伟鹏．冲积扇相储层沉积微相分析——以吐哈盆地鄯勒油气田第三系气藏为例[J]．天然气地球科学，2004(01)：82-86.

[8] 李易隆，贾爱林，冀光，郭建林，王国亭，郭智，张吉．鄂尔多斯盆地中—东部下石盒子组八段辫状河储层构型[J]．石油学报，2018，39(09)：1037-1050.

[9] 单敬福，张吉，王继平，赵忠军，李浮萍，陈治华，石林辉，刘利峰．苏里格气田西区盒 8 下亚段辫状河沉积论证与分析[J]．吉林大学学报(地球科学版)，2015，45(06)：1597-1607.

[10] 刘大卫，纪友亮，高崇龙，靳军，杨召，段小兵，桓芝俊，罗妮娜．砾质辫状河型冲积扇沉积微相及沉积模式：以准噶尔盆地西北缘现代白杨河冲积扇为例[J]．古地理学报，2018，20(03)：435-451.

[11] 丁晓琪，张哨楠，周文，邓礼正，李秀华．鄂尔多斯盆地北部上古生界致密砂岩储层特征及其成因探讨[J]．石油与天然气地质，2007(04)：491-496.

[12] 张哨楠，丁晓琪，万友利，熊迪，朱志良．致密碎屑岩中黏土矿物的形成机理与分布规律[J]．西南石油大学学报(自然科学版)，2012，34(03)：174-182.

[13] 赵靖舟，付金华，姚泾利，刘新社，王宏娥，曹青，王晓梅，马艳萍，凡元芳．鄂尔多斯盆地准连续型致密砂岩大气田成藏模式[J]．石油学报，2012，33(S1)：37-52.

[14] 付金华，魏新善，任军峰．伊陕斜坡上古生界大面积岩性气藏分布与成因[J]．石油勘探与开发，2008，35(06)：664-667+691.

海上大型复杂礁灰岩油田开发技术研究

刘　平

(中海石油(中国)有限公司深圳分公司)

摘　要　南海东部海上在生产礁灰岩 LH 油田储量所占比例大，但油田的探明储量采出程度仅有 11%，剩余可采储量大，挖潜的空间巨大。同时，由于礁灰岩储层发育断层/裂缝、非均质性强，油田后期主区的调整井投产后即高含水，含水上升快、产量递减快，油田开发状况日趋复杂。为此，基于油田现有的动静态资料，开展生物礁灰岩 LH 油田储层裂缝预测、礁灰岩储层高精度测井评价，礁灰岩储层双孔介质建模、油田水平井产出剖面示踪剂监测研究，最终建立一套针对南海东部生物礁灰岩 LH 油田切实可行的开发技术。实际表明，该套开发技术取得显著挖潜效果，为进一步提高礁灰岩 LH 油田采收率奠定扎实的地质油藏基础。

关键词　礁灰岩；裂缝预测；双孔介质建模；示踪剂监测

1　引言

LH 油田水深约 300m，是一个大型生物礁滩块状底水稠油油田。由于储层发育断层/裂缝、非均质性强，开采难度大。后期调整井投产后高含水，挖潜效果不理想。结合近几年录取资料发现，对礁灰岩储层裂缝发育、高电阻致密层测井解释、双孔介质建模、水平井产液剖面监测等均与实际存在一定偏差，导致后续准确描述剩余油分布[1-3]进而制定合理的挖潜策略更加困难。

本文理论结合实际，根据油田历年生产井及密闭取心井资料，在分析油田地质油藏及渗流特征[4]的基础上，开展生物礁灰岩 LH 油田储层裂缝预测、礁灰岩储层高精度测井评价，礁灰岩储层双孔介质建模、油田水平井产出剖面示踪剂监测研究，最终建立一套针对南海东部生物礁灰岩 LH 油田切实可行的开发技术。

2　油田概况

2.1　地质油藏概况

LH 油藏位于中国南海珠江口盆地东沙隆起西南部，油藏所在海域水深约 303～332m。LH 油藏按东西两个构造高点和南北断层为界，划分为主区、3 井区、南区和北区(图 1)。

油藏具有以下地质油藏特征：

①背斜构造：LH 构造是在基岩隆起上发育起来的生物礁滩地层圈闭，灰岩顶面圈闭幅度为

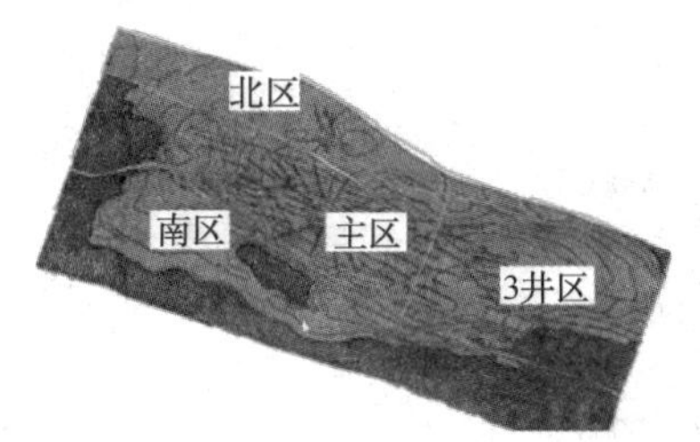

图 1　LH 油藏分区图

98m，圈闭面积 65km^2，轴向为北西西-南东东向，呈西高东低的趋势，由东西两高点组成，中间有一鞍部。

②物性八分特征：LH 油藏含油层段为珠江组灰岩油层，储层物性在纵向上好坏相间。将油层划分为八个岩性段：A、B1、B2、B3、C、D、E 和 F 层。

③中-高孔隙度，中-高渗透率储层：LH 油藏三口井 381 块样品岩心分析孔隙度为 0.9%～38.8%，平均为 21.3%；岩心渗透率分布范围 0.01～9329mD，平均为 651mD。

④发育裂缝：储层孔隙类型以次生孔隙为主，并有少量裂缝；但它的非均质性和孔隙结构等非常复杂。孔隙类型以粒间溶孔、粒内溶孔、非选择性溶孔为主，除此之外尤其是主区还发育各种微裂缝和小溶洞，见图 2。

⑤底水油藏：LH 油藏油水分布受断层和构造的控制，从实钻的油水界面确定了南、北两条

【作者简介】刘平(1987—)，男，工程师，2007 年毕业于中国石油大学（华东)石油工程系，2010 年毕业于该校油气田开发专业，获硕士学历，目前从事油藏工程研究工作。E-mail：liuping9@ cnooc. com. cn。

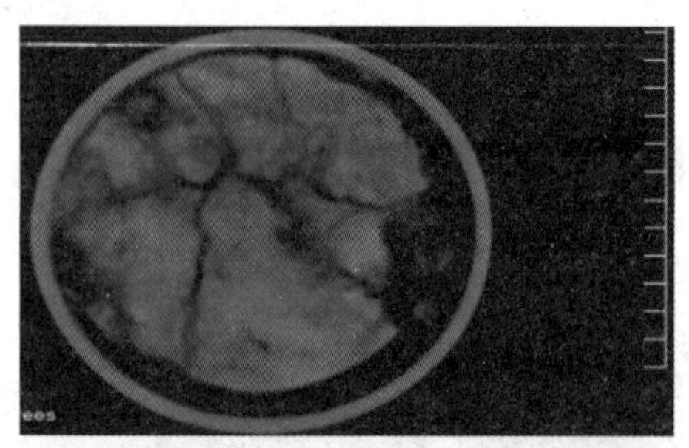

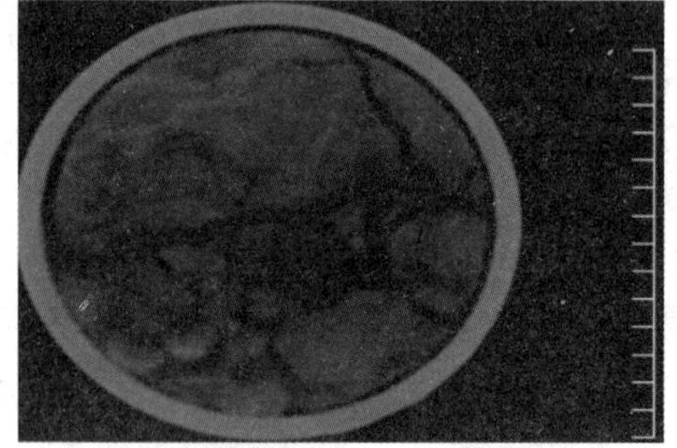

图 2　E4P1 井岩心 CT 扫描图

主断层将油藏主区和南、北分隔，使 LH 油藏不同断块具有各自独立油水系统，但均为底水油藏。

2.2　开发历程

LH 油田于 1996 年 3 月正式投入生产，该油田于 1996 年 3 月正式投产，在主区共投产 25 口水平开发井，依靠天然底水能量开采。水平开发井初产高，最高达到 $1995m^3/d$，前三个月平均产能 $668m^3/d$。但由于主区裂缝发育，但含水上升快，产量递减比较迅速。油田于 2003~2008 年期间，在东部裂缝相对不发育的 3 井区部署调整井，取得了较好的稳油控水效果。截止到 2018 年 3 月底，油田已钻生产井 60 口，其中开发井 25 口，侧钻井 35 口，目前在生产井 19 口，日产油量 $1236.31m^3/d$，日产液量 $29012.34m^3/d$，含水率 95.7%，累积产油量 $2014.38\times10^4m^3$，探明储量采出程度 11.6%。生产曲线见图 3。

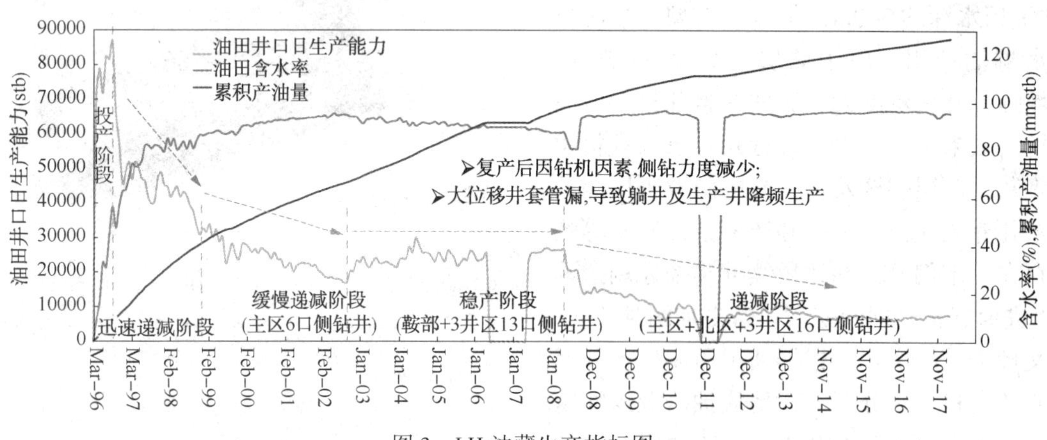

图 3　LH 油藏生产指标图

2.3　目前存在问题

目前油田面临的问题与挑战有以下几个方面：

（1）油田采出程度低，预测采收率低

随着每年调整井及增产措施的实施，油田标定采收率在不断增加，表明各种措施提升了油田的开发效果，油田预测最终采收率为 14.2%，仍然很低。

（2）海上礁灰岩油藏储层非均质性强，油水运动规律极其复杂

为了探索礁灰岩油田剩余油分布规律，2014 年在主区实施了领眼井 E5P1 井，并进行密闭取心。这口井平面上离在生产水平井 E2 最近，只有 80m，其中 E2 井目前日产油 $69.2m^3/d$，含水 97.1%，累产达到 $92.9\times10^4m^3$，是全油田含水上升最慢的一类井。

结合取心和测井相应特征，E5P1 井钻遇油水界面-1249.4m，与探井原始油水界面相比还深了 3.2m，根据密闭取心饱和度分析化验结果及测井资料，各层段的储层也富含油，表明一口含水上升最慢的老井 E2 旁边 80m 处储层原油仍未动用。

（3）海上礁灰岩油田增产手段单一，稳油控水措施尚处摸索阶段

受海上作业成本高等因素影响，油田增产手段较为单一，主要以调整井为主。由于对储层内部裂缝、相对致密层分布以及复杂储层油水运动规律认识不够，调整井投产后含水较高，效果一般。

针对礁灰岩油田存在的问题，基于油田现有的动静态资料，结合地震、测井、地质、开发等多门学科，综合应用多种分析方法，创立更准确精细的地质模式和模型，研究出适合礁灰岩油田切实可行的开发技术政策，并形成一套切实有效

的海上礁灰岩底水稠油油田提高采收率的技术体系，最终实现提高礁灰岩油田采收率的目的。

3 关键开发技术研究

3.1 目标导向多属性融合裂缝预测技术

统计 LH 油田 5 口 GVR 测井[5-7]裂缝信息(表 1)，研究区裂缝以孤立缝、成组缝和溶蚀缝为主；不同位置、不同层段裂缝发育密度不同；裂缝发育方向主要以北西-南东向为主，少数的北东-南西方向；裂缝主要是中-高角度缝，在20°~90°之间。

表 1 LH 油田 5 口 GVR 测井裂缝信息统计表

井名	裂缝类型	裂缝密度	裂缝方向		裂缝角度
M1	孤立缝和溶蚀缝	发育密度小	北西-南东 北东-南西		中高角度 30°~70°
M2	成组缝	发育密度中等	北西-南东		高角度 60°~88°
M3	溶蚀缝	发育密度小	北西-南东		中高角度 20°~85°
M4	成组缝和深蚀缝	发育密度大	北西-南东		高角度 60°~90°
M5	孤立缝和溶蚀缝	发育密度小	北西-南东 北东-南西		中高角度 30°~75°

地质中所说的裂缝是指肉眼可以识别，但未造成地层相对错动的破裂面，其裂缝的宽度通常是毫米至厘米级的，而在地震中，就算是面元 12.5m ×12.5m 的高密度三维资料，最小的一个点也是 12.5m×12.5m 大小，地震能预测的裂缝至少是 25m 宽×25m 长(2 个 CDP 点)的地质体的综合反映，因此，利用地震是不能识别地质尺度的裂缝，但是当一定数量地质尺度的裂缝集中发育形成裂缝发育带时，就可以利用地震对其进行预测[8-9]。

本次裂缝预测采用叠前、叠后技术相结合的总体预测思路(图 4)。由叠前地震属性计算出反映岩性、物性的弹性参数，并进一步计算出反演应力场响应的弹性参数；由叠后地震属性计算相干体、曲率体、蚂蚁体等反映裂缝的相关数据体；应用考虑方位角的叠前地震数据计算出裂缝密度等。综合这些叠前属性、叠后属性和方位角地震属性，在以 GVR 测井裂缝密度曲线的指示下，进行多属性融合，最终得到裂缝密度数据体。从裂缝预测过井剖面看，裂缝密度与 GVR 测井裂缝密度曲线有较好的相关性。(图 5)。在平面上，以 C 油层段为例，平面预测结果(图 6~图 7)总体表现为礁灰岩构造南部、东南部和北部断层带发育地区，裂缝密度也较大，与断层发育相对应。

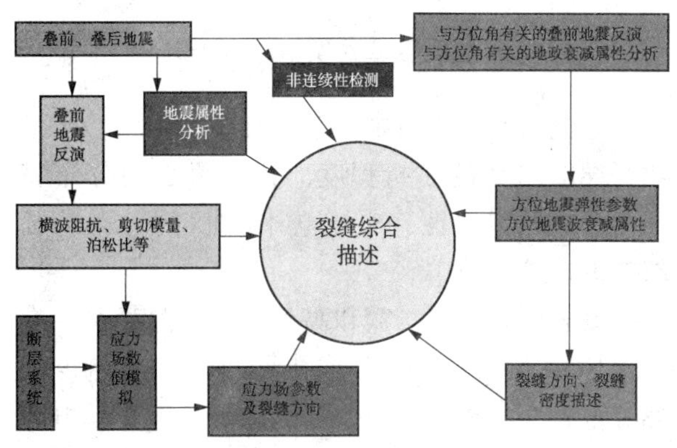

图 4 裂缝预测总体思路框架图

3.2 基于导电效率储层分类的礁灰岩多孔介质饱和度评价技术

3.2.1 基于导电效率的储层分类方法

导电效率的定义：在相同电势差下，岩石耗

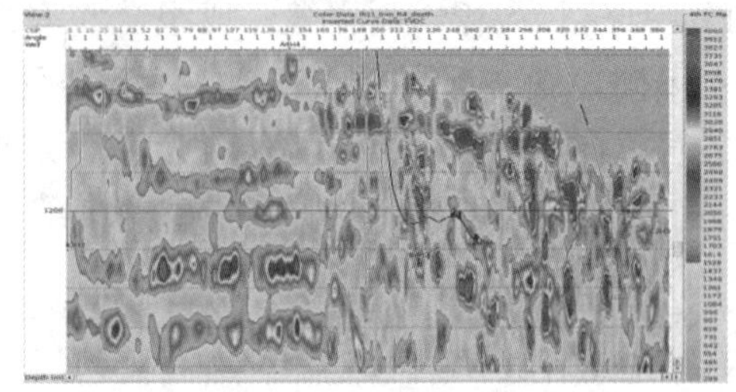

图 5　过 M 井裂缝密度剖面图

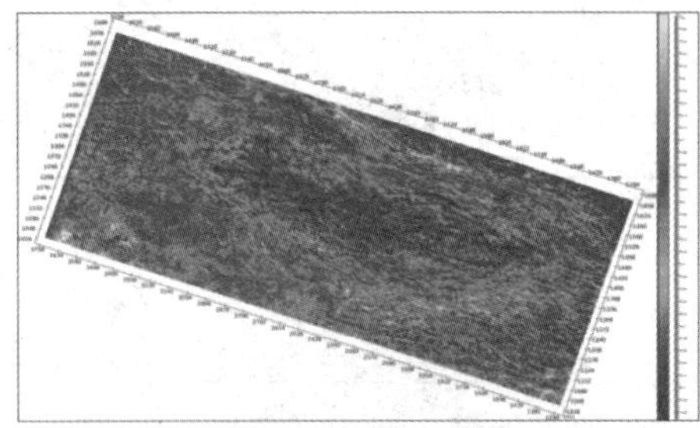

图 6　C 层段裂缝发育密度平面图

图 7　C 层段裂缝发育密度矢量图

散的平均功率与跟岩石具有相同长度和含水体积的一根全含水直毛管(称“标准毛管”)耗散的功率之比。

$$E=\frac{R_{w}}{R_{t}\phi_{w}} \tag{1}$$

局部导电效率与全局导电效率的关系：

$$E=\frac{1}{N}(\sum_{i=1}^{N}\varepsilon_{i}) \tag{2}$$

导电效率是岩石中导电相分布的几何特征参数，导电路径的曲折程度、孔喉大小的分布特征、孔隙的连通性、非导电相(油)的分布特征都考虑在该参数中。

设岩石长为 L，宽和高均为 I，岩石中央有一边长为 d 的正方形洞(或孔)，有一宽度为 h 的裂缝垂直穿过岩石中央，孔洞和裂缝中充满电阻率为 R_w 的地层水(图 8)。导电效率表达式：

经推导得，存在裂缝和孔洞：

$$E=\frac{L^{2}hl(hl-hd+d^{2})}{(d^{3}-d^{2}h+hlL)[(L-d)(hl-hd+d^{2})+dhl]} \tag{3}$$

存在孔洞和喉道：

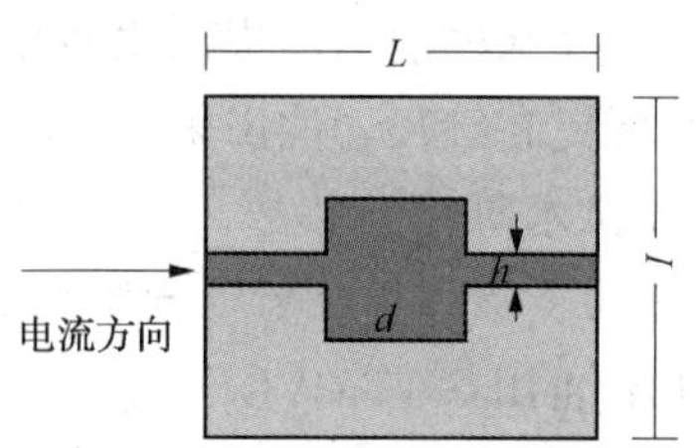

图 8　岩石中裂缝和孔洞示意图

$$E=\frac{\frac{\pi}{4}L^{2}dh^{2}}{[d^{3}+\frac{\pi}{4}(L-d)h^{2}]\left[\frac{\pi}{4}h^{2}+(L-d)d\right]} \tag{4}$$

设 $L=I=1$，存在裂缝和孔洞：

$$E=\frac{h(h-hd+d^{2})}{(d^{3}-d^{2}h+h)(h-hd+hd^{2}+d^{2}-d^{3})} \tag{5}$$

存在孔洞和喉道：

$$E=\frac{\frac{\pi}{4}dh^{2}}{\left[d^{3}+\frac{\pi}{4}(1-d)h^{2}\right]\left[\frac{\pi}{4}h^{2}+(1-d)d\right]} \tag{6}$$

利用上面推导出的公式，固定孔洞尺寸 d，随裂缝宽度的增大，导电效率增大很快，尤其是当孔洞较小时。固定孔洞尺寸 d，随着孔喉直径的增大，导电效率亦随着增大，孔洞较大时，导电效率增大较慢。

通过以上分析可知，裂缝是影响碳酸盐岩导电效率的主要因素，其中有两层含义：岩石中只存在裂缝时，其导电效率很高，若为水平裂缝或穿过井眼的垂直缝，其导电效率为 1；随裂缝宽度的增大，导电效率很快增大。岩石中存在孔洞时的导电效率远低于存在裂缝时的导电效率，孔洞越大，导电效率越低，若为孤立孔洞，导电效率为 0。这就是用导电效率区分裂缝和孔洞的理论基础。礁灰岩储层类型的导电效率判别方法见表 2。

表 2　判别礁灰岩储集空间类型

参数特征	储集空间特征	储层类型
高 E、高 ϕ	裂缝、孔洞同时发育	裂缝-孔洞型储层
高 E、低 ϕ	裂缝发育，孔洞不发育	裂缝-致密型储层
低 E、高 ϕ	孔洞发育，裂缝不发育	孔洞型储层
低 E、低 ϕ	裂缝、孔洞均不发育	致密型储层

3.2.2 多孔隙结构饱和度模型

针对裂缝-致密型、致密型储层特点，本次研究提出了考虑泥质影响的多孔隙结构饱和度模型。

碳酸盐岩储层中对岩石导电有贡献的成分可分为：小孔喉基质孔隙、连通的基块孔隙、裂缝孔隙及泥质。岩石的总导电能力可认为是它们并联的结果。

$$\frac{1}{R_t}=\frac{1}{R_j}+\frac{1}{R_l}+\frac{1}{R_f}+\frac{1}{R_{sh}} \tag{7}$$

式中　R_t——岩石电阻率；

R_j——小孔喉基质孔隙电阻率，所谓“小孔喉基质孔隙”是指油气不能进入的基质孔隙，因而其含水饱和度为100%；

R_l——连通的基块孔隙电阻率；

R_f——裂缝电阻率，在深电阻率探测范围内，认为裂缝中充满泥浆，其电阻率为 R_m；

R_{sh}——泥质电阻率。因而上式为：

$$\frac{1}{R_t}=\frac{\varphi_j^{m_j}}{R_w}+\frac{\phi_l^{m_l}S_{wl}^n}{R_w}+\frac{\phi_f^{m_f}}{R_m}+\frac{V_{sh}^{\alpha}}{R_{tsh}} \tag{8}$$

式中　ϕ_j 和 m_j——小孔喉基质孔隙度及相应孔隙度指数；

ϕ_l 和 m_l——连通的基块孔隙度及相应孔隙度指数；

ϕ_f 和 m_f——裂缝孔隙度和裂缝孔隙度指数；

V_{sh}——泥质含量；

R_{tsh}——纯泥岩电阻率，Ω·m；

S_{wl}——连通的基块孔隙中的含水饱和度。

利用上式可求出 S_{wl}，然后利用下式计算岩石总含水饱和度：

$$S_w=\frac{\phi_j+\phi_l S_{wl}+S_{wf}\phi_f}{\phi} \tag{9}$$

式中：S_{wf} 为裂缝含水饱和度，前人研究指出，油层处 S_{wl} 可取 0.1，在水层处取 1。

式(8)中 α 为地区经验参数，其值为 1~2，一般取 1.5。R_{tsh} 可由测井曲线读出。

由于生物礁灰岩孔洞型储层和裂缝-孔洞型储层导电特性近似于常规碎屑岩储层，因此选用阿尔奇公式计算含水饱和度，而其它两类储层中裂缝等组分对岩石导电影响明显，因此选用多孔隙结构饱和度模型计算饱和度。图 9 是 LH 油田 E5P1 井不同饱和度模型计算结果的对比图。

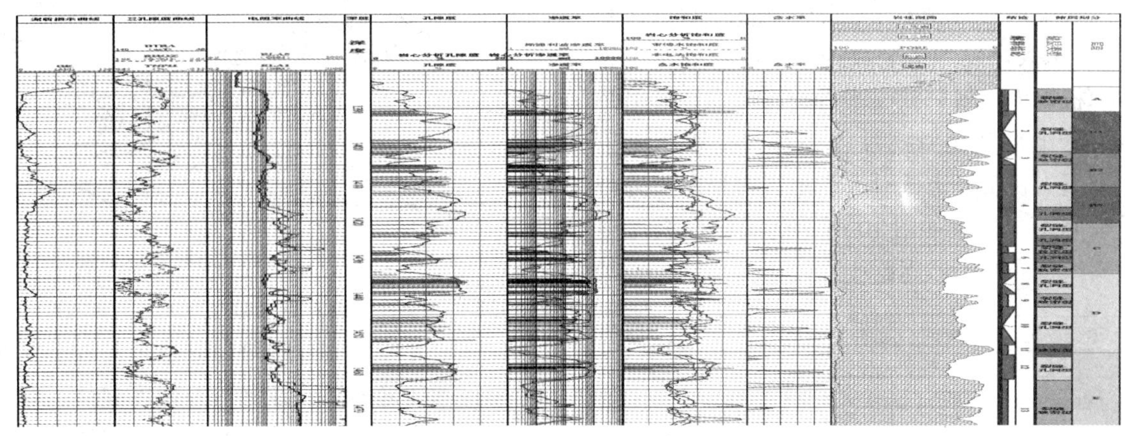

图 9　E5P1 井不同饱和度模型计算结果的对比图

从上图可以看出，饱和度计算结果与密闭取心饱和度(校正后)匹配良好，说明研究建立的饱和度计算模型适用于 LH 油田生物礁灰岩储层。

3.3 礁灰岩储层双重介质一体化建模技术

综合利用沉积分析、储层预测以及裂缝描述分方面的成果，对礁灰岩孔隙—裂缝型双孔介质油藏进行了精细表征，并利用动态资料对模型进行了优选。

通过严格井控条件下的高分辨率地质统计学岩性和物性预测技术流程，建立起具有空间预测性的油藏岩性和属性模型。

对于礁灰岩储层，裂缝的空间展步规律及精细描述[10]一直是较大难题。本次研究中通过岩心裂缝观察和 GVR 成像测井研究，对单井裂缝产状及分布规律开展研究，逐点模式识别。通过定义裂缝强度、几何特征和产状等参数，利用方差体和蚂蚁体等地震属性，应用先进的裂缝网络建模技术，模拟礁灰岩裂缝空间发育和分布，建立三维离散裂缝网络模型(DFN)，实现对裂缝的空间展布规律的定量表征。在DFN裂缝建模中，须分步对大尺度裂缝和小尺度裂缝进行预测。大尺度裂缝主要是从地震数据体上确定性获得，其位置和空间几何形态完全依靠地震资料进行识别；而小尺度裂缝主要是应用地质统计的方法随机生成，是由大量小裂缝片组成的裂缝系统。

3.3.1 大、中尺度裂缝模型建立

裂缝的分类可以根据其成因、充填情况、产状等参数可以建立多种分类方案。在裂缝分类方面不同的研究者着眼于不同观点。在裂缝建模过程中我们是根据裂缝的尺度和规模来分类，把裂缝分为两个主要类型：人工解释的断层和蚂蚁追踪识别的大、中尺度裂缝。通常指横向延伸长度在几十米到几百米，垂向高度也较高的裂缝。大、中尺度缝组成的裂缝组一般能在地震上识别出来，其产生机理接近于断层，实际上断层就是由一系列大尺度缝组成的断裂带。大、中尺度缝分布规律受应力分布，岩性等因素的控制，通常密度较低，但能提供很高的渗透率。大、中尺度裂缝建模就是要把组成断裂带的大、中尺度裂缝模拟出来。

以人工地震解释断层(断层位置、断点、断距等)作为大尺度裂缝硬数据，提取蚂蚁体地震属性，根据人工解释断层获得的大尺度裂缝组系信息，分组系从蚂蚁属性体中自动拾取断裂信息，采用人机交互方式对人工地震解释断层进行补充和修正，建立如图10所示的确定性大尺度裂缝离散分布模型技术路线。

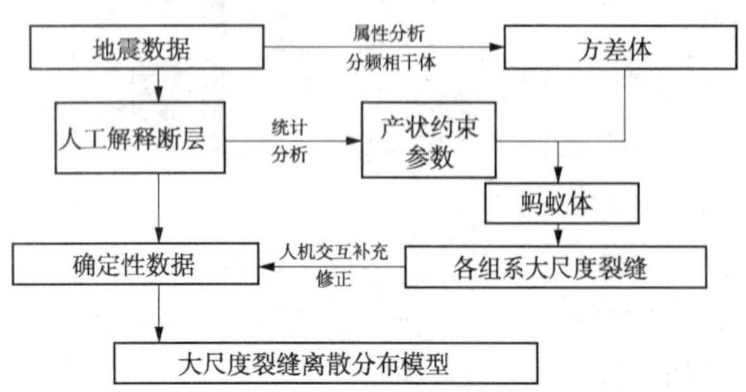

图10 离散裂缝离散分布模型建模技术路线图

人工地震解释断层可靠性较高，但精度不高，蚂蚁追踪自动拾取断裂精度较人工地震解释断层更高，但可靠性相对较低。将人工地震解释断层作为硬数据，通过人机互动的方式，对人工解释断层和蚂蚁追踪自动拾取断裂进行逐一匹配对比，使用蚂蚁追踪自动拾取断裂对人工地震解释断层进行补充和修正，建立确定性的大尺度裂缝离散分布模型。

统计地震人工解释断层，LH油田主要发育NE向断层，有少量NW向断层。断层主要分为北西方向(NW)、北东方向(NE)和东西向(EW)3个组系，其中北西向断层65条，北东向断层7条，东西向断层2条。

表3 人工解释断层产状统计参数

组系	断层数(条)	倾角/(°)		长度/m	
		平均值	范围	平均值	范围
NW	65	80	72~82	1172	119~7434
NE	7	73	67~80	649	512~841
EW	2	78	74~82	382	101~540
总计	74	77	67~85	893	101~7434

在LH油田，基于解释74条断层及蚂蚁追踪395条大裂缝，采用确定性方法建立大尺度离散裂缝分布模型，共431条。大、中尺度裂缝展布如图11所示。

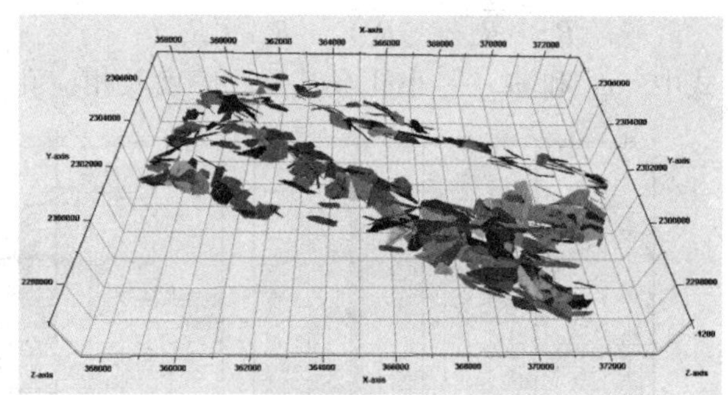

图11 LH油田蚂蚁追踪裂缝结果

3.3.2 小尺度裂缝模型建立

在单井解释裂缝倾角和方位角基础上，通过计算每米裂缝的维数计算单井强度曲线，约束井点裂缝发育。利用地震预测的裂缝密度数据体，如下图所示，通过计算到断层的距离及裂缝密度的计算，并归一化处理，得到如图所示的井间裂缝发育约束体，约束裂缝在井间的发育强度。

在对裂缝空间分布形式、裂缝主控因素分析、裂缝方位空间分布模式及裂缝尺寸分布的基础上，以单井裂缝密度为基础，井间以到断层的距离和裂缝强度的约束下建立不同层段裂缝模型。在前面裂缝方位、倾角和大小分析基础上，确立了北西和北东不同方向裂缝发育的参数。

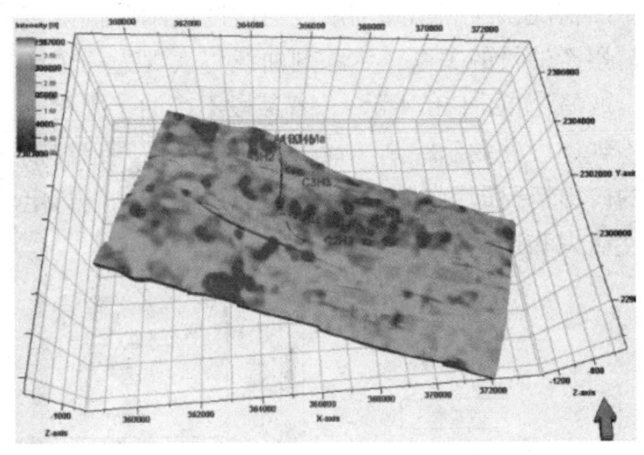

图 12　井间裂缝发育密度体

表 4　北西和北东向裂缝约束参数表

裂缝组	平均倾向	平均倾角	集中度	纵横比	主轴走向	主轴倾角
NW	229.891	72.941	13.64252	2.4282814	220.183	82.647
NE	131.759	69.907	12.63056	2.62836	123.484	80.735

不同尺度裂缝融合结果如图 13 所示。

图 13　断裂与小尺度裂缝融合分布模型

3.3.3　裂缝属性模型建立与粗化

裂缝型储集体属性参数建模，采用基于离散裂缝网络模型的等效介质方法求取裂缝等效孔隙度和等效渗透率张量，建立裂缝型储集体属性参数三维模型。

裂缝等效参数是指裂缝系统在各油藏网格中所表现出的存储能力、渗透能力以及被裂缝系统所切割的基质岩块几何形态参数。上述参数的计算基础是已知各网格块内的裂缝网络基础关系、各条裂缝的开度以及传导率。

① 裂缝等效孔隙度计算

根据离散裂缝网络模型中网格节点内的裂缝条数，以及各裂缝的长度、倾角、开度、传导率等已知参数计算裂缝孔隙度和裂缝渗透率，裂缝等效孔隙度即网格节点内裂缝总体积与该网格体积之比；

② 裂缝等效渗透率计算

Petrel 中包含有两种渗透率粗化方法，两种方法在运算过程中都要直接使用 Golder 技术。Oda 是数据统计计算方式，它以单个网格内裂缝的总面积及裂缝的不同参数为基准，进行渗透率估算。另一种方法是基于流体的粗化技术，它为每个网格都进行特别的限定，并在压力梯度下进行流动模拟，以计算每个方向的渗透率。该计算过程考虑到了流动系统的全部可能几何态。

通过离散裂缝网络，可以在网格中形成双孔介质的属性体，为数模提供静态模型，这些属性是包括裂缝双孔度，裂缝双渗滤(3 到 6 张量)及 Σ 因子(裂缝与矩阵间的连接性)。

按照上述方法对 LH 油田离散裂缝属性模型进行了构建和粗化，孔隙度模型，这样，就完成了包含基质和裂缝的双重介质地质模型的构建。结果如图所示，渗透率模型和 Σ 因子如图 14~图 16 所示。

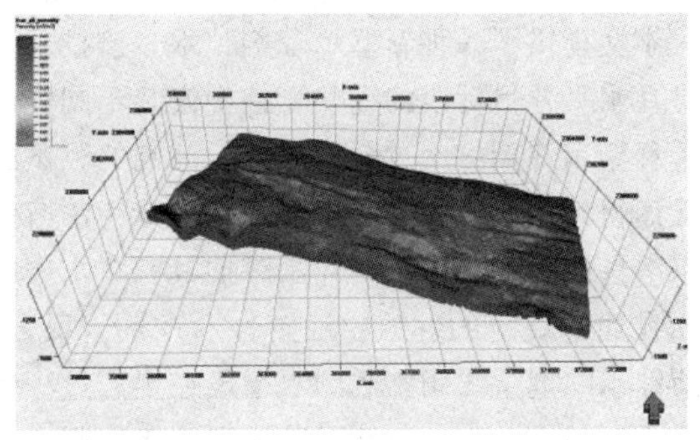

图 14　LH 油田裂缝等效孔隙度模型

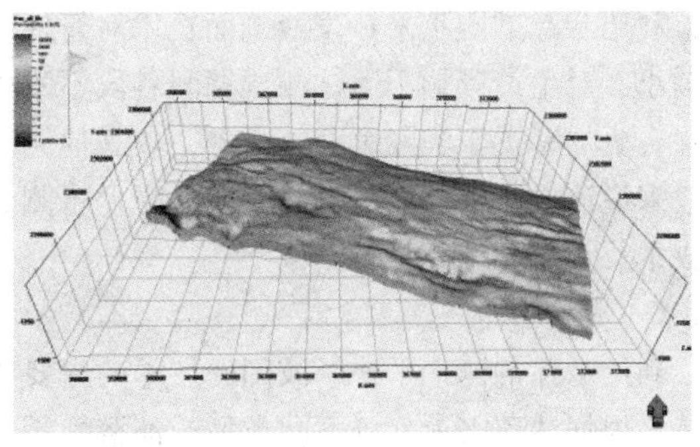

图 15　LH 油田裂缝 K 方向等效渗透率模型

3.4　水平井段产液剖面示踪剂监测技术

随着水平井钻井及配套技术的逐渐成熟，目前水平井已成为油田开发的重要方式。该技术的应用在开发低渗、稠油、超稠油等复杂油气藏以及挖潜老油田难以动用的剩余储量方面具有重要的作用。在水平井生产过程中，井下的生产信息

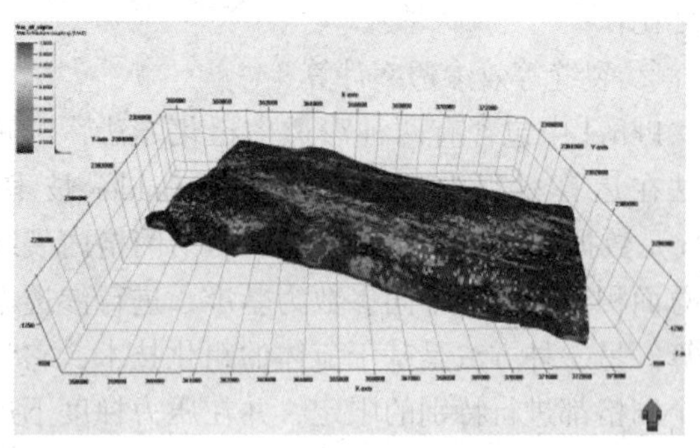

图 16　LH 油田 Sigma 因子模型

尤其是水平井各段的产液剖面是油藏管理、数值模拟以及措施制定中不可缺少的数据。目前水平段的产液剖面主要是利用连续油管或拖拉器等传送设备将测量仪器送入目标点进行测试[11-12]。该类方法由于测试过程中对生产管柱有所改动，并不能完全还原生产中的真实情况，因此存在较大误差。另外，在油井狗腿度过大，原油较稠、胶质沥青质含量高的情况下，传送设备容易遇卡，也对测试造成极大的影响。因此，目前急需一种更加准确可靠的测水平井产液剖面的方法。

本文提供了一种新型示踪剂技术，该技术主要是在水平井目标段的完井管柱中安装不同类型的缓释型示踪剂，通过分析井口示踪剂的测试结果从而得到井下的生产信息。示踪剂分为油溶性和水溶性两种。其中水溶性示踪剂具有在水中缓释，在油中稳定的性质；油溶性示踪剂，反之。水溶性示踪剂主要用于监测水平段在生产过程中的出水突破点；而油溶性示踪剂则用于监测水平井的产液剖面。本文重点介绍油溶性示踪剂的应用。利用示踪剂测水平井产液剖面技术对管柱改动较小，对生产影响不大，测试期间各段不发生干扰，更加贴近于实际生产；另外，较其他测试方法来说该方法操作简单，同时大大降低了测试的成本。

3.4.1　技术原理

利用示踪剂测水平井产液剖面技术的主要原理是：根据油田需求，将不同类型的油溶性缓释示踪剂安装在目标点的完井管柱上，示踪剂随管柱一并下入井中。油井在返排后关井，由于井筒本身存在部分油基泥浆或原油。示踪剂在该环境下发生释放，示踪剂安装处将会形成一定范围的高浓度扩散区(如图 17a 所示)。油井一旦开启后，若某段产油，该段处示踪剂扩散区将随油流到达井口(如图 17b 所示)，通过检测井口示踪剂产出情况，绘制示踪剂浓度与时间或示踪剂浓度与累产油量的关系，示踪剂曲线将表现为一个产出波峰(如图 17b 所示)。若某段不产油，则检测不到该段处的示踪剂。通过分析油井不同示踪剂的产出情况即可对水平井各段的产油信息进行定性认识和定量计算。

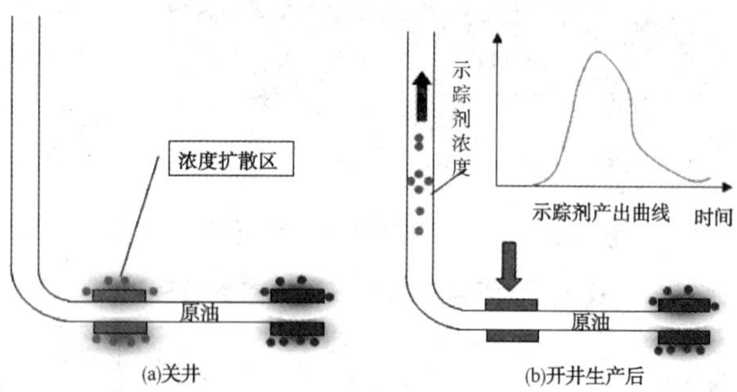

图 17　示踪剂测水平井产液剖面技术原理简图

3.4.2　监测结果解释

在获得检测结果后，绘制取样时间与示踪剂浓度产出曲线。根据产出情况定性判断各点是否有原油贡献。也可通过调整监测段的产油量，利用单向管流模型或多相管流模型对示踪剂产出曲线峰值进行拟合，最终得到水平段的产液剖面。以下以水平井 A 的现场应用为例进行说明。

水平井 A 水平段长 1500m，垂深 1800m。返排时日产油 $300m^3/d$，含水为 0。为获取井下产液剖面资料，分别在 5300m，4700m，4400m 安装油溶性示踪剂 TO1、TO2、TO3。油井开井后，在井口进行取样，共取样 24h，前 12h 每隔 20 分钟取样一次，后 12h 每隔 60min 取样一次。取样后，返回实验室进行检测。检测结果如图 5 所示。

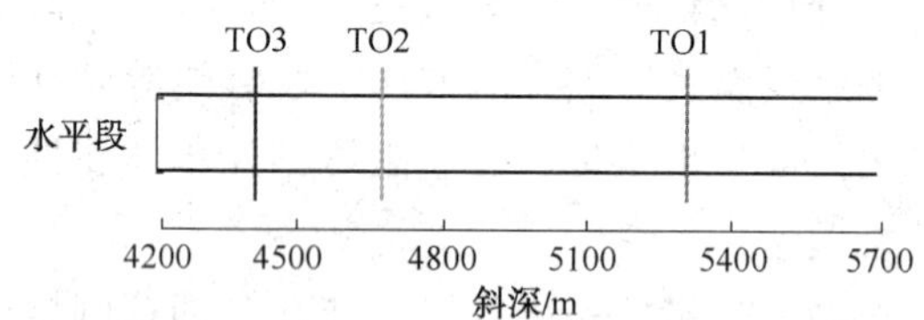

图 18　水平井 A 示踪剂的安装示意图

从图 19 中可以看出，三种示踪剂都有产出，说明水平井各段均有产量贡献。各示踪剂的峰值时间不同主要由于各段产油量大小以及距井口的距离差异造成的。为更加明确的对比各示踪剂的峰值时间，将产出曲线除以峰值浓度，从而将产出曲线归一化，如图 20 所示。

由于该井含水为 0，产气量不大，可将井筒内流动看作单相管流。因此示踪剂在井筒中的流

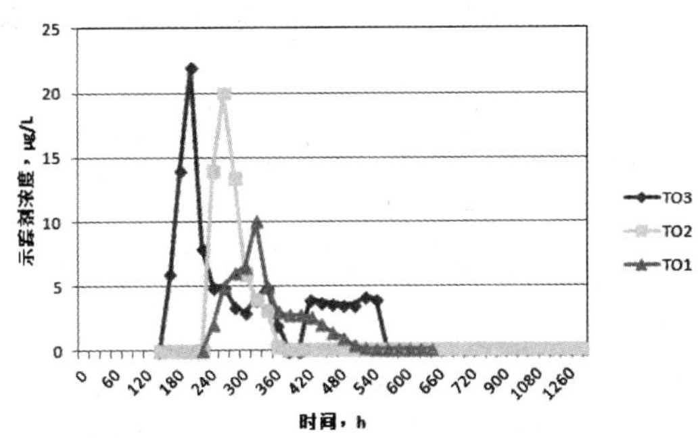

图 19　三种示踪剂的产出曲线

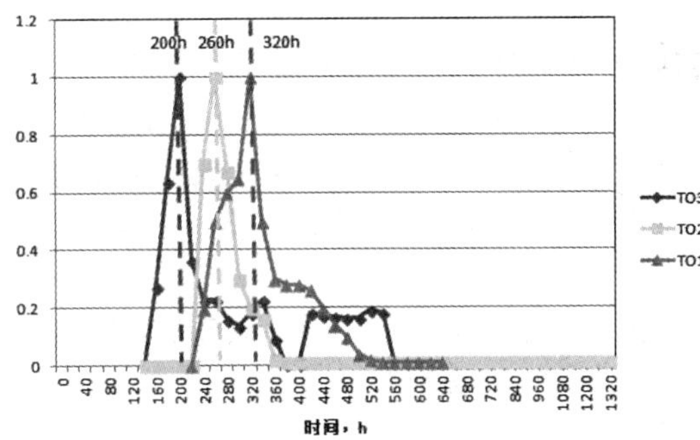

图 20　三种示踪剂的产出曲线(归一化)

动时间可用以下公式表示：

$$t_1-t_2=V_{12}/(Q_1+Q_2/2)$$

$$t_2-t_3=V_{23}/(Q_1+Q_2+Q_3/2)$$

$$t_3=\frac{V_0}{Q}+\frac{V_{30}}{Q_1+Q_2+Q_3+Q_0/2}$$

$$Q_0+Q_1+Q_2+Q_3=Q$$

式中：t_1、t_2、t_3 分别表示示踪剂 TO1、TO2、TO3 到达井口的时间；Q 表示油井的总产量；Q_1、Q_2、Q_3、Q_0分别表示水平段脚尖距 TO1 段的产油量、TO1 距 TO2 段的产油量、TO2 距 TO3 段的产油量、TO3 距脚跟段的产油量。V_{12}、V_{23}、V_{30}、V_0分别表示 TO1 距 TO2 段的井筒体积、TO2 距 TO3 段的井筒体积、TO3 距脚跟段的井筒体积、脚跟距井口段的井筒体积。联立上述公式，即计算出各段的产油贡献比例。

4　实际应用

为了挖潜剩余油，减缓油田产量递减趋势，2017 年在 3 井区设计了两口井 N1 及 N2，钻前对构造、储层、剩余油等进行了详细的研究和分析。首先，基于新处理地震资料精细解释结果，指导调整井钻前构造预测。其次，按照岩心—单井—地震综合分析，表明 3 井区主要为孔洞型储层和致密型储层，孔洞型储层物性好，是主力产油区，致密型储层物性差，是挡水的有利条件，储层的精细研究为调整井设计提供了有力保障。最后，结合领眼井实钻后的认识、渗流机理研究、微观剩余油和宏观剩余油分布规律对调整井井位进行了优化，落实了调整井的潜力。通过以上精细地质油藏研究，确保了调整井实施效果。

从 N1 和 N2 实钻后两口井的总体效果较好，具体的对比如下：

(1) 构造吻合度高：N1 实钻前后 A 层和 B1 层误差在 1m 以内，N2 实钻前后 A 层和 B1 层误差在 3~4m，钻前预测和实钻结果吻合度高。

表 5　LH 油田调整井构造预测对比表

井名	layer	预测	实钻	误差
N1	A	-1197.2	-1196.9	-0.3
	B1	-1200.2	-1201.1	0.9
N2	A	-1189.5	-1192.8	3.3
	B1	-1192.5	-1196.3	3.8

(2) 储层物性接近：实钻的孔渗物性与钻前设计相当，含油饱和度略高于钻前预测，实钻结果达到了钻前设计要求。

表 6　LH 油田调整井物性预测对比表

井名	方案	主要生产层位	孔隙度/%	渗透率/mD	含油饱和度/%
N1	设计	B1	23~29	900~2000	51~55
	实钻	B1	20~30	800~2000	60~62
N2	设计	B1	20~30	200~2000	61~67
	实钻	B1	20~28	400~1500	64~70

(3) 产量情况

N1 井实际初产 $178m^3/d$，初始含水 17.9%，初产较高，初始含水低，含水上升较慢。基于目前的实际生产动态，预测至 2030 年底技术可采达 $30.43\times10^4m^3$，高于钻前预测值 $20.47\times10^4m^3$，实际效果明显好于预期。

N2 井初产 $224.2m^3/d$，初始含水率 19.1%。截止到目前该井一直处于高油量、低含水稳产阶段，预测至 2030 年底技术可采达 $47.17\times10^4m^3$，高于钻前预测值 $43.84\times10^4m^3$。基于钻后的结果及实际生产动态，该井与钻前设计基本相当。

5　结论

(1) 通过建立南海东部生物礁灰岩储层地球物理表征技术系列，改善了礁灰岩内幕高分辨率成像，精细刻画描述了储层裂缝和隔夹层的分布。

(2) 通过建立南海东部生物礁灰岩高精度测

井评价技术系列，建立了储层分类方法，并实现了储层类型的测井自动识别，实现了四类储层的饱和度评价，大大提高了礁灰岩储层饱和度的解释精度。

(3) 利用古地貌恢复技术实现沉积成岩演化过程模拟，综合研究得到全油田四类储层分布，井震结合分别建立了礁灰岩储层精细基质和裂缝地质模型。考虑渗流主控因素建立了基质和裂缝油藏耦合的双重介质模型，从而建立了一套一体化礁灰岩储层双重介质建模技术。

(4) 形成了示踪剂监测水平井产液剖面测试技术体系，成功实施完成了国内第一口水平井产液剖面示踪剂监测。

(5) 调整井实施效果表明，礁灰岩储层开发技术有效，为礁灰岩 LH 油田下一步挖潜奠定扎实的地质油藏基础。

参 考 文 献

[1] 范子菲，李孔绸，李建新，等．基于流动单元的碳酸盐岩油藏剩余油分布规律[J]. 石油勘探与开发，2014，41(5)：578-584.

[2] 孙致学，裂缝性油藏中高含水期开发技术研究[D]. 成都：成都理工大学，2008.

[3] 郭殿军，裂缝型新站油田精细油藏描述与剩余油分布规律研究[D]. 大庆：东北石油大学，2010.

[4] 葛家理．现代油藏渗流力学原理[M]. 北京：石油工业出版社，2003.

[5] 李楚吟，吴意明，张永江，等．南海礁灰岩油藏裂缝电阻率成像特征分析及评价[J]. 石油天然气学报，2012，34(10)：72-76.

[6] 杨世夺，雷霄，蔡军，等．随钻电阻率成像测井在北部湾碳酸盐岩储层中的综合应用[J]. 测井技术，2010，34(2)：177-182.

[7] 邓少贵，王晓畅，范宜仁．裂缝性碳酸盐岩裂缝的双侧向测井响应特征及解释方法[J]. 地球科学，2006，31(6)：846-850.

[8] 蒲静，秦启荣．油气储层裂缝预测方法综述[J]. 特种油气藏，2008，15(3)：9-13.

[9] 关宝文，郭建明，杨燕等．油气储层裂缝预测方法及发展趋势[J]. 特种油气藏，2014，21(1)：12-17.

[10] 刘伟新，宁玉萍，王华，等．双重介质定量描述技术在复杂礁灰岩油田开发中的应用—以珠江口盆地流花 4-1 油田为例[J]. 中国海上油气，2014，26(3)：65-70.

[11] 吴世旗等．水平井产出剖面测井技术及应用[J]. 油气井测试，2005，14(2)：57-58.

[12] Fridtjof Nyhavn and Anne D Dyrli，Permanent Tracers Embedded in Down - hole Polymer Prove Their Monitoring Capabilities in a Hot Offshore Well，SPE135070.

低油价下油藏效益开发的方向与管理方法探讨

杨　凯

(中国石化中原油田分公司)

摘　要　低油价形势下，油藏开发面临严峻挑战，很多老的开发思路和方法已经不能适应当前形势。在当前形势下，油藏开发的要求从以前的以产量为中心变成了产量效益并重，开发上面临许多难点，比如说特高含水开发后期，剩余油认识越来越困难，再则注采井网持续恶化，导致要实现效益稳产难度逐年加大。面对开发上的难点，我们精细研究，积极转变开发思路，把开发的重点转移到了水驱、转移到了注采管理上，以低成本注水技术为核心，以创新采油管理区注采管理为抓手实现油藏的效益开发。

关键词　低油价；效益开发；低成本注水技术；注采管理

文西垒油藏位于东濮凹陷中央隆起带文留构造西部，主要包括文209和文38两个区块，含油层位沙二下~沙三上~沙三中，石油地质储量844×10^4t，地质采出程度36.32%，属于中渗复杂断块层状油藏。近几年由于油价大幅下降，成本大幅压缩，导致开发形势变差，如果不改变开发思路，变差形势难以得到有效遏制。

面对困难形势，我们积极转变开发思路，把开发的重点转移到了水驱、转移到了注采管理上。以《矛盾论》为指导思想，确定工作目标、落实工作方向、创新工作方法，实现了油藏效益开发，2018年上半年油藏创造利润945万元，超缴利润885.5万元，实现了扭亏为盈。

1　开发中主要矛盾分析

在明确了以水驱为中心的开发思路以后，我们首先针对水驱、针对注采管理上存在的问题进行了深入分析研究，研究分别从平面、层间、层内进行。

平面上：注采流线长期固定、注入水低效循环

存水率是评价开发效果的指标，也是反映油田注水利用率的一个重要指标，它的变化与注水量多少、含水率高低等因素有直接的关系。统计的近几年存水率得出，累计存水率呈下降趋势，说明注入水低效循环严重，注水利用率低。

同时我们进行了数值模拟实验，从209块流线模拟结果可以看出：2016年对比2013年，注采流线无明显变化，也说明注入水低效循环，注水利用率低。

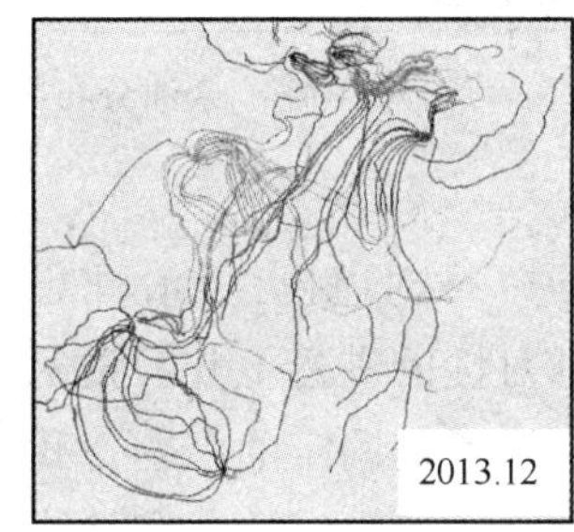

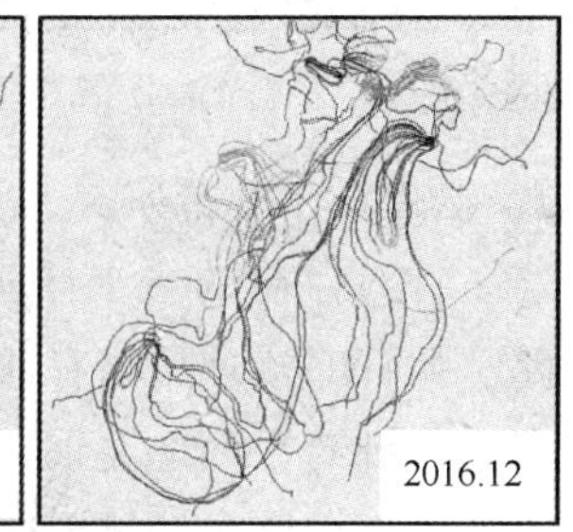

209块流线示意图

层间上：受非均质、井况等多种因数影响导致主力层突进

文209块层间非均质性严重，虽然该块加强注水结构调整，通过调驱、分注、卡堵、挤堵、注灰、调配等工艺措施的实施，吸水状况得到了一定程度改善，但由于水井井况及分注工艺水平的限制，近几年层间矛盾加剧。通过对文209块2006-2016年吸水剖面的统计得出，近几年吸水层数百分数由39.5%下降到30.9%，吸水厚度百分数由42.3%下降到38.1%。

层内：受隔夹层和韵律性影响，层内动用不均

以文209块S3中9^6厚层为例，该层整体水淹严重，研究发现其中含有剩余油富集的低渗韵律段，我们对S3中9^6厚层细分为2个韵律段

【作者简介】杨凯(1987—)，男，2010年6月毕业于长江大学资源勘查工程专业，学士学位，高级工程师，中原油田采油一厂工艺研究所注水室担任主任。主要从事注水工艺技术和注水开发技术的研究与应用。E-mail：281414777@qq.com。

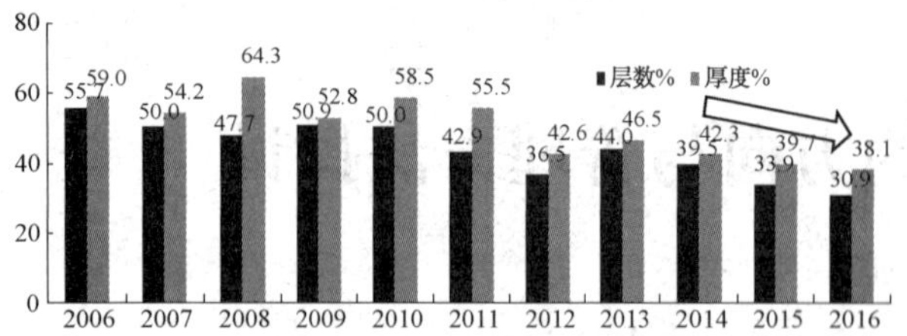

文209块2006-2016年吸水层数、厚度变化图

S3中9^6^1和S3中9^6^2。受夹层控制，其中的S3中9^6^2剩余油富集，水驱动用程度低。

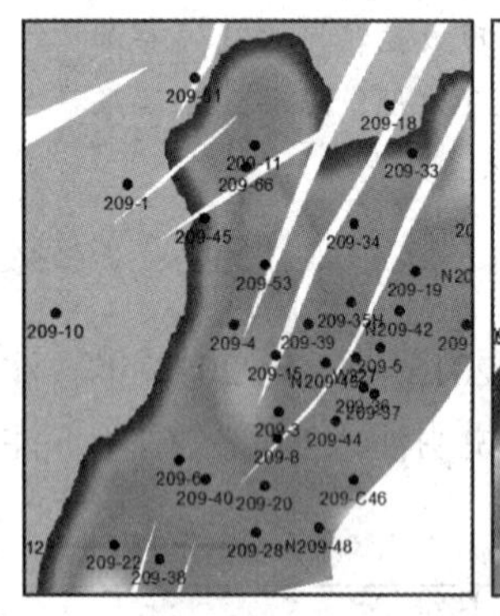

沙三中9^6^2剩余油分布图

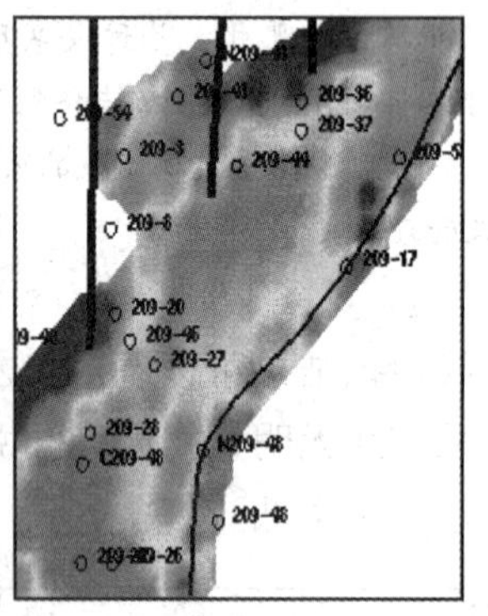

沙三中9^6剩余油分布图

2　治理技术政策研究

针对存在的主要矛盾，我们制定了治理思路，并针对治理思路有针对性的进行了开发技术研究。针对平面上注采流线长期固定的问题，我们的治理思路是通过周期注水、耦合注水和流线调整来进一步提高水驱波及系数、提高采收率，因此针对这些低成本注水技术进行了深入研究。针对层间矛盾加剧的问题，采取加大水井细分力度的措施，因而进行了油藏细分注水技术界限的研究。针对层内动用不均的问题，采取下4寸套建立韵律差层独立注采井网的措施，并对该类韵律层开发技术进行了深入研究。

研究一：低成本注水技术研究

周期注水、耦合注水

根据国内外的理论及矿场实践表明，周期注水采用长注短停效果最差、对称型次之、短注长停较好。采用油藏数值模拟的方法，对周期注水进行了进一步研究，油藏数值模拟表明，采取注水停采-停注采油(耦合)方式累产油高，含水率低，效果较好。

根据周期注水数值模拟结果结合文西垒块油藏特点，进行了进一步的模拟实验，实验表明对于文西垒块，周期注水周期采用注水2个月停注4个月的效果最好。

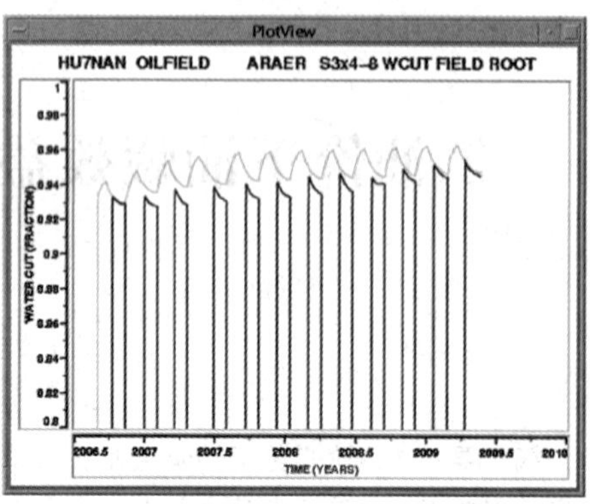

周期注水不同注采方式含水率预测对比曲线

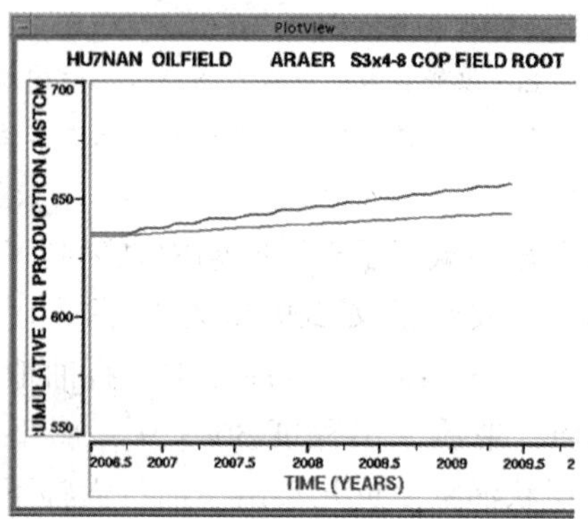

周期注水不同注采方式累积产油量预测对比曲线

周期注水模拟实验成果表

方案序号	全周期月	注水周期月		最终采收率增加值/%	备注
		主力层	非主力层		
1	稳定注水6				基础方案
2	6	1	1	1.04	主力层与非主力层同步注水
3	6	2	2	1.20	
4	6	3	3	0.87	
5	6	1	0	1.54	主力层周期注水，非主力层稳定注水
6	6	2	0	1.96	
7	6	3	0	1.38	

最佳半周期：$t=L^2/C_p$

式中　C_p——导压系数，cm^2/s；

t——半周期时间，天；

L——注水井与驱替前缘距离，m。

$$C_p=k/(\mu*C)$$

式中　C——综合弹性系数，1/MPa。对于耦合注水，非常适合注水时油井很快水淹，停注时油井又很快没能量的低效井组。其原理与周期注水相同，但又不同于周期注水，认为它是周期注水的“强化版”。岩心试验[1]明显看出连续注采时，注入水沿原局部高耗水区域水窜，潜力区难以动用；耦合注采模式下，避开了原局部高耗水区，断边带、分流线等潜力区与油井间形成多条新流线，波及程度明显扩大。

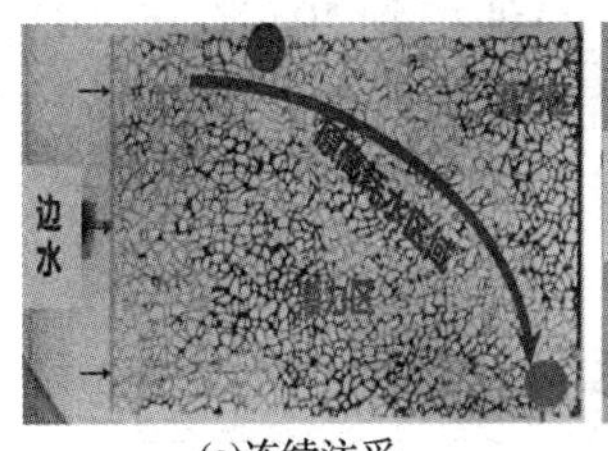

(a)连续注采

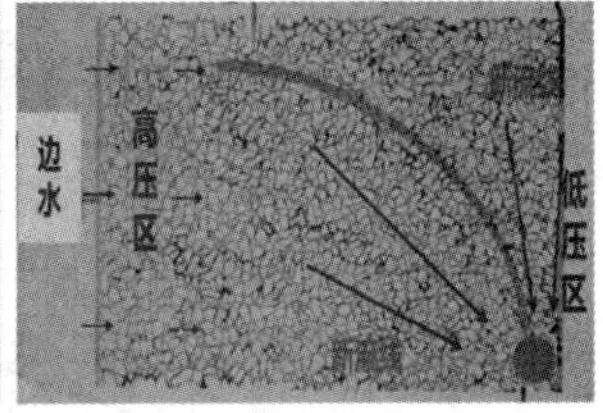

(b)耦合注采

流线调整

在流线调整技术的研究上，实现了两个突破：

首先总结出通过流线分析寻找潜力区的基本步骤：第一步梳理小层产注信息，第二步建立历史注采流线，第三步评价流线性质，第四步抽稀流线，第五步描述潜力区。

其次提炼出流线调整的操作模式：采取老井措施调整与优化配产配注相结合进行挖潜，从而实现恢复老流线、构建新流线、堵截强流线、引导弱流线。

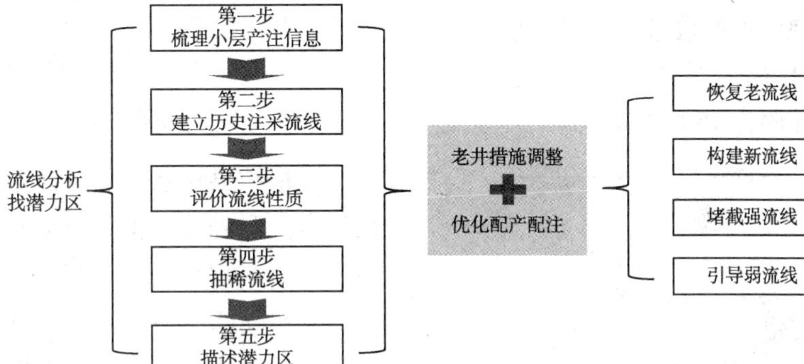

研究二：油藏细分注水技术界限研究

根据前期研究，影响二三类层水驱采收率提高的主要因素是受合注合采、级差、井距的影响井网适应性差，二三类储层动用程度低，因此二三类层以缩小渗透率级差为大前提，储层物性、流体性质潜力相近为原则，利用多级分注、调剖等技术进行细分重组。

本次主要针对渗透率级差和单段内砂岩厚度进行了研究。依据130余次吸水剖面统计结果以及近几年井组治理实施效果经验而建立二三类层细分重组的技术界限。

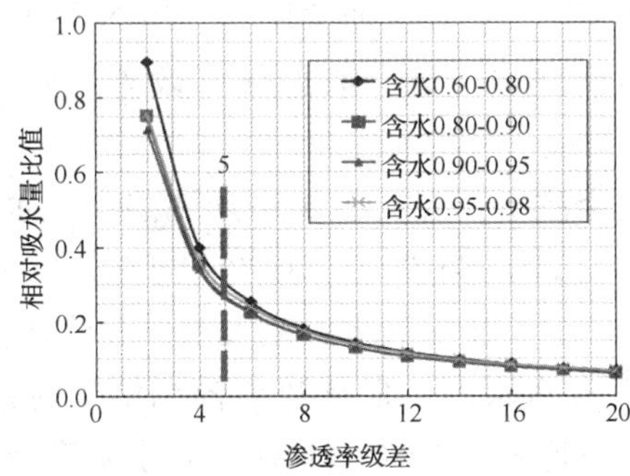

渗透率级差与相对吸水量比值关系图

根据统计研究结果制定了细分界限：渗透率极差控制在5倍以内，单个注水层段内砂岩厚度不超过11m。

研究三：韵律差层开发技术政策研究

合理注采井距

(1) 渗流机理法

胜利油田地质研究院研究了中低渗透油田的

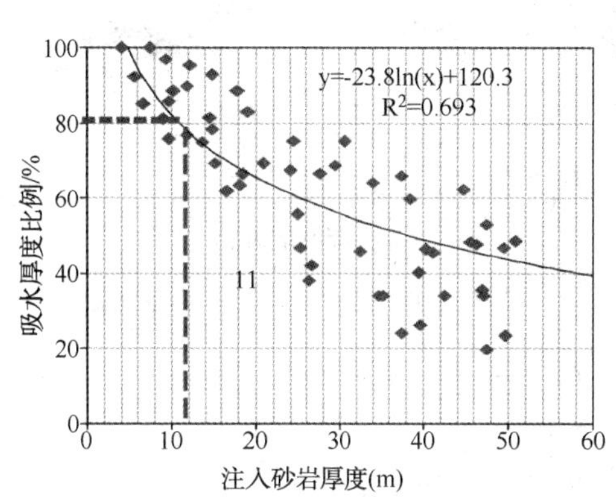

注入砂岩厚度与吸水厚度比例关系图

渗流机理，确定了极限供油半径与有效驱替压差、储层渗透率、地下原油黏度的关系式[2]：

$$r_{极限} = 3.226 \cdot (P_e - P_w) \cdot \left(\frac{k}{\mu}\right)^{0.5992}$$

式中　k——有效渗透率；

P_e-P_w——有效驱替压差。

渗流理论研究表明：合理注采井距应为水井极限注水半径与油井极限供油半径之和，并且极限供油半径(或极限注水半径)受有效驱替压力梯度的制约，而有效驱替压力梯度的大小与储层渗透率、流体的地下黏度有关。

利用深层油藏岩心建立的有效渗透率与空气渗透率的关系为：

$$k_o = 0.025021k_g^{1.5351}$$

利用上述公式，制作不同渗透率储层在不同生产压差下的极限注采井距图版。

根据以上图版，可以确定不同类型储层在不

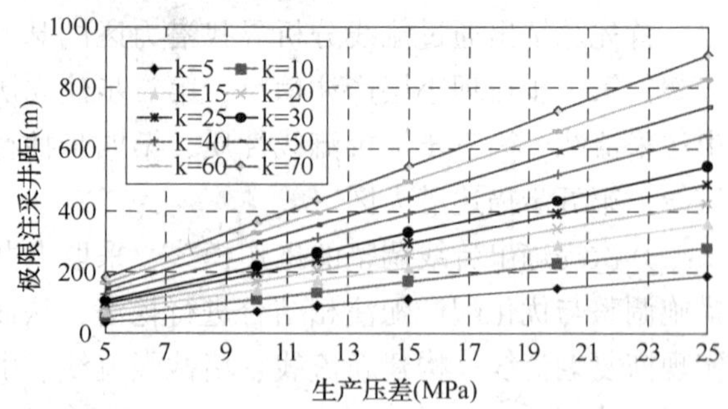

同生产压差下的极限注采井距。根据文209块生产资料统计，文209块有效驱替压差为10－20MPa，计算得出韵律差层控制半径为75－130m，即有效注采井距为150~190m。

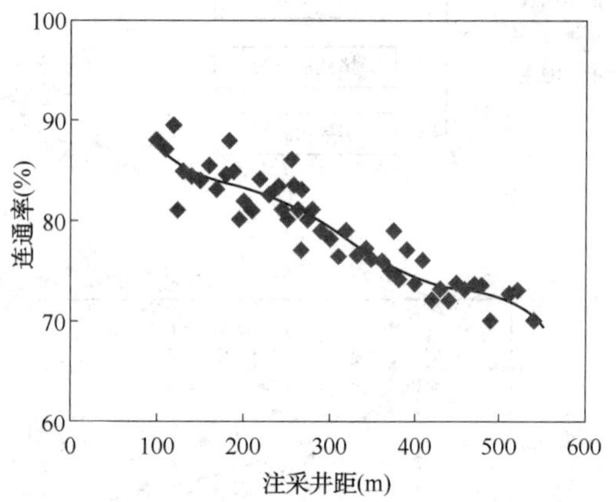

低渗层注采井距与连通率关系曲线

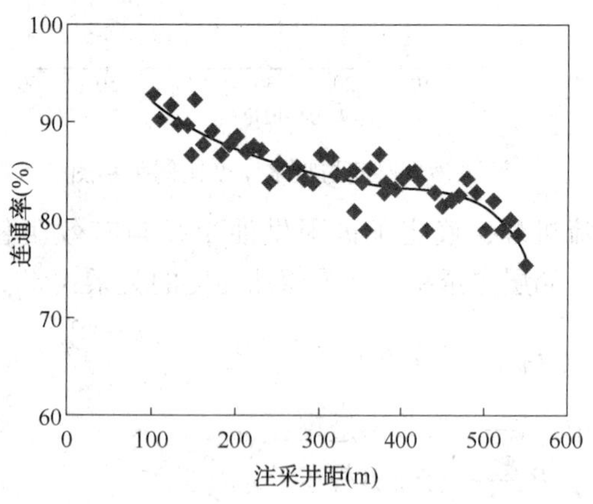

高渗层注采井距与连通率关系曲线

(2) 储层连通分析在250~300m井距条件下，该类储层连通率低于70%；在150-190m井距条件下，连通率大于80%，连通率基本已能满足开发的需要；当井距缩小到190m以后，继续缩小井距，连通率提高的幅度很小，因此注采井距在180m内。综合以上分析韵律差层注采井距150~190m。

合理注水强度

建立两层均质模型，注采井距180m，油井定压生产，水井定注水强度、最大井底流压注水，设计注水强度从$1m^3/(m\cdot d)$递增到$10m^3/(m\cdot d)$，共10个方案，通过模拟结果来确定低渗油藏合理注水强度。

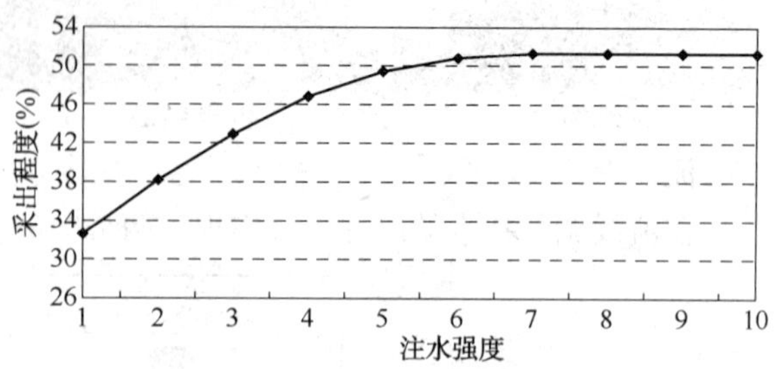

注水强度与采出程度关系曲线

模拟结果显示，随着注水强度的增加，采出程度呈上升趋势，但在注水强度达到$6m^3/(m\cdot d)$以后，采出程度上升趋势变缓，分析原因主要是油藏实际注水达不到设计强度。因此，综合分析认为文209块韵律差层合理注水强度应保持在$5\sim6m^3/(m\cdot d)$。

3 具体实施情况

在开发技术政策研究基础上，我们坚持贯彻“新形势老方法，老油藏新思路”的原则，在采取水井补孔、分注调配等传统方法的同时，根据研究成果大胆创新，开展流线调整、耦合注水等试验，取得很好效果。

做法一：深入开展低成本注水工作

根据前期的研究成果，我们深入开展低成本注水工作，从而实现了周期注水有突破、耦合注水有效果、流线调整有推广。

周期注水：在文西垒块实行注2个月停4个月的周期注水试验，取得很好效果，典型井组38-53井组，日增油达3t/d。

耦合注水：在文209块开展耦合注水试验，试验井组209-47井组，该井组水井209-47的S3中7^3一个小层吸水，注入水低效循环，油井209-37含水很高。根据数值模拟结果对该井组实施短注长采，油水井不见面的注采耦合模式，水井注入周期15-25天，注入量150方/天，油井采出周期40-50天，采液量控制在40方/天。试验取得很好效果，油井含水明显下降，阶段增油207吨。

流线调整：2017年在文15块S3上2(侧15-70、15-71)区域实施流线调整取得较好效果，今年在文209块S3中2(209-11、209-66)区域继续推广流线调整。在对该区域流线分析的基础

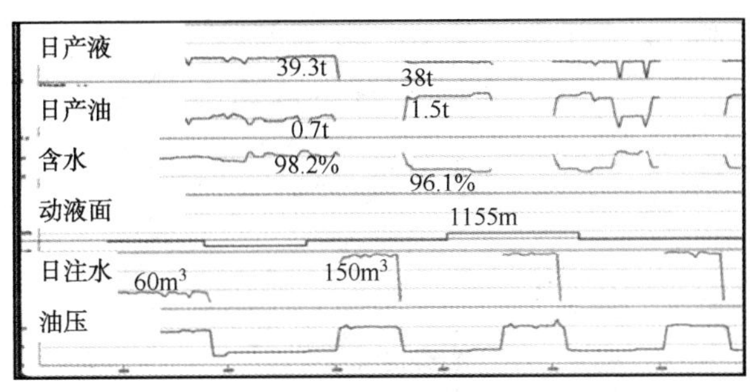

文 209-37 井生产曲线

上制定并实施了流线调整方案：对强驱方向的油井 209-11 堵水 S3 中 2；对主流线方向的水井 209-51 停注；对次流线方向的水井 209-13、209-45、209-60 加强注水；对弱驱方向的油井 209-66 提液。通过以上流线综合调整，油井 209-66 见效，含水由 98%下降到 94.9%，日增油 1.4t。

做法二：多井≠多向、连通≠受效、射开≠动用，精细分注调配提高水驱动用程度

根据研究对于层间剩余油，从 2017 年起我们加强了细分注水力度，水井作业优先考虑分注，从严分注井转笼统井管理，必须说明不分注的原因。观念上实现了从找分注井到筛无法分注井的转变，形成了“为什么细分注水”和“为什么不能细分”的正向逆向思维互动。

通过对吸水剖面的统计分析，把治理的方向确定为提高水驱动用程度，牢固树立多井≠多向、连通≠受效、射开≠动用的思想，通过精细注采调配来提高水驱动用程度。阶段共实施水井分注调配措施 6 口，累计增油 717t，稳产基础得到大幅加强。

2017-2018 年水井分注调配措施效果统计表

井组	措施时间	措施前注水情况		措施后注水情况		对应油井井号	见效前生产情况				见效后生产情况				日增油 t	年增油 t	备注
		油压 MPa	日注水 m^3	油压 MPa	日注水 m^3		日产液 t	日产油 t	含水 %	液面 m	日产液 t	日产油 t	含水 %	液面 m			
209-40	3.27-4.1	21	40	28.5	30	209-38	26.8	0.5	98	1861	31	1.4	95.6	1554	0.9	197	
文侧131	4.8-18	30.5	46	27	80	209-61	57.2	3.4	94.1	1639	76.2	4.9	93.6	1368	1.5	153	
38-9	4.24-26	4	38	6	50	侧38-6h	35	2	94.2	1345	38.3	2.5	93.5	1311	0.5	99	
209-53	1.28	18	30	20	60	新209-43	43.3	1.3	97	1453	48.1	2.4	95.1	1491	1.1	185	
209-22	5.5-11	15.5	67	19	50	209-23	35.5	0.9	97.5	1425	29.7	1.5	94.8	1102	0.6	83	
						209-38	25.4	1.2	95.4	1737	25.1	1.3	95	1426	0.1	0	稳产
38-52	6.5-10	25	50	9.5	30	38-64h	12.3	1.5	87.5	1678	11.5	1.5	87.3	1695	0	0	分析有小断层
合计	6口														4.7	717	

做法三：利用下 4 寸套建立韵律段差层独立开发井网

对于韵律层，常规措施挖潜难度大，根据研究结果采取注采井距 150~200m，注水强度 $5m^3/(m\cdot d)$的技术政策，在文 209 块 S3 中 9^6^2 实施下 4 寸套建立韵律段差层独立开发井网，取得很好效果，由治理前的一口油井合采，到目前的 3 注 3 采的注采井网，阶段累计增油 3423 吨。

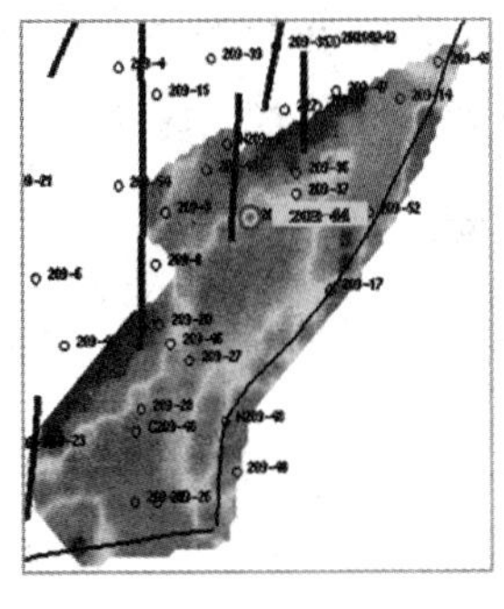

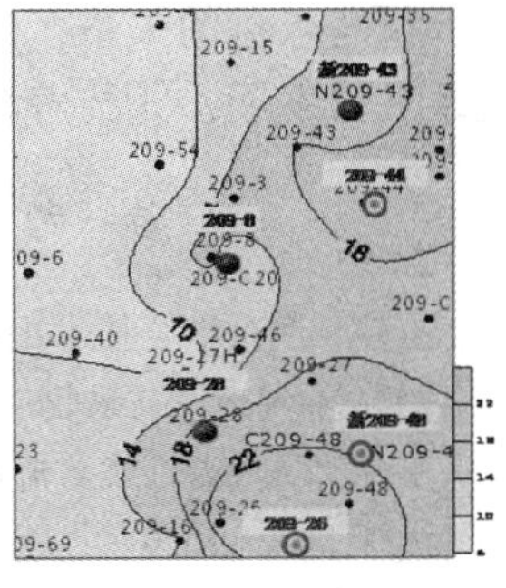

做法四：推行“五加”管理机制，提高注采管理水平

对于采油管理区，其中一项重点工作就是抓注采管理，我们在注采管理上进行了创新，推行了“五加”管理机制，提高了注采管理水平。

(1) 加大资料录取考核力度

对《地质管理及考核办法》进行了重新修定，其中加大了发现不出油井的奖励力度，同时增加了对发现动态变化井的奖励。每月评出 6 名优秀小班进行奖励。通过该办法的实施，充分调动了小班资料录取的积极性，加快了不出油井及动态变化井的发现。

(2) 加大资料录取抽查力度

完善了资料录取抽查考核机制。每周对各站现场资料录取进行一次抽查，重点落实计量器具的完好性及量油、测气、注水量、井口油套压等资料录取的真实性。通过该项工作的实施，确保

第一手资料能及时、准确地反映到技术信息室。

(3) 加大油藏分析力度

坚持日对比、周分析、月总结制度：每天下午技术人员对当天的量油、含水进行分析，对变化大的油井安排第二天上午落实，确保资料的准确性，同时对含水、液量发生变化的井进行分析、再跟踪、制定、调整；旬分析改成周分析，每周三技术人员对各自所管区块的动态变化情况进行汇报，集中讨论制定下步措施；每月底技术信息室召开分析会，参与人员包括地质、工程、作业、注水的技术骨干。

(4) 加强管理技术人员的责任心

创新实施的是井组长负责制，对于日产油大于 5 吨的井组，由经理、副经理进行承包；对于日产油 2-5 吨的井组，由技术主办、技术员负责；对于日产油小于 2 吨的井组则由各站站长进行承包。与绩效考核进行挂钩，从而实现了每个数据有人录取、有人检查、有人落实；每项台帐有人整理、有人审核、有人应用；每个井组有人分析、有人跟踪、有人治理；每个单元有人管理、有人把控、有人调整。

(5) 加快注采调整节奏

建立了注采管理三级预警制度，对于井组产量变化小于 0.5t，由采油管理区技术信息室进行分析；当井组产量变化为 0.5~2t 时，由采油区结合地质研究所进行分析；当井组产量波动超过 2 吨时，我们请厂专家进行会诊。从而从技术层面上保证了当井组发生动态变化时，能及时采取有效的治理措施。

在"五加"管理机制的强力推进下，我区上半年共调整水量 84 井次，累增油 646 吨；同时我区地质人员技术水平显著提高，2016 年获局油水井分析比赛第一名，2017 年获集团公司注水技术比赛金奖。

4　实施效果

通过方案的实施，使油藏在特高含水后期开发效果得到进一步改善，区块产油量上升、综合含水稳定，两个递减较去年同期大幅减缓，稳产基础进一步增强，开发效果明显改善，经济效益非常显著。

效果一：水驱效果明显改善

油藏的水驱效果明显改善，水驱控制程度、水驱动用程度显著提高，同时含水上升率下降，吨油耗水比也呈下降趋势。

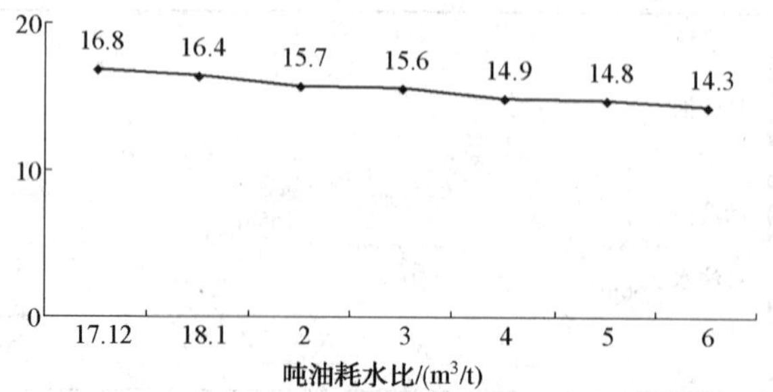

效果二：自然递减减缓，稳产基础增强

2018 年上半年计划自然产量为 25250t，日均 139.5t/d，实际完成自然产量 28854t，日均 159.4t/d，比计划超产 3604t。

2018 年计划 6 月自然递减 9.01%，实际自然递减 3.85%，比计划减缓 5.16 个百分点。2018 年 6 月与 2016 年 6 月相比，自然递减也得到大幅减缓。

指标 / 区块	2016.6	2017.6	2018.6	差值
	自然递减/%	自然递减/%	自然递减/%	自然递减/%
文 38 块	21.26	7.25	2.81	-18.45
文 209 块	16.69	9.12	3.97	-12.72
全区	18.33	10.21	3.85	-14.48

效果三：经济效益显著

2018 年全年计划实现利润 119 万元，上半年实际实现利润 945 万元，超缴利润 885.5 万元；与去年同期相比增加利润 558 万元；采油一厂采油管理二区为局级 A 类采油区。

5　几点认识

(1) 强化注采管理、创新管理方法，是采油区实现效益开发的关键。

(2) 油藏特高含水开发后期，充分运用低成本注水开发技术，依然可以实现产量和效益的双赢。

(3) 下步工作中须正确处理好"三个关系"：①产量与效益的关系，保生存；②产能与产量的关系，保发展；③技术与降本的关系，保长远。

参 考 文 献

[1] 王建. 注采耦合技术提高复杂断块油藏水驱采收率[J]. 油气地质与采收率，2013.

[2] 王林明. 低渗油藏渗流机理研究[J]. 胜利油田职工大学学报，2009.

周期注水压力场波动规律及合理开发参数确定

刘 辉 廖新维 赵晓亮 董 鹏

(中国石油大学(北京))

摘 要 西峰油田长8油藏目前已进入高含水期，目前大部分小层水驱有效期渐过，水驱效果变差。为了降低产量递减，控制含水率和更好的挖潜剩油，为此对西峰油田长8油藏进行周期注采效果开发评价。首先对周期注水压力传播规律地研究，建立了压力传播数学模型。综合考虑了地质因素和开发因素，基于现代试井解释理论确定了合理的注采技术参数。再利用t-Navigator数值模拟软件，从注水量、周期注水时机、注采周期等方面模拟常规注水和周期注水方式下的含水率、地层压力、采收程度等主要生产指标对比。模拟结果表明，保持目前地层的地层压力水平同步注水，注采比1.0，采油速度2%，单井注入量$35m^3$/day比较合理。模拟结果对特低渗透油藏注水开发具有理论指导意义，对于含水高、非均质性高的油藏，实施周期注水可以更好地获得增油降水效果。

关键词 周期注水；压力传播；注采技术参数；特低渗；数值模拟

周期注水是一种提高注水波及系数和增加油水交渗的的有效方法，可分为对称周期注水和非对称周期注水[6]。早在60年代末期[1]，前苏联的奥甘贾尼扬茨等人为了研究周期注水的机理，进行了大量的室内试验研究。通过实验结果可以得出，在周期注水的过程中，可分为两个阶段，注入阶段和停注阶段。停注阶段，由于毛管力的作用引起非均质油层中的流体发生重新分布现象，导致从低渗透层中驱出原油，提高油水交渗量。岑科娃等人在70年代首次建立了高低两个渗透层组成的周期注水数学模型。通过计算模型可以得出：强非均质性、层间连通程度好的油层，更适合周期注水[8]。马立文于2008年对裂缝性低渗透砂岩油田的周期注水进行了数值模拟研究，并进行了矿场应用[8]。目前我国大庆、长庆油田也进行了相关实验[3]，但由于非均质性，效果不理想，原因是缺乏系统的理论指导。为了改善油田开发效果，使油田注水有规可循，有必要对周期注水机理及工作制度进行深入研究。

目前的周期注水机理研究仍然以常规的驱油效率实验为主，尚未深入到压力波动规律对流体交渗的影响，从而对现场周期注水开发参数确定的指导意义有限。研究基于渗流力学理论，建立周期注水注采井间压力传播数学模型，基于压力传播数学模型分析影响周期注水影响因素和确定合理注采参数。

1 周期注水驱油机理

1.1 周期注水提高采收率机理及关键问题

周期注水技术主要是通过油水交渗效应、毛管压力作用，增加注水波及体积，从而提高水驱采收率的技术。一般认为，周期注水就是周期性地改变注入量和采出量，在地层中造成不稳定的压力场，使流体在地层中不断地重新分布，引起不同渗透率层间或裂缝与基岩块间液体的相互交换，最终提高油藏采收率中。该技术适用于亲水以及亲油油藏，但对于亲水油藏效果更好[2]，因为在亲水油藏中当驱替速度小于一定值时，毛管力作为驱油动力可以将自发地将水吸吮到小孔隙中[4]，增加油水交渗量(图1)。

油水交渗运动主要是压力波动引起的，所以要建立地层压力波动模型，分析压力传播规律，从而确定周期注水影响因素和合理注采参数。

2.2 周期注水压力传播数学模型的建立

在周期注水机理研究基础上，建立了注采间压力传播数学表征模型，分析了周期注水各个周期内压力场的波动规律，及影响流体交渗的主要因素。

为方便书写和简化流程，下面只推导弹性不

【作者简介】刘辉(1993—)，男，目前就读于中国石油大学(北京)油气田开发专业硕士，主要研究油气田开发数值模拟和试井理论。E-mail：513849056@ qq，com。

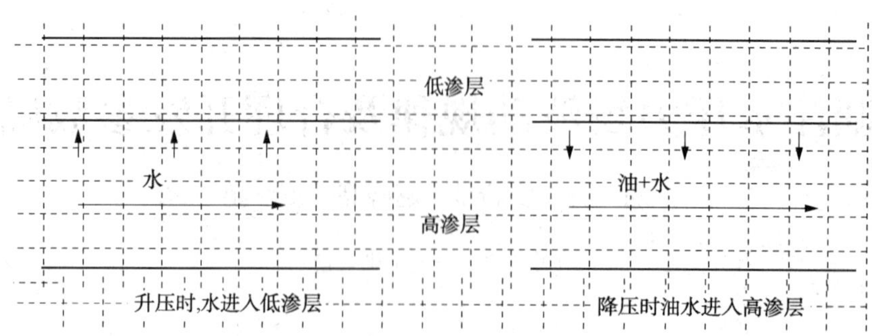

图 1　周期注水升压和降压油水交渗

稳定渗流的一注一采系统中地层压力的求解方法，对于多井同时工作时的地层压力求解方法，同样可以用类似方法求解。以注水井井点为原点建立坐标系，以 P 表示时间区间内 $0 \leqslant t \leqslant T$ 的地层压力分布，于是是下述问题的解：

$$\begin{cases} \frac{1}{r}\frac{\partial}{\partial}\left(r\frac{\partial P}{\partial r}\right)=\frac{1}{\eta}\frac{\partial P}{\partial t} \\ P_{t=0}=P_i \\ P_{r\to+\infty}=P_i \\ r\frac{\partial P}{\partial r}_{r\to 0}=\frac{Q\mu}{2\pi Kh} \end{cases} \tag{1}$$

式中　Q——井的产量(生产井取正值，注入井取负值)，cm^3/s；

r——M 点距注水井井的距离，cm；

t——井开始生产的时刻，s；

P——地层中 M 点的压力，MPa。

由波尔兹曼变换方法可以求解上述方程组，得到解为：

$$P=P_i-\frac{Q\mu}{4\pi Kh}\left[-Ei\left(-\frac{r^2}{4\eta t}\right)\right] \tag{2}$$

由上述解再利用压力叠加原理可以得到一注一采系统周期注水和连续注水的一个注采周期内地层压力分布规律：

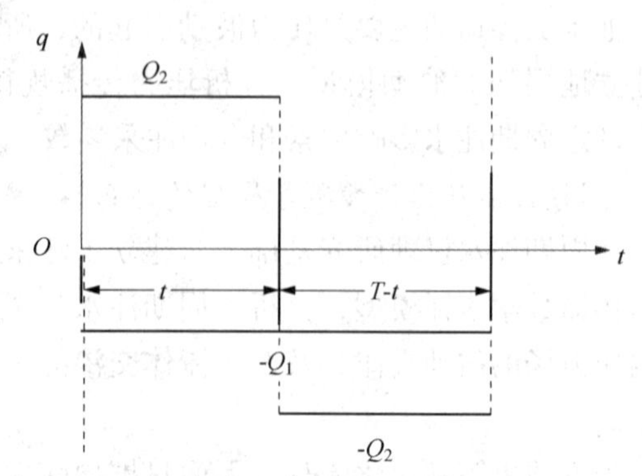

式中　Q_1——连续注水速度，m^3/d；

Q_2——周期注水速度，m^3/d；

t——周期注水时间，d；

T——周期注采时间，d。

(1) 连续注水一个注采周期内的地层压力分布规律：

$$P=P_i-\frac{Q_1\mu}{4\pi Kh}\left[-Ei\left(-\frac{r^2}{4\eta t}\right)\right]+\frac{Q_2}{4\pi Kh}\left[-Ei\,\frac{(350-r)^2}{4\eta t}\right] \quad (0\leqslant t\leqslant T) \tag{3}$$

(2) 周期注水注水期内的地层压力分布规律：

$$P=P_i-\frac{Q_1\mu}{4\pi Kh}\left[-Ei\left(-\frac{r^2}{4\eta t}\right)\right]+\frac{Q_2}{4\pi Kh}\left[-Ei\,\frac{(350-r)^2}{4\eta t}\right] \quad \left(0\leqslant t\leqslant \frac{T}{2}\right) \tag{4}$$

(3) 周期注水停注期内的地层压力分布规律：

$$P=P_i-\frac{Q_1\mu}{4\pi Kh}\left[-Ei\left(-\frac{r^2}{4\eta t}\right)\right]+\frac{Q_2}{4\pi Kh}\left[-Ei\,\frac{(350-r)^2}{4\eta t}\right]-\frac{Q_2}{4\pi Kh}\left[-Ei\left(\frac{r^2}{4\eta\left(t-\frac{T}{2}\right)}\right)\right] \quad \left(\frac{T}{2}\leqslant t\leqslant T\right) \tag{5}$$

由上述得到的注水地层中的压力变化规律可以获得连续注水和周期注水在不同阶段的压力分布规律，从而对比分析连续注水和周期注水的压力分布特点，更好地分析周期注水中地地层流体运动规律和有效交渗特征。根据周期注水合理技术开发参数确定原则：

(1) 保持地层能量

(2) 实现高低渗层流体有效交渗

在此基础上研究周期注水需要优化地技术参数：注采比、注入速度、合理注入量、停注时间、采油速度。

2　周期注水开发参数的优化

2.1　合理注采比确定

在周期注水地注水阶段，为了使高渗层对低

渗层有足够地驱替压差，在此阶段地井组注采比要大于1。当地层压力逐渐升高，当形成的有效驱替油藏地地层压力保持在较高水平时，为了使油藏长期保持在一个合理压力水平，因此合理地注采周期内井组注采比为1∶1。

2.2　合理注入速度和采液速度地确定

首先根据水井试井解释获得的井筒、表皮、储层基本参数，在注入压力低于地层破裂压力时，根据试井理论基础，由裘比公式，就可以确定水井合理注入量的计算公式。

合理注入量公式：

$$Q_w = \frac{0.5358kh}{B\mu\left(\ln\frac{re}{rw} + S\right)}\Delta P \tag{6}$$

式中　k——地层渗透率，mD；

h——储层厚度，m；

μ——注入水黏度，cp；

re——注水井控制半径，m；

rw——井径，m；

ΔP——注水阶段注采压差，MPa。

合理的采液速度：

在依据上述方法确定了周期注水的井组的合理注采比和合理注入量后就可以根据井网类型确定生产井的合理采液量。当注采比为1∶1，反九点井网，则角井采液速度为注入速度的1/8，边井的采液速度为注入速度的1/4。同理，其他类型井网可以根据单井控制储量比例来确定合理采液量。

2.3　合理注入时间、停注时间的确定

注入时间与停注时间决定着压力的的波及距离及压力的升高和下降幅度(图2~图4)。

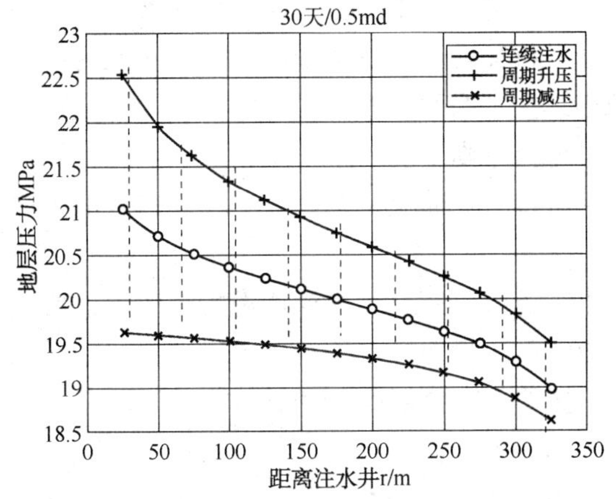

图2　0.5mD半周期10天地层压力漏斗

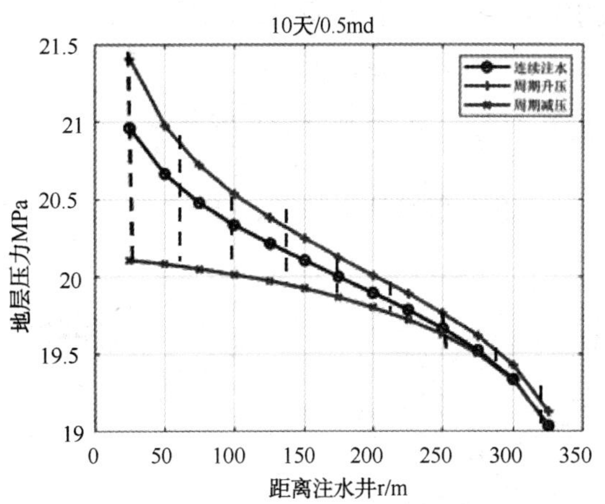

图3　0.5mD半周期30天地层压力漏斗

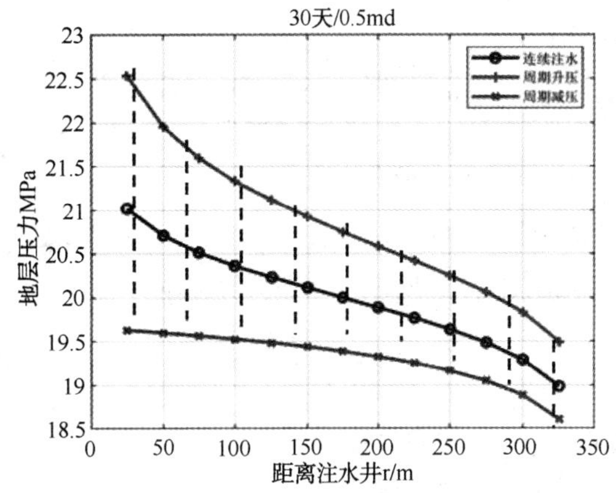

图4　0.5mD半周期30天地层压力漏斗

下面是同一储层条件下设计不同的注水时间下的地层压力分布规律：

从上面压降漏斗曲线中可以明显看出，当注水时间只有10天时，地层中压力波及范围较短，压力升高幅度太小，整个地层中的压力波动幅度较小。

从上面压降漏斗曲线中可以明显看出，当注水时间为45天时，地层压力上升较大，但是停注以后地层压力较高，导致生产井附近压力较高。

对于一定的储层和井距来说，注水时间太短，压力波及范围小，地层压力波动幅度小；注入时间太长，生产井附近压力容易憋高，对于裂缝发育的储层还易造成含水上升和水窜。因此，周期注水存在一个最合理的注入时间。

根据注水井、采油时间的储层物性，结合井距，可建立压力传播距离与时间的数学关系(图5)。

由压力传播距离理论公式：

$$r_i = 0.1192\sqrt{\frac{kt}{\phi\mu C_t}} \tag{7}$$

式中　r_i——压力传播距离，m；

k——地层渗透率，mD；

t——压力传播时间，h；

μ——流体黏度，cp；

C_t——综合压缩系数，MPa^{-1}。

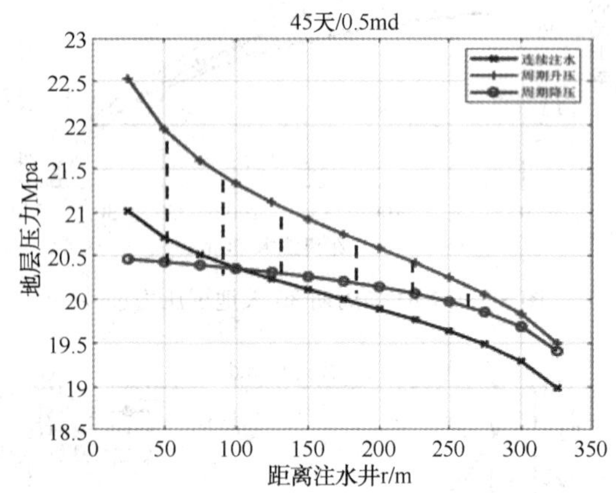

图 5　0.5mD 半周期 45 天地层压力漏斗

根据上式便可求得注入水从注入井波及到生产井的时间，及周期注水的注入时间：

$$t = \frac{r_i^2 * \phi\mu C_t}{0.1192^2 * k} \tag{8}$$

式中　r_i——压力传播距离，m；

k——地层渗透率，mD；

t——压力传播时间，h；

μ——流体黏度，cp；

C_t——综合压缩系数，MPa^{-1}。

根据油田的实际开发特点可知，由于储层非均质性，不同油藏或者同一油藏不同区块的的注采井之间的井距不一样，所以当大规模实施周期注水时，需要根据不同的储层参数和井距来确定合理的注水时间。

图 6 是不同井距和流度的注水时间确定图版，根据这个图版便可以确定不同储层参数下不同井距的合理注水时间。

3　实例分析

3.1　地质概况

董志区块属于西峰油田，储层包括延 9、长 3、长 6、长 72、73、81、82 七个含油层，其中长 8 为主力含油层，储层平均渗透率为 0.53mD，属于超低渗透油藏[8]（图 7）。

经过 10 余年的水驱开发，开发矛盾逐渐加剧，表现为产量低、采出程度低、注采比高、部分区域注水不见效、部分地区水窜严重等特征。

董志油藏因为具有非均质性强；油层连通性

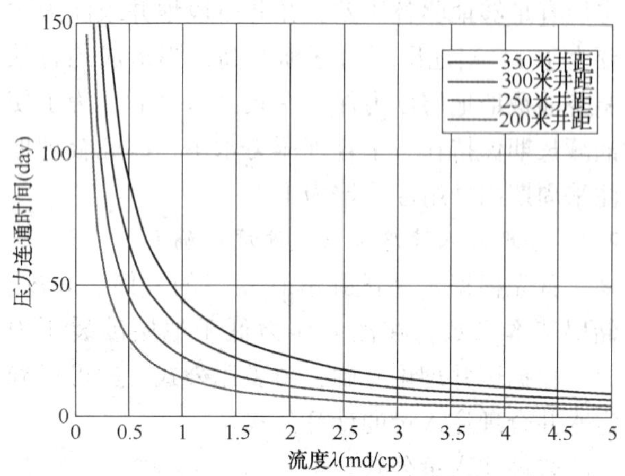

图 6　不同井距和流度的合理注水时间确定图版

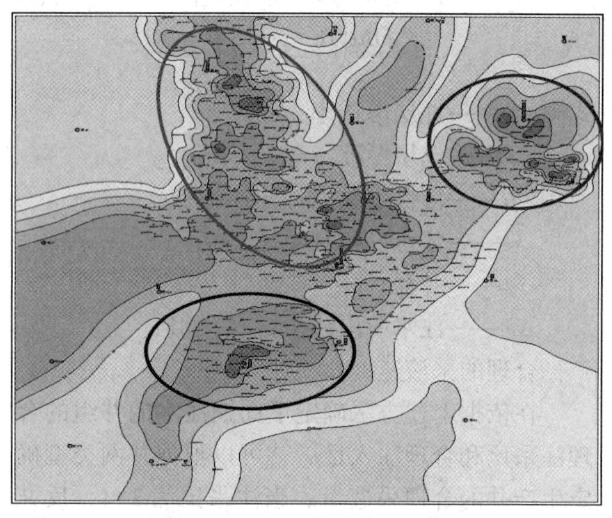

图 7　董志区平面小层分布图

较好；岩石表面润湿性为中-弱亲水油藏的特点，所以适合开展周期注水。根据前文的周期注水技术参数确定原则和方法，采用油藏数值模拟软件，来对比周期注水和连续注水的开发效果。

3.2　注采技术参数确定

由于周期注水注采参数和储层参数密切相关，为了将油藏精细化描述，根据董志储层特点和开发特征劈分成三个子区，分别对比周期注水和连续注水的开发效果（图 8）。

劈分原则：

区块一：储层平均渗透率为 0.25mD，地层压力 12MPa

区块二：储层平均渗透率为 1.25m，地层压力 20MPa

区块三：储层平均渗透率为 0.75mD，地层压力 18MPa

由前文注水技术参数确定方法可计算得到各个区块的周期注水合理参数如表 1 所示。

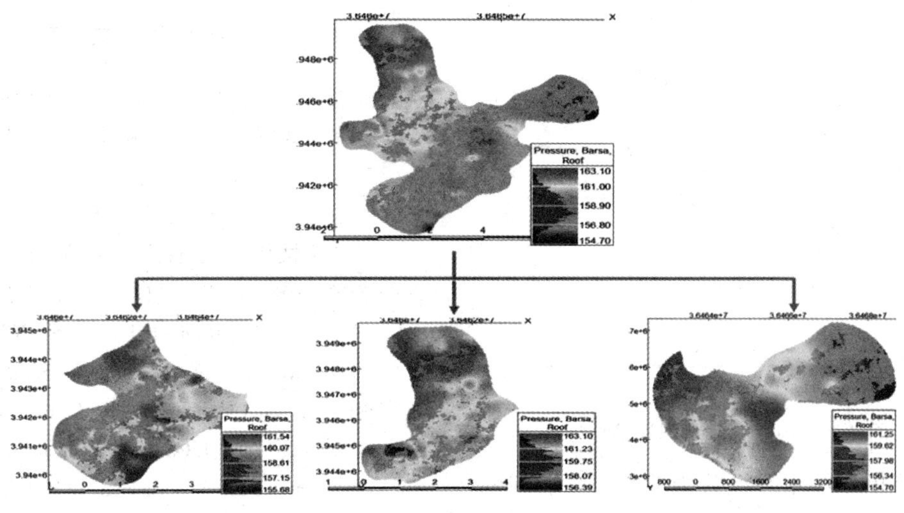

图 8　白马劈分三个子模型

表 1　各区块的合理技术参数

白马	渗透率/mD	黏度/cp	表皮	注入速度/m^3/day	采液速度/m^3/day
1	1.25	0.5	-3.5	47	23
2	0.75	0.5	-1.9	40	20
3	0.25	0.5	-1.2	34	17

根据表 1 即可确定各个区块的周期注水开发方案：

对于区块一，采用单井注入 47m^3/day，井组采液 23m^3/day，轮回注 20 天停 20 天的方案；对于区块二，采用单井注入 40m^3/day，井组采液 20m^3/day，轮回注 30 天停 30 天方案，对于区块三，由于渗透率太低，导致注采系统间形成有效驱替时间偏长，采用单井注入 34m^3/day，井组采液 17m^3/day，轮回注 30 天停 30 天、注 60 天停 60 天、注 90 天停 90 天方案。以上每个开发方案开发 30 年。

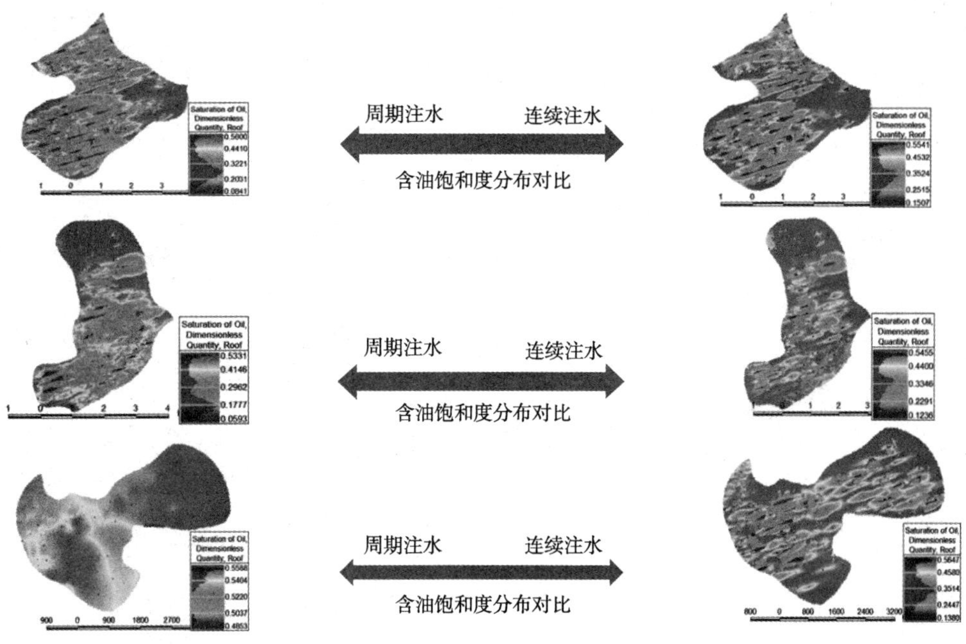

图 9　三个子区周期注水和注水含油饱和度对比

3.3　周期注水开发指标评价

从图 9 可以看出每个子区开发 30 年后，周期注水的地层含油饱和度都要明显低于连续注水的地层含油饱和度，说明周期注水相对连续注水明显改善了开发效果。

从图 10 可以明显看出，在实施了周期注水后，周期注水的累计采油量明显高于连续注水，说明在董志区块实施周期注水具有显著效果。

4　结论

（1）采用渗流力学理论及数值试井方法，研

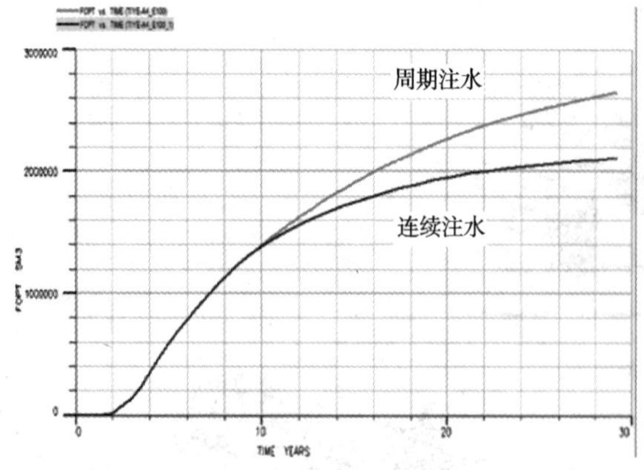

图 10　董志区周期注水与连续注水累计采油量对比图

究低渗透油藏周期注水时毛管力、驱替力、弹性力等对压力差、油水交渗、渗吸等的影响规律，明确周期注水的主要渗流规律；

(2) 采用现代试井分析方法、数值试井技术，考虑储层物性、注采井间连通性、低渗油藏渗流机理等，建立动静态结合的周期注水注采参数的确定方法，注采参数包括：周期注水时机、周期注水注入量、停注时间等。

(3) 针对目标油藏，采用周期注水技术参数确定方法，完成目标油藏的周期注水注采参数确定，并预测周期注水与连续注水提高采收率幅度及相关开发指标对比。

参 考 文 献

[1] 赵明华，李治平，张俊峰等．层内非均质油藏周期注水方式研究[J]．胜利油田职工大学学报，2009，23(5)：44-46.

[2] 王玫珠，杨正明，王学武等．大庆外围特低渗透油藏非线性渗流周期注水研究[J]．断块油气田，2012，19(3)：327-329.

[3] Altundas Y B，Ramakrishnan T S，NikitaChugunov，et al. Retarda-tion of CO_2 due to capillary pressure hysteresis：A new CO_2 trapping mechanism[C]. SPE

[4] WangChunhong，LiGaoming. Huff and puff recovery technique on waterout horizontal wells [C]. SPE 104491，2006.

[5] 郭伟峰，房育金，杨永霞．低渗透油田周期注水的研究及应用[J]．吐哈油气，2004，9(3)：262-264.

[6] 殷代印，翟云芳，卓兴家．非均质层状砂岩油藏周期注水数学模型及其应用[J]．大庆石油学院学报．2000，24(3)：85-86.

[7] R. J. Enright. Spraberry Cyclical Flood Technique May Net 500 Million bbl of Oil[J]. OGJ，1962，10(1)：63-77.

[8] 谢天．西峰油田长 8 油藏周期注采效果及影响因素分析[D]．西安石油大学，2018.

高阶煤煤层气高效建产区优选技术
——以沁南西-马必东区块为例

王玉婷[1,2]　陈龙伟[1,2]　王小玄[1,2]　刘春黎[1,2]　张　晨[1,2]　范红明[3]

(1. 中国石油天然气集团有限公司煤层气开采先导试验基地；2. 中国石油华北油田公司勘探开发研究院；3. 中国石油临汾煤层气勘探开发分公司)

摘　要　沁水盆地南部是我国目前规模最大的煤层气生产基地，浅部开发工程布置的逐渐完成，必然要将眼光转向深部，开采难度增大。为此，准确圈定高效建产区尤为重要，沁南西-马必东区块正是如此。面对这一新的技术挑战，分析深部煤储层特点，结合沁水盆地南部前期煤层气井生产实践，首先划分出资源基础、产气条件、储层可改造性三个优选层次，进而从含气性、渗透性、疏导性、可采性四个方面提出了高效建产区优选标准和流程，形成了"三层四性"高效建产区优选技术。研究认为，建产区开发潜力体现为关键地质条件指标的组合，包括高于经济极限的煤储层含气量，单位长度微裂隙总宽度≥50μm，可疏导指数≥30nm，地应力状态处于垂直应力≥最大水平主应力≥最小水平主应力或最大水平主应力≥垂直应力≥最小水平主应力状态，以原生-碎裂结构煤为主，局部构造相对简单，可动用面积≥30%等。基于这一标准，在沁南西-马必东区块优选出3个高效建产区，部署了5口试采井，获得单井日产气量2000m^{3}以上的实施效果，验证了优选技术方法的可靠性，为沁水盆地深部煤层气区块高效建产区优选提供了成功的技术示范。

关键词　沁水盆地；煤层气；深部煤储层；高效建产区；优选

煤层气高效建产区优选决定了开发井部署的成功率，直接影响到煤层气田的总体开发效益[1,2]。在沁水盆地南部，随着煤层气开发主战场由潘庄、樊庄扩大至郑庄、沁南西-马必东等区块，开发深度由浅变深，开采难度逐渐增大，高效建产区的准确定位尤为重要。本文以沁南西-马必东区块为例，从煤储层的资源基础、产气条件、可改造性三个层次，以及含气性、渗透性、疏导性、可采性等四个方面，建立了针对深部煤层气的高效建产区优选技术，以期有效指导勘探开发生产实践，实现煤层气资源的高效开发。

1　区块概况

沁南西-马必东区块位于沁水盆地南部，横跨沁水复向斜两翼，整体呈NNE向的向斜形态；内部断裂发育，主要为NNE、NE和近SN向(图1)。主要含煤地层为石炭—二叠系太原组和山西组。山西组3号煤层埋深550~1800m，800m以深地区占87.9%；煤层厚度稳定，平均为6m，是勘探开发的主要目的层；镜质组最大反射率1.8%~3.4%，多在1.9%以上，为贫煤~无烟煤；煤层空气干燥基含气量为4.9~27.8m^3/t，平均14.2m^3/t。

2　高效建产区优选方法

高效建产区是指现有工程技术条件下可实现高效益开发的区域，优选评价分资源基础、产气条件、储层可改造性三个层次。资源基础用含气性表征，产气条件用渗透性和疏导性表征，现有工程技术条件下的储层可改造性用可采性表征。本着"资源基础第一，产气条件第二，储层可改造性第三"的原则，从含气性、渗透性、疏导性、可采性四方面分步递进优选。

2.1　煤层含气性

高效建产区优选，第一步即是落实资源基

【基金项目】国家科技重大专项"大型油气田及煤层气开发—沁水盆地高煤阶煤层气高效开发示范工程"(2017ZX05064)，中国石油天然气股份有限公司重大科技专项"煤层气勘探开发关键技术研究与应用—高煤阶煤层气开发增产技术研究"(2017E-1404)。

【作者简介】王玉婷(1989—)，女，工程师，2015年毕业于中国石油大学(华东)油气田开发工程专业，获工学硕士学位，现就职于华北油田勘探开发研究院，主要从事煤层气开发相关工作。E-mail：yjy_ wyt@ petrochina. com. cn

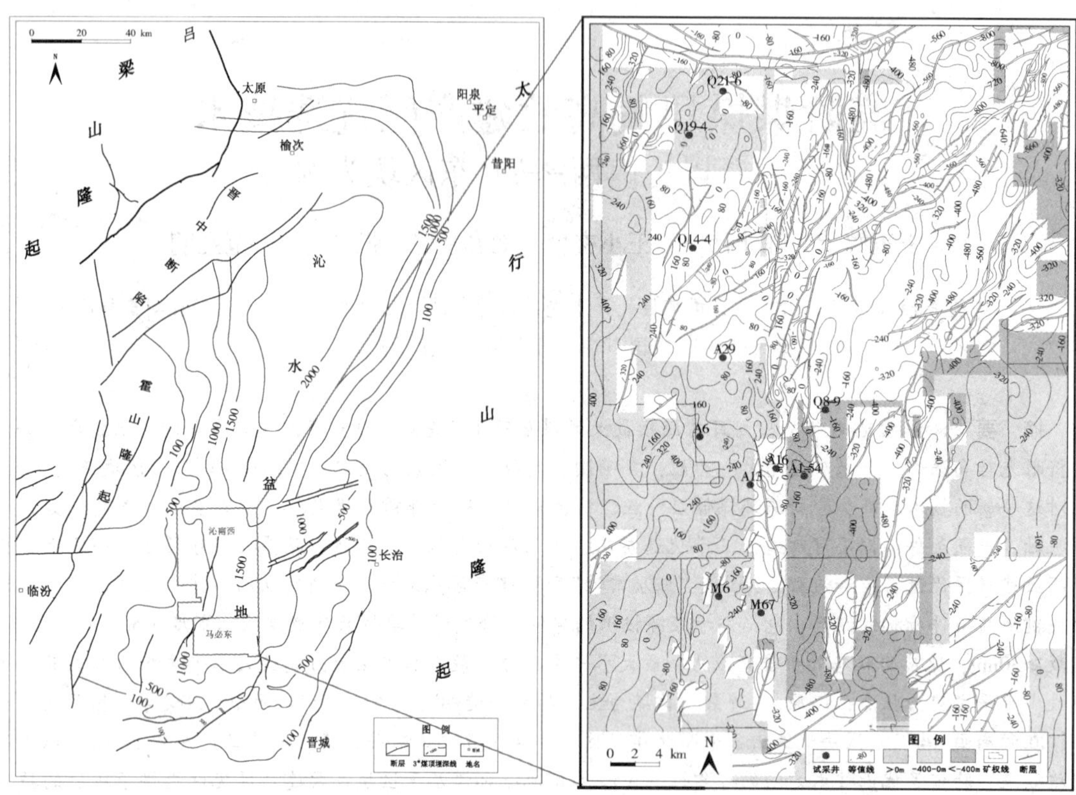

图 1　沁水盆地沁南西-马必东区块位置图及构造纲要图

础。基于煤层含气量评价，以经济极限含气量(基准收益率 8%(税后))为下限值①，优选高效益区块。根据樊庄、郑庄两个煤层气区块近两年的投资和作业成本，采用现金流量法，计算得到不同埋深条件下的经济极限含气量(空气干燥基含气量，下同)(表 1)。

表 1　沁南西-马必东区块煤层埋深与经济极限含气量关系

埋深/m	600	800	1000	1200	1400	1600	1800
含气量/(m^3/t)	10.17	10.76	11.34	11.92	12.57	13.15	13.73

在研究区内，由西向东，3 号煤层埋深由 550m 增加到 1800m，含气量在 4.9~27.8m^3/t 之间，呈西北低东南高的分布格局(图 2)。结合煤层埋深与煤芯解吸实验成果，圈定效益有利建产区位于区块东部和南部。

2.2　*煤层渗透性*

煤储层渗透性高低体现煤层气产出通道的畅通程度。微裂隙作为孔隙和宏观裂隙的连通通道，是影响煤层渗透性的关键因素。煤储层渗透率与裂隙壁距的 3 次方及裂隙密度呈正比[3]，因此，煤储层渗透性主要取决于微裂隙的宽度和密度。统计分析显示，沁水盆地南部 3 号煤层单位长度微裂隙平均总宽度越大，日产气量越高，大

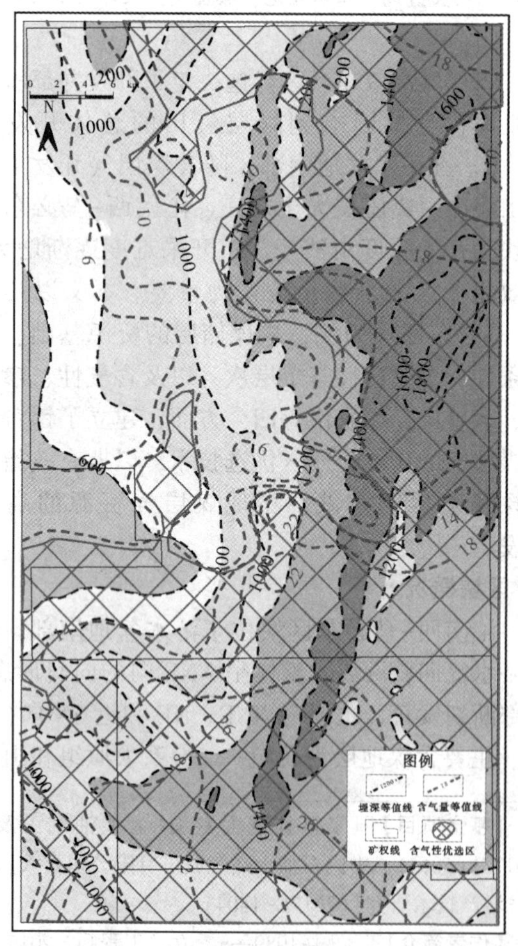

图 2　沁南西-马必东区块 3 号煤层含气性选区结果图

于 50μm 时，更易获得高产(图 3)。因此，以微裂隙总宽度 50μm 为界，优选煤储层渗透性较好的区域。

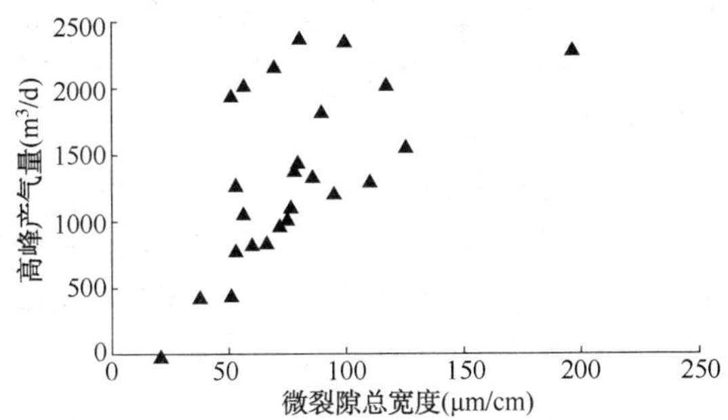

图 3　沁水盆地南部 3 号煤层微裂隙总宽度与高峰产气量关系

沁南西-马必东区块 3 号煤层裂隙发育程度变化较大，单位长度微裂隙总宽度分布在 11～190μm 之间，除沁南西东部局部地区外，其余地区均高于 50μm，为较高渗透性区(图 4)。

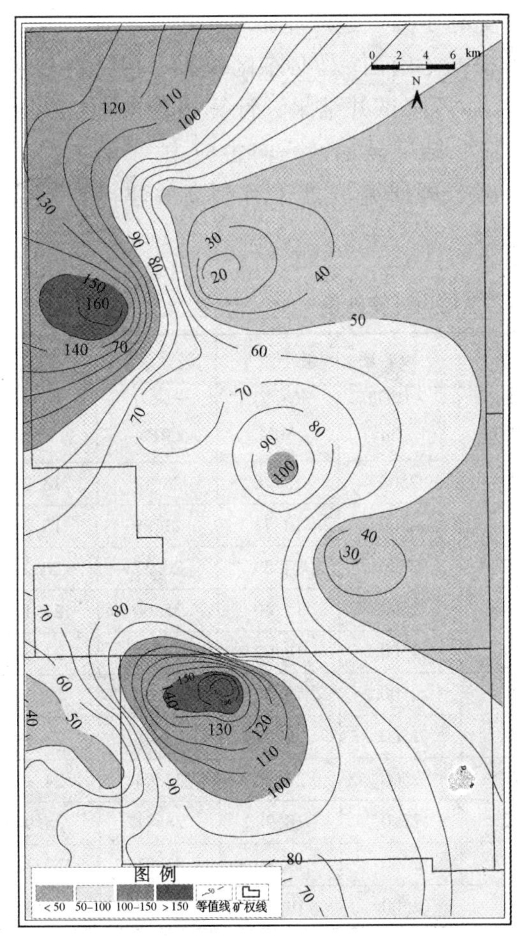

图 4　沁南西-马必东区块 3 号煤层微裂隙总宽度分布图

2.3　煤层疏导性

煤储层疏导性反映流体在储层孔隙内的运移能力，影响到排水和气体解吸的难易程度。煤岩对地层水的润湿性越弱，越利于地层水疏导运移排出。煤层气临界解吸压力与储层压力越接近，煤层气越容易解吸。由此，可定义煤层流体可疏导指数，以体现煤岩润湿性和煤层气解吸能力的综合作用[4]。

$$F_i = -\frac{2\sigma\cos\alpha}{p_r - p_g} \tag{1}$$

式中　F_i——煤储层流体可疏导指数，nm；

σ——水的表面张力，N/m；

α——水对煤层的润湿角，°；

P_r——原始储层压力，Pa；

P_g——临界解吸压力，Pa。

指数越大，越有利于排水解吸形成高产。

统计分析沁水盆地南部 3 号煤数据，流体可疏导指数低于 30nm 时，单井产气量较低，平均为 838m³/d；当可疏导指数介于 30～130nm 时，单井产气量增上一个台阶，平均达到 2254m³/d；当可疏导指数大于 130nm 时，单井产量大幅增加，平均达到 4358m³/d(图 5)。分析认为，这是流体运动方式的不同造成流体运移能力变化所致。可疏导指数低于 30nm 时，流体流动以表面扩散为主，运移能力较差；当可疏导指数为 30～130nm 时，流体流动方式为混合扩散，运移能力显著提升；当可疏导指数大于 130nm 时，流体流动方式以渗流为主，运移能力发生质的提高。

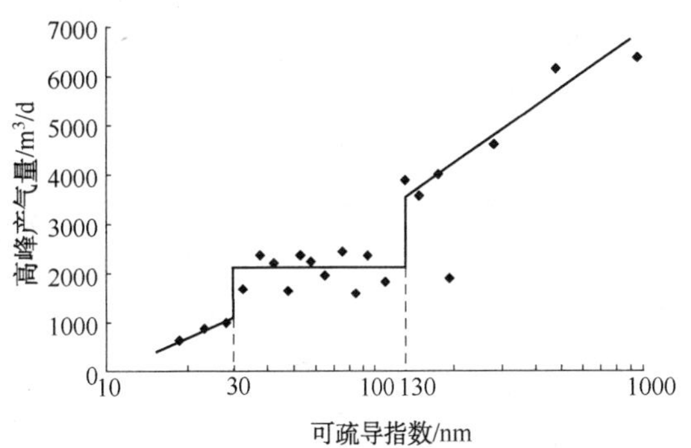

图 5　沁水盆地南部 3 号煤层可疏导指数与产气量关系

上述认识，与前人关于孔隙分类和煤层气流动机理的研究结果一致[5,6]，但现场研究结果比室内实验结果偏大。因此，以可疏导指数 30nm 为界，划分出高产量区(>30nm)及低产量区(<30nm)2 种模式。其中，高产区是高效建产区优选的目标。

沁南西-马必东区块 3 号煤层可疏导指数整体水平较低，但除东南部与沁南西西部的局部地区外，其余地区均大于 30nm，属于高产量区模式(图 6)。

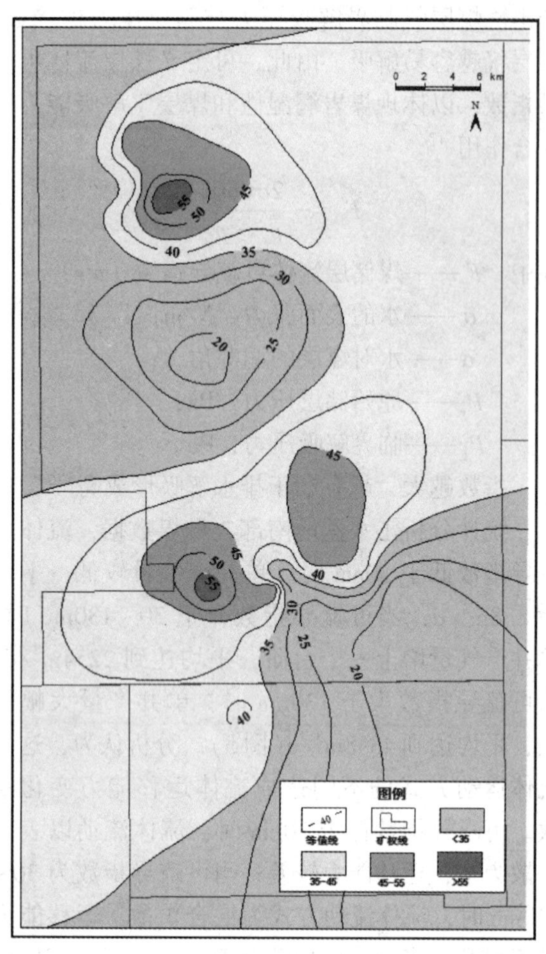

图 6　沁南西-马必东区块 3 号煤层可疏导指数分布图

2.4　煤层气可采性

可采性评价与产能建设直接相关。影响煤层气可采性的因素主要有地应力、煤体结构及局部构造。其中，地应力及煤体结构影响适用工程技术的选择，局部构造影响建产面积与井位部署。

(1) 地应力状态

地应力状态制约着压裂改造裂缝形态与延伸，是煤储层改造效果关键影响因素之一[7~9]。三向地应力(最大水平主应力 σ_H、最小水平主应力 σ_h、垂直应力 σ_v)具有 3 种状态：$\sigma_v \geqslant \sigma_H \geqslant \sigma_h$、$\sigma_H \geqslant \sigma_v \geqslant \sigma_h$以及 $\sigma_H \geqslant \sigma_h \geqslant \sigma_v$[10-11]。处于前两种地应力状态下的煤层，压裂将产生沿垂直方向与最大水平主应力方向扩展的垂直裂缝。处于第三种地应力状态下的煤层，压裂产生沿 2 个水平主应力方向扩展的水平裂缝。相同压裂规模条件下，水平裂缝的改造范围较小。因此，当区块的三向地应力状态为 $\sigma_v \geqslant \sigma_H \geqslant \sigma_h$或 $\sigma_H \geqslant \sigma_v \geqslant \sigma_h$时，更利于高效建产。

根据沁南西-马必东区块 11 口井(井位见图 1)注入/压降试井结果，计算出各向地应力参数(表 2)。结果显示，三向主应力关系均呈 $\sigma_H \geqslant \sigma_v \geqslant \sigma_h$，即研究区处于有利高效建产的地应力状态。

表 2　沁南西-马必东区块 3 号煤层主应力计算结果

井名	埋深/m	储层压力/MPa	闭合压力/MPa	破裂压力/MPa	抗拉强度/MPa	上覆岩层平均密度/(kg/m^3)	最小水平主应力/MPa	最大水平主应力/MPa	垂向应力/MPa
A13	541.02	3.70	15.70	16.00	0.77	2500	15.70	28.17	13.25
A6	621.93	3.42	12.71	14.19	0.77	2500	12.71	21.29	15.24
A16	836.37	5.08	17.39	19.49	0.77	2500	17.39	28.37	20.49
Q14-4	863.66	6.00	15.40	15.97	0.77	2500	15.40	25.00	21.16
A29	879.34	5.26	16.92	18.15	0.77	2500	16.92	28.12	21.54
Q19-4	922.33	6.58	18.27	19.92	0.77	2500	18.27	29.08	22.60
Q21-6	954.61	6.65	20.22	20.30	0.77	2500	20.22	34.48	23.39
A1-54	983.94	7.99	22.70	22.94	0.77	2500	22.70	37.94	24.11
M67	1058.64	10.07	18.98	19.23	0.77	2500	18.98	28.41	25.94
Q8-9	1107.19	8.27	19.80	19.99	0.77	2500	19.80	31.91	27.13
M6	1115.25	11.95	19.81	20.09	0.77	2500	19.81	28.16	27.32

(2) 煤体结构

煤体结构体现煤层各组成部分颗粒大小、形态特征及其组合关系，对煤储层改造效果有重要影响[12]。煤体按被破坏程度划分为原生结构、碎裂结构、碎粒结构、糜棱结构四类[13]。以原生-碎裂结构为主的煤层，压裂易形成单缝、长缝。以碎裂结构为主的煤层，由于天然裂缝相对发育，压裂易形成多条人工裂缝，且人工裂缝易发生转向，形成复杂缝网。碎粒-糜棱结构为主的煤层，压裂造缝困难，难获高产[14]。

沁水盆地南部开发井数据显示，日产气量高于1000m^3/d的直井中，90%以上井原生结构煤分层厚度占煤层厚度的2/3以上。因此，原生-碎裂结构煤发育区是高效建产区首选的目标区。沁南西-马必东区块煤体结构变化大，南部以原生结构煤为主；北部以碎裂结构煤为主，局部地区发育原生结构煤；西部煤体结构破坏程度最严重，为碎粒结构煤(图7)。

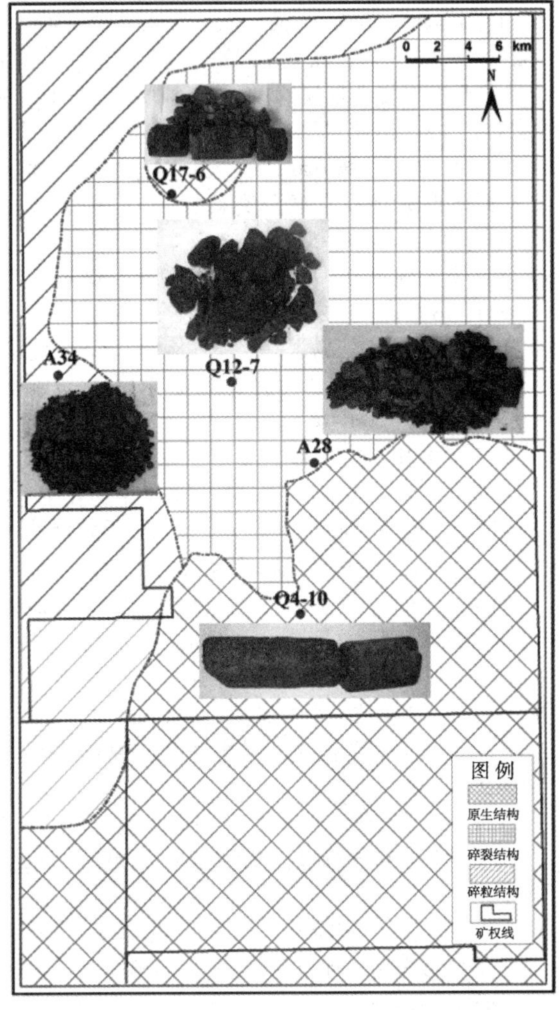

图7 沁南西-马必东区块3号煤层煤体结构分布图

(3) 局部构造

局部构造对产能建设的重要作用主要体现为局部断层或陷落柱对煤层气井产量的影响。断层和陷落柱形成过程中，煤层及顶底板中产生大量的裂隙，造成煤层气逸散，同时其作为主要通道沟通煤层与相邻富水层，抑制煤层气的解吸，从而影响产气量[15]。郑庄区块前期开发时，由于对局部断层和陷落柱关注不足，导致16%的井打在断层或者陷落柱附近而低产，严重影响了开发效益。因此，在高效建产区优选时，精细刻画局部断层和陷落柱十分必要。

生产实践表明，断层属性不同，影响范围不同，断层和陷落柱影响范围内不宜部署煤层气井。同等规模条件下，正断层影响范围较大，对其高部位的影响范围为200m，对其低部位的影响范围达500m，沿断层走向，在断层末端处的影响范围也达到200m；逆断层的影响范围一般小于100m。陷落柱对煤层气井产量的影响范围为500m[16]。因此，断层和陷落柱的密度越大，可动面积越小，越不利于集中建产。当区块可动用面积小于总面积的30%时，不利于高效建产。

沁南西-马必东区块构造较为复杂，受多期构造活动叠加影响，区内断裂较多。整体来看，发育两条NNE向的复杂断裂带。两条断裂带对东部地区影响较大，西部及中部的两断裂带中间夹持的区域断裂相对不发育，为高效建产区重点优选目标。

3 优选流程与实施效果

依据上述分析，建立了高效建产区优选标准和流程图(表3、图8)。结合沁南西-马必东区块的实际地质条件，优选出3个高效建产区，分布在区块的北部、中部及南部(图9)。在中部及南部高效建产区先期部署了5口试采井，投产后，日产气量均达到2000m^3/d上，显示出了良好的产气效果，证实了本方法的准确性和可靠性，深化了深部煤层气可高效开发的地质认识。

表3 煤层气高效建产区优选标准

四性	含气性	渗透性	疏导性	可采性		
评价参数	含气量/(m^3/t)	单位长度微裂隙总宽度/(μm/cm)	可疏导指数/nm	地应力状态	煤体结构	局部构造
高效建产区	≥经济极限含气量	≥50	≥30	$\sigma_v \geq \sigma_H \geq \sigma_h$或$\sigma_H \geq \sigma_v \geq \sigma_h$	原生-碎裂为主	可动用面积≥30%

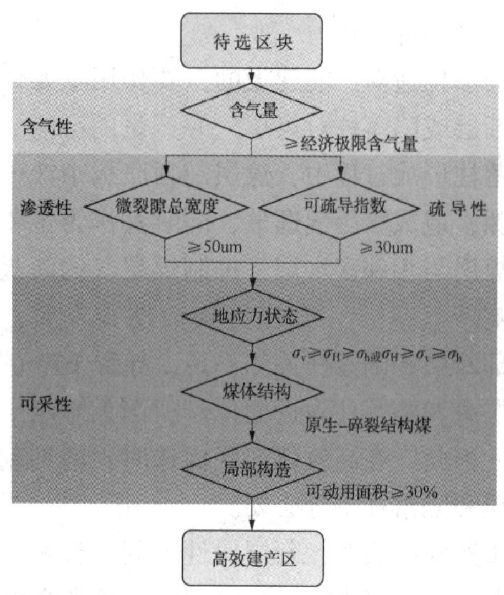

图 8　煤层气高效建产区优选流程

图 9　沁南西-马必东 3 号煤层煤层气高效建产区优选结果

4　结论

（1）建立了煤层气高效建产区优选方法，包括资源基础优选、产气条件优选、储层可改造性优选三个层次，以及含气性、渗透性、疏导性、可采性等四方面要素。优选标准为：煤层含气量高于经济极限含气量，单位长度微裂隙总宽度大于等于 50μm，可疏导指数大于或等于 30nm，地应力状态处于垂直应力≥最大水平主应力≥最小水平主应力或最大水平主应力≥垂直应力≥最小水平主应力状态，以原生-碎裂结构煤为主，局部构造相对简单，可动用面积不低于 30%。

（2）在沁南西-马必东区块优选出 3 个高效建产区。在中、南部高效建产区先期部署了 5 口试采井，日产气量均达到 2000m³/d 以上，显示出了良好的实施效果。

参　考　文　献

[1] 赵贤正，朱庆忠，孙粉锦，等．沁水盆地高阶煤层气勘探开发实践与思考[J]．煤炭学报，2015，40(9)：2131-2136.

[2] 宋岩，柳少波，马行陟，等．中高阶煤层气富集高产区形成模式与地质评价方法[J]．地学前缘，2016，23(3)：1-9.

[3] Gray I. Reservoir engineering in coal seams part 1-the physical process of gas storage and movement in coal seams [J]. Reservoir Engineering (SPE), 1987：28-40.

[4] 赵贤正，杨延辉，陈龙伟，等．高阶煤储层固流耦合控产机理与产量模式[J]．石油学报，2015，36(4)：1029-1034.

[5] 傅雪海，秦勇，张万红，等．基于煤层气运移的煤孔隙分形分类及自然分类研究[J]．科学通报，2005，50(S1)：51-55.

[6] 周世宁．瓦斯在煤层中流动的机理，煤炭学报，1990，15(1)：15-24.

[7] 吴国代，桑树勋，杨志刚，等．地应力影响煤层气勘探开发的研究现状与展望[J]．中国 煤炭地质，2009，21(4)：31-34.

[8] 秦勇，申建，沈玉林．叠置含气系统共采兼容性——煤系“三气”及深部煤层气开采中的共性地质问题[J]．煤炭学报，2016，41(1)：14-23.

[9] Lin Baiquan，Li He，Yuan Desheng，Li Ziwen. Development and application of an efficient gas extraction model for low-rank high-gas coal beds. International Journal of Coal Science & Technology 2015，2(1)：76-83.

[10] 张金才，尹尚先．页岩油气与煤层气开发的岩石力学与压裂关键技术[J]．煤炭学报，2014，39(8)：1691-1699.

[11] 王平．地质力学方法研究——不同构造力作用下地应力的类型和分布[J]．石油学报，1992，13(1)：1-12.

[12] 付玉通，张伟，李永臣，等．鄂东南地区深部煤层气煤体结构测井评价研究[J]．中国煤炭，2017，43(9)：31-34.

[13] 白鸽，张遂安，张帅，等．煤层气选区评价的关键性地质条件-煤体结构[J]．中国煤炭地质，2012，24(5)：26-29.

[14] 胡秋嘉，李梦溪，乔茂坡，等．沁水盆地南部高阶煤煤层气井压裂效果关键地质因素分析[J]．煤炭学报，2017，42(6)：1506-1516.

[15] 李辛子，王运海，姜昭琛，等．深部煤层气勘探开发进展与研究[J]．煤炭学报，2016，41(1)：24-31.

[16] 梁宏斌，张璐，刘建军，等．沁水盆地樊庄区块构造对煤层气富集的控制作用 [J]．山东科技大学学报：自然科学版，2012，31(1)：1-9.

涪陵页岩气储层产气性评价方法研究

廖　勇[1]　谭　判[1]　石文睿[2,3]　冯爱国[1]　何浩然[1]

(1. 中石化江汉石油工程有限公司测录井公司；2. 西南石油大学地球科学与技术学院；
3. 油气藏地质及开发工程国家重点实验室)

摘　要　页岩气储层产气性评价是对储层品质、储层含气性质及其产气能力的一项综合评价，也是页岩气开发评价的重要技术之一。在页岩气评价方面，多数都是对含气性进行评价，产气性评价方法相对缺乏。通过对涪陵页岩气产气剖面的深入分析，总结出影响页岩气储层产气性的关键参数，提出了页岩产气影响因子 GPF、储层评价指数 LEI 这两类指标，利用综合评分法建立页岩储层产气性评价参数赋分标准，并建立相应的 GPF-LEI 评价图版，对页岩气储层的产气性进行评价。该方法在涪陵页岩气水平井中应用 20 余口井，产气性评价符合率达到 86.4%，能够满足涪陵地区页岩气储层产气性评价和工程服务的需要。

关键词　涪陵页岩气；储层；产气性；产气影响因子；储层评价指数；评价方法

页岩气主要是指赋存于页岩及其夹层中，以吸附和游离状态为主要存在方式的烃类气体[1-6]。由于页岩气储层具有特低孔低渗、严重非均质性等特点[7-10]，其产气性的评价成为页岩气勘探和开发的一大难题，评价效果会直接影响到页岩气的高效开发。美国能源学家从页岩气地质特征、地球化学指标和石油工程条件对美国东部页岩气项目进行了系统研究，发现了一系列页岩气田[11]；金之钧等对川东南地区五峰组-龙马溪组页岩气富集与高产控制因素进行了研究，提出了页岩气具有“五性一体”双甜点特征[12]；郭彤楼等对焦石坝地区页岩气富集高产模式进行了研究[13]；梁兴等提出了中国南方复杂山地页岩气选区评价指标体系，提出了页岩气评价十大指标[14]；管全中等运用层次分析法对四川盆地页岩气有利区进行了定量评价[15]；油气田开发学家从储层含气量、页岩气渗流机理、储层压裂改造特征等建立产量预测模型[16,17]。前人在页岩气选区定带、高产富集模式、评价指标、产能预测等方面进行了深入的研究，但是在涪陵页岩气田开发生产过程中，页岩产气性是页岩储层特征、压裂改造相互耦合的响应。文章旨在基于页岩储层测录井响应特征揭示该耦合规律，评价页岩产气性，对提高水平井优质储层穿行率、水平井储层优选和储层压裂改造具有重要价值。

1　地质概况

涪陵页岩气田累计探明含气面积 576 平方千米，累计探明地质储量达到 6008 亿立方米，已建成 100 亿立方米/年的生产能力，累计生产页岩气超过 150 亿立方米，目前是中国最大的页岩气田。

涪陵页岩气田所处构造隶属于川东褶皱带，位于万县复向斜的南部与方斗山背斜带西侧的交汇区域[18,19]，构造呈北东向展布(图 1)。区域上

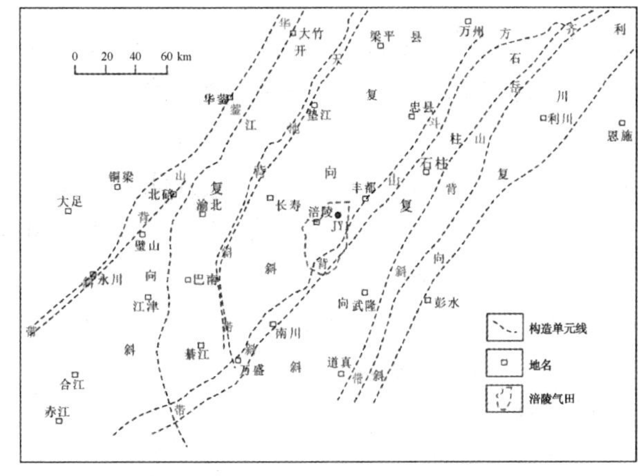

图 1　涪陵气田构造位置图

【基金项目】国家重大科技专项“大型油气田及煤层气开发(2016ZX05038-006)”；中国石化集团科研项目“涪陵页岩气双优储层耦合规律研究及应用(JP17033)”。

【作者简介】廖勇(1969—)，男，硕士研究生，中石化江汉石油工程有限公司测录井公司，高级工程师，研究方向为石油天然气勘探与开发，E-mail：chenzr. osjh@ sinopec. com

共划分了4个四级构造单元，为木耳山-尖峰顶斜坡带、包鸾-焦石坝背斜带、日照坎-弹子台向斜带、石门坎背斜带。焦石坝构造位于包鸾-焦石坝背斜带，构造主体被大耳山西、石门、吊水岩、天台场等断层夹持形成断背斜构造。研究区在晚奥陶世五峰组-早志留世龙马溪组时期，主要为浅海陆棚沉积(图2)，先后沉积了两套比较稳定的富有机质页岩，为涪陵页岩气田打下了较好的物质基础。本文产气性评价主要层位为五峰组至龙马溪组下段地层。

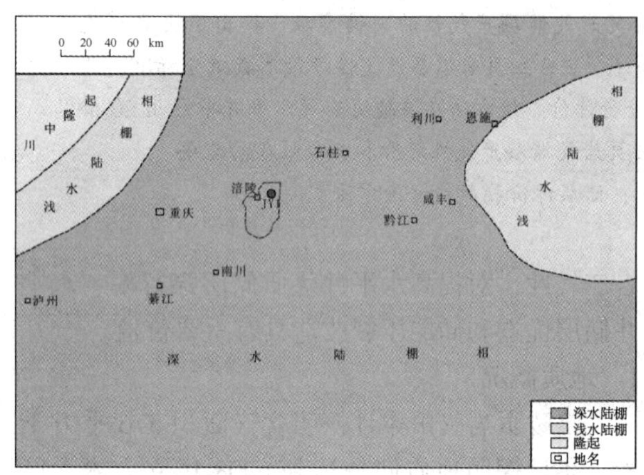

图2　川东南地区五峰组-龙马溪组下部沉积相

2　产气性评价流程

通过对涪陵焦石坝地区40余口页岩气井产气剖面的深入分析，研究发现：同一构造上的页岩气储层的产气性具有一定规律，主要表现为受储层自身品质和地质条件的双重控制。结合前人对页岩气产气评价参数研究成果[20]，优选出一系列产气性评价参数，建立产气性评价参数赋分标准，对各参数进行赋分，各评价参数之间相互耦合决定储层产气性，运用灰度关联理论确定各参数权重。根据涪陵页岩储层地质特征、工程条件，将评价参数分为页岩产气影响因子GPF、储层评价指数LEI两类，计算页岩产气影响因子GPF、储层评价指数LEI分值，建立评价图版，页岩储层评价工作流程(图3)。

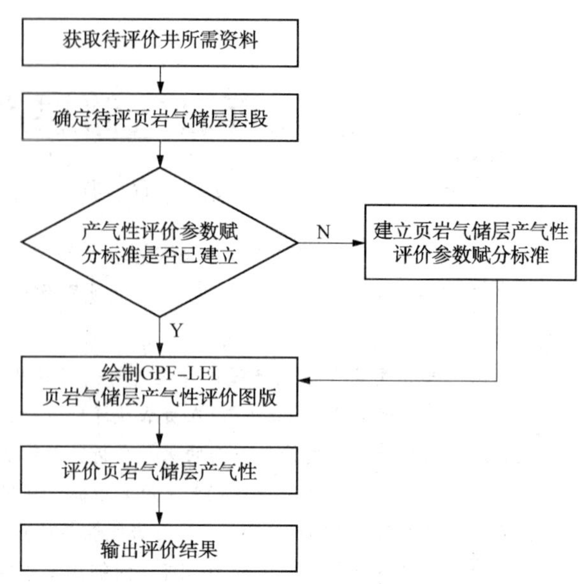

图3　页岩气储层产气性评价流程

3　产气性评价方法

3.1　评价参数选取

结合前人在页岩气储层甜点评价方面的研究成果[21-23]和涪陵气田40余口井产气剖面的研究成果，优选涪陵页岩气储层产气性评价参数，并将评价参数分为两类：储层评价参数和产气影响评价参数。

3.1.1　储层评价参数

常规油气藏储层评价常用的参数有补偿密度*DEN*、补偿中子*CNL*、有效孔隙度*POR*以及泥质含量V_{sh}。据此，页岩气储层评价参数又引入了总有机碳含量*TOC*和有机硅质含量。总有机碳含量*TOC*作为有机质丰度评价的重要指标，能够衡量烃源岩的生烃强度和生烃量。页岩气作为“自生自储自存”的气藏，储层*TOC*的高低能够间接反映储集层的潜力。有机硅质含量的多少既与页岩储层的含气性有关，又是人造多缝和网状缝的基础，由于这一耦合关系的存在有机硅质含量成为页岩气储层评价的一个重要参数。因此，选取补偿密度*DEN*、补偿中子*CNL*、有效孔隙度*POR*以及泥质含量V_{sh}、总有机碳含量*TOC*以及有机硅质含量来进行储层评价，并建立储层评价指数*LEI*。储层评价参数主要采用测井解释和计算的参数值。

3.1.2　产气影响评价参数

笔者研究发现，对页岩产气性影响因素主要在五个方面：页岩气储层岩性非均质性、储层烃含量、地层压力系数、储层埋深和储层脆性指数。

(1) 储层岩性非均质性

研究发现储层岩性非均质性在对页岩气储层的产气性有一定影响，主要表现为页岩储层的纵向非均质性越强，储层的压裂造缝效果越差，影响页岩气纵向渗流。因此引入能反映储层岩性变化的去铀自然伽马KTh的标准差，表示页岩气储层每段去铀自然伽马偏离均值的程度，来评价储层岩性非均质性的变化。

(2) 烃对比系数 K_c

烃对比系数 K_c 为目的层全烃或甲烷异常显示值 $C(\%)$ 与非目的层段基值 $C_b(\%)$ 的比值，$K_c = C/C_b$[24]，能准确反映地层含烃量的变化，同时可以间接反映储层地层压力的大小。

(3) 地层压力系数

页岩气单段和单井产能与地层压力存在明显的强正相关关系[25,26](图4)，同时地层压力系数在一定程度上能够反映页岩气的保存条件，高的压力系数表明储层的保存条件较好。压力系数越高，出现超压，越易形成页岩储层自然造缝现象，有利于储集层微裂缝发育，也有利于储层压裂改造。因此，地层压力系数是页岩气储层产气性评价中的重要关键参数。

(4) 储层埋藏深度

页岩储层的埋藏深度与储层的各项评价参数有着密切的关系。它直接影响页岩气的生产和聚集。当埋深增加时，上覆岩层压力增大，页岩裂隙闭合，渗透率降低，产气量低[27]。涪陵焦石坝主体构造区相对稳定，单井水平段页岩气储层埋藏深度变化较小。构造边缘区或特殊地质条件下储层埋藏深度变化较大的情况需要重点考虑。

(5) 脆性指数

实践表明，页岩储层的脆性指数对储层压裂改造至关重要。当其他条件相同脆性指数不同时，人工裂缝网络形态不同，因此脆性指数直接影响储层压裂改造，间接影响储层产气性(图5)。

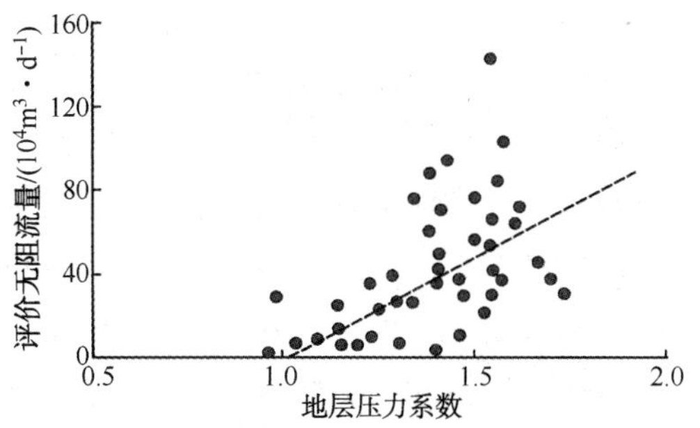

图4　地层压力系数与无阻流量关系

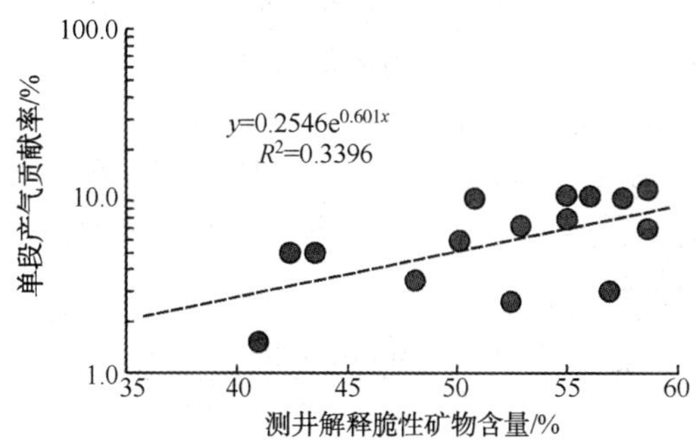

图5　脆性矿物含量与产气贡献率关系

3.2　建立页岩气储层产气性评价赋分标准

根据研究区内页岩气储层分段产气剖面测试成果与各储层评价参数、各产气影响评价参数间的关系建立岩气储层产气性评价赋分标准(产气影响因子 GPF 赋分标准和储层评价指数 LEI 赋分标准)。按照测试产能分别将各项参数值分为4个区间(表1、表2)。

表1　页岩气产气影响因子 GPF 各参数赋分标准

参数名称	分值			
	(1.0, 0.75]	(0.75~0.5]	(0.5~0.25]	(0.25~0)
岩性非均质性	≤8	(8~15]	(15~30]	>30
烃对比系数 K_c/%	≥10	(10~5]	(5~3]	<3
地层压力系数	≥1.5	(1.5~1.2]	(1.2~1]	<1
储层埋藏深度/m	≤2800	(2800~3500]	(3500~4500]	>4500
脆性指数/%	≥60	(60~40]	(40~30]	<30

表2　页岩气储层评价指数 LEI 各参数赋分标准

参数名称	分值			
	(1.0, 0.75]	(0.75~0.5]	(0.5~0.25]	(0.25~0)
补偿密度 DEN/(g/cm^3)	≤2.5	(2.5~2.6]	(2.6~2.68]	>2.68
总有机碳 TOC/%	≥4	(4~2]	(2~1]	<1
有效孔隙度 POR/%	≥5	(5~3.5]	(3.5~2.5]	<2.5
补偿中子 CNL/%	≤12	(12~15]	(15~18]	>18
泥质含量 V_{sh}/%	≤40	(40~45]	(45~50]	>50
有机硅质含量/%	≥30	(30~15]	(15~5]	<5

3.3 建立评价图版

(1) 确定页岩产气影响因子 *GPF* 分值

根据储层产气性评价参数赋分标准分别赋以岩性非均质性、烃对比系数 K_c、地层压力系数、储层埋藏深度、脆性指数分值，然后将各参数分值乘以权重再求和作为产气影响因子 *GPF* 分值。

(2) 确定储层评价指数 *LEI* 分值

储层评价指数 *LEI* 是根据储层产气性评价参数赋分标准分别赋以补偿密度 *DEN*、总有机碳含量 *TOC*、有效孔隙度 *POR*、补偿中子 *CNL*、泥质含量 V_{sh}、有机硅质含量分值，然后将各参数分值乘以权重再求和作为储层评价指数 *LEI* 分值。

参数对应权重计算方法主要采用灰色关联度[28]对各个因素进行科学赋值，从而确定参数权重。利用下式即可计算出各个因素与主因素之间的关联度：

$$r_i = \frac{1}{n}\sum \frac{\Delta\min + 0.5\Delta\max}{\Delta(k) + 0.5\Delta\max} \tag{1}$$

对关联度进行归一化处理，得权重集 $A = \{a_1, a_2, \cdots, a_m\}$，其中 a_i的计算公式为：

$$a_i = \frac{r(i)}{\sum_{i=1}^{m} r(i)},\ i = 1,\ 2,\ \cdots,\ m \tag{2}$$

根据涪陵页岩气焦石坝区实际获得的地质数据，按照上述方法求得产气影响因子 *GPF* 评价参数岩性非均质性、烃对比系数 K_c、地层压力系数、储层埋藏深度、脆性指数的权重依次为：0.105、0.215、0.284、0.153、0.243。页岩产气影响因子 *GPF* 评价参数补偿密度 *DEN*、总有机碳含量 *TOC*、有效孔隙度 *POR*、补偿中子 *CNL*、泥质含量 V_{sh}、有机硅质含量的权重依次为：0.179、0.203、0.164、0.103、0.154、0.197。

(3) 建立 GPF—LEI 评价图版

常规油气藏中孔隙度、电阻率是识别储层含油气性质的重要参数，对于页岩气储层，经过赋分后的 GPF、LEI 同样具有与孔隙度、电阻率相类似的特征，类比于油气水层解释图版，绘制出 GPF—LEI 评价图版(图6)，并根据不同类别页岩气储层分值特点，将页岩气储层产气性类别划分为四类：Ⅰ类为优质页岩气储层，该段压裂试气有望获得相对较高的工业气流；Ⅱ类为中等页岩气储层，该段压裂试气有望获得中等产量；Ⅲ类为低等页岩气储层，该段压裂试气能够获得低产量；Ⅳ类为非有效页岩气储层，该层段基本无产能。页岩气储层产气性受控于储层评价指数 LEI 和页岩气产气影响因子 GPF。随着产气性评价类别越好，无阻流量则越高。

4 应用效果

对涪陵页岩气焦石坝地区 73 段页岩气层段进行产气性评价，将评价结果与产气剖面试气成果进行对比分析。

研究分析显示：红色原点表示Ⅰ类产气层段(图6)；黄色三角形点表示较好的Ⅱ类产气层段；紫色的三角形表示中等的Ⅱ类产气层段；绿色三角形点表示较差的Ⅱ类产气层段；黑色菱形点为Ⅲ类产气层段。通过产气剖面结果统计(图7)，Ⅰ类产气层段无阻流量在 2.5168~6.089×$10^4m^3/d$，平均 3.5113×$10^4m^3/d$，产气量高且较稳定；Ⅱ类产气层段无阻流量在 0.205~3.554×$10^4m^3/d$，平均 1.0586×$10^4m^3/d$，产气量分布范围大且波动频繁；Ⅲ类产气层段无阻流量在 0~0.2504×$10^4m^3/d$，平均 0.2082×$10^4m^3/d$，产气量低且基本稳定。但从各评价类别的无阻流量分布发现，部分无阻流量有重叠段，分析原因认为可能是本方法未考虑压裂参数或者其它构造、地质因素影响造成。

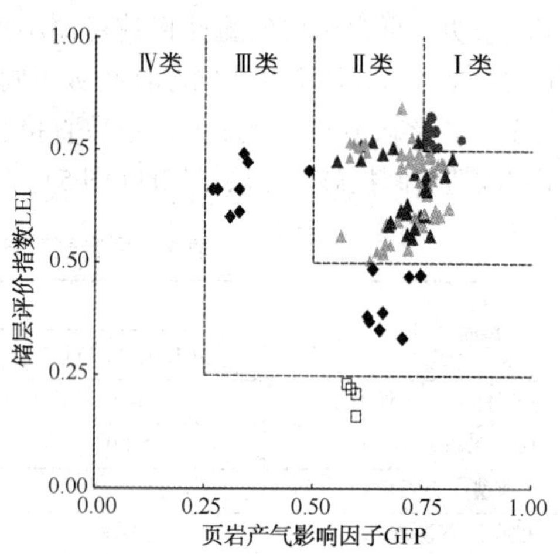

图6　页岩气储层分段产气性评价

A 井是涪陵页岩气田二期产能建设区—平桥区块部署的一口生产井，水平段穿行龙马溪组-五峰组页岩储层 1523.0m。本井水平段评价参数特征为，补偿密度 *DEN*：2.53~2.72g/cm^3，总有机碳含量 *TOC*：2.21%~4.61%、有效孔隙度 *POR*：2.5%~5.5%、补偿中子 *CNL*：10.1%~19.7%、泥质含量 V_{sh}：7.6%~31.7%、有机硅质含量：10.5%~81.3%、岩性非均质性：7.9~

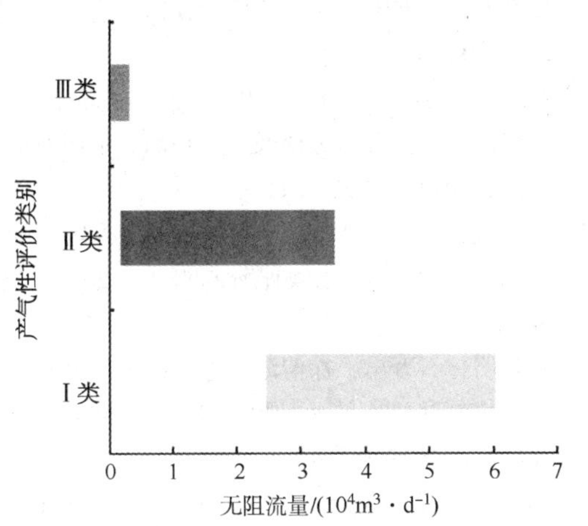

图7 产气性类别与无阻流量区间分布

21.9、烃对比系数 K_c：3.2~16.2、地层压力系数：1.4 ~ 1.45、储层埋藏垂深：2797.4 ~ 2999.6m、脆性指数：66.2%~91.8%。本井压裂分18段，按照本方法对各段进行产气性评价(图8)，其中1段被评为Ⅰ类，有望获得相对较高的工业气流；16段产气性评价为Ⅱ类，有望获得中等产量工业气流；1段产气性评价为Ⅲ类，有望获得低产工业气流。按照Ⅱ、Ⅲ类产气层平均无阻流量，计算预测该井试气测试无阻流量为 $21.47\times10^4m^3/d$，实际该井单井测试无阻流量 $18.59\times10^4m^3/d$，相对误差为15.5%，该井页岩气储层产气性评价结果与测试无阻流量基本吻合，达到了评价效果。

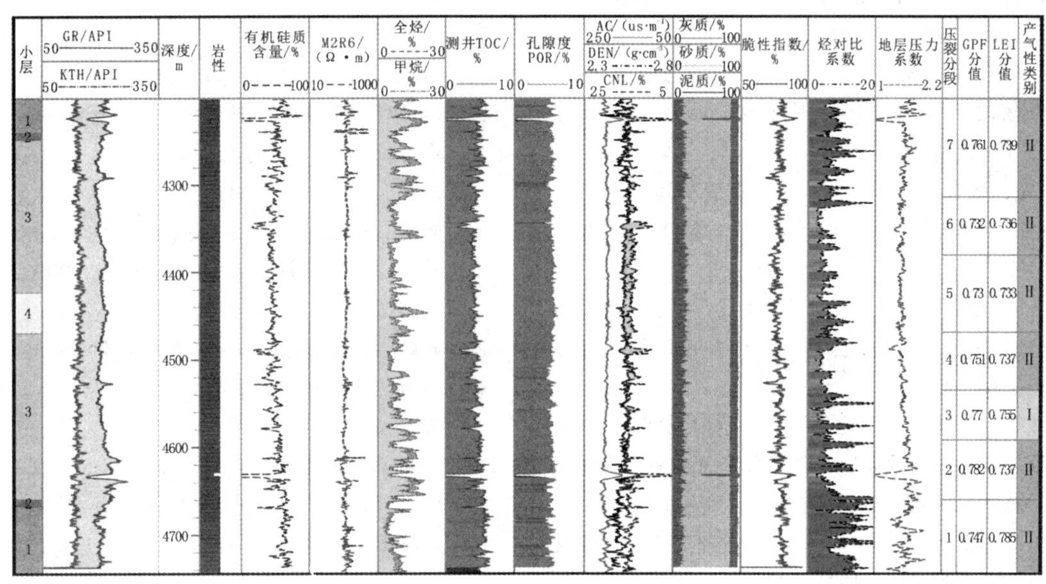

图8 A井页岩气储层分段产气性评价

本方法已在涪陵页岩气田应用20余井次，产气性评价符合率达86.4%，效果良好，满足了利用测录井资料评价页岩气储层产气性的工作需求，为涪陵页岩气探区提供技术支撑，对其他页岩气产区储层产气性评价具有借鉴意义。

5 认识

(1) 本文根据涪陵气田分段产气性特征，选取测录井参数综合评价页岩气储层的产气性。各评价参数之间往往具有相互制约作用，为了定量耦合各参数之间的相互作用，根据评价参数测录井响应特征，运用灰色关联度理论，系统地确定出各评价参数权重，创新地提出页岩产气影响因子 *GPF*、储层评价指数 *LEI*，建立评价页岩气储层产气性图版，并对测试无阻流量进行预测。

(2) 本方法在涪陵地区试验及应用取得了良好的效果，较好的解决了测录井对页岩气储层产气性评价问题。作为储层改造前的页岩气储层产气性评价，既可以评价储层的品质优劣，为页岩气水平井选取穿行层位提供依据，又可以为储层压裂改造提供定量评价参数。

(3) 本方法在其他地区应用应以产气剖面资料为约束，根据其地质特征针对性选取评价参数，各参数权重的确定也可运用其他数学算法。本方法未对压裂参数及压裂效果进行分析可能是造成各评价类别无阻流量分布出现重叠的主要原因。

参考文献

[1] 李玉喜，乔德武，姜文利，等．页岩气含气量及地质评价综述．地质通报，2011，30(2/3)：308-317.

[2] Juan C. Glorioso，Aquiles Rattia. Unconventional Reservoirs：Basic Petrophysical Concepts for Shale

Gas. SPE，153004.

[3] JARVIE D M，HILL R J，RUBLE T E，et al. Unconventional shale-gas systems：the Mississippian Barnett Shale of north - central Texas as one model for thermogenic shale - gas assessment. AAPG Bulletin，2007，91(4)：475-499.

[4] 张金川，金之钧，袁明生．页岩气成藏机理和分布．天然气工业，2004，24(7)：15-18.

[5] Ross D K，Bustin R M. Characterizing the Shale Gas Resource Potential of Devonian-Mississippian Stratain the Western Canada Sedimentary Basin：Applica-tion of An Integrated Formation Evaluation. AAPG Bulletin，2008；92(1)：87-125.

[6] 李延钧，刘 欢，刘家霞，等．页岩气地质选区及资源潜力评价方法[J]. 西南石油大学学报：自然科学版，2011，33(2)：28-34.

[7] 乔诚，石文睿，袁少阳，等．四川盆地 J 区块五峰组页岩储层及吸附气特征研究．科学技术与工程，2015；15(18)：151-158.

[8] 聂海宽，张金川，李玉喜．四川盆地及其周缘下寒武统页岩气聚集条件．石油学报，2011，32(6)：959-967.

[9] 邹才能，董大忠，王社教，等．中国页岩气形成机理、地质特征及资源潜力．石油勘探与开发，2010，37(6)：641-653.

[10] 金武军，李军，王亮，等．页岩气储层孔隙系统的多尺度联合表征及评价—以焦石坝龙马溪组为例．科学技术与工程，2016，16(24)：35-41.

[11] CURTIS J B. Fractured shale gas systems. AAPG Bulletin，2002，86(11)：1921-1938.

[12] 金之钧，胡宗全，高波，等．川东南地区五峰组-龙马溪组页岩气富集与高产控制因素．地学前言，2016，23(1)：1-10.

[13] 郭彤楼，张汉荣．四川盆地焦石坝页岩气田形成与富集高产模式．石油勘探与开发，2014，41(1)：28-36.

[14] 梁兴，王高成，徐征语，等．中国南方海相复杂山地页岩气储层甜点综合评价技术—以昭通国家级页岩气示范区为例．天然气工业，2016，36(1)：33-42.

[15] 管全中，董大忠，王玉满，等．层次分析法在四川盆地页岩气勘探区评价中的应用．地质科技情报，2015，34(5)：91-97.

[16] 徐兵祥，李相方，HAGHIGHI Manouchehr，等．页岩气产量数据分析方法及产能预测．中国石油大学学报，2013，37(3)：119-125.

[17] 周登洪，孙雷，严文德，等．页岩气产能影响因素及动态分析．油气藏评价与开发，2012，2(1)：64-69.

[18] 张晓明，石万忠，徐清海，等．四川盆地焦石坝地区页岩气储层特征及控制因素．石油学报，2015，36(8)：926-939.

[19] 李湘涛，石文睿，郭美瑜，等．涪陵页岩气田焦石坝区海相页岩气层特征研究．石油天然气学报，2014，36(11)：11-15.

[20] 李继庆，梁榜，曾勇，等．产气剖面井资料在涪陵焦石坝页岩气田开发的应用．长江大学学报（自科版），2017，14(11)：75-81.

[21] 冯文彦，曾凡辉，郭建春，等．压裂井储层质最综合评价研究．西南石油大学学报(自然科学版)，2016，38(2)：109-114.

[22] 黄进，吴雷泽，游园，等．涪陵页岩气水平井工程甜点评价与应用．石油钻探技术，2016，44(3)：16-20.

[23] 蒋廷学，卞晓冰．页岩气储层评价新技术—甜度评价方法．石油钻探技术，2016，44(4)：1-6.

[24] Wenrui Shi，Chong Zhang，Shaoyang Yuan，et al. A Crossplot for Mud Logging Interpretation of Unconventional Oil and Gas and Its Application. The Open Petroleum Engineering Journa，2015，8(1)：265-271.

[25] 郭旭升．南方海相页岩气“二元富集”规律—四川盆地及周缘龙马溪组页岩气勘探实践认识．地质学报，2015，88(7)：1209-1218.

[26] 李双建，袁玉松，孙炜，等．四川盆地志留系页岩气超压形成与破坏机理及主控因素．天然气地球科学．2016，27(5)：924-931.

[27] 雍海燕，黄茜，王善善，等．重庆地区页岩气资源及储层评价内容．江汉石油职工大学学报，2015，28(6)：1-3.

[28] 邓聚龙．灰理论基础．武汉：华中科技大学出版社，2002：53-62.

一种含水层改建地下储气库动态密封性评价方法

刘团辉[1]　杜玉洪[1]　张　辉[2]　毕扬扬[1]　王娅妮[1]　尚翠娟[1]　张　帆[1]

(1. 中国石油华北油田分公司勘探开发研究院；2. 中国石油华北油田分公司开发事业部)

摘　要　国内含水层储气库建设相关工程测试实例研究极少，而工程测试分析可以极大地降低评价风险。本文系统介绍了干扰试井方法在华北油田含水层储气库建设中的应用，并以冀中坳陷大5含水层建库目标为例，对合理注水量、激动周期和干扰试井结果展开分析。干扰试井结果表明，大5含水层建库目标盖层具有密封性，断层垂向上封闭性良好，具备建库密封条件，同时储层横向连通性好。本项研究对国内后续含水层储气库建设具有参考和指导意义。

关键词　含水层；地下储气库；封闭能力；干扰试井

1　引言

含水层储气库是世界上位列枯竭油气藏储气库之后第二位的地下储气形式[1-3]，它主要是将气体注入地下含水层构造中，通过将地下构造储层中的水排走，在非渗透性的盖层下形成储气场所[4-6]。国际上含水层储气库的建设始于1952年，到目前已逾80座，约占地下储气库总数的15%，并呈现不断增加的趋势，特别是在缺少油气田的国家和地区，已经形成了比较完备的含水层改建储气库的技术和经验。

我国目前尚没有建成的含水层储气库，但我国对含水层储气库的需求十分迫切，特别是在对天然气需求巨大的京津冀地区，仅仅依靠有限的枯竭油气藏改建的地下储气库，已经远远不能满足日益增长的季节调峰气量的迫切需求，含水层储气库建设势在必行。含水层改建储气库投资大、风险高，国外已建成含水层储气库的构造主要为储层物性好(孔隙度>20%，渗透率>200mD)、埋深浅(1000m左右)的完整性背斜，而我国东部地区地处断陷盆地构造背景，很难找到埋深小于2000m、断层不发育的完整性背斜，这给含水层改建储气库带来了更大的风险和挑战[7-8]。

由于含水层构造改建地下储气库前期评价资料少，单纯依靠静态资料评价断层的封堵能力和盖层的封闭能力存在极大的风险[9]。在这种情况下，动态干扰试井结果更有说服力，并且能极大地降低评价风险。本文以冀中坳陷大5目标为例，系统介绍干扰试井的设计原则、注水量及激动周期确定方法、激动结果分析，以期为国内后续含水层储气库建设提供有益借鉴。

2　干扰试井原理

干扰试井在现场施工时，可以采用两口井或两口以上的多口井，但其基本单元仍然是两口井组成的“井对”[10]。在这个井对中，一口井称为“激动井”，在测试中改变工作制度，从开井生产改变为关井，或从关井状态以某一产量开井生产，从而对地层压力造成“激动”；另一口井称为“观测井”，在测试中关井进入静止状态，并下入高精度、高分辨率的井下压力计，记录从激动井传播过来的干扰压力变化。

在现场实施时，常常有多口井同时参与测试施工。但不论有多少口井参与测试，有一条基本原则必须遵守：在同一个时段中，可以有多个观测井同时进行观测，但只能有唯一的一口激动井改变工作制度产生激动信号，否则将使下一步的资料分析陷入混乱。

3　实例应用

为了解冀中坳陷大5目标盖层的封闭性、断层封堵性以及地层流体性质，落实储层生产能力，求取储层物性、地层压力等参数，对目标区仅有的大5、大5-1井进行了干扰试井现场试验研究。

3.1　大5目标圈闭概况

大5目标位于冀中坳陷里坦凹陷的中部，地

【作者简介】刘团辉(1985—)，男，2017年毕业于东北石油大学，获工程硕士学位，现为华北油田勘探开发研究院天然气室副主任/工程师，从事天然气开发与储气库方面的研究工作，E-mail：yjy_ lth@ petrochina. com. cn

理位置位于河北省大城县。里坦凹陷呈北东走向，构造上表现为受大城东断层控制西断东超、由西南向北东渐次抬升的箕状断陷，凹陷面积910km^2。凹陷内地层自上而下发育有新近系、古今系、中生界、上古生界石炭系～二叠系、下古生界奥陶系等，灰岩地层，盖层为。大5目标为奥陶系—古近系的继承性背斜，背斜开始形成于中生代末期，古近纪继承发育，定型于古近纪末期，目的层为二叠纪石盒子组砂岩(图1)。

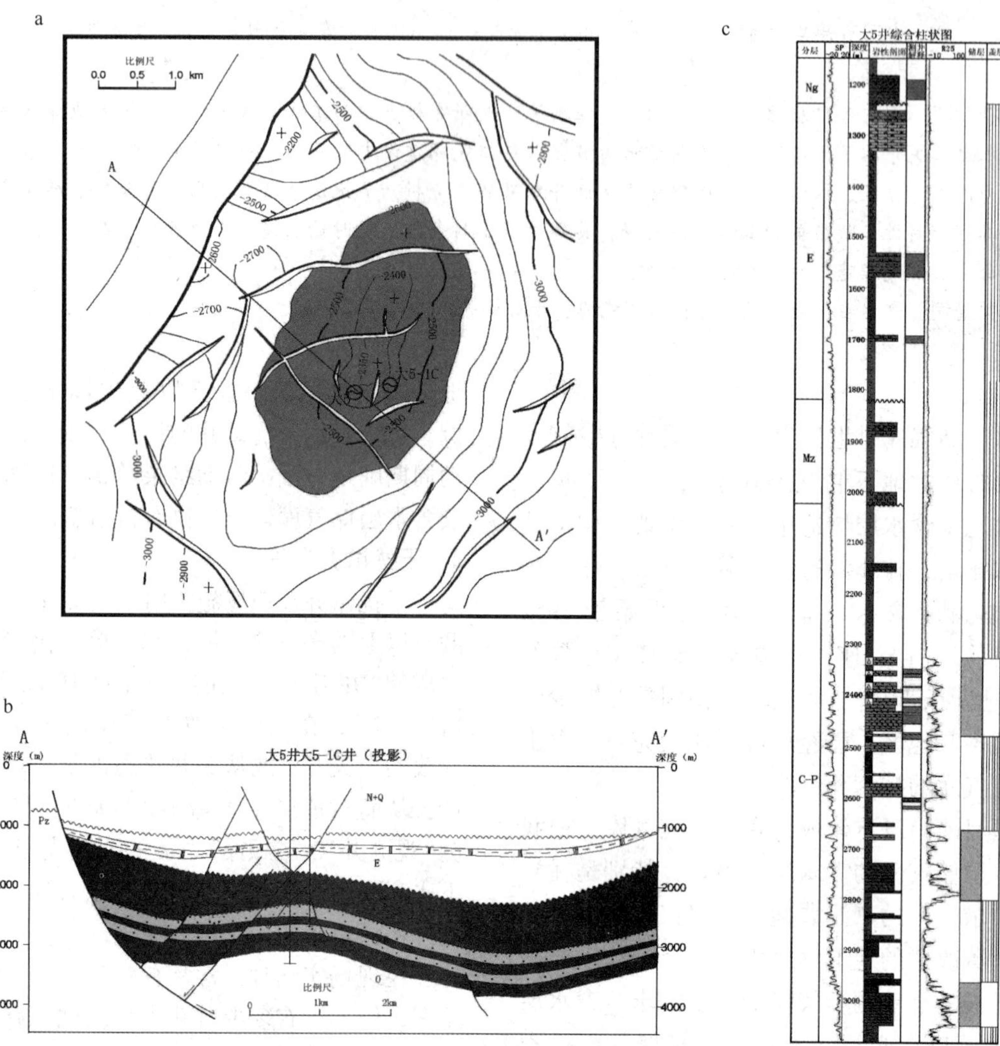

图1　大5含水层圈闭综合图

a. C-P砂岩顶面构造图；b. 过大5井地质剖面；c. 大5井综合柱状图

大5背斜构造总体形态完整，二叠系石盒子组砂岩顶高点埋深2307m，闭合深度2512m，闭合高度205m，圈闭面积8.04km^2。背斜区域断层断距较小，目的层最大断距小于100m，其中发育三条分块断层，延伸长度2～3km，将背斜分隔成了四个断块，其次发育了一些局部小断层。

3.2　干扰试井方案

为了验证大5井、大5-1井间断层的封闭性、盖层的垂向封堵性以及储层特性，开展了脉冲式干扰试井现场试验研究。以大5-1井作为激动井，大5井作为观察井(图2)，对石盒子组储层及直接盖层上部的砂岩夹层进行脉冲式注水，监测盖层及邻井大5井储层的压力反应，由此获得储层特性及盖层中的压力响应状况，计算储层连通参数(渗透率、流动系数、导压系数、弹性储能系数等)，评价断层垂向和侧向封闭能力。注水作业及监测层段如下：

(1) 注水层段：大5-1井石盒子储层Ⅱ砂组、Ⅲ砂组(18-24#、28-29#砂岩段)，并下压力计监测。

(2) 监测层段：①大5-1井石盒子储层Ⅰ砂组；②大5-1井盖层中的砂岩夹层G砂组；③大5井石盒子储层Ⅲ砂组；④大5井石盒子储层Ⅰ砂组。

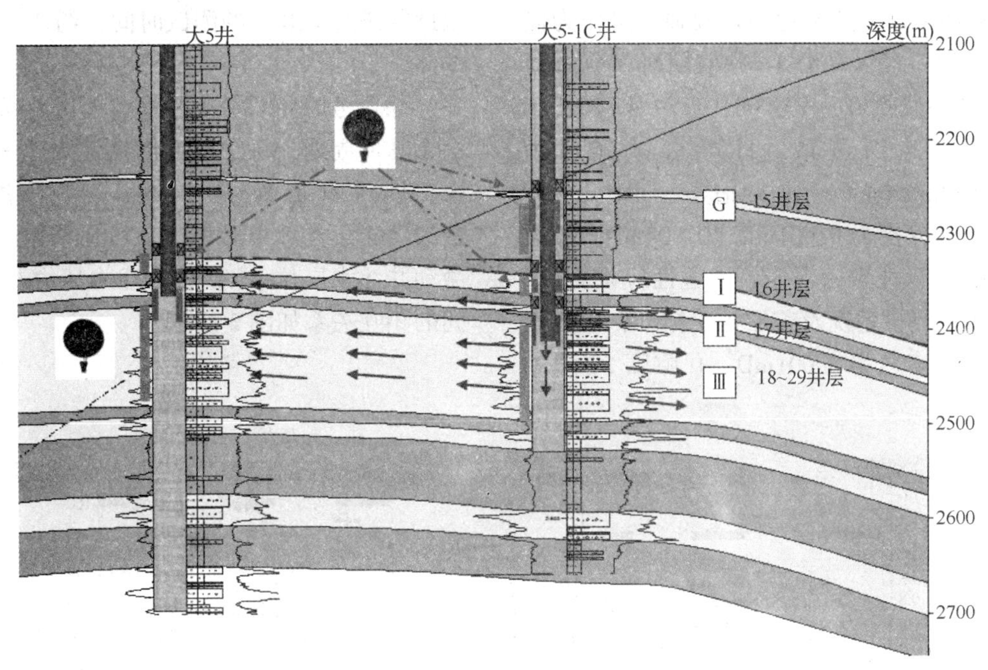

图2 大5区含水层构造干扰试井示意图

3.3 注水量及脉冲周期确定

3.3.1 注水量 q

根据大5井及大5-1c井前期试油结果，预测大5-1c井日注水量可以达到50m^3/d。

3.3.2 基础参数选取

根据大5、大5-1c井水层测试资料解释结果，测井解释结果确定水层基础参数，详见表1。

表1 干扰井组水层基础参数

井号	渗透率 $\times10^{-3}\mu m^2$	水粘度 mPa·s	厚度 m	综合压缩系数 MPa^{-1}	孔隙度 %	体积系数
大5井	11.9	0.34	70.6	0.0011	9.42	1.03
大5-1C井	9.65(局部层)	0.36	78.2	0.00148	6.07	1.0194
平均	10	0.36	78.2	0.00148	7.75	1.02

3.3.3 干扰测试时间 Δt_d

干扰试井测试时间估算方法是确定测试流量 q，激动生产时间 t，以及压力计分辨率 δ_p 之间的关系。当 qB 一定时，δ_p 和 t 的关系为：

$$\delta_p = \frac{qB\mu}{1.086Kh}E_i\left(-\frac{69.44\phi\mu C_t L^2}{Kt}\right) \quad (1)$$

当 δ_p 选定为0.0001MPa时，要求最少干扰测试时间 $\Delta t_d>10t$。

δ_p：力分辨率，MPa；

q：日注水量，m^3/d；

B：体系，l；

μ：黏度，mPa·s；

K：有效透率，mD；

Kh：地系，mD·m；

E_i：分函，$\int_x^\infty \frac{e^{-\mu}}{u}du$；

ϕ：孔隙度，1；

C_t：系，MPa^{-1}；

L：井距离，m；

t：井生，h。

井间干扰测试时间：根据测试工作需要，需采用分辨率为0.0001MPa的高分辨率压力计，日注水量定为50m^3/d，代入(1)式计算得：激动生产时间 $t=3.6$d。当 δ_p 选定为0.0001MPa时，要求最少干扰测试时间 $\Delta t_d>10t$，因此至少需进行36天，约2个生产脉冲周期的测试，一个脉冲周期为两周(生产一周，随后关井一周)。

垂向干扰测试时间：(1)根据盖层封闭性评价标准，当盖层渗透率在 0.001~0.01mD，孔隙度在 2.5%~5%时，盖层封闭性较强，可作为储气库有效盖层；(2)大 5-1c 井前期对二叠系盖层两个砂岩层段 2307~2313m，2259.4-2262.6 分别进行了地层测试，日产水量分别为 0.006m^3/d、0.026m^3/d，据此估算盖层中两个砂岩层段渗透率分别为 0.001mD，0.004mD，考虑垂向测试隔层为纯致密泥岩，渗透性应该更低。综合考虑盖层测试情况及盖层评价标准，根据谨慎性原则，取渗透率 0.001mD，孔隙度 5%，利用式(1)计算得：t = 11d，当 δ_p 选定为 0.0001MPa 时，要求最少干扰测试时间 Δt_d>10t，因此需进行 110 天的测试时间，约 8 个脉冲周期的测试。

综合考虑井间干扰和垂向干扰，确定共实施七个脉冲周期，每个脉冲周期注水 7 天、停注 7 天，日注水量为 50 ~ 60m^3，累计注水量为 2722.6m^3，注水压力从 0.3MPa 升至 1.6MPa，激动井注水层位 III 砂组的注水压力与注水量之间的相互关系如图 3 所示。

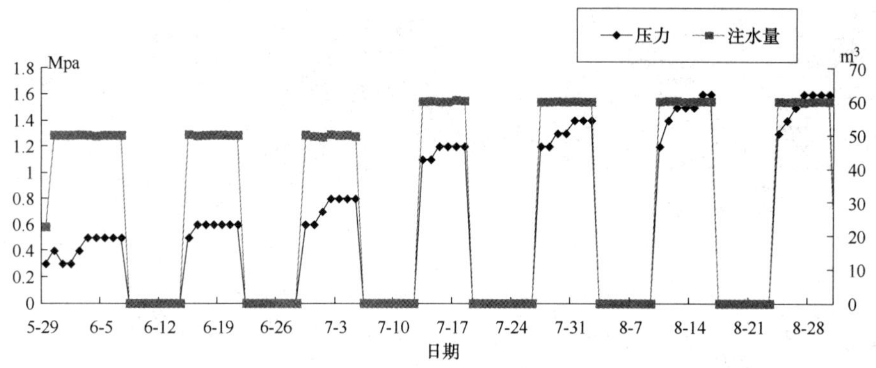

图 3　注水压力与注水量关系图

3.4　试井结果分析

3.4.1　储层横向连通性

大 5 井 III 砂组反应层(9-14#层)接收到各个脉冲激动周期的干扰信号清晰明了，采用 Saphir 试井解释软件中的干扰试井模块进行脉冲干扰曲线拟合分析(图 4)，求取大 5 井观察层 9-14 号层与激动井大 5-1 井的连通参数，通过压力模型拟合计算渗透率为 25.5mD，高于单井测试渗透率。两口井之间的距离为 330m，反应层接受到激动层压力响应延迟时间平均为 40min，横向压力响应时间较短，压力响应幅度明显、信号清晰，储层连通性好，验证了两井连通层之间的断层横向是开启的。

图 5 为大 5 井观察层 I 砂组(8#层)实测压力响应曲线。大 5 井 8#层反应层虽然也接收到七个脉冲信号，但其信号反应幅度明显比大 5 井 III 砂组反应层(9-14#层)弱，大 5-1 井 18-29#层注水压力波首先传至与之连通关系较好的大 5 井的 9-14#层，8#层的压力响应延迟时间仅比大 5-1 井激动层注水时间晚约 1h。

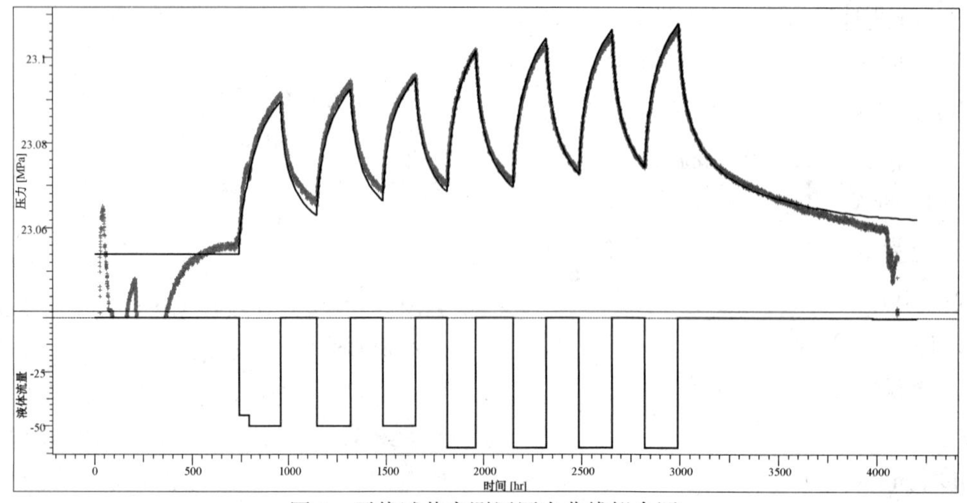

图 4　干扰试井实测压历史曲线拟合图

大5井8#层的压力响应曲线除了第一个周期正常以外，其余六个脉冲周期出现异常，即压力峰值逐渐减小，且压力波动幅度也逐渐越小，分析认为其原因是大5井固井质量差，大5井9-14#层的压力波通过套管外流窜到上部的8#层，该砂层也接收到了类似七个脉冲周期的压力响应信号，但随着8#层压力升高，压力波冲破8#层上部层段的差质量固井段，外溢到上部层段中，随着反复脉冲，8#层与上部层段的差固井段的阻碍作用越来越弱，故8#层表现为压力略有升高就下掉。因此，尽管储层上部的泥岩隔层受到断层的切割破坏，但其具有封闭性，8#层与激动井大5-1井是不连通的。

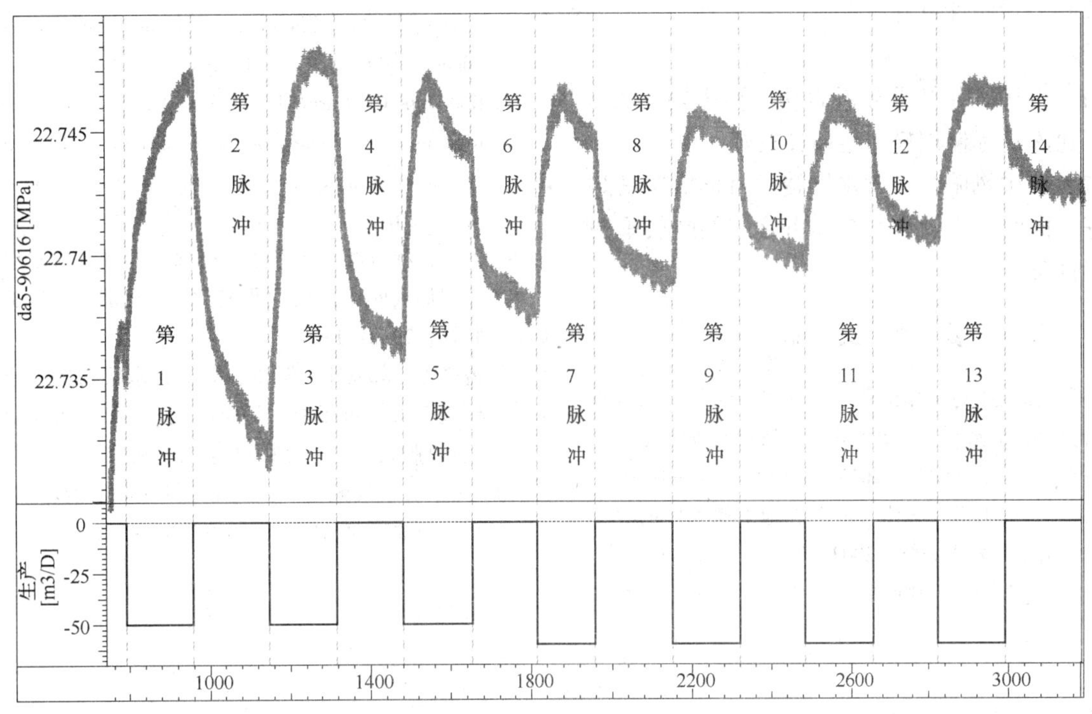

图5　大5井观察层Ⅰ砂组(8#层)实测压力响应

3.4.2　盖层垂向密封性

大5-1井垂向的两个观察层为G砂组(15#层)、Ⅱ砂组(16-17#层)，两个砂层均存在七个周期的压力脉冲响应信号，但均表现出不同程度的异常，压力响应曲线如图6~图7所示。

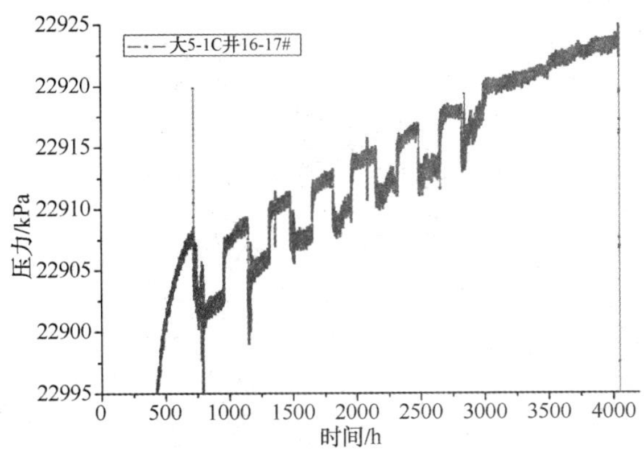

图6　大5-1井储层Ⅰ砂组压力响应曲线

G砂组的七个脉冲信号并非是从激动层Ⅲ砂组(18-29#)传递获得的，而是由于注水温度与地层温度的差异造成的热效应引起的。分析原

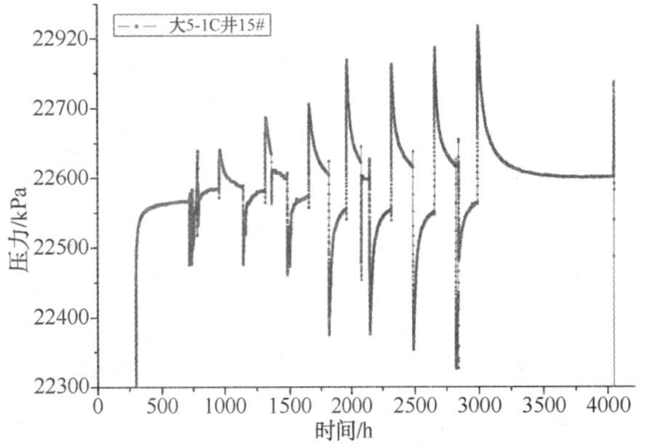

图7　大5-1井盖层中砂岩夹层G砂组压力响应曲线

因如下：对比激动层实测压力和观察层G砂组压力响应曲线可以发现，两处压力发生改变的时间基本为同一时刻，若G砂组压力信号是由激动层引起，两个层相距65m，由盖层相隔，且盖层渗透能力极低，两个实测压力信号之间的延迟时间不可能这样短；G砂组压力响应幅度非常小，若G砂组压力信号是由激动层引起，极短的延迟时间内的压力响应幅度应该较为明显，间接地验证

了 15#层与激动层 18-29#层纵向是不连通的。II 砂组(16-17#层)压力脉冲响应与 15#层一样也表现了异常，开井注水时地层压力下降，关井停注时地层压力上升，压力信号非常微弱，综合分析认为是由注水温差的热效应造成的，激动层与 16#层纵向上不连通。综合所述，可以认为储层的上覆盖层具有密封性，大 5 和大 5-1 井之间的断层垂向上封闭性良好。

4 结论

（1）干扰试井结果分析表明，冀中坳陷大 5 含水层建库目标储层横向连通性良好。

（2）冀中坳陷大 5 含水层建库目标盖层密封性良好，同时，大 5 和大 5-1 井之间的断层垂向上封闭性良好。

参 考 文 献

[1] 贾善坡，金凤鸣，郑得文等．含水层储气库的选址评价指标和分级标准及可拓综合判别方法研究[J]．岩石力学与工程学报，2015，34(8)：1628-1640.

[2] 高树生，何书梅．天然气能源在地下储气库的存储及利用[J]．岩土力学，2003，24(s)：403-407.

[3] 丁国生，王皆明，郑得文．含水层地下储气库[M]．北京：石油工业出版社，2014：1-49.

[4] Amin Ettehad，Christopher Jablonowski，Larry W. Lake. Gas storage facility dedign under uncertainty [R]. SPE 123987，2010.

[5] D. A. Mc Vay，J. P. Spivey. Optimizing gas-storage reservoir performance[R]. SPE 71867，2001.

[6] TABARI K，TABARI M，TABARI O. Investigation of gas gtorage feasibility in Yortshah aquifer in the central of Iran[J]. Australian Journal of Basic and Applied Sciences，2011，5(12)：1 669 - 1 673.

[7] Bontemps C，Cariou L，Galibert S，et al. Assessment of four prospective sites for the realization of Underground gas storages in aquifer reservoirs[R]. Courbevoie：GDF Suez，2013.

[8] 郭平，杜玉红，杜建芬．高含水油藏及含水层构造改建储气库渗流机理研究[M]．北京：石油工业出版社，2012：1-14.

[9] 孟祥杰，郭发军，陈洪，等．含水层构造改建地下储气库盖层封闭能力评价研究[J]．长江大学学报(自科版)，2016，13(32)：32-39.

[10] 庄惠农．气藏动态描述和试井(第二版)[M]．北京：石油工业出版社，2009：265-282.

利用注水指示曲线计算缝洞型油藏单洞模型动态储量

何　强　袁飞宇　李　璐　丁　磊　李柏颉　王　栋

(中国石化西北油田分公司)

摘　要　塔河油田缝洞型碳酸盐岩油藏储层储集空间类型以裂缝、溶孔、溶洞为主，随机分布导致非均质性极强，平面与纵向上储量分布不均，生产特征差异大，其流动规律极其复杂，包含渗流、管流、湍流等，导致储量的参数难以确定，常规容积法计算误差大。利用缝洞型油藏注水指示曲线，以物质平衡方法，充分考虑裂缝及地层水的弹性系数，就相对简单的封闭性缝孔+溶洞组合模式油藏进行动态储量计算研究，通过近30口井的生产实际数据进行验证，证明以注水指示曲线计算缝洞型油藏单洞模型的动态储量的可行性。

关键词　注水指示曲线；物质平衡；压缩系数；动态储量；误差率

塔河油田缝洞型油藏碳酸盐岩油藏储层储集空间类型以裂缝、溶孔、溶洞为主，随机分布导致非均质性极强，平面与纵向上储量分布不均，生产特征差异大。其主要开发方式为注水替油，在多周期注水替油过程中，多表现注水失效，通过大量的数据统计发现，其注水失效属于假失效，其原因为近井储层存水量过大，导致远井储层原油被封存。而在低无效治理方案论证的过程中，其储量大小的论证成为是否值得治理的首要条件，缝洞型油藏由于其油藏的特殊性，其油藏参数难以从传统的方法确定，储量计算的准确性更是无从谈起。本文另辟蹊径，利用缝洞型油藏注水指示曲线，以物质平衡法为理论基础，研究相对定容的注水替油井的储量计算方法。

1　理论解释模型参数取值论证及动态储量估算方法研究

塔河缝洞型碳酸盐岩油藏单井注水替油技术，是油田缓解递减的最简单、最经济有效的手段，结合注水替油机理，根据原油压缩系数定义，推导出适用于碳酸盐岩油藏的注水指示曲线，累计注水量和注入压力的关系曲线，而砂岩油藏是日注水量和注入压力关系。二者推导基础不同，砂岩油藏基于达西渗流理论，而碳酸盐岩缝洞油藏的注水指示曲线基于零维储罐模型(把油藏看作是一个岩石和流体均质的储容器，这一储容器是基于物质守恒关系的模型)。

项目通过物质守恒关系模型，建立3个基础模型，3个组合模型，分别考虑原油、地层水、孔缝弹性，孔缝洞分布比值进行逐步加深推导，建立3个注水指示曲线基本模型的数学方程，进一步完善前期注水指示曲线理论(表1)。

表1　3种基本假设模型条件下注水指示曲线数学方程

序号	模型类型	假设条件	数学方程	参数物理意义	误差率	优缺点
1	溶洞	封闭定容油藏，油井钻遇溶洞，将整个储集体简化为溶洞，不考虑孔缝的储集性能，底层水为刚性，油藏驱动能量仅来自原油的弹性能量	$p=\dfrac{N_{wi}}{C_0V_0}+p_1$	p:注水后压力； N_{wi}:注水量； C_0:原油压缩系数； V_0:波及原油体积； P_i:注水前压力	20%	优点:简单易上手； 缺点:含水饱和度越高，计算精度越低

【作者简介】何强(1987—)，男，本科，工程师，从事油气田开发与管理工作。

续表

序号	模型类型	假设条件	数学方程	参数物理意义	误差率	优缺点
2	溶洞	封闭定容油藏,油井钻遇溶洞,将整个储集体简化为溶洞,不考虑孔缝的储集性能,油藏驱动能量来自注入水和原油的弹性能量	$p = \frac{N_{wi}B_w}{NB_{oi}(RC_w + C_0)} + p_0$	B_w:水体积系数; B_{oi}:原油体积系数; N:原油储量; C_w:地层水压缩系数; R:水油比 P_0:注水前压力	10%	优点:储量计算精度提高; 缺点:仅适用于井一洞(单洞)模型
3	溶洞	注入水后整个储集系统快速达到稳定,现场实际中,裂缝与溶洞共同组成的储集单元更为常见,当裂缝储集体中的流体所占比例较高时,需要分别考虑裂缝与溶洞储集体注入水后压力的变化情况。	$p = \frac{N_{wi}B_w}{NB_{0i}[aC_{0f} + (1-\alpha)RC_w + C_0]} + p_0$	α:裂缝占总体积的比例; C_{ef}:孔缝综合压缩系数	6.4%	优点:储量计算精度进一步提高; 缺点:试算过程复杂

1.1　模型一

碳酸盐岩缝洞油藏的注水指示曲线与基于物质平衡法的零维储罐模型相关，它是将储集体抽提成非连续介质的单个溶洞和裂缝的组合。

其基础理论推导如下：封闭定容油藏，油井钻遇溶洞，不考虑裂缝的储集性能，将整个储集体简化为溶洞，油藏驱动能量来自注入水和原油的弹性能量，忽略地层水、注入水和储层岩石的弹性能量。油藏压力变化与钻遇油井井口压力的变化近似同步，即压力近似的保持同步升高和降低。

在井底高温高压条件下，由于不考虑注入水和地层水的弹性能量，因此其相对地下原油为刚性，原油被压缩的体积 ΔV 即为注入水的体积 $V_{wi}N_w$，即：

$$\Delta V = V_o - V' = V_{wi}N_w \tag{1}$$

根据原油压缩系数定义：

$$C_o = \frac{1}{\Delta p}\frac{\Delta V}{V_o} = \frac{1}{\Delta p}\frac{N_w}{V_o} \tag{2}$$

当井筒充满水后，井口压力变化可以近似代替井底压力变化，忽略摩阻，两者之间差值即为水柱差，即：

$$\Delta p = p - p_i \tag{3}$$

由式(1)~式(3)式可得：

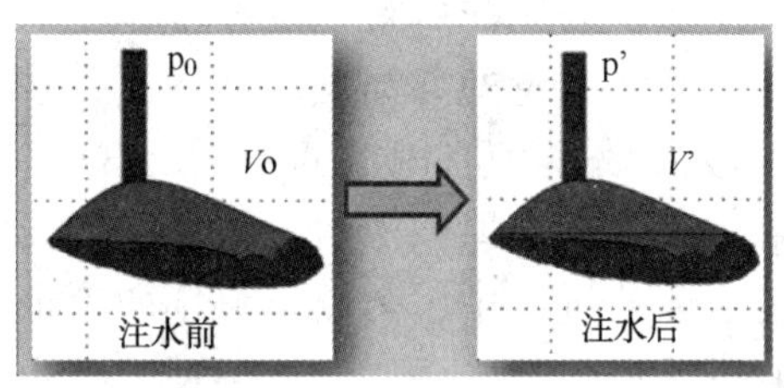

图1　注水替油过程示意图

$$p = \frac{N_w}{C_o V_o} + p_i \tag{4}$$

C_o是为原油的压缩系数，当温度一定时可近似为常数；V_o为油藏中原油的初始体积，在每轮注水均为一定值；在不考虑地层岩石压缩系数的情况下，对定容较好的储集体，井口压力 p' 与注水量 V_{wi} 成线性关系。

碳酸盐岩油藏注水指示曲线的参数意义及使用方法都与缝洞型油藏注水机理密切相关，斜率可计算地下储集体规模，存在两段直线，可以以此为依据判断存在第二套储集体。

大量的实例结合理论推导，表明此公式是有应用价值的：(1)可以估算注水井储集体的大小，斜率是关于地层原油体积的函数；(2)判断注水时机的合理性，根据截距大小明确注水前液面位置，判断注水时机是否合理；(3)可根据指示曲线是否存在拐点，判断远井是否存在第二套储集体。

在注水的过程中，拟合曲线如图 2 所示，将理论公式转化成线性公式即：$y=ax+b$。

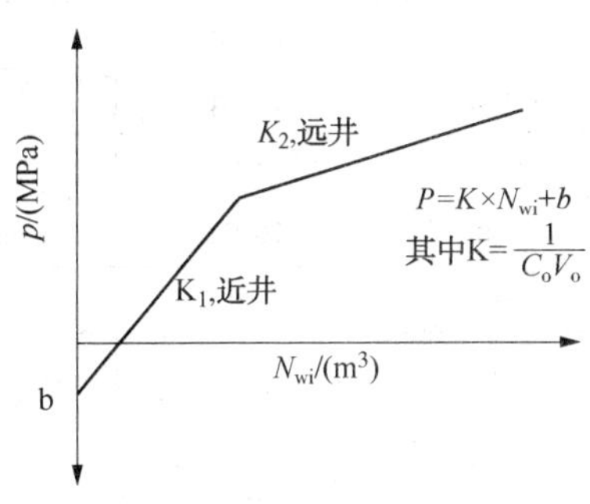

图 2　注水指示曲线示意图

1.2　模型二(考虑水的压缩系数)

封闭定容油藏，油井钻遇溶洞，将整个储集体简化为溶洞，不考虑孔缝的储集性能，油藏驱动能量来自注入水和原油的弹性能量。不应忽略地层水、注入水的弹性能量。但对于溶洞储层岩石的弹性能量仍是可以忽略的。假设油藏压力变化即为井底流压。

表达式如下：

$$p=\frac{N_{wi}B_w}{NB_{oi}(RC_w+C_o)}+p_0 \tag{5}$$

式中　N_{wi}——累计注水量；

B_w——水的体积系数；

N——油的储量；

B_{oi}——原油的体积系数；

R——地下溶洞水油比；

C_w——水的压缩系数；

C_o——油的压缩系数；

P_o——注水前压力。

此模型没有忽略地层水弹性能量对指示曲线的影响，地层水的压缩系数和原油的压缩系数在同一数量级之内。

模型考虑地层水压缩系数的影响，理论变化图版如图 3 所示。

考虑地层水的压缩系数，溶洞弹性能量增加，吸水能力变强，注水指示曲线斜率降低。多周期注水含水饱和度越高，斜率越大。

1.3　模型三(考虑水和孔缝的压缩系数)

假设：依然假设注入水后整个储集系统快速达到稳定，现场实际中，裂缝与溶洞共同组成的储集单元更为常见，当裂缝储集体中的流体所占比例较高时，需要分别考虑裂缝与溶洞储集体注入水后压力的变化情况。

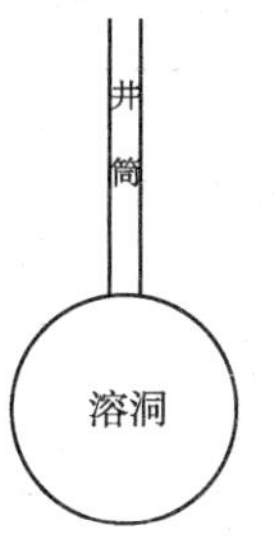

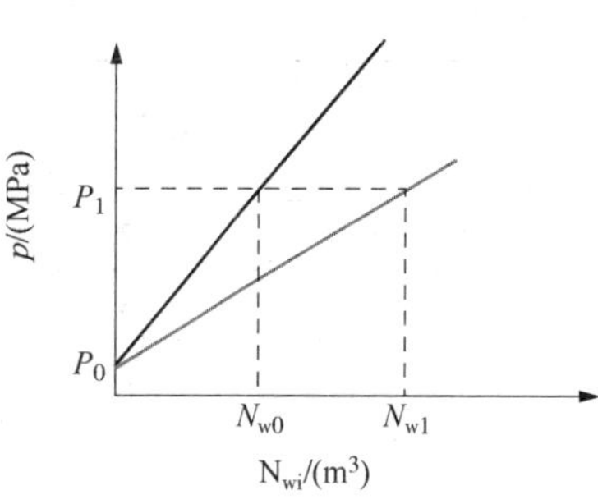

图 3　模型 2 指示曲线(考虑地层水)

表达式如下：

$$p=\frac{N_{wi}B_w}{NB_{oi}[\alpha C_{cf}+(1-\alpha)RC_w+C_o]}+p_0 \tag{6}$$

式中　α——裂缝占总体积的比例；

C_{cf}——孔缝综合压缩系数。

此模型为裂缝与溶洞双重介质对应的注水指示曲线表达式，曲线的斜率不仅与原油地质储量，还与裂缝与溶洞中储量比例大小、溶洞中水油比例等参数有关。

模型考虑孔缝综合压缩系数的影响，理论变化图版如图 4 所示：

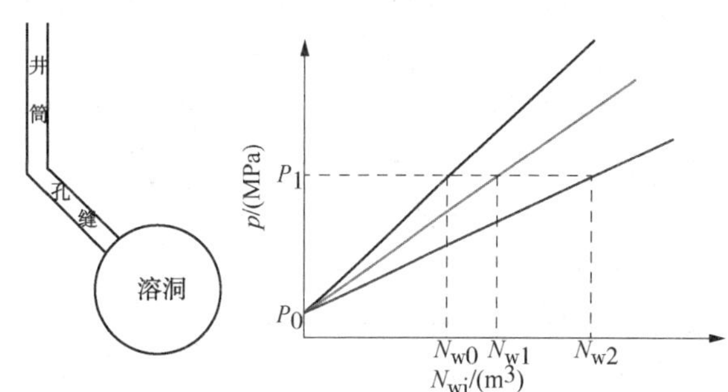

图 4　模型 3 指示曲线

(考虑孔缝综合压缩系数)

考虑孔缝的压缩系数，随着孔缝所占比例的增加，地层弹性能量增加，吸水能力变强，注水指示曲线斜率减小。

2　注水指示曲线法估算动态储量适应性评价研究

项目针对 22 口单洞或缝洞型注水井进行多轮次公式计算与实际产出统计对比，新的基础模型及数学方程估算动态储量的适应性较高，模型 2 的平均误差率在 10%左右，模型 3 的平均误差率在 6.4%，在考虑水的压缩系数条件下，孔缝压缩系数是影响储量计算精度的主要因素，基础模型 3 的数学方程储量计算方法更接近实际。

表 2　理论计算与实际对比误差率统计表

序号	井号	计算模型类型	上轮计算储量/×10^4t	次轮计算储量/×10^4t	计算产出/t	实际产出/t	误差率
1	AD19	2	52. 6	49. 1	36400	28031	23%
		3	44. 1	41. 2	30160	28031	7%
2	TH10327CH2	2	4. 34	3. 7	6656	7057	5. 70%
		3	4. 33	3. 37	9936	10293	3. 50%
3	TH12344	2	2. 74	2. 67	790	701	11. 31%
		3	2. 56	2. 49	738	701	5. 20%
4	TH12423	2	1. 482	1. 447	350	387	9. 40%
		3	1. 55	1. 51	416	387	7. 50%
5	AD23CH	2	1. 869	1. 512	3713	3878	4. 20%
		3	1. 89	1. 53	3762	3878	2. 90%
6	AD26	2	0. 82	0. 69	1290	1524	15%
		3	1. 63	1. 38	2570	1524	68%
7	TH10124	2	23. 795	23. 095	7269	6506	11%
		3	23. 32	22. 64	7135	6506	9. 70%
8	TH10203	2	2. 13	1. 57	5784	5316	11%
		3	1. 92	1. 37	5642	5316	6%
9	TH12352	2	4. 2	3. 67	5280	5500	0. 16%
		3	4. 147	3. 62	5420	5500	0. 14%
10	TH12368CH	2	2. 69	1. 96	7580	8200	7. 50%
		3	2. 6914	1. 963	7575	8200	11%
11	TH12153	2	0. 411	0. 305	1110	810	37%
		3	0. 349	0. 259	938	810	16%
12	TH12163	2	25. 88	25. 16	7470	7067	5. 70%
		3	25. 22	24. 52	7288	7067	3. 10%
13	TH12224CH	2	4. 199	3. 66	5590	5699	1. 90%
		3	4. 19	3. 65	5588	5699	1. 94%
14	TH12365X	2	2. 27	1. 78	5096	4992	2. 10%
		3	1. 99	1. 55	4576	4992	8. 30%
15	TH12330	2	15. 9	15. 6	3120	32217	90%
		3	12. 78	11. 59	12376	32217	63. 10%
16	TH12270	2	2. 39	1. 9	5096	5971	17. 90%
		3	2. 5	1. 98	5408	5971	9. 40%
17	TH12269	2	2. 75	1. 79	9984	10435	4. 30%
		3	2. 7	1. 76	9776	10435	6. 30%
18	TH12225CX	2	0. 5	0. 3	2080	1820	14. 30%
		3	0. 5	0. 3	2080	1820	14. 30%
19	TH10356	2	4. 98	3. 74	12896	13635	5. 40%
		3	5. 22	3. 91	13624	13635	0. 08%
20	TH10262	2	1. 39	0. 8	6136	6503	5. 60%
		3	1. 57	0. 9	6968	6503	7. 20%

续表

序号	井号	计算模型类型	上轮计算储量/ $\times 10^4$t	次轮计算储量/ $\times 10^4$t	计算产出/ t	实际产出/ t	误差率
21	TH12235	2	0.6964	0.5803	1160	1200	3.30%
		3	0.706	0.589	1224	1200	2.0%
22	TH10233CH	3	1.71	1.08	6552	6387	2.60%

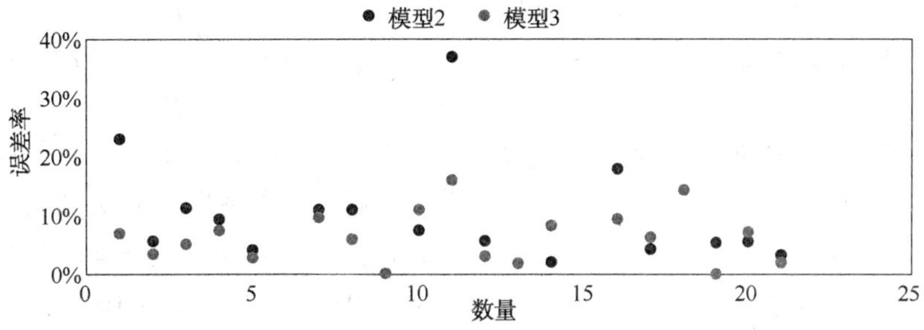

图 5　模型 2 与模型 3 计算误差对比图

3　应用实例

3.1　AD19 井动态储量计算

AD19 井 2008 年 6 月 14 日完钻，完钻层位 O_{1-2y}，完钻井深 6795.00m。$T_7$4 界面深 6555。揭开奥陶系中下统 240m，酸压完井，2008 年 8 月 1 日，储量规模较大，相对定容，周期注水替油生产，平均周期注水 10000m^3，截止目前，AD19 井平均日产液 38.6t，平均日产油 31.4t，累产油 66671.32t，累产水 15374.08t。

从图 6 中可以看出，当累计注水量达到 10000 方，第一轮次中的注水指示曲线才开始起压，再接着注入 3000m^3 左右的水，压力才上升到 5MPa 左右，此时的压力与累计注水量呈比较好的线性关系，第二轮次前期与第一轮次相似，随着第二轮不间断注水，累计注水量增加。第二轮次注水开始起压后，累计注入 3500m^3 左右的水，压力也才上升到 6MPa 左右，此时再注入水，压力直线上升，已经达到了定容的上限。第二轮次的的压力与累计注水量也呈现比较好的线性关系，初步判断油井直接钻遇到了溶洞，但是在注水起压的过程中是否有波及到孔隙通道中尚还不能判断，孔隙部分的储集体由于其自身可压缩性，注水波及到的储集体总的弹性能量大，注水越容易，其曲线的斜率变小，吸水量变大。针对这个情况，我们可以试算两个不同的模型公式，每个模型公式对应的两个轮次注水量都能算出的理论采油量，和实际采油量对比，越接近的，就说明模型公式越适合。

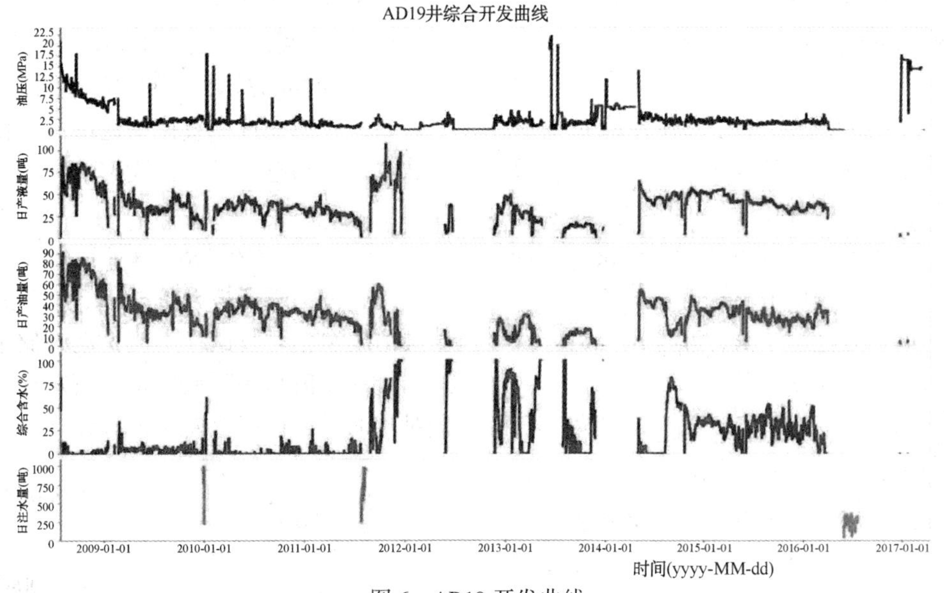

图 6　AD19 开发曲线

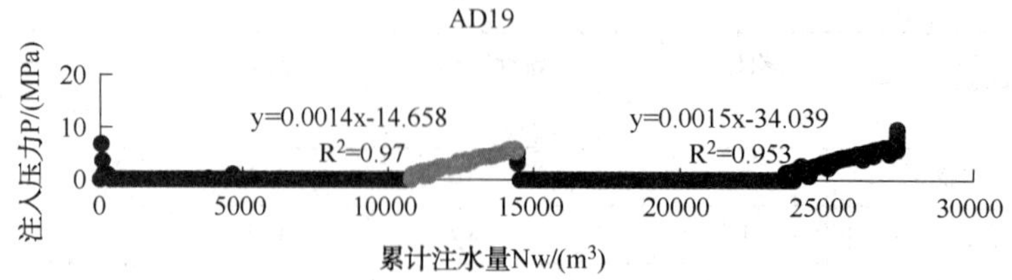

图 7　AD19 注水指示曲线

对于此井的直线型，只有一段直线，且注水无启动压力，说明油井直接钻遇溶洞，钻遇的溶洞也有可能连接孔隙通道。

(1) 我们先选用直接钻遇溶洞的模型公式进行试算地下动态储量，公式如下：

$$p = \frac{N_w B_w}{NB_{oi}(RC_w + C_o)} + p_0$$

用此模型进行拟合，如 AD19 井进行了两轮的注水，可以试算出两个动态储量，两轮动态储量的差值与实际采出量进行对比。将模型公式对应的斜率代入拟合曲线进行计算，即：

$$\begin{cases} \dfrac{B_w}{N_{1轮}B_{oi}(RC_w + C_o)} = 0.0014 \\ \dfrac{B_w}{N_{2轮}B_{oi}(RC_w + C_o)} = 0.0015 \end{cases}$$

对应的参数取经验值和估值进行试算：$B_w = 0.98$，$B_{oi} = 1.04$，$C_w = 4\times10^{-4}\,MPa^{-1}$，$C_o = 10\times10^{-4}MPa^{-1}$，$R=0.7$。将参数的值代入上式可得：

$$\begin{cases} N_{1轮} = 52.6 \times 10^4 m^3 \\ N_{2轮} = 49.1 \times 10^4 m^3 \end{cases}$$

即井底原油减少了 $3.5\times10^4 m^3$，即 36400t，根据生产数据我们知道两个轮次之间实际的采出原油量为 28030.82t，误差为 23%，显然是不合适的。

(2) 假设考虑孔缝部分容积弹性能量的影响，由于该井主要储集体部分为溶洞，一般孔缝部分所占容积较小，通常孔缝弹性压缩系数为 $14\times10^{-4}MPa^{-1}$(经验值)，地层原油和地层水的弹性压缩系数同上，我们选用直接钻遇缝洞的模型公式进行试算地下动态储量，公式如下：

$$p = \frac{N_w B_w}{NB_{oi}[\alpha C_{cf} + (1-\alpha)RC_w + C_o]} + p_0$$

用此模型进行拟合，如 AD19 井进行了两轮的注水，同样的可以试算出两个动态储量，两轮动态储量的差值与实际采出量进行对比。将模型公式对应的斜率代入拟合曲线进行计算，即：

$$\frac{B_w}{N_{1轮}B_{oi}[\alpha C_{cf} + (1-\alpha)RC_w + C_o]} = 0.0014$$

$$\frac{B_w}{N_{2轮}B_{oi}[\alpha C_{cf} + (1-\alpha)RC_w + C_o]} = 0.0015$$

对应的参数取经验值和估值进行试算：$B_w = 0.98$，$B_{oi} = 1.04$，$C_w = 4\times10^{-4}\,MPa^{-1}$，$C_o = 10\times10^{-4}\,MPa^{-1}$，$C_{cf} = 14\times10^{-4}\,MPa^{-1}$，$R = 0.7$，$\alpha = 0.22$ 将参数的值代入上式可得：

$$\begin{cases} N_{1轮} = 44.1 \times 10^4 m^3 \\ N_{2轮} = 41.2 \times 10^4 m^3 \end{cases}$$

即井底原油减少了 $2.9\times10^4 m^3$，即 30160t，根据生产数据我们知道两个轮次之间实际的采出原油量为 28030.82t，误差在 7%，所以选择此模型相比较而言合适。

根据最新一轮的注水指示曲线，求解的 AD19 井地层动态储量为 $41.2\times10^4 m^3$。

3.2　TH10203 井动态储量计算

TH10203 井钻井过程中常规完井，2008 年 7 月投产，投产后压力下降较快，周期注水配合生产，截止到目前平均日产液 15.7t，平均日产油 12.4t，累计产油 39699.9t，累产水 10528.5t。自开始注水以来，累计注水 $20568m^3$，TH10203 井综合开采曲线如图 8 所示：

从图 9 中可以看出，TH10203 井注水后并没有直接起压，同时常规完井，说明井筒直接连接溶洞。

(1) 我们先选用直接钻遇溶洞的模型公式进行试算地下动态储量，公式如下：

$$p = \frac{N_w B_w}{NB_{oi}(RC_w + C_o)} + p_0$$

用此模型进行拟合，TH10203 井进行了五个轮次的注水，可以试算出两个动态储量，两轮动态储量的差值与实际采出量进行对比。将模型公式对应的斜率代拟合曲线进行计算，即：

$$\begin{cases} \dfrac{B_w}{N_{2轮}\,B_{oi}(R\,C_w + C_0)} = 0.0034 \\ \dfrac{B_w}{N_{4轮}\,B_{oi}(R\,C_w + C_0)} = 0.0046 \end{cases}$$

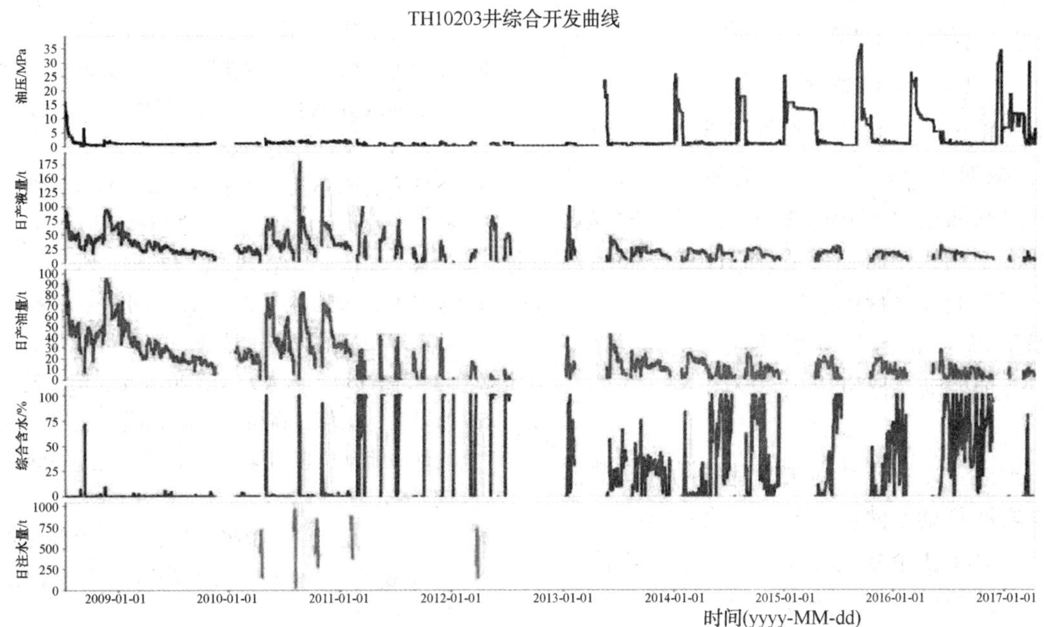

图 8　TH10203 开发曲线

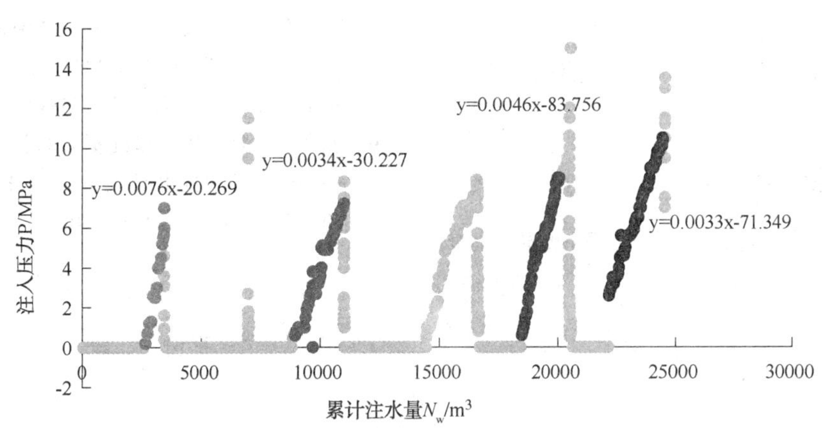

图 9　TH10203 注水指示曲线

对应的参数取经验值和估值进行试算：$B_w = 0.98$，$B_{oi} = 1.04$，$C_w = 4\times10^{-4}\,\text{MPa}^{-1}$，$C_o = 10\times10^{-4}\,\text{MPa}^{-1}$，$R=30$。将参数的值代入上式可得：

$$\begin{cases} N_{2轮} = 2.13\times10^4\,\text{m}^3 \\ N_{4轮} = 1.57\times10^4\,\text{m}^3 \end{cases}$$

即井底原油减少了 $0.556\times10^4\,\text{m}^3$，即 5784t，根据生产数据我们知道两个轮次之间实际的采出原油量为 5316t，误差为 11%。

(2) 假设考虑孔缝部分容积弹性能量的影响，由于该井主要储集体部分为溶洞，一般孔缝部分所占容积较小，通常孔缝弹性压缩系数为 $14\times10^{-4}\,\text{MPa}^{-1}$(经验值)，地层原油和地层水的弹性压缩系数同上，我们选用直接钻遇缝洞的模型公式进行试算地下动态储量，公式如下：

$$p = \frac{N_w B_w}{NB_{oi}[\alpha C_{cf} + (1-\alpha)RC_w + C_o]} + p_0$$

用此模型进行拟合，TH10203 井进行了四个轮次的注水，可以试算出后两个轮次的动态储量，两轮动态储量的差值与实际采出量进行对比。将模型公式对应的斜率代入拟合曲线进行计算，即：

$$\begin{cases} \dfrac{B_w}{N_{1轮}\,B_{oi}\,[\alpha\,C_{cf} + (1-\alpha)\,RC_w + C_O]\,)} = 0.0033 \\ \dfrac{B_w}{N_{2轮}\,B_{oi}\,[\alpha\,C_{cf} + (1-\alpha)\,RC_w + C_O]\,)} = 0.0034 \end{cases}$$

对应的参数取经验值和估值进行试算：$B_w = 0.98$，$B_{oi} = 1.04$，$C_w = 4\times10^{-4}\,\text{MPa}^{-1}$，$C_o = 10\times10^{-4}\,\text{MPa}^{-1}$，$C_{cf} = 14\times10^{-4}\,\text{MPa}^{-1}$，$R=35$，$\alpha=0.01$

将参数的值代入上式可得：

$$\begin{cases} N_{1轮} = 1.92 \times 10^4\ \mathrm{m}^3 \\ N_{2轮} = 1.37 \times 10^4\ \mathrm{m}^3 \end{cases}$$

即第一轮和第二轮井底原油减少了 5425m^3，即 5642t，根据生产数据我们知道两个轮次之间实际的采出原油量为 5316t，误差为 6%，所以选择第二种模型相比较而言合适，TH10203 储层内部存在小部分的孔缝特征。

根据最新一轮的注水指示曲线，求解的 TH10203 井地层动态储量为 1.37×10^{4}m^3。

4 结论

（1）确立了以物质平衡法为基础的计算缝洞型碳酸盐岩油藏动态储量的基础理论；

（2）建立了 3 个基础假设模型，进一步优化注水指示曲线数学方程，从理论上提高储量计算精度；

（3）通过对 22 口多轮次计算产出与实际产出做对比，验证了储量计算方法的适应性；

（4）模型 2 与模型 3 计算误差率差异越大，溶洞内部缝孔占比越高，差异越小，溶洞内部越规则。

参 考 文 献

[1] 李江龙，张宏芳．物质平衡方法在缝洞型碳酸盐岩油藏能量评价中的应用[J]．石油与天然气地质，2009 年，第 30 卷，第 6 期：774-775.

[2] 熊艳梅，梅胜文，贾建国．浅析碳酸盐岩油藏注水指示曲线在油田开发中的应用[T]．大陆桥视野，2012 年，第 24 期：128-130.

[3] 梅胜文，陈小凡，乐平，唐潮，易虎．缝洞型碳酸盐岩注水指示曲线理论改进新模型[J]．石油天然气学报，2015 年，第 29 期：57-62.

[4] 李小波，荣元帅，刘学利，彭小龙，王可可．塔河油田缝洞型油藏注水替油井失效特征及其影响因素[J]．油气地质与采收率，2014 年，第 1 期：59-62.

[5] 修乃岭，雄伟，高树生，胡志明等．缝洞型碳酸盐岩油藏流动机理初探[J]．钻采工艺，2008 年，第 1 期：63-65.

[6] 李鹂，李允．缝洞型碳酸盐岩孤立溶洞注水替油实验研究[J]．西南石油大学学报(自然科学版)，2010 年，第 1 期：117-120.

[7] 任玉林，李江龙，黄孝特．塔河油田碳酸盐岩油藏开发技术政策研究[J]．油气地质与采收率，2004 年，第 5 期：57-59.

[8] 谭承军，吕景英，李国蓉．塔河油田碳酸盐岩油藏产能特征与储集层类型的相关性[J]．油气地质与采收率，2001 年，第 3 期：43-45.

[9] 郭素华，赵海洋，邓红军，刘蕊．缝洞型碳酸盐岩油藏注水替油技术研究与应用[J]．石油地质工程，2008 年，第 5 期：118-120.

致密气藏动态启动压力梯度及其对气井的影响机制

丁景辰[1] 杨胜来[2] 史云清[3] 曹桐生[1] 吴建彪[1]

(1. 中国石化华北油气分公司勘探开发研究院;
2. 中国石油大学(北京)石油工程教育部重点实验室;
3. 中国石油化工股份有限公司石油勘探开发研究院)

摘 要 通过引入高精度回压控制系统，建立了致密气藏储层条件下的启动压力梯度测试方法。和常规测试手段相比，新方法得到的启动压力梯度值更小，研究结果表明启动压力梯度在开发过程中并不是定值，而是随着开发过程中孔隙压力的下降而线性增大，出现"动态启动压力梯度"现象。在此基础上，分析了致密储层的动态启动压力梯度在气田开发中的宏观体现，建立了考虑动态启动压力梯度的气井产能模型，明确了动态启动压力梯度对致密气藏单井产能和开发过程中储层压力分布的影响机制。

关键词 致密气藏；动态启动压力梯度；气井产能；气藏开发；影响机制

大量研究表明，低渗透储层中流体的渗流规律同中、高渗储层存在很大差别，最明显的差别就是流体在致密储层中会呈现非线性(非达西)渗流特征，并存在启动压力梯度(Threshold Pressure Gradient)[1-3]。所谓启动压力梯度，是指储层中的流体克服某一附加阻力并开始流动时的压力梯度。目前主流的观点认为流体边界层黏度异常，气-液/气-固/液-固的表面作用力，流体的非牛顿性和油气相渗透率滞后都是造成低渗透中流动存在启动压力梯度的原因[4-7]。启动压力梯度的存在会对储层流体渗流造成很大的影响。

特别对于致密储层来说，由于地质条件更为复杂，渗透率和孔隙度极低，孔喉迂曲度更大，复杂的地质和流体特征导致了其储层流体渗流特征有别于常规低渗透储层[8-9]。但目前对于致密气藏的启动压力梯度研究较少。同时，目前实验测试的启动压力梯度均在常压下进行，受到气相滑脱的影响，其结果误差较大[10-12]。因此，有必要对致密气藏的启动压力梯度特征进行进一步的研究。

1 实验技术与方法

1.1 实验材料

动态启动压力梯度研究岩心为取自鄂尔多斯大牛地致密气藏的天然岩心，岩心的基础物性如表 1 所示。

表 1 动态启动压力梯度测试岩心基础物性

岩心号	直径/cm	长度/cm	常压孔隙度/%	常压渗透率/$10^{-3}\mu m^2$
1	2.534	5.968	5.51	0.05
2	2.536	6.210	6.98	0.17
3	2.538	4.254	8.46	0.53
4	2.535	6.041	10.63	1.24
5	2.538	6.084	10.95	3.94

实验用水根据大牛地气藏实际地层水资料在实验室配置而成，地层水矿化度 41614mg/L，水型为 $CaCl_2$ 型。

试验用气体为高纯氮(N_2)，纯度大于 99.999%。

1.2 实验条件

实验温度为 85℃(大牛地气田储层温度)。

实验围压为 39MPa，模拟大牛地气田储层上覆地层压力。

为了更好模拟储层真实情况，动态启动压力梯度测试所用岩心均为含束缚水岩心，所有岩心的含水饱和度均在 41~45%之间(接近储层束缚

【基金项目】国家科技重大专项："低丰度致密低渗油气藏开发关键技术(课题编号：2016ZX05048)"部分研究成果。

【作者简介】丁景辰(1989—)，男，2015 年毕业于中国石油大学(北京)油气田开发工程专业，获工学博士学位。目前就职于中国石化华北油气分公司勘探开发研究院，任气藏工程高级工程师，主要研究方向为致密气田开发。E-mail：dingjingchen@ 163. com

水饱和度)。

1.3 实验流程

一直以来，学者们都是在常压下开展启动压力梯度的测定。而在实际的油气藏开采过程中，储层压力要远高于实验压力。尤其对于气藏来说，高压下气相物性和流动特征与低压下有很大的差别。因此，低压下测得的启动压力梯度并不能代表气藏真正的启动压力梯度。本文通过对实验流程和实验方法的改进，从而得到储层条件下更为准确的启动压力梯度。具体的流程见图 1。

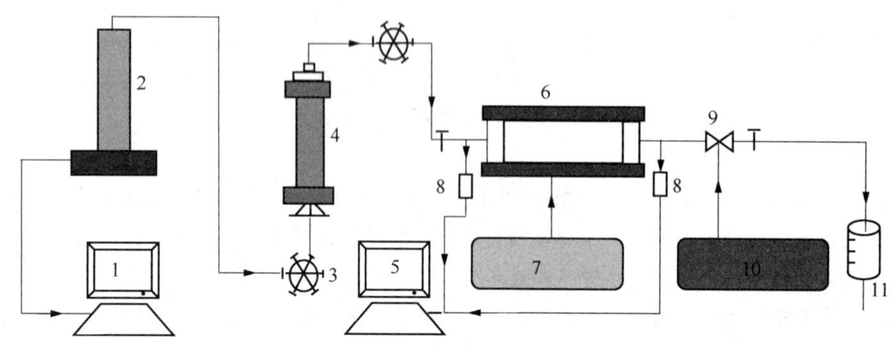

图 1　致密岩心储层条件下启动压力梯度测试流程

1—压力/流量控制系统；2—注入泵；3—六通阀；4—中间容器；5—压力采集系统；6—岩心夹持器；7—围压泵；8—压力传感器；9—回压阀；10—回压泵；11—流量采集系统

和以往的实验流程相比，此次研究在实验流程中加入了高精度回压控制系统，通过对流动系统回压的控制模拟实际的储层压力状况，以实现储层条件下启动压力梯度的测量，同时可以模拟不同的开发阶段(不同流压)对致密储层启动压力梯度的影响。

2 致密岩心储层条件下的启动压力梯度

利用改进的实验方法，首先研究对比了不同岩心在储层条件下和常压条件下的启动压力梯度。由于岩心的启动压力梯度和渗透率密切相关，同时致密岩心也具有较为明显的应力敏感效应[13-14]。为了避免由于流压不同导致的渗透率变化对启动压力梯度测定结果的影响，在两组实验中岩心所受的有效应力相同，尽可能保证结果的可靠性。

5 块岩心在储层条件和常压下的启动压力梯度结果见图 2。

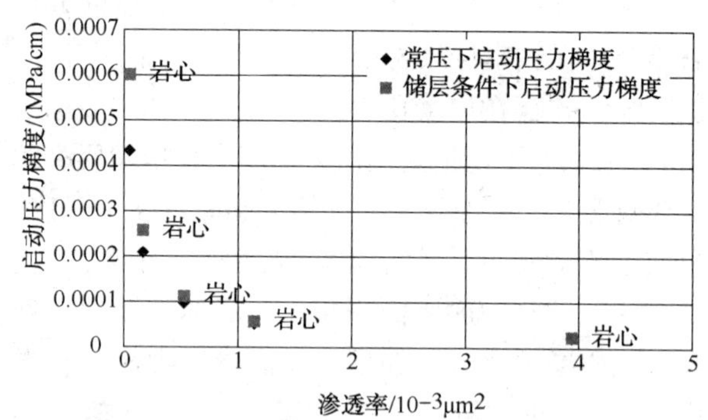

图 2　不同条件下致密岩心的启动压力梯度对比

从图 2 中可以看出，5 块致密气藏岩心在气藏条件下测得的启动压力梯度值均高于在常压条件下得到的值。且渗透率越低，两种条件下测得的启动压力梯度结果差异越明显。这是因为在常压条件下，气体渗流的滑脱效应显著，岩心视渗透率上升，通过岩心的气体流量增大[15]。在这种情况下，计算得到的启动压力梯度就会偏低。同时，岩心渗透率越低，气相滑脱越明显，两种条件下得到的启动压力梯度数据也就差异越大。

进一步开展了更精细的分组实验，测定在相同有效应力，不同孔隙流体压力条件下不同致密岩心的启动压力梯度，结果见图 3。

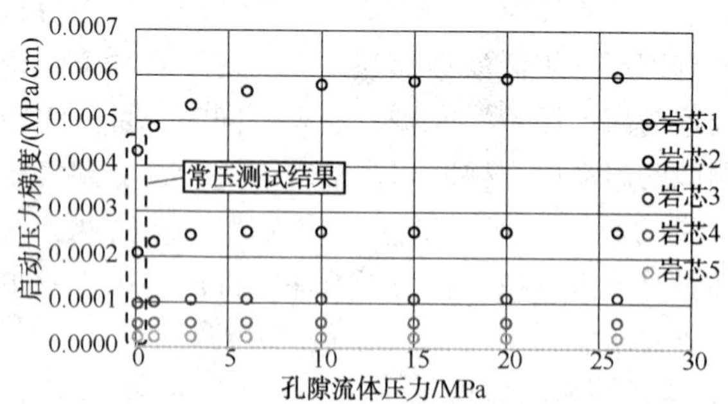

图 3　不同绝对孔隙压力下致密岩心的启动压力梯度对比

从图 3 中可以看出，在孔隙压力较低时，致密岩心的启动压力梯度随着孔隙压力的增大而升高，而当孔隙压力上升到一定程度(>6MPa)后，启动压力梯度的值逐渐趋于稳定，变化幅度减小。这主要是因为在孔隙压力较低时，滑脱效应对气体在致密岩心中的渗流造成较大的影响，导致启动压力梯度偏低。而随着孔隙压力的上升，气体的滑脱效应的越来越不明显，启动压力梯度逐渐趋于稳定。

同时比较不同渗透率岩心的启动压力梯度曲线可以发现，渗透率较低的岩心，随着孔隙压力的变化，启动压力梯度的变化幅度较大。这是因为渗透率越低，其滑脱效应就越明显，对启动压力梯度的影响也就越大。

上述结果表明，在高压条件下得到的启动压力梯度和使用常规测试方法得到的结果有着很大的不同。且渗透率越低，这种差异就越大。为了更准确地得到储层条件低渗透/致密岩心的启动压力梯度，需要在储层条件下开展实验研究，以得到更为准确的结果。

3 致密气藏岩心动态启动压力梯度研究

上文结果表明，岩心的启动压力梯度会随着绝对孔隙流体压力的变化而发生变化。由于在致密气藏开发过程中，储层孔隙压力和渗透率的变化是一个动态的过程，导致了在实际储层中，岩心启动压力梯度的变化也是一个动态的过程。以岩心 1 为例，通过实验研究了这一启动压力梯度的动态变化过程。

采用定围压 39MPa，模拟目标储层的上覆地层压力；通过高精度回压泵和回压阀，控制流压从高到低，模拟气藏开发过程中储层孔隙压力不断下降的过程。在流压下降的不同阶段测试相应压力点的启动压力梯度，结果见图 4。

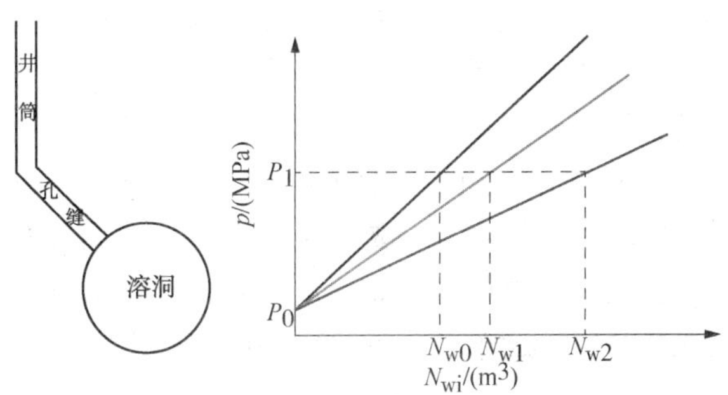

图 4 岩心 1 的动态启动压力梯度测试结果

从图 4 中可以看出，随着孔隙压力的降低，致密气藏岩心 1 的启动压力梯度总体呈线性上升趋势，且在压力下降初期上升速度较快，后期则随着孔隙压力的降低启动压力梯度的上升速度逐渐减缓。这个趋势同图 3 中的启动压力梯度变化趋势刚好相反。这是因为图 3 的实验中只考虑了孔隙压力的变化对启动压力梯度的影响，岩心渗透率基本不变。而在本节的实验中，在孔隙压力降低的同时，岩心所受的有效应力也逐渐增大，其渗透率也随之降低。根据前人的研究结果，在孔隙压力下降初期，岩心的渗透率将迅速下降，而岩心启动压力梯度将随着渗透率的降低而升高[16]。因此，在孔隙压力降低的初期，实验岩心的启动压力梯度迅速上升。

而随着孔隙压力的进一步下降，一方面，岩心的渗透率变化将逐渐趋于平缓，渗透率逐渐趋于稳定，因此岩心的启动压力梯度变化幅度也将降低；另一方面，孔隙压力较低时，滑脱效应对气体在致密岩心中的渗流造成较大的影响，导致了岩心视渗透率偏高，提高了岩心中气体的流动能力，也使得岩心启动压力梯度有所降低。因此，在渗透率和滑脱效应的双重因素作用下，最终导致了岩心的启动压力梯度在较低孔隙压力时的增幅变缓。

对图 4 中的点进行数值拟合可以发现，岩心 1 的启动压力梯度随孔隙压力下降而上升的过程可以近似用如下的线性形式来描述：

$$G = -0.000033P_f + 0.001416 \quad R^2 = 0.992 \tag{1}$$

式中 G——启动压力梯度，MPa/cm；

P_f——孔隙流体压力，MPa。

上述研究证实，在致密气藏的开发过程中，其启动压力梯度并非一成不变的，而是一个随着储层压力降低而逐渐增大的动态变化过程，我们将其定义为“动态启动压力梯度”。同时将致密岩心的启动压力梯度随储层孔隙压力变化的特征定义为致密储层的启动压力梯度敏感性，启动压力梯度敏感性可以用来表示启动压力梯度随储层孔隙压力的变化的特征，启动压力梯度敏感性越强，代表岩心启动压力梯度对储层孔隙压力越敏感，在同样的储层压力变化幅度内，启动压力梯度的变化幅度越大。

可以用如下公式定量描述出在致密气藏开发过程中的动态启动压力梯度效应。

$$G = G_0 - \lambda \cdot P_f \tag{2}$$

其中：G_0 为岩心初始条件下启动压力梯度，和岩心常压渗透率有关，$MPa \cdot cm^{-1}$；λ 定义为启动压力梯度敏感系数，cm^{-1}。

4 动态启动压力梯度对气井产能的影响

考虑动态启动压力梯度的存在，则气相在储层中的运动方程为：

$$\frac{\mathrm{d}p}{\mathrm{d}r} - G = \frac{v\mu}{K} \tag{3}$$

其中：G 为动态启动压力梯度，其表达式见公式3.6。

则有：

$$q = \frac{2\pi rhK}{\mu} \cdot \left(\frac{\mathrm{d}p}{\mathrm{d}r} - a + \lambda P\right) \tag{4}$$

式(4)的通解可写为：

$$P = \frac{a + \frac{\mu q}{2\pi hK}}{\lambda} + Ce^{-\lambda r_w} \tag{5}$$

边界条件为：

$$P(r = r_w) = P_w \tag{6}$$

将边界条件式3.10代入式3.09，得到系数 C，则压力表达式为：

$$P = \frac{a + \frac{\mu q}{2\pi hK}}{\lambda} + \left(P_w - \frac{a + \frac{\mu q}{2\pi hK}}{\lambda}\right) e^{\lambda(r_w - r)} \tag{7}$$

整理得到考虑动态启动压力梯度的产能方程：

$$q = \left(\lambda \frac{P - P_w e^{\lambda(r_w - r)}}{1 - e^{\lambda(r_w - r)}} - a\right) \frac{2\pi rhK}{\mu} \tag{8}$$

根据第2章中的研究成果，考虑渗透率和孔隙度敏感性，渗透率可表示为，

$$K = K_i e^{-b\phi_i(p_i - \bar{p})[1 + C_\phi(\bar{p} - p_i)]} \tag{9}$$

将式(8)带入式(8)，即得到考虑动态启动压力梯度和应力敏感性的致密气藏单井产能方程：

$$q = \left(\lambda \frac{P - P_w e^{\lambda(r_w - r)}}{1 - e^{\lambda(r_w - r)}} - a\right) \frac{2\pi rhK_i e^{-b\phi_i(p_i - \bar{p})[1 + C_\phi(\bar{p} - p_i)]}}{\mu} \tag{10}$$

以大牛地致密气藏的X1井为例，气井原始地层压力为22.51MPa，泄气半径为280m，储层有效厚度为12.34m，储层温度320K，气井有效井径为0.1015m，储层初始渗透率 1.12×10^{-3} μm^2，初始孔隙度为7.53%，气体相对密度为0.74，气相的黏度为0.0147mPa·s，气相平均压缩因子 Z 为0.91。

应用新建立的的考虑动态启动压力梯度和应力敏感性的致密气藏单井产能方程研究启动压力梯度对致密气藏产能的影响。在不同的情况下计算得到的单井产能结果见图5。

从图5中可以看出，在考虑固定启动压力梯度的情况下，气井的产能和不考虑启动压力梯度的情况相比有一定程度的下降。而在考虑动态启动压力梯度的情况下，气井产能和考虑固定启动压力梯度的情况相比有所下降。说明了启动压力梯度的存在会对最终的气井产能计算造成一定的影响，且在考虑动态启动压力梯度的情况下，得到的气井的产能更低。因此，在实际的致密气藏工程计算中需要将动态启动压力梯度考虑在内，以得到更加准确合理的结果。

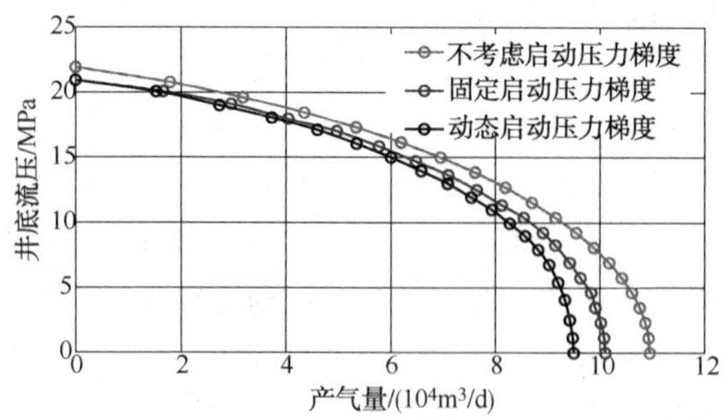

图5　X1井的考虑不同条件下的产能曲线

5　动态启动压力梯度对气田开发的影响

上述研究结果表明，在致密气藏的开发过程中，其启动压力梯度并非一成不变的，而是一个随着储层压力降低而逐渐增大的动态变化过程，称之为“动态启动压力梯度”。具体到致密气藏中某一口气井的开发过程，未开发前，气藏中地层压力呈平均分布，随着开发的进行，储层中的流体(天然气和水)不断被采出，地层压力就会重新分布，出现以井筒为中心的“压降漏斗”(图6中虚线)，即越靠近井筒，压力越低。经过本文中上述研究，提出了一个概念描述致密气藏开发过程储层的启动压力梯度特征，称之为“启动压力梯度漏斗”(图6中实线)。与压降漏斗不同，启动压力梯度漏斗是一个倒漏斗——离井筒越近，启动压力梯度越高。启动压力梯度漏斗可以描述致密气藏单井附近的启动压力梯度特征。

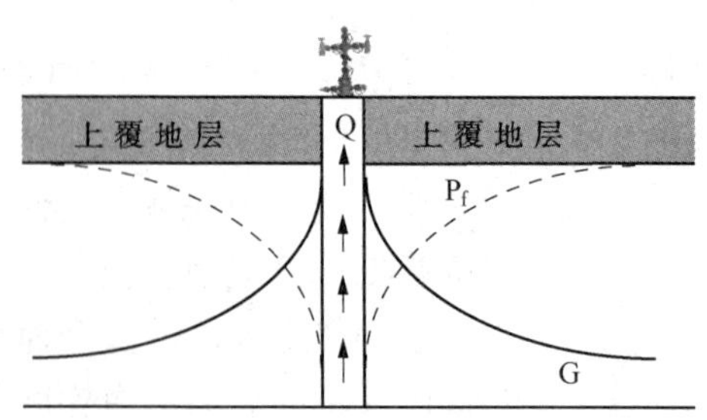

图6　致密气藏的压力漏斗和启动压力梯度漏斗

图6表明，在致密气藏的开发过程中，存在着一个和压降漏斗相对应的“启动压力梯度漏

斗”，离井筒越近，储层流体压力越低，而启动压力梯度越高。

致密气藏启动压力梯度对储层压力分布的影响可以描述为：在单井产量相同的情况下，储层渗流中存在的启动压力梯度会在其他因素的基础上进一步的消耗地层压力和弹性能量，增大了井筒附近的压力降，使得井底流压更低，压降漏斗从直观上更尖，更小，在储层的相同位置，压力梯度变大。从而使得储层形成更加剧烈的压降漏斗。

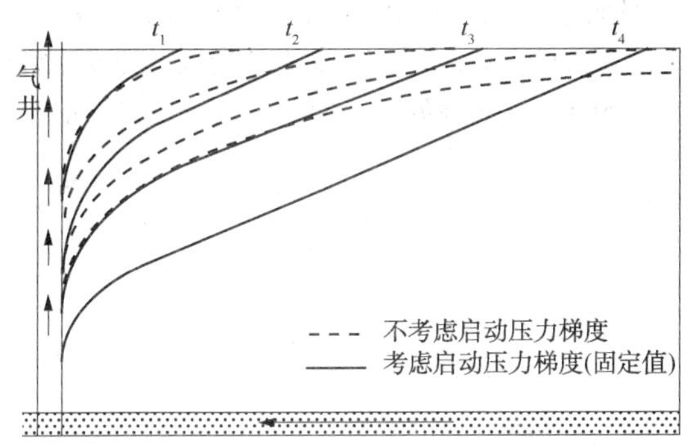

图 7　考虑启动压力梯度情况下气藏开发过程的压力分布

在不考虑启动压力梯度的情况下，储层在开发过程中的压力分布曲线和原始地层压力曲线(水平线)是逐渐逼近并相切的(图 7 中虚线)，储层中没有流体压力扰动的外边缘。当考虑储层启动压力梯度(固定值)的情况下，储层在开发过程中的压力分布曲线和原始地层压力曲线呈相交状态(图 7 中实线)，渗透率越低(启动压力梯度越大)，两条线的夹角越大，储层流体压力存在一个扰动的外边缘，此时储层流体就可以整体划分为流动区和原始状态区。

而在考虑动态启动压力梯度的情况下，由于存在着以井筒为中心的启动压力梯度漏斗，储层开发过程中的压力分布曲线的变化幅度更大：储压力分布曲线和原始地层压力曲线同样呈相交状态，且两条线的夹角明显大于考虑固定启动压力梯度的情况；在井筒附近的压降漏斗形状更尖，整体压降漏斗更为明显(图 8)。同时，储层的流动区范围更小，原始状态区范围更大。

6　结论

1）分别使用常规方法和新建立的实验方法研究了致密气藏岩心的启动压力梯度特征，结果表明：在储层条件下得到的启动压力梯度结果和使用常规测试方法得到的结果有着很大的不同，常规手段得到的启动压力梯度值更小。且渗透率

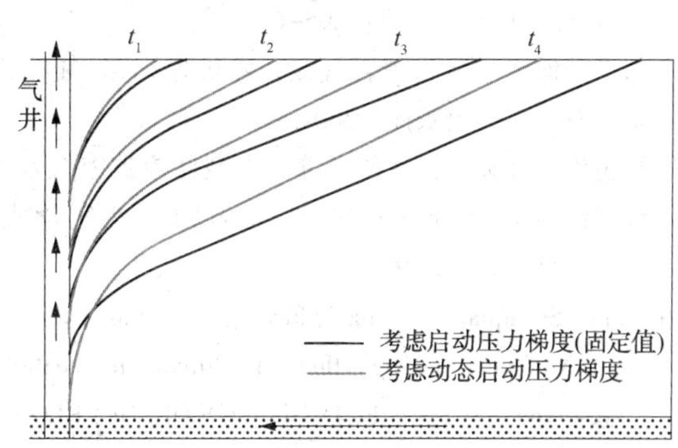

图 8　考虑动态压力梯度情况下
气藏开发过程的压力分布

越低，这种差异越大。

2）致密气藏岩心的启动压力梯度在开发过程中并不是定值，而是随着开发过程中孔隙压力的下降而不断变化，出现“动态启动压力梯度”现象。且动态启动压力梯度和孔隙压力的关系曲线均符合线性变化的规律。提出了启动压力梯度敏感性和启动压力梯度敏感系数来描述致密岩心的动态启动压力梯度特征。

3）在致密气藏动态启动压力梯度研究基础上，分析了动态启动压力梯度在气田开发中的宏观体现。提出并分析了致密储层开发过程中的“启动压力梯度漏斗”现象，明确了动态启动压力梯度对致密气藏单井产能和致密储层开发过程中压力分布的影响机制。

参 考 文 献

[1] 薛芸，石京平，贺承祖．低速非达西流动机理分析[J]. 石油勘探与开发，2001，28(05)：102-104.

[2] 肖鲁川，甄力，郑岩．特低渗透储层非达西渗流特征研究[J]. 大庆石油地质与开发，2000，19(05)：27-28.

[3] Prada A，Civon F. Modification of Darcy law for the threshold pressuregradient [J]. JPSE，1999，22(4)：239-240.

[4] Xiong Wei，Leiqun，Gao Shusheng，et al. Pseudo threshold pressure gradient to flow for low permeabilityreservoirs [J]. PETROL. EXPLOR. DEVELOP.，2009，36(2)：232-236.

[5] 张学庆，戴宗，刘林，等．水膜理论在致密低渗透砂岩储层改造中的应用[J]. 矿物岩石，1998(S1)：175-177.

[6] 王晓冬，郝明强，韩永新．启动压力梯度的含义与应用[J]. 石油学报，2013，34(01)：188-191.

[7] Miller R J，Low P F. Threshold gradient for water flow in clay systems [J]. Soil Science Society of America

Journal, 1963, 27(6): 605-609.

[8] 郭平．低渗透致密砂岩气藏开发机理研究[M]．北京：石油工业出版社，2009.

[9] 高树生，叶礼友，熊伟，等．大型低渗致密含水气藏渗流机理及开发对策[J]．石油天然气学报，2013，35(7)：93-99.

[10] Li Songquan, Cheng Linsong, Li Xiucheng, et al. Nonlinear seepage flow of ultralow permeability reservoirs [J]. PETROL. EXPLOR. DEVELOP., 2008, 35(5): 606-612.

[11] Farquhar, R. A. Smart, B. G. D., Todd, A. C., et al. Stress sensitivity of low-permeability sandstones from the rotliegendes sandstone[C]. SPE-26501-MS

[12] 郭平，徐永高，陈召佑，等．对低渗气藏渗流机理实验研究的新认识[J]．天然气工业，2007，27(07)：86-88.

[13] Zeng Baoquan, Cheng Linsong, Li Chunlan. Low velocity non-linear flow in ultra-low permeability reservoir [J]. Journal of Petroleum Science and Engineering, 2012, 80: 1-6.

[14] 阮敏，王连刚．低渗透油田开发与压敏效应[J]．石油学报，2002，23(3)：73-76.

[15] 陈代询，王章瑞，高家碧．气体滑脱现象的综合特征参数研究[J]．天然气工业，2003，23(04)：65-67.

[16] 吕成远，王建，孙志刚．低渗透砂岩油藏渗流启动压力梯度实验研究[J]．石油勘探与开发，2002，29(02)：86-89.

红河长9低饱和砂岩油藏水平井注水开发研究与实践

吴锦伟　王国壮　梁承春　邵隆坎　王少朋　高　辉

(中国石化华北油气分公司勘探开发研究院)

摘　要　红河长9油藏为鄂南中生界油藏整体低渗透背景下相对优质的开发潜力目标。通过分析长9储层录井油气显示、测井、密闭取心饱和度分析、生产动态等资料，开展了低含油饱和度特征描述及成因分析，研究了水平井钻遇不同单砂体的水平段注采连通性，开展了长9水平井注水开发特征研究与实践。结果表明：(1)受盆地边缘烃源岩分布、断裂发育情况、油气横向运移距离、储层物性等影响，红河长9油藏油源相对不足，为选择性充注、赋存大量可动水的低饱和度岩性油藏，主要在距断裂4km范围内形成油气富集；(2)在长9_1^2段小层精细划分对比基础上，对研究区已完钻的水平井开展单井水平段钻遇小层识别与连通性评价，明确了水平段注采连通性对注水开发的影响；(3)长9整体温和、平注平采见效明显，一定程度上改善了开发效果，但同时存在暂未见效、水窜水淹井，其影响因素主要包括裂缝、水平段注采连通性、注采井距、隔夹层分布等，为进一步优化注采方案提供技术支撑。

关键词　红河长9油藏；低含油饱和度；水平段注采连通性；水平井注水开发

延长组长9油藏是鄂尔多斯盆地南部主力开发层位之一，储层平均渗透率接近2.0mD，是低渗透背景下相对优质的开发动用目标。由于盆地边缘长7烃源岩相对较薄(厚度10~20米)、品质较差，且长9距上部长7烃源岩较远，局部发育的盆缘断裂虽可作为纵向优势运移通道，但横向上只在局部微裂缝发育、物性相对较好的部位富集成藏，总体上表现为油源不足、油气充注条件受限，从而形成一套纵向上油水间互的低含油饱和度油藏。低含油饱和度导致大量可动水赋存，开发初期含水率普遍较高(>70%)，实现效益开发面临诸多挑战。

刘超威、陈世加(2015)等，郑佳奎、王波(2017)等分别研究了低含油饱和度油藏的成因，其主要因素包括油源不足，充注动力小，束缚水饱和度高、储层非均质性强等[1,2]；刘柏林、王友启(2011)采用室内大模型物理模拟实验和油藏数值模拟技术研究了低含油饱和度油藏开发动态特征，认为启动压力的存在使得注水速度对采出程度影响很大，拟启动压力是流体进入拟线性流的临界点[3]；汪全林、廖新武(2012)等将水驱前缘与注水井距离和油井泄油压力波及距离之和作为合理井距的依据，研究了低渗油藏水平井注水合理井距[4]；赵继勇、樊建明等(2015)阐述了注水补充能量水平井开发特征，认为存在拟弹性溶解气驱和水驱两种驱替机理，形成了注水补充能量水平井开发注采参数确定基本原则及计算图版[5]；杨正明、曲海洋(2015)等通过对分段压裂水平井井组开展数值模拟研究，认为采用对称周期注水的方式地层压力水平保持较高，含水上升慢，注水见效明显[6]；樊建明、屈雪峰等(2018)在起低渗透油藏水平井见水、见效分析及开采规律认识的基础上，形成了适合超低渗透油藏水平井注采井网设计的基本原则，即以侧向驱替为主[7]。

前人针对低饱和度油藏成因以及水平井注水技术做出了大量的研究成果，笔者针对鄂尔多斯盆地南缘红河油田延长组长9油藏低含油饱和度的特点，重点将水平段注采连通性评价成果应用到水平井注水补充能量矿场试验，对于优化注采方案、改善长9油藏开发效果具有重要意义。

1　长9低含油饱和度特征及成因

1.1　低含油饱和度特征

低含油饱和度油藏通常存在大量可动水，导致开发初期高含水率，后期含水上升快，充分利用录井、测井、室内实验以及试油试采资料评价

【作者简介】吴锦伟，男，1982年生，硕士，高级工程师，目前主要从事致密低渗油藏开发工作，E-mail：hbjwjw@163.com

油藏含油性显得尤为重要。红河油田长 9 段已完钻井的录井油气显示级别以油迹为主，少量油斑，且储层物性越好显示级别越高，当常规测井声波时差<228μs/m，储层渗透率<0.5mD 时，基本无油气显示；储层段平均测井电阻率 5~10Ω·m，含水饱和度高形成低阻油层，导致利用常规测井识别油层存在一定难度；借助密闭取心技术，对红河油田长 9 储层含油饱和度进行了定量评价，结果表明长 9 储层含油饱和度 15%~45%，平均仅 32.5%，进一步证实其低含油饱和度特征(图 1)。

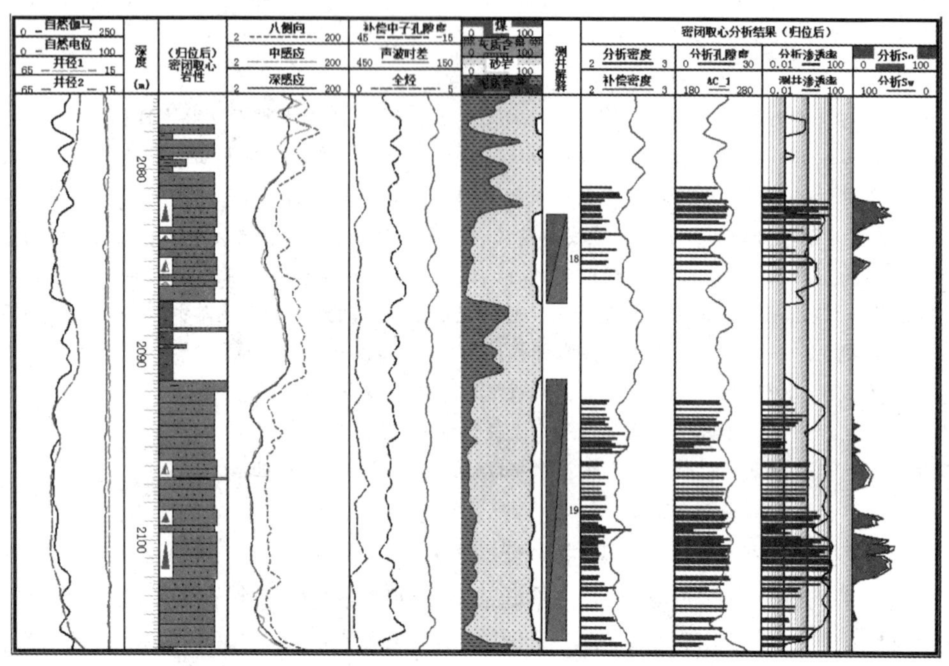

图 1　HH55 井常规测井及密闭取心含油饱和度分析结果

由于含油饱和度低，储层物性相对较好，油藏赋存大量可动水。通过对已有井的试油及生产阶段的含水率特征进行分析，研究表明长 9 油藏直井初期平均含水率达 66%，水平井平均含水率 75%，总体表现为中高含水特征(图 2)。

1.2　低含油饱和度主要成因

鄂尔多斯盆地西南缘中生界油藏普遍具有烃源岩薄，离物源较近、储层岩石分选性及磨圆度差、非均质性强等特点。红河长 9 油藏目的层距离上部长 7 烃源岩相对较远(80~110m)，运移条件受限，油源不足、充注动力弱是导致长 9 含油饱和度整体偏低的主要原因[1,2]。

研究认为盆地边缘普遍发育的断裂、裂缝可作为油气向下运移的优势通道之一，因此横向上则在局部构造伴生微裂缝发育、物性相对较好的河道主体部位优先富集，实钻井证实在断裂两侧 4km 范围内油气显示及生产成果普遍较好。与断裂距离>4km 的范围，油气充注动力弱，横向运移距离受限，导致储层含油饱和度更低，水平井单井含水率均在 90%以上(图 2)。河道侧翼则主要形成物性、岩性等遮挡条件。总体上看，受盆地边缘烃源岩厚度和品质、断裂缝发育情况、油气横向运移距离、储层物性等影响，红河长 9 油藏油源相对不足，为选择性充注的低饱和度岩性油藏(图 3)。

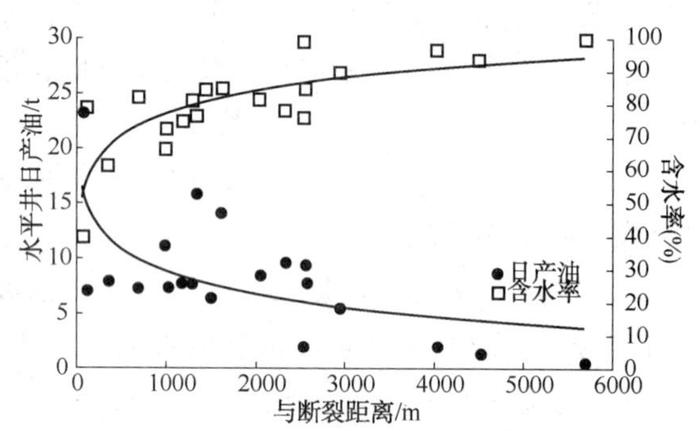

图 2　长 9 储层含油性与到断裂距离关系图

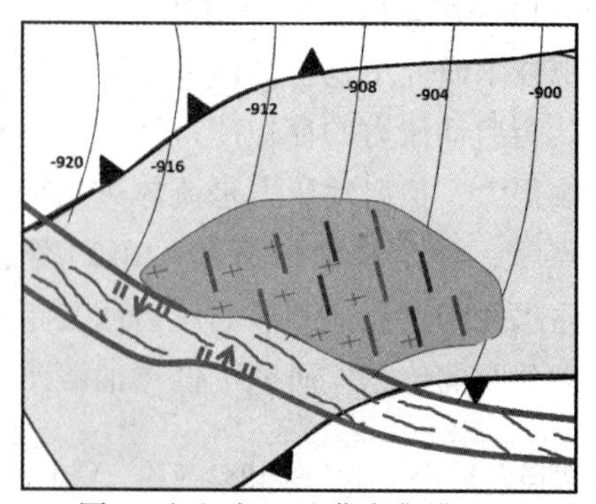

图 3　红河长 9 油藏富集模式图

2　注采连通性评价

鄂尔多斯盆地中生界油藏平均压力系数0.7~0.9，天然能量不足、递减快也是导致不能稳产、效益开发难度大的原因之一，注水补充地层能量，保持地层压力水平开发仍是目前最经济有效的途径[8]。调研发现，水平井注水主要存在井网井距适性差、水平段吸水不均、缝网系统复杂导致注水易窜、堵水调剖工艺不成熟等难点。通过红河长9油藏水平井注水开发矿场实践，除了存在以上的突出难点外，水平井由于轨迹的原因，水平段实际可能钻遇不同的小层单砂体，对于纵向上本身非均质强的储层来讲，水平段的分段注采连通性也是影响注水开发效果的关键因素之一。

2.1　小层划分

红河延长组长9期属三角洲前缘沉积体系，西南方向物源，水下分流河道、河口坝、分流间湾是主要的沉积微相类型，其中主要目的层长9_1^2纵向上3-4期单砂体叠置发育，平均砂体累厚18.5m，最厚达26.6m，考虑到水平井通常优选油层分布稳定的某小层入靶，采用平注平采有必要研究水平段注采连通性。

通过沉积旋回对比，将长9_1^2划分为4套小层，单砂体厚度3~5m，研究区中南部单砂体整体较发育，垂向多层相互叠置，厚度大连续性好，且顺河道方向多呈条带状展布，为有效注水提供良好场所；北部则主要发育上部、下部单砂体，且平均单砂体厚度2.5m，砂体连通性有变差的趋势(图4)。

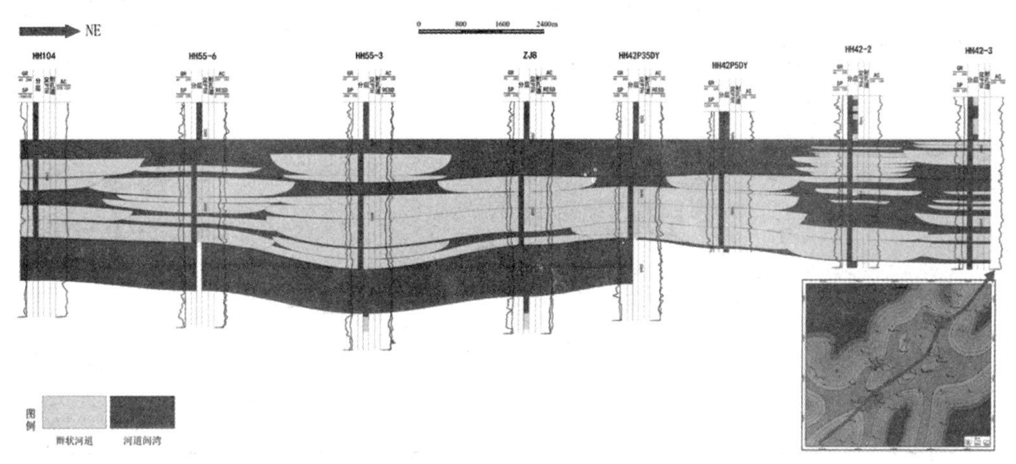

图4　研究区长9_1^2小层单砂体划分及连井剖面

2.2　水平段注采连通性评价

在长9_1^2段小层精细划分对比基础上，对研究区已完钻的水平井开展单井水平段钻遇小层识别与连通性评价，为分析注采效果奠定基础。结果表明研究区中南部水平井以钻遇第3套、第2套单砂体为主，尽管平面上相邻的井段中第2套、第3套单砂体交替出现，考虑到水平井均已压裂改造，纵向上储层已相互沟通，认为中南部注采连通性整体较好。

研究区北部则以钻遇第3套、第4套单砂体为主，虽然平面上相邻井段的单砂体对应率较中南部要低，但由于北部发育北东向断裂，一定程度上改善了该区块的注采连通性。

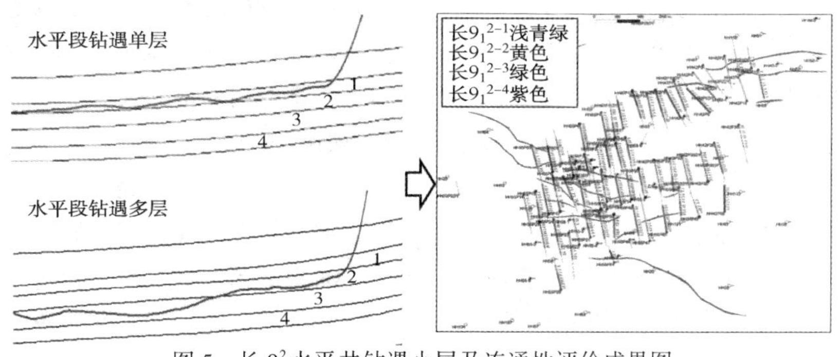

图5　长9_1^2水平井钻遇小层及连通性评价成果图

3 水平井注水开发实践及效果

红河长9油藏先期采用水平井分段压裂技术，利用天然能量开发，主要存在递减快，地层亏空大，能量严重不足等问题。由于水平井较直井注水具有注入量大，注入压力低、波及系数大等多种优势[9]，后期将部分采油井转注水井，并将井距过大的采油井关停或抽稀，从而扩大注采井距，优选断裂欠发育、含油性较好的基质区开展温和、平注平采开发小井组试验。试验区明显见效井组初期进行试注，平均单井日注水量20~30m³/d左右，并保持3~4个月，采油井日产液、日产油均明显上升，含水率较注水前下限10%以上，注水见效特征明显。

考虑到该井区长9油藏先期水平井天然能量开发导致地层亏空大，在试注期间明显见效的基础上，进一步将水平井单井日注水量提高到40~50m³/d左右，对应采油井日产液持续保持稳定，日产油持续上升，达到注水前日产水平的2~3倍，含水率持续下降。但同时也应该注意到，单井日注水量50m³/d实施4~5个月之后，采油井含水有上升的趋势，表明单井日注水量应控制在50m³/d以下，降低注采压差，保持温和注水；同时该井氯根含量未发生明显变化，表明含水上升不是发生水窜，而是驱替了本层的可动水(图6)。

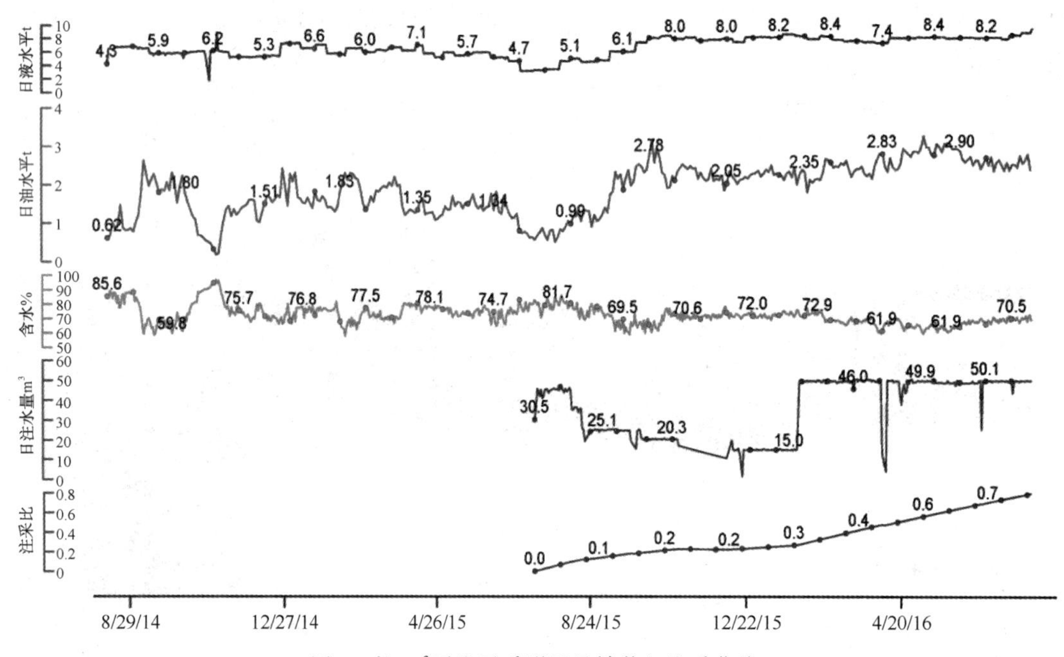

图6　长9_1^2平注平采明显见效井组注采曲线

根据前期小井组试验成功后积累的认识，对研究区长9_1^2油藏进行整体注采井网优化调整，实现了整体温和注水。优化后实际注采井距350~550m，水驱控制程度50%~60%，注水后井区动液面稳中有升，地层压力保持水平由试验前的45%逐步恢复到60%~70%，产量递减变缓，其中井组见效率63.6%，油井见效率69.2%，平均单井日增油0.94t，预计可再提高采收率5%~10%，注水整体见效明显。

同时也应该注意到，研究区仍然存在一部分暂未见效井、水淹水窜井。结合水平段注采连通性评价成果，分析认为注水暂未见效井组主要存在两方面原因，一是虽然相邻井注采连通性较好，但井距过大(>550m)后仍然难以见到效果；二是注采连通性差，难以建立有效驱替系统。发生水淹水窜则存在三方面原因，一是由于裂缝的存在，导致注入水快速窜进[10]，需要开展相应的堵水调剖等工艺试验；二是由于长9_1^2纵向上发育多套隔夹层，对注入水形成上下挡板，注入水很难波及到其它小层，而只在其中1-2层单砂体中快速突进后造成采油井快速见水；三是部分相邻井注采对应段发育低含油饱和度储层，即存在大量可动水导致驱油效率大幅降低，采油井来水则主要是本层的可动水。

4 结论

(1) 受盆地边缘烃源岩分布、断裂缝发育情况、油气横向运移距离、储层物性等影响，红河长9油藏油源相对不足，为选择性充注、赋存大量可动水的低饱和度岩性油藏，主要在断裂4km范围内形成油气富集；

(2) 在长 9_1^2段小层精细划分对比基础上，对研究区已完钻的水平井开展单井水平段钻遇小层识别与连通性评价，明确了水平段注采连通性对注水开发的影响；

(3) 长 9 整体温和、平注平采见效明显，一定程度上改善了开发效果，但同时存在暂未见效、水窜水淹井，其影响因素主要包括裂缝、水平段注采连通性、注采井距、隔夹层分布等，为进一步优化注采方案提供技术支撑。

参 考 文 献

[1] 刘超威，陈世加，姚宜同，等．鄂尔多斯盆地姬塬地区长 2 油藏低含油饱和度成因[J]．断块油气田，2015，22(3)：305-308.

[2] 郑佳奎，王波，徐传艳等．丘陵油田西山窑组低饱和度油藏成因分析[J]．新疆石油天然气，2017，13(3)：11-14.

[3] 刘柏林，王友启．低含油饱和度油藏开发特征[J]．石油勘探与开发，2011，38(3)：341-344.

[4] 汪全林，廖新武，赵秀娟，等．低渗油藏水平井注水合理井距研究[J]．新疆石油地质，2012，33(6)：727-729.

[5] 赵继勇，樊建明，何永宏，等．超低渗—致密油藏水平井开发注采参数优化实践——以鄂尔多斯盆地长庆油田为例[J]．石油勘探与开发，2015，42(1)：68-75.

[6] 杨正明，曲海洋，何英，等．低渗透油藏分段压裂水平井井组周期注水数值模拟[J]．科技导报，2015，33(22)：69-72.

[7] 樊建明，屈雪峰，王冲等．超低渗透油藏水平井注采井网设计优化研究[J]．西南石油大学学报(自然科技版)，2018，40(2)：115-127.

[8] 李香玲，赵振尧，刘明涛，等．水平井注水技术综述[J]．特种油气藏，2008，15(1)：1-4.

[9] 凌宗发，胡永乐，李保柱，等．水平井注采井网优化[J]．石油勘探与开发，2007，34(1)：65-72.

[10] 刘赛．影响水平井开发效果的主要因素研究[J]．石油地质与工程，2018，32(2)：59-63.

奥里诺科重油带大型超重油油藏水平井冷采高效开发技术与实践
——以委内瑞拉 MPE3 区块为例

申志军[1]　李星民[2]　农　贡[1]　沈　杨[2]

(1. 中油国际(委内瑞拉)MPE3 公司；2. 中国石油勘探开发研究院)

摘　要　MPE3 区块位于委内瑞拉奥里诺科重油带，初期采用 600m 排距水平井泡沫油冷采。为实现区块进一步经济高效规模上产，在泡沫油非常规 PVT、流变特征和泡沫油驱油效果影响因素室内实验研究的基础上，开发效果评价、数值模拟和经济评价相结合，系统优化了区块整体丛式水平井布井方式并完成开发调整部署，同时制定了提高水平井冷采效果的技术政策界限。研究结果表明，泡沫油具备剪切变稀的流变特征，同时随溶解气油比的增加，泡沫油驱油作用增强，在冷采开采中，既要保持一定的采油速度，又要适当控制地层压力下降速度。区块采用 300m 排距水平井平行布井模式，能够大幅提高采油速度的同时，改善泡沫油的驱油效果，一次采收率提高至 12.6%，可以支撑区块进一步规模高效上产。区块已快速建成 1000 万吨年产能规模，取得了显著的技术经济效益。

关键词　超重油；泡沫油；驱油机理；水平井；开发优化；高效上产

委内瑞拉奥里诺科重油带面积 54000 平方公里，地质储量 3021 亿吨，是世界上已发现的规模最大的超重油富集带。MPE3 区块位于重油带的东端，是中国石油在海外投资的第一个大型超重油合作开发项目。区块构造上处于东委内瑞拉前陆盆地南缘斜坡带，整体形态为北倾单斜构造，地层倾角 2°~3°。主要含油层段为上第三系早-中中新世的 Oficina 组地层的 Morichal 段，该段储集层是以下三角洲平原辫状河道砂为主的沉积，砂体整体连续，划分为 011B、O-12 和 O-13 层，各层的平均油层厚度在 20~25m。油藏中深 886m，原始地层压力 8.6MPa，地层温度 54.2°C。油层孔隙度 30%~36%，渗透率 $5\times10^3\sim10\times10^3$mD，含油饱和度 86%。油品为特殊类型的泡沫油型超重油，高密度(原油密度大于 1.0g/cm^3)、高黏度(油藏温度下脱气原油黏度超过 26000mPa·s、含气原油黏度 5516mPa·s)、高含沥青质(20%wt)、原始溶解气油比相对较高(16m^3/m^3)、地下冷采过程中一定条件下可就地形成泡沫油流，具有较高的冷采产能。属高孔、高渗和高含油饱和度的疏松砂岩构造-岩性超重油油藏，与国内普通稠油具有截然不同的油藏流体特征。

区块 2006 年投产，采用平台丛式水平井冷采开发，划分 O-11B、O-12 和 O-13 三套开发层系，早期水平井排距 600m，截止 2010 年 12 月份，累完钻水平井 151 口，投产 137 口，2010 年 12 月日产水平 1.3×10^4t/d，冷采开发实践取得成功。但冷采随地层压力下降，老井产量递减、生产气油比上升，同时原开发部署剩余井位不足，实现区块持续经济高效开发和快速规模上产面临的主要技术难题包括：泡沫油流渗流规律复杂，其驱油机理认识仍不充分，制约了开发技术政策的优化制定；早期开发部署方式不能满足规模上产对采油速度的需求，水平井泡沫油开采技术政策界限不明确。本研究在深化超重油油藏泡沫油冷采驱油机理认识和冷采产能影响因素分析的基础上，开展水平井部署开发优化设计，并制定了提高水平井冷采效果技术政策界限，支撑了区块实现了 1000 万吨/年产能规模的经济高效上产，取得了显著的技术经济效果。

【作者简介】申志军，男，1965 年 12 月出生，1990 年毕业于西南石油大学，获学士学位，2001 年获地质大学工程硕士学位；工作单位：中油国际(委内瑞拉)MPE3 公司，技术部副经理，高级工程师，主要从事油藏工程研究和管理工作，E-mail：shenzhijun@cnpc.com.ve。

1　泡沫油开采机理

泡沫油是指含溶解气重油，压力低于泡点压力后，溶解气滞后脱离油相，以分散气泡的形态存在于油相中，与原油一起流动，直至压力降至一定水平后，油气最终分离。由于泡沫油中含有大量的分散微气泡，因而增加流体的压缩性，提高了弹性驱动能量和一次衰竭开发的采收率[1]。与常规溶解气驱相比，泡沫油驱表现出诸多不同的特征，利用区块复配的原油样品，研究了泡沫油的PVT特征、流变特征以及溶解气油比等对泡沫油驱油效果的影响，对如何通过冷采开发优化设计，充分发挥泡沫油驱油作用，提高冷采开采效果，具有重要指导意义。

1.1　泡沫油非常规PVT特性

拟泡点压力是泡沫油的一个非常重要的特征参数，可以定义为泡沫油流动过程中，微气泡开始大量聚并，产生连续气相的压力点，也是区分泡沫油驱与普通溶解气驱的一个重要概念[2]。进行了不同衰竭速度下的泡沫油PVT特征测试，其中快速衰竭指的是每个测量点平衡时间2小时，不进行搅拌；中速衰竭指的是每个测量点平衡时间2d，不进行搅拌；慢速衰竭指的是每测量点平衡时间7d，不搅拌；常规测试指的是每个测量点平衡时间1h，同时进行搅拌。

测试结果表明(图1)，慢速衰竭时，与常规测试类似，泡沫油的体积系数和密度等PVT参数随着压力的降低，存在一个明显的拐点，PVT曲线特征与常规原油的特征一致，该拐点即为原油的饱和压力点。而当衰竭速度较快时，泡沫油的体积系数随着压力的降低，存在着两个拐点，分析认为这两个拐点即为泡沫油的泡点压力和拟泡点压力点。在两个拐点之间，原油体积系数远大于慢速降压测得的结果。该特征动态反映出泡沫油在泡点压力与拟泡点压力之间，由于泡沫的形成，脱气速度缓慢，使得原油膨胀，体积增大，原油的弹性能量提高，这是泡沫油驱油的一个非常重要的机理。该实验测得MPE3区块泡沫油泡点压力和拟泡点压力分别为5.8MPa和4 MPa。

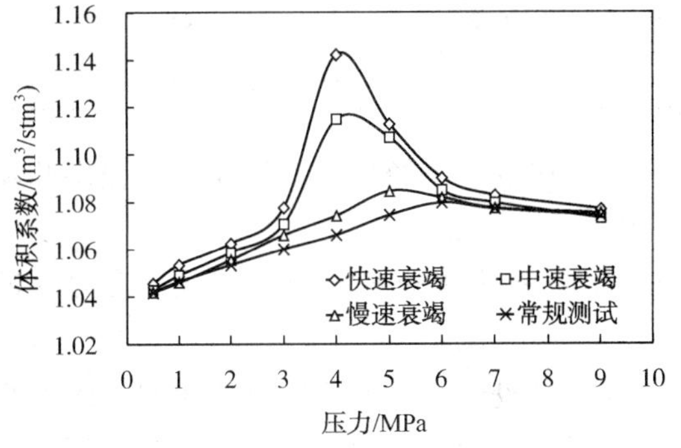

图1　MPE3区块泡沫油非常规PVT特征

1.2　泡沫油流变特性与黏度变化规律

根据石油天然气行业标准SY/T6282-1997《稠油油藏流体物性分析方法—原油渗流流变特性测试》对常规原油流变特性测试装置进行了改进，得到了泡沫油流变性测试方法[2]。

不同压力下泡沫油黏度随剪切速率的变化测试结果表明(图2)，一定剪切速率下，泡沫油黏度随着压力降低而升高。这是因为泡沫油作为一种分散体系，其黏度与分散介质黏度和分散相在分散体系中的体积分数相关，随着压力降低，作为分散介质的活油中溶解气含量降低，黏度增加；同时从活油中脱出的溶解气转换为气泡，增加了分散相在分散体系中的体积分数，使得泡沫油体系黏度升高。在一定压力下，泡沫油黏度随剪切速率增加而降低，表明泡沫油具有剪切变稀的特性。并且，随着压力降低，流动特性指数降低，泡沫油剪切变稀特征越明显。这是因为压力降低，泡沫油体系分散气泡的体积分数增加，剪切作用对气泡的分散和破裂作用更强，剪切变稀效应越强烈。图3为不同渗流速度下泡沫油冷采不同开发阶段黏度变化规律，当压力低于泡点压力时，泡沫油黏度随压力下降逐渐升高。这意味着，冷采开发过程中，应控制和减缓地层压力下降，并保持适当的采油速度。

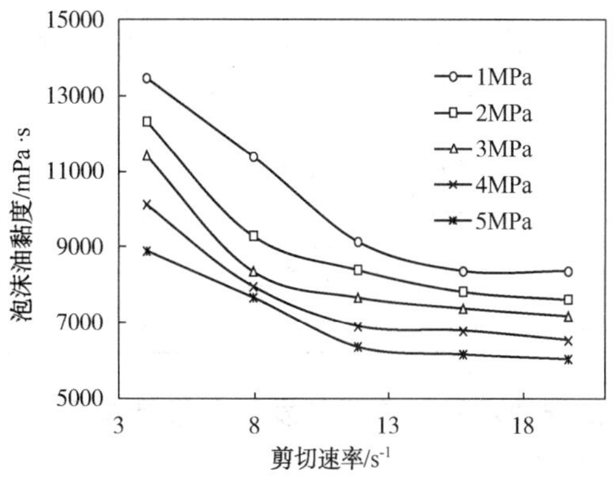

图2　不同压力下泡沫油黏度随剪切速率变化规律

1.3　溶解气油比对泡沫油驱油效果的影响规律

泡沫油溶解气含量对其衰竭开采采收率具有非常重要的影响，研究不同溶解气含量下溶解气驱采收率的变化规律对于正确的制定开发策略，

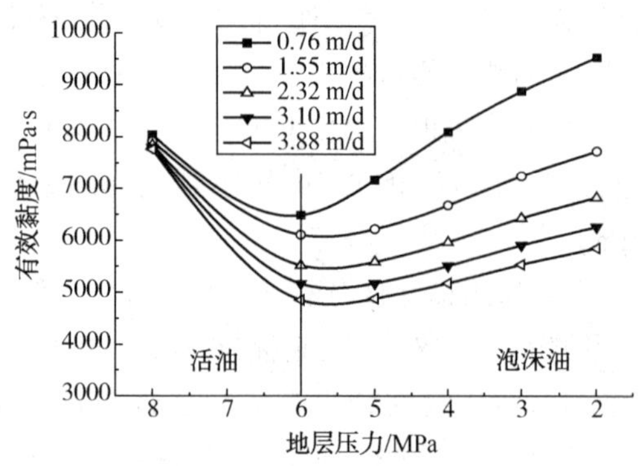

图3　泡沫油降压开采过程中黏度变化规律

提高泡沫油开发效果具有重要意义[3]。分布开展了溶解气油比为2.5m³/m³、5m³/m³、10m³/m³、16m³/m³和26m³/m³条件下的泡沫油一维岩心衰竭开采实验，实验结果表明(图4和图5)，驱油效率随溶解气油比的减小而明显降低，泡点压力和拟泡点压力的差值随溶解气油比的降低而减小，泡沫油的作用区间在减小。上述现象主要可以从驱替能量和原油黏度两方面考虑，一方面，泡沫油溶解气驱的驱动能量主要是滞留溶解气的弹性能量，溶解气油比的降低，使得溶解气驱过程中释放的弹性能减小，造成膨胀出油减少；另一方面，泡沫油的黏度与溶解气量有较大关系，溶解气越多，黏度越小，因而溶解气油比的降低使得原油黏度增大，驱油效率降低。

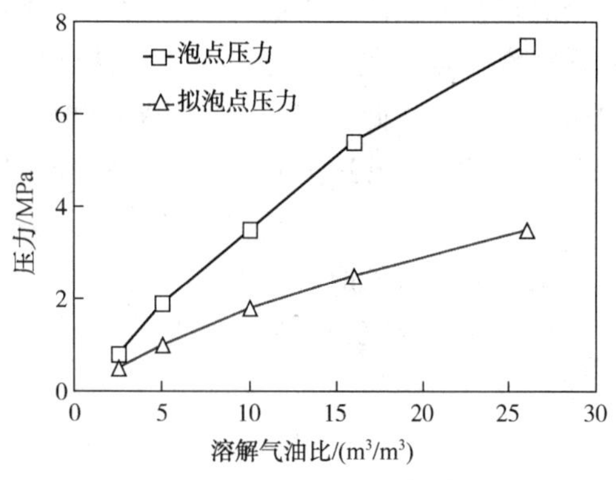

图4　泡点和拟泡点压力与溶解气油比关系

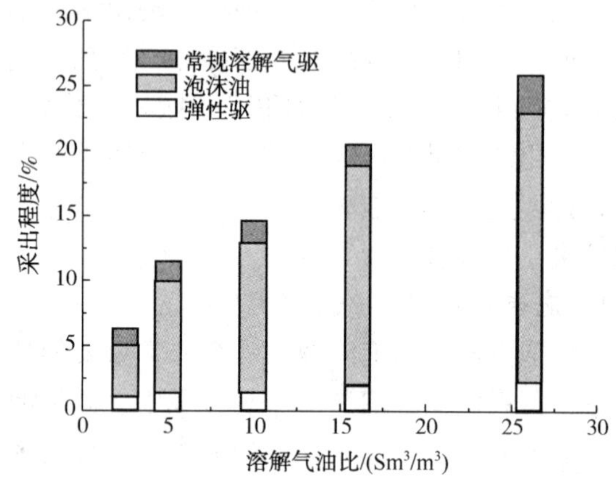

图5　驱油效率与溶解气油比关系

2　MPE3区块泡沫油能量评价

结合泡沫油驱油机理和MPE3区块生产动态数据，通过单位压降下的产油量、气油比变化、产量递减率等来表征和评价区块泡沫油能量的强弱。评价结果表明，区块整体泡沫油驱动能量较强，但分层存在差异，O-11层最弱，O-12层较强，O-13最强(表1)。泡沫油能量评价对充分利用泡沫油驱油作用，制定合理参数，提高冷采开采效果至关重要。

表1　MPE3区块分层系泡沫油能量评价结果

层位	水平井累产，10^4t	原始地层压力/MPa	目前地层压力/MPa	地层压降/MPa	单位压降产油量(10^4t/MPa)	目前气油比(m^3/m^3)	平均单井初产，t/d	目前单井产量，t/d	月递减率/%
O-11B	1390	8.44	6.26	2.18	636	140	125	35	1.8
O-12	2727	8.76	6.36	2.40	1135	77	192	73	1.5
O-13	2874	9.09	6.75	2.35	1226	50	213	97	1.2
全油藏	6989	8.77	6.57	2.20	3181	63	177	68	1.3

3　泡沫油水平井冷采开发优化设计与提高冷采效果对策

在区块水平井冷采开采效果及其影响因素分析的基础上，选择具备区块典型油藏地质特征的单井地质模式、井组地质模拟，开展水平井泡沫油冷采油藏工程优化设计，优化排距、水平段长度等，并优化提高水平井单井冷采效果技术政策，为区块进一步经济高效规模上产提供开发调整部署和挖潜依据。

3.1　水平井泡沫油冷采产能油藏地质影响因素分析

区块已投产井开发效果评价表明，水平井冷采产能影响因素包括油层厚度、油层埋深、水平井钻遇油层长度、储层物性与非均质性等。随着油层厚度和埋深增加，冷采生产时间增加，递减减小，单井累产增加，稳产时间增加。统计区块早期投产的48口井数据，表明水平井段钻遇油层长度是影响水平井初产的重要因素(图6)。

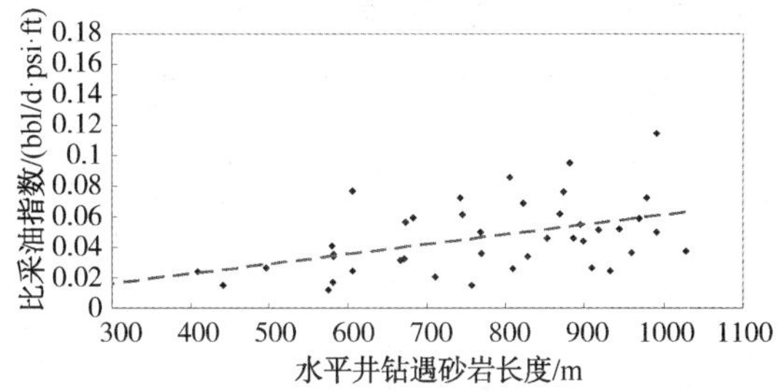

图6　MPE3区块水平井单位厚度采油指数和钻遇油层长度关系

油藏的垂向渗透率和渗流能力是影响水平井产能的主要因素之一。考虑储层存在有不稳定的非渗透性或渗透能力很低的泥质、含泥质或其它性质的夹层，利用统计经验公式进行计算，评估其宏观垂向渗透率的大小。

$$\overline{K_v} = \frac{1 - F_s}{(1 + f.\ d)\left(\frac{1}{K_v} + \frac{f}{K_h \cdot d}\right)} \tag{1}$$

式中　F_s——夹层密度,%；

f——夹层频率，条/m；

d——平均夹层长度(L)之半，m；

K_v——岩心实测垂向渗透率，mD；

K_h——岩心实测水平渗透率，mD。

根据区块O-11B、O-12和O-13三套层系夹层厚度、夹层长度、夹层密度与分布频率统计数据(表2)，用上述经验公式计算出各层宏观垂向渗透率与水平渗透率的比值分别为0.2、0.26和0.29，三套层系自上而下层内非均质性逐渐减弱。不同垂向渗透率与水平渗透率的比值下水平井生产效果的模拟结果表明，随着垂向渗透率的增加，水平井产油量也增加，井底流压下降速度降低，当垂向渗透率与水平渗透率的比值大于0.3时，这种影响减小。区块层内纵向非均质性对水平井产能影响自上而下减弱。

表2　MPE3区块分开发层系层内夹层分布统计表

层　系	厚度/m	分布密度/%	分布频率条/m	延伸范围/m
O-11B	1.71	13.8	0.0853	59.13
O-12	1.34	10.4	0.0787	45.42
O-13	1.89	15.8	0.0886	29.26

3.2　超重油泡沫油油藏布井方式优化设计

3.2.1　水平井排距优选

典型井组模拟结果表明，排距减小，采油速度增加，阶段采出程度增加。分析其原因，缩小井距加大了压力衰竭速度，激励了泡沫油驱油作用，同时降低了平面非均质性的不利影响，从而提高了整体开发效果，300m排距下一次衰竭开发采收率可增至12.62%。但随着排距减小，单井产油量也随之降低(表3)。实际上井距的选取受地质因素、经济因素和开发技术政策等多方面因素的综合影响，如要求采油速度高，就需要适当地缩小排距，以便能在较短时间内，取得较高的产能。

表3　不同排距下泡沫油冷采效果对比
(折算到单井的指标)

井距/m	生产时间/d	累计产油/10^4t	采收率/%
600	7300	41.97	10.61
400	5230	31.36	11.91
300	3470	24.96	12.62
200	1570	17.23	13.07

依据资源国合同模式、各项财税条款，按照折现现金流评价方法，建立了生产单元经济评价模型，进行了600m、400m、300m、200m不同加密方案的经济评价。结果表明，布伦特油价为60美元/桶和12%的折现率条件下，300m排距内部收益率和累计净现金流综合考虑相对较高，经济性最佳(图7)。

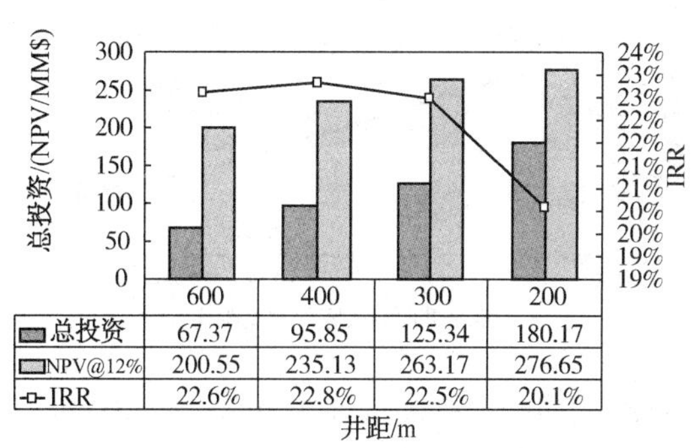

图7　MPE3区块不同排距加密方案经济评价结果

综合技术经济分析，区块水平井排距在降低至300m，在满足区块下一步规模上产需求的同时，也可为将来热采接替稳产和提高采收率的井网调整奠定基础。

3.2.2　水平井段长度优选

水平井段长度的优化模拟采用了离散井筒模型考虑沿程摩阻损失。模拟结果表明(表4)，随着水平井段长度的增加，稳产时间和累产增加，递减率逐渐降低，采出程度逐渐升高，但当水平井段超过1800m后，采出程度反而降低。综合考虑钻井工程、油层出砂、单砂体发育程度、油藏非均质性、开发技术政策(如采油速度要求)等因素，建议区块优化水平井段长度为800~1200m。

表4　水平井段长度对开发效果的影响

水平井段长度/m	稳产时间/d	累积产油量 $\times10^4$t	递减率/%	采出程度/%
600	243	42.13	18.19	11.42
800	425	51.35	16.73	11.86
1000	593	60.57	14.55	12.18
1200	754	69.32	12.40	12.34
1400	1127	78.22	11.64	12.51
1600	1382	86.96	11.25	12.60
1800	1581	95.23	10.97	12.63
2000	1818	103.34	10.6	12.61

3.2.3　水平井在油层中的垂向位置优化

模拟了200m和300m排距下水平井在油层中的纵向位置对开采效果的影响，模拟结果表明(图8)，对于较厚的油层，由于重力泄油的影响，水平井段越靠近油层底部，采出程度越高，应尽量沿油层底部布井。

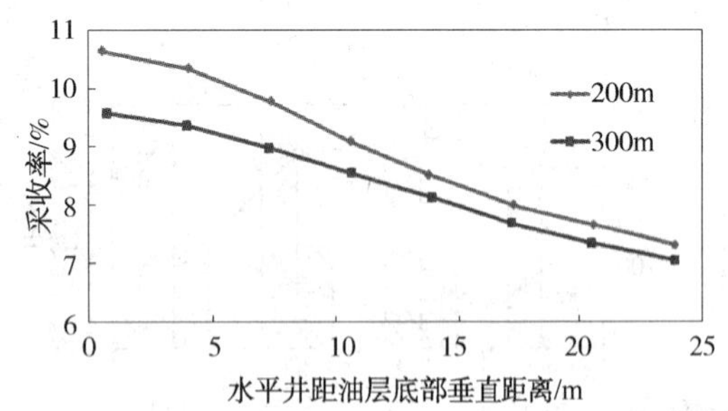

图8　水平井段垂向位置对开发效果的影响

3.2.4　区块整体丛式水平井开发调整部署

在所建立的高精度地质模型和开发优化论证的基础上，按照300m排距丛式水平井平行布井方式，完成了区块三套开发层系整体水平井开发调整部署。采用平台式丛式水平井布井，一个丛式井平台的最大控制面积为3.84km^2(长3.2km、宽1.2km)，每平台最多部署24口水平井(图9)，共部署37个平台，部署井数731口。区块分开发层系的主要油藏参数和井位部署结果见表5。

表5　区块目的层主要油藏参数与井位部署结果

油层	O-11	O-12	O-13
油层埋深/m	783	822	865
平均厚度/m	26	25	21
油层平均孔隙度/%	30.3	31.2	30.2
油层平均渗透率/mD	6444	7454	5833
平均含油饱和度/%	87	89	85
油藏中部地层压力/MPa	8	8.4	8.9
井位部署结果	264	274	193

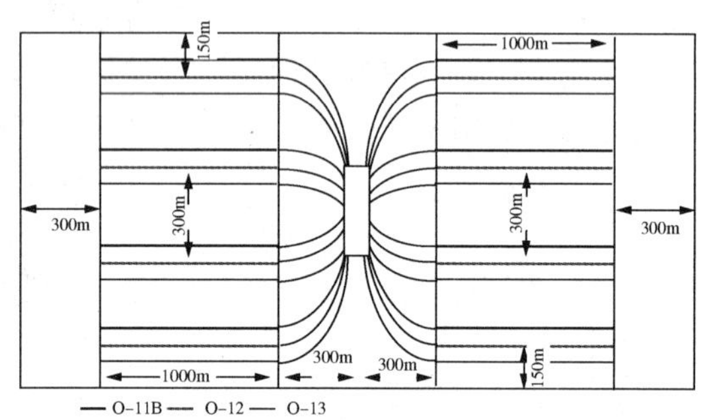

图9　MPE3区块典型丛式平台水平井部署模式

3.3　水平井冷采技术政策界限

泡沫油驱油机理室内实验结果表明，在泡沫油流阶段(地层压力在泡点与拟泡点之间)，增大驱替速度有利于充分发挥泡沫油的驱油作用[4]。采用典型单井模型，模拟不同排液速度对开发效果的影响，当最大排液速度从100m^3/d上升至300m^3/d，单井累产从48.64 $\times10^4$t上升到50.72 $\times10^4$t。

生产压差对水平井泡沫油冷采开发效果影响的模拟结果表明，当最大生产压差从600 kPa上升至3000 kPa，单井累产从45.47 $\times10^6$STB上升到50.08 $\times10^4$t。结合MPE3区块水平井生产动态分析，区块水平井合理生产压差建议控制在1.5~2MPa内。

井底流压对冷采效果影响的模拟结果表明，一定范围内降低最小井底流压可以改善泡沫油冷采开采效果，当最小井底流压从1200 kPa上升至3000 kPa，单井累产54.05 $\times10^4$t降低到46.26 $\times10^4$t。合理的井底流压的确定同时要考虑井筒举升的要求，以及脱气对泵效的影响。结合生产实际动态分析，MPE3区块合理井底流压应控制在2MPa以上。

3.4　老井挖潜与治理对策

实际开发过程中，既要充分发挥超重油泡沫油驱油作用，提高冷采期开发效果，又要防止地层压力大幅下降，造成地层脱气，影响开发效果。针对老井的不同生产状况和泡沫油驱油能量的强弱，制定了相应的工作制度调整对策，以充分挖潜老井潜力和综合治理(表6)。

表6　MPE3区块老井挖潜对策

井类型	生产动态特征	挖潜和治理对策
泡沫油能量较强油井	初期油井产量较高，气油比稳定或上升慢，产量递减相对较缓，井底流压不低于3.5MPa，生产气油比不大于35m³/m³	增产。每次上调参数控制合理幅度：螺杆泵不超过20rpm，电潜泵不能高于5HZ，待生产稳定后，再调整
泡沫油能量较弱油井	初期产能较低，产量递减较快、气油比上升较快	稳产。初期低频率低转速，参数调整要低幅度
高气油比油井	生产较短时间(2年左右)气油比快速上升，产量急剧下降	降低频率或转速，保持较稳定的生产；换小型泵，较大幅度降低生产压差

4　应用效果

MPE3区块水平井冷采高效开发技术实践成效显著，区块年产油量从2010年的478×10^4t上升到2015年的942×10^4t，平均每年上产92.8万吨，区块已建成千万吨级的中国石油海外最大规模的超重油生产与供应合作区。2011年~2015年，区块超重油平均单桶操作成本低于5美元/桶，经济效益显著。

区块在2011-2015年完钻水平井240口，水平井段平均油层钻遇率93.2%，新井平均初产102d/t，当年新井累计贡献产量493×10^4t；累计实施老井参数优化1811井次，累计增油80万吨，老井参数优化技术的广泛应用，延缓了老井递减，老井年综合递减率由2010年的20.5%下降至2014年的12.2%；同时，区块整体生产气油比保持平稳、上升趋势得到有效控制。

5　结论

(1) MPE3区块构造简单，储层砂体平面分布连续，储层物性好，具有明显的泡沫油驱油特征，地下原油流动性强，适合整体水平井冷采开发。

(2) 区块泡沫油具剪切变稀的流变特征，同时随溶解气油比的增加，泡沫油驱油效果增强，在冷采开采中，既要保持一定的采油速度，又要适当控制地层压力下降速度。

(3) 在早期600m排距水平井开发部署的基础上，缩小排距至300m，大幅增加采油速度的同时，激励了泡沫油驱油作用，冷采采收率可达12.6%，奠定了区块经济高效冷采上产的物质基础。

(4) 区块水平井泡沫油冷采的生产压差应控制在1.5至2MPa以下，同时区块三套开发层系泡沫油能量强弱有差别，对于泡沫油强的开发层系，适当采用较大压差提高采油速度，充分发挥泡沫油能量；对于泡沫油较弱的开发层系，宜采用低参数平稳生产。

(5) 水平井冷采高效开发技术成功应用于区块经济高效上产1000万吨/年产能开发实践中，并取得了非常好的经济效益，对类似油田的开发有一定的借鉴意义。

参考文献

[1] Maini, B. B.. Effect of Depletion Rate on Performance of Solution Gas Drive in Heavy Oil System. SPE81114, 2003.

[2] 鹿腾，李兆敏，李松岩，等. 泡沫油流变特征及其影响因素实验[J]. 石油学报，2013，34(5)：23-28.

[3] 29. Tang, G., Firoozabadi, A. Effect of GOR, Temperature, and Initial Water Saturation on Solution Gas Drive in Heavy-Oil Reservoirs. SPE 71499, 2001

[4] 李星民，陈和平，韩彬，等. 超重油油藏水平井冷采加密优化研究[J]. 特种油气藏，2015，22(1) 118-120.

高含水油藏渗流场表征方法探讨

郭　奇　杨佩佩　李　健　孟立新

（中国石油大港油田勘探开发研究院）

摘　要　油田开发中，窜流会导致驱替剂的无效循环，严重影响开发效果。针对上述问题，如何准确描述油藏中流体流动和分布状态，建立油藏流场分布图，准确刻画优势渗流通道的位置和发育状况，对合理调整油气田开发工作意义重大。本次研究基于油藏工程理论，同时运用层次分析法和模糊数学理论，并结合模糊c均值聚类方法，建立了定量化描述油藏流场的一套方法体系。在高含水期油藏开发过程中，根据上述方法得到的油藏流场描述结果可以有效指导流场重构。为了验证该方法的可靠性，以大港油田某区块为例，效果良好，说明该方法可以为油气田开发的动态调整工作提供一定依据。

关键词　渗流场；高含水期；渗流场评价；流场重构；流场强度

流场是油藏流体在多孔介质中流动形成的，随着开发过程的进行，流场也会随之不断发生变化[1]。流场的变化规律呈现非均质性：流场变化剧烈的区域发育优势流场；流场变化平缓的区域发育非优势流场[2~3]。对于水驱开发的油藏，流场的发育状况直接关系到水驱效果的好坏[4]，清晰认识油藏流场的分布情况有助于了解生产井的受效情况以及注采井间的对应关系。确定油藏流场的分布情况之后，以此为根据调整流场，从而达到提高采收率的目的。

1　油藏流场的概念及其表征方法

研究油藏流场，首先要对其概念有一个明确的认识。通过总结概括不同学者对油藏流场的定义可以认为[5~6]：油藏中流体和流体存储空间的静态分布特征及其动态变化规律总称为油藏流场。定量化描述油藏流场首先需要确定油藏流场基本表征参数，从根本上来说油藏流场的表征参数包括静态参数和动态参数两大类。静态参数主要有孔隙度、岩石压缩系数、流体压缩系数、有效厚度、油藏面积、孔喉连通性等。动态参数主要有油气水的相对渗透率、含水率、饱和度、累积注水量、瞬时注水量、注采比等。油藏流场是多因素相互影响、相互作用的一个复杂体系，运用单个动态参数不足以描述油藏流场。因此，本次研究采用多因素耦合来实现对油藏流场的定量化描述。

2　油藏流场的定量化描述方法

定量化描述油藏流场的基本思路是：首先通过参数优选得到影响程度较大的表征参数集，然后利用模糊数学和层次分析法确定各表征参数的隶属度和权值，最后通过多个参数耦合形成一个统一的表征参数，实现油藏流场的定量化描述。

依据前人的研究成果以及各表征参数对油藏流场影响程度的差异[7]，选取对油藏流场影响最大的驱替倍数、流体流速、含油饱和度等3个表征参数来定量化描述油藏流场。本研究将油藏流场强度定义为由驱替倍数、流体流速、含水饱和度三因素确定的油藏流场的强弱。

为了方便研究，把油藏划分为n个单元体，假设每一单元体内各个部分物性参数完全相同，不同单元体之间物性参数有差异。把单元体作为基本研究对象对油藏流场进行研究。

2.1　流体流速

流体流速是指单位时间内通过单位储层截面积的流体流量，反映的是储层中流体瞬时的流动状态[8]，流体流速的表达式为：

$$Q_1 i = \left(\frac{K_{rw}\mu_o}{K_{ro}\mu_w}\right)_i \frac{Q_{IN}\, t_D}{h_i\, D_i Z} \tag{1}$$

式中　$Q_1 i$——流体流速，m/s；

$Q_{IN}\, t_D$——单元体在 t_D 时刻的注水速度，m^3/s；

Z——单元体瞬时注采比；

【作者简介】郭奇(1988—)，男，2017年获得中国地质大学(北京)石油与天然气工程博士学位，现在大港油田从事博士后研究，主要研究方向为油藏工程与油藏描述。E-mial：qqqqguoqi@163.com

h_i ——有效厚度，m；

D_i ——过流断面长度，m。

2.2　驱替倍数

驱替倍数是指单位孔隙体积内累积通过注入水的体积倍数，反映了累积注入量对油藏流场的影响[9]。其表达式为：

$$R_w(i)=\left(\frac{K_{rw}\mu_o}{K_{ro}\mu_w}\right)_i\frac{\int t_{D_0}Q_{IN}dt}{V_i\phi_i}\quad i=1,2,\cdots,n \tag{2}$$

式中　$R_w(i)$ ——驱替倍数；

i ——单元体编号，表示第 i 个单元体；

t ——注水时间；

t_D ——研究时间点；

K_{rw}、K_{ro} ——地层水、原油的相对渗透率；

μ_w、μ_o ——地层水、原油的黏度，mPa·s；

Q_{IN} ——单元体注水速度，m^3/s；

V_i ——单元体体积，m^3；

ϕ_i ——孔隙度。

2.3　含油饱和度

含油饱和度反映的是油藏中流体的分布状态。油藏中含油饱和度越大，油藏潜力越大[10]。

2.4　表征参数分区耦合计算

采用专家打分方法确定各流场参数的权重，得到综合流场强度参数场，进行归一化处理，将计算得到的流场强度参数归一化到[0，1]之内，最后得出流场强度场数据。这里的流场强度场为连续参数场，研究中需要描述不同区域的流场发育状况，将流场强度场根据参数值进行分级，得到分级后的流场分布情况。

根据目标数据集的实际意义，分级数一般会存在一个真实类别数，当真实类别数小于数学方法计算得到的类别数，那么真实类别数可能被破坏，即破坏了类和类之间的真实联系，当真实类别数大于数学方法得到的类别数，那么真实的数据类可能被合并，打破了类和类之间的物理意义[11~13]。通过构造有效性函数来分析不同分级数的“紧致性”和“分离性”，根据有效性函数的大小，得到相应的最佳分类数，然后通过具体某一类的聚类中心，计算出对应的分级标准。

本次研究基于模糊 C 均值聚类分析法，通过编程实现数据输入，设置隶属度矩阵 U 的指数，最大迭代次数，隶属度最小变化量、迭代终止条件，每次迭代是否输出信息标志，设置流场分级数，最后返回相应的流场级别场数。

“紧致性”反映类内样本的分散的程度或变差，“分离性”反映类间的分离程度[14-16]。从数学角度出发，通过构造有效性函数，评价聚类的效果，找到最大的最佳聚类数使得紧致性最小并且分离性最大。

(1) 紧致性度量

紧致性度量的函数表达式，见公式(3)：

$$V_ar(U,V)=\left[\sum_{i=1}^{c}\sum_{j=1}^{n}\frac{u_{ij}\,d2(x_j,v_i)}{n(i)}\right]*\left(\frac{c+1}{c-1}\right)^{1/2} \tag{3}$$

式中　U ——隶属矩阵；

c ——聚类中心数；

$n(i)$ ——第 i 类数据的个数。

$d(x,y)$ 是一个度量定义，见公式(4)：

$$d(x,y)=[1-\exp(-\beta\|x-y\|2)]^{1/2} \tag{4}$$

将样本协方差的倒数记为 β，见公式(5)：

$$\beta=\left(\frac{\sum_{j=1}^{n}\|x_j-\bar{x}\|2}{n}\right)-1,\quad \bar{x}=\frac{\sum_{j=1}^{n}x_j}{n} \tag{5}$$

式中　n——向量个数；

x_j ——第 j 个向量；

$\bar{x}$ ——n 个向量大小的均值。

(2) 分离性度量

假设存在一个数据集 $X=\{X_1,\cdots,X_n\}$，X 上所有模糊集构成的集合记为 $F(X)$，$F=\{F_1,\cdots,F_C\}$ 是 X 的一个模糊 C 划分，两个模糊集 F_i 和 F_j 的相似度表达式为公式(6)：

$$S(F_i,F_j)=\max_{x\in X}\min(\mu_{F_i}(x),\mu_{F_j}(x)) \tag{6}$$

模糊划分的分离性度量的函数式为公式(7)：

$$Sep(c,U_C)=1-\max_{i=j}[\max_{x\in X}\min(\mu_{F_i}(x),\mu_{F_j}(x))] \tag{7}$$

$Sep(c,U)$ 反映类间的分离程度，当 $Sep(c,U_C)$ 的值较大时，代表给出的模糊划分具有较好的分离性。

(3) 有效性函数及其算法

因为紧致性度量和分离性度量结果数量级不同，往往会出现大数吃小数的情况，所以先需要用最大值法进行标准化，见公式(8)：

$$Com^N(V_c,U_C)=\frac{Com(V_c,U_C)}{Com_{max}}$$

$$Sep^{N}(c,\ U)=\frac{Sep(c,\ U_{C})}{Sep_{\max}} \qquad (8)$$

其中：$Com_{\max}=\underbrace{\max}_{c}Com(V_{c},\ U_{C})$ ，$Sep_{\max}=\underbrace{\max}_{c}Sep(c,\ U_{C})$

聚类有效性函数 V_W 定义，见公式(9)：

$$V_{W}(V_{c}\ ,\ V_{c})=\frac{Com^{N}(V_{c},\ U)}{Sep^{N}(c,\ U)} \qquad (9)$$

$V_W(V_c\ ,\ V_c)$ 是紧致性度量与分离性度量的比值。类之内的相似最大时对应 V_W 的最小值，类之间相差最大时对应最佳聚类数 $c*$ 。

按照上述思路，采用模糊 C 均值聚类分析方法计算出每个网格的流场强度，依据不同的分级数，得到关于网格流场强度的隶属矩阵 U，进而对矩阵进行紧致性和分离性判断，计算出有效性函数的大小，然后做出分级数和构造有效性函数的关系图，从图中找到最佳的分级数范围，最后做出流场分级评价图。

3　大港油田某区块高含水期渗流场评价与重构研究

大港油田某区块位于黄骅凹陷某断裂构造带的东南部，上下分为两套层系，平均渗透率为 $800\times10^{-3}\,\mu m^2$，属于典型的中高渗储层。目前，综合含水高达 95.68%，采出程度为 43.18%，该区块存水率低、吨油耗水量大、油藏后续开发难度大等问题显著。

采用渗流场分区方法评价该区块目前渗流场分布情况，结果如图 1 所示。可以看出受边水及注入水的冲刷作用影响，位于构造低部位的区域流场强度大于位于构造高部位的区域。同时，流场强度的分布可以反映生产井的受益情况及注采对应关系。该小层西南部井网不完善，油藏动用程度低，形成储量未动用区；由于长期注水冲刷耗水量大位于区块东北方位的井区形成无效水循环区；靠近断层附近构造高部位仍有部分低速高潜力区存在；构造高部位主要存在低速低潜力区，而构造低部位因为边水侵入作用形成连片的高速低潜力区。

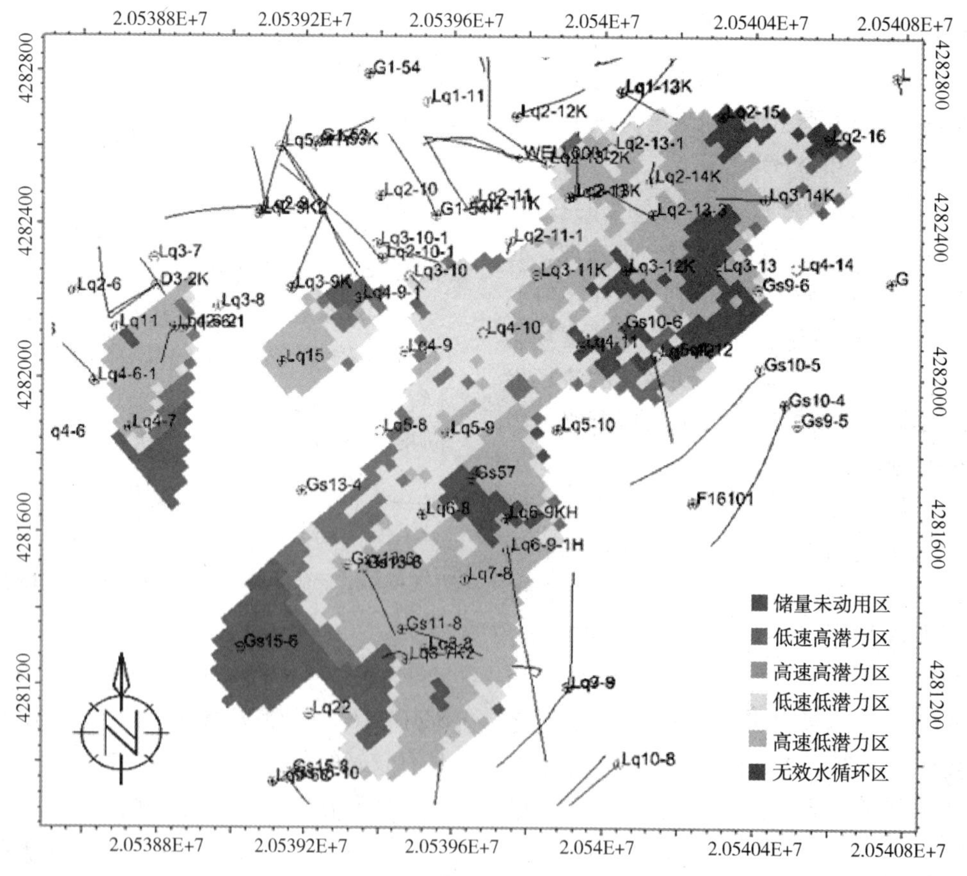

图 1　大港油田某区块渗流单元分区示意图

根据上述潜力评价及调整部署方法，重新优化该区块各井开采方式，对优化前后开发效果进行对比，优化后渗流场更加均衡，变异系数降低 0.33，含水率降低 3.8%，累产油量增加 9.5 万吨，明显改善了开发效果(表 1)。

表 1　某小层渗流单元调整前后参数预测对比表

含水率/%		累产油量/万吨	
调整前	调整后	调整前	调整后
95.3	91.5	49.1	58.6
剩余油饱和度，小数		渗流场变异系数，小数	
调整前	调整后	调整前	调整后
0.42	0.35	0.96	0.63

4　结　论

(1) 运用逻辑分析法筛选流场的评价指标，确定流场强度和可动油饱和度之间的对应关系，采用模糊 c 均值算法进行流场分级，最终确立一套完善的油藏流场评价方法。

(2) 利用油藏流场评价方法评级实际区块的流场分布状况，分析生产井的受益情况及注采对应关系，明确油田开发的潜力区域。

(3) 针对主力挖潜区域，部署不同流场调整方案，优化开采方式对比选出最佳方案。优化后渗流场更加均衡，采收率明显提高，改善了开发效果。

参　考　文　献

[1] Brigham, W. E, et al., 1983. Analysis of Unit Mobility Ration Well-to-well Tracer Flow to Determine Reservoir Heterogeneity, Stanford University; California, USA.

[2] Felsenthal, M., Gangle, F, J, 1975. A case study of thief zones in a California waterflood. J. Pet. Technol. 27, 1385 - 1391.

[3] Butler, R. M., 1997. GravDrain´s Blackbook: Thermal Recovery of Oil and Bitumen. GravDrain Inc., Calgary, Alberta.

[4] Hearn C L, Ebanks W J, Tye R S, et al. Geological Factors Influencing Reservoir Performance of the Hartzog Draw Field, Wyoming[J]. Journal of Petroleum Technology, 1984, 36(8): 1335-1344.

[5] 辛治国，贾俊山，孙波．优势流场发育阶段定量确定方法研究[J]．西南石油大学学报(自然科学版)，2012，34(2)：119-124.

[6] 姜瑞忠，侯玉碚，王平，等．流场重整提高采收率技术研究[J]．大庆石油地质与开发，2012，31(4)：73-77.

[7] 王都伟，王硕亮，赵传峰，等．利用模糊 ISODATA 聚类方法确定大孔道级别[J]．断块油气田，2010，17(3)：338-340.

[8] 孙国．胜坨油田特高含水期井网重组技术优化研究[J]．油气地质与采收率，2005，12(3)：48-50.

[9] 曾流芳，卢云之，李林祥．孤东油田特高含水期剩余油分布规律研究[J]．油气地质与采收率，2003，10(5)：59-61.

[10] 王玉普，刘义坤，邓庆军．中国陆相砂岩油田特高含水期开发现状及对策[J]．东北石油大学学报，2014，38(1)：1-9.

[11] 陈月明，吕爱民，范海军，等．特高含水期油藏工程研究[J]．油气地质与采收率，1997(4)：39-48.

[12] 冯其红，王波，王相，等．基于油藏流场强度的井网优化方法研究[J]．西南石油大学学报(自然科学版)，2015，37(4)：181-186.

[13] 张乔良，姜瑞忠，姜平，等．油藏流场评价体系的建立及应用[J]．大庆石油地质与开发，2014，33(3)：86-89.

[14] Allen JRL. Studies in fluviatile sedimentation: bars, bar complexes and sandstone sheets (lower - sinuosity braided streams) in the Brownstones (L. Devonian), Welsh Borders [J]. Sediment Geol. 1983, 33: 237-293.

[15] Douglas W. Jordan, Wayne A. Pryor. Hierarchical levels of heterogeneity in a Mississippi river meander belt and application to reservoir systems[J]. AAPG, 1992, 76(10): 1601-1624.

[16] 于乐香，王星．油井经济极限含水的确定[J]．石油勘探与开发，2001，28(2)：100-101.

东坪基岩气藏溶蚀孔发育机理与分布规律

张玲玲　柴小颖　范新文　程　鑫　杨会洁　王　刚

(中国石油青海油田公司)

摘　要　东坪气田花岗岩、变质岩储层地质特征复杂，认识难度大。在充分利用已有的研究成果、录井资料、测井解释资料等资料的基础上，综合分析溶蚀孔的发育情况及其与岩性、溶蚀作用和构造作用等因素的关系，确定溶蚀孔主控要素和发育规律。通过对东坪地区单井的岩心观察和对百余张薄片的鉴定，认为该区不同岩性储层普遍存在溶蚀现象。基岩溶孔的发育与断裂及裂缝发育、岩石类型、地形地貌特征以及水的性质和流动性等地质条件和地质环境有关。

关键词　基岩溶蚀孔；控制因素；溶蚀孔隙度

1　基岩溶蚀孔发育机理

1.1　风化作用类型与不同矿物溶解率差异

出露地表的岩层，会遭受到物理风化作用和化学风化作用。物理风化作用导致岩石的崩裂和破碎，以及岩石性状的改变；化学风化作用包括溶解作用、水化作用、水解作用、碳酸化作用和氧化作用，会导致矿物溶解、元素流失、矿物蚀变和次生孔隙形成。地面水溶解有多种气体(如O_2、CO_2等)和化合物(如酸、碱、盐等)，形成水溶液。水溶液通过溶解、水化、水解、碳酸化等方式促使岩石化学风化。

(1) 溶解作用

溶解作用是水直接溶解岩石中矿物的作用。溶解作用的结果，使岩石中的易溶物质被逐渐溶解而随水流失，难溶物质则残留于原地。岩石由于可溶物质被溶解而致孔隙增加，削弱了颗粒间的结合力从而降低岩石的坚实程度，更易遭受物理风化作用而破碎。岩石在水里的溶解作用一般进行的十分缓慢，但当水的温度升高以及压力增大时，水的溶解作用就比较活跃，特别是当水中含有侵蚀性的CO_2而发生碳酸化作用时，水的溶解作用就会显著增强。

矿物的溶解过程是水—岩化学作用，溶解速率大小或矿物风化速率与矿物类型和水溶液及温度有关。不同的矿物溶解速率有差异(表1)，在不同的水环境下活化能要求也不同，主要元素从矿物析出的速度也有差别(表2)。

(2) 水解作用

水解作用是指矿物溶于水后，出现离解现象，其离解产物可与水中的H^+和OH^-离子发生化学反应，形成新的矿物。例如正长石经水解作用后，开始形成的K^+与水中OH^-离子结合，形成KOH随水流失，析出一部分SiO_2可呈胶体溶液随水流失，或形成蛋白石($SiO_2 \cdot nH_2O$)残留于原地，其余部分可形成难溶于水的高岭石而残留于原地。

表1　不同矿物的溶解速率对比[1]

矿　物	pH=4.0		pH=4.5	
	溶解速率的对数值		溶解速率的对数值	
	实验室	现场	实验室	现场
斜长石	-10.623	-12.836	-10.866	-13.284
钾长石	-10.682	-12.836	-10.777	-12.836
普通角闪石	-11.745	-14.046	-11.854	-14.523
黑云母	—	-13.585	-11.420	-14.046
白云母	-11.108	-13.237	-11.201	-13.678

表2　主要元素从矿物析出速率的差异[1]

长　石	析出速率的对数值			
	Na	Ca	K	Si
钾长石	-10.595			-11.356
奥长石	-11.777	-12.051		-11.585
中长石	-12.066			-11.855
拉长石	-12.145	-11.961		-11.900
培长石	-12.269	-11.890		-11.972
钙长石	-12.490	-11.662		-11.878
正长石	-12.178		-11.568	-11.776
微斜长石	-12.263		-11.896	-11.818

【作者简介】张玲玲，女，1994年1月出生，2015年毕业于西南石油大学石油工程专业，学士学位，现在青海油田勘探开发研究院从事气田开发工作，助理工程师。E-mail：zhanglinglingyjyqh@petrochina.com.cn

(3) 碳酸化作用

碳酸化作用是指当水中溶有 CO_2 时，水溶液中除 H 和(OH)离子外，还有 CO_{32-} 和 HCO_{3-} 离子，碱金属及碱土金属与之相遇会形成碳酸盐。硅酸盐矿物经碳酸化作用其中碱金属变成碳酸盐随水流失。

(4) 氧化作用

氧化作用是指矿物中的低价元素与大气中的游离氧化合变为高价元素的作用，是地表极为普遍的一种自然现象。在湿润的情况下氧化作用更为强烈。

1.2 矿物蚀变与溶蚀孔隙的增加

地表岩层在遭受风化淋滤过程中可导致多种矿物发生蚀变反应。其中最常见的是长石、云母等原生矿物的蚀变和高岭石、伊利石、蒙脱石等次生黏土矿物的生成。长石和云母矿物的蚀变往往导致固体体积变小，孔隙体积增加。

(1) 长石的蚀变

长石溶蚀过程主要有以下几种观点：

① 钾长石—白云母—伊利石—高岭石(BernerRA，1977)

② 斜长石—非晶物质—高岭石—三水铝石(马毅杰，1999)

③ 斜长石—水云母—114nm 过渡矿物—蒙脱石(马毅杰，1999)

④ 长石—蒙脱石+伊利石—高岭石+埃洛石—硅铝土(Ma Y J，2001)

钾长石与钠长石的高岭土化作用的反应公式为：

钾长石溶解生成高岭石：$2KAlSi_3O_8+2H^++H_2O=Al_2Si_2O_5(OH)_4+4SiO_2+2K^+$

钠长石溶解生成高岭石：$2NaAlSi_3O_8+2H^++H_2O=Al_2Si_2O_5(OH)_4+4SiO_2+2Na^+$

上述反应发生后，分子体积减小，使原先的矿物所在区域形成溶蚀孔缝。

从扫描电镜中的图片也可以看出溶蚀后颗粒边缘的孔隙、裂缝增多(图 1)。长石微观组构发生显著的变化，边缘呈港湾状，棱角化变钝，解理缝扩大，部分长石剩下残余斑状。溶蚀使得一些孔隙直径扩大，产生微裂缝，使孔隙连通性变好。

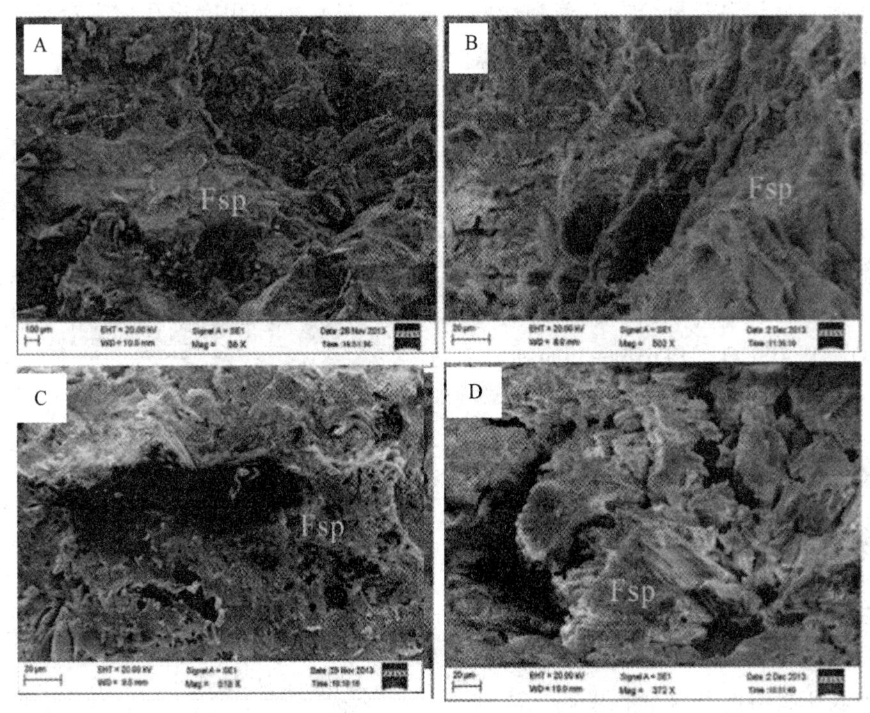

图 1　长石溶蚀孔隙扫描电镜照片

A. 东坪 105 井 3456.80-3457.73m，长石溶蚀产生孔隙；
B、C、D. 坪 1H-2-3 井 3079.82-3088.72m，长石溶蚀使孔缝增多，棱角明显钝化。

从镜下薄片中，可看到大量斜长石选择性溶蚀现象(图 2)。图 3A 显示出了东坪 1 区块花岗片麻岩中斜长石的选择性溶蚀，图 3B、图 3C 显示出东坪 1 区块斜长片麻岩斜长石溶蚀，图 3D 显示出的东坪 3 区块花岗岩中的钾长石溶蚀。

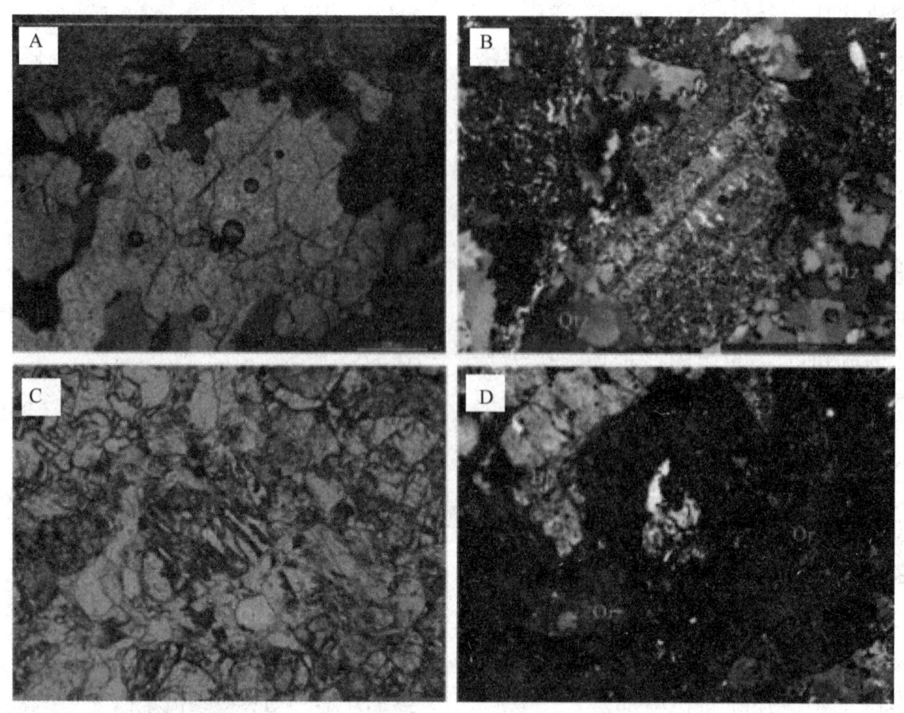

图 2　东坪地区长石溶蚀镜下照片

A. 坪 1-2-3 井 3426.61m，长石发育溶蚀作用形成裂缝；B. 坪 1-2-9 井 3322.84m，斜长石绢云母化，表面可见溶孔；C. 东坪 103 井 3231.03m，斜长石可见沿解理缝溶蚀加宽现象；D. 东坪 306 井 1905.9m，钾长石发育溶蚀溶蚀孔缝

(2) 黑云母的蚀变

东坪地区孔隙发育与黑云母分布有着密切的关系，黑云母的绿泥石化都能够有形成储集空间。

从化学反应公式及反应前后产物变化，也体现了蚀变能导致储集空间的增加。在封闭体系中，黑云母的绿泥石化反应公式(实验室理论计算)，可用下式表达：

$$2K(Mg, Fe)_3[AlSi_3O_{10}][OH]_2+3H_2CO_3$$
$$=(Mg, Fe)_5Al[AlSi_3O_{10}][OH]_8+3SiO_2+$$
$$(MgFe)CO_3+2KHCO_3$$

这个反应过程，是一个固体体积变小的过程。

在东坪地区的基岩中普遍发现存在黑云母的绿泥石化，并伴生溶蚀孔隙发育的现象。

(3) 矿物蚀变程度与岩石孔隙度的变化关系

矿物溶解和蚀变与水接触的时间长短和机会多少有关。近地表矿物溶解和蚀变程度高，离地表深度增加，淋滤程度降低，矿物溶解和蚀变程度变低，溶蚀孔隙变少。矿物蚀变程度与溶蚀孔隙的形成存在一定耦合关系。矿物蚀变可以增加储集空间，但当矿物完全蚀变后，岩石形状发生根本改变，储集物性反而变差(图 3)，即完全风化层中铝土岩带，由于长石和黑云母的完全蚀变，孔隙度不发育。只有在中等风化强度情况下，矿物蚀变程度与孔隙发育呈正相关关系。

垂向模式图	结构层		厚度(m)	矿物蚀变特征	孔隙度 小—大
	上覆层				
	完全风化层	土壤层	0~20	基岩完全风化成粘土,基岩结构已被完全破坏,风化粘土在后期埋藏过程中经过成岩作用形成泥岩,储集空间发育差。	
		砂砾层		基岩风化严重,急眼的结构特征基本消失,主要由基岩风化形成的矿物碎屑、岩石碎屑及破碎岩块等残余物质以及粘土矿物组成,残余物质粒度向下逐渐增大,埋藏后可形成具有砂(砾)状结构、似砂(砾)状结构的岩石,矿物蚀变程度严重,发育黑云母绿泥石化、长石绢云母化和高岭土化。	
	半风化层		300~1000	基岩发生一定程度的风化,但仍然可以看出岩石的基本结构,由蚀变程度不等的基岩组成。由于大气淡水的作用,基岩中的不稳定矿物发生溶蚀,形成溶蚀孔和溶蚀加宽缝。在该带内从上到下,风化程度逐渐减弱,溶蚀孔的大小和密度以及溶蚀加宽缝的宽度和密度向下逐渐减小。在该结构层内矿物的蚀变程度与溶蚀孔的发育程度具有明显的正相关性,从完全风化层顶面向下黑云母绿泥石化、斜长石绢云母化、钾长石高岭土化以及矿物的碳酸盐化程度逐渐减弱,溶蚀孔隙度也随深度的增加而减弱。	
	未风化层			风化作用已经不能影响到该结构层内,因此该结构层由新鲜的基岩组成,不发育由溶蚀作用形成的溶蚀孔和溶蚀加宽缝,发育由构造作用形成的裂缝。	

图 3　风化带中矿物蚀变和岩石物性的变化规律

1.3　*矿物溶蚀与元素流失*

矿物溶蚀过程伴随着元素的流失。元素的相对活动顺序从大到小为：B、Ca、Mo、Mg、Zn、Sr、Na、Cr、Cu、Ni、K、Co、Li、V、As、Ba、Si、Y、Fe、Ti、Al、Mn。其中，碱性和碱土金属元素中，Ca>Mg>Sr>Na>K>Li>Ba。因此，含 Ca、Mg 的矿物如斜长石、角闪石、黑云母要比含 Na、K 的矿物容易风化；Si、Al 多残存在难溶解的钾长石等矿物、或重新结合成粘土矿物，其活性差。B、Mo 在风化过程中多形成 BO_{33-}、B_2O_{74-}、MO_{42-} 等水合阴离子，其迁移能力强，活动性大。

许多研究者(张家友[2]，李晓燕[3])研究都发现，SiO_2、Al_2O_3、Fe_2O_3是风化壳的主要成分，约占总含量的 80%左右(重量比)，K_2O、Na_2O、CaO、MgO、FeO、SiO_2呈现淋失的趋势；风化程度越彻底，淋滤越充分，Al_2O_3、Fe_2O_3 含量越高。

黑云母在蚀变过程中，随着铁镁离子的流失以及稳定矿物的增加，易流失矿物与稳定矿物的比值与深度存在着明显的正相关关系。在一定程度上解释了储集物性自上而下逐渐变差的原因，是由于下部云母矿物较上部受到大气淡水淋滤的影响较小，造成上部离子流失严重，储集物性较好。图 4 说明了东坪地区基岩在纵向上 Fe/Si 的值与深度存在着明显的正相关性，储层的物性也随着云母的蚀变加重而变好。

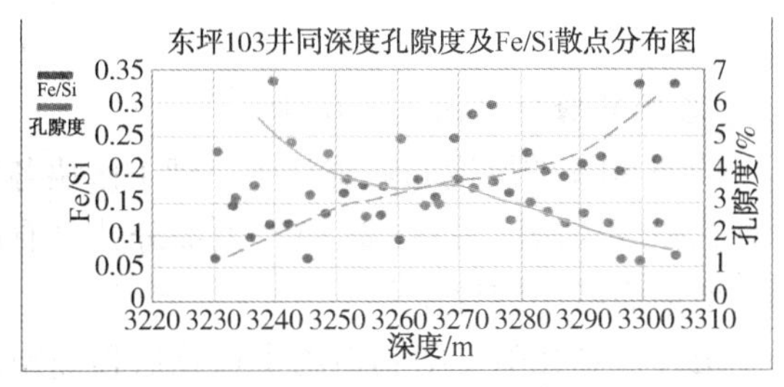

图 4　东坪 103 井同深度段孔隙度及 Fe/Si 散点分布图

图 5 也说明了 K_2O、Na_2O、FeO、CaO 等组分与溶蚀增孔关系最密切，均呈线性关系较好的正相关关系。

2　溶蚀孔隙类型

基岩中的溶蚀孔主要为角闪石、黑云母和长石等不稳定矿物溶蚀形成的，矿物溶蚀后可形成粒内溶蚀孔或粒间溶蚀孔。一些矿物的次生蚀变(如黑云母的绿泥石化、角闪石的绿泥石化)也能形成次生孔隙。次生孔隙的大小不等，有的可达数十微米。按照产状、成因、形态可将东坪地区溶蚀孔隙划分为粒(晶)间溶孔、粒(晶)内溶孔以及溶蚀缝(图 6)。

选择性溶蚀矿物晶体之间的物质所形成的孔隙为晶间孔，晶间孔主要发育在黑云母中，黑云母不均匀绿泥石化造成晶间差异溶蚀，形成大小较均匀的"针孔"(如图 6C)。

岩石组分(晶体)内部部分发生溶解形成的孔称为粒(晶)内溶孔，常发育在长石中(如图 6B、D)。

基岩中先存缝(矿物解理缝、溶蚀缝等)的发育为溶蚀缝的形成提供了有利条件，先存缝起到渗流通道的作用，可以加快溶蚀速度，使先存裂缝后期溶蚀加宽。东坪地区基岩沿裂缝溶蚀的现象较普遍，岩心观察可见构造溶蚀缝。在形态上呈不规则的串珠状。

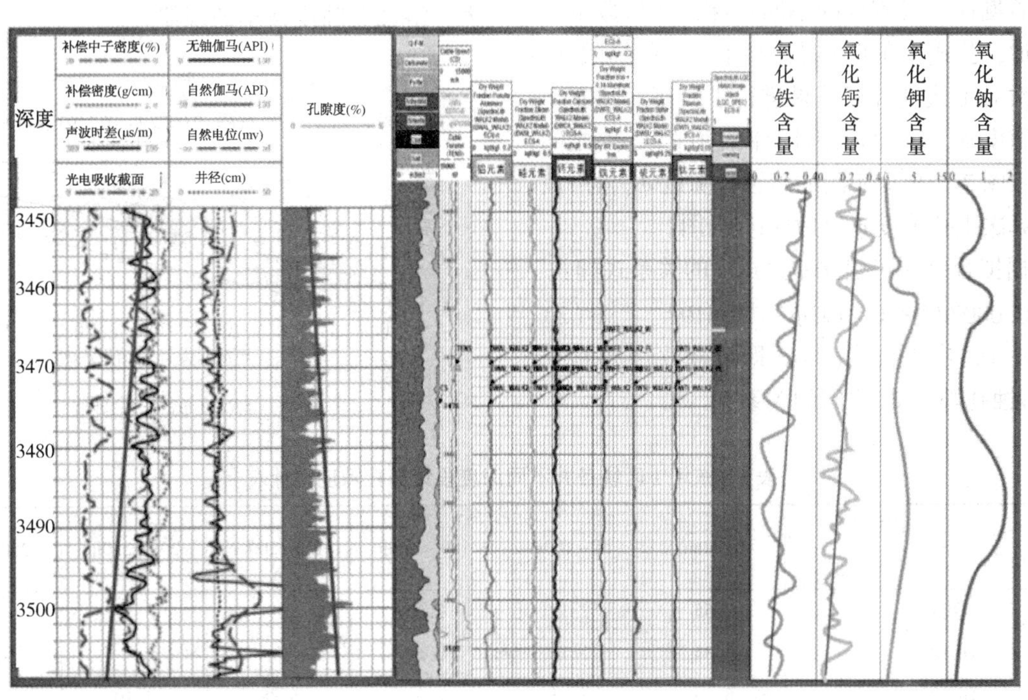

图 5　东坪 105 井 3450-3500m 孔隙度变化与地层元素变化对比图

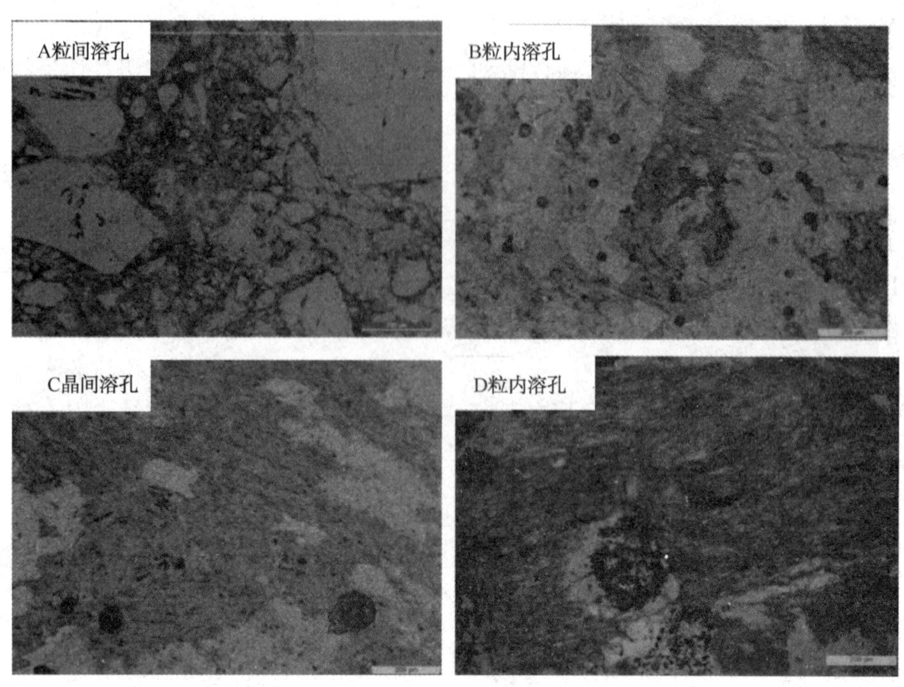

图 6　溶蚀孔类型典型图版

3　溶蚀孔隙度变化规律

3.1　溶蚀孔隙度计算模型

目前溶蚀孔隙度一般用声波时差计算，张审琴[4](2014)曾建立了溶蚀孔隙度与声波时差之间的关系式，其计算公式为：

$$\phi_s = 0.228AC - 37.929 \qquad (1)$$

式中，ϕ_s 为储层溶蚀孔隙度,%；AC 为声波时差，μs/m。

随着勘探开发程度的不断加深，样品数量的不断增加，公式 1 在使用时出现了一定的局限性，因此本次对 1 式的计算结果进行了校正，建立了次生孔隙度 ϕ_R 与声波时差计算次生孔隙度 ϕ_s 之间的关系。图 7 为根据实测的溶蚀孔隙度 ϕ_R 与声波时差计算次生孔隙度 ϕ_s 的关系交会图。

根据拟合结果可建立 ϕ_R 与 ϕs 的关系式即：

$$\phi_R = -0.0007\phi_s^2 + 0.2193\phi_s + 1.6198 \qquad (2)$$

将(1)式代入公式(2)式即可建立声波时差 AC 与溶蚀孔隙度 ϕ_R 之间的关系：

$$\phi_R = -0.64 \times 10^{-5}AC^2 + 0.062AC - 7.71 \qquad (3)$$

3.2　溶蚀孔隙度纵向发育规律

按照 50m 的厚度间隔统计了东坪 1 区块各井计算孔隙度与深度关系(表 3)，大部分井具有随深度增加而减小的规律。

统计计算孔隙度随其距离半风化层顶面距离大小的关系(图 8)，可见整体上具有随距离增大，溶蚀孔隙度减小的规律。

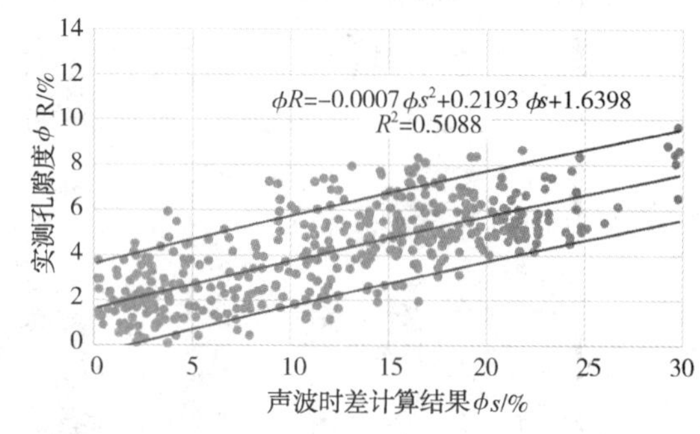

图 7　ϕR 和 ϕs 关系图解

表 3　东坪 1 区块各井不同深度段计算孔隙度统计表

井号 \ 深度段	0~50m	50~100m	100~150m	150~200m	200~250m	250~300m
DP4	2.55	2.19	2.05			
DP103	3.34	2.74	2.61			
DP104	6.86	6.23	6.31	5.78	4.10	

续表

井号＼深度段	0~50m	50~100m	100~150m	150~200m	200~250m	250~300m
DP105	2.46	2.69	2.41	2.24	2.12	
DP106	2.54	2.64	2.54	1.84	1.79	1.68
DPH101	3.90	3.73				
P1-2-2	2.62	2.48	2.34	2.36	2.78	2.75
P1-2-3	3.12	1.89	1.68	2.12	2.36	2.23
P1-2-4	2.37	5.07	4.40	5.21	6.20	5.52
P1-2-5	2.06	2.51	2.80	2.28	1.95	2.07
P1-2-6	3.07	2.62	2.34	2.14		
P1-2-8	3.20	2.98	2.92	2.53	2.33	2.16
P1-2-9	2.83	2.84	2.23	2.38	2.47	2.45
P1-2-10	2.60	2.11	2.03	2.39	2.34	2.28
P1-2-12	2.07	1.85	1.93	1.69	1.81	
P1-2-14	2.43	2.22	1.91			
P1-3-2	2.16	2.77	2.83	1.52	5.16	2.44
P1-3-3	2.71	2.29	2.24	2.40	1.58	
P1-3-4	2.58	2.81	2.46	2.49	2.28	2.10
P1-3-5	2.77	2.46	2.16	2.16	2.45	1.96
P1H-2-3	3.74	3.12	2.78	2.42	2.31	2.34

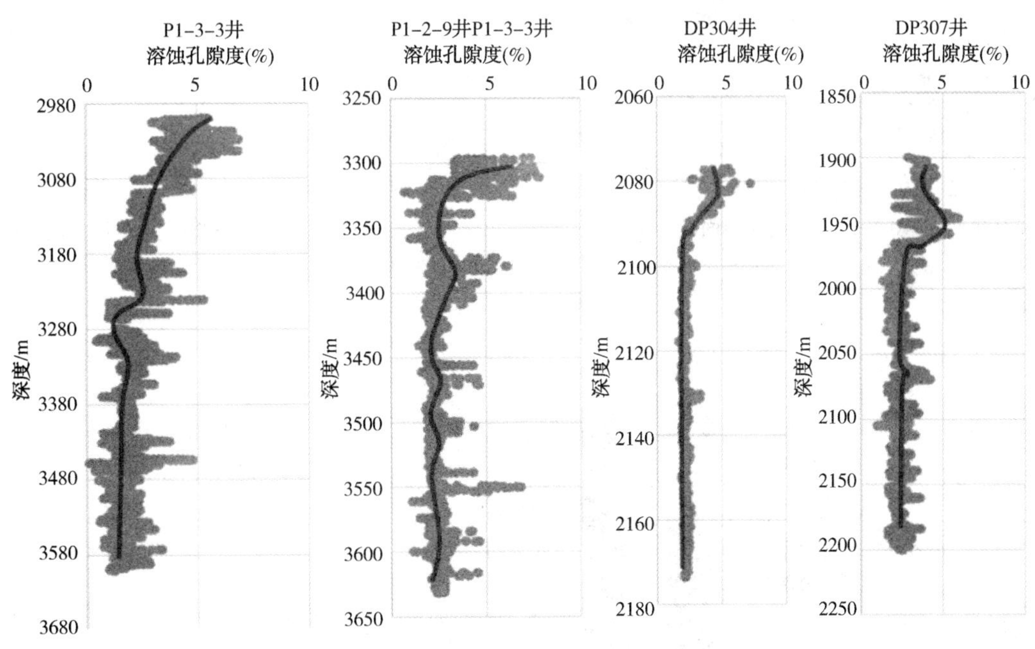

图 8　东坪地区代表井溶蚀孔隙随深度的变化规律

通过东坪 1 区块的连井剖面(如图 9、图 10)可以看出，东坪 1 区块储集空间发育带主要集中在东坪 104 井、坪 1-2-4 井处。整体剖面的孔隙发育空间多呈现出与构造形态相关的条带状分布。

3.3　东坪 1 区块溶蚀孔隙度分布规律

本次从基岩顶面起每隔 50m 划为一个层段，分别计算了每个计算层段内每口井的平均值，并以此做出了每个厚度段内的孔隙度分布平面图。

计算结果统计表明，东坪 1 区块基岩溶蚀孔隙度最大值为 12.171%，最小值为 0.001%，平均值为 2.60%，主峰落在 2%～4%之间(如图 11)。各深度段溶蚀孔隙度最大值都出现在东坪 104 井和坪 1-2-4 井附近。纵向上，随着离基岩顶面深度增加，基岩溶蚀孔隙度向下逐渐减少，储层发育逐渐变差(如图 12)。

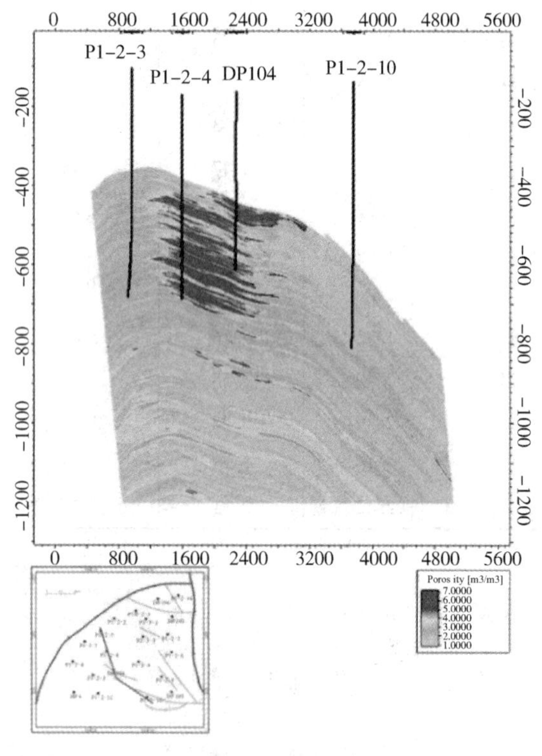

图 9　坪 1-2-3 井-坪 1-2-4 井-东坪 104 井-坪 1-2-10 井孔隙度连井剖面

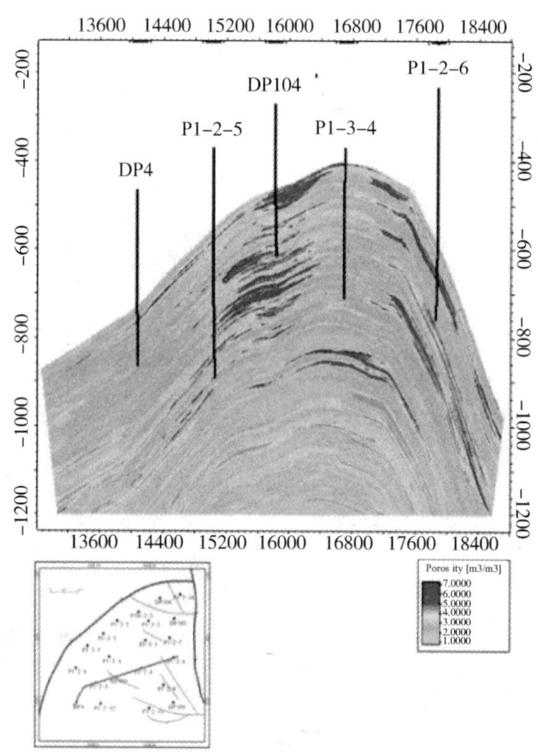

图 10　东坪 4 井-坪 1-2-5 井-东坪 104 井-坪 1-3-4 井-坪 1-2-6 井孔隙度连井剖面

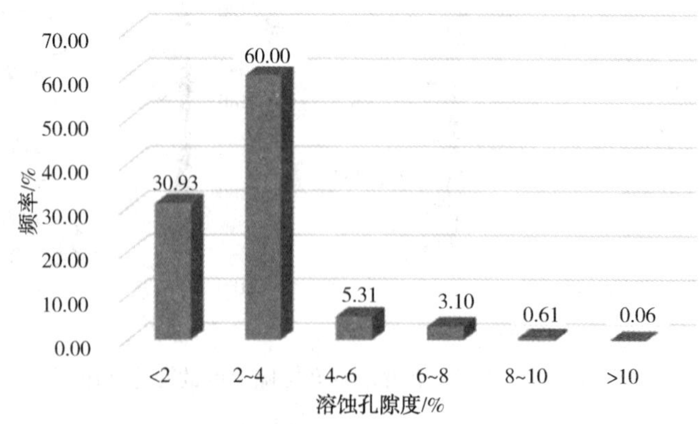

图 11　东坪 1 区块溶蚀孔隙度分布直方图

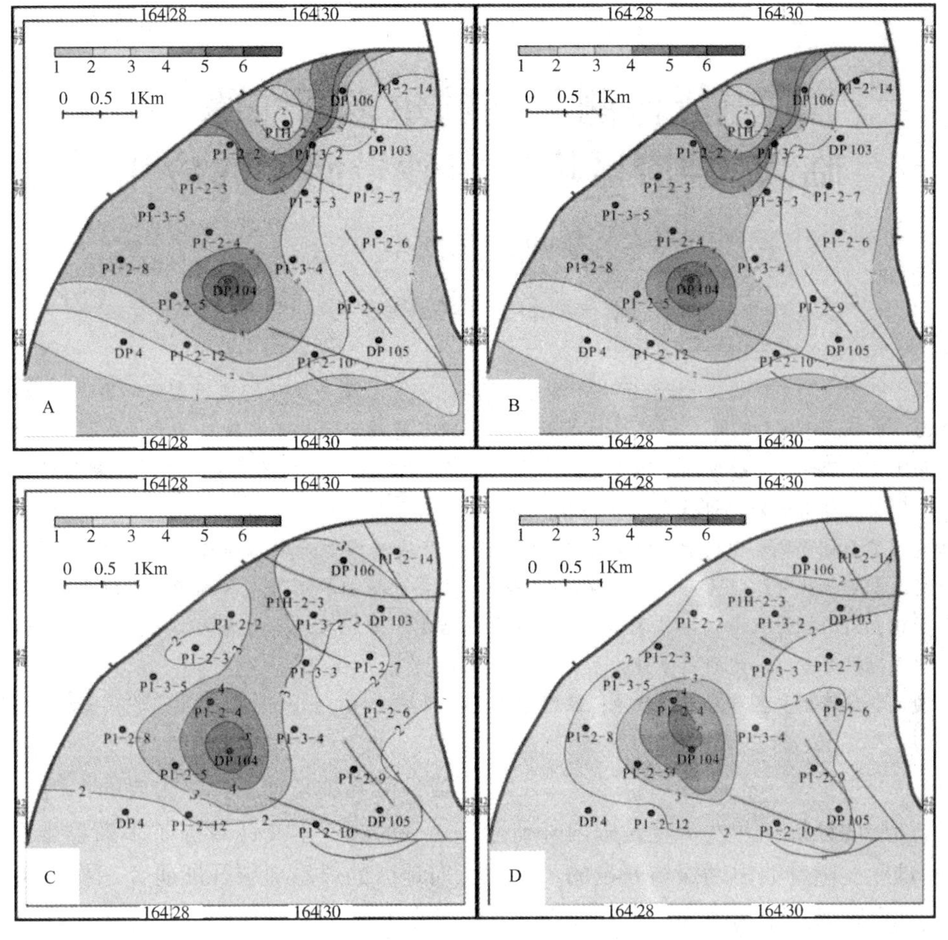

图 12　东坪 1 区块不同深度段溶蚀孔隙度平面分布图

A. 0~50m; B. 50~100m; C. 100~150m; D. 150~200m

4　结论

东坪地区储层溶蚀孔的发育机理主要是由于风化过程所发生的矿物溶解和蚀变作用的结果。岩石由于可溶物质的被溶解而致孔隙增加。矿物的溶解过程是水-岩化学作用，溶解速率大小或矿物风化速率与矿物类型和水溶液及温度有关。

基岩完全风化层，矿物蚀变最严重，储集物性最差，在东坪地区，完全风化层厚度一般在20m范围内，在基岩结构基本没有完全破坏的半风化层，矿物蚀变程度高、孔隙度就高，矿物蚀变程度低，孔隙度就低；随深度增加，矿石蚀变程度和孔隙度降低。

基岩溶孔的发育与断裂及裂缝发育、岩石类型、地形地貌特征以及水的性质和流动性等地质条件和地质环境有关。断裂的发育一方面本身派生一系列裂缝，扩大储集空间，改善储集条件，提高渗透能力；另一方面断裂及其派生的裂缝系统为大气淡水渗滤进行深部溶蚀提供了通道；地表的大气淡水淋滤作用，会随着低角度缝水平缝在水平方向下进行运移，也会沿着高角度缝继续溶蚀，形成断层-溶蚀型孔缝带、斜坡带溶蚀孔缝带、构造凹部位溶蚀孔缝带、低角度-水平溶蚀孔缝带四种构造地貌溶蚀带类型。

东坪地区基岩最大溶蚀孔隙度可达12%。溶蚀孔隙的发育与深度变化有较好的对应关系，在半风化层深度段，随深度增加，孔隙度减小。在平面上变化大，表现出基岩储层有很强的非均质性。

参 考 文 献

[1] 徐则民，黄润秋，唐正光. 硅酸盐矿物溶解动力学及其对滑坡研究的意义[J]. 岩石力学与工程学报，2005(09)：1479-1491.

[2] 张家友. 海南岛北部新生代火山岩风化成矿作用地球化学研究[D]. 中国地质大学，2012.

[3] 李晓燕，蒋有录，陈涛. 风化粘土层-半风化岩石型不整合的矿物学、地球化学特征[J]. 地球科学(中国地质大学学报)，2009，34(03)：428-434.

[4] 张审琴，段生盛，魏国，等. 柴达木盆地复杂基岩气藏储层参数测井评价[J]. 天然气工业，2014，34(9)：52-58.

电成像测井在鄂尔多斯东缘临兴-神府区块致密砂岩储层的应用

胡晓贤[1]　侯振学[2]

(1. 中联煤层气有限责任公司；2. 中海油田服务股份有限公司)

摘　要　鄂尔多斯东缘临兴-神府区块是典型的低渗、低产、低丰度致密岩性圈闭气藏，主力层位是煤系地层山西、太原、本溪组。本文以煤系地层致密砂岩储层地质和测井基础理论为指导，综合利用岩心测试、地质和测井等资料，结合电成像测井资料，围绕临兴-神府地区目标储层展开测井资料解释综合评价。将研究区岩性共划分出砾岩、粗砂岩、中砂岩、细砂岩、粉砂岩、碳质泥岩、泥岩、碳酸盐岩及煤 9 种岩性，总结建立了七种常见层理构造的成像图像、倾角矢量及地质模型一体化的综合识别模式。结合区域背景认为研究区本溪组、太原组为有障壁滨岸沉积环境，主要包括潮汐水道、泻湖沼泽、混合坪、碳酸盐岩丘等沉积微相；山西组为三角洲前缘沉积环境，主要包括水下分流河道、河道间、河口坝 3 种微相，对于该地区天然气勘探开发有一定的指导意义。

关键词　电成像测井；鄂尔多斯盆地；致密砂岩；层理；沉积相

1　引言

致密砂岩储层的评价和开发一直是国内外研究人员面临的难题，随着油田勘探与开发的不断深入，低孔隙度和低渗透率为主要特征的复杂油气藏中发现的油气储量占近年油气整体储量的比例也逐渐增大，正成为发现和开采油气田的主力勘探开发对象。鄂尔多斯盆地东北缘经过近年的勘探，在山西组和太原组和本溪组也发现了很多较为典型的致密砂岩储层，部分层位获得了高产商业气流。

煤系地层的致密储层有别于常规储层，主要有以下几个方面的特点：①束缚水含量较高，含气饱和度低；②地层水矿化度变化大；③成岩作用严重，孔隙结构复杂。④储集层中存在煤线或分散的煤屑，对后期储层改造影响较大。这些特点给致密储层的测井流体识别与评价带来了很大的困难。而微电阻率扫描成像测井采集数据量大，反映地层信息丰富，对薄层识别能力强，经过成像测井软件处理的测井成果图不但直观清晰，而且有多种地质应用，是常规测井无法比拟的，在地层结构和构造分析、裂缝识别、古水流分析、沉积相分析、地应力分析等方面[1,2]，电成像测井越来越发挥了重要的作用。

因此，本文针对鄂尔多斯盆地东缘临兴-神府地区的煤系地层开展研究工作，在常规测井解释的基础上对该气田的电成像测井应用效果进行分析总结，尤其是对主要目的层岩性识别、沉积构造分析、沉积微相特征及沉积相展布等方面做深入分析，以提高在该区的勘探成功率，为实现临兴-神府气田高效开发提供测井技术上的支持。

2　区域地质概况

临兴-神府区块位于鄂尔多斯盆地东北部，山西省临县和兴县境内，区块横跨鄂尔多斯盆地伊陕斜坡与晋西挠褶带两个构造单元[3]。本区煤系地层为石炭~二叠系，煤层集中发育在太原组和山西组。二叠系山西组、石盒子组发育南北向展布的三角洲相沉积体系前缘砂体，其三角洲前缘物性较好，具有一定的储集性，有利于岩性圈闭气藏的形成。经钻探证实本区储集层主要有上古生界石千峰组、石盒子组、山西组砂岩孔隙型储集层。

3　成像测井沉积相分析

3.1　岩性识别

本次研究，综合参考成像图像特征、岩心资

【作者简介】胡晓贤(1989—)，女，2014 年毕业于中国地质大学(北京)能源学院，矿产普查与勘探专业，硕士，就职于中联煤层气有限责任公司研究院，测井工程师，主要从事测井资料解释及储层评价研究工作。E-mail：huxiaoxian930@163.com。

料、常规曲线、录井资料对岩性进行了划分[4]。将研究区岩性共划分出砾岩、粗砂岩、中砂岩、细砂岩、粉砂岩、碳质泥岩、泥岩、碳酸盐岩及煤9种岩性，并对各类岩性的特征进行了总结(表1)。详细描述如下：

表1　临兴–神府地区岩性成像特征统计表

岩性	电成像特征	层理构造特征
泥岩	静态图像多为亮白色或亮黄，动态图像见白色条带	主要发育水平层理，也可见块状层理
碳质泥岩	静态图像主要为黄褐色，动态图像见白色条带及暗色斑点	可见水平层理和块状层理
粉砂岩	静态图像颜色呈橘黄色，可见亮白色条带	主要发育波状层理
细砂岩	成像静态图像呈黄褐色	水动力环境强；交错层理发育
中砂岩	静态图像上呈暗色	水动力环境强，交错层理发育
粗砂岩	静态图像上呈暗色	水动力环境强，交错层理发育
砾岩	静态图像以暗色、褐色为主，动态图像上砾石由于电阻率较高而成像亮色斑点状特征	水动力环境强，既有交错层理，也有块状层理发育
煤	静态图像为亮白色，对应了煤层高阻特征	煤层界面明显，主要以层状–块状为主
碳酸盐岩	静态图像上主要以亮白色为主	多呈中—厚、中—薄层状

(1) 砾岩：常规测井曲线上，自然伽马值为低值；从成像上看，静态图像以暗色、褐色为主，动态图像上砾石由于电阻率较高而成像亮色斑点状特征，既有交错层理，也有块状层理发育(图1)。

(2) 粗砂岩：常规测井曲线上，自然伽马值为低值；静态图像上呈暗色，动态图像上交错层理发育；砂质感明显(图2)。

(3) 中砂岩：常规测井曲线上，自然伽马值为低值；静态图像上呈暗色，动态图像上交错层理发育；砂质感较粗砂岩略细(图3)。

(4) 细砂岩：常规测井曲线上，自然伽马值为低值；从成像上看，静态图像以黄褐色为主，动态图像上发育交错层理，层理细腻，颗粒感较

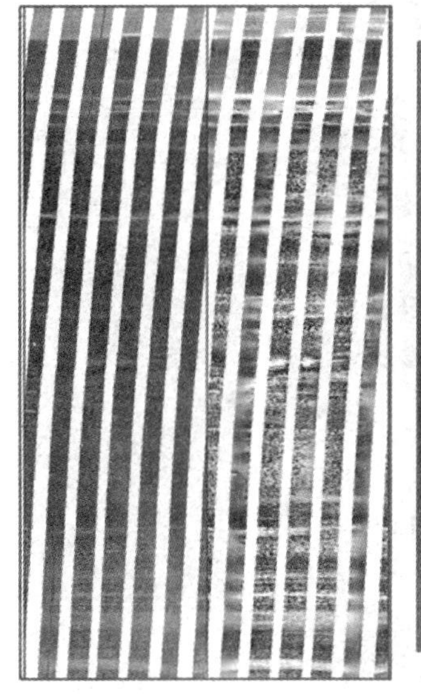

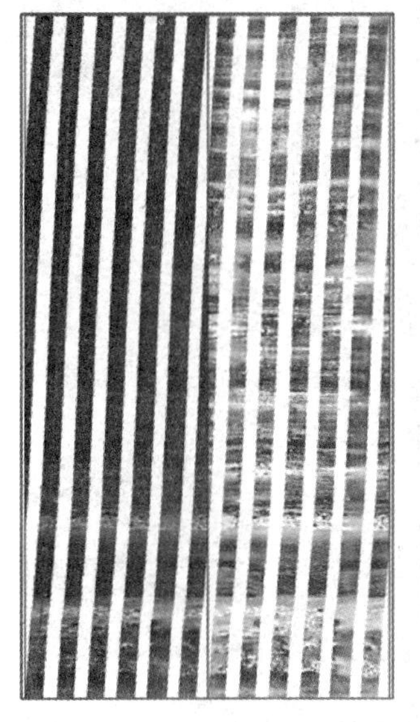
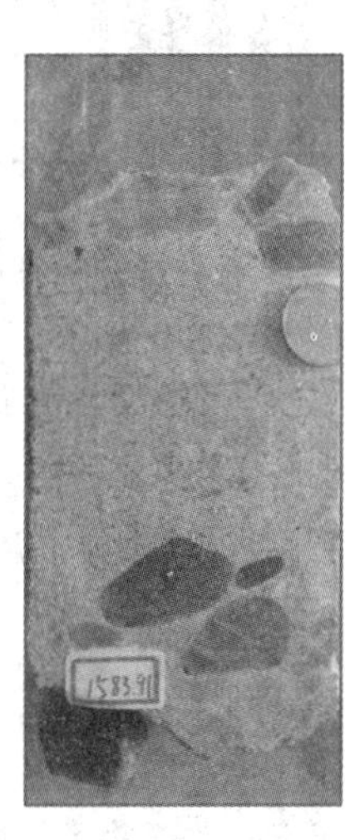

图1　砾岩成像特征图

差(图4)。

(5) 粉砂岩：常规测井曲线上，自然伽马值较高；从成像上看，静态图像以橘黄色为主，动态图像上发育波状层理(图5)。

(6) 碳质泥岩：常规测井上看，自然伽马为高值；从成像上看，静态图像以黄褐色为主，动态图像上发育水平层理，见亮色条带及黑色斑点(图6)。

(7) 泥岩：常规测井上看，自然伽马为高值；从成像上看，静态图像以亮黄色为主，动态图像上发育水平层理，见亮色条带(图7)。

(8) 灰岩：常规测井GR为低值，密度较高，静态图像上呈亮色，层状特征(图8)。

(9) 煤：煤层的常规测井主要特征为GR为

图 2　粗砂岩成像特征图

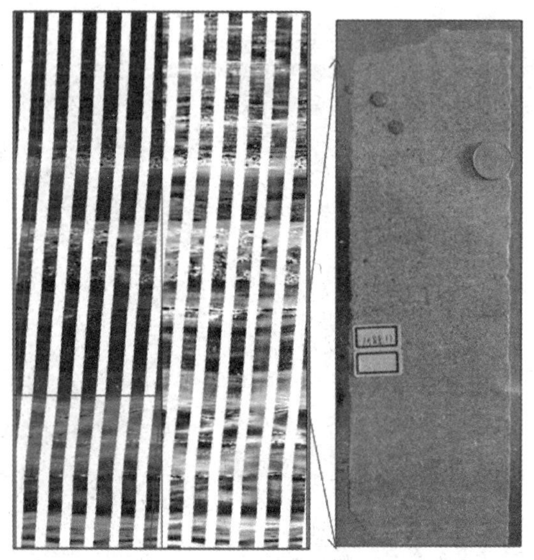

图 3　中砂岩成像特征图

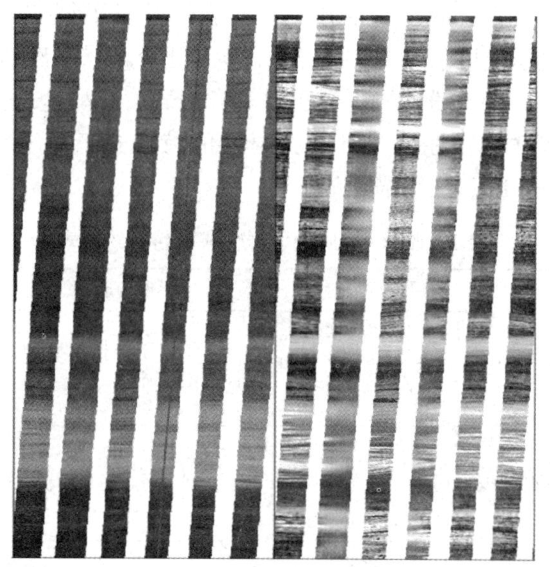

图 4　细砂岩成像测井特征

图 5　粉砂岩成像测井特征

低值，密度较低，静态图像上呈亮色，层状-块状特征(图 9)。

总体上，碎屑岩岩性由细变粗静态图像由亮变暗，泥岩颜色最亮，粉砂岩次之，砂岩较暗，砾岩岩性最暗。通过分析，造成这种区别的最主要原因为物性的差异，从 A 井来看(图 10)，砾岩及粗砂岩物性最好，泥浆侵入造成静态图像颜色越暗，而随着岩性变细，物性变差，颜色变亮[5]。

3.2　沉积构造分析

原生沉积构造包括层理构造和层面构造，尤其层理构造是沉积岩最重要的特征之一，是沉积介质和沉积环境能量状况的重要标志[6]。研究沉积构造通常仅仅是在露头进行观察，而倾角和成像测井技术的应用为揭示沉积构造提供了新的技术方法。就层理构造而言，组成层理的最小单位纹层厚度一般以毫米(mm)度量，但随着介质能量增大，纹层厚度也可达到厘米(cm)级，对于纹层系或相同岩性组成的纹层组而言，其厚度可达厘米(cm)到米(m)的数量级。成像测井的纵向、横向分辨率约为 5mm，与中厚纹层和一般纹层系的厚度接近，这为利用成像测井技术识别层理内部纹层或纹层系界面(相当于 1-2 级界面提供了基础依据[7]。

由于纹层面可以平行于地层的层系界面，也可能与地层层系界面成一定角度，因此在识别层理构造时要对纹层系界面和地层层系界面仔细加以区分，这样才能得出可靠的结论。对层理构造

图 6　碳质泥岩成像测井特征

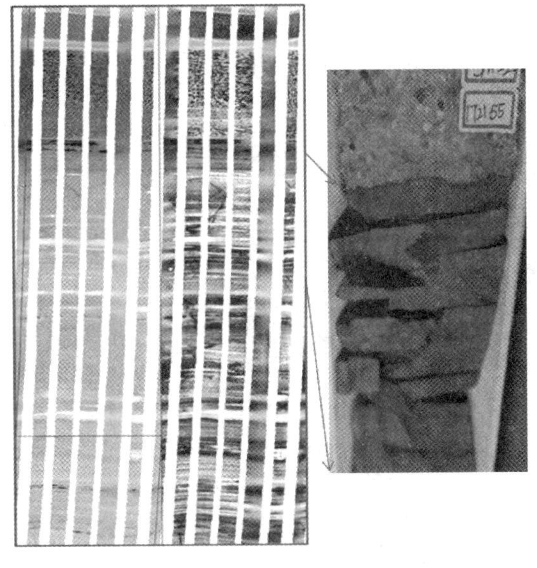

图 7　泥岩成像测井特征

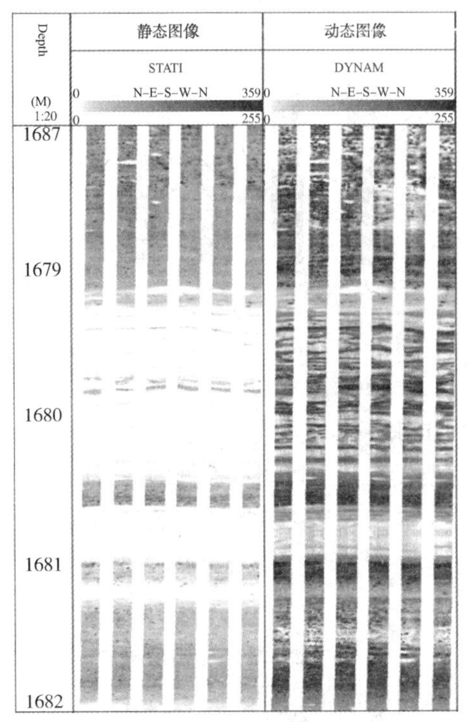

图 8　灰岩成像测井特征

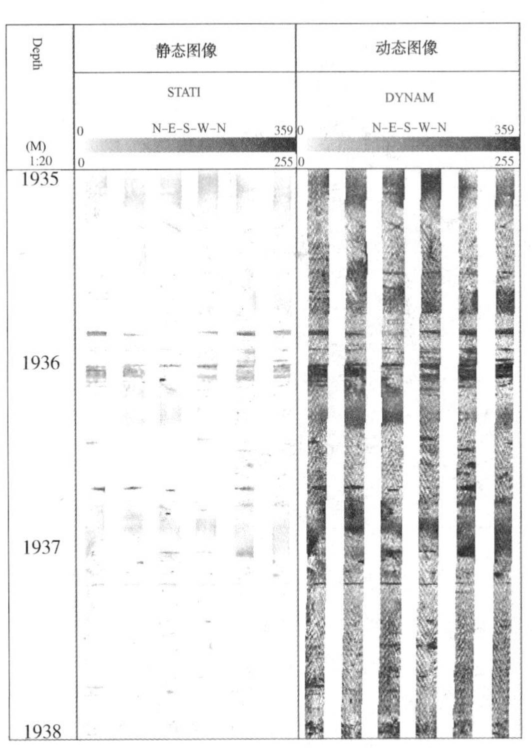

图 9　煤层成像测井特征

的处理，通常采用分米级窗长和厘米级步长的小尺度参数，以反映层理内部微细纹层面的构造形态[8]。对于厚度小于 3~5m 的砂体或各测量极板相关性不好时，要参考岩心并采用必要的人机交互处理进行解释。目前层理构造的解释主要基于倾角矢量模式特征，并建立了常见的层理构造与倾角矢量模式之间的关系(图 11)[9]。

本文依据倾角矢量角度判断层理形成时的水动力条件，一般把微细纹层倾斜角度大于 20°确定为高能沉积环境(最高不超过 33°~35°)，10°~20°为中等能量沉积环境，低于 10°为低能沉积环境[10]。近几年，研究区利用成像测井图像识别出的层理构造非常丰富，包括常见的板状交错层理、槽状交错层理、双向交错层理和波状层理等[11]。基于成像测井图像特征、地层倾角矢量特征以及对应的地质模型，在研究区总结建立了七种常见层理构造的成像图像、倾角矢量及地质模型一体化的综合识别模式，为正确、快速判别常见沉积层理构造提供了可靠的手段。

详细描述如下：

(1) 水平层理：成像图上表现为一组基本平

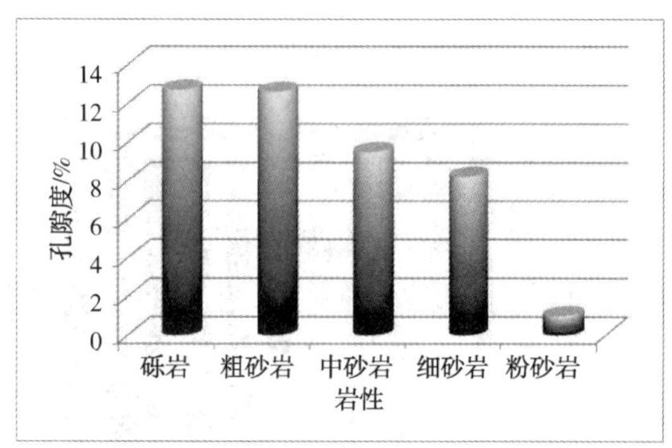

图 10　A 井不同岩性物性直方图

行的一组水平线条。倾角矢量图上表现为绿模式；主要发育于水体能量极低的泥岩中(图 12)。

(2) 波状层理：成像图上表现为一组总体上基本平行的线条，幅度差别不大，但方位变化多端。

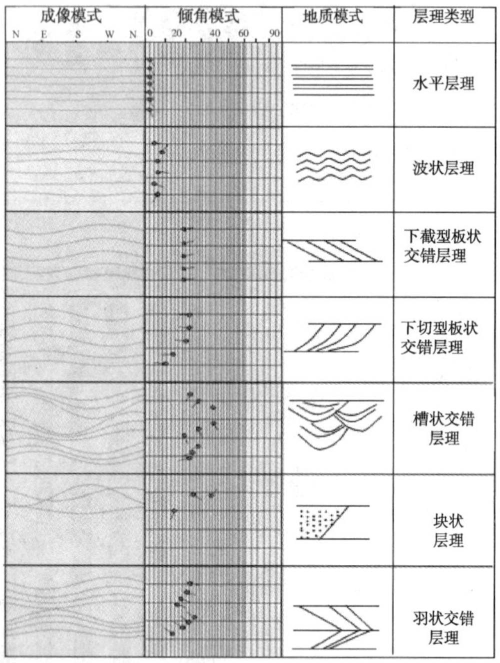

成像模式 N E S W N	倾角模式 0 20 40 60 90	地质模式	层理类型
			水平层理
			波状层理
			下截型板状交错层理
			下切型板状交错层理
			槽状交错层理
			块状层理
			羽状交错层理

图 11　研究区常见层理构造综合识别模式

倾角矢量图上表现为角度变化较小，方位变化不定，主要发育于水体能量较低的粉砂岩中(图 13)。

(3) 下截型板状交错层理：正弦曲线产状基本相同，层系内纹层显示底、顶部截切，倾斜角度一致。倾角矢量图上表现为绿模式；主要发育于强水动力环境下形成的砂岩、砾岩中(图 14)。

(4) 下切型板状交错层理：成像图上表现为正弦曲线，下部产状逐渐变缓，层系内纹层显示底部相切。倾角矢量图上表现为蓝模式；主要发育于强水动力环境下形成的砂岩、砾岩中(图 15)。

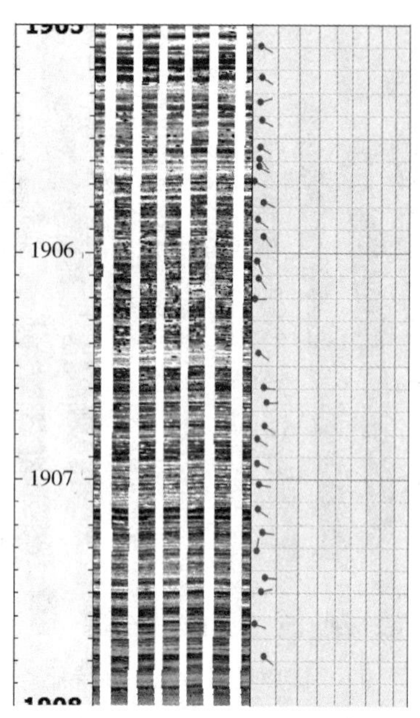

图 12　水平层理特征图

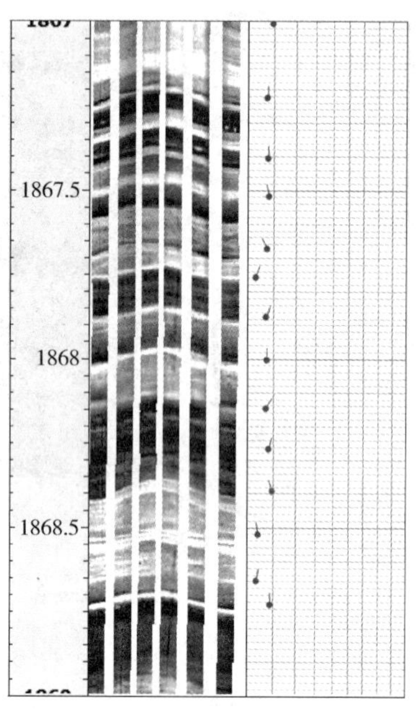

图 13　波状层理特征图

(5) 槽状交错层理：层系界面不平行，且强烈下凹，具明显的槽状侵蚀底界。倾角矢量图上表现为一组短模式线连接的红、蓝模式组合；主要发育于强水动力环境下形成的砂岩、砾岩中(图 16)；

(6) 羽状交错层理：成像图上表现为一组产状相反的正弦曲线，倾角矢量图上表现为一组倾角基本相同，但是倾向相反的组合；主要发育于潮汐环境下形成的砂、砾岩(图 17)。

(7) 块状层理：块状层理：不具纹层构造，

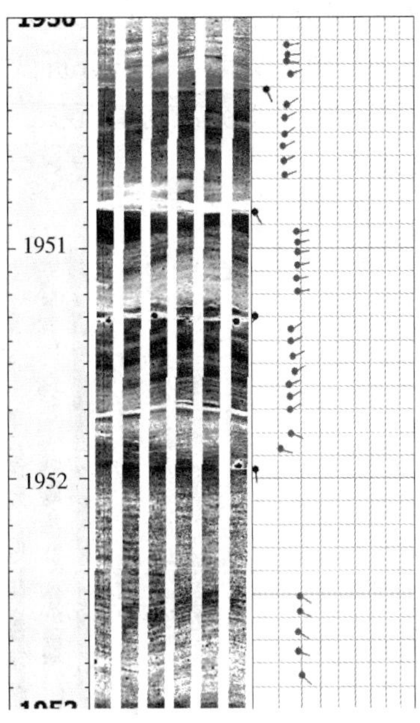

图 14　下截型板状交错层理

即均质层理。块状砂岩：沉积物快速堆积产物(图 18)；块状泥岩：安静水体，悬浮物快速堆积(图 19)。

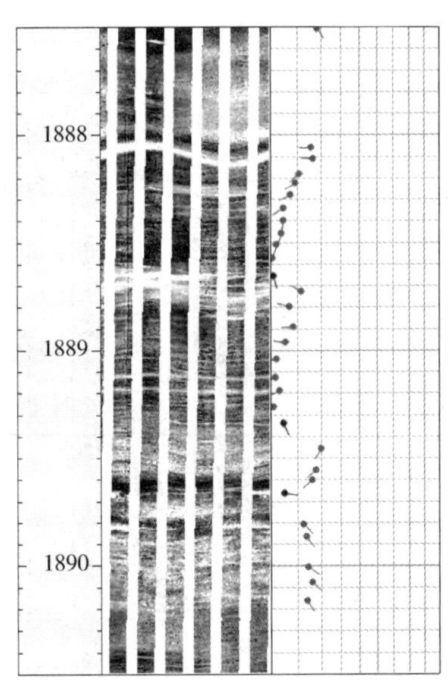

图 15　下切型板状交错层理

3.3　沉积位微相分析

常规划分、识别和描述沉积微相的主要方法是通过电测曲线的形态、幅度以及组合特征等方式判识[12]，方法单一，已不能满足当前天然气勘探开发难度增大、复杂陆相河流储层描述精细化程度更高的实际要求[13]。根据区域地质背景资料，鄂尔多斯盆地经历了晚石炭世本溪期海侵及早二叠世太原期海退，至山西期，盆地进入陆相为主的沉积阶段。根据沉积环境背景，应用电成像对储层岩石层理做深入描述，结合典型测井

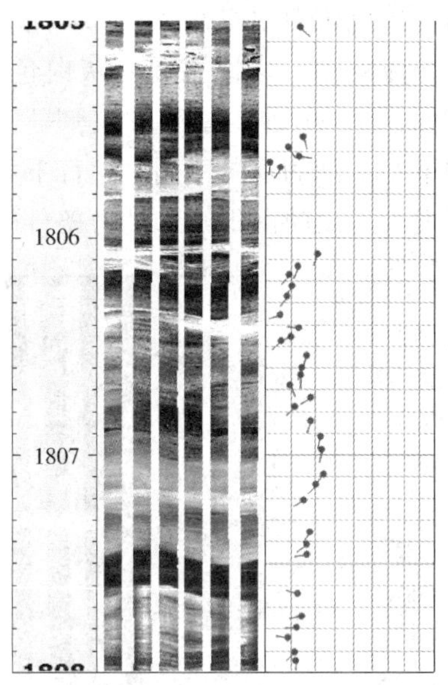

图 16　槽状交错层理特征图

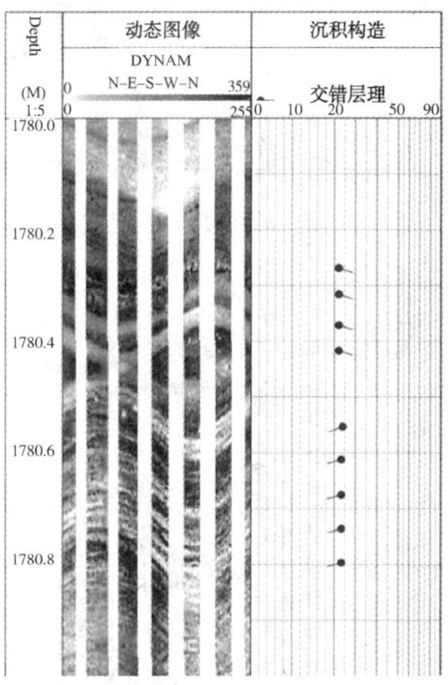

图 17　羽状交错层理特征图

曲线，识别并建立精度更高的沉积微相模型[14]。

从录井资料分析，研究区太原组、本溪组泥岩主要呈灰色，颜色较暗，无明显氧化色，煤层发育。从常规测井资料来看，砂体自然伽马曲线形态以箱型为主。砂体中交错层理发育；山西组-上石盒子组底部泥岩主要呈灰色，颜色较暗，无明显氧化色。从常规测井资料来看，砂体自然伽马曲线形态以箱型为主，部分漏斗型和指型。砂体中交错层理、冲刷面等沉积构造发育。

综上特征，结合区域背景认为研究区本溪组、太原组为有障壁滨岸沉积环境，主要包括潮汐水道、泻湖沼泽、混合坪、碳酸盐岩丘等沉积微相；山西组为三角洲前缘沉积环境，主要包括水下分流河道、河道间、河口坝 3 种微相。

山西组的沉积微相如下：

水下分流河道：岩性主要为灰白色细砂岩，GR 曲线为钟形，单砂体厚度较大，呈正旋回特征，形成下粗上细的垂向序列。发育下截型板状交错层理发育，反映沉积时水动力条件较强；河道底部可见冲刷充填构造。通过对层理进行分析，该套砂体古流向为北，综合分析该套砂体为受潮汐作用影响的水下分流河道沉积，潮汐作用占优势（图 20）。

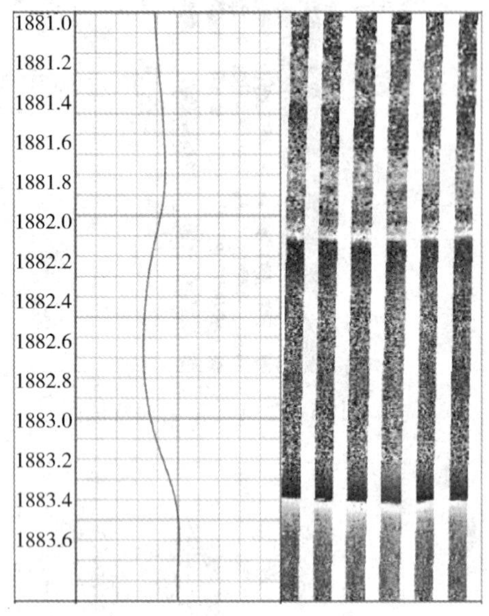

图 18　砂质块状层理成像特征

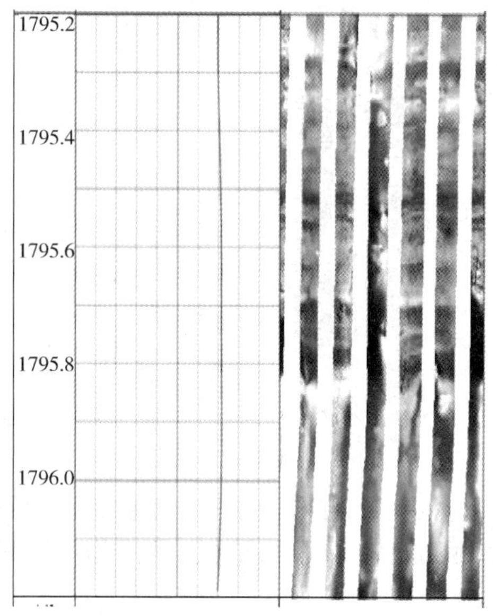

图 19　泥质块状层理成像特征

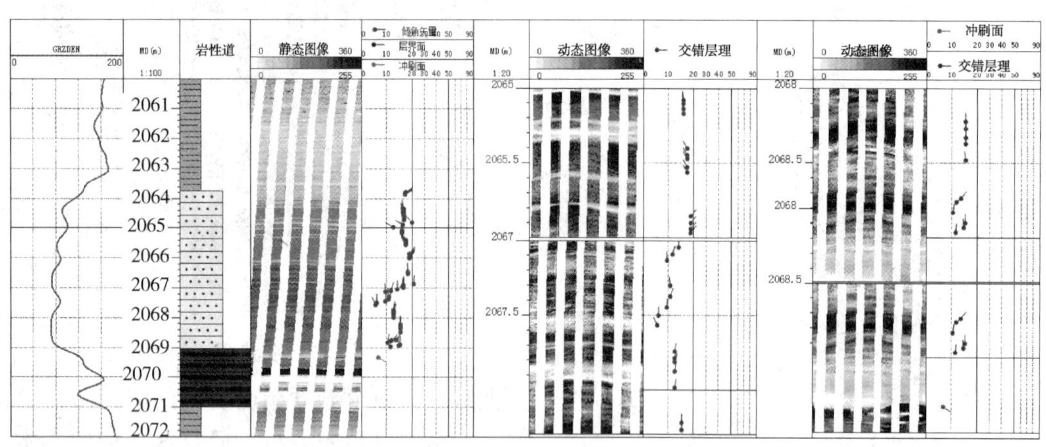

图 20　山西组水下分流河道沉积特征图

河口坝：岩性以灰色粉砂岩为主。顶部发育小型板状交错层理。单个砂岩厚度较小，GR 曲线垂向上呈漏斗型，具有反旋回特征，形成下细上粗的垂向序列（图 21）。

河道间：岩性以灰色泥岩、粉砂岩为主，发育水平层理、波状层理（图 22）。

总体上看，通过对多口井成像测井资料进行分析，该地区山西组砂体倾向以南向为主，局部北向，说明该地区三角洲沉积环境受到潮汐作用控制，为一受潮汐及河流双重控制的三角洲沉积环境；

而太原组沉积微相具体如下：

潮汐水道：岩性主要为中砂岩，GR 呈箱型，发育板状交错层理等沉积构造，底部见冲刷充填构造（图 23）。

泻湖沼泽：岩性主要为泥岩，煤层，发育水平层理，波状层理，反应水动力条件弱，见黄铁矿结核，反应还原环境（图 24）。

本溪-太原组砂岩主要为箱型，发育高水动力条件下形成的沉积构造，煤层发育且厚度较大，综合分析为一套障壁-滨岸沉积体系。

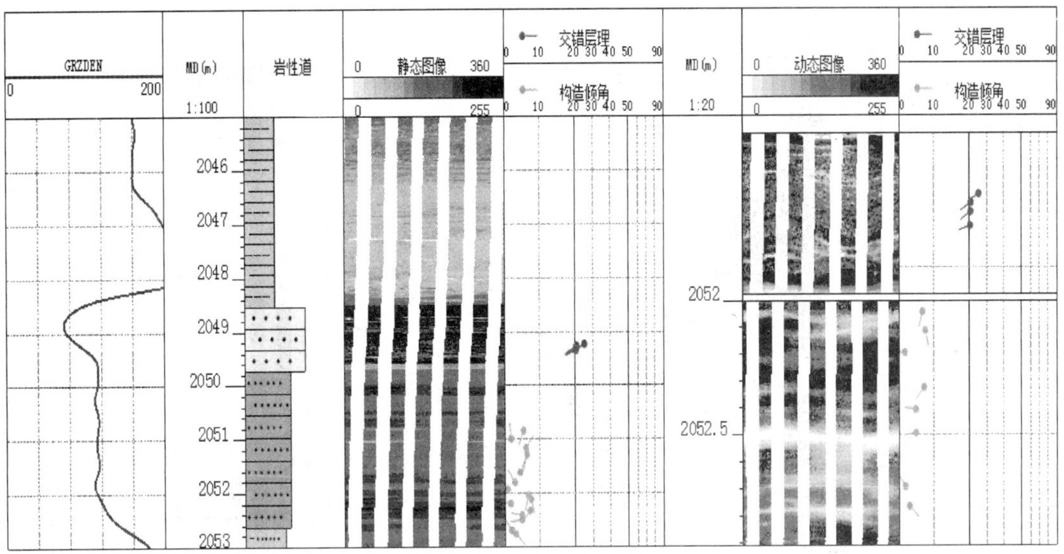

图 21　河口坝沉积微相特征图

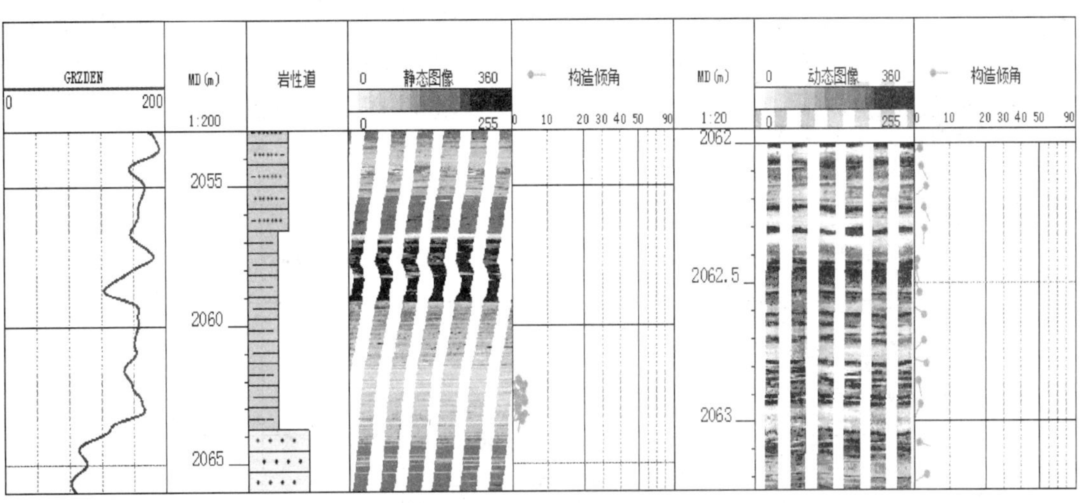

图 22　河道间沉积微相特征图

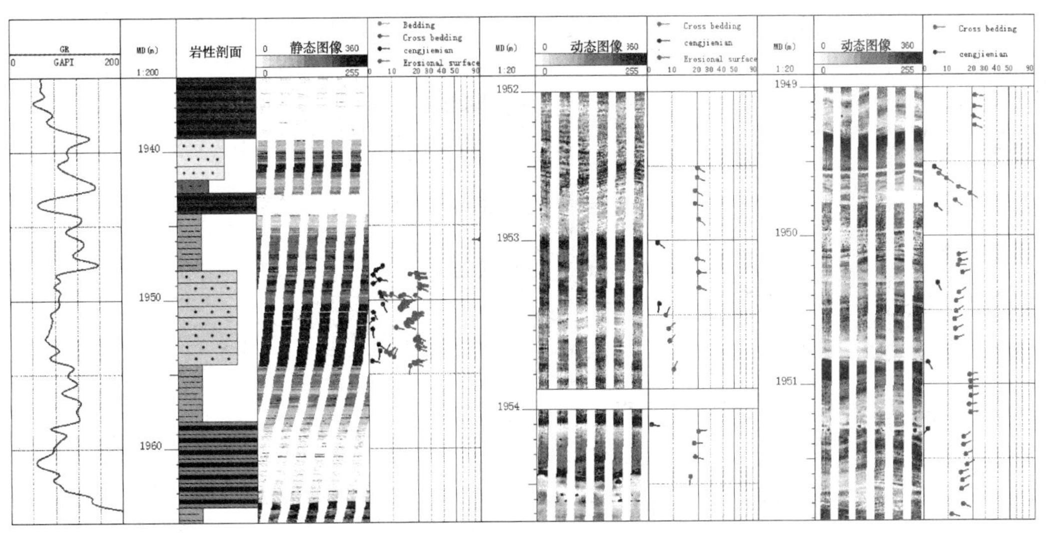

图 23　太原组潮汐水道沉积特征图

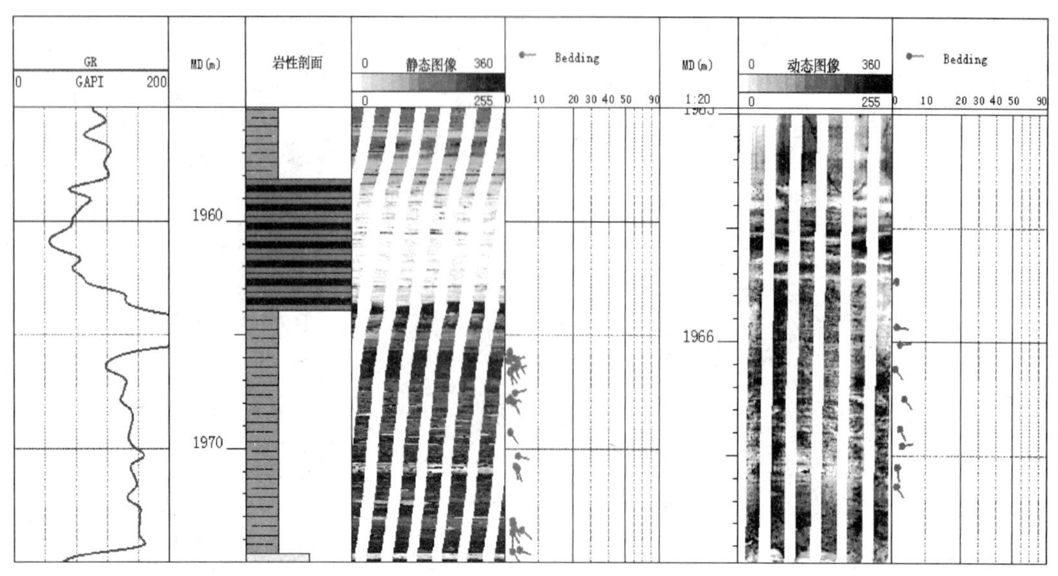

图 24　太原组泻湖沼泽沉积特征图

3.4　沉积相分析

综合以上研究，建立了研究区山西、太原、本溪组三个层位沉积相综合柱状图，该区本溪组、太原组为有障壁滨岸沉积环境，发育潮汐水道等沉积微相；山西组为三角洲沉积环境，发育三角洲前缘亚相，发育水下分流河道、河口坝等沉积微相(图 25，图 26)。

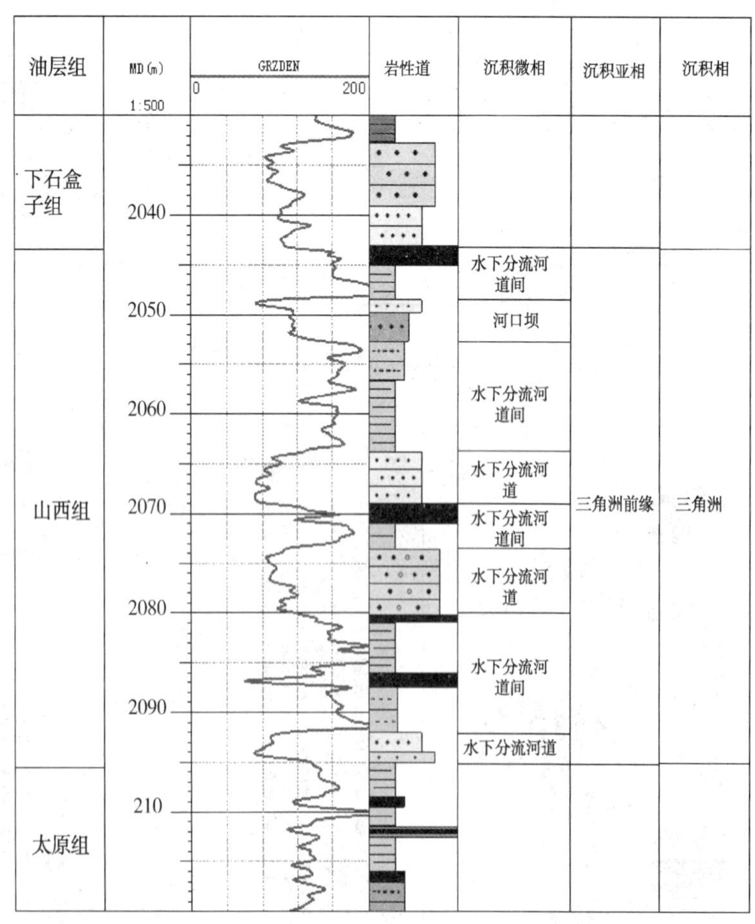

图 25　山西组沉积相综合图

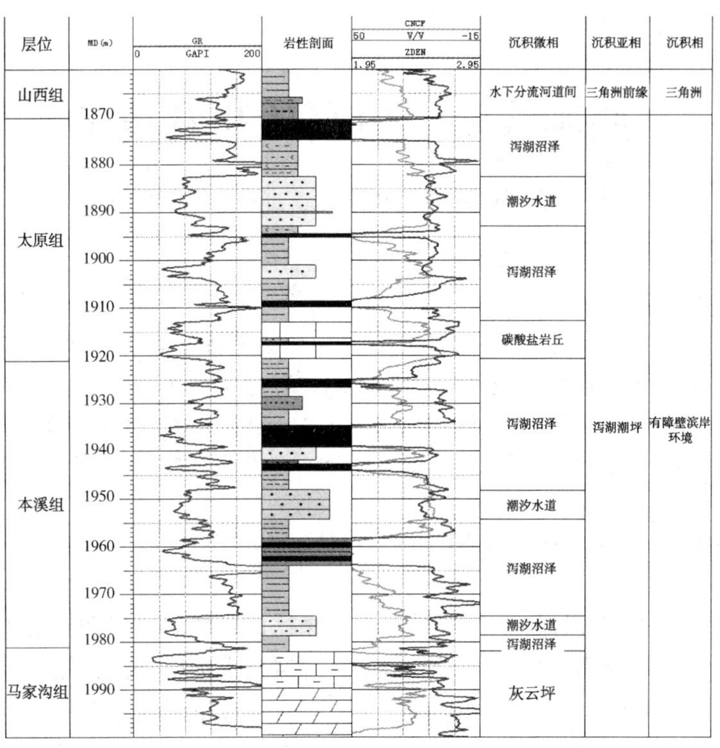

图 26　太原组-本溪组沉积相综合图

4　结论

（1）用微电阻率扫描成像资料识将研究区岩性共划分出砾岩、粗砂岩、中砂岩、细砂岩、粉砂岩、碳质泥岩、泥岩、碳酸盐岩及煤 9 种岩性。研究区碎屑岩岩性由细变粗静态图像由亮变暗，泥岩颜色最亮，粉砂岩次之，砂岩较暗，砾岩岩性最暗。

（2）研究区利用成像测井图像识别出板状交错层理、槽状交错层理、双向交错层理和波状层理等，建立了七种常见层理构造的成像图像、倾角矢量及地质模型一体化的综合识别模式。

（3）根据沉积环境背景，应用电成像对储层划分沉积相机沉积微相，认为研究区本溪组、太原组为有障壁滨岸沉积环境，主要包括潮汐水道、泻湖沼泽、混合坪、碳酸盐岩丘等沉积微相；山西组为三角洲前缘沉积环境，主要包括水下分流河道、河道间、河口坝 3 种微相。

参　考　文　献

[1] 刘行军，刘克波，李香玲，等．成像测井在演武地区北部延安组油藏勘探中的应用[J]．西北大学学报：自然科学版，2012，42(1)：95-103.

[2] 付金华，石玉江，侯雨庭，等．成像测井技术在长庆低渗透油气藏中的应用[J]．中国石油勘探，2002，7(4)：51-64.

[3] 解东宁，陈玉良，张文卿，等．鄂尔多斯盆地东部临县-兴县地区山西组煤成气勘探潜力分析[J]．西安科技大学学报，2013，33(2)：149-154.

[4] 王贵文，郭荣坤．测井地质学[M]．北京：石油工业出版社，2000.

[5] 杨玉卿，崔维平，田洪．碎屑岩成像测井沉积学研究及其在海上油田的应用[J]．海相油气地质，2012，17(3)：40-46.

[6] 于兴河．碎屑岩系油气储层沉积学[M]．北京：石油工业出版社，2002：72-77.

[7] 陈本才，马俊芳，高亚文．地层微电阻率扫描成像测井沉积学分析及储层评价[J]．西部探矿工程，2004，16(12)：93-94.

[8] 安志渊，邢凤存，李群星，等．成像测井在沉积相研究中的应用-以克拉玛依油田八区下乌尔禾组为例[J]．石油地质与工程，2007，21(1)：21-24.

[9] 邢凤存，朱水桥，旷红伟，等．EMI 成像测井在沉积相研究中的应用[J]．新疆石油地质，2006，27(5)：607-610.

[10] 吴文圣，陈钢花，王中文，等．用地层微电阻率扫描成像测井识别沉积构造[J]．测井技术，2000，24(1)：60-63.

[11] 钟广法，马在田．利用高分辨率成像测井技术识别沉积构造[J]．同济大学学报，2001，29(5)：576-580.

[12] 郝骞，张志刚，靳福广，等．苏里格气田苏 120 区块低渗致密砂岩储层微观特征精细描述[J]．天然气勘探与开发，2014，37(3)：5-9.

[13] 张荣虎，王俊鹏，马玉杰，等．塔里木盆地库车坳陷深层沉积微相古地貌及其对天然气富集的控制简[J]．天然气地球科学，2015，26(4)：667-678.

[14] 杨玉卿，崔维平，李俊良，等．电成像测井在珠江口盆地西部低阻油层研究中的应用[J]．中国海上油气，2011，23(6)：369-373.

胜利浅海油田高效开发技术

翟　亮　田同辉　姜书荣　张　强　李　健

(中国石油化工股份有限公司胜利油田分公司勘探开发研究院)

摘　要　针对胜利浅海边际油田有效动用难度大，已开发浅海油田采油速度、采收率低的开发难题，攻关形成了窄河道不连续砂体储层预测及井网优化设计技术，提高单井产量及储量动用率，实现难动用边际油田有效动用；攻关形成了超大规模整体建模、整体模拟一体化技术，建立了国内首创埕岛油田整体模型，形成了胜利特色浅海油田细分加密综合调整技术，大幅提高已开发油田采油速度及采收率，实现了胜利浅海油田持续上产。

关键词　胜利浅海；储层预测；井网优化，建模数模；细分加密

胜利浅海油田勘探始于20世纪60年代，相继发现了埕岛油田、老河口油田、新滩油田、新北油田、桥东油田等5个滩浅海油田，共上报探明及控制储量7.2亿吨。浅海油田开发始于上世纪90年代，1996年在埕岛油田建成全国第一个年产油百万吨级油田，1999年产量突破200万吨，2014年产量突破300万吨。在胜利浅海20多年开发历程中，配套形成了具有胜利浅海地区特色的开发技术体系，形成了“中心平台+卫星平台+陆地终端”的近岸开发和“进海路+人工岛”海油陆采开发两种海上开发模式。本文重点介绍的是“十二五”以来，一是针对外围边际油田，储量品位低，有效动用难度大的开发难题，攻关形成了窄河道不连续砂体储层预测及井网优化设计技术，大幅度提高单井产量及储量动用率，实现难动用边际油田有效动用。二是针对已开发埕岛油田采油速度、采收率低的开发难题，攻关形成了海上老区细分加密综合调整技术，在国内首次开展了海上油田整体规模调整，打造胜利海上百万吨增量创效阵地，大幅提高海上老区采油速度及采收率，有力支撑海上持续上产。

1　窄河道薄层油藏储层预测技术

1.1　井控拓频处理，提高地震纵向分辨能力

针对原始地震主频较低不能识别薄互层的问题，在保证信噪比不失真的前提下，拓宽原始地震资料频率，提高地震主频，使垂向分辨率提高。首先，提取原始地震数据地震道振幅谱和信噪比谱，然后输出期望地震道振幅谱，运用平滑度域技术提取子波，输出实际地震道，在井点处对比合成记录与处理后的地震效果，吻合程度较高即处理过程结束，反之，重新选择输出期望地震道振幅谱，反复测试。

对老168块地震资料进行提高地震分辨率处理后，地震频带由10~70Hz拓宽到10~100Hz，而且地震频谱的主频从30hz提高到45hz，分辨率有了一定的提高，井旁道与井点储层对应关系也得到提高。

1.2　沉积模式指导，分频属性优化，精细刻画砂体边界

(1) 解剖密井网区，建立沉积模式

相邻老区研究结果显示，老河口地区主力层包括Ng1、2、3共三个砂组，$Ng2^2$以上为曲流河，$Ng2^3-Ng3^3$以网状河为主，砂体相对发育，个数多分布广；河道方向主要为3组：北西向、北东向和近南北向。该区主要沉积微相为河床亚相边滩、堤岸亚相天然堤以及河漫滩，砂体平面上多呈带状、土豆状或不规则形状展布，河道砂根据其成因主要包括两种类型，一类是水深流急的河道，表现为河道窄，宽度多在150~300m，延伸长度3~6km，沉积厚度较大，一般10~15m，在地震剖面上表现为明显的强振幅反射特征；另一类是水深流缓的河道，河道较宽，宽度在200~500m不等，厚度一般4~8m相对较薄，在地震剖面上也表现出较强振幅、较连续的反射

【作者简介】翟亮(1978—)，男，高级工程师，2006年毕业于中国石油大学(华东)油气田开发工程专业并获硕士学位，现在胜利油田分公司勘探开发研究院从事滩海油田开发相关研究工作。E-mail：zhailiang. slyt@ sinopec. com

特征；而以天然堤沉积为主的较薄砂和河漫滩沉积为主的小土豆薄砂在地震剖面上多表现为较弱振幅。

(2) 分频属性分析技术，精细刻画砂体边界

常规频谱地层检测技术分辨率有限，采用分频解释技术能够排除时间域内不同频率成份的相互干扰，可以得到高于传统分辨率的解释结果，获得更精细的地质图像[3-4]。将地震资料分解成不同的频率段，并提取不同的频率段的地震属性，分析完钻井资料与不同频率段地震属性的对应关系，优选出对储层反映好的优势频率段和地震属性，据此来描述储层发育带、刻画砂体边界。在老河口油田老168地区，分析认为15~35Hz的低频信息反映主河道形态(图1)，35~45Hz的高频信息反映河道两侧薄层砂体。

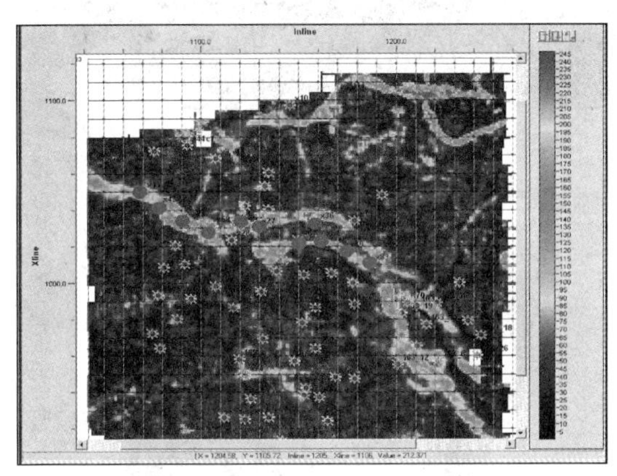

图1　老168块Ng13 15~35Hz平均总能量分布图

1.3　多种反演方法分阶段应用，定量预测砂体厚度

目前常用的储层反演预测方法有稀疏脉冲反演、基于模型反演、分频属性反演、地质统计反演，各方法具有不同的特点，也有不同的适用条件。根据油藏滚动实施不同时期的资料情况，在不同时期分别选择不同的反演方法进行储层预测，逐步提高储层预测的纵向精度。

(1) 稀疏脉冲反演，方案实施早期，掌握储层厚度分布

稀疏脉冲反演其反演类型是井控制下的地震递推反演。反演过程中，测井资料主要进行标定和提供低频信息，其结果忠实于地震资料[5]，并且与地震资料所具有的振幅频率等特征有较好的对应关系，比较客观地反映地质体在横向上的变化，分辨率接近地震资料，适用于储层横向变化快和井少的油藏。主要在方案编制初期，少井条件下，掌握砂体分布。

(2) 分频地震反演技术，方案实施初期，提高纵向预测精度

分频反演技术将振幅与频率关系引入反演，从而合理利用地震资料有效频带的低、中、高频信息，减少薄层反演的不确定性。分频反演其反演类型是地震属性的神经网络学习反演[6,7]，反演过程中，测井提供学习样本，运用地震分频属性信息，纵向上分辨率较高。在完钻井少的条件下效果优于稀疏脉冲反演的结果，但在多井条件下，分辨率不如地质统计反演。其方法适用于地震对储层厚度反映差，且井少的地区。主要用于油藏开发初期，提高储层纵向预测精度。

(3) 地质统计反演技术，方案实施后期，精细描述储层

对于薄层储层，用普通波阻抗反演方法难以解决薄砂体识别，利用对砂泥岩识别明显的测井曲线，结合构造建模、小层精细划分和对比，利用地质统计和建模技术，采用序贯高斯模拟方法并协同波阻抗反演结果进行自然电位和深侧向电阻率体的岩性模拟，建立储层岩性预测模型[8]。地质统计反演方法融合了测井数据的纵向分辨率和地震的横向分辨率，进行地质统计学意义的储层空间分布预测，实现了地震反演与地质统计模拟方法的结合，反演分辨率高，需要大量的井进行变差函数分析，用于解决岩性叠置储层中的薄层分布问题。通过叠后地质统计学反演成果，基于输入数据的情况，可给出反演结果的不确定性分析，以降低油田开发的风险。主要在方案实施中后期，多井条件下，大幅提高纵向预测精度(图2)。

2　窄河道薄层底水油藏注采井网优化设计技术

2.1　地质模型建立

根据老168块河道的发育特点，建立了直河道、弯曲河道和人字形河道3类河道的概念模型，河道长1200m，宽300m，河道中心最厚(6m)，储层物性最好(渗透率为1200mD)，向河道两边砂体逐渐变薄，储层物性逐渐变差，河道底部存在1.5m厚的底水(图3)，模型基本能反映该类油藏河道窄、层薄、存在底水的几个主要特点。

概念模型只是研究该类油藏注采井网的共性问题，用以指导实际区块注采井网的设计，实际区块注采井网的优选还要根据建立的三维地质模型通过数值模拟方法来优选。

利用Petrel建立老168块的三维地质模型(图4)，由于老168块油层厚度薄，且多为砂泥

薄互层，因此为保证建模的精度满足研究需要，采用小层为建模单位，对研究区8个小层以及其间的隔夹层进行了精细模拟，建立了岩相以及属性模型，并通过测井解释的井点含水饱和度构建了原始含油饱和度模型，总网格数为1476800个。

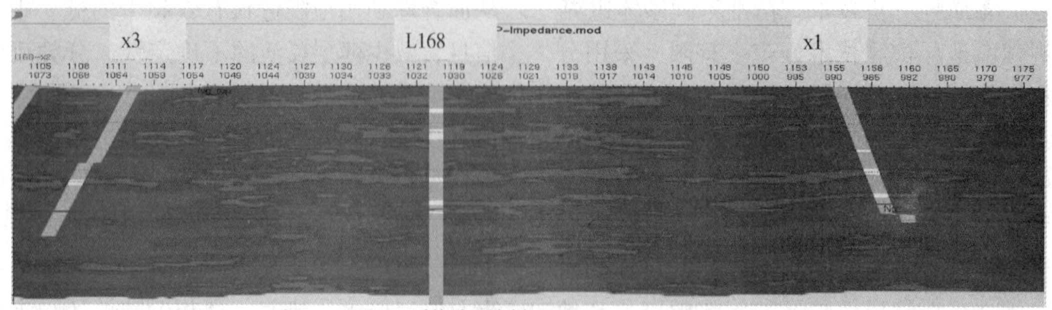

老168地区地质统计反演剖面

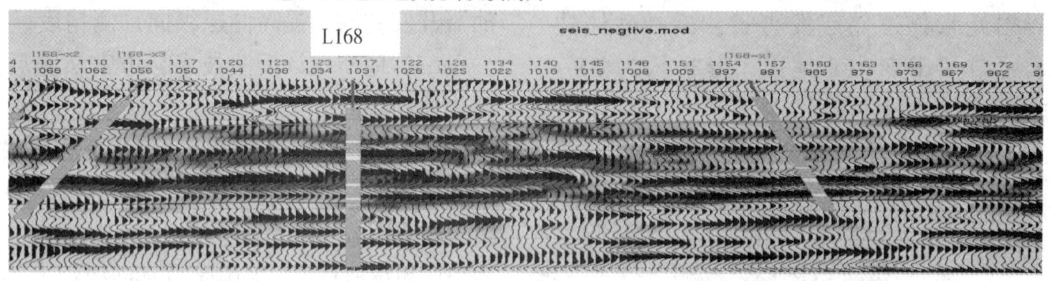

老168地区稀疏脉冲反演剖面

图2　老168块地质统计与稀疏脉冲反演剖面

图3　窄河道薄层底水油藏平面图与剖面图

图4　老168块三维地质模型

2.2　注采井网优化

利用老168块实际经济参数，计算单井经济合理控制储量为6×10^4t/口，根据每个模型的地质储量，确定部署的井数。根据生产井和注水井在河道的不同位置，共部署了14套井网，其中直河道部署4套井网(图5)、弯曲河道6套井网(图6)、人字形河道4套井网(图7)。利用流线模型计算了各方案的波及系数及最终采收率[7]，计算控制条件：定井底流压生产，注采比为1.0，综合含水为98%时为最终采收率。

由计算结果可知(表1)，在直河道中，当注水井位于河道中心时(井网1和井网3)，注入水沿河道中心的高渗带突进快，波及系数小，含水上升快，采收率低。当注水井位于河道边部时(井网2，井网4)，波及系数大，开发效果好，虽然井网2的采收率比井网4略高(0.2%)，但井网2生产井位于河道边部，采油速度较低，生产周期大大延长，而井网4生产井位于河道中部，不但采油速度高，波及系数大，而且最终采收率也高，开发效果最好。

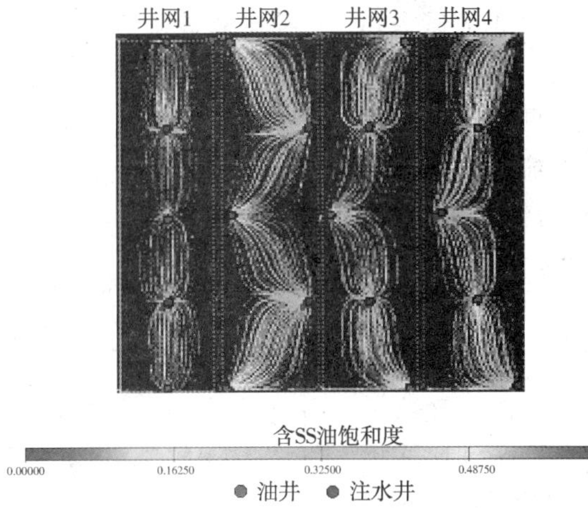

图5　直河道不同井网流线分布图

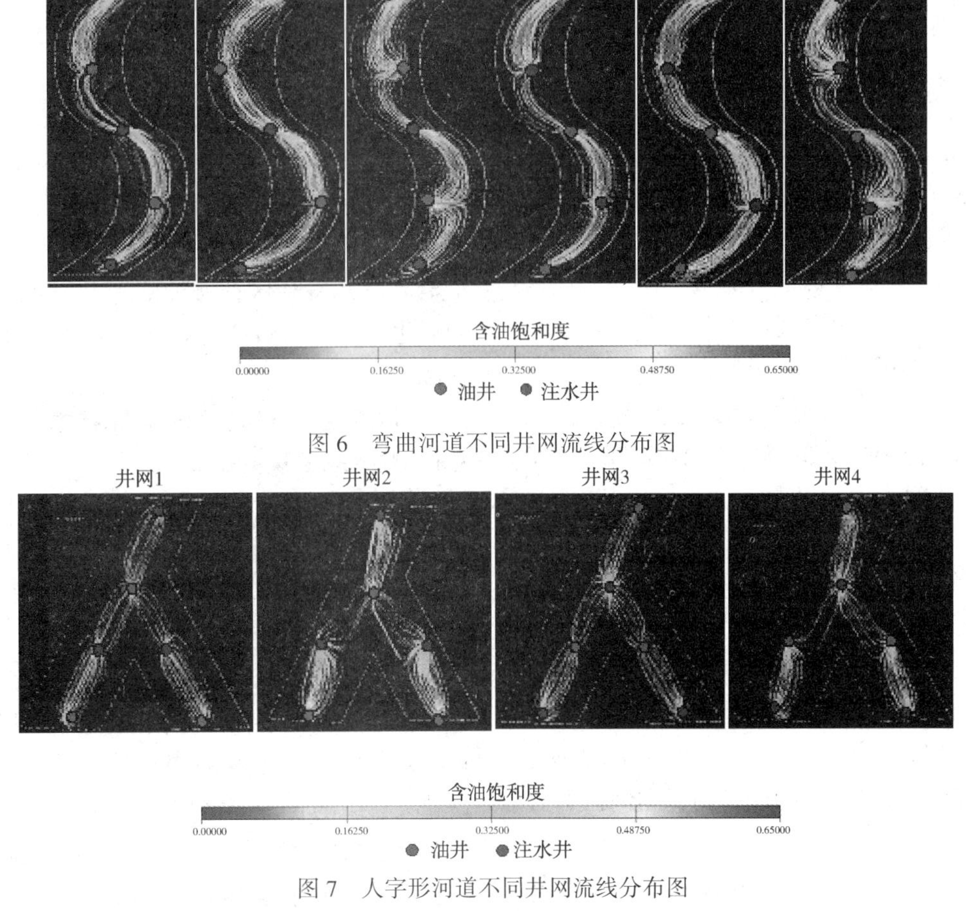

图6　弯曲河道不同井网流线分布图

图7　人字形河道不同井网流线分布图

表1　不同河道方案的最终采收率计算结果表

河道类型	直河道			弯曲河道							人字形河道			
方案	方案1	方案2	方案3	方案4	方案1	方案2	方案3	方案4	方案5	方案6	方案1	方案2	方案3	方案4
注水井位置	中心	边部	中心	边部	中心	凹岸	凸岸	将方案1，2，3注采井别反转			中心	边部	将方案1，2注采井别反转	
生产井位置	中心	边部	边部	中心	中心	凸岸	凹岸				中心	中心		
波及系数/%	77.2	93.2	79.5	92.1	81.2	90.8	91.6	83.4	91.2	92.1	82.6	90.2	81.5	89.1
初期采油速度/%	4.1	0.8	0.8	3.0	2.4	2.6	1.5	3.7	2.5	3.8	3.7	4.1	3.9	2.3
最终采收率/%	13.6	16.5	13.8	16.3	15.1	16.8	16.6	16.0	16.7	17.3	16.7	18.0	16.1	15.3

在弯曲河道中，同样当注水井位于河道中心时(井网1和井网3)，波及系数最小，含水上升快，采收率低；当注水井位于河道凹岸边部，生产井位于凸岸边部时(井网2)，主流线平行于河道走向，波及系数相对较大，且生产井位于河道较厚部位，初期采油速度高，最终采收率也高；井网5相对井网2，注水井与生产井互换位置，生产井位于凹岸边部，注水井位于凸岸边部，虽然能够保持较高的波及系数，但由于生产井位于厚度较薄的边部，油层物性差，初期采油速度较低，生产周期延长；而井网3中，生产井同样位于凹岸的边部，初期采油速度进一步降低，生产周期进一步延长；井网6生产井位于凸岸边部，注水井位于凹岸边部，不但波及系数最大，而且初期采油速度高，最终采出程度高，开发效果最好。

在人字形河道中，注水井位于河道边部，生产井位于河道中心的"之"字形井网，波及系数大(井网2)，初期采油速度高，最终采出程度高，开发效果最好，这一结论与直河道井网中的论证是一致的。

因此对于窄河道薄层底水油藏，直河道和人字形河道推荐采用注水井位于河道边部，生产井位于河道中部的"之"字形井网；弯曲河道推荐采用生产井位于凸岸边部，注水井位于凹岸边部的"之"字形井网。

在概念模型研究结果指导下，根据砂体的形态及完钻井位置，在实际区块中部署了两套注采井网(图8)，两套井网注采井别存在差异，但均是采"之"字形井网部署的。

根据建立的老168块三维地质模型，将部署的两套井网进行数值模拟计算，计算结果表明，当含水达到98%时，方案一的采出程度为26.0%，方案二的采出程度为24.1%，方案一比方案二的采出程度高1.9%，并且方案一的水驱控制储量高于方案二5%。因此在方案实施过程中，优选方案一作为实施方案。

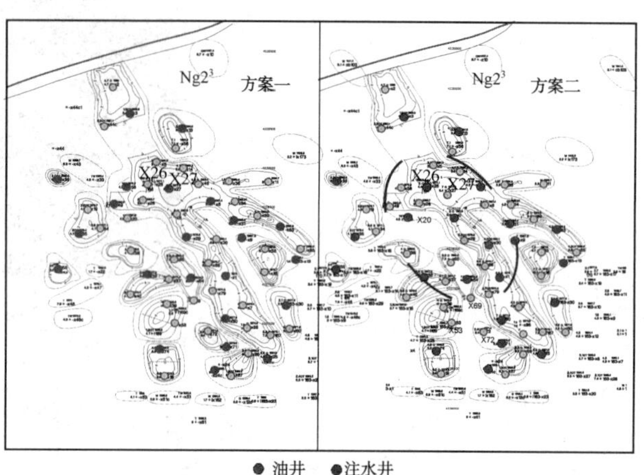

图8　老168块的注采井网部署图

根据优化的注采井网及生产参数，油水井已陆续投产投注，统计已投产的44口油井，平均单井日产13.0t/d，超过了日产12t/d的设计产量，远远高于相邻老163块平均8.6t/d的初期产量，标定采收率也由最初编制方案的21.6%上升到26%，滩海老168块已经成为胜利油田突破海上低品位开发禁区，海油陆采开发模式的典范，同时也为该类油藏的有效开发提供了相应的技术保障。

3　整体建模、整体模拟一体化技术

3.1　整体地质模型建立

应用浅海油藏精细油藏描述技术对埕岛油田馆上段进行了综合研究，在沉积模式的控制下，精细合理的划分了地层沉积单元，明确了砂体间对应关系；改进了蚂蚁追踪技术落实了区内低序级断层；应用了窄时窗反演及分频地震属性分析等技术准确预测了储层空间展布。在精细油藏描述的基础上，应用petrel软件实现了大工区、长井段超大模型的合理网格划分；根据沉积微相的发育情况，采用多种方法(确定、随机、多级)联合，完善了沉积微相建模技术，实现了沉积微相的合理建模，并通过分步建模技术，精细建立了窄河道小砂体三维地质模型；开展了多个主变程方向下的变差函数分析技术研究，建立了曲流河沉积模式的属性建模技术，解决了河流摆动频繁，变差函数难以取准的难题。应用分区带模拟技术建立饱和度模型，突破了以往饱和度模型简单赋定值的方法，实现了过渡带饱和度模型的建立。

经过不断的技术攻关最终建立了埕岛油田主体馆上段整体大模型：模型工区面积 $96km^2$，平面网格步长 50×50m，纵向网格数为 349 个，砂体内网格步长为 1m 左右，隔层和层内大于 0.5 米的夹层单独作为一个网格，充分体现了储层的纵向非均质性，最终模型总网格数 1800 万，模型区叠合含油面积 $67km^2$，石油地质储量 16288×10^4t。地质模型和数值模拟网格规模国内首创(图 9)。

图 9　埕岛油田主体馆上段三维地质模型

3.2　大模型整体模拟技术

油藏数值模拟技术已成为现代油藏工程研究重要手段，在油田开发中已广泛应用，但工区含油面积 70 平方公里，地质储量近两亿吨，网格节点数上千万，生产历史近 20 年，总井数 300 余口的数值模拟研究在国内尚属首例。在研究过工程中，借助 256CPU 的 HP 微机群硬件系统以及相应软件，有效提高数值模拟器的处理能力；针对储层及流体空间非均质性强的特点，开发研究了岩石渗流特性模型建立技术，实现了 PVT、相渗等关键参数分区描述，精细刻画了渗流特性在空间上的差异；针对模型大，运行速度慢，结果文件显示困难，结果分析周期长，单井拟合难度大等问题，开展了影响并行运算关键因素分析及参数优化，大大提高了并行模拟运算速度，研究形成了数值模拟并行运算优化技术，并自主研发了模型初运算结果综合分析技术，建立了历史拟合标准化拟合流程，提高了拟合精度，为水驱开发效果评价、剩余分布、提高采收率以及整体规划部署和综合调整奠定了坚实基础。

4　海上老区细分加密综合调整技术

针对海上油田投资高，部分工艺技术应用受限；一套层系开发，层间干扰严重，储量动用不均；井距大，水驱控制程度差，采油速度低等问题，攻关形成了海上老区细分加密综合调整技术，将原先的 1 套层系划分为 2～3 套，井距从 500m 减小到 300m，共部署新钻井 440 口，层系划分更加合理、水驱控制程度及采收率大幅度提高。

4.1　层系组合界限研究

根据埕岛油田河流相正韵律油藏典型井组的地质特征及生产状况，建立了井组概念模型，模拟不同影响因素对层系细分的影响，并量化其影响程度。

层系细分的主要影响因素有：渗透率级差、含油饱和度、地层压力、油层厚度、小层个数等。首先确定各影响因素的合理取值范围，利用数值模拟方法确定不同影响因素对最终采收率的贡献值，从而得出不同影响因素对层系细分的敏感性及影响程度。

表 2　影响层系细分的因素取值

参　　数	变化范围		
	最小值	最大值	平均值
渗透率级差，小数	1.6	12	3
原油黏度，mps	26.8	70.2	45.3
含油饱和度，小数	0.43	0.72	0.65
地层压力/MPa	5.5	12.0	10.6
油层厚度/m	3.0	46.0	28.6
小层个数/个	2	14	8.1

根据建立的井组概念模型，利用数值模拟技术，在以上取值范围内，对不同影响因素对采收率的影响进行了量化研究，研究结果表明(图10)：渗透率、含油饱和度、原油黏度为最敏感因素，地层压力为较敏感因素，小层数及油层厚度为不敏感因素。下面针对影响采收率的敏感因素进行层系组合界限的研究，以指导埕岛油田层系细分。

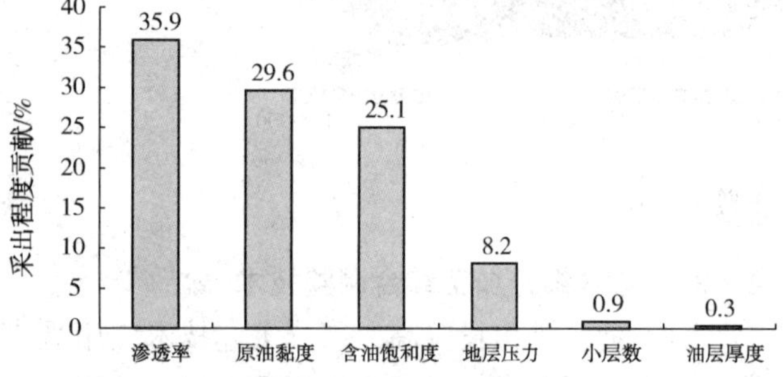

图 10　影响层系细分开发效果因素采收率贡献柱状图

根据对影响层系细分因素的敏感性分析，得知渗透率、含油饱和度、原油黏度、地层压力为敏感性因素，因此对这 4 种因素的层系细分界限值进行研究。

(1) 渗透率级差

通过数值模拟方法分别研究了渗透率级差为 2、3、4、5、6、10、15 倍时的开发效果，计算结果表明(图 11)：随着渗透率级差的增大，模型采出程度降低，开发效果变差，渗透率级差对高渗层采出程度基本上无影响，模型采出程度的降低主要是随着渗透率级差的增大，层间矛盾增大，差层动用状况变差所造成的，当渗透率级差小于 3 时，高渗层与低渗层之间的采出程度差异明显减小，因此确定划分开发层系的渗透率级差为 3 左右。

(2) 原油黏度

利用数值模拟方法研究了原油黏度级差分别为 1、2、3、4、5 时的开发效果，计算结果表明(图 12)：原油黏度级差小于 2 时，层间干扰变小，采出程度增长缓慢并几乎成线性关系，因此确定划分开发层系的原油黏度级差为 2 左右。

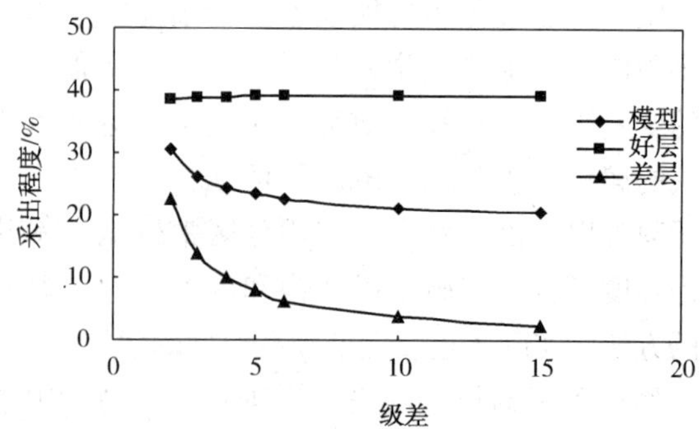

图 11　采出程度与渗透率级差关系曲线

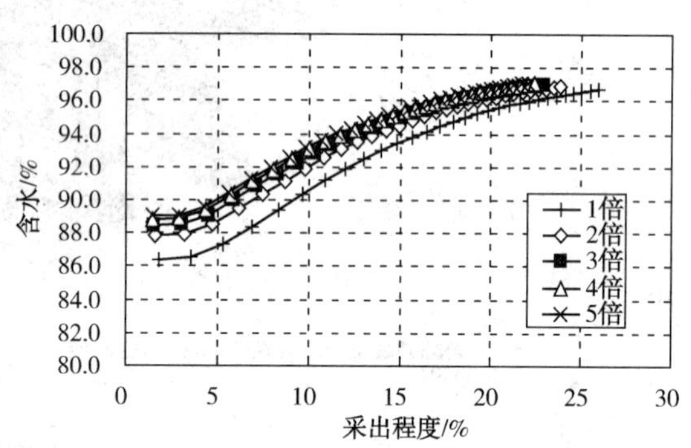

图 12　采出程度与原油黏度级差关系曲线

(3) 含油饱和度

利用数值模拟方法研究了含油饱和度级差分别为 1.07、1.14、1.27、1.4、1.55 时的开发效果，计算结果表明(图 13)：含油饱和度级差小于 1.2 时，才能有效降低不利影响。

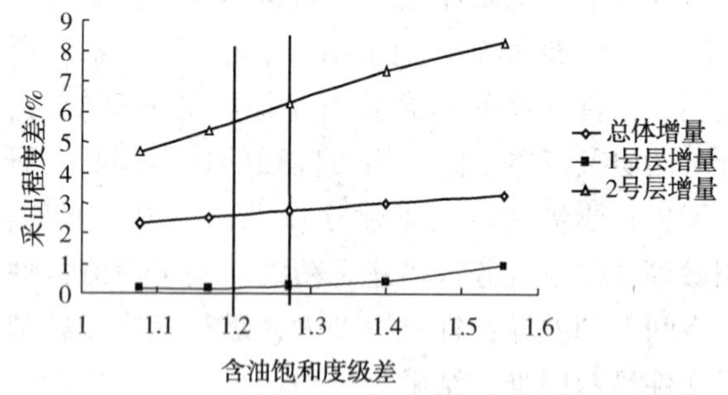

图 13　采出程度与饱和度级差关系曲线

(4) 地层压力

利用数值模拟方法研究了地层压力级差分别为 1.05、1.2、1.4、1.65、2 时的开发效果，计算结果表明(图 14)：地层压力级差小于 1.2，开发效果不会受到地层压力较大的影响，整体采收率保持较高水平。

以上层系细分的界限，仅是从油藏角度对影

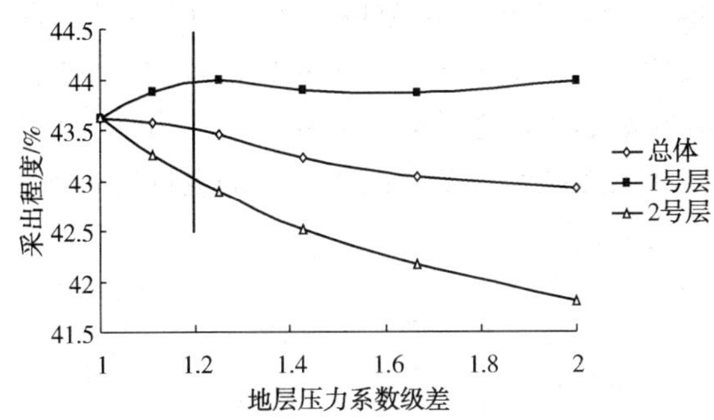

图 14　采出程度与地层压力级差关系曲线

响层系划分因素进行的分析，而层系划分不仅仅考虑油藏性质，而且还要考虑经济因素，保证划分层系具有一定储量基础，单井产能得到保障，层系划分经济合理。因此在以上研究基础上，下步对层系划分经济界限进行研究。

4.2　层系划分经济界限研究

(1) 经济极限油价和极限控制储量

在一定的技术和经济条件下，油井在投资回收期内的累计销售收入等于同期的投入之和时，该井的初产油量称做油井的经济极限初产油量。根据海上埕岛油田的经济评价参数，测算了馆陶组油藏的定向井单井经济极限。

计算得到定向井经济极限初产，考虑目前海上工艺水平、采油指数等，以油价 \$35/bbl (1923￥/t)计，单井经济极限控制储量 20×10^4t，经济极限累积油量 4.8×104t，经济极限初期日产油量 22.7t/d，极限布井厚度为 6.1m 左右。

根据油井经济极限控制储量，考虑单储系数、井网形式等，以油价 \$35/bbl (1923￥/t)计，则不同布井厚度下井距如图(图 15)。油层厚度为 5m 时，极限井距为 500m 左右；油层厚度为 20m 时，极限井距为 250m 左右。水平井极限控制储量 38×10^4t，初产 52t。

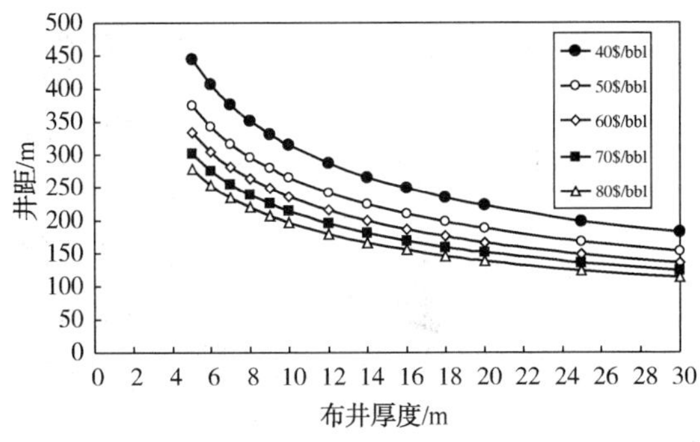

图 15　埕岛油田不同油价下极限井距与布井厚度关系图版

在细分原则和经济界限指导下，利用聚类分析法对各影响因素进行综合分析，对各小层实现层系重组划分。将原先的 1 套层系划分为 2~3 套，井距从 500m 减小到 300m。

4.3　井网加密技术

埕岛油田馆上段油藏经过了十五年的开发历程，储层间已经形成了稳定的油水流线，油藏开发中后期，未波及到的剩余油很难再驱替出来，需要转换井网形式，提高水驱控制程度成为油藏中后期开发最主要的任务。为了优选出适合埕岛油田馆上段地质条件的经济合理井网，开展了数值模拟分析。

因此，根据实钻井资料及精细油藏描述小层评价的结果，计算了主力砂体面积，研究了不同井距下的四点法、五点法和反九点法三种不同注采井网的水驱控制程度，三种井网的注采井数比分别为 1:2、1:1 和 1:3(图 16)。

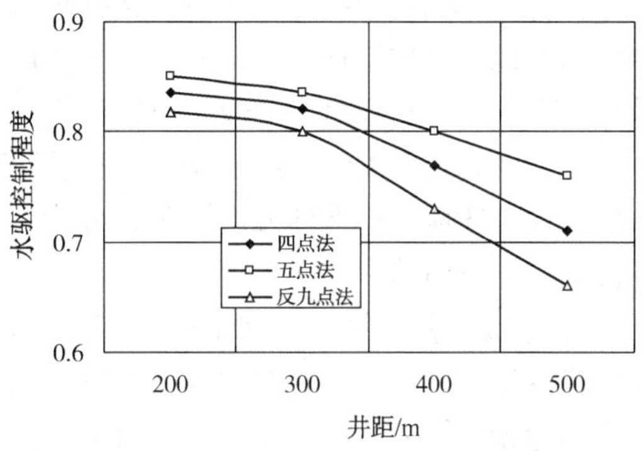

图 16　埕岛馆上段油藏水驱控制程度对比图

从统计结果可以看出：五点法水驱控制程度最高，四点法次之，反九点法水驱控制程度最低。无论是何种井网形式，水驱控制程度随着井距的增加而降低。由于海上油田以后很难重新调整，五点法注采井网后期井网调整余地大，有利于提高水驱效果，因此埕岛油田馆上段油藏调整基础井网采用五点法井网，根据经济界限，井距控制在 300m 左右。由于受岛油田馆上段油藏河流相发育的特点，部分砂体面积小，不能形成完整的五点法注采井网，此外，受原井网控制，注采井数比控制在 1:2 到 1:1 之间。

5　现场实施效果

应用攻关形成的滩海边际油藏高效开发关键技术，实现了老 168、老 178、老 163-x51、垦东 123、垦东 403、青东 5 等 6 个滩海边际油藏的高效开发，共探明储量 3000 万吨，新增可采储量 840 万，新增原油生产能力 50.5 万吨。

应用形成超大规模整体建模、整体模拟一体化技术，在精细油藏描述基础上，建立埕岛油田馆上段地质大模型，模型区面积为 96km^2，初次建立总网格数达到 1808 万，不断修改完善后，节点增加到 2160 万，大模型的建立，有效夯实了埕岛油田整体调整基础。

针对埕岛油田井距大、一套层系开发、采油速度低、平台有效期内采收率低的问题，应用层系细分加密综合调整技术，将原先的 1 套层系划分为 2～3 套，井距从 500m 减小到 300m，共钻新井 440 口，层系划分更加合理、水驱控制程度大幅度提高，老区新增产能 260 万吨，采收率提高 11%，胜利海上产量突破 300 万吨规模。

6　结论

（1）对于窄河道砂体，单用地震反演方法很难准确预测储层空间展布，必须定性、定量多种方法结合应用；对于不同区块已有资料详细程度，选择合适的储层预测方法。在完钻井较多且分布均匀的地区，储层预测以井资料为主，应用地质统计反演，可对厚度大于 2m 的储层进行预测；由于窄河道薄层砂岩储层平面非均质性强，对储层预测描述应采取多种方法联合应用。

（2）对于直河道和人字形河道，推荐注水井位于河道边部，生产井位于河道中部的“之”字形井网为最优井网；对于弯曲河道，推荐注水井位于凹岸边部，生产井位于凸岸边部的“之”字形井网为最优井网，在此井网下能保证波及系数，采油速度和最终采收率的最大化。

（3）埕岛油田三维地质模型和数值模拟网格规模国内首创，提出的分区分相变差函数分析技术解决河道摆动频繁，变差函数难以取准的难题，以及分区带饱和度模拟技术实现油水过渡带饱和度模型的定量建立，突破以往饱和度模型简单赋值的方法；整体建模、整体模拟，有利于整体规划、整体调整，降低老区综合调整风险。

（4）埕岛油田馆上段油藏细分加密综合调整技术，应用多方法多技术，综合考虑储层发育、开发状况、钻采工艺、海工及经济效益，形成一系列从静态到动态的研究思路和研究方法，填补国内海上复杂地质及海况条件下的老区综合调整技术的空白。

参考文献

[1] 周建宇，堤岛油田堤北 246 井区储层反演方法与效果，油气地质与采收率，2005.

[2] 张秀萍，利用地震正演和属性分析技术预测生物灰岩储层分布，石油天然气学报 2008 年 02 期，11+114-116.

[3] 赵丽平；陈莉；谭明友等，曲流河沉积微相的三维地震描述，石油地球物理勘探，2008 年 06 期 8+79-83+141.

[4] 龚洪林，王振卿等，应用地震分频技术预测碳酸盐岩储层，地球物理学进展，2008 年 01 期 135-141.

[5] 朱金富，于炳松，姚纪明，聂保锋等，约束稀疏脉冲波阻抗反演在精细油藏描述中的应用，沉积与特提斯地，96-101.

[6] 陈瑞，周英杰，宋书君，等．薄层边底水稠油油藏开发方式优化研究[J]．特种油气藏，1999，6(3)：29-33.

[7] 毛卫荣，高 莉，宋书君，等．具边底水的薄层疏松砂岩油藏蒸汽吞吐开采[J]．油气采收率技术，2000，7(04)：9-12.

[8] 李海涛，张烈辉，杨生臻，等．陆梁油田 J_{2x4}底水油藏数值模拟研究[J]．西南石油学院学报，2001，26(3)：25-28.

[9] 陈凯，赵福麟，戴彩丽，等．陆梁油田薄层底水油藏控制水锥技术研究[J]．石油学报，2006，27(6)：75-78.

[10] 唐伏平，唐海，蒋炳金，等．陆梁薄层底水油藏产水规律[J] 新疆石油地质，2006，12(06)：721-723

岩石类型精细划分及建模在A油田中的应用

刘登丽　田腾飞　伍文明　卫喜辉

(中海石油(中国)有限公司深圳分公司)

摘　要　A油田处于开发初期，其中存在两个问题有待解决，一是没有明确的孔渗关系，如果使用单一的孔渗关系去计算渗透率，储层非均质性会被忽略，开发过程中历史拟合和开发指标预测也会受到影响；二是如何在三维地质模型中实现岩石分类结果？本次研究运用岩心观察和实验数据进行岩石类型精细划分，共分为三类，每一类岩石类型给予相应的孔渗关系，并运用相应的孔渗关系计算渗透率，解决了储层非均质性无法准确表征渗透率的难题。在取心井上建立岩石类型与电性特征的关系，采用神经网络方法运用到非取心井中，进而运用到三维地质模型中，通过流动带指数(FZI指数)进行流动单元划分，从而有利于动态历史拟合，使下一步调整井的开发指标预测更加合理，降低了潜在开发风险。

关键词　岩石类型划分；神经网络；FZI指数；流动单元

日常工作中使用单一孔渗关系会出现同一孔隙度对应多个渗透率的情况，这说明存在多个流动单元。Amaefule等提出一种定量划分流动单元的新方法——流动分层指标(FZI)法。FZI是一个综合反映孔隙结构和矿物特征的参数，该方法是通过岩心数据来认识不同岩相中孔隙几何形态的复杂变化[1]。通过岩心实验分析结果进行岩石类型精细划分，根据分类结果给予相应的孔渗关系进行渗透率计算，在取心井上建立岩石类型与电性特征的关系，采用神经网络方法运用到非取心井中，从而应用结果到三维地质模型中，再运用FZI指数进行流动单元划分。

1　研究区概况

研究区A油田目前处于开发初期，位于南海珠江口盆地，是C凹陷的第一个油田，为C凹陷的勘探开发工作谱写了新篇章。储层分布在韩江~珠江下段地层中，主要为一套辫状河三角洲沉积体系。目前研究面临的问题是单一孔渗关系无法满足精细到油藏甚至小层研究，同一个孔隙度用单一孔渗关系计算渗透率差异很大，在(100~10000)mD之间均有分布(图1)，建模过程中常常采用岩心渗透率最大值用截断方式处理极大的渗透率值，这种简单粗暴的方式不太合理，为了解决这种情况需要结合岩心实验分析结果进行岩石精细划分。

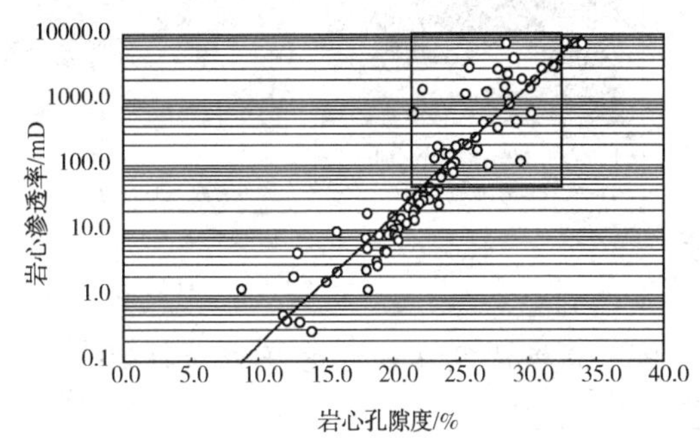

图1　HJ2-23/24油组岩心孔隙度与渗透率交会图

2　岩石类型精细划分标准

A油田共有2口探井取心，一口开发井密闭取心，各种岩心常规化验分析、特殊岩心分析及微观分析资料丰富(表1)。

表1　A油田取心实验分析表

区块	层位	常规分析				特殊分析								微观分析				流体分析			
		孔隙度	渗透率	饱和度	岩石密度	压汞毛管压力	隔板毛压	岩石电阻率	相对渗透率	覆压孔渗	润湿性	岩石孔隙体积压缩系数	岩电实验	薄片粒度	铸体薄片	电镜	X衍射	原油	天然气	地层水	高压物性
A-1	N_1h、N_1z	48	48	—	48	12			—	—	—		12	61	64	46	32	4	—	—	8
A-2	N1h、N_1z	112	108	—	112	26			11	14	—		6	84	42	62	46	1	—	1	2
A-A2	N1h、N_1z	196	196	164	196	32	20	20	32	30	8	4	18	47	50	13	13			2	

【作者简介】刘登丽(1985-)，女，工程师，2008年毕业于成都理工大学石油工程专业，2011年毕业于成都理工大学油气田开发工程专业，获硕士学位，现从事油田开发地质油藏综合研究工作。E-mail：louyeer@163.com

本次研究从岩心资料出发，综合利用粒度薄片资料、隔板法及压汞毛管压力资料、岩心物性资料进行岩石类型划分：

2.1 利用岩心资料及粒度薄片资料划分岩石类型

通过岩心观察及岩心描述结果，结合岩心分析粒度薄片资料大致可以划分为三类，Ⅰ类：粗质中粒砂岩，泥质含量少；Ⅱ类：中质细砂岩~细砂岩，泥质含量较高；Ⅲ类：极细砂质细砂岩，含泥质钙质胶结(图 2、图 3)。

Ⅰ类		Ⅱ类				Ⅲ类	
1631.27粗质中砂岩		1633.42中砂质细砂岩		1634.73细砂岩		1637.18极细砂质细砂岩	
岩心深度	岩心照片	岩心深度	岩心照片	岩心深度	岩心照片	岩心深度	岩心照片
1631.0 1631.1 1631.2 1631.3		1633.2 1633.3 1633.4 1633.5		1634.6 1634.7 1634.8		1637.0 1637.1 1637.2 1637.3	

图 2　HJ2-23/24 油组岩心资料划分岩石类型

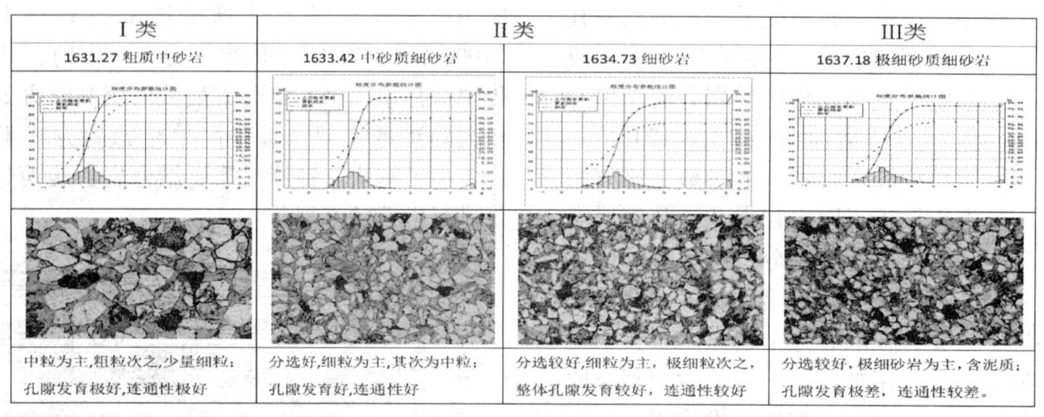

图 3　HJ2-23/24 油组粒度薄片资料划分岩石类型

2.2 利用隔板法及压汞毛管压力资料划分岩石类型

利用隔板法(图 4a)及压汞毛管压力(图 4b)资料划分岩石类型，结合其半定量指标(表 2)，大致可以划分为三类，Ⅰ类：孔喉分选好、喉道半径大，启动压力低、中值压力低；Ⅱ类：孔喉分选较好，喉道半径较大，泥质含量变大，喉道变窄，渗流阻力增大，启动压力及中值压力变大；Ⅲ类：钙质胶结，充填孔隙、堵塞喉道，孔隙结构变差，表现为启动压力大、中值压力大。

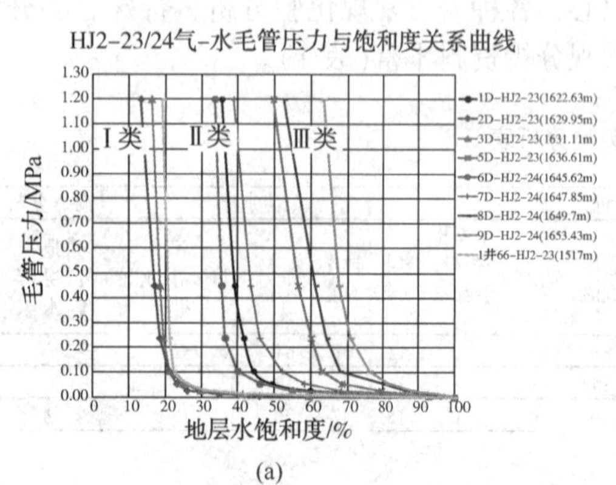

(a)

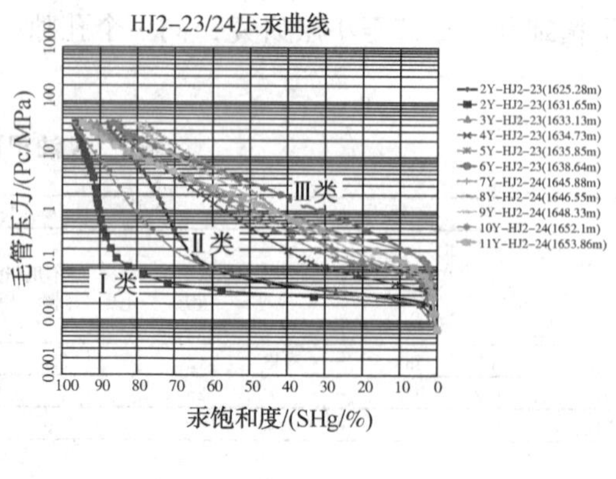

(b)

图 4　HJ2-23/24 油组隔板法(a)及压汞毛管力(b)资料划分岩石类型

表2　毛管压力划分岩石类型半定量指标

类型	喉道半径/μm	启动压力/MPa	中值压力/MPa	流动分层指标 FZI
Ⅰ类	1.5~22.2	0.0207~0.0344	0.0232~0.503	3.5~12.8
Ⅱ类	0.314~0.927	0.0481~0.0482	0.833~2.47	1.4~2.3
Ⅲ类	0.221~0.508	0.0688~0.138	1.51~3.5	0.8~1.1

2.3　利用岩心物性资料划分岩石类型

利用岩心物性资料，结合岩心宏观及微观实验划分岩石类型结果，在单一孔渗关系上可以进行岩石类型划分，划分为三类(图5)，分类孔渗关系如下：Ⅰ类 $K=32.377\times e^{0.1502\times\phi}$；Ⅱ类：$K=0.0084\times e^{0.3765\times\phi}$；Ⅲ类：$K=0.0776\times e^{0.2663\times\phi}$。

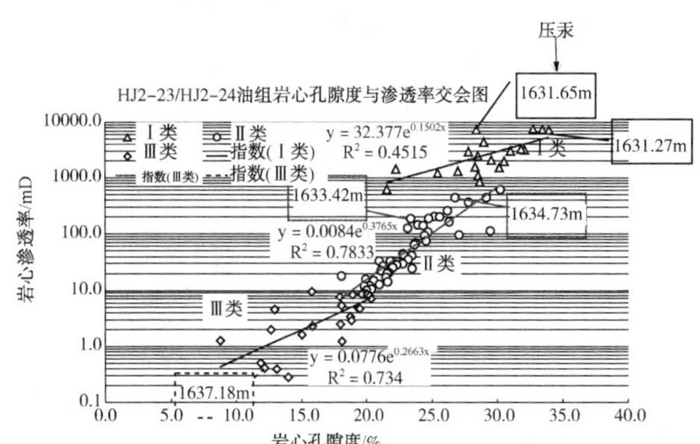

图5　HJ2-23/24油组岩心物性资料划分岩石类型

通过上述几种岩石类型划分方法，可以得出岩石类型精细划分的定量指标(表3)。

表3　HJ2-23/24油组岩石类型精细划分汇总表

类型	岩心	粒度、薄片				岩心物性		毛管压力	
	岩性	分选	颗粒总量/%	填隙物/%	孔隙/%	孔隙度/%	渗透率/mD	流动带指数	喉道半径/μm
Ⅰ类	粗质中粒砂岩	好-中等	67	5	28	28.8	3168	6.66	12.1
Ⅱ类	中质细砂-细砂岩	中等	74	9	17	23.3	107.2	1.77	0.58
Ⅲ类	含泥质或钙质胶结砂岩	差-中等	53	34	13	16.7	4.59	0.95	0.41

3　岩石类型分类应用

上述研究通过定性和定量相结合的方式完成了岩石类型精细划分，其结果需要在三维地质模型中体现出来，首先在取心井选取样本并建立岩石类型与电性特征的关系(图6)，采用神经网络方法运用到非取心井中(图7)，进而运用到三维地质模型中。

最终利用岩心实测点渗透率和DST试井渗透率验证，可以得出岩石分类后计算的渗透率更符合实际(图8)，不仅避免出现单一孔渗关系计算出极大渗透率值，在定体积条件下未调参时，分类后计算渗透率模型更趋近于生产实际，更利于历史拟合(图9)。

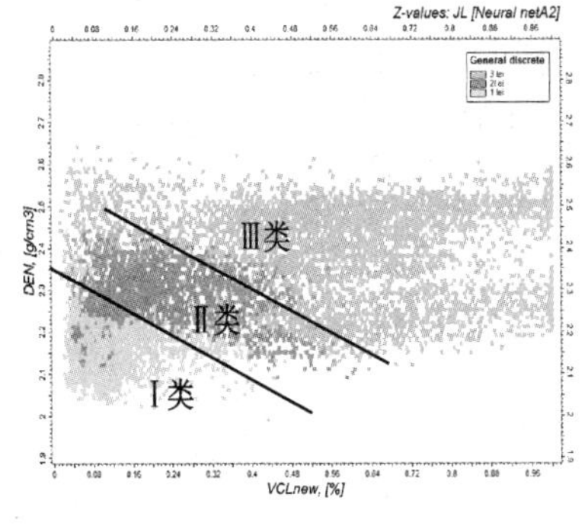

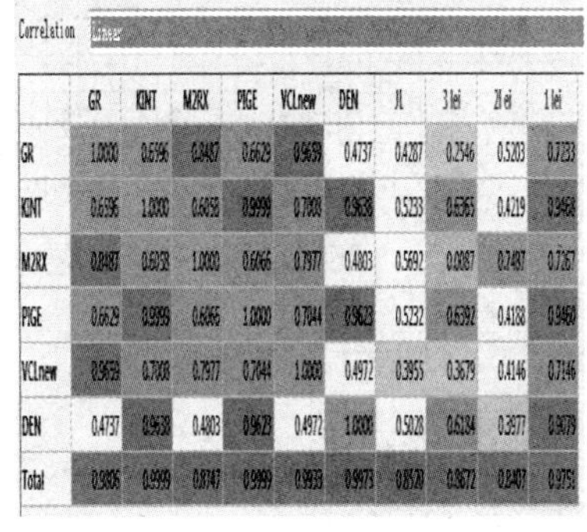

	GR	KINT	M2RX	PIGE	VCLnew	DEN	JL	3lei	2lei	1lei
GR	1.0000	0.6596	0.8487	0.6629	0.9659	0.4737	0.4287	0.2546	0.5203	0.7233
KINT	0.6596	1.0000	0.6058	0.9999	0.7008	0.9638	0.5233	0.6365	0.4219	0.9468
M2RX	0.8487	0.6058	1.0000	0.6066	0.7977	0.4803	0.5692	0.0087	0.7487	0.7267
PIGE	0.6629	0.9999	0.6066	1.0000	0.7044	0.9623	0.5232	0.6392	0.4188	0.9460
VCLnew	0.9659	0.7008	0.7977	0.7044	1.0000	0.4972	0.3955	0.3679	0.4146	0.7146
DEN	0.4737	0.9638	0.4803	0.9623	0.4972	1.0000	0.5028	0.6134	0.3977	0.9079
Total	0.9806	0.9999	0.8747	0.9999	0.9933	0.9973	0.8520	0.8672	0.2407	[illegible]

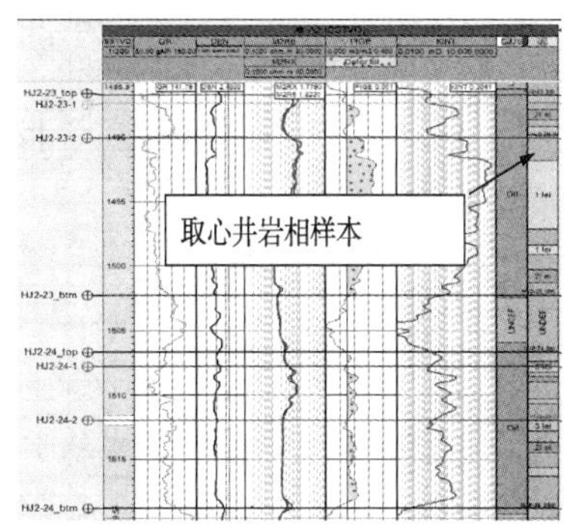

图6　HJ2-23/24油组取心井选取样本建立岩石类型与电性特征关系图

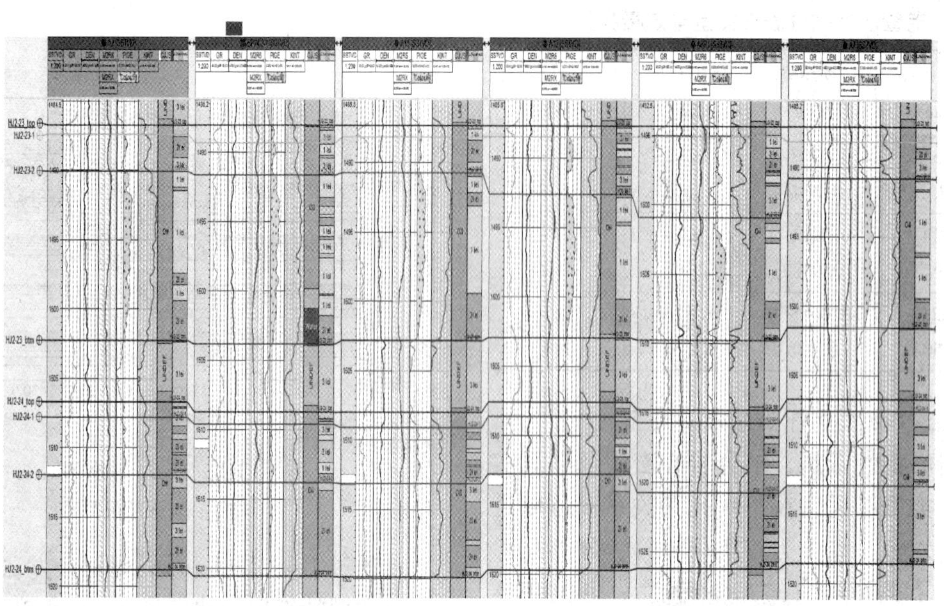

图7　取心井岩石类型划分应用到非取心井中分类结果图

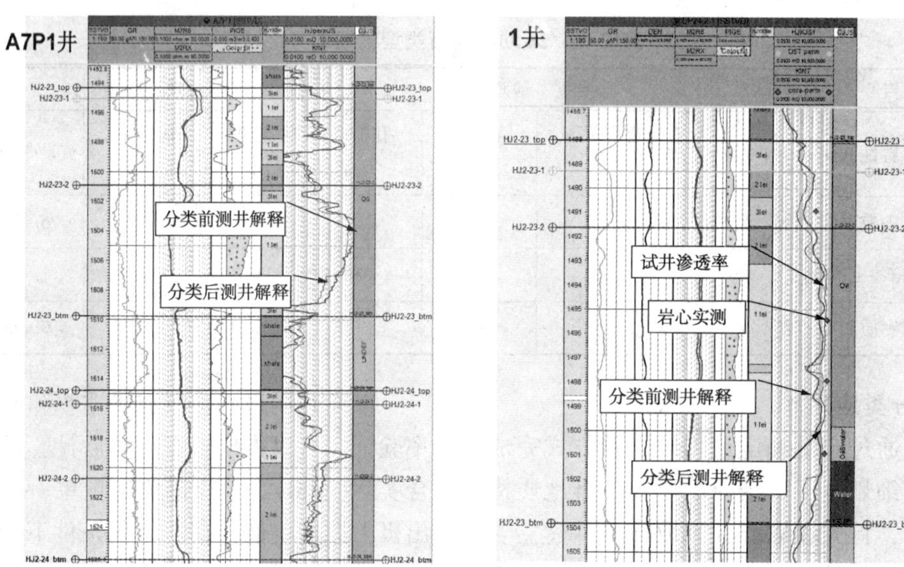

图8　岩心实测渗透率及DST试井渗透率与分类后计算渗透率对比图

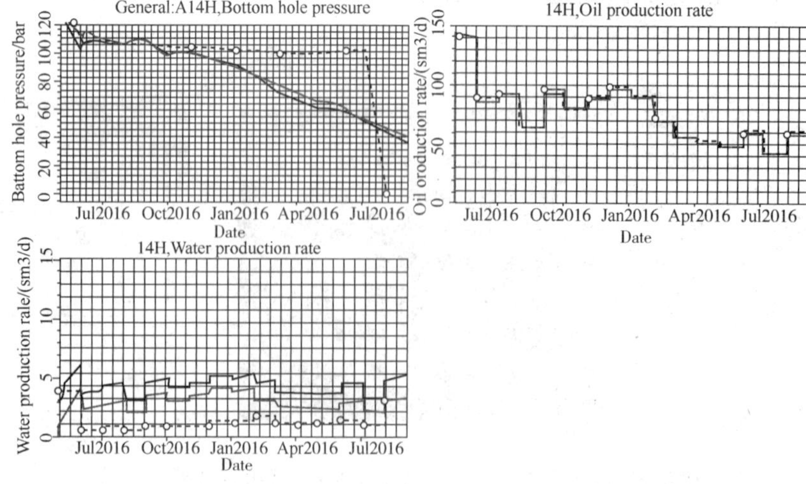

图9　未调参时单一孔渗关系与岩石分类计算渗透率模型历史拟合对比图

4　流动带指数建模及流动单元划分

流动带指数(FZI)是由修正的 Kozeny - Carman 方程求取得到[3]：

$$FZI=\frac{RQI}{\phi_Z}=\frac{0.0314\sqrt{\left[\frac{K}{\phi_e}\right]}}{\left[\frac{\phi_e}{1-\phi_e}\right]}$$

$$\lg RQI=\lg\phi_Z+\lg FZI$$

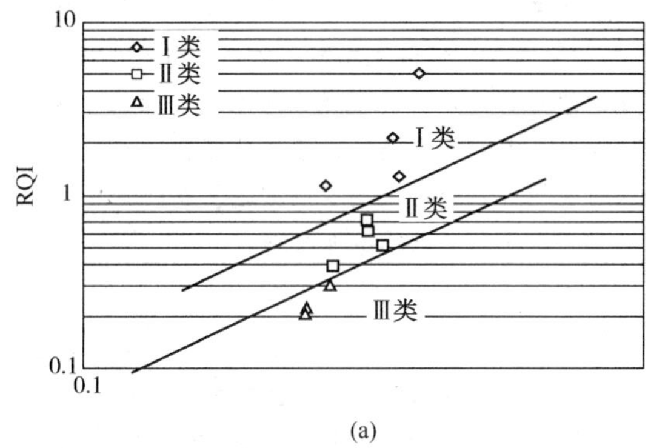

(a)

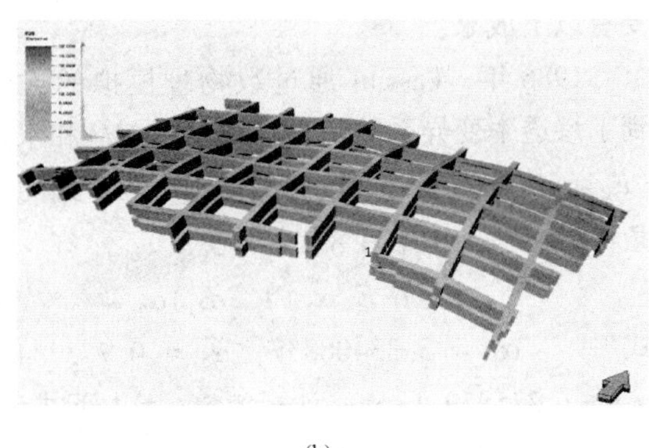

(b)

图 10　RQI-ϕZ 相关关系图(a)
及 FZI 三维模型栅状图(b)

在 RQI-ϕ_Z双对数坐标图上，具有相同 FZI 值的样品点都分布在斜率为 1 的同一条直线区间内(图 10a)，它们具有相似的孔喉结构特征，属于同一类流动单元；具有不同 FZI 值的样品点分布在相互平行的直线上，分属于不同的流动单元[3]。本文结合沉积相图集储量丰度图，利用 FZI 指数平面展布特征绘制油藏流动单元图，用以指导调整井井位部署(图 11)。

5　结论

(1) 充分利用岩心资料、粒度薄片及微观毛管压力资料把岩石分为三类，并使用神经网络聚类分析方法应用到地质模型中；

(2) 不再使用单一孔渗关系，提出岩石分类结果计算渗透率，得到更符合油藏实际的渗透率值，解决了之前建模中遇到的渗透率极大值简单

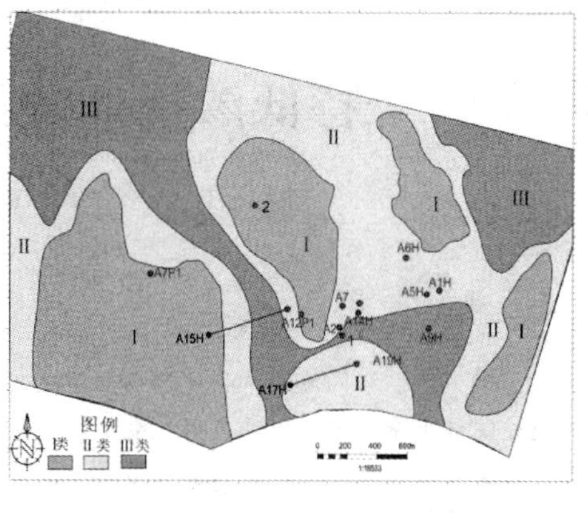

(a)

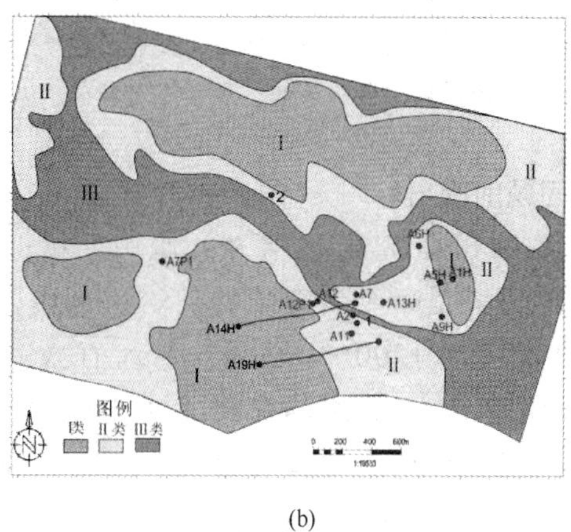

(b)

图 11　HJ2-23 油藏流动单元图(a)
及 HJ2-24 油藏流动单元图(b)

粗暴的截断方式，渗透率模型拟合更接近生产实际，利于历史拟合；

(3) 利用 FZI 指数模型及储量丰度得出的流动单元用以指导调整井井位部署。

参　考　文　献

[1] 吕明针，林承焰，张宪国，等．储层流动单元划分方法评价及优选[J]．岩性油气藏，2015，27，(1)：74-80.

[2] X. P. Yang，1 L. Gu，2 P. F. Zhao. The Classifying and Modeling of Reservoir Rock Types in the Development Planning Stage of an Undeveloped Oil-field. SPE：2405-2413.

[3] 靳彦欣，林承焰，赵丽，等．关于用 FZI 划分流动单元的探讨[J]．石油勘探与开发，2004，31(5)：130-132.

[4] 宋子齐，陈荣环，康立明，等．储层流动单元划分及描述的分析方法[J]．西安石油大学学报(自然科学版). 2005，20(3). 56-59.

特低渗透油藏纵向波及系数计算新方法

熊 琪 李 黎 戴 宗 闫 正 和 罗启源 李 凡

(中海石油(中国)有限公司深圳分公司)

摘　要　纵向波及系数是影响油藏采收率的重要因素，为了更高效地提高油藏采收率，以 W 油田为例，通过统计大量的实际生产资料，定量表征了主控因素渗透率变异系数、渗透率级差、射开程度以及砂体连通程度与纵向波及系数的关系。同时，基于俞启泰等学者相关研究成果，利用多元回归方法，引入上述 4 个主控因素，重新修正了纵向波及系数计算公式，并且利用检查井资料验证了公式预测结果的合理性。新方法综合考虑了储层特征、油藏非均质性、砂体连通性等影响因素，进一步提高了低渗透油藏波及系数定量评价精度。研究成果为现场生产提供了一种快速评估开发效果、明确主控影响因素的方法，高效指导油田实施调整措施，从而提高油藏采出程度。该评价方法已在 W 油田多个油区进行了推广。

关键词　非均质性；砂体连通程度；纵向波及系数；公式修正

1　问题的提出

C 油田研究区包括 W1 油田、W2 油田、W3 油田，是一个典型的特低渗透油田。研究区油藏埋深 1200～1800m，平均有效孔隙度 12.3%～13.7%，平均渗透率 $1.5\times10^{-3}\sim10\times10^{-3}\mu m^2$，平均有效厚度 15m～31m，储量丰度 64～140t/km^2，油田采出程度 9%～15%。目前，C 油田开发面临的主要问题是油藏裂缝发育，水驱波及系数不高；水驱动用不明确，缺乏一套定量评价水驱效果技术，从而难以进一步提高油田采收率。因此，如何提出一套适用于特低渗透油藏水驱效果定量评价技术，是一个亟待解决的问题。针对这一问题，从纵向波及系数和平面波及系数两方面展开深入研究(平面波及系数相关研究成果已发表，本文阐述纵向波及系数研究成果)。通过调研发现，早在 20 世纪 80 年代 Fassihi 和俞启泰等学者的研究就表明纵向波及系数受流度比、渗透率变异系数、有效厚度等影响；但没有考虑特低渗透油藏渗透率级差大、砂体连续性差以及射开程度的影响。因此，为了提出一种适合特低渗透油藏的定量评价水驱效果方法，从而更好地指导 C 油田生产，有必要对 C 油田影响纵向波及系数的主控因素进行全面系统的研究。

2　纵向波及系数计算公式的修正

2.1　纵向波及系数计算公式调研及分析

针对纵向波及系数计算公式的研究，前人主要有以下成果：

1986 年，Fassihi 通过数物理模拟的方法得到了渗透率变异系数(V_k)、流度比(M)和水油比(F_{wo})与纵向波及系数(Ez)的公式。公式的适用条件：$0\leqslant M\leqslant10$，$0.3\leqslant V_k\leqslant0.8$[3]。

$$Y=\alpha_1 E_z\alpha_2(1-E_z)\alpha_3 \tag{1}$$

式中　$\alpha_1=3.33408857$，$\alpha_2=0.773734820$，$\alpha_3=-1.22585941$；Y—计算参数。Y 由下式计算：

$$Y=\frac{(F_{wo}+0.4)(18.948-2.499V_k)}{10f(V_k)(M+1.137-0.8094V_k)}$$

式中　$f(V_k)=-0.6891+0.9735V_k+1.6453V_{k2}$。

1989 年，俞启泰统计了萨中、扶余油田密闭取心分析资料及相应的试油资料，用多元回归的方法，得到了流度比、油层有效厚度(H)和含水率(f_w)与纵向波及系数的相关公式[1]：

$$E_z=\frac{f_w}{0.062M(1-f_w)+(0.22H^{1.1}+1)f_w} \tag{2}$$

调研结果表明：渗透率变异系数、油藏有效厚度是纵向波及系数的主控因素；但均未考虑井的射开程度、砂体连通性对纵向波及系数的影响。同时，特低渗透油藏普遍存在非均质性强的特点，引入渗透率级差更能全面地反映储层非均

【作者简介】熊琪(1988—)，男，中级工程师，研究生毕业于中国石油大学(北京)，主要从事油气田开发研究工作，E-mail：xiongqi2@cnooc.com.cn

质性。因此，综合上述分析的结果，本文在公式(2)的基础上，引入渗透率变异系数、渗透率级差、射开程度以及砂体连通程度4个参数，对其进行修正。利用注水井的实际吸水剖面资料，分别展开相应的研究。

2.2　纵向波及系数主控影响因素定量评价

将射开程度定义为油层射开的厚度与该层全层有效厚度之比。在统计过程中，选取有效厚度、渗透率级差和渗透率变异系数相近的水井吸水剖面资料，回归出纵向波及系数与射开程度的关系(见图1)。统计结果表明：纵向波及系数随射开程度增加而增大，且两者呈乘幂关系 Ez∝Pdn。因此，基于同样的研究思路，分别统计了渗透率级差、渗透率变异系数与纵向波及系数(见图2~图3)。可以看出纵向波及系数与渗透率级差、渗透率变异系数有较好的负指数关系 $Ez\propto 1/e-Jk$、$Ez\propto 1/e-Vk$。

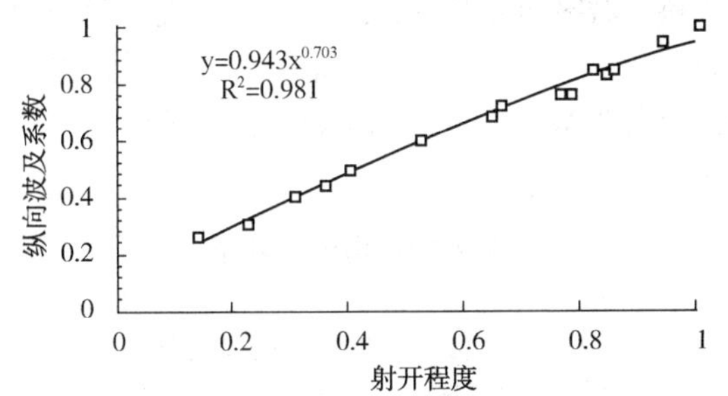

图1　纵向波及系数与射开程度(P_d)的关系曲线

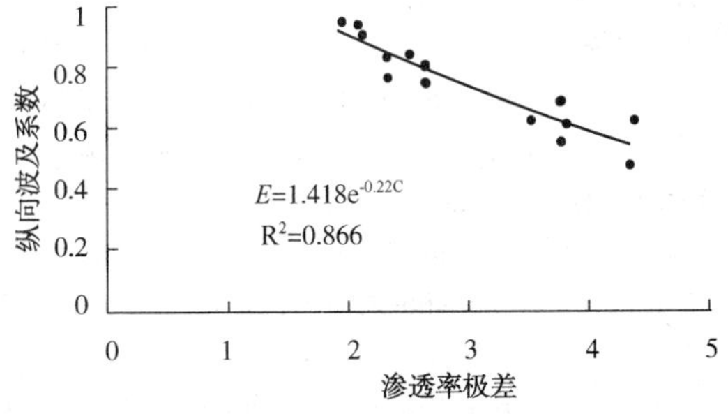

图2　纵向波及系数与渗透率级差(J_k)的关系曲线

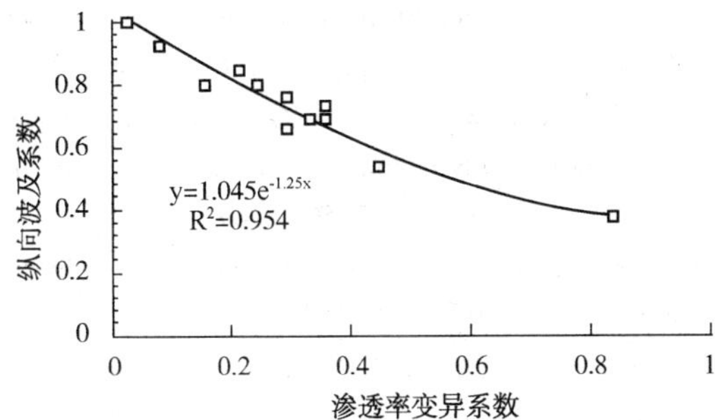

图3　纵向波及系数与渗透率变异系数(V_k)的关系

2.3　纵向波及系数公式修正

引入砂体连通程度，将连通程度定义为油水井间连通的砂体厚度与油水井总砂体厚度之比。见图4，即

$$S_{砂\sim有}=\frac{H_{油2}+H_{油3}+H_{水2}+H_{水3}}{H_{油1}+H_{油2}+H_{油3}+H_{水1}+H_{水2}+H_{水3}}。$$

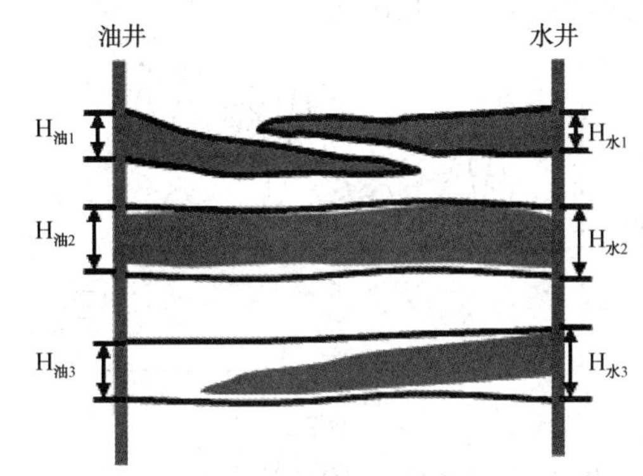

图4　油水井连通示意图

结合上述纵向波及系数与射开程度、渗透率级差、渗透率变异系数回归关系，在公式(2)的基础上，综合考虑注采系统中砂体的连通程度，将计算公式修正如下：

$$E_z=\frac{a_4\times f_w}{[a_1\times M(1-f_w)+(a_2\times H^{a_3}+1)f_w]}\times\frac{P_d\,a_7}{10a_5\times V_k+a_6\times J_k}\cdot S_{连通程度}\qquad(3)$$

式中　a_1、a_2、a_3、a_4、a_5、a_6、a_7 为待求系数，不同的油藏，回归的系数不同。

3　修正公式应用实例

实例：选取C油田W1开发区块资料，利用多元回归方法，回归出相应的公式(表1)。

表1　公式中相关变量参数统计表

f_w	P_d	M	H	V_k	J_K	E_z
0.714	0.769	2.62	5.2	0.25	1.949	0.942
0.567	0.769	2.62	5.2	0.25	1.949	0.808
0.725	0.867	2.62	6	0.261	2.09	0.933
0.599	0.938	2.62	6.4	0.08	2.507	0.922
0.683	0.842	2.62	7.6	0.09	2.643	0.93
0.798	0.795	2.62	7.8	0.341	3.782	0.692
0.809	0.857	2.62	8.4	0.36	4.324	0.85
…	…	…	…	…	…	…
0.378	0.77	2.62	10	0.29	2.643	0.67

应用商业软件SPSS待求参数 $a_1\sim a_7$ 进行多元回归，得出 W_1 油田开发区纵向波及系数计算新公式：

$$E_z = \frac{3 \times f_w}{[0.11 \times M(1-f_w) + (1.294 \times H^{0.073} + 1)f_w]} \times \frac{P_d^{0.546}}{10^{0.243 * V_k + 0.016 * J_k}} \cdot S_{连通程度} \quad (4)$$

公式适用范围：$0 \leqslant V_k \leqslant 1$，$0 \leqslant Jk \leqslant 10$。

对比统计结果与公式(1)、公式(2)和修正后公式计算结果，见图5。

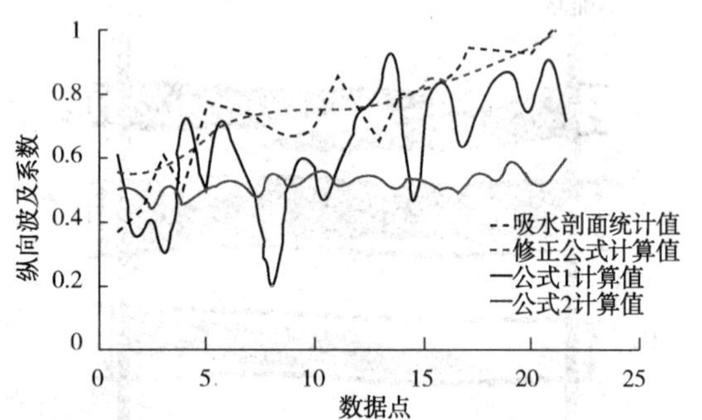

图5　统计结果与各公式计算结果对比图

公式(1)没有考虑有效厚度、井射开程度和渗透率级差的影响，公式(2)没有考虑渗透率变异系数、井射开程度和渗透率级差的影响，可以看出未修正公式计算的结果与实际统计结果相差很大。综合考虑6个主控影响因素，进行多元非线性回归的修正公式，计算的结果与统计数据的结果吻合较好。

四修正公式可靠性检验

为例进一步验证修正公式计算的可靠性，方便在C油田进行广泛推广。在W1油田研究区块选取一个井组，利用检查井XX76-60/XX76-61的剩余油测井解释果(图6、表2、表3)，进行修正公式可靠性检验。

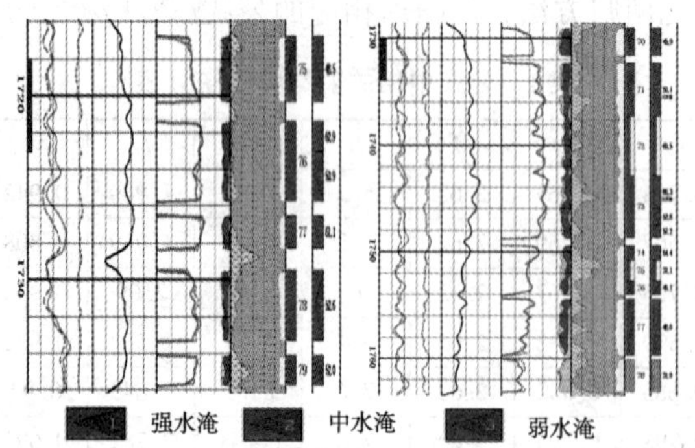

图6　XX76-60/XX76-61剩余油测井解释成果图

表2　纵向波及厚度折算系数

含水率的范围(%)	$30 \leqslant f_w \leqslant 60$	$60 \leqslant f_w \leqslant 90$	$f_w \leqslant 90$
剩余油测井解释结论	三级水淹(低)	二级水淹(中)	一级水淹(强)
纵向波及厚度折算系数	0.3~0.5	0.6~0.8	0.9

表3　检查井资料验证结果

检查井	连通程度	统计结果	计算结果
XX75-60	1	0.146	0.18
XX75-61	0.521	0.06	0.076

根据两口检查井的资料，对比修正公式计算结果与实际统计结果可以看出，两者误差相近，验证了修正公式计算结果的合理性。

4　结论与建议

(1)通过统计分析注水井吸水剖面资料，明确了特低渗透油藏主控影响因素，并定量回归了纵向波及系数与射开程度、渗透率变异系数、渗透率级差关系；

(2)利用多元非线性回归方法，基于公式(2)，引入“射开程度、渗透率级差、渗透率变异系数、砂体连通程度”4个主控因素，得到了特低渗透油藏纵向波及系数的修正公式；

(3)应用C油田W1油田开发区生产井和检查井资料，对纵向波及系数的修正公式进行了应用和检验，证明了修正公式计算结果的合理性；并且该修正公式在W2、W3油田进行了推广及应用。

参考文献

[1] 俞启泰等. 水驱砂岩油田驱油效率和波及系数研究(二)[J]. 石油勘探与开发，1989，46-52.

[2] 俞启泰等. 我国路上油田采收率与波及系数评价[J]. 油气采收率技术，2000，33-36.

[3] 刘漪厚. 扶余裂缝型低渗透砂岩油藏[M]. 北京：石油工业出版社，1997.

[4] M. R. Fassihi, “New Correlation for Calculation of Vertical Coverage and Areal Sweep Efficiency”, SPE ARCO Resources Technology, November 1986, pages: 604-606.

[5] Dykstra. H. and Parson, R. L.: “The Prediction of Oil Recovery by Waterflooding.” Secondary Recovery of oil in the US. Second edition, API, Dallas(1950)160-74.

[6] Mars Khasanov, Vitaly Krasnov. Novel Application Approach to Waterflood Design to Enhance Pattern Per formation with Massive Hydraulic Fracturing. SPE125750, 2009.

[7] C. l. Bargas, J. l. Yanosik, The Effects of Vertical Fractures on Areal Sweep Efficiency in Adverse Ratio Floods. SPE Reservoir Engineering, 1988, 611~620.

[8] Kazemi H, Seth M S, Thomas G W. Pressure transient analysis of naturally fractured reservoir with uniform fracture distribution[R]. SPE2156, 1969.

[9] Warren J E, Root P J. The behaviors of naturally fractured reservoirs[R]. SPE426, 1969.

[10] De Swaan O A. Analytic solutions for determining naturally fractured reservoir properties by well testing[R]. SPE5346, 1976.

气顶油藏开发对策与技术

凡文科　梁红革

(大庆油田有限责任公司)

摘　要　喇嘛甸油田作为我国目前最大的气顶油田，通过45年的开发实践，形成了一套一套气顶油藏开发对策与技术，在确保油气界面相对稳定的情况下，实现了油区的高效开发。截止2017年底，油田累积产油3.39×10^8t，地质储量采出程度41.65%，采收率43.40%；储气库累计注气$18.90\times10^8m^3$，累计采气$20.59\times10^8m^3$。本文总结了油田在开发过程中为预防油气互窜所采取的对策以及油气缓冲区开发技术。

关键词　喇嘛甸油田；气顶油藏；油气界面；油气互窜；油气缓冲区；聚合物；隔障

气顶油藏的气顶和油区是一个统一的水动力系统，两区压力存在相互传导，任何一方压力变化都将影响到另一方，开发的关键是调整油气区压力平衡，防止油气互窜[1]。喇嘛甸油田属于典型背斜构造气顶油藏，开发初期为防止油气互窜，减少开发的复杂性，确定了“先开采油区，暂缓开采气顶区”的总体方针。1973年油藏部分全面投入开发，气藏部分分层保持油、气层压力平衡，维持油气界面稳定。1975年利用上部气顶建有储气库一座，用于调节油气区压差，优化供气系统，解决油田季节性用气不均衡的矛盾。2006年在油田南部，通过在油气区之间建立聚障条带，把油气区隔开，缓冲区直接进行聚障开发，探索形成了油气缓冲区的有效开发途径。通过45年的开发实践，逐步形成了一套气顶油藏开发对策与技术，保障了油田的开发效果。

1　气顶油藏概况

喇嘛甸油田位于大庆长垣最北端，是一个受构造控制的层状砂岩气顶油田。构造为一不对称的短轴背斜，被两组北西方向延伸的大断层切割成南、中、北3大块。油田面积$100km^2$，原油地质储量81472×10^4t，气顶面积$32.3km^2$，天然气地质储量$99.6\times10^8m^3$(图1)。

油藏具有统一的水动力系统，统一的油气界面和油水界面，油气界面在海拔-770m，油水界面在海拔-1050m，含油高度约280m，含气高度约90m。油气水平面分布受构造控制呈环带状分布，气顶分布在构造顶部，从构造轴部向翼部可分为纯气区、油气过渡带、纯油区和油水过渡带，边部有边水衬托[2]。

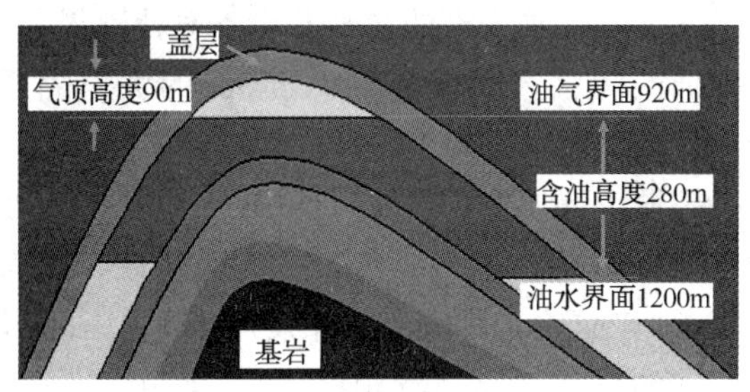

图1　喇嘛甸油田萨尔图油层油藏剖面图(东西向)

油田从下至上沉积了高台子、葡萄花和萨尔图3套油层，储层为砂岩和泥质粉砂岩组成的一套湖相—河流三角洲相沉积砂体。其特点是油层多，层间差异大，平均单井钻遇70个小层，砂岩厚度128.4m，有效厚度73.9m，平均空气渗透率$0.6\mu m^2$，有效渗透率$0.24\mu m^2$。厚油层占的储量比例大，单层有效厚度大于2m的油层占油层总厚度的60%以上，且厚层多为几个沉积单元叠加而成，层内以多段多韵律为主，非均质严重。地下原油黏度10.3mPa·s，原油凝固点26℃，含蜡量23%，原始油气比$48m^3/t$。

2　气顶油藏开发对策

喇嘛甸油田在开发过程中，通过建立油气缓冲区，利用油区统一部署的反九点法面积注水井网，注水保持压力开发，分层调整注水井和采油井的工作制度，维持油区和气顶之间的压力平衡，保持油气界面稳定。

【作者简介】凡文科，男，1979年生，学士，天然气室主任，高级工程师，从事油气藏工程研究。E-mail：fanwenke1@petrochina.com.cn。

2.1 建立油气缓冲区，平稳油气区压力

利用电网模拟实验，模拟了只在油区采油时反九点法面积井网的地下油气水分布及运动规律。根据实验结果以及国内外气顶油田开发的经验和教训，制定了相应的射孔原则，对气层及与气层连通的油层射孔进行了严格限制。射孔原则：

一是油水井中的气层和油气同层以及距油气边界不足300m的油层一律不射孔，防止平面上油侵气窜。

二是300米以外的第一排射孔井必须是油井，水井暂不射孔，以防止注入水将原油驱入气顶。

三是在气顶内部的油水井中，射孔顶界与气层或油气同层之间应有不小于3m的泥岩隔层，防止气顶气纵向上窜流。

按照上述原则，气顶外形成一个450～600m的未射孔油环，作为油气运移的缓冲区。同时，制定了“三区、一平衡”的开发原则，“三区”即油区、油气缓冲区、气顶区；“一平衡”即在整个开发过程中，通过生产井工作制度的调整，保持油气区压力平衡[3](图2)。

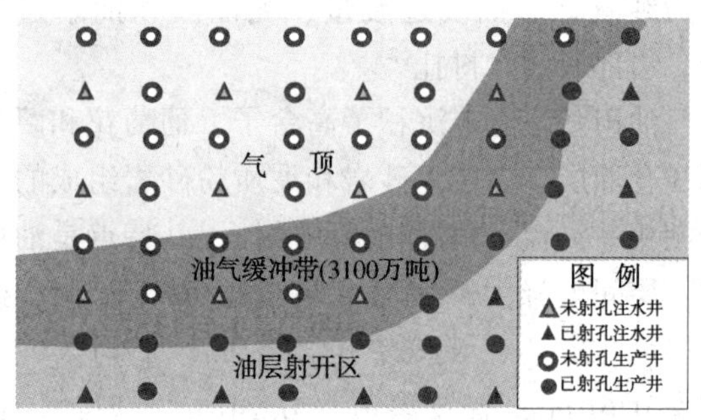

图2　喇嘛甸油田油气缓冲带示意图

2.2 建设地下储气库，调节油气区压差

根据油田开发及市场天然气调峰的需要，1975年在油田北块利用气顶建设储气库一座，1998年进行了扩建。储气层位为萨零组、萨一组气层，建库前属于原生饱和气顶，未投入开发，含气面积27.6km^2，天然气地质储量35.7×10^{8}m^3。共有注采气井14口，注气压缩机5台，注气能力100×10^{4}m^3/d。储气库夏注冬采，截至2017年底，累计注气18.90×10^{8}m^3，累计采气20.59×10^{8}m^3。

储气库运行初期，气井只采不注，腾出一部分库容，为后续注入奠定基础，同时保持与油区开发同步，调节油气区压差。油区开发初期，自喷开采，地层压力快速下降，总压差在1975年达到-0.79MPa，平均低于气区压力0.5MPa左右，气顶有扩张的趋势，局部井区出现了气窜井。针对这种状况，加强了气顶外第一排注水井对应层段的注水量，提高油区压力。同时，通过储气库持续采气，降低气顶区压力，防止了气顶扩张引起的大面积气窜。

储气库运行中后期，油区经过多次开发调整，进入稳压开发阶段，通过系统扩建，逐步加大了注气力度，进行均衡注采，充分发挥储气库的储采功能。这一阶段主要用于优化供气系统，解决油田季节性用气不均衡的矛盾。

2.3 建立监测系统，定期监测油气界面变化

为掌握气顶和油区压力变化趋势以及油气界面的变化情况，为调整气顶外第一排油水井的工作制度提供依据，确保油气界面相对稳定，建立了一套油气界面变化的动态监测系统，主要由气区观察井、油区观察井、油气界面观察井三部分组成。

观察对象，选择气顶分布范围大，厚度大，油气接触关系好，对油区开发影响大的油气层作为主要观察对象，建立完善的观察系统。

观察井，尽量利用已有的探井、资料井和生产井网中的井，把观察井布置在油气易于窜流的井区。

观察方法，通过气顶压力观察井测压，观察气顶内压力变化；通过油区压力观察井分层测压，观察各层油气边界以外第一排生产井的压力变化；通过油区生产指标观察井监测，观察是否发生气窜；通过油气界面观察井中子—中子测井，观察油气界面移动情况。同时，逐步完善建立了井温流压梯度及流体密度测井、气体组分分析等一整套测试分析方法。

监测系统建立以来，录取了大量资料，发现油气界面运移48处，为分析及调整提供了大量依据，为保持油气界面稳定、合理开发油区发挥了重要作用。

2.4 及时调控油气区压力系统，保持油气界面稳定

采用电网络模拟及数值模拟方法，综合确定油气区不发生油侵气窜的合理压差界限为±0.5MPa，当压差超过±0.5MPa，发生油浸气窜，用于指导油气区压力调整。

根据监测结果，对两区压差超标或单层存在

油气运移的情况，及时调整油气边界附近油气水井的工作制度，保持油气界面稳定。调整依据：

一是地层压力不平衡，局部区域油气区压差达到 0.5MPa 以上；

二是中子-中子测试放射性比值显示储层性质发生变化；

三是生产井伴生气量显著增加，达到或超过正常值的 2.0 倍。

开发以来，为保持油气界面稳定，共进行油水井调整 4950 井次，储气库气井调整 360 井次、停产 2 口井。从监测结果来看，油气区压力始终保持在±0.5MPa 的合理范围之内，油气界面虽然局部、短期有变化，但整体、长期保持稳定。

3　油气缓冲区开发技术

为探索气顶油藏的有效开发方法，2006 年在油田南部开展了气顶注聚障开发缓冲区试验。试验目的层为萨Ⅱ2+3 油层，平均单井钻遇目的层 2.5 个，砂岩厚度 5.5m，有效厚度 4.8m，平均渗透率 $423\times10^{-3}\mu m^2$。缓冲区面积 $2.9km^2$，地质储量 179.8×10^4t，采出程度 22.9%。试验思路是在油气边界附近靠近气区一侧钻一排注聚障井，通过注聚合物在油气区之间形成聚障条带，将油气区隔开并保持相对稳定，气区暂不开采，缓冲区直接进行高浓度聚驱开发(图 3)。

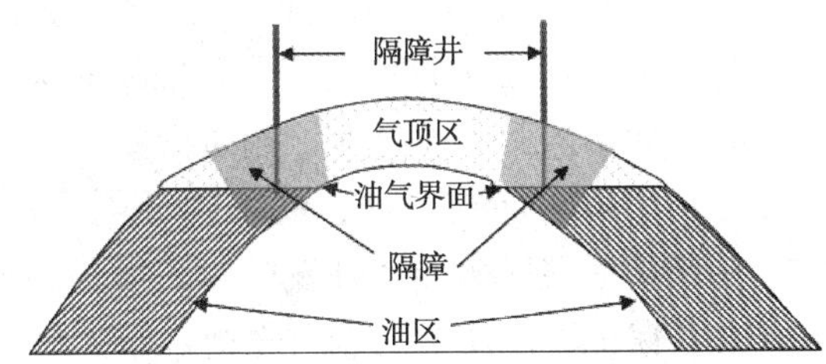

图 3　试验区构造剖面示意图

3.1　隔障建立、维护与监测方法

3.1.1　采用高浓度聚合物建立隔障

数值模拟水聚两种隔障在缓冲区开采过程中的变化情况，从模拟结果来看，聚障允许气区与缓冲区之间平均压差为 2~3MPa，最薄弱部位承压在 2MPa 以下；水障允许气区与缓冲区之间平均压差在 1MPa 左右，薄弱部位承压在 0.6MPa 以下。结合物理模拟实验数据，综合研究认为：与水障比，聚障具有承压能力强、稳定性好、注入剖面均匀等优点，并且较高浓度的聚合物溶液隔障承压能力更强。为此，试验采用了 1900 万相对分子质量，2000mg/L 质量浓度的聚合物溶液作为隔障介质。

3.1.2　优选了最佳的隔障建立参数

在隔障宽度上，通过物理模拟实验建立不同隔障宽度与气顶气产出量的关系，由实验结果可以看出，隔障宽度越大分隔效果越好。对于水障，隔障宽度超过 220m 时，分隔效果基本差不多；对于聚合物隔障，隔障宽度超过 150m 时，分隔效果基本趋于稳定(图 4)。考虑建立隔障的成本，确定隔障的宽度为 100~150m。

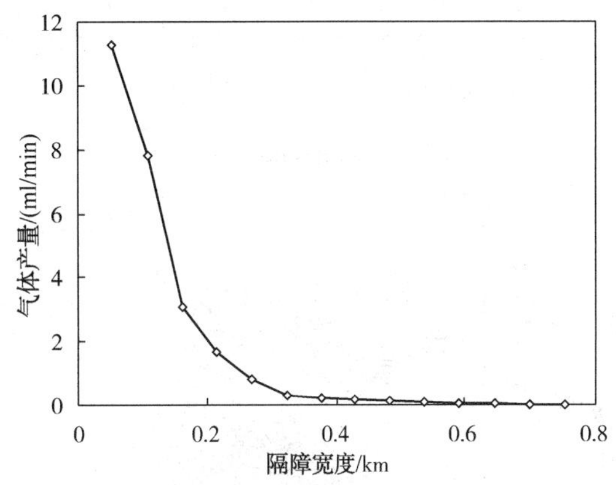

图 4　不同聚合物隔障宽度的分隔效果

在隔障井布井方式上，数值模拟研究表明：隔障井布在距离外油气边界 100m 左右的气区内，具有多方面的优点，包括减少建立隔障所需的溶液量、损失的原油储量少、有利于油气资源开发利用等；另外，隔障井在 75m 井距条件下，形成隔障所需时间最少(5 个月)，同时建立隔障所需溶液量最少。结合国外气顶油田注隔障开发经验，综合考虑隔障形成所需的时间、聚合物用量及单井注入参数，确定新布隔障井位置距油气边界 100m，隔障井之间井距 75m，共设计注聚障井 34 口。

3.1.3　采取了间隔交替开井的维护注入方式

根据国外气顶油田的开发经验，结合数值模拟研究结果，缓冲区投入开发后，距离聚障较近的第一排采油井与聚障井之间形成的压力降将使聚障前缘向缓冲区推进。因此，聚障建立后缓冲区开发阶段，聚障井需要注入一定量的溶液以补充油井采出的液量，维持聚障条带的稳定。

聚障井多井干扰流场特征、饱和度场分布特征及压力场分布特征模拟研究表明：两口聚障井中心区域由于压降叠加，驱动压力接近零、注入液饱和度值较低，压力曲线较平缓，压力梯度值很小，聚合物溶液不易到达，是聚障的薄弱环节(图 5)。

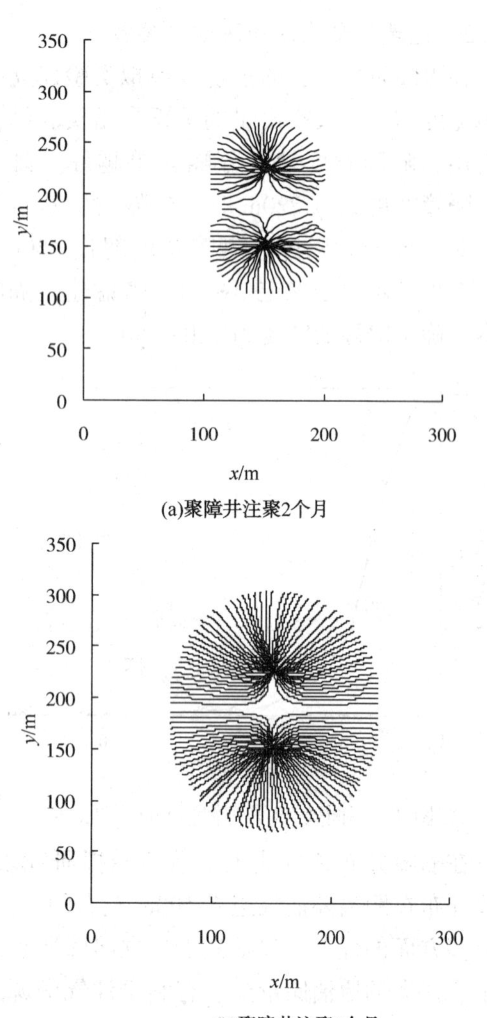

(a)聚障井注聚2个月

(b)聚障井注聚5个月

图 5　不同注入时间地层中流线分布

应用理论模型模拟聚障井同时开井连续注入、同时开井周期注入、交替周期注入等三种注入方式下的聚障液饱和度分布情况，对聚障井维护方式进行优选。从模拟结果来看，三种注入方式都能使聚障最终饱和度值达到稳定，但与全部开井注入相比，交替周期注入能够减少在两井之间形成聚障的薄弱区域，使聚障条带更均匀稳定。同时，与持续注入的维护方式比较，交替周期注入方式能够减少维护注入的聚合物溶液量，降低聚障维护成本，减少对气顶空间的压缩。为此，试验采用了间隔开井交替注入的维护方式，同时综合数模跟踪的聚障形态、聚障井压力情况，在不同的聚障维护阶段，对聚障井的注入量和注入方式采取有针对性的调整。

3.1.4　构建了完善的聚障监测系统

由于聚障建立与封闭情况的复杂性，围绕聚障前缘推进情况、聚障形态、聚障两侧压力变化情况和缓冲区油井产气情况 4 方面监测内容，应用测试、试井等多种监测手段，对监测井部署及监测周期安排进行优化，构建了完善的聚障监测系统，实现对聚障形成情况的准确监测。

聚障前缘推进情况监测：纵向上采用三参数同位素示踪注入剖面测井，监测前缘推进的均匀性；平面上采用中子—中子测井、微地震测前缘、试井和示踪剂等四种测试手段，从不同角度反映聚障前缘推进情况，提高分析的准确性。

聚障条带形态监测：综合运用各项监测资料，采用数值模拟跟踪的监测方法，监测分析不同时期聚障的整体形态。

聚障两侧压力变化情况监测：对气顶区气井的气层静压、缓冲区偏心油井的静压进行定期测量，对气顶外第一排油井进行静液面静压测试，通过监测气顶区和缓冲区的地层压力变化情况，分析气顶区压力系统与缓冲区压力系统是否相互独立，进而分析聚障的封闭情况。

缓冲区油井产气情况监测：通过对缓冲区油井产气量和气体组份监测，分析气体来源，从而判断聚障的封闭情况。

监测系统每年安排各类监测 101 口井、2102 井次，为掌握聚障是否封闭，开展调整提供了依据。

3.2　三区压力系统调控方法

聚障形成后，气顶区和缓冲区被聚障分隔开，成为 2 个相对独立的系统。受到聚障的承压能力影响，如果两侧压差过大，超过聚障的最大承压能力，聚障可能被突破，起不到分隔作用。因此，在聚障形成后缓冲区开发阶段，需要调控三区压力，保证三区压力的相对平衡。

数值模拟研究表明：保持聚障不被突破前提下，聚障条带两侧所能承受的最大压差为 2.5MPa。采取控制缓冲区第一排油井地层压力与气区压力保持基本平衡，同时缓冲区井按照距离气区由近及远的方向，逐级放大注采比提高地层压力，从而形成由气区向老油区地层压力逐级增加的三区合理压力值分布，既能保证聚障条带稳定，又能最大限度提高缓冲区开发效果。

压力系统调控的原则：以维持聚障两侧压力平衡同时兼顾缓冲区开发效果为总体目标；以全区整体调控为主，以单井调整为辅助；提高调整的及时性，避免滞后调整；与数值模拟相结合，精确调整的尺度，避免调整过度而进行反复调整。

对于气顶区，聚障井的注入量对气区压力影响较大，主要通过调整聚障井注入量控制气区压力。利用数值模拟研究，优化聚障维护阶段聚障井注入量，尽可能以最少的注入量维持聚障稳定，防止对气顶过度压缩，造成气顶压力快速上升。

对于缓冲区，通过调整注采比，控制不同位置井的地层压力，主要依靠调整缓冲区气顶外第一排采油井生产参数平衡聚障两侧压差。在调整尺度控制上，主要根据物质平衡方程建立的注采比与地层压力恢复速度的定量关系式，以及数值模拟计算的缓冲区注采比对应的地层压力变化速度，精确调整缓冲区生产参数，准确控制缓冲区地层压力。

对于老油区，对应的目的层为水驱井网，注水井一般都采取分层注入，可以通过调整目的层分层注水量控制注采比，从而调控老油区的地层压力。

3.3　缓冲区开发方式

3.3.1　采用150m五点法面积井网

根据马斯凯特公式推导计算的不同渗透率油层注入聚合物能力与注采井距的关系(图6)，当缓冲区萨Ⅱ2+3油层采用150m注采井距时，注入速度至少在0.15PV/a以上。同时，高浓度聚合物体系粘弹性高，油层阻力系数大，注入后注入压力上升快，注采压差大幅度增加。喇嘛甸油田高浓度聚合物驱现场试验表明，在注采井距由237m缩小到100~150m后，压力梯度增加，高浓度段塞形成有效驱动，注入强度和采液强度增加50%，效果明显。

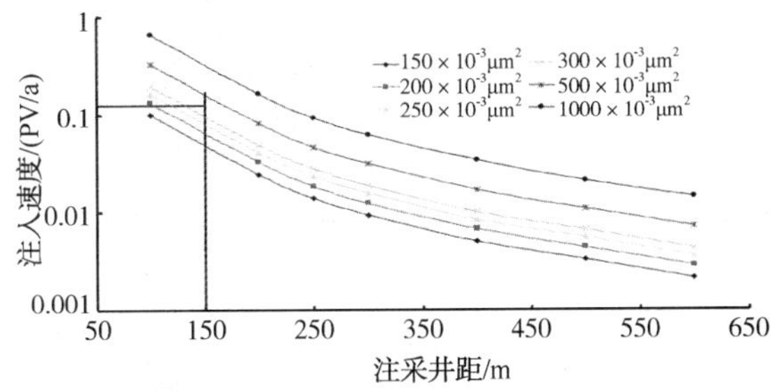

图6　不同渗透率油层聚合物驱注入速度与井距关系曲线

同时，数值模拟研究表明，对于聚合物驱，驱油效果由好到差的顺序为：五点法井网、七点法井网、四点法井网、反九点法井网(表1)。而聚合物驱增加采收率的幅度七点法最高，五点法次之，四点法与五点法相差不大，反九点法最低。但由于七点法注采井数比太大，因此五点法面积井网是聚合物驱的理想井网。

表1　不同井网对聚合物驱开发效果的影响

井网	水驱采收率/%	聚合物驱采收率/%	采收率提高/%
五点法	21.29	33.23	11.94
四点法	20.89	32.62	11.73
七点法	20.60	33.07	12.47
反九点法	20.57	29.32	8.75

综合考虑井网综合利用等其他因素，缓冲区开发采用了150m五点法面积井网，新钻井129口，其中注入井45口，采油井84口。

3.3.2　采用高浓度聚驱的开发模式

从物模实验及数值模拟结果来看，低含水油层注聚合物开发可获得较高的驱油效率和采收率，与高含水期注聚的二类油层上返区块相比，最终采收率将至少提高4.6%，同时能取得更好的经济效益。

另外，数值模拟研究表明：采用高浓度聚合物驱油可获得更高采收率。应用试验区模型，按照注采平衡的原则，对缓冲区注入1000mg/L、1500 mg/L和2000mg/L三种质量浓度聚合物溶液驱油的开发指标变化情况进行了模拟计算。在注入质量浓度为2000mg/L的聚合物时，缓冲区最终采收率达到了60%，高于其他浓度3%~5%。

根据上述研究认识，缓冲区采取了直接注入1900万相对分子质量，质量浓度为2000mg/L的高浓度聚合物溶液驱油。

开发以来，聚障条带一直保持封闭稳定，缓冲区取得了较好的开发效果。聚驱阶段累计注入孔隙体积1.33PV，聚合物用量2779PV·mg/L，累计产油78.3×10^4t，累计增油48.0×10^4t，阶段提高采收率26.7个百分点，采出程度66.5%。

4　取得的认识

(1) 采取在油气边界附近建立油气运移缓冲区，气顶区建设地下储气库，通过油气界面监测系统，按照“三区、一平衡”的开发原则，分层调整油气区压力平衡，能够实现开发过程中的油气界面稳定，防止油气互窜。

(2) 通过在油气边界附近注聚合物能够形成封闭隔障，把油气区分隔开，保证缓冲区正常生产；采取间隔开井交替周期注入的维护方式，能够保证聚障条带的封闭与稳定，减少维护注入溶液量。

(3) 油田获得了成功的开发，地质储量采出程度 41.65%，采收率 43.40%，油气界面虽然局部、短期有变化，但整体、长期保持稳定。

参 考 文 献

[1] 王彬，朱玉凤．气田气顶气窜研究[M]．天然气工业，2000.20(3)：12-19.

[2] 王启民，许运新，韩景江等．喇嘛甸层状砂岩气顶油藏[M]．北京：石油工业出版社，1996.28-29.

[3] 李彦兴，方亮，周群等．喇嘛甸气顶油田开发的实践和认识[C]．大庆油田开发实践与认识，北京：石油工业出版社，2000：133-139.

SEC 准则递减法在塔河油田已开发储量评估中的应用

曹敬华　延俊宝

(中国石油化工股份有限公司西北油田分公司)

摘　要　按照 SEC 准则，结合塔河油田实际评估情况，总结了塔河油田已开发储量的评估方法选择、递减类型、递减率、初始产量、油气价格及操作成本等评估参数具体取值原则和储量评估操作程序等，并提出了参数确定中需注意的问题，有利于塔河油田储量评估工作更加规范化，也有望为其它油田 SEC 储量管理和评估工作提供参考。

关键词　SEC 准则；递减法；已开发储量；储量评估；应用

在美国证券交易所上市的石油公司，需接受 SEC(美国证券交易委员会 U. S. Securities and Exchange Commission)的监管，并需在年报中披露按其制定的规则(简称 SEC 准则[1])评估的储量结果，储量评估结果的稳定对上市石油公司的股票价值有着重大意义，股票价值的变化将直接影响着上市石油公司的国际融资能力和国际竞争能力。在国内，证实已开发储量评估结果通过影响折旧折耗的形式影响着公司利润，储量评估的重要性不言而喻。

对于塔河油田来说，目前老区基本进入开发中后期，研究在 SEC 准则下证实已开发储量评估的准确性和合理性，特别是在目前油田开发以经济效益为中心的大环境下，对于区块未来开发技术政策的制定，具有重要的指导意义。

1　评估方法选择

目前 SEC 认可的评估方法主要有容积法、类比法、递减法、物质平衡法和数值模拟法[2-4]。处于油田开发不同阶段，适合的方法有所不同，对于勘探阶段、开发早期的油气藏储量评估，一般使用容积法、类比法；对于投入开发半年以上的油气田(藏)，一般及时转为动态法，根据不同动态法评估所需资料及油田实际资料情况合理选择具体方法，目前 SEC 动态法评估中最常用和最实用的方法是递减法，递减法是利用实际生产历史资料的生产规律和开发趋势，对过去生产动态趋势进行外推来预测产量和估算储量、剩余生产期限的技术方法。开发实践表明，任何储层类型和驱动类型的油气藏投入开发，拥有一定数量的产量递减数据后，均可用递减法预测其未来产量，多个实例也验证了递减法的可靠性。

递减法评估的步骤是先根据原油产量递减曲线分析确定递减类型，再根据递减规律曲线拟合递减率，预测未来产量，然后根据矿权开采年限、油价、操作成本、税率等经济参数开展经济评价，最后计算得出剩余经济可采储量。根据塔河油田开发实际及曲线拟合情况，目前塔河油田各油藏区块递减类型多符合指数递减特征，因此塔河油田证实已开发储量评估选择指数递减法。

2　评估参数选取

递减法评估储量的参数有初始产量、递减率、油气价格、操作成本、各类税费等。

2.1　初始产量

初始产量是用来预测未来产量变化的第一个重要参数，需要选取与未来趋势最相关最接近的生产数据点作为初始产量。评估人员通常习惯选择最后一个产量数据，但是如果油气藏生产不稳定，产量波动大，或最后一个月有重大措施(酸化、压裂等)或计划降产、关井等，使产量增加或减少很多，不能反映油藏实际生产能力，此时就不能将最后一个产量数据作为初始产量，应结合实际情况合理确定。

近几年，塔河油田各区块生产相对稳定，暂时没有该类需人工调整初始产量情况，随着油价降低，油田限产情况的出现，需人工确定初始产量的情况将会越来越多。

【作者简介】曹敬华，男，(1980—)，2007 年毕业于成都理工大学，工学硕士学位，油气田开发工程专业，就职于中国石化西北油田分公司，主要从事储量研究与管理等。E-mail：caojh. xbsj@ sinopec. com

2.2　递减率

递减率的确定一般是通过对主产品相递减曲线进行计算机或人工拟合，拟合能代表未来生产趋势的产量数据点得到预测未来产量的递减率。对于开发中后期油藏区块，早期产量数据段或许已不能代表现在及未来油藏的生产趋势，需要根据近期生产情况拟合，但如果近期数据受外部因素(诸如市场缩减)影响，则也不能代表现在及未来油藏的生产趋势，需要综合衡量。

根据 SEC 准则，结合塔河油田实际，在塔河油田 SEC 储量评估工作中逐步形成了五类递减率确定的技术方法：

(1) 开发进入中后期，区块产量有明显递减规律的油藏区块，拟合近期生产趋势稳定段递减率作为预测递减率。例如塔河 3 区石炭系区块(图 1)，2003 年投产以来，经历上产、稳产和递减阶段，2011 年以来，在区块无大的调整措施状况下出现明显稳定递减规律，则拟合该段递减率 42.339%作为未来预测递减率。

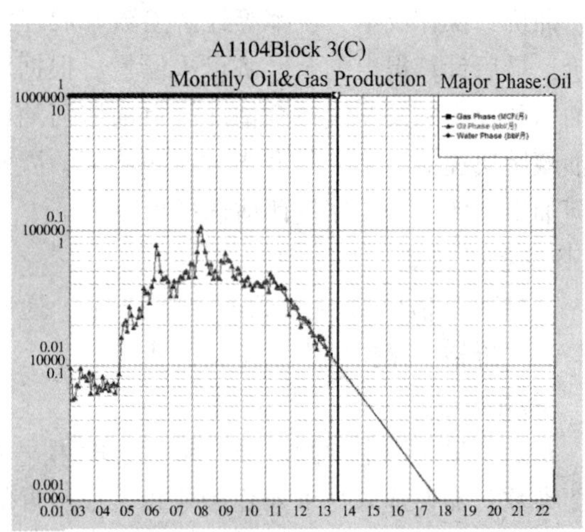

图 1　塔河 3 区石炭系产量递减拟合图

(2) 投入开发后持续上产的区块，区块产量持续上升或相对稳定，无递减趋势，如果平均单井产量有明显递减趋势，则可由平均单井产量递减趋势，推定区块进入递减阶段后将沿呈单井递减趋势，拟合平均单井产量近期递减趋势段递减率作为预测递减率。例如塔河托甫台区奥陶系油藏(图 2)，投产以来，钻井工作量年年大幅增加，产量上升，近 3 年钻井工作量增加幅度减缓，区块处于相对稳产阶段，区块产量无明显递减规律，但平均单井产量呈现出明显稳定递减趋势，则可认为区块进入递减阶段后将沿该平均单井产量递减趋势变化，拟合该段递减率 18.9%作为预测未来产量递减率。

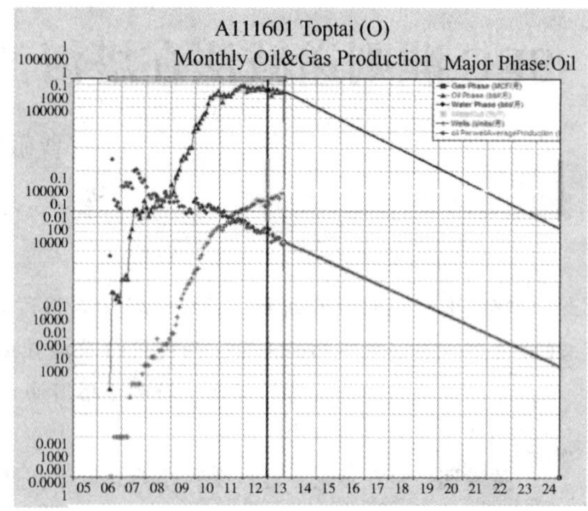

图 2　塔河托甫台区产量递减拟合图

(3) 开发进入中后期，因加密、调整加大工作量投入等因素使近期区块产量和平均单井产量出现稳定或上升，无明显递减规律，无法代表未来变化趋势的油藏区块，则应选取调整前有明显递减趋势阶段作为调整结束后未来可能呈现的递减规律，拟合该段递减率作为预测未来产量递减率。塔河 6 区(图 3)进入递减阶段后，递减趋势明显且相对稳定，2009～2010 年开发效果变差，2011 年以来开展了钻加密井和调整井及油藏综合治理，实现了产量稳步回升，区块产量和平均单井产量受此影响呈现的趋势已不能代表未来变化趋势，故选择油藏综合调整前的稳定变化趋势段拟合的 18.54%作为未来油藏递减率。

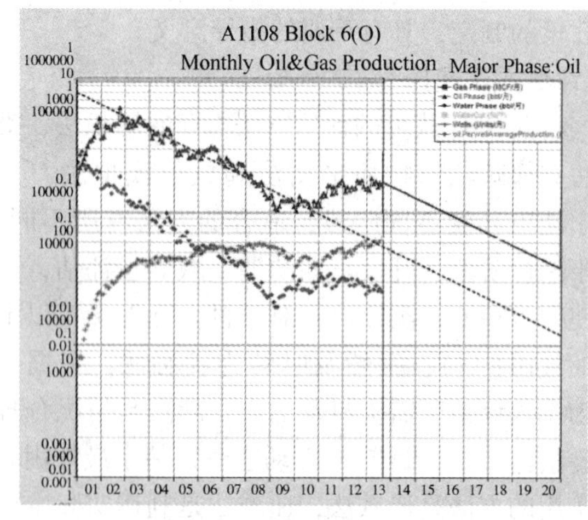

图 3　塔河 6 区产量递减拟合图

(4) 投入开发时间满 6 个月，但初期投产井少，生产不稳定，区块产量和平均单井产量无明显递减趋势的油藏区块，可利用类比法类比同类邻区油藏递减率作为预测递减率。塔河跃进地区

(图4)投产10个月后开展上市储量评估工作，此时由于投产井数较少(10口)，油藏复杂，各井生产不稳定，产量波动大，区块产量和平均单井产量都无明显变化趋势。该区所处区域构造位置、油藏性质和流体性质均与邻区托甫台区相近，按SEC准则采用类比法，类比托甫台区递减率18.9%作为预测区块未来产量递减率。

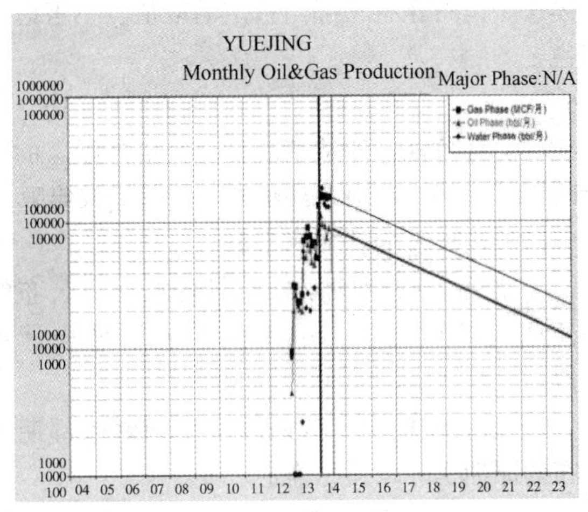

图4　塔河跃进地区产量递减拟合图

(5)在无较大的加密、调整工作量等情况下，如果油藏区块开发趋势出现明显变化特别是变差时，当趋势出现6个月以上，根据SEC准则，需要将最近的变化趋势作为未来递减趋势。

图5是塔河4区奥陶系油藏产量与时间半对数曲线，随时间变化各阶段产量递减特征发生变化，2006~2010年区块无较大加密、调整工作量投入，油藏表现出明显稳定递减趋势，按照SEC准则，此时可直接拟合该段递减率12.5%作为产量预测递减率(A线)。2010年末至2011年由于注水开发效果急剧变差，产量不再遵循前期稳定递减趋势，递减呈加大趋势，根据SEC准则，前期的递减规律已不能代表未来生产趋势，故在2011年末评估时拟合2011年度产量数据变化趋势稳定点得出年度评估时递减率为24.12%作为预测递减率(B线)。在开发效果变差后随即开展研究，调整注水方式，从前期的稳定注水逐步调整为周期注水、调整注采井网和注采参数等措施，通过2011年和2012上半年的整体调整，油藏递减快速加大趋势得到遏制，2012年末评估时拟合2012年度产量数据点递减率为26.49%(C线)，2012年后开发效果明显好转，2013年末评估时重新拟合生产趋势相对稳定的2012-2013年产量数据点递减率为18.54%(D线)。

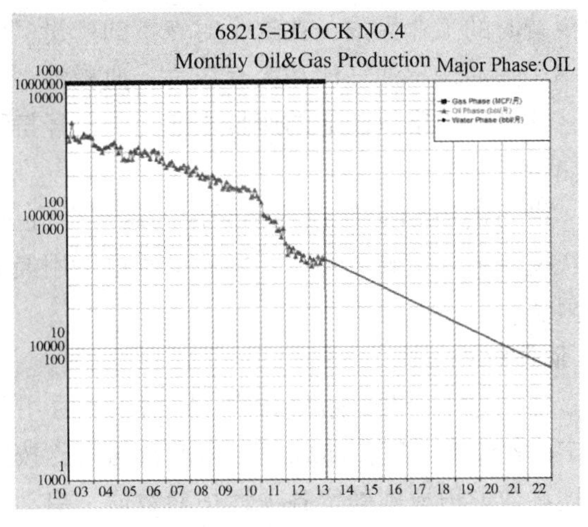

图5　塔河4区产量递减拟合图

2.3　油气价格[6]

油气价格是SEC储量评估的第一个重要经济参数，对开采年限的长短和储量的多少影响较大，按照SEC新标准，评价期取值要求取评估基准日前一年度每月第一天实际销售价的算术平均值，且油气价格在评价期保持不变。

原油价格：根据现行石油价格管理办法，国内原油价格实行与国际接轨，具体原则是参照原国家计委制定的“国内陆上原油运达炼厂成本与进口原油到厂成本相当”来确定。中国石化自产原油价格挂靠普氏迪拜原油现货价格，按照自产原油品质情况加减贴水，其中：轻质油价格按照迪拜原油价格加4.4美元/桶确定，中质Ⅰ类原油价格按迪拜原油计价，中质Ⅱ类原油价格按照迪拜原油价格减3.4美元/桶确定，重质原油价格按照迪拜原油价格减6.8美元/桶确定。

天然气价格：目前国内天然气出厂价实行政府指导价，油气田生产销售企业在政府(国家发改委)规定价格范围以内，根据市场情况与用户协商确定。

2.4　操作成本[6]

(1)操作成本范围

按照SEC准则，结合上游生产经管实际储量评估中操作成本主要包括以下三方面的内容：油气生产过程中发生的现金操作成本，主要包括外购材料、外购燃料、外购动力、人工成本、外部劳务(加工)费、青苗赔偿费、外部环保支出、财产保险费、通讯费、租赁费、差旅费等成本费用；油气生产过程中发生的修理费用；当期计提的安全生产费。

(2)固定成本与变动成本比例

根据操作成本中各成本费用要素发生情况，

结合上游油气开发生产实际，将操作成本划分为相对固定成本和相对变动成本，并确定比例关系，作为储量评估成本费用测算的依据。将外购材料，汽油、柴油、煤、其它燃料消耗以及电、水、井下作业劳务、测井测试劳务、外委修理劳务等与油气产量变化关系相对密切的费用，列入相对变动操作成本，将人工成本、青苗赔偿、外部环保支出、财产保险费、通讯费、租赁费、差旅费、外委修理费印刷费、警卫消防等与油气产量变化相对变化较小的费用，列入相对固定操作成本。相对变动成本和固定成本的比例一经确定，没有重大变化，一般不再变动。

（3）操作成本测算

操作成本测算以财务部门提供的评估基准日前一年度操作成本及油气产量、生产井数为基础，结合未来开发预测指标进行测算。测算方法一般采用综合估算法，即是根据评估基准日前一年度实际发生的操作成本及油气生产数据，按确定的比例关系劈分固定、可变操作成本，求取单位固定、可变操作成本值。单位油气可变成本和单位固定成本在评价期保持不变，成本预测不考虑通货膨胀和紧缩对成本的影响。

2.5　各类税金

主要包括城市维护建设税、教育附加费、资源税、矿产资源补偿费和特别收益金等，各类税费及原油特别收益金按国家相关法律和条例执行，随时根据最新公布的法律和条例及时调整，具体按中国石化有关部门指定的取值，不考虑所得税。

2.6　其他

（1）评价期：评估基准日至经济极限点的一段时期，即经济年限。评价期不超过矿权年限。

（2）汇率及油气换算系数：

① 汇率：按照国家外汇管理局每日公布的美元兑人民币汇率，采用全年加权平均计算确定。

② 原油吨桶比：按照股份公司财务部期末发布的原油实际吨桶比确定。

③ 天然气换算系统：按照 1 立方米 = 35.31 立方英尺进行换算。

表 1　2012~2014 年 SEC 评估经济参数取值

年度	原油					天然气			操作成本			汇率/%
	单价（美元/桶）	特别收益金（美元/桶）	税率/%	吨桶比 t=bbl	单位可变成本（美元/桶）	单价/（美元/千立方英尺）	税率/%	单位可变成本/（美元/方）	合计/（美元千元）	固定成本/（美元千元）	可变成本/（美元千元）	
2012	106.90	12.05	17.27	6.6896	3.27	3.82	14.33	0.02	363621.14	181810.57	181810.57	6.3074
2013	103.09	10.75	17.27	6.6880	3.62	4.70	14.33	0.02	431011.17	215505.58	215505.58	6.1928
2014	97.46	4.82	17.81	6.6803	3.48	5.28	14.90	0.02	417968.66	208984.33	208984.33	6.1428

3　经济评价

利用递减模型预测产量后，即开展经济评价，经济评价的方法有两种，现金流法和经济极限法[2,5]，上市储量评估采用的经济评价方法是现金流法，可以评估剩余经济可采储量及价值；经济极限法在产量递减分析时可以直观快速地计算经济可采储量，但不能计算价值。

现金流法：根据预测的油气产量、生产井数等开发指标，或在生产历史分析的基础上根据变化趋势预测的开发指标，以目前经济条件(油气价格、成本等)对未来若干年的现金流入、现金流出进行预测，编制现金流量表，计算财务收益率、净现值等经济评价指标，符合判别条件后求得的经济开采年限内的累计产量，确定为剩余经济可采储量，即 SEC 认可的证实储量。

经济极限法：是评价单元只能回收操作成本和税费时的工业界限，在这个时点下的产量、含水率、水油比、油气比和废弃压力，通称经济极限，该经济极限点以前的产量之和为剩余经济可采储量。

塔河油田 SEC 储量评估采用的是现金流法，在快速测算区块剩余经济可采储量时也可用经济极限法。

4　储量计算

塔河油田 SEC 储量评估是在国际通用的 OGRE 软件中实现，加载历史生产数据后，按照上述参数取值原则确定各项评估参数值，启动程序计算，最后生产储量报告，储量计算工作完成。近几年塔河油田储量评估工作已实现规范化，标准化，计算结果真实、可靠。

表 2 2012~2014 年 SEC 证实已开发储量评估结果

年 度	经济年限/	证实已开发剩余经济可采储量	
	年	百万桶	万吨
2012	15. 75	191. 33	2858. 66
2013	14. 5	205. 423	3071. 52
2014	15. 5	208. 18	3116. 33

5 结论

（1）递减法作为最常用的动态评估方法，同样适合于塔河油田已开发储量评估，用该方法评估结果合理，可为油田开发技术政策的制定提供支持。

（2）递减法评估的关键在于初始产量取值和未来递减趋的判定，要求评估人员必须熟悉油藏的动态变化过程，准确分析评估单元在当前产量状况及未来变化趋势。目前形成的初始产量取值方法和五种递减率取值方法为递减法评估的合理性打下了基础，使塔河油田储量评估工作更加规范化、标准化。

（3）储量评估人员除对油藏动态有全面熟悉之外，还要对矿权、操作成本变化情况、国家税费政策变化情况及储量评估的新规则及时熟悉、掌握。

参 考 文 献

[1] Etherington J R. Managing Your Business Using Integrated PRMSand SEC Standards[J]. SPE 24938, 2009: 1-12.

[2] 贾承造．美国 SEC 油气储量评估方法[M]. 北京：石油工业出版社，2004.

[3] 陈元千．油气藏工程实践[M]. 北京：石油工业出版社，2005.

[4] 杨通佑，范尚炯，陈元千，等．石油及天然气储量计算方法[M]. 北京：石油工业出版社，1998.

[5] 李敬松，孙义新．油田开发经济评价[M]. 北京：石油工业出版社，2000.

[6] "Modernization of Oil and Gas Reporting [J]. Federal Register/Vol. 74, No. 9/Wednesday, January 14, 2009 /Rules and Regulations.

基于核 Fisher 方法的致密砂岩地震储层质量评价

陈文浩[1,2]　王志章[1,2]　董少群[1,2]　侯加根[1,2]

(1. 中国石油大学 地球科学学院；2. 中国石油大学 油气资源与探测国家重点实验室)

摘　要　基于致密砂岩储层评价中地震属性与储层参数存在的非线性问题，提出应用核 Fisher 判别分析方法建立地震层控储层质量评价模型，进行致密砂岩储层质量评价。根据红岗致密砂岩储层的特点，综合岩性、物性等参数构造储层质量综合评价参数 RQCP，确定储层质量级别标准，并优选地震属性，应用核 Fisher 判别分析建立地震属性与储层质量级别间的分类模型，预测储层质量平面展布，最终在该平面约束下建立储层质量评价模型。实例研究表明：核 Fisher 判别分析方法具有优秀的非线性分类性能，所获得的储层平面展布及三维可视化模型较好的显示各类储层分布情况，结果可为后期水平井井轨迹优化、压裂提供指导。

关键词　致密砂岩储层；核方法；地震属性；储层质量评价

致密砂岩油气作为我国重要的非常规资源，其储层质量评价工作尤为重要。针对致密砂岩储层的评价，前人研究主要集中在储层质量参数的合理解释[1-3]、储层质量评价指标构建[4-6]。由于地震信息的横向预测优势，人们开始利用地震属性结合多种方法进行储层评价研究[7-13]，有许多成功应用的案例，但是随着储层变致密，储层质量预测的问题会变得越来越复杂，数量众多的地震属性与能够反映储层特征的参数并非线性关系，因此基于致密砂岩储层评价中地震属性与储层参数存在非线性问题，如何开展储层质量评价工作值得探讨。

核方法是近些年来解决非线性模式分析问题的一种有效途径，Mika(1999 年)利用核技巧对 Fisher 判别分析进行了改进，建立了针对两类问题的核 Fisher 判别分析[14]，令其可以较有效的处理非线性问题。Baudat(2000 年)进一步将其 KFDA 改进，使其也可以处理多类别分类的问题[15]。由于该方法不仅保持了原有线性算法的优点，同时对非线性可分的数据具有较强的分离能力，具有广泛的应用空间，但在油气储层预测中的应用研究较少[16-18]。为此，本文以红岗油田红 90 区块扶余油层致密砂岩储层为例，首次利用核 Fisher 判别分析方法建立地震属性和相应的储层质量级别的分类模型，进而预测储层质量平面分布，借鉴相控建模的思想，在上述储层质量平面分布的约束下，建立关于储层质量综合参数的三维模型，进行致密砂岩储层质量评价。

1　方法概述

1.1　Fisher 判别分析原理

Fisher 判别分析就是要找到线性投影方向(投影轴)，使得训练样本在这些投影轴上的投影结果类内散度最小，类间散度最大。对于待分类的 n 个 d 维的样本：x_1，x_2，…，$x_n \in R^d$。设定其最佳的投影方向是通过最大化目标函数 $J(w)$：

$$J(w) = \frac{w^T S_b w}{w^T S_w w}$$

其中

$$m_i = \frac{1}{n_i}\sum_{2x \in w_i} x, \quad i = 1,\ 2$$

$$S_w = \sum_{i=1,\ 2}\sum_{x \in w_i}(x - m_i)(x - m_i)^T$$

$$S_b = (m_1 - m_2)(m_1 - m_2)^T$$

m_i 为样本类内均值，S_w 为样本类内离散度矩阵，S_b 为样本类间离散度矩阵。最大化目标函数 $J(w)$ 的极值解 w^* 即为最佳投影方向。

Fisher 判别分析判别函数为

$$f(x) = w^* x + b$$

对于任意一个待测的样本，Fisher 判别分析判别函数 $f(x_i) = w^* x_i + b$，通过 $f(x_i)$ 的正负来

【作者简介】陈文浩(1985—)，男，博士后，主要从事油气田开发地质方面研究工作。E-mail：418220216@qq.com。

判断归属。

1.2 核 Fisher 判别分析原理

其思路是先通过某一非线性变换把输入数据映射到一个高维的线性可分的特征空间中，在此特征空间中利用线性 Fisher 判别分析实现样本的最优分类，最终目的是提取非线性分类特征(图 1)。

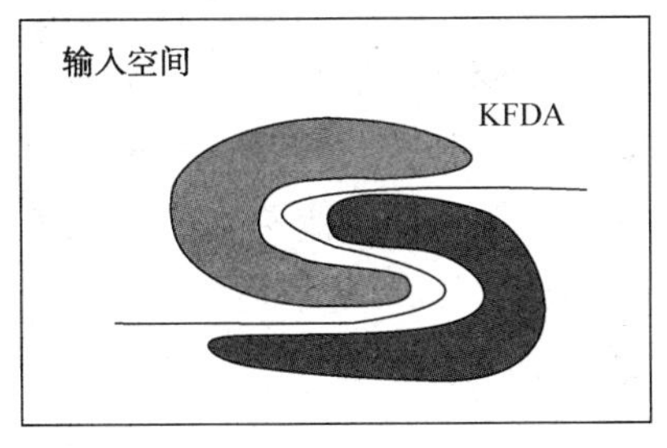

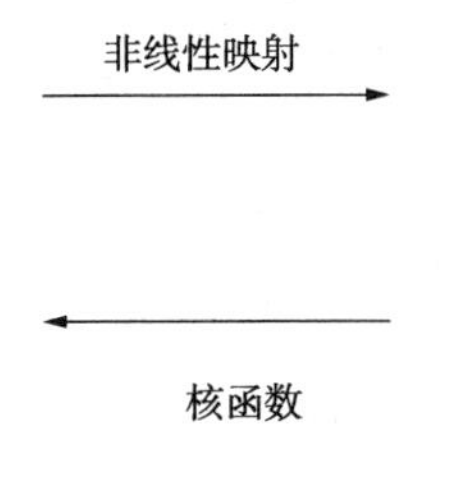

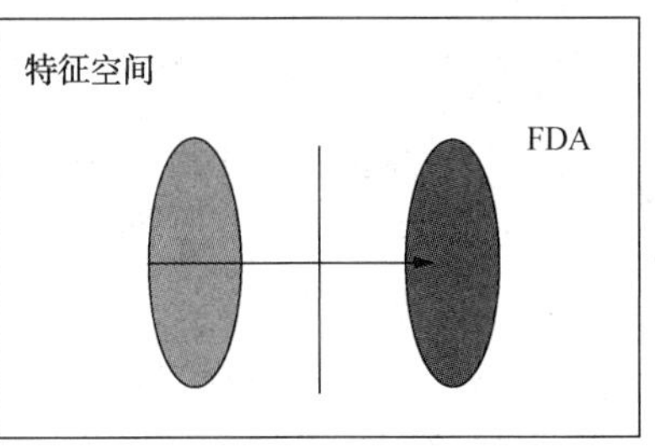

图 1 核 Fisher 判别分析示意图(据 Yongmin Li 等(2001 年))

假设原始训练样本为 $X_i(X_i \in R^p, i=1, 2, \cdots N)$，类别数为 c，第 i 类训练样本的个数为 n_i，有 $N=\sum_{i=1}^{c} n_i$，存在一个非线性映射 $\phi: R^p \to F$，使得原始样本空间的点被映射到特征空间 F，则原空间样本通过函数 ϕ 被映射为 $\phi(x_1)$，$\phi(x_2)$，…，$\phi(x_N)$。在特征空间 F 中进行 Fisher 判别分析，其中，Fisher 准则函数定义为：

$$J(w^{\phi})=\frac{(w^{\phi})^T S_b^{\phi} w^{\phi}}{(w^{\phi})^T S_w^{\phi} w^{\phi}} \tag{1}$$

其中 S_b^{ϕ} 为类间离散矩阵，S_w^{ϕ} 为类内离散矩阵，w^{ϕ} 为特征空间 F 中任一非零列向量。

Fisher 准则就是令 $J(w^{\phi})$ 最大，可以证明，当类间离散矩阵 S_w^{ϕ} 可逆时，向量 w^{ϕ} 即为 $(S_w^{\phi})-1S_b^{\phi}$ 的的特征向量，根据再生核理论，w^{ϕ} 可以由高维特征空间 F 中的训练样本 $\phi(x_1)$，$\phi(x_2)$，…，$\phi(x_N)$ 线性表示，即

$$w^{\phi}=\sum_{i=1}^{N}\alpha_i\phi(x_i)=Q\alpha \tag{2}$$

其中 $Q=[\phi(x_1), \cdots, \phi(x_N)]$，$\alpha=(\alpha_1, \cdots\alpha_N)^T$。

将式(2)代入式子(1)，Fisher 准则转换成：

$$J(\alpha)=\frac{\alpha^T(KwK)\alpha}{\alpha^T(KK)\alpha} \tag{3}$$

其中

$$K=\tilde{K}-1_N\tilde{K}-\tilde{K}1_N+1_N\tilde{K}1_N \tag{4}$$

这里，1_N 为 $N\times N$ 维元素都为 $1/N$ 的矩阵，$\tilde{K}=Q^TQ$。则可看出，$\tilde{K}$ 的元素

$$\tilde{K}_{ij}=\phi(x_i)^T\phi(x_j)=(\phi(x_i)\cdot\phi(x_j))=k(x_i, x_j) \tag{5}$$

其中 $k(x, y)$ 为核函数，并且 $w=diag(w_1), \cdots, (w_c)$，$w_j(j=1, \cdots, c)$，为元素都为 $1/n_j$ 的 $n_j\times n_j$ 阶矩阵，这样，w 就是一个块对角矩阵。

当有新的样本点 x 需要判别时，可以计算出 KFDA 提取的判别特征为

$$w^{\phi}\cdot\phi(x)=\sum_{i=1}^{N}\alpha_i(\phi(x_i)\cdot\phi(x))=\sum_{i=1}^{N}\alpha_i k(x_i, x) \tag{6}$$

利用提取的特征建立分类器，当有新的样本点加入时便可以进行分类判别。

2 致密砂岩储层 KFDA 地震储层质量评价

以红岗北地区致密砂岩储层为例进行储层质量研究，红岗油田红 90 区块致密砂岩储层主要位于扶余油层(泉四段)，区内发育辫状河三角洲平原和前缘亚相，主要砂体为平原亚相的分流河道砂、溢岸薄层砂及前缘亚相的水下分流河道砂。其主要的岩性为长石岩屑砂岩，多中砂质细粒。泉四段油层物性较差，孔隙度为 3%~13%，最大 14.6%，平均 8.03%；渗透率一般为 0.024~1 mD，最大 3.6 mD，平均 0.294mD，为低孔超低渗透储层。

2.1 储层质量综合评价参数及评价标准

致密砂岩储层储层质量评价参数，不同于常规储层，考虑后期压裂改造措施，综合利用岩性、产能、储能、脆性特征，构建储层质量综合参数(reservoir quality comprehensive parameters，简称 RQCP)。泥质含量越低，孔隙度越大，渗透率越高，脆性指数越大，则对应的 RQCP 越高。

$$RQCP=VSH_s\times\phi_s\times\log K_s\times BI_s \tag{7}$$

其中：$VSH_s=\begin{cases}1-\dfrac{VSH}{C}, & VSH\ge C\\ 0 & otherwise\end{cases}$，$VSH$ 为泥质含量(%)，C 为常数，本文取 40；

$\phi_s = \dfrac{\phi - \phi_{min}}{\phi_{max} - \phi_{min}}$，$\phi$ 为孔隙度（百分数），ϕ_{min} ϕ_{max} 分别对应孔隙度最小值和最大值；

$\log K_s = \dfrac{\log K - \log K_{min}}{\log K_{max} - \log K_{min}}$，$K$ 为渗透率(mD)，K_{min} K_{max} 分别对应渗透率最小值和最大值；

$BI_s = \dfrac{BI - BI_{min}}{BI_{max} - BI_{min}}$，$BI$ 为脆性指数(%)，BI_{min} BI_{max} 分别对应脆性指数的最小值和最大值；

为了建立起储层质量评价指标参数与地震属性的对应关系，分层提取井点处地震属性和 RQCP 累加数据，其中计算 RQCP 累加数据时，利用经验统计法确定的储层下限进行约束。

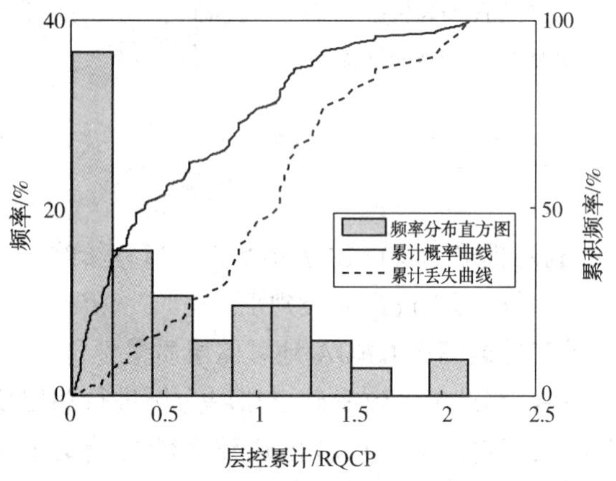

图 2　经验统计法确定层控储层类别标准

对层控累计 RQCP 求取累计丢失曲线(图 2)，以累计丢失值 5% 为限确定三类储层下限，下限为 0.1274，小于该下限的储层认为是非储层。确定三类储层下限后，利用 k-means 算法确定一类、二类储层的下限分别为 2.2760、0.9110。确定了一类、二类、三类储层和非储层后，便为已知井点处每层地震属性提供了一个类别标签，可以建立分类预测模型，进而获得储层质量优劣的平面展布。

2.2　地震属性优选

在用地震属性进行分类预测前，一般要优选属性。核 Fisher 判别分析是一种有监督的特征提取算法，利用了每一种属性，因此优选属性时需去除高度线性相关的属性，减少核 Fisher 判别分析后期运算量。

提取 21 种属性，涉及振幅类属性、能量类、频率类属性和相位类属性。它们之间相关系数大于 0.8 的区域较多(图 3a)，经过筛选后，去除高度线性相关的属性 13 个，剩余 8 个地震属性，分别为瞬时频率斜率、反射强度斜率、平均瞬时相位、平均瞬时频率、平均反射强度、平均振幅、平均波谷振幅、等时线属性(图 3b)。

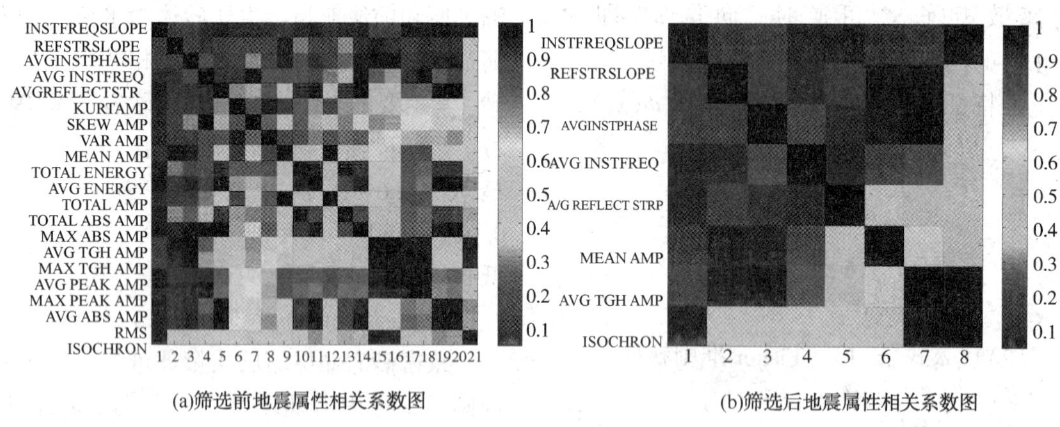

(a)筛选前地震属性相关系数图　　(b)筛选后地震属性相关系数图

图 3　地震属性相关系数图

2.3　地震属性平面储层质量评价

Fisher 判别分析提取的是线性特征，对于非线性问题效果欠佳，核技巧的引入有效的缓解了这一问题。利用上述八种地震属性分别建立分类模型，对比 Fisher 判别分析、核 Fisher 判别分析提取的特征结果，其正判率分别为 40%、76%，(图 4a、图 4c)。对比两种方法对应的平面预测效果图(图 4b、图 4d)，非线性的核 Fisher 判别分析的平面储层质量展布更符合地质认知，各类储层连续性好，形态较为接近实际情况，与地质人员回执的沉积相图较为接近(图 4e、图 4f)。相比之下，线性的 Fisher 判别分析各类储层分布不符合地质认知，且各类储层形态不连续，难以用于后期建模约束。因此采用核 Fisher 判别分析建立层控地震属性储层质量评价模型更为可靠。

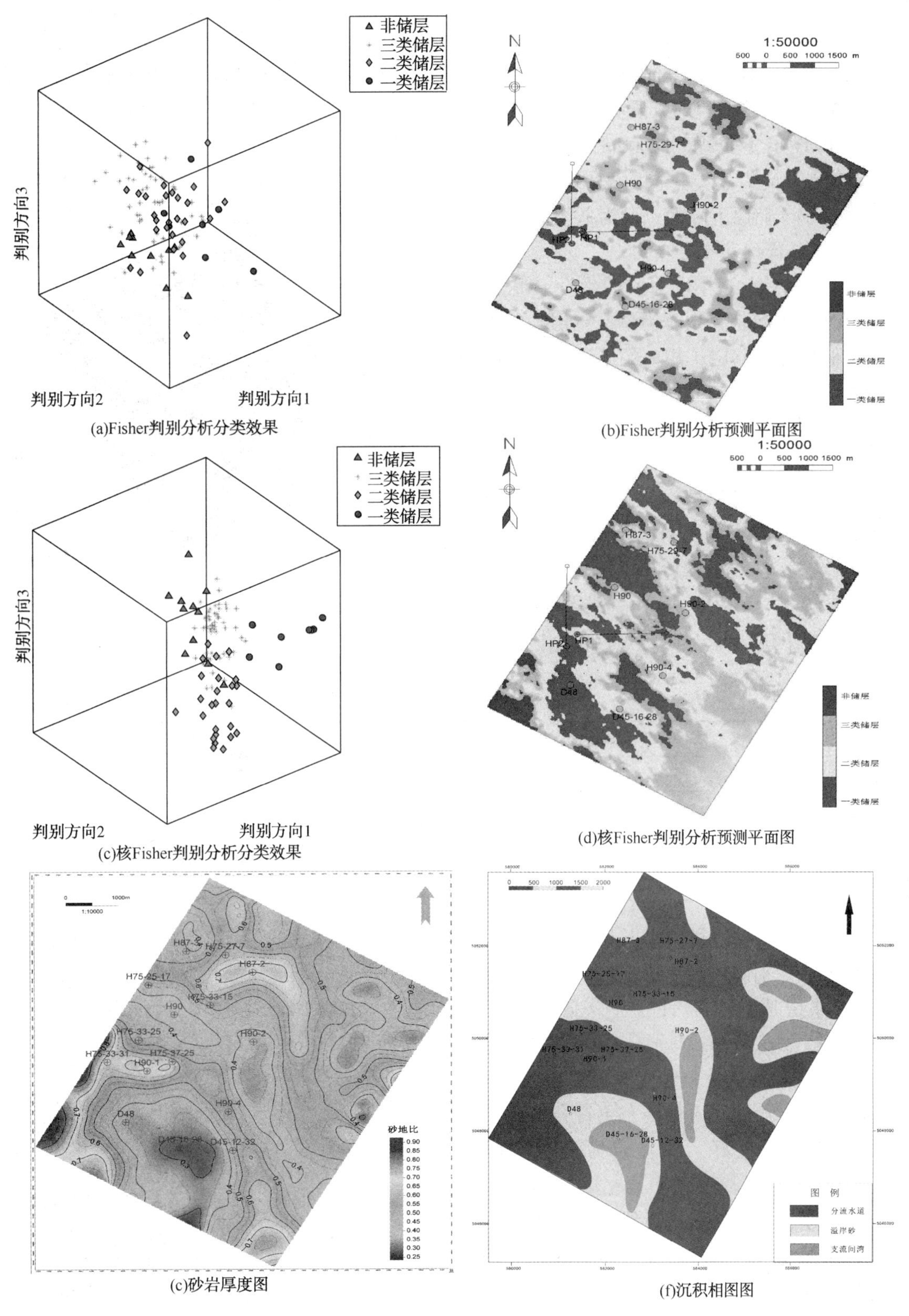

(a)Fisher判别分析分类效果　(b)Fisher判别分析预测平面图

(c)核Fisher判别分析分类效果　(d)核Fisher判别分析预测平面图

(c)砂岩厚度图　(f)沉积相图图

图 4　不同方法分类结果

2.4　三维储层质量评价模型

三维储层质量评价模型借鉴的是相控建模的思想。当井网稀疏或不均匀时，井间使用插值，可信度略差，如果井间部分考虑了相模式等先验知识，效果会优于前者。因此本文地震储层质量评价尝试使用地震属性预测的层控储层质量平面展布进行约束建模。

使用前文建立的储层质量平面展布作为约束，对储层质量综合参数 RQCP 进行三维建模，采用同位协同序贯高斯算法。该区构造简单，无明显断层，使用前人解释的井分层和地震层位建立构造模型。X、Y 方向网格设置为 20m×20m，平面网格数为 390 ×415。Z 方向设置采用等比例网格设置，保证网格层平均垂向厚度 1.4m 左右。根据经验统计设定主变程为 2000m，次变程为 1000m，主变程方向为 312°。同时采用储层下限作为约束，将小于储层下限的点设为低值。

2.5　储层质量评价结果检验

建模后提取的第 10 小层对应的累计 RQCP，利用累计 RQCP 下限将其划分为一类储层、二类储层、三类储层和非储层，相应的平面展布如图 6 所示。将其与实际生产动态资料结合分析，选用 13 口生产井资料，得出储层质量级别与高产、中产和低产井的相关情况(表 1)。高产井 4 口，有 3 口的井分布于一类储层中，占 75%，1 口分布于二类储层中，占 25%；中产井 8 口，6 口井分布于二类储层，占 75%，1 口井分布于三类储层，占 12.5%，1 口井分布于一类储层，占 12.5%；低产井 1 口全部分布于三类储层中。储层质量评价结果与实际相对较为吻合。第 10 小层的震控储层质量评价显示 H90 区扶余油层 10 小层平面上有三个储层质量相对较好的区域，分别位于工区西南部、北部和中部。

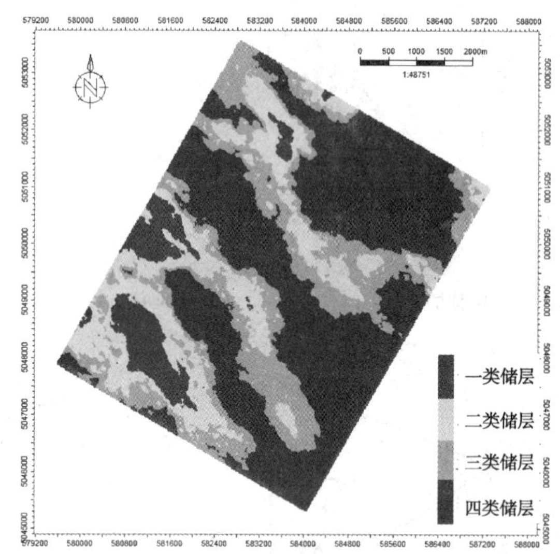

图 5　第 10 小层震控储层质量参数累计平

表 1　10 小层储层质量评价结果

	一类储层	二类储层	三类储层	非储层
高产井(4 口)	75%(3 口)	25%(1 口)	0	0
中产井(8 口)	12.5%(1 口)	75%(6 口)	12.5%(1 口)	0
低产井(1 口)	0	0	100%(1 口)	0

3　结束语

通过以上研究，可以得出以下几点结论：

(1) 将模式识别的核函数思想首次应用到地震属性进行储层质量分类评价中。通过对比 Fisher 判别分析、核 Fisher 判别分析提取的储层质量平面展布结果，认为非线性算法的核 Fisher 判别分析获得的平面储层质量展布更符合地质认知，各类储层连续性好，形态较为接近实际情况。

(2) 储层质量平面展布进行约束建模获得的三维质量评价模型可以实现对储层质量的有效评价。震控储层质量评价显示研究区扶余油层第 10 小层平面上有三个储层质量较好的区域，分别位于研究区西南部、中部和北部，结果可用于指导致密砂岩油藏后期压裂改造及水平井布井工作。

(3) 根据致密砂岩储层的特点，利用泥质含量、孔隙度、渗透率、脆性指数确定的储层质量综合参数 RQCP，有效的整合了岩性、物性、产能及脆性特征。

参　考　文　献

[1] 文龙，刘埃平，钟子川，等．川西前陆盆地上三叠统致密砂岩储层评价方法研究[J]．天然气工业，2005，25(S1)：49-53.

[2] 张永浩，杜环虹，李新，等．苏里格气田致密砂岩储层条件下声波速度与孔隙度实验研究[J]．测井技术，2013，37(3)：229-234.

[3] 田华，张水昌，柳少波，等．致密储层孔隙度测定测定参数优化[J]．石油实验地质，2012，34 (5)：334-339.

[4] 潘蓉，朱筱敏，张剑锋，等．基于基于主成分分析的储层质量综合评价模型——以克拉苏构造带巴什基奇克组为例[J]．石油实验地质，2014，36(3)：376-380.

[5] 张琴，朱筱敏．山东省东营凹陷古近系沙河街组碎屑岩储层定量评价及油气意义[J]．古地理学报，2008，10(5)：465-472.

[6] 兰叶芳，邓秀芹，程党性，等．鄂尔多斯盆地华庆

地区长 6 油层组砂岩成岩相及储层质量评价[J]. 岩石矿物学杂志，2014，33(1)：51-63.

[7] 邓继新，王尚旭，李生杰，等．砂岩储层地震属性参数对孔隙流体的敏感性评价[J]. 石油学报，2006，27(6)：55-59.

[8] 畅永刚，史松群，赵玉华，等．基于 SVD 法三维地震属性优化技术在苏里格气田含气性预测中的应用[J]. 天然气地球科学，2012，23(3)：596-601.

[9] 杜丽筠，吴志强．多地震属性优化的神经网络技术在鄂尔多斯盆地高阻抗砂岩储层预测中的应用[J]. 海洋地质动态，2010，26(10)：45-49.

[10] 胡兴中．济阳拗陷埕东北坡上第三系河道砂体地震描述及含油性预测技术[J]. 石油地球物理勘探，2006，41(5)：580-583.

[11] 晏信飞，曹宏，姚逢昌，等．致密砂岩储层贝叶斯岩性判别与孔隙流体检测[J]. 石油地球物理勘探，2012，47(6)：945-950.

[12] 张勇，宋维琪．基于储集层地质模式用多种地震属性参数预测砂体含油气性[J]. 石油勘探与开发，2001，8(4)：60-63.

[13] 唐耀华，张向君，高静怀．基于地震属性优选与支持向量机的油气预测方法[J]. 石油地球物理勘探，2009，44(1)：75-80.

[14] Mika S, Ratsch G, Weston J. Fisher discriminant analysis with kernels[A]. Neural Networks for Signal Processing IX[C]. Piscataway NJ: IEEE, 1999. 41-48.

[15] Baudat G, Anouar F. Generalized discriminant analysis using a kernel approach[J]. Neural Computation, 2000, 12(10): 2385-2404.

[16] 许建华，张学工，李衍达．应用核 Fisher 判别技术预测油气储集层[J]. 石油地球物理勘探，2002，37(2)：170-174.

[17] 徐正光，王淑盛，刘冀伟，等．基于主成分分析的核 Fisher 判别方法在油水识别中的应用[J]. 北京科技大学学报，2005，27(1)：126-128.

[18] 罗德江．基于核 Fisher 判别的碎屑岩储层流体识别[J]地球物理学进展，2013，28 (4)：1919-1924.

大庆油田智能分层注水技术研究与应用

徐德奎　朱振坤　刘崇江　马　强　曹长鹏　佟　音　郭　颖　王　琦

(大庆油田有限责任公司采油工程研究院)

摘　要　分层注水技术是非均质多油层砂岩油田控制含水上升速度，提高采收率的有效技术手段。大庆油田分层注水技术经过四十多年的攻关研究，从第三代精细分层注水技术到第四代智能分层注水技术再次实现了质的飞越，该技术主要由预置电缆智能注水工艺管柱及地面无线远程控制系统两部分组成，实现办公室远程实时监测各参数变化情况并控制井下分层流量、分层压力，系统具备自动测调、数据自动存储、超差报警、远程验封及测压、标准报表输出等功能，针对不同区块特点在大庆油田已开辟三个试验区，现场试验超百口井，目前技术已基本定型，使分层注水技术向数字化、智能化方向发展。

关键词　智能注水；分层注水；预置电缆智能配水器；层间矛盾

大庆油田进入特高含水期以来，注水井数和多级细分井数逐年增多，层段动态变化更加复杂，注采矛盾更为突出，低效无效循环严重，注水合格率下降较快。原发展的高效测调工艺较常规工艺提高效率1倍以上，可在一定程度上加密测调周期，但其人工定期下入仪器的测试方式，考虑测试车及测试班组成本的情况下，已难以继续提高注水合格率[1-6]。另外，高效测调为间隔测试，数据点状分布，不能充分反应油藏动态变化情况，无法为精准开发提供连续生产数据。为此，大庆油田2006年首次提出注水井智能分注技术思路并于2009年正式开展研究，将监测、通信及自动控制等系统置于井下配水器内，分层注水量地面实时控制，大幅度减少了人工测试工作量，使注水合格率长期保持在90%以上[7-10]。

1　智能分层注水技术研究

1.1　总体思路

智能分层注水技术是将压力监测系统、流量监测系统、流量控制系统置于预置电缆智能配水器中，在办公室端由技术人员在服务器软件上发出控制指令，通过油田生产无线网络发送至地面控制箱，应用电缆载波技术由电缆传输指令至预置电缆智能配水器，与其实现实时通信，以获取井下分层参数信息，并控制井下分层注入量。实现无人工上井，办公室远程实时监测各参数变化情况并控制井下分层流量、分层压力，系统具备自动测调、数据自动存储、超差报警、远程验封及测压、标准报表输出等功能。

智能分层注水技术包括预置电缆智能注水工艺管柱及地面无线控制系统(图1)。其中智能分层注水工艺管柱由预置电缆智能配水器、过电缆封隔器、电缆、电缆保护器、球座、筛管等工具组成，地面无线控制系统由服务器、Mcwill网络、地面控制箱等组成。

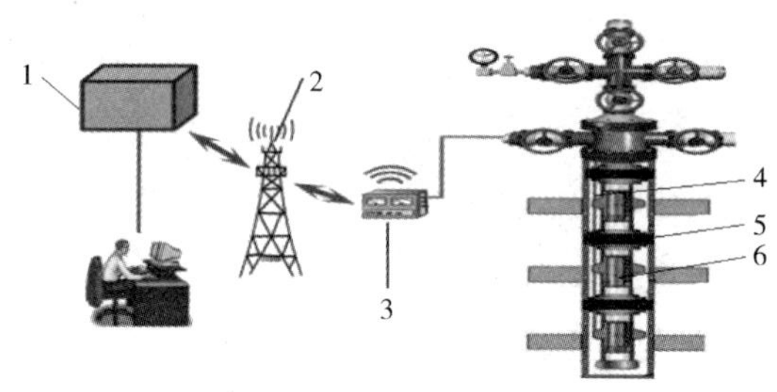

图1　智能分层注水技术工艺示意图

1—服务器；2—Mcwill网络；3—地面控制箱；4—电缆；5—过电缆封隔器；6—预置电缆智能配水器

智能分层注水技术利用直径为3.5mm的钢管电缆作为数据传输、供电的媒介，现场施工时应用电缆连接器实现与预置电缆智能配水器的对接，采用电缆保护器将电缆固定在接箍位置，下入过程中电缆随油管一同下入直至井口，在井口使用井口固定密封装置进行密封。

1.2　预置电缆智能配水器研制

预置电缆智能配水器为智能分层注水技术中

【作者简介】奎，1972年生，男，博士后，高级工程师，从事采油工程领域理论及技术研究工作。E-mail：xudekui@petrochina.com.cn

的核心工具，主要由控制系统、功能组件及机械组件等3部分组成，其中控制系统主要由一系列控制电路构成，主要负责与地面控制箱通信并将控制信号传至各功能组件；功能组件包括流量计、压力计、流量控制阀、通信电路电路等，机械组件包括主体、连接套、下接头等。

整体结构采用分体设计(图2)，流量控制阀、流量计、压力计分别组装在主体上，各部分可独立检测及安装，组装效率高，便于问题查找。各模块端部采用集线器结构设计，减少密封环节，可有效提升工具稳定性。正常工作时，压力计和流量计将测量的单层注入压力和注入量等数据传送到控制模块，由控制模块直接上传至地面控制箱，再通过无线网络传至办公室，办公室的技术人员可比照单层配注量对流量控制阀进行开关调整，在预置电缆智能配水器内部流体从滤网进入流量计，流经主体的U型通道，受流量控制阀的阀芯的控制进入地层，通过阀芯的轴向移动，实现单层流量控制。

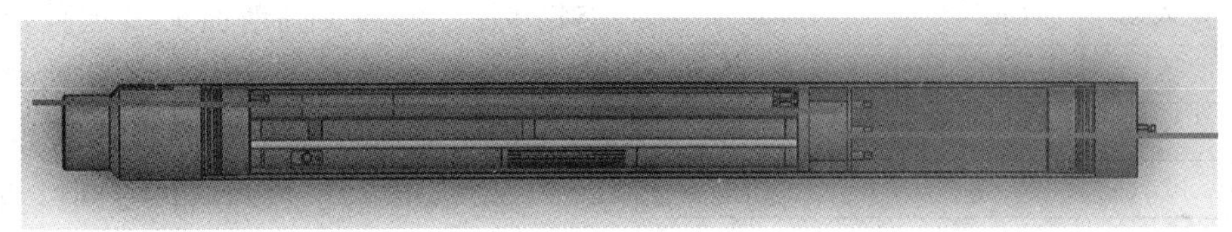

图2　预置电缆智能配水器结构示意图

1—上接头；2—流量计；3—流量控制阀；4—压力计；5—集线器；6—下接头

1.3　地面远程控制系统开发

地面远程控制系统为智能分层注水技术中的管理终端，建设中结合大庆油田自身条件与信息安全的要求，选取现有的油田生产无线网(Mcwill)作为数据传输通道，将WEB服务器与数据库服务器放置在生产网DMZ区。现场为智能注水井安装无线通信模块，地面控制箱通过此设备连接油田生产无线网(Mcwill)，将井下分层数据传输至数据库服务器，企业网用户通过防火墙白名单的方式访问WEB服务器，以实现对智能分注井远程测调及数据查询(图3)。

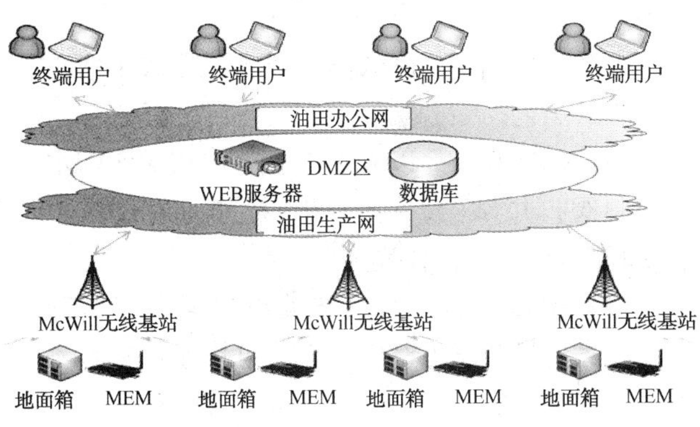

图3　地面远程控制系统结构图

2　室内试验

开展室内模拟实验(图4)，将预置电缆智能配水器下入实验井中，电缆从套管阀门处穿出，使内部管柱整体处于密封环境，对其整体密封性能、流量测量精度、流量控制阀开关顺畅度等关键参数进行系统检验。

图4　室内模拟实验图

(1) 将实验井注入压力提高到40MPa，稳压1h后，将通信电缆与地面控制箱连接，与井下预置电缆智能配水器进行通信，地面能够顺利建立信号连接，并读取嘴前、嘴后压力，温度，供电信息等参数。

(2) 将注入量由10m^3/d逐步提高到100m^3/d，将预置电缆智能配水器测试流量值与实验室标定值进行对比，测量误差在±3%FS范围内(表1)，结果符合设计要求。

表 1　流量精度测试数据

序号	涡街流量计监测频率/Hz	配水器流量/(m^3/d)	标准流量/(m^3/d)	偏差/(m^3/d)	全量程误差/%
1	3695	9.6	10.15	0.55	0.55
2	7256	19.68	21.12	1.44	1.44
3	11269	27.6	27.81	0.21	0.21
4	15986	40.81	40.01	-0.8	0.8
5	17958	44.88	44.19	-0.69	0.69
6	18956	48.96	49.65	0.69	0.69
7	22111	56.88	57.65	0.77	0.77
8	26598	65.04	66.16	1.12	1.12
9	31568	88.16	89.98	1.82	1.82
10	36549	105.65	106.68	1.03	1.03

(3) 通过调整实验系统，将流量控制阀嘴前、嘴后压差控制在 10MPa，地面控制箱发送指令使流量控制阀开启、关闭，满行程动作 10 次，读取流量控制阀电机反馈电流为 60~150mA，远远低于保护电流 300mA，开关动作顺畅。

室内实验表明：预置电缆智能配水器整体密封性能良好，可承压 40MPa，在 10~100m^3/d 范围内，流量测量精度为±3%FS，流量控制阀开关动作正常，可满足现场实验要求。

3　现场试验

3.1　总体应用情况

目前大庆油田智能分注在运行 111 口井，为了验证智能分注工艺区块整体实施效果，开辟了 3 个试验区块，其中采油一厂试验区共现场试验 54 口井，全部实现地面无线远程控制，检配合格率提高 13.8 个百分点，测试合格率提高 3.4 个百分点，±20%以内精准配注层占比提高 17.0 个百分点(表 2)。最长运行时间已达到 4 年，最高层段数 7 层，实现了井下分层流量、压力远程实时监测及连续调节，具备静压测试、分层指示曲线测试及在线验封等功能；7 层段井平均单井测调时间 1 小时以内，工艺基本定型。

表 2　采油一厂试验区 54 口井智能测调完成情况表

方法	井数/口	层段数/层	测调次数	检配合格率/%	测试合格率/%	合格层/个			不合格层/个	±20%以内合格层占比/%
						±10%	±20%	±30%	超过±30%	
智能	54	314	346	85.2	95.9	104	88	67	11	74.1
常规	50	231	117	71.4	92.5	36	69	79	15	57.1

3.2　远程实时测调

目前已实现一厂试验区 54 口井的无线通信及控制，当前设定每 4 个小时自动录取一次数据，共采集 4 万余组数据；实现历史数据保存、数据自动预警等功能。以 x 井偏Ⅲ层为例，通过远程连续监测，可得到任意时间段单层段累计注入量、注入压力(图 5)，为优化注水方案提供指导。

3.3　注水指示曲线和吸水能力测试

以 G 井为例，通过控制井口阀门，监测流量和嘴前、嘴后压力变化，可同时得到常规注水指示曲线(嘴前压力)和实际注水指示曲线(嘴后实际注水压力)(图 6)，更准确判断地层吸水能力，确定合理注入方案。

3.4　在线验封

实现了封隔器在线验封，无需测试车下入仪器，提高验封效率，降低测试成本，形成了两种在线验封工艺。

(1) 标准验封。以 G 井为例，隔层关闭配水器控制阀，井口“开—关—开”操作，通过压力曲线判断封隔器密封状态(图 7)。

(2) 快速验封。通过开关单层配水器控制阀，比对流量及压力对应关系，可快速判断封隔器密封状态(图 8)。

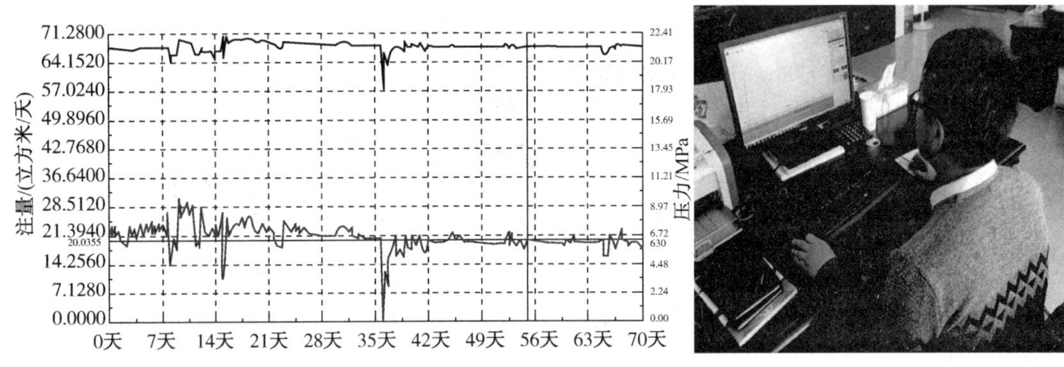

图 5　x 井偏Ⅲ层远程监测数据

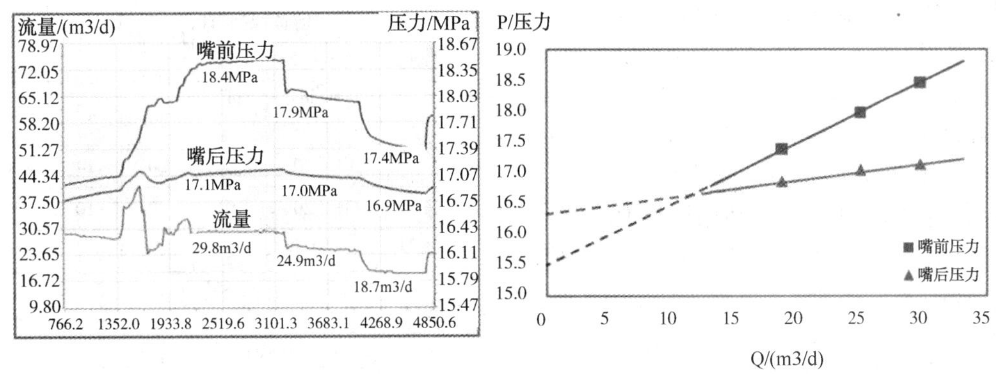

图 6　G 井压力流量监测和注水指示曲线

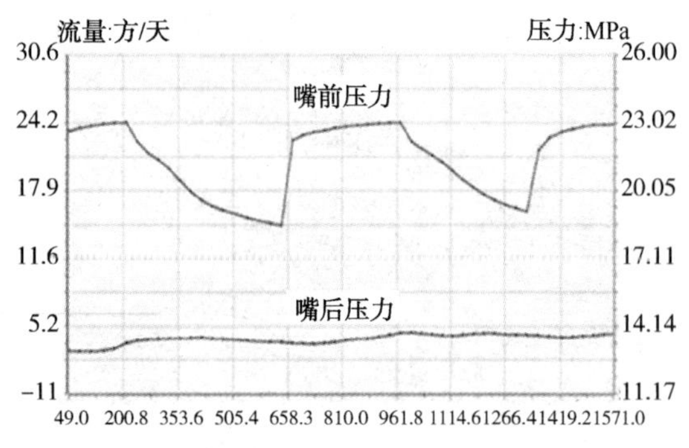

图 7　G 井验封曲线

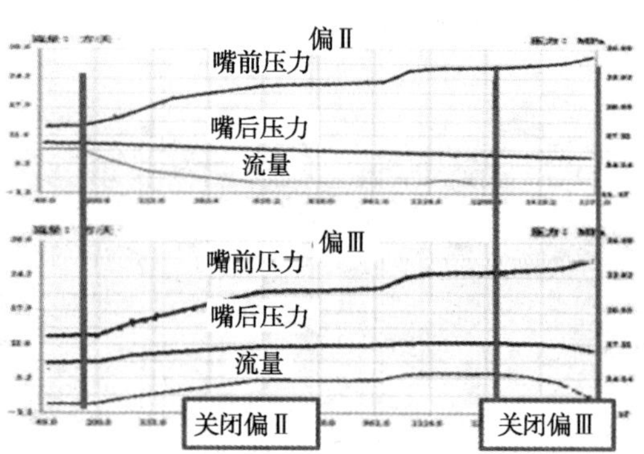

图 8　G 井动态监测曲线

3.5　静压测试

以 G 井偏 VII 层为例(图 9)，改变传统静压测试方法，无需测试车下入仪器，地面控制单层段关闭，通过嘴后压力监测实现静压测试，实现了注水井停层不停井分层静压测试，减少对生产井产量影响。

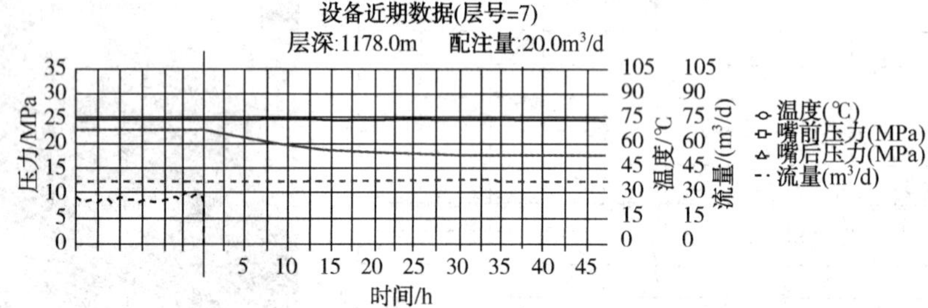

图 9　G 井偏 VII 层静压测试曲线

3.6　效果分析

以 G 井为例，利用智能分层注水技术对该井进行加密测调(表 3)，通过一次测试调整，将偏 2 层段由 $48m^3/d$ 调整到 $13m^3/d$，运行 1 个月后，再次测试调整，将偏 5 由 $24m^3/d$ 调整到 $13m^3/d$，根据调剖测试(图 5)结果，发现突进层得到有效控制，砂岩动用厚度比例提高 8.9 个百分点，4 口连通油井日产油几乎不变的情况下日产液下降 27t，含水下降 0.17 个百分点。

表 3　G 井测试调整情况表

层段	调前日配注/m^3	调前日实注/m^3	一次调后日配注/m^3	一次调后日实注/m^3	二次调后日配注/m^3	二次调后日实注/m^3
G2_ 1-G2_ 5	10	2	10	8	10	10
G2_ 7-G2_ 16	20	48	10	13	10	14
G2_ 20-G2_ 24	10	25	10	12	10	11
G2_ 28-G3_ 3	10	18	10	12	10	12
G3_ 4-G3_ 6	20	27	20	24	10	13

续表

层段	调前日配注/m^3	调前日实注/m^3	一次调后日配注/m^3	一次调后日实注/m^3	二次调后日配注/m^3	二次调后日实注/m^3
G3_ 8-G3_ 13	20	4	20	14	20	18
G3_ 16-G3_ 23	20	0	20	10	20	12
合计	110	124	100	99	90	90

4　结论

(1) 智能分层注水技术可实现井下单层流量、压力的实时监测及连续调节，为油藏注采关系调整提供数据支持。

(2) 智能分层注水技术改变了传统的高效测调方式，测试无需人工参与，能够有效降低测试工作量，提高注水合格率。

(3) 该技术可应用于需连续分层监测资料的重点监测井。获取连续的地层压力、流量、温度等监测数据，为精细地质分析提供全新的数据支持，指导区块开发，有效提高开发效果和效益。

(4) 该技术可应用于 6 级以上和压力波动频繁的测调困难井。可有效缩短测调周期，保持较高合格率，对复杂井适应性更强，可有效降低测试成本。

参 考 文 献

[1] 侯守探．常规偏心分层注水改进技术研究[J]．石油天然气学报，2007，29(2)：112-113.

[2] 刘合，闫建文，薛凤云，等．大庆油田特高含水期采油工程研究现状及发展方向[J]．大庆石油地质与开发，2004，23(6)：65~66.

[3] 王家宏．萨尔图、喇嘛甸油田分层注水强度分布规律研究[J]．大庆石油地质与开发，1998，7(2)：19-22.

[4] 邓刚，王琦，高哲．桥式偏心分层注水及测试新技术[J]．油气井测试，2002，11(3)：45-48.

[5] 王长庚，楚文章，朱永良，等．分注井地面分层测试工具[J]．油气田地面工程，2006，25(8)：76-78.

[6] 顿超亚，谢劲松．油田分层注水智能控制系统设计[J]．长春大学学报，2011，21(2)：14-15.

[7] 贾德利，赵长江，姚洪田，等．新型分层注水工艺高效测调技术的研究[J]．哈尔滨理工大学学报，2011，16(4)：90-94.

[8] 曲凡军，曹雅玲，胡庆欣，等．利用综合技术提高注水井层测试段合格率[J]．长江大学学报(自然版)理工卷，2007，4(2)：182-183.

[9] 王中国，郝伟东．注水井双流量高效分层测调技术[J]．大庆石油地质与开发，2011，30(3)：126-130.

[10] 何立民．单片机应用系统设计系统配置与接口技术[M]．北京：北京航空航天大学出版社，1996.

蠡县斜坡岩性油藏整体再评价认识与启示

于仁江　黄　宇　刘丹丹　于　函　吕恒宇　田彦林

(中国石油华北油田分公司勘探开发研究院)

摘　要　蠡县斜坡位于冀中油田饶阳凹陷的西部，多年来受传统工作方法的束缚，虽经 40 年的勘探开发，但因其勘探对象主要针对潜山及第三系的构造油藏，除在斜坡北部发现雁翎、刘李庄等潜山和砾岩油藏外，第三系仅发现高 30、西柳 10 等规模较小的构造油藏，由于缺乏对其成藏机理、沉积背景、储层特征等新的认识，一直没有取得新的成果，成为饶阳凹陷一个久攻不破的地区。如何突破面积约 2000 km2 的华北油田最大斜坡带的岩性油藏评价建产“禁区”，挑战中低丰度岩性油藏开发领域世界性的研究难题，为此对斜坡生油条件、输导系统、油气运移模式及成藏特征等进行了系统剖析，研究过程中采用“解剖斜坡带成藏机理、重新梳理地质结构、分析构造演化和沉积体系、重构斜坡带成藏模式、岩性油藏与复合油藏并举”的策略，形成了一套针对华北油田斜坡带油藏评价的完善体系。

通过对蠡县斜坡油气聚集规律的进一步研究及岩性油藏控制因素的深化认识，提出了斜坡带鼻状构造背景控制下的“二元成藏”、单斜构造“坡折—物性双重控藏”、斜坡中带“沉积体系与基底形态共同控藏”、“构造—岩性复合成藏”、“透镜体—湖泥封堵成藏”等模式，实现了蠡县斜坡沙一段不同油组叠合连片、满坡含油，沙三上、沙三中含油连片的大场面，取得了斜坡带评价历史性的重大突破，通过重构该类斜坡带的成藏模式，总结其油气聚集规律，对斜坡带岩性油藏、复合油藏的研究具有重要的指导和借鉴意义。

关键词　斜坡带；烃源岩；沉积相；运移模式；成藏模式；岩性油藏

1　引言

蠡县斜坡油气普查工作始于 1955 年，油气勘探工作始于 20 世纪 60 年代初，与其它成熟探区相比主要存在以下几个方面的问题：①三维地震勘探部署程度低，由于斜坡带处于人口稠密的城市及其周边地区，为地震资料采集带来一定困难，部分地区如蠡县斜坡的高阳城区没有实现三维连片覆盖；②蠡县斜坡经过近四十年的勘探开发累计探明石油地质储量仅占饶阳凹陷探明储量的 6.6%，探明程度明显低于其它成熟探区，根据最新三次资源复算表明，其资源转化率仅为 24.4%，仍有较大的资源潜力。③尽管对蠡县斜坡岩性油藏的评价投入了较大的工作力度，但始终没有形成大的突破，是一个久攻不破的斜坡带。2007 年针对斜坡带开展整体评价、整体部署、整体探明工作以来，对斜坡带岩性油藏的评价力度进一步加大，在借鉴吸收前人研究成果的同时，运用整体的策略、全新的思维、重构的模式、创新的技术等一系列方法应用到评价体系中，走出了传统认识的束缚，打破制约多年来油藏集中于断层棱部、成条带状分布、牙刷状成藏的认识瓶颈，采用“解剖斜坡带成藏机理、重新梳理地质结构、分析构造演化和沉积体系、重构斜坡带成藏模式、重新复查老井原始资料、重新审视原有的观点和认识、岩性油藏与复合油藏并举”的策略，形成了一套针对华北油田斜坡带油藏评价的完善体系与技术路线，在蠡县斜坡沙一、沙三段取得了满坡含油的大场面。因此，深入分析蠡县斜坡的成藏条件及油气富集规律，对斜坡带的增储上产，对华北油田产量的稳中有升均有十分重要的意义。

2　蠡县斜坡的成因与分类

冀中坳陷是在同裂谷期沉积不整合覆盖在前裂谷期古生界地台型沉积坳陷，坳陷的断裂程度相对较弱，以缓坡带为主，常以断裂鼻状构造带的形式出现[1][2]，斜坡的类型主要有构造斜坡和沉积斜坡两种，在斜坡中带、外带经常有地层不整合、尖灭、超覆组合而成二级构造带，可以

【作者简介】于仁江，男，1963 年生，高级工程师，1984 年毕业于大庆石油学院勘探系应用地球物理专业，毕业以来曾先后从事过测井资料解释、地震资料解释解释、储层预测以及油田地质等工作，现在华北油田公司勘探开发研究院，主要从事油藏整体评价及产能建设工作。E-mail：yjy_ yrj@ petrochina. com. cn。

形成储量规模相对大的岩性油气藏[3]。蠡县斜坡位于冀中坳陷饶阳凹陷的西部，为发育在基底古高阳背斜东翼的北东向继承性大型沉积型缓坡。斜坡北部断裂活动强，地层坡度大，基底起伏较大，后期断层发育，为“构造坡折型沉积斜坡”；斜坡南部基底起伏平缓，断裂活动弱，构造发育长期稳定，面貌简单，为“宽缓单斜型沉积斜坡”。

3 油气藏成藏机理分析

3.1 烃源岩生烃能力再认识

蠡县斜坡基本存在三套烃源岩：$Es_{1下}$烃源岩、Es_3段暗色泥岩、淀北洼槽 Es_4-E_k 的暗色泥岩。

(1) $Es_{1下}$烃源岩

该套烃源岩是蠡县斜坡最为重要的烃源岩，是形成未熟-低熟油的主要烃源岩，在斜坡中北部广泛分布，具有满坡覆盖、满坡生油的特点，在斜坡南部仅分布在斜坡内带及洼槽中。

(2) Es_3段烃源岩

该套烃源岩仅分布在斜坡内带的任西、肃宁洼槽中，为一套中等-好的正常成熟源岩。

(3) Es_4-E_k烃源岩

该套烃源岩为一套正常成熟源岩，分布在斜坡北端的淀北洼槽，对油气的贡献只局限在斜坡北端的同口北、刘李庄和雁北地区。

3.2 油气运移模式精细解剖

3.2.1 油气排烃研究

蠡县斜坡烃源岩的排烃主要有以下四种方式：

(1) 向下排烃

向下排烃方式在斜坡北部最典型。沙一下油页岩生成的油气向下排烃进入尾砂岩中运聚成藏，使该层位成为油气较为富集的层位(图1a)。

(2) 向上向下双向排烃

主要出现在斜坡中南部。该部位处于继承性主物源通道上，砂体尤其发育，油气更易排烃进入上、下覆砂体，使该区沙一上段成为油气富集层段(图1b)。

(3) 侧向排烃

存在两种形式，一是下降盘烃源岩沿顺向断层向上升盘对接砂体供油，此种方式对斜坡北部沙二、三段油气富集有重要贡献(图 $1c_1$)。另一种是斜坡南部中带烃源岩的沉积边缘处与坡上砂层呈指状接触，油气以侧向排烃的方式进入砂层中(图 $1c_2$)。

(4) 向内排烃

在斜坡南部沙一下烃源岩内部夹杂着生物灰岩以及薄砂层，油气可以直接向生物灰岩或薄砂层就近排烃，形成透镜体岩性油藏。

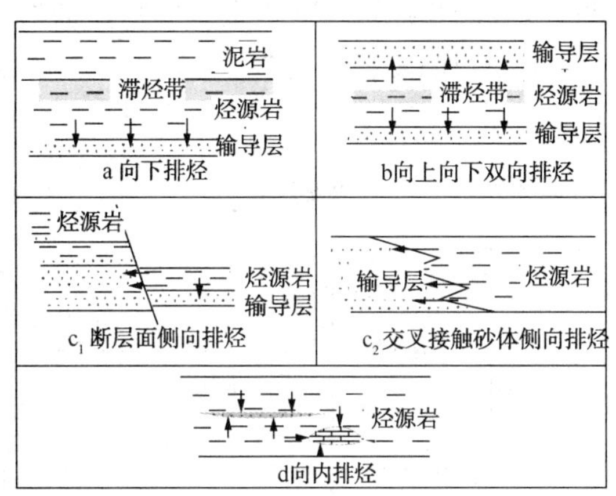

图1 蠡县斜坡沙一下烃源岩排烃方式

3.2.2 油气二次运移模式分析[4]

(1) 长距离侧向运移模式

斜坡南部中、外带位于西南主物源通道上，砂体侧向连通性好，具有很强的侧向运移能力，来自坡下的油气沿此类连通砂体长距离的向坡上侧向运聚，对斜坡南部中、外带的油气富集具有重要意义。

(2) 垂向运移模式

在斜坡北段的同口-雁翎地区以及斜坡南部的赵皇庄地区发育。前者主要是淀北洼槽 Es_4-E_k烃源岩所生成熟油气通过雁北等区域断层垂向上向上部的浅层运移。后者是沙一下烃源岩生成的油气通过切穿沙一下的浅层小断层向上运移。

(3) 盖层控制下的局部溢出运移模式

油气运移过程中注满优势圈闭后，油气从溢出点溢出向附近的其它圈闭聚集成藏，形成油藏连片，如高阳断层处各油藏连片形成的油龙。

(4) 穿越不整合面运移模式

该模式为不整合面上连通砂体运移的油气穿越不整合面进入下部砂体聚集成藏，因此该运移模式主要发育在地层削截型角度不整合处。

3.3 圈闭类型特征分析

(1) 构造圈闭

蠡县斜坡的主要断裂及派生断层控制构造形成大小不一的鼻状构造圈闭，在平面上呈串珠状，这些圈闭无论规模大小和形态如何，都成为了油气最为富集的圈闭(图2)。

（2）岩性圈闭

蠡县斜坡北部由于前期断裂活动剧烈，后期断层停止活动，地形上存在坡度变化带，在其下方形成了大量的断裂坡折带。斜坡隆洼相间的古地形造成了斜坡的局部坡度的变化，在洼槽内发育大量的沉积坡折带，这些波折带控制了储层相带的发育和展布，形成了大量的岩性圈闭。

（3）地层圈闭

斜坡北部雁翎-任西洼槽过渡带构造位置属于地形转换带，雁翎基底潜山对后期沉积具有较强的控制作用，形成了大量的地层尖灭圈闭和地层不整合圈闭[4]。

（4）复合圈闭

该地区构造转换复杂，斜坡坡度变化大，形成了许多构造-地层、构造-岩性复合圈闭。

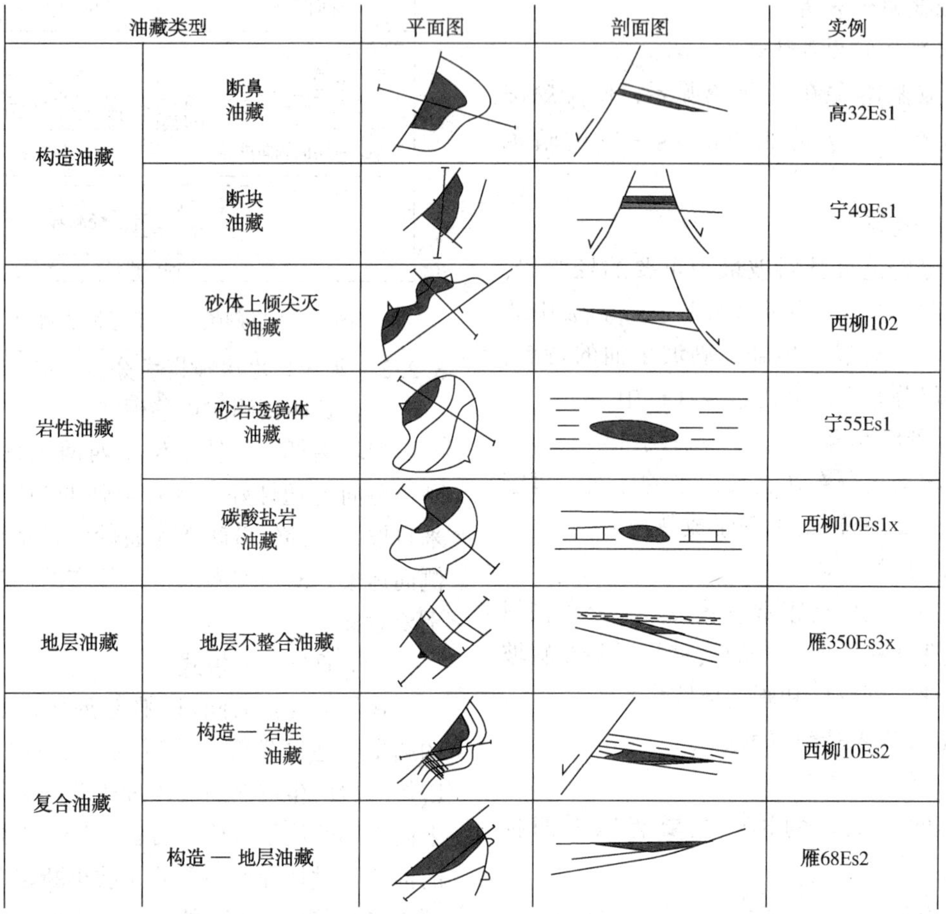

油藏类型		平面图	剖面图	实例
构造油藏	断鼻油藏			高32Es1
	断块油藏			宁49Es1
岩性油藏	砂体上倾尖灭油藏			西柳102
	砂岩透镜体油藏			宁55Es1
	碳酸盐岩油藏			西柳10Es1x
地层油藏	地层不整合油藏			雁350Es3x
复合油藏	构造一 岩性油藏			西柳10Es2
	构造 — 地层油藏			雁68Es2

图 2　蠡县斜坡油藏类型图

4　重构油气成藏模式

4.1　斜坡北部中、内带深层顺向断层供油成藏模式

蠡县斜坡中北部中、内带的沙二、三段等较深层位发现了丰富的油气，过去认为油气来自任西洼槽中沙三段烃源岩，通过对所产油气的物性分析及油源对比得知深层油气主要来自浅层的沙一下烃源岩，在地震剖面上，几乎所有深层含油断块的低部位都有顺向断层的存在，这些断层使下降盘的沙一下烃源岩和上升盘的沙二、三段砂组对接，沙一下烃源岩所生油气能够通过断层侧向运移进入沙二、三段砂组，而后沿物性较好的连通砂体向构造高位侧向运移聚集。该区域构造高部位发育多个反向断层控制的鼻状构造圈闭和断裂波折控制下的岩性圈闭，捕获向上运移的油气后聚集其中，形成了规模较大的构造、岩性复式油藏(图 3)。

4.2　斜坡北部同口-雁翎地区多源供油“二元”成藏模式

鼻状构造“二元”成藏是蠡县斜坡成藏模式中突破性的认识之一。这一地区主要存在：①沙一下油源通过向下排烃进入沙一下尾砂岩，再向坡上运移。②沙一下油源通过顺行断层对接供油模式进入沙三上段顶部砂体向上运移。③北部淀北洼槽 Es_4-E_k 油源主要是通过淀北断层向上运移，在碰到与其相交的断层后分配运移油气，分

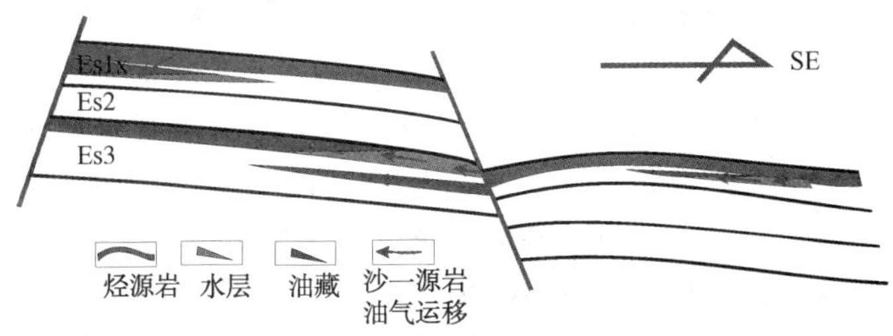

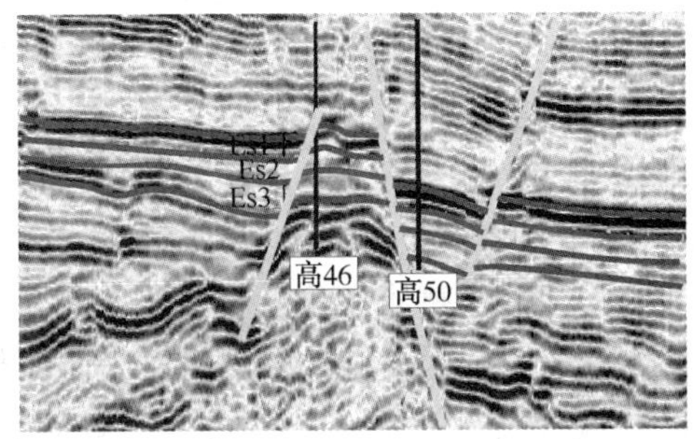

图3 斜坡北部顺向断层供油、反向断层控油成藏模式图

别进入沙一、沙二、沙三段砂体。

该区受基底构造运动和第三系断裂活动的双重影响，断层多，在高部位发育不同规模的鼻状、断块等构造圈闭。低部位洼隆相间的基底地形形成了众多的沉积波折，在这些波折带内物源砂体产生卸载，其沉积的砂体在相带和展布上都与周边砂体具有明显的不连续性，形成了大量的岩性圈闭。构造圈闭和岩性圈闭有时在一个断块内同时存在，高部位构造圈闭通过淀北断层垂向供油方式捕获油气，低部位岩性圈闭通过向下排烃和顺向断层对接供油方式捕获油气，不同类型圈闭共同捕获油气，形成了以雁63断块为代表的“二元”成藏模式(图4)。该模式的特点可概括为：多源供油，垂向侧向多种运移方式，构造、岩性二元成藏。

4.3 雁翎潜山-任西洼槽过渡带“披覆”立体成藏模式

潜山围斜披覆成藏是蠡县斜坡北部最具特色的成藏模式。这一地区主要存在：①沙一下烃源岩所生油气通过向下排烃方式进入沙一下尾砂岩后向坡上运移，通过顺向断层供油进入上升盘的沙一下尾砂岩或沙三段顶部砂体中聚集成藏。②沙三段成熟烃源岩所生油气经沙三段连通砂体向坡上运移，进入沙三段地层高部位。③任西大断层持续活动，具有一定的垂向通道能力，沙三油气顺其向浅层垂向运移，或通过与潜山顶面相接的连通砂体进入潜山内幕成藏。

在潜山围斜部位，潜山对后期沉积具有较强

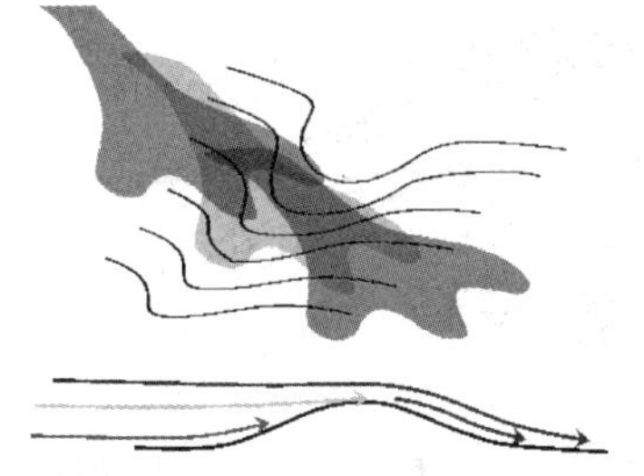

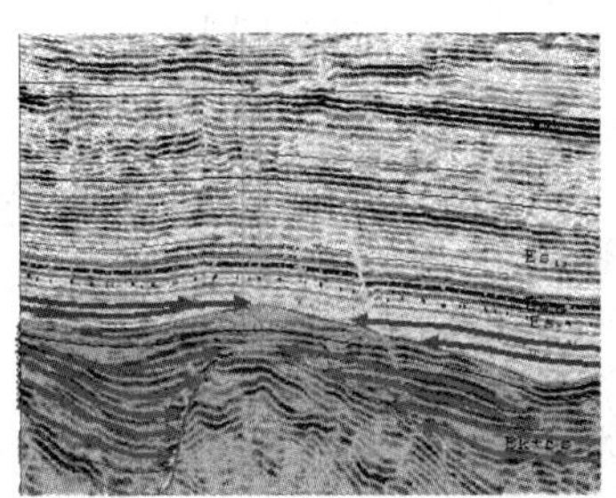

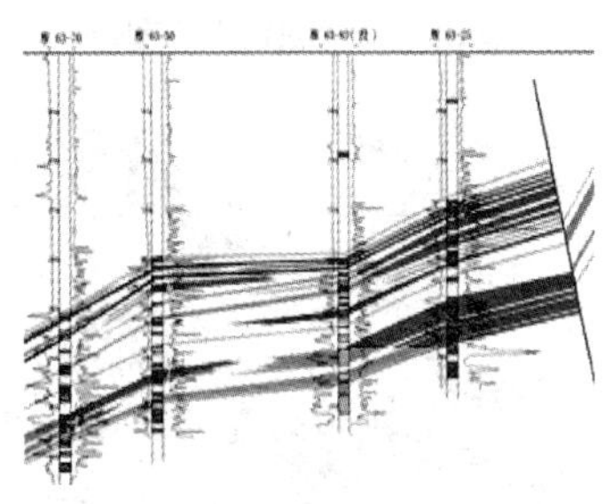

图4 斜坡带“二元成藏”模式解剖及实例分析图

的控制作用，沙四-孔店地层在潜山斜坡下部即超覆尖灭，沙三段地层大部分超覆尖灭在潜山斜坡上，形成了大量地层尖灭圈闭，油气运移其中聚集成藏(图5a)。沙二段地层可以在潜山顶面披覆沉积，但地层厚度明显减薄，伴随着潜山频繁的断裂活动，在同沉积断层的下降盘接受了较厚的沙二段有效储层，这部分储层直接覆盖在潜山顶面之上，在一侧直接和第四系碳酸盐岩油藏或者沙四砾岩油藏连通，在另一侧有断层的遮挡形成油藏(图5a、图5b)。构成了潜山顶面塌陷成藏，潜山围斜披覆成藏的立体成藏模式(图5b、图5c)。该模式的核心特征可概括为：潜山控圈、多源供油、披覆成藏。

4.4 其他油藏类型

蠡县斜坡除了发育大量具有区带特征的油藏外，还存在沉积体系控制的岩性油藏、斜坡带和储层非均质性共同控制的岩性油藏、斜坡中内带砂岩透镜体油藏等多种油藏，丰富了蠡县斜坡油气成藏机理和类型。

5 应用实例

通过对蠡县斜坡成藏机理分析及成藏模式的

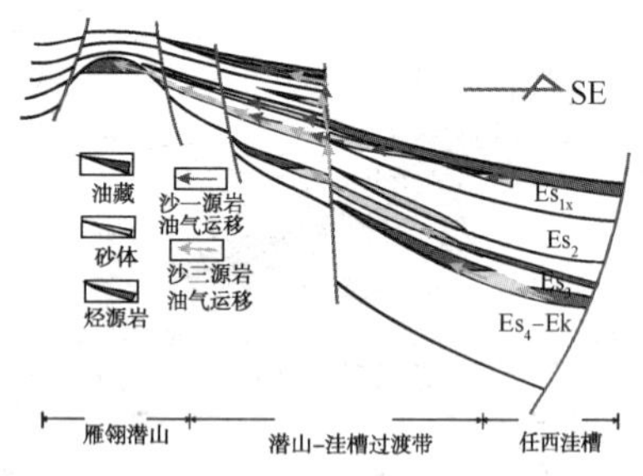

a 复式供油模式

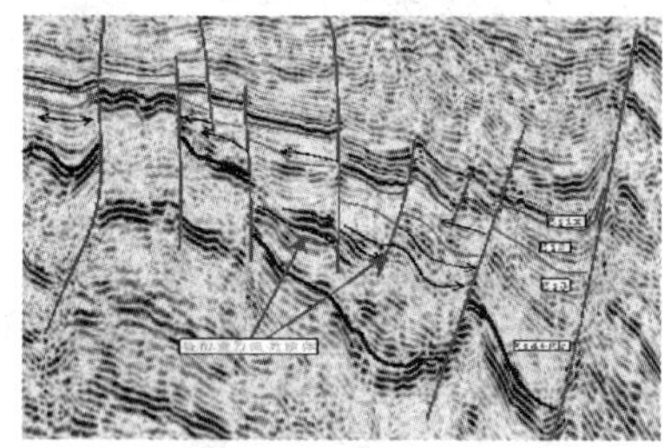

a 潜山 — 洼槽过渡带超覆圈闭

c 潜山围斜坡覆油藏

图5　潜山翼部超覆沉积油藏模式解剖图

解剖重构，在整体评价、精细研究的基础上，针对不同的油藏类型制订了不同的评价策略。

针对斜坡外带油藏主要受构造因素影响，储层较稳定，油水界面较统一的特点，在高59断块采用直井与水平井相结合的评价策略，实现了该断块的高效开发。

斜坡中带雁63断块及西柳10断块主要储层沙一、沙三段砂体具有相变快、横向变化较大的特点[5]，重构的斜坡带“二元成藏”模式在该带取得了非常好的评价效果。

雁63断块高部位的雁63-83钻遇油水界面，在油水界面外钻探的雁63-50、70、80、110等井均钻遇油层，西柳10断块在构造高部位的西柳10-90井、高103井沙三段均没有钻遇油层的状况下，甩开钻探，向低部位部署了西柳10-64井和西柳10-210井均获成功，西柳10-64井在沙一、沙三均钻遇油层，西柳10-210在沙一钻遇油层，两个断块实现了斜坡带鼻状高部位与低部位不同油组叠合连片，不仅证实了斜坡带“二元油藏”的存在，而且形成了斜坡带整装探明储量的大场面。

类比西柳10断块和雁63断块的成功实例，对具有同样构造、沉积等地质特征的高36断块从成藏模式、电性特征等进行了深化认识，分析认为该断块与雁63断块的油藏具有一定的相似性，提出了对高36井重新试油的建议，试油结果证实了该井沙三段为纯油层，在此基础上部署了高45-2评价井，获高产油流，形成了高36断块与高45断块的含油连片，实现了整装探明储量的格局。

6　启示

（1）整体部署、整体评价、整体研究是实现区带评价突破的关键因素，蠡县斜坡三年来整体评价取得的重大实效表明，改变过去零敲碎打、遍地开花的“游击战方式，从小断块、单出油井点向斜坡带“整体解剖、整体评价”，优选有利区带，强化勘探开发一体化，集中力量打“阵地战”，力求发现整装规模储量，蠡县斜坡三年的整体评价实效就是这一模式的成功典范。

（2）深入认识构造油藏以外的成藏模式，加大斜坡带低部位、岩性油藏、复合油藏等油藏种类的评价力度，与储层预测一起联合展开储集砂体的分布特征研究，是油田开发取得高效的重要手段。

（3）对于勘探开发程度较成熟的地区，借助于对老油藏的重新认识，形成新的观点，在油田的高效评价建产中所起的作用不可低估。

（4）对于勘探程度较高的老探区，由于早期的油气富集程度高，油层厚度及平面展布区域均好于现在，生产中对一些薄油层、油水层等当初没有引起足够的重视，有可能忽略了一些重要的油气线索，因此在这些探区开展老井复查，重新开展潜力层、可疑层的研究与分析，特别是针对束缚老油气藏规模的钉子井加大研究力度，不仅能起到事半功倍的效果，与已有的生产成果相互印证，互为补充则更有可能起到意想不到的历史性的突破成果。

（5）蠡县斜坡自开展整体评价以来，依靠技术进步、创新地质认识、实施多专业协同作战的精细评价，高效开发建设了雁63、西柳10、高9-10等三个千万吨级的岩性油藏，评价井、开发井钻井成功率分别达到89%、99.4%。新增石油地质储量6000余万吨，原油年产量从2009年的 10 万吨快速上升到 2015 年的 50 万吨，在勘探程度很高的老探区又建成一个新的中型原油生产基地。

(6) 找油无禁区，认识无上限，针对岩性油藏的评价还仅仅是开始，随着新的技术方法不断的应用到实际生产中，新的油藏的发现、新的规模储量的探明、新的油田建成等等都将会永无止境。

参 考 文 献

[1] 费宝生．华北地区箕状断陷斜坡构造带油气聚集特征[J]．复式油气田，1996，14(3)：1-5.

[2] 王英民等．断陷湖盆多级坡折带的成因类型、展布及其勘探意义[J]．石油与天然气地质，2003，24 卷，3 期：199-203.

[3] 单峰等．辽河坳陷西部凹陷坡洼过渡带岩性油气藏形成条件[J]．石油勘探与开发，2005，32(6)：42-45.

[4] 查明等．油气成藏条件及主要控制因素．石油工业出版社 2003 年：71-89。

[5] 赵霞等．陆相低渗透储层形成机制与区域评价．地质出版社 2002 年：73-80。

克拉美丽气田火山岩气藏高效开发技术及稳产对策

仇 鹏 李道清 王 彬 苏 航 陈 超 闫利恒

(中国石油新疆油田分公司)

摘 要 克拉美丽气田为准噶尔盆地发现的第一个石炭系火山岩大气田，在国内外可借鉴火山岩气藏开发经验少。自 2008 年探明并开发以来，经历了规模开发和稳产调整阶段。通过发展基于火山喷发机构的火山内幕识别及岩体雕刻、层次分析方法储层识别与融合波阻抗储层反演技术、多属性融合储层甜点划分及拟曲线属性岩相半定量表征、分岩类气水识别及水侵规律评价与治水配套工艺、“四控”成藏模式建立及滚动评价增产、气田稳产开发对策优化及气井全生命周期产能评价与配产、气田综合治水及调整稳产技术方法，解决了气藏开发过程中暴露出内幕结构及有效储层分布规律、气井过早见水且产水来源不明、出气藏高效井比例低、稳产难度大、气藏储量动用程度低和最终采收率低、采输处理工艺不配套等认识问题。刻画岩体界面与新井实钻误差由15‰减小到5‰以下，火山岩常规测井岩性层次识别图版综合识别总正判率在93%，新井储层解释符合率由原来由70%提高到 80%以上，新增储量 331 亿方，形成侧钻提产、扩边增产、调整稳产的高效开发技术及稳产对策，实现了火山岩气藏规模效益开发，对同类气藏具有指导意义。

关键词 克拉美丽气田；火山岩气藏；储层表征；开发模式；高效开发；稳产对策

火山岩气藏作为一种特殊的油气藏类型，广泛分布于世界多个含油气盆地中，已逐渐成为重要的勘探目标和油气储量的增长点[1]。克拉美丽气田是新疆油田公司在准噶尔盆地发现的第一个具有千亿方储量规模的大型火山岩气田，2008 年在提交石炭系天然气探明储量 $1053.34\times10^8 m^3$[2]。1999 年预探井滴西 5 井在石炭系 3650～3665m 井段试油，获日产气 $10740m^3$，标志着滴西石炭系火山岩气藏的发现。克拉美丽火山岩为石炭系末期岛弧环境喷发的一套经过蚀变改造及搬运沉积的酸性-中基性火山岩组合，与国内松辽盆地火山岩相比，储层地质条件更加复杂，开发调整难度更大。表现在：(1)为岛弧环境喷发，火山岩与沉积岩互层，后期经历多期构造运动，火山结构破坏严重，火山岩储层呈透镜状、叠置型非层状或断续串珠状分布，内幕结构更加复杂，有效储层预测难度大；(2)火山岩中炸裂缝、收缩缝、构造缝等不同类型裂缝均非常发育，裂缝识别与分类预测难度大；(3)火山岩发育六大类发育上百种火山岩岩性，不同火山岩气水层识别精度低，储层孔洞缝组合及渗流机理复杂，气水分布模式、水侵规律认识不清；(4)火山岩气藏成因特殊，缺乏可借鉴裂缝型火山岩气藏开发模式，有效开发及提产技术需现场试验；(5)气田开发中暴露出了储量动用程度低、产能递减快、部分气井产水严重的问题，需要攻关裂缝型火山岩气藏持续高效稳产开发技术。

为了应对气藏开发中凸显矛盾和困难，以自主创新为主，以有效开发与持续稳产为目标，促使了火山岩储层表征技术进步及地质认识的变化。以裂缝型火山岩气藏复杂内幕结构分级解剖与储层分类预测、裂缝识别及预测、气水识别及水侵规律评价、水平井等有效提产与开发优化配产、老区加密调整与滚动增储建产、综合治水与排水才气工艺等核心问题为重点，等通过多年的理论创新、技术攻关和生产应用，形成了准噶尔盆地裂缝型火山岩气藏高效开发系列配套技术，支撑克拉美丽气田 10 亿方以上持续稳产，成功实现了工业化应用，取得了显著的应用效果。

1 不同开发阶段划分及概况

总体上来看，气田的开发历经规模开发和稳产调整两个阶段，每个阶段利用的动静态资料有所变化，所积累和凸显出阶段性的不同矛盾。

规模开发阶段在国内外可借鉴火山岩气藏开发经验少的情况下，以探明储量地质认识为基础，以勘探三维和开发三维为主，发挥自主创新

【作者简介】仇鹏(1984 年-)，宁夏中卫人，工程师，硕士，毕业于西南石油大学矿产普查与勘探专业，目前主要负责天然气开发、评价等方面的地质研究与实践工作。E-mail：qiupeng@ petrochina. com. cn

能力，联合攻关，深化气藏地质及动态认识，完成开发概念设计和开发方案研究！主要解决了石炭系层序划分、分散含气区岩体特征识别、复杂岩性岩相识别及空间展布、有效储层成因机制和分布规律不清、孔缝结构与气层识别困难、储层渗流特征及产能评价不准、开发模式不明和政策界限不清晰等气藏地质和工程认识问题，形成欠平衡钻井、水平井+适度规模压裂提产技术等整套火山岩气藏开发的关键配套技术，前三年累建产能 $10.71\times10^8m^3$，实现气田规模开发。

调整稳产阶段新增了连片三维地震资料和其他动静态资料，通过创新认识，编制开发调整方案和扩大滚动评价成果，针对气藏开发过程中暴露出内幕结构及有效储层分布规律、气井过早见水且产水来源不明、出气藏高效井比例低、稳产难度大、气藏储量动用程度低和最终采收率低、采输处理工艺不配套等认识问题，提出加密、增压、侧钻等储量动用技术和治水对策，实现了老区稳产 6 亿方的能力；同时通过开展火山岩体的整体刻画，建立火山机构模式，深化成藏规律认识，开展老区的扩边和外围岩体的滚动评价，发现了多个高效火山岩气藏，实现克拉美丽气田平面上连片，形成了滚动扩边增产弥补老区递减等对策，新增产能 4 亿方，支撑克拉美丽气田 10 亿方以上持续稳产，应用效果显著。

2　裂缝型火山岩气藏有效开发技术及开发模式

2.1　气藏内幕刻画及储层表征

2.1.1　期次划分及内幕刻画

地层层序划分依据“等时对比、分级控制、便于应用”的原则，按照“组-段-小层”的次序，根据火山喷发期次和次级沉积旋回韵律特征，结合岩性变化，以标志层为界线，将石炭系划分 2 个喷发旋回、6 个火山喷发期次(图 1)。同时以

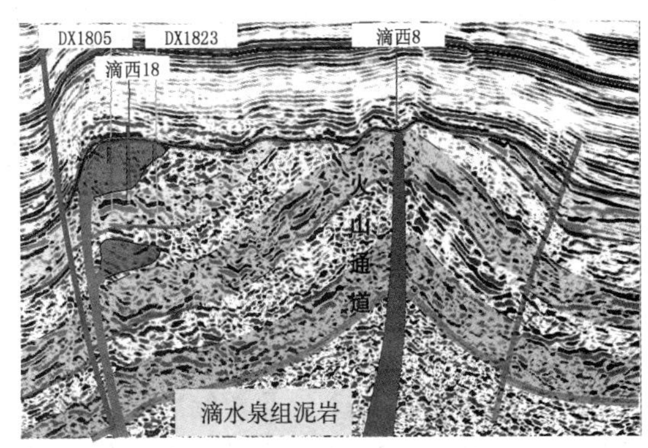

图 1　石炭系巴山组地层层序划分对比图

“源控”理论为指导，按照火山口、火山通道、火山机构及火山岩体的逐级识别与解剖的研究思路，识别出该区发育四个相对集中的火山内幕结构[3]，如滴滴西 18 井区石炭系气藏是一个南边为断层所封挡，其它方向尖灭的侵入岩体，平面形态成半椭圆状，高点位置在滴西 18 井附近(图 2)。

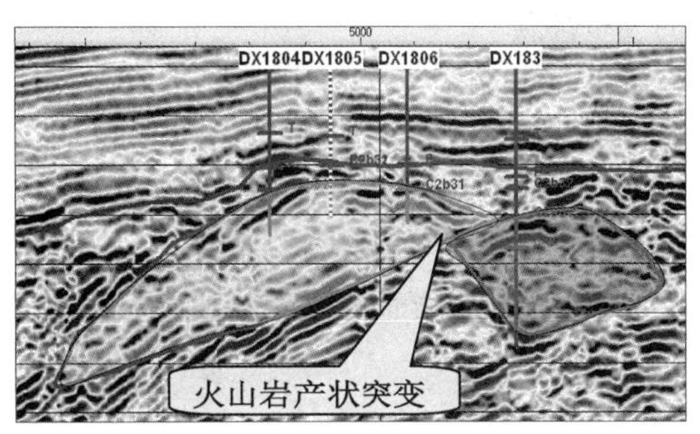

图 2　火山岩体内幕刻画

2.1.2　岩性岩相特征

克拉美丽气田石炭系气藏的岩性较为复杂，为此进行了系统的测井岩性识别方法研究。在环境校正和归一化处理基础上，岩心标定测井、常规测井与成像测井、ECS 测井相结合识别岩性图版，为岩性分类、储层评价、火山岩岩体刻画提供了坚实的基础。以该地区石炭系火山岩岩性划分方案为基础，通过测井响应特征分析，分三步开展火成岩岩性识别研究，识别该区石炭系上部火山喷发旋回以安山岩、玄武岩、玄武安山岩为主，主要集中在滴西 17、滴西 14 井区；中部沉积旋回发育沉火山岩和沉积岩，滴西 18 井、滴西 182 井区发育浅成侵入花岗斑岩；下部火山喷发旋回细分为上段酸性火山岩及下段中基性火山岩(图 3)。

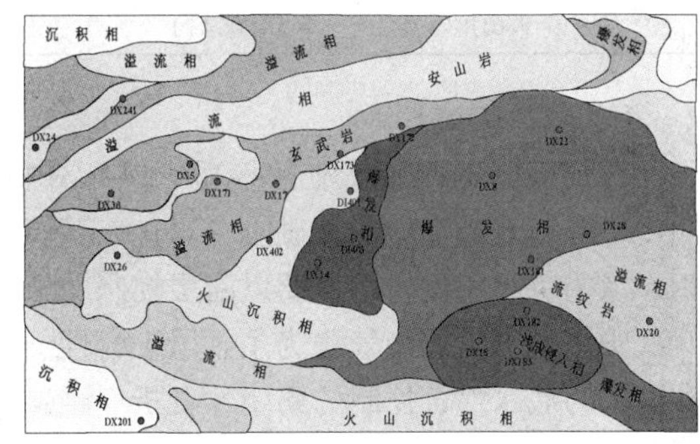

图 3　滴西地区火山岩顶面岩性-岩相分布图

滴西地区石炭系沉积时期火山活动频繁，火山岩主要沿深大断裂-滴水泉西断裂和滴水泉北断裂分布，火山喷发方式为以裂隙式喷发为主。在吸收前人研究成果的基础上，结合准噶尔盆地火山岩的地质特点，依据“形成方式、产出状态、

产出部位和岩石组合”分类原则，将克拉美丽火山岩相划分为爆发相、溢流相、火山通道相、次火山岩相和火山沉积相等 5 个大类 16 种亚相(表 1)。运用均方根振幅、波形分类等技术手段对研究区岩相进行了划分，整体呈现东部以爆发相为主，西部以溢流相为主，中部发育少量火山沉积相的分布特点[4]。

2.1.3　裂缝发育特征

火山岩裂缝发育。通过裂缝类型、参数、发育程度、有效性等特征分析单井裂缝发育特征，搞清不同岩性、不同储层类型、不同井区的裂缝特征不同。裂缝发育带往往会引起地震波反射同相轴的振幅、频率、相位等特征出现异常变化，通过检测地震波振幅、频率、相位等属性的异常区域，确定裂缝在平面上的发育特征(图 4)。

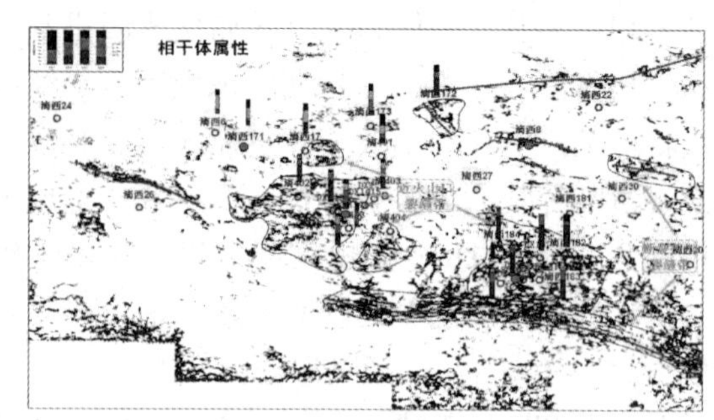

图 4　相干体与 SVI 属性叠合预测裂缝分布

表 1　克拉美丽气田石炭系主要岩性特征表

岩石类型 Rock Type			结构 Fabric	构造 Tectonics	代表井 Type Well	电性特征 Electricfeature
沉积岩类			泥质、砂质、韵律结构	粒序递变层理、和块状层理	滴 401、滴西 17、滴西 24	GR<100API (RT/AC)<0.3
火山岩	次火山岩	正长斑岩	斑状或似斑状结构	块状构造	滴西 18、滴西 183	GR>115API 400Ω · m<RT<1000Ω · m
		二长玢岩	斑状结构	块状构造	滴 103、滴西 182	85 API<GR<115API 30Ω · m<RT<100Ω · m
	熔岩类	玄武岩	斑状结构、辉长结构、基质玻晶交织结构	块状构造、气孔构造、杏仁构造	滴西 17、滴西 171	GR<65API
		安山岩	斑状结构、基质具间粒间隐结构	杏仁构造、块状构造	滴西 183	65 API<GR<85API
		流纹岩	玻璃质结构	流纹构造	滴西 21、滴西 10	GR>125API 50Ω · m<RT<200Ω · m
	火山碎屑岩类	凝灰岩	火山灰凝灰结构	块状构造	滴西 8、滴西 181	GR>60API 80Ω · m<RT<110Ω · m
		火山角砾岩	角砾结构	块状构造	滴西 182、滴西 14	比同类熔岩的密度值低

2.2　气藏特征认识

在对气藏驱动因素、流体性质、温压分析、圈闭特征和气藏类型分析基础上，深化气藏特征认识。认为克拉美丽气田主要以断层控制的火山岩、次火山岩岩性圈闭气藏为主，属于岩性、构造和边水与底水综合控制的圈闭性凝析气藏；为中低孔，低渗-特低渗(含致密)裂缝孔隙型，以弹性驱为主，以边水、底水中弱水驱为辅的气藏；整体上气田为中高含 N_2，正常温度和压力(系数)系统的高压气藏。每个井区为具有多个压力系统的、独立气水界面的中-小型气藏，如滴西 14 井区为-3243m、滴西 18 井区气水界面海拔为-3153～-3174m(图 5)。气藏埋深大，储层物性差，部分气藏有边底水发育，储量规模不大，经济极限动用储量、厚度偏大等因素不利于气藏开发。

2.3　气藏开发模式及有效开发特色技术

2.3.1　不同类型气藏开发模式

气田火山机构、岩性岩相、储层物性、气水关系复杂，开发初期开展了不同类型地质特点及开采技术攻关研究，优化开发井网井型部署和设计，建立不同类型储层适用不同钻完井类型搭配[5-6]。

(1) 欠平衡井

厚度大或多套、以Ⅰ、Ⅱ类储层为主的火山岩储层，应优先采用欠平衡直井开发，储层较薄或距底水、气藏边部较近时采用欠平衡水平井。

欠平衡直井生产效果好于其它直井，产量为为相邻直井的 1.5 倍，压力、产量稳定，递减慢。

(a)滴西14井区藏剖面图

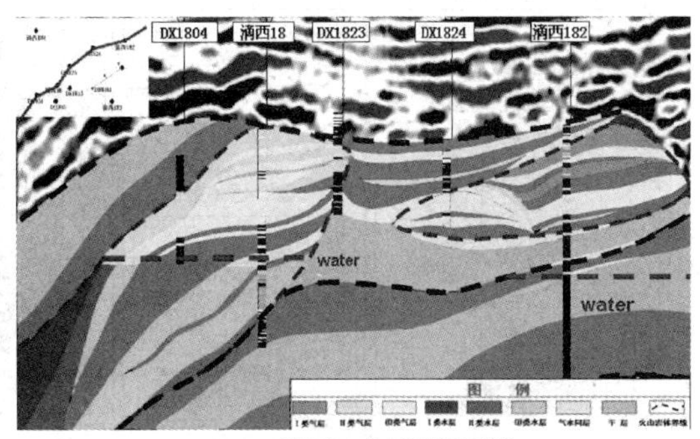

(a)滴西18井区藏剖面图

图 5　克拉美丽气田各气藏剖面图

(2) 直井压裂

选择投产无自然产能Ⅱ、Ⅲ类储层且远离边底水的高部位，采用直井压裂改造可大幅度提高火山岩产能。压裂投产井大多数压前产量低，压后获得很好的生产效果，初期试气平均增加 $10.6\times10^4m^3/d$。

(3) 水平井

岩体厚度相对较薄的底水气藏、气藏边部距气水界面较近的区域直井压裂存在沟通水层的风险，采用欠平衡水平井开发；气藏厚度小、物性夹层较发育且远离气水界面的区域可采用水平井压裂开发。分级压裂水平井可有效提高火山岩气藏单井产量，初期产量是直井的 2～4 倍，递减较直井慢。

2.3.2　火山岩气藏有效开发特色技术

(1) 欠平衡钻井工艺技术

对于欠平衡钻井，一方面优化井深结构设计，综合考虑井口井底和设备特征，形成直井及水平井的井底欠压值设计方法，确定欠平衡井口装备和地面流程；另一方面利用高强度抗高温冻胶阀技术，在完井之前在储层顶部注入具有一定强度和耐压性能的冻胶，在井筒中形成静态密封，隔离和控制油气上窜，实现欠平衡完井，并采用钻井过程中优选欠平衡钻井液有效保护储层。

在三口井采用了冻胶阀欠平衡完井技术试验攻关并获得新突破，即在注入冻胶阀后，有效封隔下部地层压力，井口无溢流、气串现象，保障了欠平衡状态下安全完井(表 2)。

表 2　克拉美丽气田高强度抗高温冻胶阀欠平衡完井技术应用效果

井号	完井前井况		完井及完井后井况		
	泥浆密度/(g/cm³)	气体上窜速度/(m/h)	作业时间/h	溢流/井涌情况	自破胶后套压/MPa
DXHW141	1.3	50	42	无	21.5
DX1812	1.19	31	40	无	28
DX1806	1.12	29	32	无	15.7

(2) 火山岩气藏水平井优化设计及适度规模压裂提产技术

利用水平井开发大幅度提高单井产量，有效的抑制水体脊进，延长无水采气期，同时能钻穿多条天然裂缝，扩大气层的连通范围，增加产气量。克拉美丽气田火山岩气藏适用水平井开发，气田优先考虑部署水平井。

针对克拉美丽裂缝型火山岩气藏，岩性岩相变化快，储层裂缝发育、非均质性强，物性及厚度变化大，气水关系复杂，横向连通性不清特征，综合利用地质、测井、地震、气藏工程等静动态资料，应用有效储层识别与预测，建立了“平面选井、纵向选层、裂缝定向、空间选体”的水平井设计技术及流程，形成了井震约束的实时跟踪井眼轨迹控制方法，完善了基于复杂内幕结构的水平井井位优选技术，在此基础上，优化水平井参数和产能，水平井分级动用技术成熟配套(图 6)，为火山岩气藏规模有效开发提供技术支撑[7-9]。

在储层认识基础上，开展裸眼分段压裂工艺技术研究，优化分段压裂施工参数与施工工艺，开展裸眼水平井分级压裂配套工具自主化研究，

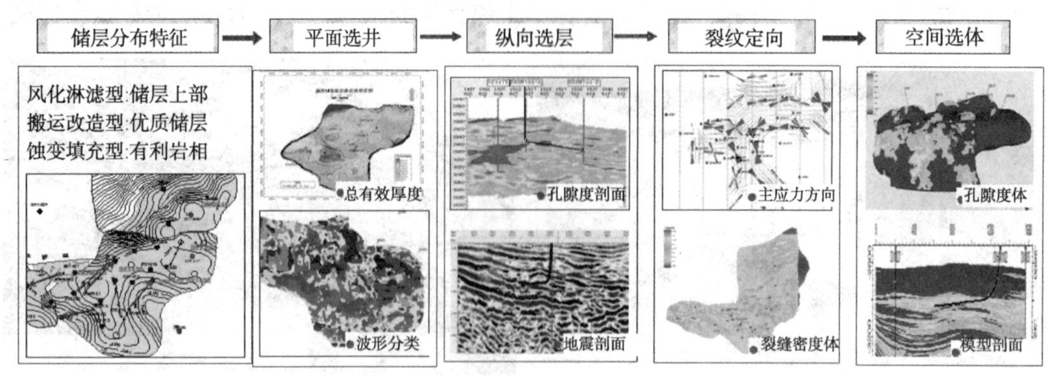

图 6　火山岩气藏水平井地质优化技术流程

初步形成了裸眼水平井分级压裂改造工艺技术。进行了裸眼水平井分级压裂工具自主化研究，完成裸眼水平井分级压裂封隔器及配套工具图纸设计及样品加工，其中四球投球器已获国家专利。结合水平井水力条数、长度和导流能力与储层物性与水平井段长度关系，优化压裂参数。水平井分级压裂排量 $6.0 \sim 10.0m^3/min$，压裂液总量 $965.0 \sim 1492.0m^3$，加砂总量 149.7～220.0t，平均砂比 14.0～21.3%，施工成功率达到 100%。水平井压裂改造后日产气量 $20\times10^4 \sim 30\times10^4m^3$。

从克拉美丽气田火山岩储层压裂增产效果可以看出，压裂改造是提高单井产能的有效手段，水平井分级压裂技术是克拉美丽气田火山岩气藏提高单井产量的主体技术。

3　裂缝型火山岩气藏综合调整技术及稳产对策

3.1　气藏特征深化认识

3.1.1　火山机构模式建立及火山岩内幕精细雕刻

应用新三维地震资料，通过解剖已探明气藏、识别火山喷发机制及平面优势相带，总结火山机构的识别标志及地震相、测井相识别模式，运用地震分频分解、均方根振幅属性等方法，建立起克拉美丽气田石炭系火山机构模式(图 7)。

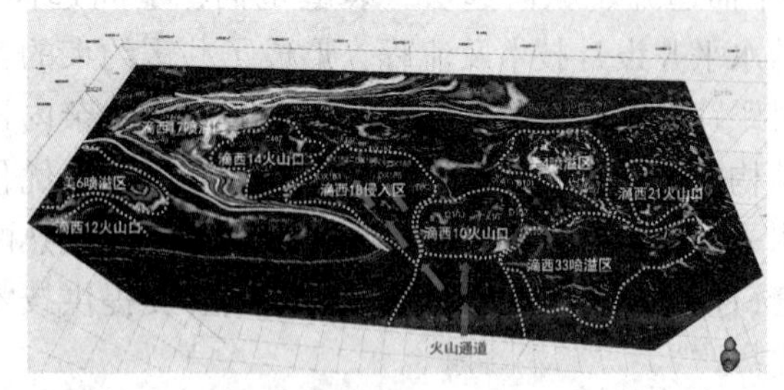

图 7　准噶尔盆地滴南凸起中段石炭系火山机构模式图

在新的模式指导下，从火山岩成因机理出发，以“源控”理论为指导，精细雕刻火山岩内幕特征，基于地质、测井、地震和试气试采动态特征，发展了基于火山岩喷发机构的“点-线-面-体”火山岩气藏内幕结构识别及岩体雕刻技术[10]，定量表征复杂火山岩内部各级次结构单元的形态、规模及叠置关系(图 8)，为气藏开发层系划分、储层地震反演和地质建模奠定基础。刻画岩体界面与新井实钻误差由 15‰减小到 5‰以下。

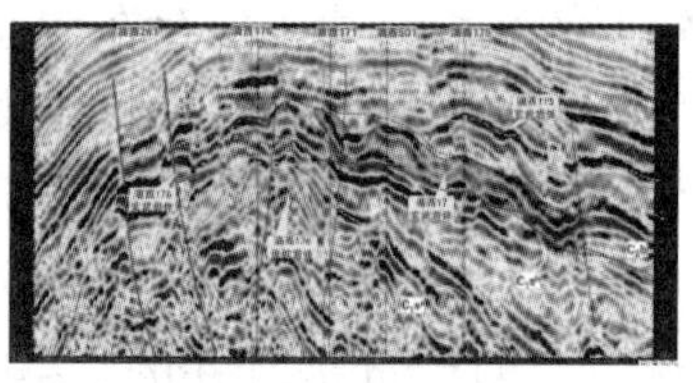

(a)裂隙式喷发溢流相岩体内幕

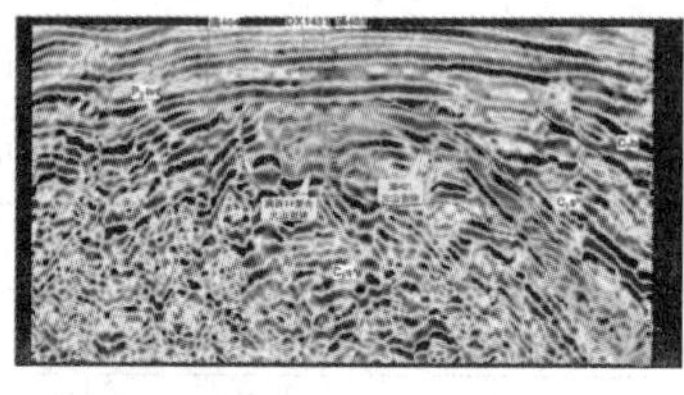

(b)中心式喷发爆发相复合岩体内幕

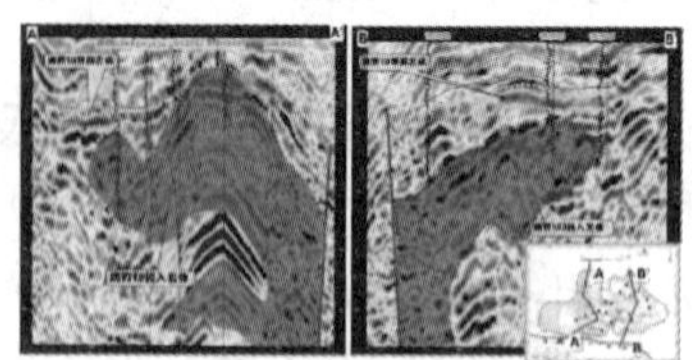

(c)浅成侵入相次火山岩体内幕

图 8　火山岩体内幕雕刻成果图

3.1.2　储层分类预测

在岩体认识变化的基础上，筛选出以协同克里金为基础的序贯高斯模拟的方法，较好发挥测井垂向分辨率高和地震横向连续性好的特点，确定研究区火山岩储层的物性分布特征，进而进行储层类型的预测，发展形成基于体控地震属性反演的火山岩气藏有效储层分类预测技术(图 9)，分析发现地震约束下储层类型的预测结果与单井解释的储层类型具有比较高符合率，基本可以反映岩体内储层的分布特征，加密新钻井验证符合率达到 80%以上。

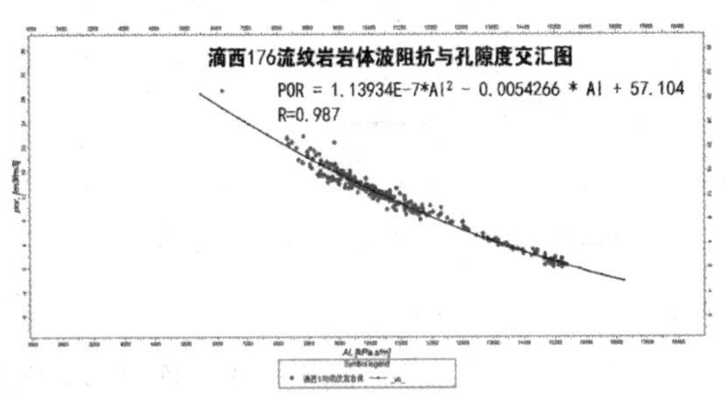

(a)典型岩体波阻抗与孔隙度交汇图

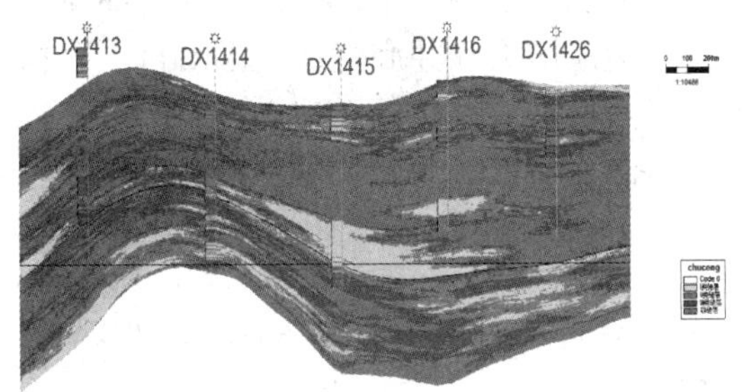

(b)测井约束波阻抗反演储层类型分布剖面图

图 9　火山岩常规测井识别层次及图版

3.1.3　火山岩体控双重孔隙介质储层地质建模

针对克拉美丽裂缝型火山岩气藏的地质特点及建模难点，以成因模式为指导，在充分利用岩心、测井、录井及生产动态等井点资料的基础上，井间以火山喷发旋回、火山机构、火山岩体、火山岩相等内部结构为约束条件，以地震属性体及反演参数体为协同约束条件，建立火山岩气藏构造、储层格架、储层属性及流体分布模型，形成了基于体控、相控、震控的复杂裂缝型火山岩气藏三维地质建模技术，建立了反映火山岩复杂内幕结构及基质、裂缝多重介质储层的三维地质模型，表征裂缝型火山岩气藏储层及流体分布，为水平井轨迹设计、数值模拟及开发指标预测奠定了基础(图 10)。

3.2　气藏潜力评价及动用对策

克拉美丽火山岩储层内幕结构及储层模式极为复杂、岩性物性变化快，储层非均质性强，火山岩体内幕结构、压力系统、生产动态、干扰试井等分析表明火山储层井间连通性差，单井控制储量低。优选采用产量不稳定法

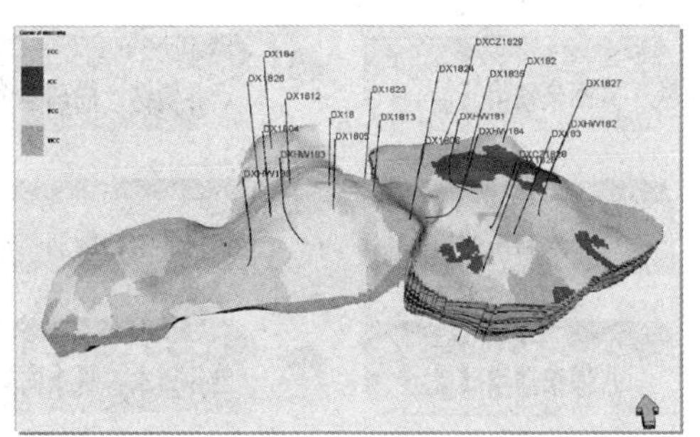

(a)岩体储渗单元三维模型

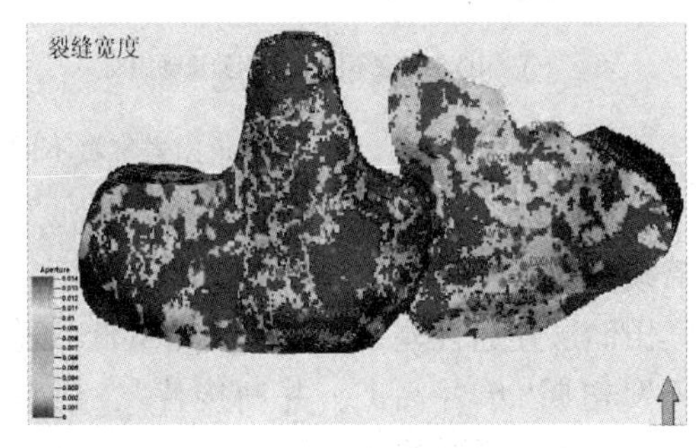

(b)裂缝模型(宽度)

图 10　克拉美丽石炭系火山岩气藏双重孔隙介质储层地质模型图

为主、压降法为辅的思路对进行动态储量评价。2013 年评价滴西 14、滴西 17、滴西 18 井区 45 口井的井控动态储量仅为 141.05×10^8 m^3，而核算地质储量为 $487.32\times10^8 m^3$，仍有较大的挖潜空间。

根据气藏地质特征和开发动态特征，储量动用不均衡主要受储层渗流能力、井网完善程度、纵向动用程度等因素影响。根据气田不同区块气井的生产动态及工艺措施，依据纵向、平面未动用储量潜力判别标准，气藏三维地质模型、压力、试井与数值模拟相结合，描述气藏未动用剩余气分布规律，评价其开发潜力，并制定不同剩余气动用技术对策。

火山岩气藏未动用储量主要包括单井纵向未动用储量、井间及气藏边部未动用储量和水侵未动用储量，结合气藏的地质、储层、产能、工艺、经济效益等方面的综合研究与认识，充分利用已建成的开发设施，采用新井部署、老井侧钻、补射层位、集中地面增压开采、排水/排水采气等方式，提高气井产能和储量动用程度，针对不同类型为动用储量制定老井侧钻、加密新井为主，排水采气、补层为辅的挖潜调整对策(图 11)。

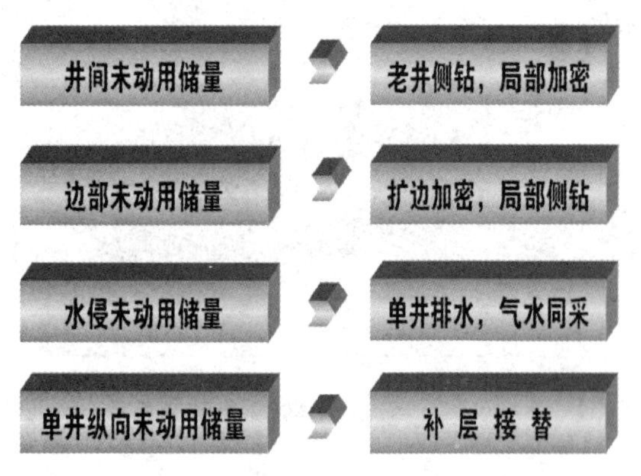

(a)火山岩1气藏不同未动用储量动用对策

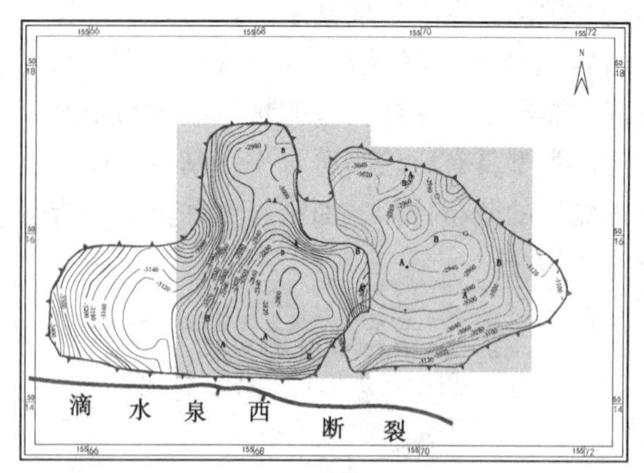

(b)滴西18井区未动用储量开发调整部署图

图 11　火山岩气藏不同未动用储量动用对策及调整部署图

3.3　裂缝型火山岩气藏稳产开发政策优化及气井全周期产能评价

气田储层连通性差，气井井控储量低、递减快。开发初期“单井高产、井间接替”，但是水侵速度快，单井递减快且产能差异大，气井生产不同阶段需个性化差异配产[11-15]。

气井的合理配产以试气评价和动态储量为基础，建立气井开发全周期动态流程(图 12a)及理论模型(图 12b)。依据动态理论模型，对实际生产气井开展动态预测(图 12c)，可预测油压、累计产量、地层压力和井底流压(图 12d)。根据不同生产模式开展个性化动态配产，实际生产符合率达到 95%以上，为生产预测提供有力保障。

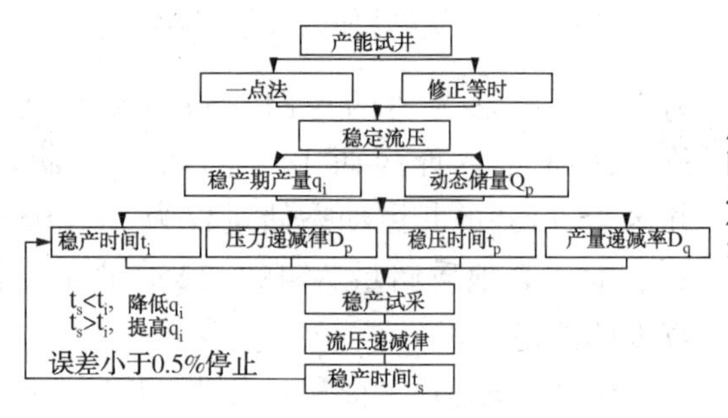

(a)全生命周期动态模型流程图

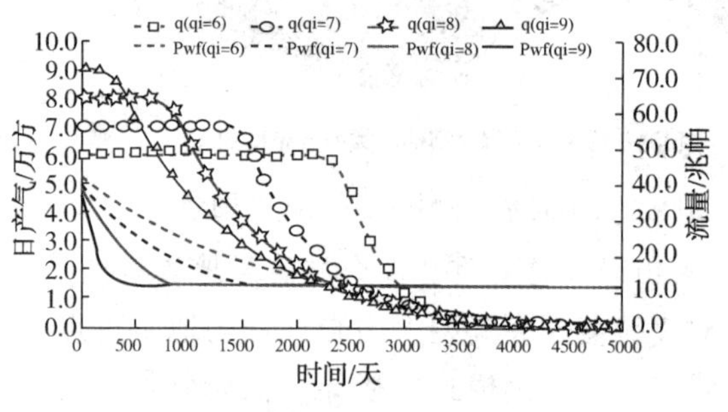

(b)单井全周期动态理论模型

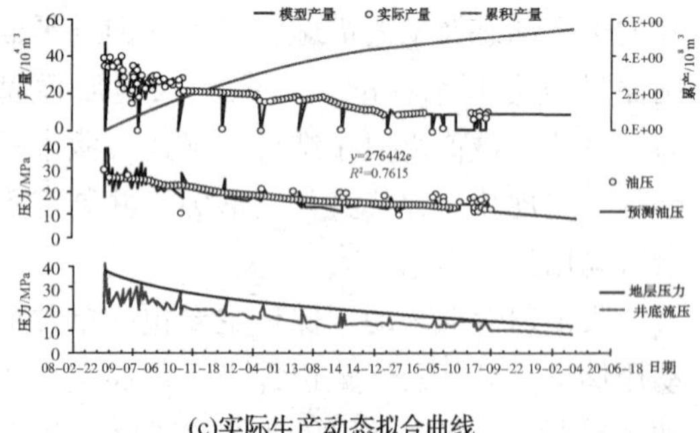

(c)实际生产动态拟合曲线

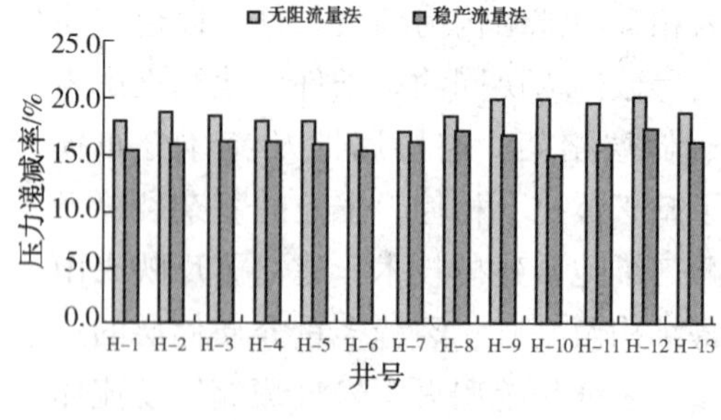

(d)压力递减率对比分析图

图 12　气井全周期动态配产流程及成果图

3.4　裂缝型火山岩气藏水侵规律分析及治水对策

火山岩气藏气水分布、水体规模和活跃程度、产水模式及产水规律的研究对于开发布井、采气速度的确定、气藏压力衰竭快慢和气藏后期的开发管理具有重要的意义[16-17]。

3.4.1　火山岩气藏产水动态及水侵规律分析

气田投产后，部分气井开始出水，且出水量不断上升，自 2008 年底至 2014 年 11 月，气田产水气井共有 22 口，占总井数的 37.9%。根据气井生产过程中的产水量、水气比变化及其对气井生产造成的影响，将克拉美丽气田石炭系火山岩气藏产水动态归纳成 3 种类型（图 13）：第一种产出水为气层内部凝析水，对气井生产基本无影响；第二种产出水为凝析水和气层内部可动水，对气井生产影响不明显；第三种产出水主要为边底水，呈现明显的水侵特征，后期对气井生产影响明显。各井区 3 种产水类型都存在。

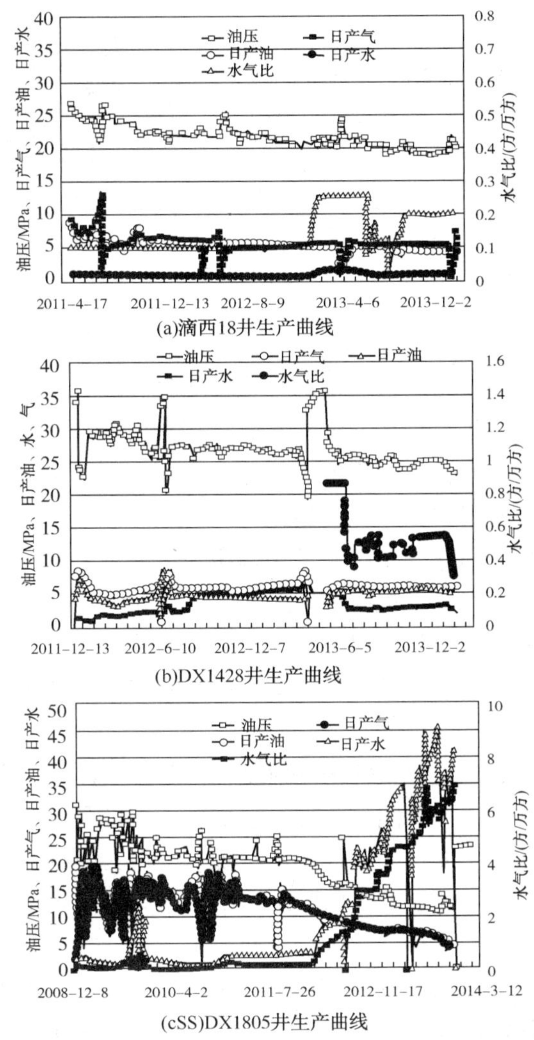

图 13 气田的 3 种产水类型井典型生产动态曲线

根据气藏储层裂缝发育程度、气水接触关系和底水上升情况，建立了火山岩气藏裂缝及岩性控制下的产水模式，包括裂缝型纵向强水窜、裂缝型纵向弱水窜、孔隙型纵向水锥等（表 3。其中，滴西 18 井区产水模式以裂缝型纵向强水窜为主；滴西 14 井区产水模式以裂缝-孔隙型纵向水锥为主。

火山岩气藏储层流体分布状况总是复杂的：在储层内部，存在凝析水、束缚水，有时还存在夹层水和可动水；在气藏边部和底部还可能存在边底水。不同的水源存在着不同的产出机理和规律。

借助前人的单井数值模拟机理研究成果，进一步分析地层水水侵机理，研究气井出水后的动态变化规律。以出水累积时间为横坐标，生产水气比为纵坐标，计算作出气藏水侵特征曲线图版。根据气藏实际点与理论计算点的对比，可以将所研究的气藏水侵特征分为 4 类。

（1）舌进弱水侵型—相对高渗带渗透率与储层平均渗透率比值不大于 3；

（2）舌进强水侵型—相对高渗带渗透率与储层平均渗透率比值在 3~5 之间；

（3）裂缝水侵型—相对高渗带渗透率与储层平均渗透率比值在 5~100 之间；

（4）高导裂缝水侵型—相对高渗带渗透率与储层平均渗透率比值在 100 以上。

表 3 火山岩气藏裂缝及岩性控制下产水模式表

产水模式	气水层间接触关系	产水来源	水流通道	产水特征	产水量（m^3/d）	水气比（$m^3/10^4m^3$）	无水采气期	典型产水井	产水模式图
裂缝型纵向强水窜	间接接触	地层水、层间水为主	主要为人工压裂垂直裂缝或天然高角度缝	产水量迅速上升或初期即产大量水，对气井生产影响大	高产水	水气比迅速上升或初期具有较高水气比	一般没有无水采气期或无水采气期较短	滴西183、DX1804、DXHW182、DX1806 等	
裂缝型纵向弱水窜	直接接触	地层水、层间水为主	主要为人工压裂垂直裂缝或在然高角度缝	初期产水量较小或产水量缓慢下降，后期对气井生产影响大	中高产水	初期水气比较低、或水气比缓慢下降，后期快速上升	一般没有无水采气期或无水采气期较短	DX1424、DX1428、DXHW171、DXHW173、滴西 17 等	

续表

产水模式	气水层间接触关系	产水来源	水流通道	产水特征	产水量(m^3/d)	水气比($m^3/10^4m^3$)	无水采气期	典型产水井	产水模式图
裂缝－孔隙型纵向水锥	直接接触	初期凝析水，后期层间水、地层水为主	主要为孔隙	初期不产地层水或产水量上升较慢，对气井生产影响小	中低产水	初期只有较低水气比或上升较慢	有无水采气期	DX1415、DX1416、DXHW141、滴西10、DX1001等	

滴西14气藏以气藏连通性很差，单井为独立的渗流单元，水体分布复杂各井关联性较小，夹层水为主，局部边水沿储层边底部侵入，产水特征以舌进为主，产水对开发影响小；滴西17气藏气井普遍产水，以边水为主，产水特征以舌进为主，产水对气井生产有一定影响(图14a)；滴西18气藏压裂缝容易沟通边底水，出水井占50%，且产水量高，以边底水为主，出水井位于气藏的边底部，产水对开发影响大，产水特征以强裂缝水窜和高导裂缝水窜为主(图14b)。

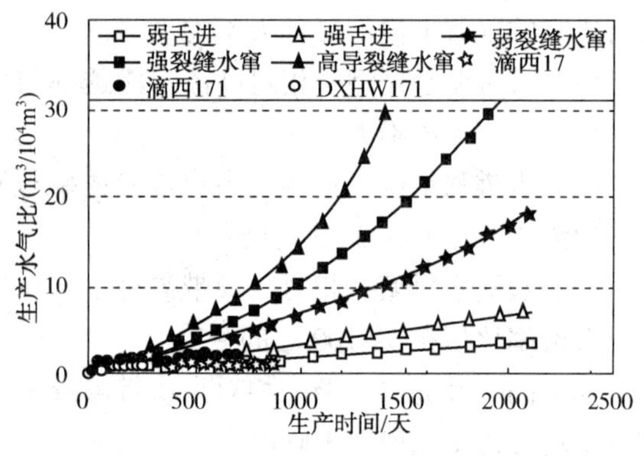

(a)滴西17气藏气井产水特征曲线

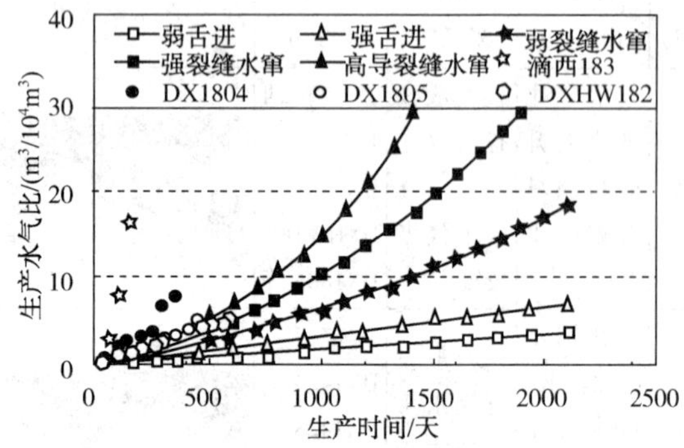

(b)滴西18气藏气井产水特征曲线

图14　不同气藏气井产水特征曲线

3.4.2　火山岩气藏整体治水思路及分类分治治水对策

3.4.2.1　不同产水模式治水对策

对于带有边底水的气藏，随着气藏开发过程中气层地层压力下降，必然存在水侵现象，水侵速度和水侵均匀程度对气井生产和气藏开发采收率都有着很大影响，因此提高水驱气藏开发效果的主要思路就是想方设法延缓水窜速度，延长气井生产时间，提高气藏采收率。针对克拉美丽气田的三种水侵模式类型，制定了三种治理对策：

(1)孔隙型纵向水锥型产水井采用单井控水采气

通过优化气井采气速度，控制生产压差，延缓气井出水时间的一种治水措施，关键是控制生产压差，要点是对气藏水侵要早识别、早控制。

(2)裂缝型纵向弱水窜型产水井采用单井排水采气

边底水通过裂缝到达井底后，已经形成了连续的水流通道，应采取合理的生产制度(如保持生产气量大于最小携液气量)，保持气水同采的方式进行开采。一方面要避免生产压差过大，造成水气比不断上升，另一方面要避免由于产量过小井底积水而导致气井停产，在气井携液困难的情况下要采取配套工艺助排，通过工艺技术适应性分析，满足克拉美丽气田单井排水的工艺主要有泡沫排液、速度管柱和柱塞气举。

(3)裂缝型纵向强水窜型产水井采用气藏整体排水采气

整体排水采气是在气藏水侵路线方向上选择部分水淹井采取主动排水，抑制边底水进一步向气藏内部推进的治水方式。气田纵向强水窜类型水侵主要在滴西18气藏，利用低部位水淹井开展排水，监测高部位产水井的动态。在3个月的排水试验表明整体排水采气方式是有效的。

3.4.2.2　气藏整体治水思路和对策

在气田气水综合分析、水侵规律认识及现场排水采气试验基础上，综合确定了气田综合整体治水思路和对策。

排水原则是单井排水以实现产水井稳定生产优选配套工艺，整体排水使气藏水区地层压力略高于气区压力设计排水量。排控结合，综合治水，保障气井平稳生产。

整体治水思路是分类分治、控排结合。其中滴西 14 气藏单井排水、气水同采；滴西 17 气藏先控后排、优化调整；滴西 18 气藏整体排水、低排高控。

滴西 14、滴西 17 气藏采取单井排水、控水生产，通过优化配产，利用气井本身能量带水生产，实现稳定生产，对携夜困难的气井，优选工艺排液采气。滴西 18 气藏利用低部位水淹井主动排水，高部位生产井控制压差生产，减缓气藏水侵；按最大排水量进行排水，如滴西 18 侵入岩体初步设计 DX1805 井保持 $25m^3/d$ 的带水生产能力，利用 DX1804、DXHW183 等井主动排水，总排水量可达到 $225m^3/d$，以确保侵入水基本排出。

3.5　有利火山岩岩相识别及滚动评价关键技术

通过对已开发气藏控制因素与成藏规律重新认识，结合区域地质特征，总结克拉美丽石炭系火山岩气藏具有“四控”的成藏富集模式，并形成了火山岩体圈闭地震识别技术体系，建立“一体一藏”的控藏模式，指导了滚动勘探的方向(图 15)。

① 源控——岩源、烃源控制火山岩喷发的强烈程度、生烃规模

② 高控——控制成藏及形成有效圈闭条件

③ 相控——控制火山岩喷发物基质格架、空间位置

④ 体控——控制火山岩喷发物基质格架、空间位置

以火山岩气藏“源控-相控-体控-高控”成藏模式为指导，依托开发三维地震，以“源控”理论为指导的，建立岩相、测井相、地震相“三相”模式识别火山机构空间展布；结合敏感属性，搞清岩体纵向分布及与围岩的空间叠置关系，集成了“三相多属性”火山岩体综合识别技术(图 16)。

通过滚动评价，在克拉美丽已发现气藏周缘发现滴西 176、滴西 175、滴西 185、滴西 323、滴 405 等多个气藏，新增天然气地质储量 331.46 亿方，进一步夯实了克拉美丽气田持续稳产资源基础(图 17)。

4　克拉美丽气田开发效果评价

(1) 技术成果已成功指导国内首个火山岩气藏开发调整及滚动增储上产，新增天然气探明地质储量 331 亿方，克拉美丽气田日产能力从不足 200 万方，上升至目前的 300 多万方，建成年产气 10 亿方的大气田，气田连续 3 年稳产年产气 10 亿方以上(图 18)。

(2) 技术成果有利指导准噶尔盆地各区带火山岩油气藏勘探，滴南凸起南带多井获高产气流，预计储量近千亿方，呈现了新的克拉美丽气田，红-车断裂带火山岩油藏新增储量 5000 万吨。同时松辽盆地火山岩气藏近 4000 亿方储量，徐深、长岭等气藏开发后同样面临递减快、水侵严重、稳产难度大等难题，开发调整技术对此同样具有借鉴意义。

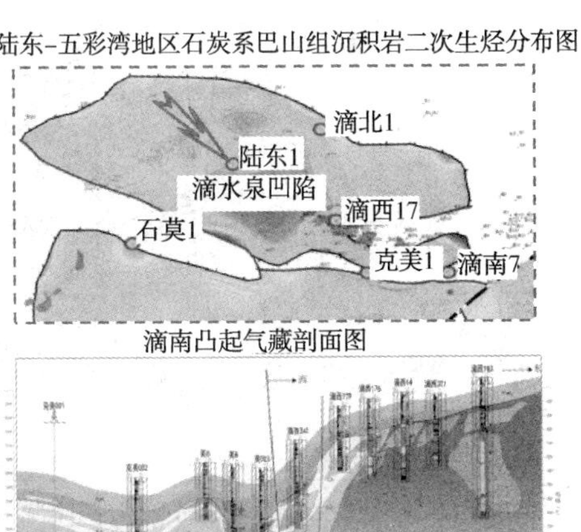

图 15　克拉美丽气田成藏模式分析图

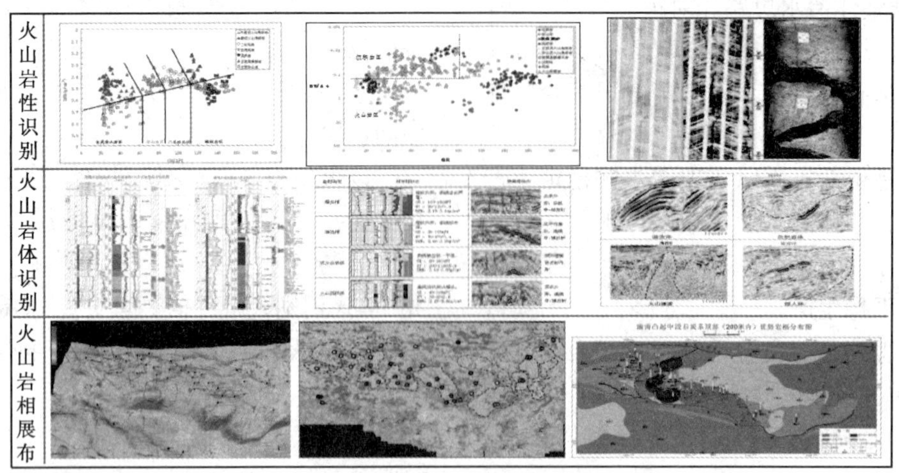

图 16　岩体岩相综合分析技术及流程

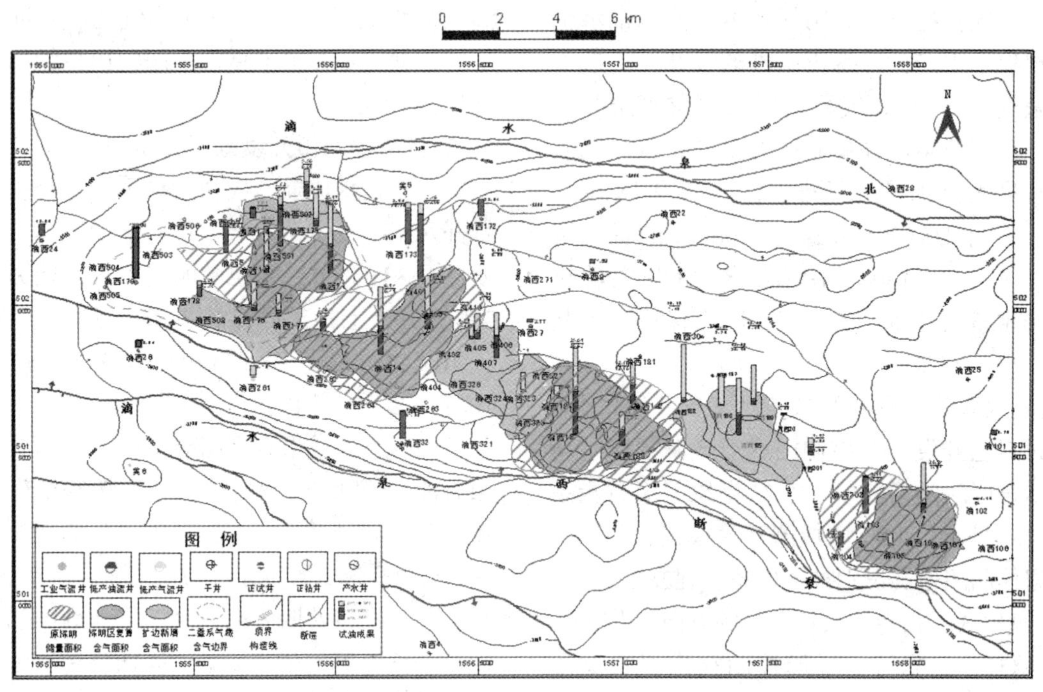

图 17　克拉美丽气田石炭系气藏滚动评价成果图

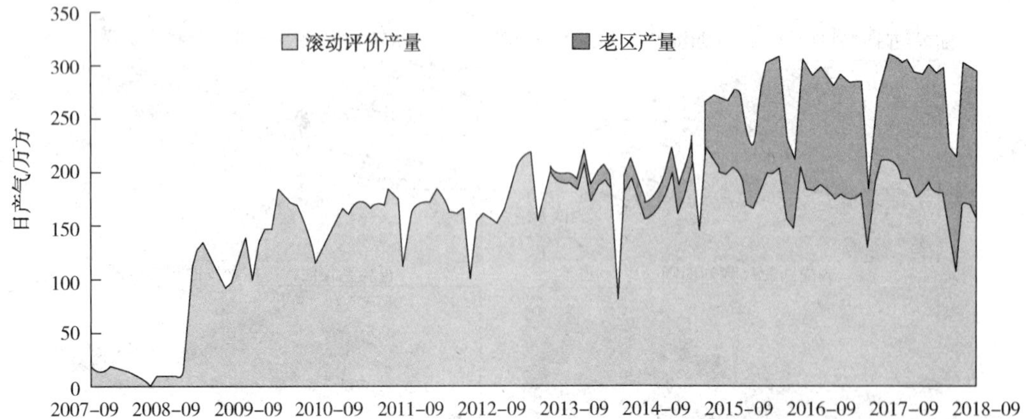

图 18　克拉美丽气田年产气量柱状图

参 考 文 献

[1] 钱根葆、王延杰、王彬、戴勇、李道清等．准噶尔盆地火山岩气藏描述—以陆东地区火山岩气藏为例[M]．北京：科学出版社，2016：1-263.

[2] 柳海，张辉，石新朴等．准噶尔盆地天然气开发技术体系—以新疆油田公司采气一厂为例[M]．北京：石油出版社，2014：1-165.

[3] 李道清、王彬、喻克全等．克拉美丽气田石炭系火山岩体识别及内幕结构解剖——以滴西 18 井区为例[J]．石油钻采工艺．2010(S1)：16-18.

[4] 石新朴、胡清雄、解志薇等．火山岩岩性、岩相识别方法—以准噶尔盆地滴南凸起火山岩为例[J]．天然气地球科学．2016(10)：1808-1816.

[5] 孙晓岗、王彬、杨作明等．克拉美丽气田火山岩气藏开发主体技术[J]．天然气工业．2010(2)：11-15.

[6] 宋元林、廖健德、张瑾琳、邱恩波、杨淑梅、周妮等．准噶尔盆地克拉美丽火山岩气田开发技术[J]．油气地质与采收率．2011，(5)：78-88.

[7] 杜庆祥、沈晓丽、李道清、王彬等．随钻跟踪分析精细地震解释技术在克拉美丽火山岩气田开发中的应用[J]．石油地球物理勘探．2015，50(2)：316-326.

[8] 杜庆祥、沈晓丽、李道清、王彬等．应用褶积模型预测滴西 14 井区火山岩储集层[J]．新疆石油地质．2014，35(3)：283-286.

[9] 仇鹏、孔丽娜、李道清、苏航等．基于体控建模的内幕型火山岩气藏有效储层预测——以准噶尔盆地五彩湾凹陷火山岩气藏为例[J]．天然气工业．2017(3)：48-55.

[10] 仇鹏、李道清、李一峰．滴西 17 井区火山岩气藏火山机构解剖及识别技术[J]．天然气勘探与开发．2013，36(3)：12-22.

[11] 闫利恒、王彬、何晶、戴勇、邹明德等．克拉美丽气田火山岩气藏无阻流量法配产研究[J]．石油天然气学报．2014，36(3)：151-153.

[12] 路琳琳、孙贺东、杨作明、闫利恒等．克拉美丽气田产能影响因素分析[J]．石油天然气学报．2013，35(3)：134-137.

[13] 廖伟、石新朴、颜泽江等．克拉美丽气田产能影响因素[J]．新疆石油地质．2009，30(6)：731-733.

[14] 潘前樱、王彬、杨作明、李道清、孔丽娜等．低渗透火山岩气藏提高单井产能技术研究——以克拉美丽气田滴西 18 井区为例[J]．石油天然气学报．2009，31(3)：314-317.

[15] 闫利恒、王延杰、麦欣、李庆、邱恩波、杨琨等．克拉美丽气田火山岩气藏配产方法优选[J]．天然气工业．2012，32(2)：51-53.

[16] 董家辛、童敏、王彬、刘锦霞等．克拉美丽火山岩气田产水来源综合分析[J]．新疆石油地质．2013，34(2)：202-204.

[17] 戴勇、邱恩波、石新朴、颜泽江、李波、师拥军、杨丹等．克拉美丽火山岩气田水侵机理及治理对策[J]．新疆石油地质．2014，36(6)：694-698.

油藏热物性参数对稠油热采的影响规律

李卓林[1,2]　李娜[1,2]　孙依依[1,2]　卢川[1,2]　范虎[1,2]　尚凡杰[1,2]

(1. 中海油研究总院有限责任公司；2. 海洋石油高效开发国家重点实验室)

摘　要　在稠油油藏比热、热容、导热系数、热膨胀系数、热扩散系数等各种热物性参数的基本定义及获取方法基础上，结合 L27、加拿大某油砂区块等实例稠油油藏，应用数值模拟的方法系统研究了热物性参数对蒸汽吞吐、SAGD、火烧油层等 3 种热采方式的影响。研究结果表明，热物性参数总体对稠油热采开发效果具不同程度的影响。其中对于蒸汽吞吐，岩石压缩系数是热物性参数对开发效果影响显著与否的重要因素，随着岩石压缩系数增大，热物性参数对蒸汽吞吐的累产油、井周围平均温度、累产热焓、累积注入热焓等的影响均显著增加；对于 SAGD，由于持续注热，开发效果对热量的敏感性强，导热系数对开发效果影响较大；对于火烧油层，热容对开发效果具有一定影响，而热传导系数影响较小；此外采用不同化学反应方程式对火烧油层开发稠油油藏具有一定的影响。研究结果对稠油热采数值模拟具有一定的借鉴意义。

关键词　稠油热采；热物性参数；蒸汽吞吐；SAGD；火烧油层

1　引言

目前，油藏数值模拟已经成为油藏开发方案编制、开发指标预测等工作的必备工具。相比于常规黑油油藏的水驱开发模拟，稠油油藏热采开发数值模拟因温度的变化而产生了极大的复杂性，模拟过程中热物性参数是区别于常规黑油模拟的重要参数。稠油油藏热采过程必须考虑油藏中的吸热、导热、散热等现象，因此要研究油层、顶底盖层的热容、导热系数、扩散系数和膨胀系数等热参数值，用于计算油层中热损失，温度场分布、加热带的扩展及加热效率等[1,2]。

本文详细介绍了各项热物性参数的基本定义及获取方法，在此基础上结合实例稠油油藏，应用数值模拟的方法系统研究了热物性参数对蒸汽吞吐、SAGD、火烧油层等 3 种热采方式的影响，对稠油热采数值模拟工作者具有一定的借鉴意义。

2　数模过程油藏热物性参数及获取

2.1　比热和热容

热容(Volumetric Heat Capacity)是指单位体积每升温一度所需的热量。比热容(Specific Heat)是指单位重量每升温一度所需的热量[1]。实验获取的基础物性参数常常是比热的形式，然而稠油热采数值模拟过程中通常采用热容参数，需要通过密度进行换算。

世界范围各典型稠油油藏比热常用公式 1 来计算，典型孔隙性岩石体积热容量范围约在 $2.0\times10^6\sim2.4\times10^6$ J/(m³·℃)。

$$C_o = a + bT + cT^2 \tag{1}$$

式中　C_o——原油的比热容，J/(g·K)；

T——绝对温度，K，$K=273+$℃；

a，b，c——常数，因不同原油而定，见表 1。

表 1　各种稠油计算比热 C_o 的 a，b，c 常数

稠油来源	a	b	c	温度 T/K
巴萨卡斯卡(加拿大)	1.763	1.542×10^{-3}	-4.884×10^4	300~600
冷湖，Esso. R(加)	2.055	1.108×10^{-3}	-6.021×10^4	300~600
冷湖，BP(加)	1.655	2.068×10^{-3}	-5.301×10^4	320~600
Eyehill-Lloydminster	1.383	2.218×10^{-3}	-2.704×10^4	300~600
Primrose	1.181	2.635×10^{-3}	-1.929×10^4	320~600

【作者简介】李卓林，女，1986 年 11 月生，2009 年获中国石油大学(北京)石油工程学院学士学位，2012 年获中国石油大学(北京)硕士学位，现就职于中海油研究总院，油藏工程师，主要从事石油天然气开发研究工作。E-mail：lizhl21@cnooc.com.cn。

续表

稠油来源	a	b	c	温度 T/K
和平河，早期(加)	1.634	1.581×10^{-3}	-3.973×10^{4}	300~600
和平河，近期(加)	1.980	1.196×10^{-3}	-5.725×10^{4}	300~600
Grosmont	1.379	2.286×10^{-3}	-3.436×10^{4}	320~600
沥青山，犹他(美)	1.596	2.175×10^{-3}	-4.539×10^{4}	300~600
Malagasy	1.659	1.848×10^{-3}	-4.619×10^{4}	300~600
Nigeria	1.817	1.535×10^{-3}	-5.441×10^{4}	300~600
Zaire	1.961	1.161×10^{-3}	-5.969×10^{4}	300~600
委内瑞拉	1.623	1.887×10^{-3}	-3.951×10^{4}	300~600

2.2 导热系数

由傅里叶定律可知，单位时间内传导的热量和温度梯度以及垂直于热流方向的截面积成正比[2]。导热系数和物质的组成、密度、温度以及压力等有关，一般可由实验测得或经验公式计算。碎屑岩石的导热系数取决于岩石颗粒的矿物成分、胶结类型、孔隙度、流体饱和度、流体类型、以及油藏温度和压力等因素[3]。典型孔隙性岩石导热系数范围在 1.7~2.4W/(m·K)。

原油的导热系数通常采用公式(2)计算：

$$\lambda_o = 0.0984 + 0.109(1 - T/T_b) \qquad (2)$$

式中 λ_o——导热系数，W/(m·K)；

T——绝对温度，K；

T_b——原油的沸点，K。

J. Anand 及 W. H. Somerton 等人[1]进行过大量的实验研究提出了根据已知的岩石密度、孔隙度、渗透率及油层电阻率等参数预测固结砂岩导热系数的方法。干燥岩石的导热系数是其密度、孔隙度、颗粒大小及形状、胶结性及矿物成分的函数。研究人员还根据测知的干燥砂岩的导热系数、饱和液体及砂岩性质，推导出了饱和液体砂岩的导热系数关系。随着液体饱和度增加，导热系数也逐渐增加。这种增加的量取决于饱和液体的导热系数及岩石的性质，包括岩石的孔隙度及干燥状态的导热系数。多数岩石的导热系数随着温度的增加而下降，总的趋势是随着温度升高，导热系数下降而且饱和液体的岩心较干燥岩心下降的较多。同时研究发现压力对导热系数的影响甚小。

在对实验结果进行回归分析后得知，孔隙度是最重要的容量，其次是密度及渗透率。密度越大导热系数越大，孔隙度越大导热系数越小。渗透率是反映砂岩颗粒大小的。随着砂岩颗粒增大，渗透率与导热系数都增大。地层电阻率显然与密度与孔隙度相关。对于饱和液体的固结砂岩的导热系数，随着总密度及液体饱和度的增加而增大，随着温度升高而降低。在有两种液体饱和或有液体及气体饱和的情况下，润湿相的导热系数对岩-液系统的导热系数具有决定性的影响。因此对于亲水砂岩，饱和液体的导热系数可以取水的导热系数。对于天然气饱和砂岩(气层)的导热系数，采用干燥砂岩(饱和空气)的导热系数。对于疏松砂岩的导热系数测定较困难。国外大量研究表明，尤其是 Somerton 等进行实测美国典型稠油油藏疏松砂岩导热系数的结果，饱和流体的未固结砂的导热系数主要取决于液体饱和度及润湿相液体的导热系数。饱和空气或天然气的砂层的导热系数低，这是因为通过颗粒间接触面的热流量很小。如果存在液体润湿相，由于有效颗粒接触面积增大因而增加了通过的热流量，导热系数极大地增加。其他重要的影响因素还包括孔隙度和固相的导热系数。Somerton 等人通过实验及回归，得到考虑了孔隙度、密度、空气渗透率、地层电阻率以及油层砂的矿物含量、粒度中值等的疏松砂岩导热系数计算公式。国外专家认为温度和压力对导热系数的影响很小。

2.3 热膨胀系数

稠油的热膨胀系数指稠油体积随温度的变化率。热膨胀系数需要通过实验测定体积或密度随温度的变化来确定。在没有合适的原油体积及热膨胀系数数据的情况下，可以考虑借用参考值 9×10^{-4}℃$^{-1}$。

2.4 热扩散系数

热扩散系数试验测定困难，一般用计算方法求得。地层岩石的热扩散系数是导热系数与体积热容之比，即：

$$\alpha = \lambda / M_r = \lambda / (\rho C_P) \quad (3)$$

式中　α——热扩散系数，m^2/h 或 m^2/s；

M_r——油藏地层岩石热容量，$KJ/(m^3 \cdot K)$；

ρ——油层条件下的密度，kg/m^3；

C_P——油层条件下的比热，$KJ/(kg \cdot K)$。

表2　美国常用油藏岩石热物性参数

岩性	密度/(kg/m³)	比热容/kJ/(kg·K)	导热系数/W/(m·K)	散热系数/m²/h	热容/kJ/(m³·K)
(1)干燥岩石					
砂岩	2082.4	0.766	2.995	0.002	1596
细砂	1906.2	0.846	(0.692)	(0.0016)	1610
细砂岩	1922.2	0.854	0.685	0.0015	1643
页岩	2322.7	0.804	1.044	0.002	1864
石灰岩	2194.5	0.846	1.701	0.0033	1858
粉砂	1633.9	0.766	0.626	0.0018	1254
粗砂	1746	0.766	0.557	0.0015	1335
(2)饱和水的岩石					
砂岩	2274.6	1.055	2.755	0.0041	2401
细砂	2114.4	1.206	(2.596)	(0.0037)	2549
细砂岩	2114.4	1.156	(2.613)	(0.0039)	2441
页岩	2386.7	0.892	1.687	0.0029	2126
石灰岩	2386.7	1.114	3.548	0.0048	2656
粉砂	2018.3	1.419	2.752	0.0035	2864
粗砂	2082.4	1.319	3.072	0.004	2750

注：括号中为估计值。

3　油藏热物性参数对不同热采方式的影响

3.1　蒸汽吞吐

以L27进行历史拟合后的模型为研究基础，对岩石压缩系数(CPOR)、顶底盖层热容(HL_cp)、顶底盖层导热(HL_ thco)、热传导率的三种函数形式(INCLUDE)进行敏感性计算，从调研数据[4~6]及手册中推荐的参数选取范围，确定模拟方案的变量范围在基础方案的±25%。模型中参数变量如表3，模拟结果见图1。

表3　蒸汽吞吐热物性参数表

参数名称	基础方案	变量范围	
CPOR, 1/kPa	1.60E-05	7.25E-07	2.70E-05
HL_ cp, J/m³·℃	2.60E+06	1950000	3250000
HL_ thco, J/m·day·℃	91982.88	68987.2	114979
INCLUDE	simple	complex	temper

热物性参数的改变，对热采井的累产油的确有显著的影响，一方面原因是温度场的变化，因为导热、储热能力的变化，使得热采井周围

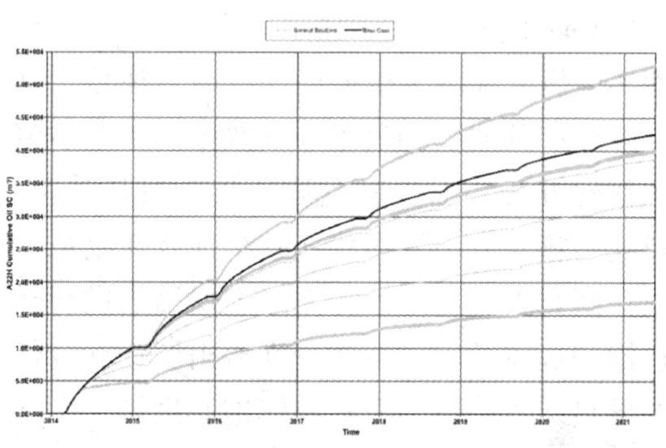

图1　不同热物性参数对蒸汽吞吐累产油的影响

100m左右的温度有较大的区别，由于温度对黏度的影响导致了稠油流动能力的差异，因此出现了产油量的差异。

研究发现岩石压缩系数(CPOR)是热物性参数对开发效果影响显著与否的重要因素。随着岩石压缩系数增大，热物性参数对蒸汽吞吐的累产油、井周围平均温度、井周围energy、累产热焓、累积注入热焓等的影响显著增加(图2~图6)。

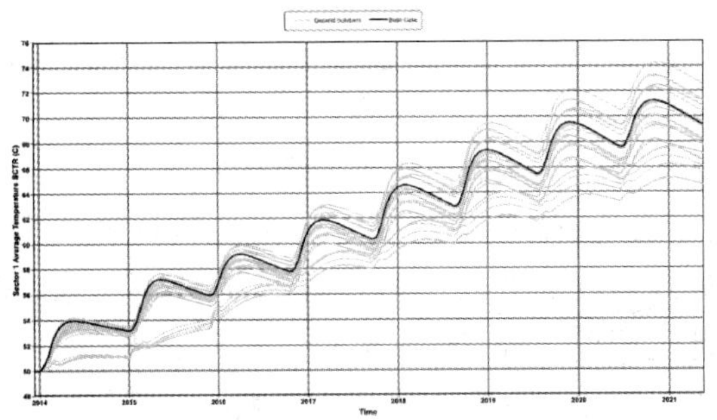

图 2　不同热物性参数对蒸汽吞吐生产井周围温度的影响

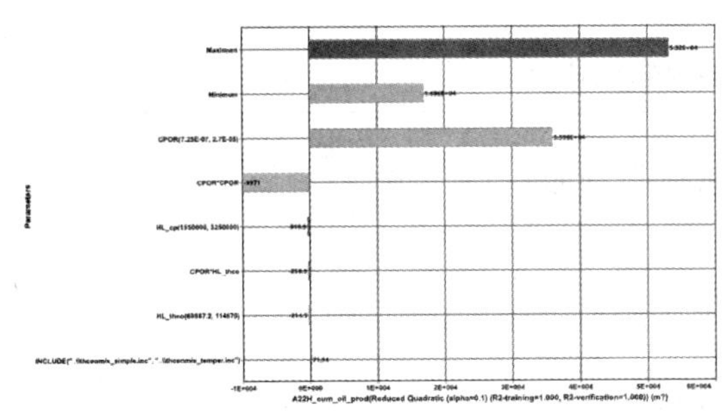

图 3　各热物性参数对热采井累产油的影响程度

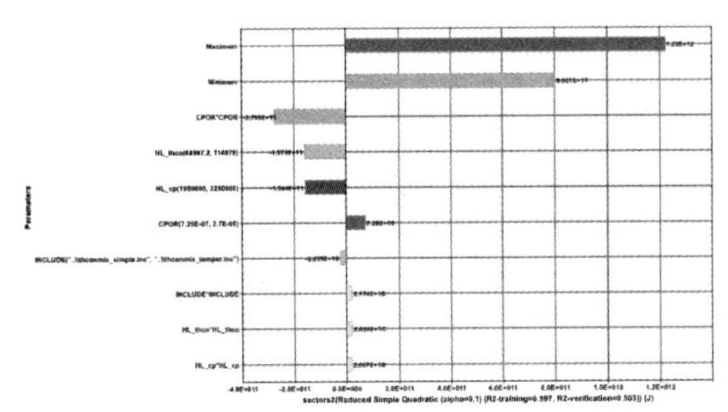

图 4　各热物性参数对蒸汽吞吐生产井周围温度的影响程度

3.2　SAGD

以加拿大某油砂区块进行过模型质控的某井对子模型为研究基础，对岩石压缩系数、顶底盖层热容、顶底盖层导热、热传导率的三种函数形式进行敏感性计算，从调研数据[7~19]及手册中推荐的参数选取范围，确定模拟方案的变量范围在基础方案的±25%。模型中参数变量如表 4，模拟结果见图 7。

表 4　SAGD 热物性参数表

参数名称	基础方案	变量范围	
CPOR	14. E-06	7. 25E-07	2. 7E-05
HL_ cp	2036600	1200000	3250000
HL_ thco	4. 6E+05	75000	2000000
INCLUDE	simple	complex	temper

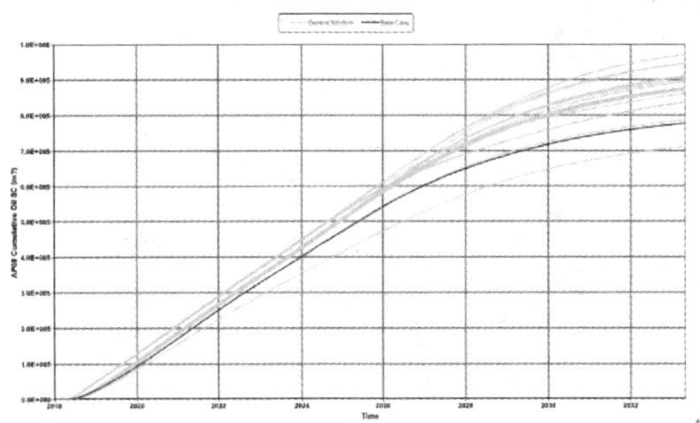

图 5　不同热物性参数对 SAGD 累产油的影响

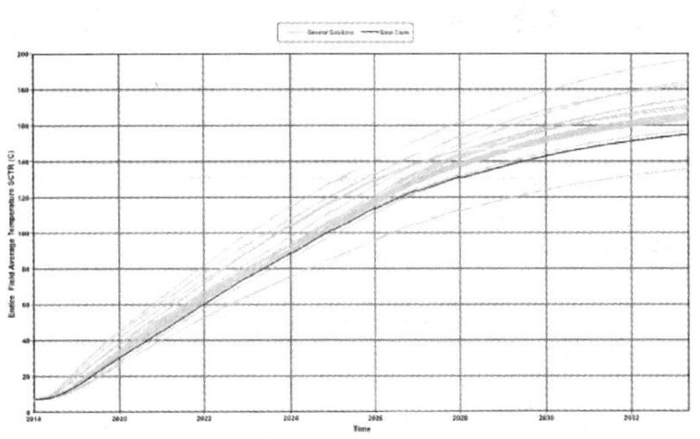

图 6　不同热物性参数对 SAGD 生产井周围温度的影响

如图所示，热物性参数的改变，对热采井的累产油的确有显著的影响，研究的基础方案用黑色线显示结果，在几个目标函数中是偏低的。统计敏感性分析的结果差异可知，热采井累产油最大最小值相差 26%，累产水最大最小值相差 61%，井周围温度最大最小值相差 30%，值得注意的是，热采井的累产水量变化差异最大，分析认为是由于不同方案热力场对应下的水-汽相态变化的原因。

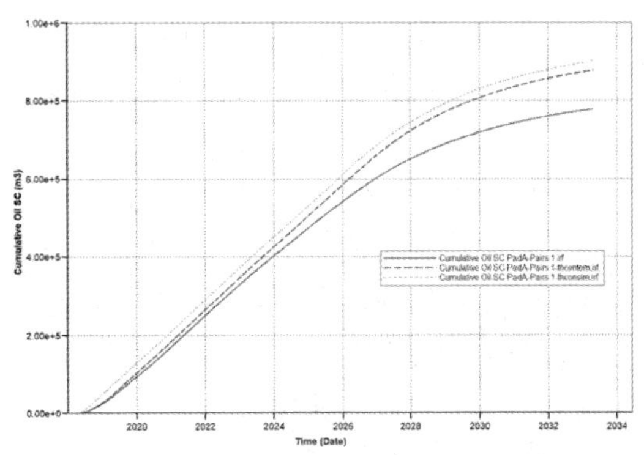

图 7　导热系数对热采井累产油的影响程度

图 7~图 8 基于相同的注采参数、仅改变了导热系数，研究结果显示，说明对于 SAGD，由于持续注热，开发效果对热量的敏感性强，导热系数对开发效果影响较大。

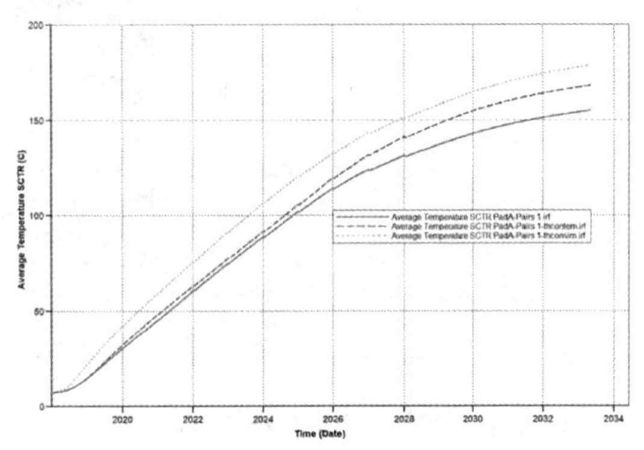

图 8　导热系数对生产井周围温度的影响程度

3.3　火烧油层

以 L27 进行过历史拟合的模型为研究基础，对化学反应方程式、热容、导热系数进行单因素敏感性分析，从调研数据及手册中推荐的参数选取范围。火烧油层运算时间长，CMOST 代理器批处理运算的方式不适合暂停方案及调试模型，因此选用单一敏感性参数进行运算。调研文献后重点研究化学反应方程式的影响，基础热物性参数以软件默认值为准。化学反应方程式对累产量和产出 CO_2 含量结果如表 5 所示。

表 5　化学反应方程式对模型结果的影响

借用地区	化学反应方程	指前因子	活化能	反应热	累产油量 10^4m^3	产出端 CO_2 含量/%
N35	重油→2.5 轻油+11.1 焦炭	4.28e10	7.2e4	0	7.6	22
	轻油+15.5 氧气→11 水+10 中间气体	3.02e10	1.15e5	2.9e6		
	重油+60.55 氧气→23.5 水+45.77 中间气体	3.02e10	1.15e5	1.25e7		
	焦炭+1.18 氧气→0.37 水+中间气体	416.7	5.86e4	4.05e5		
里贾纳	重油→2.154 轻油+25.96 焦炭	4.167×10^5	27000	40000	6.3	18.1
	轻油+14.06 氧气→6.58 水+11.96 中间气体	3.02×10^{10}	59450	2.9×10^6		
	重油+60.55 氧气→28.34 水+51.53 中间气体	3.02×10^{10}	59450	1.25×10^7		
	焦炭+1.18 氧气→0.55 水+中间气体	416.7	25200	225000		
JCPT 燃烧管	中油+25 氧气→16.5 水+20.8 中间气体	25485.8	76258.4	1.052×10^7	5.9	17.6
	重油+45.1 氧气→29.71 水+37.46 中间气体	3.1×10^5	76258.4	1.9×10^7		
	轻油+氧气→11.66 氧气→7.67 水+2 中间气体	36538.8	76258.4	4.9×10^6		
巴西某油田	重油→1.7 中油+23.3 焦炭	5×10^6	6.2×10^4	0	4.6	17.1
	焦炭+1.3 氧气→0.9 水+0.9 二氧化碳	3.7×10^4	5×10^4	4.4×10^5		
	重油+62.3 氧气→43.2 水+42.3 二氧化碳	10^{10}	7.2×10^4	2.2×10^7		
	中油+18.5 氧气→12.8 水+12.6 二氧化碳	10^8	1.5×10^5	6.6×10^6		

热容对累产油为正影响，对于热容变量增加 40% 目标函数增加 9%，热传导系数总体是正影响，但是影响程度较小，变量扩大 1000 倍，累产油仅增加 3%(图 9，图 10)。

图 11 为不同化学反应方程式对产油量和产出 CO_2 影响的结果，火烧油层反应主要来源于热裂解产生的焦炭与氧气的反应，N35 及里贾纳模型焦炭反应活化能较低，产油量较高，而其它模型焦炭反应的活化能高，影响了燃烧的门槛界限。焦炭与氧气反应动力学参数影响着火驱数值模拟的结果。

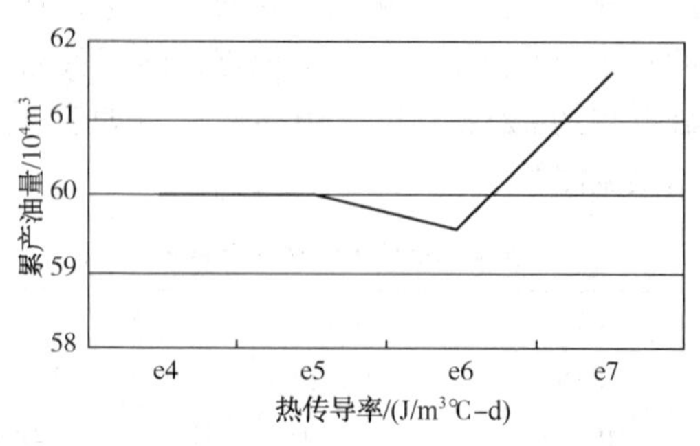

图 9　导热系数对累产油的影响

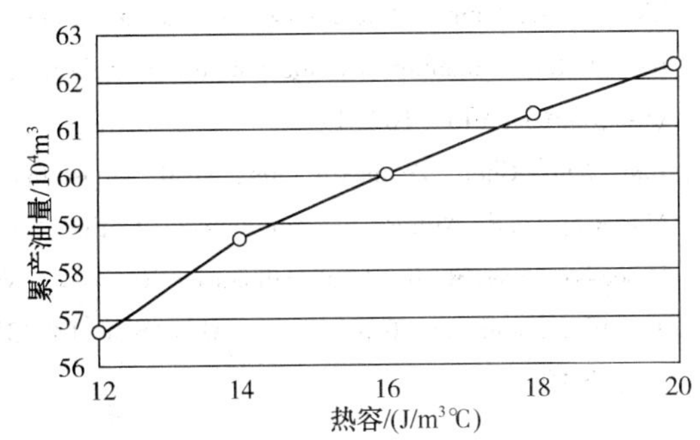

图 10　热容对累产油的影响

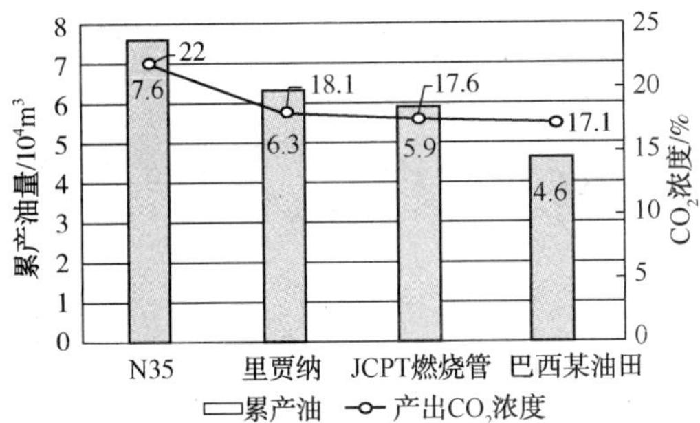

图 11　化学反应方程式对累产油影响

4　结论

以 L27、加拿大某油砂区块等实例稠油油藏为背景，应用数值模拟方法系统研究了热物性参数对蒸汽吞吐、SAGD、火烧油层等 3 种热采方式的影响。研究认为，热物性参数总体对稠油热采开发效果具不同程度的影响。其中对于蒸汽吞吐，岩石压缩系数是热物性参数对开发效果影响显著与否的重要因素，随着岩石压缩系数增大，热物性参数对蒸汽吞吐的累产油、井周围平均温度、累产热焓、累积注入热焓等的影响均显著增加；对于 SAGD，由于持续注热，开发效果对热量的敏感性强，导热系数对开发效果影响较大；对于火烧油层，热容对开发效果具有一定影响，而热传导系数影响较小；此外采用不同化学反应方程式对火烧油层开发稠油油藏具有一定的影响。

参 考 文 献

[1] 刘文章等．采油技术手册[M]．北京：石油工业出版社，1996.

[2] 陈明．海上稠油热采技术探索与实践[M]．北京：石油工业出版社，2012.

[3] 张义堂等．热力采油提高采收率技术[M]．北京：石油工业出版社，2006.

[4] B. Y. Jamaloei, A. Singh, A. Solberg, et al. Opportunities and Challenges of Cyclic Steam Stimulation (CSS) Development in Seal's Cadotte Area [C]. 10-12 June, 2014. SPE-170095-MS.

[5] M. Heidari and B. B. Maini. Equation of State Based Simulation of Hybrid and Thermal Processes [C]. 10-12 June, 2014. SPE-170088-MS.

[6] Jeannine Chang. Understanding HW-CSS for Thin Heavy Oil Reservoirs [C]. 11-13 June, 2013. SPE 165386.

[7] L Zhu, F Zeng, G Zhao, et al. Using transient temperature analysis to evaluate steam circulation in SAGD start-up processes[J]. Journal of Petroleum Science & Engineering, 2012, 100 (4): 131-145.

[8] M Sabeti, A Rahimbakhsh, AH Mohammadi. Using exponential geometry for estimating oil production in the SAGD process [J]. Journal of Petroleum Science & Engineering, 2016, 138: 113-121.

[9] S Wei, L Cheng, W Huang, et al. Prediction for steam chamber development and production performance in SAGD process [J]. Journal of Petroleum Science & Engineering, 2014, 19: 303-310.

[10] Algosayir, Mohammad, Babadagli, et al. Optimization of SAGD and solvent additive SAGD applications: Comparative analysis of optimization techniques with improved algorithm configuration[J]. Journal of Petroleum Science and Engineering, Volumes 98 - 99, November 2012, Pages 61-68.

[11] M Keshavarz, R Okuno, T Babadagli. Efficient oil displacement near the chamber edge in ES-SAGD [J]. Journal of Petroleum Science & Engineering, 2014, 118 (3): 99-113.

[12] Dongqi Ji, Mingzhe Dong, Zhangxin Chen. Analysis of steam - solvent - bitumen phase behavior and solvent mass transfer for improving the performance of the ES-SAGD process [J]. Journal of Petroleum Science and Engineering, Volume 133, September 2015, Pages 826-837.

[13] Lijuan Zhu, Fanhua Zeng, Yingchao Huang. A correlation of steam chamber size and temperature falloff in the early-period of the SAGD Process [J]. Fuel, Volume 148, 15 May 2015, Pages 168-177.

[14] Cui Wang, Juliana Leung. Characterizing the Effects of Lean Zones and Shale Distribution in Steam-Assisted-Gravity-Drainage Recovery Performance [C]. SPE-170101-PA, Aug. 2015 18(03).

[15] J. Du, R. C. K. Wong. Numerical Modelling of Geomechanical Response of Sandy Shale Formation in Oil Sands Reservoir During Steam Injection [C].

PETSOC-2007-153, Canadian International Petroleum Conference , 12-14 June, 2007 Calgary, Alberta

[16] Mohamed R. Tamer, Ian D. Gates. Impact of Different SAGD Well Configurations (Dover SAGD Phase B Case Study)[C]. SPE-155502-PA, Jan. 2012. 51(1).

[17] Yi Su, Jingyi (Jacky) Wang, Ian D. Gates. Orientation of a pad of SAGD well pairs in an Athabasca point bar deposit affects performance [J]. Marine and Petroleum Geology 54 · June 2014

[18] Lijuan Zhu, Fanhua Zeng, Yingchao Huang. A correlation of steam chamber size and temperature falloff [J]. Fuel, 2015, 148: 167-177.

[19] Bao, Xia, Chen, Zhangxin John, et al. Geostatistical Modeling and Numerical Simulation of the SAGD Process: Case Study of an Athabasca Reservoir With Top Water and Gas Thief Zones [C]. SPE 137435-MS, 2010.